U0821347

药用植物学与生药学

（案例版）

主编　陆　叶

苏州大学出版社
Soochow University Press

图书在版编目（CIP）数据
药用植物学与生药学 ： 案例版 / 陆叶主编.
苏州 ： 苏州大学出版社, 2025. 7. -- ISBN 978-7-5672-5226-4
Ⅰ. Q949.95；R93
中国国家版本馆 CIP 数据核字第 2025H1G076 号

YAOYONG ZHIWUXUE YU SHENGYAOXUE（ANLIBAN）
药用植物学与生药学（案例版）
陆 叶 主编
责任编辑 赵晓嬿

苏州大学出版社出版发行
（地址：苏州市十梓街 1 号 邮编：215006）
常熟市华顺印刷有限公司
（地址：常熟市梅李镇梅南路 218 号 邮编：215511）

开本 787 mm×1 092 mm 1/16 印张 30.25 字数 718 千
2025 年 7 月第 1 版 2025 年 7 月第 1 次印刷
ISBN 978-7-5672-5226-4 定价：118.00 元

若有印装错误，本社负责调换
苏州大学出版社营销部 电话：0512-67481020
苏州大学出版社网址 http://www.sudapress.com

《药用植物学与生药学(案例版)》

编委会

主　编：陆　叶(苏州大学药学院)

副主编：张　健(苏州大学药学院)

戴忠华(广西中医药大学药学院)

吴清华(成都中医药大学药学院)

编　者：(按姓氏笔画排序)

门文效(辽宁中医药大学药学院)

王丽红(佳木斯大学药学院)

方清影(安徽中医药大学药学院)

朱　烨(西南医科大学)

任　艳(西南民族大学)

任广喜(北京中医药大学药学院)

任超翔(成都中医药大学药学院)

刘绍欢(贵州医科大学药学院)

李思蒙(南京中医药大学药学院)

吴清华(成都中医药大学药学院)

余　昕(西南医科大学药学院)

张　健(苏州大学药学院)

张　涛(长春中医药大学)

陆　叶(苏州大学药学院)

欧丽兰(西南医科大学药学院)

钟卫红(江西中医药大学)

谭　龙(黑龙江中医药大学药学院)

戴忠华(广西中医药大学药学院)

鞠宝玲(牡丹江医科大学)

前言

《药用植物学与生药学(案例版)》为全国高等教育中药、药学专业系列教材之一。本着编写一本高质量、科学、新颖、实用的教材的目的,苏州大学生药学研究室的老师联合兄弟院校从事药用植物学与生药学教学和科研工作的同行共同编写了这本教材。该教材将药用植物学和生药学两门课程合并,删减了重复内容,使教材内容少而精。教材中植物形态、药材及显微特征等均主要采用自拍的彩色图片,形象生动。但因时间、地点、季节、有毒药材不易获取等限制,部分植物形态图片引自《中国植物志》(电子版),部分药材粉末组织特征图引自《中药粉末显微鉴别彩色图集》(中华人民共和国卫生部药典委员会编著),特此表示感谢。

本教材共分为四篇。第一篇为药用植物学基础,主要介绍植物基本组成中的细胞、组织及六大器官的外部形态和内部构造,以及植物分类学概述。第二篇为生药学基础,主要介绍生药的分类与记载、鉴定、采收、加工与贮藏及质量标准。第三篇为药用植物分类及代表生药,被子植物中主要介绍 50 个科的特征及代表生药近 160 种,其中重点描述的生药(名称右上角标注“*”者)有 61 种。第四篇为动物类和矿物类生药,主要介绍动物类和矿物类的生药,其中重点描述动物类生药 6 种、矿物类生药 4 种。另外,每章前有学习导图和案例,每章后附有练习题。同时,本教材参考最新版《中华人民共和国药典》内容,并及时更新了药材的研究进展,与时俱进。

由于编写时间仓促,教材中难免有不足之处,诚请各中药、药学专业院校的师生在使用过程中提出宝贵意见,以便再版时进行修改和完善,使本书更加符合中药、药学专业学生和广大读者学习的需要。

本书编写组

2025 年 6 月

目　录

第一篇　药用植物学基础

第二篇　生药学基础

第三篇　药用植物分类及代表生药

第四篇　动物类和矿物类生药

绪 论

药用植物(medicinal plant)是指具有医疗用途,可用于预防、治疗疾病,对人体有保健作用的植物,包括植物器官、组织或其加工品。生药(crude drug)是指来源于天然的、未经加工或只经简单加工的植物、动物和矿物类药材,也称为天然药物。植物类生药可采用药用植物的全体入药(如蒲公英)、部分入药(如大黄、三七)、植物分泌物或渗出物入药(如没药、阿魏);动物类生药可采用药用动物的全体入药(如全蝎、水蛭)、部分入药(如鳖甲、鹿茸)、分泌物入药(如蟾酥、麝香);矿物类生药可采用矿物的矿石入药(如朱砂),或矿石经过一定方式简单加工而得的物质入药(如芒硝),以及动物骨骼的化石入药(如龙骨)。从广义上讲,生药包括一切来源于天然的中药材、草药、民族药材和提制化学药物的原料药材,兼有生货原药之意。

生药就是药材,大多数生药都是我国历代本草收载的药物,但生药还包括本草未记载、中医不常应用而为西医所用的天然药物,如洋地黄叶等。在国外,生药一般不包括矿物药。

中药(traditional Chinese medicine)是指收载于我国历代诸家本草和中医典籍中,依据中医药理论和临床经验用于防治疾病和医疗保健的天然药物,包括中药材、饮片和中成药。其中,中药材可供切制成饮片用于调配中医处方,或磨细粉直接服用或调敷外用,也可供药厂生产中成药或提取有效成分。

草药(medicinal herb)一般是指局部地区民间草医用以治病或地区性口碑相传的民间药,绝大多数是历代本草无记载的药物,或作为药材收购,如独脚金等。中药和草药统称为中草药(Chinese traditional and herbal drugs)。在我国少数民族的民族医药理论指导下使用的药物称为民族药(ethnic drug),如藏药、蒙药、回药等。

一、药用植物学与生药学的定义、研究内容与任务

药用植物学(pharmaceutical botany)是以药用植物为研究对象,用植物学的知识和方法研究它们的形态构造、生理和药用功能、分类、细胞培养、种群分布、资源开发和合理利用的一门学科。我国疆域辽阔,生物种类繁多,药用植物资源极为丰富,是世界上药用植物种类最多、应用历史最久的国家。2011—2022 年,国家中医药管理局组织开展了第四次全国中药资源普查。普查结果显示,我国中药资源 18 817 种,包括药用植物 15 321 种、药用菌物 826 种、药用动物 2 517 种、药用矿物 153 种,药用植物约占中药资源总数的 81%。中药及天然药物的绝大部分来源于植物。此次普查还调查了我国特有药用植物 3 151 种,濒危药用植物资源 464 种,发现新物种 196 种。

生药学(pharmacognosy)是应用本草学、植物学、化学、药理学、中医学、临床医学和分子生物学等学科理论和现代科学技术来研究生药的基原、鉴定、采制、有效成分、品质评价、生产及资源可持续性开发利用等方面的一门学科。

我国中药材资源丰富,种类繁多。学好药用植物学与生药学,才能进行生药的品种鉴定与整理,建立生药及其制剂的质量标准与品质评价,生产符合国际标准的生药及其制剂,打入国际市场,促进中医药的现代化、科学化。学习药用植物学与生药学的主要目的与研究任务如下。

(一) 准确识别、鉴定生药及其基原的种类,确保生药质量

生药(中药材)应用历史悠久,存在着产区分布广泛、品种繁多、来源复杂、名称混乱、质量参差不齐等情况,加之各地用药历史和用药习惯的差异,造成"同名异物""同物异名"现象普遍存在,亟待规范统一。有些药材来源比较复杂,诸如天南星、柴胡、百部、黄精、龙胆等药材具有多种基原植物;又如麻黄、马兜铃、人参、丁香等植物的不同部位可作为不同药材使用。同时,由于我国民族众多、语言存在差异及地区用药习惯各异,难以统一临床用药标准,造成误采、误种、误用等现象。例如,全国各地普遍使用的贯众,来源于5科25种蕨类植物的根茎,其他相关文献中被称为"贯众"的植物(多达9科17属49种)及其变种,大多为民间草医草药;又如,药材金银花,同名的基原植物有20种,石斛也有48种植物来源。另外,为解决珍稀药材资源的市场紧缺问题而出现的替代品真伪难辨、来源复杂、质量良莠不齐。例如,名贵中药材冬虫夏草,在市场上有亚香棒虫草、地蚕、人工伪制虫草、僵蚕等作为冬虫夏草伪品冒充使用,所含虫草素和甘露醇等成分与冬虫夏草差异较大。常用中药材半夏来源于天南星科植物半夏 *Pinellia ternata*(Thunb.) Ten. ex Breitenb. 的干燥块茎,由于野生资源的不足,许多地区以同科植物鞭檐犁头尖 *Typhonium flagelliforme*(Lodd.) Bl.的块茎(水半夏)代半夏用,严重影响了药材质量和临床疗效。因此,利用丰富的药用植物学与生药学知识对药材品种进行科学的真伪优劣鉴别和系统的综合评价,逐步消除药材混乱的现象,明确药材的质量标准,保证药材基原和品种的真实、优质具有十分重要的意义,否则将直接影响临床用药的准确性,轻则造成资源浪费,重则产生毒副作用,甚至威胁用药者的生命。

(二) 继承和弘扬祖国药学的宝贵遗产

运用现代科学知识对生药进行本草学考证、分析,取其精华,去其糟粕,澄清复杂品种,整理和发掘优势品种。正本清源,解决生药名称混乱问题,使所有古代本草记载的药物都有正确的科学名称,如植(动)物药的基原植(动)物有正确的拉丁文学名,矿物药有正确的原矿物名。运用现代药用植物学和生药学的知识和技术,有助于发掘有用的药学典籍和品种,促进中药现代化进程。

(三) 制定生药及其制剂的质量标准,促进其标准化

利用植物学、天然药物化学、分析化学、药理学等相关学科的研究方法,对生药进行来源、性状、显微特征、理化鉴别,并测定生药的浸出物、有效成分或指标成分的含量,以及对杂质、重金属、农药残留、黄曲霉毒素等有害物质进行限量或定量检查,为完善国家药典、局颁标准或申报新药的研究资料等提供生药或其制剂的质量评价方法。目前,我国仍采用测定主要有效成分含量的方法来评价生药品质的优劣,实际上生药含有的化学物质极其复杂,一种生药少则有数十种,多则有上百种化学成分;一些过去认为没有生物活性的

成分，如多糖、蛋白质，现已证实是有效成分，如猪苓中的多糖有抗肿瘤作用等。目前，对生药的研究更多的是一些生理活性成分的研究，如经过不同程度的药效试验或生物活性试验，包括体外和体内试验，以证明对机体有一定生理活性的成分，但这些成分并不一定真正代表天然药物临床疗效的有效成分，还要继续从分子水平来阐述生药的生物活性、药理作用及防治疾病的机制。只有寻求科学而实用的品质评价方法，实现生药及其制剂品质评价的科学化和标准化，才能使更多的现代生药产品进入国际市场，为中药现代化、国际化奠定基础。

（四）调查生药资源状况，寻找和发掘药用新资源

现代科学技术的发展使人类开发利用植物资源的能力越来越强。中华人民共和国成立以来，经过四次全国中药资源普查，已初步摸清我国中药资源的种类、数量、质量及分布，进行了科学的中药区划；在此基础上为渐危、濒危和野生资源遭到严重破坏的药用植物的栽培生产、野生抚育及资源开发利用提供保护和培育措施。同时，新的药用植物及同种植物新的药用用途不断被发现，世界各国都在利用各地的植物资源，应用现代高新技术开发研制新药、保健品和食品。例如，从本草记载治疗疟疾的黄花蒿 *Artemisia annua* L.中分离得到的高效抗疟成分青蒿素；从印度民间草药长春花中筛选出抗白血病的高效成分长春新碱；从红豆杉树皮中发现的紫杉醇对乳腺癌及其他癌症都有较好的治疗作用。目前，已开发大量既有营养又能提高机体抵抗力的保健食品，如沙棘 *Hippophae rhamnoides* Linn.、刺梨 *Rosa roxburghii* f. *normalis* Rehd. et Wils.、山楂 *Crataegus pinnatifida* Bge.、蓝莓 *Vaccinium corymbosum* L.、越橘 *Vaccinium vitis-idaea* L.、魔芋 *Amorphophallus konjac* K.koch、蕨 *Pteridium aquilinum* var. *latiusculum* (Desv.) Underw. ex A. Heller 等。

依据"植物亲缘关系相近，化学成分相似"的植物系统进化和化学分类原理，植物类群中亲缘关系相近的种，不仅形态和结构相似，而且新陈代谢类型和生理生化特征亦相近，化学成分的种类及药用功效也类同。因此，可充分利用植物亲缘关系远近的规律，寻找、扩大和挖掘新的药物资源。例如，药用植物马钱 *Strychnos nux-vomica* L.的干燥成熟种子马钱子是传统进口药材，在云南发现云南马钱 *Strychnos wallichiana* Steud.ex A. DC.的种子的有效成分与进口马钱子相似，且质量更优；研究人员通过对中国薯蓣属植物的系统研究，提出了发展高含量甾体激素药源植物盾叶薯蓣 *Dioscorea zingiberensis* C.H.Wright 和穿龙薯蓣 *Dioscorea nipponica* Makino 种质资源的建议，扩大了该类药物的资源。这些新药或进口药的代用品既填补了国内生产的空白，又创造了较大的经济效益。由此可见，开发利用我国的植物资源，从植物中寻找新药的潜力很大，对于我国医药卫生事业的发展具有重要意义。我们要充分利用现代科学技术及手段去研究和发掘各种植物资源的新用途和新的活性成分。

（五）利用生物技术，扩大繁殖濒危物种，培养高质和转基因新物种

生物技术是20世纪60年代初发展起来的一个新兴技术领域，对生命科学的各个领域都产生了十分深远的影响。它包括细胞工程、基因工程、酶工程和发酵工程，其中细胞工程和基因工程在药用植物学的研究中得到了广泛应用及快速发展。利用植物细胞，通过组织培养技术将植物的分生组织进行离体培养，建立无性繁殖并诱导分化植株，对一些珍稀濒危植物的保存、繁殖和纯化是一条行之有效的途径，利用这种方法还可以进行脱病毒和育种工作。近年来，经离体试管培养获得试管植株的药用植物已有金线莲 *Anoectochilus formosanus* Hayata、白及 *Bletilla striata*(Thunb. ex A. Murray) Rchb.f.、铁皮石斛 *Dendrobium officinale* Kimura et Migo、绞股蓝 *Gynostemma pentaphyllum*(Thunb.) Makino 等 100 余种，其中大多数为珍稀的药用植物。

目前，生物技术已成为国家重点发展的技术领域，我国药用植物资源丰富，是发展药用植物生物技术的有利条件。应用细胞工程和基因工程知识研究药用植物，深化对药用植物的形态及代谢产物的内在认识，可将药用植物及其活性成分的研究从宏观水平推向细胞及分子水平。

(六) 药用植物和生药资源的保护与开发

我国地域辽阔，地形复杂，地跨寒、温、热三带，气候条件复杂多样，蕴藏着丰富的天然资源。随着人类生产活动范围的不断扩大和医药需求量的逐年增加，野生的药用植物和生药资源已逐年减少，有些濒临灭绝。为了解决药用植物的供求矛盾，近年来人们通过开展药用植物的资源动态监测、种质资源保存、引种栽培生产、野生资源抚育、合理开发利用等积极的保护和培育措施来进行药源的扩大，为生药产业化发展提供技术支撑。同时，利用分子生物学技术，还可使植物体培养物产生高含量的次生代谢产物，如利用长春花 *Catharanthus roseus* 培养细胞产生蛇根碱，利用毛花洋地黄 *Digitalis lanata* 培养细胞产生地高辛等。根据植物的化学成分，从生药的近缘植(动)物中寻找具有与正品相似化学成分和药效的新品种，也是生药资源保护与开发的另一有效途径。另外，为了促进一些植物资源的合理利用与保护，国家还建立了植物园、自然保护区、植物物种基因库等。这些举措在某种程度上解决了野生资源不足的问题。

二、我国药用植物学与生药学的发展简史

(一) 本草简史

药物知识是人类在长期同疾病做斗争的医疗实践中不断积累和发展起来的，可以追溯到远古时代。古书记载："神农尝百草，日遇七十毒。"这足以说明我们的祖先在寻找食物的同时，通过长期而广泛的医疗实践，积累了丰富的医药知识和经验。本草是指我国历代记载药物知识的著作。药物包括植物药、动物药和矿物药，所以药用植物学与生药学的发展和本草的发展息息相关。从秦、汉到清代，本草著作约有 400 种，这些著作是祖国医学的宝贵财富，是现代药学研究的基础，对植物分类、品种考证和开发利用具有重要的参考价值。我国历代主要本草著作如表绪-1 所示。

表绪-1　我国历代主要本草简介

书名	作者	年代	说　明
神农本草经	不详	东汉末年(25—220 年)	全书载药 365 种。按医疗作用分上、中、下三品：上品 120 种为君，主养命以应天，无毒，多服、久服不伤人；中品 120 种为臣，主养性以应人，无毒、有毒均有；下品 125 种为佐使，主治病以应地，多毒，不可久服。该书总结了汉代以前我国的药物知识，是现知我国最早的药物著作。

续表

书名	作者	年代	说　明
本草经集注	陶弘景	南北朝（502—549年）	以《神农本草经》和《名医别录》为基础，著成《本草经集注》（7卷），复增汉魏以来名医所用药物365种（总730种）。凡七卷，首叙药性之源，论病名之诊，次分玉石、草木、虫兽、果、菜、米食、有名未用七类。对原有的性味、功能和主治有所补充，并增加了产地、采集时间、加工方法、鉴别等，有的还记载了火烧试验、对光照视的鉴别方法。此书是《神农本草经》以后有明确著作年代和作者的重要本草文献。
唐本草（新修本草）	苏敬（苏恭）等23人	唐显庆四年（659年）	凡20卷，目录1卷，附有图经7卷、药图25卷，载药844种，增加山楂等新药114种。其中也有一些来自印度、波斯、东南亚的外来药物，如印度传入的豆蔻、丁香等。此书可称为我国也是世界上最早的一部药典，比欧美各国认为最早的《纽伦堡药典》（1542年）要早883年。该书开创了我国本草著作图文对照的先例，对我国药物学的发展影响长达300年之久，并且流传国外，为我国乃至世界医药的发展作出了贡献。
本草拾遗	陈藏器	唐开元二十七年（739年）	新增药物有海马、石松等692种，包括序列1卷、拾遗6卷、解纷3卷。按药效宣、通、补、泄、轻、重、燥、湿、滑、涩的分类方法，重视性味功能、生长环境、产地、形态描述、混淆品种考证等。
开宝本草	刘翰、马志等9人	宋开宝六—七年（973—974年）	增药133种，新旧药合983种，并目录共21卷，开宝七年重加详定，称《开宝重定本草》。
嘉祐本草	掌禹锡、林亿等	宋嘉祐二—六年（1057—1061年）	以《开宝本草》为基础，新补82种，新定17种。共21卷，通计1 083条（原书记载为1 082条）。
图经本草	苏颂等	宋嘉祐七年（1062年）	全书20卷，目录1卷，载药780条，附图933幅。对药物的产地、形态、用途等均有说明。
证类本草（经史证类备急本草）	唐慎微	宋徽宗大观二年（1108年）	将《嘉祐本草》和《图经本草》合并，编成本草、图经合一的《经史证类备急本草》（简称《证类本草》）。载药1 746种，新增药物500余种，收集了医家和民间的许多单方验方，补充了大量药物资料，内容丰富，图文并茂。曾由政府派人修订三次，加上“大观”“政和”“绍兴”的年号，为一本集历代本草学大成之作。
本草纲目	李时珍	明万历二十四年（1596年）	分52卷，列为16部，约200万字，增药374种，共载药物1 892种，方11 096条。本书按药物自然属性作为分类基础，每药之下，分释名、集解、修治、主治、发明、附方及有关药物等项，体例详明，用字严谨。该书17世纪初传到国外，被译成多种文字，成为具有世界影响力的重要药学著作之一。
本草纲目拾遗	赵学敏	清乾隆三十年（1765年）	对《本草纲目》做了一些正误和补充，新增药物716种，附205种。凡本草纲目未载之重要药物，如冬虫夏草、西洋参、胖大海、西红花等皆收录之，是清代新增中药材品种最多的一部本草著作。

续表

书名	作者	年代	说明
植物名实图考、植物名实图考长篇	吴其濬	清道光二十八年(1848年)	《植物名实图考》记载植物1 714种,38卷;《植物名实图考长篇》描述了植物838种,22卷。对植物的形色、性味、用途和产地叙述颇详,并附有精确插图,尤其着重介绍植物的药用价值与同名异物的考证,是植物学方面的科学价值较高的名著,也是考证药用植物的重要典籍。

(二) 近代药用植物学与生药学的发展简况

药用植物学与生药学是在现代植物学与化学等学科的基础上发展起来的。我国介绍西方近代植物科学的第一部书籍是1857年由李善兰先生和英国人威廉姆森(Alexander Williamson)合作译成的《植物学》,全书共8卷,插图200余幅。此书的出版是我国近代植物学的萌芽。1934年,《中国植物学杂志》创刊。1949年,李承祜教授编著了《药用植物学》。中华人民共和国成立后,在政府及有关部门的支持下,药用植物学科及其教材建设取得了可喜的成果,尤其是近年来出现了一批各级药用植物学精品课程和重点学科,构建了较为完善的课程体系及教学内容;先后由孙雄才、丁景和、杨春澍、姚振生、熊耀康、谈献和、孙启时等主编的《药用植物学》教材,使药用植物学进入理论知识全面、方法技术系统的新阶段。

"生药学"一词由希腊语单词"Pharmakon"(药物)和"gnosis"(知识)组合而成,译为"药物的知识"。其拉丁文为Pharmacognosia,英文为Pharmacognosy,德文为Pharmakognosie。汉语"生药学"一词初见于1880年日本学者大井玄洞译著的《生药学》。1934年,我国学者赵燏黄与徐伯鋆合编了《现代本草生药学(上编)》,谓:"利用自然界生产物,截取其生产物之有效部分,备用于治疗方面者曰药材。研究药材上各方面应用之学理,实验而成一种之独立科学,曰生药学。"1937年,叶三多编写了《生药学(下编)》,这两本书的出版标志着我国现代生药学教学和研究的开始。

中华人民共和国成立后,在各医(药)科大学药学专业普遍开设了"生药学"课程。我国药用植物学与生药学工作者为我国中药及天然药物的基础研究作出了重要贡献。主要体现如下:开展了三次(1960—1962年、1969—1973年、1983—1987年)全国中药资源调查及品种整理工作。2009年开始,国家中医药管理局牵头并筹备组织开展第四次全国中药资源普查工作,于2011年在中西部22个省655个县开展普查的试点工作,2016年正式开始普查工作。在调查研究工作中,各地相继发现了许多资源丰富的新药源,如新疆的紫草、阿魏、贝母,青海的枸杞、党参,西藏的大黄,云南的马钱子,广西的安息香及东北的缬草属植物等,而这些药材中不少品种在过去是依靠进口的;还调查了中国特有药用植物、濒危药用植物资源,发现新物种196种。至今已对300余种中草药进行了比较详细的化学与药理学方面的研究,发现了多种药理活性成分,分别具有抗肿瘤、治疗老年性痴呆、防治心血管疾病、抗肝炎、抗艾滋病病毒(HIV)、降血糖、免疫调节等作用。对500余种中药的传统炮制方法进行了整理和总结,在中医理论的指导下,采用化学、药理学等方法,研究中药炮制的原理,改革炮制工艺,制定中药炮制品的质量标准,促进中药炮制学的现代化。半个世纪以来,我国先后出版了一大批药用植物学、生药学方面的重要专著,编写了《中药志》、《中华人民共和国药典》(1953、1965、1977、1985、1990、1995、2000、2005、2010、2015、

2020、2025年版)、《中华人民共和国药典中药彩色图集》、《中华人民共和国药典中药材薄层色谱彩色图集》、《中华人民共和国药典中药粉末显微鉴别彩色图集》、《中国药用植物图鉴》、《中药大辞典》、《全国中草药汇编》、《中国药用植物志》、《中华本草》、《中草药学》、《中药鉴别手册》、《中国植物志》、《新华本草纲要》、《中国本草图录》、《原色中国本草图鉴》、《中国中药资源》、《中国中药资源志要》、《常用中药材品种整理和质量研究》、《中国民族药志》等重要专著,同时还出版了许多专著及地区性药用植物志,如《中国药用真菌》《中国药用地衣》《浙江药用植物志》《东北药用植物志》《新疆药用植物志》等。同时,利用计算机建立中医药文献数据库,从信息的掌握和利用上大大加快了研究的步伐。

2023年1月,国家药品监督管理局发布了《关于进一步加强中药科学监管 促进中药传承创新发展的若干措施》。文件要求:推进实施《中药材生产质量管理规范》(GAP)。充分发挥GAP对中药材生产质量监管的重要作用,组建国家GAP专家工作组,研究完善实施工作推进方案和配套技术要求,促进中药材规范化、产业化、规模化种植养殖。通过GAP延伸检查、符合性检查和日常监督检查,推动中药生产企业采取自建、共建、联建或共享中药材种植养殖基地,稳定中药材供给,使用符合GAP要求的中药材。2023年6月,国家药品监督管理局综合司印发《〈中药材生产质量管理规范〉监督实施示范建设方案》。

同时,我国已采用化学指纹谱等先进技术对药材和中药制剂进行质量控制,必将加速中药材品种鉴定与质量评价的现代化、标准化和国际化的进程。

三、学习药用植物学与生药学的方法、意义及其与其他学科的关系

(一)学习药用植物学与生药学的方法

药用植物学是药学和中药学专业的专业基础课,凡涉及中药(生药)植物品种来源及品质的学科都与药用植物学有关。药用植物学是一门实践性很强的应用学科,在学习时必须紧密联系实际,丰富感性认识,多到大自然和实验室结合新鲜植物及植物标本进行观察和比较,用理论指导实践,通过实践巩固理论知识,全面、认真、细致地观察植物的形态结构和生活习性,对相似的植物类群、器官形态、组织构造及化学成分多进行比较和分析,找出相似点和相异点。实践是获得真知、增长才干的重要途径。学习药用植物学的实践途径是室内实验和野外实习。对于室内实验,要求熟悉和掌握药用植物的形态结构与徒手切片的制作、显微特征的观察描述方法,以及基本实验操作技能和常用仪器、设备的使用及维护等。对于野外实习,主要掌握分类学的标本采集、制作、保存技术,检索表的查阅及科、属、种的命名知识,并识别一定数量的药用植物。

生药学是一门理论性、实践性、直观性较强的课程。要注意基本理论知识的学习和实验动手能力的培养,认真练习操作技能,通过观察宏观和微观特征,多比较、多实践、多分析,归纳共性、区别个性,才能较好地掌握各项鉴定技术。随着科学的发展,分子生物学技术、仪器分析、种植学、环境保护学、药理学等学科的新技术和交叉学科的互相渗透与应用,已在生药学科的研究中起到越来越重要的作用。在学习中,既要重视现代生药学的基础理论和技术,又要掌握相关学科的知识,为实现中药现代化,将来从事与生药有关的生产、新药研发和应用工作奠定坚实的基础。

总之,要严格要求自己,做好课前预习,课堂注意听讲,课后及时小结,认真运用所学知识,紧密联系实际,训练和不断提高解决实际问题的能力,多观察、多比较、多实践,才能有效地掌握基本知识、基本理论和基本操作技能,才能将本课程学得活、记得牢、利用

得好。

(二) 药用植物学与其他学科的关系

药用植物学是药学和中药学专业必修的专业基础课,凡涉及植物类中药的资源、品种、质量研究和教学的学科均和药用植物学有着密不可分的关系。

与药用植物学有关的学科主要有以下5个。

1. 生药学

生药学是指以生药(植物、动物、矿物)为主要研究对象,对生药的名称、来源(基原)、生产(栽培)、采制(采集、加工、炮制)、鉴定(真伪鉴别和品质评价)、化学成分、医疗用途、组织培养、资源开发与利用和新药创制等进行研究的学科。

2. 中药鉴定学

中药鉴定学是鉴定中药的真伪和优劣、整理中药品种,以确保中药质量、研究新药源的一门应用学科。中药鉴定学一般从原植物鉴定、性状鉴定、显微鉴定、理化鉴定四个方面对药材进行鉴定。这些鉴定方法的主要理论依据和技术方法多以药用植物学的基本理论、知识和技能为基础,是药用植物学系统理论、知识与技能在个药鉴定中的实际应用。

3. 中药资源学

中药资源学是研究中药资源的形成、种类构成、数量和质量、地理分布、时空变化、合理开发利用以及保护和管理的一门学科。由于药用植物资源是构成中药资源的主体和主要研究对象,所以与药用植物相关的理论、知识和技术必然成为该学科最直接的基础。

4. 药用植物栽培学

药用植物栽培学是研究药用植物生长发育规律及其人工调控技术,提高中药材生产质量和产量的一门学科。其研究对象和内容包括药用植物的生长特性、繁殖方法、田间管理、病虫害防治、留种技术、产地加工与贮藏的理论、知识与技能,这些均是药用植物学相关理论知识和方法在栽培实践中的具体应用。

5. 中药化学

中药化学是研究中药所含化学成分的提取、分离和结构测定的一门学科。中药品种复杂多样,植物种类不同,其所含化学成分也不尽相同。例如,中药防己有来源于马兜铃科的广防己(*Isotrema fangchi* X. X. Zhu, S. Liao et J. S. Ma),也有来源于防己科的粉防己(*Stephania tetrandra* S.Moore)。前者含有马兜铃酸,后者不含马兜铃酸而含汉防己碱等多种生物碱。同时,植物的化学成分与亲缘关系之间存在一定的联系,亲缘关系相近的种类通常含有相似的化学成分,因此可以利用某些化学成分分布在某些科属植物中这一规律去研究药用植物,以便寻找新的药用植物资源。这类工作国内外已取得显著的成果。可见,探索植物类群所含化学成分及其在植物分类系统中的分布规律和生物合成途径,配合传统分类学等相关学科,从植物化学角度进一步阐述植物的分类及系统发育,已成为一项新的研究课题。因此,药用植物学与中药化学相互依赖,具有密不可分的关系。

第一篇　药用植物学基础

第一章　药用植物学基础

学习导图：

- 细胞的主要组成
  - 细胞壁：组成及特化
  - 原生质体：定义及组成
  - 后含物：定义及类型（淀粉粒*及晶体*）
- 组织
  - 简单组织
    - 分生组织
    - 保护组织*
    - 基本组织
    - 机械组织*
    - 输导组织*
    - 分泌组织
  - 复合组织：维管束的组成及类型

案例：

1. 川贝母来源于百合科植物川贝母 *Fritillaria cirrhosa* D.Don、暗紫贝母 *F. unibracteata* Hsiao et K.C.Hsia、甘肃贝母 *F. przewalskii* Maxim.、梭砂贝母 *F. delavayi* Franch.、太白贝母 *F. taipaiensis* P.Y.Li 或瓦布贝母 *F. unibracteata* Hsiao et K.C.Hsia var. wabuensis(S.Y. Tang et S.C.Yue)Z.D.Liu,S.Wang et S.C.Chen 的干燥鳞茎，其来源有六种，请问如何利用后含物中的淀粉粒知识来鉴定区分不同的种？传统和现代的方法均可。

2. 大青叶来源于十字花科植物菘蓝 *Isatis indigotica* Fort.的叶，而蓼大青叶来源于蓼科植物蓼蓝 *Polygonum tinctorium* Ait.的干燥叶，此外仍有地方用爵床科植物板蓝 *Strobilanthes cusia*(Nees) Kuntze（马蓝）、马鞭草科植物大青 *Clerodendrum cyrtophyllum* Turcz.（路边青）的叶，请问如何用毛茸和气孔的知识来区分这几种药材？

第一节　植物细胞的形态和结构

细胞(cell)是构成植物体结构和功能的基本单位。单细胞植物体由一个细胞构成，一切生命活动都在这个细胞内完成。多细胞植物体由许多形态和功能不同的细胞组成，这些细胞相互依存,彼此协作,共同完成植物体的所有生命活动。

植物细胞形状多种多样,并随植物种类及其存在部位和功能的不同而异。单细胞植物体处于游离状态,常呈类圆形、椭圆形和球形;组织中排列紧密的细胞呈多面体形或其他形状;执行支持功能的细胞,其细胞壁常增厚,多为纺锤形、圆柱形等;执行输导功能的细胞则多呈长管状。

植物细胞的大小差异很大,一般细胞的直径为 10~100 μm。最原始的细菌细胞直径只有 0.1 μm。少数植物的细胞较大,如番茄、西瓜的果肉细胞贮藏了大量水分和营养物质,其贮藏组织细胞直径可达 1 mm。苎麻纤维可长达 200 mm,有的甚至可达 550 mm。最长的细胞是无节乳汁管,长达数米甚至更长。

一般观察植物的细胞必须借助于显微镜。用光学显微镜观察到的内部构造,称为显微结构(microscopic structure)。光学显微镜的分辨极限不小于 0.2 μm,有效放大倍数一般不超过 1 200 倍。电子显微镜的有效放大倍数已超过 100 万倍,可以观察到更细微的结构。在电子显微镜下观察到的结构为超微结构(ultra microscopic structure)或亚显微结构(submicroscopic structure)。

不同植物细胞的形状和构造是不相同的,同一个细胞在不同的发育阶段,其构造也是不一样的。通常将各种植物细胞的主要构造集中在一个细胞内说明,这个细胞被称为典型的植物细胞或模式植物细胞。一个典型的植物细胞由原生质体、后含物和细胞壁三部分组成。

植物细胞外面包围着一层比较坚韧的细胞壁,壁内的生命物质总称为原生质体,主要包括细胞质、细胞核、质体、线粒体等;其内还含有多种非生命的物质,它们是原生质体的代谢产物,称为后含物;另外,细胞内还存在一些生理活性物质。

一、细胞壁

细胞壁(cell wall)是包围在植物细胞原生质体外面的具有一定硬度和弹性的薄层结构。它是由原生质体分泌的非生命物质(纤维素、果胶质和半纤维素)形成的,但近代研究证明,在细胞壁尤其是初生壁中含有少量具有生理活性的蛋白质。细胞壁对原生质体起保护作用,能使细胞保持一定的形状和大小,与植物组织的吸收、蒸腾、物质的运输和分泌有关。细胞壁是植物细胞所特有的结构,它与液泡、质体一起构成了植物细胞区别于动物细胞的三大结构特征。由于植物的种类、细胞的年龄和细胞执行功能的不同,细胞壁在成分和结构上的差别是极大的。

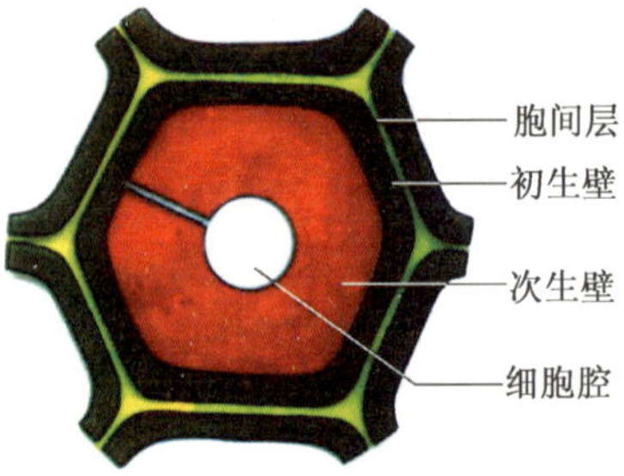

图 1-1　细胞壁结构示意图

(一) 细胞壁的分层

在光学显微镜下,通常细胞壁分成胞间层、初生壁和次生壁 3 层(图 1-1)。

1. 胞间层(intercellular layer)

胞间层又称中层(middle lamella),为相邻两个细胞所共有的薄层,是细胞分裂时最早形成的分隔层,由一种无定形、胶状的果胶(pectin)类物质组成。胞间层有着把两个细胞粘连在一起的作用。果胶质能溶于酸、碱溶液,又能被果胶酶分解,使得细胞间部分或全部分离。细胞在生长分化过程中，胞间层可以被果胶酶部分溶解，这部分的细胞壁彼此分开而形成间隙，称为细胞间隙(intercellular space)。细胞间隙能起到通气和贮藏气体的作用。果实如番茄、桃、梨等在成熟过程中由硬变软，就是果肉细胞的胞间层被果胶酶溶解而使细胞彼此分离所致。沤麻就是利用微生物产生的果胶酶使胞间层的果胶溶解、破坏，导致纤维细胞分离的。在药材鉴定上，常用硝酸和铬酸的混合液、氢氧化钾或碳酸钠溶液等解离剂把植物类药材制成解离组织，然后进行观察鉴定。

2. 初生壁(primary wall)

在细胞生长过程中，原生质体分泌的物质(主要是纤维素、半纤维素和果胶类)添加到胞间层的内方，形成初生壁。初生壁一般较薄，厚1~3 μm，能随着细胞的生长而延伸，这是初生壁的重要特性。原生质体分泌的物质还可以不断地填充到细胞壁的结构中去，使初生壁继续增长，称为填充生长。代谢活跃的细胞，通常终身只具有初生壁。在电子显微镜下，可看到初生壁的物质排列成纤维状，称为微纤丝。微纤丝由平行排列的长链状的纤维素分子组成。纤维素是构成初生壁的框架，而果胶类物质、半纤维素以及木质素、角质等填充于框架之中。

3. 次生壁(secondary wall)

次生壁是在细胞停止生长以后，在初生壁内侧继续积累的细胞壁层。它的成分主要是纤维素和少量的半纤维素，生长后期常含有木质素(lignin)。次生壁一般较厚(5~10 μm)，质地较坚硬，因此有增强细胞壁机械强度的作用。次生壁是在细胞成熟时形成的，原生质体分泌的物质增加，在胞间层的内侧使细胞壁略有增厚，称为附加生长。原生质体停止活动，次生壁也就停止了沉积。次生壁往往是在细胞特化时形成的，成熟时原生质体死亡，残留的细胞壁起支持和保护植物体的作用。植物细胞都有初生壁，但不是都有次生壁。具有次生壁的细胞，其初生壁就很薄，并且两个相邻细胞的初生壁和它们之间的胞间层三者已形成一种整体似的结构，称为复合中层(compound middle lamella)，有时也包括早期形成的次生壁。

(二) 纹孔和胞间连丝

细胞壁次生增厚时，在初生壁很多地方留下一些没有增厚的部分，只有胞间层和初生壁，这种比较薄的区域称为纹孔(pit)。相邻两个细胞的纹孔在相同部位常成对存在，称为纹孔对(pit pair)。纹孔对之间由初生壁和胞间层所构成的薄膜，称为纹孔膜(pit membrane)。纹孔膜两侧没有次生壁的腔穴常呈圆筒或半球形，称为纹孔腔(pit cavity)。纹孔腔在细胞壁的开口，称为纹孔口(pit aperture)。纹孔的存在有利于细胞间水和其他物质的运输。根据纹孔对的形状和结构，纹孔分为单纹孔、具缘纹孔和半具缘纹孔3种类型(图1-2)。

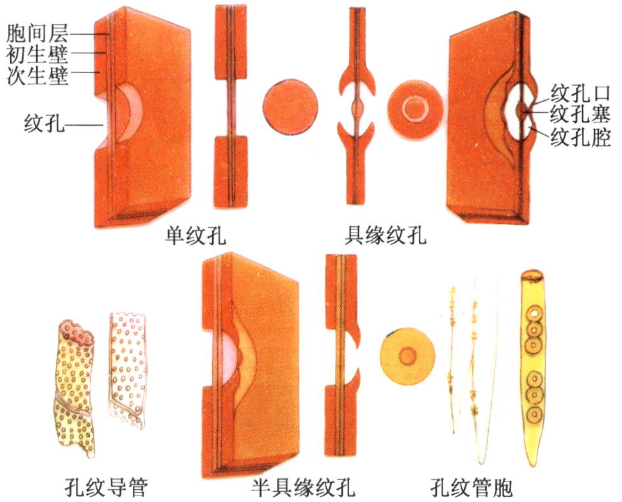

图1-2 纹孔图解

1. 单纹孔(simple pit)

单纹孔结构简单,次生壁上未加厚的部分呈圆筒形,即从纹孔膜至纹孔口的纹孔腔呈圆筒状。单纹孔多存在于薄壁细胞、韧型纤维和石细胞中。当次生壁很厚时,单纹孔的纹孔腔就很深,状如一条长而狭窄的孔道或沟,称为纹孔道或纹孔沟。

2. 具缘纹孔(bordered pit)

具缘纹孔最明显的特征就是纹孔周围的次生壁向细胞腔内凸起呈拱状,中央有一个小的开口,这种纹孔称为具缘纹孔。凸起的部分称为纹孔缘,纹孔缘所包围的里面部分呈半球形,即纹孔腔。纹孔口有各种形状,一般多呈圆形或狭缝状。在显微镜下,从正面观察具缘纹孔呈现两个同心圆,外圈是纹孔膜的边缘,内圈是纹孔口的边缘。松科和柏科等裸子植物管胞上的具缘纹孔,其纹孔膜中央特别厚,形成纹孔塞。纹孔塞具有活塞的作用,能调节胞间液流,这种具缘纹孔从正面观察呈现 3 个同心圆。具缘纹孔常分布于纤维管胞、孔纹导管和管胞中。

3. 半具缘纹孔(half bordered pit)

半具缘纹孔是由单纹孔和具缘纹孔分别排列在纹孔膜两侧所构成的,是导管或管胞与薄壁细胞相邻的细胞壁所形成的纹孔对,从正面观察有 2 个同心圆。观察粉末时,半具缘纹孔与不具纹孔塞的具缘纹孔难以区别。

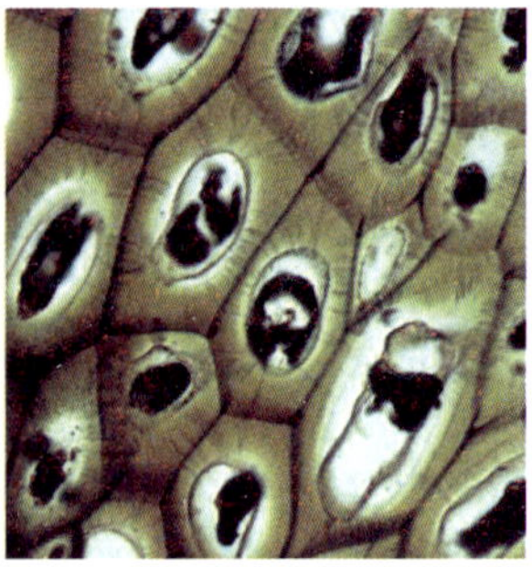

图 1-3 胞间连丝

4. 胞间连丝(plasmodesmata)

许多纤细的原生质丝穿过初生壁上的微细孔隙,连接相邻细胞,这种原生质丝称为胞间连丝(图 1-3)。它使植物体的各个细胞彼此连接成一个整体,有利于细胞间的物质运输和信息传递。在电子显微镜下观察,可见胞间连丝中有内质网连接相邻细胞内质网系统。胞间连丝一般不明显,柿、黑枣、马钱子等种子内的胚乳细胞,由于细胞壁较厚,胞间连丝较为显著,但也必须经过染色处理才能在显微镜下观察到。

(三) 细胞壁的特化

细胞壁主要由纤维素构成。纤维素加氯化锌碘试液,显蓝色或紫色。由于细胞生理功能的不同,细胞壁常常发生各种不同的特化,常见的有木质化、木栓化、角质化、黏液质化和矿质化。

1. 木质化(lignification)

细胞壁内增加了木质素,可使细胞壁的硬度增强,机械支持力增加。木质化细胞壁变得很厚时,其细胞多趋于衰老或死亡,如导管、管胞、木纤维、石细胞等。

木质化细胞壁加入间苯三酚试液和盐酸,显红色或紫红色;加入氯化锌碘试液,显黄色或棕色。

2. 木栓化(suberization)

细胞壁中增加了木栓质(suberin),木栓化的细胞壁常呈黄褐色,不透气、不透水,使细胞内的原生质体与外界隔离而坏死,成为死细胞。木栓化的细胞对植物内部组织具有保护作用,树干的褐色树皮就是木栓化细胞和其他死细胞的混合体。

木栓化细胞壁加入苏丹Ⅲ试剂,显橘红色或红色;遇苛性钾加热,木栓质则会溶解成黄色油滴状。

3. 角质化(cutinization)

原生质体产生的角质(cutin),除了填充到细胞壁内使细胞壁角质化外,还常常积聚在细胞壁的表面形成一层无色透明的角质层(cuticle)。角质化细胞壁或角质层可防止水分的过度蒸发和微生物的侵害,增加对植物内部组织的保护作用。

角质化细胞壁或角质层的化学反应与木栓化类同,加入苏丹Ⅲ试剂加热,显橘红色或红色;遇碱液加热则能较持久地保持。

4. 黏液质化(mucilagization)

黏液质化是细胞壁中所含的果胶质和纤维素等成分变成黏液的一种变化。许多植物种子的表皮中具有黏液质化的细胞,如车前、芥菜、亚麻果实的表皮细胞中都具有黏液质化的细胞。黏液质化的细胞壁加入玫红酸钠乙醇溶液,可染成玫瑰红色;加入钌红试液,则可染成红色。

5. 矿质化(mineralization)

细胞壁中增加硅质或钙质等,增强了细胞壁的坚固性,使茎、叶的表面变硬、粗糙,增强植物的机械支持能力。例如,禾本科植物的茎、叶,木贼的茎以及硅藻的细胞壁内都含有大量的硅酸盐。硅质化细胞壁不溶于硫酸或醋酸,但溶于氟化氢,可区别于草酸钙和碳酸钙。

二、原生质体

原生质体(protoplast)是细胞内所有生命物质的总称,根据形态、功能的不同,可分为细胞质和细胞器,是细胞的主要部分。细胞的一切代谢活动都在这里进行。

构成原生质体的物质基础是原生质(protoplasm)。原生质是细胞结构和生命物质的基础,其化学成分十分复杂,组成成分也因新陈代谢而在不断地变化。它的基本化学成分是蛋白质、核酸、类脂和糖等,其中以蛋白质与核酸(nucleic acid)为主的复合物是最主要的化学组成。核酸有两类,一类是脱氧核糖核酸(deoxyribonucleic acid),简称DNA,是决定生物遗传和变异的遗传物质;另一类是核糖核酸(ribonucleic acid),简称RNA,是把遗传信息传送到细胞质的中间体,它直接影响着蛋白质的合成。DNA和RNA在化学结构上的区别有以下二点:一是DNA所含的是D-脱氧核糖,而RNA所含的是D-核糖;二是DNA所含的4种碱基是A、G、C、T(腺嘌呤、鸟嘌呤、胞嘧啶、胸腺嘧啶),而RNA所含的4种碱基是A、G、C、U(A、G、C与DNA一样,只是U尿嘧啶代替了T胸腺嘧啶);三是DNA分子含有两条多核苷酸长链,沿着一共同轴旋绕成螺旋梯级状,而RNA分子则是一条单链。

原生质的物理特性表现在它是一种无色半透明、具有弹性、略比水重(相对密度为1.025~1.055)、有折光性的半流动亲水胶体(hydrophilic colloid)。原生质的化学成分在新陈代谢过程中不断地变化,其相对成分为:水85%~90%,蛋白质7%~10%,脂类1%~2%,其他有机物1%~1.5%,无机物1%~1.5%。在干物质中,蛋白质是最主要的成分。

(一)细胞质(cytoplasm)

细胞质充满在细胞壁和细胞核之间,是原生质体的基本组成部分,为半透明、半流动、无固定结构的基质。在细胞质中还分散着细胞器,如细胞核、质体、线粒体和后含物等。在幼小的植物细胞里,细胞质充满整个细胞,随着细胞的生长发育和长大成熟,液泡逐渐形成和扩大,将细胞质挤到细胞的周围,紧贴着细胞壁。细胞质与细胞壁相接触的膜称为细胞质膜或质膜,与液泡相接触的膜称为液泡膜。它们控制着细胞内外水分和物质的交换。在质膜与液泡之间的部分又称为中质(基质、胞基质),细胞核、质体、线粒体、内质网、高尔基体等细胞器分布在其中。

细胞质具有自主流动的能力,这是一种生命现象。在光学显微镜下,可以观察到叶绿体的运动,这就是细胞质在流动的结果。细胞质的流动能促进细胞内营养物质的流动,有利于新陈代谢的进行,对于细胞的生长发育、通气和创伤的恢复都有一定的促进作用。在电子显微镜下可观察到细胞质的一些细微和复杂的构造。

1. 质膜(细胞质膜,plasma membrane)

质膜是指细胞质与细胞壁相接触的一层薄膜,在光学显微镜下不易直接识别。在电子显微镜下,可见质膜具有明显的三层结构,两侧成两个暗带,中间夹有一个明带。3 层的总厚度约为 7.5 nm,其中两侧暗带各约 2 nm,中间的明带约为 3.5 nm。明带的主要成分为脂类,暗带的主要成分为蛋白质。这种在电子显微镜下显示出具有 3 层结构成为 1 个单位的膜,称为单位膜(unit membrane)。

细胞核、叶绿体、线粒体等细胞器表面的包被膜一般也都是单位膜,其层数、厚度、结构和性质都存在差异。

2. 质膜的功能

(1) 选择透性:质膜对不同物质的通过具有选择性,它能阻止糖和可溶性蛋白质等许多有机物从细胞内渗出,同时又能使水、盐类和其他必需的营养物质从细胞外进入,从而使得细胞具有一个合适而稳定的内环境。

(2) 渗透现象:质膜的透性还表现出一种半渗透现象,由于渗透的功能,所有分子不断地运动,并从高浓度区向低浓度区扩散,如质壁分离现象。

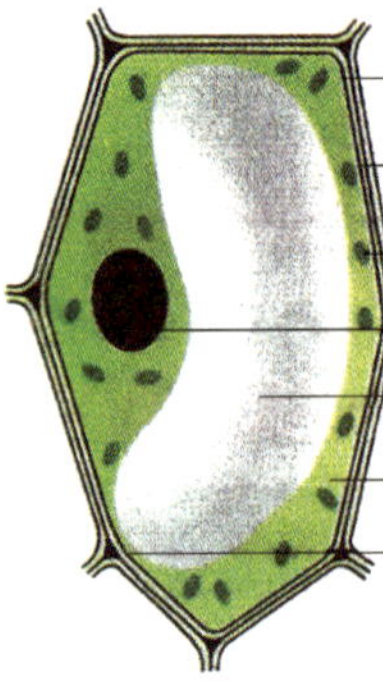

图 1-4 植物细胞的显微结构模式图

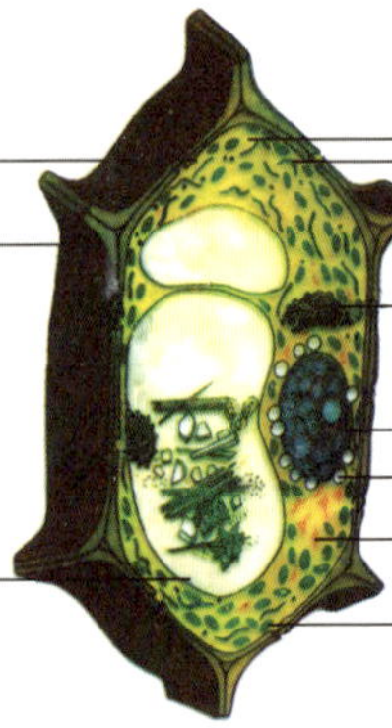

图 1-5 植物细胞的超微结构模式图

(3) 调节代谢的作用:质膜通过多种途径调节细胞代谢。植物体内不同细胞对多种激素、药物有高度选择性。一般认为,它们是通过与细胞质膜上的特异受体结合而起作用的。这种受体主要是蛋白质。蛋白质与激素、药物等结合后发生变构现象,改变了细胞膜的通透性,进而调节细胞内各种代谢活动。

(4) 对细胞识别的作用:生物细胞对同种和异种细胞的认识,对自己和异己物质的识别过程,称为细胞识别。单细胞植物及高等植物的许多重要生命活动都和细胞的识别能力有关,如植物的雌蕊能否接受花粉进行受精等。

(二) 细胞器(organelle)

细胞器是细胞质内具有一定形态结构、成分和特定功能的微小器官,也称拟器官。目前认为,细胞器包括细胞核、质体、线粒体、液泡、内质网、高尔基体、核糖体和溶酶体等。前四种可以在光学显微镜下观察到,其他的则只能在电子显微镜下看到(图 1-4、图 1-5)。

1. 细胞核(nucleus)

除细菌和蓝藻外,所有其他植物细胞都含有细胞核。通常高等植物的细胞只有一个细胞核。细胞核一般呈圆球形、椭圆形、卵圆形,或稍伸长。但有些植物细胞的核呈其他形状,如禾本科植物气孔的保卫细胞的核呈哑铃形等。细胞核的大小差异很大,其直径大多在 10~20 μm,最大的细胞核直径可达 1 mm,如苏铁受精卵;而最小的细胞核直径只有 1 μm,如一些真菌。细胞核位于细胞质中,其位置和形状随生长而变化。在幼小的细胞中,细胞核位于细胞中央,随着细胞的长大,由于中央液泡的形成,细胞核随细胞质一起被挤压到细胞的一侧,形状也常呈扁圆形。也有的细胞到成熟时细胞核被许多线状的细胞质悬挂在细胞中央。

在光学显微镜下观察活细胞,因细胞核具有较高的折光率而易被看到,其内部似呈无色透明、均匀状态,比较黏滞,但经过固定和染色以后,可以看到其复杂的内部构造。细胞核包括核膜、核仁、核液和染色质四部分。

(1) 核膜(nuclear envelope):细胞核外与细胞质分开的一层界膜。无明显核膜的生物称为原核生物,如细菌和蓝藻;有明显核膜的生物称为真核生物,如被子植物等。在光学显微镜下观察,核膜只有一层薄膜。在电子显微镜下观察,它是双层结构的膜,这两层膜都由蛋白质和磷脂的双分子层构成。核膜上有呈均匀或不均匀分布的许多小孔,称为核孔(nuclear pore),其直径约为 50 nm,是细胞核与细胞质进行物质交换的通道。

(2) 核仁(nucleolus):细胞核中折光率更强的小球状体,通常有一个或几个。核仁主要由蛋白质、RNA 组成,还可能含有少量的类脂和 DNA。核仁是核内 RNA 和蛋白质合成的主要场所,与核糖体的形成有关,并且还能传递遗传信息。

(3) 核液(nuclear sap):充满在核膜内的透明而黏滞性较大的液胶体,其中分散着核仁和染色质。核液的主要成分是蛋白质、RNA 和多种酶,这些物质保证了 DNA 的复制和 RNA 的转录。

(4) 染色质(chromatin):分散在细胞核液中、易被碱性染料(如藏红花、甲基绿)着色的物质。当细胞核进行分裂时,染色质成为一些螺旋状扭曲的染色质丝,进而形成棒状的染色体(chromosome)。各种植物染色体的数目、形状和大小是各不相同的。但对于同一物种来说,则是相对稳定不变的。染色质主要由 DNA 和蛋白质组成,还含有 RNA。

由于细胞的遗传物质主要集中在细胞核内,所以细胞核的主要功能是控制细胞的遗传和生长发育,也是遗传物质存在和复制的场所,并且决定蛋白质的合成,还控制质体、线粒体中主要酶的形成,从而控制和调节细胞的其他生理活动。

2. 质体(plastid)

质体是植物细胞特有的细胞器,与碳水化合物的合成和贮藏有密切关系。在细胞中,质体数目不一,其体积比细胞核小,但比线粒体大,由蛋白质、类脂等组成。质体可分为含色素和不含色素两种类型。含色素的质体有叶绿体和有色体两种,不含色素的质体为白色体(图 1-6)。

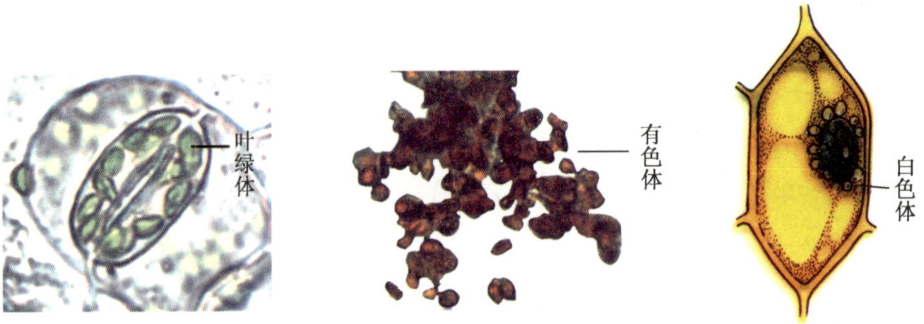

图 1-6 叶绿体、有色体及白色体

(1) 叶绿体(chloroplast):高等植物的叶绿体多为球形、卵形或透镜形的绿色颗粒状,厚度为 1~3 μm,直径为 4~10 μm,在同一个细胞中可以有十至数十个不等。低等植物中,叶绿体的形状、数目和大小随不同植物和不同细胞而异。

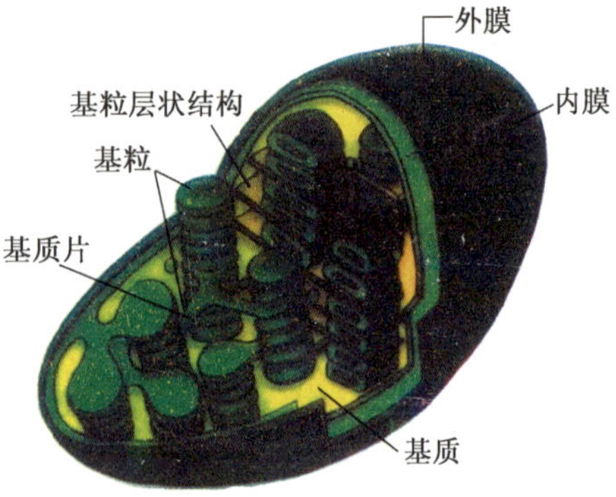

图 1-7 叶绿体的立体结构图解

在电子显微镜下观察时,叶绿体呈现复杂的超微结构,外面由双层膜包被,内部为无色的溶胶状蛋白质基质,其中分散着许多含有叶绿素的基粒(granum),每个基粒由许多双层膜片围成的扁平状圆形的类囊体叠成,在基粒之间,由基质片层将基粒连接起来(图 1-7)。

叶绿体主要由蛋白质、类脂、核糖核酸和色素组成,此外还含有与光合作用有关的酶和多种维生素等。叶绿体主要含有叶绿素甲(chlorophyll A)、叶绿素乙(chlorophyll B)、胡萝卜素(carotin)和叶黄素(xanthophyll)4 种色素。它们均为脂溶性色素,其中叶绿素是主要的光合色素,它能吸收和利用太阳光能,把从空气中吸收来的二氧化碳和从土壤中吸收来的水合成有机物,并将光能转换为化学能贮藏起来,同时放出氧气。胡萝卜素和叶黄素不能直接参与光合作用,只能把吸收的光能传递给叶绿素,起辅助光合作用的功能。所以,叶绿体是进行光合作用和合成同化淀粉的场所。叶绿体中所含的色素以叶绿素为多,遮盖了其他色素,所以呈现绿色。植物叶片的颜色与细胞叶绿体中这 3 种色素所含的比例有关。叶绿素占优势时,叶片呈绿色;当营养条件不利、气温降低或叶片衰老时,叶绿素含量降低,叶片呈黄色或橙黄色。

叶绿体广泛分布于绿色植物的叶、茎、花萼和果实中的绿色部分,如叶肉组织、幼茎的皮层,根一般不含叶绿体。

(2) 有色体(chromoplast):又称杂色体,在细胞中常呈针形、圆形、杆形、多角形或不规则形状,其所含的色素主要是胡萝卜素和叶黄素等,使植物呈现黄色、橙红色或橙色。有色体主要存在于花、果实和根中,在蒲公英、唐菖蒲和金莲花的花瓣中,以及在红辣椒、番茄的果实或胡萝卜的根里都可以看到有色体。

除有色体外,植物所呈现的很多颜色与细胞液中含有多种水溶性色素有关。应该注意有色体和色素的区别:有色体是质体,是一种细胞器,具有一定的形状和结构,存在于细胞质中，主要呈黄色、橙红色或橙色；而色素通常溶解在细胞液中，呈均匀状态，主要呈红色、蓝色或紫色，如花青素。

有色体对植物的生理作用还不十分清楚，它所含的胡萝卜素在光合作用中是一种催化剂。有色体存在于花部，使花呈现鲜艳色彩，有利于昆虫传粉。

（3）白色体（leucoplast）：一类不含色素的微小质体，通常呈球形、椭圆形、纺锤形或其他形状。多见于不曝光的器官，如块根或块茎等细胞中。白色体与积累贮藏物质有关，它包括合成淀粉的造粉体、合成蛋白质的蛋白质体和合成脂肪油的造油体。

在电子显微镜下，可观察到有色体和白色体都由双层膜包被，但内部没有基粒和片层等结构。

叶绿体、有色体和白色体都是由前质体发育分化而来的。在一定的条件下，一种质体可以转化成另一种质体（图 1-8）。例如，在番茄的发育过程中，初期的子房是白色的，其子房壁细胞内的质体为白色体（白色体内含有原叶绿素）；当受精后的子房发育成幼果后，由于暴露于光线中，白色体转化为叶绿体，幼果呈绿色；果实成熟过程中，叶绿体转化成有色体，成熟的番茄呈红色或黄色。相反，有色体也可能转化为其他质体，如胡萝卜的根裸露在地面的部分，经日光照射会变成绿色，这是有色体转化为叶绿体。

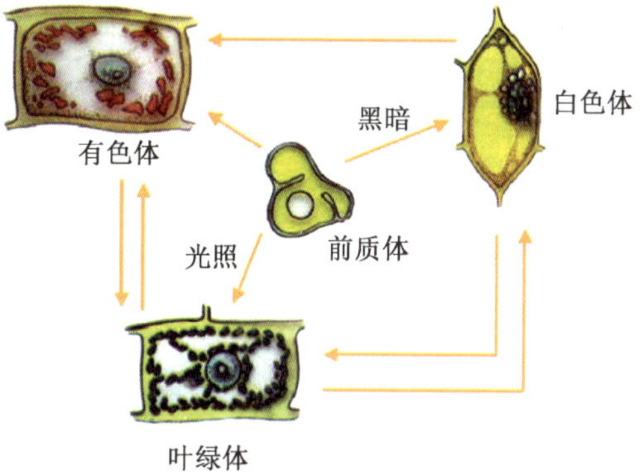

图 1-8　三种质体的转化

3. 线粒体（mitochondria）

线粒体是细胞质中呈颗粒状、棒状、丝状或分枝状的细胞器，比质体小，一般直径为 0.5~1.0 μm，长 1~2 μm。在光学显微镜下，线粒体需要特殊的染色才能进行观察。在电子显微镜下，线粒体由内、外两层膜组成，内层膜延伸到线粒体内部折叠形成管状或隔板状凸起，这种凸起被称为嵴（cristate）。嵴上附着许多酶，在两层膜之间及中心的腔内是以可溶性蛋白为主的基质。线粒体的化学成分主要是蛋白质和拟脂（图 1-9）。

线粒体是细胞中碳水化合物、脂肪和蛋白质等物质进行氧化（呼吸作用）的场所，在氧化过程中释放出细胞生命活动所需的能量，因此线粒体被称为细胞的“动力工厂”。此外，线粒体对物质合成、盐类的积累等起着很大的作用。

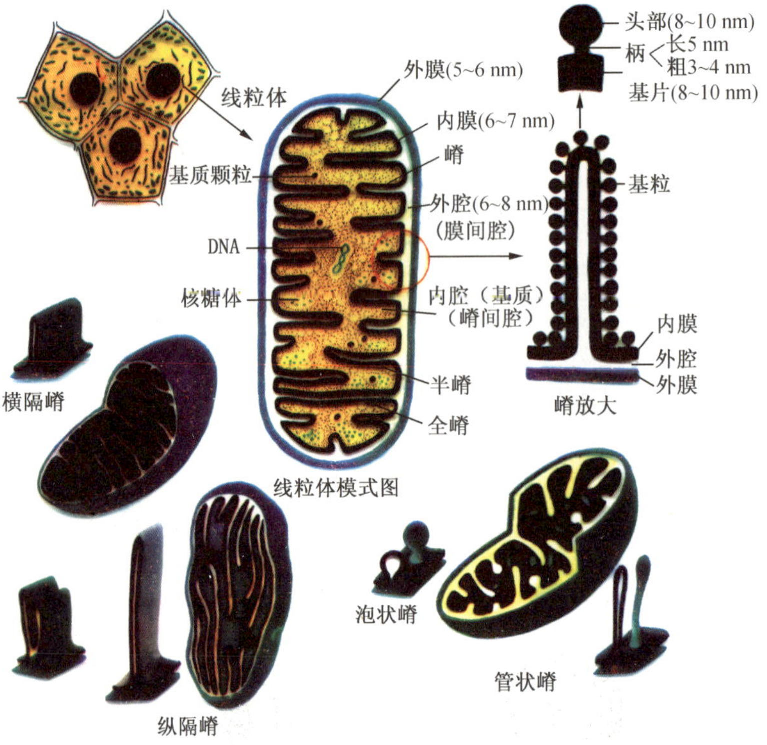

图 1-9 线粒体

4. 液泡(vacuole)

液泡是植物细胞特有的结构。在幼小的细胞中,液泡是不明显的,体积小,数量多。随着细胞的生长,小液泡相互融合并逐渐变大,最后在细胞中央形成一个或几个大型液泡,可占据整个细胞体积的90%以上,而细胞质连同细胞器一起,被中央液泡推挤成为紧贴细胞壁的一个薄层(图 1-10)。

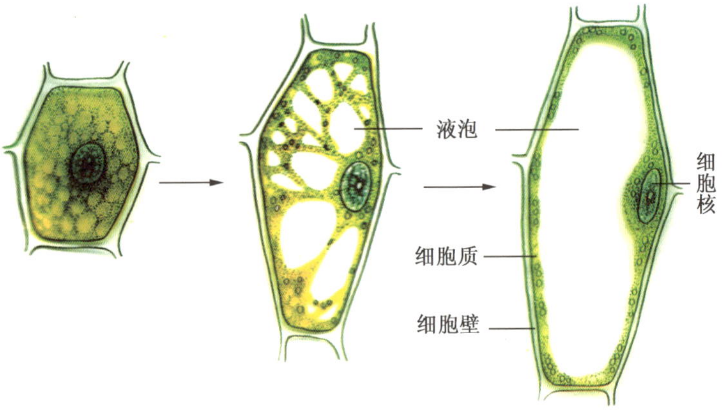

图 1-10 液泡的形成

液泡外被一层膜,称为液泡膜(tonoplast),其具有生命,是原生质的组成部分之一。膜内充满细胞液(cell sap),是细胞新陈代谢过程产生的混合液,它是无生命的。细胞液的成分非常复杂,在不同植物、不同器官、不同组织中,其成分也各不相同,同时也与发育过程、生态环境等因素有关。各种细胞的细胞液包含的主要成分除水外，还有各种次生代谢产物，如糖类（saccharide）、盐类（salts）、生物碱（alkaloid）、苷类（glucosides）、单宁（tannin）、有机酸（organic acid）、挥发油（volatile oil）、色素（pigments）、树脂（resin）、草酸钙结晶等，其中不少化学成分具有强烈的生物活性，是植物药的有效成分。液泡膜具有特殊的选择透过性。液泡的主要功能是积极参与细胞内的分解活动、调节细胞的渗透压、参与细胞内物质的积累与移动，在维持细胞质内外环境的稳定上起着重要的作用。

5. 内质网（endoplasmic reticulum）

内质网是分布在细胞质中，由双层膜构成的网状管道系统，管道以各种形态延伸或扩展成为管状、泡囊状或片状结构，在电子显微镜下的切片中，内质网是两层平行的单位膜，每层膜厚度约为 5 nm，两层膜的间隔有 40~70 nm，以及由膜围成的泡、囊或更大的腔，将细胞质隔成许多间隔。

内质网可分为两种类型：一种是膜的表面附着许多核糖核蛋白体（核糖体）的小颗粒，这种内质网被称为粗糙内质网。其主要功能是合成输出蛋白质（分泌蛋白），还能产生构成新膜的脂蛋白和初级溶酶体所含的酸性磷酸酶。另一种内质网上没有核糖核蛋白体的小颗粒，这种内质网被称为光滑内质网，其功能是多样的，如合成、运输类脂和多糖。两种内质网可以互相转化（图 1-11）。

6. 高尔基体（Golgi body）

高尔基体是意大利细胞学家高尔基（Golgi）于 1898 年首先在动物神经细胞中发现的，几乎在所有动物和植物细胞中都普遍存在。高尔基体分布于细胞质中，主要分布在细胞核的周围和上方，是由两层膜所构成的平行排列的扁平囊泡、小泡和大泡（分泌泡）组成的。这些结构常由 2~20 个囊泡堆积在一起，其直径为 1~3 μm，每个囊泡厚 0.014~0.02 μm。大泡（分泌泡）常分布于弓形囊泡的凹面（分泌面），而小泡常存在于弓形囊泡的凸面（未成熟面）。高尔基体的功能是合成和运输多糖，并且能够合成果胶、半纤维素和木质素，参与细胞壁的形成（图 1-12）。

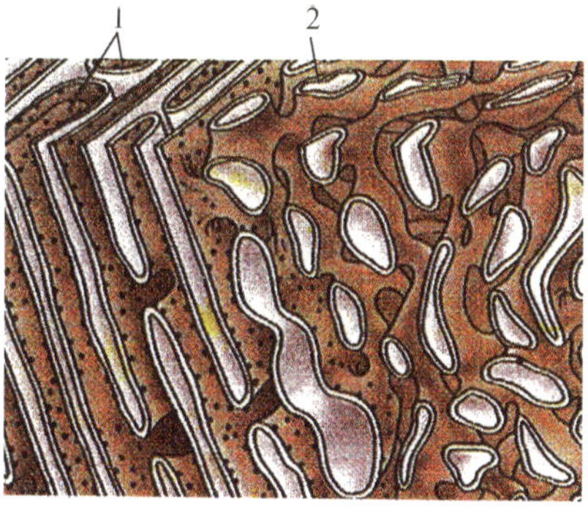

图 1-11　内质网示意图

1. 粗糙内质网；2. 光滑内质网。

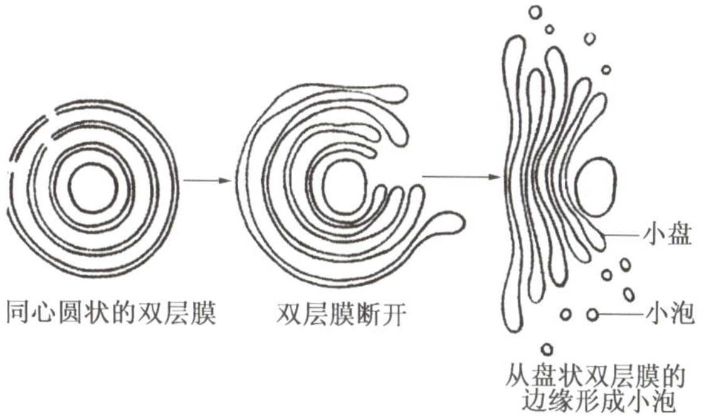

图 1-12　高尔基体的形成示意图

7. 核糖体（ribosome）

核糖体又称核糖核蛋白体或核蛋白体。核糖体是细胞中的超微颗粒，通常呈球形或长圆形，直径为 10~15 nm，游离在细胞质中或附着于内质网上，而在细胞核、线粒体和叶绿体内较少。核糖体由45%~65%的蛋白质和35%~55%的核糖核酸组成,其中核糖核酸含量占细胞中核糖核酸总量的85%。核糖体是蛋白质合成的场所。

8. 溶酶体(lysosome)

溶酶体是分散在细胞质中、由单层膜构成的小颗粒。数目可多可少,一般直径为0.1~1 μm,膜内含有各种能水解不同物质的消化酶,如蛋白酶、核糖核酸酶、磷酸酶、糖苷酶等。当溶酶体膜破裂或受损时,酶释放出来,同时也被活化。溶酶体的功能主要是分解大分子,起到消化和消除残余物的作用。此外,溶酶体还有保护作用,溶酶体膜能使溶酶体的内含物与周围细胞质分隔,显然这层界膜能抗御溶酶体的分解作用,并阻止酶进入周围细胞质内,保护细胞,免于自身消化。

三、后含物

后含物(ergastic substance)是指细胞代谢活动过程中产生的各种非生命物质的总称,是植物细胞贮藏的营养物质或者代谢产物。它包括淀粉、菊糖、蛋白质、脂肪、色素及晶体等,后含物的种类及存在形式可因植物的种类、器官、组织和细胞的不同而异。因此,后含物的形态和性质是药用植物鉴定的依据之一。

(一) 淀粉(starch)

淀粉是植物体中碳水化合物的主要贮藏形式,由多分子葡萄糖脱水缩合而成,以淀粉粒的形式存在于贮藏器官,如根、地下茎或种子的薄壁细胞中。光合作用时,淀粉在叶绿体内形成后,被水解成葡萄糖运输到植物的贮藏器官,再由贮藏器官中的造粉体重新合成贮藏淀粉。一个造粉体内可能含有一个或几个淀粉粒。

淀粉积累时,先围绕一个或几个点开始,形成淀粉的核心即脐点(hilum),围绕该核心,直链淀粉和支链淀粉交替地由内向外逐层沉积。由于两者在水中的膨胀度不同,形成了许多明暗相间的同心环纹,称为层纹(annular striation)。

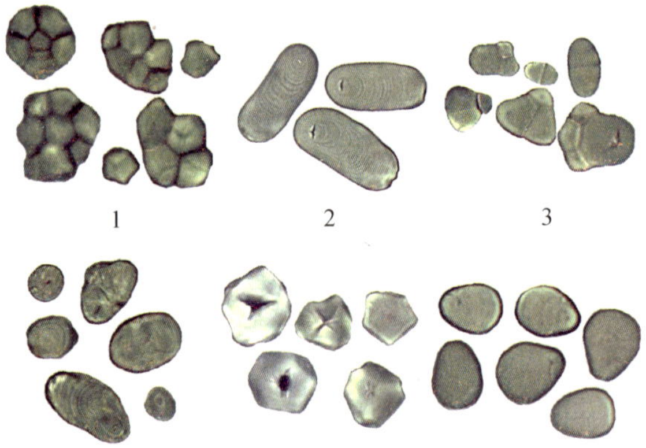

图1-13 淀粉粒的形态

1. 葛根; 2. 藕; 3. 半夏; 4. 狗脊; 5. 玉米; 6. 平贝母。

淀粉粒的形态差别很大,有圆球形、卵形、多面体等;脐点的形状有点状、裂隙状、分叉状、星状等,有的位于中央,有的偏向一侧。层纹的明显程度和有无,往往因植物种类的不同而异。淀粉粒有单粒、复粒和半复粒三种类型。单粒淀粉粒是指一个淀粉粒只有一个脐点;复粒淀粉粒是一个淀粉粒有两个或两个以上的脐点,每个脐点有各自的层纹;半复粒淀粉粒是指一个淀粉粒有两个或两个以上的脐点,每个脐点除了有少数各自的层纹外,还有许多共同的层纹(图1-13)。

各种植物中淀粉粒的形状、大小、层纹和脐点等特征,可作为药材鉴定的一种依据。

淀粉粒不溶于水,在热水中膨胀而糊化。遇稀碘、碘化钾溶液,直链淀粉呈蓝色,支链淀粉呈紫红色。一般的植物同时含有上述两种淀粉,故遇稀碘、碘化钾溶液呈蓝紫色。

（二）菊糖(inulin)

菊糖是淀粉的异构体，由果糖分子聚合而成，常分布在菊科、桔梗科等植物根或地下茎的薄壁细胞中。菊糖溶于水，不溶于乙醇。将含菊糖的材料置于70%的乙醇中浸泡1周后，在显微镜下可观察到薄壁细胞中有球状、半球状的晶体析出。菊糖遇25%的α-萘酚溶液再加浓硫酸呈紫红色而溶解(图1-14)。

图1-14　大丽菊根内的菊糖结晶

1. 细胞内的菊糖结晶；2. 放大的菊糖结晶。

（三）蛋白质(protein)

植物细胞中贮藏的蛋白质与构成原生质体的活性蛋白质不同，它是非活性而比较稳定的无生命的物质。通常以糊粉粒(aleurone grain)的状态贮存于细胞质、液泡、细胞核及质体中，常以无定形的小颗粒或结晶体的形式存在(图1-15)。在形态结构方面，它们有的外面有一层蛋白质膜包裹，里面为无定形的蛋白质基质；有的为蛋白质拟晶体；有的与磷酸钙镁构成球状体蛋白。种子的胚乳或子叶细胞中多含有丰富的蛋白质，谷物类作物种子常形成特殊的一至几层细胞(糊粉层)。糊粉粒一般较淀粉粒小，两者常同时存在于一个细胞中。蛋白质在加入碘溶液后呈暗黄色；遇硫酸铜加苛性碱水溶液显紫红色。

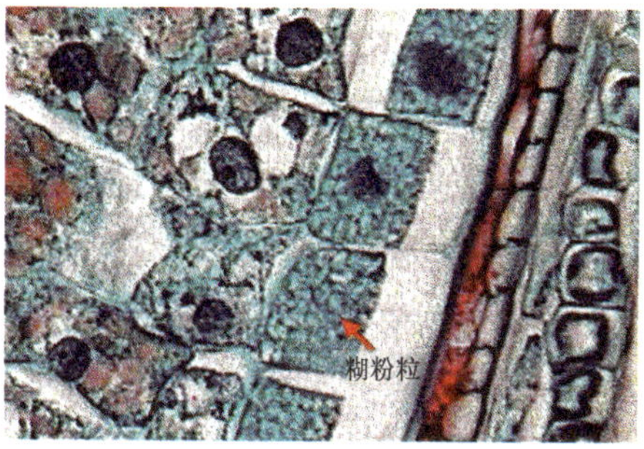

图1-15　细胞中的糊粉粒

（四）脂肪(fat)和脂肪油(fat oil)

由脂肪酸和甘油结合而成的酯，常温下呈固体或半固体的称脂肪，呈液体的称脂肪油。脂肪和脂肪油储藏在植物各器官的细胞质中，尤其是种子的子叶或胚乳细胞中。它们呈小滴状分散于细胞质中。脂肪和脂肪油遇碱则皂化，加入苏丹Ⅲ或Ⅳ试液显橙红色。有些植物的脂肪油具有药理活性，如月见草油可用于治疗高血压。

（五）色素(pigments)

细胞中除叶绿素和类胡萝卜素外，还有一类存在于液泡中的水溶性色素——类黄酮色素(花色苷和黄酮或黄酮醇)，其中常见的是花色苷。其颜色与细胞中的酸碱度有关：酸性时显红色，碱性时显蓝色，中性时则显紫色。红色和紫色的花瓣、果实、茎、叶都是花色苷显示的颜色。牵牛花的颜色在一天之内会有不同的颜色，早晨为蓝色，中午为红色，是由于细胞液由碱性变为酸性。此外，细胞中还有花黄素，它能使果实、花瓣显示黄色。

色素和有色体都与植物体的颜色有关。值得注意的是，色素是水溶性的，呈均匀状态分布在细胞质中，多呈红色、蓝色和紫色。有色体则是一种质体，有一定的形态，呈颗粒、棒状分布于细胞中，多呈黄色、橙黄色、橙红色。

（六）晶体(crystal)

一般认为，晶体由植物细胞代谢过程中产生的废物沉积而成。晶体有多种形式，大多数是钙盐结晶，其中最常见的是草酸钙结晶，少数为碳酸钙、二氧化硅结晶。它们大多数存在于液泡中。不同种类的植物有着不同形态的结晶，这种特征也是鉴定植物品种的依据之一。

1. 草酸钙结晶(calcium oxalate crystal)

草酸钙结晶是植物细胞中最常见的晶体，它的形成可以避免过量的草酸对细胞的毒害作用。草酸钙结晶通常为无色透明的结晶。常见的形状有以下几种类型(图 1-16)。

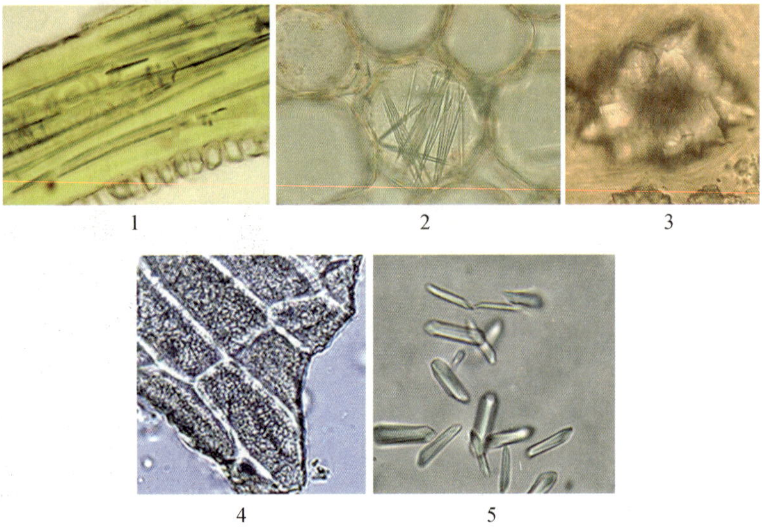

图 1-16 草酸钙结晶

1. 方晶(黄柏)；2. 针晶(麦冬)；3. 簇晶(大黄)；4. 砂晶(麻黄)；5. 柱晶(射干)。

(1) 方晶(solitary crystal)：又称为单晶或块晶，常为斜方形、菱形或长方形等，多单独存在于甘草、黄柏、合欢等植物的细胞中。

(2) 针晶(acicular crystal)：为两端尖锐的针状结晶，通常聚集成束，故称针晶束(raphides)。针晶多分布在麦冬块根、天麻、半夏块茎等植物(部位)的黏液细胞中；也可不规则地散于山药、麦冬、半夏等植物的薄壁细胞中。

(3) 簇晶(cluster crystal)：由许多菱状结晶聚集成多角形星状体，多存在于人参、大黄等植物中。

(4) 砂晶(crystal sand)：晶体细小，呈三角形、箭头状或不规则状等形状，多聚集在颠茄、麻黄等植物的细胞中。

(5) 柱晶(columnar crystal)：长柱形，长度约为直径的 4 倍以上，多存在于射干等鸢尾科植物中。

草酸钙结晶的形状、大小和存在位置，随植物种类的不同而差异较大，有的植物含一种形状，有的植物含有两种或两种以上形状。因此，草酸钙结晶可作为生药鉴定的依据之一。草酸钙结晶不溶于醋酸和水合氯醛，但遇 10%~20% 的硫酸则溶解并产生硫酸钙针晶析出。

2. 碳酸钙结晶(calcium carbonate crystal)

碳酸钙结晶多分布在桑科、爵床科、荨麻科等植物叶的表皮细胞中。常见的碳酸钙结晶呈钟乳状，故又称为钟乳体。碳酸钙和表皮细胞壁结合，即碳酸钙沿着细胞壁呈钉状向细胞腔内沉积，形状如一串悬垂的葡萄，如无花果(具柄)；也有的呈贝壳状，如穿心莲(不具柄)。碳酸钙结晶遇醋酸则溶解并放出二氧化碳气体,据此可与草酸钙结晶区别(图 1-17)。

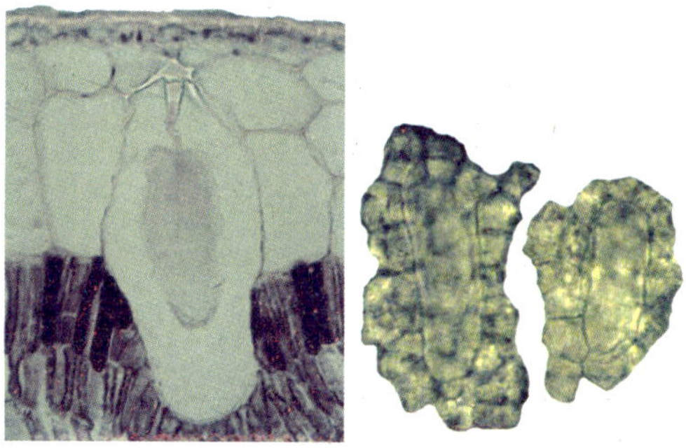

1　　2

图 1-17　碳酸钙结晶

1. 侧面观(印度橡胶);2. 表面观(穿心莲)。

四、植物细胞的分裂

植物的生长和繁衍主要是靠细胞数量的增加和每个细胞体积的增大以及功能的分化来实现的。细胞增殖是细胞分裂的结果。

细胞分裂是指活细胞增殖及其数量由一个变为两个细胞的过程。分裂前的细胞称母细胞,分裂后形成的新细胞称子细胞。细胞分裂通常包括细胞核分裂和细胞质分裂两步。在核分裂过程中,母细胞把遗传物质传给子细胞。

植物细胞的分裂主要有两方面的作用:一是增加体细胞的数量,使植物茁壮成长;二是形成生殖细胞,以繁衍后代。种子植物从受精卵发育成胚,由胚形成幼苗,再由幼苗生长成为具有根、茎、叶并能开花结果的成熟植物体的过程,都必须以细胞分裂为前提。

细胞分裂通常有三种形式:有丝分裂、无丝分裂和减数分裂。

(一) 染色体、单倍体、二倍体和多倍体

1. 染色体(chromosome)

染色体是细胞内具有遗传性质的遗传物质深度压缩形成的聚合体,易被碱性染料染成深色,所以叫染色体(由染色质组成)。染色体和染色质(chromatin)是同一物质在细胞分裂间期和分裂期的不同形态表现。染色体出现于分裂期;染色质出现于分裂间期,呈丝状。其本质都是脱氧核糖核酸(DNA)和蛋白质(由核蛋白组成)的组合。染色体不均匀地分布于细胞核中,是遗传信息(基因)的主要载体,但不是唯一载体(如细胞质内的线粒体)。

2. 单倍体(haploid)

经过减数分裂后产生的生殖细胞,如精子细胞和卵细胞,其细胞核内仅含一组染色体,称为单倍体。

3. 二倍体(diploid)

减数分裂之前或精子细胞和卵细胞结合后产生的营养体细胞,其细胞核中含有两组染色体,称为二倍体。

4. 多倍体(polyploid)

细胞核中含有三组或三组以上染色体的个体被称为多倍体。被子植物中有 40%以上是多倍体,包括由自然条件如温度、湿度等长期影响植物体形成的自然多倍体和利用物理刺激、化学药物等人为处理诱导产生的人工多倍体。多倍体植物可以人工栽培,并已应用到农业生产上且获得了一定的成效。小麦、燕麦、棉花、烟草、甘蔗、香蕉、苹果、梨、水仙等都是多倍体。香蕉、某些马铃薯品种是三倍体,一般马铃薯是四倍体。蕨类植物也有很多是多倍体。裸子植物中多倍体较少,但有名的红杉为六倍体。

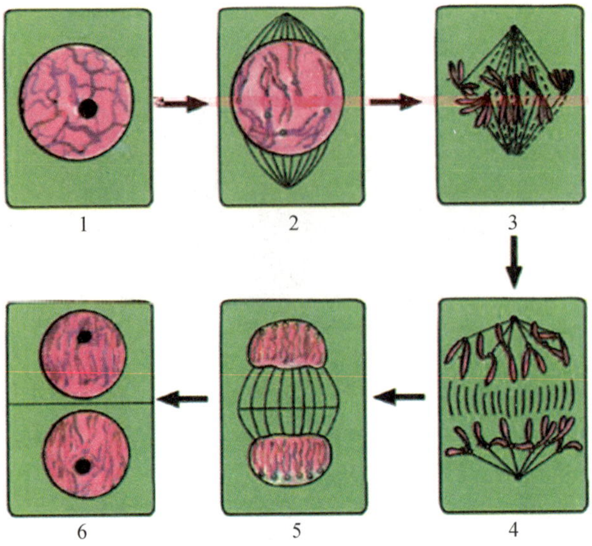

图 1-18　有丝分裂

1. 间期；2. 前期；3. 中期；4. 后期；5、6. 末期。

(二) 有丝分裂

有丝分裂(mitosis)，又称间接分裂(indirect nuclear division)，由弗莱明(W. Fleming)于1882年首次发现于动物细胞和斯特拉斯伯格(E. Strasburger)于1880年首次发现于植物细胞中。特点是有纺锤体和染色体出现，子染色体被平均分配到子细胞。这种分裂方式普遍见于高等动植物。高等植物通常都用这种分裂方式来增加细胞数量。有丝分裂进行时，首先是细胞核分裂，随后是细胞质分裂，最后产生细胞壁，形成两个子细胞(图1-18)。

1. 分裂间期

有丝分裂间期分为 G_1(DNA合成前期)、S(DNA合成期)、G_2(DNA合成后期)三个阶段。G_1 期与 G_2 期进行RNA(核糖核酸)的复制与有关蛋白质的合成，S期进行DNA的复制。其中，G_1 期主要进行染色体蛋白质和DNA解旋酶的合成，G_2 期主要进行细胞分裂期有关酶与纺锤丝蛋白质的合成。在有丝分裂间期，染色质没有高度螺旋化形成染色体，而是以染色质的形式进行DNA(脱氧核糖核酸)单链复制。有丝分裂间期是有丝分裂全部过程的重要准备时期，是一项重要的基础工作。

2. 分裂期

(1) 前期(prophase)：细胞有丝分裂前期是指自分裂期开始到核膜解体为止的时期。间期细胞进入有丝分裂前期时，细胞核的体积增大，由染色质构成的细染色线螺旋缠绕并逐渐缩短变粗，形成染色体。因为染色质在间期已经复制，所以每条染色体由两条染色单体组成，即两条并列的姐妹染色单体，这两条染色单体由一个共同的着丝点连接。核仁在前期的后半期渐渐消失。在前期末核膜破裂，于是染色体散于细胞质中。

(2) 中期(metaphase)：中期是指从染色体排列到赤道板上，到它们的染色单体开始分向两极之前的时期。染色体继续浓缩变短，在微管的牵引下，向纺锤体中部运动。最后，所有染色体排列在细胞中央的赤道面两侧，形成纺锤体。有丝分裂中期染色体浓缩变粗，显示出该物种所特有的数目和形态，而且时间较长，因此适于进行染色体形态、结构和数目的研究，以及核型分析。

(3) 后期(anaphase)：后期是指每条染色体的两条姐妹染色单体分开并移向两极的时期。在后期，被分开的染色体称为子染色体。子染色体到达两极时后期结束。染色单体的分开常从着丝点处开始，然后两个染色单体的臂逐渐分开。当它们完全分开后就向相对的两极移动。

(4) 末期(telophase)：末期是指从子染色体到达两极开始至形成两个子细胞为止的时期。此期的主要过程是子核的形成和细胞体的分裂。子核的形成大体上是一个与前期相反的过程。到达两极的子染色体首先解螺旋而使其轮廓消失，全部子染色体构成一个大染色质块，在其周围核膜成分集合，融合形成子核的核膜。随着子核的组成，其核内出现核仁。

高等植物细胞的胞质分裂是靠细胞板的形成。在末期，植物细胞的纺锤丝首先在靠近两极处解体消失，但中间区的纺锤丝却保留下来，并且微管数量增加，向周围扩展，形成桶状结构，称为成膜体。在形成成膜体的同时，来自内质网和高尔基体的一些小泡和颗粒成分被运输到赤道区，它们经过改组融合而参与细胞板的形成。之后细胞板逐渐扩展到原来的细胞壁把细胞质一分为二。细胞质中的有关细胞器，如线粒体、叶绿体等不是均等分配，而是随机进入两个子细胞中。细胞板由两层薄膜组成，两层薄膜之间积累果胶质，发育成胞间层；两侧的薄膜积累纤维素，各自发育成子细胞的初生壁。

（三）无丝分裂

无丝分裂（amitosis）又称直接分裂（dicrect nuclear division），是一种消耗能量较少、简单而快速的分裂方式。其特点是细胞核内不出现染色体和纺锤体等复杂的变化，在染色质完成复制后核仁先一分为二，然后细胞核伸长成哑铃状，最后断裂成两个子细胞（图 1-19）。

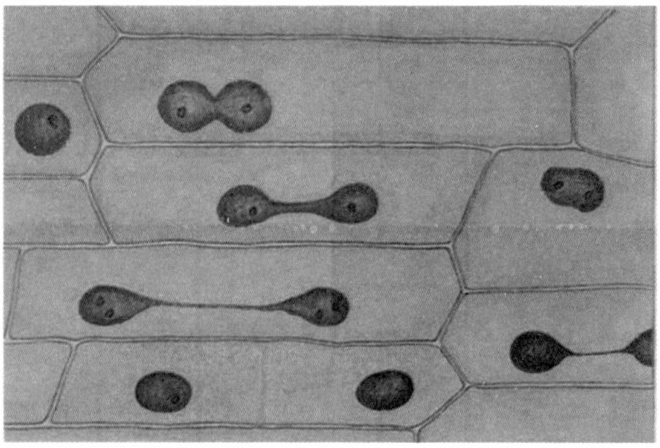

图 1-19　无丝分裂

无丝分裂常见于低等植物。在高等植物中，无丝分裂在各种生长迅速的部位，如愈伤组织、虫瘿、不定芽、不定根产生，以及胚乳形成时也有出现。无丝分裂由于不出现纺锤丝和染色体，所以不能保证母细胞的遗传物质被平均分配到两个子细胞中，从而影响了遗传的稳定性。

（四）减数分裂

减数分裂（meiosis）是植物在有性生殖过程中发生的一种特殊的有丝分裂。它进行一次染色体的复制，以及两次连续的细胞分裂，最后形成的子细胞染色体数目减半，因此被称为减数分裂（图 1-20）。

减数分裂整个过程经过两次类似的有丝分裂。第一次分裂是母细胞中的每对同源染色体进行配对，排列在赤道面上，两两配对的染色体分别向两极移动，最后形成两个子细胞。每个子细胞中染色体数目为母细胞的一半。第二次分裂时，每个子细胞中染色体从着丝点处分离并分别向两极移动，最后每个子细胞又分裂形成两个细胞，结果形成四个单倍体的子细胞，每个细胞中的染色体数目均为单倍体。

种子植物在有性生殖时所产生的精子和卵细胞都是经过减数分裂产生的，它们都是单倍体。由于精子和卵细胞结合，受精卵又恢复成为二倍体，使子代的染色体数目与亲代相同，从而保证了遗传的稳定性。不仅如此，子代细胞中还包括了双方的遗传物质。农业上常利用减数分裂的特性进行品种间的杂交，以培育新品种。

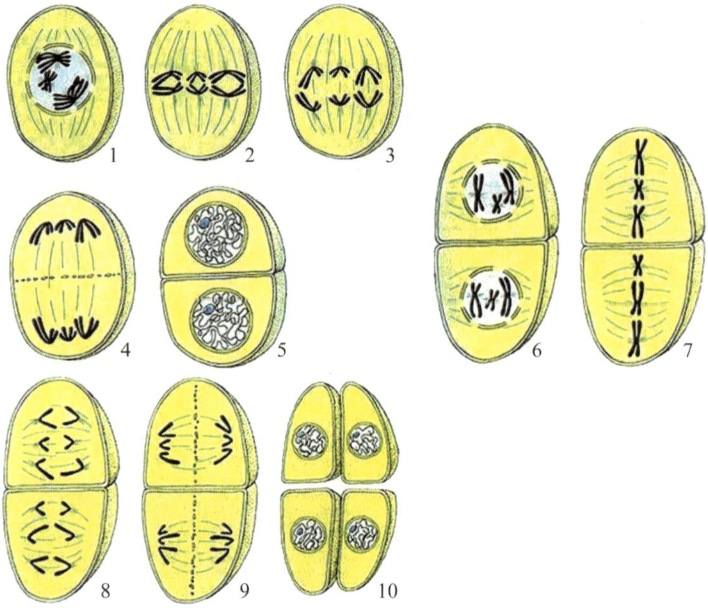

图 1-20 减数分裂

1. 第一次分裂前期;2. 第一次分裂中期;3. 第一次分裂后期;4. 第一次分裂末期;5. 第二次分裂间期;6. 第二次分裂前期;7. 第二次分裂中期;8. 第二次分裂后期;9. 第二次分裂末期;10. 细胞质分裂。

第二节 植物的组织

组织(tissue)是由许多来源和机能相同、形态结构相似又彼此密切结合、相互联系的细胞所组成的细胞群。维管植物种子萌发后,具有分生能力的细胞经过不断分裂增加了细胞的数量,这些细胞再经过分化形成了不同的组织。单细胞的低等植物无组织形成,在这一个细胞内可行使多种不同的生理机能,其他较复杂的低等植物也无典型的组织分化,如高等的藻类植物虽然外部形态较为复杂,但是藻体内的细胞形态分化不明显;真菌类植物主要由菌丝组成;苔藓类植物虽然属于高等植物,开始有了类似茎、叶的结构,但是组织分化程度很低。植物进化程度越高,其组织分化越明显,分工越细致,形态结构变化越加明显。这里讨论的是典型的维管植物组织,蕨类植物和种子植物的根、茎、叶及种子植物的花、果实和种子等器官都是由不同组织构成的,每种组织有其独立性,同时各组织间又相互协同,共同完成器官的生理功能。

不同种植物同一组织常具有不同的结构特征,是中药材鉴定常用而又可靠的方法,特别是药材性状鉴定较为困难的品种,或某些中成药及粉末状药材,显微鉴定是经常利用的有效方法。例如,直立百部、蔓生百部、对叶百部这三种药材的外部形态相似,但内部组织却因构造不同而易于区别。

另外,值得注意的是种内形态特征的差异。在同一种植物内,生长期不同、生态环境不同,都会对植物组织形态产生影响,这也是生物多样性在种内的一个表现。

一、种类

（一）分生组织

在种子胚根、胚芽的顶端，以及生长中的植物体根尖、茎尖等，都有一些能不断进行分生活动的细胞团，这些细胞连续或周期性地分裂，使细胞数量不断增加，再经过细胞分化，形成各种不同的成熟细胞和组织。这些存在于植物体不同生长部位并能保持细胞分裂机能不断产生新细胞的细胞群，称为分生组织（meristem）。

分生组织的细胞体积小，排列紧密，没有细胞间隙，细胞壁薄，不具纹孔，细胞核大、质浓，无液泡和质体分化，但含线粒体、高尔基体、核糖体等细胞器。分生组织细胞代谢功能旺盛，不断进行分裂，分生出的细胞一部分保持连续的分生能力；另一部分细胞将陆续分化成为具有一定形态特征和一定生理功能的细胞，形成各种成熟组织（mature tissue），这些组织一般不再分化，生理功能、形态特征不再改变，所以也称为永久组织（permanent tissue）。

1. 根据分生组织性质、来源分类

（1）原分生组织（promeristem）：原分生组织是由种子的胚活动后保留下来的，位于根、茎最先端。这些细胞为胚性细胞，没有任何分化，可长期保持分裂能力，特别是在生长季节，分裂能力更加旺盛。

（2）初生分生组织（primary meristem）：初生分生组织是由原分生组织细胞分裂出来的细胞组成的，位于原分生组织之后，这些细胞一方面仍保持分裂能力，同时细胞已经开始出现较浅的分化。例如，茎的初生分生组织已可看到分化为三种不同的分生组织，即原表皮层（protoderm）、基本分生组织（ground meristem）和原形成层（procambium）。在这三种初生分生组织的基础上，再进一步分生、分化形成其他各种组织。其相互关系如下：

原分生组织 → 初生分生组织 ｛原表皮层→表皮；基本分生组织→皮层、髓；原形成层→维管束的初生部分｝
（细胞分裂）　（细胞分裂和分化）

（3）次生分生组织（secondary meristem）：次生分生组织是由已经分化成熟的薄壁组织经过生理上和结构上的变化，重新恢复分生机能而形成的分生组织。例如，裸子植物和双子叶植物一些种类的表皮可以形成木栓形成层；皮层、髓射线、中柱鞘等可以形成维管形成层、木栓形成层等，这些分生组织一般成环状排列，与器官的轴向平行。次生分生组织分生的结果使根和茎这两个轴状器官不断加粗生长，形成了次生构造，即次生保护组织和次生维管组织。

2. 根据分生组织在植物体内所处的位置分类

（1）顶端分生组织（apical meristem）：顶端分生组织是位于两个轴状器官根、茎最顶端的分生组织。这部分细胞能较长期地保持旺盛的分生能力，细胞不断分裂、分化，使根、茎不断沿着轴向生长，使植物体不断长高、根不断增长（图 1-21）。

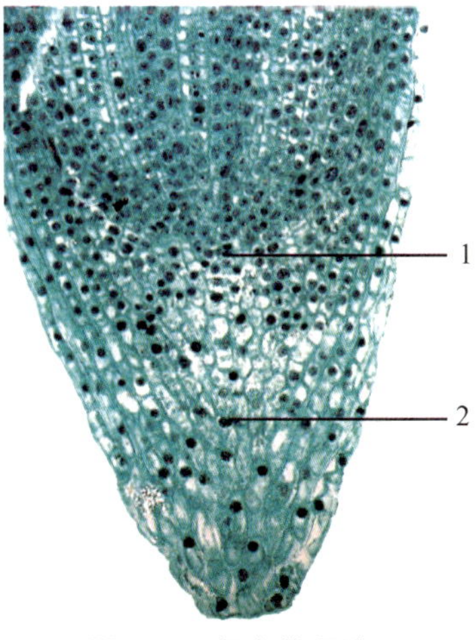

图 1-21　根尖的顶端分生组织（洋葱）

1. 根尖生长点；2. 根冠分生组织。

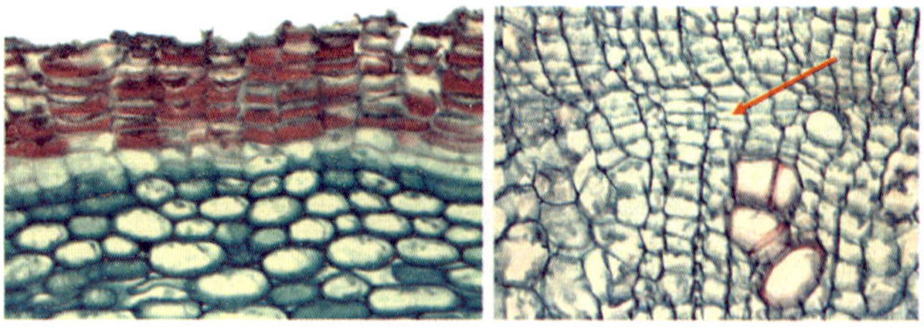

1　　2

图 1-22　侧生分生组织
1. 周皮(海风藤);2. 形成层(当归)。

(2) 侧生分生组织(lateral meristem):侧生分生组织主要存在于裸子植物和双子叶植物的根和茎内,包括形成层和木栓形成层,它们分布在植物体内部成环状排列并与轴向平行。这些分生组织沿着切向进行分生,使轴状器官的半径不断加大,结果使根和茎不断进行加粗生长(图 1-22)。

(3) 居间分生组织(intercalary meristem):居间分生组织是从顶端分生组织细胞保留下来的或由已经分化的薄壁组织重新恢复分生能力而形成的分生组织,位于茎、叶、子房柄、花柄等成熟组织之间。居间分生组织只能保持一定时间的分裂与生长,以后将转变为成熟组织。

禾本科植物茎的节间基部常见这种分生组织,如薏苡、玉米、小麦的拔节、抽穗就是居间分生组织细胞旺盛的分裂和迅速分化生长的结果。葱、韭菜、蒜、鸢尾、松等叶的基部以及蒲公英、车前的总花柄顶部也存在居间分生组织。韭菜、葱、蒜等叶子上部被割掉后,还可以长出新的叶片来,就是居间分生组织活动的结果。花生果实生长在地下是一个特殊的例子,子房内的胚珠受精后,子房柄的居间分生组织分生活动使子房柄伸长,将子房推入土中发育成熟。

综上所述,通常认为就其发生来说,顶端分生组织属于原分生组织,但原分生组织和初生分生组织之间无明显分界,所以顶端分生组织也包括初生分生组织;侧生分生组织则相当于次生分生组织;居间分生组织则相当于初生分生组织。

(二) 保护组织

植物各个器官的表面都由一层或数层排列紧密整齐的细胞构成,保护着植物的内部组织,控制植物体内外气体交换、防止水分过分蒸腾和病虫侵害以及外界机械损伤等,这种组织就是保护组织(protective tissue)。根据来源和结构不同,保护组织又可分为初生保护组织(表皮)和次生保护组织(周皮)。

1. 表皮(epidermis)

表皮是由初生分生组织的表皮原分化而来的,通常仅由一层生活细胞构成,少数植物原表皮层细胞可与表面平行分裂,产生 2~3 层细胞,形成复表皮,如夹竹桃和印度橡胶树叶等。

由于表皮细胞的保护功能,细胞形状常为扁平的方形、长方形、多角形、不规则形等,很多种细胞的边缘呈波状、波齿状等多种变化,但是细胞排列紧密,无胞间隙;细胞内有细胞核、大型液泡及少量细胞质,其细胞质紧贴细胞壁,一般不含叶绿体,细胞呈无色透明状等是表皮细胞的统一特征。表皮细胞常有白色体和有色体,也可贮有淀粉粒、晶体、单宁、花青素等。表皮细胞的细胞壁一般厚薄不一,外壁较厚,内壁最薄,侧壁也较薄。表皮细胞的外壁还常有不同类型的特殊结构和附属物。表皮细胞的细胞壁常角质化,并在表皮细胞的外切向壁表面形成一层明显的角质层。有的植物蜡质渗入角质层里面或分泌到角质层之外，形成蜡被，阻止植物体内的水分过分散失，如甘蔗、蓖麻茎、樟树叶、葡萄、冬瓜的果实，乌桕的种子等都具有明显的白粉状蜡被（图 1-23）。还有的植物表皮细胞壁矿质化，如木贼和禾本科植物的硅质化细胞壁等，可使器官表面粗糙、坚实。

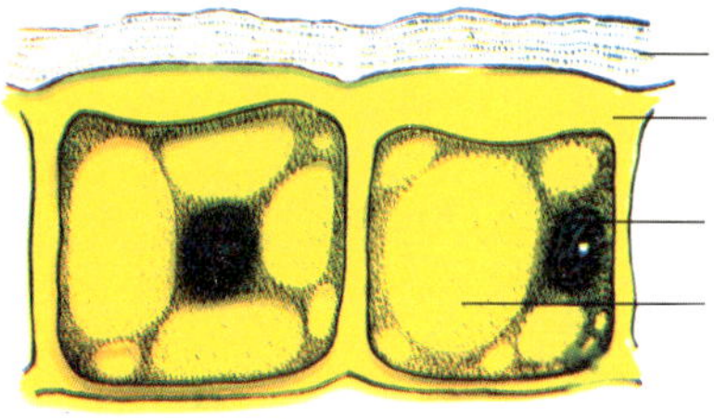

表皮及角质层

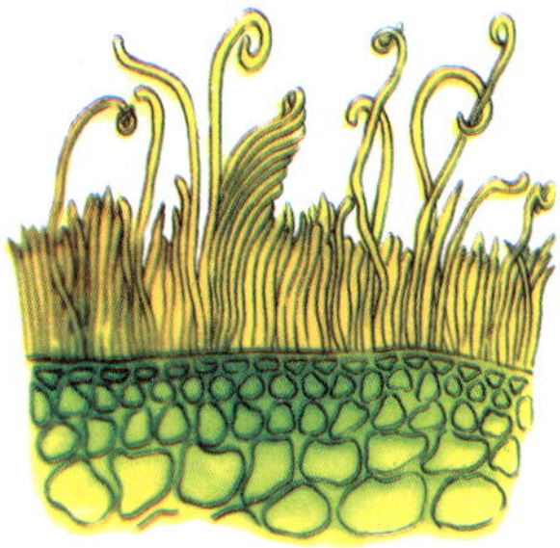

表皮上的蜡被（甘蔗茎）

图 1-23 角质层及蜡被

表皮除典型的表皮细胞外，另有不同类型的特化细胞，如表皮上分布的气孔器是由保卫细胞、副卫细胞构成的，以及不同类型的毛茸等。这些角质层、蜡被、气孔器、各式毛茸等常又被称为表皮的附属结构，表皮的各式附属结构的变化非常大，主要还是由生态环境引起的。同种植物在不同环境下生长，其各种附属结构表现差别很大，如白头翁、火绒草主要生长在旱生环境，其表面有很多毛茸，当将其移植在水分充足的环境中，其表皮毛茸将大量减少。

（1）气孔器（stomatal apparatus）：植物体的叶片和幼嫩的茎枝上，表面不是全部被表皮细胞所覆盖的，表皮层还留有许多孔隙，是用来进行气体交换的通道。双子叶植物的孔隙是被两个半月形的保卫细胞包围的，两个保卫细胞凹入的一面是相对的，中间的孔隙即气孔（stoma）（图 1-24）。气孔连同周围的两个保卫细胞合称为气孔器（图 1-25），通常将气孔与气孔器作为同一名词使用。气孔除具有控制气体交换的作用外，还具有调节水分蒸腾和散失的作用。

图 1-24 裸子植物的气孔（麻黄）
1. 保卫细胞；2. 气孔；3. 表皮细胞。

保卫细胞（guard cell）是气孔周围的两个细胞，通常比周围的表皮细胞小，含有丰富的叶绿体和明显的细胞核，是生活细胞。保卫细胞在形态上与表皮细胞不同，表面观为肾形，因生理功能的原因，细胞壁的增厚情况特殊。保卫细胞和表皮细胞相邻的细胞壁较薄，而内凹处与气孔相接触的细胞壁较厚，当保卫细胞充水膨胀时，向表皮细胞一方弯曲成弓形，将气孔器分离部分的细胞壁拉开，使中间气孔张开，便于气体交换及水分的蒸腾和散失。当保卫细胞失水时，膨胀压降低，保卫细胞向回收缩，气孔缩小以至闭合，可以阻止气体交换及水分散失。

气孔的张开和关闭都受着外界环境条件，如温度、湿度、光照和二氧化碳浓度等多种因素的影响。

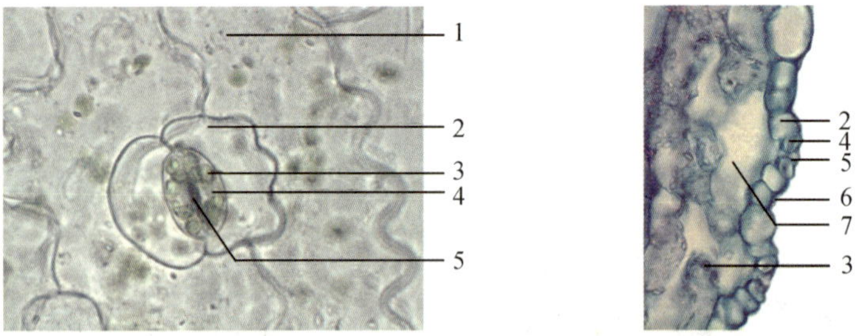

表面观（落葵）　　　　切面观（薄荷）

图 1-25　叶片表皮与气孔

1. 表皮细胞；2. 副卫细胞；3. 叶绿体；4. 保卫细胞；5. 气孔；6. 角质层；7. 气室。

气孔的数量和大小常随器官的不同和所处的环境条件不同而异,如叶片的气孔较多,茎上的气孔较少,而根上几乎没有。即使在同一种植物的不同叶上,同一叶片的不同部位都可能有所不同。在叶片上,气孔可发生在叶的两面,也可能发生在一面。气孔在表皮上的位置可处在不同的水平面上,可与表皮细胞在同一平面上,有的又可凹入或凸出叶表面。

与保卫细胞相接触的周围还有一个或多个与表皮细胞形状不同或相同的细胞,叫副卫细胞(subsidiary cell, accessory cell)。植物种类不同,副卫细胞的排列方式不同。组成气孔器的保卫细胞和副卫细胞的排列关系,称为气孔轴式或气孔类型。双子叶植物的常见气孔轴式有五种(图 1-26)。

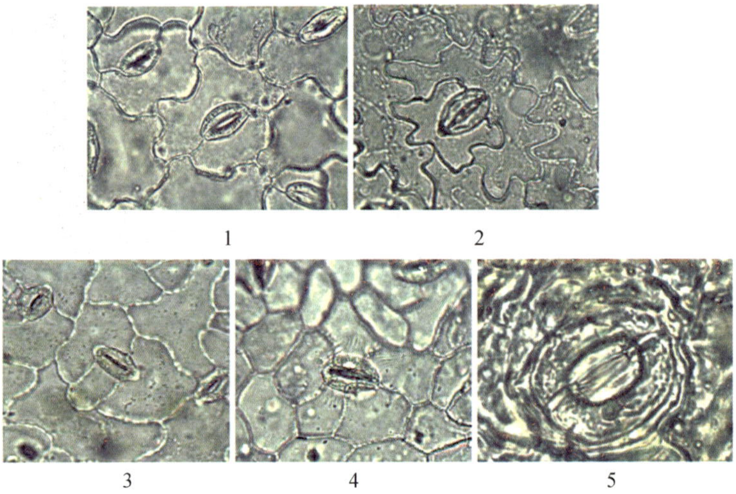

图 1-26　气孔轴式

1. 平轴式气孔(决明); 2. 直轴式气孔(罗勒); 3. 不等式气孔(菘蓝);
4. 不定式气孔(刺儿菜); 5. 环式气孔(茶)。

① 平轴式(平列式,paracytic type):气孔器周围通常有两个副卫细胞,其长轴与保卫细胞和气孔的长轴平行,常见于茜草叶、番泻叶、常山叶、菜豆叶、花生叶等。

② 直轴式(横列式,diacytic type):气孔器周围通常有两个副卫细胞,其长轴与保卫细胞和气孔的长轴垂直,常见于石竹科、爵床科(如穿心莲叶)和唇形科(如薄荷、紫苏)等植

物的叶。

③ 不等式(不等细胞型,anisocytic type):气孔器周围的副卫细胞为 3~4 个,但大小不等,其中一个明显小些,常见于十字花科(如菘蓝叶)、茄科的烟草属和茄属等植物的叶。

④ 不定式(无规则型,anomocytic type):气孔器周围的副卫细胞数目不定,其大小基本相同,形状与其他表皮细胞基本相似,常见于艾叶、桑叶、枇杷叶、洋地黄叶等。

⑤ 环式(辐射型,actinocytic type):气孔器周围的副卫细胞数目不定,其形状比其他表皮细胞狭窄,围绕气孔器排列成环状,常见于茶叶、桉叶等。

各种植物具有不同类型的气孔轴式,而在同一植物的同一器官上也常有两种或两种以上类型。气孔轴式的不同类型、分布情况等可以作为药材鉴定的依据。

单子叶植物气孔的类型也很多,禾本科植物的气孔器有两个狭长的保卫细胞,膨大时两端成为小球形,好像并排的一对哑铃,中间窄的部分细胞壁特别厚,两端球形部分的细胞壁比较薄。当保卫细胞充水时,两端膨胀为球形,气孔开启;当水分减少时,保卫细胞萎缩,气孔关闭或变小。在保卫细胞的两边还有两个平行排列、略呈三角形的副卫细胞,对气孔的开启有辅助作用,如淡竹叶等(图 1-27)。

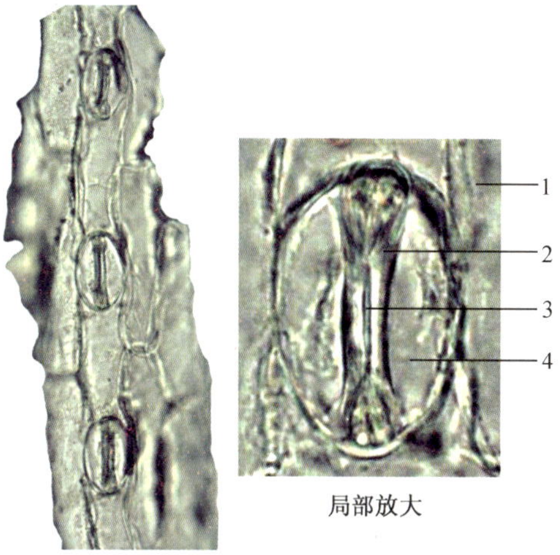

表面观　　局部放大

图 1-27　单子叶植物表皮和气孔(禾本科)

1. 表皮细胞；2. 保卫细胞；3. 气孔；4. 副卫细胞。

裸子植物的气孔一般都凹入叶表面很深的位置,好像悬挂在副卫细胞之下。裸子植物气孔的类型较多,对裸子植物气孔类型的分类,需要考虑副卫细胞的排列关系与来源。

(2) 毛茸:毛茸是植物体表面最重要并普遍存在的附属结构,具有保护、减少水分过分蒸发、分泌物质等作用。根据形态结构和功能不同,毛茸常可分为以下两种类型。

① 腺毛(glandular hair):腺毛是能分泌挥发油、树脂、黏液等物质的毛茸,为多细胞构成,由腺头和腺柄两部分组成。腺头是由一个或几个分泌细胞组成的圆球状体,具分泌作用。腺柄也有单细胞和多细胞之分,如薄荷、车前、莨菪、洋地黄、曼陀罗等叶上的腺毛。另外,在薄荷等唇形科植物叶片上,还有一种无柄或短柄的腺毛,其头部常由 8 个或 6~7 个细胞组成,略呈扁球形,排列在同一平面上,表面观呈放射状,称为腺鳞。还有一些较为特殊类型的腺毛,如广藿香茎、叶和绵毛贯众叶柄及根状茎中的薄壁组织内部的细胞间隙中有腺毛存在,称为间隙腺毛。还有食虫植物的腺毛,能分泌多糖类物质,以吸引昆虫;同时还可分泌特殊的消化液,将捕捉到的昆虫分解、消化等(图 1-28)。

② 非腺毛(non-glandular hair):非腺毛由单细胞或多细胞构成,无头、柄之分,末端通常尖狭,不能分泌物质,单纯起保护作用。

根据组成非腺毛的细胞数目、形状以及分枝状况不同而有多种类型,种类虽然很多,但常以物体形状命名,常见的如图 1-29 所示。

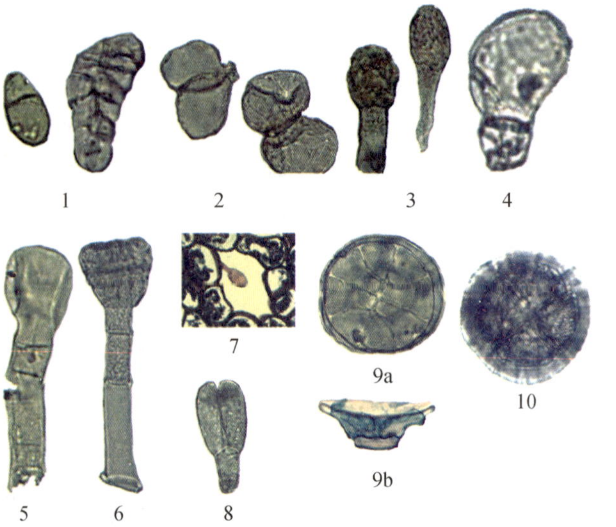

图 1-28 腺毛和腺鳞

1~8. 腺毛(1. 谷精草；2. 密蒙花；3. 白花曼陀罗；4. 金钱草；5. 款冬花；6. 金银花；7. 粗茎鳞毛蕨叶柄间隙腺毛；8. 平车前叶)；9. 薄荷叶腺鳞(a. 顶面观；b. 侧面观)；10. 罗勒腺鳞顶面观。

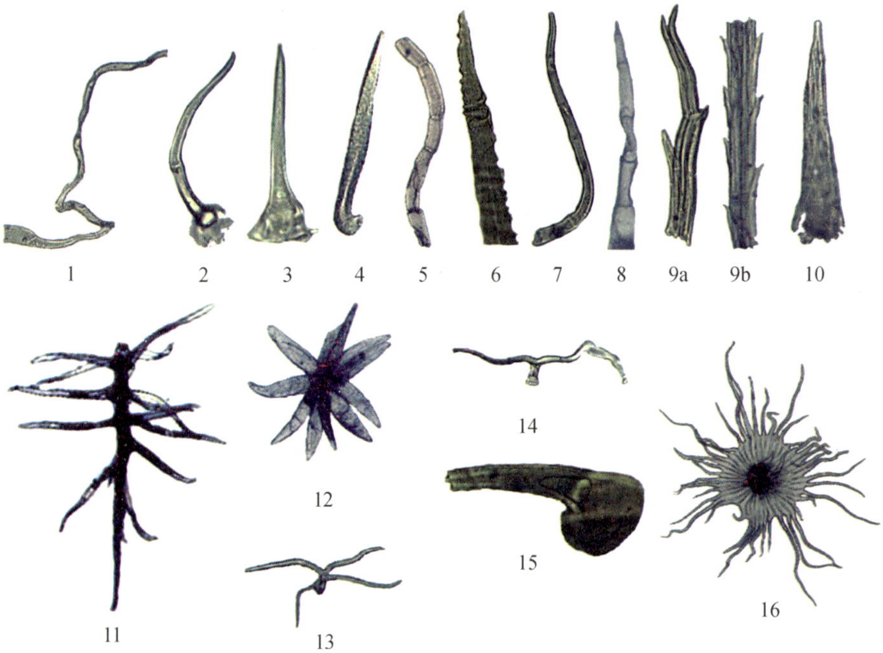

图 1-29 各种非腺毛

1~10. 线状毛(1. 刺儿菜叶；2. 薄荷叶；3. 葎草叶；4. 番泻叶；5. 蒲公英叶；6. 金银花；7. 广藿香叶；8. 平车前叶；9a. 旋覆花；9b. 旋覆花冠毛；10. 蓼蓝叶)；11. 分枝毛(二球悬铃木叶)；12~13. 星状毛(12. 石韦叶；13. 密蒙花)；14. 丁字毛(艾叶)；15. 棘毛(大麻叶)；16. 鳞毛(胡颓子叶)。

Ⅰ. 线状毛:毛茸呈线状,是由单细胞形成的,如忍冬和番泻叶的毛茸;也有多细胞组成单列的,如洋地黄叶上的毛茸;还有由多细胞组成多列的,如旋覆花的毛茸;还有的毛茸表面可见到角质螺纹,如金银花;还有的壁上有疣状突起,如白花曼陀罗。

Ⅱ. 棘毛:细胞壁一般厚而坚硬,细胞内有结晶体沉积。例如,大麻叶的棘毛,其基部有钟乳体沉积。

Ⅲ. 分枝毛:毛茸呈分枝状,如毛蕊花、裸花紫珠叶的毛。

Ⅳ. 丁字毛:毛茸呈"丁"字形,如艾叶和除虫菊叶的毛。

Ⅴ. 星状毛:毛茸呈放射状,具分枝,如芙蓉和蜀葵叶、石韦叶和密蒙花的毛。

Ⅵ. 鳞毛:毛茸的突出部分呈鳞片状,如胡颓子叶的毛。

各种植物具有不同形态的毛茸可作为药材鉴定的重要依据,但在同一种植物,甚至同一器官上也常存在不同形态的毛茸。例如,在薄荷叶上既有非腺毛,又有腺毛和腺鳞。毛茸的存在加强了植物表面的保护作用,密被的毛茸可不同程度地阻碍阳光的直射,降低温度和气体流通速度,减少水气的蒸发。许多干旱地区植物的表皮常密被不同类型的毛茸。

此外,毛茸还有保护植物免受动物啃食和帮助种子撒播的作用。

另外,有的植物花瓣表皮细胞向外突出如乳头状,称为乳头状细胞或乳头状突起。乳头状细胞可以认为是表皮细胞和毛茸之间的中间形式。

毛茸最主要的生理功能是保护作用,毛茸的多少除了个体本身的遗传因素外,也受环境因素的影响,最直接的环境因素是光照和水分,同种植物在光强水少的环境下往往毛茸较多,在光弱水多的环境下则相反。

2. 周皮(periderm)

周皮是植物的次生保护组织。大多数草本植物终生只有初生保护组织——表皮;木本植物的根和茎的表皮仅在其幼年时存在很短时期,当次生生长开始后,由于根和茎进行加粗生长,初生保护组织表皮层被破坏,次生保护组织周皮形成,代替表皮行使保护作用。周皮是由木栓层(cork, phellem)、木栓形成层(phellogen, cork cambium)、栓内层(phelloderm)三种不同组织构成的复合组织(图 1-30)。

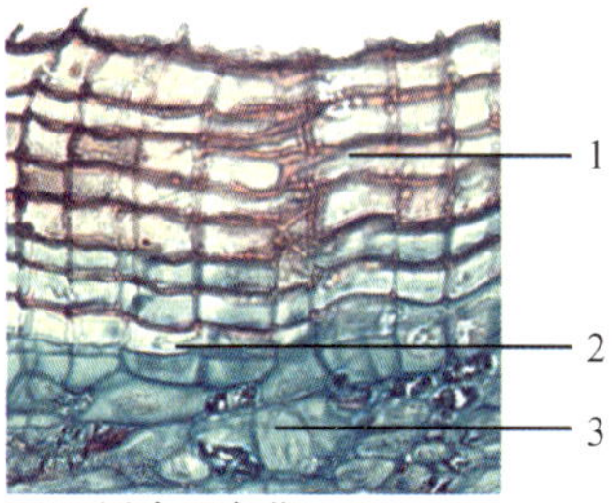

周皮(密花豆)

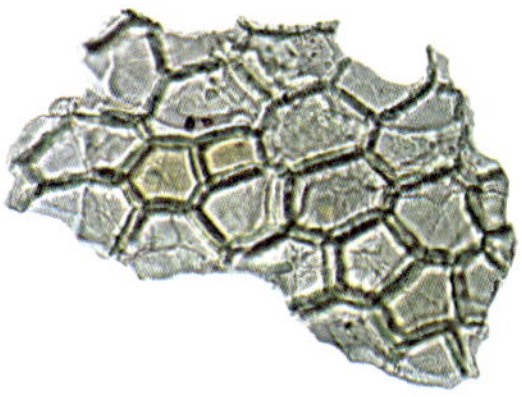
木栓细胞(桑白皮)

图 1-30　周皮与木栓细胞

1. 木栓层; 2. 木栓形成层; 3. 栓内层。

次生保护组织周皮是由木栓形成层分生分化形成的,发生于裸子植物和被子植物双子叶植物根和茎的次生生长。在根中,木栓形成层通常是由中柱鞘细胞转化形成的,而在茎中则多由皮层或韧皮部薄壁组织转化形成,也可由表皮细胞发育而来。木栓形成层细胞活动时,向外切向分裂,产生的细胞逐渐分化成木栓层细胞。随着植物的生长,木栓层细胞层数不断增加。通常木栓层细胞呈扁平状，细胞内原生质体解体，为死亡细胞，排列紧密整齐，无细胞间隙，细胞壁栓质化，常较厚。栓质化细胞壁不易透水、透气，是很好的保护组织。木栓形成层向内分生的细胞经过分化将形成栓内层。栓内层细胞是生活的薄壁细胞，通常排列疏松，茎中栓内层细胞常含叶绿体，所以又称为绿皮层。除了根和茎有木栓层存在外，还有一些植物的块根、块茎的表面也可存在木栓层。

皮孔（lenticel）在周皮形成过程中，位于表皮气孔下面的木栓形成层向外分生更多的薄壁细胞。这些细胞呈椭圆形、圆形等，排列疏松，有比较发达的细胞间隙，不栓质化，称为填充细胞。由于填充细胞数量不断增多，结果将表皮突破，形成圆形或椭圆形的裂口，称为皮孔。皮孔是次生保护组织气体交换的通道，皮孔的形成使植物体内部的生活细胞仍然可获得氧气。在木本植物的茎、枝上常可见到直的、横的或点状开裂的突起，就是皮孔，其大小、形态、分布可随不同种而变化（图 1-31、图 1-32）。

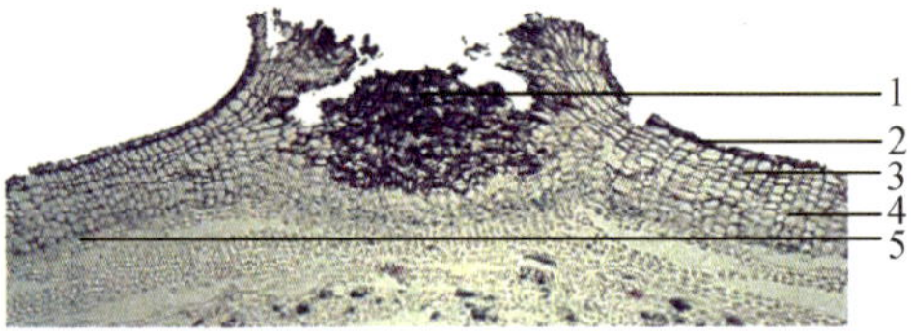

图 1-31　皮孔（接骨木）

1. 填充细胞；2. 表皮；3. 木栓层；
4. 木栓形成层；5. 栓内层。

图 1-32　皮孔

1. 悬铃木茎上的皮孔；
2. 东北连翘茎上的皮孔。

（三）基本组织

薄壁组织（parenchyma）也称为基本组织（ground tissue），是植物体分布最广、占有体积最大、最基本且最重要的部分。薄壁组织贯通在植物体或器官内以不同方式形成一个连续的组织，如根、茎中的皮层和髓部，叶片的叶肉组织以及花的各部分，果实的果肉，种子的胚乳等，主要由不同类型的薄壁组织构成。薄壁组织广泛存在于植物体的各部分，也是植物体内最基本的组成部分，植物体的机械组织、输导组织、分泌组织等都分布于薄壁组织中，并依靠薄壁组织将各部分组织有机地结合起来，使其形成一个整体。

薄壁组织在植物体内担负着同化、储藏、吸收、通气、营养等功能。大多数薄壁组织细胞较大，均为生活细胞，排列疏松，形状有球形、椭圆形、圆柱形、长方形、多面体等。细胞壁通常较薄，主要由纤维素和果胶质构成，纹孔是单纹孔，液泡较大。根据不同的功能，细胞含有不同种的原生质体。

薄壁组织细胞分化程度较浅，具潜在的分生能力，在一定条件下，可转变为分生组织或进一步分化成其他组织，如纤维、石细胞、分泌细胞等。薄壁组织对创伤的恢复、不定根和不定芽的产生、嫁接的成活以及组织离体培养等具有实际意义。离体的薄壁组织，甚至单个薄壁细胞，在一定培养条件下，都可能发育成新的个体植株。

薄壁组织的可塑性很强，生态环境对薄壁组织的形态特征、薄壁组织的多少都有着很大的影响，在干旱条件下和在潮湿环境下同种植物薄壁组织的表现就有很大的差别。在不同生长时期，薄壁组织的特征也是明显不同的，这些都是在生药鉴定中容易忽视的问题，应引起注意。

根据细胞结构和生理功能的不同，薄壁组织通常可分为以下几类（图1-33）。

1. 基本薄壁组织

基本薄壁组织为植物体内最基本的组织，广泛存在于植物体内各处。细胞形状多样，有球形、不规则形、圆柱形、多面体形等，有时也随着其他相邻细胞形状而变化，如傍管薄壁细胞等。薄壁组织细胞质较稀薄，液泡较大，细胞排列疏松，如在薄壁组织分布较广的根、茎皮层和髓部。基本薄壁组织主要起填充和联系其他组织的作用，在一定的条件下可以转化为次生分生组织。在旱生条件下薄壁组织细胞通常较小，所占比例也较少，在水分充足的条件下薄壁细胞较大且排列也较为疏松。

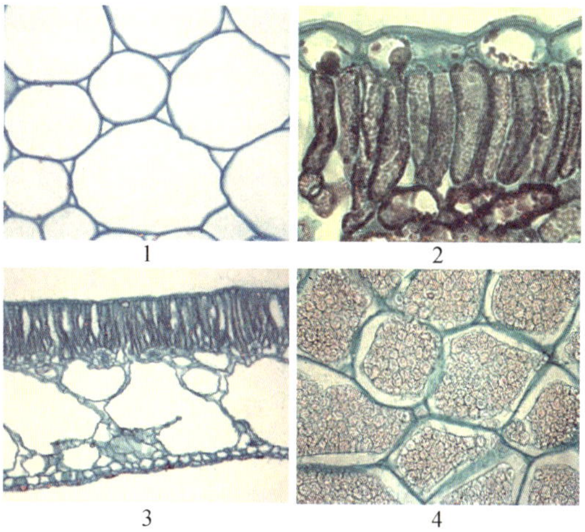

图1-33 基本组织的类型

1. 基本薄壁组织（薄荷茎）；2. 同化薄壁组织（薄荷叶）；3. 通气薄壁组织（睡莲叶）；4. 贮藏薄壁组织（草乌根）。

2. 同化薄壁组织

同化薄壁组织是存在于植物体表面的绿色薄壁组织，细胞的主要特征是含有叶绿体，能进行光合作用。如植物体的叶片、草本植物的茎，以及一些木本植物幼嫩的枝条、花的萼片、绿色果实等器官表面易受光照的部分。这些细胞的形态随着分布位置和功能而变化，如叶肉组织中的栅栏组织细胞为柱状，海绵组织细胞为不规则状，皮层外层同化组织细胞多为排列整齐、规则的扁平细胞等。

3. 贮藏薄壁组织

同化组织光合作用产物除了一部分供给植物体本身生命活动所需外，还有一些将以不断积累的方式贮存于某些薄壁组织中，这种积聚营养物质的薄壁组织称为贮藏薄壁组织。贮藏薄壁组织多存在于植物的根、根状茎、果实和种子中。贮存的营养物质主要是淀粉、蛋白质、脂肪和糖类等，而且在同一细胞中可以贮存两种或两种以上的物质。例如，花生种子的子叶细胞中同时贮存有蛋白质、脂肪和淀粉，蓖麻种子的胚乳中贮存有大量的蛋白质和脂肪油类，而马铃薯块茎中的薄壁组织则贮存大量的淀粉粒。

在多数情况下，贮藏的物质可以溶解在细胞液中，也可呈固体状或液体状分散于细胞质中。还有一类贮藏物质不贮存于细胞腔内，而是沉积在细胞壁内，如柿子、椰枣、天门冬属等植物种子的胚乳细胞壁上贮存的半纤维素。

某些肉质植物，如仙人掌茎、芦荟、龙舌兰以及景天等植物的叶片中常有大的薄壁细胞，这类细胞壁薄，液泡大，含有大量的水分，又称为贮水薄壁组织。

4. 吸收薄壁组织

吸收薄壁组织主要位于根尖端的根毛区，这一区域的部分表皮细胞外切向壁向外形成细长的突起，称为根毛。吸收薄壁组织的主要生理功能是从周边环境吸收水分和营养物质，根毛数量增加的结果是增加了与土壤接触的面积，同时增加了植物根的吸收面积。

根毛的数量和根毛的长短与周边环境的水分多少有着直接的关系。如果水分丰富,根毛则少而短。

5. 通气薄壁组织

水生植物和沼泽植物体内,薄壁组织中具有相当发达的细胞间隙,这些细胞间隙在发育过程中逐渐互相连接,形成管道或气腔,是水生植物气体交换的通道,有利于呼吸时气体流通,这是植物体长期在水生环境下生存而形成的适应特征。这种构造对植物也有着漂浮作用,以便于水生植物漂浮在水面,有效地利用和进行光合作用,如菱和莲的根状茎等。

(四) 机械组织

机械组织(mechanical tissue)是具有巩固和支持植物体功能的组织,其共同特点是细胞多为细长形、细胞壁全面或局部增厚。植物的幼苗及器官的幼嫩部分没有机械组织或不发达,随着植物的不断生长发育,才分化出机械组织细胞。根据细胞的形态、结构及细胞壁增厚的方式不同,常将机械组织分为厚角组织和厚壁组织。

1. 厚角组织(collenchyma)

厚角组织是由生活细胞构成并且是初生壁增厚的机械组织,细胞内含有原生质体,具有潜在的分生能力。接近表皮的厚角组织常具有叶绿体,可进行光合作用。纵切面观察厚角组织细胞呈细长形,两端可略呈平截状、斜状或尖形;横切面细胞常呈多角形、不规则形等。细胞结构特征是具有不均匀加厚的初生壁,细胞壁的主要成分是纤维素和果胶质,厚角组织有一定的坚韧性、可塑性和延伸性,既可支持植物直立,也适应于植物的迅速生长。

厚角组织常存在于草本植物的茎和尚未进行次生生长的木质茎中,以及叶片主脉上下两侧、叶柄、花柄的外侧部分,多直接位于表皮下面,或离开表皮只有一层或几层细胞,或成环、成束分布,如益母草、薄荷、南瓜等植物的茎,芹菜叶柄的棱角处就是厚角组织集中分布的位置。根内很少形成厚角组织,但如果暴露在空气中,则常可发生。

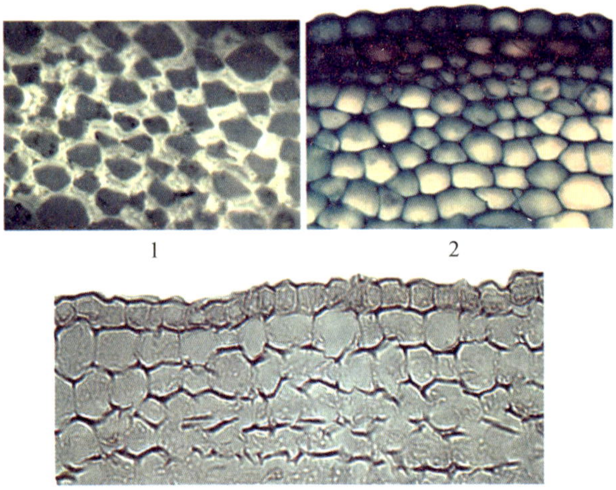

1 2 3

图 1-34 厚角组织

1. 真厚角组织(芹菜叶柄);2. 腔隙厚角组织(棉茎);3. 板状厚角组织(蓖麻茎)。

厚角组织根据细胞壁加厚方式的不同,常可分为以下三种类型(图 1-34)。

(1) 真厚角组织:又称为角隅厚角组织,是最普遍存在的一种类型,细胞壁显著加厚的部分发生在几个相邻细胞的角隅处,如薄荷属、曼陀罗属、南瓜属、桑属、酸模属和蓼属等植物。

(2) 板状厚角组织:又称为片状厚角组织,细胞壁加厚的部分主要发生在切向壁,如细辛属、大黄属、地榆属、泽兰属、接骨木属等植物。

(3) 腔隙厚角组织:具有细胞间隙的厚角组织,细胞壁面对胞间隙部分加厚,如夏枯草属、锦葵属、鼠尾草属、豚草属等植物。

2. 厚壁组织(sclerenchyma)

厚壁组织的成熟细胞是没有原生质体的死亡细胞,细胞都具有全面增厚的次生壁,常有明显的层纹和纹孔沟,并大多为木质化的细胞壁,细胞腔较小。根据细胞的形态不同,可分为纤维和石细胞。

(1) 纤维(fiber):纤维通常为两端尖斜的长形细胞,具有明显增厚的次生壁,加厚的主要成分是木质素和纤维素,壁上有少数纹孔,细胞腔小或几乎没有。

纤维可以发生于维管组织中和基本组织中。根据纤维在植物体内发生的位置,纤维通常可分为木纤维和木质部外纤维,木质部外纤维因为主要存在于韧皮部中,所以常称为韧皮纤维。

① 木纤维(xylem fiber):木纤维分布在被子植物的木质部中,为长轴形纺锤状细胞,长度约为 1 mm,细胞壁均木质化,细胞腔小或无,壁上具有不同形状的退化具缘纹孔或裂隙状单纹孔。木纤维细胞壁增厚的程度随植物种类和生长部位以及生长时期的不同而异。例如,黄连、大戟、川乌、牛膝等植物的木纤维细胞壁较薄,而栎树、栗树的木纤维细胞壁则常强烈增厚。就生长季节来说,春季生长的木纤维细胞壁较薄,而秋季生长的木纤维细胞壁较厚。木纤维细胞壁厚而坚硬,增加了植物体的机械巩固作用,但木纤维细胞的弹性、韧性较差,脆而易断。

在某些植物的次生木质部中,还有一种木质部中最长的细胞,壁厚并具有裂缝式的单纹孔,纹孔数目较少。这种细胞称为韧型纤维(libriform fiber),如沉香、檀香等木质部中的纤维。

木纤维仅存在于被子植物的木质部,在裸子植物的木质部没有纤维,主要由管胞组成,管胞同时具有输导和机械作用,从植物演化角度表明了裸子植物组织分工不如被子植物详细,也是裸子植物原始于被子植物的特征之一。

② 木质部外纤维(extraxylem fiber):因为这类纤维多分布在韧皮部,也常称为韧皮纤维,实际上木质部外纤维可以广泛存在于除了木质部以外的任何部位。除了韧皮部,基本组织或皮层中也常存在。一些单子叶植物特别是禾本科植物的茎中,离表皮不同距离有由基本组织发生的纤维呈环状存在,在维管束周围有由原形成层形成的分化程度不同的纤维形成了维管束鞘;一些藤本双子叶植物茎的皮层中,也常有呈环状排列的皮层纤维和维管束周围的环管纤维等。

木质部外纤维细胞多呈更长的纺锤形,两端尖,细胞壁厚,细胞腔成缝隙状,在横切面上细胞常呈圆形、长圆形等,细胞壁常呈现出同心纹层,细胞壁增厚的成分主要是木质素和纤维素。以木质素为主要成分的木质部外纤维木质化程度较深,机械力量较强,犹如木纤维,如一些禾本科植物基本组织中形成环状排列的纤维、维管束鞘等;以纤维素为主要成分的纤维更加细长,具较强的韧性,伸拉力较大,如苎麻、亚麻、桑等植物的纤维。

此外,在药材鉴定中,还可以见到以下几种特殊类型(图 1-35)。

图 1-35 纤维束及纤维类型

1. 纤维束(黄芪); 2~9. 纤维类型(2. 肉桂; 3. 黄芩; 4. 丹参; 5.桑白皮;
6. 东北铁线莲的分枝纤维; 7. 姜的分隔纤维; 8. 黄柏的晶鞘纤维; 9. 麻黄的含晶纤维)。

Ⅰ. 晶鞘纤维(晶纤维,crystal fiber):在纤维束外围有一层或几层含有晶体的薄壁细胞,这种由纤维束和含有晶体的薄壁细胞组成的复合体称为晶鞘纤维。这些薄壁细胞中,有的含有方晶,如甘草、黄柏、葛根等;有的含有簇晶,如石竹、瞿麦等;有的含有石膏结晶,如柽柳等。

Ⅱ. 嵌晶纤维(intercalary crystal fiber):纤维细胞次生壁外层嵌有一些细小的草酸钙方晶或砂晶,如冷饭团的根和南五味子的根皮中的纤维嵌有方晶,草麻黄茎的纤维嵌有细小的砂晶。

Ⅲ. 分枝纤维(branched fiber):长梭形纤维顶端具有明显的分枝,如东北铁线莲根中的纤维。

Ⅳ. 分隔纤维(septate fiber):一种细胞腔中生有菲薄横隔膜的纤维,在姜、葡萄属植物的木质部和韧皮部以及茶藨子的木质部里均有分布。

(2) 石细胞(sclereid,stone cell):和纤维相比,石细胞是较短的厚壁细胞。石细胞是由薄壁细胞的细胞壁显著增厚而形成的形状多样并特别硬化的厚壁细胞。石细胞的种类较多,形状不同,有椭圆形、类圆形、类方形、不规则形等近等径的石细胞,也有分枝状、星状、柱状、骨状、毛状等多种形状的石细胞。石细胞的次生壁极度增厚,均木质化,大多数细胞腔极小,细胞在发育过程中原生质体消失,成为具有坚硬细胞壁的死亡细胞(图 1-36)。

石细胞在发育过程中,细胞壁不断增厚,细胞壁上的单纹孔因此变长而形成沟状。细胞壁越厚,细胞腔就越小,细胞内壁的表面积也越小,开始形成很多的纹孔彼此汇合而形成分枝状。石细胞多见于茎、叶、果实、种子中,可单独存在,也可成群分散于薄壁组织中;有时还可连续成环状分布,如肉桂的石细胞、梨的果肉中的石细胞。石细胞也常存在于某些植物的果皮和种皮中,组成坚硬的保护组织,如椰子、核桃等坚硬的内果皮及菜豆、栀子种皮的石细胞等。石细胞亦常见于茎的皮层中,如黄柏、黄藤;或存在于髓部,如三角叶黄连、白薇等;或存在于维管束中,如厚朴、杜仲、肉桂等。

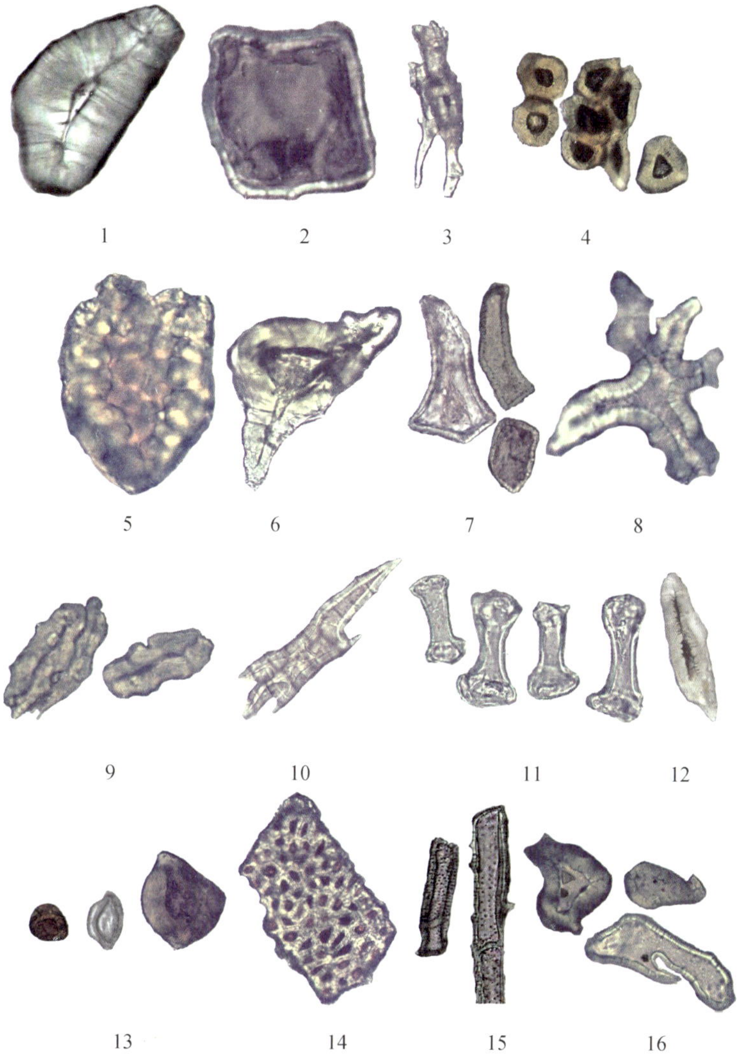

图 1-36　石细胞类型

1. 梨；2. 草乌；3. 厚朴；4. 白豆蔻；5. 栀子；6. 黄柏；7. 玄参；8. 茶；9. 川楝子；10. 北豆根；11. 白扁豆；12. 白鲜皮；13. 乌梅；14. 五味子(外果皮)；15. 麦冬；16. 侧柏仁。

不同形状的石细胞是生药鉴定的重要特征之一。药材中最常见的是不同形态近等径(较短)的石细胞,如梨果肉中的近等径的圆形或类圆形石细胞,黄芩、川乌根中的呈长方形、类方形、多角形且壁较薄的石细胞,乌梅种皮中的呈壳状、盔状石细胞,厚朴、黄柏中的不规则状石细胞。此外,还有一些较特殊类型的石细胞。

① 毛状石细胞:石细胞形状如同较长的非腺毛,如山桃种皮中的石细胞。

② 长分枝状石细胞:石细胞成分枝状,如山茶叶柄中的石细胞。

③ 分隔石细胞:石细胞腔内产生薄的横膈膜,如虎杖根及根茎中的石细胞。

④ 含晶石细胞:在细胞腔内含有不同形状的晶体,如南五味子根皮、桑寄生叶等。

⑤ 嵌晶石细胞:石细胞的次生壁外层嵌有非常细小的草酸钙晶体,并常稍突出于表面,如紫荆皮石细胞。

(五) 输导组织

植物体内的水分与溶解在水中的无机盐类、营养物质,以及光合作用形成的光合产物,都要在各器官之间、各组织之间、各细胞之间流通、输导。低等植物的营养输送主要是通过细胞间的转输;高等植物的蕨类植物、裸子植物、被子植物在长期进化过程中逐渐形成了完善的输导系统——维管组织。

输导组织(conducting tissue)也称维管组织,是植物体内运输水分和养料的组织。输导组织的细胞一般呈管状,上下相接,遍布于整个植物体内。输导组织根据构造和运输物质的不同,可分为两类:一类是木质部,主要由导管和管胞组成,其功能是运输水分和溶解于水中的无机盐及其他营养物质;另一类是韧皮部,主要由筛管、伴胞或筛胞组成,其功能是运输溶解状态的同化产物。

1. 木质部

木质部是疏导水分和溶解在水中的无机盐和其他营养物质的组织,主要由导管和管胞组成。

(1) 导管(vessel):被子植物的主要输水管状结构。在少数原始被子植物和一些寄生植物中无导管,如金粟兰科草珊瑚属植物;而少数进化的裸子植物和蕨类植物,如麻黄科植物和蕨属植物中则有导管存在。导管是由一系列没有原生质体的长管状细胞组成的。组成导管的细胞称为导管分子(vessel element, vessel member),其横壁溶解成穿孔,具有穿孔的横壁,称为穿孔板,彼此首尾相连,成为一个贯通的管状结构。导管的长度为数厘米至数米。由于每个导管分子横壁的溶解,输水效率较高,每个导管分子的侧壁上还存在许多不同类型的纹孔,相邻的导管又可以靠侧壁上的纹孔运输水分。例如,导管分子之间的横壁溶解成一个大的穿孔,称为单穿孔板。有些植物中的导管分子横壁并未完全消失,而在横壁上形成许多大小、形状不同的穿孔,如椴树和一些双子叶植物的导管分子横壁上留有几条平行排列的长形穿孔,称为梯状穿孔板。麻黄属植物导管分子横壁具有很多圆形的穿孔,形成了特殊的麻黄式穿孔板;而紫葳科一些植物的导管分子之间形成了网状穿孔板等(图 1-37)。

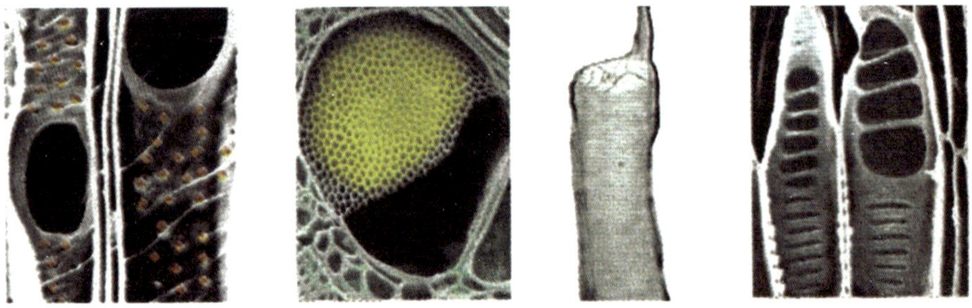

图 1-37 导管分子的穿孔板类型

导管在形成过程中,其木质化的次生壁并不是均匀增厚,形成了不同的纹理或纹孔。根据导管增厚所形成的纹理不同,常可分为下列几种类型(图 1-38)。

① 环纹导管(annular vessel):在导管壁上呈一环一环的规则的木质化次生壁增厚,环状的增厚之间仍为较薄的纤维素初生壁,有利于生长而伸长。环纹导管直径较小,常出现

图 1-38 导管的类型

1. 螺纹(南瓜茎);2. 半夏(a. 环纹;b. 螺纹);3. 网纹(大黄);4. 梯纹(当归);5. 孔纹(甘草)。

在器官的幼嫩部分,如南瓜茎、凤仙花的幼茎中,半夏的块茎中。

② 螺纹导管(spiral vessel):在导管壁上有一条或数条呈螺旋带状木质化增厚的次生壁。螺旋状增厚之间也是初生壁,具有较强的伸缩性,适应于伸长生长。螺纹导管直径也较小,亦多存在于植物器官的幼嫩部分,并同环纹导管一样,容易与初生壁分离,如南瓜茎、天南星块茎中常见,常见的藕断丝连中的丝就是螺纹导管中螺旋带状的次生壁与初生壁分离开的现象。

③ 梯纹导管(scalariform vessel):在导管壁上增厚的与未增厚的初生壁部分间隔成梯形。这种导管木质化的次生壁占有较大比例,分化程度较深,不易进行伸长生长。梯纹导管多存在于器官的成熟部分,如葡萄茎、常山根中。

④ 网纹导管(reticulate vessel):导管增厚的木质化次生壁交织成网状,网孔是未增厚的部分。网纹导管的直径较大,多存在于器官的成熟部分,如大黄、苍术根中。

⑤ 孔纹导管(pitted vessel):导管次生壁几乎全面木质化增厚,未增厚部分为单纹孔或具缘纹孔,前者为单纹孔导管,后者为具缘纹孔导管。导管直径较大,多存在于器官的成熟部分,如甘草根、赤芍根、拳参根茎中的具缘纹孔导管等。

实际观察中,经常发现一些导管可以同时存在螺纹和环纹状增厚,或同一导管上有螺纹和梯纹等两种以上类型的导管,如南瓜茎的纵切面常可见到典型的环纹和螺纹存在于同一导管上。另外,还有一些导管呈现出中间类型,如大黄根的粉末中常可见到网纹未增厚的部分横向延长,出现了梯纹和网纹的中间类型,这种类型又往往被称为梯网纹导管。

随着植物的生长,一些较早形成的导管常相继失去功能,其相邻薄壁细胞膨胀,并通过导管壁上未增厚部分或纹孔侵入导管腔内,形成大小不同的囊状突出物,这种堵塞导管的囊状突出物就叫作侵填体(tylosis)。早期原生质和细胞核等可随着细胞壁的突进而流入其中,后来则由单宁、树脂等物质填充。由于侵填体的影响,体内的水溶液运输并不是由一条导管从下直接向上输导的,而是经过多条导管曲折向上输导。侵填体的产生对病菌的侵害起到一定的阻断作用,其中有些物质也是中药的有效成分。

(2) 管胞(tracheid):管胞是绝大部分裸子植物和蕨类植物的输水细胞,同时还具有支持作用。在被子植物的木质部中也可发现管胞,特别是叶柄和叶脉中,但不是主要输导分子。管胞和导管分子在形态上有很大的相似性,由于其细胞壁次生加厚并木质化,细胞内原生质体消失而成为死亡细胞,且其木质化次生壁的增厚也常形成类似导管的环纹、螺纹、梯纹、孔纹等类型。管胞与导管也有明显的差别。每个管胞是一个细胞,呈长管状,但两端尖斜不形成穿孔,相邻管胞彼此间不能靠端部连接进行输导,而是通过相邻管胞侧壁上的纹孔输导水分,所以其输导功能比导管低,为一类较原始的输导组织。导管、管胞在药材粉末鉴定中很难分辨,而细胞类型的鉴别可以采用解离的方法将细胞分开,观察单个管胞和导管分子的形态(图 1-39)。

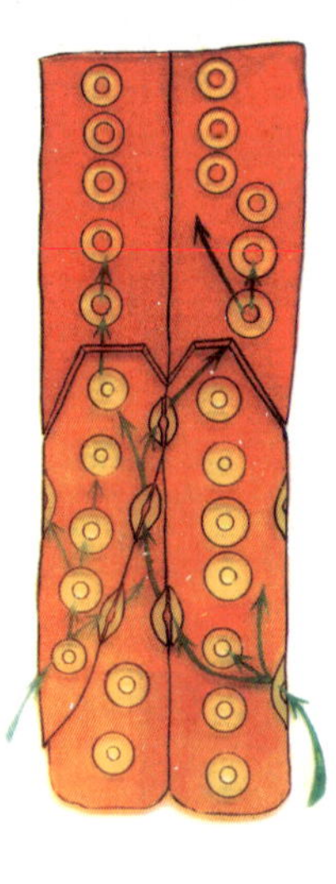

图 1-39　管胞的类型

在松科、柏科一些植物的管胞上,可见到一种典型的具有纹孔塞的具缘纹孔。

纤维管胞(fiber tracheid)是管胞和纤维之间一种长梭形中间类型细胞,末端较尖,细胞壁具双凸镜状或裂缝状开口的纹孔,厚度常介于管胞和纤维之间,如沉香、芍药、天门冬、威灵仙、紫草、升麻、钩藤、冷饭团等。

2. 韧皮部

韧皮部是构成维管束的另一组成部分,是运输光合作用产生的有机物质,如糖类和其他可溶性有机物的结构,主要由筛管、伴胞和筛胞等管状细胞组成。

(1) 筛管(sieve tube):筛管主要存在于被子植物的韧皮部,由一些生活的管状细胞纵向连接而成。组成筛管的每一个管状细胞,称为筛管分子。筛管细胞是生活细胞,但细胞成熟后细胞核消失。筛管细胞壁主要是由纤维素构成的。

筛管中两个相连的筛管分子的横壁上有许多小孔,称为筛孔(sieve pore);具有筛孔的横壁,称为筛板(sieve plate)。筛板两边的原生质丝通过筛孔而彼此相连,与胞间连丝的情况相似。在秋季,这些原生质丝常浓缩联合形成较粗壮的索状,称为联络索(connecting strand)。有些植物的筛孔也存在于筛管的侧壁上,通过侧壁上的筛孔,使相邻的筛管彼此相联系。在筛板上或筛管的侧壁上,筛孔集中分布的区域,称为筛域(sieve area)。在一个筛板上只有一个筛域的,称为单筛板(simple sieve plate);分布数个筛域的,则称为复筛板(compound sieve plate)。联络索通过筛孔上下相连,彼此贯通,形成同化产物运输的通道。筛管的不同发育期形态结构都有很大的变化,早期阶段细胞中有细胞核和浓厚的细胞质；在筛管形成过程中，细胞核逐渐溶解而消失，细胞质减少；筛管形成后，筛管细胞成为无核的生活细胞。另有人研究认为，筛管细胞始终有细胞核存在，并且是多核的生活细胞，但是细胞核小并且分散，不易观察到(图 1-40)。

筛管分子也有从形成到失去作用的过程。筛板形成后，在筛孔的四周围绕联络索可逐渐积累一些特殊的碳水化合物，称为胼胝质(callose)。随着筛管的不断老化，胼胝质将会不断增多，最后形成垫状物，称为胼胝体(callus)。一旦胼胝体形成，筛孔将会被堵塞而使联络索中断，筛管也将失去运输功能。多年生的单子叶植物筛管可保持长期甚至整个生活期的输导功能；一些多年生的双子叶植物筛管在冬季来临前形成胼胝体，使筛管暂时停止其输导作用，来年春季胼胝体溶解，筛管又逐渐恢复输导功能；一些较老的筛管形成胼胝体后失去其输导功能。

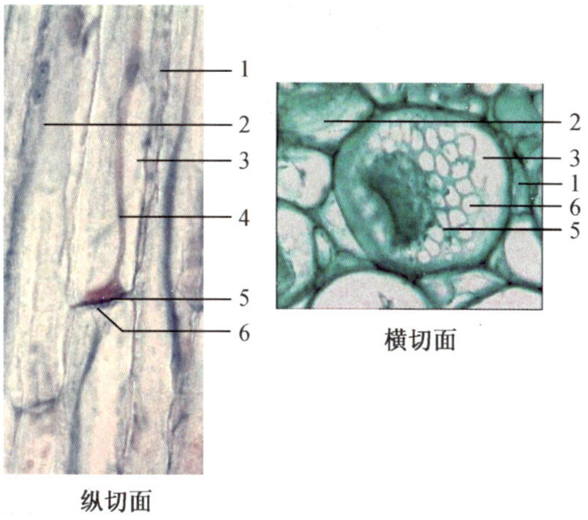

图 1-40　南瓜茎的筛管和伴胞

1. 伴胞；2. 韧皮薄壁细胞；3. 筛管；4. 联络索；5. 筛板；6. 筛孔。

(2) 伴胞(companion cell)：在筛管分子旁边有一个小而细长的薄壁细胞，和筛管相伴存在，称为伴胞。伴胞和筛管是由同一母细胞分裂再通过分化后形成的。伴胞与筛管相邻的壁上有许多纹孔，有胞间连丝相互联系。伴胞细胞质浓，细胞核大，含有多种酶类物质，生理活动旺盛。筛管的运输功能与伴胞的生理活动密切相关，筛管失去功能后，伴胞将随着失去生理活性。

(3) 筛胞(sieve cell)：筛胞是蕨类植物和裸子植物运输光合作用产物的输导分子，是单个狭长的生活细胞，无伴胞存在，直径较小，两端尖斜，没有特化的筛板，只有存在于侧壁上的筛域，不能像筛管那样首尾相连接，只能彼此扦插，靠侧壁上的筛孔运输，因而输导机能较差，是比较原始的输导结构。

(六) 分泌组织

某些植物的一些细胞能分泌特殊物质，如挥发油、黏液、树脂、蜜汁、盐类等，这种细胞被称为分泌细胞。由分泌细胞所构成的组织，称为分泌组织(secretory tissue)。分泌组织分泌的物质中，有的可以防止组织腐烂，帮助创伤愈合，免受动物吃食；有的还可以引诱昆虫，以利于传粉。有许多植物的分泌物质是常用的中药，如乳香、没药、松节油、樟脑、松香等，有些可以作为中药的添加剂、矫味剂等，如蜜汁和各种芳香油。

植物的某些科属中常具有特定的分泌细胞或分泌组织，在中药鉴别中有一定的价值。

根据分泌细胞分布的位置和排出的分泌物是积累在植物体内部还是排出体外，常把分泌组织分为外部分泌组织和内部分泌组织(图 1-41)。

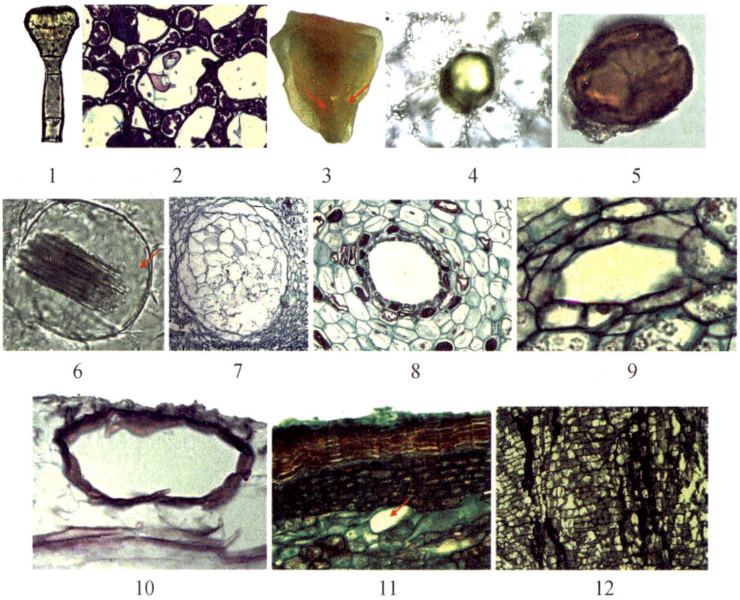

图 1-41　分泌组织

1. 腺毛(金银花);2. 间隙腺毛(粗茎鳞毛蕨);3. 蜜腺(日本小檗);4. 油细胞(生姜);
5. 油细胞(厚朴);6. 黏液细胞(半夏);7. 溶生式分泌腔(橘果皮横切面);
8. 树脂道(松木茎横切面);9. 油管(当归根横切面);10. 油管(小茴香果实横切面);
11. 黏液道(椴树茎横切面);12. 乳汁管(蒲公英根纵切面)。

1. 外部分泌组织

外部分泌组织是指分布在植物体体表部分的分泌结构,其分泌物被排出体外。

(1) 腺毛(glandular hair):腺毛是具有分泌功能的表皮毛,常由表皮细胞分化而来。腺毛有腺头、腺柄之分,其腺头细胞被较厚的角质层覆盖,其分泌物可由分泌细胞排出细胞体外,而积聚在细胞壁和角质层之间,分泌物可由角质层渗出,或角质层破裂后散发出来。腺毛多存在于植物茎、叶、芽鳞、子房、花萼、花冠等部位。

有一种可分泌盐的腺毛,由一个柄细胞和一个基细胞组成,常存在于滨藜属一些植物的叶表面。

(2) 蜜腺(nectary):蜜腺是由一层表皮细胞及其下面数层细胞特化而成的能分泌蜜汁的结构。组成蜜腺的细胞壁比较薄,无角质层或角质层很薄,细胞质较浓。细胞质产生蜜汁后通过角质层扩散或经表皮上的气孔排出。蜜腺下常有维管组织分布,一般位于花萼、花冠、子房或花柱的基部,常又被称为花蜜腺。具蜜腺的花均为虫媒花,如油菜、荞麦、酸枣、槐等。还有的蜜腺分布于茎、叶、托叶、花柄处,称为花外蜜腺。例如,蚕豆托叶的紫黑色腺点,梧桐叶下的红色小斑以及桃和樱桃叶片基部均具蜜腺,枣、白花菜和大戟属花序中也有不同形态的蜜腺。

有些盐生植物,如矶松属的一些植物,其茎、叶分布着排盐的分泌腺,柽柳属植物的表面有由几个分泌细胞组成的泌盐腺等。

2. 内部分泌组织

内部分泌组织分布在植物体内,其分泌物也积存在体内。常见的内部分泌组织有以下类型。

（1）分泌细胞（secretory cell）：分泌细胞是分布在植物体内部的具有分泌能力的细胞，通常比周围细胞大，以单个细胞或细胞团（列）存在于各种组织中。分泌细胞多呈圆球形、椭圆形、囊状、分枝状等，常将分泌物积聚于细胞中。当分泌物充满整个细胞时，细胞也往往木栓化，这时的分泌细胞失去分泌功能，其作用就犹如贮藏室。由于分泌的物质不同，它又可分为油细胞，如姜、桂皮、菖蒲等；黏液细胞，如半夏、玉竹、山药、白及等；单宁细胞，如豆科、蔷薇科、壳斗科、冬青科、漆树科的一些植物等；芥子酶细胞，如十字花科、白花菜科植物等。

（2）分泌腔（secretory cavity）：分泌腔也称为分泌囊或油室，常发现于柑橘类果皮和叶肉以及桉叶叶肉中。根据其形成的过程和结构，常可分为以下两类。

① 溶生式分泌腔（lysigenous secretory cavity）：在基本薄壁组织中有一团分泌细胞，由于这些分泌细胞分泌的物质逐渐增多，最后终于使细胞本身破裂溶解，形成一个含有分泌物的腔室，腔室周围的细胞常破碎不完整，如陈皮、橘叶等。

② 裂生式分泌腔（schizogenous secretory cavity）：由基本薄壁组织中的一团分泌细胞彼此分离、胞间隙扩大而形成的腔室，分泌细胞不受破坏，完整地包围着腔室，分泌物也存在于腔室内，如金丝桃、漆树、桃金娘、紫金牛植物的叶片以及当归的根等。

（3）分泌道（secretory canal）：分泌道的形成犹如裂生式分泌腔，是由一些分泌细胞彼此分离而形成的一个长管状间隙的腔道，周围的分泌细胞称为上皮细胞（epithelial cell），上皮细胞产生的分泌物贮存于腔道中。根据储存分泌物的种类分别命名，如松树茎中的分泌道贮藏着树脂，称为树脂道（resin canal）；小茴香果实的分泌道贮藏着挥发油，称为油管（vitta）；美人蕉和椴树的分泌道贮藏着黏液，称为黏液道（slime canal）或黏液管（slime duct）等。

（4）乳汁管（laticifer）：由一种分泌乳汁的长管状细胞形成。有单细胞乳汁管，也有由多细胞构成的，常可分枝，在植物体内形成系统。构成乳汁管的细胞主要是生活细胞，细胞质稀薄，通常具有多数细胞核，液泡里含有大量乳汁。现在研究证明，乳汁管的分泌物并非仅存在于细胞液中，还可存在丁整个细胞质中，如巴西橡胶树。乳汁管分泌物常具黏滞性，呈乳白色、黄色，或橙色。分泌物的成分很复杂，主要为糖类、蛋白质、橡胶、生物碱、苷类、酶、单宁等物质。

乳汁管分布在器官的薄壁组织内，如皮层、髓部以及子房壁内等。具有乳汁管的植物很多，如菊科蒲公英属、莴苣属；大戟科大戟属、橡胶树属；桑科桑属、榕树属；罂粟科罂粟属、白屈菜属；番木瓜科番木瓜属；桔梗科党参属、桔梗属等。乳汁管具有贮藏和运输营养物质的机能。根据乳汁管的发育和结构可将其分成以下两类。

① 无节乳汁管（nonarticulate laticifer）：每一个乳汁管仅由一个细胞构成，细胞分枝，长度可达数米，如夹竹桃科、萝摩科、桑科以及大戟科的大戟属等一些植物的乳汁管。

② 有节乳汁管（articulate laticifer）：每一个乳汁管是由许多细胞连接而成的，连接处的细胞壁溶解贯通，成为多核巨大的管道系统，乳汁管可分枝或不分枝，如菊科、桔梗科、罂粟科、旋花科、番木瓜科以及大戟科的橡胶树属等一些植物的乳汁管。

二、维管组织及类型

（一）维管束的组成

维管束（vascular bundle）是维管植物的输导系统，为贯穿于整个植物体内部的束状结构。它除了具有输导功能外,还起着支持作用。维管束主要由韧皮部与木质部组成。在被子植物中,韧皮部由筛管、伴胞、韧皮薄壁细胞和韧皮纤维组成,木质部主要由导管、管胞、木薄壁细胞和木纤维组成;裸子植物和蕨类植物的韧皮部主要由筛胞和韧皮薄壁细胞组成,木质部主要由管胞和木薄壁细胞组成。裸子植物和双子叶植物的维管束在木质部和韧皮部之间常有形成层存在,能进行次生生长,所以这种维管束又被称为无限维管束或开放性维管束(open bundle)。蕨类植物和单子叶植物的维管束没有形成层,不能进行不断地分生生长,所以这种维管束又被称为有限维管束或闭锁性维管束(closed bundle)。

(二) 维管束的类型

根据韧皮部与木质部的排列方式,以及形成层的有无,维管束可分为下列几种类型(图 1-42)。

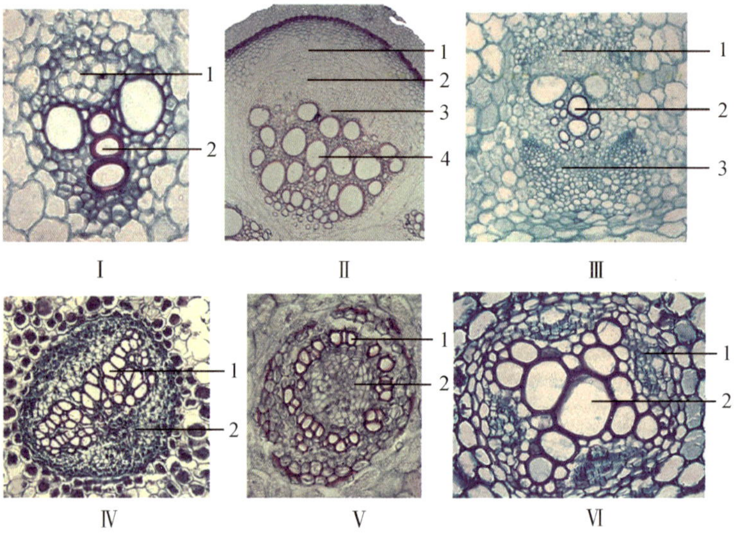

图 1-42 维管束类型

Ⅰ. 有限外韧维管束(玉米茎):1. 韧皮部;2. 木质部。

Ⅱ. 无限外韧维管束(马兜铃茎):1. 压扁的韧皮部;2. 韧皮部;3. 形成层;4. 木质部。

Ⅲ. 双韧维管束(南瓜茎):1、3. 韧皮部;2. 木质部。

Ⅳ. 周韧维管束(粗茎鳞毛蕨根状茎):1. 木质部;2. 韧皮部。

Ⅴ. 周木维管束(石菖蒲根状茎):1. 木质部;2. 韧皮部。

Ⅵ. 辐射维管束(毛茛根):1. 韧皮部;2. 木质部。

1. 有限外韧维管束(closed collateral vascular bundle)

韧皮部位于外侧,木质部位于内侧,中间没有形成层,如单子叶植物茎的维管束。

2. 无限外韧维管束(open collateral vascular bundle)

韧皮部位于外侧,木质部位于内侧,中间有形成层,可使植物进行次生增粗生长,如裸子植物和双子叶植物茎的维管束。

3. 双韧维管束(bicollateral vascular bundle)

木质部内、外两侧都有韧皮部,并且在外部的木质部和韧皮部之间常有形成层,常见于茄科、葫芦科、夹竹桃科、萝摩科、旋花科、桃金娘科等植物。

4. 周韧维管束(amphicribral vascular bundle)

木质部位于中间,韧皮部围绕在木质部的四周,如百合科、禾本科、棕榈科、蓼科及蕨类某些植物。

5. 周木维管束(amphivasal vascular bundle)

韧皮部位于中间,木质部围绕在韧皮部的四周,常见于少数单子叶植物的根状茎,如菖蒲、石菖蒲、铃兰等。

6. 辐射维管束(radial vascular bundle)

在多数单子叶植物根中,韧皮部和木质部相互间隔排列成一圈,中间具有宽阔的髓部;在双子叶植物根的初生构造中,木质部常分化到中心呈星角状,韧皮部位于两角之间彼此相间排列,总称为辐射维管束。

练习题

1. 植物细胞中有哪些常见晶体类型?
2. 用哪种试剂可以鉴别草酸钙结晶和碳酸钙结晶?
3. 厚角组织与厚壁组织的主要区别有哪些?
4. 如何区别导管与管胞?
5. 植物细胞中为什么会产生晶体?
6. 富含淀粉的药材有哪些?如何用化学方法进行鉴别?

第二章 植物的器官

由多种组织构成的、具有一定的外部形态和内部结构并执行一定生理功能的植物体组成部分,称为器官(organ)。其主要类型包括营养器官和繁殖器官。营养器官包括根、茎、叶,起着吸收、制造和供给植物体营养物质的作用,使植物体得以生长、发育。繁殖器官包括花、果实、种子,起着繁殖后代和延续种族的作用。

第一节 根

学习导图:

根
- 根的功能与形态(正常根的形态与类型*、变态根的形态与类型*)
- 根的显微构造(初生构造*、次生构造*、三生构造*)

案例:

人参在《神农本草经》中列为上品,具有大补元气、强心固脱、安神生津的功效。自古以来,人参价格都较昂贵,因而出现了许多伪品,其中就有用商陆来冒充人参的。请问如何利用学习到的根的知识,从外部形态和显微特征上来鉴别人参和商陆?

根(root)是植物登陆以后才出现的器官,是长期进化过程中适应陆地生活的产物。除苔藓外,所有的高等植物都具有根。根具有向地性、向湿性和背光的特性。根吸收土壤中的水分和无机盐,并输送到植株的各个部分,是植物生长的基础。

一、根的功能与形态

(一) 根的生理功能及药用价值

根是植物的重要营养器官,主要具有吸收、输导、固定、合成、贮藏和繁殖等生理功能。

1. 生理功能

(1) 吸收功能:根最主要的功能是从土壤中吸收水分和溶解在水中的无机盐等。水是植物制造碳水化合物等营养物质的主要原料,也是植物所需无机盐的溶剂,植物所需的无机盐及一些微量元素等都能以溶液的形式被根毛吸收。

(2) 输导作用:根既可将根毛所吸收的溶液通过其内的输导组织运输至茎叶制造养料,又能将光合作用的产物传递至根部,以保证根的生命活动的需要。

(3) 固定作用:植物体的地上部分之所以能够稳固地直立在地面上,主要有赖于根系在土壤中的固定作用,故植物的根有强大的支持固着作用。

(4) 合成、分泌作用：根有合成、分泌的功能，是合成、贮藏次生代谢产物的重要器官。根能合成氨基酸、生物碱、植物激素等有机物质，并以一定的形式积累于细胞内或排出体外，对植物地上部分及周围其他植物的生长发育产生影响，是植物化感作用及连作障碍产生的主要原因。如烟草的根能合成烟碱；南瓜和玉米中很多重要的氨基酸是在根部合成的；黄山松的根部分泌有机酸、生长素、酶等到土壤中，使难溶的盐类转化成可溶的物质，能被植物吸收、利用。

(5) 贮藏作用：多数植物的根，尤其是贮藏根，其内的薄壁组织比较发达，细胞内贮有大量的淀粉等营养物质。例如，甘薯、甜菜、萝卜和胡萝卜的根肉质肥大，贮藏着丰富的有机养料，可为来年生长发育提供足够的能量。

(6) 繁殖作用：不少植物的根可以从中柱鞘外生出不定芽，长成地上茎，尤其是有些植物的地上茎被切去或受伤后，其根在伤口处更易形成不定芽，在植物的营养繁殖中常加以利用，如蔷薇、小檗属等灌木类植物。丹参、甘薯的繁殖就是利用根发出茎条来做插条繁殖的。

2. 根的药用

根类药材多为贮藏根，占中药的大部分。许多植物的根可供药用，如人参、党参、桔梗、当归、黄芪、甘草等都是著名的肉质直根类；何首乌、麦冬等是块根类药材；有的是以根皮入药，如地骨皮、香加皮等。

(二) 正常根的形态与类型

根的形态是指根的外形及其特征。根通常呈圆柱形，生长在土壤中，越向下越细，向四周分枝，形成复杂的根系。与茎相比，根无节和节间之分，一般不生芽、叶和花。

1. 主根、侧根和纤维根

种子萌发时，胚根首先突破种皮，向下生长，这种由胚根直接生长形成的根，称为主根(main root)，通常垂直向下生长。主根生长到一定长度时，就会从内部侧向生出许多分枝，称为侧根(lateral root)。侧根的生长方向与主根往往形成一定角度。侧根上再分生出更细小的分枝，称为纤维根。

2. 定根和不定根

主根、侧根和纤维根都是直接或间接由胚根发育而来的，均属于定根(normal root)。此外，许多植物除产生定根外，还能从茎、叶等位置生出根来，这些根发生的位置不固定，称为不定根(adventitious root)。不定根也能产生分枝。例如，禾本科植物的种子萌发时形成的主根存活期不长，以后由胚轴上或茎的基部产生的不定根所代替(图 2-1)。农、林、园艺工作上利用

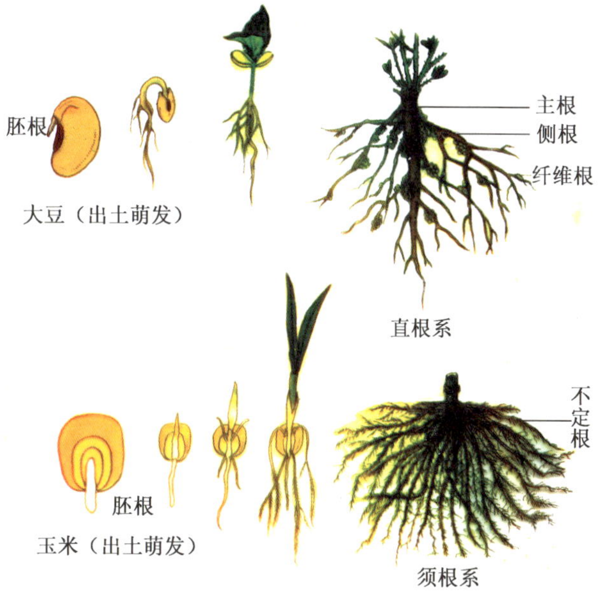

图 2-1 根的形态

枝条、叶、地下茎等能产生不定根的习性来进行扦插、压条等营养繁殖。人参芦头上的不定根在药材上称为“艼”。

3. 根系的类型

一株植物地下部分所有根的总和，称为根系（root system）。大多数双子叶植物和裸子植物的根系有明显的主根和侧根之分。单子叶植物的主根只在生长的初期生长，停止生长后在胚轴或茎基部中长出不定根。依据根系的组成特点，可将其分为直根系（tap root system）和须根系（fibrous root system）两类（图 2-2）。

直根系（茵陈蒿）　　须根系（细辛）

图 2-2　直根系与须根系

1. 主根；2. 侧根；3. 纤维根；4. 不定根。

（1）直根系：由明显发达的主根及其各级侧根组成。直根系由于主根发达，入土深，各级侧根次第短小，一般呈陀螺状分布，大多数双子叶植物如大麻、苘麻、紫花地丁、蒲公英等的根系属于此种类型。

（2）须根系：主根不发达，或早期死亡，从茎的基部节上生长出许多大小、长短相仿的不定根，簇生呈胡须状，没有主次之分，大多数单子叶植物如水稻、麦冬等和少数双子叶植物如龙胆、徐长卿、白薇等的根系属于此种类型。

（三）变态根的形态与类型

根在长期的演化过程中，为了适应生活环境的变化，在形态构造上产生了不同的变异，称为根的变态。常见的根的变异有下列几种（图 2-3）。

1. 贮藏根（storage root）

贮藏根是指根的一部分或全部因贮藏营养物质而肉质肥大，是植物最常见的变态根类型。贮藏根除了吸收水分和矿物质外，还有贮藏营养物质如淀

图 2-3　根的变态类型

1. 圆锥根（白芷）；2. 圆锥根（胡萝卜）；3. 圆柱根（丹参）；4. 圆柱根（萝卜）；5. 圆球根（芜菁）；6. 块根（何首乌）；7. 块根（地黄）；8. 支持根（玉米）；9. 攀缘根（常春藤）；10. 气生根（吊兰）；11. 呼吸根（池杉）；12. 水生根（凤眼莲）；13. 寄生根（槲寄生）；14. 寄生根（菟丝子）。

粉或糖的作用。依据来源及形态的不同,贮藏根又可分为肉质直根(fleshy tap root)和块根(root tuber)。

(1) 肉质直根:肉质直根由下胚轴和主根增粗肥大而来,植物的营养物质贮藏在根内,以供抽茎开花时用。一株植物上只有一个肉质直根。根的增粗可以是木质部,如萝卜;也可以是韧皮部,如胡萝卜。有的肉质直根肥大呈圆锥状,如白芷、桔梗;有的肥大呈圆柱形,如菘蓝、丹参;有的肥大呈球形,如芜菁根。

(2) 块根:块根由不定根或侧根发育而来,其组成上没有胚轴的部分在一株植物上可形成多个块根。根的细胞内也贮藏了大量淀粉等营养物质,药用块根有天门冬、郁金、何首乌、百部等。

2. 支持根(prop root)

一些植物从近地面茎节上生出不定根伸入土中,能支持植物体的气生根,称为支持根,如禾本科的玉米、高粱、薏苡、甘蔗等在接近地面的茎节上所生出的不定根。

3. 气生根(aerial root)

有些植物的茎能长出不定根,暴露于空气中,称为气生根。它除了吸收空气中的水分之外,还能攀缘在其他物体上,如榕树、石斛、吊兰等。

4. 攀缘根(附着根)(climbing root)

一些植物的茎柔弱不能直立,茎上生出不定根,以固着于支持物表面攀缘而上升。有些植物的主根柔弱,必须从茎节上长出不定根攀附在其他物体上,称为附生根。具有此类附生根的植物有胡椒、常春藤等。

5. 寄生根(parasitic root)

有些寄生植物的茎缠绕在寄主茎上,它们的不定根形成吸器,侵入寄主体内,吸收水分和无机养料,这种吸器称为寄生根,如菟丝子、列当、桑寄生等。

6. 水生根(water root)

水生植物的根呈须根状垂生于水中,纤细、柔软,有的表面常带绿色,如浮萍、菱、睡莲、凤眼莲等。

7. 呼吸根(respiratory root)

一些生长在沼泽或热带海滩地带的植物,如水松、红树等可产生一些垂直向上、伸出地面、暴露于空气中进行呼吸的根。这些根中常有发达的通气组织,可将空气输送到地下,供地下根呼吸,因此被称为呼吸根。

(四) 根瘤和菌根

种子植物的根系与土壤微生物有密切的联系。微生物不仅存在于土壤中,还存在于一部分植物的根里,与植物共同生活。微生物从植物的根组织得到营养物质,植物也由于微生物的作用而得到它生活中所需要的物质,这种植物和微生物之间的互利关系,称为共生。被子植物和微生物的共生关系,常见的有两种类型,即根瘤(root nodule)与菌根(mycorrhiza)。

1. 根瘤

(1) 根瘤菌:根瘤菌是一种杆状细菌(图 2-4)。它可以存在于根瘤中,豆科植物为根瘤菌提供生活所需要的水分和养料;根瘤菌则具有固氮能力,能将空气中的氮转化为植物能吸收的含氮物质。

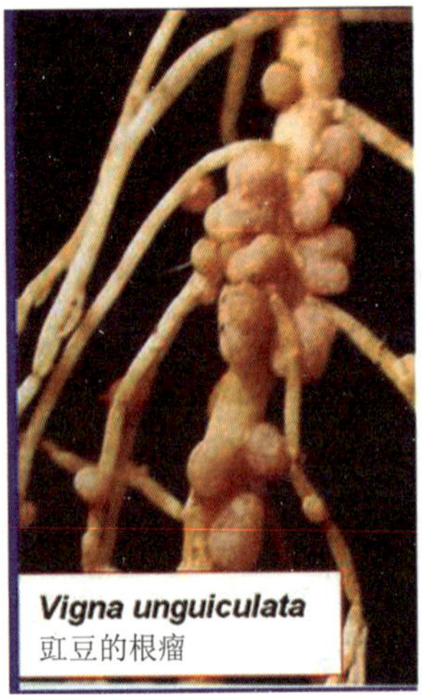

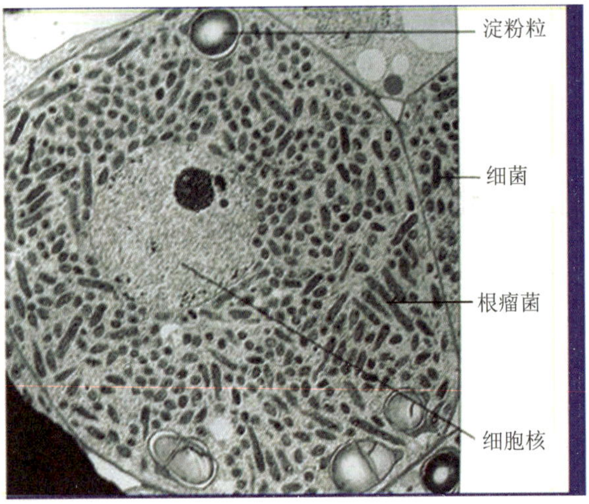

图 2-4 根瘤及根瘤菌

根瘤菌属有十余种根瘤菌。它们与豆科植物的共生具有专一性,即每一种根瘤菌只能在一种或几种豆科植物上形成根瘤。例如,豌豆的根瘤菌只能在豌豆、蚕豆等植物体的根上形成根瘤;大豆的根瘤菌只能在大豆根上形成根瘤,而不能在豌豆、苜蓿的根上形成根瘤。一种根瘤菌与对应的一种或几种豆科植物之间的这种关系,叫作“互接种族”关系。互接种族的原因在于豆科植物的根毛能够分泌一种特殊的蛋白质,这种蛋白质与根瘤菌细胞表面的多糖化合物结合具有选择的专一性。因此,同一互接种族内的植物可以相互利用对方的根瘤菌形成根瘤,不同互接种族的植物之间不能互相接种根瘤菌形成根瘤。

除豆科植物外,在自然界还发现 100 多种植物,如桦木科、麻黄科、蔷薇科、胡颓子科等科中的一些植物及裸子植物中的苏铁、罗汉松等植物也能形成根瘤,并具有固氮能力。与非豆科植物共生的固氮菌多为放线菌类。

(2) 根瘤的形成:豆科植物幼苗期间的分泌物,如苹果酸、可溶性糖类等,吸引了分布在其根附近的根瘤菌,使其聚集在根毛顶端周围并大量繁殖。根瘤菌可分泌一种纤维素酶,这种酶能使根毛卷曲、膨胀,并使部分细胞壁溶解。根瘤菌从被溶解处侵入根毛,在根毛中滋生,并且大量繁殖,产生感染丝(由根瘤菌排列成行,外面包有一层含黏液的结构)。在根瘤菌侵入的刺激下,根细胞分泌一种纤维素,将感染丝包围起来,形成一条分枝或不分枝的管状结构的纤维素鞘,叫作侵入线。侵入线不断地延伸,直到根的内皮层;根瘤菌沿其侵入根的皮层迅速繁殖,内皮层处的薄壁细胞受到根瘤菌分泌物的刺激,产生大量的皮层细胞,使该处的组织膨大,局部突起,形成根瘤。根瘤菌居于根瘤中央的薄壁细胞内,逐渐破坏其核与细胞质,自身转变为拟菌体;同时该区域周围分化出与根维管束相连的输导组织、外围薄壁组织鞘和内皮层。拟菌体通过输导组织从皮层细胞中吸收碳水化合物、矿物盐类和水进行繁殖,并进行固氮作用,将分子氮还原成 NH_3,分泌至根瘤细胞内,合成酰胺类或酰脲类化合物,输出根瘤,由根的输导组织运输至宿主地上部分供利用。宿主为根瘤菌提供良好的居住环境、碳源和能源以及其他必需的营养,而根瘤菌则为宿主提供氮素营养。

(3) 根瘤的形态结构:

① 根瘤的外部形态:根瘤大小不一,小的只有米粒般大小,大的则有黄豆般大小,表

面比较粗糙，高低不平。但根瘤的直径明显比根的直径大，大多分布在主根或一级侧根上，呈枣形、姜形、掌形或球形。根瘤中含有红色素、褐色素和绿色素，所以根瘤呈褐色、灰褐色或红色。

② 根瘤的结构：将蚕豆根瘤横切片置于显微镜下观察，可见根中央有中柱结构。由于细胞强烈分裂和体积增大，皮层部分畸形增大，形成了瘤状突起物，使根的中柱以相当小的比例偏向一方。

③ 根瘤菌的结构：将根瘤冲洗干净，取一干净载玻片，压取少许根瘤汁滴在载玻片上，再加一滴蒸馏水，稀释后涂抹均匀。将此载玻片在酒精灯上烘干，固定。待冷却后，加一滴染料，染色 2～3 min，微加热。冷却后冲去多余染料，再烘干玻片，置于显微镜下观察。镜下可看到许多被染成紫色或红色呈短杆状的细胞，此即与豆科植物共生的根瘤菌。

（4）根瘤菌的应用：豆科植物可与根瘤菌共生得到氮素而获高产；同时，在根瘤菌生长时，一部分含氮化合物可以从豆科植物的根分泌到土壤中，在豆科植物生长末期，一些根瘤可以自根上脱落或随根留在土壤中，这样通过根瘤进一步培肥土壤，增加土壤中的氮肥，为其他植物所利用。因此，利用豆科植物与其他植物轮作、间作，可以减少施肥，这样不仅降低了生产成本，而且能提高单位面积的产量。还可以通过种植豆科植物，如紫云英、苜蓿、草木犀等作为绿肥，以增加土壤中的氮肥。有的土壤里没有根瘤菌，在播种时，可以从有根瘤菌的地方取土拌种，或用根瘤菌肥拌种，为根瘤的形成创造条件。

根瘤菌的固氮作用是在常温、常压下进行的，固氮所需的能量来自宿主绿色植物的光合作用，这比工业上的固氮所需的能量少。因此，根瘤菌固氮具有效率高、不污染环境、成本低、收益高的优点。近年来，把固氮菌中的固氮基因转移到农作物和某些经济植物中已成为分子生物学和遗传工程的研究目标，尤其是农业生产上，在禾本科作物，如玉米、小麦栽培中推广根瘤菌实用技术，已取得了显著成效。

2. 菌根

菌根（图 2-5）是某些植物的根与土壤中的真菌结合在一起而形成的一种真菌与根的共生结合体。凡能引起植物形成菌根的真菌称为菌根真菌。菌根真菌大部分属担子菌亚门，小部分属子囊菌亚门。菌根真菌的寄主有木本和草本植物，约 2 000 种。菌根真菌与植物之间建立相互有利、互为条件的生理整体。

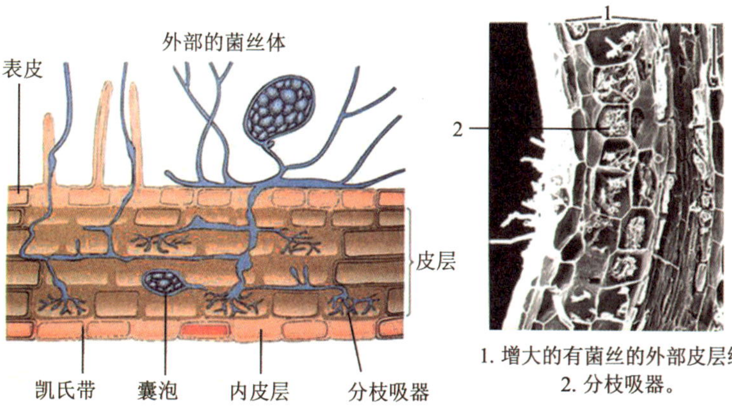

1. 增大的有菌丝的外部皮层细胞；
2. 分枝吸器。

图 2-5　菌根

(1)菌根的类型:根据菌根的形态学及解剖学特征,可将菌根分为外生菌根(ectotrophic mycorrhiza)、内生菌根(endotrophic mycorrhiza)和内外生菌根(ectendotrophic mycorrhiza)三种类型。

① 外生菌根:外生菌根的真菌菌丝体紧密地包围植物幼嫩的根,形成菌套,菌丝很少穿入根组织的细胞内部。菌丝在根的外皮层细胞壁之间延伸生长,形成网状菌丝体,大部分生长于根外部,有的还伸向周围土壤,代替根毛的作用,增加根系的吸收面积,吸收土壤中的水分和养分供植物利用;另外,菌根真菌还可通过分泌维生素等刺激植物生长。形成外生菌根的真菌主要是担子菌鹅膏属、牛肝菌属和口蘑属中的一些真菌。形成菌根的根一般较粗,顶端分为二叉,根毛稀少或无;形成外生菌根的植物主要是森林树种,松柏类如油松、毛白杨、山毛榉和栎树等。

② 内生菌根:内生菌根是指真菌菌丝分布于根皮层细胞间隙或侵入细胞内部形成的不同形状的吸器,如泡囊和树枝状菌丝体。因此,内生菌根也称泡囊-丛枝菌根或丛枝菌根。它可促进根内物质的运输。这类真菌多属于担子菌。这类菌根宿主植物的根一般无形态及颜色变化,从根的外表看不出菌丝存在,都保留着根毛;内生菌根较普遍存在于各种栽培作物中,如玉米、棉花、大豆、马铃薯、银杏、核桃等。

③ 内外生菌根:内外生菌根有外生菌根和内生菌根的某些形态学或生理特征。它既可在宿主植物根表面形成菌套,又可在根皮层细胞间隙形成泡囊-丛枝菌根,亦可在皮层内形成不同形状的菌丝圈。内外生菌根主要存在于松科桦木属、杜鹃花科及兰科植物上。

(2)菌根的形态结构:

① 外生菌根的形态结构:取油松或圆柏的细小、具根尖的侧根,观察其外部形态,可发现在根尖看不到根毛,根的前端变成"Y"形的钝圆短柱状,好似一个小短棒,有许多菌丝包在根外面。取湿地松的幼根横切片、纵切片置显微镜下观察,可看到根外围有无数交织成小型的颗粒状物,这就是与湿地松共生的真菌菌丝的横切面,同时也可看到有些菌丝体侵入皮层细胞的细胞间隙,但不侵入细胞内部。

② 内生菌根的形态结构:将小麦菌根横切片放在显微镜下观察,可见根皮层细胞内和细胞间有真菌菌丝体。也可根据菲利普(Phillips)和海曼(Hayman)的方法观察高等植物根内的泡囊和树枝状菌丝体结构。

(3)菌根的作用:真菌是低等的异养型植物,不能自己制造有机物,只能与绿色植物共生形成菌根。菌根中的真菌菌丝体既向根周围土壤扩展,又与寄主植物组织相通。它一方面可以从寄主植物根中吸收糖类等有机物质作为自己的养分;另一方面可扩大植物根系吸收面积,增加对原根毛吸收范围外的元素(特别是磷)的吸收能力,从土壤中吸收水和无机盐供植物利用,促进宿主细胞内贮藏物质的分解,增强植物的吸收作用。

某些菌根具有合成生物活性物质的能力(如合成维生素 B_1 和 B_6、赤霉素、细胞分裂素、植物生长激素、酶类以及抗生素等),不仅对根的发育有促进作用,使植物生长良好,还能增加豆科植物固氮率和结瘤率,提高药用植物的药用成分含量,提高苗木移栽、扦插成活率及植物的抗病能力。因此,林业上常用人工方法进行真菌接种,以提高植物的抗旱能力,以利于造林成功。某些菌根真菌的生活史中所形成的子实体,能为人类提供食用和药用的菌类资源(如乳菇属、红菇属)。

二、根的显微构造

（一）根尖（root tip）

根尖是根的尖端部分，是指根的顶端至着生根毛部分的一段，长4~6 mm，是根中生命活动最活跃的部分。不论是主根、侧根还是不定根，它们都具有根尖。根的伸长、对水分和养料的吸收、成熟组织的分化以及对重力与光线的反应都发生于这一区域。

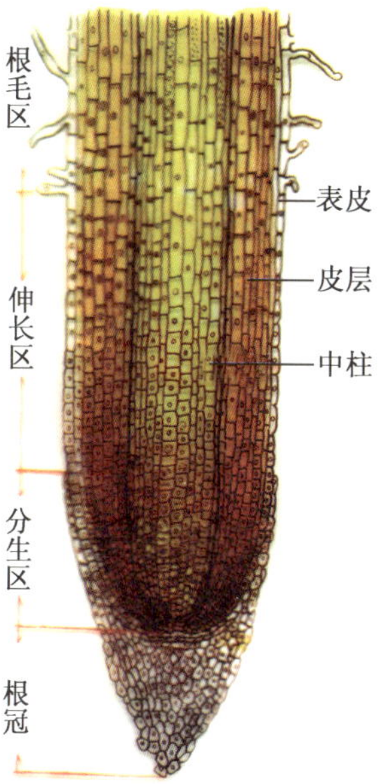

图 2-6 根尖的构造

根尖的结构一般可以分为四个部分：根冠、分生区、伸长区和根毛区（图2-6）。水生植物、寄生植物和有菌根共生植物的根常不具根冠。各区的细胞行为与形态结构均有所不同，功能上也有差异，但各区间并无明显的界线，而是逐渐过渡的。

1. 根冠（root cap）

根冠是根尖最先端的帽状结构，罩在分生区的外面，有保护根尖幼嫩的分生组织，使之免受土壤磨损的功能。根冠由多层松散排列的薄壁细胞组成，细胞排列较不规则，外层细胞常黏液化。当根端向土壤深处生长时，它可以起润滑作用，使根尖较易在土壤中穿过。其外层细胞常遭磨损或解体死亡，而后脱落。但由于其内部的分生区细胞可以不断地进行分裂，产生新细胞，因此根冠细胞可以陆续得到补充和更替，始终保持一定的厚度和形状。此外，根冠细胞内常含有淀粉体，可能有重力的感应作用，与根的向地性生长有关。

2. 分生区（meristematic zone）

分生区也叫生长点，是具有强烈分裂能力的、典型的顶端分生组织，位于根冠之内，总长为1~2 mm。其最先端部分是没有任何分化的原分生组织，稍后为初生分生组织，可以不断地进行细胞分裂，增加根尖的细胞数目，因而能使根不断地进行初生生长。其细胞形状为多面体，个体小，排列紧密，细胞壁薄，细胞核较大，拥有密度大的细胞质（没有液泡），外观不透明。

3. 伸长区（elongation zone）

伸长区是位于分生区稍后的部分。多数细胞已逐渐停止分裂，有较小的液泡（吸收水分而形成），使细胞体积扩大，并显著地沿根的长轴方向伸长。伸长区一般长2~5 mm，是根部向前推进的主要区域。其外观透明，洁白而光滑。

4. 成熟区（maturation zone）

成熟区也称根毛区（root-hair zone）。此区的各种细胞已停止伸长生长，有较大的液泡（由小液泡融合而成），并已分化成熟，形成各种组织。表皮密生的茸毛即根毛，是根吸收水分和无机盐的主要部位。随着根尖伸长区的细胞不断地向后延伸，新的根毛陆续出现，以代替枯死的根毛，形成新的根毛区，进入新的土壤范围，不断扩大根的吸收面积。

（二）初生构造（primary structure）

由初生分生组织分化形成的组织，称初生组织（primary tissue）。由初生组织形成的构造，称初生构造。通过根尖的成熟区横切面可以观察到，根的初生构造从外到内可分为表皮、皮层和维管柱三部分。

1. 双子叶植物根的初生构造

(1) 表皮(epidermis):根的成熟区最外面一层为表皮,是由原表皮发育而成的,一般由一层细胞组成。表皮细胞近似长方柱形,排列整齐、紧密,壁薄,角质层薄,不具气孔。部分表皮细胞的外壁向外突起,延伸成根毛。

根的表皮大多由一层活细胞组成,但也有例外。热带兰科植物和一些附生的天南星科植物的气生根中,表皮为多层,形成所谓的根被。

(2) 皮层(cortex):皮层是由基本分生组织发育而成的,它在表皮的内方占着相当大的部分,由多层薄壁细胞组成,细胞排列疏松,有着显著的细胞间隙。皮层的最外一层细胞,即紧接表皮的一层细胞,往往排列紧密,无间隙,成为连续的一层,称为外皮层(exodermis)。当根毛枯死,表皮破坏后,外皮层的细胞壁增厚并栓化,能代替表皮起保护作用。

皮层最内的一层常由一层细胞组成,排列整齐,无胞间隙,称为内皮层(endodermis)。内皮层细胞的部分初生壁上常有栓质化和木质化增厚成带状的结构,环绕在细胞的两个径向壁和两个端壁内侧成一整圈,称为凯氏带(Casparian strip)。凯氏带在根内是一个对水分和溶质有障碍或限制作用的结构,在根的横切面上经常呈现点状增厚,因而又称为凯氏点。内皮层一些正对木质部的细胞,其细胞壁不增厚,可使皮层与维管束间物质内外流通,称为通道细胞(图 2-7)。

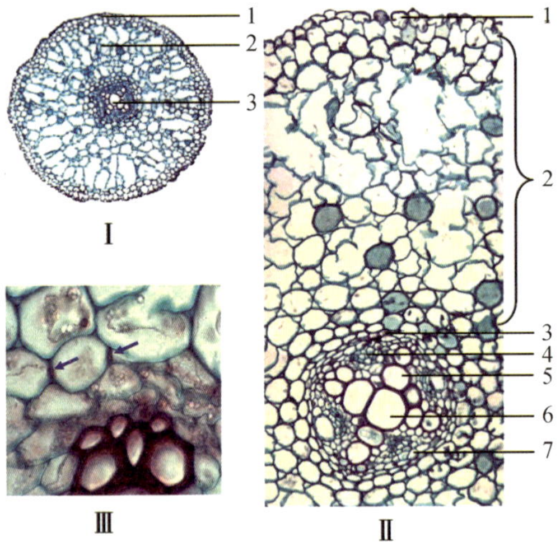

图 2-7 双子叶植物根的初生构造(毛茛)

Ⅰ. 横切面:1. 表皮;2. 皮层;3. 维管柱。
Ⅱ. 横切面详图:1. 表皮;2. 外皮层和皮层薄壁组织;3. 内皮层;4. 韧皮部;5. 原生木质部;6. 后生木质部;7. 中柱鞘。
Ⅲ. 内皮层(示凯氏点)。

在单子叶植物根的构造中,细胞进一步发育,侧壁和端壁以及内切向壁均显著增厚,或全面增厚,而外切向壁较薄,在横切面上呈现出马蹄形增厚。

(3) 维管柱(vascular cylinder):内皮层以内的部分统称为维管柱。其结构比较复杂,包括中柱鞘(pericycle)的初生维管组织。

中柱鞘(pericycle)是维管柱的最外一层薄壁细胞,中柱鞘内的初生木质部(primary xylem)和初生韧皮部(primary phloem)相间排列,各自成束。由于根的初生木质部在分化过程中是由外方开始向内方逐渐发育成熟的,这种方式称为外始式(exarch),这是根发育的一个特点。因此,初生木质部外方,也就是近中柱鞘的部分,是最初成熟的部分,称为原生木质部(protoxylem),它是由管腔较小的环纹导管或螺纹导管组成的;渐近中部、成熟较迟的部分,称为后生木质部(metaxylem),它是由管腔较大的梯纹、网纹或孔纹等导管组成的。

根的初生木质部分为几束,其束的数目随植物种类的不同而不同。例如,十字花科、伞形科的一些植物根中，初生木质部只有 2 束，称为二原型(diarch)；毛茛科的唐松草属有 3 束，称为三原型(triarch)；葫芦科、杨柳科及毛茛科毛茛属的一些植物有 4 束，称为四原型(tetrarch)；棉花和向日葵有 4~5 束，蚕豆有 4~6 束。一般双子叶植物束少，为二至六原型；而单子叶植物至少有 6 束，即六原型(hexarch)，常为多束，即多原型(polyarch)(七原型及以上)；有些单子叶植物的初生木质部可达数百束之多。对于某种植物，初生木质部束的数目相对稳定，但也常发生变化。同种植物的不同品种或同种植物的不同根，也可能出现不同的情况。近年来的实验研究表明，在离体培养根中，培养基中生长素吲哚乙酸的含量可以影响初生木质部束的数目。被子植物的初生木质部由导管、管胞、木薄壁细胞和木纤维组成；裸子植物的初生木质部主要是管胞。

初生韧皮部束的数目和初生木质部束的数目相同。其分化成熟的方式也是外始式，即在外侧的部分先分化为成熟的初生韧皮部，称为原生韧皮部(protophloem)；在内侧的部分后分化为成熟的初生韧皮部，称为后生韧皮部(metaphloem)。其内部组成，被子植物的初生韧皮部一般有筛管、伴胞、韧皮薄壁细胞，偶有韧皮纤维；而裸子植物的初生韧皮部主要是筛胞。

在初生木质部和初生韧皮部之间有 1 至多层薄壁细胞，在双子叶植物根中这些细胞以后可以进一步转化为形成层的一部分，由此产生次生构造。

一般在双子叶植物的根中，初生木质部往往一直分化到维管柱的中心，因此根不具有髓部(pith)。但也有一些植物初生木质部不分化到维管柱的中心，中心仍保留有未经分化的薄壁细胞，因此这些根中就有髓部，如乌头、龙胆、桑等。在单子叶植物的根中，初生木质部一般不分化到中心，因而有发达的髓部，如百部的根。也有髓部细胞木化而成厚壁组织的，如鸢尾。

2. 单子叶植物根的初生构造

单子叶植物根的结构(图 2-8)也可分为表皮、皮层和维管柱三部分，但各部分结构和双子叶植物根的结构不尽相同。特别需要指出的是，单子叶植物的根不能进行次生生长，因此也不产生次生构造。

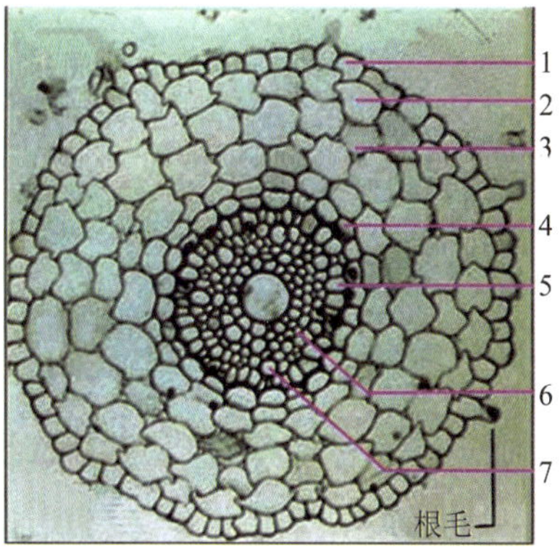

图 2-8 单子叶植物根的初生构造

1. 表皮；2. 外皮层；3. 中皮层；4. 内皮层；5. 中柱鞘；6. 髓；7. 维管束。

(1) 表皮：根最外的一层细胞为表皮。在根毛枯死后，表皮往往解体并脱落。

(2) 皮层：在禾本科植物根的皮层中，靠近表皮的一层至数层细胞为外皮层，在根发育的后期，往往转变为厚壁的机械组织，起支持和保护作用。在机械组织的内侧为细胞数量较多的皮层薄壁组织。水稻幼根皮层薄壁细胞呈明显的同心辐射状排列，细胞间隙大。在水稻老根中，部分皮层薄壁细胞互相分离，后解体形成大的气腔。气腔间被离解的皮层薄壁细胞及残留的细胞壁所构成的薄片隔开。水稻根、茎、叶中气腔互相连通，有利于通气。叶片中的氧气可通过气腔进入根部，供给根呼吸，所以水稻能够生长在湿生环境中。然而，三叶期以前的幼苗，通气组织尚未形成，根所需要的氧气靠土壤来供应，故这段时期的秧苗不宜长期保持水层。

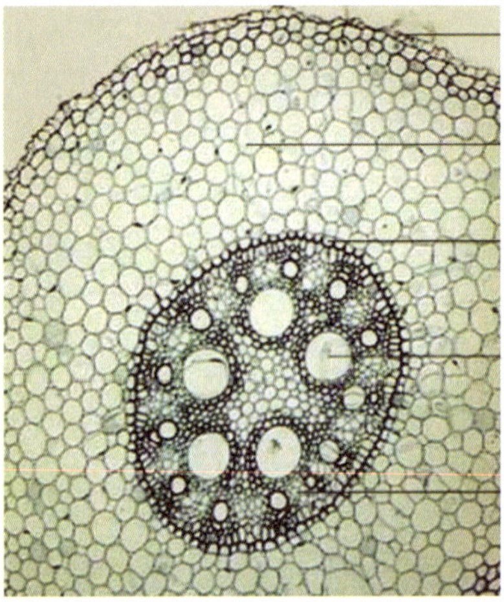

图 2-9　玉米根的横切面组织构造

1. 表皮；2. 皮层；3. 内皮层；4. 木质部；5. 韧皮部。

(3) 维管柱：维管柱最外一层的薄壁细胞组成中柱鞘。初生木质部一般在六原型以上，为多原型，如水稻不定根的原生木质部为6~10束，小麦7~8束或10束以上，玉米12束(图2-9)。维管柱中央有发达的髓部，髓由薄壁细胞组成。原生木质部紧靠中柱鞘，常由几个小型导管组成，内侧相连的后生木质部常有大型导管。但在小麦的细小胚根中，维管柱的中央有时只被1个或2个后生木质部导管所占满。每束初生韧皮部主要由少数筛管和伴胞组成，与初生韧皮部相间排列，二者之间的薄壁细胞不能恢复分裂能力、不产生形成层。以后，其细胞壁木化变为厚壁组织。在水稻老根中，除韧皮部外，所有组织都木化增厚，使整个维管柱既保持输导功能又起到坚固的支持作用。

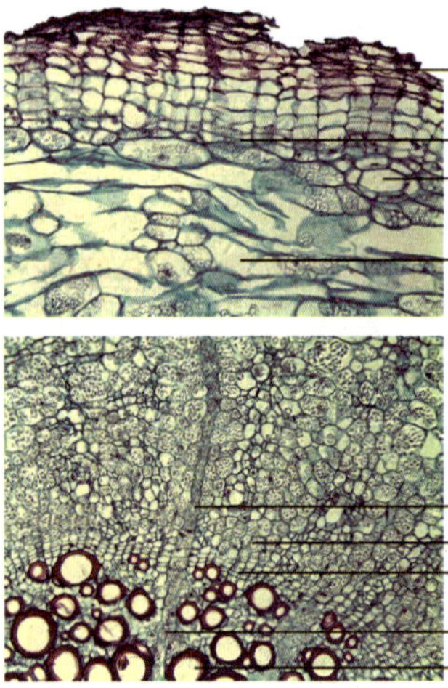

图 2-10　双子叶植物根的次生构造(防风)

1. 木栓层；2. 木栓形成层；3. 分泌道；4. 皮层；5. 韧皮射线；6. 韧皮部；7. 形成层；8. 木射线；9. 木质部。

(三) 次生构造(secondary structure)

绝大多数蕨类植物和单子叶植物的根在整个生活周期中一直保持着初生结构，而裸子植物和大多数双子叶植物则可以增粗生长。次生构造是由根的次生分生组织(维管形成层和木栓形成层)细胞的分裂、分化产生的(图2-10)。

植物体产生次生结构使茎和根加粗的过程，称为次生生长。在次生生长中，由于维管形成层的活动，其衍生细胞向外分化形成次生韧皮部，向内形成次生木质部，共同组成次生维管组织。维管形成层的不断活动，次生维管组织逐渐增多，从而使根和茎原来的外围初生组织，如表皮、皮层受到挤压。此时，在根中一般由中柱鞘、在茎中由表皮或皮层的细胞转化为木栓形成层。木栓形成层向外产生木栓层，向内产生栓内层，共同组成周皮。周皮以外的表皮和皮层被破坏，而由周皮代替表皮起着保护作用。

1. 形成层的产生及其活动

根开始进行次生生长时，在初生木质部与初生韧皮部之间的一部分薄壁细胞及初生木质部外方的中柱鞘细胞恢复分裂能力，转变成形成层(cambium)。一般在初生木质部与初生韧皮部相接的薄壁细胞首先开始分裂，转变成形成层，然后向两侧延伸，逐渐向初生木质部外方的中柱鞘部位发展，转变成形成层的一部分，这样就形成一个凹凸不平的形成层环(图2-11)。

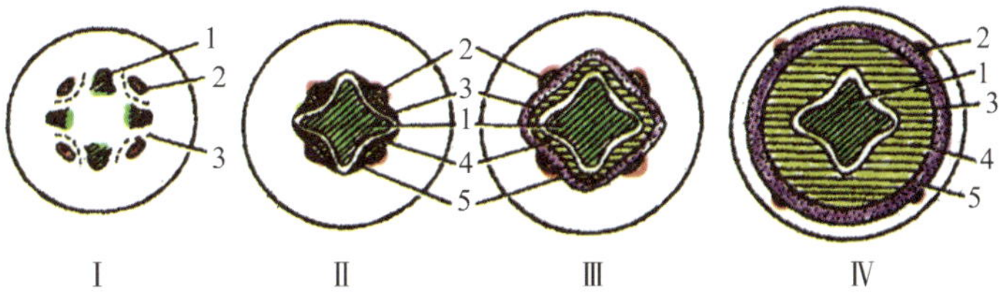

图 2-11　根的次生生长图解

1. 初生木质部；2. 初生韧皮部；3. 形成层；4. 次生木质部；5. 次生韧皮部。

最初的形成层原始细胞只有一层，但在生长季节，由于刚分裂出来的尚未分化的衍生细胞与原始细胞相似，而形成多层细胞，合称为形成层区。通常所讲的形成层就是指形成层区。

（1）次生木质部和次生韧皮部的形成：形成层细胞不断进行平周（切向）分裂，向内产生新的木质部，添加在初生木质部的外方，称为次生木质部（secondary xylem），包括导管、管胞、木薄壁细胞和木纤维；向外分生韧皮部，加于初生韧皮部的内侧，称为次生韧皮部（secondary phloem），包括筛管、伴胞、韧皮薄壁细胞和韧皮纤维。

由于形成层分裂产生的次生木质部远比次生韧皮部多、分裂速度快，形成层环也随着增大，位置不断外移，并使原来凹凸不平的形成层环逐渐成为圆环状，将整个韧皮部推到木质部的外侧，成为无限外韧维管束。由于韧皮部被向外推和受到挤压，外部的筛管等组织被挤压、破坏，成为没有细胞形态的颓废组织。

次生木质部和次生韧皮部合称为次生维管组织，是次生构造的主要部分。

（2）维管射线（次生射线）：在形成次生木质部和次生韧皮部的同时，一定部位的形成层分裂产生径向延长的薄壁细胞，呈辐射状排列，贯穿于维管组织中，称为维管射线（vascular ray）。维管射线在横切面上呈现放射状，将根的次生维管组织分割成若干束。维管射线（次生射线）包括木射线（xylem ray）和韧皮射线（phloem ray），位于木质部的射线为木射线，位于韧皮部的射线为韧皮射线。维管射线具有横向运输水分和养分的功能。

2. 木栓形成层的产生及其活动

由于形成层的活动，次生维管组织的大量产生使维管柱不断增粗，因此，外方的表皮及部分皮层因不能相应增粗而遭到破坏。此时，根的中柱鞘细胞恢复分裂机能形成木栓形成层。木栓形成层向外分生木栓层，向内分生栓内层，三者合称为周皮。木栓层细胞在横切面上多呈扁平状，排列整齐、紧密，细胞壁木栓化呈褐色。栓内层为数层薄壁细胞，排列疏松，有的栓内层较发达，也称“次生皮层”。根的外形上由白色逐渐转变为褐色，由较柔软、较细小逐渐转变为粗硬，这就是次生生长的结果。

木栓形成层通常由中柱鞘分化而成，也可以由表皮细胞、初生皮层中的一部分薄壁细胞分化而来。当木栓形成层终止活动时，在其内方的薄壁细胞（皮层或次生韧皮部）又能恢复分生能力，产生新的木栓层，从而形成新的周皮。周皮形成后，木栓层以外的表皮、皮层得不到水分和养分而逐渐枯死、脱落，所以，根的次生构造中没有表皮和皮层。

通常植物学上的根皮是指周皮这部分，而根皮类药材（如香加皮、地骨皮、牡丹皮等）是指形成层以外的部分，主要包括韧皮部和周皮。

单子叶植物的根没有形成层，不能加粗，没有木栓形成层，不能形成周皮，而由表皮或外皮层行使保护功能。

（四）三生构造(tertiary structure)

某些双子叶植物的根，除了正常初生构造、次生构造外，还产生一些额外的维管束、附加维管束、木间木栓等，形成了根的异常构造(anomalous structure)，也称三生构造。根的异常构造主要有以下几种类型(图 2-12)。

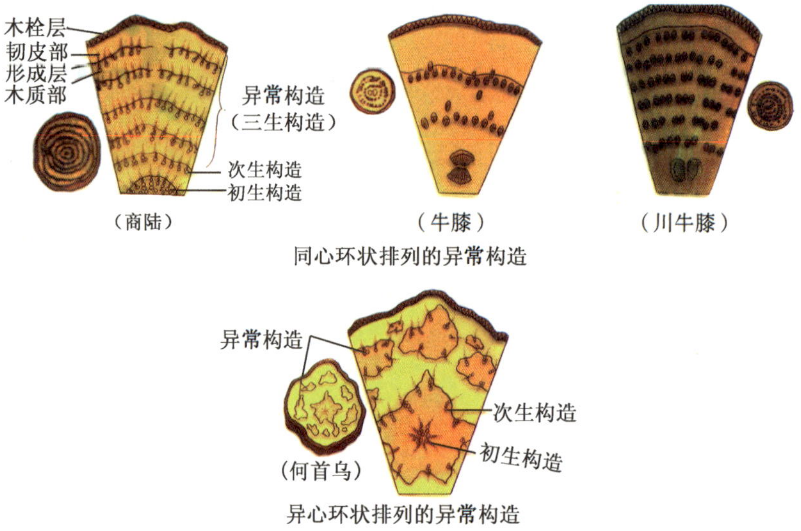

图 2-12　根的异常构造

1. 同心环状排列的异常维管组织

一些植物的根正常形成层分裂活动不久，就丧失了分裂能力，而在次生韧皮部外缘的韧皮薄壁细胞又恢复了分裂能力，产生新的维管束。反复多次，表现为多轮环状，如牛膝根的异常构造，肉眼可见到的同心环就是异常维管束所构成的环。

2. 异心环状排列的异常维管组织

某些双子叶植物的根在根的正常维管束外围皮层的薄壁组织中形成新的形成层，产生新的维管组织，形成异常构造。例如，从何首乌根的横切面上可以看到一些大小不等的圆圈状花纹，药材鉴定上称为“云锦花纹”。

3. 木间木栓

有些双子叶植物的根，在次生木质部内也形成木栓带，称为木间木栓(interxylary cork)或内涵周皮(included periderm)。横切面观为多层排列整齐的扁平细胞。木间木栓通常由次生木质部薄壁组织栓化形成，如黄芩的老根中央可见木栓环。

根是植物的营养器官，具有向地性、向湿性、背光性，通常位于地表下面，吸收和输导土壤里的水分及溶解于其中的养分，并且具有支持、贮存、合成有机物质的作用，位于地表外的气生根(榕树)属于根的特殊类型。以根入药的植物种类非常丰富，如人参、党参、大黄、当归、乌头、龙胆等。

根的形态和构造是植物的重要特征，是识别药用植物和鉴定药材的重要依据。

第二节 茎

学习导图：

茎
- 茎的功能与形态（茎的类型*、变态茎的形态与类型*）
- 茎的显微构造（双子叶植物茎的初生构造*、双子叶植物木质茎的次生构造*、双子叶植物草质茎的次生构造*）

案例：

1. 生药中有茎木类药材，是以木本植物的茎或茎的某部分及少数草本植物的茎藤入药的生药，包括茎类和木类两类。钩藤、皂角刺均属于茎木类生药，那钩藤和皂角刺属于变态茎的哪种？运用所学的知识进行鉴定。

2. 天麻为兰科植物天麻 *Gastrodia elata* Bl.的干燥块茎，是中药中的名贵药材。天麻在《中华人民共和国药典》中有明确记载，其性平、味甘，具有息风止痉、平抑肝阳、祛风通络的功效。天麻作为名贵中药材，市场需求量大，价格较高。近年来，由于利益的驱动，出现了不少天麻的伪品，比如大丽菊、芭蕉芋、紫茉莉、马铃薯、羽裂蟹甲草等，请问如何从外部形态上区分天麻和伪品？

茎（stem）是由种子中的胚芽、胚轴发育而成的轴状结构。通常茎在地面以上生长，是植物体重要的营养器官，连接着植物的根、叶、花和果实，输送着水分、无机盐和有机养料；但也有植物的茎在地下生长，如姜、天麻等。无茎的被子植物极为罕见，如无茎草属植物等。

一、茎的功能与形态

（一）茎的生理功能及药用价值

1. 生理功能

茎有输导、支持、贮藏和繁殖的功能。

（1）输导作用：茎联系着根和叶，是进行物质运输的通道。茎的木质部将从根部吸收的水分和无机盐以及根中合成或贮藏的营养物质向上输送到叶中，供给叶进行光合作用；茎的韧皮部将叶片经光合作用产生的糖类等有机物质向下运输到植物体各个部分，供其正常生长或贮藏。

（2）支持作用：大多数植物的主茎直立于地面，和根系一起支持着整个植物体，在木本植物中体现得更明显，并支持着枝、叶、花和果的合理伸展与有规律的分布，以充分接收阳光和空气，进行光合作用，以利于开花、传粉、结果及种子的传播。

（3）贮藏作用：许多植物的茎，尤其是变态茎，能贮藏水分和营养物质，可作为食品和工业原料，其中很多茎具有药用价值。例如，仙人掌的茎可贮藏水分，甘蔗的茎可贮藏糖类，川贝母的块茎可贮藏淀粉等。

（4）繁殖作用：根状茎、块茎、球茎、鳞茎和匍匐茎均具有繁殖作用。许多植物的茎可形成不定根或不定芽，作为扦插、嫁接、压条等营养繁殖的材料。

2. 茎的药用价值

许多植物的茎全部或部分可供药用。例如,麻黄、桂枝、鸡血藤等是常用的地上茎类药材,钩藤是带钩的茎枝,杜仲、黄柏、金鸡纳皮、桂皮、秦皮是常用的茎皮类药材,苏木、沉香、檀香是常用的茎木类药材,通草、灯心草是常用的茎髓类药材;黄精、玉竹、半夏、贝母、天麻是常用的地下茎类药材。

(二) 正常茎的形态与类型

1. 茎的外形

茎的外形随着植物的种类而异,大多数为圆柱形,但有些植物的茎具有其他形状,可作为重要的鉴别依据。例如,有的茎呈方形,如薄荷、荆芥、益母草等唇形科植物;有的茎呈三棱形,如荆三棱、香附等莎草科植物;有的茎扁平,如仙人掌。茎的中心通常为实心,但也有的是空心的,如空心菜、南瓜等;禾本科植物如芦苇、小麦、竹等,不但茎中空,而且有明显的节,特称为秆。茎的这些形态变化对加强机械支持、行使特殊功能有适应意义。

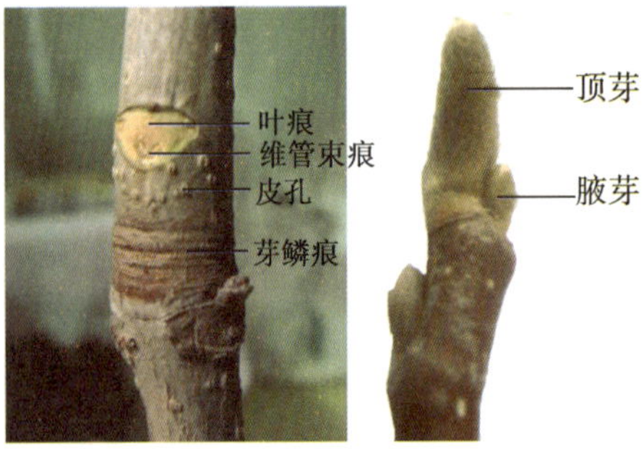

图 2-13　茎的外形

茎上着生叶的部位,称为节(node);相邻两个节之间的部分,称为节间(internode)。一般植物的节只是在叶柄着生处稍突起,但有些植物,如玉米、薏苡、牛膝等的节明显膨大,呈环状。还有些植物的节反而缩小,如藕等。不同种植物的节间长短相差较大,如竹的节间长达数十厘米,而蒲公英的节间尚不足 1 mm(图 2-13)。

2. 芽及其类型

芽(bud)是处于幼态而未发育的枝、花或花序的雏体。其实质是分生组织及其衍生器官的幼嫩结构。植物的芽有多种类型。

(1) 根据芽在枝上的着生位置,可分为定芽(normal bud)和不定芽(adventitious bud)。在茎上有固定生长位置的芽,称为定芽。其中生于茎枝顶端的芽,称为顶芽;生于叶腋处的芽,称为腋芽或侧芽。有的植物在顶芽或腋芽旁生有 1~2 个小芽,称为副芽。副芽在顶芽或腋芽受伤后可代替它们发育,如葡萄、桃等。无固定生长位置的芽,称为不定芽,如甘薯、蒲公英、刺槐等根上的不定芽,秋海棠、落地生根等叶上的不定芽,柳树、桑树等创伤切口或老枝上的不定芽等。不定芽有繁殖作用。

人参的裸芽　　枫杨的裸芽　　东北连翘的鳞芽

图 2-14　裸芽和鳞芽

(2) 根据芽的发展性质,可分为枝芽、叶芽、花芽和混合芽。能发育成枝和叶的芽,称为枝芽或叶芽;能发育成花或花序的芽,称为花芽;能同时发育成枝、叶、花或花序的芽,称为混合芽。

(3) 根据芽鳞的有无,可分为裸芽(naked bud)和鳞芽(protected bud)(图 2-14)。多数多年生木本植物的越冬芽,不论是枝芽还是花芽,外面有鳞片包被,称为鳞芽,如杨、柳、樟等;芽鳞片是叶的变态,有厚的角质层,有时还被覆着毛茸或分泌的树脂黏液,借以降低蒸腾和防止干旱及冻害,保护幼芽。所有一年生植物、多数两年生植物和少数多年生植物的芽外面没有鳞片包被,称为裸芽,如黄瓜、菘蓝、薄荷等。

(4) 根据芽的生理活动状态,可分为活动芽(active bud)和休眠芽(dormant bud)。正常发育且在生长季节活动的芽,即当年形成、当年萌发或第二年春天萌发的芽,称为活动芽,如一般一年生草本植物、木本植物的顶芽及距其较近的芽。长期保持休眠状态而不萌发的芽,称为休眠芽,又称潜伏芽。潜伏芽在一定条件下可以萌发。例如,当植物体的茎枝被折断或树木被砍伐后,休眠芽可萌发出新的枝条。此外,一般植物的顶芽有优先发育并抑制腋芽发育的作用(顶端优势)。若顶芽被摘掉,则可促进下部休眠芽的萌发。休眠芽的形成可调节有限的养料在一段时间内的集中使用,控制侧枝发生,使枝叶在空间合理安排,使植株得以健壮生长,是植物长期适应外界环境的结果。

3. 茎的分枝

茎在生长时,由于顶芽和腋芽活动的情况不同,每一种植物都会形成一定的分枝方式。常见的分枝方式有以下五种(图 2-15)。

图 2-15 茎的分枝

1. 单轴分枝(池杉);2. 合轴分枝(桃);3. 二叉分枝(石松);
4. 假二叉分枝(石竹);5. 分蘖(水稻)。

(1) 单轴分枝(monopodial branching)。主茎的顶芽不断向上生长,形成直立而粗壮的主干,主茎上的腋芽也以相同的方式形成侧枝,侧枝再形成各级分枝,但侧枝生长均不超过主茎,因此主茎极其明显。这种分枝方式称为单轴分枝,又称总状分枝。大多数裸子植物(如松、杉、柏等)和部分被子植物(如杨、柳等)具有这种分枝方式。

(2) 合轴分枝(sympodial branching)。主干的顶芽发育到一定时期,生长缓慢、死亡或形成花芽,由其下方的侧芽代替顶芽继续生长,形成粗壮的侧枝,以后侧枝的顶芽又停止生长,再由它下方的侧芽发育,如此交替产生新的分枝,从而形成“之”字形弯曲的主轴，主干是由短的主茎和各级侧枝联合而成的，因此被称为合轴分枝。这是顶端优势减弱或消失的结果。合轴分枝的植株，树冠开阔，枝叶茂盛，有利于充分接受阳光，这是较为进化的分枝方式。大多数被子植物具有这种分枝方式，如桃、杏、桑、榆等。

(3) 二叉分枝(dichotomous branching)：分枝时顶端分生组织平分为两半，每半各形成一个分枝，并且在一定时候又以同样的方式重复进行分枝，因此这种分枝被称为二叉分枝。这是比较原始的分枝方式，多见于低等植物，如松萝等。在部分高等植物，如苔纲植物和蕨类植物的石松、卷柏等，也可见这种分枝方式。

(4) 假二叉分枝(false dichotomous branching)：顶芽停止生长或分化为花芽后，顶芽下面对生的两个腋芽同时发育成两个外形相同的侧枝，呈二叉状，每个分枝又以同样的方式再分枝，如此形成许多二叉状分枝，从形态上看似二叉分枝，故称为假二叉分枝，如丁香、接骨木、石竹、曼陀罗等。

(5) 分蘖 (tiller)：小麦、水稻等禾本科植物在生长初期，茎的节间极短，几个节密集于基部，每个节上生有一叶，每个叶腋中都有一个腋芽。在四、五叶期的幼苗，有些腋芽开始活动，迅速生长成为新枝，同时在节上产生不定根。这种分枝方式被称为分蘖。

有些植物在同一株植物上可见两种分枝方式，如棉的植株上既可见单轴分枝，也可见合轴分枝。

4. 茎的类型

(1) 根据茎的质地，可分为木质茎和草质茎。具有发达的木质部而质地坚硬的茎，称为木质茎。凡具木质茎的植物，称为木本植物。其中植株高大、主干明显、基部少分枝或不分枝的，称为乔木(tree)，多高达 5 m 以上，如厚朴、黄柏等；主干不明显、在基部分出数个丛生枝干的，称为灌木(shrub)，多在 5 m 以下，如夹竹桃、连翘等；外形似灌木，但较矮小，一般高 1 m 左右的，称为小灌木，如矮锦鸡儿等；仅在茎的基部发生木质化，茎上部为草质的，称为亚灌木或半灌木(sub shrub)，如牡丹、麻黄等。木质茎长而柔韧、攀缘或缠绕他物向上生长的植物，称为木质藤本，如木通、葡萄等。

木质化程度较低、质地柔软的茎，称为草质茎。凡具有草质茎的植物，称为草本植物。

植株在一年内完成整个生长周期而全株枯死的，称为一年生草本植物，如马齿苋、红花等；植株在当年萌发，次年开花结果后全株枯死的，称为二年生草本植物，如菘蓝、萝卜、荠菜等；植株生命周期在二年以上的，称为多年生草本植物。多年生草本植物中，地下部分多年存活，地上部分每年枯死的植物，称为宿根草本植物，如黄连、人参、防风等；地下、地上两部分常年保持生活力的植物，称为常绿草本，如麦冬、万年青、石菖蒲等。草质茎攀缘他物或缠绕向上生长的植物称为草质藤本植物，如木通、葡萄等。

质地柔软多汁、肉质肥厚的茎，称为肉质茎，如芦荟、仙人掌、景天等。

(2) 根据茎的生长习性可分为直立茎和藤状茎。茎干不依附他物，垂直于地面向上直立生长的，称为直立茎，如松、黄柏、百合等。茎细长柔软，不能直立，须依附他物向上生长的，称为藤状茎。其中，依靠茎的本身缠绕于他物、呈螺旋状向上生长的，称为缠绕茎，如五味子、何首乌、牵牛等；依靠某种攀缘结构依附他物上升的，称为攀缘茎，如栝楼、丝瓜等依靠卷须攀缘，爬山虎依靠吸盘攀缘，钩藤依靠钩攀缘，葎草依靠刺攀缘，薜荔、络石依靠不定根攀缘。茎细长柔弱，节上生不定根，茎沿地面以匍匐状态生长的，称为匍匐茎，如连钱草、积雪草等；茎细长柔弱，节上不产生不定根，茎沿地面以平卧状态生长的，称为平卧茎，如蒺藜、马齿苋、地锦草等（图 2-16）。

（三）变态茎的形态与类型

茎同根一样，为适应某种特殊的环境和执行不同的功能，也会产生变异，改变原来的形态和结构，这种和一般形态不同的变异称为变态。有些变态的茎变化非常大，甚至在外形上几乎无从辨认。茎的变态种类很多，可分为地下茎的变态和地上茎的变态两大类。

图 2-16　茎的类型

1. 直立茎（槐）；2. 缠绕茎（紫藤）；3. 缠绕茎（圆叶牵牛）；4. 攀缘茎（黄瓜）；5. 攀缘茎（爬墙虎）；6. 平卧茎（斑地锦）；7. 匍匐茎（白车轴草）。

1. 地下茎的变态

地下茎的变态结构主要起贮藏养料和繁殖的作用。常见的有以下几种类型（图 2-17）。

图 2-17　地下茎的变态

1. 根状茎（黄精）；2. 根状茎（姜）；3. 球茎（荸荠）；4. 块茎（半夏）；5. 块茎（天麻）；6. 鳞茎（洋葱）；7. 鳞茎（百合）。

（1）根状茎（rhizome）：常简称为根茎，茎地下横卧，节和节间明显，节上有退化的鳞叶，具顶芽和腋芽，常生有不定根，根状茎的形态随植物种类而不同，如苍术、川芎的根状茎呈团块状，白茅、玉竹的根状茎细长，姜的根状茎粗肥，还有的根状茎具有明显的茎痕（地上茎枯萎脱落后留下的痕迹），如黄精等。

（2）块茎（tuber）：地下茎的末端膨大呈不规则块状，节间较短，节上有芽和退化的鳞叶（有时早期枯萎、脱落），如天麻、半夏、延胡索、马铃薯等。其中马铃薯是节间极度缩短的块茎，表面凹陷处长芽，称为芽眼。芽眼在块茎表面呈螺旋状排列。

（3）球茎（corm）：地下茎先端膨大呈球状或扁球状，节和缩短的节间明显，节上生有膜质的鳞叶，顶芽发达，腋芽常生于其上半部，基部生有不定根，如荸荠、慈姑、番红花等。

（4）鳞茎（bulb）：地下茎极度缩短呈扁圆盘状，称为鳞茎盘，其上着生许多肉质肥厚的鳞叶，整体呈球形或扁球形。顶端有顶芽，鳞片叶内有腋芽，基部具不定根。洋葱、大蒜等外层鳞叶呈干膜质，完全覆盖内层鳞叶，称为有被鳞茎；贝母、百合等外层鳞叶不呈干膜质，不完全覆盖内层鳞叶，称为无被鳞茎。

2. 地上茎的变态

地上茎的变态结构主要与同化、保护、攀缘等功能相关，常见的有以下几种类型（图 2-18）。

（1）叶状茎（phyllo clade）：又称为叶状枝。有些植物的茎变态成绿色扁平状或针叶

图 2-18 地上茎的变态

1. 叶状茎(雉隐天冬);2. 叶状茎(仙人掌);3. 刺状茎(山皂角);4. 钩状茎(钩藤);5. 茎卷须(丝瓜);6. 小块茎(半夏);7. 小鳞茎(卷丹);8. 假鳞茎(羊耳蒜)。

状,具有叶的功能,而真正的叶则退化成刺状、线状或膜质鳞片状,如仙人掌、天冬、竹节蓼等。

(2) 刺状茎(shoot thorn):又称为枝刺或棘刺,即有的植物长出的枝条发育成刺状。有的枝刺分枝,如枸橘、皂荚;有的枝刺不分枝,如山楂、酸橙、木瓜等。枝刺生于叶腋,可与叶刺相区别。

(3) 钩状茎(hook-like stem):有的植物茎的侧枝变态呈钩状,位于叶腋,粗短、坚硬、不分枝,如钩藤。

(4) 茎卷须(stem tendril):有些植物的茎变态成柔软卷曲的可攀缘的卷须结构。与刺状茎类似,茎卷须也有不分枝和分枝两种,前者如龙须藤,后者如丝瓜、栝楼、葡萄等。

(5) 小块茎(tubercle)和小鳞茎(bulblet):通常由腋芽或不定芽发育而成,是在地上部分的较小的块茎或鳞茎结构,具有营养繁殖的作用。百合科植物,如卷丹的叶腋、洋葱、大蒜与薤白的花序中常形成小鳞茎,又称为珠芽;半夏的叶柄上以及山药、秋海棠的叶腋常产生小块茎。

(6) 假鳞茎(false bulb):附生的兰科植物的茎基部肉质膨大呈块状或球状,这种茎称为假鳞茎,如石仙桃、石豆兰等。

二、茎的显微构造

(一) 茎尖的构造

茎尖和根尖有相似之处,可分为分生区(生长锥)、伸长区和成熟区三部分。但二者的区别在于茎尖无类似根冠的结构来保护生长锥,其顶端的分生组织也包裹在幼叶中。

1. 分生区

分生区是顶端分生组织所在的部位,位于茎的前端,呈圆锥状,细胞有强烈的分生能力,所以被称为生长锥。生长锥基向外形成小突起,成为叶原基,继而分生出腋芽原基,发育成叶和腋芽。

2. 伸长区

由分生区分裂出的细胞迅速伸长,细胞开始分化成不同的组织。

3. 成熟区

成熟区位于伸长区的后方,细胞的分化较为明显,表皮不形成根毛,常分化成气孔和毛茸。

成熟区的细胞逐渐分化成原表皮层、基本分生组织、原形成层,通过这些分生组织细胞的分裂和分化,形成了茎的初生构造。

(二) 双子叶植物茎的初生构造

通过茎尖的成熟区做一个横切面,可以观察到茎的初生构造包括表皮、皮层和维管柱三部分(图 2-19)。

1. 表皮

表皮由一层长方形、扁平、排列整齐而紧密的生活细胞构成。常无叶绿体,少数植物,如蓖麻、甘蔗等茎的表皮细胞含有花青素,使茎呈紫红色。细胞外壁较厚,角质化并形成角质层,表皮上一般具有少量的气孔,还有的植物具有蜡被或各式毛茸。

2. 皮层

皮层位于表皮内侧,由多层细胞构成,但不如根的皮层细胞发达,在茎中所占比例较小。其细胞大,壁薄,排列疏松,具细胞间隙。外层的细胞中常含有叶绿体,所以嫩茎表面呈绿色;外层的细胞常有厚角组织。有的厚角组织呈束状,分布于茎的棱角处,如黄芩、南瓜等;有的厚角组织呈环状排列,如椴树、接骨木等;有的皮层内侧有成环状包围初生维管束的纤维,称为环管纤维或周围纤维,如马兜铃;有的皮层含石细胞,如厚朴;有的皮层含分泌组织,如向日葵。

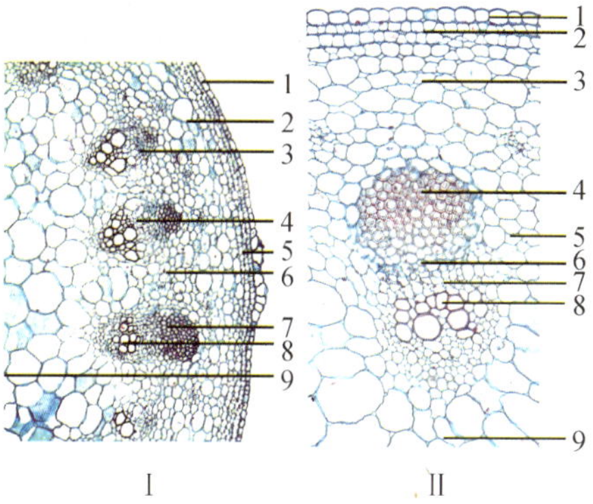

图 2-19　双子叶植物茎的初生构造

Ⅰ. 向日葵嫩茎横切面图。
Ⅱ. 向日葵嫩茎横切面详图:
1. 表皮;2. 皮层;3. 韧皮部;4. 形成层;
5. 厚角组织;6. 髓射线;7. 纤维束;
8. 木质部;9. 髓。

大多数植物的皮层最内侧的一层细胞仍为一般的薄壁细胞,与根具有明显的内皮层不同。因此,与维管柱间并无明显界限。有的植物皮层的最内层细胞含有较多的淀粉粒,这层细胞被称为淀粉鞘,如蓖麻、马兜铃等。

3. 维管柱

维管柱位于皮层以内,在茎中占较大比例,由初生维管束、髓和髓射线三部分构成。

(1) 初生维管束:双子叶植物茎的初生维管束彼此分离,呈环状排列,包括初生韧皮部、初生木质部和束中形成层。其中初生韧皮部位于维管束外侧,由筛管、伴胞、韧皮纤维、韧皮薄壁细胞组成,其分化成熟方式是由外向内,称为外始式。在韧皮部外侧常有半月形的纤维束成群分布,称为初生韧皮纤维束;初生木质部由导管、管胞、木纤维、木薄壁细胞组成,其分化成熟方式是由内向外,称为内始式(endarch)。内侧原生木质部的导管直径较小,多为环纹、螺纹导管,外侧后生木质部的导管直径较大,多为梯纹、网纹或孔纹导管;束中形成层位于初生木质部和初生韧皮部之间,由原形成层遗留下来的 1~2 层具有分生能力的薄壁细胞组成。

多数双子叶植物茎的维管束为无限外韧型,但有些植物茎中具有双韧型维管束,如曼陀罗、枸杞、酸浆等茄科植物,南瓜、黄瓜等葫芦科植物等。

(2) 髓(pith):位于茎的中央,由基本分生组织产生的薄壁细胞组成,常有贮藏功能。有的植物髓中有石细胞,如樟树;有些木本植物(如椴树、枫香)的髓周围常为一些排列紧密的小型厚壁细胞,围绕着内侧的大型薄壁细胞,二者界限分明,这层细胞被称为环髓带或髓鞘;有的植物的髓在发育过程中局部被破坏,形成许多片状的横隔,如胡桃、软枣猕猴桃等;还有的植物的髓在发育过程中逐渐被破坏甚至消失,形成中空的茎,称为髓腔,如金钟、南瓜等。一般草本植物的髓部所占比例较大,而木本植物的髓部较小。

(3) 髓射线(medullary ray):位于初生维管束之间的薄壁组织,由数列细胞组成,又称

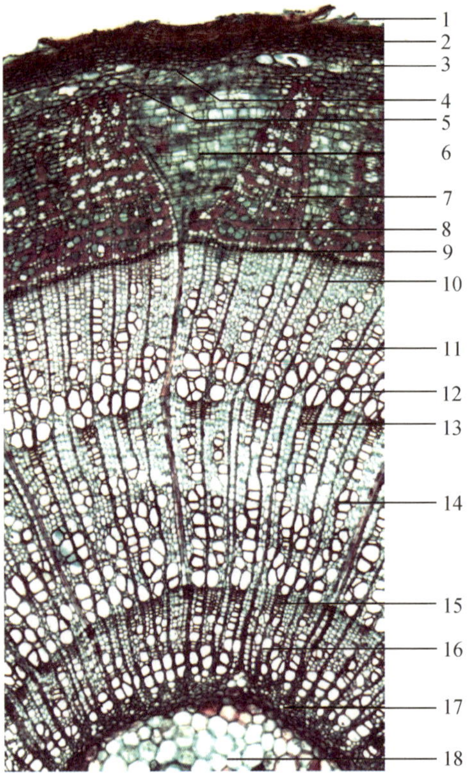

图 2-20 双子叶植物木质茎的次生构造(三年生椴树)

1. 枯萎的表皮; 2. 木栓层; 3. 栓内层; 4. 厚角组织; 5. 皮层薄壁组织; 6. 髓射线; 7. 韧皮纤维; 8. 韧皮射线; 9. 形成层; 10. 木射线; 11. 导管; 12. 早材(第三年木材); 13. 晚材(第二年木材); 14. 早材(第二年木材); 15、16. 次生木质部(第一年木材); 17. 初生木质部; 18. 髓。

初生射线,内连髓部,外达皮层,在横切面上呈放射状,有横向输导和贮藏的作用。一般草本植物的髓射线较宽,而木本植物的髓射线较窄。髓射线细胞具有潜在的分生能力,在一定条件下可分裂产生形成层的一部分以及不定芽、不定根。

(三) 双子叶植物茎的次生构造和异常构造

裸子植物和大多数双子叶植物由于维管形成层、木栓形成层细胞的分裂活动,茎会不断加粗,这种增粗生长被称为次生生长。次生生长所形成的构造,称为次生构造。木本植物的次生生长可持续多年时间,所以次生构造发达(图 2-20)。

1. 双子叶植物木质茎的次生构造

(1) 形成层的产生及活动:

当茎进行次生生长时,在髓射线处与束中形成层两侧相邻的薄壁细胞恢复分生能力,发育为形成层的另一部分,因其位居维管束之间,故称为束间形成层。其与束中形成层连接并形成完整的圆环状,即维管形成层。维管形成层的细胞有两种,多数细胞呈扁平纺锤状,称为纺锤状原始细胞;少数细胞近为等径,称为射线原始细胞。

纺锤状原始细胞切向分裂,向内产生次生木质部,添加在初生木质部外侧,向外产生次生韧皮部,添加在初生韧皮部内侧,形成次生维管组织。通常次生木质部所占比例远大于次生韧皮部。同时,射线原始细胞也进行切向分裂产生薄壁细胞,组成次生射线,贯穿于次生木质部和次生韧皮部,形成横向的运输组织,称为维管射线。与此同时,为了适应内部木质部的增大,形成层细胞也进行径向或横向分裂,向四周扩展,使周径增大,其位置也逐渐外移。

① 次生木质部:木质茎多为多年生,次生构造发达。由于形成层的切向分裂是不等速的,向内分裂速度快,而向外分裂速度慢,所以向内形成的次生木质部远多于向外形成的次生韧皮部,因此在木质茎的构造中次生木质部占有较大的比例,是木材的主要来源。次生木质部的细胞形态受季节、气候影响较大,特别是在温带和亚热带,或有干、湿季节的热带。在一个生长季内,温带和亚热带的春季或热带的湿季,气候温暖,雨量充沛,形成层的活动能力较强,产生的木质部细胞壁薄、径大,材质疏松,颜色较淡,称为早材(early wood)或春材(spring wood)。在温带和亚热带的秋季或热带的干季,气温下降,雨量减少,

形成层活动能力慢慢减弱，产生的细胞径小、壁厚，材质坚实，颜色较深，称为晚材（late wood）或秋材（autumn wood）。同一生长季的春材向秋材逐渐过渡，并没有明显的界限，但秋材与下一年的春材界限明显。形成清晰的同心环层，称为年轮或生长轮。年轮的产生与环境条件有关。有些热带地区终年气候变化不大，树木就不形成年轮；而在温带生长的树种，通常每年形成一个年轮（annual ring），因此根据年轮的多少可以判断树木的生长年限。但当气候异常或有虫害等因素干扰了植物生长时，形成层会有节奏地活动，一年可形成数轮，即假年轮，如柑橘属植物一年可产生三个年轮。

在木质茎的横切面上，可见到靠近形成层的部分颜色较浅，质地较松软，称为边材（sap wood），边材具输导作用；中心部分颜色较深，质地较坚硬，称为心材（heart wood）。心材中一些薄壁细胞能通过与之邻近的导管或管胞上的纹孔侵入其腔内，膨大并沉积挥发油、单宁、树脂、色素等代谢产物，阻塞导管或管胞腔，使其失去输导能力，形成侵填体。所以心材比较坚硬，不易腐烂，有的还有特殊色泽。茎木类药材，如苏木、降香等均为心材。

在木类药材的鉴定中，常采用3种切面对其特征进行观察和比较，3种切面中射线的形状特征明显，是判断切面类型的主要依据。

横切面是与纵轴垂直的切面，对于射线而言为纵切面，辐射状排列，可以看出射线的长度和宽度；径向切面是通过茎的中心沿直径所做的切面，射线与年轮垂直并横向排列，可以看出射线的长度和高度；切向切面是不通过茎的中心而与半径垂直的纵切面，可看到射线的横断面做不连续的纵行排列，可以看出射线的宽度和高度。

② 次生韧皮部：由筛管、伴胞、韧皮薄壁细胞和韧皮纤维组成，有的具有石细胞，如厚朴、杜仲等；有的具乳汁管，如夹竹桃等。形成层形成的次生韧皮部的数量远少于次生木质部的数量。随着次生生长的进行，远离形成层的初生韧皮部被挤压到外方甚至破裂，形成了颓废组织。韧皮射线形状多弯曲而不规则，其宽窄长短因植物种类而异。次生韧皮部的薄壁细胞中常含有糖类、油脂等多种营养物质以及生物碱、皂苷、挥发油等药用成分。许多皮类药材的韧皮部是主要组成部分，如黄柏、肉桂、厚朴等。

（2）木栓形成层的产生及活动：

次生维管组织的增加，特别是次生木质部的增加，使茎的直径不断增粗，表皮已不能起到较好的保护作用。此时，有的植物茎的表皮（如杜仲、夹竹桃等）或初生韧皮部（如葡萄、茶等）、多数植物茎的表皮内侧的皮层组织（如玉兰等）的薄壁细胞恢复分生能力，形成木栓形成层。木栓形成层的活动向外产生木栓层，向内产生栓内层，三者构成周皮代替了表皮行使保护作用。木栓形成层的活动时间较短，可依次在内侧产生新的木栓层，其位置逐渐内移，甚至可以深达次生韧皮部。木质茎常具有发达的周皮。

由于新周皮的形成，老周皮内侧的组织被新周皮隔离而枯死，老周皮以及被隔离的死亡组织综合体常以不同的方式剥落，称为落皮层。例如，有的植物落皮层大片剥落，如悬铃木；有的呈环状剥落，如白桦；有的呈鱼鳞状剥落，如白皮松；有的裂成纵沟，如榆树；有的周皮不剥落，如黄檗、杜仲等。

“树皮”的概念有两个，狭义的树皮是指落皮层，有时落皮层也被称为外树皮；广义的树皮是指维管形成层以外的所有组织，包括次生韧皮部、皮层、新周皮和落皮层。厚朴、秦皮、肉桂、黄柏、杜仲、合欢皮等皮类药材就是广义的树皮入药。

2. 双子叶植物草质茎的次生构造

由于生长期短,多数双子叶植物草质茎具有较弱的次生生长能力,所以次生构造不发达,质地较柔软。其主要构造特点如下(图 2-21)。

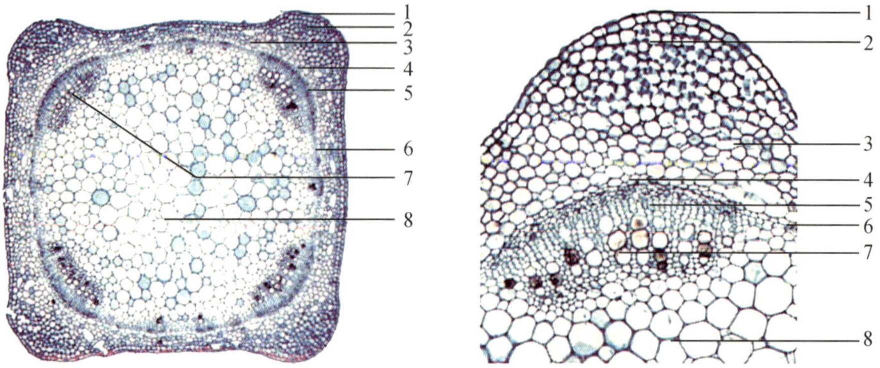

横切面详图　　横切面详图(示维管束)

图 2-21　双子叶植物草质茎的次生构造(薄荷茎)

1. 表皮;2. 厚角组织;3. 皮层;4. 韧皮部;5. 束中形成层;6. 束间形成层;7. 木质部;8. 髓。

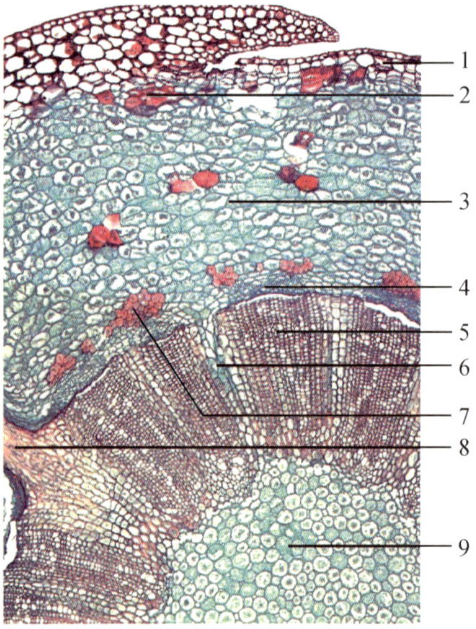

图 2-22　双子叶植物根状茎的构造(黄连)

1. 木栓组织;2. 石细胞群;3. 皮层;4. 韧皮部;5. 木质部;6. 髓射线;7. 纤维束;8. 根迹维管束;9. 髓。

(1) 最外层的表皮长期存在,其上常有各种毛茸、气孔、角质层、蜡被等附属物。尽管少数植物表皮下方有木栓形成层活动,会产生少量木栓层和栓内层细胞,但表皮仍然存在。

(2) 次生构造不发达,大部分或完全是初生构造,皮层发达,次生维管组织常形成连续的维管柱,韧皮部狭长,木质部不发达。有的只有束中形成层,而无束间形成层(如部分葫芦科植物);有的甚至连束中形成层也不明显(如毛茛科植物)。

(3) 髓部发达,髓射线一般较宽。有的种类髓部中央破裂,呈空洞状,如薄荷。

3. 双子叶植物根状茎的构造

双子叶植物根状茎与双子叶植物草质茎的构造类似,其构造特点如下(图 2-22)。

(1) 表面常具有木栓组织(多由表皮及皮层外侧细胞木栓化形成),少数具表皮和鳞叶。

(2) 由于根状茎的表面生有不定根及鳞叶,所以皮层中常有根迹维管束(不定根维管束与茎中维管束相连的维管束)和叶迹维管束(叶柄维管束与茎中维管束相连的维管束)斜向通过,有的皮层内侧有厚壁组织。

(3) 维管束为外韧型,呈环状排列,髓射线宽窄不一,中央的髓部明显。

(4) 由于根状茎生于地下,所以机械组织不发达,而贮藏薄壁组织发达。

4. 双子叶植物茎和根状茎的异常构造

有些双子叶植物茎或根状茎的次生构造形成后，常有部分薄壁细胞恢复分生能力，转化成新的形成层，产生异型维管束，形成异常构造，也称三生构造。常见的有以下几种类型。

（1）髓部异型维管束：位于双子叶植物根或根状茎髓部的异型维管束。例如，胡椒科植物青风藤茎的横切面，除了正常维管束外，在髓部有 6~13 个有限外韧型维管束（图 2-23）；蓼科大黄根状茎的横切面，除了正常维管束外，在髓部有许多星点状的周木型维管束，其形成层呈环状，射线呈星芒状排列，称为星点（图 2-24）。

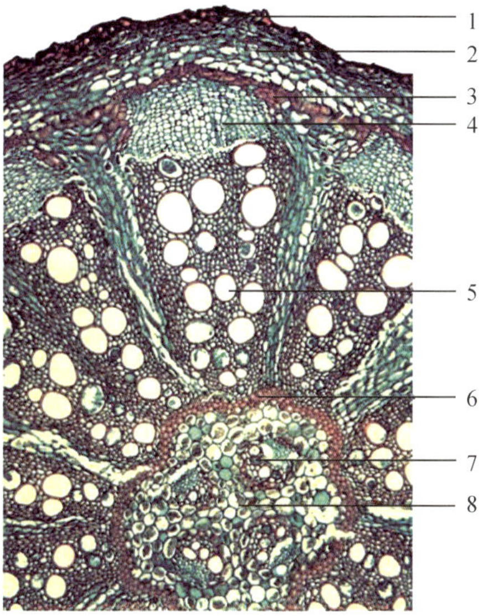

图 2-23　茎的异常构造（青风藤）

1. 木栓层；2. 皮层；3. 纤维束；4. 韧皮部；5. 木质部；6. 纤维束；7. 异常维管束；8. 髓。

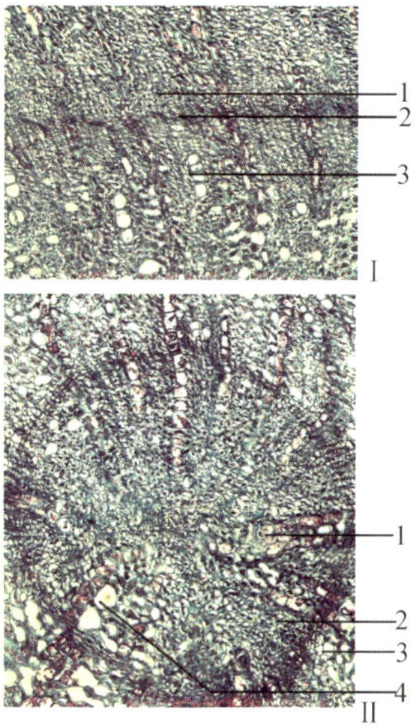

图 2-24　大黄根状茎的横切面

Ⅰ. 正常维管组织：1. 韧皮部；2. 形成层；3. 木质部。Ⅱ. 髓部（示星点）：1. 射线；2. 韧皮部；3. 导管；4. 黏液腔。

（2）同心环状异型维管束：在正常的次生生长发育到一定阶段后，有些植物在次生维管束外围又形成多轮呈同心环状排列的异型维管束。例如，在密花豆老茎（鸡血藤）的横切面上可以看到韧皮部有 2~8 个红棕色或暗棕色的环带，与木质部相间排列，其中最内的一环为圆形，其余的为同心半圆环（图 2-25）。

图 2-25　密花豆茎横切面图

1. 木质部；2. 韧皮部。

（3）木间木栓：青风藤的根状茎中，与其根中类似，也可看到许多大小不等的木栓环带，每个环带都环状包围着一部分韧皮部和木质部，把整个维管束分隔成数束。

（四）单子叶植物茎和根茎的构造

1. 单子叶植物茎的构造

除少数热带或亚热带的单子叶植物茎，如龙血树、芦荟等外，大多数单子叶植物茎中没有次生分生组织,也就没有次生生长。其构造的主要特点是:终生只有初生构造;表皮由一层细胞构成,通常有明显的角质层;表皮以内为基本薄壁组织,无皮层、髓及髓射线之分;多个有限外韧型维管束散生其中。其中禾本科植物茎的表皮下方常有数层厚壁组织分布,茎中央部分常枯萎、破裂,成空洞状,形成中空的茎秆(图 2-26)。

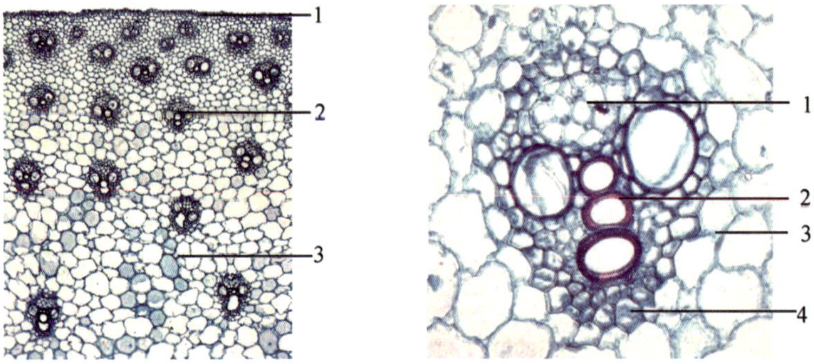

Ⅰ　　　　Ⅱ

图 2-26　单子叶植物茎的构造(玉蜀黍)

Ⅰ. 玉蜀黍茎横切面图:
1. 表皮; 2. 维管束; 3. 基本组织。
Ⅱ. 玉蜀黍茎有限外韧型维管束放大图:
1. 韧皮部; 2. 木质部; 3. 基本组织; 4. 维管束鞘。

2. 单子叶植物根状茎的构造

表面多为表皮或木栓化的细胞,射干、仙茅等少数种有周皮;皮层常占较大的比例,有叶迹维管束分布其中;维管束散在,多数为有限外韧型,少数为周木型(如香附),或两种类型兼而有之(如石菖蒲);有些植物的内皮层不明显,如射干、知母等;但有些植物内皮层明显,具凯氏带,如石菖蒲、姜等(图 2-27)。

有些植物根状茎在靠近表皮的皮层细胞形成木栓组织,如生姜;有的皮层细胞木栓化,形成所谓的"后生皮层",代替表皮行使保护作用。

(五) 裸子植物茎的构造

裸子植物的茎均为木质,其构造与双子叶植物的木质茎相似,不同点主要在于木质部和韧皮部的组成(图 2-28)。

(1) 除麻黄属、买麻藤属的裸子植物外,其他大多数裸子植物都没有导管,次生木质部主要由管胞、木薄壁细胞和射线组成,无纤维,管胞兼有输送水分和支持作用。松科植物无木薄壁细胞。

(2) 裸子植物的次生韧皮部由筛胞、韧皮薄壁细胞和射线组成,无筛管、伴胞和韧皮纤维。

(3) 松柏类植物茎的皮层、维管束、髓射线及髓中常有树脂道分布。

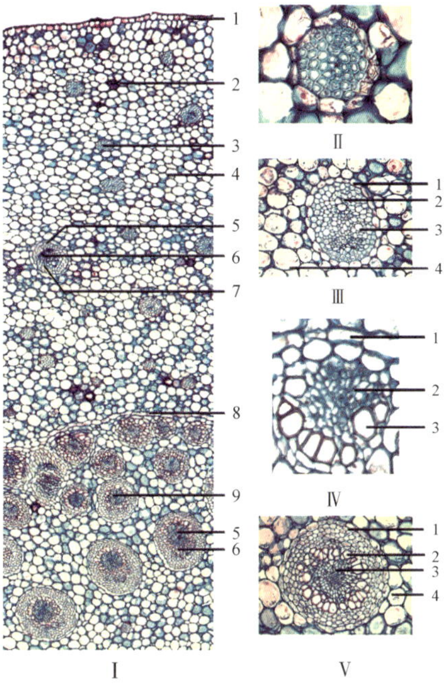

图 2-27 石菖蒲根状茎的横切面

Ⅰ. 详图：1. 表皮；2. 油细胞；3. 纤维束；4. 薄壁组织；5. 韧皮部；6. 木质部；7. 叶迹维管束；8.内皮层；9. 维管束。
Ⅱ. 皮层中纤维束。
Ⅲ. 叶迹维管束：1. 维管束鞘；2. 韧皮部；3. 木质部；4. 薄壁组织。
Ⅳ. 有限外韧型中柱维管束：1. 内皮层；2. 韧皮部；3. 木质部。
Ⅴ. 周木式维管束：1. 维管束鞘；2. 木质部；3. 韧皮部；4. 薄壁组织。

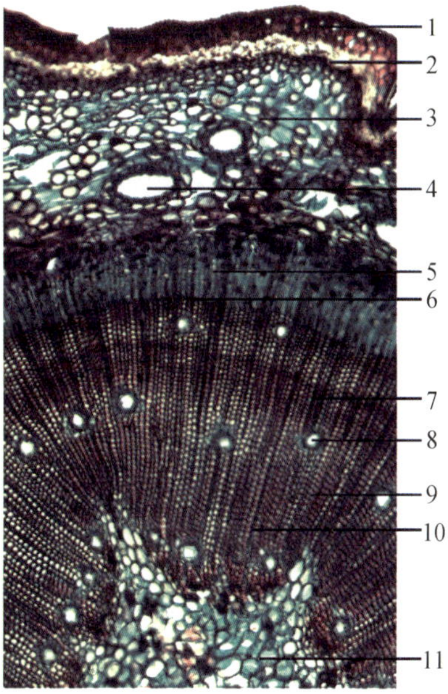

图 2-28 松茎的横切面图

1. 木栓层；2. 木栓形成层；3. 皮层；4. 皮层中树脂道；5. 韧皮部；6. 形成层；7. 木射线；8. 木质部中树脂道；9. 次生木质部；10. 髓射线；11. 髓。

第三节 叶

学习导图：

叶
- 叶的功能与形态（确定叶形的原则及常见叶形*、叶脉及脉序*、异形叶性*、单叶和复叶的区别*）
- 叶的显微构造（双子叶植物叶的构造*）

案例：银杏 Ginkgo biloba L.作为世界上最古老的树种之一，其叶在药用植物学与生药学中占据了举足轻重的地位。银杏叶富含多种生物活性成分，如银杏内酯、黄酮类化合物等，这些成分在改善血液循环、抗氧化、抗炎等方面展现出显著的药理活性。根据最新版《中华人民共和国药典》,银杏叶被广泛应用于心脑血管疾病的治疗与预防。请问银杏叶的外形是何形状?其脉序类型是什么?

叶(leaf)是由叶原基发育而来的,着生在茎节上,一般为绿色的扁平体,含有大量的叶绿体,具有向光性。叶是植物进行光合作用、制造有机养料的重要营养器官。

一、叶的功能与形态

(一)叶的生理功能及药用价值

1. 生理功能

叶主要行使光合作用、蒸腾作用和气体交换等生理功能,这对于植物的生理有重要的意义。有些植物的叶还有吸收、吐水、贮藏、营养繁殖的功能。

(1) 光合作用:绿色植物将从外界吸收来的二氧化碳和水分,通过叶绿体内所含的叶绿素和相关酶类的活动,利用太阳光能转化成化学能,制造出以碳水化合物为主的有机物(主要是葡萄糖)储藏起来,并释放出氧气。此过程称为光合作用。

(2) 呼吸作用:与光合作用相反,呼吸作用是植物细胞吸收氧气,使体内的有机物氧化分解,排出二氧化碳,同时释放能量供植物体生理活动需要的过程。

(3) 蒸腾作用:水分通过叶片上的气孔蒸发到空气中的现象,称为蒸腾作用。在进行蒸腾作用时,叶里的大量水分不断化为蒸气,带走大量热量,从而降低叶片温度,避免因叶温过高而造成叶片灼伤。此外,蒸腾作用产生的蒸腾拉力是促进植物吸收和运输水分的主要动力。

(4) 吐水作用:吐水作用又称溢泌作用,是植物在夜间或清晨高湿、低温的情况下,蒸腾作用微弱时,水分以液体状态从叶尖或叶片边缘排出的现象,如月季、丝瓜等。排水器由水孔、通气组织和维管束组成,多分布于叶尖或叶缘,是一些变态的气孔,保卫细胞已失去了关闭气孔的能力。通气组织(epithem)是水孔下一团变态叶肉组织,细胞排列疏松,无叶绿体。当植物体内水分多余时,水通过小叶脉末端的管胞经过通水组织,最终从水孔排出体外,形成吐水。

(5) 吸收作用:与根类似,叶也有吸收作用。例如,向叶面喷洒肥料或杀虫剂等农药时,就能被叶表面吸收。

(6) 贮藏作用:有的植物的肉质鳞叶可以贮藏大量营养物质,如百合、贝母、洋葱等。

(7) 繁殖作用:少数植物的叶尚具有繁殖能力。例如,落地生根叶片边缘生有许多不定芽或小植株,当它们自母体叶片脱落后,在土壤中即可发育成新个体;秋海棠的叶片插入土中即可形成不定根和不定芽,长成新植株。

2. 药用价值

中药及天然药物中的叶类药材并不多,如银杏叶、桑叶、番泻叶、枇杷叶、大青叶、紫苏叶、颠茄叶、洋地黄叶、艾叶等。但许多全草类的药材入药,叶就占据了主要的部分,如草珊瑚、鱼腥草、紫花地丁、绞股蓝、蒲公英、穿心莲、小蓟等。也有的以叶的一部分入药,如黄连的全叶柄入药称千子连,叶柄基部入药称剪口连。叶的药用价值多种多样,如艾叶含挥发油,是著名的温经止血药,用于温经止血、散寒止痛;颠茄叶含东莨菪碱和莨菪碱等生物碱,是著名的抗胆碱药,可用于解除平滑肌痉挛等;洋地黄叶含有强心苷,是著名的强心药,可用于治疗充血性心力衰竭及心房颤动等。

（二）叶的组成

图 2-29　叶的组成部分（构树）
1. 叶片；2. 叶柄；3. 托叶。

虽然叶的形态、大小相差较大，但其组成是一致的。叶一般由叶片（blade）、叶柄（petiole）和托叶（stipules）三部分组成（图 2-29）。这三部分都具有的，称为完全叶（complete leaf），如桃、月季等；而缺少其中任何一部分或两部分的，称为不完全叶（incomplete leaf），其中以缺少托叶最为常见，如菘蓝、桔梗、茶树等；有的植物缺少叶柄，如荠菜、莴苣等；有的植物同时缺少托叶和叶柄，如石竹、龙胆等；还有些植物的叶甚至没有叶片，只有扁化的叶柄着生在茎上，称为叶状柄（phyllode），如台湾相思树等。

1. 叶片

叶片是叶最重要的组成部分，多为薄的绿色扁平体，有上表面（腹面）和下表面（背面）之分。叶片的全形称叶形，顶端称叶尖或叶端（leaf apex），基部称叶基（leaf base），周边称叶缘（leaf margin），叶片内的维管束称叶脉（vein）。

2. 叶柄

叶柄是连接叶片和茎枝的部分。一般呈圆柱形、半圆柱形或扁平形，上表面（腹面）多具沟槽。为适应不同的生活环境，叶柄的长短、粗细、形状变异很大（图 2-30），如棕榈的叶柄可长达 1 m 以上；海南龙血树等的叶无柄，叶片基部包围茎节部，称抱茎叶。有的植物为适应水生环境，叶柄局部膨胀成气囊，以支持叶片浮于水面，如菱、凤眼莲等；有的植物叶柄基部膨大形成关节，能调节叶片位置和休眠运动，如合欢、含羞草等；有的植物叶柄能围绕他物呈螺旋状攀缘，如旱金莲、铁线莲等；有的植物叶片退化而叶柄变态成叶片状，可行使叶片功能，如台湾相思树等。有些植物的叶柄或者叶柄的基部扩大形成包裹着茎秆的鞘状物，称为叶鞘（leaf sheath），如白芷、当归等伞形科植物。而玉米、芦苇、淡竹叶等禾本科植物的叶鞘则由相当于叶柄的位置扩大形成，并且在叶鞘与叶片连接处的腹面有一膜状结构，称叶舌（ligulate）；有些禾本科植物在叶舌两旁有从叶片基部边缘延伸出的 2 个耳状突起物，称为叶耳（auricle）。叶舌、叶耳的有无、大小、形状及色泽，常作为鉴别禾本科植物的依据之一。

图 2-30　叶柄的特殊形态
1. 抱茎叶（抱茎苦荬菜）；2. 气囊（凤眼莲）；3. 叶枕（紫藤）；4. 缠绕叶柄（东北铁线莲）；5. 叶片状叶柄（台湾相思树）；6. 叶鞘（兴安白芷）；7. 叶鞘（禾本科植物）。

3. 托叶

托叶是叶柄基部两侧的附属物,通常成对着生,有保护幼叶、幼芽、攀缘等作用。托叶的大小、形状多种多样(图 2-31)。例如,梨、桑的托叶是线形的;刺槐的托叶变成刺,称托叶刺;牛尾菜的托叶呈卷须状,称托叶卷须;月季、金樱子的托叶与叶柄愈合呈翅状;托叶通常都是小叶形的,但豌豆、贴梗海棠等植物托叶很大且呈叶状;茜草等植物的托叶形状及大小同叶片极其相似,只是腋内无腋芽,可与叶加以区别;有的托叶连合呈鞘状,包围在茎节基部,称托叶鞘(ocrea),为虎杖、何首乌、金荞麦等蓼科植物的主要特征。

图 2-31 各种形态的托叶

1. 叶片状(贴梗海棠);2. 翅状(蔷薇);3. 托叶鞘(红蓼);4. 刺状(刺槐);5. 卷须状(华东菝葜)。

大多数植物的托叶寿命较短,在叶成熟后不久就开始脱落,木兰科植物的托叶脱落后会在节上留下环状的托叶痕。在观察植物时,要注意托叶的早落性,避免把托叶脱落的植物误认为无托叶植物。托叶的有无、大小和形状是植物分类的依据之一。

(三) 叶的形态

叶的形态主要是指叶片的形态,它是鉴别植物种类的重要依据之一。

1. 叶形

叶片的全形称叶形(leaf shape)。叶形和大小随植物种类而异。一般同种植物的叶形是比较稳定的。叶形的划分是根据叶片的长、宽比例及最宽处的位置而定的(图 2-32)。常见的叶片形状有针形、线形、条形、披针形、圆形、卵形、椭圆形、心形、肾形、箭形、盾形、戟形等。

植物种类众多,在描述植物的叶形时,仅用几种基本的形状描述叶片显然不能满足多样性的特点,常将“长”“阔”“广”“狭”“倒”等形容词加在叶的形状前描述,如椭圆形而较长者称为长椭圆形,卵形而较宽者称为阔卵形,披针形而最宽处在叶端附近者称为倒披针形。此外,有一些叶的形状特殊,如南方红豆杉叶为镰形,穿叶蓼的叶为三角形,菱的叶为菱形,银杏叶为扇形,葱叶为管形等。还有一些植物的叶形状并非单一,必须用综合术语来描述,如匙状条形、菱状卵形等(图 2-33)。

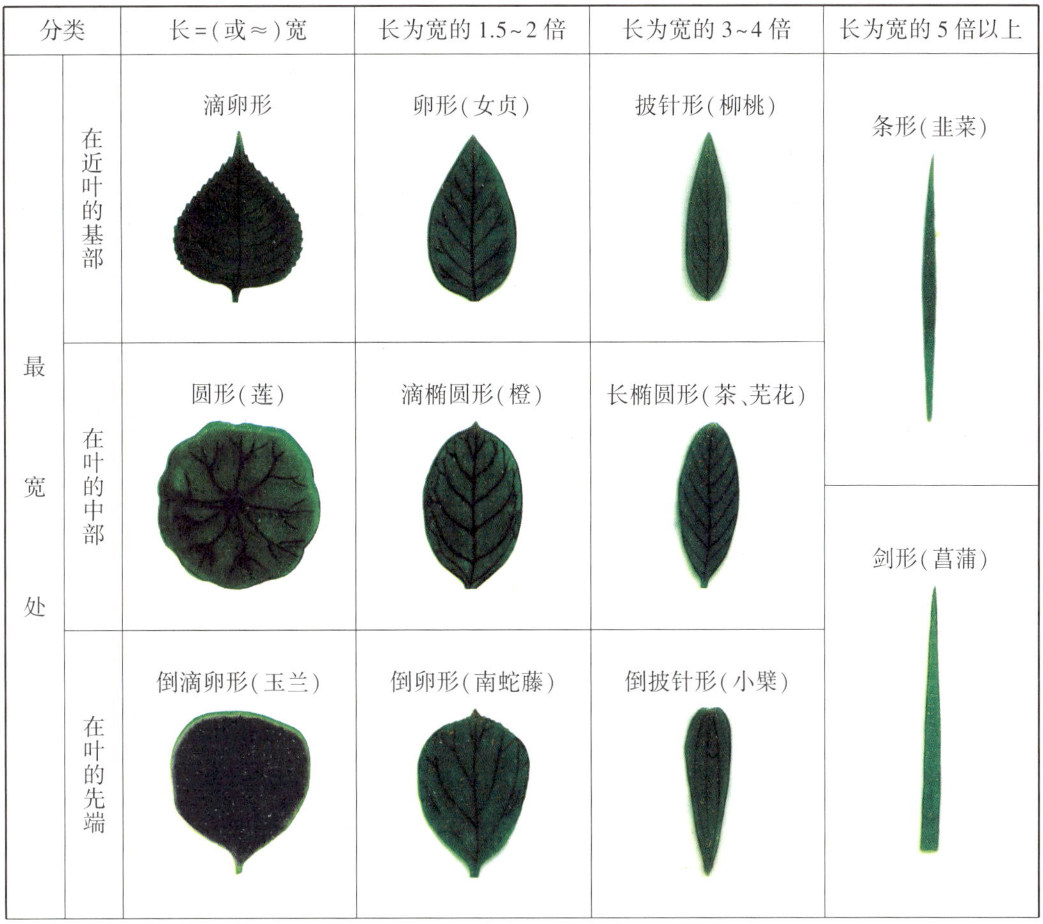

图 2-32　叶片的形状图解

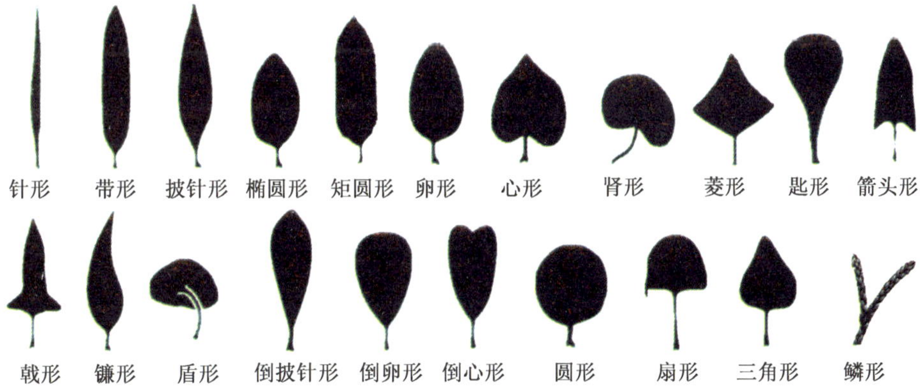

图 2-33　叶片的全形

2. 叶端和叶基的形状

其形状多样，随植物种类而异，常见的叶端形状有圆形、钝形、截形、卷须状、尾尖、渐尖、急尖、骤尖、芒尖、微凹、微凸、微缺、倒心形等(图 2-34)；常见的叶基形状有心形、耳形、箭形、楔形、戟形、钝圆、渐狭、截形、盾形、歪斜、穿茎、抱茎、合生穿茎等(图 2-35)。

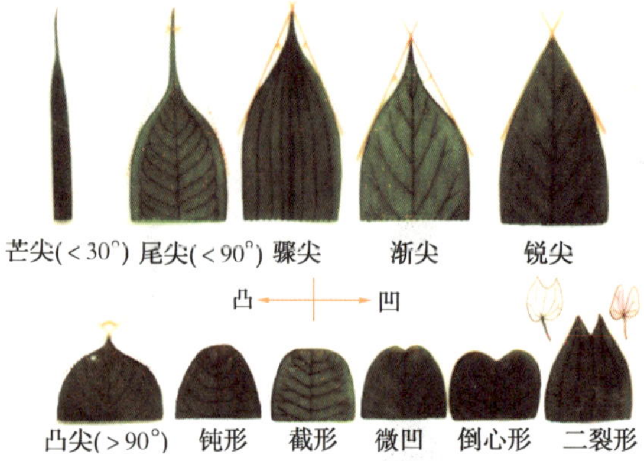

图 2-34　各种叶端

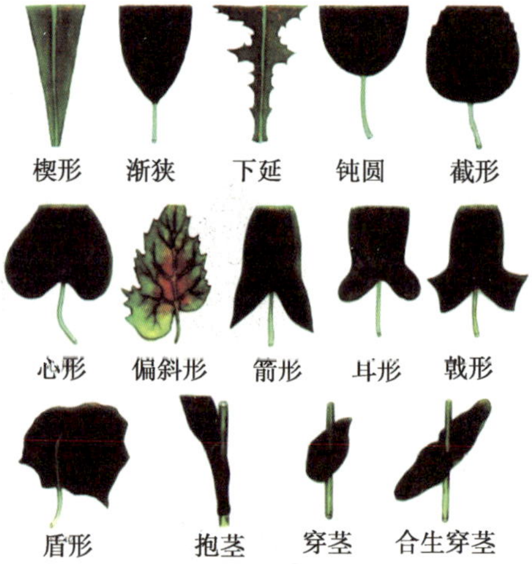

图 2-35　各种叶基

3. 叶缘形状

叶缘平滑的称为全缘,叶缘不平滑的为各种齿状及波状等,常见的有全缘、波状、锯齿状、牙齿状、圆齿状、重锯齿状、睫毛状等(图 2-36)。

图 2-36　各种叶缘

4. 叶脉及脉序

叶脉是贯穿在叶片各部分的维管束在叶片上隆起而形成的脉纹,是叶的输导与支持结构。叶片内分布着大小不同的叶脉,其中最粗大、明显的一条叶脉称为主脉,只有一条主脉的称为中脉。主脉的分枝称为侧脉,侧脉的分枝称为细脉。叶脉在叶片上的分布及排列方式称为脉序,主要有以下三种类型(图 2-37)。

(1) 二歧分枝脉(dichotomous vein):叶脉从叶基发出,做数次二歧分枝,直达叶端,不呈网状,也不平行。这是较为原始的脉序类型,常见于蕨类植物中,如铁线蕨;在种子植物中较少见,如银杏。

(2) 网状脉序(netted vein):主脉明显粗大,两侧分出许多侧脉,侧脉再分出细脉,彼此交叉形成网状。这是双子叶植物主要的脉序类型。网状脉序因主脉的数目及分布不同而有两种类型：具有一条主脉，许多大小几乎相等并呈羽状排列的侧脉从主脉两侧分出，几乎达到叶缘，侧脉再分出细脉交织成网状，称羽状网脉（pinnate vein），如桂树、女贞、枇杷等；数条主脉从叶基或中部辐射状发出，伸向叶缘，侧脉和细脉交织成网状，称掌状网脉（palmate vein），如南瓜、蓖麻等。此外，半夏、天南星等单子叶少数植物也具有网状脉序，但在叶脉的最外侧脉梢相接，形成封闭的网状闭锁脉，可与双子叶植物的网状脉序相区别。

图 2-37　叶脉和脉序

1. 二歧分枝脉（银杏）；2. 羽状网脉（毛酸浆）；3. 掌状网脉（薯蓣）；
4. 掌状网脉（蓖麻）；5. 网状闭锁脉（独角莲）；6. 直出平行脉（玉米）；
7. 横出平行脉（芭蕉）；8. 射出平行脉（蒲葵）；9. 弧形脉（玉竹）。

（3）平行脉序（parallel vein）：多条叶脉平行或近于平行排列。这是单子叶植物主要的脉序类型。常见的有以下几种类型：① 各叶脉平行地自叶基发出直达叶尖，称为直出平行脉（straight parallel vein），如麦冬、淡竹叶等的叶脉；② 中脉明显，侧脉自中脉垂直发出，平行地直达叶缘，称为横出平行脉（pinnately parallel vein），如芭蕉、美人蕉等的叶脉；③ 各叶脉从基部向四周辐射发出，称为射出平行脉或辐射脉（radiate vein），如棕榈、蒲葵等的叶脉；④ 各叶脉自基部发出，在叶的中部弯曲呈弧形分布，最后在叶端汇合，称为弧形脉（arcuate vein），如黄精、铃兰等的叶脉。

5. 叶片的分裂

一般植物叶片的叶缘是全缘的，或叶缘呈齿状，或具细小缺刻（incise），但有些植物叶片的叶缘缺刻深而大，形成了叶片的分裂。常见的叶片分裂方式有羽状分裂、掌状分裂和三出分裂三种；根据叶片分裂的程度不同，又可分为浅裂（lobed）、深裂（parted）和全裂（divided）三种。其中浅裂的叶片缺刻最深不超过半个叶片宽度的 1/2，如药用大黄、南瓜；深裂的叶片缺刻深度超过半个叶片宽度的 1/2，但未到达主脉或叶的基部，如唐古特大黄、荆芥；全裂的叶片缺刻深达主脉或叶的基部，如火麻、白头翁。一般对于叶片分裂的描述是将上述两种分类方法相结合，如羽状浅裂、掌状深裂、三出全裂等（图 2-38）。

叶缺裂		三出裂	掌状裂	羽状裂
类型	标准			
浅裂	裂不到半个叶片宽的一半	 槭树	 南瓜	 柳叶蒿
深裂	裂入半个叶片宽的一半	 牵牛	 蓖麻	 蒲公英
全裂	裂至叶片的基部	 益母草	 大麻	 蕨叶千里光

图 2-38　叶片的分裂

6. 叶片质地

常见的有以下几种类型。

(1) 膜质(membranaceous):叶片的质地薄而半透明,如半夏。有的膜质叶不呈绿色,且干薄而脆,称为干膜质,如麻黄等。

(2) 草质(herbaceous):叶片的质地柔软而薄,如地榆、薄荷等。

(3) 革质(coriaceous):叶片的质地较坚韧而厚,略似皮革,有光泽,如枇杷、枸骨等。

(4) 肉质(succulent):叶片肥厚多汁,如马齿苋、芦荟、垂盆草等。

(5) 纸质(chartaceous):叶片柔韧且较薄,如榆、杨、柳等。

7. 叶片表面

不同植物的叶片表面有不同的特点,常见的有以下几种。

(1) 光滑(smooth):叶片表面光滑,无毛茸及突起等其他附属物,常有较厚的角质层,如冬青、枸骨、女贞等。

(2) 粗糙(rough):叶片表面有极小的突起,手摸有粗糙感,如紫草、葎草等。

(3) 被毛(pilous):叶片表面具各种毛茸,如薄荷、枇杷叶、洋地黄等。

(4) 被粉(cover with whitening):叶片表面有白粉状蜡质霜,如芸香等。

8. 异形叶性

一般情况下,一种植物的叶具有一定的叶形和叶序,但有些植物却在一个植株或在不同生长期具有不同的叶形和叶序,这种现象被称为异形叶性(heterophylly)。

异形叶性的发生有两种情况：一种是由于植株（或枝条）发育年龄的不同所致，如半夏苗期的叶为单叶，不裂，而成熟期的叶分裂成 3 片小叶；栽培的人参（园参）一年生的只有 1 枚三出复叶，二年生的为 1 枚五出掌状复叶，三年生的为 2 枚五出掌状复叶，以后逐年增加，最多可达 6 枚复叶（图 2-39）；益母草的基生叶类圆形，而茎生的中部叶为三全裂，顶生叶为线形（图 2-40）；蓝桉嫩枝上的叶较小，卵形无柄，对生，而老枝上的叶较大，披针形或镰刀形，有柄，互生；白菜基部的叶较大，具明显的带状叶柄，而上部的叶较小，为无柄的抱茎叶。另一种是外界环境引起叶形的变化，如慈姑的水面以上的叶呈箭形，浮水叶呈肾形，沉水叶呈线形。

图 2-39　不同生长年限人参叶片的形态

1. 一年生；2. 二年生；3. 三年生；4. 四年生；5. 五年生；6. 六年生。

图 2-40　益母草的异形叶性

（四）叶的类型

植物的叶分为单叶和复叶两种类型。

1. 单叶（simple leaf）

1 个叶柄上只生 1 个叶片，称为单叶，如厚朴、枇杷、樟、菊等。

2. 复叶（compound leaf）

1 个叶柄上着生 2 个或 2 个以上叶片，称为复叶，如野葛、人参等。复叶的叶柄称总叶柄，总叶柄以上着生小叶片的轴状部分称叶轴。复叶中的每片叶称小叶，其叶柄称小叶柄。从来源看，复叶是由单叶叶片分裂发展而来的。当叶裂深达主脉或叶基并具小叶柄时，便形成复叶。根据小叶数目以及在叶轴上的排列方式不同，可分为以下几种类型（图 2-41）。

（1）三出复叶（trifoliolate leaf）：叶轴上着生 3 片小叶。如果顶生小叶有柄，称为羽状三出复叶，如野葛、茅莓、悬钩子等；如果顶生小叶无柄，称为掌状三出复叶，如酢浆草、半夏等。

(2) 掌状复叶(palmately compound leaf):叶轴缩短,其顶端集生 3 片以上小叶,呈掌状展开,如刺五加、人参、西洋参等。

图 2-41 复叶的类型

1. 羽状三出复叶(野葛);2. 掌状三出复叶(半夏);3. 掌状复叶(人参);4. 奇数羽状复叶(盐肤木);5. 偶数羽状复叶(山皂角);6. 二回羽状复叶(合欢);7. 三回羽状复叶(南天竹);8. 单身复叶(甜橙)。

(3) 羽状复叶(pinnately compound leaf):叶轴长,小叶片在叶轴两侧成羽状排列。若羽状复叶的叶轴顶端生有 1 片小叶,称为奇(单)数羽状复叶,如黄檗、苦参、月季等;若羽状复叶的叶轴顶端生有 2 片小叶,称为偶(双)数羽状复叶,如决明、皂荚等;若叶轴做 1 次羽状分枝,形成许多侧生小叶轴,在小叶轴上又形成羽状复叶,称为二回羽状复叶,如云实、合欢等;若叶轴做二次羽状分枝,第二级分枝上又形成羽状复叶,称为三回羽状复叶,如南天竹、苦楝等。

(4) 单身复叶(unifoliate compound leaf):是一种由三出复叶衍生而来的特殊复叶。叶轴顶端上只有 1 片发达的小叶,下部两侧小叶退化成翼状,顶生小叶与叶轴连接处有一明显关节,如橘、橙、佛手、柚等的叶。

复叶与全裂叶在外形上近似,易于混淆,二者的区别在于:复叶的小叶大小一致,边缘整齐,基部小叶柄明显;而全裂叶的叶裂片往往大小不一,且裂片边缘不整齐,常出现锯齿大小不一、间距不等或存在不同程度的缺刻等现象。全裂叶的裂片基部常下延至中肋,不形成小叶柄,裂片的主脉与叶的中脉相连,明显可见。

复叶也常与生有单叶的小枝易混淆,二者的主要区别在于:复叶叶轴的先端无顶芽,而小枝则常具顶芽;小叶叶腋内无腋芽,仅在总叶柄腋内有腋芽,而小枝上每一单叶都有腋芽;通常复叶的小叶和叶轴排列在同一平面上,而小枝上的单叶与小枝常呈一定角度;复叶脱落时,通常小叶先脱落,然后叶轴连同总叶柄一起脱落,或者整个复叶从总叶柄处脱落,而小枝上只有叶脱落,小枝本身一般不脱落。

(五) 叶序

叶在茎枝上排列的次序或方式,称为叶序(phyllotaxy)。常见的叶序有以下几种(图 2-42)。

1. 互生(alternate)

在茎枝的每个节上交互着生一片叶,各叶常沿茎枝做螺旋状排列,如桑、桃、樟等。

2. 对生(opposite)

在茎枝的每个节上相对着生两片叶。其中相邻两节上的叶片呈"十"字排列,称为交互对生或"十"字形对生,如薄荷、忍冬;相邻两对叶片排列于茎两侧,称为二列对生,如水杉、女贞等。

3. 轮生(whorled)

在茎枝的每个节上着生3片或3片以上的叶,并排列成轮状,如夹竹桃、轮叶百合、黄精、直立百部等。

图2-42　叶序

1. 对生(艾蒿);2. 互生(紫丁香);3. 轮生(林茜草);4. 簇生(银杏)。

4. 簇生(fascioled)

2片或2片以上的叶着生于节间极度缩短的侧枝上,密集成簇状,如银杏、落叶松、马尾松、枸杞等。此外,有些植物的地上茎极度短缩,节间不明显,其叶密集生于茎基部的近地面处成丛状,如同叶从根上生出,称为基生叶(basal leaf),如款冬、麦冬等。若基生叶呈莲座状,则称为莲座状叶丛(rosette),如蒲公英、车前等。

同一种植物或同一株植物可以同时存在2种或2种以上的叶序,如桔梗的叶序有互生、对生及三叶轮生。

无论叶在茎枝上排列成哪一种叶序,相邻两节的叶子都不重叠,总能从适当的角度彼此镶嵌着生,称为叶镶嵌(leaf mosaic)。叶镶嵌可通过叶柄长短不等、叶柄扭曲或叶片的大小差异来实现,使叶片均匀分布、互不遮盖,有利于光合作用,也可使茎的各方向受力均衡。

(六) 变态叶的类型

为了适应不同的环境条件和自身生理功能的改变,叶的形态会发生很多变化,产生各种变态叶(modification of leaf),常见的有以下几种(图2-43)。

图2-43　叶的变态

1. 苞片(鱼腥草);2. 鳞叶(百合);3. 鳞叶(大蒜);4. 刺状叶(日本小檗);5. 叶卷须(野豌豆);6. 根状叶(金鱼藻);7. 捕虫叶(捕蝇草);8. 捕虫叶(猪笼草)。

1. 苞片(bract)

苞片是着生在花或花序基部的变态叶,有总苞片和小苞片之分。数量多而围生在花序基部的苞片称为总苞片(involucre),花序中每朵小花的苞片称小苞片(bractlet)。苞片具有保护花和果实的作用,通常呈绿色,明显小于正常叶,但也有形大而呈各种颜色的。总苞片的形状以及轮数的多少可作为植物种属鉴定的特征,如鱼腥草花序下的4枚总苞片呈白色花瓣状;壳斗科植物的总苞片在果期会变成硬的壳斗状;菊科植物的头状花序基部的总苞片多呈绿色;天南星、半夏等天南星科植物的肉穗花序外面常有1片大形特化的总苞片,称为佛焰苞。

2. 鳞叶(scale leaf)

叶片退化或特化成鳞片状,称为鳞叶。鳞叶有以下三种类型:地下茎上着生的肉质鳞叶,肥厚,能贮藏养料,如洋葱、百合、贝母等;地下茎上着生的膜质鳞叶,常不呈绿色且质地干、脆,如荸荠球茎、生姜根状茎上的鳞叶;地上茎越冬芽外面的革质鳞叶,多呈褐色,较硬,也称芽鳞,有保护幼芽的作用。

3. 叶卷须(leaf tendril)

叶的全部或一部分变态成卷须状,称为叶卷须。该类植物适于攀缘生长,如豌豆复叶顶端的小叶可变态为卷须;菝葜、土茯苓的托叶可变态成卷须。根据刺的来源和生长位置的不同,可以与茎卷须相区别。

4. 刺状叶(acicular leaf)

叶片或托叶变态成刺状,对植物起到保护作用或适应干旱环境,称为刺状叶,又称叶刺。例如,仙人掌的叶退化成刺状;小檗的叶变态成三刺,称为“三颗针”;刺槐、酸枣叶柄托叶变态成刺状;红花、枸骨上的刺由叶尖、叶缘变态而成。根据刺的来源和生长位置的不同,可以区分出叶刺和茎刺。虽然叶刺来源不同,但发生的位置较固定。玫瑰、月季等茎上的刺是由于茎的表皮向外突起所形成的,其位置不固定且易剥落,称为皮刺,可与叶刺相区别。

5. 根状叶(rhizomorphoid leaf)

根状叶出现于缺乏根的水生植物体上,是沉水叶的一种变态。部分叶片停止发育,细裂变态为丝状细胞,外观上呈细须根状垂生于水中,代替根的生理机能,如槐叶萍和金鱼藻等。

6. 捕虫叶(insect-catching leaf)

食虫植物的部分叶特化成盘状、瓶状或囊状,以利于捕食昆虫,称为捕虫叶。捕虫叶上有分泌黏液和消化液的腺毛或腺体,并有感应性,当昆虫触及或进入时能立即闭合,将昆虫捕获并消化吸收,如猪笼草、茅膏菜、捕蝇草等。

二、叶的显微构造

叶发生于茎尖生长锥基部的叶原基,通过叶柄与茎相连。叶柄的构造与茎相似,但叶片的构造与茎有显著的不同。

(一) 双子叶植物叶的构造

1. 叶柄的构造

叶柄的构造与茎相似,在横切面上可以看到,自外向内依次由表皮、皮层和维管束三部分组成。皮层中有厚角组织或厚壁组织,这些机械组织有增强、支持作用。皮层的基本组织中有若干个大小不等的维管束,呈弧形、环形、平行排列。其中木质部在上方(腹面),

韧皮部在下方（背面），二者之间常具短暂活动的形成层。进入叶柄的维管束数目有时与茎中一致，也有的分裂成更多的束，或者合成一束，所以叶柄中的维管束常有套圈变化。

2. 叶片的构造

双子叶植物叶片的构造可分为表皮（epidermis）、叶肉（mesophyll）和叶脉（vein）三部分（图 2-44）。

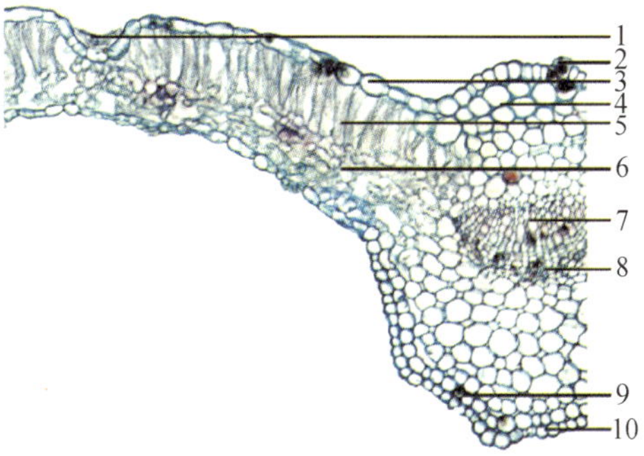

图 2-44　薄荷叶的横切面图

1. 腺鳞；2. 橙皮苷结晶；3. 上表皮；4. 厚角组织；5. 栅栏组织；6. 海绵组织；7. 木质部；8. 韧皮部；9. 橙皮苷结晶；10.下表皮。

（1）表皮：包被着整个叶片表面，相当于茎四周的表皮。通常由一层排列紧密的生活细胞组成，但也有由多层细胞组成的，称为复表皮，如夹竹桃叶的表皮是 2~3 层细胞。叶片的表皮细胞中一般不含叶绿体，顶面观表皮细胞一般呈不规则形，垂周壁多呈波浪状，彼此紧密嵌合，无细胞间隙。横切面观表皮细胞近方形，外壁常较厚且具角质层和气孔，有的还有毛茸、蜡被等附属物。叶的表皮有上表皮和下表皮之分。叶片上面（腹面）的表皮称为上表皮，叶片下面（背面）的表皮称为下表皮。上、下表皮均有气孔分布，一般下表皮气孔和毛茸较多，所以常将叶的下表皮作为观察气孔和毛茸特征的材料。气孔和毛茸的有无是叶类药材鉴别的重要依据。

（2）叶肉：位于上、下表皮之间，相当于茎的皮层，由含叶绿体的同化薄壁组织细胞组成，是光合作用的主要场所。叶肉通常分为栅栏组织和海绵组织两部分。

① 栅栏组织（palisade tissue）：紧邻上表皮的下方，细胞呈圆柱形，排列紧密，其细胞长轴与表皮垂直，形如栅栏。细胞内含大量叶绿体，光合作用效能较强，所以叶片上表面颜色较深。栅栏组织通常只有 1 层，少数有 2~3 层，如冬青叶、枇杷叶等。不同种植物叶肉栅栏组织层数及其是否通过中脉部分的情况各不相同，可以作为叶类药材的鉴别特征。

② 海绵组织（spongy tissue）：位于栅栏组织下方，与下表皮相接，其细胞近圆形或不规则形，细胞间隙大，排列疏松，状如海绵。其厚度一般比栅栏组织厚，细胞中所含叶绿体比栅栏组织中的少。所以通常叶片下表面颜色较浅。

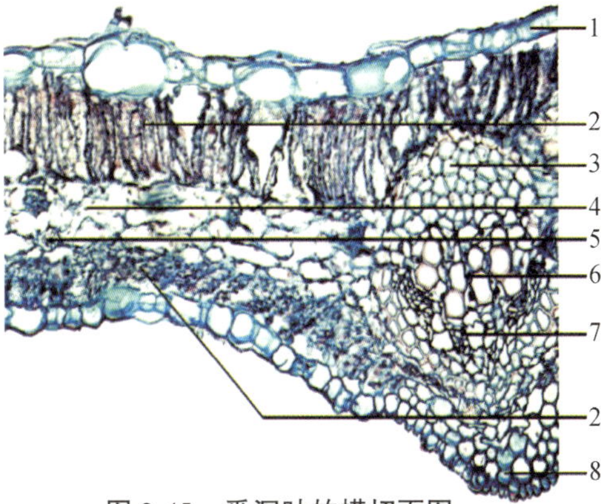

图 2-45　番泻叶的横切面图

1. 表皮；2. 栅栏组织；3. 厚壁组织；4. 海绵组织；5. 草酸钙簇晶；6. 木质部；7. 韧皮部；8. 厚角组织。

在叶片的内部构造中，有的植物叶肉细胞在上表皮下方分化成栅栏组织，在下表皮上方分化成海绵组织，这种叶被称为两面叶（bifacial leaf），如薄荷、女贞的叶。有的植物叶肉细胞在上、下表皮内侧都有栅栏组织的分化，或者没有栅栏组织和海绵组织分化，这种叶被称为等面叶（isobilateral leaf），如番泻叶（图 2-45）、桉叶。有些植物的叶肉组织中含有油室,如橘叶、桉叶等;有些植物的叶肉组织含草酸钙晶体,如曼陀罗叶、桑叶、枇杷叶等;有的还含有石细胞,如茶叶。在上、下表皮内侧的叶肉组织中,常形成较大的腔隙,称为孔下室(气室)。这些腔隙与叶肉组织的胞间隙相通,有利于内外的气体交换。

(3) 叶脉:由叶片中的维管系统、原形成层发育而来,位于叶肉中,呈束状分布,是茎中维管束通过叶柄向叶中的延伸,起输导和支持的作用。主脉和各级侧脉的构造不完全相同。主脉或大的侧脉由维管束和机械组织组成。维管束构造与茎相同,为无限外韧型,只是各种成分稍小一些。木质部位于上方,韧皮部位于下方。双子叶植物在木质部与韧皮部之间常有形成层,分生能力很微弱,只产生少量的次生结构。在维管束的上、下方常有厚角组织(如薄荷)和厚壁组织(如柑橘)的分布,加强了机械支持作用。机械组织在叶背面尤为发达,因此,主脉和较大的叶脉在背面形成明显的突起。随着叶脉的分枝,侧脉越分越细,构造也越来越简化,首先形成层和机械组织消失,其次是木质部和韧皮部的结构简化,在细脉末端,韧皮部中有的只有数个狭短筛管分子和增大的伴胞,木质部也仅有1~2个螺纹管胞。

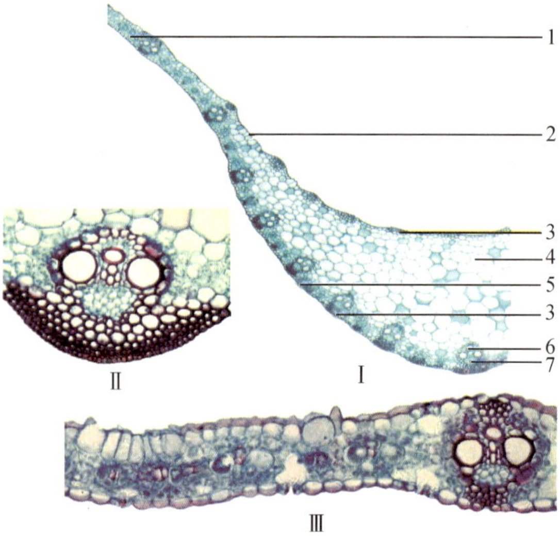

图 2-46　玉蜀黍叶的横切面

Ⅰ. 玉蜀黍叶的横切面详图:1. 气孔;2. 上表皮(运动细胞);3. 厚壁组织;4. 基本组织;5. 下表皮;6. 木质部;7. 韧皮部。
Ⅱ. 玉蜀黍叶的横切面(示维管束)。
Ⅲ. 玉蜀黍叶的横切面(示叶肉组织)。

叶片主脉部位的上表皮内侧一般是机械组织,并无叶肉组织,但有些双子叶植物在主脉上方有一层或几层栅栏组织,与叶肉中的栅栏组织相连,这种结构被称为串脉叶。串脉叶是叶类药材的鉴别特征,如番泻叶、石楠叶等。

(二) 单子叶植物叶的构造

单子叶植物叶的外形多种多样,内部构造变化较大,但叶的构造同样由表皮、叶肉和叶脉三部分组成。现以禾本科植物为例加以说明(图 2-46)。

1. 表皮

表面观表皮细胞有呈长方形的长细胞和呈方形的短细胞两种类型。长细胞是表皮的主要组成部分,其长轴与叶片纵轴平行,纵行排列,所以易于纵裂。细胞的外壁既角质化,又硅质化。插在长细胞之间的短细胞可分为硅质细胞和栓质细胞,硅质细胞除细胞壁硅质化外,细胞腔内还充满硅质体;栓质细胞的壁栓质化。所以,禾本科植物的叶片坚硬而且表面粗糙,加强了抗病虫害侵袭的能力。在上表皮中常有一些特殊的大型薄壁细胞,在横切面上排列成扇形。这种细胞具大型的液泡,称为泡状细胞(bulliform cell)。干旱时这些细胞失水收缩,导致叶片卷曲成筒,以减少水分蒸发,故又称运动细胞。表皮的上下两面都有气孔,这些气孔由2个哑铃形的保卫细胞组成,两端头状部分的细胞壁较薄,中间柄部的细胞壁较厚,两侧的副卫细胞略呈三角形。

2. 叶肉

禾本科植物的叶片多呈直立状，两面受光近似，因此叶肉一般没有栅栏组织和海绵组织的分化，属等面叶。但也有个别植物的叶肉组织有栅栏组织和海绵组织的分化，属两面叶，如淡竹叶（图 2-47）。

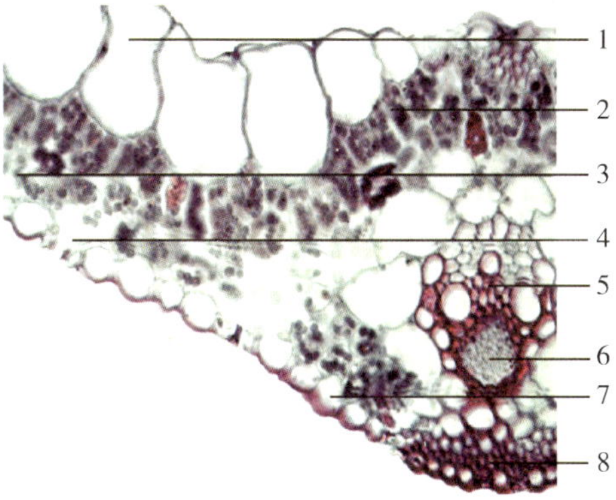

图 2-47　淡竹叶的横切面图

1. 运动细胞；2. 栅栏组织；3. 海绵组织；4. 气孔；5. 木质部；6. 韧皮部；7. 下表皮；8. 厚壁组织。

3. 叶脉

维管束近平行排列，主脉粗大，为有限外韧型。在主脉维管束的上下方常有厚壁组织分布，并与表皮相连。在维管束的外围常有一至多层细胞包围，构成维管束鞘（vascular bundle sheath）。有的植物（如玉米、甘蔗）的维管束鞘由一层较大的薄壁细胞组成；而小麦、水稻的维管束鞘由一层薄壁细胞和一层厚壁细胞组成。维管束鞘的结构可以作为禾本科植物分类的依据。

（三）裸子植物叶的构造

裸子植物的叶多是常绿的，如松柏类；少数植物是落叶的，如银杏。叶形常为针形、短披针形或鳞片状。现以松属植物的针形叶为例来说明最常见的松柏类植物叶的结构。

松属的针叶分为表皮、下皮层、叶肉和维管组织四个部分（图 2-48）。

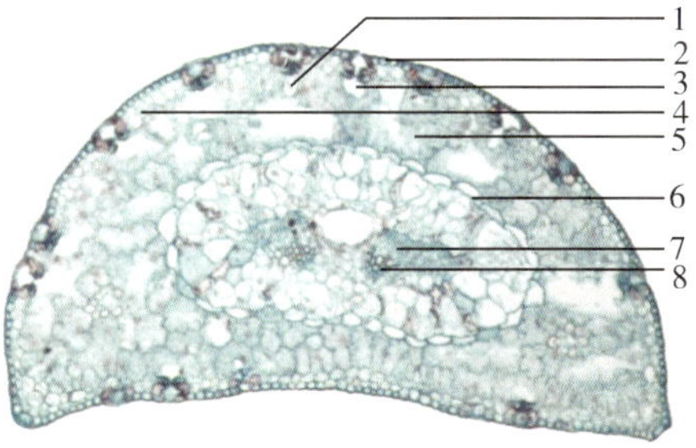

图 2-48　裸子植物松树针叶横切面

1. 树脂道；2. 表皮及角质层；3. 气孔；4. 厚壁组织；5. 叶肉组织；6. 内皮层；7. 韧皮部；8. 木质部。

1. 表皮

表皮由一层细胞构成，细胞壁明显加厚并强烈木质化，角质层发达，细胞腔很小。气孔在表皮上纵行排列，保卫细胞下陷，副卫细胞拱盖在保卫细胞上方。保卫细胞和副卫细胞的壁均有不均匀加厚并木质化。冬季气孔会被树脂堵塞，可以减少水分蒸发。

2. 下皮层

下皮层（hypodermis）位于表皮内侧，由一至数层木质化的厚壁细胞组成。下皮层除了可以防止水分蒸发外，还有支持作用。

3. 叶肉

叶肉没有栅栏组织和海绵组织的分化，细胞壁内陷，形成许多突入细胞内部的皱褶，称褶襞（shirring）。叶绿体沿褶襞分布，扩大了光合作用的面积，弥补了针形叶光合作用面积小的不足。叶肉组织中含有两个或多个树脂道，有一层上皮细胞围绕在树脂道腔外，上皮细胞外还包围着由一层纤维构成的鞘。树脂道的数目和分布位置可作为种的鉴定依据之一。叶肉组织以内有明显的内皮层，其细胞壁上可见带状增厚的凯氏带。

4. 维管组织

维管组织位于内皮层的内侧，维管束一束或两束，位于叶的中央。木质部由管胞和木薄壁细胞组成，韧皮部由筛胞和韧皮薄壁细胞组成，为有限外韧型。在韧皮部外方常有厚壁组织分布。包围在维管束外方的是一种由管胞和两种薄壁细胞构成的特殊的维管组织，称为转输组织。转输组织是裸子植物叶的共同特征，起到叶肉和维管束之间横向运输的作用。

第四节 花

学习导图：

花
- 花的生理功能和药用价值
- 花的组成及形态(花冠类型*、雄蕊类型*、雌蕊类型*、子房的着生位置*、胎座类型*、胚珠类型*)
- 花的类型
- 花程式与花图式(花程式*)
- 花序(无限花序*、有限花序*)
- 花粉粒的形态构造

案例：

1. 菊花在中国传统医药中占据重要地位，其花入药，具有清热解毒、平肝明目之功。不同品种的菊花由于花型、颜色的差异，其药效亦有所区别。一项研究显示，通过对比几种常见菊花品种的化学组成，发现“金盏菊”类型菊花中的绿原酸含量明显高于其他类型，而这种成分被认为对高血压和心血管疾病有益。请问“金盏菊”类型的菊花花序是什么花序？其雄蕊类型是什么？

2. 金银花 *Lonicera japonica* Thunb.，又称忍冬花，属于忍冬科植物，以花蕾或初开的花入药。金银花以其清热解毒、凉血消肿的药用价值而著称，常用于治疗感冒、咽喉肿痛等疾病。金银花初开时为白色，后变为黄色，这种颜色变化是其独特的形态特征。请问金银花的花冠类型是什么？

花(flower)是种子植物特有的繁殖器官，由花芽发育而成，常生于枝的顶端，也可以生于叶腋，是节间极度缩短、适应生殖的一种变态短枝。裸子植物通过大小孢子、雌雄配子形成种子，被子植物的花通过传粉、受精形成种子和果实，执行生殖功能，延续后代。裸子植物和被子植物都属于种子植物，裸子植物的“花”较原始而简单，被子植物的花则高度进化，结构复杂，常具有美丽的形态、鲜艳的颜色和芳香的气味。平常人们所指的花，是被子植物的花。同种植物的花在形态结构上变化较小，具有相对稳定性，对研究植物分类、植物类药材的基原鉴别及花类药材的鉴定均有重要意义。

一、花的生理功能和药用价值

花是植物的生殖器官，其主要功能是繁衍后代。在花完成生殖的过程中，要经过开花、传粉和受精等阶段。

（一）花的生理功能

1. 开花（anthesis）

当花的各部分生长发育到一定阶段时，花粉和胚囊成熟，或其中之一发育成熟，花被展开，雄蕊和雌蕊漏出，这种现象被称为开花。开花是多数被子植物性成熟的标志。

不同植物的开花习性、开花年龄、开花季节和花期长短各不相同，一、二年生植物生长数月就可开花，终生只开花一次；多年生植物在达到性成熟以后每年的特定季节均能开花，只有少数植物如竹子，虽为多年生植物，但终生只开一次花，开花后即死亡。植物的开花季节主要与气候有关，但多数植物的花在早春季节开放，也有一些植物是在冬季开花的。至于花期的长短，不同植物差异较大。有的仅几天，如桃、李、杏等；有的持续一两个月或更长，如蜡梅；有的一次盛开后全部凋落；有的持久陆续开放，如棉花、番茄等；一些热带植物几乎终年开花，如可可、桉树等。植物的开花习性是植物在长期演化过程中所形成的遗传特性，是植物适应不同环境条件的结果。

2. 传粉（pollination）

成熟的花粉从花粉囊散出，通过多种途径传送到雌蕊柱头上的过程，称为传粉。传粉是有性生殖（受精作用）不可缺少的环节。传粉通常可分为自花传粉和异花传粉两种方式。

（1）自花传粉：是花粉从花粉囊散出后，落到同一花的柱头上的传粉现象，如棉花、大豆、番茄等。自花传粉花的特点是：两性花，花药紧靠柱头且向内，柱头、花药常同时成熟。有些植物的雌、雄蕊早熟，在花尚未开放时或根本不开放就已完成传粉和受精作用，这种现象称为闭花传粉或闭花受精，如太子参、豌豆等。

（2）异花传粉：是一朵花的花粉传送到另一朵花的柱头上的传粉方式。异花传粉是自然界普遍存在的一种传粉方式，比自花传粉更为进化。异花传粉的花往往在结构和生理上产生一些与异花传粉相适应的特征：花单性且雌雄异株；若为两性花，则雌雄蕊异熟或雌雄蕊异长，自花不孕等。异花传粉的花在传粉过程中花粉需要借助外力的作用才能被传送到其他花的柱头上，通常传送花粉的媒介有风媒、虫媒、鸟媒和水媒等，各种媒介传粉的花往往产生一些特殊的适应性结构，使传粉得到保证。

3. 受精（fertilization）

卵细胞和精细胞相互结合的过程称为受精作用。传粉作用完成以后，落于柱头上的花粉粒被柱头分泌的黏液所粘住，随后花粉内壁在萌发孔处向外突出，并继续伸长，形成花粉管，这一过程即为花粉粒的萌发。花粉管形成后先穿过柱头并继续沿花柱向下引伸而达子房，花粉管进入子房后，通常通过珠孔进入胚囊，少数经过合点进入胚囊。花粉管伸长的同时，花粉粒中的营养细胞和两个精细胞进入花粉管的最前端，此时花粉管顶端破裂，两个精子进入胚囊，营养细胞解体消失，其中一个精子与卵子细胞结合成合子，将来发育成胚，另一个精子与极核结合发育成胚乳。卵细胞与极核同时和两个精子分别完成融合的过程，是被子植物有性生殖特有的双受精现象，它融合了双亲的遗传特性，加强了后代个体的生活力和适应性，是植物界有性生殖过程中最进化、最高级的形式。花经过传粉受精后，胚珠发育成种子，子房发育成果实。

（二）花的药用价值

许多植物的花、花序或花的组成部分可供药用。例如，花蕾入药的有金银花、槐米、丁香等;开放的花入药的有红花、洋金花等;花序入药的有菊花、款冬花、旋覆花等;还有雄蕊入药的,如莲须;花柱入药的,如玉米须;柱头入药的,如西红花;花粉入药的有香蒲、油松等。

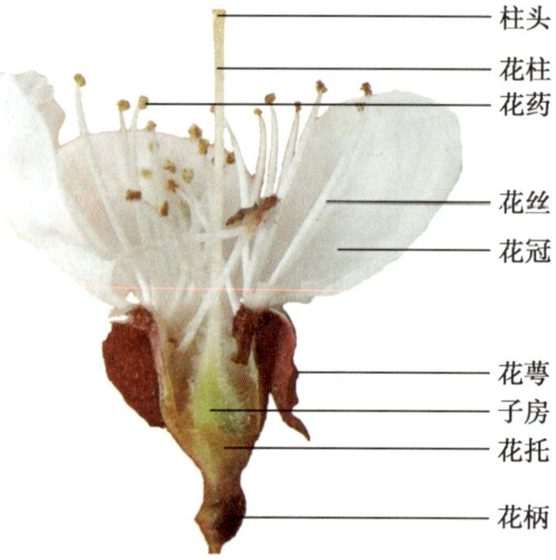

图 2-49　花的组成

二、花的组成及形态

花通常由花梗、花托、花萼、花冠、雄蕊群和雌蕊群六部分组成。其中雄蕊群和雌蕊群是花中最主要的组成部分,位于花的中央,执行生殖功能;花萼和花冠合称花被,位于花的周围,通常有鲜艳的颜色和香味,具有保护和吸引昆虫传粉的功能;花梗和花托位于花的下方,主要起支持和保护作用(图 2-49)。

(一) 花梗

花梗又叫花柄(pedicel),是着生花的小枝,连接花与茎,常呈绿色、圆柱状,其粗细长短随植物的种类而异。多数植物的花都有花梗,车前、青葙子等少数植物的花无梗。花梗的内部构造和茎枝的初生构造基本相同,包括表皮、皮层、中柱三部分。其维管系统与茎枝相连。当花梗发育成果梗后,有的还可产生次生构造,如南瓜的果梗。

(二) 花托

花梗顶端略膨大的部分,称为花托(receptacle)。花的其余部分按一定方式排列于花托上。花托通常呈平坦或稍突起的圆顶状,少数呈其他形状。例如,木兰、厚朴的花托呈圆柱状,草莓的花托膨大呈圆锥状,桃花的花托呈杯状,金樱子、玫瑰的花托呈瓶状,莲的花托膨大呈倒圆锥状(莲蓬)。有的植物花托顶部形成扁平状或垫状的盘状体,可分泌蜜汁,特称花盘,如柑橘、卫矛、枣等。

(三) 花被

花被为花萼与花冠的合称,尤其在花萼和花冠形态相似时,多称花被,如百合、黄精、贝母等。

1. 花萼

花萼(calyx)生于花的最外层,由绿色叶片状的萼片(sepal)组成。萼片的数目随植物种类不同而异,通常 3~5 片。萼片相互分离的称离生萼(chorisepalous calyx),如毛茛、菘蓝;萼片部分或全部连合的称合生萼(gamosepalous calyx),如地黄、薄荷,其下部连合部分称萼筒,上部分离部分称萼齿或萼裂片。有的植物萼筒一侧向外延伸成管状或囊状的突起,称距(spur)。距内常贮有蜜汁,可引诱昆虫帮助传粉,如凤仙花、金莲花等。有的植物在花萼外方还有一轮萼状物,称副萼(epi calyx),如蜀葵、木槿等。若花萼大而鲜艳,似花冠状,称冠状萼,如乌头、飞燕草等。菊科植物的花萼特化成毛状,称冠毛(pappus)。此外,还有的变成干膜质,如青葙、牛膝等。

花萼一般在花开放后脱落。有些植物的花开放后,萼片不脱落,并随果实长大而增大,这种萼被称为宿存萼(persistent calyx),如番茄、柿、茄等;还有少数植物的花萼在开花前就脱落,称早落萼(caduceus calyx),如白屈菜、虞美人等。花萼的内部结构与叶相似,其表皮上分布有气孔、表皮毛，表皮内为含有叶绿体的薄壁细胞，没有栅栏组织和海绵组织的分化。

2. 花冠

花冠（corolla）生于花萼的内侧，由色彩鲜艳的花瓣（petals）组成。花瓣常排列成一轮，其数目常与同一花的萼片数相等。若花瓣排列成两轮以上，则称重瓣花（double flower）。花瓣相互分离的，称离瓣花（chorisepalous corolla），如毛茛、菘蓝等；花瓣部分或全部连合的，称合瓣花（sympetalous corolla），如牵牛、益母草等。合瓣花下部连合的部分称为花冠筒，上部分离的部分称为花冠裂片，花冠筒与花冠裂片的交界处称为喉。有些植物在花冠与雄蕊之间生有瓣状附属物，称副花冠（corona），如萝藦、水仙等。还有的花瓣基部延长成管状或囊状，称为距，如紫花地丁、延胡索等。

花瓣的形状和大小随植物种类的不同而不同，整个花冠呈现特定的形状，这些花冠形状往往成为不同类别植物所特有的特征。其中常见的有以下几种类型（图 2-50）。

（1）“十”字形花冠（cruciform）：花瓣 4 片相互分离，上部外展排列成“十”字形，如菘蓝等十字花科植物的花冠。

（2）蝶形花冠（papilionaceous）：花瓣 5 片分离，排列成蝶形；外面一片最大，称旗瓣；侧面两片较小，称翼瓣；最下面两片顶部稍联合并向上弯曲成龙骨状，称龙骨瓣。如甘草、黄芪等蝶形花亚科植物的花冠。

（3）假蝶形花冠（pseudo-papilionaceous）：花瓣 5 片分离，排列成蝶形；旗瓣较小，在最内方；侧面两片略大；最下面的龙骨瓣最大，包在最外方。如紫荆等云实亚科植物的花冠。

图 2-50　特殊花冠类型

1. “十”字形花冠（芝麻菜）；2. 蝶形花冠（槐）；3. 唇形花冠（荨麻叶龙头草）；4. 舌状花冠（蒲公英）；5. 管状花冠（向日葵）；6. 漏斗状花冠（牵牛）；7. 钟状花冠（石沙参）；8. 辐状花冠（茄）；9. 高脚碟状花冠（紫丁香）。

（4）唇形花冠（labiate）：花冠连合，下部筒状，上部二唇形排列，通常上唇 2 裂，下唇 3 裂，如丹参、益母草、黄芩等唇形科植物的花冠。

（5）舌状花冠（liguliform）：花冠下部连合成短筒，上部向一侧延伸成扁平舌状，如蒲公英、苦菜等植物的花冠。

（6）管状花冠（tubular）：又称筒状花冠，大部分花冠连合成细管状，如红花等植物的花冠。

(7) 漏斗状花冠(funnel-form):花冠全部连合成长筒,自基部向上逐渐扩展成漏斗状,如牵牛等旋花科植物和曼陀罗等部分茄科植物的花冠。

(8) 钟状花冠(companulate):花冠筒较粗短,上部扩展成钟状,如桔梗、党参、沙参等桔梗科植物的花冠。

(9) 坛(壶)状花冠(urcedate):花冠合生,下部膨大呈圆形或椭圆形,上部收缩成一短颈,顶部裂片向外展,如君迁子、石楠等的花冠。

(10) 辐(轮)状花冠(wheel-shaped):花冠筒极短,裂片呈水平状外展,形似车轮,如枸杞、龙葵等茄科植物的花冠。

(11) 高脚碟状花冠(salver-form):花冠下部连合成细长管状,上部水平外展成蝶状,如长春花、水仙花等的花冠。

花被片之间的排列方式及相互关系称花被卷迭式,在花蕾即将绽开时尤为明显。植物种类不同,花被卷迭式也不同,常见的有以下 4 种。① 镊合状(valvate):花被各片边缘彼此接触而不覆盖,如桔梗;若花被的边缘微向内弯曲,称为内向镊合,如沙参;若花被的边缘微向外弯曲,称为外向镊合,如蜀葵。② 旋转状(contorted):花被各片边缘依次相互压覆成回旋状,如夹竹桃、黄栀子。③ 覆瓦状(imbricate):花被各片边缘相互覆盖,但有一片完全在外,一片完全在内,如三色堇、山茶。④ 重覆瓦状(quicuncial):与覆瓦状类似,但有两片完全在外,两片完全在内,如桃、杏等(图 2-51)。

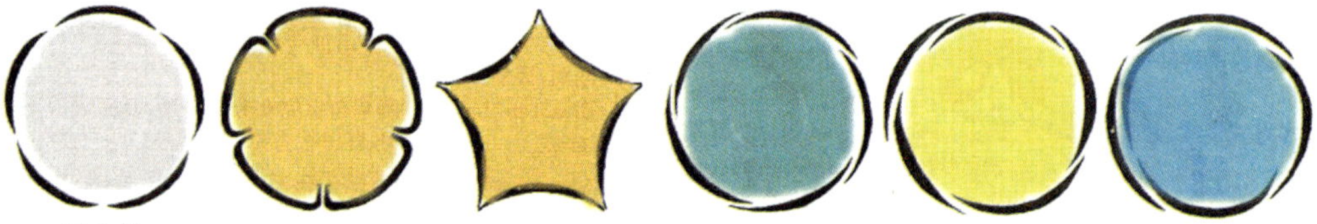

图 2-51 花被的卷迭方式

(四) 雄蕊群

雄蕊群(androecium)是指一朵花中所有雄蕊(stamen)的总称。大多着生于花被内侧的花托上;少数基部着生于花冠或花被上的,称冠生雄蕊。雄蕊的数目常与花瓣同数或为其倍数,雄蕊 10 枚以上的,称雄蕊多数。

1. 雄蕊的组成

雄蕊一般由花丝(filament)和花药(anther)两部分组成。

(1) 花丝:常呈细长管状,下部着生于花托或花被基部,顶端着生于花药。

(2) 花药:是花丝顶端膨大的囊状物,为雄蕊的主要部分。花药由四个或两个花粉囊(pollen sac)组成,中间由药隔(connective)相连。花粉囊中产生花粉;花粉发育成熟后,花粉囊裂开,花粉散出。花粉囊开裂的方式随植物的不同而异,常见的有以下 4 种。① 纵裂:花粉囊沿纵轴开裂,如百合;② 横裂:花粉囊沿中部横向开裂,如蜀葵;③ 瓣裂:花粉囊侧壁裂成几个小瓣,花粉由瓣下的小孔散出,如淫羊藿;④ 孔裂:花粉囊顶部开一小孔,花粉由小孔散出,如杜鹃等(图 2-52)。

花药在花丝上的着生方式也有下列几种不同情况(图 2-53)。

① 全着药(adnate anther):花药全部附着在花上,如紫玉兰。

② 基着药(basifixed anther)：花药基部着生于花丝顶端，如樟。

③ 背着药(dorsifixed anther)：花药背部着生于花丝上，如杜鹃。

④ 丁字着药(versatile anther)：花药中部横向生于花丝顶端而与花丝呈“丁”字形，如百合等。

⑤ 个字着药(divergent anther)：花药顶端着生在花丝上，下部分离，略呈“个”字形，如地黄等。

⑥ 平着药或广歧着药(divaricate anther)：花药左、右两侧分离平展，与花丝呈垂直状着生，如薄荷、益母草等。

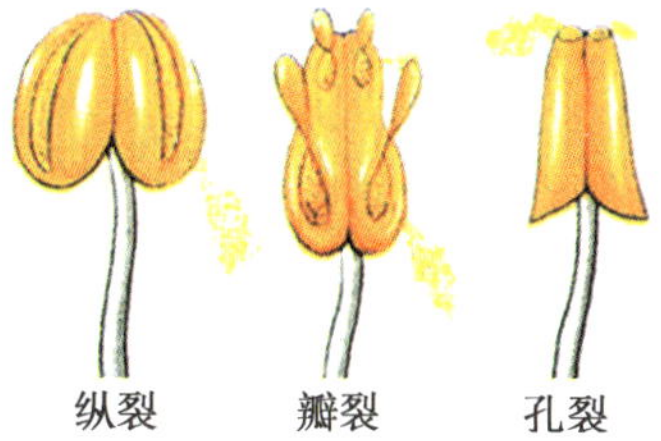

图 2-52　花药的开裂

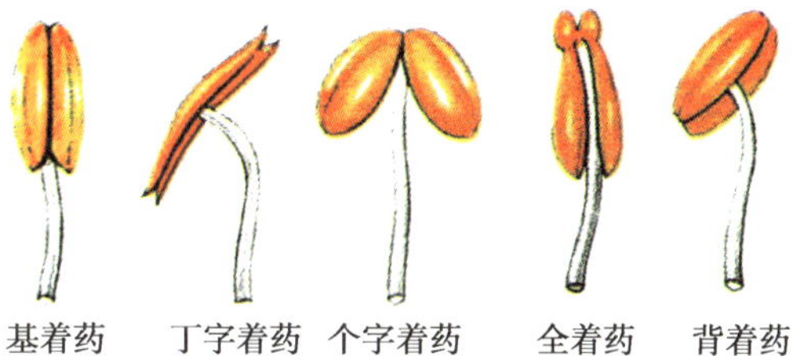

图 2-53　花药的着生方式

2. 雄蕊的类型

根据雄蕊的数目、长短、排列及离合情况的不同，常有下面几种类型(图 2-54)。

图 2-54　雄蕊类型

1. 单体雄蕊(野西瓜苗)；2. 二体雄蕊(槐)；3. 多体雄蕊(长柱金丝桃)；4. 二强雄蕊(益母草)；5. 四强雄蕊(菘蓝)；6. 聚药雄蕊(向日葵)。

(1) 离生雄蕊(distinct stamen)：雄蕊相互分离、长短一致。离生雄蕊为多数植物所具有的雄蕊类型。

(2) 二强雄蕊(didynamous stamen)：四枚雄蕊相互分离，两长两短，如益母草、地黄等唇形科和玄参科植物的雄蕊。

(3) 四强雄蕊(tetradynamous stamen)：六枚雄蕊相互分离，四长两短，如菘蓝等十字花科植物的雄蕊。

(4) 单体雄蕊(monadelphous stamen)：花药分离，花丝相互连合呈圆筒状，如蜀葵等锦葵科植物以及苦楝、远志、山茶等植物的雄蕊。

(5) 二体雄蕊(diadelphous stamen)：雄蕊的花丝相互连合成两束，如许多豆科植物花的雄蕊共有十枚，其中九枚连合，一枚分离；紫堇、延胡索等植物有雄蕊六枚，呈两束。

(6) 多体雄蕊(polyadelphous stamen)：雄蕊多数，花丝相互连合成多数，如金丝桃、元宝草、酸橙等植物的雄蕊。

(7) 聚药雄蕊(synantherrous stamen)：雄蕊的花丝分离，而花药连合成筒状，如红花等菊科植物的雄蕊。

另外,少数植物的雄蕊发生变态而呈花瓣状,如姜、芍药、美人蕉等。还有的植物的花中部分雄蕊不具花药,或仅留痕迹,称不育雄蕊或退化雄蕊,如鸭跖草等。

(五) 雌蕊群

雌蕊群(gynoecium)着生于花托的中央,为一朵花中所有雌蕊(pistil)的总称。

1. 雌蕊的组成

雌蕊由子房(ovary)、花柱(style)和柱头(stigma)三部分组成。子房是雌蕊基部膨大的部分,其中的中空称为子房室,内含胚珠;花柱为连接子房和柱头的细长部分,是花粉进入子房的通道;柱头位于雌蕊的顶端,是承接花粉的部位,通常略膨大或扩展成各种形状,其表面常不平滑并能分泌黏液,有利于花粉的固着及萌发。

雌蕊子房壁的构造与叶片相似,表皮上有少数表皮毛和气孔,双子叶植物多具有实心的花柱,单子叶植物的花柱多为空心。

2. 雌蕊的类型

构成雌蕊的单位,称为心皮(carpel)。心皮是具生殖作用的变态叶,边缘着生胚珠,向内卷合即形成雌蕊。当卷合成雌蕊时,心皮的背部相当于叶的中脉,称为背缝线(dorsal suture);其边缘的愈合线,称为腹缝线(ventral suture)。胚珠着生在腹缝线上。依据组成雌蕊的心皮数目不同,雌蕊分为两大类型。

(1) 单雌蕊(simple pistil):指由一个心皮构成的雌蕊。有的植物在一朵花内仅具有一个单雌蕊,如甘草、扁豆、桃、杏等。也有的植物在一朵花内生有多个单雌蕊,又称离生心皮雌蕊(apocarpous pistil),将来发育成聚合果,如八角茴香、五味子、牡丹等。

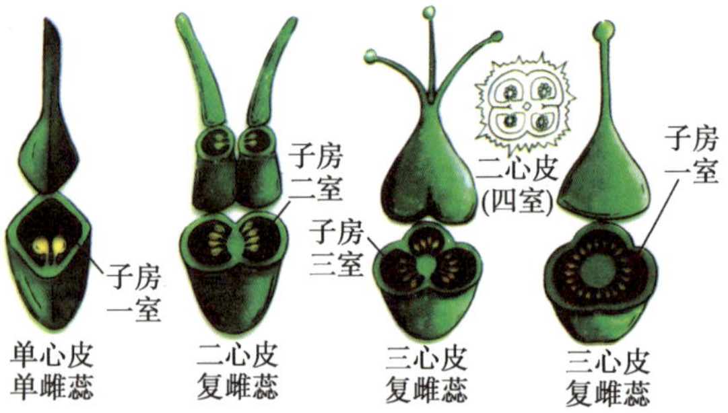

图 2-55　雌蕊的类型

(2) 复雌蕊(compound pistil):指由两个以上的心皮相互连合形成的雌蕊,又称为合生心皮雌蕊,如连翘、百合、苹果、柑橘等。组成复雌蕊的心皮数通常可依据花柱或柱头的分裂数目、子房上的主脉数及子房室数来判断(图 2-55)。

3. 子房的着生位置

不同的植物,其子房着生于花托上的位置及其与花的各组成部分的相互关系不同。常见的有下列几种(图 2-56)。

(1) 子房上位(superior ovary):子房仅底部着生在花托上。若花托凸起或平坦,花的其他部分均着生于子房下方的花托上,这种子房上位的花称为下位花,如毛茛、百合等。若花托下陷成坛状而不与子房壁愈合,花的其他部分着生于花托上端边缘,这种子房上位的花称周位花,如桃、杏等。

(2) 子房下位(inferior ovary):花托下陷成坛状,子房壁全部与之愈合,花的其他部分着生于子房的上方,称为子房下位。这种子房下位的花则称上位花,如栀子、梨等。

(3) 子房半下位(half-inferior ovary):子房下半部与凹陷的花托愈合,花的其他部分着生于子房四周的花托边缘,这种花也称周位花,如桔梗、马齿苋等。

4. 胎座的类型

子房内着生胚珠的部位，称胎座(placenta)。常见的胎座类型有以下几种(图 2-57)。

(1) 边缘胎座(marginal placenta)：单雌蕊，子房一室，胚珠着生于腹缝线上，如甘草等。

(2) 侧膜胎座(parietal placenta)：复雌蕊，子房一室，胚珠着生于心皮愈合的腹缝线上，如南瓜、罂粟、紫花地丁等。

(3) 中轴胎座(axile placenta)：复雌蕊，子房多室，心皮边缘向子房中央愈合成中轴，胚珠着生于中轴上，如百合、柑橘、桔梗等。

(4) 特立中央胎座(free-central placenta)：复雌蕊，子房一室。此类型由中轴胎座衍生而来，子房室底部突起一游离柱，胚珠着生于柱状突起上，如石竹、马齿苋、报春花等。

(5) 基生胎座(basal placenta)：单雌蕊或复雌蕊，子房一室，一枚胚珠着生于子房室底部，如向日葵、大黄等。

(6) 顶生胎座(apical placenta)：单雌蕊或复雌蕊，了房一室，一枚胚珠着生于子房室顶部，如桑、杜仲等。

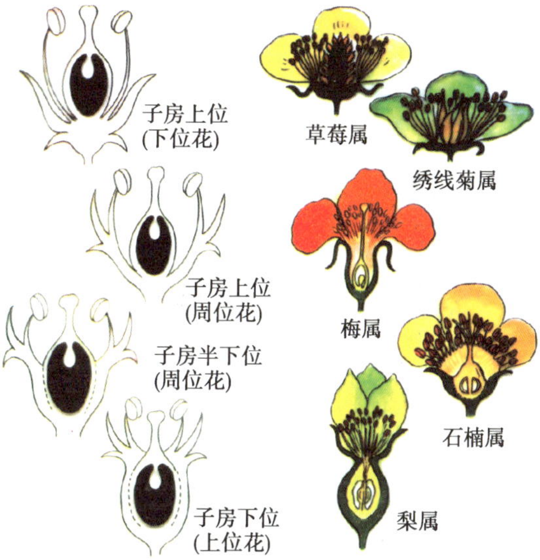

图 2-56 子房的位置

图 2-57 胎座类型

1. 边缘胎座(槐)；2. 侧膜胎座(荠菜)；3. 中轴胎座(桔梗)；4. 特立中央胎座(女娄菜)；5. 基生胎座(向日葵)；6. 顶生胎座(兴安白芷)。

(五) 胚珠的构造及类型

胚珠(ovule)是种子的前身，着生于胎座上，由珠心(nucellus)、珠被(integument)、珠孔(micropyle)、珠柄(funicle)组成。珠心是形成于胎座上的一团胚性细胞，其中央发育成胚囊。成熟胚囊有 8 个细胞，靠近珠孔有 3 个，中间一个较大的为卵细胞，两侧为 2 个助细胞，与珠孔相反的一端有 3 个反足细胞，胚囊的中央是 2 个极核细胞。珠被将珠心包围，珠被在包围珠心时在顶端留有一孔，称珠孔。胚珠基部有短柄连接胚珠和胎座，称珠柄。珠被、珠心基部和珠柄汇合处被称为合点(chalaza)。胚珠在发育时由于各部分的生长速度不同，使珠孔、合点与珠柄的位置发生了变化，形成了不同类型的胚珠。

1. 直生胚珠(orthotropous ovule)

胚珠各部均匀生长，胚珠直立，珠孔、珠心、合点与珠柄呈一直线，如大黄、胡椒、核桃等的胚珠。

2. 横生胚珠(hemitropous ovule)

胚珠一侧生长快,另一侧生长慢,使整个胚珠横列,珠孔、珠心、合点连线与珠柄垂直,如锦葵的胚珠。

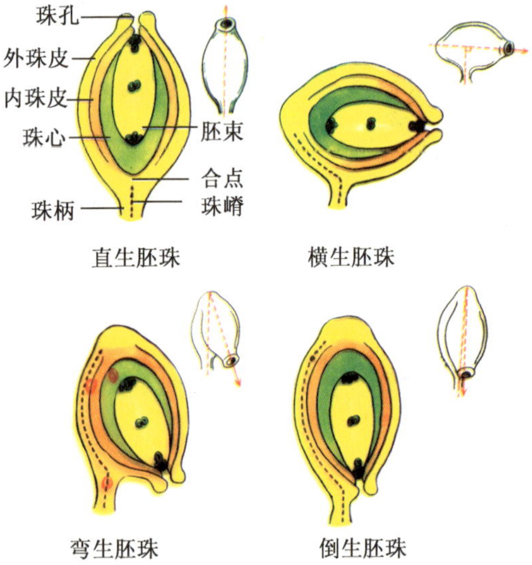

图 2-58　胚珠的类型及纵剖面

3. 弯生胚珠(campylotropous ovule)

珠被、珠心不均匀生长,使胚珠弯曲成肾状,珠孔、珠心、合点与珠柄不在一条直线上,如大豆、石竹、曼陀罗等的胚珠。

4. 倒生胚珠(anatropous ovule)

胚珠一侧生长特别快,另一侧几乎停止生长,胚珠向生长慢的一侧弯转而使胚珠倒置,珠孔靠近珠柄;珠柄很长,与珠被愈合,形成一条长而明显的纵行隆起,称珠脊;珠孔、珠心、合点几乎在一条直线上,如落花生、蓖麻、杏、百合等多数被子植物的胚珠(图 2-58)。

三、花的类型

为了适应生存和环境,植物在进化过程中,花的各部分发生了不同程度的变化,可划分为以下几种主要类型。

(一) 完全花和不完全花

凡花萼、花冠、雄蕊、雌蕊四部分都具有的花,称为完全花(complete flower),如桃、桔梗等的花。缺少其中一部分或几部分的花,称为不完全花(incomplete flower),如南瓜、桑、柳的花。

(二) 重被花、单被花和无被花

同时具有花萼和花冠的花,称为重被花(double perianth flower),如桃、杏、萝卜等的花。只有花萼而没有花冠或花萼与花冠不易区分的花,称为单被花(simple perianth flower),这种花被常具鲜艳的颜色而呈瓣状,如百合、玉兰、白头翁等的花。不具花被的花,称为无被花或裸花(naked flower),这种花常具苞片,如杨、柳、杜仲的花(图 2-59)。

图 2-59　花的类型

1. 无被花(杜仲);2. 单被花(白头翁);3. 重被花(杏);4. 重瓣花(月季)。

(三) 两性花、单性花和无性花

同时具有雄蕊与雌蕊的花,称为两性花(bisexual flower),如桃、桔梗、牡丹等的花。仅具有雄蕊或雌蕊的,称为单性花(unisexual flower);只有雌蕊的称雌花;仅有雄蕊的花称雄花(male flower)。雄花和雌花生于同一植物上的称雌雄同株(monoecism),如南瓜、蓖麻;雄花和雌花分别生于不同植株上的称雌雄异株(dioecism),如桑、柳、银杏等。单性花和两性花同时生于同一植物上的称杂性同株(polygamo-monoecious),如厚朴;单性花和两性花分别生于不同植株上的称杂性异株(polygamo-dioecious),如臭椿、葡萄。花中雄蕊和雌蕊均退化或发育不全的称无性花(asexual flower),如八仙花花序周围的花等。

(四) 辐射对称花、两侧对称花和不对称花

此种分类通常对花萼和花冠而言。通过花的中心可做两个以上对称面的花,称为辐射对称花或整齐花(actinomorphic flower),如桃、桔梗、牡丹等的花;通过花的中心只能做一个对称面的,称为两侧对称花或不整齐花(zygomorphic flower),如扁豆、益母草等的花;无对称面的花,称为不对称花(asymmetrical flower),如败酱、缬草、美人蕉等的花。

(五) 风媒花、虫媒花、鸟媒花和水媒花

借助风力传播花粉的花,称为风媒花(anemophilous flower)。风媒花具有花小、单性、无被或单被、素色、花粉量多而细小、柱头面大和分泌黏液等特征,如玉米、大麻等的花。借助昆虫传播花粉的花,称为虫媒花(entomophilous flower)。虫媒花具有的特征为:两性花,雌蕊和雄蕊发育不同期,花被具有鲜艳的色彩和芳香气味,花粉量少且大,表面多具突起并有黏性,花的形态常和传粉昆虫的特点形成相适应的结构,如丹参、益母草等的花。风媒花和虫媒花是植物长期适应环境的结果。此外,还有少数植物的花借助小鸟传粉,称为鸟媒花(ornithophilous flower),如某些凌霄属植物的花;或借助水流传粉,称为水媒花(hydrophilous flower),如金鱼藻、黑藻等一些水生植物的花。

四、花程式与花图式

(一) 花程式

用字母、数字和符号来表示花各部分的组成、排列、位置和彼此关系的方程式,称为花程式(flower formula)。① 以字母代表花的各部,一般用花各部拉丁文词语的第一个字母大写来表示,P 表示花被,K 表示花萼,C 表示花冠,A 表示雄蕊群,G 表示雌蕊群。② 花各部的数目以数字表示:数字写在代表字母的右下角,"∞"表示 10 个以上或数目不定,"0"表示某部分缺少或退化。雌蕊群右下角有 3 个数字,分别表示心皮数、子房室数和每室胚珠数,数字间用":"相连。③ 以下列符号表示花的特征:以"*"表示辐射对称花,"↑"表示两侧对称花,以"⚥""♂""♀"分别表示两性花、雄花和雌花;"()"表示合生,"+"表示花部排列的轮数关系,短线"-"表示子房的位置,"$\underline{G}$""$\overline{G}$""$\overline{\underline{G}}$"分别表示子房上位、子房下位、子房半下位。

例如,萝卜花⚥ $* K_4C_4A_{2+4}\underline{G}_{(2:2:\infty)}$;槐花⚥ $K_{(5)}C_{(5)}A_{(9)+1}\underline{G}_{1:1:\infty}$;桑树的雄花♂ $* P_4A_4$,桑树的雌花♀ $* P_4\underline{G}_{(2:1:1)}$;桔梗花⚥ $* K_{(5)}C_{(5)}A_5\underline{G}_{(5:5:\infty)}$;百合花⚥ $* P_{3+3}A_{3+3}\underline{G}_{(3:3:\infty)}$。

(二) 花图式

花图式(flower diagram)是以花的横切面为依据所绘出来的图解式。它可以直观表明花各部的形状、数目、排列方式和相互位置等情况。

绘制花图式的原则是:上方绘一小圆圈表示花序轴的位置,在轴的下面自外向内按苞片、花萼、花冠、雄蕊、雌蕊的顺序依次绘出各部的图解,通常苞片以外侧带棱的新月形符号表示,萼片用斜线组成带棱的新月符号表示,空白的新月形符号表示花瓣,雄蕊和雌蕊分别用花药和子房的横切面轮廓表示(图 2-60)。

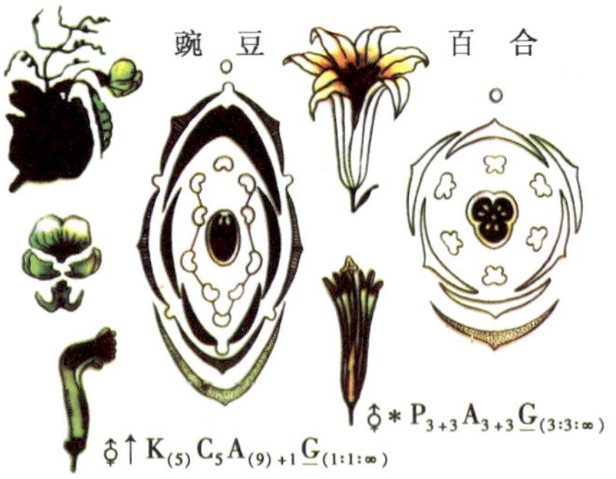

图 2-60 花图式和花程式

花程式和花图式均能简明反映出花的形态、结构等特征,但都不够全面。例如,花图式不能表明子房与花被的相关位置,花程式不能表明各轮花部的相互关系及花被卷迭情况等,所以在描述时两者配合使用才能较全面地反映花的特征。

五、花序

被子植物的花,如果是单独一朵着生在茎枝顶端或叶腋部位,称单生花,如玉兰、牡丹、木槿等。但多数植物的花是按一定方式有规律地着生在花枝上,并有一定的开放顺序形成花序(inflorescence)。花序下部的梗称为总花梗(总序梗),总花梗向上延伸称为花序轴。花序轴上着生小花,小花的梗称为小花梗。小花梗及总花梗下面常有小型的变态叶,分别为小苞片和总苞片。无叶的总花梗称花葶(scape)。

根据花在花序轴上排列的方式和开放的顺序,分为无限花序和有限花序两大类。

(一) 无限花序(总状花序类)

花序轴在花期内可以继续生长,产生新的花蕾。花的开放顺序是由下部依次向上开放,或由边缘向中心开放,这种花序被称为无限花序(indefinite inflorescence)。根据花序轴及小花的特点可分为以下几种(图 2-61)。

图 2-61 无限花序

1. 总状花序(荠菜);2. 穗状花序(红蓼);3. 复穗状花序(小麦);4. 肉穗花序(半夏);5. 葇荑花序(辽东栎);6. 伞房花序(山楂);7. 伞形花序(人参);8. 复伞形花序(兴安白芷);9. 头状花序(向日葵);10. 隐头花序(薜荔)。

1. 总状花序(raceme)

花序轴长而不分枝,着生许多花梗近等长且由基部向上依次成熟的小花,如油菜、荠菜、地黄等的花序。

2. 穗状花序(spike)

与总状花序相似,但小花具极短的柄或无柄,如车前、牛膝、知母等的花序。

3. 肉穗花序(spadix)

肉穗花序与穗状花序相似,但花序轴肉质粗大呈棒状,其上密生多数无柄的单性小花,如玉米的雌花序;若花序外具一大型总苞片,则称佛焰花序,苞片称佛焰苞,如天南星、半夏等天南星科植物的花序。

4. 葇荑花序(atkin)

花序轴柔软下垂,其上着生许多无柄、无被或单被的单性小花,花后整个花序脱落,如杨、柳、核桃的雄花序。

5. 伞房花序(corymb)

伞房花序似总状花序,但小花梗不等长,下部的长,向上逐渐缩短,小花开放在一个平面上,如山楂、绣线菊等的花序。

6. 伞形花序(umbel)

花序轴缩短成一点,在总花梗顶端着生许多辐射状排列、花柄近等长的小花,小花开放成一球面,如人参、刺五加、葱等的花序。

7. 头状花序(head)

花序轴极度短缩成头状或扩展成盘状的花序托,其上着生许多无柄的小花,外围的苞片密集成总苞,如向日葵、红花、菊花、蒲公英等的花序。

8. 隐头花序(hypanthodium)

花序轴肉质膨大并下陷成囊状,其内壁着生多数无柄小花,如无花果、薜荔等的花序。

上述花序的花序轴均匀无枝,为单花序。有些植物的花序轴产生分枝,称复花序,常见的有以下几种。

9. 复总状花序(compound raceme)

复总状花序又称圆锥花序,花序轴呈总状分枝,每一分枝为一小总状花序,使整体呈圆锥状,也可理解为总状花序呈总状排列,如南天竹、女贞等的花序。

10. 复穗状花序(compound spike)

花序轴有一分枝为一小穗状花序,如小麦、香附等的花序。

11. 复伞形花序(compound umbel)

在总花梗的顶端有若干呈伞形排列的小伞形花序,亦即伞形花序呈伞形排列,如柴胡、当归等伞形科植物的花序。

12. 复伞房花序(compound corymb)

花序轴上的分枝呈伞房状排列,而每一分枝又为伞房花序,即伞房花序呈伞房状排列,如花楸的花絮。

13. 复头状花序(compound head)

由许多小头状花序组成的头状花序,如蓝刺头的花序。

(二)有限花序

有限花序(definite inflorescence)的花序轴顶端的花先开放,限制了花序轴的继续生长,开花的顺序为从上向下或从内向外。通常根据花序轴上端的分枝情况又分为以下几种类型(图 2-62)。

1. 单歧聚伞花序(monochasium)

花序轴顶端生一花,然后在顶花下一侧形成侧枝,同样在枝端生花,侧枝上又可分枝着生花朵,依次连续分枝则为单歧聚伞花序。若花序轴下分枝均

图 2-62　有限花序

1. 螺旋状单歧聚伞花序(聚合草);2. 蝎尾状单歧聚伞花序(唐菖蒲);3. 二歧聚伞花序(缕丝花);4. 多歧聚伞花序(猫眼草);5. 轮伞花序(益母草)。

向同一侧生出而呈螺旋状弯曲，称螺旋状聚伞花序(bostrychoid cyme)，如紫草、附地菜等的花序。若分枝呈左右交替生出，则称蝎尾状聚伞花序(scorpioid cyme)，如射干、唐昌蒲等的花序。

2. 二歧聚伞花序(dichasium)

花序轴顶花先开，在其下两侧同时产生两个等长的分枝，每一分枝以同样方式继续开花和分枝，如石竹、冬青卫矛等的花序。

3. 多歧聚伞花序(pleiochasium)

花序轴顶花先开，其下同时发出数个侧轴，侧轴常比主轴长，各侧轴又形成小的聚伞花序，称多歧聚伞花序。若花序轴下面生有杯状总苞，则称杯状聚伞花序(大戟花序)，如京大戟、甘遂、泽漆等大戟科大戟属植物的花序。

4. 轮伞花序(verticillaster)

密集的二歧聚伞花序生于对生叶的叶腋，呈轮状排列，称轮伞花序，如薄荷、益母草等唇形科植物的花序。

此外，有的植物的花序既有无限花序又有有限花序的特征，称为混合花序(mixed inflorescence)，如丁香、七叶树的花序轴呈无限式，但生出的每一侧枝为有限的聚伞花序，特称聚伞圆锥花序(thyrse)。

六、花粉粒的形态构造

雄蕊包括花丝和花药两部分，花丝构造简单，有时被毛茸，如闹羊花花丝下部被两种非腺毛。花药主要为花粉囊，内壁细胞的壁常不均匀地增厚，如网状、螺旋状、环状或点状，而且大多木化。花粉囊中花粉的外壁有各种形态。下面主要介绍花粉的形态和构造。

(一) 花粉的形态

花粉粒的形状、颜色、大小随植物种类的不同而异。花粉粒常为圆球形、椭圆形、三角形、四角形或五边形等。不同种类植物的花粉有淡黄色、黄色、橘黄色、墨绿色、青色、红色或褐色等不同颜色。大多数植物花粉粒的直径为15~50 μm。

花粉粒一般均具有极性及对称性。其极性取决于在四分体中所处的地位。花粉母细胞经过减数分裂产生四分体，分离后形成4粒花粉。由四分体中心的一点通过花粉粒中央向外延伸的线为花粉的极轴。花粉粒向四分体中心的一端为近极，向外的一端为远极(distal)。与极轴垂直的线为赤道轴。在大多数情况下，花粉粒均具有明显的极性，根据萌发孔等排列和形态可在单粒花粉粒上看出它们的极面和赤道面的位置。

(二) 花粉的构造

成熟的花粉粒有内、外两层壁。内壁较薄，主要由果胶质和纤维素组成；外壁较厚而坚硬，含有脂肪类化合物和色素，其化学性质极为稳定，具有较好的抗高温、抗高压、耐酸碱、抗分解等特性。这种特性使花粉粒在自然界能保持数万年不腐败，可为鉴定植物、考古和地质探矿提供科学依据。花粉粒外壁表面光滑或具有各种雕纹，如瘤状、刺突、凹穴、棒状、网状、条纹状等，常作为鉴定花粉的重要特征。花粉粒内壁上有的地方没有外壁，形成萌发孔(germ pore)或萌发沟(germ furrow)。花粉萌发时，花粉管就从孔或沟处向外伸出生长。

不同种类的植物，花粉粒萌发孔或萌发沟的数目也不同。例如，香蒲科、禾本科为单孔花粉，百合科、木兰科为单沟花粉，桑科为二孔花粉，沙参、丁香等为三孔花粉，商路科为三沟花粉，夹竹桃为四孔花粉，凤仙花为四沟花粉，瞿麦为五萌发孔，薄荷为五萌发沟等。

萌发孔（沟）在花粉粒上的分布位置有以下三种情况：① 极面分布，即萌发孔的位置在远极面或近极面上。② 赤道分布，即萌发孔在赤道面上。若是萌发沟，其长轴与赤道垂直。③ 球面分布，即萌发孔散布于整个花粉粒上。通常对极面分布的，称为远极沟（anacolpate）或远极孔（anaporate），如许多裸子植物和单子叶植物的具沟花粉、禾本科植物的花粉。而近极孔（cataporate）仅在蕨类植物孢子中可见到。对赤道分布的，称为（赤道）沟或粉。因为这是双子叶植物的主要类型，赤道可以不必特别标明。对球面分布的，称为散沟（pancolpi），如马齿苋属植物的花粉；或称为散孔（panpori），如藜科的花粉。如果花粉的极性不能判明，也可一律称为沟或孔。此外，在花粉粒的萌发沟内中央部位具一圆形或椭圆形的内孔，称为具孔沟（colporate）花粉。有时花粉粒上的萌发孔不典型，孔、沟或孔沟不明显，可以在前面冠以“拟”字，如拟孔、拟沟。

大多数植物的花粉粒在成熟时是单独存在的，称为单粒花粉；有些植物的花粉粒是 2 个以上（多数为 4 个）集合在一起的，称为复合花粉；极少数植物的许多花粉粒集合在一起，称为花粉块，如兰科、萝藦科等植物。

花粉中含有丰富的蛋白质、人体必需的氨基酸、多种维生素、100 多种活性酶、脂肪油、多种矿物成分、微量元素以及激素、黄酮类化合物、有机酸等，对人体有良好的营养保健作用，并对某些疾病有一定的辅助治疗作用。但有些植物，如钩吻（大茶药）、博落回、乌头、雷公藤、藜芦、羊踯躅等的花粉和花蜜均有毒；也有些花粉有毒或容易引起人体变态反应，产生气喘、花粉症等花粉疾病。现已证明，黄花蒿、艾、三叶豚草、蓖麻、野苋菜、苦楝及麻黄等常见植物可引起花粉症。

第五节 果 实

学习导图：

果实
- 果实的生理功能及药用价值
- 果实的发育和结构
- 果实的类型（单果*，聚合果*，聚花果*）

案例：

1. 枸杞子是中国传统的滋补佳品，富含多种维生素和微量元素。一项研究发现，果实的大小与其中营养成分的种类和含量有着明显的关联。大型果枸杞比小型果枸杞在维生素 C、β-胡萝卜素和氨基酸等方面的含量更高，显示出果实尺寸对营养价值的影响。不论是大型果还是小型果，请问枸杞的果实类型是什么？

2. 山楂 *Crataegus pinnatifida* Bge.属于蔷薇科植物，是一种在中国广泛分布的果树。其干燥成熟果实作为中药材，具有消食化积、行气散瘀的功效。山楂中含丰富的黄酮类化合物，这些化合物在调节血脂、保护心血管等方面具有显著作用。此外，山楂还含有丰富的维生素 C 和矿物质，具有食用价值。请问山楂的果实类型是什么？

果实(fruit)是种子植物所特有的繁殖器官,是花受精后由雌蕊的子房发育而成的特殊结构,外具果皮,内含种子。果实具有保护种子和散布种子的作用。

一、果实的生理功能及药用价值

(一) 果实的生理功能

果实的生理功能主要是保护种子和对种子传播媒介的适应。适应于动物和人类传播种子的果实,往往为肉质可食的肉质果,如桃、梨、柑橘等;还有的果实具有特殊的钩刺突起或有黏液分泌,能黏附于动物的毛、羽或人的衣服上而散布到各地,如苍耳、鬼针草、蒺藜、猪殃殃等。适应于风力传播种子的果实多质轻、细小,并常具有毛、翅等特殊结构,如蒲公英、榆、杜仲等。适应于水力传播种子的果实常质地疏松而有一定浮力,可随水流到各处,如莲蓬、椰子等。还有的植物果实可通过自己的机械力量使种子散布,在果实成熟时多干燥开裂并对种子产生一定的弹力,如大豆、油菜、凤仙花等。

(二) 果实的药用价值

果实的药用常采用完全成熟、近成熟或幼小的果实;药用部分包括果穗入药,如桑葚、夏枯草;完整的果实入药,如五味子、女贞子等;果皮入药,如陈皮、大腹皮等;果柄入药,如甜瓜蒂;果实上的宿萼入药,如柿蒂;还有用果皮中的维管束入药的,如橘络、丝瓜络等。

二、果实的发育和结构

(一) 果实的发育

被子植物的花经过双受精后,花的各部分发生显著变化。花萼、花冠通常脱落,雄蕊及雌蕊的柱头、花柱先后凋萎,胚珠发育成种子,子房逐渐膨大而发育成果实。这种单纯由子房发育而来的果实被称为真果(true fruit),如桃、杏、柑橘等。有些植物除子房外尚有花的其他部分,如花托、花萼、花序轴等参与果实的形成,这种果实被称为假果(false fruit),如苹果、梨、南瓜等。

果实的形成通常需要经过传粉和受精作用,但有的植物只经传粉而未经受精作用也能发育成果实,称为单性结实。单性结实所形成的果实,称为无籽果实。单性结实有自发形成的,称为自发单性结实,如香蕉、柑橘、柿、瓜类及葡萄的某些品种等;有的是通过人工诱导作用而引起的,称为诱导单性结实,如用马铃薯的花粉刺激番茄的柱头而形成无籽番茄,或用化学处理方法,如将某些生长激素涂抹或喷洒在雌蕊柱头上,也能得到无籽果实。

(二) 果实的结构

果实由果皮和种子构成,果皮通常可分为外果皮、中果皮和内果皮三层。

1. 外果皮(exocarp)

外果皮通常较薄而坚韧,表面常被角质层、毛茸、蜡被、刺、瘤突、翅等。外果皮与叶的下表皮相当,通常由1列表皮细胞或表皮与某些相邻组织构成。有的外果皮外被角质层或蜡被,偶有气孔或毛茸,如桃、吴茱萸具有非腺毛及腺毛,蔓荆子具有腺鳞;有的在表皮含有色物质或色素,如川花椒;有的在表皮细胞间嵌有油细胞,如北五味子。

2. 中果皮(mesocarp)

中果皮变化较大,肉质果实多肥厚,干果多为干膜质。中果皮与叶肉组织相当,占果皮的大部分,大多由多列薄壁细胞组成,细胞中有时含有淀粉粒,如五味子。中部具有多数散在的细小维管束;有的中果皮含有石细胞、油细胞、油室或油管等,如小茴香的中果皮内可见油管,荜澄茄的中果皮内有石细胞和油细胞分布。

3. 内果皮(endocarp)

内果皮一般膜质或木质,少数植物的内果皮能生出充满汁液的肉质囊状毛,如柑橘。内果皮与叶的上表皮相当,大多由 1 列薄壁细胞组成。有的内果皮中 5~8 个狭长的薄壁细胞互相并列为一群,各群以斜角联合呈镶嵌状,称“镶嵌细胞”,这是伞形科植物果实的共同特征;有的具有 1 至多列石细胞,核果的内果皮(果核)即由多列石细胞组成,如杏、桃、梅等;也有的内果皮全为石细胞,如胡椒。

三、果实的类型

果实的类型很多,一般根据果实的来源、结构和果皮性质的不同,分为单果、聚合果和聚花果。

(一) 单果

一朵花中仅有一个雌蕊(单雌蕊或复雌蕊),发育形成一个果实,称为单果(simple fruit)。根据果皮的质地不同可将单果分为肉果和干果两类。

1. 肉果(fleshy fruit)

果皮肉质多汁,成熟时不裂开(图 2-63)。主要类型有以下几种。

(1) 浆果(beny):由单心皮或合生心皮雌蕊发育而成,外果皮薄,中果皮和内果皮肉质多汁,不易区分,内含一至多粒种子,如葡萄、番茄、枸杞、茄等。

(2) 核果(drupe):多由单心皮雌蕊发育而成,外果皮薄,中果皮肉质肥厚,内果皮木质,形成坚硬的果核,每核内含一粒种子,如桃、李、梅、杏等。

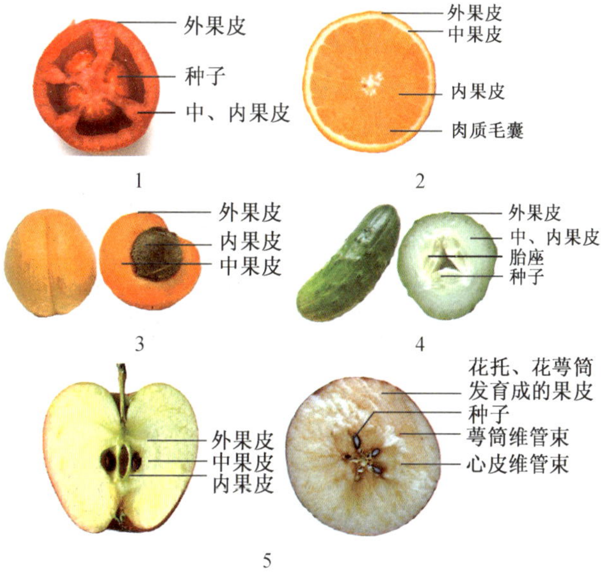

图 2-63　肉果的类型

1. 浆果(番茄);2. 柑果(橙);3. 核果(杏);4. 瓠果(黄瓜);5. 梨果(苹果)。

(3) 梨果(pome):由 5 枚心皮合生的下位子房连同花托和萼筒发育而成的一类肉质假果。外果皮和中果皮肉质,界限不清,内果皮坚韧,革质或木质,常分隔成 5 室,每室含 2 粒种子,如苹果、梨、山楂、枇杷等,其肉质可食部分主要来自花托和萼筒。

(4) 柑果(hesperidium):由多心皮合生雌蕊具中轴胎座的上位子房发育而成。外果皮较厚,柔韧如革,内含油室;中果皮疏松海绵状,具有多分枝的维管束(橘络),与外果皮结合,界限不清;内果皮膜质,分隔成多室,内壁生有许多肉质多汁的囊状毛。柑果为芸香科柑橘类植物所特有,如橙、柚、橘、柑等。

(5) 瓠果(pepo):由 3 枚心皮合生的具侧膜胎座的下位子房连同花托发育而成的假果。外果皮坚韧,中果皮和内果皮及胎座肉质,为葫芦科植物所特有,如南瓜、冬瓜、西瓜、瓜蒌等。

2. 干果(dry fruit)

果实成熟时果皮干燥,依据果皮开裂与否又分为裂果和不裂果。

(1) 裂果(dehiscent fruit):果实成熟后,果皮自行开裂,依据心皮数目及开裂方式不同分为以下几种。

① 蓇葖果(follicle):由单心皮或离生心皮雌蕊发育而成,成熟后沿腹缝线一侧开裂,如厚朴、八角茴香、芍药、淫羊藿、杠柳等的果实。

② 荚果(legume):由单心皮发育而成,成熟时沿腹缝线和背缝线两侧开裂,为豆科植物所特有,如扁豆、绿豆、豌豆等。但有的荚果成熟时不开裂,如紫荆、落花生的果实;槐的荚果肉质,呈念珠状,亦不开裂;含羞草、山蚂蟥的荚果呈节节断裂而不开裂,内含一粒种子。

③ 角果:由两枚心皮合生的具侧膜胎座的上位子房发育而成。心皮边缘愈合向子房室内延伸形成假隔膜,将子房隔成两室,种子着生在假隔膜两侧,成熟时沿两侧腹缝线自下而上开裂,假隔膜仍然留在果柄上。角果为十字花科的特征,又分为长角果(silique)和短角果(silicle)。长角果细长,如油菜、萝卜的果实;短角果宽短,如荠菜、菘蓝、独行菜等的果实。

④ 蒴果(capsule):由合生心皮的雌蕊发育而成,子房一至多室,每室含多数种子,是普遍的一类裂果。蒴果成熟时开裂方式较多,常见的有:Ⅰ. 瓣裂(纵裂):果实成熟时沿纵轴方向裂成数个果瓣。其中,沿腹缝线开裂的称为室间开裂,如马兜铃、蓖麻的果实;沿背缝线开裂的称为室背开裂,如百合、射干的果实;沿背、腹两缝线同时开裂,但子房间隔仍与中轴相连的称为室轴开裂,如曼陀罗、牵牛的果实;Ⅱ. 孔裂:果实的顶端裂开一小孔,如罂粟、桔梗的果实;Ⅲ. 盖裂:果实中上部环状横裂成盖状脱落,如马齿苋、车前等的果实;Ⅳ. 齿裂:果实顶端呈齿状开裂,如石竹、王不留行等的果实(图 2-64)。

图 2-64　裂果的类型

1. 蓇葖果(梧桐);2. 荚果(合欢);3. 荚果(槐);4. 长角果(糖芥);5. 短角果(荠菜);6. 蒴果-室背开裂(鸢尾);7. 蒴果-室间开裂(北马兜铃);8. 蒴果-室轴开裂(紫花曼陀罗);9. 蒴果-盖裂(平车前);10. 蒴果-孔裂(野罂粟);11. 蒴果-齿裂(石竹)。

(2) 不裂果(闭果)(indehiscent fruit):果实成熟后,果皮不开裂或分离成几部分,种子仍被果皮包被。不裂果常见的有以下几种。

① 瘦果(achene):由 1~3 枚心皮雌蕊形成的,如白头翁;由 2 枚心皮形成的,果皮较薄而坚韧,内含一粒种子,成熟时果皮与种皮易分离,为闭果中最普通的一种,如向日葵、白头翁、荞麦等的果实。

② 颖果(caryopsis):果皮薄,与种皮愈合,不易分离,果实内含一粒种子,如稻、麦、玉米、薏苡等,为禾本科植物所特有的果实。农业生产上常把颖果称为种子。

③ 坚果(nut):果皮坚硬,果皮与种皮分离,内含一粒种子,如板栗等壳斗科植物的果实。这类果实常具总苞(壳斗)包围;也有的坚果很小,无总苞包围,称为小坚果,如益母草、紫草等的果实。

④ 翅果(samara):果皮一端或周边向外延伸成翅状,果实内含一粒种子,如杜仲、榆、槭、白蜡树等的果实。

⑤ 胞果(utricle):果皮薄而膨胀,疏松地包围种子,与种子极易分离,如青葙、藜、地肤等的果实。

⑥ 分果(schizocarp):由两枚或两枚以上心皮组成的雌蕊的子房发育而成,形成两室或数室。果实成熟时,按心皮数分离成若干个含一粒种子的分瓣果。当归、白芷、小茴香等伞形科植物的分果由两枚心皮的下位子房发育而成,成熟时分离成两个分瓣果,呈"个"字形分悬于中央果柄的顶端,特称双悬果(cremocarp),为伞形科植物的主要特征之一;苘麻、锦葵的果实由多枚心皮组成,成熟时则分为多个分瓣果(图 2-65)。

(二) 聚合果

聚合果(aggregate fruit)是由一朵花中的多枚心皮离生雌蕊聚集生长在花托上,并与花托共同发育成的果实,每一单雌蕊形成一个单果(小果)。根据小果的种类不同,又可分为聚合蓇葖果(八角茴香、芍药)、聚合瘦果(草莓、毛茛)、聚合核果(悬钩子)、集合浆果(五味子)、聚合坚果(莲)等(图 2-66)。

图 2-65　不裂果的类型

1. 瘦果(向日葵);2. 颖果(玉米);3. 坚果(板栗);4. 小坚果(益母草);5. 翅果(榆);6. 双悬果(小茴香)。

图 2-66　聚合果的类型

1. 聚合浆果(五味子);2. 聚合核果(茅莓悬钩子);3. 聚合蓇葖果(八角茴香);4. 聚合蓇葖果(芍药);5. 聚合瘦果(东北铁线莲);6. 聚合瘦果-蔷薇果(金樱子);7. 聚合坚果(莲)。

(三) 聚花果

聚花果(multiple fruit)又称复果,是由整个花序发育而成的果实。例如,桑葚的雌花序,在花后每朵花的花被肥厚多汁,里面包藏一个瘦果;凤梨(菠萝)是由多数不孕的花着生在肥大肉质的花序轴上所形成的果实;无花果由隐头花序形成,其花序轴肉质化并内陷成囊状,囊的内壁上着生许多小瘦果(图 2-67)。

图 2-67　聚花果的类型

1. 凤梨;2. 桑葚;3. 无花果;4. 悬铃木。

第六节 种 子

学习导图:

种子 { 种子的生理功能及药用价值
种子的形态、结构(种子的结构*)
种子的类型(有胚乳种子*、无胚乳种子*) }

案例:

薏苡仁是禾本科植物薏米 *Coix lacryma-jobi* L.var. *ma-yuen*(Roman.)Stapf 的干燥成熟种仁,具有利水渗湿、健脾止泻、除痹、排脓等功效。现代研究表明,其含有多种活性成分,如薏苡素、薏苡酯等,具有抗肿瘤、抗炎、抗氧化等药理作用。请问薏苡的种子类型是什么?

种子(seed)是种子植物特有的繁殖器官,是花经过传粉、受精后,由胚珠发育形成的。种子内含有下一代的幼小植物体(胚),并贮藏有大量营养物质(胚乳)。

一、种子的生理功能及药用价值

(一) 种子的繁殖功能

种子成熟后,在适宜的外界条件下即可萌发而形成幼苗,但大多数植物的种子在萌发前往往需要一定的休眠期才能萌发。此外,种子的萌发还与种子的寿命有关。

(二) 种子的药用价值

药用植物的种子多采用成熟的种子作为药用。通常用完整的种子入药,如沙苑子、决明子等;少数用种子的一部分入药,如假种皮入药的有肉豆蔻衣、龙眼肉等;肉豆蔻用种仁入药;大豆黄卷、大麦芽用发芽的种子入药;淡豆豉则为种子的发酵品入药。

二、种子的形态、结构

(一) 种子的形状、大小、色泽和表面纹理

种子的形状有球形、类圆形、椭圆形、肾形、卵形、圆锥形、多角形等。大小差异悬殊,大的有椰子、银杏、槟榔等,小的如天麻、白及等的种子,呈粉末状。种子的表面通常平滑,具光泽,颜色各异,如绿豆、红豆、白扁豆等;但也有的表面粗糙,具皱褶、刺突或毛茸(种缨)等,如天南星、车前、太子参、萝藦等的种子。

(二) 种子的结构

种子通常由种皮、胚和胚乳三部分组成;也有很多植物的种子由种皮和胚两部分构成,而没有胚乳。

1. 种皮(seed coat)

(1) 种皮的外部特征:种皮由珠被发育而成,包被于种子外面,对胚具有保护作用。种皮常分为外种皮和内种皮两层,外种皮较坚韧,内种皮通常较薄。种皮上一般都具有种脐(hilum)和种孔(micropyle)。种脐是种子成熟后从种柄或胎座上脱落后留下的圆形或椭圆形疤痕。种孔由珠孔发育而成,是种子萌发时吸收水分和胚根伸出的部位。此外,具有倒

生、横生或弯生胚珠的植物,种皮上具有明显突起的种脊(raphe),即种脐到合点(chalaza)(种皮上维管束汇合之处,亦即原来胚珠的合点)之间的隆起线;倒生胚珠的种脊较长,横生胚珠和弯生胚珠的种脊较短,而直生胚珠无种脊。还有一些植物的种皮在珠孔处有一个由珠被延伸而成的海绵状突起物,起到吸水并帮助种子萌发的作用,称为种阜,如蓖麻、巴豆等。

有些植物的种子在种皮外尚有假种皮,是由珠柄或胎座处的组织延伸而形成的。有的假种皮为肉质,如荔枝、龙眼、苦瓜、卫矛等;也有的呈菲薄的膜质,如豆蔻、砂仁等。

(2) 种皮的内部构造:种皮的内部构造因植物种类的不同而异,富有变化。通常种子只有一层种皮,但有的种子有两层,即有内、外种皮的区分。种皮通常由下列一种或数种组织组成(图 2-68)。

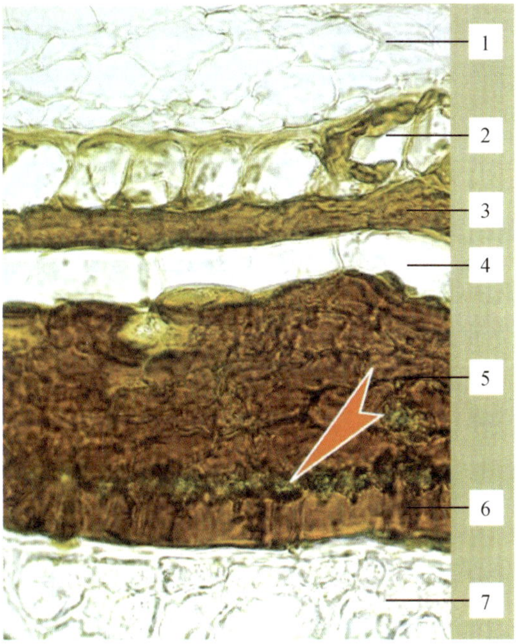

图 2-68　砂仁种子横切面组织结构图

1. 假种皮; 2. 种皮表皮细胞; 3. 下皮细胞; 4. 油细胞; 5. 色素层; 6. 内种皮; 7. 外胚乳。

① 表皮层:多数种子的种皮表皮层由 1 列薄壁细胞组成,但也有一些特殊情况。例如:Ⅰ. 有的表皮层细胞形成黏液细胞层,如白芥子;Ⅱ. 有的部分表皮层细胞形成非腺毛,如牵牛子;Ⅲ. 有的全部表皮层细胞分化成非腺毛,如马钱子;Ⅳ. 有的表皮层单个或成群地散列着石细胞,如苦杏仁、桃仁;Ⅴ. 有的表皮层全由石细胞组成,如天仙子;Ⅴ. 有的表皮层细胞成为狭长的栅状细胞,其细胞壁常不同程度地木化增厚,如青葙子及一般豆科植物的种子;Ⅵ. 有的表皮层细胞含有色素,如青葙子、牵牛子等。

② 厚壁细胞层:有的种子的种皮具有细胞壁全面加厚的厚壁组织,通常有下列两种。Ⅰ. 栅状细胞层:有的种子的表皮下方常有栅状细胞,由 1 列或 2~3 列狭长的细胞排列而成,壁多木化增厚,如决明子;有的内壁和侧壁增厚,而外壁菲薄,如白芥子;在栅状细胞的外缘有时可见一条折光率特别强的光辉带,如牵牛子、菟丝子。Ⅱ. 石细胞层:除种子的表皮有时为石细胞外,其余表皮内层几乎全为石细胞,如瓜蒌仁;或者种皮的最内层细胞为石细胞,如白豆蔻。

③ 色素层:具有颜色的种子,除表皮层可含有色物质(如颠茄、莨菪等)外,内层细胞或者内种皮细胞也含有色物质,如白豆蔻等。

④ 油细胞层:含挥发油的种子的种皮中,表皮层内常有一层形状较大的含油细胞,如豆蔻、砂仁。

⑤ 营养层:多数种子的种皮细胞中,常有数列贮有淀粉粒的薄壁细胞,为营养层。在种子发育的过程中,淀粉常被消耗尽,故成熟的种子营养层往往成为扁缩颓废的薄层。有的营养层包含一层含糊粉粒的细胞。营养层大多是珠心和胚囊发育而来的,所以严格地讲应属于外胚乳组织,但对于无胚乳种子来讲,这部分通常紧附在种皮其他各层的内侧,形成胚的保护组织,为方便起见,常将它归于种皮组织。

2. 胚(embryo)

胚是由受精的卵细胞发育而成的,是种子尚未发育的幼小植物体。胚由胚根、胚轴(又称胚茎)、胚芽和子叶四部分组成。种子萌发时,胚根自种孔伸出,发育成主根。胚轴向上伸长,成为根与茎的连接部分。子叶为胚吸收养料或贮藏养料的器官,占胚的较大部分,在种子萌发后可变绿进行光合作用,但通常在真叶长出后枯萎;单子叶植物具一枚子叶,双子叶植物具两枚子叶,裸子植物具多枚子叶。胚芽为胚顶端未发育的主枝,在种子萌发后发育成植物的主茎。

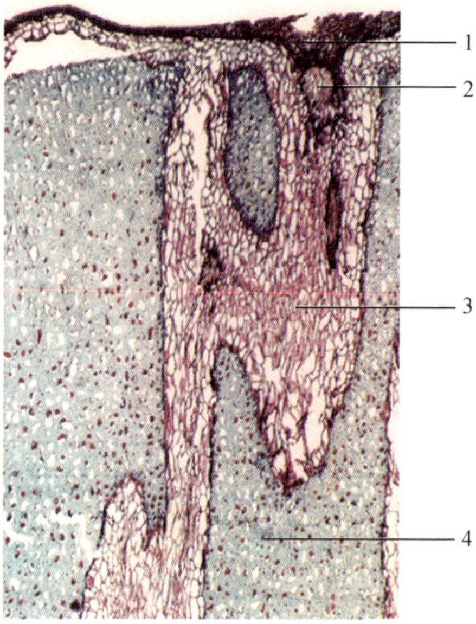

图 2-69　槟榔种子横切面组织结构图

1. 种皮;2. 维管束;3. 外胚乳;4. 内胚乳。

3. 胚乳(endosperm)

胚乳由受精的极核细胞发育而来,位于胚的周围,呈白色,含大量营养物质,提供胚发育时所需要的养料。当胚发育或胚乳形成时,大多数植物的种子胚囊外面的珠心细胞被胚乳吸收而消失;但也有少数植物种子的珠心在种子发育过程中未被完全吸收而形成营养组织,包围在胚乳和胚的外部,称为外胚乳。肉豆蔻、槟榔、姜、胡椒、石竹等植物的种子具外胚乳(图 2-69)。

三、种子的类型

根据种子中胚乳的有无,种子一般分为以下两种类型。

(一) 有胚乳种子

种子中有发育明显的胚乳供种子萌发时胚生长所需养料的,称为有胚乳种子。有胚乳种子具有发达而明显的胚乳,胚相对较小,子叶很薄,如蓖麻、大黄、稻、麦等的种子(图 2-70)。

(二) 无胚乳种子

种子中胚乳的养料在胚发育过程中被子叶吸收并贮藏于子叶中的,称为无胚乳种子。这类种子一般子叶肥厚,不存在胚乳或仅残留一薄层,如大豆、杏仁、南瓜子等(图 2-71)。

图 2-70　蓖麻种子(有胚乳种子)

Ⅰ. 外形图;Ⅱ. 与种子平行面纵切。
1.合点;2. 种皮;3. 种脊;4. 种脐;
5. 种阜;6. 胚乳;7. 子叶;8. 胚芽;
9. 胚轴;10. 胚根。

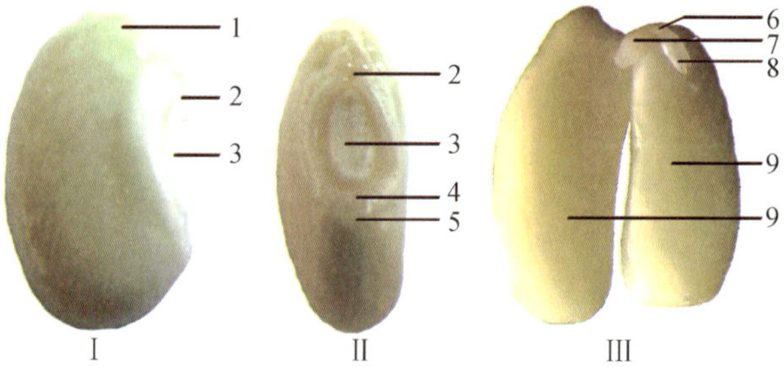

图 2-71　芸豆种子(无胚乳种子)

Ⅰ. 外形;Ⅱ. 外形(示种孔、种脐、种脊、合点);
Ⅲ. 剖面构造(已除去种皮)。
1. 种皮;2. 种孔;3. 种脐;4. 种脊;
5. 合点;6. 胚茎;7. 胚根;8. 胚芽;9. 子叶。

练习题

1. 如何区别直根系和须根系？
2. 根的变态类型及主要特征是什么？
3. 如何区分双子叶植物和单子叶植物根的构造的异同点？
4. 什么是根的异常构造？有哪些常见类型？
5. 根与茎在外形上的主要区别是什么？
6. 常见的以茎入药的生药有哪些？以茎的哪部分入药？
7. 什么是木质藤本与草质藤本？
8. 什么是宿根草本与常绿草本？
9. 简述双子叶植物根和茎的初生构造的异同点。
10. 以薄荷茎为例，简述单子叶植物草质茎横切面的构造特点。
11. 如何区分单叶和复叶？
12. 如何区分茎卷须和叶卷须？
13. 如何根据脉序类型区分双子叶植物和单子叶植物？
14. 如何区分小枝和复叶？
15. 双子叶植物的叶的内部构造（横切面）特征有哪些？
16. 什么是单被花、重被花、无被花？
17. 什么是上位子房、下位子房、半下位子房？
18. 什么是单雌蕊和复雌蕊？
19. 胎座的常见类型有哪些？其特征是什么？
20. 什么是无限花序？常见的无限花序有哪些？
21. 如何区分伞房花序和伞形花序？
22. 如何区分二强雄蕊与四强雄蕊？
23. 什么是有限花序？常见的有限花序有哪些？
24. 菊花、金银花、西红花、玉米须、蒲黄分别用花的哪部分入药？
25. 哪些常见的生药以果实入药？请举例说明。
26. 如何区分真果和假果？
27. 什么是肉质果和干果？
28. 如何区分有胚乳种子和无胚乳种子？

第三章 植物分类学概述

学习导图:

植物分类学
- 定义和任务
- 发展概况
- 植物分类等级(种*)
- 植物种的命名(双名法*)
- 植物界的分门
- 检索表的编制和应用*

案例:

1. 中药山楂的来源为蔷薇科植物山楂或山里红的干燥成熟果实,两种植物的学名分别是什么?有什么关联?

2. 马尾松 *Pinus massoniana* Lamb.、侧柏 *Platycladus orientalis* (L.) Franco、八角 *Illicium verum* Hook. f.、菘蓝 *Isatis indigotica* Fort.、葛 *Pueraria montana* (Lour.) Merr.、人参 *Panax ginseng* C. A. Mey.、茴香 *Foeniculum vulgare* Mill.、菊 *Chrysanthemum morifolium* Ramat.、薄荷 *Mentha haplocalyx* Briq.、百合 *Lilium brownii* F. E. Brown var. *viridulum* Baker、铁皮石斛 *Dendrobium officinale* Kimura et Migo,请问如何编制一个定距式检索表区分不同的物种?

第一节 植物分类学的定义和任务

植物分类学(plant taxonomy)是研究整个植物界不同类群的起源、亲缘关系和进化发展规律,以便于对植物进行认识、研究和利用的学科。它是一门理论性、实用性和直观性均较强的生命学科。全世界已知的植物种类约有 50 万种,我国约有 5 万种,除此以外还有未被人们认知的植物,所以我们面对的植物界是极其浩渺和繁杂的。掌握了植物分类学,就可以把自然界各种各样的植物进行命名、分群归类,并按系统排列起来,以便于研究和利用。药用植物分类采用了植物分类学的原理和方法,对有药用价值的植物进行鉴定、研究和合理开发、利用。

植物分类学是一门历史悠久的学科,是在人类识别和利用植物的实践中发展与完善起来的。"Taxonomy"一词就是由希腊文"taxis"(排列)和"nomos"(规律)两个词组合而来的。早期的植物分类学只是根据植物的用途、习性、生长环境等进行分类;中世纪应用了植物的外部形态差异来区分植物的各个分类等级，如门、纲、目这些大的分类群（taxa）以及科、属、种。近代科学的发展大大促进了植物分类学研究的深入，对植物科、属、种之间的亲缘关系逐渐有了较为清晰的认识。

药用植物的分类是指运用植物分类学知识对药用植物进行研究，如对药用植物的资源调查、原植物鉴定、种质资源研究、栽培品种的鉴别等。通过对药用植物分类的研究，人们可掌握和运用好中草药资源，并正确地鉴定植物类药的类群。

药学工作者学习植物分类学的目的和主要任务如下。

一、准确鉴定药材原植物种名，科学地描述其特征，区分近似的种类，为中草药的生产、使用和科学研究服务，确保用药安全和有效。我国是世界上药用植物种类最多、使用历史最悠久的国家，至今已记载的药用植物达 15 321 种之多。药材的来源种类繁多、植物分布的地域性、生长的季节性等造成了中药的同物异名现象和同名异物现象，因而对中草药来源的鉴定极为重要，可以保障用药安全、减少科研和生产的浪费等。

二、调查、了解中草药的资源，为其开发、利用、保护和栽培提供依据。学好本门课可以用于药用植物的资源调查，编写某地区药用植物资源名录，弄清其种类、地理分布、生态习性和蕴藏量，为进一步合理开发、保护和可持续利用药用植物资源以及栽培引种等提供科学依据。

三、利用植物的亲缘关系，探寻新的药用植物资源和濒危种类的代用品。同科、同属等亲缘关系相近的植物种类，不仅形态很相似，而且其生理、生化特征也相似，如它们所含的化学成分中活性成分也比较相似，这样就可以利用植物分类学的规律较快地找到紧缺药材的代用品或发现新资源。

四、有利于国际的交流。植物的命名均采用国际通用的林奈双名法，这给国际上植物研究资料的交流带来了方便。植物化学成分的名称大多是由植物学名演化而来的，如小檗碱“berberine”是由小檗属的属名“*Berberis*”变化而来的，这对植物化学研究和查阅有关植物的文献资料均有不少益处。

第二节　植物分类学的发展概况

为了识别和利用植物，人们一直尝试着对植物进行分类。早期人们仅根据植物的形态、习性、用途进行分类，未考察各类群在演化上的亲缘关系，这种分类方法为人为分类系统。随着人们对生命领域的探索不断深入，人们认识到物种间是有一定演化关系的，这种建立在亲缘关系上的分类系统被称为自然分类系统。

植物的系统发育（phylogeny）就是植物从它的祖先演进到现在植物界状态的经过，也是由原始单细胞植物界的植物种族发生、成长和演进的历史。每一种植物都有它自己漫长的演进历史，一般认为同一种或同一类群出于共同的祖先。植物的个体发育是由单细胞的受精卵发育成为一个成熟的植物个体的过程。在个体发育过程中所发生的一系列变化往往按照系统发育中所进行的主要变化和主要形态有序地进行重演一次。

对植物的分类，我国起步比较早。在《神农本草经》中就已主观、人为地将药物分为“上、中、下”三品，把封建等级观念带入植物的分类中。最早的客观分类是在《山海经》中体现的，书中提到100余种植物的名称和用途，并把植物分为木与草两类。唐代的《新修本草》分玉、石、草、木、人、兽、禽、虫、鱼、果、菜、米谷及有名未用。明代李时珍最著名的《本草纲目》载药1 892种，是一个比较完整的人为分类系统，将植物药分为草、谷、菜、果和木五部，草部又分为山草、芳草、湿草、毒草、水草、蔓草、石草、苔草、杂草9类。清代吴其濬的《植物名实图考》中将植物分为谷、蔬、山草、湿草、石草、水草、蔓草、芳草、毒草、群芳、果和木12类，还附有插图。

国外的植物分类最早出现于古希腊的本草学家和植物学家提奥弗拉斯(Theophrastus，公元前370—公元前285)的著作，书中记载植物480种，并将植物分为乔木、灌木、业灌木和草本。此后，德国、法国、英国和意大利等国家的植物学家也有很多论著发表，最著名的是瑞典的植物学家林奈(Carl Linnaeus，1707—1778)。他在《自然系统》(*Systema Naturae*，1735)、《植物志属》(*Genera Plantarum*，1737)和《植物种志》(*Species Plantarum*，1753)这三部著作中除了记述大量植物属和种的特征外，还创立了植物的科学命名法，即双名法，至今仍被全世界植物学家公认和采用。同时他还创立了一个完整的分类系统。该系统根据花中雄蕊的数目、长短、连合与否、着生位置、雌雄同株或异株等特征分为24纲，前23纲为显花植物，第24纲为隐花植物，纲以下再根据雌蕊的构造分类。但这样的分类常常把亲缘关系疏远的种类放在同一纲中，不利于探讨植物种群间的亲缘关系和演化关系，所以他的分类系统被认为是人为的分类系统。直到1859年达尔文(Charles Robert Darwin，1809—1882)《物种起源》(*Origin of Species*)的发表，才有力地推动了植物亲缘关系和更完善的自然分类系统的建立。目前，较为有影响的系统有恩格勒系统(A. Engler)、哈钦松系统(J. Hutchinson)、塔赫他间系统(A. L. Takhtajan)、克朗奎斯特系统(A. Cronquist)。

近几十年来，随着科学与技术的飞速发展及实验条件的改善，特别是植物化学、分子生物学和分子遗传学的发展，许多新方法、新技术应用于植物分类学的研究，使分类学出现了许多新的分类研究方法，植物分类系统更趋于合理，更趋于客观实际。

一、形态分类学

形态分类学(modal taxonomy)是根据植物的外部形态特征进行分类，包括野外采集、观察和记录等野外研究和实验室鉴定，在此基础上通过对其外部形态进行比较、分析和归纳，建立分类系统或对分类系统进行修订的一门学科。

二、植物解剖学

植物解剖学(botanic anatomy)是利用光学显微镜观察植物的内部构造，提供植物分类依据的一门学科。

三、超微结构分类学

超微结构分类学(ultra-structural taxonomy)是一门利用电子显微镜研究植物的细微结构从而为植物分类学提供证据的方法学科，主要包括孢粉学和各种表皮的微形态学。

四、实验分类学

实验分类学(experimental taxonomy)是利用异地栽培或观察环境因子和植物形态的关系，解释物种起源、形成和演化的一门学科。由于植物种的概念的复杂性，到目前为止，植物学家对物种的概念争论很大，实验分类学可以解决部分植物种的归并问题。

五、细胞分类学

细胞分类学(cytotaxonomy)是利用染色体资料探讨植物分类问题的一门学科。它的研究内容包括染色体的数量特征和结构特征。

染色体的数量特征是指染色体数目的多少。染色体数量上的遗传多态性包括整倍性变异和非整倍性变异。染色体的数目通常用基数 *X* 表示，*X* 即配子体的染色体数目，在种内通常相当稳定，因此，有的学者认为每个种应该有相同的染色体数目。根据染色体数目，结合其他资料，可以对分类群进行修订。

染色体的结构特征包括染色体的核型和带型。许多分类群的染色体数目完全相同，在这些类群中染色体的核型和带型往往能表现出更多的信息。核型是指染色体的长度、着丝点的位置和随体的有无等，由此可以反映染色体的缺失、重复和倒位、移位等遗传变异。核型常用通过照片、绘图将染色体按照大小排列起来的核型图来表示。带型是指染色体经特殊染色显带后，带的颜色深浅、宽窄和位置顺序等，由此可以反映常染色质和异染色质的分布差异。染色体的长度用绝对长度和两臂的相对长度来表示，是物种的一个相当稳定的特征。染色体核型在植物分类上具有很重要的意义。

六、化学分类学

化学分类学(chemosystematics)是利用化学特征研究各植物类群的亲缘关系、探讨植物类群的演化规律的一门学科。植物化学分类学的主要任务是探索各分类等级所含化学成分的特征和合成途径，探索和研究各化学成分在植物系统中的分布规律，在经典分类学的基础上，根据化学成分特征，结合其他相关学科的知识，进一步研究植物的系统发育。化学分类学可以解决从种以下等级到目级水平的分类问题。用于化学分类的主要是植物次生代谢产物，它们在植物类群中分布有限，使其在研究植物分类和系统演化方面成为有价值的特征。

七、数值分类学

数值分类学(numerical taxonomy)是一门将数学、统计学原理和计算机技术应用于生物学，利用数量方法评价有机体类群之间的相似性，并根据这些相似性把类群归成更高阶层的分类群的学科。其主要研究方法包括主成分分析、聚类分析和分支分类分析及人工神经网络、模式识别等分析。

八、分子系统学

分子系统学(molecular systematics)是近年来发展最迅速的植物学分支学科，是目前植物学研究的热点。分子系统学是利用生物大分子数据，借助统计学方法进行生物体间以及基因间进化关系的系统研究的一门学科。研究的主要内容包括系统发育、系统的重建、居群遗传结构分析等方面。主要方法包括同工酶标记和 DNA 分子标记。

第三节　植物的分类等级

植物的分类等级又称为分类群或分类单位。分类等级的高低常以植物之间形态的相似性、构造的简繁程度及亲缘关系的远近来确定。近年来，随着科学和技术，尤其是化学成分分析和分子生物学技术的迅速发展，药用植物的特征性化学成分和 DNA 指纹图谱等生物信息图谱，已被植物分类学家用于作为修订一些药用植物类群分类等级的佐证。植物之间分类等级的异同程度体现了各种植物之间的相似程度和亲缘关系的远近。

整个植物界按照其大同之点归为若干个门,各门按主要差别分为若干个纲,各纲按主要差别再下设目,依此类推,各目下设科,各科下设属,各属下设种。分类等级为界、门、纲、目、科、属、种。在各级之间有时范围过大,不能完全包括其特征或系统分类,而有必要再增设一级时,各级前面加“亚”字,如亚门、亚纲、亚目、亚科、亚属、亚种(表3-1)。

植物分类的基本单位是种(species)。虽然“种”的定义向来争议很多,但通常的种是指其所有个体器官(特别是繁殖器官)具有十分相似的形态、结构、生理生化特征和有一定的自然分布区的植物类群。同一种的不同个体之间可以受精交配,并能产生正常的能育后代;不同种的个体之间通常难以杂交或杂交不育。各个等级按照其高低和从属亲缘关系,有顺序地排列起来,将植物界的各种植物进行分类。对整个植物界分成几个门,在门下设多少纲,因其分类法不同而不一致。

表3-1　植物界分类等级的排列

中文	英文	拉丁文	拉丁词尾
界	Kingdom	Regnum	无
门	Division	Divisio(phylum)	-phyta
纲	Class	Classis	-opsida
目	Order	Ordo	-ales
科	Family	Familia	-aceae
族	Tribe	Tribus-	-eae
属	Genus	Genus	
种	Species	Species(sp.)	
亚种	Subspecies	Subspecies(ssp.)	
变种	Variety	Varietas(var.)	
变型	Form	Forma(f.)	

一般植物分类单位用拉丁文来表示,除表中的外,各等级亚级词尾分别是:亚门的拉丁文名词尾 phytina 或 ae;亚纲的拉丁名词尾 idae;亚目的拉丁名词尾 inales;亚科的拉丁名词尾 oideae;亚族的拉丁名词尾 ineae。但需要说明的是,某些等级的词尾,因过去习用已久,仍可保留其习用名和词尾,如双子叶植物纲(Dicotyledoneae)和单子叶植物纲(Monocotyledoneae)的词尾可以不用 opsida。

此外,尚有8个科经国际植物学会决定为保留科名,既可以用习用名,也可以用规范名,见表3-2。

表3-2　8个科的习用科名和规范科名

科名	习用名	规范名
十字花科	Cruciferae	Brassicaceae
豆科	Leguminosae	Fabaceae
藤黄科	Guttiferae	Hypercaceae
伞形科	Umbellifera	Apiaceae
唇形科	Labiatae	Lamiaceae
菊科	Compositae	Asteraceae

续表

科名	习用名	规范名
棕榈科	Palma	Arecaeceae
禾本科	Gramineae	Poaceae

科一级单位在必要时也可分亚科。亚科的拉丁名词尾加 oideae,如豆科分为含羞草亚科 Mimosoideae、云实亚科(苏木亚科)Caesalpinoideae、蝶形花亚科 Papilionoideae 共三个亚科。有时科以下分亚科外,还有族(tribus)和亚族(subtribus),在属以下除亚属以外,还有组(sectio)和系(series)各单位。

种是生物分类的基本单位,是生物体演变过程中在客观实际中存在的一个环节(阶段)。由具有许多共同特征、呈现为性质稳定的繁殖群体、占有一定的空间(自然分布区)、具有实际或潜在繁殖能力的居群组成,而与其他这样的群体在生殖上隔离的物种,称为生物物种。

居群是指在特定空间和时间里生活着的自然的或人为的同种个体群。因此,每个物种往往由若干居群组成,一个居群又由许多个体组成,各个居群总是不连续地分布于一定的居住场所或区域内。不同居群的生长环境存在着一些差异,因而会产生一些变异。因此,正确地鉴定一个种,其分类鉴别的对象不应仅仅凭个别标本的特征,而要收集许多份标本,通过统计分析种内的变异幅度,再确定其属于哪个分类等级,这样可以避免因分类上的主观性而产生混乱。

随着环境因素和遗传基因的变化,种内的各居群会产生比较大的变异,因此,出现种以下分类等级,即亚种(subspecies)、变种(varietas)及变型(forma)。

亚种(subspecies,缩写为 subsp.或 ssp.):一般认为,一个种内的居群在形态上多少有变异,并具有地理分布上、生态上或季节上的隔离,这样的居群即是亚种。

变种(varietas,缩写为 var.):一个种在形态上多少有变异,而变异比较稳定,它的分布范围(或地区)比亚种小得多,并与种内其他变种有共同的分布区。

变型(forma,缩写为 f.):指一个种内有细小变异但无一定分布区的居群。有时将栽培植物中的品种也视为变型。

品种(curtivar,缩写为 cu.):指人工栽培植物的种内变异的居群。不同品种的植物通常存在形态上或经济价值上的差异,如色、香、味、形状、大小、植株高矮和产量等的不同。例如,菊花的栽培品种有亳菊、滁菊、贡菊等,地黄的栽培品种有金状元、新状元、北京 1 号等。如果品种失去了经济价值,那就没有存在的实际意义,将被淘汰。药材中一般称品种,实际上既指分类学上的"种",有时又指栽培的药用植物的品种。

现以地榆为例显示其分类等级如下:

植物界 Regnumvegetabile

　被子植物门 Angiospermae

　　双子叶植物纲 Dicotyledoneae

　　　原始花被亚纲 Archichlamydeae

　　　　蔷薇目 Rosales

　　　　　蔷薇科 Rosaceae

蔷薇亚科 Rosoideae

地榆属 *Sanguisorba*

地榆 *Sanguisorba officinalis* L.

狭叶地榆 *Sanguisorba officinalis* L.var.*longifolia*(*Bert.*) Yu et Li

第四节　植物种的命名

世界各国由于语言、文字和生活习惯的不同,同一种植物在不同的国家或地区,往往有不同的名称。例如,中药人参的英、俄、德、法、日名分别为 ginseng、женьшень、kraftwurz、gensang、ォタネニソジソ,我国不同地区不同时代还有棒槌、人衔、鬼盖、土精、神草、玉精、海腴、紫团参、人精、人祥等多个名称。另外,同名异物现象又普遍存在,如在药用植物中就有 45 种不同植物均被称为"万年青",而它们分别隶属于 28 个科。植物名称的混乱给植物的分类、开发利用和国内外交流造成了很大的困难。为此,国际上制定了《国际植物命名法规》(*International Code of Botanical Nomenclature*,简称 ICBN)和《国际栽培植物命名法规》(*International Code of Nomenclature for Cultivated Plants*,简称 ICNCP)等生物命名法规,给每一个植物分类群制定世界各国可以统一使用的科学名称,即学名(scientific name),并使植物学名的命名方法统一、合法、有效。

一、植物种的名称

根据《国际植物命名法规》,植物学名必须用拉丁文或其他文字加以拉丁化来书写。种的名称采用了瑞典植物学家林奈(Linnaeus)倡导的"双名法"(binominal nomenclature),即由两个拉丁文名词组成,前者是属名,第二个是种加词,后附上命名人的姓名。一种植物完整的学名包括以下三个部分:

属名		种加词		命名人
名词主格	+	形容词(性、数、格同属名)或	+	姓氏或姓名缩写
(首字母大写)		名词(主格、属格)(全部字母小写)		(每个词的首字母大写)

(一) 属名

植物的属名是各级分类群中最重要的名称,既是种加词依附的支柱,也是科级名称构成的基础,还是一些化学成分名称的构成部分。属名使用拉丁名词的单数主格,首字母必须大写。属名来源广泛,如形态特征、生活习性、用途、地方俗名、神话传说等,举例如下。

桔梗属 *Platycodon* 来自希腊语 platys(宽广) + kodon(钟),因该属植物花冠为宽钟形。石斛属 *Dendrobium* 来自希腊语 dendron(树木) + bion(生活),因该属植物多生活于树干上。

人参属 *Panax*,拉丁文的 panax 是"能医治百病"的意思,指本属植物的用途。荔枝属 *Litchi* 来自中国广东荔枝的俗名 Litchi。

芍药属 *Paeonia* 来自希腊神话中的医生名 Paeon。

(二) 种加词

植物的种加词(species epithet)用于区别同属中的不同种,多数使用形容词(如植物的形态特征、习性、用途、地名等)，也用同格名词或属格名词。种加词的所有字母小写。

1. 形容词

形容词作为种加词时，性、数、格要与属名一致。例如：

掌叶大黄 *Rheum palmatum* L.，种加词来自“palmatus(掌状的)”，表示该植物叶掌状分裂，与属名均为中性、单数、主格。

黄花蒿 *Artemisia annua* L.，种加词来自“annual(一年生的)”，表示其生长期为一年，与属名均为阴性、单数、主格。

当归 *Angelica sinensis*(Oliv.) Diels，种加词“sinensis(中国的)”是形容词，表示产于中国，与属名均为阴性、单数、主格。

2. 同格名词

种加词用一个和属名同格的名词，其数、格与属名一致，性则不必一致。例如：

薄荷 *Mentha haplocalyx* Briq.，种加词为名词，和属名同为单数主格，但 *haplocalyx* 为阳性，而 *Mentha* 为阴性。

樟树 *Cinnamomum camphora* (L.) Peresl.，种加词为名词，和属名同为单数主格，但 *camphora* 为阴性，而 *Cinnamomum* 为中性。

3. 属格名词

种加词用名词属格，大多引用人名姓氏。也有用普通名词单数和复数属格作为种加词的。例如：

掌叶覆盆子 *Rubus chingii* Hu，种加词是为纪念蕨类植物学家秦仁昌而取的，姓氏末尾是辅音，加 ii 而成 chingii。

三尖杉 *Cephalotaxus fortunei* Hook.f.，种加词是为纪念英国植物采集家福琼(Robert Fortune)而取的，姓氏末尾是元音，加 i 而成 fortunei。高良姜 *Alpinia officinarum* Hance，种加词 officinarum 为 offcina(药房)的复数属格。

(三) 命名人

植物学名中，命名者的引证一般只用其姓，如遇同姓者研究同一门类植物，则加注名字的缩写词以便于区分。引证的命名人的姓名，要用拉丁字母拼写，并且每个词的首字母必须大写。我国的人名姓氏，现统一用汉语拼音拼写。命名者的姓氏较长时，可用缩写，缩写之后加缩略点“.”。共同命名的植物，用“et”连接不同作者。当某一植物名称为某研究者所创建，但未合格发表，后来的特征描记者在发表该名称时，仍把原提出该名称的作者作为该名称的命名者，引证时在两作者之间用“ex(从、自)”连接，如缩短引证，正式描记者姓氏应予以保留。举例如下：

海带 *Laminaria japonica* Aresch.中 Aresch.为瑞典植物学家阿雷斯科格(J.E.Areschoug)的姓氏缩写。

银杏 *Ginkgo biloba* L.中 L.为瑞典著名的植物学家林奈(Carolus Linnaeus)的姓氏缩写。

紫草 *Lithospermum erythrorhizon* Sieb. et Zucc.由德国两位植物学家西博尔德(P.F.von Siebold)和祖卡里尼(J.C.Zuccarini)共同命名。

延胡索 *Corydalis yanhusuo* W.T. Wang ex Z. Y. Su et C. Y. Wu 的名称由我国植物分类学家王文采创建，后苏志云和吴征镒在整理罂粟科紫堇属(*Corydalis*)植物时，描记了特征合并发表,所以在 W.T. Wang 之后用“ex”相连。

二、植物种以下等级分类群的名称

植物种以下等级分类群有亚种(subspecies)、变种(varietas)和变型(forma),其缩写分别为 subsp.(或 ssp.)、var. 和 f.。例如,鹿蹄草 *Pyrola rotundifolia* L. subsp. *Chinensis* H. Andces. 是圆叶鹿蹄草 *Pyrola rotundifolia* L. 的亚种;山里红 *Crataeyus pinnatifida* Bge.var. major N. E. Br. 是山楂 *Crataeyus pinnatifida* Bge. 的变种;重瓣玫瑰 *Rosa rugosa* Thunb. f. *Plena* (Regel) Byhouwer 是玫瑰 *Rosa rugosa* Thunb.的变型。

三、栽培植物的名称

《国际栽培植物命名法规》中对处理农业、林业和园艺上的植物使用特殊植物类别的独立命名,定义了品种(cultivar),并规定了品种加词(cultivar epithet)的构成和使用。栽培品种名称是在种加词后加栽培品种的品种加词,首字母大写,外加单引号,后不加定名人。如菊花 *Dendranthema morifolium* (Ramat.) Tzvel.作为药用植物栽培后,培育出不同的品种,形成了不同的道地药材,分别被命名为亳菊 *Dendranthema morifolium* ‘Boju’、滁菊 *Dendranthema morifolium* ‘Chuju’、贡菊 *Dendranthema morifolium* ‘Gongju’、湖菊 *Dendranthema morifolium* ‘Huju’、小白菊 *Dendranthema morifolium* ‘Xiaobaiju’、小黄菊 *Dendranthema morifolium* ‘Xiaohuangju’等。

根据国际植物命名法规所发表的名称的加词,当该类群的地位合适于品种时,可作为《国际栽培植物命名法规》中的品种加词使用。例如,日本十大功劳 *Mahonia japonica* DC. 作为品种被命名为 *Mahonia* ‘Faponica’;百合 *Lilium brownii* F. E. Brown. var. *viridulum* Backer 作为品种处理时,可命名为 *Lilium brownii* ‘Viridulum’。

四、学名的重新组合

有的植物学名种加词后有一括号,括号内为人名或人名缩写,表示该学名经重新组合而成。重新组合包括属名的更动,一个亚种转属于另一种等。重新组合时,应保留原命名人,并加括号以示区别。例如:

紫金牛 *Ardisia japonica* (Hornst.) Blume,原先霍恩斯特德(C. F. Hornstedt)将其命名为 *Bladhia japonica* Hornst,后经布卢姆(Karl Ludwig von Blume)研究应列入紫金牛属 *Ardisia*,经重新组合而成现名。

射干 *Belamcanda chinensis* (L.) DC.,林奈(Linnaeus)最初将射干归于鸢尾属 *Iris* 属,学名为 *Iris chinensis* L.,后来瑞士的康道尔(de Candolle)经研究认为归于射干属 *Behrnranda* 更为合适,经重新组合而成现名。

第五节 植物界的分门

在植物界各分类群中,最大的分类等级是门。由于不同的植物学家对分门有不同的观点,产生了 16 门、18 门等不同的分法。另外,人们还习惯于将具有某种共同特征的门归成更大的类别,如藻类植物、菌类植物、颈卵器植物、维管植物和孢子植物、种子植物及低等植物、高等植物等。

根据目前植物学常用的分类法,将药用植物的门排列成图 3-1。

一、孢子植物(spore plant)和种子植物(seed plant)

在植物界,藻类、菌类、地衣门、苔藓植物门、蕨类植物门的植物都用孢子进行无性生殖,不开花结果,因而被称为孢子植物或隐花植物(cryptogamia);裸子植物门和被子植物门的植物有性生殖开花并形成种子,所以被称为种子植物或显花植物(phanerogams)。

- 植物界
  - 孢子植物(隐花植物)
    - 蓝藻门、裸藻门、绿藻门、轮藻门、金藻门、甲藻门、红藻门、褐藻门 —— 藻类植物
    - 细菌门、黏菌门、真菌门 —— 菌类植物
    - 地衣门
    - （藻类植物、菌类植物、地衣门 —— 低等植物(无胚植物)）
    - 苔藓植物门、蕨类植物门 —— 颈卵器植物
  - 种子植物(显花植物)
    - 裸子植物门、被子植物门 —— 维管植物
  - （颈卵器植物:苔藓植物门、蕨类植物门、裸子植物门；维管植物:蕨类植物门、裸子植物门、被子植物门；颈卵器植物、维管植物 —— 高等植物(有胚植物)）

图 3-1　药用植物的分门

二、低等植物(lower plant)和高等植物(higher plant)

在植物界,藻类、菌类及地衣门的植物在形态上无根、茎、叶的分化,构造上一般无组织分化,生殖"器官"是单细胞,合子发育时离开母体,不形成胚,称为低等植物或无胚植物(non-embryophytc);自苔藓植物门开始,包括蕨类植物门、裸子植物门、被子植物门的植物在形态上有根、茎、叶的分化,构造上有组织的分化,生殖"器官"是多细胞,合子在母体内发育成胚,称为高等植物或有胚植物(embryophyte)。

三、颈卵器植物(archegoniatae)和维管植物(vascular plant)

在高等植物中,苔藓植物门、蕨类植物门和裸子植物门的植物在有性生殖过程中,可在配子体上产生由多细胞构成的精子器(antheridium)和颈卵器(archegonium),因而将这三类植物称为颈卵器植物;从蕨类植物门开始,包括裸子植物门和被子植物门的植物,其体内有维管系统,其他植物则无维管系统,故称前者为维管植物,后者为无维管植物。

第六节　植物分类检索表的编制和应用

检索表是鉴别植物种类的一种工具,一般植物志、植物分类手册都有检索表,以便于校对和鉴别原植物所属科、属、种时应用。

检索表是采取"由一般到特殊"和"由特殊到一般"的原则编制而成的。首先必须将

采到的地区植物标本进行有关习性、形态上的记载,将根、茎、叶、花、果和种子的各种特点进行详细的描述和绘图。在深入了解各种植物特征之后,再按照各种特征的异同来进行会同辨异,找出互相矛盾和互相显著对立的主要特征,依主、次要特征进行排列,将全部植物分成不同的门、纲、目、科、属、种等分类单位的检索表。其中主要有分科、分属、分种三种检索表。

检索表的样式一般有三种,现以植物界门的分类为例说明如下。

一、定距检索表

将每一对互相矛盾的特征分开间隔在一定的距离处,并注明同样号码,如 1. 1,2. 2,3. 3 等,依次检索到所要鉴定的对象(科、属、种)。

1. 植物体无根、茎、叶的分化,没有胚胎……………………………………………… 低等植物
  2. 植物体不为藻类和菌类所组成的共生体
    3. 植物体内有叶绿素或其他光合色素,为自养生活方式………… 藻类植物
    3. 植物体内无叶绿素或其他光合色素,为异养生活方式………… 菌类植物
  2. 植物体为藻类和菌类所组成的共同体 …………………………………… 地衣植物
1. 植物体有根、茎、叶的分化,有胚……………………………………………………… 高等植物
      4. 植物体有茎、叶,而无真根 …………………………………………… 苔藓植物
      4. 植物体有茎、叶,也有真根
        5. 不产生种子,用孢子繁殖………………………………………… 蕨类植物
        5. 产生种子,用种子繁殖…………………………………………… 种子植物

二、平行检索表

将每一对互相矛盾的特征紧紧并列,在相邻的两行中也给予一个号码,如 1. 1, 2. 2, 3. 3 等,而每一项条文之后还注明下一步依次查阅的号码或需要查到的对象。

1. 植物体无根、茎、叶的分化,无胚 ……………………………………………… 低等植物 2
1. 植物体有根、茎、叶的分化,有胚 ……………………………………………… 高等植物 4
2. 植物体为藻类和菌类所组成的共生体 ……………………………………… 地衣植物
2. 植物体不为藻类和菌类所组成的共生体……………………………………………………… 3
3. 植物体内含有叶绿素或其他光合色素,为自养生活方式…………………… 藻类植物
3. 植物体内不含有叶绿素或其他光合色素,为异养生活方式………………… 菌类植物
4. 植物体有茎、叶,而无真根 ………………………………………………………… 苔藓植物
4. 植物体有茎、叶,也有真根………………………………………………………………………… 5
5. 不产生种子,用孢子繁殖………………………………………………………………… 蕨类植物
5. 产生种子 …………………………………………………………………………………… 种子植物

三、连续平行检索表

将一对相互矛盾的特征用两个号码表示,如 1(6) 和 6(1)。当查对时,若所要查对的植物性状符合 1,就向下查 2;若不符合,就查 6。如此类推,向下查对一直到所需要的对象。

1. (6) 植物体无根、茎、叶的分化,无胚 ……………………………………… 低等植物
2. (5) 植物体不为藻类和菌类所组成的共生体
3. (4) 植物体内有叶绿素或其他光合色素,为自养生活方式 ……………… 藻类植物

4.（3）植物体内无叶绿素或其他光合色素，为异养生活方式 …………… 菌类植物
5.（2）植物体为藻类和菌类所组成的共生体 …………………………… 地衣植物
6.（1）植物体有根、茎、叶的分化，有胚 ……………………………… 高等植物
7.（8）植物体有茎、叶，而无真根 ……………………………………… 苔藓植物
8.（7）植物体有茎、叶，有真根
9.（10）不产生种子，用孢子繁殖 ……………………………………… 蕨类植物
10.（9）产生种子…………………………………………………………… 种子植物

在应用检索表鉴定植物时，必须首先将所要鉴定的植物的各种形态特征，尤其是花的构造进行仔细的解剖和观察，掌握所要鉴定的植物特征，然后沿着纲、目、科、属、种的顺序进行检索，初步确定植物的所属科、属、种。再利用植物志、图鉴、分类手册等工具书，进一步核对已查到的植物生态习性、形态特征，以达到正确鉴定的目的。

练习题

1. 什么是学名？什么是双名法？
2. 植物种以下等级分类群有哪些？
3. 检索表有几种类型？如何编制定距式检索表？

第二篇 生药学基础

第四章 生药的分类与记载

学习导图:

生药的分类与记载 { 生药的分类 / 生药的记载 }

案例:

1. 请讨论从古至今各种分类方法,如上中下三品分类、笔画分类、自然分类系统分类、药用部位分类、化学成分分类、药理作用分类的优缺点。

2. 查阅最新版的《中华人民共和国药典》(一部),熟悉生药的记载,讨论如何科学合理地完善记载项目。

第一节 生药的分类

我国生药种类繁多,迄今收载生药品种最多的《中华本草》记载了我国生药品种 8 980 种,其中常用生药约 700 种。为了学习和应用,必须把它们按一定的规律,分门别类进行编排。常见的分类方法有以下几种。

一、按自然分类系统分类

根据生药的原植(动)物在分类学上的位置和亲缘关系,按门、纲、目、科、属和种分类排列。这种分类法便于学习和研究同科同属生药在形态、性状、组织构造、化学成分与功效等方面的共同点,并比较其特异性,以揭示其规律性,有利于寻找具有类似成分、功效的植(动)物,扩大生药资源。

二、按天然属性及药用部分分类

首先将生药分为植物药(vegetable drug)、动物药(animal drug)和矿物药(mineral drug)。植物药再依不同的药用部分(medicinal part,used part)分为根类、根茎类、茎木类、皮类、叶类、花类、果实类、种子类和全草类等。这种分类法便于学习和研究生药的外形和内部构造,掌握各类生药的外形和显微特征及其鉴定方法,也便于比较同类的不同生药之间在性状上和显微特征上的异同,有利于掌握传统的药材性状鉴别方法。

三、按化学成分分类

根据生药中所含的主要有效成分(effective constituent)或主要成分(main constituent)的类别来分类,如含黄酮类成分的生药、含生物碱类成分的生药、含挥发油类成分的生药等(表4-1)。这种分类方法便于学习、掌握具有相同化学成分的生药,有利于研究其有效成分和理化鉴定,同时也有利于研究有效成分与疗效的关系,以及含同类成分的生药与科属之间的关系(化学分类学)。

四、按功效或药理作用分类

根据生药的功效(efficiency)或药理作用(pharmacological action)来分类,如按中药功效(表4-2)分为清热药、解表药、补益药等,按现代药理作用分为作用于神经系统的生药、作用于循环系统的生药等。这种分类法便于学习、掌握和研究具有相同功效或药理作用的生药,有利于与临床用药结合,也可以与活性成分研究相结合。

五、其他分类法

古代本草文献《神农本草经》按药物毒性和用药目的的不同分为上品、中品、下品三类。现代文献《中华人民共和国药典》《中药大辞典》《中药志》等专著均按中文名的笔画进行分类编排,这是一种最简单的分类方法。其优点是便于查找,但药物间缺少相互联系。

表4-1　按化学成分的生药分类表

化学成分类别	生药举例
含蒽苷类的生药	大黄、虎杖、何首乌、番泻叶、决明子、芦荟
含黄酮类的生药	葛根、黄芩、槐米、桑白皮、银杏叶、侧柏叶、红花、蒲黄、石韦、淫羊藿
含皂苷类的生药	甘草、人参、三七、柴胡、麦冬、牛膝、远志、桔梗、山药、土茯苓、知母、酸枣仁、菟丝子
含强心苷类的生药	香加皮、洋地黄叶、黄花夹竹桃
含香豆素类的生药	白芷、防风、南沙参、北沙参、菊花、蛇床子、秦皮、青蒿、茵陈
含环烯醚萜类的生药	龙胆、地黄、玄参、秦皮、栀子
含木脂素类的生药	厚朴、杜仲、五味子、连翘
含挥发油类的生药	当归、川芎、苍术、石菖蒲、姜、莪术、郁金、姜黄、木香、白术、香附、沉香、肉桂、丁香、辛夷、陈皮、小茴香、砂仁、枳壳、豆蔻、薄荷、细辛、紫苏、广藿香、藿香、荆芥、海金沙
含生物碱类的生药	麻黄、益母草、山豆根、苦参、龙胆、秦艽、槟榔、白鲜皮、黄连、防己、延胡索、黄柏、钩藤、吴茱萸、马钱子、洋金花、颠茄草、川贝母、浙贝母、川乌、附子、百部
含鞣质或多元酚类的生药	五倍子、儿茶、绵马贯众、诃子、山茱萸
含有机酸类的生药	升麻、金银花、山楂、马兜铃、木瓜、地龙、蜂蜜

表4-2　按中医功效的生药分类表

功　效	生药举例
解表药	麻黄、白芷、防风、辛夷、荆芥、薄荷、葛根、柴胡、升麻、菊花、蝉蜕、细辛
清热药	石膏、知母、栀子、天花粉、夏枯草、决明子、生地黄、赤芍、紫草、白头翁、牡丹皮、黄芩、黄连、黄柏、龙胆、苦参、秦皮、白鲜皮、金银花、山豆根、板蓝根、大青叶、连翘、蒲公英、青蒿、地骨皮

续表

功　效	生药举例
祛暑药	藿香、广藿香
祛风湿药	虎杖、秦艽、苍术、桑寄生、五加皮、香加皮、天仙藤、木瓜
温里祛寒药	川乌、附子、姜、肉桂、吴茱萸、丁香、小茴香
泻下药	大黄、番泻叶、芦荟、芒硝、巴豆、蜂蜜
利水渗湿药	茯苓、防己、薏苡仁、车前草、猪苓、海金沙、滑石、茵陈
安神药	牡蛎、朱砂、琥珀、远志、酸枣仁、合欢皮、柏子仁、灵芝
平肝息风药	天麻、钩藤、地龙、僵蚕、全蝎
开窍药	石菖蒲、冰片、麝香、牛黄、苏合香
止咳化痰药	桔梗、桑白皮、枇杷叶、百部、洋金花、旋覆花、苦杏仁、马兜铃、前胡、川贝母、浙贝母、海藻、昆布、瓜蒌、半夏、天南星
理气药	沉香、厚朴、陈皮、青皮、砂仁、枳壳、川楝子、白豆蔻
活血化瘀药	川芎、丹参、莪术、郁金、姜黄、牛膝、川牛膝、延胡索、鸡血藤、红花、番红花、桃仁、乳香、没药、益母草、茺蔚子、水蛭、蒲黄、三七、侧柏叶、槐米
补气药	甘草、黄芪、人参、党参、大枣、山药、白术、太子参、西洋参、扁豆
壮阳药	杜仲、蛇床子、菟丝子、肉苁蓉、冬虫夏草、鹿茸、蛤蚧、葫芦巴、续断、胡桃仁、淫羊藿
补血药	白芍、当归、熟地、何首乌、阿胶、龙眼肉
滋阴药	麦冬、北沙参、南沙参、玄参、枸杞子、龟甲、天冬、石斛、玉竹、黄精、百合
收敛药	五味子、桑螵蛸、诃子、山茱萸、五倍子、石榴皮、莲子、乌贼骨、金樱子、乌梅
消导药	山楂、鸡内金、神曲、麦芽、莱菔子
驱虫药	槟榔、雷丸、使君子、南瓜子、贯众、鹤草芽、苦楝皮

第二节　生药的记载

一、记载项目

生药的描述和记载是生药知识传播的重要方式。根据其特性不同,其记载的项目亦不同,有详略之分。一般常见的、重要的生药的记载项目较多而详,少见而非重要的生药的记载项目较少而简。项目的记载大致包括以下几个方面。

1. 名称(name)

包括中文名、拼音和拉丁名、英文名。

2. 基原(来源,source,origin)

包括植(动)物的科名、植(动)物名称、学名和药用部分。

3. 植(动)物形态(morphology of plant or animal)

描述原植(动)物的主要外形特征及生长习性。

4. 采制(collection and processing)

简述生药的采收(collection)、产地加工(processing in the producing area)、干燥(drying)、贮藏(storage)和炮制(Paozhi;special processing)的要点和注意事项。

5. 产地(producing area,habitat)

产地是指生药的主产地。对栽培的品种(cultured crude drug)来讲,是指主要的栽培地区;对野生的生药(wild crude drug)来讲,是指主要的采收地区。多数野生植物的分布地区比较广,而采收地区比较窄。

6. 性状(macroscopical characteristics)

记载生药的外部形态、颜色、大小、质地、折断现象、断面特征和气、味等特点。

7. 显微特征(microscopical characteristics)

记载生药在显微镜下能观察到的组织构造、细胞形态和内含物特征,或显微化学反应的结果。

8. 化学成分(chemical constituent)

记述已知化学成分或活性成分的名称、类别及主要成分的结构与含量。必要时记述重要成分在植物体内的分布、积累动态及其与生药栽培、采制、贮藏等的关系。

9. 理化鉴定(physico-chemical identification)

记载利用物理或化学方法对所含化学成分所做的定性与定量测定。包括应用薄层色谱法、气相色谱法和高效液相色谱法等。

10. 药理作用(pharmacological action)

记述生药及其化学成分的现代药理实验研究结果。

11. 功效(efficiency)

功效包括性味、归经、功能、主治、用法与用量等。性味、归经、功能是指中医对中药药性和药理作用的认识,主治是指生药应用于何种疾病或在医学上的价值。

12. 附注

记述与该生药有关的其他内容,如类同品、同名异物的生药、掺杂品、伪品等,或同种不同药用部分的生药及其化学成分,或含相同化学成分的资源植物等。

二、生药的拉丁名

生药的拉丁名是国际上通用的名称,便于国际的交流与合作研究。

(1) 生药的拉丁名通常由两部分组成。第一部分是来自动植物学名的词或词组,前置;第二部分是药用部分的名称,置于第一部分之后。药用部分的名称用第一格表示,常见的有根 Radix、根茎 Rhizoma、茎 Caulis、木材 Lignum、枝 Ramulus、树皮 Cortex、叶 Folium、花 Flos、花粉 Pollen、果实 Fructus、果皮 Pericarpium、种子 Semen、全草 Herba、树脂 Resina、分泌物 Venenum 等。

而动植物学名的词或词组有多种形式:① 原植(动)物的属名(第二格),如黄芩 Scutellariae Radix(原植物 *Scutellaria baicalensis*),牛黄 Bovis Calculus(原动物 *Bos Taurus domesticus*);② 原植(动)物的种名(第二格),如颠茄 Belladonnae Herba(原植物 *Atropa belladonna*);③ 原植(动)物的属名+种名(均第二格),用以区别同属他种来源的生药,如青蒿 Artemisiae Annuae Herba,茵陈 Artemisiae Scoporiae Herba;④ 原植物(第二格)和其他附加词,附加词置于药用部分之后用以说明具体的性质或状态,如熟地黄 Rehmanniae

Radix Praeparata,附子 Aconiti Lateralis Radix Praeparata,鹿茸 Cervi Cornu Pantotrichum,炙甘草 Glycyrrhizae Radix et Rhizoma Praeparata Cum Melle。

(2) 有些生药的拉丁名中不用药用部分的名称,直接用原植(动)物的属名或种名。例如:① 某些菌藻类生药,海藻 *Sargassum*(属名)、茯苓 *Poria*(属名);② 由完整动物制成的生药,斑蝥 *Mylabris*(属名)、蛤蚧 *Gecko*(种名);③ 动植物的干燥分泌物、汁液等无组织的生药,麝香 *Moschus*(属名)、芦荟 *Aloe*(属名)。尚有些生药的拉丁名采用原产地的土名或俗名,如阿片 Opium。

(3) 矿物类生药的拉丁名一般采用原矿物拉丁名,如朱砂 Cinnabaris、雄黄 Realgar 等。

生药拉丁名中的名词和形容词的第一个字母必须大写,连词和前置词一般小写。另外,以往我国药典和有关教科书中,生药拉丁名均是药用部分的词排在最前面,根据目前国际通用的表示方法,2025 年版《中华人民共和国药典》将药用部分排在属名和种名的后面。

练习题

1. 简述生药的分类方法。
2. 生药的记载项目有哪些?
3. 举例说明生药的拉丁名组成。
4. 简述生药与中药和民族药的区别。

第五章　生药的鉴定

学习导图：

生药的鉴定
- 生药鉴定的意义
- 生药鉴定的程序和方法
- 基原鉴定
- 性状鉴定
- 显微鉴定
- 理化鉴定
- DNA 分子标记鉴定

案例：

1. 如何从性状上区分杭麦冬、川麦冬和山麦冬？
2. 如何从显微鉴定角度区分商品上的味连、雅连和云连？
3. 如何用理化鉴别方法区分蜂蜜及其掺伪品？
4. 如何用 DNA 分子标记鉴定方法区分丹参及其易混淆品？

第一节　生药鉴定的意义

生药的鉴定（identification of crude drug）是指综合利用传统的和现代的检测手段，依据国家药典、有关政策法规及有关专著和资料，对生药进行真实性（identity）、纯度（purity）和品质优良度（quality）的评价，以确保生药的真实性、安全性（safety）和有效性（efficacy）。

生药种类繁多，应用历史悠久。由于历代本草记载、地区用语、使用习惯的不同，类同品（allied drug）、代用品（substitute）和民间药物（folk medicines）不断涌现，生药中同名异物、同物异名现象普遍存在，以及生药的产地、采收、加工、贮存的不同，都会影响生药的化学成分、药理作用及临床应用的有效性与安全性等。

生药的同名异物现象很常见。例如，生药“白头翁”的商品多达 20 种以上，分别来源于毛茛科、蔷薇科、石竹科、菊科植物；按《唐本草》所述的形态，正品白头翁应为毛茛科植物白头翁 *Pulsatilla chinensis*（Bunge） Regel 的根；而宋《图经本草》所述的白头翁状如白薇，叶如杏叶，根如蔓青，从形态描述上可以看出不是毛茛科植物；正品白头翁根含皂苷类成分，有抑制阿米巴原虫的作用，临床上用于治疗阿米巴痢疾有效，而属于石竹科和菊科的“白头翁”则无抑制阿米巴原虫的作用。贯众的品种从古至今一直很混乱，据调查，各地所用的贯众有来源于 9 个科的 17 属 49 种植物。其中,鳞毛蕨属(*Dryopteris*)的粗茎鳞毛蕨 *D.crassirhizoma* Nakai 等同属植物的根茎及叶柄基部含有驱绦虫活性物质——绵马酸类成分,而来源于其他科属的贯众则很少含有同类成分。同名异物的生药中,有的是同科同属植物,临床上已习惯应用,功效相似;有的则同科不同属或者根本来源于不同科的植物,其化学成分不完全相同或完全不同,药理作用和临床疗效也不尽一致,有的则没有疗效或药理作用完全不同。必须指出的是,同名异物可能导致严重的药物不良事件发生,如广防己 *Isotrema fangchi* X. X. Zhu, S. Liao et J. S. Ma 在欧洲作为"防己"误用;关木通 *Isotrema manshuriense* (Kom.) H. Huber 作为"木通"大量使用,由于其含有含量较高的肾毒性成分马兜铃酸,在临床应用中出现了急性肾衰竭的严重后果。

生药同物异名的现象也较为常见。例如,三白草科的植物蕺菜 *Houttuynia cordata* Thunb.,有的地方称"侧耳根",有的地方称"鱼腥草";木通科植物大血藤 *Sargentodoxa cuneata* (Oliv.) Rehd.et Wils.的茎,有的地方称"红藤",有的地方称"鸡血藤";而豆科植物密花豆 *Spatholobus suberectus* Dumn 的藤茎为《中华人民共和国药典》收载的正品鸡血藤,在某些地区亦称"大血藤",极易混淆。

在生药的商品流通过程中,伪品也较常见,以假充真、以次充好、蓄意掺杂等现象时有发生,特别易发生于一些贵重生药,如麝香、血竭、熊胆粉、西红花、冬虫夏草等。例如,以亚香棒虫草、人工伪制虫草及用僵蚕冒充冬虫夏草等。

即使是同一植物来源的生药,由于产地、栽培、采收时间和加工方法的不同,以及包装、储藏、运输等环节的不当措施,生药质量同样可能存在明显差异,临床疗效难以保证。

因此,生药鉴定在判断生药的真伪,评价生药质量的优劣,保证药品应用的安全、有效等方面具有十分重要的意义。

第二节 生药鉴定的程序和方法

生药鉴定一般包括基原、性状、显微、理化等鉴定项目,主要依据《中华人民共和国药典》(2025 年版)通则收载的方法,包括药材和饮片取样法、药材和饮片检定通则、显微鉴别法、杂质检查法、水分测定法、灰分测定法、浸出物测定法、挥发油测定法、重金属检查法、砷盐检查法、农药残留量测定法、黄曲霉毒素测定法、二氧化硫残留量测定法,以及各种光谱、色谱法等。常以对照生药(reference crude drug)做比较,以判断商品生药或检品的真实性、纯度及品质优良度。

一、生药的取样

生药取样(sampling)要有代表性,必须重视取样的各个环节。取样情况直接影响到鉴定结果的准确性。

(1) 在抽取样品前,应注意品名、产地、规格、等级及包装式样是否一致,检查包装的完整性、清洁程度及有无水迹、霉变或污染等情况,并详细记录。凡有异样的包件,应单独检验。

(2) 从同批生药包件中抽取供检样品的原则是:生药总包件不足 5 件的,逐件取样;5~99 件的,随机取样 5 件;100~1 000 件的,按 5%取样;超过 1 000 件的,超过的部分按

1%取样;如为贵重生药,不论包件多少,均逐件取样进行鉴定。

(3) 破碎的、粉末状的或颗粒直径在 1 cm 以下的生药,可用采样器(探子)抽取样品。每一包件至少在不同部位抽取 2~3 份样品;包件少的抽样总量应不少于实验用量的 3 倍;如包件大,应从 10 cm 以下深处不同部位分别抽取。每一包件的取样量为:一般生药 100~500 g;粉末状生药 25 g;贵重生药 5~10 g;个体大的生药,根据情况抽取有代表性的样品。

(4) 将抽取的样品混匀,即为总的供试样品。若抽取总量偏多,按四分法再取样,即将所取样品混匀摊成正方形,依对角线画“×”,使其分为四等分,取用对角两份。再如上操作,至最后剩余量足够完成所有必要的检验和留样量为止。最终供试样品量一般不得少于检验所需样品量的 3 倍,其中 1/3 供实验分析用,1/3 供复核用,1/3 作为留样保存。其保存期至少 1 年。

二、生药的常规检查

生药的常规检查一般包括生药的杂质(impurity)、水分(water)、灰分(ash)、浸出物(extractive)及挥发油等测定。

(一) 杂质检查

生药中混存的杂质系指生药中夹杂的其他物质,如砂石、泥块、尘土等杂质以及性状或药用部分与规定不符的物质。检查方法:可取规定量的样品,摊开,用肉眼或放大镜(5~10 倍)观察,将杂质拣出;如其中有可以筛分的杂质,则通过适当的筛选,将杂质分出;将各类杂质分别称重,计算在供试品中所占的百分数。

(二) 水分测定

生药中的水分含量是影响生药品质的重要因素。生药中水分含量偏高,由于剂量不足而引起疗效降低,还易发生虫蛀或发酵、霉烂、有效成分分解破坏等现象。因此,必须适当控制生药水分的含量。测定生药水分含量的常用方法有烘干法、甲苯法、减压干燥法和气相色谱法。测定用的供试样品一般应为直径不超过 3 mm 的颗粒或碎片;直径在 3 mm 以下的药材可不经破碎直接测定。

1. 烘干法

烘干法适用于不含或少含挥发性成分的生药。具体方法是:取供试品 2~5 g,平铺于干燥至恒重的扁形称量瓶中,厚度不超过 5 mm,疏松供试品不超过 10 mm,精密称定,打开瓶盖,在 100~105 ℃下干燥 5 h,将瓶盖盖好,移至干燥器中冷却 30 min;精密称定,再在上述温度下干燥 1 h,冷却,称重,直至连续两次称重的差异不超过 5 mg 为止。根据减失的质量,计算供试品中的含水量(%)。

2. 甲苯法

甲苯法适用于含挥发性成分的生药,采用甲苯法仪器装置进行测定。具体方法是:取甲苯约 250 mL,加少量蒸馏水,在分液漏斗中充分振摇后放置分层,弃水层,甲苯经蒸馏后备用。测定时,取供试品适量(相当于含水量 2~4 mL),精密称定,置 500 mL 短颈烧瓶中,加甲苯约 200 mL,必要时加入干燥、洁净的沸石或玻璃珠数粒,将仪器各部分连接,自冷凝管顶端加入甲苯,至充满水分测定管的狭细部分。将烧瓶置可调温电热套或其他适宜加热器上缓缓加热,待甲苯开始沸腾时,调节温度,使每秒馏出 2 滴,待水分完全馏出,即测定管刻度部分的水量不再增加时,将冷凝管内部先用甲苯冲洗,再用饱蘸甲苯的长刷或其他适宜方法，将管壁上剩余的甲苯推下，继续蒸馏 5 min，放冷至室温。如有水黏附在水分测定管的管壁上，可用蘸甲苯的铜丝推下，放置，使水分与甲苯完全分离（可加亚甲蓝粉末少许，使水染成蓝色，以便于分离观察）。检读水量，并计算供试品中的含水量（%）。

3. 减压干燥法

该法适用于含挥发性成分的贵重生药，采用减压干燥器进行测定。具体方法是：取直径约 12 cm 的培养皿，加入新鲜五氧化二磷干燥剂适量，铺成 0.5～1 cm 的厚度，放入直径 30 cm 的减压干燥器中。测定时取供试品 2～4 g，混合均匀，分取 0.5～1 g，置已在供试品同样条件下干燥并称重的称量瓶中，精密称定，打开瓶盖，放入上述减压干燥器中，减压至 2.67 kPa（20 mmHg）以下持续 30 min，室温下放置 24 h。在减压干燥器出口连接装有新鲜无水氯化钙的干燥管，打开活塞。待内外压一致时，关闭活塞，打开干燥器，盖上瓶盖，取出称瓶，迅速精密称定质量，计算供试品中的含水量（%）。

4. 气相色谱法

该法适用于测定贵重生药及其制剂中的水分。取供试品适量（含水量约 0.2 g），剪碎或研细，精密称定，置具塞的锥形瓶中，精密加入无水乙醇 50 mL，密塞，混匀，超声处理 20 min，放置 12 h，再超声处理 20 min，密塞放置，待澄清后取上清液。按《中华人民共和国药典》（2025 年版）通则，取无水乙醇、对照溶液、供试品溶液各 1～5 μL，注入气相色谱仪，测定，计算供试品中的含水量。

（三）灰分测定

将生药粉碎、加热，高温灼烧至灰化，则细胞组织及其内含物的无机物成为灰分而残留，此灰分称为“总灰分”。酸不溶性灰分（acid-insoluble ash）是指总灰分中加入稀酸溶液后的不溶性灰分，主要为不溶于稀盐酸溶液（质量分数 10%）的砂石、泥土等硅酸盐类化合物。在没有外来掺杂物时，各种生药的灰分应在一定范围以内，所测灰分值高于正常范围时，说明有其他无机物污染和掺杂。因此，规定生药的灰分含量限度对保证生药的质量有一定意义。

1. 总灰分测定

测定灰分的供试品，须粉碎后通过 2 号筛，并将颗粒混合均匀。称取供试品 2～3 g（如需测定酸不溶性灰分，可取供试品 3～5 g），置炽灼至恒重的坩埚中，称定质量（准确至 0.01 g），缓缓炽热，注意避免燃烧。至完全炭化时，逐渐升高温度至 500～600 ℃，使完全灰化并至恒重。根据残渣质量，计算供试品中的总灰分含量（%）。如供试品不易灰化，可将坩埚放冷，加热蒸馏水或 10% 硝酸铵溶液 2 mL，使残渣湿润，然后置水浴上蒸干，残渣照前法炽灼，至坩埚内容物完全灰化。根据残渣质量，计算供试品中的总灰分含量（%）。

2. 酸不溶性灰分测定

有些生药的总灰分本身差异较大，特别是组织中含草酸钙较多的生药，为了消除生药自身内含物对灰分值的影响，将总灰分中的钙盐等用稀盐酸溶去，而泥土、沙石等主要成分是硅酸盐，因不溶解而残留，这样能更精确地反映生药的质量。取上项所得灰分，在坩埚中加入稀盐酸 10 mL，用表面皿覆盖坩埚。置水浴上加热 10 min，表面皿用热蒸馏水 5 mL 冲洗，洗液并入坩埚中，用无灰滤纸滤过，坩埚内的残渣用蒸馏水洗于滤纸上，并洗涤至洗液不显氯化物反应为止，滤渣连同滤纸移至同一坩埚中，干燥，炽灼至恒重。根据残渣质量，计算供试品中酸不溶性灰分的含量（%）。

（四）浸出物测定

一些生药的有效成分或主成分尚不十分清楚，或其成分明确但无适宜、成熟的含量测定方法。鉴于此，常选用适当的溶剂，测定其浸出物的含量，可以初步评价生药的品质。溶剂的选择应结合用药习惯、活性成分等考虑，一般采用水或一定浓度的乙醇，有时也采用乙醚做溶剂。测定用的供试品须经粉碎通过 2 号筛并混合均匀。

1. 水溶性浸出物测定

（1）冷浸法：取供试品约 4 g，精密称定（准确至 0.01 g），置 250～300 mL 的锥形瓶中，精密加入蒸馏水 100 mL，密塞，冷浸，前 6 h 内时时振摇，再静置 18 h，用干燥滤器迅速滤过。精密量取续滤液 20 mL，置已干燥至恒重的蒸发皿中，在水浴上蒸干后，于 105 ℃下干燥 3 h，置干燥器中，冷却 30 min，迅速精密称定质量。除另有规定外，以干燥品计算供试品中含水溶性浸出物的含量（%）。

（2）热浸法：取供试品 2～4 g，称定质量，置 100～250 mL 的锥形瓶中，精密加入蒸馏水 50～100 mL，密塞，称定质量，静置 1 h 后，连接回流冷凝管，加热至沸腾，并保持微沸 1 h。放冷后，取下锥形瓶，密塞，称定质量，用水补足减失的质量，摇匀，用干燥滤器滤过。精密量取滤液 25 mL，置已干燥至恒重的蒸发皿中，在水浴上蒸干后，于 105 ℃下干燥3 h，移置干燥器中，冷却 30 min，迅速精密称定质量。除另有规定外，以干燥品计算供试品中含水溶性浸出物的含量（%）。

2. 醇溶性浸出物测定

按照水溶性浸出物测定法测定，除另有规定外，以各品种项下规定浓度的乙醇代替水作为溶剂。热浸法须在水浴上加热溶剂，常选稀乙醇或 95%乙醇，有时也选用无水乙醇作为溶剂。

3. 挥发性醚浸出物测定

取供试品（过 4 号筛）2～5 g，精密称定，置五氧化二磷干燥器中干燥 12 h，置索氏提取器中，加乙醚适量，除另有规定外，加热回流 8 h，取乙醚液，置干燥至恒重的蒸发皿中，放置，挥去乙醚，残渣置五氧化二磷干燥器中干燥 18 h，精密称定，缓缓加热至 105 ℃，并于 105 ℃下干燥至恒重。其减失质量即为挥发性醚浸出物的质量。

（五）挥发油测定

挥发油测定主要用于含较多挥发油的生药。利用生药中所含挥发油成分能与水蒸气同时蒸发出来的性质，在特制的挥发油测定器中进行测定。根据挥发油和水的相对密度，测定方法分为甲法和乙法。

1. 甲法

本法适用于测定相对密度在 1.0 以下的挥发油。具体方法是：取供试品适量（相当于含挥发油 0.5～1.0 mL），称定质量（准确至 0.01 g），置烧瓶中，加水 300～500 mL（或适量）与玻璃珠数粒，振摇混合后，连接挥发油测定器与回流冷凝管。自冷凝管上端加水，直至水充满挥发油测定器的刻度部分并溢流入烧瓶时为止。置电热套或用其他适宜方法缓缓加热至沸，并保持微沸 5 h，至测定器中的油量不再增加，停止加热，放置片刻。开启测定器下端的活塞，将水缓缓放出，至油层上端到达刻度 0 线上面 5 mm 处为止。放置 1 h 以上，再开启活塞，使油层下降至其上端恰与刻度 0 线齐平，读取挥发油量，计算供试品中挥发油的含量（%）。

2. 乙法

本法适用于测定相对密度在 1.0 以上的挥发油。取水约 300 mL 与玻璃珠数粒,置烧瓶中,连接挥发油测定器。自冷凝管上端加水,直至充满挥发油测定器的刻度部分并溢流入烧瓶时为止,再用移液管加入二甲苯 1 mL,然后连接回流冷凝管。将烧瓶内容物加热至沸腾,并继续蒸馏,其速度以保持冷凝管的中部呈冷却状态为度。30 min 后,停止加热,放置 15 min 以上,读取二甲苯的容积。然后按照甲法自"取供试品适量"起,依法测定。油层量减去二甲苯量,即为挥发油量,再计算供试品中挥发油的含量(%)。

三、生药的安全性检查

生药的安全性是保证临床用药安全的前提。影响生药安全性的因素主要包括生药自身内源性有毒、有害的次生代谢产物以及外源性物质,如重金属污染、农药残留污染、微生物污染等。

(一) 重金属的检查

重金属包括铜、铅、镉、汞、砷等。除少数药材本身具有富集某些重金属的特性导致其含量超标外,其他大多数药材的污染源主要来自生长过程中土壤污染以及无机肥料的使用。

《中华人民共和国药典》规定重金属总量采用比色法测定,硫代乙酰胺或硫化钠为显色剂。砷盐的检查用古蔡氏法或二乙基二硫代氨基甲酸银法。采用原子吸收分光光度法(atomic absorption spectrophotometry, AAS)或电感耦合等离子体质谱法(inductively coupled plasma-mass spectrometry, ICP-MS)可分别测定生药中的铜、铅、镉、汞、砷含量。《中华人民共和国药典》对山楂、丹参、甘草、白芍、白矾、石膏、煅石膏、玄明粉、地龙、芒硝、西瓜霜、西洋参、冰片、龟甲胶、阿胶、金银花、枸杞子、黄芪、鹿角胶、滑石粉共 20 种药材进行了重金属限量规定,如规定山楂中铅含量不得超过百万分之五,镉含量不得超过千万分之三,砷含量不得超过百万分之二,汞含量不得超过千万分之二,铜含量不得超过百万分之二十。

(二) 农药残留量的检查

药用植物在生长过程中,为消灭病虫害,通常会使用农药,这就带来了生药的农药残留问题。农药残留是指农药使用后残存于生物体、农副产品和环境中的微量农药原体、有毒代谢物、降解物和杂质的总称。根据农药的理化性质可分为有机氯类、有机磷类、拟除虫菊酯类和氨基甲酸酯类等。

长期以来,我国使用最多的农药主要为有机氯类,尤其是"六六六"(BHC)、滴滴涕(DDT)及五氯硝基苯(PCNB)等在我国最早大规模使用。虽然我国在 1983 年已禁止使用,但因其在土壤里长期累积、不易降解,目前在这种土壤里生长的植物类药材中仍可检出这些农药成分。长期服用有机氯超标的生药易造成蓄积中毒,目前生药农药残留量测定主要是对"六六六"、DDT、五氯硝基苯等残留量进行测定。《中华人民共和国药典》规定选用气相色谱法测定,各类农药残留量的限度按照现行版《中华人民共和国药典》执行。例如,《中华人民共和国药典》规定,甘草、黄芪含有机氯农药残留量"六六六"(总 BHC)不得超过千万分之二,滴滴涕(总 DDT)不得超过千万分之二,五氯硝基苯(PCNB)不得超过千万分之一。

(三) 黄曲霉毒素检测

有 14 种霉菌素有致癌作用,而黄曲霉毒素(aflatoxin, AFT)致癌作用强度位居前列。

黄曲霉毒素是一类化学结构类似的化合物，为二氢呋喃香豆素的衍生物，主要由黄曲霉 *Aspergillus flavus* Link 和寄生曲霉 *Aspergillus parasiticus* Speare 产生，以黄曲霉毒素 B_1 最为多见，其毒性和致癌性也最强。许多生药在贮藏过程中易霉变而产生黄曲霉毒素，因而，需要对一些生药进行黄曲霉毒素的限量检测，以确保用药的安全。《中华人民共和国药典》规定选用高效液相色谱法测定药材中黄曲霉毒素（以黄曲霉毒素 B_1、黄曲霉毒素 B_2、黄曲霉毒素 G_1 和黄曲霉毒素 G_2 总量计），并强调实验应有相关的安全防护措施，不得污染环境。例如，《中华人民共和国药典》规定桃仁、陈皮、胖大海、酸枣仁和僵蚕每 1 000 g 含黄曲霉毒素 B_1 不得超过 5 μg，含黄曲霉毒素 B_1、黄曲霉毒素 B_2、黄曲霉毒素 G_1 和黄曲霉毒素 G_2 的总量不得过 10 μg。

（四）二氧化硫残留量测定

有些生药在加工时会采用硫黄熏蒸，以达到杀菌防腐或漂白的目的。药材中残留过量的二氧化硫对人体消化系统和呼吸系统有严重危害。《中华人民共和国药典》采用蒸馏法测定经硫黄熏蒸处理过的药材或饮片中二氧化硫的残留量。但限量尚难确定，2011 年 6 月国家食品药品监督管理局公开征求意见的二氧化硫限量标准为：山药、牛膝、粉葛、天冬、天麻、天花粉、白及、白芍、白术、党参共 10 种传统习用硫黄熏蒸的中药材及其饮片二氧化硫含量不超过 400 mg/kg，其他中药材及其饮片不超过 150 mg/kg。

（五）生药中的毒性成分及其控制

生药本身的内源性毒性成分是生药本身含有的一些有毒化学成分，过量使用或者误用会产生毒性。生药中毒性成分的检查应引起我们的足够重视。

1. 肾毒性成分

马兜铃酸（aristolochic acid，AA）是一类含硝基取代的菲类化合物，主要来源于马兜铃科植物，常见化合物如马兜铃酸Ⅰ、Ⅱ、Ⅲ、Ⅳ、Ⅴ等。长期使用含马兜铃酸的生药可引起肾损害，表现为肾进行性快速纤维化并伴有肾萎缩，国外称为“中草药肾病”（Chinese herbs nephropathy，CHN）。国内学者经过研究后发现其毒性成分为马兜铃酸，建议改为“马兜铃酸肾病”（aristolochic acid nephropathy，AAN）。含马兜铃酸的代表性生药如关木通 *Isotrema manshuriense*（Kom.）H. Huber、广防己 *I.fangchi*、马兜铃 *Aristolochia debilis* Sieb. et Zucc. 等，这类生药的安全性问题已成为国内外医药界广泛关注的焦点。不少国家对含马兜铃酸的中草药采取了相应的限制措施，《中华人民共和国药典》从 2005 年版已经不再收载关木通、广防己、青木香，并启用相应品种作为替代品。

植物中马兜铃酸类成分的分析检测多采用高效液相色谱法。目前，我国仍在广泛使用的含马兜铃酸类成分的代表性药材为细辛。已有研究结果表明，细辛的马兜铃酸主要分布于植株的地上部分，故《中华人民共和国药典》自 2005 年版将细辛的药用部位修订为根和根茎。2010 年版《中华人民共和国药典》进一步规定，依照高效液相色谱法测定，细辛按干燥品计算，含马兜铃酸 I 不得超过 0.001%。

2. 肝毒性成分

吡咯里西啶生物碱（pyrrolizidine alkaloids，PAs）是一类从植物中得到的天然有毒物质，因其可导致肝细胞出血性坏死、肝巨细胞瘤及静脉闭塞症等而引起广泛关注。目前已发现 600 多个不同结构的 PAs，存在于世界各地的 6 000 多种有花植物中，主要分布于菊科、紫草科、豆科、兰科，少量分布于厚壳科、玄参科、夹竹桃科、毛茛科、百合科等。代表性

植物如千里光 *Senecio scandens* 和野百合 *Crotalaria sessiliflora* 等。

PAs 由具有双稠吡咯环的氨基醇与不同的有机酸缩合而成,这类化合物本身没有毒性,毒性主要来自其在体内代谢产生的代谢吡咯(metabolic pyrrole)。代谢吡咯具很强的亲电性,能与组织中亲核性的酶、蛋白质、DNA、RNA 迅速结合,从而引起机体各种损伤。因为 PAs 在肝内脱氢后形成的代谢产物非常活泼,故肝是代谢吡咯形成的主要场所,又是其作用的靶器官。普遍认为在双稠吡咯环的 1,2 位是双键的 PAs 肝毒性最强,因此这类 PAs 又被称为肝毒吡咯里西啶生物碱(heptotoxic pyrrolizidine alkaloids,HPAs),如倒千里光碱(retrorsine)、千里光碱(senecionine)等。

目前,植物中吡咯里西啶生物碱的分析检测普遍采用高效液相色谱法,尤以液质联用技术应用广泛。《中华人民共和国药典》规定,依照高效液相色谱-质谱法测定,千里光按干燥品计算,含阿多尼弗林碱(adonifoline)不得超过 0.004%。

3. 其他毒性物质的检查

有些生药的有效成分亦是其有毒成分,若服用过量就可能带来毒性反应,如麻黄中的麻黄碱,洋地黄类药材中的强心苷类成分,乌头、附子类药材中的乌头碱类成分等。对于这类成分的含量应严格控制,尽可能规定含量幅度或者含量限度。以川乌及其炮制品制川乌为例,《中华人民共和国药典》规定,以干燥品计,川乌含乌头碱、次乌头碱和新乌头碱的总量应为 0.050%~0.17%;其炮制加工品制川乌含苯甲酰乌头原碱、苯甲酰次乌头原碱和苯甲酰新乌头原碱的总量应为 0.070%~0.15%,双酯型生物碱以乌头碱、次乌头碱和新乌头碱的总量计不得超过 0.040%。

一些生药由于寄生于有毒植物而产生毒性物质,亦须加以检查。桑寄生如果寄生于夹竹桃树上,会吸收夹竹桃树中的强心苷(有明显的强心苷反应)而具毒性,须做强心苷检查,以控制桑寄生中夹竹桃的混入量;若寄生于马桑上,则应检查有毒成分印度防己毒素,以控制马桑寄生的混入量。

第三节　基原鉴定

生药的基原鉴定(origin identification)又称原植(动)物鉴定,是指利用植(动)物分类学的基础知识与方法,对生药的来源进行鉴定,并确定其原植(动)物的正确学名。这是生药鉴定的根本,也是生药后续生产、资源开发及新药研究工作的基础。

以原植物鉴定为例,鉴定的步骤如下。

一、观察植物形态

首先深入到生药的原产地或主产区实地进行调查研究,了解当地植物名称、分布、生境、海拔、生态习性、植物特征、用药习惯以及采收加工等情况;采集带有花、果实、种子等具有分类学特征的植物标本,应用植物分类学方法观察植物各部分的形态,尤其是花、果实、种子等繁殖器官的形态特征。

二、核对文献资料

通过对原植物形态的观察,能初步确定科属的,可直接查阅《中国植物志》《中国高等植物图鉴》等专著有关该植物科属的资料,必要时查阅分类学原始文献进行鉴定。若不能确定其科属，可查阅植物分科、分属检索表。对于某些未知品种鉴定特征不全或缺少有关资料者，可以产地、别名、化学成分、效用等为线索，查阅与生药鉴定、药用植物等相关的综合性书籍和图鉴，加以比较和分析。

三、核对标本

为了进一步确证，可到有关的植物标本馆，与其收藏的模式标本或已经正确定名的标本进行核对；或请教植物分类学专家，以保证鉴定结果的准确性。核对标本时，要注意同种植物在不同生长期的形态差异，需要参考更多一些标本，才能保证鉴定的学名准确。

生药原植(动)物标本鉴定结束后，对同时采集的药用部分要标明植(动)物的学名，作为对照生药样品保存，供后续研究工作及鉴定生药商品时做对比。

第四节　性状鉴定

性状鉴定(macroscopical identification)是指通过人体的感官看、摸、闻、尝及水试、火试的直观方法观察生药的性状(包括形状、大小、色泽、表面、质地、气、味等特征)进行鉴定的方法。这种鉴别方法是医药工作者长期经验积累的总结，简便易行、快速有效，是常用的鉴别方法之一。性状鉴定和基原鉴定一样，除仔细观察样品外，有时还须核对文献和标本。

一、形状

形状(shape)常指干燥生药的形态。对皱缩的全草、叶和花类生药，可先用热水浸泡，展平后观察；对某些果实、种子类生药，亦可用热水浸软后剥去果皮或种皮，以便观察内部特征。生药的形状与药用部分有关，如根类生药有圆柱形、圆锥形、纺锤形等，皮类生药有卷筒状、板片状等，种子类生药有圆球形、扁球形等。老药工们常以简单、生动的语言加以概括，易懂易记。例如，天麻(冬麻)的红棕色顶芽称"鹦哥嘴"；防风的根茎部分称"蚯蚓头"；党参根头具多数疣状突起的茎痕及芽痕称"狮子盘头"；海马的外形为"马头蛇尾瓦楞身"；山参的主要特征被形象地描述为"芦长碗密枣核艼，紧皮细纹珍珠须"。

二、大小

生药的大小(size)是指生药的长短、粗细、厚薄等性状。表示药材的大小一般有一定的幅度，应观察较多的样品。对于细小的种子类生药，如葶苈子、车前子、菟丝子等，应在放大镜下测量。

三、色泽

色泽(color)包括表面和断面的色泽，一般应在日光下观察。各种生药的颜色是不同的，药材色泽的变化与生药的质量有关，如玄参要黑、丹参要紫、茜草要红、黄连要黄。例如，加工条件变化、贮藏时间不同或灭菌不当等，都可能改变生药的固有色泽，甚至引起内在质量的变化。例如，黄芩主要含黄芩苷、汉黄芩苷等有效成分，如保管或加工不当，黄芩苷在黄芩中的黄芩酶作用下水解成葡萄糖醛酸与黄芩素，具3个邻位酚羟基的黄芩素易被氧化成醌类而显绿色，黄芩变绿后质量降低。

药材的色泽一般为复合色调。在描述药材色泽时，如果用两种以上的色调复合描述，则应以后一种色调为主，如黄棕色，即以棕色为主。

四、表面

表面(surface)是指生药表面所能观察到的特征。皮类生药的表面包括外表面和内表面，叶类生药的表面包括上表面和下表面。生药表面的特征不尽相同，如光滑、粗糙、皱纹、皮孔、毛茸及其他附属物等。有的单子叶植物根茎具膜质鳞叶；蕨类植物的根茎常带有叶柄残基和鳞片；白花前胡根的根头部有叶鞘残存的纤维毛状物，是区别紫花前胡根的重要特征；马钱子表面密生银灰色绢状茸毛，极易与其他生药相区别。

五、质地

质地(texture)是指接触生药时所感知的特征(surface character)，可分软、硬、轻、重、坚韧、疏松、致密、黏性、粉性、油润、角质、绵性、柴性等。有些生药的质地因加工方法不同而异，如盐附子易吸潮变软，黑顺片则质硬而脆；含淀粉多的生药，经蒸或煮等加工干燥后，会因淀粉糊化而变得质地坚实，如白芍。经验鉴别中，用于形容生药质地的术语很多。例如，质轻而松、断面多裂隙，谓之“松泡”，如南沙参；生药富含淀粉，折断时有粉尘，谓之“粉性”，如山药；质地柔软，含油而润泽，谓之“油润”，如当归；质地坚硬，断面半透明状或有光泽，谓之“角质”，如郁金等。

六、断面

断面(fracture)是指生药的自然折断面或用刀横切(或削)后形成的断面，主要观察折断时的现象和断面特征。自然折断时的现象，如折断的难易程度，折断时的响声，有无粉尘散落、响声等。自然折断后的断面特征包括平坦、纤维性、颗粒性、裂片状、刺状、胶丝状，以及是否可以层层剥离等。对于根及根茎、茎和皮类生药的鉴别，折断面观察很重要。例如，茅苍术易被折断，断面放置后能“起霜”(析出白毛状结晶)；白术不易被折断，断面放置后不“起霜”；甘草折断时有粉尘散落(淀粉)；杜仲折断时有胶丝相连；黄柏折断面呈纤维性，并呈裂片状分层；苦楝皮的折断面呈裂片状分层；厚朴折断面可见小亮星。

生药的横切(削)面(cut surface)特征也非常重要，应注意观察皮部与木部的比例、维管束的排列方式、射线的分布、油点的多少等特征。常用的描述术语有：“菊花心”，指根或根茎类药材横切面上具细密的放射状纹理，形如开放的菊花(木质部射线与韧皮部射线交错而成)，如白芍、桔梗、当归；“车轮纹”，指药材的断面纹理呈车辐状，如防己；“朱砂点”，指药材横切面上的棕红色小点，其色如朱砂(油室及其分泌物)，如茅苍术；“云锦纹”，指药材横切面上的花纹如云锦状(异型复合维管束)，如何首乌；“罗盘纹”，指药材横切面上有数个同心性排列的环纹，呈波浪状或断续状(多为异型维管束)，如商陆；“金心玉兰”，指药材横切面外侧皮部呈白色、中心木质部呈淡黄色的特征，如黄芪。

七、气

气(odour)是指生药具有的特殊香气或臭气。它可以作为鉴别相关生药的主要依据之一。这是由于生药中含有挥发性成分的缘故，如檀香、阿魏、麝香、肉桂、藿香、薄荷等。对于气味不明显的生药，可搓碎、切碎或用热水浸泡后再嗅闻确认。

八、味

味(taste)是指口尝生药时的味感。每种生药的味感是比较固定的，也是衡量生药品质的标准之一。生药的味感与生药所含成分及含量有密切关系。若生药的味感改变，就要考虑其品种或质量是否有问题。例如，乌梅、木瓜、山楂均以味酸为好，黄连、黄柏以味越苦越好，甘草、党参以味甜为好。尝药时要注意取样的代表性，因为生药的各部分味感可能不同，如果实的果皮与种子、树皮的外侧与内侧、根的皮部与木部等。对有强烈刺激性和剧毒的生药（如草乌、雪上一枝蒿、半夏、白附子等），口尝时要特别小心，取样量要少。

另外，一些简便易行的传统经验鉴别方法也很实用，包括水试法和火试法。例如，西红花加水浸泡后，水溶液呈金黄色；秦皮水浸，浸出液在日光下呈天蓝色荧光；车前子加水浸泡后，种子变黏滑，体积膨胀；将熊胆粉末投入水中，即在水面旋转并呈黄色线状下沉而不扩散；降香被点燃时香气浓烈，烧后残留白灰；麝香少许火烧时有轻微爆鸣声，似烧毛发但无臭气，灰为白色；海金沙易点燃且伴有爆鸣声及闪光。

第五节　显微鉴定

显微鉴定（microscopical identification）是指利用显微镜来观察生药的组织构造（histological structure）、细胞形态及其后含物（ergastic substance）等特征进行生药真实性鉴定的方法。它包括组织鉴定和粉末鉴定，适用于性状鉴定不易识别的生药、性状相似难以区别的多来源生药、破碎生药、粉末生药及由粉末生药制成的丸、散、锭、丹等中药成方制剂。

一、显微鉴定的方法

显微鉴定的第一步是根据观察对象和目的的不同制作合适的显微制片，包括组织制片、表面制片和粉末制片。组织制片一般采用徒手、滑走、冷冻或石蜡切片法制片。对于植物类生药，如根、根茎、茎藤、皮、叶类等生药，一般制作为横切片（transverse section）用于观察，必要时制作为纵切片（longitudinal section）；果实、种子类须制作为横切片及纵切片用于观察；木类生药常观察横切、径向纵切及切向纵切 3 个切面。鉴定叶、花、果实、种子、全草类生药时，可取叶片、萼片、花冠、果皮、种皮制作表面片，以观察各部位的细胞形状、气孔、腺毛、非腺毛、角质层纹理等表面（皮）特征；也可将生药制作为粉末片进行观察。有时为了观察某些完整的细胞（如纤维、石细胞、导管等）特征，可制作解离组织片。对于粉末生药或由粉末生药制成的中成药，可直接取目的物，选用不同试液封片，然后观察粉末中具有鉴别意义的组织、细胞及细胞后含物的显微特征。

观察生药组织切片或粉末中的细胞后含物时，一般用甘油-醋酸试液或蒸馏水装片观察淀粉粒，并利用偏光显微镜观察未糊化淀粉粒的偏光现象；用甘油装片观察糊粉粒；如欲观察菊糖，可用水合氯醛试液装片，不加热立即观察。为了能观察清楚生药组织切片或粉末的细胞、组织，须用水合氯醛试液装片透化；为避免析出水合氯醛结晶，可在透化后滴加甘油少许，再加盖玻片。

观察细胞和后含物时，常需要测量其直径、长短（以 μm 计），作为鉴定依据之一，测量时使用显微测微尺。淀粉粒等微细物体宜在高倍镜下测量；纤维、非腺毛等较大的物体可在低倍镜下测量。

二、显微鉴定的要点

每一物种来源的生药均具有较为稳定的组织学特征。即使生药破碎或呈粉末状，这些组织学特征,尤其是它们的组织、细胞及细胞后含物的特征依然存在。观察、了解并掌握这些基本特征是进行生药显微鉴定的基础。

(一) 根类生药

1. 组织构造

首先根据维管组织特征,区别是双子叶植物的根还是单子叶植物的根。

(1) 双子叶植物根类:多数双子叶植物根类生药为次生构造(secondary structure),外侧为木栓组织;有些根的栓内层发达,称次生皮层;韧皮部较发达;形成层环大多明显;木质部由导管、管胞、木纤维、木薄壁细胞及木射线组成;中央大多无髓。少数双子叶植物根类生药为初生构造(primary structure),皮层宽,中柱小,韧皮部束及木质部束数目少,相间排列,初生木质部呈星芒状,一般无髓。

有些双子叶植物根有异常构造(anomalous structure),又称三生构造(tertiary structure)。例如,何首乌根在相当于皮层的位置散有数个复合维管束,牛膝根有数轮呈同心排列的维管束(维管束环的束间形成层不明显),商陆根有数轮呈同心排列的形成层环及其所形成的三生构造,颠茄、华山参具内函韧皮部(木间韧皮部)的异常构造,沙参、狼毒等亦有三生构造。

(2) 单子叶植物根类:一般无木栓组织;有的表皮细胞外壁增厚,有的表皮发育成数列根被细胞(velamen),壁木栓化或木化;皮层宽广,占根的大部分,通常内皮层凯氏点明显;中柱小,木质部束及韧皮部束数目多,相间排列成环;中央有髓。

根类生药常有分泌组织,大多分布于韧皮部,如乳管、树脂道、油室或油管、油细胞等;各种草酸钙结晶多见,如簇晶、方晶、砂晶或针晶等;纤维、石细胞及后含物的有无及其形状对鉴别也有意义。

2. 粉末特征

木栓组织多见,应注意木栓细胞表面观的形状、颜色、壁的厚度,有的可见木栓石细胞(如党参)。导管一般较大,注意其类型、直径、导管分子的长度及末端壁的穿孔、纹孔的形状及排列等。石细胞应注意其形状、大小、细胞壁增厚形态和程度、纹孔形状及大小、孔沟密度等特征。观察纤维时要注意其类型、形状、长短、大小、端壁有无分叉、胞壁增厚的程度及性质、纹孔类型、孔沟形态、有无横隔、排列等特征,同时还要注意纤维束旁的细胞是否含有结晶而形成晶纤维。分泌组织应注意分泌细胞、分泌腔(室)、分泌管(道)及乳汁管等类型、分泌细胞的形状、分泌物的颜色、周围细胞的排列及形态等特征。结晶大多为草酸钙结晶,偶有硅质块、菊糖,应注意结晶的类型、大小、排列及含晶细胞的形态等。淀粉粒一般较小,应注意淀粉粒的多少、形状、类型、大小、脐点形状及位置、层纹等特征。

根类生药的根头部如附有叶柄、茎的残基或着生毛茸,在粉末中可见到叶柄的表皮组织、气孔及毛茸。

(二) 根茎类生药

1. 组织构造

首先要区别是蕨类植物、双子叶植物还是单子叶植物的根茎。

蕨类植物根茎的最外层多为厚壁性的表皮及下皮细胞,基本组织较发达。中柱有原生中柱、双韧管状中柱及网状中柱等类型。

双子叶植物的根茎大多有木栓组织,皮层中有时可见根迹维管束,中柱维管束为无限外韧型，中心有髓；少数种类有三生构造，如大黄的髓部有复合维管束。

单子叶植物根茎的最外层多为表皮，皮层中有叶迹维管束，内皮层大多明显，中柱中散有多数有限外韧维管束，也有周木维管束（如菖蒲）。

根茎类生药的内含物以淀粉粒及草酸钙结晶为多见；针晶束大多存在于黏液细胞中。

2. 粉末特征

与根类相似。鳞茎块茎、球茎常含较多大型的淀粉粒；鳞茎的鳞叶表皮常可察见气孔；单子叶植物根茎较易见到环纹导管；蕨类植物根茎一般只有管胞，无导管。

（三）茎藤类生药

1. 组织构造

首先根据维管束的类型及排列，区别是双子叶植物茎还是单子叶植物茎。

茎类生药以双子叶植物茎为多。草质茎大多有表皮；皮层为初生皮层，其外侧常分化为厚角组织，有的可见内皮层；中柱鞘常分化为纤维或有少量石细胞；束中形成层明显；次生韧皮部大多成束状；髓射线较宽；髓较大。木质茎最外层为木栓组织；皮层多为次生皮层；中柱鞘厚壁组织多连续成环或断续成环；形成层环明显；次生韧皮部及次生木质部环列；射线较窄，细胞壁常木化；髓较小。

单子叶植物茎最外层为表皮，基本组织中散生多数有限外韧维管束，中央无髓。

裸子植物茎的木质部主要为管胞，通常无导管。

2. 粉末特征

除了叶肉组织外，其他组织、细胞或后含物一般都可能存在。

（四）皮类生药

1. 组织构造

皮类生药是指来源于被子植物（主要是双子叶植物）和裸子植物形成层以外的部分，以茎干皮较多，根皮、枝皮较少，通常包括木栓组织、皮层及韧皮部。应注意木栓细胞的层数、颜色、细胞壁的增厚程度；韧皮部及皮层往往有厚壁组织存在，应注意纤维和石细胞的形状、大小、壁的厚度、排列形式等。皮类生药常有树脂道、油细胞、乳管等分泌组织以及草酸钙结晶。

2. 粉末特征

一般不应有木质部的组织，常有木栓细胞、纤维、石细胞、分泌组织及草酸钙结晶等。

（五）木类生药

1. 组织构造

通常从三个切面观察：横切面、径向纵切面和切向纵切面。横切面主要观察年轮、木射线宽度（细胞列数）、导管与木薄壁细胞的比例及分布类型，导管和木纤维的形状与直径等；径向纵切面主要观察木射线的高度及细胞的类型（同型细胞射线或异型细胞射线），木射线在径向纵切面呈横带状，与轴向的导管、木纤维、木薄壁细胞相垂直，同时观察导管的类型，导管分子的长短、直径及有无侵填体，木纤维的类型及大小、壁厚度、纹孔等；切向纵切面主要观察木射线的形状、宽度（指最宽处的细胞数）、高度（指从上至下的细胞数）及类型（单列或多列），同时观察导管、木纤维等。

木类生药的导管大多为具缘纹孔导管，注意具缘纹孔的大小及排列方式。木纤维可分为韧型纤维及纤维管胞，前者的细胞壁无纹孔或有单斜纹孔，后者为具缘纹孔。木射线及木薄壁细胞一般木化,具纹孔;如有内函韧皮部,细胞壁非木化(如沉香)或见管状分泌细胞(如檀香),有的有草酸钙簇晶(如沉香)或方晶且形成晶纤维(如苏木、檀香)。裸子植物木类生药主要观察管胞及木射线细胞。

2. 粉末特征

以导管、木纤维、木薄壁细胞的形态特征以及细胞后含物为主要鉴别点。

(六) 叶类生药

1. 组织构造

通常制作横切片来观察表皮、叶肉及叶脉的组织构造。要注意上、下表皮细胞的形状、大小、外壁、气孔、角质层及内含物,特别是毛茸的类型及其特征。叶肉部分注意栅栏组织细胞的形状、大小、列数及所占叶肉的比例和分布。主脉部位观察维管组织的形状、类型以及周围或韧皮部外侧有无纤维层。

2. 表面制片

主要观察表皮细胞、气孔及各种毛茸的全形。注意上、下表皮细胞的形状、垂周壁及有无纹孔和角质层纹理。观察气孔的类型及副卫细胞数。观察毛茸的特征,注意非腺毛的颜色、形状、长短、细胞壁的厚度及其表面特征以及组成非腺毛的细胞数和列数;腺毛则注意头部的形状、细胞数、大小、分泌物颜色、柄部的长短、细胞数或列数。气孔和毛茸为叶类生药的重要鉴别特征。

另外,利用叶的表面制片还可测定栅表比、气孔数、气孔指数及脉岛数,对亲缘相近的同属植物的鉴别有一定的参考价值。

3. 粉末特征

与叶的表面制片基本一致,但毛茸多碎断,粉末中还可见到叶片的横断面及内含物。

(七) 花类生药

1. 表面制片和横切面

可将苞片、花萼、花冠、雄蕊或雌蕊等分别制作成表面制片,或将完整的花制作表面制片进行观察,也可将萼筒制作为横切片进行观察(如丁香)。苞片、花萼的构造与叶相似,但其叶肉组织不甚分化,多呈海绵组织状;有的苞片几乎全由厚壁性纤维状细胞组成。花粉粒是鉴别花类生药的重要特征,应注意花粉粒的形状、大小、萌发孔数与形态、外壁构造及纹饰(理)等特征。

2. 粉末特征

花粉粒为花类生药的重要特征,应注意其形状、大小、萌发孔状况、外壁雕纹等。

(八) 果实、种子类生药

1. 组织构造

果实类生药一般观察果皮的组织特征。果皮可分为外果皮、中果皮及内果皮,内、外果皮相当于叶的上、下表皮,中果皮相当于叶肉。外果皮为一列表皮细胞,观察点同叶类;中果皮为多列薄壁细胞,有细小维管束散布;内果皮的变异较大,有的为一层薄壁细胞,有的散在石细胞中,有的为结晶细胞层,也有分化为纤维层的;伞形科植物果实的内果皮特殊,为一层镶嵌状细胞层。

对种子类生药,重点观察种皮的构造,有的种皮只有一层细胞,多数种皮由数种不同的细胞组织构成。种子的外胚乳、内胚乳或子叶细胞的形状、细胞壁增厚状况,以及所含脂肪油、糊粉粒或淀粉粒等,也具有鉴别意义。

2. 粉末特征

果实类生药的粉末注意观察外果皮细胞的形状、垂周壁的增厚状况、角质层纹理以及非腺毛、腺毛的有无及中果皮、内果皮的细胞形态等特征。种子类生药的粉末则观察种皮的表面观及断面观形态特征,种皮支持细胞、油细胞、色素细胞的有无和形态,有无毛茸、草酸钙结晶、淀粉粒、分泌组织碎片等。糊粉粒仅存在于种子中,是种子的重要判别特征。

(九) 全草类生药

全草类生药大多为草本植物的地上部分,少数为带根的全株。全草类生药包括草本植物的各个部位,其显微鉴定可参照以上各类生药的鉴别特征。

(十) 菌类生药

菌类生药大多以子实体或菌核入药。观察时应注意菌丝的形状、有无分枝、颜色、大小;团块、孢子的形态;结晶的有无及形态、大小与类型。菌类生药无淀粉粒和高等植物的显微特征。

(十一) 动物类生药

动物类生药因药用部分不同,有动物体、分泌物、病理产物和角甲类之分。

动物全体应注意观察皮肤碎片细胞的形状与色素颗粒的颜色;刚毛的形态、大小及颜色;体壁碎片颜色、形态、表面纹理及菌丝体;骨碎片颜色、形状、骨陷窝形态与排列方式,骨小管形状以及是否明显等。带有鳞片的动物体还应注意鳞片表面纹理及角质增厚特征。

分泌物和病理产物应注意观察团块的颜色及其包埋物的性质特征,表皮脱落组织、毛茸及其他细胞的形状、大小、颜色等特征。

角甲类生药应注意观察碎块的形状、颜色、横断面和纵断面观的形态特征及色素颗粒颜色。

(十二) 矿物类生药

除龙骨等少数化石类生药外,矿物类生药一般无植(动)物性显微特征。主要应注意观察晶体的大小、直径或长径;晶形的棱角、锐角或钝角;色泽、透明度、表面纹理及方向、光洁度;偏光显微镜下的特征等。

三、扫描电镜的应用

(一) 扫描电子显微镜(scanning electron microscope)

扫描电子显微镜分辨率高,放大倍率为 5 万至 10 万倍,能使物质的图像呈现显著的表面立体结构(三维空间),样品的制备又较简易,所以在生药鉴定,特别在同属植物种间的表面结构的鉴别比较上,它已成为一种新的手段并被广泛应用。例如,研究花粉粒、种皮和果皮的表面纹饰,茎、叶表皮组织的结构(毛茸、腺体、气孔、角质层、蜡层、分泌物等),个别组织和细胞(管胞、导管、纤维、石细胞)的细微特征,木类生药的解剖以及动物体壁、鳞片及毛茸等的鉴别。

(二) 偏光显微镜(polarization microscope)

在偏光显微镜下,生药的某些鉴别要素在色彩上表现出一定的变化,可作为大多数植物、动物、矿物类生药的显微鉴别依据之一。例如,植物的淀粉在偏光显微镜下呈现黑“十”字现象,不同类型的淀粉其黑“十”字形象不同;不同类型的草酸钙结晶在偏光显微镜下呈不同的多彩颜色;石细胞的细胞壁在偏光显微镜下呈亮黄色或亮橙黄色;纤维、导管在偏光显微镜下则呈强弱不同的色彩;动物的骨碎片、肌纤维、结晶状物、毛茸等也呈现出不同的偏光特性;矿物类物质多具有偏光特性。

第六节 理化鉴定

生药的理化鉴定(physico-chemical identification)是利用物理的或化学的分析方法,对生药中所含有效成分或主要成分进行定性和定量分析,以鉴定其真伪和品质优劣的一种方法。生药的理化鉴定技术发展很快,新的分析手段和方法不断出现,是确定生药真伪优劣和控制药品质量最为重要的技术手段。现将常规的理化鉴定方法介绍如下。

一、常规理化鉴定方法

1. 物理常数

生药理化鉴定中常用的物理常数包括相对密度、旋光度、折光率、硬度、黏稠度、沸点、凝固点、熔点等。这些物理常数对挥发油、油脂类、树脂类、液体类生药(如蜂蜜)和加工品类(如阿胶)等生药的真实性和纯度的鉴定,具有重要的意义。

2. 呈色反应

可利用生药的化学成分能与某些试剂产生特殊的颜色反应来进行鉴别。呈色反应一般在试管中进行,亦可直接在生药断面或粉末上滴加试液后,观察颜色变化,以了解某成分所存在的部位。例如,将马钱子胚乳薄片置白瓷板上,加1%钒酸铵的硫酸溶液1滴,迅速显紫色(示士的宁);另取切片加发烟硝酸1滴,显橙红色(示马钱子碱)。

3. 沉淀反应

可利用生药的化学成分能与某些试剂产生特殊的沉淀反应来鉴别生药。例如,赤芍用水提取,滤液加三氯化铁试液,生成蓝黑色沉淀。

4. 泡沫反应和溶血指数的测定

利用皂苷的水溶液经振摇后能产生持久性的泡沫和溶解血液中红细胞的性质,可测定含皂苷类成分生药的泡沫指数或溶血指数作为质量指标。

5. 微量升华(microsublimation)

可利用生药中所含的某些化学成分在一定温度下能升华的性质获得升华物,然后在显微镜下观察其结晶形状、颜色及化学反应作为鉴别特征。例如,大黄粉末升华物有黄色针状(低温时)、树枝状和羽状(高温时)结晶,在结晶上加碱液则结晶溶解呈红色,可进一步确证其为蒽醌类成分。薄荷的升华物为无色针簇状结晶(薄荷脑),加浓硫酸2滴及香草醛结晶少许,显黄色至橙黄色,再加蒸馏水1滴即变为紫红色。牡丹皮、徐长卿根的升华物为长柱状或针状、羽状结晶(牡丹酚)。斑蝥的升华物(30~140 ℃)为白色柱状或小片状结晶(斑蝥素),加碱液溶解,再加酸液又析出结晶。

6. 显微化学反应(microchemical reaction)

显微化学反应是指细胞及其代谢产物与一定的化学试剂作用后所发生的颜色变化、沉淀产生、结晶生成、气体逸出等一系列化学反应现象。实验时将生药的干粉、切片或浸出液少量置于载玻片上,滴加某些化学试液,在显微镜下观察反应结果。例如,黄连粉末滴加稀盐酸，可见针簇状小檗碱盐酸盐结晶析出；穿心莲叶用水湿润，制作横切片，滴加乙醇后加碱性3,5-二硝基苯甲酸（Kedde试剂），叶肉组织显紫红色（示穿心莲内酯类的不饱和内酯环反应）。

7. 荧光分析

可利用生药中所含的某些化学成分在紫外光或自然光下能产生一定颜色的荧光性质来鉴别生药。通常直接取生药饮片、粉末或浸出物在紫外光灯下进行观察。例如，黄连饮片的木质部显金黄色荧光，秦皮的水浸液显天蓝色荧光（自然光下亦明显）。

有些生药本身不产生荧光，但用酸、碱或其他化学方法处理后，可使某些成分在紫外光灯下产生荧光。例如，芦荟水溶液与硼砂共热，所含芦荟素即起反应，显黄绿色荧光。有些生药表面附有地衣或真菌，也可能有荧光出现。利用荧光显微镜可观察生药的荧光及中药化学成分存在的部位。

二、分光光度法

分光光度法是通过测定被测物质在特定波长或一定波长范围内的光吸收度进行定性和定量分析的方法，生药分析中常用的有紫外-可见分光光度法、红外分光光谱法、原子吸收分光光度法等。

1. 紫外-可见分光光度法（ultraviolet-visible spectrophotometry）

该法是根据有机分子对200~760 nm波长范围电磁波的吸收特性所建立的光谱分析方法。此法不仅能测定有色物质，而且对有共轭双键等结构的无色物质也能测定，具有灵敏、简便、准确的特点，既可做定性分析，又可做含量测定。生药中含有紫外吸收的成分或本身有颜色的成分，在一定的浓度范围内，其溶液的吸收度与浓度符合朗伯-比尔定律，均可以采用该方法进行分析。有些成分本身没有吸收，但在加入合适的显色试剂显色后也可用此法进行测定。该方法适于测定生药中的大类成分，如总黄酮、总蒽醌、总皂苷。

2. 红外分光光谱法（infrared spectrophotometry）

红外光谱的专属性强，几乎没有两种单体的红外光谱完全一致，因此红外光谱可用于对生药成分的定性鉴别。可以将生药粉末直接压片鉴别真伪，也可以用提取物获得红外光谱来鉴别生药。

3. 原子吸收分光光度法（atomic absorption spectrophotometry）

原子吸收分光光度法的测定对象是显原子状态的金属元素和部分非金属元素，如铅、镉、砷、汞、铜等。这是目前用于测定生药和生药制品中微量元素的常用方法之一。

三、色谱法

色谱法（chromatography）根据分离原理可分为吸附色谱法、分配色谱法、离子交换色谱法与排阻色谱法等；根据分离方法不同又可分为纸色谱法、柱色谱法、薄层色谱法、气相色谱法、高效液相色谱法等。薄层色谱法是生药理化鉴别中最为重要的定性鉴别方法，气相色谱法和高效液相色谱法则是最为常用的定量分析方法。

1. 薄层色谱法（thin layer chromatography，TLC）

在TLC鉴别中，可选用对照药材（reference crude drug）、化学对照品（chemical reference substance）和对照提取物（reference extract）进行对比，经薄层显色后，样品与对照品在相应位置上显相同颜色或荧光斑点。对于有色物质，直接观察色斑；对于无色物质，可在紫外光（254 nm或365 nm）下检视，或喷以显色剂加以显色，或在薄层硅胶中加入荧光物质，采用荧光猝灭法检视。

采用薄层扫描仪则可以进行含量测定,但由于分离效能、检测灵敏度、准确度及重复性等的限制,薄层扫描法已很少应用于生药的定量分析。

2. 气相色谱法(gas chromatography,GC)

该法最适用于分析含挥发油及其他挥发性成分的生药。气相色谱-质谱联用技术(LC/MS)适用于分析挥发油的组成。例如,《中华人民共和国药典》(2010 年版)对香薷中的麝香草酚($C_{10}H_{14}O$)与香荆芥酚($C_{10}H_{14}O$)用 GC 进行测定,规定两者的总量不得少于 0.16%。

3. 高效液相色谱法(high performance liquid chromatography,HPLC)

HPLC 具有分离效能高、分析速度快、重现性好、灵敏度和准确度高等优势,是生药含量测定的首选方法。随着仪器的普及以及蒸发光散射检测器和质谱检测器的商品化,HPLC 在生药分析中的应用愈加广泛。

高效毛细管电泳(high performance capillary electrophoresis,HPCE)和毛细管电色谱(capillary eletrochromatography,CEC)等色谱分析方法在生药分析中也具有应用价值。

四、化学指纹图谱

化学指纹图谱(fingerprint)也是一种重要的生药鉴定技术,是控制生药质量的有效手段。生药的药效是所含的多种化学成分通过多靶点、多环节发挥综合作用的结果,因此,以任何一种或几种化学成分为指标都难以全面评价生药的内在质量,尤其是在有效成分尚不明确的情况下。指纹图谱具有显著的“整体性”和“模糊性”特点。“整体性”是指指纹图谱是生药化学成分整体的综合表达,不能孤立地看待其中的某一个或某几个色谱峰,只有完整的图谱才能表达中药所含化学成分的全部特征;“模糊性”是指图谱中的大多数色谱峰所对应的化合物结构是不清楚的。为保证指纹图谱的实用性,要求指纹图谱具有专属性和重现性,即指纹图谱应能够体现某一生药的特征,其结果可以重现,因此,严格的方法学考察是必需的。

根据测定手段的不同,指纹图谱分为化学指纹图谱(如色谱指纹图谱)和生物指纹图谱(如 DNA 指纹图谱)。通常的化学指纹图谱是指采用光谱、色谱或其他分析方法建立的用于表征生药化学成分特征的图谱。一般为色谱指纹图谱,即将生药经过适当处理后,应用现代色谱技术并结合化学计量学及计算机方法,对生药所含化学成分的整体特征进行科学表征的专属性很强的图谱。最常采用的色谱方法是 HPLC、TLC 和 GC。

通过对 10 批以上样品的分析,从中归纳出合格样品所共有的且峰面积相对稳定的色谱峰作为指纹峰构建标准图谱,即由所有具有指纹意义的色谱峰组成的完整图谱。指纹峰的位置(保留时间或比移值)、强度(峰面积或峰高)或相对值(与选定参比峰的比值)是色谱指纹图谱的综合参数。通过计算供试品图谱与标准图谱的相似度(similarity)来判断供试品合格与否。

中药化学指纹图谱的研究还处于初级阶段,谱效关系的相关性研究比较薄弱,但随着研究手段的丰富和完善,指纹图谱技术在中药质量控制方面定将发挥重要作用。

五、定量分析

生药中化学成分的定量分析(quantitative analysis)是评价生药质量的重要手段,对于保证生药的有效性和安全性意义重大。目前,常用的方法是分光光度法和色谱法,主要有紫外-可见分光光度法、气相色谱法和高效液相色谱法。分光光度法主要用于定量分析生药中的大类成分，如总黄酮、总皂苷的含量测定；色谱法主要用于定量分析生药中的有效成分或指标成分，如人参中人参皂苷 Rg_1、Re 和 Rb_1 的含量测定。

分光光度法的含量测定方法有 3 种：对照品比较法、吸收系数法和标准曲线法。色谱法的含量测定方法主要也有 3 种：内标法、外标法和面积归一化法。

用于生药定量分析的方法必须进行验证，以证明所采用的含量测定方法符合相应的分析要求，验证内容包括准确度、精密度（包括重复性、中间精密度和重现性）、专属性、检测限、定量限、线性、范围和耐用性。

（一）准确度

准确度（accuracy）系指用该方法测定的结果与真实值或参考值接近的程度，一般用回收率（recovery rate，%）表示。准确度应在规定的范围内测试。

1. 测定方法的准确度

可用已知纯度的对照品做加样回收率测定，于已知被测成分含量的供试品中再精密加入一定量的已知纯度的被测成分对照品依法测定，用实测值与供试品中含有量之差除以对照品加入量来计算回收率。加入对照品的量要适当，过小会引起相对误差较大，过大则会影响真实性；对照品的加入量与供试品中已知含有量之和必须在标准曲线的线性范围之内。

2. 数据要求

在规定范围内，取同一浓度的供试品溶液，用 6 个测定结果进行评价；或设计 3 个不同浓度，各分别制备 3 份供试品溶液进行测定，用 9 个测定结果进行评价，一般中间浓度为所取供试品含量的 100%水平，其他两个浓度分别为供试品含量的 80%和 120%。应报告回收率（%）计算值及其相对标准偏差（RSD）或可信限。

（二）精密度

精密度（precision）是指在规定的测试条件下，同一个均匀供试品经多次取样测定所得结果之间的接近程度。精密度一般用偏差、标准偏差或相对标准偏差来表示。精密度验证内容包括重复性、中间精密度和重现性。

1. 重复性（repeatability）

重复性系指在相同操作条件下，由同一个分析人员连续测定所得结果的精密度，亦称批内精密度。可在同一条件下对同一批样品制备至少 6 份供试品溶液（$n \geq 6$），或设计 3 个不同浓度各分别制备 3 份供试溶液（$n=9$），进行测定，计算含量的平均值和相对标准偏差（RSD）。RSD 值一般要求不大于 5%。

2. 中间精密度（intermediate precision）

中间精密度系指在同一个实验室、不同时间由不同分析人员用不同设备测定结果之间的精密度。为考察随机变动因素对精密度的影响，应进行中间精密度试验，变动因素包括不同日期、不同分析人员、不同设备。

3. 重现性（reproducibility）

重现性系指在不同实验室由不同分析人员测定结果之间的精密度。法定标准采用的分析方法应进行重现性试验。例如，建立药典分析方法时，可通过协同检验得出重现性结果，协同检验的目的、过程和重现性结果均应记载在起草说明中。应注意重现性试验用样品本身的质量均匀性和储存运输过程中的环境影响因素,以免影响重现性试验结果。

(三) 专属性

专属性(specificity)系指在其他成分可能存在的情况下,所采用的方法能正确测定出被测成分的特性,亦称为选择性(selectivity)。通常以不含被测成分的供试品作为空白样品进行实验来说明方法的专属性。色谱法中被测成分的分离度应符合要求(≥1.5),空白样品的色谱图中应在相应保留时间处无干扰峰。若无法制备空白样品,可采用二极管阵列检测器和质谱检测器进行峰纯度检查。

(四) 检测限

检测限(limit of detection,LOD)是指供试品中被测成分能被检测出的最低浓度或最小量,无须准确定量。通常采用信噪比法进行测定,即用已知低浓度样品测出的信号与空白样品测出的信号进行比较,计算出能被可靠地检测出的最低浓度或量。一般以信噪比(S/N)为 3∶1 或 2∶1 时的相应浓度或注入仪器的量确定检测限。

(五) 定量限

定量限(limit of quantification,LOQ)是指供试品中被测成分能被定量测定的最低量,其测定结果应具有一定的准确度和精密度。该指标反映分析方法是否具备灵敏的定量检测能力。常用信噪比法测定定量限,一般以信噪比(S/N)为 10∶1 时相应的浓度或注入仪器的量进行确定。

(六) 线性

线性(linearity)是指在设计的范围内,测试结果与供试品中被测成分浓度直接成正比关系的程度。线性是定量测定的基础。

应在规定的范围内测定线性关系。可用一贮备液经精密稀释,或分别精密称样,制备一系列供试品溶液的方法进行测定,须制备至少 5 个浓度的供试品。以测得的响应信号作为被测成分的函数作图,观察是否呈线性,再用最小二乘法进行线性回归。必要时(用蒸发光散射检测器时),响应信号可经数学转换,再进行线性回归计算。线性关系的数据包括回归方程、相关系数和线性图,回归方程的相关系数(r)越接近于 1,表明线性关系越好。

(七) 范围

范围(range)系指能达到一定准确度、精密度和线性,测试方法适用的高低限浓度或量的区间。对于无毒性的、具特殊功效或药理作用的化学成分,其范围应大于被限定含量的区间,如 2010 年版《中华人民共和国药典》一部规定黄芩中黄芩苷的含量不得少于 9.0%。剧毒药必须规定幅度,如 2010 年版《中华人民共和国药典》一部规定川乌中含乌头碱、次乌头碱和新乌头碱的总量应为 0.050%~0.17%。

(八) 耐用性

耐用性(robustness)系指在测定条件有小的变动时,测定结果不受影响的承受程度。耐用性表明测定结果的偏差在可接受的范围内及测定条件的最大变动范围。开始研究分析方法时,就应考虑其耐用性。如果测试条件要求苛刻,则应在方法中予以说明。典型的变动因素有被测溶液的稳定性、样品提取次数、提取时间等;液相色谱法中典型的变动因素有流动相的组成或 pH、不同厂牌或不同批号的同类型色谱柱、柱温、流速等;气相色谱法中的变动因素有不同厂牌或不同批号的色谱柱、固定相、不同类型的担体、柱温、进样口和检测器温度等。

经试验，应说明测定条件发生小的变动能否通过设计的系统适用性试验，以确保方法有效。

第七节　DNA 分子标记鉴定

DNA 分子标记鉴定（identification by DNA molecular marker）是指通过比较物种间 DNA 分子遗传多样性（genetic diversity）的差异来鉴别物种的方法。与传统的生药鉴定方法相比，DNA 分子标记具有下列特点。① 遗传稳定性：DNA 分子作为遗传信息的直接载体，不受外界因素和生物体发育阶段及器官组织差异的影响，每一个体的任一体细胞均含有相同的遗传信息，因此用 DNA 分子特征作为标记进行物种鉴别更为准确、可靠。② 遗传多样性：DNA 分子是由 G、A、C、T 4 种碱基构成的，生物体特定的遗传信息包含在特定的碱基排列顺序中，不同物种遗传上的差异表现在这 4 种碱基排列顺序的变化上，这就是生物的遗传多样性。由于 DNA 分子不同区域（基因区和非编码区）在生物进化过程中所承受的选择压力不同，所以 DNA 分子的不同区域有不同程度的遗传多样性。因此，选择适当的 DNA 分子标记技术即可在属、种、亚种、居群或个体水平上对研究对象进行准确的鉴别。③ 化学稳定性：DNA 分子除具有较高的遗传稳定性外，还比其他生物大分子，如蛋白质（包括同工酶）等，具有较高的化学稳定性。即便是陈旧标本中所保存下来的 DNA，仍可用于 DNA 分子标记的研究。

一、方法与原理

（一）限制性片段长度多态性

限制性片段长度多态性（restriction fragment length polymorphism，RFLP）是指利用限制性内切酶能识别 DNA 分子的特异序列并切开的特性，将不同物种 DNA 切割成大小不等、数量不同的片段，这些 DNA 限制性酶切片段经电泳分离、Southern 印迹法可显示出 RFLP 谱带。不同物种 DNA 由于酶切位点数量和长度不同而使电泳谱带表现出不同程度的多态性。

RFLP 的标记量大，用于 RFLP 的探针可以是核糖体 DNA、叶绿体 DNA，也可以是总 DNA，可为研究植物类群，特别是属间、种间甚至品种间的亲缘关系、系统发育与演化提供有力的依据，也用于基因定位等研究。由于 RFLP 在操作过程中须用同位素标记、所需 DNA 质量高、操作烦琐、花费高等因素，其应用受到了限制。通过在实验方法上进行改进，如用尼龙膜代替硝酸纤维素膜，使用有效的荧光标记或化学发光物质标记替代放射性同位素标记等，可使该方法更易于接受和掌握。

（二）基于聚合酶链式反应的标记技术

聚合酶链式反应（polymerase chain reaction，PCR）是 20 世纪 80 年代发明的一种模拟体内 DNA 复制过程的体外酶促合成核酸片段的技术，又称无细胞分子克隆技术。它以待扩增的双链 DNA 为模板，由一对人工合成的寡核苷酸引物（一般长度为 15~25 bp）介导，通过 DNA 聚合酶在体外进行 DNA 序列扩增。在经过变性、复性、延伸过程的约 30 个循环后，能在短时间内将痕量的靶 DNA 扩增数百万倍。该方法具有操作简便、快速、特异、灵敏的特点，无须使用同位素，省去了克隆等步骤，对材料要求不严（新鲜、快速干燥、化石、干药材均可）、用量少（>50 mg）。

1. 随机扩增多态性 DNA 和任意引物 PCR

随机扩增多态性 DNA（random amplified polymorphic DNA，RAPD）和任意引物 PCR（arbitrary primed PCR，AP-PCR）技术是在 20 世纪 90 年代初几乎同时发明的。RAPD 技术是采用较短的单个随机引物（一般长度约 10 bp）对模板 DNA 进行非特异性扩增，获得一组不连续的 DNA 片段。扩增片段具有种、品种、品系及单株特异性。RAPD 技术不需物种特异的探针和引物，适用于未知序列的基因组 DNA 的检测。AP-PCR 技术的原理与 RAPD 技术相同，不同点在于引物的长度，AP-PCR 是用长度为 20~30 bp 的任意引物进行扩增。

2. 扩增片段长度多态性

扩增片段长度多态性（amplified fragment length polymorphism，AFLP）是继 RFLP、RAPD 后发展最快的 DNA 分子标记技术。它首先对样品 DNA 用限制性内切酶进行酶切，再用人工合成的寡聚核苷酸接头（artificial oligo nucleotide adapter）与酶切片段连接作为扩增反应的模板，用含有选择性碱基的引物对模板 DNA 进行 PCR，扩增产物经放射性同位素标记、聚丙烯酰胺凝胶电泳分离，最后根据凝胶上 DNA 扩增片段长度的不同检出多态性。

AFLP 具有 RAPD 的多态性高和 RFLP 技术的检测可靠的优点。与 RAPD、RFLP 相比，AFLP 构建的指纹图谱具有稳定性好、重复性强的优点，适合绘制品种的指纹图谱及进行分类研究。缺点是对模板反应迟钝、成本高、对技术要求苛刻。

3. 简单重复序列和简单序列重复区间扩增多态性

简单序列重复（simple sequence repeat，SSR）即微卫星序列（microsatellite DNA），是以 1~6 个核苷酸为基本重复单位的串联重复序列，其长度多在 100 bp 以内，广泛存在于各类真核生物基因组中。SSR 标记和 RFLP 标记一样具有稳定性强、位置确定和共显性等优点，同时又具有 RAPD 标记的低成本和技术简单的特点。SSR 标记技术的关键在于根据 SSR 座位两侧相对保守的单拷贝序列设计出特异性的引物，一般长度为 18~24 bp。由于微卫星序列可在多个等位基因间显示差异，因而在物种的遗传图谱构建、揭示物种的起源和进化、遗传多样性分析、亲缘关系鉴定、DNA 指纹图谱构建、品种鉴定、基因表达等与遗传和育种相关的研究领域有着广阔的应用前景。

简单序列重复区间扩增多态性（inter-simple sequence repeat，ISSR）是以微卫星重复序列为引物，通常为 16~18 bp（由 1~4 个碱基组成的串联重复序列和几个非重复的锚定碱基组成）。ISSR 标记的最大特点就在于基因组上只有与锚定的核苷酸匹配的位点才能结合，提高了 PCR 扩增反应的专一性。如果 ISSR 的引物中有一个是随机引物，则又称为随机扩增微卫星多态性（random amplified microsatellite polymorphisms，RAMP）。ISSR 标记技术是一种用于分析物种、种群、不同品系，甚至是个体间遗传差异的理想方法。

4. DNA 测序方法（DNA sequencing）

经典的 DNA 序列分析是以分子克隆为基础的，所需时间长，工作量大，成本高，很难应用于大量基因或分类群的研究中。基于 PCR 技术的 DNA 直接测序法是以双链或单链 DNA 为模板，以 PCR 扩增引物作为测序引物，采用全自动 DNA 序列测序仪进行的。与分子克隆测序法相比，所需时间短，效率高，无论是杂合的等位基因还是重复序列的重复单位存在序列上的差异,序列图谱均能得到反映。

用于 DNA 测序的基因主要有叶绿体基因组的 *rbc*L、*mat*K 与核基因组的 rRNA、ITS 等(植物类)以及线粒体基因组的 *cty*-b(动物类)。*rbc*L 基因分辨率高,变异较均一分布,进化速率差异大,一般用于科级以上分类群研究。*mat*K 基因位于 *trn*K 基因的内含子中,长约 1 500 个碱基,是叶绿体基因组蛋白编码基因中进化速率最快的基因之一,一般用于种一级分类群亲缘关系研究。rRNA 基因在植物中以重复连续排列方式存在,包含进化速率不等的编码区、非编码转录区和转录区,可选择较保守的片段,如 18S、5S 的 rRNA 进行各种亲缘关系研究。ITS(内转录间隔区)在核糖体 DNA 中位于 18S 与 26S 基因之间,由 5. 8S 基因分为 ITS1 和 ITS2 两段,一般用于种下一级分类群的亲缘关系研究。

运用 DNA 测序技术建立正品药材及伪品和混淆品的原动植物的基因序列数据库,然后对待检测样品进行测序,对照数据库即可鉴定出中药材的真伪,也可以鉴定中药材种属关系及道地性等特征。

二、应用

(一)在生药鉴别中的应用

DNA 分子标记技术用于生药鉴别首先要解决的问题是能否从生药样品中获得高质量的 DNA,并能用于 PCR。

对人参、西洋参、三七及桔梗、紫茉莉、土人参和商陆等药材 DNA 进行 RAPD 扩增,所得 DNA 指纹谱可用于区别人参属的 3 种生药及伪品。测定人参属(*Panax*)3 种植物人参、西洋参和竹节参的新鲜材料及相关药材的 18S rRNA 基因发现,第 497、499、501 和 712 号核苷酸不同;3 种植物的 *mat*K 基因序列差异也可用于鉴别。采用 ISSR 技术对肉苁蓉属(*Cistanche*)植物肉苁蓉、管花肉苁蓉、盐生肉苁蓉和沙苁蓉进行 DNA 指纹图谱分析,并与锁阳、草苁蓉比较,最终确定的肉苁蓉、管花肉苁蓉的特异性扩增引物可准确地用于两种药材的鉴别。比较淫羊藿、箭叶淫羊藿、朝鲜淫羊藿等 5 种植物的 ITS 序列差异并设计专属性的 PCR 引物对其进行扩增,结果获得了 2 对朝鲜淫羊藿特异性鉴定引物,能够区别朝鲜淫羊藿与其他品种。

在动物药海马和龟甲的鉴别中,通过线粒体 DNA 部分片段的序列分析,亦能准确地区分出不同种。采用 RAPD 技术、*cty*-b 测序分析研究蛇类生药的鉴别,依据 DNA 分子量差异设计的特异性鉴别引物可准确地区别乌梢蛇及其混淆品,该鉴别方法被 2010 年版《中华人民共和国药典》采用。

(二)在道地药材鉴定中的应用

道地药材的形成主要受遗传因子和环境因子的影响。应用 DNA 分子标记技术比较道地药材与非道地药材的差异,既有助于阐明道地药材的成因,又可同时准确区分出道地药材与非道地药材。

青藏高原 3 个区域 5 个代表性产地的 13 个冬虫夏草(*Cordyceps sinensis*)样本的 RAPD 分析表明,来自同一产地的样本间遗传差异甚微,同一区域不同产地的样本间遗传差异较大,不同区域的样品间遗传差异最大,为冬虫夏草的药材道地性研究提供了分子水平的支持依据。对采自 14 个产区的太子参进行 ITS 序列测序,结果显示 4 个产区太子参的 ITS 序列一致,其他 10 个产区的 ITS 序列则有不同的变异,碱基变异数目(包括 5.8S 区)为 1~17 个。

（三）在生药原植物进化、分类研究中的应用

依据形态学特征建立的植物系统学具有一定的局限性。随着植物分类及鉴定研究的不断深入，不断发现新物种，而新物种的确立常有异议，同一物种的分类地位也经常变动，给中药材的正本清源及其他相关研究带来了困难。应用 DNA 分子标记技术研究种间、属间的 DNA 变异，从而揭示物种间的亲缘关系，可以为物种鉴定及系统学研究提供依据。

采用 RAPD 分子标记方法研究甘草属（*Glycyrrhiza*）4 种植物光果甘草、乌拉尔甘草、刺甘草和刺果甘草的遗传关系，结果发现富含甘草皂苷（*glycyrrhizin*）的光果甘草和乌拉尔甘草之间遗传关系相近，二者与不含甘草皂苷或含量极低的刺甘草和刺果甘草的遗传关系则较远，恰与植物分类学研究相吻合。

练习题

1. 简述生药鉴定的一般程序和方法。
2. 何谓生药的性状鉴定法？如何观察药材的性状？
3. 何谓显微鉴定法？它包括哪些内容？
4. 不同药用部位有何显微鉴别要点？
5. 简述常规理化鉴定的内容。
6. 何谓生药的化学指纹图谱？其主要参数有哪些？
7. 简述生药定量分析方法学的验证内容及要求。
8. 简述 DNA 分子标记鉴定的方法、原理及应用。

第六章 生药的采收、加工与贮藏

学习导图：

生药的采收、加工与贮藏
- 生药有效成分的积累规律
- 生药的采收
- 生药的产地加工
- 生药的贮藏

案例：

1. 请讨论皮类药材环剥的方法和注意事项，以及如何保证其可持续利用。
2. 请讨论党参、红芪等药材搓揉加工的意义和注意事项。
3. 请讨论各类生药的保质期及注意事项。

生药的合理采收（collection）、产地加工（processing）和贮存（storage）对保证生药质量、保护和扩大药源以及生药的可持续利用具有重要意义。植物在生长期间，随着生长发育，其干物质和有效成分的积累是有一定规律的。

第一节 生药有效成分的积累规律

中草药的疗效来自其所含的有效成分，其疗效的好坏与有效成分的含量密切相关。

一般来说，随着药用植物植株的长大，有效成分的含量不断增加，在生长旺盛期达到高峰，然后随着植株的衰老，有效成分的含量也呈现不断下降的趋势。不同的发育期有效成分的含量不同，直接影响着生药的采收和品质。

一、有效成分的动态积累规律

多年生药用植物体内有效成分随着株龄的增加不断地积累，在第 2—3 年有效成分积累得比较慢，在第 3—5 年有效成分积累的速度较快，所以三七、芍药、人参等多年生药用植物的采收年限以不少于 3~5 年为宜。

对多年生的药用植物黄连有效成分的动态积累规律研究表明：5 年生黄连根茎中小檗碱及总生物碱含量达到最高；小檗碱含量每年 4 月份（开花结实期）几乎均为全年最低；小檗碱及总生物碱含量每年在 10—11 月份达到全年最高。根据黄连有效成分积累的动态规律，黄连的最佳采收期为 10—11 月份的 5 年生根茎。

二、发育期对植物有效成分积累的影响

薄荷的花蕾期在小暑后大暑前(7 月中下旬)，叶片采收主要供提取薄荷脑用，在霜降

之前(10月中下旬)主要做药材用。实验证明,薄荷在花蕾期叶片含挥发油量最高,原油的薄荷脑含量则以花盛期最高,而叶的产量在花后期最高。槐米是植物槐的花蕾,花蕾期主要含芦丁达28%,开花结果期芦丁含量急剧下降。枸杞果实多糖含量在发育前期较低,在花期后27天迅速增加,到果成熟时达到最大值1.42%。

第二节　生药的采收

生药的合理采收与药用植(动)物的种类、药用部分、采收期密切相关。药用植物有效成分在其体内的积累尚与个体的生长发育、居群的遗传变异、生长的环境因素密切相关。因此,合理的采收期应视品种、入药部位的不同,把有效成分的积累动态与药用部分的产量变化结合起来考虑,以药材质量的最优化和产量的最大化为原则,确定最佳采收期。只有这样,才能获得高产优质的生药。

一、采收期的确定

生药的采收期是指药用部分已符合药用要求,达到采收标准的收获期。根据收获期年限的长短,生药分为一年收获、两年收获、多年收获的生药。

1. 采收期与产量

产量是指单位面积内药用部分的重量。定期采挖药用部分,测定其生物学重量和干重,了解不同生育期物质积累的动态变化,从而获得药用部分重量的迅速增长期及产量最高期。

2. 采收期与质量

质量是指药用部分的品质符合药用要求。药材的生育期不同,有效成分的含量也不同。定期采挖药用部分,测定主要成分或有效成分的积累动态变化,了解采收期与生药质量的关系。

3. 适宜采收期的确定

有效成分的积累动态与药用部分产量的关系因植物基原而异,必须根据具体情况加以研究,以确定最适宜的采收期。常见的有下述情况。

(1) 如果有效成分含量有显著的高峰期而药用部分产量变化不显著,则含量高峰期即为适宜采收期。

(2) 如果有效成分含量高峰期与药用部分产量高峰期不一致,要考虑有效成分的总含量,即有效成分的总量=单产量×有效成分百分含量。总量为最大值时,即为适宜采收期。

二、采收原则

目前,很多生药的有效成分尚不明确,因此利用传统的采药经验及根据各种药用部分的生长特点,分别掌握合理的采收季节是十分必要的。

1. 根和根茎类

一般宜在植物生长停止、花叶萎谢的休眠期,或在春季发芽前采集。但也有例外情况,如柴胡、明党参在春天采收较好;人参、太子参则在夏季采收较好;延胡索立夏后地上部分枯萎,不易采挖,故多在谷雨和立夏之间采挖。

2. 叶类和全草

应在植物生长最旺盛时，或在花蕾时，或在花盛开而果实种子尚未成熟时采收。但桑叶须经霜后采收，枇杷叶须落地后收集。

3. 树皮和根皮

树皮多在春夏之交采收，以利于剥离；根皮多在秋季采收。因为树皮、根皮的采收容易损害植物的生长，应注意采收方法。有些干皮的采收可结合林木采伐一起进行。

4. 花类

一般在花开放时采收。有些则于花蕾期采收，如槐米、金银花、丁香等。但除虫菊宜在花蕾半开放时采收，红花则在花冠由黄变橙红时采收。

5. 果实和种子

果实应在已成熟和将成熟时采收；少数用未成熟的果实，如枳实等。种子多在完全成熟后采收。

6. 菌、藻、孢粉类

菌、藻、孢粉类应根据实际情况采收。例如，麦角在寄主(黑麦等)收割前采收，生物碱含量较高；茯苓在立秋后采收质量较好；马勃应在子实体刚成熟时采收，过迟则孢子飞散，不易采集。

7. 动物类

对于昆虫类生药，必须掌握其孵化发育活动季节。以卵鞘入药的，如桑螵蛸，应在3月份收集，过时虫卵孵化为成虫则会影响药效；以成虫入药的，均应在活动期捕捉。有翅昆虫，在清晨露水未干时便于捕捉；两栖动物如中国林蛙，则于秋末当其进入“冬眠期”时捕捉；鹿茸须在清明后适时采收，过时则会发生角化。

三、采收方法

生药的药用部位不同，采收方法也不同。采收方法的正确与否，会直接影响药材的产量与质量。常见的有以下几种采收方法。

1. 采挖

主要适用于药用部分为根与根茎的生药。土壤过湿、过干均不利于采挖。挖时要注意药用部分的大小，找准位置，避免挖伤。因采收致使药材受损坏，将降低药材的质量。

2. 收割

主要适用于全草与花类的生药。选晴天，割下地上部分，或割取花序、果穗，晒干或阴干。

3. 采摘

主要适用于果实、种子、部分花类生药。成熟期不一致者，分批采摘，如辛夷花、连翘、栀子等。采摘时，不要损伤未成熟药材，以免影响其继续生长。

4. 击落

主要适用于高大的木本或藤本植物的果实、种子类生药，如枳实、枳壳。以器械或木棒打击树干、树枝，然后收集落下的生药。最好是在击落处垫上草席或席子，以减轻损伤、利于收集。

5. 剥皮

主要适用于树皮和根皮类药材。树干剥皮的方法，目前常采用环剥法；按规定长度环切树皮(但环切不宜超过圆周的一半),再从一端垂直纵切至另一端,用刀从纵切口处左右轻拨动,使树皮与木质部分离,即可剥下树皮。环剥要选择气温较高、无降雨的天气,剥时不要损伤木质部,如杜仲、黄柏皮等。根皮的剥离方法与树干的剥皮方法相同,也可采用木棒轻轻捶打根部,使根皮与木质部分离,然后抽去或剔除木质部,如远志、牡丹皮、五加皮等。

四、采收中的注意事项

(1) 在生药采收过程中要注意保护野生药源,计划采药,合理采挖。凡用地上部分者要留根;凡用地下部分者要采大留小,采密留稀,合理轮采;轮采地要分区封山育药。动物药如以锯茸代砍茸,活麝取香。野生濒危保护药用动物,如虎、麝、羚羊、穿山甲等,严禁滥捕。

(2) 同一植物体有多个部位入药时,要兼顾各自的适宜采收期。例如,菘蓝在夏、秋季采收,做大青叶用时,就要注意到冬季采挖其根做板蓝根,故在采收时要注意适时适度,以免影响其根的生长和质量。类似生药有栝楼、枸杞等。

(3) 为了更好地保护资源的可持续利用,在确定生药采收适宜期时,应适当兼顾其繁殖器官的成熟期,以保证种群的繁殖生长,如甘草、桔梗、黄芪等。

第三节 生药的产地加工

一、加工目的

凡在产地对药材进行初步处理,如清选、修整、干燥等,称为"产地加工"(processing in producing area)或"初加工"。产地加工是指将药用植物经过干燥等措施进行处理,使之成为"药材"。其目的是保持有效成分的含量,保证药材的品质,便于医疗用药,并且便于包装、运输和贮藏。生药的品种繁多,根据药材的形、色、气味、质地及所含化学成分的不同,加工的要求也各不相同。总体上都要求达到色泽好、体形完整、含水量适度、香气散失少、不变味、有效物质破坏少的目的。

二、加工方法

常见的加工方法有如下几种。

(一) 拣、洗

将采收的新鲜药材去除泥沙、杂质和非药用部分。根及根茎类药材,要去除残留茎基、叶鞘及叶柄和须根,如川芎、绵马贯众等。

药材须趁鲜水洗,再行加工处理。根据药材的不同,可选择不同的清洗方法,如喷淋法、刷洗法、淘洗法等。同时,有的药材必须去除非药用部分,如牡丹皮去木心,山药、白芍应刮去外皮。应当注意,具有芳香气味的药材一般不用水淘洗,如薄荷、细辛等。

(二) 切片

一些较大的根及根茎类、藤本类、肉质的果实类药材,往往要趁鲜切片或切成块状,以利于干燥,如大黄、鸡血藤、木瓜等。切片能缩小体积,便于运输和炮制。对于一些有挥发性成分或有效成分易氧化的药材,则不宜切成薄片干燥,因切片后有效成分易损失,会降低药材质量,如当归、苍术等。

（三）蒸、煮、烫

含黏液质、淀粉或糖类多的药材，用一般方法不易干燥，须经蒸、煮、烫等处理，则易干燥。蒸是指将药材盛于笼屉中置沸水锅上加热，利用水蒸气进行热处理。煮和烫是指将药材置于沸水中煮熟或熟透心的热处理方法。加热时间的长短及采取何种加热方法，视药材的性质而定。有的药材需要煮，如白芍、明党参；有的药材需要蒸，如菊花、天麻、红参等；有的药材需要烫，如太子参等。

（四）发汗

将鲜药材加热或半干燥后，停止加温，密闭堆置起来使之发热，内部水分向外蒸发，当堆内空气达到饱和，遇堆外低温，水就凝结成水珠附于药材的表面，好似人体出汗，故将此药材处理过程称为“发汗”。发汗是药材加工过程中的一种传统工艺，它可使药材变软、变色、增加香味或减少刺激性，加快干燥速度，如厚朴、杜仲、玄参等均须经发汗处理。要注意气温高的季节，发汗时间宜短；气温低的季节，发汗时间宜长。发汗的方法又分为普通发汗和加热发汗两种。

（五）揉、搓

为了使药材在干燥过程中不易与皮肉分离或空枯，在干燥过程中要时时揉搓，使皮、肉紧贴，并达到油润、饱满、柔软的目的，如玉竹、党参等。

（六）干燥

干燥为药材加工的重要环节。除鲜用药材外，大部分药材要进行干燥处理。

1. 干燥的目的

干燥的目的是及时除去新鲜药材中的大量水分，避免药材发霉、虫蛀及有效成分的分解与破坏，保证药材质量，有利于贮藏、运输。理想的方法要求干燥时间短，使干燥的温度不致破坏药材成分，并能保持原有的色泽和气味。

生药的干燥温度常因所含成分不同而异。一般含苷类和含生物碱类生药的干燥温度为50～60 ℃，这样可抑制所含酶的作用而避免成分的分解；含维生素C的多汁果实可用70～90 ℃迅速干燥，不能立即干燥时可进行冷藏；含挥发油的生药的保存温度一般宜在35 ℃以下，以避免挥发油散失。

2. 干燥方法

通常有晒干法（drying in the sun）、阴干法和烘干法（drying by baking）。

（1）晒干法：指直接利用日光将药材晒干。可将生药置于搭架的竹席、竹帘上，晒在日光下，其干燥时间可显著缩短，适用于肉质根类。注意含挥发油类的生药、外表色泽或所含有效成分受日晒易变色变质的生药（如黄连、大黄）、在烈日下晒后易开裂的生药（如郁金、白芍等）均不宜采用晒干法。

（2）阴干法：指将生药置于通风室内或屋檐下等阴处，使水分自然散发。该法主要用于芳香性花类、叶类、草类生药。

（3）烘干法：指利用人工加温的方法使药材干燥。烘干法可不受天气的限制，要注意富含淀粉的生药，如欲保持粉性，烘干温度须慢慢升高，以防止新鲜生药遇高热后淀粉粒发生糊化。

有些生药不适于上述方法干燥的，可用石灰干燥器进行干燥，此法也适用于易变色的生药。生药干燥后仍含有一定量的水分。一般生药干燥后含水分8%～11%即可。有些生药如麻黄,《中华人民共和国药典》规定其所含水分不得超过9%。

3. 干燥技术

一些干燥技术也被应用于生药的干燥处理,其中远红外线干燥和微波干燥技术使用较多。

(1) 远红外线干燥技术:红外线介于可见光和微波之间,是波长为0.76~1 000 μm范围的电磁波,一般将25~500(或1 000)μm区域的红外线称为远红外线。远红外加热技术是20世纪70年代发展起来的一项技术。其干燥原理是电能转变为远红外线辐射出去,被干燥物体的分子吸收后产生共振,引起分子、原子的振动和转动,导致物体变热,经过热扩散、蒸发现象或化学变化,最终达到干燥的目的。近年来,远红外线用于药材、饮片及中成药等的干燥处理。远红外线干燥与日晒、火力热烘或电烘烤等法比较,具有干燥速度快,脱水率高,加热均匀,节约能源以及对细菌、虫卵等有杀灭作用的优点。

(2) 微波干燥:微波是指频率为300 MHz~300 GHz、波长1 mm~1 m的高频电磁波。微波干燥实际上是一种感应加热和介质加热,药材中的水和脂肪等不同程度地吸收微波能量,并把它转变成热能。本法具有干燥速度快、加热均匀、产品质量高等优点。经实验,微波干燥法对夜交藤、山药、生地黄、草乌及中成药六神丸等的干燥效果较好。微波干燥法一般比常规干燥时间缩短至几分之一至百分之一以上,且能杀灭微生物及真菌,有消毒作用,并可防止发霉或生虫。

第四节 生药的贮藏

生药在贮存保管中如果受环境的影响,常会发生霉烂、虫蛀、变色和泛油等现象,导致药材变质,影响或失去疗效。

一、常见的变质现象

(一) 霉变

大气中存在着大量的真菌孢子,散落在药材的表面,在适当温度(25 ℃左右)、湿度(空气中相对湿度在85%以上或药材含水在15%以上),以及适宜的环境(如阴暗不通风的场所、足够的营养)条件下即萌发成菌丝,分泌酵素,分解和溶蚀药材,使药材腐坏。

已发霉生药的处理原则:按《中华人民共和国药典》药材取样法,取样检查,轻微变质者除去受损部分,单独保管;严重变质者按假药处理,全部销毁,不可继续使用。

预防药材霉烂的最根本方法就是使真菌在药材上不能生长,消灭寄附在药材上的真菌,使它们不再传播。药材的防霉措施主要是控制库房的湿度在65%~70%为宜;药材含水量不能超过其本身的安全水分,一般含水量应保持在15%以下。

已霉变药材的处理及注意事项:① 表面只有少数白色霉点、质地较硬、霉味不大、内部无变化的药材,逐一刷洗霉点,然后干燥。② 药材表面霉斑点占到1/4以上面积,斑色有黄、绿、黑、灰等杂色,药材质软,霉味浓,内部色质发生变化,则不能再用。③ 一些药材内部生霉后,外表无明显变化,应注意鉴别,如胖大海、白果等。④ 严防将霉变严重药材用酒、醋洗后切片,混入正常药材饮片中出售。

（二）虫蛀

虫害对药材的影响甚大。药材害虫的发育和蔓延情况与库内的温度、空气相对湿度以及药材的成分和含水量有关。药材因含有淀粉、蛋白质、脂肪和糖类等，成为害虫的良好滋生地，适宜的温度（通常为 18～32 ℃）和湿度（空气相对湿度达 70%以上）及药材含水量（13%以上）均能促进害虫的繁殖。一般螨类生长的适宜温度在 25 ℃左右，相对湿度在 80%以上，繁殖最旺期在 5—10 月。

虫害的防治措施可分为物理的和化学的两类方法。物理防治方法包括太阳暴晒、烘烤、低温冷藏、密封法等。化学防治方法主要是将贮存的药材在塑料帐密封下，用低剂量的磷化铝熏蒸，结合低氧法进行；或探索试用低毒高效的新杀虫剂。杀虫措施也有发展，如用高频介质电热、黑光灯诱杀蛀虫；或利用某种药材挥发性的气味，防止同处存放的药材被虫蛀。

虫蛀药材可按下列标准分级。

一级：1 kg 样品中螨类不超过 20 个，甲虫类、蛾类 1～5 个。一级药材允许处理后再供药用。

二级：1 kg 样品中螨类超过 20 个，粉螨可在表面上自由移动，尚未形成团块；甲虫类、蛾类 6～10 个。二级药材可用于制剂生产。

三级：1 kg 样品中螨类很多，已形成致密的团块，移动困难；甲虫类、蛾类超过 10 个。三级药材可供药厂提取有效成分用，否则，应全部销毁。

（三）变色

各种药材都有固定的色泽，是药材品质的标志之一。药材贮存不当，会使其色泽改变，引起药材变色。酶引起的变色，如药材中所含成分的结构中有酚羟基，在酶的作用下，经过氧化、聚合，形成了大分子的有色化合物，使药材变色，如含黄酮类、羟基蒽醌类和鞣质类等成分的药材，容易变色。非酶引起的变色原因比较复杂，或因药材中所含糖及糖醛酸分解产生糠醛及其类似化合物，与一些含氮化合物缩合成棕色色素；或因药材中含有的蛋白质中氨基酸与还原糖作用，生成大分子的棕色物质，使药物变色。此外，某些外因，如温度、湿度、日光、氧气和杀虫剂等多与变色快慢有关。因此，要防止药材变色，常须干燥、避光、冷藏保存。库房温度最好不要超过 30 ℃，相对湿度控制在 65%～75%。并且贮藏时间不宜过长，要按照“先进先出”的原则进行出货。

（四）泛油

泛油是指含油药材的油质泛于药材的表面，以及某些药材受潮、变色后表面泛出油样物质。例如，柏子仁、杏仁、桃仁、郁李仁等含脂肪油，当归和肉桂等含挥发油，天门冬、孩儿参和枸杞等含糖质，这些药材均易出现泛油现象。除油质成分损失外，药材常易发霉，也易被虫蛀。此类药材最难保管，主要方法是冷藏和避光保存，做到以预防为主，加强养护，控制泛油现象的发生。

此外，药材由于化学成分易自然分解、挥发、升华而不能久贮的，应注意贮存期限。其他如松香久贮后在石油醚中的溶解度降低；明矾和芒硝久贮易风化失水；洋地黄和麦角久贮后其有效成分易分解；冰片等易挥发，走失气味，应装入塑料袋或容器内，避光、避风保存。

二、生药的贮藏

药材的贮藏是药材流通使用中的一个重要环节,是保证药材质量必不可少的重要环节。药材资源丰富,品种多样,各有特性,给药材的仓储养护带来了难度。因此,药材的仓储养护,既需要有传统的经验,又要求有科学的新技术,以达到合理贮存药材,保证品质与疗效的目的。

(一) 生药的仓储养护特点

1. 品种资源丰富,特性各异

在目前所用的中药材中,植物类药材有300~400种,动物类药材80多种;植物类药材又根据药用部分的不同分为根及根茎类、茎木类、皮类、果实类、种子类、叶类、花类等,不同来源的药材因性状不同,结构各异,所含化学成分不同,受贮藏环境和自然条件的影响发生变异的程度也不同,因此对仓储养护的要求也不同。

2. 气候环境的影响

我国地域辽阔,不同地区气候环境的影响也不同。南方与北方区域所栽培的药材都有各自的特色,中药材品种在贮藏保管中,对温度、水分、空气、日光等都有特定的要求,有各自的特点。

3. 贮藏期的影响

药材因含多种成分,尽管贮藏条件适宜,但如果贮藏时间过久,也会受到外界环境的影响或内部次生代谢成分的分解影响而逐渐变化、失效。所以,在仓储中应做到"先入先出,推陈出新",对存放过久的商品要及时处理,对一些含挥发性成分及成分不稳定的药材应规定贮藏期限。

(二) 主要养护要求及传统贮藏方法

药材在贮藏保管中,引起变质的主要因素是温度、湿度,所以控温、控湿是贮藏的首要任务。

1. 控制温度

对大多数真菌和仓虫来说,最适宜生长、繁殖的温度是18~35 ℃,所以夏季最易生虫、发霉。只要把仓储的气温控制在17 ℃以下或36 ℃以上,便可避免发霉、虫蛀。处理时可利用自然界的高温或低温,最好的方法是安装调温设备。个别数量少或贵重的药材如麝香、牛黄等,可放入冰箱保存。

2. 控制湿度

湿度包括药材含水量和空气相对湿度。药材安全含水量为8%~13%。一般来说,当药材含水量在13%以下、空气相对湿度在70%以下时,各种真菌、仓虫会因缺水而死亡。这两个指标必须同时控制,当药材含水量低而空气相对湿度高时,药材会吸收空气中的水分而增加含水量,致使药材生霉、变质。

3. 传统贮藏方法

(1) 石灰缸贮藏:利用生石灰具有极强吸水能力的特点,在贮药缸的底部放置适量的生石灰块,把一些易受潮、虫蛀的药材放入石灰缸中密闭贮藏,如海龙、海马、蛤蚧等。石灰一般可使用1年,已吸湿的石灰要及时更换。

(2) 密封贮藏:密封条件下,利用药材的呼吸作用逐渐消耗密闭环境中的氧气,增加二氧化碳的含量,致使仓虫窒息死亡或减少仓虫的危害,保证中药材的品质。可用容器,也可用布袋多层密闭，或用复合聚丙烯薄膜袋进行真空密封，这些方法均有较好的储藏效果。

(3) 对抗贮藏：利用含有香气的药材与易生虫药材共贮，以达到驱虫、防蛀的目的，又称“对抗养护”。常用的驱虫药材有花椒、冰片、薄荷脑、丁香、肉桂、小茴香、牡丹皮等。贮藏时将这些药材用纱布包裹，置于易生虫药材的密封器中，使挥发性香气逐渐充满空间并保持一定浓度，可以起到防虫蛀的作用。例如，陈皮与高良姜、泽泻与牡丹皮同时存放，不易生虫；有腥味的动物药材如海龙、海马和蕲蛇等，放入花椒后贮藏；土鳖虫、全蝎、斑蝥和红娘子等药材放入大蒜，均可防虫；亦可利用乙醇的挥发蒸气防虫，如在保存瓜蒌、枸杞、哈蟆油等药材的密闭容器中置入瓶装乙醇，使其逐渐挥发，形成不利于害虫生长的环境，以达到防虫的目的。

(4) 自然干燥：将不易走油、变味的药材放在日光下晾晒或暴晒，使药材自然干燥。此法简便易行，既可使药材水分减少，又可杀死害虫。

(三) 贮藏新技术

1. 气调贮藏

气调贮藏是一种新技术，它的原理是调节库内气体成分，充氮或二氧化碳，降氧，使库内充满98%以上的氮气或二氧化碳，而氧气留存不到2%，使害虫因缺氧、窒息而死，以达到控制一切虫害和真菌活动，保证库内贮存物不发霉、不腐烂、不变质的目的。此法具有无毒、无污染、节约费用等优点。

2. 低氧贮藏

应用除氧剂密封贮存保管技术是继真空包装、充气包装之后，在20世纪70年代末发展起来的一项技术。它的主要作用原理是利用其本身与贮藏系统内的氧气产生化学反应，生成一种稳定的氧化物，将氧气去掉，以达到保存商品品质的目的。试验证明，采用除氧剂处理过的贵细药材在长达3年多的贮藏期内品质完好，无虫、无霉。除氧剂具有连续的除氧功能，可维持保管系统稳定的低氧浓度，并方便检查，安全性强。

3. 辐射灭菌

核辐射保藏食品具有方法简便、成本低、杀菌效果好、便于贮存等优点。联合国世界卫生组织、国际原子能机构及粮食组织关于辐照食品卫生标准联合专家委员会认为，经10^4 Gy剂量以下辐照食品在安全范围内，食品不会产生致癌性。我国近年已把此项技术应用于中药材和中成药的灭菌贮藏研究。实验证明，钴射线有很强的灭菌能力，就灭菌效果而言，γ射线用于中成药灭菌十分理想。低剂量照射药品后，含菌量可达到国家标准；高剂量照射药品后，可达到彻底灭菌的目的。利用钴射线对中药材粉末、饮片进行杀虫灭菌处理，据报告是有效的，从而解决了中成药长期以来存在的生虫、发霉和染菌等问题。

练习题

1. 如何确定生药适宜的采收期？
2. 生药的产地加工方法有哪些？
3. 常见的变质现象有哪些？如何防治？

第七章 生药质量的控制与标准制定

学习导图:

生药质量的控制与标准制定
- 影响生药质量的因素
- 生药的道地性与道地药材
- 生药的安全性检查
- 生药质量控制的依据及质量标准的制定

案例:

1.《中华人民共和国药典》中菊花为菊科植物菊 *Chrysanthemum morifolium* Ramat. 的干燥头状花序。药材按产地和加工方法不同,分为亳菊、滁菊、贡菊、杭菊、怀菊,请讨论如何用新技术和新方法区分不同产地和加工方法的菊花,确定其道地性。

2.《中华人民共和国药典》是法定的药品标准,其颁布实施将有利于整体提升我国药品标准水平,进一步保障公众用药安全,推动医药产业结构调整,促进我国医药产品走向国际,实现由制药大国向制药强国的跨越。请讨论如何科学、合理地完善《中华人民共和国药典》。

第一节 影响生药质量的因素

影响生药质量的因素有自然因素和人为因素。自然因素包括生药品种、植物的遗传与变异、植物的生长发育、植物的环境因素等;人为因素主要有生药的采收、加工、炮制、贮藏等多个方面。

一、自然因素

生药品种的鉴定是质量控制的首要环节。防己的商品药材多达十余种,有粉防己 *Stephania tetrandra* S.Moore、木防己 *Cocculus orbiculatus*(L.)DC.、广防己 *Isotrema fangchi* X. X. zhu, S. Liao et J. S. Ma、川防己 *A. austroszechuanica* C.P.Chien et C.Y.Cheng,分别属于防己科和马兜铃科植物,只有粉防己含有肌肉松弛性成分,才能作为“汉肌松”的原料,而广防己含马兜铃酸(aristolochic acid),具有肾毒性,《中华人民共和国药典》已不再收载,取消了其药用标准。同一生药的基原不同,质量也有很大的差别。

植物的遗传与变异、植物的生长发育对生药质量可产生影响。生长在不同地区的同一物种,因长期生长环境不同,其生长过程及形态特征常会产生一定的差异,种内的次生代谢产物常会发生变化,而植物有效成分的含量也随不同生长时期而变化。例如,栀子

(山栀)*Gardenia jasminoides* Ellis 果实的主要有效物质藏红花素(crocin)和栀子苷(京尼平苷,geniposide)的积累动态与其生长发育的关系可分为两个变化阶段:从开花到第 6 周,这期间果实的鲜重急剧增加,外形增大,与此相应栀子苷的生物合成达到全盛,但这个时期藏红花素还未生成;第二阶段从开花后的第 7 周起,藏红花素开始形成,果实逐渐成熟且重量增加,特别在第 10 周后,藏红花素急剧增加,直至果实成熟其含量仍在增加,但在此期间栀子苷含量没有变化。

各种环境因素,包括药用植物生活空间的各种自然条件、生物和人类影响的总和,如气候、土壤、地形、生物和人类的活动等,都会影响生药的质量。光照是植物光合作用的主要因子,可影响次生代谢产物在植物体内的积累。例如,洋地黄昼夜间叶中强心苷含量有明显变化,这是由于这些成分是植物的同化组织在阳光照射下逐步合成的,因此在日出前采集的叶中强心苷的含量低,在中午或下午含量达到最高峰,因而午后采集的叶子具有较高的生物活性。温度变化能影响植物体内酶的活性和生化反应速度,从而影响植物的生长发育和活性成分的积累。土壤的类型、土壤元素和 pH 等对药用植物活性成分的积累也有一定的影响。

植物生长还会受到生活环境中其他生物的影响,主要包括动物、植物相互之间的影响和微生物的影响。例如,内生真菌(endophytic fungi)能够参与植物次生代谢及成分的转化合成,产生一些生物活性成分,一些化学成分与宿主植物产生的化学成分相同或结构相似。也有宿主植物难以产生的新化合物,如南海红树 *Rhizophora chinensis* L.嫩叶中的内生真菌可以产生一种新化合物异香豆素(aviccruin A),该化合物具有显著的通便、退热和抗癌活性。

二、人为因素

人为因素对生药品质的影响主要包括栽培方式和条件、采收、加工、炮制、贮藏等因素,它们对生药的品质也会产生较大的影响。

药用植物栽培涉及生长环境、种质资源、良种繁育、田间管理、病虫害防治等多个环节,同一生药在不同的栽培方式和生长条件下,其质量会有很大的差别。由于药用植物在不同的生长期,有效成分的含量有很大的变化,因此,制定合适的采收时间对保证生药的质量十分重要。例如,桔梗中皂苷的含量以 4 月份返青前最高(10.17%),随着地上植株的不断生长发育,根中皂苷的含量呈不断下降的趋势,10 月份时最低(4.19%),以后又逐渐回升。有些药用植物有效成分的含量具有以日为周期变化的特点,因此应注意一天中的采收时间。另外,不同的加工方法、贮藏条件对生药的有效成分含量会产生影响。例如,干燥与温度不当会造成挥发油挥发和损失;在贮藏过程中,受环境温度、湿度、光线及氧等的作用,会发生霉烂、虫蛀、变色和泛油等现象,导致药材变质,影响其临床疗效。

人为的伪造、掺假现象对生药的质量也有重要的影响。一些贵重的药材,如人参、冬虫夏草等,在商品药材中经常会发现以其他形态相似品种来冒充正品,或人为加工制造伪品(如以淀粉压模制作冬虫夏草)。还有不法商贩在药材中掺入非药用部分或密度大的矿物质等以增加药材的重量。

第二节 生药的道地性与道地药材

道地药材(Dao-di Herbs, famous-region drugs)是指经过中医临床长期应用优选出来的,在特定地域通过特定生产过程所生产的,较其他地区所产的同种药材品质佳、疗效好,具有较高知名度的药材。(2011 年 2 月 23 日召开的关于道地药材问题的"香山科学会议"第 390 次学术讨论会确定。该讨论会的主题为"道地药材品质特征及其成因的系统研究",此次会议由中国中医科学院提议召开,由中国科学院学术部主持。)

传统的中医临床经验及近代研究均表明,产于不同地区、不同生态条件下的同种生药(包括同一物种来源的生药),其质量可能差异很大。一般来讲,道地药材具有特定的种质(遗传因素),且在特定的自然环境条件地域内生长(环境因素),其生产加工技术成熟、规范,又经过中医长期临床实践而确定为优质药材(人文因素)。讲究道地药材是我国历代医家保证生药质量和临床疗效的成功经验,是中药材质量控制的一项独具特色的综合判别标准的体现。

一、道地性的含义

道地药材是在一定的地域内形成的,具有明显的地理性。道地药材原指产于某道的名牌药材,"道"是指过去的行政划分区。"道地"本指各地特产,后演变为货真价实、质优可靠的代名词。

道地药材的实质之一为"同种异地",其品质和疗效要优于其他产地的药材,这种差异是由物种本身所具有的遗传特征和环境因素共同作用的结果。所以,从生物学上来说,"道地"的形成是基因与环境之间相互作用的产物,主要依赖于其优良的物种遗传基因与特定的自然生态环境。遗传基因为内在因素,控制着生物体内的有效成分合成;自然生态环境为外在因素,这里的"特定"不是由研究者根据研究目的方便划定的,而是由一定的土壤、光照、温度、湿度等环境因素所决定的,有着比较稳定的边界,药用植物对这个特定的环境长期适应而产生某些获得性遗传性种内变异,形成一个比较稳定的"地方居群",从而形成质优的道地药材,这一特定地区被称为药材的道地产地。

道地药材的形成与我国传统的中医药理论亦有密切关系,包含着我国历代医药学家的科学智慧和临床实践经验,是在我国长期的中医临床实践中经历考验而产生的。仅有药材资源,没有中医理论指导的相关文化背景及相应完善的生产加工技术和长期的商贸活动,难以形成道地药材。例如,药材菊花始载于《神农本草经》,被列为上品。随着对菊花认知的不断深入,至《本草纲目》中已录有百余种。根据产地和加工方式及中医临床应用的结果,目前菊花道地品种主要有亳菊、杭菊、贡菊、滁菊等。

二、我国主要的道地药材

根据道地药材的地理分布,通常主要分为关药、北药、怀药、浙药、江南药、川药、云药、贵药、广药、西药和藏药,道地药材的命名通常在药名前冠以地名,如川贝母、关黄柏、浙玄参等。少数道地药材名前面的地名为该药材传统的或主要的集散地或进口地,而不是指产地。例如,藏红花(西红花)是指番红花,最初经由西藏传入我国;广木香是指由广东进口而来的木香。

1. 关药

关药通常是指东北地区所出产的优质药材。著名的关药有人参、关马茸、花鹿茸、关防风、关黄柏、辽细辛、关龙胆等。

2. 北药

北药通常是指华北、西北地区和内蒙古等地区所出产的优质药材，亦有将东北地区产的药材划分到北药范围。例如，著名的"四大北药"为潞党参、北(西)大黄、北黄芪、岷当归。此外，常用北药还有济银花、北板蓝根、连翘、酸枣仁、远志、黄芩、北赤芍、西陵知母、宁夏枸杞子、山东阿胶、北全蝎等。

3. 怀药

怀药泛指河南省境内所产的优质药材。河南地处中原，怀药分南、北两大产区，产常用药材300余种。著名的"四大怀药"为怀地黄、怀山药、怀牛膝、怀菊花。此外，尚有密(南)银花、怀红花、南全蝎等。

4. 浙药

浙药亦称杭药、温药，包括浙江及沿海大陆架所出产的优质药材，有常用药材400余种。著名的"浙八味"为白术(於术)、杭白芍、浙玄参、延胡索、杭菊花、杭麦冬、温郁金、浙贝母。此外，还有山茱萸、温朴、天台乌药、杭白芷等。

5. 江南药

江南药包括湘、鄂、苏、皖、闽、赣等淮河以南省区所产的优质药材。例如，安徽亳州的亳菊、滁州的滁菊、歙县的贡菊、铜陵的凤丹皮、霍山石斛、宣城木瓜；江苏的苏薄荷、茅苍术、太子参、蟾酥等；福建的建泽泻、闽西建乌梅、蕲蛇、建神曲；江西的江枳壳、宜春江香薷、丰城鸡血藤、泰和乌鸡；湖北大别山的茯苓、鄂北蜈蚣、江汉平原的龟甲、鳖甲、襄阳山麦冬、板桥党参、鄂西味连和紫油厚朴、长阳资丘木瓜、独活；湖南平江白术、沅江枳壳、湘乡木瓜、邵东湘玉竹、零陵薄荷、零陵香、湘红莲、升麻等。

6. 川药

川药是指四川所产的优质药材。四川是我国著名药材产区，所产药材近千种，居全国第一位。川产珍稀名贵药材有麝香、冬虫夏草、川黄连、川贝母、石斛、熊胆、川天麻等；川产大宗商品药材有绵阳麦冬、川泽泻、中江白芍、遂宁白芷、川牛膝、黄丝郁金、川黄柏、灌县川芎、江油附子、川木香、雅黄(大黄)、川枳壳、川杜仲、川朴、巴豆、合川使君子、明党参、汉源花椒、川红花等。

7. 云药

云药是指滇南和滇北所出产的优质药材。滇南出产诃子、槟榔、儿茶等，滇北出产云茯苓、云木香、冬虫夏草等；处于滇南和滇北之间的文山地区盛产三七，并闻名于世。此外，尚有云黄连、云当归、坚龙胆、天麻等。云南的雅连、云连占全国产量的绝大部分；云苓体重坚实、个大圆滑、不破裂；大麻体重质坚、色黄色、半透明；半夏个圆、色白似珠，称"地珠半夏"。云中的著名野生药材有穿山甲、蛤蚧、金钱白花蛇。

8. 贵药

贵药是指以贵州为主要产地的优质药材。著名贵药有贵天麻、杜仲、天冬、吴茱萸、雄黄、朱砂等。

9. 广药

广药又称“南药”,系指广东、广西南部及海南、台湾等地区出产的优质药材。著名的“四大南药”为槟榔、阳春砂、巴戟天、益智。桂南一带出产的药材有鸡血藤、广豆根、肉桂、石斛、广金钱草、桂莪术、三七、穿山甲、蛤蚧等;珠江流域出产的药材有广藿香、高良姜、广防己、化橘红、陈皮、何首乌等;台湾地区出产的樟脑曾垄断世界市场。

10. 西药

西药是指“丝绸之路”的起点、西安以西的广大地区,包括陕、甘、宁、青、新及内蒙古西部所产的优质药材。著名的“秦药”为秦皮、秦归、秦艽。此外,还有新疆的甘草、伊贝母、软紫草、阿魏、西麻黄、肉苁蓉、锁阳、多伦赤芍、西牛黄、西马茸等。

11. 藏药

藏药是指青藏高原所产的优质药材。著名的藏药有冬虫夏草、雪莲花、炉贝母等。此外,还有麝香、胡黄连、羌活、雪上一枝蒿、甘松、红景天、雪灵芝、西藏狼牙刺、洪连、小叶莲、绵参、藏茵陈等。

第三节　生药质量控制的依据及质量标准的制定

质量稳定的中药材及其饮片是临床用药安全有效、中成药质量稳定的先决条件。因此,制定生药质量标准,有效控制生药质量,具有重要的科学意义和实际应用价值。

一、质量控制的依据

目前,我国生药质量控制主要依据三级标准:一级为国家药典标准;二级为局(部)颁标准;三级为地方标准。

(一) 国家药典

药典是国家对药品质量标准及检验方法所做的技术规定,是药品生产、供应、使用、检验、管理部门共同遵循的法定依据。《中华人民共和国药典》(*Pharmacopoeia of the People's Republic of China*,简称《中国药典》*Chinese Pharmacopoeia*,缩写为 Ch.P.)是我国控制药品质量的标准,收载使用较广、疗效较好的药品。《中国药典》自 1953 年版起至 2025 年版止,共出版 12 版。目前,主要以 2025 年版《中国药典》作为生药质量控制的依据。

现行 2025 年版《中国药典》经国家药品监督管理局会同国家卫生健康委员会批准颁布,2025 年 3 月出版发行,2025 年 10 月 1 日起正式执行。2025 年版《中国药典》分一部、二部、三部和四部,收载品种总计 6 385 种,新增 159 种,修订 1 101 种,不再收载 32 种。其中,一部中药收载品种共计 3 069 种,新增 28 种,修订 420 种,不再收载 19 种;二部化学药收载品种共计 2 776 种,新增 66 种,修订 483 种,不再收载而转四部收载 2 个药用辅料品种;三部生物制品收载品种共计 153 种,新增 13 种,修订 62 种,不再收载 13 种;四部收载药用辅料共计 387 种,新增 52 种,修订 136 种。本版药典收载通用技术要求共计 410 个,新增 69 个,修订 133 个。其中,三部生物制品新增通则(总论)13 个,修订 31 个;四部新增通则 56 个,修订 102 个。本版药典收载指导原则共计 72 个,新增 33 个,修订 17 个,不再收载 3 个。其中,三部生物制品新增 5 个;四部新增 28 个,修订 17 个,不再收载 3 个。2025 年版《中国药典》紧跟国际制药发展前沿,关注热点领域,加快推进医药创新形成的新技术、新方法、新工具标准转化,不断扩大成熟先进检测技术的应用,为药品质量控制提供规范性好、适用性强、应用稳定、可靠性高的检测方法,药品质量可控性得到显著提高。2025 年版《中国药典》(一部)每种药材项下内容为:中文名、汉语拼音、拉丁名、基原(来源)、性状、鉴别、检查、浸出物、含量测定、饮片(炮制、性状、鉴别、检查、含量测定)、性味与归经、功能与主治、用法与用量、贮藏。

(二) 局(部)颁标准

2018 年 3 月,第十三届全国人民代表大会第一次会议批准的国务院机构改革方案提出,将国家工商行政管理总局、国家质量监督检验检疫总局、国家食品药品监督管理总局、国家发展和改革委员会价格监督检查与反垄断执法、商务部的经营者集中反垄断执法以及国务院反垄断委员会办公室等职责整合,组建国家市场监督管理总局,作为国务院直属机构。国家市场监督管理总局(SAMR)颁布的药品标准,简称局颁标准。中药品种繁多,由于基原相近、外形相似等原因,存在众多的“同名异物”和“同物异名”现象,除《中国药典》收载的品种外,其余的品种凡来源清楚、疗效确切、较多地区经营使用的中药材,本着“一名一物”原则,分期分批,由国家药典委员会组织编写、收入局颁标准,作为药典的补充标准。1998 年以前,国家药典委员会隶属卫生部,当时该标准由卫生部批准颁发执行,称为部颁标准。

(三) 地方标准

各省、直辖市、自治区卫生厅(局)审批的药品标准及炮制规范,简称地方标准。此标准系《中国药典》及局(部)颁标准中未收载的本地区经营、使用的药品,或虽有收载但规格有所不同的本地区生产的药品,它具有地区性的约束力。

现行的《中华人民共和国药品管理法》取消了中成药的地方标准,规定“药品必须符合国家药品标准”。由于中药材、中药饮片品种很多,规格不一,各地方用药习惯、炮制方法不统一,全部纳入规范化、标准化管理有现实困难,故中药材的地方标准目前仍然存在,但药品管理法原则规定:“实施批准文号管理的中药材、中药饮片品种目录由国务院药品监督管理部门会同国务院中医药管理部门制定。”

上述三个标准,以国家药典为准,局(部)颁标准为补充,凡是在全国经销的药材或用于生产中成药的药材,必须符合国家药典和局(部)颁标准,凡不符合以上两个标准或使用其他地方标准的药材,可鉴定为伪品。地方标准只能在相应制定地区使用。

二、质量标准的制定

生药质量标准的制定必须建立在细致的考察及试验基础上,各项试验数据必须准确、可靠,以保证生药质量的可控性和重现性。

生药质量标准由质量标准草案及起草说明组成,质量标准草案包括名称、汉语拼音、药材拉丁名、基原(来源)、性状、鉴别、检查、浸出物、含量测定、炮制、性味与归经、功能与主治、用法与用量、注意及贮藏等项。起草说明是说明制定质量标准中各个项目的理由,规定各项目指标的依据、技术条件和注意事项等,既要有理论解释,又要有实践工作的总结及试验数据。

质量标准有关项目内容的技术要求如下。

1. 名称、汉语拼音、药材拉丁名

按中药命名的原则要求制定。

2. 基原(来源)

基原包括原植(动)物的科名、中文名、学名、药用部分、采收季节和产地加工等,矿物药包括矿物的类、族、矿石名或岩石名、主要成分及产地加工。

(1) 原植(动、矿)物须经鉴定,确定原植(动)物的科名、中文名及学名,矿物的中文名及拉丁名。

(2) 药用部分是指植(动、矿)物经产地加工后可药用的某一部分或全部。

(3) 采收季节和产地加工系指能保证药材质量的最佳采收季节和产地加工方法。

起草说明包括药材鉴定详细资料,以及原植(动)物的形态描述、生态环境、生长特性、产地和分布。引种或野生变家养的植物、动物药材,还应有与原种或野生的植物、动物对比的资料。

3. 性状

性状系指关于药材的外形、颜色、表面特征、质地、断面及气味等的描述,除必须鲜用的按鲜品描述外,一般以完整的干药材为主;易破碎的药材还须描述破碎部分。描述要抓住主要特征,做到文字简练、术语规范、描述确切。

4. 鉴别

选用方法要求专属、灵敏。包括经验鉴别、显微鉴别(组织切片、粉末或表面制片、显微化学)、一般理化鉴别、色谱或光谱鉴别及其他方法的鉴别。色谱鉴别中应设化学对照品或对照药材。

5. 检查

检查项目包括杂质、水分、灰分、酸不溶性灰分、重金属、砷盐、农药残留量、有关毒性成分及其他必要的检查项目。起草说明包括各检查项目的理由及其试验数据,阐明确定该检查项目限度指标的意义及依据,重金属、砷盐、农药残留量的考察结果及是否列入质量标准的理由。

6. 浸出物测定

可参照《中国药典》附录浸出物测定要求,结合用药习惯、药材质地及已知的化学成分类别等选定适宜的溶剂,测定其浸出物量,以控制质量。浸出物量的限(幅)度指标应根据实测数据制定,并以药材的干品计算。

7. 含量测定

应建立有效成分含量测定项目,操作步骤叙述应准确,术语和计量单位应规范。含量限(幅)度指标应根据实测数据制定。起草说明中应提供的内容如下:根据样品的特点和有关化学成分的性质,选择相应测定方法的依据;阐明含量测定方法的原理;确定该测定方法的方法学考察资料和相关图谱(包括测定方法的线性关系、精密度、重复性、稳定性试验及回收率试验等);阐明确定该含量限(幅)度的意义及依据(至少应有 10 批样品 20 个数据)。

在建立化学成分的含量测定有困难时,可建立相应的图谱测定或生物测定等其他方法。

8. 炮制

根据用药需要进行炮制的品种,应制定合理的加工炮制工艺,明确辅料用量和炮制品的质量要求。

9. 性味与归经、功能与主治、用法与用量、注意及贮藏等项

根据该药材的研究结果制定。

另外,有关质量标准的书写格式,参照现行版《中国药典》要求进行书写。

练习题

1. 何谓道地药材? 简述我国主要的道地药材。
2. 简述生药质量标准草案的内容。
3. 影响生药质量的因素有哪些?

第三篇 药用植物分类及代表生药

第八章 藻类植物

学习导图:

藻类植物
- 概述
- 蓝藻门
- 绿藻门
- 红藻门
- 褐藻门

案例:

1. 葛仙米 *Nostoc commune* Vauch.、石莼 *Ulva lactuca* L.、甘紫菜 *Porphyra tenera* Kjellm.、海带 *Laminaria japonica* Aresch.等4种藻类植物光合作用的主要产物有什么差别?

2.《中国药典》中收录的药材海藻为马尾藻科植物海蒿子 *Sargassum pallidum* (Turn.) C. Ag.或羊栖菜 *S. fusiforme* (Harv.) Setch.的干燥藻体。请讨论这两种来源的海藻如何区分?

第一节 概 述

藻类植物(algae)是一群极古老和原始的植物。根据发掘的化石推测,约33亿年前出现原核蓝藻,15亿年前已有和现在的藻类相似的个体。藻类植物约有3万种,广布于全世界。大多数藻类植物生活于淡水或海水中,少数生活于潮湿的土壤、树皮和石头上。有的浮游在水中,有的固着在水中岩石上或附着于其他植物体上;有些类群能在零下数十度的南、北极或终年积雪的高山上生活,有的可在100 m深的海底生活,有的(如蓝藻)能在高达85 ℃的温泉中生活;有的藻类能与真菌共生,形成共生复合体,如地衣。

藻类植物体构造简单,没有真正的根、茎、叶的分化。有单细胞的,如小球藻、衣藻、原球藻等;有多细胞呈丝状的,如水绵、刚毛藻等;有多细胞呈叶状的,如海带、昆布等;呈树枝状的,如马尾藻、海蒿子、石花菜等。藻类的植物体通常较小,小者只有几个微米,在显微镜下方可看出它们的形态构造;但也有较大的,如生长在太平洋中的巨藻,长可达60 m

以上。

藻类植物的生殖方式一般分为无性和有性两种。无性生殖产生孢子,产生孢子的一种囊状结构细胞叫孢子囊(sporangium)。孢子不需要结合,一个孢子可长成一个新个体。孢子主要有游动孢子、不动孢子(又叫静孢子)和厚壁孢子 3 种。有性生殖产生配子,产生配子的一种囊状结构细胞叫配子囊(gametangium)。在一般情况下,配子必须两两相结合成为合子,由合子萌发长成新个体,或由合子产生孢子长成新个体。根据相结合的两个配子的大小、形状、行为又分为同配、异配和卵配。同配是指相结合的两个配子的大小、形状、行为完全一样;异配是指相结合的两个配子的形状一样,但大小和行为有些不同。大的不太活泼,叫雌配子;小的比较活泼,叫雄配子。卵配是指相结合的两个配子的大小、形状、行为都不相同。大的呈圆球形,不能游动,特称为卵;小的具鞭毛,很活泼,特称为精子。卵和精子的结合叫受精,受精卵即形成合子。合子不在性器官内发育为多细胞的胚,而是直接形成新个体,故藻类植物是无胚植物。

藻类植物的细胞内具有和高等植物一样的叶绿素、胡萝卜素、叶黄素,能进行光合作用,属自养型植物。各种藻类通过光合作用制造的养分以及所贮藏的营养物质是不相同的,如蓝藻贮存蓝藻淀粉、蛋白质粒,绿藻贮存淀粉、脂肪,褐藻贮存的是褐藻淀粉、甘露醇,红藻贮存的是红藻淀粉等。此外,藻类植物还含有其他色素,如藻蓝素、藻红素、藻褐素等,因此,不同种类的藻体呈现不同的颜色。

藻类植物分布广泛,经济价值较高。许多海洋藻类不仅资源丰富、生长繁殖快,而且含有丰富的蛋白质、脂肪、碳水化合物、各种氨基酸、多种维生素、抗生素、高级不饱和脂肪酸以及其他活性物质。近年来,从藻类中寻找新的药物或先导化合物,成为研究的热点。陆续发现了具有抗肿瘤、抗菌、抗病毒、抗真菌、降血压、降胆固醇、防止冠心病和慢性气管炎、抗放射性等广泛生物活性的化合物。海洋藻类将是人类寻找新的药物资源、发展保健食品等的重要资源。我国已知的药用藻类有 115 种。

第二节 分类与主要药用植物代表

根据藻类细胞内所含色素、贮藏物的不同,以及植物体的形态构造、繁殖方式、细胞壁的成分等方面的差异,将藻类分为八个门:蓝藻门(Cyanophyta)、裸藻门(Euglenophyta)、绿藻门(Chlorophyta)、轮藻门(Charophyta)、金藻门(Chrysophyta)、甲藻门(Pyrrophyta)、红藻门(Rhodophyta)、褐藻门(Phaeophyta)。现将与药用以及分类系统上关系较大的四个门(蓝藻门、绿藻门、红藻门和褐藻门)简述如下。

一、蓝藻门

(一)主要特征

蓝藻(blue-green algae)也称蓝细菌(cyanobacteria)(现代分类属于细菌域),属于原核生物,是一门最简单而原始的自养型原核生物。蓝藻细胞壁的主要化学成分是黏肽(peptidoglycan),在细胞壁的外面有由果胶酸(pectic acid)和黏多糖(mucopolysaccharide)构成的胶质鞘(gelatinous sheath)包围。有些种类的胶质鞘容易水化,有的胶质鞘比较坚固,易形成层理。胶质鞘中还常常含有红、紫、棕等非光合作用的色素。

蓝藻植物细胞里的原生质体分化为中心质(centroplasm)和周质(periplasm)两部分。中心质又叫中央体(central body),位于细胞中央,其中含有DNA,蓝藻细胞中无组蛋白,不形成染色体,DNA以纤丝状存在,无核膜和核仁的结构,但有核的功能,故称原核植物。

周质又称色素质(chromatoplasm),在中心质的四周,蓝藻细胞没有分化出载色体等细胞器(organelle)。在电子显微镜下观察,周质中有许多扁平的膜状光合片层(photosynthetic lamellae),即类囊体(thylakoid)。这些片层不集聚成束,而是单条、有规律地排列,它们是光合作用的场所。光合色素存在于类囊体的表面,蓝藻的光合色素有三类:叶绿素a、藻胆素(phycobilin)及一些黄色色素。藻胆素为一类水溶性的光合辅助色素,它是藻蓝素(phycocyanobilin)、藻红素(phycoerythrobilin)和别藻蓝素(allophycocyanin)的总称。由于藻胆素与蛋白质紧密地结合在一起,所以又总称为藻胆蛋白(phycobiliprotein)或藻胆体(phycobilisome),在电镜下呈小颗粒状分布于内囊体表面。蓝藻光合作用的产物为蓝藻淀粉(cyanophycean starch)和蓝藻颗粒体(cyanophycin),这些营养物质分散在周质中;周质中还有一些气泡(gas vacuole),充满气体,具有调节蓝藻细胞浮沉的作用,在显微镜下观察呈黑色、红色或紫色。

蓝藻植物体有单细胞、群体或丝状体(filament),有些蓝藻在每条丝状体中只有一条藻丝,而有些种类有多条藻丝;有些蓝藻的藻丝上还常含有一种特殊细胞,叫异形胞(heterocyst)。异形胞是由营养细胞形成的,一般比营养细胞大。在形成异形胞时,细胞内的贮藏颗粒溶解,光合作用片层破碎,形成新的膜,同时分泌出新的细胞壁物质于细胞壁外边,所以在光学显微镜下观察,细胞内是空的。

(二) 繁殖方式

蓝藻能以细胞直接分裂的方式进行繁殖。单细胞类型是指细胞分裂后,子细胞立即分离,形成单细胞;群体类型是指细胞反复分裂后,子细胞不分离,形成多细胞的大群体,然后群体破裂,形成多个小群体;丝状体类型是以形成藻殖段(hormogonium)的方式进行营养繁殖。藻殖段是由于丝状体中某些细胞的死亡,或形成异形胞,或在两个营养细胞间形成双凹分离盘(separation disc),或由于外界的机械作用将丝状体分成许多小段,每一小段称为一个藻殖段,以后每个藻殖段发育成一个丝状体。

蓝藻除了进行营养繁殖外,还可以产生孢子,进行无性生殖。比如,在有些丝状体类型中,可以通过产生厚壁孢子(akinete)、外生孢子(exospore)或内生孢子(endospore)的方式来进行无性生殖。厚壁孢子是由普通营养细胞的体积增大、营养物质的积蓄和细胞壁的增厚形成的。此种孢子可长期休眠,以度过不良环境,待环境适宜时,孢子萌发,分裂形成新的丝状体。形成外生孢子时,细胞内原生质发生横分裂,形成大小不等的两块原生质,上端一块较小,形成孢子,基部一块仍具有分裂能力,继续分裂形成孢子。内生孢子极少见,由母细胞增大、原生质进行多次分裂形成许多具有薄壁的子细胞,母细胞破裂后孢子被释放出来。

(三) 分布

蓝藻分布很广,淡水、海水中,潮湿地面、树皮、岩面和墙壁上都有生长,主要生活在水中,特别是在营养丰富的水体中,夏季大量繁殖,集聚于水面,形成水华(water bloom)现象。此外,还有一些蓝藻与其他生物共生,如有的与真菌共生形成地衣,有的与蕨类植物满江红(*Azolla*)共生,还有的与裸子植物苏铁(*Cycas*)共生。

蓝藻约有 150 属，1 500 种以上，不少种类含有丰富的蛋白质、氨基酸等营养物质，可供食用、药用或制成保健食品，如螺旋藻 *Spirulina platensis*（Nordst.）Geitl.、葛仙米 *Nostoc commune* Vauch.、发菜 *Nostoc flagelliforme* Harv. ex Molinari，Calvo-Pérez et Guiry 等。某些蓝藻的提取物有抗炎和抗肿瘤作用。

（四）蓝藻门的分类及药用植物代表

蓝藻门现存 1 500～2 000 种，分为色球藻纲（Chroococcophyceae）、段殖体纲（Hormogonephyceae）和真枝藻纲（Strigonematophyceae）三纲。它们的祖先出现于距今 35 亿至 33 亿年前，是已知地球上出现最早、最原始的光合自养型生物。

1. 色球藻属（*Chroococcus*）

色球藻属属于色球藻纲。植物体为单细胞或群体。单细胞时，细胞呈球形，外被固体胶质鞘。群体是由两代或多代的子细胞在一起形成的。每个细胞都有个体胶鞘，同时还有群体胶鞘包围着。细胞呈半球形或四分体形，在细胞相接触处平直。胶质鞘透明无色，浮游生活于湖泊、池塘、水沟内，有时也生活在潮湿地上、树干上或滴水的岩石上。

2. 颤藻属（*Oscillatoria*）

颤藻属属于段殖体纲。植物体是由一列细胞组成的丝状体，常丛生，并形成团块。细胞呈短圆柱状，长大于宽，无胶质鞘，或有一层不明显的胶质鞘。丝状体能前后运动或左右摆动，故称颤藻。以藻殖段进行繁殖，生于湿地或浅水中。

3. 念珠藻属（*Nostoc*）

念珠藻属属于段殖体纲。植物体是由一列细胞组成的不分枝的丝状体。丝状体常常无规则地集合在一个公共的胶质鞘中，形成肉眼能看到或看不到的球形体、片状体或不规则的团块。细胞呈圆形，排成一行如念珠状。丝状体有个体胶鞘或无。异形胞壁厚，以藻殖段进行繁殖。丝状体上有时有厚壁孢子。

[药用植物代表]

葛仙米 *Nostoc commune* Vauch.　念珠藻科植物，植物体由许多圆球形细胞组成不分枝的单列丝状体，形如念珠（图 8-1）。丝状体外面有一个共同的胶质鞘，形成片状或团块状的胶质体。在丝状体上相隔一定距离产生一个异形胞，异形胞壁厚，与营养细胞相连的内壁为球状加厚，叫作节球。在两个异形胞之间，或由于丝状体中某些细胞的死亡，将丝状体分成许多小段，每小段即形成藻殖段（连锁体）。异形胞和藻殖段的产生，有利于丝状体的断裂和繁殖。葛仙米生于湿地或地下水位较高的草地上。可供食用和药用，民间习称地木耳，能清热收敛、明目。

图 8-1　葛仙米

其他药用植物：海雹菜 *Brachytrichia quoyi*（C. Ag.）Born. et Flah.、苔垢菜 *Calothrix crustacea*（Chanv.）Thur. 均具有解毒、利水之功效。螺旋藻 *Spirulina platensia*（Nordst.）Geitl. 的藻体富含蛋白质、维生素等多种营养物质，可用于治疗营养不良症及增强免疫力。

二、绿藻门

(一) 主要特征

绿藻门植物体的形态多种多样,有单细胞、群体、丝状体或叶状体,少数单细胞和群体类型的营养细胞前端有鞭毛,终生能运动,但绝大多数绿藻的营养体不能运动,只有繁殖时形成的游动孢子和配子有鞭毛,能运动。

绿藻细胞壁分两层,内层的主要成分为纤维素,外层是果胶质,常常黏液质化。细胞内充满原生质。在原始类型中,原生质中只形成很小的液泡;但在高级类型中,像高等植物一样,中央有一个大液泡。绿藻细胞中的载色体和高等植物的叶绿体结构类似,电子显微镜下观察,可见双层膜包围,光合片层为3~6条叠成束排列,载色体所含的色素也和高等植物相同,主要色素有叶绿素a和b、α-胡萝卜素、β-胡萝卜素以及一些叶黄素类;在载色体内通常有一至数枚蛋白核(pyrenoid),同化产物是淀粉,其组成与高等植物的淀粉类似,也由直链淀粉组成,多贮存于蛋白核周围。细胞核一至多数。

(二) 繁殖方式

绿藻的繁殖方式有营养繁殖、无性生殖和有性生殖三种。

1. 营养繁殖

一些大的群体和丝状体绿藻常因动物摄食、流水冲击等机械作用而发生断裂。可能由于丝状体中某些细胞形成孢子或配子,在放出配子或孢子后从空细胞处断裂;或由于丝状体中细胞间胶质膨胀、分离而形成单个细胞或几个细胞的短丝状。无论什么原因,断裂产生的每一小段都可发育成新的藻体,因而这是营养繁殖的一种途径。某些单细胞绿藻遇到不良环境时,细胞可多次分裂形成胶群体,待环境好转时,每个细胞又可发育成一个新的植物体。

2. 无性生殖

绿藻可通过形成游动孢子(zoospore)或静孢子(aplanospore)进行无性繁殖。游动孢子无壁,形成游动孢子的细胞与普通营养细胞没有明显区别,有些绿藻全体细胞都可产生游动孢子,但群体类型的绿藻仅限于一定的细胞中产生游动孢子。在形成游动孢子时,细胞内原生质体收缩,形成一个游动孢子,或经过分裂形成多个游动孢子。游动孢子多在夜间形成,黎明时放出,或在环境突变时形成游动孢子。游动孢子放出后,游动一个时期,缩回或脱掉鞭毛,分泌一层壁,成为一个营养细胞,继而发育成为新的植物体。有些绿藻以静孢子进行无性生殖。静孢子无鞭毛,不能运动,有细胞壁。在环境条件不良时,细胞原生质体分泌厚壁,围绕在原生质体的周围,并与原有的细胞壁愈合,同时细胞内积累了大量的营养物质,形成厚壁孢子,待环境适宜时即发育成新的个体。

3. 有性生殖

绿藻不少种类的生活史中有明显的世代交替现象,有性世代较明显。有性生殖的生殖细胞叫配子(gamete)。两个生殖细胞结合形成合子(zygote)。合子可直接萌发形成新个体,或经过减数分裂先形成孢子,再由孢子进一步发育成新个体。如果是形状、结构、大小和运动能力完全相同的两个配子结合,称为同配生殖(isogamy)。如果两个配子的形状和结构相同,但大小和运动能力不同,则这两种配子的结合被称为异配生殖(anisogamy)。其中,大而运动能力迟缓的为雌配子(female gamete),小而运动能力强的为雄配子(male gamete)。两个配子在形状、大小、结构和运动能力等方面都不相同时,其中,大的配子无鞭毛、不能运动，称为卵(egg)；小而有鞭毛、能运动的，称为精子(sperm)；精卵结合，称为卵式生殖(oogamy)。如果是两个没有鞭毛、能变形的配子结合，则称为接合生殖(conjugation)。

（三）分布

绿藻分布在淡水和海水中，海产种类约占10%，90%的种类分布于淡水或潮湿土表、岩面或花盆壁等处，少数种类可生于高山积雪上。还有少数种类与真菌共生形成地衣体。绿藻对净化水体起很大作用。

（四）绿藻门的分类及药用植物代表

绿藻是藻类植物中种类最多的一个类群，现存350属，约6 700种，分为绿藻纲(Chlorophyceae)和接合藻纲(Conjugatophyceae)两纲。常见主要代表种属如下。

1. 衣藻属(*Chlamydomonas*)

衣藻是常见的单细胞绿藻，生活于含有有机质的淡水沟和池塘中。植物体呈卵形、椭圆形或圆形，体前端有两条顶生鞭毛，是衣藻在水中的运动器官。细胞壁分两层，内层的主要成分为纤维素，外层是果胶质。载色体形状如厚底杯，在基部有一个明显的蛋白核。细胞中央有一个细胞核，在鞭毛基部有两个伸缩泡(contractile vacuole)，一般认为是排泄器官。眼点(stigma)橙红色，位于体前端一侧，是衣藻的感光器官。

衣藻通常在夜间进行无性生殖。生殖时藻体通常静止，鞭毛收缩或脱落变成游动孢子囊，细胞核先分裂，形成4个子核；有些种则分裂3~4次，形成8~16个子核；随后，细胞质纵裂，形成2、4、8或16个子原生质体，每个子原生质体分泌一层细胞壁，并生出两条鞭毛。子细胞由于母细胞壁胶化破裂而放出，长成新的植物体。在某些环境下，如在潮湿的土壤上，原生质体可再三分裂，产生数十、数百乃至数千个没有鞭毛的子细胞，埋在胶化的母细胞中，形成一个不定群体(palmella)。当环境适宜时，每个子细胞生出两条鞭毛，从胶质中放出。

衣藻进行无性生殖多代后，再进行有性生殖。多数种的有性生殖为同配，生殖时细胞内的原生质体经过分裂，形成具2条鞭毛的(+)、(-)配子(16、32或64个)；配子在形态上与游动孢子差别不大，只是比游动孢子小。成熟的配子从母细胞中释放出后，游动不久，即成对结合，形成双倍、具四条鞭毛、能游动的合子，合子游动数小时后变圆，分泌厚壁形成厚壁合子，壁上有时有刺突。合子经过休眠，在环境适宜时萌发，经过减数分裂，产生4个单倍的原生质体，并继续分裂多次，产生8、16、32个单倍的原生质体；之后，合子壁胶化破裂，单倍核的原生质体被放出，并在数分钟之内生出鞭毛，发育成新的个体。

2. 松藻属(*Codium*)

松藻属植物几乎全部海产，固着生活于海边岩石上。植物体为管状分枝的多核体，许多管状分枝互相交织，形成有一定形状的大型藻体，外观叉状分枝，似鹿角，基部为垫状固着器。丝状体有一定分化。中央部分的丝状体细，无色，排列疏松，无一定次序，称作髓部；向四周发出的侧生膨大的棒状短枝，叫作胞囊(utricle)。胞囊紧密排列成皮层。髓部丝状体的壁上，常发生内向生长的环状加厚层，有时可使管腔阻塞，其作用是增加支持力，这种加厚层在髓部丝状体上各处都有，而胞囊基部较多。载色体数目多，小盘状，多分布在胞囊远轴端，无蛋白核。细胞核极多而小。

松藻属植物体是二倍体。进行有性生殖时，在同一藻体或不同藻体上生出雄配子囊

(male gametangium)和雌配子囊(female gametangium)。配子囊发生于胞囊的侧面,配子囊内的细胞核一部分退化,另一部分增大。每个增大的核经过减数分裂,形成4个子核,每个子核连同周围的原生质一起,发育成具双鞭毛的配子。雌配子大,是雄配子的数倍,含多个载色体;雄配子小,只含有1~2个载色体。雌、雄配子结合成合子,合子立即萌发,长成新的二倍体植物。

3. 水绵属(*Spirogyra*)

水绵植物体是由一列细胞构成的不分枝的丝状体,细胞呈圆柱形。细胞壁分两层,内层由纤维素构成,外层为果胶质。壁内有一薄层原生质,载色体带状,一至多条,螺旋状绕于细胞周围的原生质中,有多数的蛋白核纵列于载色体上。细胞中有大液泡,占据细胞腔内的较大空间。细胞单核,位于细胞中央,被浓厚的原生质包围;核周围的原生质与细胞腔周围的原生质之间有原生质丝相连。

4. 石莼属(*Ulva*)

石莼植物体是大型的多细胞片状体,呈椭圆形、披针形或带状,由两层细胞构成。植物体下部有无色的假根丝,假根丝生在两层细胞之间,并向下生长伸出植物体外,互相紧密交织,构成假薄壁组织状的固着器,固着于岩石上。藻体细胞表面观为多角形,切面观为长形或方形,排列不规则但紧密,细胞间隙富有胶质。细胞单核,位于片状体细胞的内侧。载色体呈片状,位于片状体细胞的外侧,有一枚蛋白核。

[药用植物代表]

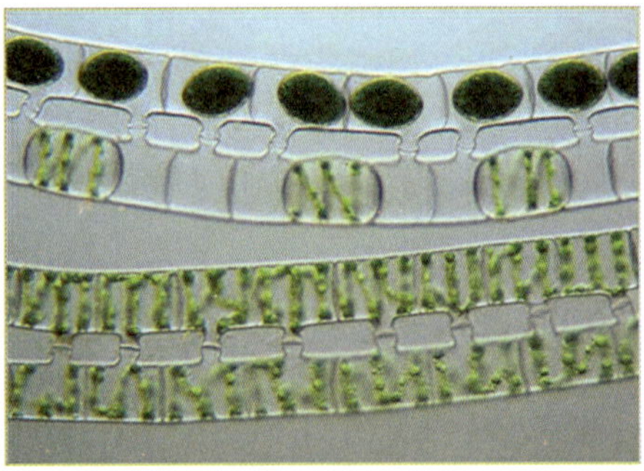

图 8-2 水绵

水绵 *Spirogyra nitida* (Dillow) Link. 植物体是由一列细胞构成的不分枝的丝状体,细胞呈圆柱形,细胞壁分两层,内层由纤维素构成,外层为果胶质。壁内有一薄层原生质,载色体带状,一至多条,螺旋状绕于细胞周围的原生质中,有多数的蛋白核纵列于载色体上(图 8-2)。细胞中有大液泡,占据细胞腔内的较大空间。细胞单核,位于细胞中央,被浓厚的原生质包围着。核周围的原生质与细胞腔周围的原生质之间有原生质丝相连。有性生殖方式为接合生殖。

水绵的有性生殖多发生在春季或秋季,生殖时两条丝状体平行靠近,在两细胞相对的一侧相互发出突起,并逐渐伸长而接触,继而接触处的壁消失,两突起连接成管,称为接合管(conjugation tube)。与此同时,细胞内的原生质体放出一部分水分,收缩形成配子,第一条丝状体细胞中的配子以变形虫式的运动,通过接合管移至相对的第二条丝状体的细胞中,并与其中的配子结合。结合后,第一条丝状体的细胞只剩下一条空壁,该丝状体是雄性的,其中的配子是雄配子;而第二条丝状体的细胞在结合后每个细胞中都形成一个合子,此丝状体是雌性的,其中的配子是雌配子。配子融合时细胞质先行融合,稍后两核才融合形成接合子。两条接合的丝状体和它们所形成的接合管,外观同梯子一样,故称这种接合方式为梯形接合(scalariform conjugation)。除梯形接合外,该属有些种类还进行侧面接合(lateral conjugation)。侧面接合是指同一条丝状体上相邻的两个细胞间形成接合管,或在两个细胞之间的横壁上开一孔道,其中一个细胞的原生质体通过接合管或孔道移入另一个细胞中，并与其中的原生质融合形成合子。侧面接合后，丝状体上空的细胞和具合子的细胞交替存在于同一条丝状体上，这种水绵可以被认为是雌雄同体的。梯形接合与侧面接合比较，侧面接合较为原始。合子成熟时分泌厚壁，并随着死亡的母体沉于水底，待母体细胞破裂后释放出体外。合子耐旱性很强，水涸不死，待环境适宜时萌发，一般是在合子形成后数周或数月，甚至一年以后萌发。萌发时，核先减数分裂，形成 4 个单倍核，其中 3 个消失，只有 1 个核萌发，形成萌发管，由此长成新的植物体。

水绵属植物全部是淡水产，是常见的淡水绿藻，在小河、池塘、沟渠或水田等处均可见到，繁盛时大片生于水底或成大块漂浮于水面，用手触及有黏滑的感觉。水绵能治疮及烫伤。

石莼 ***Ulva lactuca*** **L.**　石莼有两种植物体，即孢子体（sporophyte）和配子体（gametophyte），两种植物体都由两层细胞组成。成熟的孢子体，除基部外，全部细胞均可形成孢子囊。在孢子囊中，孢子母细胞经过减数分裂，形成单倍的、具 4 根鞭毛的游动孢子；孢子成熟后脱离母体，游动一段时间后附着在岩石上，两三天后萌发成配子体，此期为无性生殖。成熟的配子体产生许多同型配子，配子的产生过程与孢子的产生过程相似，但产生配子时，配子体不经过减数分裂，配子具两根鞭毛。配子结合是异宗同配，配子结合形成合子，合子两三天后即萌发成孢子体，此期为有性生殖。在石莼的生活史中，就核相来说，从游动孢子开始，经配子体到配子结合前，细胞中的染色体是单倍的，称配子体世代（gametophyte generation）或有性世代（sexual generation）；从结合的合子起，经过孢子体到孢子母细胞止，细胞中的染色体是双倍的，称孢子体世代（sporophyte generation）或无性世代（asexual generation）。在这种生活史中，二倍体的孢子体世代与单倍体的配子体世代互相更替的现象，称为世代交替（alternation of generation）。石莼是形态构造基本相同的两种植物体互相交替，称为同形世代交替（isomorphic alternation of generation）。石莼可供食用，俗称“海白菜”。药用能软坚散结、清热祛痰、利水解毒（图 8-3）。

图 8-3　石莼

蛋白核小球藻 ***Chlorella pyrenoidosa*** **Chick.**　为单细胞植物，细胞呈圆球形或卵圆形，很小，不能自由游泳，只能随水沉浮；细胞壁很薄，壁内有细胞质和细胞核、一个近似杯状的色素体和一个淀粉核。小球藻只能进行无性繁殖。药用能治疗水肿、贫血、肝炎、神经衰弱等，也可作为营养品。

三、红藻门

（一）主要特征

红藻（red algae）的植物体多数是多细胞，少数为单细胞，红藻的藻体均不具鞭毛。藻体一般较小，高 10 cm 左右，少数种类可超过 1 m。藻体有简单的丝状体，也有形成假薄壁组织的叶状体或枝状体。在形成假薄壁组织的种类中，有单轴和多轴两种类型。单轴型的藻体中央有一条轴丝，向各个方向分枝，侧枝互相密贴，形成“皮层”；多轴型的藻体中央有多条中轴丝组成髓，由髓向各个方向发出侧枝，密贴成“皮层”。

红藻的生长,多数种类是由一个半球形的顶端细胞纵分裂的结果;少数种类为居间生长;很少见的是弥散式生长,如紫菜,任何部位的细胞都可以分裂生长。

细胞壁分两层,内层为纤维素质的,外层是果胶质的。细胞内的原生质具有高度的黏滞性,并且牢固地黏附在细胞壁上。多数红藻的细胞只有一个核,少数红藻幼时单核,老时多核。细胞中央有液泡。载色体一至多数,颗粒状,其中含有叶绿素 a 和叶绿素 b、β-胡萝卜素、叶黄素类及溶于水的藻胆素,一般是藻胆素中的藻红素占优势,故藻体多呈红色。藻红素对同化作用有特殊的意义。因为光线在透过水的时候,长波光线如红光、橙光、黄光很容易被海水吸收,在数米深处就可被吸收掉;只有短波光线如绿光、蓝光才能透入海水深处。藻红素能吸收绿光、蓝光和黄光,因而红藻能在深水中生活,有的种类可生活在水下 100 m 处。

红藻细胞中贮藏有一种非溶性糖类,称为红藻淀粉(floridean starch)。红藻淀粉是一种肝糖类多糖,以小颗粒状存在于细胞质中,而不在载色体中。用碘化钾处理红藻淀粉,可先变成黄褐色,后变成葡萄红色,最后是紫色,而绝不像淀粉那样遇碘后变成蓝紫色。有些红藻贮藏的养分是红藻糖(floridose)。

(二) 繁殖方式

红藻生活史中不产生游动孢子,无性生殖是以多种无鞭毛的静孢子进行的,有的产生单孢子,如紫菜属(*Porphyra*);有的产生四分孢子,如多管藻属(*Polysiphonia*)。红藻一般为雌雄异株。有性生殖的雄性器官为精子囊,在精子囊内产生无鞭毛的不动精子;雌性器官被称为果胞(carpogonium),果胞上有受精丝(trichogyne),果胞中只含一个卵。果胞受精后,立即进行减数分裂,产生果孢子(carpospore),发育成配子体植物。有些红藻果胞受精后,不经过减数分裂,发育成果孢子体(carposporophyte),又称囊果(cystocarp)。果孢子体是二倍的,不能独立生活,寄生在配子体上。果孢子体产生果孢子时,有的经过减数分裂,形成单倍的果孢子,萌发成配子体;有的不经过减数分裂,形成二倍体的果孢子,发育成二倍体的四分孢子体(tetrasporophyte),再经过减数分裂,产生四分孢子(tetrad),发育成配子体。

(三) 分布

红藻门植物绝大多数分布于海水中,仅有 10 余属,50 余种是淡水产。淡水产种类多分布于急流、瀑布和寒冷空气流通的山地水中。海产种类由海滨一直到深海 100 m 都有分布。海产种类的分布受到海水水温的限制,并且绝大多数是固着生活。

(四) 红藻门的分类及药用植物代表

红藻门约有 558 属,3 740 种。红藻纲分为两个亚纲,即紫菜亚纲(Bangioideae)和真红藻亚纲(Florideae)。两纲的主要区别是:前者植物体为单细胞、不分枝或分枝的丝状体,或为坚实的圆柱状的约 1 层或 2 层细胞厚的叶状体;多数种类细胞内具有一个轴生的星状载色体,相邻细胞间没有胞间连丝。后者植物体为分枝的丝状体,其分枝各自分离,或相互疏松地交错排列,或紧密地排列形成假薄壁组织体;多数种类细胞内具有多个周生、盘状或片状的载色体,相邻细胞间有胞间连丝。最常见的是紫菜亚纲的紫菜属(*Porphyra*)。

紫菜属是常见的红藻,约有 25 种,我国海岸常见的有 8 种。紫菜的植物体是叶状体,形态变化很大,有卵形、竹叶形、不规则圆形等,边缘多少有些皱褶。一般高 20~30 cm,宽

10~18 cm，基部楔形或圆形，以固着器固着于海滩岩石上；藻体薄，紫红色、紫色或紫蓝色，单层细胞或两层细胞，外有胶层。细胞单核，一枚星芒状载色体，中轴位，有蛋白核。藻体生长方式为弥散式。

[药用植物代表]

鹧鸪菜（美舌藻、乌菜）*Caloglossa leprieurii*（Mont.）J.Ag. 藻体丛生，长1~4 cm，紫色（干燥后黑色），叶状，扁平而窄细，不规则的叉状分歧，常自腹面的分歧点生出假根，借以附着于岩石上。节间窄长、呈椭圆形，节部缢缩。叶片的中央部位有长轴细胞，延伸至顶端，形成明显的中肋。中肋的分歧点常生出一些次生副枝。四分孢子囊集生于枝的上部。囊果球形，生于体上部腹面的中肋上。成熟期为春夏间。繁生于温暖地区河口附近的中、高潮带的岩石上、防波堤以及红树皮的阴面。我国广东、福建、浙江沿海均有分布。药用能驱蛔，化痰，消食。

石花菜*Gelidium amansii* Lamouroux 属于石花菜科。藻体扁平直立，丛生，四至五次羽状分枝，小枝对生或互生（图8-4）。藻体紫红色或棕红色。在我国分布于渤海、黄海、台湾地区北部。可供提取琼胶（琼脂）用于医药、食品和做细菌培养基。石花菜亦可食用。入药有清热解毒和缓泻作用。

图8-4 石花菜

甘紫菜*Porphyra tenera* Kjellm. 藻体薄叶片状，卵形或不规则圆形，通常高20~30 cm，宽10~18 cm，基部楔形、圆形或心形，边缘多少具皱褶，紫红色或微带蓝色。在我国分布于辽东半岛至福建沿海，并有大量栽培。全藻可供食用，入药能清热利尿，软坚散结，消痰。

四、褐藻门

（一）主要特征

褐藻（brown algae）（现代分类属于多貌生物下的茸鞭生物，即藻虫）植物体是多细胞的，基本上可分为三大类：第一类是分枝的丝状体，有些分枝比较简单，有些则形成有匍匐枝和直立枝分化的异丝体型；第二类是由分枝的丝状体互相紧密结合而形成的假薄壁组织；第三类是比较高级的类型，是有组织分化的植物体。多数藻体的内部分化成表皮（epidermis）、皮层（cortex）和髓（medulla）三部分。表皮层的细胞较多，内含许多载色体。皮层细胞较大，有机械固着作用，且接近表皮层的几层细胞同样含有载色体，有同化作用。髓在中央，由无色的长细胞组成，有输导和贮藏作用。有些种类的髓部有类似喇叭状的筛管构造，称喇叭丝。

褐藻植物体的生长常局限在藻体的一定部位，如藻体的顶端或藻体中间，也有的是在特殊的藻丝基部。

褐藻细胞壁分为两层，内层是纤维素的，外层由藻胶组成。同时细胞壁内还含有一种糖类，叫褐藻糖胶（algin fucoidin）。褐藻糖胶能使褐藻形成黏液质，退潮时，黏液质可使暴露在外面的藻体免于干燥。细胞单核，细胞中央有一个或多个液泡。载色体一至多数，粒状或小盘状，载色体含有叶绿素a和c、β-胡萝卜素及6种叶黄素。叶黄素中有一种叫墨角藻黄素(fucoxanthin),其色素含量最大,掩盖了叶绿素,使藻体呈褐色,而且在光合作用中所起作用最大,有利用光线中短波光的能力。在电镜下,载色体由4层膜包围,外面2层是内质网膜,里面是2层载色体膜。光合片层由3条类囊体叠成。内质网膜与核膜相连,它是外层核膜向外延伸形成的,包裹载色体和蛋白核。褐藻的蛋白核不埋在载色体里面,而是在载色体的一侧形成突起,与载色体的基质紧密相连,称为单柄型(single-stalked type)。蛋白核外包有贮藏的多糖。有些褐藻没有蛋白核。一些学者认为,没有蛋白核的种类在系统发育方面是比较进化的。

细胞光合作用积累的贮藏食物是一种溶解状态的糖类,这种糖类在藻体内含量相当大,占干重的5%~35%,主要是褐藻淀粉(laminarin)和甘露醇(mannitol)。褐藻细胞中具特有的小液泡,呈酸性反应,它大量存在于分生组织、同化组织和生殖细胞中。许多褐藻细胞中还含有大量碘,如海带属的藻体中,碘占鲜重的0.3%,而每升海水中仅含碘0.000 2%,因此,它是提取碘的工业原料。

(二) 繁殖方式

褐藻的营养繁殖是以断裂的方式进行的,即藻体纵裂成几个部分,每个部分发育成一个新的植物体;或者由母体断裂成断片,脱离母体发育成植物体;还可以形成一种叫作繁殖枝(propagule)的特殊分枝,脱离母体发育成植物体。

无性生殖是通过游动孢子或静孢子进行的,褐藻多数种类都可以形成游动孢子或静孢子,但不同种类形成的方式不同。孢子囊有单室和多室两种。单室孢子囊(unilocular sporangium)是由一个细胞增大后形成的,细胞核经过减数分裂,形成具侧生双鞭毛的游动孢子;多室孢子囊(plurilocular sporangium)是由一个细胞经过多次分裂,形成一个细长的多细胞组织,每个小立方形细胞发育成一个具侧生不等长双鞭毛的游动孢子。此种孢子囊发生在二倍体的藻体上,形成孢子时不经过减数分裂,因此,此种游动孢子是二倍的,发育成二倍体植物。

有性生殖是在配子体上形成一个多室的配子囊,配子囊的形成过程和多室孢子囊相同。配子结合有同配、异配和卵式生殖三种方式。

在褐藻的生活史中,多数种类具有世代交替现象。在进行异形世代交替的种类中,多数是孢子体大、配子体小,如海带属(*Laminaria*);少数是孢子体小、配子体大,如萱藻属(*Scytosiphon*)。

(三) 分布

褐藻是固着生活的底栖藻类。绝大多数分布于海水中,仅几个稀见种生活在淡水中。褐藻属于冷水藻类,寒带海中分布最多,但马尾藻属(*Sargassum*)为暖型藻类。褐藻可以从潮间线一直分布到低潮线下约30 m处,是构成海底森林的主要类群。褐藻的分布与海水盐的浓度、温度,以及海潮起落时暴露在空气中的时间长短都有很密切的关系,因此,在寒带、亚寒带、温带、热带分布的种类各有不同。在我国,黄海、渤海海水较混浊,褐藻分布于低潮线;南海海水澄清,褐藻分布较深。

(四) 褐藻门的分类及药用植物代表

褐藻门是藻类中比较高级的一大类群。大约有250属,1 500种。绝大多数为海产,常呈褐色。

[药用植物及生药代表]

海带*Laminaria japonica* Aresch.　海带原产于俄罗斯远东地区、日本和朝鲜北部沿海，后由日本传到我国大连海滨，并逐渐在辽东和山东半岛的肥沃海区生长，是我国常见的藻类植物，含有丰富的营养，是人们喜爱的食品。海带还有药用价值，是制取褐藻酸盐、碘和甘露醇等的重要原料。

海带的孢子体分为固着器（holdfast）、柄（stipe）和带片（blade）三部分。固着器呈分枝的根状；柄不分枝，圆柱形或略侧扁，内部组织分化为表皮、皮层和髓三层；带片生长于柄的顶端，不分裂，没有中脉，幼时常凹凸不平，内部构造和柄相似，也分为三层。

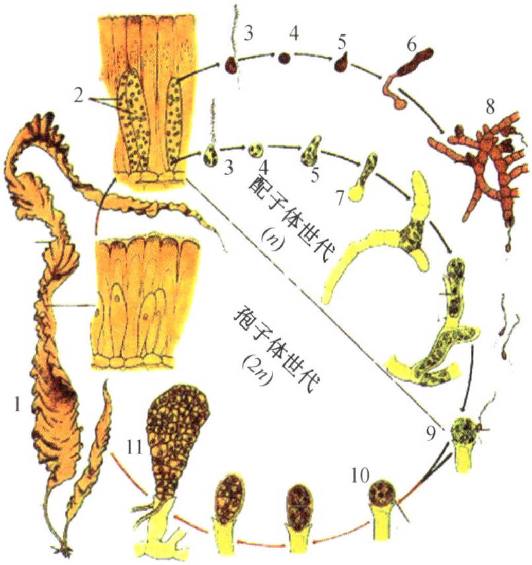

图 8-5　海带的生活史

1. 孢子体；2. 孢子体横切面；
3. 游动孢子；4. 游动孢子的静止状态；
5. 孢子萌发；6. 雄配子体初期；
7. 雌配子体初期；8. 精子囊释放精子；
9. 停留在卵巢上的卵和聚集于周围的精子；
10. 合子萌发；11. 幼孢子体。

海带的生活史中有明显的世代交替现象（图 8-5）。孢子体成熟时，在带片的两面产生单室的游动孢子囊，游动孢子囊丛生，呈棒状，中间夹着长的细胞，叫隔丝（paraphysis，或叫侧丝）。隔丝尖端有透明的胶质冠（gelatinous corona）。带片上生长游动孢子囊的区域呈深褐色。孢子母细胞经过减数分裂及多次普通分裂，产生很多单倍侧生双鞭毛的同型游动孢子；游动孢子呈梨形，两条侧生鞭毛不等长；同型的游动孢子在生理上是不同的，孢子落地后立即萌发为雌、雄配子体。雄配子体是由十几个至几十个细胞组成的分枝丝状体，其上的精子囊由一个细胞形成，产生一枚侧生双鞭毛的精子，构造与游动孢子相似；雌配子体是由少数较大的细胞组成的，分枝也很少，在 2~4 个细胞时，枝端即产生单细胞的卵囊，内有一枚卵，成熟时卵排出，附着于卵囊顶端。卵在母体外受精，形成二倍的合子；合子不离开母体，数日后即萌发为新的海带。海带的孢子体和配子体之间差别很大，孢子体大而有组织的分化，配子体只由十几个细胞组成，这样的生活史称为异形世代交替（heteromorphic alternation of generations）。

海带在我国分布于辽宁、河北、山东沿海。目前海带人工养殖已推广到长江以南的浙江、福建、广东等省沿海地区。海带能软坚散结，消痰利水，降血脂，降血压，用于治疗缺碘性甲状腺肿大等疾病。

昆布*Ecklonia Kurome* Okam.　属于翅藻科。植物体明显区分为固着器、柄和带片三部分。带片为单条或羽状，边缘有粗锯齿。在我国分布于浙江、福建、台湾地区海域，生于低潮线附近的岩礁上。其功效与海带相同。

海蒿子*Sargassum pallidum*（Turn.）C.Ag.　属于马尾藻科，习称“大叶海藻”。干后黑褐色，有的被白霜；主干呈圆柱状，具圆锥形突起，主枝自主干两侧生出，侧枝自主枝叶腋生出，具短小的刺状突起；初生叶披针形或倒卵形，全缘或具粗锯齿；次生叶条形或披针形，叶腋间有着生条状叶的小枝；气囊球形或卵圆形。分布于辽宁、山东等沿海地区，生于低潮带的石沼中和大干潮线下 1~4 m 深的岩石上。入药能消痰软坚散结，利水消肿。

羊栖菜*Sargassum fusiforme*（Harv.）Setch. 属于马尾藻科，习称“小叶海藻”。藻体较小，分枝互生，无刺状突起；叶条形或细匙形，先端稍膨大，中空；气囊纺锤形或球形。分布于辽宁、山东、福建、浙江、广东等沿海地区，生于有浪水冲击的低潮和大干潮线下的岩石上。其功效与海蒿子相同。

海藻* SARGASSUM

本品为马尾藻科植物海蒿子 *Sargassum pallidum*（Turn.）C. Ag. 或羊栖菜 *Sargassum fusiforme*（Harv.）Setch. 的干燥藻体（图 8-6）。前者习称“大叶海藻”，后者习称“小叶海藻”。夏、秋二季采捞，除去杂质，洗净，晒干。

【性状】大叶海藻皱缩卷曲，黑褐色，有的被白霜，长 30~60 cm。主干呈圆柱状，具圆锥形突起，主枝自主干两侧生出，侧枝自主枝叶腋生出，具短小的刺状突起。初生叶披针形或倒卵形，长 5~7 cm，宽约 1 cm，全缘或具粗锯齿；次生叶条形或披针形，叶腋间有着生条状叶的小枝。气囊黑褐色，球形或卵圆形，有的有柄，顶端钝圆，有的具细短尖。质脆，潮润时柔软；水浸后膨胀，肉质，黏滑。气腥，味微咸。小叶海藻较小，长 15~40 cm。分枝互生，无刺状突起。叶条形或细匙形，先端稍膨大，中空。气囊腋生，纺锤形或球形，囊柄较长，质较硬。

【化学成分】主要含有海藻多糖，海藻多糖主要由岩藻糖、半乳糖、木糖、葡萄糖、甘露糖和阿拉伯糖等组成；还有甾醇、岩藻糖、多酚类、植物激素、氨基酸等多种成分。海藻多糖具有抗肿瘤、抗血管生成和抗炎等作用。

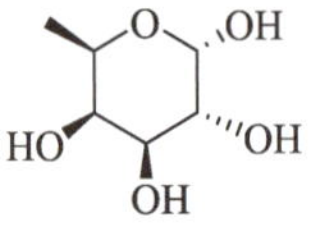

岩藻糖

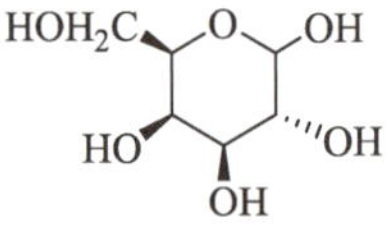

半乳糖

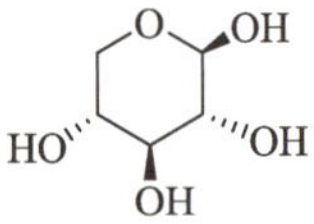

木糖

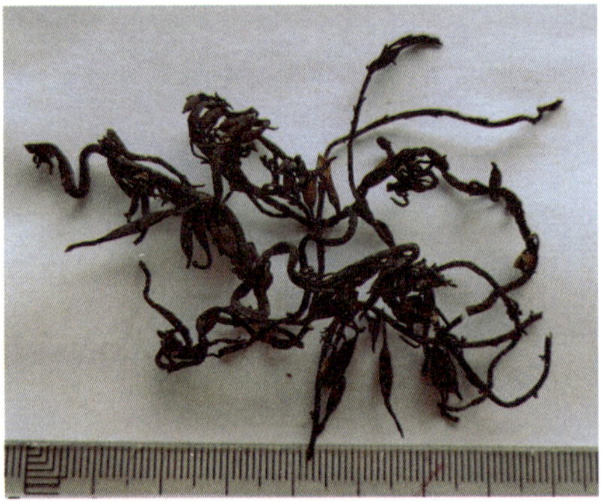

图 8-6 海藻药材

【理化鉴别】取本品 1 g，剪碎，加水 20 mL，冷浸数小时，滤过，滤液浓缩至 3~5 mL，加三氯化铁试液 3 滴，生成棕色沉淀。

【检查】水分不得过 19.0%（通则 0832 第二法）。重金属及有害元素照铅、镉、砷、汞、铜测定法（通则 2321 原子吸收分光光度法或电感耦合等离子体质谱法）测定，铅不得超过 5 mg/kg；镉不得超过 4 mg/kg；汞不得超过 0.1 mg/kg；铜不得超过 20 mg/kg。

【浸出物】照醇溶性浸出物测定法

(通则 2201)项下的热浸法测定,用乙醇作溶剂,不得少于 6.5%。

【含量测定】照紫外-可见分光光度法,本品按干燥品计算,含海藻多糖以岩藻糖(C6H12O5)计,不得少于 1.70%。

练习题

1. 绿藻的繁殖方式有哪些?
2. 藻类植物的有性繁殖方式有哪几种? 如何区别?
3. 什么是世代交替?
4. 绿藻门、红藻门、褐藻门植物的藻体为什么呈现不同颜色?

第九章 菌类植物

学习导图:

菌类植物
- 概述
- 放线菌
- 真菌门(子囊菌亚门*、担子菌亚门*)

案例:

1. 冬虫夏草菌 *Cordyceps sinensis* (BerK.) Sacc.的入药部位是什么?冬虫夏草具有补肺益肾、止血化痰的功效,但市场上伪品较多,请讨论如何鉴别?

2. 赤芝 *Ganoderma lucidum* (Leyss.ex Fr.) Karst.或紫芝 *G. sinense* Zhao, Xu et Zhang的入药部位是什么?市场上常用其孢子粉入药,具有补气安神、止咳平喘的功效。请讨论如何鉴别其孢子粉的真伪?

第一节 概 述

一、主要特征

菌类与藻类植物一样,都没有根、茎、叶的分化,但其与动物亲缘关系更近一些。但菌类又与藻类不同,因其不含光合作用色素,不能进行光合作用,所以菌类的营养方式是异养型。菌类的异养生活方式有腐生、寄生、共生等多种,多数种类营腐生生活。凡从活的动植物体上吸取养分的叫寄生;凡从死的动植物体上或其他无生命的有机物中吸取养分的叫腐生;凡从活有机体取得养分同时又提供该活体有利的生活条件,彼此间互相受益、互相依赖的叫共生。

菌类由于生活方式的多样性,它们的分布也非常广泛。在土壤中、水里、空气中、人和动植物体内都有它们的踪迹,广布于全世界。它们的种类极为繁多。现有的菌类植物约有9 000种。菌类不是一个纯一的类群,也是为方便而设的。它们可分为:① 细菌门(Schizomycophyta);② 黏菌门(Myxomycophyta);③ 真菌门(Eumycophyta)。这三门植物的形态、结构、繁殖和生活史差别很大,彼此并无亲缘关系。

细菌是微小的单细胞有机体,没有细胞核结构,属于原核生物,已在微生物学中详细讲述,本书不再叙述。黏菌是介于动物和真菌的生物,生长期或营养期为裸露的无细胞壁而具多核的原生质团,但在繁殖期产生具纤维质细胞壁的孢子。大多数黏菌为腐生菌,无直接的经济意义。真菌的药用种类较多，为本书讲述的重点。细菌和真菌之间还有一个特殊类群——放线菌（图 9-1）。放线菌是抗生素的主要原料，因此本书也做介绍。

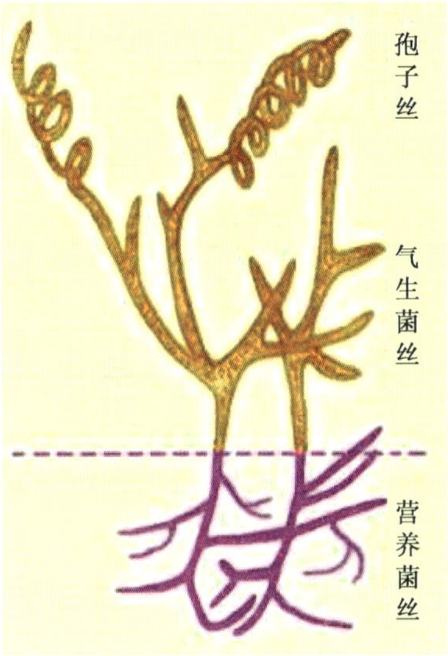

图 9-1　放线菌

二、放线菌的特征及常见药用种类

放线菌是细菌与真菌之间的过渡类型，也是单细胞的丝状菌类，大多数有发达的分枝菌丝。放线菌的形态比细菌复杂，但仍属于单细胞。在显微镜下，放线菌呈分枝丝状，我们把这些细丝一样的结构叫作菌丝。菌丝的直径与细菌的相近，小于 1 μm。菌丝细胞的结构与细菌的结构基本相同。

根据菌丝形态和功能的不同，放线菌菌丝可分为营养菌丝（基内菌丝）、气生菌丝和孢子丝三种（图 9-1）。链霉菌属是放线菌中种类最多、分布最广、形态特征最典型的类群。

营养菌丝匍匐生长于营养基质表面或伸向基质内部，它们像植物的根一样，具有吸收水分和养分的功能。有些还能产生各种色素，把培养基染成各种美丽的颜色。放线菌中多数种类的营养菌丝无隔膜，不断裂，如链霉菌属和小单孢菌属等；但有一类放线菌，如诺卡氏菌型放线菌的基内菌丝生长一定时间后形成横隔膜，继而断裂成球状或杆状小体。

气生菌丝是营养菌丝长出培养基外并伸向空间的菌丝。在显微镜下观察时，一般气生菌丝颜色较深，比营养菌丝粗；而营养菌丝色浅、发亮。有些放线菌气生菌丝发达，有些则稀疏，还有的种类无气生菌丝。

孢子丝是当气生菌丝发育到一定程度，其上分化出的可形成孢子的菌丝。放线菌孢子丝的形态多样，有垂直形、弯曲状、钩状、螺旋状、一级轮生和二级轮生等多种，是放线菌定种的重要标志之一。

孢子丝发育到一定阶段便分化为分生孢子。在光学显微镜下，孢子呈圆形、椭圆形、杆状、圆柱状、瓜子状、梭状和半月状等，孢子的颜色十分丰富（图 9-2）。孢子表面的纹饰

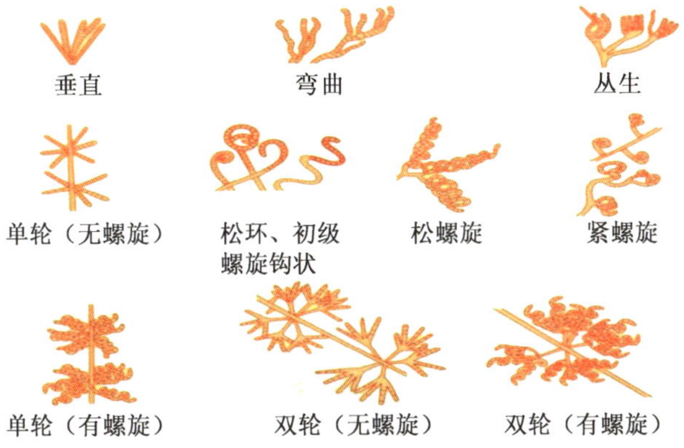

图 9-2　放线菌孢子丝类型

因种而异,在电子显微镜下清晰可见,有的光滑,有的呈褶皱状、疣状、刺状、毛发状或鳞片状,刺又有粗细、大小、长短和疏密之分。

生孢囊放线菌的特点是形成典型孢囊,孢囊着生的位置因种而异。有的菌孢囊长在气丝上,有的菌长在基丝上。孢囊形成分两种形式:有些属的孢囊是由孢子丝卷绕而成的,有些属的孢囊是由孢囊梗逐渐膨大而成的。孢囊外围都有囊壁,无壁者一般称假孢囊。孢囊有圆形、棒状、指状、瓶状或不规则状之分。孢囊内原生质分化为孢囊孢子,带鞭毛者遇水游动,如游动放线菌属;无鞭毛者则不游动,如链孢囊菌属。

放线菌在自然界分布很广,空气、土壤、水源中都有放线菌存在。一般在土壤中较多,尤其是富含有机质的土壤里,放线菌绝大多数为腐生,少数寄生,往往引起动物、植物的病害。

放线菌是抗生素的重要产生菌,它们能产生种类繁多的抗生素。据估计,已发现的4 000 多种抗生素中,有 2/3 是由放线菌产生的。重要的属有链霉菌属、小单孢菌属和诺卡氏菌属等。有形成抗生素的灰色链霉菌(*Streptomyces griseus*,产生链霉素)、委内瑞拉链霉菌(*S.venezuelae*,产生氯霉素)、金霉素链霉菌(*S.aureofaciens*,产生金霉素)等。

第二节　真菌门

一、概述

(一) 真菌的一般特征

1. 营养体

真菌(Fungi)属真核异养生物,真菌的细胞内不含叶绿素,也没有质体,营寄生或腐生生活。真菌贮存的养分主要是肝糖(liver starch),还有少量的蛋白质、脂肪以及微量的维生素。真菌多数种类有明显的细胞壁,其主要成分为几丁质(chitin)和纤维素(cellulose)。一般低等真菌的细胞壁多由纤维素组成,而高等真菌以几丁质为主。

除少数单细胞真菌(如酵母)外,绝大多数真菌的植物体由菌丝(hyphae)构成。菌丝是纤细的管状体,有无隔菌丝和有隔菌丝之分。无隔菌丝是一个长管形细胞,有分枝或无,大多数是多核的,低等真菌的菌丝一般为无隔菌丝,仅在受伤或产生生殖结构时才产生全封闭的隔膜;有隔菌丝中有隔膜把菌丝隔成许多细胞,每个细胞内含 1 个或 2 个核,高等真菌的菌丝多为有隔菌丝。但菌丝中的横隔上通常有各种类型的小孔,原生质核甚至可以经小孔流通。横隔上的小孔主要有 3 种类型:单孔型、多孔型和桶孔式。桶孔式隔膜的结构最为复杂,隔膜中央有 1 孔,但孔的边缘增厚膨大成桶状,并在两边的孔外各有 1 个由内质网形成的弧形膜,称桶孔覆垫或隔膜孔帽。

真菌主要利用菌丝吸收养分,腐生菌可由菌丝直接从基质中吸收养分,也可产生假根(rhizoid)用于吸收养分;寄主细胞内寄生的真菌通过直接与寄生细胞的原生质接触而吸收养分。胞间寄生的真菌则利用从菌丝体上特化产生的吸器(haustorium)伸入寄主细胞内吸取养料。真菌吸取养料的过程是:首先借助于多种水解酶(均是胞外酶)把大分子物质分解为可溶性的小分子物质,然后借助于较高的渗透压吸收。寄生真菌的渗透压一般比寄主的高 2~5 倍,腐生菌的渗透压更高。

真菌在繁殖或环境条件不良时，菌丝常相互密结，形成两种组织，即拟薄壁组织（pseudoparenchyma）和疏丝组织（prosenchyma），再构成菌丝组织体，常有以下3种变态形态。① 根状菌索（rhizomorph）：菌丝体密结呈绳索状，外形似根。② 子座（stroma）：容纳子实体的褥座，是从营养阶段到繁殖阶段的过渡形式。③ 菌核（sclerotium）：由菌丝密结成颜色深、质地坚硬的核状体。子实体（sporophore）也是一种菌丝组织体，为能够产生孢子的菌丝体；能形成子实体的真菌，被称为大型真菌。

2. 真菌的繁殖

真菌繁殖的方式多种多样，涉及很多不同类型的孢子。少数单细胞真菌，如裂殖酵母菌属（*Schizosaccharomyces*）主要通过细胞分裂产生子细胞；而大部分真菌可以通过产生芽生孢子、厚壁孢子或节孢子等进行营养繁殖。芽生孢子（blastospore）是从一个细胞出芽形成的，芽生孢子脱离母体后即长成一个新个体；厚壁孢子（chlamydospore）是由菌丝中个别细胞膨大而形成的休眠孢子，其原生质浓缩，细胞壁加厚，度过不良环境后，再萌发为菌丝体；节孢子（arthrospore）是由菌丝细胞断裂后形成的。

真菌的无性生殖也极为发达，在无性生殖过程中也可形成多种不同类型的孢子，包括游动孢子、孢囊孢子和分生孢子等。游动孢子（zoospore）是水生真菌产生的借水传播的孢子，无壁，具鞭毛，能游动，在游动孢子囊（zoosporangium）中形成；孢囊孢子（sporangiospore）是在孢子囊（sporangium）内形成的不动孢子，借气流传播；分生孢子（conidiospore）是由分生孢子囊梗的顶端或侧面产生的一种不动孢子，借气流或动物传播。

真菌的有性生殖方式也极其多样化。有些真菌可产生单细胞的配子，以同配或异配的方式进行有性生殖；另有一些真菌通过两性配子囊的结合形成“合子”，这种类型的合子习惯上称为接合孢子（zygospore）或卵孢子（oospore）。子囊菌有性结合后，形成子囊，在子囊内产生子囊孢子。担子菌有性生殖后，在担子上形成担孢子。担孢子和子囊孢子是有性结合后产生的孢子，和无性生殖的孢子完全不同。

真菌通过各种途径产生的孢子在适宜的环境条件下萌发，生长形成菌丝体（mycelium），菌丝体在一个生长季里可产生若干代无性孢子，这是生活史的无性阶段；真菌在生长的后期常形成配子囊，产生配子，一般先行质配，形成双核细胞，再行核配，形成合子；通常合子形成后很快即进行减数分裂，形成单倍的孢子，再萌发成单倍的菌丝体，这样就完成了一个生活周期。由此可见，在真菌的生活史中，二倍体时期只是很短暂的合子阶段，合子是一个细胞而不是一个营养体，所以，大多数真菌的生活史中，只有核相交替，而没有世代交替。

（二）分类及主要药用种类

真菌有11 255属，10万种，我国已知的约有1万种，已知的药用真菌有300多种。本教材采用安斯沃滋（Ainsworth 1971.73）系统，将真菌分为五个亚门，即鞭毛菌亚门、接合菌亚门、子囊菌亚门、担子菌亚门、半知菌亚门。药用真菌以子囊菌亚门和担子菌亚门较多见。

真菌五亚门检索表如下：

1. 有能动孢子；有性阶段的典型孢子为卵孢子……………………………… 鞭毛菌亚门

1. 无能动孢子

　　2. 具有性阶段

3. 有性阶段孢子为接合孢子 ………………………………………… 接合菌亚门
3. 无接合孢子
4. 有性阶段孢子为子囊孢子 …………………………………… 子囊菌亚门
4. 有性阶段孢子为担孢子 ……………………………………… 担子菌亚门
2. 缺有性阶段 ………………………………………………………………… 半知菌亚门

二、子囊菌亚门

子囊菌亚门(Ascomycotina)是真菌中种类最多的一个亚门,全世界有2 720属,28 000多种,除少数低等子囊菌为单细胞(如酵母菌),绝大多数有发达的菌丝,菌丝具有横隔,并紧密结合在一起,形成一定的结构。子囊菌的无性生殖特别发达,有裂殖、芽殖,或形成各种孢子,如分生孢子、厚垣孢子等。有性生殖产生子囊,内生子囊孢子,这是子囊菌亚门的最主要特征。除少数原始种类的子囊裸露不形成子实体外(如酵母菌),绝大多数子囊菌都产生子实体,子囊包于子实体内。子囊菌的子实体又称子囊果。子囊果的形态是子囊菌分类的重要依据。常见的有以下3种类型。① 子囊盘:子囊果盘状、杯状或碗状。子囊盘中有许多子囊和侧丝(不孕菌丝)垂直排列在一起,形成子实层。子实层完全暴露在外面,如盘菌类。② 闭囊壳:子囊果完全闭合,呈球形,无开口,待其破裂后子囊及子囊孢子才能散出,如白粉科的子囊果。③ 子囊壳:子囊果呈瓶状或囊状,先端开口,这一类子囊果多埋生于子座内,如麦角、冬虫夏草(图9-3)。

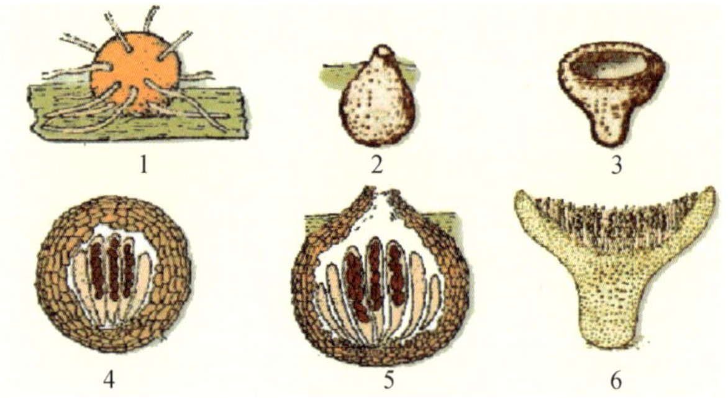

图9-3 子囊果的类型

1. 闭囊壳;2. 子囊壳;3. 子囊盘;4. 闭囊壳纵切放大;5. 子囊壳纵切放大;6. 子囊盘纵切放大。

[药用植物与生药代表]

麦角菌 *Claviceps purpurea* (Fr.) Tul. 属于麦角菌科。寄生在禾本科麦类植物的子房内,菌核形成时露出子房外,呈紫黑色,质较坚硬,形如动物角,故称麦角。菌核圆柱状至角状,稍弯曲,一般长1~2 cm,直径3~4 mm,干后变硬,质脆,表面呈紫黑色或紫棕色,内部近白色,近表面外为暗紫色;子座20~30个从一菌核内生出,下有一很细的柄,多弯曲,白至暗褐色,顶端头部近球形,直径1~2 mm,红褐色;显微镜下观察,子囊壳整个埋生于子座头部内,只孔口稍突出,烧瓶状,子囊及侧丝均产生于子囊壳内,很长,呈圆柱状;每个子囊含子囊孢子8个,丝状,单细胞,透明无色。孢子散出后,借助于气流、雨水或昆虫传播到麦穗上,萌发成芽管,侵入子房,长出菌丝,菌丝充满子房而发出极多的分生孢子,再传播到其他麦穗上。菌丝体继续生长,最后不再产生分生孢子,形成紧密、坚硬、紫黑色的菌核,即麦角。

黑麦的麦角菌分布于河北、内蒙古、黑龙江、吉林、辽宁;野麦的麦角菌分布于河北、山西、内蒙古;大麦和小麦的麦角菌见于安徽;燕麦的麦角菌分布于青海。麦角菌也可进行人工发酵培养。菌核(麦角)能使子宫收缩。麦角含十多种生物碱,主要活性成分为麦角新碱、麦角胺、麦角生碱、麦角毒碱等,麦角胺和麦角毒碱可用于治疗偏头痛,麦角制剂已用作子宫收缩及内脏器官出血的止血剂。

冬虫夏草* Ophiocordyceps　(英)Chinense Caterpillar Fungus

【基原】 本品为线虫草科真菌冬虫夏草菌 *Ophiocordyceps sinensis*(Berk.) G.H.Sung, J.M.Sung, Hywel-Jones & Spatafora 寄生在蝙蝠蛾科昆虫幼虫上的子座及幼虫尸体的干燥复合体。

【植物形态】 由虫体和子座组成。通常子座单个，上部膨大，表层埋有一层子囊壳，壳内有许多线形子囊，每个子囊内有 8 个具许多横隔的线形子囊孢子。

冬虫夏草的形成：夏秋季节，冬虫夏草的子囊孢子成熟后由子囊散发出，断裂成若干小段，侵入土中蝙蝠蛾科昆虫幼虫的体内。子囊孢子萌发形成菌丝，进入虫体血液循环系统，并以酵母状出芽方式进行繁殖，直至幼虫死亡。冬季来临，菌丝体变态形成坚硬的菌核。第二年春末夏初，从虫体头部长出子座，并伸出土层外。冬虫夏草多分布于海拔 3 500 m 以上的高山草甸区。现已能人工培养，或通过薄层发酵工艺大量繁殖其菌丝体，称为虫草花。子实体、子座、虫体及菌核合称虫草，能补肺益肾，止血化痰。冬虫夏草的药用有效成分为虫草酸，还有蛋白质和脂肪等成分(图 9-4)。

图 9-4　冬虫夏草

【产地】 主产于四川、青海，以四川产量最大。云南、甘肃、西藏等省区也有部分出产。

【采制】 春末夏初子座刚出土、孢子未散发时采挖，晒至六七成干，除去似纤维状的附着物及杂质，晒干或低温干燥。

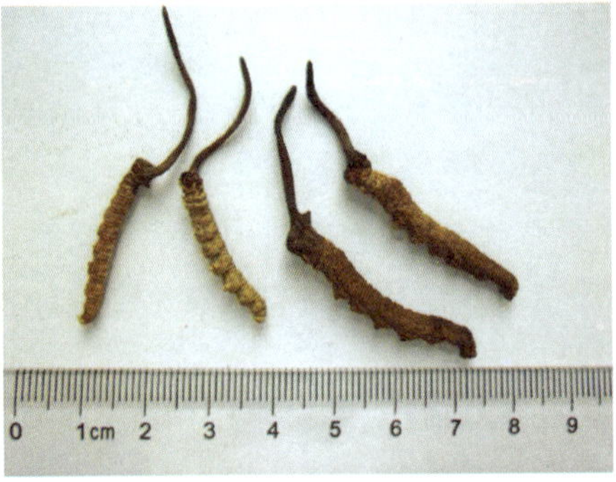

图 9-5　冬虫夏草性状图

【性状】 药材分为虫体和从虫头部长出的真菌子座两部分。虫体似幼蚕，长 3~5 cm，直径 0.3~0.8 cm；表面深黄色至黄棕色，有环纹 20~30 个，近头部的环纹较细，头部红棕色；足 8 对，中部有足 4 对较明显；质脆易断，断面略平坦，淡黄白色，中央有“V”形或“一”字纹。子座细长呈圆柱形，长 4~7 cm，直径约 0.3 cm；深棕色至棕褐色，有细纵皱纹，上部稍膨大，质柔韧，断面类白色。气微腥，味微苦(图 9-5)。

【显微特征】 虫体横切面：不规则形，四周为虫体的躯壳，其上着生长短不一的锐刺毛和长线毛，有的似分枝状。躯壳内为大量菌丝，其间有裂隙(图 9-6)。

子座横切面：① 周围由一列子囊壳组成，子囊壳呈卵形至椭圆形，下半部埋于凹陷的子座内。② 子囊壳内有多数线形子囊，每个子囊内又有 8 个线形的子囊孢子。③ 子座中央充满菌丝，其间有裂隙。④ 具不育顶端，不育部分则完全见不到子囊壳(图 9-7)。

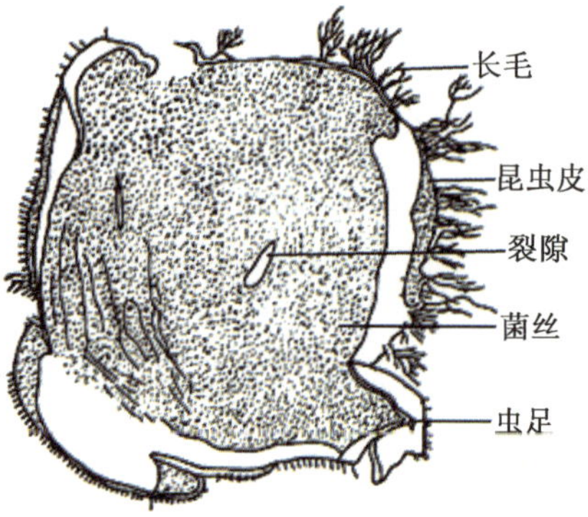

图 9-6 冬虫夏草虫体横切面

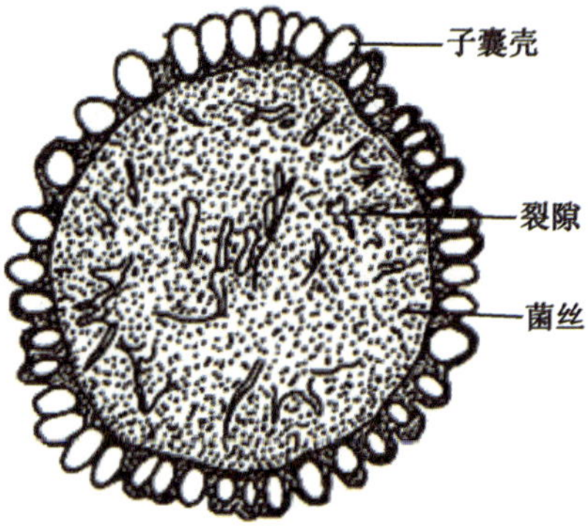

图 9-7 冬虫夏草子座横切面

【化学成分】主要含有蛋白质 25%～33%，D-甘露醇（D-mannitol，又名虫草酸 cordycepic acid）约 7%，虫草素（cordycepin），腺苷（adenosine）约 0.01%与尿嘧啶、腺嘌呤等核苷，以及虫草多糖、麦角甾醇（ergosterol）、生物碱、微量元素、维生素等，其中腺苷、虫草素、虫草酸是冬虫夏草的主要活性物质。

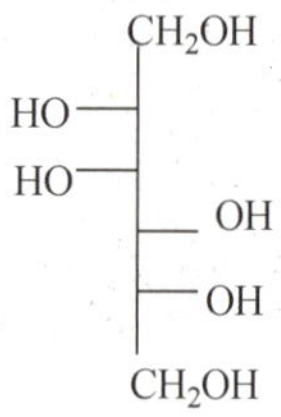

虫草酸

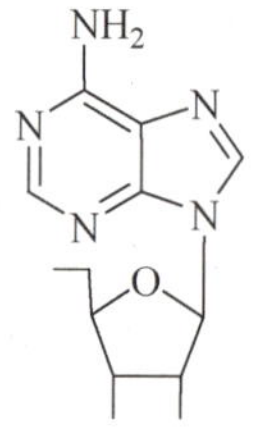

腺苷

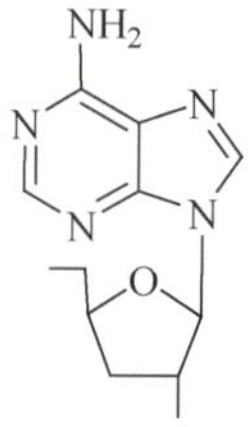

虫草素

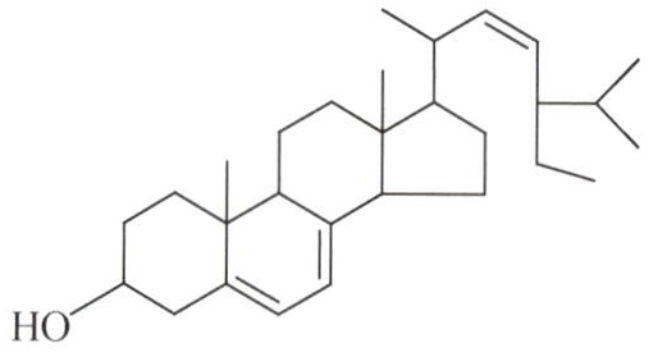

麦角甾醇

【理化鉴别】含量测定　采用 HPLC 方法测定，本品按干燥品计算，含腺苷（$C_{10}H_{13}N_5O_4$）不得少于 0.01%。

【功效与主治】性平，味甘。补肺益肾，止血化痰，用于肾虚精亏、阳痿遗精、腰膝酸痛、久咳虚喘、劳嗽咯血。

【药理作用】① 免疫调节作用。浸剂能明显增加小鼠脾重，增强网状内皮系统功能，增强小鼠腹腔巨噬细胞吞噬能力，提高机体免疫功能。虫草多糖具有调节体液免疫、双向调节细胞免疫及双向调节自然杀伤细胞的活性。

② 调节心血管作用。有抗心律失常、心肌缺血、缺氧及降血压、降血脂作用。煎剂对垂体后叶素致急性缺血的心肌具有保护作用。

③ 调节肝脏作用。在纤维化后期虫草能抑制胶原的合成，并促进其降解。菌丝发酵体对慢性乙型病毒性肝炎患者的细胞免疫和体液免疫有良好的调节作用。

④ 对泌尿生殖系统的影响。冬虫夏草有对抗和减轻药物的肾毒性、延缓慢性肾衰竭的作用，还有一定的拟雄激素样作用和抗雌激素样作用，对性功能紊乱有调节、恢复作用。

【附注】冬虫夏草常见的混伪品有亚香棒虫草 *C. hawkesii* Gray.、蛹草菌 *C. Militaris*（L.）Link.、凉山虫草 *C. liangshanensis*、蝉花菌 *C. sobolifera*（Hill.）Berk. et Br. 等。另外，市场上常见的一种人工伪品是用黄豆粉、淀粉等压模制作而成的。

酿酒酵母菌 *Saccharomyces cerevisiae* Hansen 属于酵母菌科。单细胞，卵圆形或球形，

具细胞壁、细胞质膜、细胞核（极微小，常不易见到）、液泡、线粒体及各种贮藏物质，如油滴、肝糖等。繁殖方式有以下三种。① 出芽繁殖：出芽时，由母细胞生出小突起，为芽体（芽孢子）。经核分裂后，一个子核移入芽体中，芽体长大后与母细胞分离，单独成为新个体（图 9-8）。繁殖旺盛时，芽体未离开母体又生新芽，常有许多芽细胞连成一串，称为假菌丝。② 孢子繁殖：在不利的环境下，细胞变成子囊，内生 4 个孢子，子囊破裂后，散出孢子。③ 接合繁殖：有时每两个子囊孢子或由它产生的两个芽体双双结合成合子。合子不立即形成子囊，而产生若干代二倍体的细胞，然后在适宜的环境下进行减数分裂，形成子囊，再产生孢子。

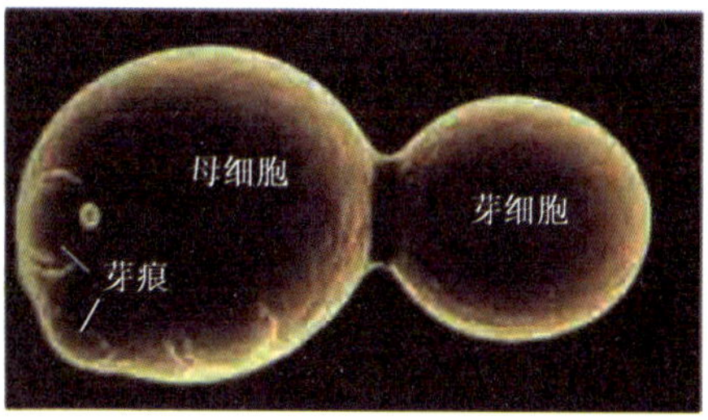

图 9-8　出芽酵母细胞的电镜照片

酵母菌在工业上用于酿酒。酵母菌将葡萄糖、果糖、甘露糖等单糖吸入细胞内，在无氧的条件下，经过内酶的作用，把单糖分解为二氧化碳和乙醇，此作用即发酵。在医药上，因酵母菌富含维生素 B、蛋白质和多种酶，所以菌体可制成酵母片，用于治疗消化不良；还可从酵母菌中提取出用于生产核酸类衍生物、辅酶 A、细胞色素 C、谷胱甘肽和多种氨基酸的原料。

三、担子菌亚门

担子菌亚门（Basidiomycotina）是真菌中最高等的一个亚门，已知有 1 100 属，16 000 余种，都是由多细胞的菌丝体组成的有机体，菌丝均具横隔膜。多数担子菌的菌丝体可区分为三种类型。由担孢子萌发形成具有单核的菌丝，叫初生菌丝。初生菌丝接合进行质配，核不配合，而保持双核状态，叫次生菌丝。次生菌丝双核时期相当长，这是担子菌的特点之一，主要行营养功能。三生菌丝是组织特化的特殊菌丝，也是双核的，它常集结成特殊形状的子实体。担子菌的最大特点是形成担子、外生担孢子。在形成担子和担孢子的过程中，菌丝顶细胞壁上伸出一个喙状突起，向下弯曲，形成一种特殊的结构，叫作锁状连合。在此过程中，细胞内二核经过一系列变化由分裂到融合，形成一个二倍体的核，此核经减数分裂，形成四个单倍体的子核。这时，顶端细胞膨大成为担子，担子上生出 4 个小梗，于是 4 个小核分别移入小梗内，发育成 4 个担孢子。产生担孢子的复杂结构的菌丝体叫担子果，就是担子菌的子实体。其形态、大小、颜色各不相同，如呈伞状、耳状、菊花状、笋状、球状等。

担子菌除少数种类有有性繁殖外，大多数在自然条件下无性繁殖。其无性繁殖是通过芽殖、菌丝断裂等类型产生分生孢子。

担子菌亚门分为 4 个纲，即层菌纲 Hymenomycetes，如银耳、木耳、蘑菇、灵芝等；腹菌纲 Gasteromycetes，如马勃、鬼笔等；锈菌纲 Urediniomycetes 和黑粉菌纲 Ustilaginomycetes。

［药用植物与生药代表］

真菌入药在我国有悠久的历史。随着医药卫生事业的发展，国内外对真菌抗癌药物进行了大量的筛选与研究，发现真菌的抗癌作用机制不同于细胞类毒素药物的直接杀伤作用，而是通过提高机体免疫能力，增加巨噬细胞的吞噬能力，产生对癌细胞的抵抗力，从而达到间接抑制肿瘤的目的。自然界的真菌种类繁多，这有利于我们今后寻找新的药用菌资源。

灵芝* Ganoderma （英）ganoderma

【基原】本品为多孔菌科真菌赤芝 *Ganoderma lucidum*（Leyss. ex Fr.）Karst.或紫芝 *Ganoderma sinense* Zhao，Xu et Zhang 的干燥子实体。

【植物形态】赤芝　菌盖木栓质，半圆形或肾形，宽 12~20 cm，厚 2 cm；红褐色，具有漆样光泽，有同心环状棱纹及辐射状皱纹，边缘平截。菌肉近白色至淡褐色；菌管单层，管口呈白色，触后变为血红或紫红色，管口圆形。显微镜下观察，担孢子呈宽卵圆形，壁有两层，内壁褐色，表面布有无数小疣，外壁光滑、透明无色。菌柄侧生，极稀偏生，近圆柱形，长度通常长于菌盖的长径，红褐色至紫褐色，有一层漆状光泽，中空或中实，坚硬（图 9-9）。

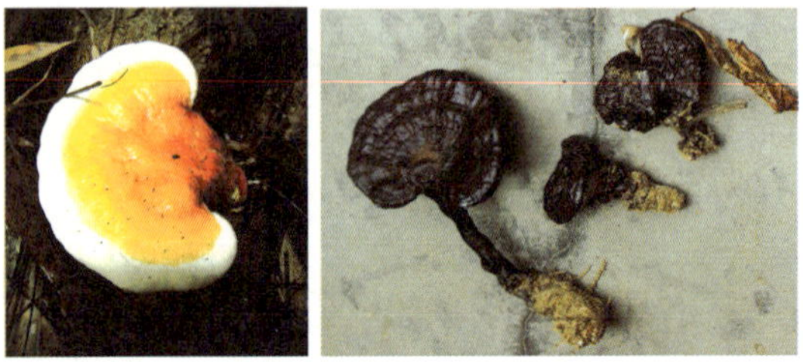

图 9-9　赤芝（左）和紫芝（右）

紫芝　菌盖和菌柄紫色或紫黑色，菌肉锈褐色，担孢子较大，内壁具有显著小疣突（图 9-9）。

【产地】全国大部分省区有分布，多生于栎树及其他阔叶树的腐木上。商品药材多为栽培。

【采制】全年采收，除去杂质，剪除附有的朽木、泥沙或培养基质的下端菌柄，阴干或在 40~50 ℃温度条件下烘干。

【性状】赤芝　外形呈伞状，菌盖肾形、半圆形或近圆形，直径 10~18 cm，厚 1~2 cm。皮壳坚硬，黄褐色至红褐色，有光泽，具环状棱纹和辐射状纹，边缘薄而平截，常稍内卷。菌肉白色至淡棕色。菌柄圆柱形，侧生，少偏生，长 7~15 cm，直径 1~3.5 cm，红褐色至紫褐色，光亮。担孢子细小，黄褐色。气微香，味苦涩。

紫芝　皮壳紫黑色，有漆样光泽。菌肉锈褐色。菌柄长 17~23 cm，味淡。

【显微特征】① 粉末浅棕色、棕褐色至紫褐色。② 菌丝散在或黏结成团，无色或淡棕色，细长，稍弯曲，有分枝，直径 2.5~6.5 μm。③ 担孢子褐色，卵形，顶端平截，外壁无色，内壁有疣状突起，长 8~12 μm，宽 5~8 μm（图 9-10）。

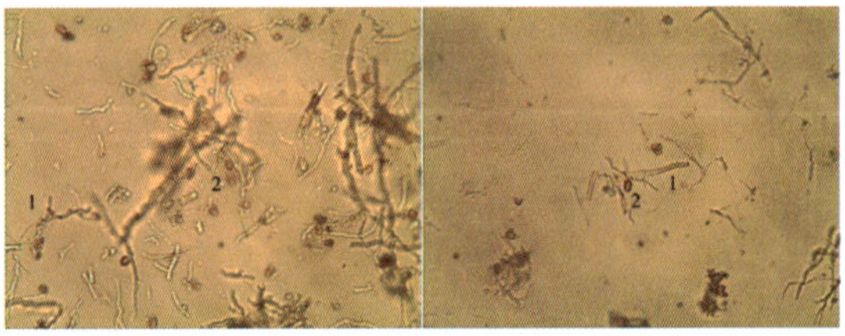

菌丝　　担孢子

图 9-10　灵芝粉末组织特征图

【化学成分】主要含有灵芝多糖（BN_3C_1、BN_3C_2、BN_3C_3、BN_3C_4 等）约 1%，孢子粉中多糖含量可达 10%，灵芝酸（ganoderic acid）A、B、C、D、E、F、G、H、I、L 等，赤芝酸（lucidenic acid）A、B、C、D、E、F 等，丹芝醇 A（ganoderol A）、灵赤酸（ganolucidic acid）等三萜、麦角甾醇（ergosterol）等甾醇，氨基酸、灵芝多肽（GPC_1、GPC_2）、生物碱等成分；灵芝孢子粉含有多种氨基酸、微量元素、三萜和类脂质；灵芝多糖和灵芝多肽具有免疫调节、抗肿瘤、抗氧化等作用。

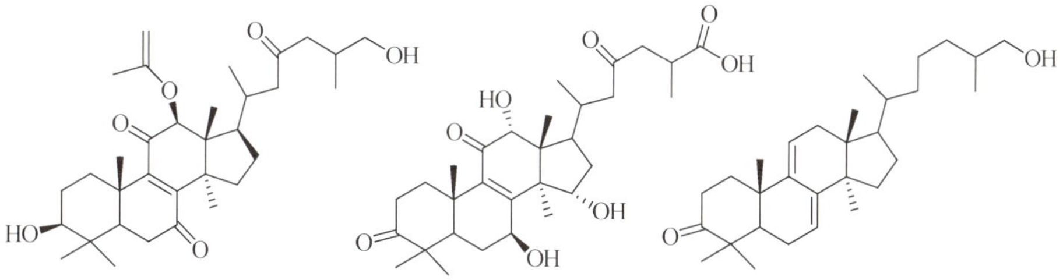

【理化鉴别】薄层色谱　硅胶 G 薄层，置紫外光灯（365 nm）下检视，供试品与对照药材色谱在相应的位置上显相同颜色的荧光斑点。硅胶 G 薄层，对氨基苯甲酸溶液在 105 ℃加热约 10 min，置紫外光灯（365 nm）下检视，供试品与葡萄糖、甘露糖、木糖和半乳糖对照品色谱相应的位置上显相同颜色的荧光斑点。

含量测定　采用 HPLC 方法测定，以葡萄糖为对照品，本品中灵芝多糖含量以无水葡萄糖（$C_6H_{12}O_6$）计不得少于 0.9%，含萜及甾醇以齐墩果酸（$C_{30}H_{48}O_3$）计不得少于 0.5%。

【功效与主治】性平，味甘。补气安神，止咳平喘。用于心神不宁、失眠心悸、肺虚咳喘、虚劳短气、不思饮食等症。

【药理作用】① 水煎液、孢子粉均有免疫调节作用。灵芝多糖对正常小鼠、老年小鼠均能有效地维持机体的免疫功能。

② 煎剂、灵芝多糖有显著的抑制肿瘤生长的作用。

③ 灵芝多糖有阻止自由基损伤、促进 DNA 合成、延缓衰老的作用。

茯苓* Poria　（英）tuckahoe

【基原】本品为多孔菌科真菌茯苓 Poria cocos（Schw.）Wolf 的干燥菌核。

【植物形态】菌核呈球形、长圆形、卵圆形或不规则状，大小不一，小的如拳头，大的可达数十斤，新鲜时较软，干燥后坚硬，表面有深褐色、多皱的皮壳，同一块菌核内部可能部分呈白色，部分呈淡红色，粉粒状。子实体平伏地产生在菌核表面，厚 3～8 mm，白色，老熟干燥后变为淡褐色；管口多角形至不规则形，深 2～3 mm，直径 0.5～2 mm，孔壁薄，边缘渐变成齿状。显微镜下观察，孢子长方形至近圆柱状，有一斜尖，壁表平滑，透明无色（图 9-11）。

图 9-11　茯苓

【产地】全国不少省份有分布，但以安徽、云南、湖北、河南、广东等省分布最多。现多人工栽培。茯苓属于腐生菌，生于马尾松、黄山松、赤松、云南松等松属植物的根际。

【采制】多于 7—9 月采挖，挖出后除去泥沙，堆置“发汗”后，摊开晾至表面干燥，再“发汗”，反复数次至现皱纹、内部水分大部散失后，阴干，称为“茯苓个”；或将鲜茯苓按不同部位切制,阴干,分别称为“茯苓块”和“茯苓片”。

【性状】茯苓个　类球形、椭圆形、扁圆形或不规则团块,大小不一。外皮薄而粗糙,棕褐色至黑褐色,有明显的皱缩纹理。体重,质坚实,断面颗粒性,有的具裂隙,外层淡棕色,内部白色,少数淡红色,有的中间抱有松根。气微,味淡,嚼之粘牙。

图 9-12　茯苓块片

茯苓块　为去皮后切制的茯苓,呈立方块状或方块状厚片,大小不一。白色、淡红色或淡棕色(图 9-12)。

茯苓片　为去皮后切制的茯苓,呈不规则厚片,厚薄不一。白色、淡红色或淡棕色(图 9-12)。

【显微特征】粉末:灰白色。① 不规则颗粒状团块和分枝状团块无色,遇水合氯醛液渐溶化。② 菌丝无色或淡棕色,细长,稍弯曲,有分枝,直径 3~8 μm,少数至 16 μm。

【化学成分】主要含有 β-茯苓聚糖,约占干重的 93%,三萜类化合物乙酰茯苓酸、茯苓酸(pachymic acid)、3β-羟基羊毛甾三烯酸等。

【理化鉴别】浸出物　照醇性浸出物测定法(通则 2201)项下的热浸法,用稀乙醇作溶剂,不得少于 2.5%。

含量测定　照高效液相色谱法测定,本品按干燥品计算,含茯苓 β -(1→3)葡聚糖以无水葡萄糖($C_6H_{12}O_6$)计,不得少于 50%。

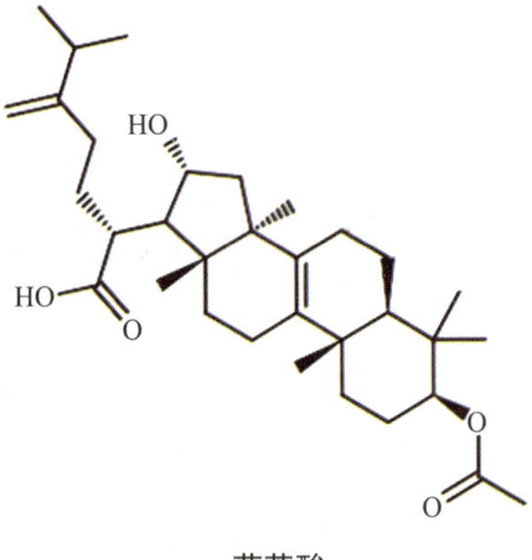

茯苓酸

【功效与主治】性平,味甘、淡。利水渗湿,健脾,宁心。用于水肿尿少、痰饮眩悸、脾虚食少、便溏泄泻、心神不安、惊悸失眠。

【药理作用】① 抗肿瘤作用。茯苓多糖具有抗肿瘤作用,但茯苓中的主要成分茯苓聚糖本身无抗肿瘤活性。

② 免疫作用。茯苓多糖体能增加巨噬细胞的细胞毒性作用,增加酸性非特异酯酶(ANAE)阳性淋巴细胞数,增强 T 淋巴细胞的细胞毒性,并因此而激活机体对肿瘤的免疫监督系统,这与其抗肿瘤活性密切相关。

猪苓* Polyporus (英) grifola

【基原】本品为多孔菌科真菌猪苓 *Polyporus umbellatus* (Pers.) Fries 的干燥菌核。

【植物形态】菌核形状不规则,呈大小不一的团块状,坚实,表面紫黑色,有多数凹凸不平的皱纹,内部白色。子实体从埋生于地下的菌核上发出,有柄并多次分枝,形成一丛菌盖,总直径可达 20 cm。菌盖圆形,中部脐状,有淡黄色的纤维鳞片,近白色至浅褐色,无环纹,边缘薄而锐,常内卷,肉质,干后硬而脆。菌肉薄,白色。菌管与菌肉同色,下延,管口圆形至多角形。孢子无色,光滑,圆筒形,一端圆形,一端有歪尖。

【产地】主产于黑龙江、吉林、辽宁、河北、山西、陕西、甘肃、河南、湖北、四川、贵州、云南。生于林中树根旁地上或腐木桩旁。

【采制】春、秋二季采挖，除去泥沙，干燥。

【性状】条形、类圆形或扁块状，有的有分枝，长 5~25 cm，直径 2~6 cm。表面黑色、灰黑色或棕黑色，皱缩或有瘤状突起。体轻，质硬，断面类白色或黄白色，略呈颗粒状。气微，味淡。

【显微特征】横切面：全体由菌丝紧密交织而成。外层厚 27~54 μm，菌丝棕色，不易分离；内部菌丝无色，弯曲，直径 2~10 μm，有的可见横隔，有分枝或呈结节状膨大。菌丝间有众多草酸钙方晶，大多呈正方八面体形、规则的双锥八面体形或不规则多面体，直径 3~60 μm，长至 68 μm，有时数个结晶集合。

【化学成分】主要含有猪苓葡聚糖、麦角甾醇(ergosterol)、多孔菌甾酮(polyporusterone)等。

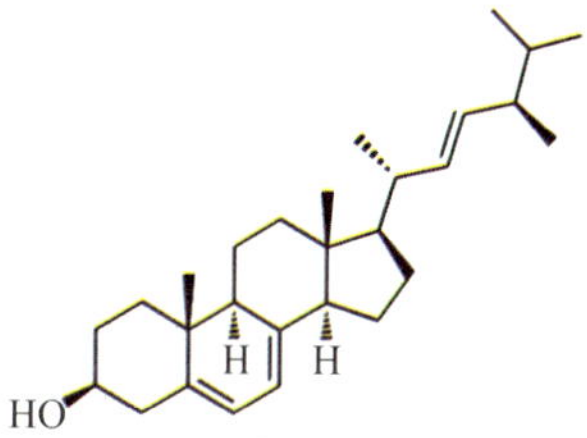

麦角甾醇

【理化鉴别】含量测定 采用 HPLC 方法测定，以麦角甾醇为对照品，本品含麦角甾醇($C_{28}H_{44}O$)不得少于 0.070%。

【功效与主治】性平，味甘、淡。利水渗湿。用于小便不利、水肿、泄泻、淋浊、带下。

【药理作用】① 利尿作用。猪苓煎剂静脉注射或肌内注射，对不麻醉犬具有比较明显的利尿作用，并能促进钠、氯、钾等电解质的排出。

② 免疫作用。猪苓多糖能增强小鼠 T 细胞对 ConA 的增殖反应以及 B 细胞对 LPS 的增殖反应，能明显增强小鼠对异型脾细胞迟发型超敏反应以及促进异型脾细胞激活细胞毒 T 细胞(CTL)对靶细胞的杀伤。

③ 抗肿瘤作用。对荷肝癌 H22 小鼠肝脏糖代谢和肾上腺皮质功能的作用，猪苓提取物(主要是猪苓多糖)对小鼠移植性肿瘤 S-180 有较显著的抑制作用，对实验性膀胱肿瘤有抑制作用。

担子菌亚门入药的还有：银耳 *Tremella fuciformis* Berk.子实体有滋阴养胃、益气补血、补脑强心等功效；木耳 *Auricularia auricular* (L. ex Hook.) Underw.子实体(木耳)能补气益血，润肺止血，活血，止痛；云芝 *Polystictus versicolor* (L.) Fr.子实体入药，能清热，消炎，云芝多糖有抗癌活性；大马勃 *Calvatia gigantean* (Batsch ex Pers.) Lloyd.子实体(马勃)能消肿，止血，清肺，利咽，解毒。

四、半知菌亚门

半知菌亚门(Deuteromycotina)是生活史尚未完全了解的一大类真菌。大多只发现其无性阶段，即其营养菌丝和各种无性孢子，而未见到有性生殖过程。一旦发现有性孢子，即归入相应的亚门。其原因一是有性阶段尚未发现；二是受某种环境条件的影响，几乎不能或极少进行有性生殖；三是有性生殖阶段已退化。因为只了解其生活史的一半，故统称为半知菌或不完全菌。营养体大多是有隔的分枝菌丝，有些种类形成假菌丝。其繁殖方式主要有两种：① 生活史中仅有菌丝的生长和增殖，菌丝常形成菌核、菌索，不产生分生孢子。有的种类可形成厚垣孢子。腐生或寄生，是许多植物的病原菌，如立枯病菌。② 绝大多数的半知菌都产生分生孢子：在半知菌的有隔菌丝体上形成分化程度不同的分生孢子梗，梗上形成分生孢子。分生孢子梗丛生或散生。丛生的分生孢子梗可形成束丝和分生孢子座。束丝是一束排列紧密的直立孢子梗,于顶端或侧面产生分生孢子,如稻瘟病菌;分生孢子座由许多聚成垫状的短梗组成,顶端产生分生孢子,如束梗孢属。较高级的半知菌,在分生孢子产生时形成特化结构,由菌丝体形成盘状或球状的分生孢子盘或分生孢子器。分生孢子盘上有成排的短分生孢子梗,顶端产生分生孢子,如刺盘孢属;分生孢子器有孔口,其内形成分生孢子梗,顶端产生分生孢子。分生孢子盘(器)生于基质的表面或埋于基质、子座内,外观上呈黑色小点。

半知菌分类以应用方便为主,不以亲缘关系为依据,一般根据孢子梗和孢子的形态及产生方式分类。许多已发现有性世代的半知菌,均已分别归属,如青霉菌属、曲霉菌属及赤霉菌属已归入子囊菌亚门。

[药用植物代表]

曲霉菌 *Aspergillus*(Micheli)Link　属于丛梗孢科。菌丝有隔,为多细胞。无性生殖发达,由菌丝体上产生大量的分生孢子梗,其顶端膨大成球状,称为泡囊(vesicle)。在泡囊的整个表面生出很多放射状排列的小梗(sterigma),小梗单层或多层,顶端长出一串串球形的分生孢子。分生孢子呈绿、黑、褐、黄、橙各种颜色。曲霉菌的种类很多,广泛分布于空气、土壤、粮食、中药材上,是酿造工业的重要菌种,并可生产柠檬酸、葡萄糖酸及其他有机酸。但有的种类对农作物及人类的身体健康有很大的危害。例如,黑曲霉 *Aspergillus niger* Van Tieghen 会引起粮食和中药材霉变,杂色曲霉 *A. versicolor* (Vuill) Tirab. 会引起桃果腐烂和中药材霉变,赭曲霉 *A. ochraceus* Wilhelm 则会导致苹果、梨的果实腐烂。其中,杂色曲霉产生的杂色曲霉素(sterigmatocystin)可致肝脏受损,特别是黄曲霉(图 9-13)常在花生和花生粕上发现,它会产生毒性很强的能引起肝癌的黄曲霉毒素(aflatoxin)。

图 9-13　黄曲霉菌

青霉属(*Penicillium*)　真菌属于丛梗孢科。菌丝体由多数具有横隔的菌丝组成,常以产生分生孢子的形式进行繁殖。有性生殖极少见。产生孢子时,菌丝体顶端产生多细胞的分生孢子梗,梗的顶端分枝 2~3 次,每枝的末端细胞分裂成串的分生孢子,形成扫帚状。最末端小枝称小梗,常呈瓶状,从小梗上生一串绿色的分生孢子。分生孢子呈球形或卵球形,一般呈蓝绿色,成熟后随风分散,遇适宜环境,落在其基质上萌发成菌丝。青霉菌的种类很多,分布很广。常在蔬菜、粮食、肉类、柑橘类水果皮和食物上分布。例如,产黄青霉 *Penicillium chrysogenum* Thom、特异青霉 *P. notatum* Westling 均可产生青霉素。黄绿青霉 *P. citreo-viride* Biourge、岛青霉 *P. islandicum* Sopp 可引起大米霉变,产生“黄变米”,它们产生的霉素如黄绿青霉素(citreoviridin)对动物神经系统有损害作用,岛青霉产生的黄天精、环氯素、岛青霉毒素均对肝脏有毒性。柑橘青霉 *P. citrinum* Thom、意大利青霉 *P. italicum* Wehmer 可引起柑橘果实软腐。橘青霉产生的橘青霉素(citrinin)对肾脏有损害作用。

球孢白僵菌 *Beauveria bassiana* (Bals.) Vuill　属于链孢霉科。寄生于家蚕幼虫体内(可寄生于 60 多种昆虫体上),使家蚕病死,干燥后的尸体称为僵蚕。入药能祛风、镇惊等。近年来,由于加强防治、养殖技术和条件的提高,白僵菌对家蚕的感染大为减少,为解决僵蚕的药源问题,以蚕蛹为原料,接入白僵菌,所得蚕蛹可代僵蚕用。

练习题

1. 菌类可分为几大类群?
2. 真菌在繁殖或环境条件不良时,菌丝能结合形成哪些形态?
3. 子囊果有几种类型?

第十章 地衣类植物

学习导图:

地衣类植物
- 概述
- 地衣的形态*
- 地衣的构造
- 主要药用种类

案例:

1. 茶渍衣属 *Lecanora*、石耳 *Umbilicaria esculenta* (Miyoshi) Minks.等地衣植物的外部形态如何鉴别?分别属于哪种生长型地衣?

2. 松萝 *Usnea diffracta* Vain.和长松萝 *U. longissima* Ach.均属于枝状地衣,形态和功效近似,请讨论如何区分?

第一节 概 述

地衣(Lichenes)是一类很独特的植物,生存能力极强,能在其他植物不能生存的环境中生长和繁殖,因此其分布极广。本门植物有 500 余属,25 000 余种。我国有 200 属,约 2 000 种,其中药用地衣有 71 种。它是多年生的植物,为一种真菌和一种藻类组织的复合有机体,无根、茎、叶的分化,能进行有性生殖和无性生殖。由于两种植物长期紧密地连合在一起,无论在形态、构造上,还是在生理和遗传上都形成一个单独的固定有机体,是历史发展的结果,所以地衣常被当作一个独立的门来看待。

构成地衣体(thallus)的真菌绝大多数属于子囊菌亚门的盘菌纲(Discomycetes)和核菌纲(Pyrenomycetes),少数为担子菌亚门的伞菌目和非褶菌目(多孔菌目)的某几个属,还有极少数属于半知菌亚门。

地衣体中的藻类多为绿藻和蓝绿藻,如绿藻中的共球藻属(*Trebouxia*)、橘色藻属(*Trentepohlia*)和蓝藻中的念珠藻属(*Nastoc*),约占全部地衣体藻类的 90%。

地衣体中的菌丝缠绕藻细胞,并从外面包围藻类。藻类光合作用制造的有机物大部分被菌类所夺取,藻类与外界环境隔绝,不能从外界吸取水分、无机盐和二氧化碳,只好依靠菌类供给,它们是一种特殊的共生关系。菌类控制藻类,地衣体的形态几乎完全是由真菌决定的。有人曾试验把地衣体的藻类和菌类取出,分别培养,而藻类生长、繁殖旺盛,菌类则被饿死。可见地衣体的菌类必须依靠藻类生活。

大多数地衣是喜光性植物，要求空气新鲜，因此，在人烟稠密，特别是工业城市附近，通常见不到地衣。地衣一般生长很慢，数年内才长几厘米。地衣能忍受长期干旱，干旱时休眠，雨后恢复生长，因此，可以生在峭壁、岩石、树皮或沙漠地上。地衣耐寒性很强，因此，在高山带、冻土带和南、北极，其他植物不能生存，而地衣独能生长繁殖，常形成一望无际的广大地衣群落。

地衣含有抗菌作用较强的化学成分，即地衣次生代谢产物之一的地衣酸（lichenic acids）。地衣酸有多种类型，迄今已知的地衣酸有300多种。据估计，50%以上的地衣种类都具这类抗菌物质，如松萝酸（usnic acid）、地衣硬酸（lichesterinic acid）、去甲环萝酸（evernic acid）、袋衣酸（physodic acid）、小红石蕊酸（didymic acid）等。这些抗菌物质对革兰阳性细菌多具抗菌活性，对抗结核杆菌有高度活性。

近年来，世界上对地衣进行抗癌成分的筛选研究证明，绝大多数种类的地衣中所含的地衣多糖（lichenin，lichenan）、异地衣多糖（isolichenin，isolichenan）均具有极高的抗癌活性。此外，地衣中有的是生产高级香料的原料。总之，地衣作为药物资源的开发前景是很广阔的。

一、地衣的形态

地衣体是由真菌和藻类组成的营养性植物体。根据其外部形态可分为壳状地衣（crustose lichens）、叶状地衣（foliose lichens）、枝状地衣（fruticose lichens）三种生长型。地衣的每种生长型均有各自的内部构造，在基物上着重的程度也不同。因此，在鉴定地衣时，生长型常作为区分种的重要特征。

（一）壳状地衣

壳状地衣的地衣体是彩色深浅多种多样的壳状物，菌丝与基质紧密相连，通常下表面的髓层菌丝紧密地固着在基物上，有的还生假根伸入基质中，很难剥离。壳状地衣约占全部地衣的80%。例如，生于岩石上的茶渍衣属（*Lecanora*）和生于树皮上的文字衣属（*Graphis*）均为壳状地衣（图10-1）。

（二）叶状地衣

叶状地衣的地衣体呈扁平的叶片状，四周有瓣状裂片，近圆形或不规则扩展，有背、腹之分，常在腹面即叶片下部生出一些假根或脐附着于基质上，易与基质剥离。例如，生在草地上的地卷衣属（*Peltigera*）、石耳属（*Umbilicaria*）和生在岩石上或树皮上的梅衣属（*Parmelia*）均为叶状地衣（图10-2）。

图10-1 壳状地衣

图10-2 叶状地衣

图 10-3　枝状地衣

（三）枝状地衣

枝状地衣的地衣体具有分枝，通常呈树枝状直立或下垂，仅基部附着于基质上。例如，直立于地上的石蕊属（*Cladonia*）、石花属（*Rumalina*），悬垂于云杉、冷杉等树枝上的松萝属（*Usnea*），均为枝状地衣（图 10-3）。

但这三种类型的区别不是绝对的，其中有不少是过渡或中间类型，如标氏衣属（*Buelliu*）的壳状到鳞片状；粉衣科（Caliciaceae）地衣由于横向伸展，其壳状结构逐渐消失，呈粉末状。

二、地衣的构造

不同类型的地衣其内部构造不完全相同。从叶状地衣的横切面上可分为四层，即上皮层、藻层或藻胞层、髓层和下皮层（图 10-4）。上皮层和下皮层是由菌丝紧密交织而成的，也称为假皮层。藻胞层就是在上皮层之下由藻类细胞聚集成的一层。髓层是由疏松排列的菌丝组成的。根据藻细胞在地衣体中的分布情况，通常又将地衣体的结构分成以下两个类型。

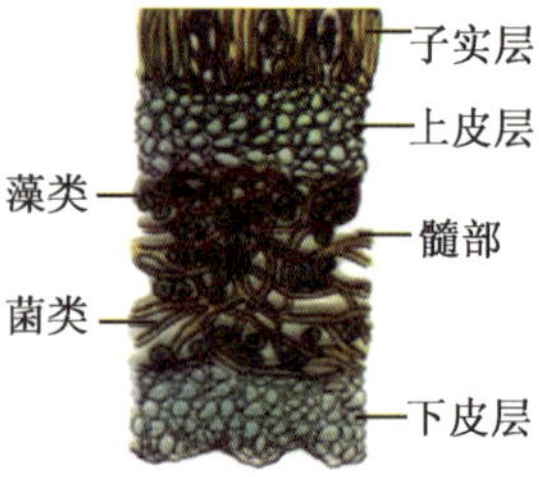

图 10-4　地衣的结构

（一）异层型地衣

异层型地衣（heteromerous）藻类细胞排列于上表皮层和髓层之间，形成明显的一层，即藻胞层，如梅衣属（*Parmelia*）、蜈蚣衣属（*Physcia*）、地茶属（*Thamnolia*）、菘萝属（*Usnea*）等。

（二）同层型地衣

同层型地衣（homoenmerous）藻类细胞分散于上皮层之下的髓层菌丝之间，没有明显的藻层与髓层之分。这种类型的地衣较少，如胶衣属（*Collema*）。

一般来讲，叶状地衣大多数为异层型，从下皮层上生出许多假根或脐固着于基物上。壳状地衣多数无皮层，或仅具上皮层，髓层菌丝直接与基物密切紧贴。枝状地衣都是异层型，与异层型叶状地衣的构造基本相同，但枝状地衣各层的排列呈圆环状，中央有的有 1 条中轴（如菘萝属），或者是中空的（如地茶属）。

第二节　分类与主要药用植物代表

通常将地衣植物分为三个纲：子囊衣纲（Ascolichenes）、担子衣纲（Basidiolichenes）和半知衣纲（Phycolichenes）

（一）子囊衣纲

子囊衣纲的主要特点是组成这个纲的地衣体中的真菌属于子囊菌亚门的真菌——子囊菌。本纲地衣的数量占地衣总数的 99%。

（二）担子衣纲

组成本纲地衣体的菌类多为非褶菌目的伏革菌科（Corticiaceae）菌类，其次为伞菌目口蘑科(Tricholomataceae)的亚脐菇属(*Omphalina*)菌类,还有属于珊瑚菌科(Clavariaceae)的菌类。组成地衣体的藻类为蓝藻。主要分布于热带,如扇衣属(*Cora*)。

(三) 半知衣纲

地衣体的构造和化学反应属于子囊菌的某些属,未见到它们产生子囊和子囊孢子,是一类无性地衣。

[药用植物代表]

松萝(节松萝、破茎松萝)*Uusnea diffracta* Vain.　属于松萝科。植物体丝状,多回二叉分枝,下垂,表面淡灰绿色,有多数明显的环状裂沟,内部具有弹性的丝状中轴,可拉长,由菌丝组成,易与皮部分离;其外为藻环,常由环状沟纹分离或成短筒状。菌层产生少数子囊果。子囊果盘状,褐色,子囊棒状,内生8个子囊孢子(图10-5)。分布于全国大部分省区,生于深山老林树干上或岩石上。全草在西北、华中、西南等地常被称为"海风藤"入药。有小毒,能祛风湿,通经络,止咳平喘,清热解毒。

长松萝(老君须)*U.Longissima* Ach.　全株细长,不分枝,两侧密生细而短的侧枝,形似蜈蚣(图10-6)。分布和功效同松萝。

图10-5　松萝

图10-6　长松萝

地衣植物入药的还有:① 石耳 *Umbilicaria esculenta* (Miyoshi) Minks. 全草(石耳)能清热解毒,止咳祛痰,平喘消炎,利尿,降低血压(图10-7)。② 金黄树发(头发七)*Alectoria jubata* Ach. 全草(头发七)能利水消肿、收敛止汗,是抗生素及石蕊试剂的原料。③ 雀石蕊(太白花)*Cladonia stellaris* (Opiz) Pouzor.et Vezdr. 全草入药,主治头晕目眩、高血压等,为生产抗生素的原料。

图10-7　石耳

练习题

1. 地衣是一类独特的植物,地衣体由什么组成?
2. 地衣的外部形态可分为几种生长类型?
3. 异层型地衣与同层型地衣的构造有什么异同?

第十一章　苔藓植物

学习导图：

苔藓植物
- 特征
- 分类（苔纲、藓纲）*

案例：

1. 苔藓植物一般分为苔纲（Hepaticae）和藓纲（Musci），请讨论苔纲和藓纲植物如何鉴别？有的教材或著作还有角苔纲，请讨论其特征。

2. 地钱 *Marchantia polymorpha* L.、蛇地钱 *Conocephalum conicum*（L.）Dum. 均为苔纲植物，请讨论其区别。

第一节　主要特征

苔藓植物（Bryophyta）是高等植物中最原始的陆生类群。最早出现于距今4亿年前的古生代泥盆纪。它们虽然脱离水生环境进入陆地生活，但大多数仍须生活在潮湿地区，因此它们是由水生到陆生过渡的代表类型。苔藓植物是矮小的绿色植物，构造简单。较低等的苔藓植物常为扁平的叶状体；较高等的则有茎、叶的分化，而无真正的根，仅有单列细胞构成的假根。茎中尚未分化出维管束的构造，只有较高等的种类有类似输导组织的细胞群。苔藓植物有明显的世代交替现象。在它们的世代交替过程中，配子体很发达，具有叶绿体，是独立生活的营养体；而孢子体不发达，不能独立生活，寄生在配子体上，由配子体供给营养。孢子体寄生在配子体上，这是与其他高等植物的最主要区别。它们的雌性生殖器官——颈卵器（archegonium）很发达，呈长颈花瓶状。颈卵器的上部细狭，称颈部；中间有一条沟，称颈沟；下部膨大，称腹部；腹部中间有一个大型的细胞，称卵细胞。雄性生殖器官——精子器（antheridium）产生的精子具有两条鞭毛，借水游到颈卵器内，与卵结合，卵细胞受精后成为合子（$2n$）。合子在颈卵器内发育成胚，胚依靠配子体的营养发育成孢子体（$2n$）。孢子体不能独立生活，只能寄生在配子体上。孢子体的最主要部分是孢蒴，孢蒴内的孢原组织细胞经多次分裂后，再经过减数分裂，形成孢子（n）。孢子散出后，在适宜的环境中萌发成新的配子体。

苔藓植物的生活史中，从孢子萌发到形成配子体，配子体产生雌、雄配子，这一阶段为有性世代，细胞核染色体数为 n；从受精卵发育成胚，由胚发育形成孢子体的阶段为无性世代，细胞核染色体数为 $2n$。有性世代和无性世代互相交替，形成了世代交替。

苔藓植物大多生活在阴湿的环境中,在潮湿的土壤表面、岩石、墙壁、沼泽或林中的树皮及朽木上,极少数生于急流之中的岩石或干燥地区。在阴湿的森林中,常形成森林苔原,苔藓也和地衣一样有促进岩石分解为土壤的作用。

苔藓植物对自然界的形成有一定的作用。例如,泥炭藓除了形成可以做燃料的泥炭外,它还是植物界拓荒先锋植物之一,能为其他高等植物创造生存条件;苔藓植物吸水能力很强,可用来防止水土流失,对森林的附生植物的发育也起重要作用;苔藓植物对湖沼的陆地化和陆地的沼泽化均起着重要的演替作用;苔藓植物还可以作为环境状态指示植物。苔藓植物含多种化学成分,如脂类、烃类、脂肪酸、萜类、黄酮类等,其中脂肪酸、黄酮、萜类为活性成分,具有一定的药理作用。其药用历史悠久,《嘉祐本草》已记载土马骔(*Polytrichum commune* L.ex Hedw.),即金发藓有清热解毒作用。明代李时珍的《本草纲目》也记载了少数苔藓植物可以供药用。近年来,我国又发现大叶藓属(*Rhodobryum*)的一些种类对治疗心血管病有较好的疗效。

第二节　分类与主要药用植物代表

苔藓植物全世界约有 23 000 种,我国约有 2 800 种,药用的有 21 科,43 种。根据其营养体的形态结构,通常分为两大类,即苔纲(Hepaticae)和藓纲(Musci)(表 11-1)。本书采用这种分类法。但也有人把苔藓植物分为苔纲、角苔纲(Anthocerotae)和藓纲三纲。

表 11-1　苔纲、藓纲的特征

纲	苔　纲	藓　纲
配子体	多为扁平的叶状体,有背、腹之分;根是由单细胞组成的假根	有茎、叶的分化,茎内具中轴;根是由单列细胞组成的分支假根
孢子体	由基足、短缩的蒴柄和孢蒴组成;孢蒴无蒴齿,孢蒴内有孢子及弹丝,成熟时在顶部呈不规则开裂	由基足、蒴柄和孢蒴三部分组成;蒴柄较长,孢蒴顶部有蒴盖及蒴齿,中央为蒴轴,孢蒴内有孢子,无弹丝,成熟时盖裂
原丝体	孢子萌发时产生原丝体,原丝体不发达,不产生芽体,每一个原丝体只形成一个新植物体(配子体)	原丝体发达,在原丝体上产生多个芽体,每个芽体形成一个新的植物体(配子体)
生境	多生于阴湿的土地、岩石和潮湿的树干上	比苔类植物耐低温,在温带、寒带、高山冻原、森林、沼泽常能形成大片群落

一、苔纲及药用植物代表

苔类(liverwort)多生于阴湿的土地、岩石和树干上,偶或附生于树叶上;少数种类漂浮于水面,或完全沉生于水中。

苔类植物的营养体(配子体)形态很不一致,或为叶状体,或为有类似茎、叶分化的拟茎叶体,但植物体多为背腹式,并常具假根。孢子体的构造比藓类(moss)简单,有孢蒴、蒴柄,孢蒴无蒴齿(peristomal teeth),除角苔属(*Anthoceros*)外常无蒴轴(columella),孢蒴内除孢子外还具有弹丝(elater)。孢子萌发时,原丝体阶段不发达,常产生芽体,再发育为配子体。

苔纲通常分为 3 个目。① 地钱目(Marchantiales):叶状体,背腹式明显,腹面有鳞片;蒴壁单层,常不规则开裂,雌雄异株;② 叶苔目(Jungermanniales):种类最多,多数拟茎叶体,腹面常无鳞片,蒴壁多层细胞,4 瓣裂,雌雄异株。③ 角苔目(Anthocerotales):叶状体,细胞无分化;孢子体细长呈针状。角苔目在配子体和孢子体的构造上,与其他两个目有迥然不同的地方。例如,在细胞内有 1 个大型叶绿体,并在叶绿体上有 1 个蛋白核,精子器、颈卵器均埋于配子体中,孢子体基部成熟较晚,能在一定时期保持其具有分生能力,孢蒴中央有蒴轴,孢蒴壁上有气孔等。因此,有人主张角苔类植物应另成一纲——角苔纲(Anthocerotae)。

[药用植物代表]

地钱 *Marchantia polymorpha* L. (陶弘景《名医别录》中记载的“垣衣”即地钱)植物体为绿色、扁平、叉状分枝的叶状体(图 11-1),平铺于地面,有背、腹之分。叶状体的背面可见许多多角形网格,每个网格的中央有一个白色小点。叶状体的腹面有许多单细胞假根和由多个细胞组成的紫褐色鳞片,用于吸收养料、保持水分和固着。从地钱配子体的横切面上可以看出,其叶状体已有明显的组织分化,最上层为表皮,表皮下有一层气室(air chamber)。气室之间有由单层细胞构成的气室壁隔开,每个气室有一气孔与外界相通;从叶状体背面所看到的网格实际就是气室的界限,而网格中央的白色小点就是气孔(air pore)。气孔是由多细胞围成的烟囱状构造,无闭合能力;气室间可见排列疏松、富含叶绿体的同化组织,气室下为由薄壁细胞构成的贮藏组织。最下层为表皮,其上长出假根和鳞片。

图 11-1 地钱原丝体

地钱通常以形成胞芽(gemma)的方式进行营养繁殖,胞芽形如凸透镜,通过一细柄生于叶状体背面的胞芽杯(gemma cup)中(图 11-2)。胞芽两侧具缺口,其中各有一个生长点,成熟后从柄处脱落离开母体,发育成新的植物体。

图 11-2 地钱胞芽杯

地钱为雌雄异株植物,有性生殖时,在雄配子体中肋上生出雄生殖托(antheridiophore),雌配子体中肋上生出雌生殖托(archegoniophore)。雄生殖托盾状,具有长柄,上面具许多精子器腔,每腔内具一精子器,精子器卵圆形,下有一短柄与雄生殖托组织相连(图 11-3)。成熟的精子器中具多数精子,精子细长,顶端生有两条等长的鞭毛。雌生殖托伞形,边缘具 8~10 条下垂的芒线(rays),两芒线之间生有一列倒悬的颈卵器(图 11-4),每行颈卵器的两侧各有一片薄膜将它们遮住,称为蒴苞(involuere)。

图 11-3 地钱精子器

图 11-4 地钱颈卵器

精子器成熟后,精子逸出器外,以水为媒介,游入发育成熟的颈卵器内,精、卵结合形成合子。合子在颈卵器中发育形成胚,而后发育成孢子体;在孢子体发育的同时,颈卵器腹部的壁细胞也分裂,膨大加厚,成为一罩,包住孢子体(图 11-4)。此外,颈卵器基部的外围也有一圈细胞发育成一筒,笼罩着颈卵器,名为假被(pseudoperianth,又称假蒴苞)。因此,受精卵的发育受到三重保护:颈卵器壁、假被和蒴苞。

地钱的孢子体很小,主要靠基足伸入配子体的组织中吸收营养。随着孢子体的发育,其顶端孢蒴内的孢子母细胞经减数分裂产生很多单倍异性的孢子,不育细胞则分化为弹丝;孢蒴成熟后不规则破裂,孢子借助弹丝散布出来,在适宜的环境条件下萌发形成原丝体,进一步发育成雌或雄的新一代植物体(叶状体),即配子体。

地钱分布于全国各地,生于阴湿的土地和岩石上。全草能清热解毒,祛瘀生肌;可用于治疗黄疸性肝炎。

苔纲药用植物还有蛇地钱(蛇苔) *Conocephalum conicum* (L.) Dum.,其全草能清热解毒,消肿止痛;外用治烧伤、烫伤、毒蛇咬伤、疮痈肿毒等。

二、藓纲及药用植物代表

藓纲植物种类繁多,遍布世界各地,它比苔类植物更耐低温,因此,在温带、寒带、高山、冻原、森林、沼泽等地常能形成大片群落。

藓类植物的配子体为有茎、叶分化的拟茎叶体,无背、腹之分。有的种类,茎常有中轴分化,叶在茎上的排列多为螺旋式,故植物体呈辐射对称状。有的叶具有中肋(nerve,midrib)。孢子体构造比苔类复杂,蒴柄坚挺,孢蒴有蒴轴,无弹丝,成熟时多为盖裂。孢子萌发后,原丝体时期发达,每个原丝体常形成多个植株。

藓纲分为三个目。① 泥炭藓目(Sphagnales):沼泽生,植株黄白色、灰绿色,侧枝丛生成束,叶具无色大型死细胞,植物体上的小枝延长为假蒴柄,孢蒴盖裂,雌雄异苞同株;② 黑藓目(Andreaeales):高山生,植株紫黑色、赤紫色,具延长的假蒴柄,雌雄同株或异株;③ 真藓目(Bryales):生境多样,植株多为绿色,无假蒴柄,孢蒴盖裂,雌雄同株或异株。

[药用植物代表]

葫芦藓 *Funaria hygrometrica* **Hedw.** 葫芦藓是真藓目中最常见的种类。葫芦藓一般分布在阴湿的泥地、林下或树干上,其植物体高 1~2 cm,直立丛生,有茎、叶的分化,茎的基部有由单列细胞构成的假根。叶卵形或舌形,丛生于茎的上部,叶片有一条明显的中肋,除中肋外其余部分均为一层细胞。

葫芦藓为雌雄同株异枝植物。产生精子器的枝的顶端叶形较大,而且外张,形如一朵小花,称为雄器苞(perigonium),雄器苞中含有许多精子器和侧丝。精子器棒状,基部有小柄,内生有精子,精子具有两条鞭毛,精子器成熟后,顶端裂开,精子逸出体外。侧丝由一列细胞构成,呈丝状,但顶端细胞明显膨大,侧丝分布于精子器之间,将精子器分别隔开,其作用是保存水分、保护精子器。产生颈卵器的枝的顶端如顶芽,为雌器苞(perigynium),其中有颈卵器数个。颈卵器瓶状,颈部细长,腹部膨大,腹下有长柄着生于枝端。颈卵器颈部壁由一层细胞构成,腹部壁由多层细胞构成;颈部有一串颈沟细胞,腹部内有一个卵细胞,颈沟细胞与卵细胞之间有一个腹沟细胞。卵成熟时,颈沟细胞和腹沟细胞溶解,颈部顶端裂开,在有水的条件下,精子游到颈卵器附近,并从颈部进入颈卵器内,与卵受精,形成合子。

合子不经休眠即在颈卵器内发育成胚,胚进一步发育形成具基足、蒴柄和孢蒴的孢子体。蒴柄初期快速生长,将颈卵器从基部撑破,其中一部分颈卵器的壁仍套在孢蒴之上,形成蒴帽(calyptra)。因此,蒴帽是配子体的一部分,而不属于孢子体。孢蒴是孢子体的主要部分,成熟时形似一个基部不对称的歪斜葫芦。孢蒴可分为三部分:顶端为蒴盖(operculum),中部为蒴壶(urn),下部为蒴台(apophysis)。蒴盖的构造简单,由一层细胞构成,覆于孢蒴顶端。蒴壶的构造较为复杂,最外层是一层表皮细胞,表皮以内为蒴壁,蒴壁由多层细胞构成,其中有大的细胞间隙,为气室,中央部分为蒴轴(columella),蒴轴与蒴壁之间有少量的孢原(archesporium)组织,孢子母细胞即来源于此。孢子母细胞减数分裂后,形成四分孢子。蒴壶与蒴盖相邻处,外面有由表皮细胞加厚形成的环带(annulus),内侧生有蒴齿(peristomal teeth);蒴齿共 32 枚,分内外两轮;蒴盖脱落后,蒴齿露在外面,能进行干湿性伸缩运动,孢子借蒴齿的运动弹出蒴外。蒴台位于孢蒴的最下部,蒴台的表面有许多气孔,表皮内有 2~3 层薄壁细胞和一些排列疏松而含叶绿体的薄壁细胞,能进行光合作用。

孢子成熟后从孢蒴内散出,在适宜的条件下萌发为单列细胞的原丝体,原丝体向下生假根,向上生芽,芽发育成有似茎、叶分化的配子体(图 11-5)。从葫芦藓的生活史看,它和地钱一样,孢子体也寄生在配子体上,不能独立生活;所不同的是,孢子体在构造上比地钱复杂。全草有祛湿、止血作用。

金发藓(土马骔) *Polytrichum commune* L. ex Hedw.　属金发藓科。小型草本,高 10~30 cm,深绿色,老时呈黄褐色,常丛集成大片群落。茎直立,单一,常扭曲。叶多数密集在茎的中上部,渐下渐稀疏而小,至茎基部呈鳞片状(图 11-6)。雌雄异株,颈卵器和精子器分别生于两株植物体茎顶。早春,成熟的精子在水中游动,与颈卵器中的卵细胞结合,成为合子,合子萌发而形成孢子体。孢子体的基足伸入颈卵器中,吸收营养。蒴柄长,棕红色。孢蒴四棱柱形,蒴内具大量孢子,孢子萌发成原丝体,原丝体上的芽长成配子体(植物体)。蒴帽有棕红色毛,覆盖全蒴。全草入药,有清热解毒、凉血止血作用。掌禹锡的《嘉祐本草》记载的“土马鬃”的基原泛指此种藓。

暖地大叶藓(回心草) *Rhodobryum giganteum* (Sch.) Par.　属真藓科(吴其濬《植物名实图考》中的“一把伞”即为此种)。根状茎横生,地上茎直立,叶丛生茎顶,茎下部叶小,鳞片状,紫红色,紧密贴茎。雌雄异株。蒴柄紫红色,孢蒴长筒形,下垂,褐色。孢子球形。在我国分布于华南、西南地区,生于溪边岩石上或湿林地。全草含生物碱、高度不饱和的长链脂肪酸,如廿二碳五烯酸,能清心、明目、安神,对冠心病有一定疗效。

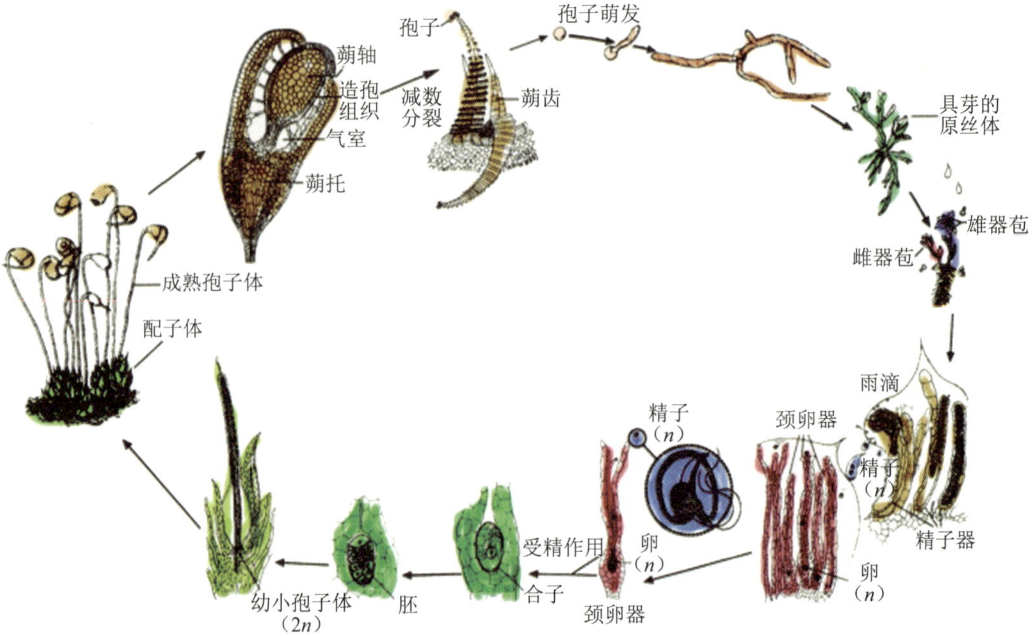

图 11-5　葫芦藓的生活史

图 11-6　金发藓

练习题

1. 苔藓植物根据其营养体的形态结构,可分为哪几大类?
2. 苔藓植物的孢子体由哪几部分组成?
3. 苔纲和藓纲植物的特征是什么?分别列举 2 个代表植物。

第十二章 蕨类植物

学习导图：

- 蕨类植物
  - 蕨类植物的特征
    - 孢子体
      - 根
      - 茎
      - 叶
      - 孢子囊和孢子囊群
      - 孢子
    - 配子体
    - 生活史*
    - 化学成分
  - 蕨类植物的分类
    - 松叶蕨亚门
    - 石松亚门
    - 水韭亚门
    - 楔叶亚门
    - 真蕨亚门*

案例：

1. 真蕨类植物很多是根状茎入药，而根状茎上常带有叶柄残基，其叶柄中的维管束数目、类型及排列方式都有明显的不同，这些差异是蕨类植物鉴别的依据。市场上贯众药材混伪品较多，请根据叶柄中的维管束数目、类型及排列方式鉴别常见的易混伪品：粗茎鳞毛蕨 *Dryopteris crassirhizoma* Nakai、荚果蕨 *Matteuccia struthiopteris*（L.）Todaro、狗脊蕨 *Woodwardia japonica*（L.f.）Sm.和紫萁 *Osmunda japonica* Thunb.。

2.《中国药典》记载，石韦具有利尿通淋、清肺止咳、凉血止血的功效，可用于治疗热淋、血淋、石淋、小便不通、淋沥涩痛、肺热喘咳、吐血、衄血、尿血、崩漏。请问石韦药材的基原植物有哪些？各自的植物形态如何？

第一节 概 述

蕨类植物（pteridophyte 或 fern）又称羊齿植物，是高等植物中具有维管组织但比较低级的一类植物。它最早出现于距今约 4.4 亿年的古生代志留纪晚期，而在距今约 3.55 亿年至 2.5 亿年前的古生代石炭纪至二叠纪，地球上曾经是蕨类植物的时代。当时的大型种类现已灭绝。蕨类植物是当今化石植物的重要组成部分，也是煤层的重要来源。它具有独立生活的配子体和孢子体而不同于其他高等植物。配子体产有颈卵器和精子器。但蕨类植物的孢子体远比配子体发达,并有根、茎、叶的分化和较为原始的维管系统,蕨类植物产生孢子体和孢子。因此,蕨类植物是介于苔藓植物和种子植物之间的一群植物,它较苔藓植物进化,而较种子植物原始,既是高等的孢子植物,又是原始的维管植物。

蕨类植物的共同祖先很可能起源于藻类,它们都具有二叉分枝、相似的世代交替、相似的多细胞器官、具鞭毛的游动精子、相似的叶绿素以及均储藏有淀粉类物质等。多数研究认为,蕨类植物的藻类祖先是绿藻。

蕨类植物和苔藓植物一样具明显的世代交替现象,无性繁殖时产生孢子,有性生殖器官为精子器和颈卵器。但是蕨类植物的孢子体远比配子体发达,并有根、茎、叶的分化,内有维管组织,这些又是异于苔藓植物的特点。蕨类植物只产生孢子,不产生种子,则有别于种子植物。蕨类的孢子体和配子体都能独立生活,此点和苔藓植物及种子植物均不相同。因此,就进化水平看,蕨类植物是介于苔藓植物和种子植物之间的一个大类群。

蕨类植物分布广泛,除了海洋和沙漠外,无论在平原、森林、草地、岩缝、溪沟、沼泽、高山和水域中都有它们的踪迹,尤以热带和亚热带地区为其分布中心。现在地球上生存的蕨类有 12 000 多种,其中绝大多数为草本植物。我国约有 2 600 种,多分布在西南地区和长江流域以南各省及台湾地区等,仅云南省就有 1 000 多种,所以我国有“蕨类王国”之称。蕨类植物大多为土生、石生或附生,少数为水生或亚水生,一般表现为喜阴湿和温暖的特性。

一、孢子体

蕨类植物的外部形态和内部结构都比较复杂,植物体为孢子体。大多数有根、茎或根、茎、叶的分化,为多年生草本,少数为一年生。

(一) 根

蕨类植物除极少数原始种类仅具假根外,均生有吸收能力较好的不定根,常形成须根系。

(二) 茎

茎通常为根状茎,直立、斜升或横走,少数为直立的树干状(如桫椤)或其他形式的地上茎(如石松匍匐茎、海金沙缠绕茎等)。有些原始的种类还兼具气生茎和根状茎。茎上常具毛茸或鳞片(图 12-1)。原始类群无毛茸和鳞片,进化类群有毛茸、无鳞片,高等蕨类具鳞片。蕨类植物体内具有维管系统,形成各种中柱,其类型主要有单中柱、星状中柱、编织中柱、管状中柱、网状中柱、真中柱、散状中柱等(图 12-2)。维管系统由木质部和韧皮部组成,分别担任水、无机养料和有机物质的运输。木质部的主要成分为管胞,壁上具有环纹、螺纹、梯纹或其他形状的加厚部分;也有一些蕨类具有导管,如一些石松纲植物和真蕨纲中的蕨 *Pteridium aquilinum*(L.)Kuhn。不过蕨类植物的导管和管胞的大小区别不甚显著。木质部除了管胞和导管外,还有薄壁组织。韧皮部的主要成分是筛胞和筛管以及韧皮薄壁组织。在现代生存的蕨类中,除了极少数如水韭属(*Isoetes*)和瓶尔小草属(*Ophioglossum*)等种类外,一般没有形成层的结构。

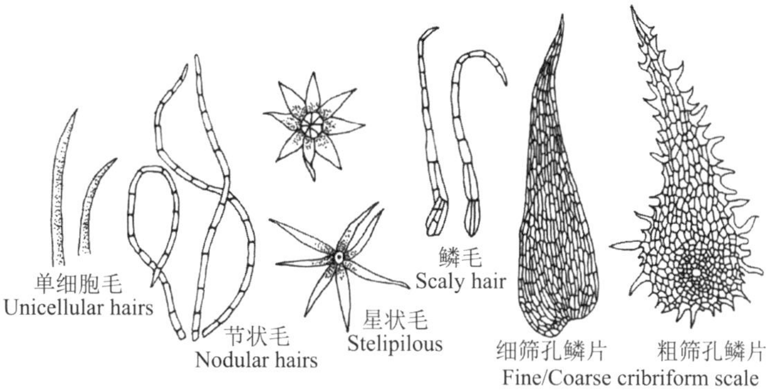

图 12-1　蕨类植物的表皮毛茸及鳞片

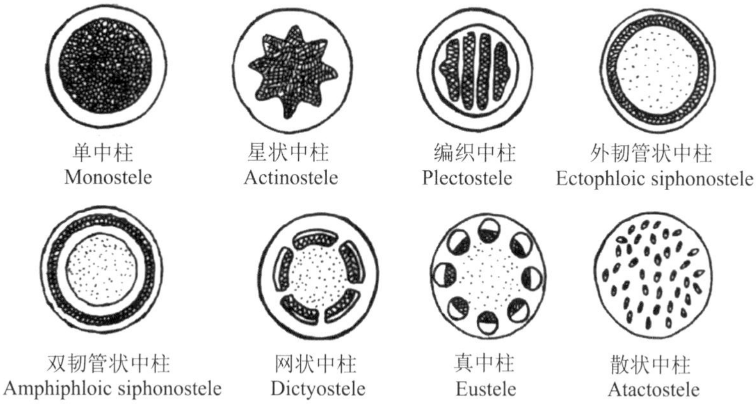

图 12-2　蕨类植物的中柱类型

（三）叶

蕨类植物的叶有小型叶（microphyll）和大型叶（macrophyll）两类。小型叶如松叶蕨（*Psilotum nudum*）、石松（*Lycopodium*）等的叶，它没有叶隙（leaf gap）和叶柄（stipe），只具 1 个单一不分枝的叶脉（vein）。大型叶有叶柄、维管束，有或无叶隙，叶脉多分枝。小型叶蕨类的叶小，构造简单，茎较叶发达，如石松、木贼、卷柏等；大型叶蕨类的叶大，常分裂，构造复杂，叶较茎发达，如石韦、紫萁蕨、凤尾蕨等。真蕨纲植物的叶均为大型叶。大型叶幼时多为拳卷状（circinate），在茎或根茎上着生方式有近生、远生和丛生的不同，长成后常分化为叶柄和叶片两部分。叶片有单叶或一回到多回羽状分裂或复叶。叶片的中轴称叶轴，第一次分裂出的小叶称羽片（pinna），羽片的中轴称羽轴（pinna rachis）；从羽片分裂出的小叶称小羽片，小羽片的中轴称小羽轴；最末次裂片上的中肋称主脉或中脉。

蕨类植物的叶子中，有仅进行光合作用的叶，称为营养叶或不育叶（foliage leaf，sterile frond）；也有些叶子的主要作用是产生孢子囊和孢子，称为孢子叶或能育叶（sporophyll，fertile frond）。有些蕨类的营养叶和孢子叶是不分的，而且形状相同，称同型叶（homomorphic leaf）；也有的孢子叶和营养叶形状完全不相同，称为异型叶（heteromorphic leaf）。在系统演化过程中，同型叶是朝着异型叶的方向发展的。

（四）孢子囊和孢子囊群

蕨类植物的孢子囊，在小型叶蕨类中是单生在孢子叶的近轴面叶腋或叶子基部，孢子叶通常集生在枝的顶端，形成球状或穗状，称孢子叶球（strobilus）或称孢子叶穗

图 12-3　孢子囊群在孢子叶上着生的位置

1. 边生孢子囊群(凤尾蕨属); 2. 顶生孢子囊群(骨碎补属); 3. 脉端孢子囊群(肾蕨属); 4. 有盖孢子囊群(蹄盖蕨属)。

(sporophyllspike)。较进化的真蕨类,其孢子囊通常生在孢子叶的背面、边缘或集生在一个特化的孢子叶上,往往由多数孢子囊聚集成群,称为孢子囊群(sporangiosorus)或孢子囊堆(sorus)。水生蕨类的孢子囊群生在特化的孢子果(或称孢子荚,sporocarp)内(图 12-3)。孢子囊壁由单层或多层细胞构成,由一列细胞的细胞壁不均匀增厚形成环带,有助于孢子囊的开裂和孢子的散播(图 12-4)。

顶生环带（海金沙属）Top born annulus (*Genus Lygodium*)　横行中部环带（芒萁属）Annulus in the middle (*Genus Dicranopteris*)　斜行环带（金毛狗脊属）Oblique annulus (*Genus Cibotium*)　纵行环带（水龙骨属）Longitudinal annulus (*Genus Polypodiodes*)

图 12-4　蕨类植物的孢子囊环带

(五) 孢子

多数蕨类产生的孢子大小相同,称为孢子同型(isospory);而卷柏植物和少数水生蕨类的孢子有大小之分,称孢子异型(heterospory);大孢子萌发形成雌配子体,小孢子萌发形成雄配子体。无论是同型孢子(isospore)还是异型孢子(heterospore),在形态上都可分为两类:一类是肾形、单裂缝、二侧对称的两面型孢子,另一类是圆形或钝三角形、三裂缝、辐射对称的四面型孢子(图 12-5)。孢子的周壁通常具有不同的突起和纹饰,是蕨类重要的分类学特征。孢子形成时是经过减数分裂的,所以孢子的染色体是单倍的。

两面型孢子（鳞毛蕨属）Two sided spores (*Dryopteris*)　四面型孢子（海金沙属）Tetrahedral spores (*Lygodium*)　球状四面型孢子（瓶尔小草属）Spherical tetrahedral spore (*Ophioglossum*)　丝孢子（木贼属）Filamentous spores (*Equisetum*)

图 12-5　蕨类植物的孢子类型

二、配子体

孢子萌发后,形成配子体。配子体又称原叶体(prothallus),小型,结构简单,生活期较短。大多数蕨类的配子体为绿色,具有腹背分化的叶状体,能独立生活,在腹面产生颈卵器和精子器,但精子多鞭毛。配子体是在孢子内部发育的,产生的精子和卵在受精时还不能脱离水的环境。受精卵发育成胚,幼胚暂时寄生在配子体上,长大后配子体死亡,孢子体即开始独立生活。

三、生活史

蕨类植物的生活史有两个独立生活的植物体,即孢子体和配子体。从受精卵萌发开始,到孢子母细胞进行减数分裂前为止,这一过程称为孢子体世代,或称为无性世代,它的细胞染色体是双倍的($2n$)。从孢子萌发到精子和卵结合前的阶段,称为配子体世代,或称有性世代,其细胞染色体数目是单倍的(n)。这两个世代有规律地交替完成其生活史。蕨类植物和苔藓植物的生活史最大的不同有两点:一是孢子体和配子体都能独立生活;二是孢子体发达,配子体弱小。所以蕨类植物的生活史是孢子体占优势的异形世代交替(图 12-6)。

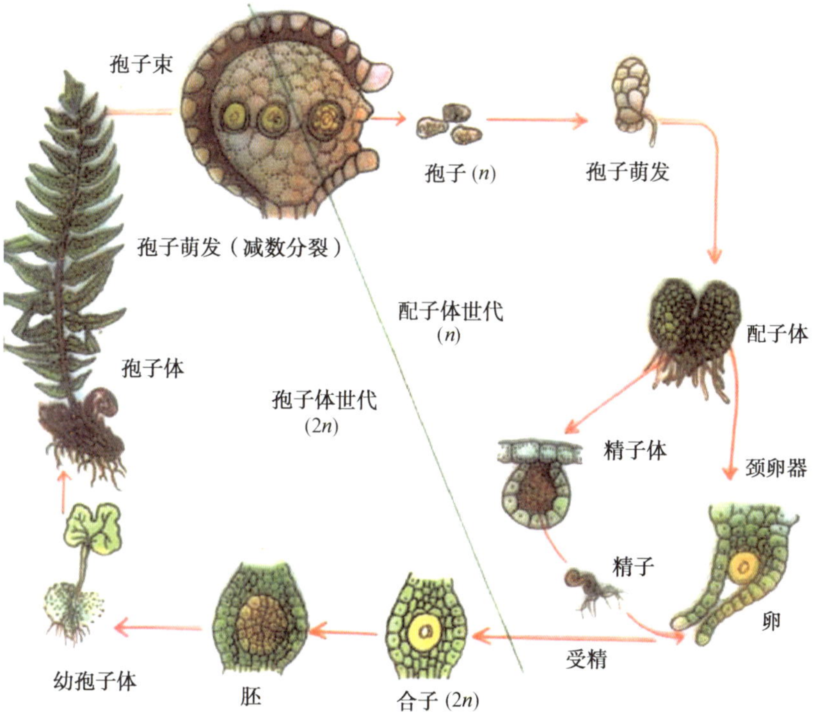

图 12-6 蕨类植物的生活史

四、化学成分

近 40 多年来,对蕨类植物化学成分的研究及应用越来越多,概括起来有以下几类。

(一) 生物碱类

广泛存在于小叶型蕨类植物中,如石松科的石松属(*Lycopodium*)中含石松碱(lycopodine)、石松毒碱(clavatoxine)、垂穗石松碱(lycocermine)等。

(二) 酚类化合物

二元酚及其衍生物在大叶型真蕨中普遍存在,如咖啡酸(caffeic acid)、阿魏酸(ferulic acid)及绿原酸(chlorogenic acid)等,该类成分具有抗菌、止痢、止血及升高白细胞的作用。咖啡酸尚有止咳、祛痰的作用。多元酚类,特别是间苯三酚衍生物在鳞毛蕨属(*Dryopteris*)大多数种类都有存在,如绵马酸类(filicic acids)、粗蕨素(dryocrassin),此类化合物具有较强的驱虫作用,但毒性较大。

(三) 黄酮类

广泛存在,如问荆含有异槲皮苷(isoquercitrin)、问荆苷(equicerin)、山柰酚(kaempferol)等。卷柏、节节草含有芹菜素(apigenin)及木犀草素(luteolin)。槲蕨含橙皮苷(hesperidin)、柚皮苷(naringin)。过山蕨(*Camptosorus sibiricus* Rupr.)含多种山柰酚衍生物。石韦属(*Pyrosia*)多种植物分离出 β-谷醇及杧果苷(mangiferin)、异杧果苷(isomangiferin)等。

(四) 甾体及三萜类化合物

在石松中含有石杉素(lycoclavinin)、石松醇(lycoclavanol)等,蛇足石杉含有千层塔醇(tohogenol)、托何宁醇(tohoginlinol)。

近年来,从紫萁、狗脊蕨、欧亚多足蕨(*Polypodium vulgare* L.)中发现含有昆虫蜕皮激素(insect moulting hormones),该类成分有促进蛋白质合成,排除体内胆固醇、降血脂及抑制血糖上升等活性。

(五) 其他成分

蕨类植物中含鞣质,在石松、海金沙等的孢子中还含有大量脂肪。鳞毛蕨属的地下部分含有微量挥发油。金鸡脚假瘤蕨 *Phymatopteris hastata* (Thunb.) Pic. Serm. 的叶中含有香豆素。此外,尚含多种微量元素、硅及硅酸,其中某些成分具有不同的生理活性,这些成分均值得深入研究。

第二节 分类与主要药用植物代表

蕨类植物的种类比较复杂,具有许多不同的性状,蕨类植物分类鉴定常常依据下列一些主要特征:① 茎、叶的外部形态及内部构造;② 孢子囊壁细胞层数及孢子形状;③ 孢子囊的环带有无及其位置;④ 孢子囊群的形状、生长部位及有无囊群盖;⑤ 叶柄中维管束的排列形式,叶柄基部有无关节;⑥ 根状茎上有无毛、鳞片等附属器官及形状。蕨类植物的分类系统中,通常作为一个自然类群而被列为蕨类植物门(Pteridophyta),蕨类植物门又可分为 5 个纲:松叶蕨纲(Psilotinae)、石松纲(Lycopodinae)、水韭纲(Isoetopsida)、木贼纲(Equisetinae)和真蕨纲(Filicinae)。前 4 个纲都是小型叶蕨类植物,也是现代最繁茂的蕨类植物。1978 年,我国蕨类植物学家秦仁昌教授将蕨类植物门分为 5 个亚门,即松叶蕨亚门(Psilophytina)、石松亚门(Lycophytina)、水韭亚门(Isoephytina)、楔叶亚门(Sphenophytina)和真蕨亚门(Filicophytina)。本书采用 5 个亚门分类的分类系统。

一、松叶蕨亚门

松叶蕨亚门植物是最原始的蕨类,大多已绝迹,仅有 1 科 2 属 3 种。孢子体分匍匐的根状茎和直立的气生枝,无根,仅在根状茎上生毛状假根,这和其他维管植物不同。气生枝二叉分枝,具原生中柱。小型叶,但无叶脉或仅有单一叶脉。孢子囊大多生在枝端,孢子圆形,这些都是比较原始的性状。

现代生存的松叶蕨亚门裸蕨植物,仅存松叶蕨目(Psilotales),包含 2 个小属,即松叶蕨属(*Psilotum*)和梅溪蕨属(*Tmesipteris*)。前者有 2 种,我国仅有松叶蕨 *P. nudum*(L.)P. Beauv. 1 种,产于热带和亚热带地区。后者仅 1 种梅溪蕨 *T. tannensis*(Spreng.)Bernh.,产于澳大利亚、新西兰及南太平洋诸岛。

松叶蕨科(Psilotaceae)

[形态特征] 科特征与亚门特征相同。本科有 2 属,松叶蕨属(*Psilotum*)和梅溪蕨属(*Tmesipteris*)。我国仅有松叶蕨属。

[染色体] $X=13$。

[分布] 2 属 4 种,分布于热带及亚热带地区。我国仅有 1 属 1 种,北自大巴山脉,南至海南省均有分布。

[药用植物代表]

松叶蕨(石刷把) *Psilotum nudum* (L.) P. Beauv. 茎直立或下垂,高 15~80 cm,绿色,上部多二叉状分枝,小枝三棱形。叶退化,较小,厚革质。孢子囊球形,蒴果状,生于叶腋。孢子同型(图 12-7)。分布于台湾地区、四川、云南、海南等地。附生于树干上或石缝中。全草能祛风湿,舒筋活血,化瘀。

图 12-7 松叶蕨

二、石松亚门

石松亚门植物的孢子体小型,根为不定根,茎直立或匍匐,二叉分枝,通常具原生中柱,木质部为外始式。小型叶,鳞片状,仅 1 条叶脉,无叶隙存在,为延生起源,螺旋状或呈 4 行排列,有的具叶舌。孢子囊单生于叶腋或近叶腋处,孢子叶通常集生于分枝的顶端,形成孢子叶球。孢子同型或异型。配子体小,生于地下与真菌共生,或在孢子囊中发育,两性或单性。

石松亚门植物的起源是比较古老的,几乎和裸蕨植物同时出现。在石炭纪时最为繁茂,既有草本的种类,也有高大的乔木。到二叠纪时,绝大多数石松植物相继绝灭,现在遗留下来的只是少数草本类型。现代生存的石松亚门植物有石松目(Lycopodiales)和卷柏目(Selaginellales)。

本门仅 2 目 3 科。

(一) 石松科 (Lycopodiaceae)

陆生或附生草本。单叶,小型,螺旋或轮状排列。孢子囊在枝顶聚生成孢子叶穗;孢子囊扁形,孢子为球状四面体,外壁具网状纹理。

[染色体] $X=13,17,23$。

[分布] 共 9 属 40 余种,分布甚广。我国有 6 属 18 种。本科植物常含有多种生物碱(如石松碱等)和三萜类化合物。

[药用植物代表]

石松(伸筋草) *Lycopodium Japonicum* Thunb. ex Murray 多年生常绿草本。匍匐茎细长而蔓生,多分枝;直立茎常二叉分枝,高 15~40 cm。单叶,密生,条状钻形或针形,先端有芒状长尾,螺旋状排列。孢子叶穗圆柱形,常 2~6 个着生于孢子枝的上部,具长柄;孢子囊肾形,孢子淡黄色,四面体,呈三棱状锥体(图 12-8)。分布于东北、内蒙古、河南和长江以南各地区。生于山坡灌丛、疏林下,路旁的酸性土壤上。全草含石松碱、石松宁碱、烟

图 12-8　石松

碱等生物碱。全草能祛风散寒、舒筋活络,利尿通络。同属植物玉柏 *L. obsurum* L.、垂穗石松 *L. cernuum* L.、高山扁枝石松 *L. alpinum* L.等的全草亦供药用。

(二) 卷柏科(Selagineilacea)

多年生小型草本,茎腹背扁平。叶小型,鳞片状,同型或异型,交互排列成四行,腹面基部有一叶舌。孢子叶穗呈四棱形,生于枝的顶端。孢子囊异型,单生于叶腋基部,大孢子囊内生 1~4 个大孢子,小孢子囊内生有多数小孢子。孢子异型。

[染色体] $X=7\sim9$。

[分布] 本科仅有 1 属约 700 种,主要分布于热带、亚热带。我国有 50 余种,药用 25 种。植物体内大多含有双黄酮类化合物。

[药用植物代表]

卷柏 ***Selaginella tamatiscina*** **(Beauv) Spring** 多年生常绿旱生草本,植物体呈莲座状,高 15~30 cm。主茎短,直立,小枝生于茎的顶端,枝扁平,干旱时向内缩卷成拳状。叶鳞片状,排成四行,边缘两行较大,称侧叶(背叶),中央两行较小,称中叶(腹叶)。孢子叶穗生于枝顶,四棱形,孢子囊圆肾形。孢子二型(图 12-9)。分布于全国各地。生于干旱的岩石上及石缝中。全草含多种双黄酮。全草生用活血通经;炒炭用于化瘀止血。

图 12-9　卷柏

同属药用植物还有翠云草 *S. uncinata* (Desv.) Spting、深绿卷柏 *S. doederleinii* Hieron、江南卷柏 *S. moellendorfii* Hieron 等。

图 12-10　水韭属

1. 孢子体外形;
2. 小孢子叶横切面(示小孢子囊);
3. 大孢子纵切面(示大孢子囊)。

三、水韭亚门

孢子体为草本,茎粗短似块茎状,具原生中柱,有螺纹及网纹管胞。叶具叶舌,孢子叶的近轴面生长孢子囊,孢子有大、小之分(图 12-10)。游动精子具多鞭毛。

水韭亚门植物现存的只有水韭目(Isoetales),水韭科(Isoetaceae),水韭属(*Isoetes*)。

[染色体] $X=11$。

[分布] 水韭属 70 余种,绝大多数是亚水生或沼泽地生长。我国有 4 种,最常见的为中华水韭(*Isoetes sinensis* Palmer),普遍分布于长江下游地区;此外,云贵水韭(*I. yunguiensis* Q. F. Wang et W. C. Taylor)分布于云南昆明、寻甸,贵州平坝;台湾水韭(*I. taiwanensis* DeVol)分布于台湾七星山;高寒水韭(*I. hypsophila*

Hand.-Mazz.)分布于云南西北及四川西南。

[药用植物代表]

中华水韭 *I.sinensis* Palmer　多年生沼地生植物，植株高 15~30 cm；根茎肉质，块状，略呈 2~3 瓣，具多数二叉分歧的根；向上丛生多数向轴覆瓦状排列的叶。叶多汁，草质，鲜绿色，线形，长 15~30 cm，宽 1~2 mm，内具 4 个纵行气道围绕中肋，并有横隔膜分隔成多数气室，先端渐尖，基部广鞘状，膜质，黄白色，腹部凹入，上有三角形渐尖的叶舌，凹入处生孢子囊。孢子囊椭圆形，长约 9 mm，直径约 3 mm，具白色膜质盖；大孢子囊常生于外围叶片基的向轴面，内有少数白色粒状的四面形大孢子；小孢子囊生于内部叶片基部的向轴面，内有多数灰色粉末状的两面形小孢子。本种为我国特有濒危水生蕨类植物。分布于江苏南京，安徽休宁、屯溪和当涂，浙江杭州、诸暨、建德及丽水等地。主要生在浅水池塘边和山沟淤泥土上。孢子期为 5 月下旬至 10 月末。

四、楔叶亚门

楔叶亚门植物的孢子体有根、茎、叶的分化，茎有明显的节与节间的分化，节间中空，茎上有纵肋(stem rib)。中柱由管状中柱转化为具节中柱，木质部为内始式。小型叶，鳞片状，轮生成鞘状。孢子叶特称为孢囊柄(sporangiophore)，孢囊柄在枝端聚集成孢子叶球；孢子同型或异型，周壁具弹丝。

楔叶亚门植物在古生代石炭纪时，曾盛极一时，有高大的木本，也有矮小的草本，生于沼泽多水地区，现大多已经绝迹。孑遗的仅存木贼科(Equisetaceae)。

木贼科 Equisetaceae

多年生草本。具根状茎及地上茎。根茎棕色，生有不定根。地上茎具明显的节及节间，有纵棱，表面粗糙，多含硅质。叶小型，鳞片状，轮生于节部，基部连合成鞘状，边缘齿状。孢子囊生于盾状的孢子叶下的孢囊柄端上，并聚集于枝端成孢子叶穗。

[染色体] $X=9$。

[分布] 共 1 属 25 种，广布世界各地(除大洋洲外)，我国有 1 属 10 种 3 亚种，药用 2 属 8 种。本科植物含有生物碱、黄酮类、皂苷、酚酸类等化合物。

[药用植物代表]

木贼 *Equisetum hyemale* L.　多年生草本，根状茎长而横走，黑色。茎直立，单一不分枝，中空有纵棱脊 20~30 条，在棱脊上有疣状突起 2 行，极粗糙，叶鞘基部和鞘齿成黑色两圈；孢子叶球椭圆形具纯尖头，生于茎的顶端；孢子同型(图 12-11)。分布于东北、华北、西北、四川等省区。生于山坡湿地或疏林下阴湿处。全草能散风、明目、退翳、止血、利尿、发汗。

图 12-11　木贼

问荆 *Equisetum arvense* L.　多年生草本，具匍匐的根茎。地上茎直立，二型。生殖茎早春出苗，不分枝；叶鞘筒状漏斗形，孢子叶穗顶生，孢子叶六角形，盾状，下生 6~8 个孢子囊；生殖茎枯萎后生出营养茎，分枝多数在节部轮生，高 15~60 cm，叶鞘状，齿黑色(图 12-12)。分布于东北、华北、西北、西南各省区。生田边、沟旁及路旁阴湿处。含多种黄酮及硅酸，硅的代谢与多种疾病

图 12-12 问荆

有关,可降低血压、血脂等。全草能利尿、止血、清热、止咳。

节节草 *Equisetum ramosissimum* Desf. 地上茎多分枝,各分枝中空,有纵棱 6~20 条,粗糙。鞘片背上无棱脊,叶鞘基部无黑色圈,鞘齿黑色。分布于我国各地,地上部分可供药用,功效和木贼相似。

五、真蕨亚门

真蕨亚门是现代蕨类植物的一个大类群,常见的多数蕨类多属这一类群。

真蕨亚门植物的孢子体发达,有根、茎和叶的分化。根为不定根。除了树蕨类外,茎有直立、匍匐或中间形式。维管柱有多种,有原生中柱、管状中柱和多环网状中柱等,除原生中柱外,均有叶隙。茎的表皮上往往具有保护作用的鳞片或毛,鳞片或毛的形态也是多种多样。

真蕨亚门植物的叶,无论是单叶还是复叶,都是大型叶。幼叶拳卷,长大后伸展平直,并分化为叶柄和叶片两部分。叶片有单叶或一回到多回羽状分裂或复叶,蕨类植物的叶脉多式多样,有单一不分枝的,有羽状或叉状分离的,也有小脉联结成网状的,网状的为进化类型。孢子囊生在孢子叶的边缘、背面或特化了的孢子叶上,由多数孢子囊聚集成为各种形状的孢子囊群,有盖或无盖。真蕨亚门植物的起源也很早,在古代泥盆纪时已经出现,到石炭纪时极为繁茂,现在生存的真蕨植物有 1 万种以上,广布全世界,我国有 56 科,2 500 多种,广布全国。

(一) 紫萁科(Osmundaceae)

陆生草本,根状茎粗大,直立或横卧,外围布满宿存的叶柄基部往往成树干状,无鳞片,也无真正的毛。叶簇生顶部,叶柄长而坚实,但无关节,两侧有狭翅,叶片大,一至二回羽状,叶脉分离,二叉分枝。孢子囊大,圆球形,裸露,着生于强度收缩变形的孢子叶羽片边缘,孢子囊顶端有几个增厚的细胞(盾状环带)。孢子为四面型。

[染色体] $X=11$。

[分布] 该科现存 3 属:紫萁属、块茎蕨属和薄膜蕨属,后两者只产于南半球,紫萁属共有 15 种,分布于北半球温带和热带地区,中国南方各省区广布于林下、田埂或溪边酸性土上,也广泛分布于日本、朝鲜、越南和印度北部。我国有 8 种。

图 12-13 紫萁

[药用植物代表]

紫萁 *Osmunda japonica* Thunb. 多年生宿根性的草本,地生蕨类植物(图 12-13)。根茎块状,其上宿存多数已干枯的叶柄基部;直立或倾立;不分歧,或偶有不定芽自基部生出。根发达。叶为二回羽状复叶,初生时红褐色并被有白色或淡褐色茸毛;丛生,分有三型;营养羽片翠绿色,无柄,广卵形,边缘有浅锯齿或无,光滑无毛或叶脉偶有柔毛;孢子羽片由孢子囊群组成,子囊群丛集着生于小羽轴,孢子散尽后随之凋落;营养孢子羽片仅羽片部分边缘着生有孢子囊，孢子绿色，孢子散出后仍可行营养机能；所有羽片与叶柄基部皆具关节，老化后会自该处断落。分布于我国秦岭以南广大地区，生于林下或溪边酸性土壤上。根状茎及叶柄残基（药材名：紫萁贯众）为清热解毒药，有清热解毒、止血的作用。幼叶上的绵毛，外用治创伤出血。

（二）海金沙科（Lygodiaceae）

多年生攀缘植物。叶轴细长，羽片生于上部。孢子囊生于能育羽片边缘的小脉顶端，孢子囊有纵向开裂的顶生环带。孢子四面型。

［**染色体**］$X=7,8,15,29$。

［**分布**］共1属，45种。分布于热带和亚热带。我国约有10种，药用5种。

［**药用植物与生药代表**］

海金沙* LYGODII SPORA　（英）SPORA LYGODII

【基原】本品为海金沙科植物海金沙 *Lygodium japonicum*（Thunb.）Sw.的干燥成熟孢子。

【植物形态】多年生攀援草本，长1～4 m。根状茎细长匍匐，被细柔毛。茎细弱、呈干草色，有白色微毛。叶为一至二回羽状复叶，纸质，两面均被细柔毛；能育羽片卵状三角形，长12～20 cm，宽10～16 cm，小叶卵状披针形，边缘有锯齿或不规则分裂，上部小叶无柄，羽状或戟形，下部小叶有柄；不育羽片尖三角形，通常与能育羽片相似，但有时为一回羽状复叶，小叶阔线形，或基部分裂成不规则的小片。孢子囊生于能育羽片的背面，在二回小叶的齿及裂片顶端呈穗状排列，穗长2～4 mm，孢子囊盖鳞片状，卵形，每盖下生一梨形孢子囊，环带横生，位于小端。孢子囊多于夏、秋两季产生（图12-14）。

图12-14　海金沙

【产地】主产于广东、浙江、江苏、湖北、湖南等省。

【采制】秋季孢子未脱落时采割藤叶，晒干，搓揉或打下孢子，除去藤叶。

【性状】本品呈粉末状，棕黄色或浅棕黄色。体轻，手捻有光滑感，置手中易由指缝滑落。气微，味淡。洒在水中则浮于水面，加热逐渐下沉。撒于火上，即发出轻微爆鸣及明亮的火焰，无残留灰渣（图12-15）。

图12-15　海金沙药材

【显微特征】本品粉末棕黄色或浅棕黄色。孢子为四面体，辐射对称。极面观钝三角形，近极面具3裂缝状萌发孔，边缘略呈唇状增厚。赤道面观超半圆形或类扇形，赤道轴长70～120 μm，外壁有颗粒状雕纹（图12-16）。

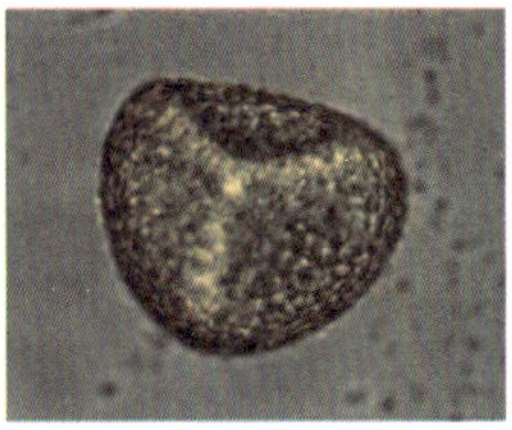

图12-16　海金沙孢子

【化学成分】主要含有黄酮类、酚酸类、糖类、甾体类、三萜类成分及挥发油，如田蓟苷、山柰酚、蒙花苷、香叶木苷、芹菜素等黄酮类成分，对香豆酸、苯甲酸、香草酸、咖啡酸、原儿茶酸等酚酸类成分,罗汉松甾酮 C、松甾酮苷 A、2α-羟基乌苏酸、22-羟基何柏烷、木栓酮等甾体及三萜类成分,挥发油中主要含有油酸甲酯、α-油酸单甘油酯、正二十四烷、反角鲨烯、油酸二羟乙酯等。海金沙黄酮具有抗氧化作用,反式对香豆酸具有较好的利胆作用,海金沙水溶性粗多糖具有抗菌作用。

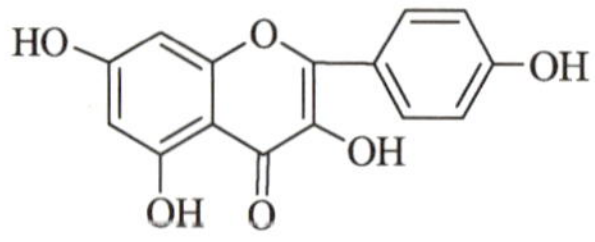

山奈酚

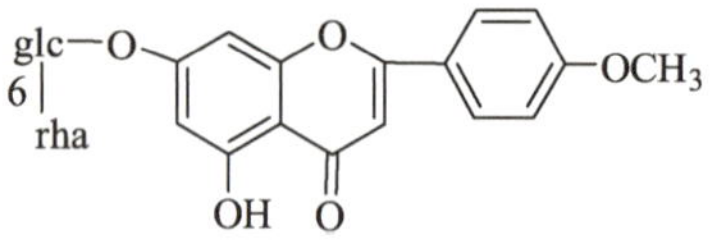

蒙花苷

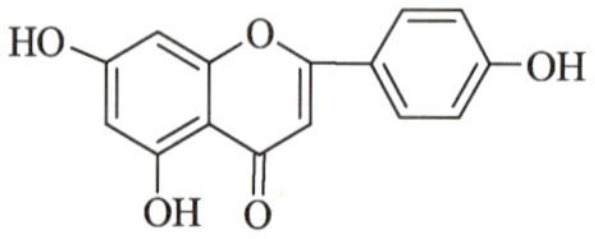

芹菜素

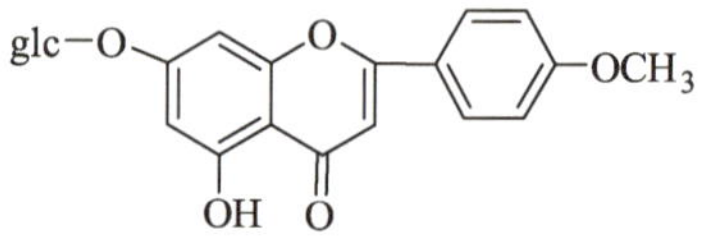

田蓟苷

【理化鉴别】取本品 1 g,加甲醇 25 mL,超声处理 30 min,滤过,滤液蒸干,残渣加甲醇 0.5 mL 使溶解,作为供试品溶液,另取海金沙对照药材 1 g,同法制成对照药材溶液。分别吸取上述两种溶液各 5 μL,点于同一聚酰胺薄膜上,以甲醇-冰醋酸-水(4∶1∶5)为展开剂,展开,取出,晾干,喷以三氯化铝试液,晾干,置紫外光灯(365 nm)下检视。供试品色谱中,在与对照药材色谱相应的位置上显相同颜色的荧光斑点。

【功能与主治】清利湿热,通淋止痛。用于热淋、石淋、血淋、膏淋、尿道涩痛。

【药理作用】① 反式对香豆酸 50 mg/kg 十二指肠注入,对大鼠具有利胆作用,给药后 24 h 达到最大效应,可持续 4~5 h,胆汁平均增加 20%,但不增加胆汁中胆红素和胆固醇的浓度,与脱氧胆酸相比,其利胆作用强度和持续时间基本相同,但起效缓慢。

② 海金沙中的反式对香豆酸有利胆作用,其作用机理是增加胆汁中水分的分泌,但并不增加胆汁中胆固醇和胆红素的分泌。其利胆强度与去氢胆酸相似,但克服了去氢胆酸引起的肝劳损和利胆减退不良反应,毒性也较低。海金沙中的咖啡酸也有利胆保肝作用。

③ 有文献报道患者一次服海金沙 150 g(煎服)后不久出现舌麻、恶心、头晕、畏寒、尿频等严重不适症状。

【附注】① 全草为"海金沙藤"。功效同海金沙。

② 同属植物海南海金沙 *L. circinnatum* (Burm.f.) Sw. 及小叶海金沙 *L. microphyllum* (Cav.) R.Br. 等亦供药用。

(三) 蚌壳蕨科(Dicksoniaceae)

大型蕨类。常有粗壮的主干,或主干短而平卧,根状茎密被金黄色柔毛,无鳞片。叶丛生,有粗长的柄,叶片大形,3~4 回羽状复叶,革质,叶脉分离。孢子囊梨形,环带稍斜生,孢子四面型。

[染色体] *X*=13,17。

[分布] 共 5 属 40 余种,分布于热带及南半球,我国仅 1 属 1 种。

［药用植物代表］

金毛狗 *Cibotium barometz*（L.）J. Sm. 植株树状，高达 2～3 m；根状茎粗壮，木质，密生金黄色具光泽的长柔毛。叶簇生，叶柄长，叶片三回羽裂，末回小羽片狭披针形，革质；孢子囊群生于小脉顶端，每裂片 1～5 对，囊群盖两瓣，成熟时似蚌壳（图 12-17）。分布于我国南方及西南省区。生于山脚沟边及林下阴湿处酸性土上。根茎（狗脊）能补肝肾，强腰脊，祛风湿。

图 12-17　金毛狗

1. 植株；2. 根茎；3. 孢子囊群。

（四）中国蕨科（Sinopteridaceae）

草本，根状茎直立或倾斜，稀横走，有管状中柱，被栗褐色至红褐色鳞毛。叶簇生；一至三回羽状分裂；叶片三角形至五角形；叶柄栗色或近黑色。孢子囊群圆形或长圆形，沿叶缘小脉顶端着生，为反卷的膜质叶缘所形成的囊群盖包被；孢子囊球状梨形，有短柄；孢子球形、四面型或两面型。

［染色体］$X=15,(30),29$

［分布］14 属，约 300 种，分布于亚热带地区，我国有 9 属 60 种，分布于全国各地。已知药用的有 6 属 16 种。

［药用植物代表］

野雉尾金粉蕨（金花草、中华金粉蕨） *Onychium japonicum*（Thunb.）Kze.　多年生常绿草本，根状茎生有棕色鳞片。叶四至五回羽状深裂，末回羽片通常倒卵状披针形。孢子囊群生裂片背面边缘的横脉上；囊群盖膜质，与中脉平行（图 12-18）。分布于长江流域各省，北至河北、河南、秦岭等地。生于林下沟边或灌丛阴湿处。叶及根茎含山柰醇双鼠李糖苷。全草入药，能清热解毒，利尿，退黄，止血。对食物中毒（如毒菇等）有较好的解毒功效。

图 12-18　野雉尾金粉蕨

（五）鳞毛蕨科（Dryopteridaceae）

根状茎粗短，直立斜生或横走，密被子鳞片。叶簇生，叶片 1 至多回羽状分裂，叶柄多被鳞片或鳞毛。孢子囊群肾生或顶生于小脉，囊群盖圆肾形，稀无盖，孢子四面型、长圆形或卵形，表面疣状突起或具刺。

［染色体］$X=41$。

［分布］共 14 属 1 200 余种。主要分布于温带、亚热带。我国有 13 属 700 余种，药用 5 属 59 种。本科植物常含有间苯三酚衍生物，具有驱肠寄生虫活性。

［药用植物与生药代表］

贯众 *C. fortunei* J.Sm.　植株高 25～50 cm。根茎直立，密被棕色鳞片。叶片矩圆披针形，先端钝，基部不变狭或略变狭，奇数一回羽状；侧生羽片 7～16 对，互生，近平伸，柄极短，披针形，多少上弯成镰状，先端渐尖，少数成尾状，基部偏斜，上侧近截形有时略

图 12-19　贯众

有钝的耳状凸,下侧楔形,边缘全缘有时有前倾的小齿;具羽状脉,小脉联结成 2～3 行网眼,腹面不明显,背面微凸起;顶生羽片狭卵形。叶纸质,两面光滑;叶轴腹面有浅纵沟,疏生披针形及线形棕色鳞片。孢子囊群遍布羽片背面;囊群盖圆形,盾状,全缘。生空旷地石灰岩缝或林下,海拔 2 400 m 以下。根状茎连同叶柄残基(贯众)能驱虫、止血,并可用于治疗流行性感冒(图 12-19)。

绵马贯众* Dryopteridis Crassirhizomatis Rhizoma　(英) Male Fern Rhizome

【基原】 本品为鳞毛蕨科植物粗茎鳞毛蕨 *Dryopteris crassirhizoma* Nakai 的干燥根茎和叶柄残基。

【植物形态】 植株高达 1 m。根状茎粗大,直立或斜升。叶簇生;叶柄、连同根状茎密生鳞片,鳞片膜质或厚膜质,淡褐色至栗棕色,具光泽,下部鳞片一般较宽大,卵状披针形或狭披针形,长 1～3 cm,边缘疏生刺突,向上渐变成线形至钻形而扭曲的狭鳞片;叶轴上的鳞片明显扭卷,线形至披针形,红棕色;叶柄深麦秆色,显著短于叶片;叶片长圆形至倒披针形,基部狭缩,先端短渐尖,二回羽状深裂;羽片通常 30 对以上,无柄,线状披针形,下部羽片明显缩短,中部稍上羽片最大,长 8～15 cm,宽 1.5～3 cm,向两端羽片依次缩短,羽状深裂;叶脉羽状,侧脉分叉,偶单一。叶厚,草质至纸质,背面淡绿色,沿羽轴生有具长缘毛的卵状披针形鳞片,裂片两面及边缘散生扭卷的窄鳞片和鳞毛。孢子囊群圆形,通常孢生于叶片背面上部 1/3～1/2 处,背生于小脉中下部,每裂片 1～4 对;囊群盖圆肾形或马蹄形,几乎全缘,棕色,稀带淡绿色或灰绿色,膜质,成熟时不完全覆盖孢子囊群(图 12-20)。

图 12-20　粗茎鳞毛蕨

1. 植株; 2. 幼叶; 3. 孢子囊群。

【产地】 主产于黑龙江、吉林、辽宁、内蒙古、河北。

【采制】 秋季采挖,削去叶柄,须根,除去泥沙,晒干。

【性状】 呈长倒卵形,略弯曲,上端钝圆或截形,下端较尖,有的纵剖为两半,长 7～20 cm,直径 4～8 cm。表面黄棕色至黑褐色,密被排列整齐的叶柄残基及鳞片,并有弯曲的须根。叶柄残基呈扁圆形,长 3～5 cm,直径 0.5～1.0 cm;表面有纵棱线,质硬而脆,断面略平坦,棕色,有黄白色维管束 5～13 个,环列;每个叶柄残基的外侧常有 3 条须根,鳞片条状披针形,全缘,常脱落。质坚硬,断面略平坦,深绿色至棕色,有黄白色维管束 5～13 个,环列,其外散有较多的叶迹维管束。气特异,味初淡而微涩,后渐苦、辛(图 12-21)。

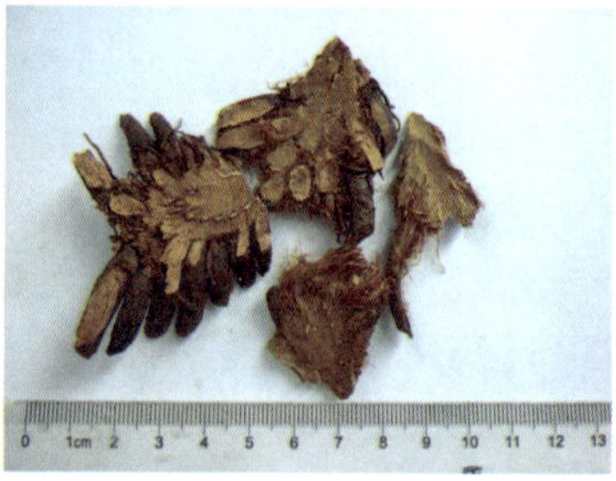

图 12-21　绵马贯众

【显微特征】叶柄基部横切面：① 表皮为 1 列外壁增厚的小型细胞，常脱落。② 下皮为 10 余列多角形厚壁细胞，棕色至褐色；③ 基本组织细胞排列疏松，细胞间隙中有单细胞的间隙腺毛，头部呈球形或梨形，内含棕色分泌物；④ 周韧维管束 5～13 个，环列，每个维管束周围有 1 列扁小的内皮层细胞，凯氏点明显，有油滴散在，其外有 1～2 列中柱鞘薄壁细胞，薄壁细胞中含棕色物和淀粉粒（图 12-22）。

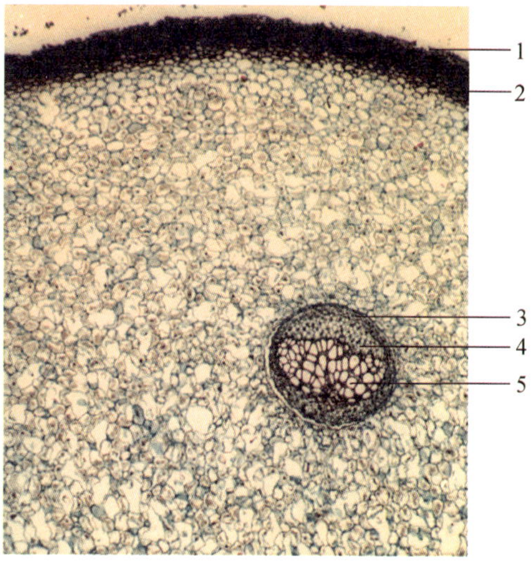

图 12-22　绵马贯众横切面组织构造

1. 表皮；2. 下皮；3. 内皮层；4. 韧皮部；5. 木质部。

【化学成分】主要含有间苯三酚类、萜类和黄酮类成分；如绵马酸（filixic acid）BBB、PBB、PBP、ABB、ABP、ABA，黄绵马酸（flavaspidic acid）AB、BB、PB，白绵马素（albaspidins）AA、BB、PP，去甲绵马素（desaspidins）AB、BB、PB，绵马酚（aspidinol），绵马次酸（flilicinic acid）等。

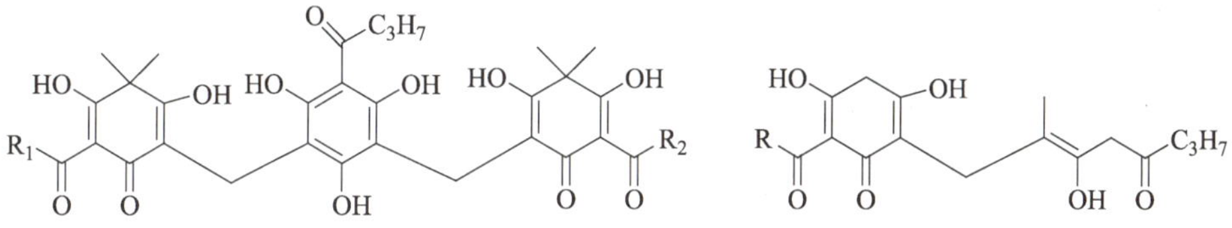

	R_1	R_2		R_1	R_2
绵马酸 BBB	C_3H_7	C_3H_7	绵马酸 ABB	CH_3	C_3H_7
绵马酸 PBB	C_2H_5	C_3H_7	绵马酸 ABP	CH_3	C_2H_5
绵马酸 PBP	C_2H_5	C_2H_5	绵马酸 ABA	CH_3	CH_3

	R
黄绵马酸 BB	C_3H_7
黄绵马酸 PB	C_2H_5
黄绵马酸 AB	CH_3

【理化鉴别】薄层色谱　硅胶 G 薄层，喷以 0.3%坚牢蓝 BB 盐（氯化-4-重氮-2,5-二乙氧基-N-苯甲酰基苯胺氯化锌盐）的稀乙醇溶液，在 40 ℃放置 1 h 显色，供试品与对照药材色谱相应的位置上显相同颜色的斑点。

【浸出物】　醇溶性浸出物测定法项下的热浸法测定，用稀乙醇作溶剂，不得少于 25.0%。

【功效与主治】性微寒，味苦；有小毒。能清热解毒，止血，杀虫。用于时疫感冒，风热头痛，温毒发斑，疮疡肿毒，崩漏下血，虫积腹痛。用量 5～10 g。

【药理作用】① 驱虫作用。其对绦虫具有强烈毒性，可使虫体麻痹而脱离肠壁，将绦虫驱除。其水煎剂对整体猪蛔虫作用 2～6 h 后，猪蛔虫的活动受到不同程度的抑制。

② 止血作用。其水煎剂对兔及小鼠有促凝作用。临床用肌注或子宫局部注射治疗产后出血、人工流产、剖宫产葡萄胎术后出血效果良好。

③ 抗病原微生物作用。其水煎剂对流感病毒、伤寒杆菌、大肠杆菌、铜绿假单胞菌、变形杆菌和金黄色葡萄球菌有不同程度的抑制作用。

④ 抗癌作用。其提取物及间苯三酚类有明显抗癌活性，对小鼠宫颈癌、小鼠肉瘤和

小鼠网织细胞瘤腹水型疗效非常显著。毒性:小鼠灌服水煎剂 LD_{50} 为 104 g/kg。

【附注】 曾作贯众入药的有:① 紫萁科植物紫萁 *Osmunda japonica* Thunb. 的根茎和叶柄基部。其叶柄基部断面半月形,维管束呈"U"形。分体中柱周韧式,韧皮部多见红棕色的分泌细胞散在。

② 乌毛蕨科植物狗脊蕨 *Woodwardia japonica*(L. f.)Sm.的根茎和叶柄基部。其叶柄基部断面类三角形,有 2~4 个分体中柱,呈肾形,排列成圆形,无细胞间隙腺毛。

③ 乌毛蕨科植物苏铁蕨 *Brainea insignis*(Hook.)J. Sm.的根茎和叶柄基部。其叶柄基部断面类方形,分体中柱 6~10 个,环列,基本组织中有众多的红棕色石细胞群。

④ 球子蕨科植物荚果蕨 *Matteuccia struthiopteris*(L.)Todaro 的根茎和叶柄基部。其叶柄基部断面三角形,分体中柱 2 个,呈条状,排列成"八"字形。

(六) 水龙骨科(Polypodiaceae)

根状茎长而横走,被鳞片。叶一型或二型;叶柄基部常具关节;单叶,全缘或分裂,或为一回羽裂,叶脉网状。孢子囊群圆形或线形,有时布满叶背;无囊群盖;孢子囊梨形或球状梨形。孢子两面型。

[染色体] X=7,12,13,23,25,26,35,37。

[分布] 共 40 余属,600 余种,主要分布于热带、亚热带。我国有 25 属 272 种,药用的有 18 属 86 种。

[药用植物代表]

图 12-23　石韦

石韦 *Pyrrosia lingua*(Thunb.)Farwell　常绿草本。高 10~30 cm。根状茎长而横走,密生褐色针形鳞片。叶远生,近二型;叶单生,营养叶与孢子叶同形或略短而阔,孢子叶约长过营养叶 1/3;叶片披针形至长圆状披针形,上面绿色,有凹点,下面密被灰棕色星状毛。孢子囊群在侧脉间紧密而整齐排列,幼时为星状毛包被,成熟时露出,无囊群盖(图 12-23)。分布于长江以南各省区,常附生于岩石或树干上。叶能利尿通淋,清肺止咳,凉血止血。

同属植物庐山石韦 *P. sheareri*(Bak.)Ching 植株通常高 20~50 cm;根状茎粗壮,横卧,密被线状棕色鳞片;叶近生,一型;叶片椭圆状披针形,干后软厚革质,上面淡灰绿色或淡棕色,几乎光滑无毛,但布满洼点,下面棕色,被厚层黄色星状毛及孢子囊群。分布于长江以南各省区。有柄石韦 *P. petiolosa*(Christ)Ching 植株高 5~15 cm;根状茎细长横走,幼时密被披针形棕色鳞片;叶远生,一型;具长柄,长度通常为叶片长度的 1/2~2 倍;营养叶长度为孢子叶的 1/3~1/2;叶片椭圆形,干后厚革质,上面灰淡棕色,有洼点,疏被星状毛,下面被厚层星状毛,初为淡棕色,后为砖红色;叶片下面布满孢子囊群,成熟时扩散并汇合。分布于东北、华北、西北、西南和长江中下游各省区。以上两种植物的叶也作"石韦"入药。光石韦 *P. calvata*(Baker)Ching 的叶(光石韦)也可药用。

(七) 槲蕨科(Drynariacerae)

根状茎粗壮,横走,肉质;密被鳞片,鳞片棕褐色,大而狭长,基部盾状着生,边缘有睫毛状锯齿。叶二型或一型;叶片大型,深羽裂,叶脉粗而明显,一至三回彼此以直角相连,形成大小四方形网眼。孢子囊着生于小网眼内，无囊群盖。孢子两侧对称，椭圆形，单裂缝。

［染色体］$X=36,37$。

［分布］共8属22种，分布于亚洲热带地区。我国有4属12种，分布于长江以南各省。

［药用植物代表］

槲蕨 *Drynaria roosii* Nakaike　附生植物。高20～40 cm，根茎粗壮，肉质，长而横走，密生钻状披针形鳞片，边缘流苏状。叶二型；营养叶枯黄色，革质，卵圆形，先端急尖，基部心形，上部羽状浅裂，裂片三角形，似槲树叶，叶脉粗；孢子叶绿色，长圆形，羽状深裂，裂片披针形，7～13对，基部各羽片缩成耳状，厚纸质，两面均绿色无毛，叶脉明显，呈长方形网眼；叶柄短。有狭翅。孢子囊群网形，黄褐色，生于叶背，沿中肋两旁各2～4行，每长方形网眼内1枚；无囊群盖（图12-24）。在我国分布于中南和西南地区及台湾、福建、浙江等省，附生于树干或山林石壁上。根茎入药。药用称骨碎补，具有补肾、接骨、祛风湿、活血止痛的作用。

图12-24　槲蕨

同属植物中华槲蕨 *D .baronii*（Christ）Diels 亦供药用。它与槲蕨的区别是：营养叶稀少，羽状深裂，孢子囊群在中脉两侧各一行。

练习题

1. 为什么说蕨类植物既是高等的孢子植物，又是原始的维管植物？

2. 蕨类植物孢子体有何特征？

3. 请简述蕨类植物的生活史。其生活史与苔藓植物的生活史有何不同？

4. 小型叶蕨类有哪些常用的药用植物？

5. 请简述木贼 *Equisetum hyemale* L.、问荆 *Equisetum arvense* L.和节节草 *Equisetum ramosissimum* Desf. 三者在植物形态上的区别。

6. 真蕨亚门有哪些常用的药用植物？

7. 查阅文献资料，绘制我国目前药品标准收载的药用蕨类思维导图。

8. 根据蕨类植物含有的化学成分，你认为蕨类植物的药用植物研究可以开展哪些方面的工作？

第十三章 裸子植物

学习导图:

- 裸子植物
  - 裸子植物的特征
    - 孢子体发达
    - 胚珠裸露*
    - 生活史
    - 具有颈卵器的构造
    - 具多胚现象*
    - 化学成分
  - 裸子植物的分类
    - 苏铁纲
    - 银杏纲
    - 松柏纲
    - 红豆杉纲
    - 买麻藤纲*

案例:

1.《中国药典》记载,药材松花粉是松科松属数种植物的干燥花粉入药,如马尾松 *Pinus massoniana* Lamb.、油松 *Pinus tabulieformis* Carr.、红松 *Pinus koraiensis* Sieb. et Zucc.、云南松 *Pinus yunnanensis* Franch.等,请讨论以上4种植物如何区分?

2. 麻黄是一味常用的药材,具有发汗散寒、宣肺平喘、利水消肿的功效,可用于治疗风寒感冒、胸闷喘咳、风水浮肿。请说出麻黄药材的基原植物有哪些?如何鉴别?

3. 紫杉醇(paclitaxel)是一种高效、低毒、广谱的天然抗癌药物,在临床上已经广泛用于乳腺癌、肺癌、前列腺癌和卵巢癌等多种癌症的治疗。新颖复杂的化学结构、广泛而显著的生物活性、全新独特的作用机制、奇缺的自然资源,使其成为20世纪下半叶举世瞩目的抗癌明星和研究重点。请查阅和讨论裸子植物门中含有紫杉醇类成分的植物。

裸子植物大多数既具有颈卵器构造,又具有种子。所以,裸子植物是介于蕨类植物与被子植物之间的一群高等植物,既是颈卵器植物,又是种子植物。

裸子植物最早出现于距今约3.5亿年的古生代泥盆纪,石炭纪最繁盛。由于地理、气候经过多次重大变化,古老的种类相继绝迹,新的种类陆续演化出来,种类演替繁衍至今。现存的裸子植物中不少种类被称为第三纪孑遗植物,或称“活化石”植物,如银杏、金钱松、侧柏、水杉、银杉、水松等。

裸子植物广布于世界各地,特别是北半球亚热带高山地区及温带至寒带地区,常形成大面积的森林。裸子植物是世界上木材生产的主要树种。红松、油松、落叶松、杉木、侧柏等松柏类植物的木材都是优良的建筑材料。裸子植物中许多种类具有药用价值。例如，铁树、银杏、侧柏等的叶和种子；油松、马尾松等的针叶和花粉；三尖杉、红豆杉、麻黄等可提取生物碱；红豆杉可以提取紫杉醇等。

第一节　裸子植物的主要特征

一、孢子体发达

裸子植物的孢子体特别发达，都是多年生木本植物，大多数为单轴分枝的高大乔木，枝条常有长枝和短枝之分。无限外韧型维管束环状排列成网状中柱，具有形成层和次生生长；木质部大多数只有管胞，极少数有导管；韧皮部无伴胞。叶多为针形、条形或鳞形，极少数为扁平的阔叶；叶在长枝上呈螺旋状排列，在短枝上簇生枝顶；叶常有明显的多条排列成浅色的气孔带（stomatal band）。根系发达，有强大的主根。

二、胚珠裸露，不形成果实，只产生种子

孢子叶（sporophyll）大多数聚生成球果状（strobiliform），称孢子叶球（strobilus）。孢子叶球单生或多个聚生成各种球序，通常都是单性，同株或异株；小孢子叶（雄蕊）聚生成小孢子叶球（雄球花，male cone），每个小孢子叶下面生有贮满小孢子（花粉）的小孢子囊（花粉囊）；大孢子叶（心皮）丛生或聚生成大孢子叶球（雌球花，female cone），胚珠裸露，不为大孢子叶所形成的心皮所包被，大孢子叶常变态为珠鳞（松柏类）、珠领（银杏）、珠托（红豆杉）、套被（罗汉松）和羽状大孢子叶（铁树）。而被子植物的胚珠则被心皮所包被，这是被子植物与裸子植物的重要区别。

三、具明显的世代交替现象

在世代交替中，孢子体占优势，配子体极其退化（雄配子体为萌发后的花粉粒，雌配子体由胚囊及胚乳组成），寄生于孢子体上。

四、具有颈卵器的构造

大多数裸子植物具颈卵器。但其结构简单，埋藏于胚囊中，仅有 2~4 个颈壁细胞露在外面。颈卵器内有 1 个卵细胞和 1 个腹沟细胞，无颈沟细胞，比起蕨类植物的颈卵器更为退化。受精作用不需要在有水的条件下进行。

五、具多胚现象

大多数裸子植物都具有多胚现象（polyembryony），这是由于 1 个雌配子体上的几个或多个颈卵器的卵细胞同时受精，形成多胚；或一个受精卵在发育过程中，发育成原胚，再由原胚组织分裂为几个胚而形成多胚。

裸子植物与蕨类植物相应形态术语的比较见表 13-1。

表 13-1　裸子植物与蕨类植物相应形态术语的比较

裸子植物	蕨类植物
雌（雄）球花	大（小）孢子叶球
雄蕊	小孢子叶

续表

裸子植物	蕨类植物
花粉囊	小孢子囊
花粉粒(单核期)	小孢子
心皮(或雌蕊)	大孢子叶
珠心	大孢子囊
胚囊(单细胞期)	大孢子
胚囊(成熟期)	雌配子体

六、化学成分类型多

裸子植物的化学成分概括起来主要有以下几类。

(一) 黄酮类

黄酮类及双黄酮类在裸子植物中普遍存在(除还存在于蕨类植物外,其他植物中很少发现),是裸子植物的特征性活性成分。

(二) 生物碱类

生物碱在裸子植物中分布不普遍,现已知的有存在于三类杉科的三尖杉酯碱,具抗肿瘤活性,可用于治疗白血病;红豆杉科的紫杉醇也具抗肿瘤活性,对多种癌症均有治疗效果;麻黄科的有机胺生物碱具有心血管活性;罗汉松科、买麻藤科也含有活性生物碱。

(三) 树脂、挥发油、有机酸等

如松香是树脂,松节油为挥发油,金钱松根皮含有的土槿皮酸是一种二萜酸。

第二节　分类与主要药用植物代表

现存的裸子植物分成 5 纲,9 目,12 科,71 属,约 800 种。我国有 5 纲,8 目,11 科,41 属,236 种,其中引种栽培的有 1 科,7 属,51 种。已知药用的有 10 科,25 属,100 余种。以松科最多,有 8 属,40 余种。银杏科、银杉属、金钱松属、水杉属、水松属、侧柏属、白豆杉属等为我国特有的科属。其分纲检索表如下。

裸子植物分纲检索表

1. 花无假花被;茎的次生木质部无导管;乔木和灌木
  2. 大型羽状复叶,聚生茎顶;茎不分枝 ……………………………… 苏铁纲
  2. 单叶,不聚生茎顶;茎有分枝
    3. 叶扇形,二叉脉序;精子多纤毛 ……………………………… 银杏纲
    3. 叶针状或鳞片状,无二叉脉序,精子无纤毛
      4. 大孢子叶两侧对称,常集成球果状;种子有翅或无翅 ……………… 松柏纲
      4. 大孢子叶特化为鳞片的珠托或套被,不形成球果;种子有肉质的假种皮 ……… 红豆杉纲
1. 花有假花被;茎的次生木质部有导管;亚灌木或木质藤本 ……………… 买麻藤纲

一、苏铁纲(Cycadopsida)

本纲植物为常绿木本植物,茎干粗壮且常不分枝。叶有两种,鳞叶小且密被褐色毛,

营养叶为大型羽状复叶且集生于茎的顶部。雌雄异株,大、小孢子叶球生于茎的顶端。游动精子具多数鞭毛。本纲现存仅1目,1科,9属,约110种,分布于热带及亚热带地区。

苏铁科(Cycadaceae)

［**形态特征**］常绿植物。树干粗壮,圆柱形,单一,极少分枝,呈棕榈状。羽状复叶,大型,螺旋状排列于树干上部。雌雄异株。雄球花(小孢子叶球)木质,单生于树干顶端,雄蕊(小孢子叶)扁平鳞片状或盾形,螺旋状着生,背面生有多数花粉囊(小孢子囊),花粉粒(小孢子)发育所产生的精子细胞有多数鞭毛。雌蕊(大孢子叶球)叶状或盾状,丛生于枝顶,上部多羽状分裂,密生褐色绒毛,中下部狭窄成柄状,两侧生有2~10个胚珠。种子核果状,具三层种皮,胚乳丰富,子叶2枚。

［**染色体**］$X=11$。

［**分布**］本科9属约110种,分布于热带及亚热带地区。我国仅有苏铁属,共8种。

［**药用植物代表**］

苏铁(铁树) *Cycas revoluta* Thunb.　常绿小乔木。树干圆形,密被叶柄残基,羽状复叶螺旋状排列聚生茎顶,小叶片多数,条状披针形,硬革质。雌雄异株。雄球花(小孢子叶球)圆柱形,上面生有许多鳞片状雄蕊;雌蕊(大孢子叶球)密被褐色绒毛,顶部羽状分裂,下端两侧各生2~6枚近球形的胚珠。种子核果状,卵形,成熟时橘红色或红褐色(图13-1)。分布于我国南方各省区,全国各地多作为观赏树种栽培。茎内含淀粉,可供食用;种子含油和丰富的淀粉,微有毒,供食用和药用,能理气止痛,益肾固精;叶有收敛止痛、止痢之功效;根有祛风、活络、补肾之功效。

图13-1　苏铁

本科其他药用植物:华南苏铁(刺叶苏铁)*C.rumphii* Miq.在华南各地有栽培,根、茎可用于治疗无名肿毒。云南苏铁 *C.siamensis* Miq.在我国云南、广东、广西有栽培,根、茎可用于治疗黄疸型肝炎;叶用于治疗慢性肝炎、难产、高血压、癌症等。篦齿苏铁 *C.pectinata* Griff 产于我国云南地区,功效同苏铁。

二、银杏纲(Ginkgopsida)

银杏纲的植物为落叶乔木,具营养性长枝和生殖性短枝之分。叶扇形,先端二裂或波状缺刻,具分叉的脉序,在长枝上螺旋状散生,在短枝上簇生。球花单性,雌雄异株,精子具多鞭毛。种子核果状。本纲现存仅1目、1科、1属、1种。

银杏科(Ginkgoaceae)

［**形态特征**］落叶大乔木。树干端直,具长枝及短枝。单叶,扇形,有长柄,顶端2浅裂或3深裂;叶脉二叉状分枝;长枝上的叶螺旋状排列,短枝上的叶簇生。球花单性,异株,分别生于短枝上;雄球花葇荑花序状,雄蕊多数,具短柄,花药2室;雌球花具长梗,顶端二叉状,大孢叶特化成一环状突起,称珠领,也叫珠座,在珠领上生一对裸露的立胚珠,常只1个发育。种子核果状,椭圆形或近球形;外种皮肉质,成熟时橙黄色,外被白粉,味臭;中种皮木质,白色;内种皮膜质,淡红色。“胚乳”丰富,胚具子叶2枚。

[染色体] $X=12$。

[分布] 仅有1属,1种和几个变种,产于我国及日本。

[药用植物代表]

银杏叶* Ginkgo Folium (英)Ginkgo leaf

【基原】本品为银杏科植物银杏 *Ginkgo biloba* L.的干燥叶。

【植物形态】落叶乔木,高达30~40 m。树干直立,树皮淡灰色,老时黄褐色,纵裂。枝分长枝与短枝。叶簇生于短枝或螺旋状散生于长枝上;叶片扇形,上缘浅波状,有时中央浅裂或深裂,脉叉状分枝;叶柄长。花单生异株,稀同株,球花生于短枝叶腋或苞腋,与叶同时开放;雄球花呈葇荑花序状;雌球花有长梗,梗端2叉,叉端生一珠座,每珠座生一胚珠,仅一个发育。种子核果状,椭圆形至近球形,外种皮肉质,有白粉,有臭味,熟时橙黄色;中种皮骨质,白色,具2~3棱;内种皮膜质。胚乳肉质。花期3—4月,果期9—10月(图13-2)。

图13-2 银杏

1. 银杏; 2. 葇荑花序; 3. 种子。

【产地】全国各地均有栽培。分布于广西、四川、河南、山东、湖北、浙江、辽宁等地。

图13-3 银杏叶药材

【采制】秋季叶尚绿时采收,及时干燥。

【性状】本品多皱折或破碎,完整者呈扇形,长3~12 cm,宽5~15 cm。黄绿色或浅棕黄色,上缘呈不规则的波状弯曲,有的中间凹入,深者可达叶长的4/5。具二叉状平行叶脉,细而密,光滑无毛,易纵向撕裂。叶基楔形,叶柄长2~8 cm。体轻,气微,味微苦(图13-3)。

【显微特征】银杏叶横切面 ① 上表皮细胞1列,类长方多角形或类圆形,外被角质层。② 叶肉异面型。上表面内具一层栅栏组织,细胞呈短分叉状,或不明显,下为排列疏松的海绵组织,细胞中含大量叶绿体,少数薄壁细胞含草酸钙簇晶,以维管束周围为多见,直径8~106 μm。叶肉组织中有大型分泌道,直径23.5~86 μm,分泌道内可见块状或油滴状分泌物。③ 维管束外韧型,无主脉与侧脉的区别,几乎以相等的距离分布于叶肉中,直径78~116 μm。较老叶维管束周围有1~2列厚壁细胞组成的维管束鞘。④ 下表皮细胞1列,类方形,排列整齐,外被角质层;有内陷气孔(图13-4)。

粉末 黄绿色。① 草酸钙簇晶较多,棱角一般短而钝,直径24~110 μm。② 管胞为环纹、螺纹、具缘及网纹纹孔类型,单个或成束存在,直径20~40 μm,周围常伴有木纤维及木薄壁细胞。③ 表皮细胞:上表皮细胞类长方形,排列紧密,细胞壁呈微波状;下表皮细胞类扁圆形，排列稍紧密，壁平直；气孔不定式，副卫细胞 4~6 个。④ 分泌道呈长管状，直径 23.5~86 μm，内含黄棕色物质(图 13-5)。

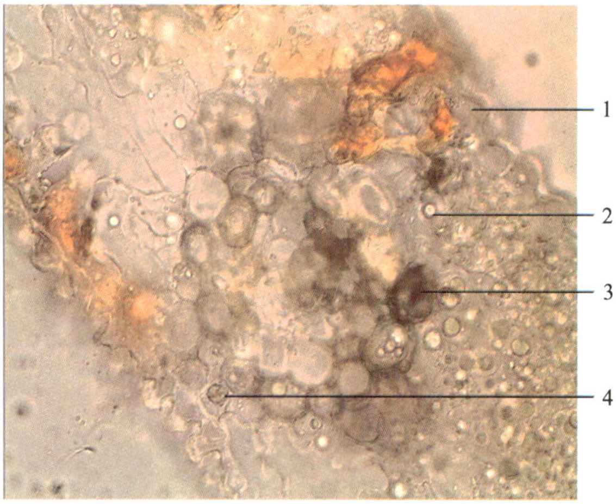

图 13-4　银杏叶横切面组织构造图

1. 上表皮；2. 油滴；3. 维管束鞘；4. 簇晶。

【化学成分】主要化学成分为黄酮类和萜内酯类成分。银杏黄酮类成分根据其结构可分为 3 类：单黄酮类、双黄酮类和儿茶素类。单黄酮类主要为槲皮素、山柰酚和异鼠李素及它们形成的苷类物质；双黄酮类主要有银杏双黄酮、异银杏双黄酮、去甲银杏双黄酮、穗花杉双黄酮、金松双黄酮等；儿茶素类主要有儿茶素、表儿茶素、没食子酸儿茶素和表没食子酸儿茶素等。银杏内酯由倍半萜和二萜组成，是银杏根及叶的强苦味成分，也是银杏叶中重要的活性成分。其中，白果内酯是倍半萜类化合物，银杏内酯 A、银杏内酯 B、银杏内酯 C、银杏内酯 J、银杏内酯 K、银杏内酯 L、银杏内酯 M、银杏内酯 N、银杏内酯 P 和银杏内酯 Q 是二萜类化合物。银杏黄酮类化合物可以扩张血管，增加冠脉及脑血管流量，降低血液黏度，改善脑循环；银杏内酯具有抗血小板活化因子作用，预防动脉粥样硬化斑块的形成，保护中枢神经系统作用，抗炎、抗氧化和改善脑缺血等药理作用。

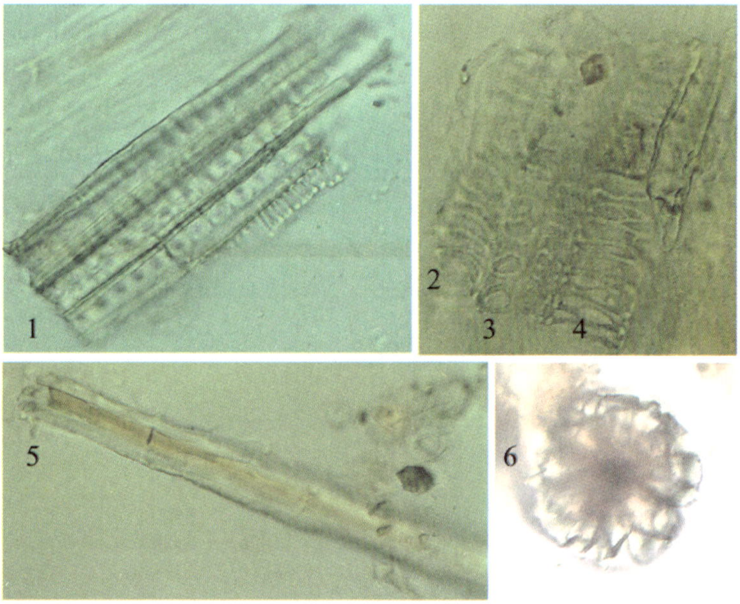

图 13-5　银杏叶粉末组织特征图

1. 具缘纹孔管胞；2. 螺纹纹孔管胞；3. 环纹纹孔管胞；4. 网纹纹孔管胞；5. 分泌道；6.簇晶。

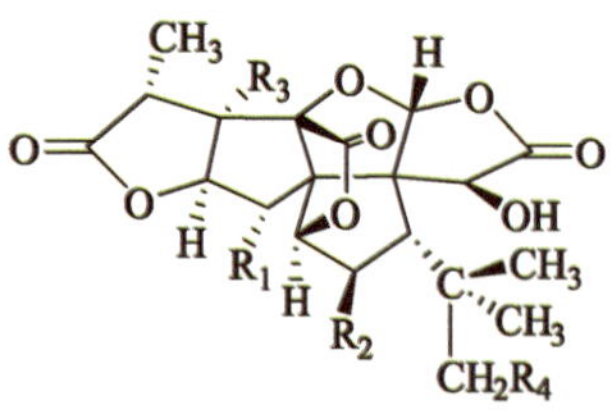

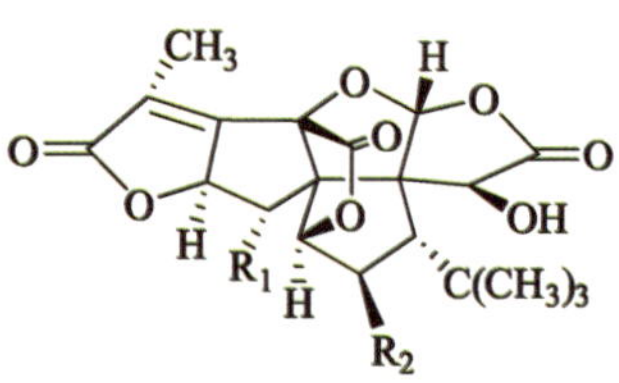

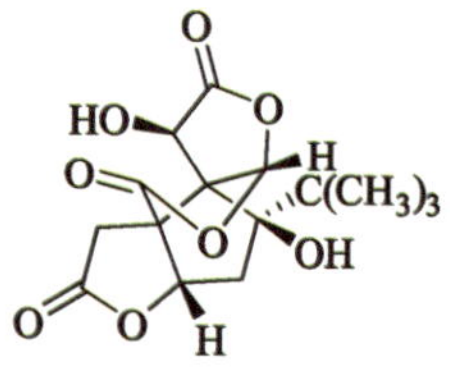

	R_1	R_2	R_3	R_4
银杏内酯 A	H	H	OH	H
银杏内酯 B	OH	H	OH	H
银杏内酯 C	OH	OH	OH	H
银杏内酯 J	H	OH	OH	H
银杏内酯 M	OH	OH	H	H
银杏内酯 P	H	H	OH	OH
银杏内酯 Q	OH	H	OH	OH

	R_1	R_2
银杏内酯 K	OH	H
银杏内酯 L	H	H
银杏内酯 N	OH	OH

白果内酯

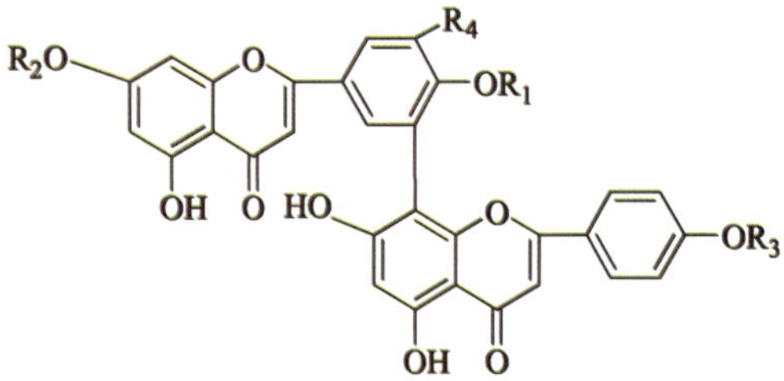

	R_1	R_2	R_3	R_4
穗花杉双黄酮	H	H	H	H
去甲银杏双黄酮	CH_3	H	H	H
异银杏双黄酮	CH_3	H	CH_3	H
银杏双黄酮	CH_3	CH_3	H	H
金松双黄酮	CH_3	CH_3	CH_3	H

【理化鉴别】薄层色谱　硅胶 G 薄层,喷以 3%三氯化铝乙醇溶液,热风吹干,置紫外光灯(365 nm)下检视。供试品色谱中,在与对照药材色谱相应的位置上显相同颜色的荧光主斑点。硅胶 G 薄层,醋酐蒸气中熏 15 min,在 140~160 ℃中加热 30 min,置紫外光灯(365 nm)下检视。供试品色谱中,在与银杏内酯 A、银杏内酯 B、银杏内酯 C 及白果内酯对照品色谱相应的位置上显相同颜色的荧光斑点。

含量测定　高效液相色谱法测定,本品按干燥品计算,含总黄酮苷不得少于 0.40%;含萜类内酯以银杏内酯 A($C_{20}H_{24}O_9$)、银杏内酯 B($C_{20}H_{24}O_{10}$)、银杏内酯 C($C_{20}H_{24}O_{11}$)和白果内酯($C_{15}H_{18}O_8$)的总量计,不得少于 0.25%。

【功效与主治】活血化瘀,通络止痛,敛肺平喘,化浊降脂。用于瘀血阻络、胸痹心痛、中风偏瘫、肺虚咳喘、高脂血症,用量 9~12 g。

【药理作用】① 对脑循环及血脑屏障的影响:银杏叶制剂能改善脑细胞代谢;降低血脑屏障通透性。银杏叶制剂预防性应用能明显减轻颈总动脉注入放射性微球引起的大鼠大脑半球栓塞和脑水肿,并使脑细胞能量代谢正常化,脑血流量增加。

② 对中枢神经系统的影响:Ⅰ. 改善学习记忆,促进小鼠学习记忆过程,提高记忆再现力。Ⅱ. 对神经的保护作用,减轻听神经损害,临床上银杏叶制剂对缺血、代谢紊乱等引起的耳聋、耳鸣有明显改善作用。Ⅲ. 对衰老、痴呆、脑功能障碍的作用,能增加老年性大鼠海马区毒蕈碱受体密度,临床上银杏叶制剂对老年性的脑功能紊乱、脑功能不全、失眠症、记忆损害均有明显改善作用。

③ 对心血管系统的作用:对正常或肥大心脏,可保护缺血心肌,减少心律失常的发生。黄酮类化合物能使豚鼠冠脉扩张,使在体豚鼠后肢和离体大鼠后肢血管扩张,增加兔

颈动脉和耳动脉血流。

④ 银杏叶还可清除自由基、抗脂质过氧化；抗血小板活化因子，抑制血小板聚集；增强生物膜稳定性；对气管平滑肌具有直接松弛作用，对胃肠道平滑肌有解痉的作用；有降血脂的作用；具有抗微生物的作用；能增加皮脂腺的分泌，使干燥或衰老的皮肤增加红润色泽；另外有降血胆固醇的作用。

【附注】 白果 Ginkgo Semen

本品为银杏的干燥成熟种子。本品略呈椭圆形，一端稍尖，另端钝，长 1.5~2.5 cm，宽 1~2 cm，厚约 1 cm。表面黄白色或淡棕黄色，平滑，具 2~3 条棱线。中种皮（壳）骨质，坚硬。内种皮膜质，种仁宽卵球形或椭圆形，一端淡棕色，另一端金黄色，横断面外层黄色，胶质样，内层淡黄色或淡绿色，粉性，中间有空隙。气微，味甘、微苦。本品含少量氰甙、赤霉素和动力精样物质。内胚乳中还分离出两种核糖核酸酶。外种皮含有毒成分白果酸、氢化白果酸、氢化白果亚酸、白果酚和白果醇。尚含天门冬素、甲酸、丙酸、丁酸、辛酸、廿九烷醇-10 等。本品甘、苦、涩，平；有毒。归肺、肾经。能敛肺定喘，止带缩尿。用于痰多喘咳、带下白浊、遗尿尿频，用量 5~10 g。

三、松柏纲（Coniferopsida）

常绿或落叶乔木，稀为灌木，茎多分枝，常有长、短枝之分；茎的髓部小，次生木质部发达，由管胞组成，无导管，具树脂道（resin duct）。叶单生或成束，针形、鳞形、钻形、条形或刺形，螺旋着生或交互对生或轮生，叶的表皮通常具较厚的角质层及下陷的气孔。孢子叶球单性，同株或异株，孢子叶常排列成球果状。小孢子有气囊或无气囊，精子无鞭毛。球果的种鳞与苞鳞离生（仅基部合生）、半合生（顶端分离）及完全合生。种子有翅或无翅，胚乳丰富，子叶 2~10 枚。松柏纲植物因叶子多为针形，故称为针叶树或针叶植物；又因孢子叶常排成球果状，也称为球果植物。

松柏纲是现代裸子植物中数目最多、分布最广的一个类群，有 44 属，400 余种，隶属于 4 科，即松科（Pinaceae）、杉科（Taxodiaceae）、柏科（Cupressaceae）和南洋杉科（Araucariaccac）。我国有 3 科，23 属，约 150 种。

（一）松科（Pinaceae）

［形态特征］ 乔木，稀灌木，大多数常绿。叶针形或线形，针形叶常 2~5 针一束，生于极度退化的短枝顶端，基部包有叶鞘；条形叶在长枝上呈螺旋状散生，在短枝上簇生。孢子叶呈球单性同株。小孢子叶呈螺旋状排列，每个小孢子叶有 2 个小孢子囊，小孢子多数有气囊。大孢子叶球由多数螺旋状着生的珠鳞与苞鳞组成，珠鳞的腹面生有两个倒生胚珠，苞鳞与珠鳞分离（仅基部结合），种子通常具翅，胚具 2~16 枚子叶。

［染色体］ $X=12,13,22$。

［分布］ 本科是松柏纲中种类最多、经济意义最重要的 1 科（3 个亚科），有 10 属，约 230 种，主要分布于北半球。我国有 10 属，113 种，29 个变种，其中很多是特有属和孑遗植物。

［药用植物代表］

马尾松 ***Pinus massoniana* Lamb.**　常绿乔木。树皮红褐色，下部灰褐色，一年生小枝淡黄褐色，无毛。叶二针一束，细柔，长 12~20 cm，先端锐利，树脂道 4~8 个，边生，叶鞘宿存。花单性同株。雄球花淡红褐色，聚生于新枝下部；雌球花淡紫红色，常 2 个生于新枝

图 13-6 马尾松

1. 雄球花；2. 雌球花。

顶端。球果卵圆形或圆锥状卵形，种鳞的鳞盾（种鳞顶端加厚膨大呈盾状的部分）平或微肥厚，鳞脐（鳞盾的中心凸出部分）微凹，无刺尖。种子具单翅。子叶 5～8 枚（图 13-6）。分布于我国淮河和汉水流域以南各地，西至四川、贵州和云南。生于阳光充足的丘陵山地酸性土壤。花粉、松香、松节、皮、叶均可入药。松花粉能燥湿收敛、止血；松香能燥湿祛风，生肌止痛；松节（松树的瘤状节）能祛风除湿，活血止痛；树皮能收敛生肌；松叶能明目安神，解毒。

油松 *Pinus tabuliformis* Carr. 常绿乔木，枝条平展或向下伸，树冠近平顶状。叶二针一束，粗硬，长 10～15 cm，叶鞘宿存。球果卵圆形，熟时不脱落，在枝上宿存，暗褐色，种鳞的鳞盾肥厚，鳞脐凸起有尖刺。种子具单翅。为我国特有树种，分布于我国北部和西部。花粉、松香、松球、松节、皮、叶入药。枝干的结节称松节，有祛风、燥湿、舒筋、活络的功能；树皮能收敛生肌；叶能祛风，活血，明目安神，解毒止痒；松球治风痹、肠燥便难、痔疾；花粉（松花粉）能收敛、止血；松香能燥湿，祛风，排脓，生肌止痛。

同属植物入药的还有：红松 *P. koraiensis* Sieb. et Zucc. 叶 5 针一束，树脂道 3 个，中生。球果很大，种鳞先端反卷。种子（松子）可食用。分布于我国东北小兴安岭及长白山地区。云南松 *P. yunnanensis* Franch. 叶 3 针一束，柔软下垂，树脂道 4～6 个，中生或边生。分布于我国西南地区。

（二）柏科（Cupressaceae）

［**形态特征**］常绿乔木或灌木。叶交互对生或 3～4 片轮生，鳞片状或针形或同一树上兼有两型叶。球花小，单性，同株或异株；雄球花单生于枝顶，椭圆状卵形，有 3～8 对交互对生的雄蕊，每雄蕊有 2～6 个花药；雌球花球形，由 3～16 枚交互对生或 3～4 枚轮生的珠鳞。珠鳞与下面的苞鳞合生，每珠鳞有 1 至数枚胚珠。球果圆球形、卵圆形或长圆形，熟时种鳞木质或革质，开展或有时为浆果状不开展，每个种鳞内面基部有种子一至多粒。种子有翅或无翅，具“胚乳”。胚具子叶 2 枚，稀为多枚。

［**染色体**］$X=11$。

［**分布**］本科有 22 属，约 150 种。分布南北两半球。我国有 8 属，29 种，分布于全国；药用的有 6 属，20 种。多为优良材用树种，庭园观赏树木。

［**药用植物代表**］

侧柏 *Platycladus orientalis*（L.）Franco 常绿乔木，小枝扁平，排成一平面，直展。叶鳞形，相互对生，贴伏于小枝上。球花单性，同株。雄球花黄色，具 6 对交互对生雄蕊；雌球花近圆，蓝绿色，有白粉，具 4 对交互对生的珠鳞，仅中间 2 对各生 1～2 枚胚珠。球果成熟时开裂；种鳞木质、红褐色、扁平，背部近顶端具反曲的钩状尖头。种子无翅或有极窄翅（图 13-7）。我国特产树种，全国各地均有种植，为常见园林观赏树种。枝叶（侧柏叶）有凉血止血、祛风消肿之功效；种仁（柏子仁）有养心安神、润肠通便之功效。

本科其他药用植物：柏木 *Cupressus funebris* Endl. 为我国特有树种，分布于浙江、福建、江西、湖南、湖北、四川、贵州、广东、广西、云南等省区,枝、叶有凉血、祛风安神作用。圆柏 *Sabina chinensis*(L.)Ant.分布于我国内蒙古、河北、山西、河南、陕西、甘肃、山东、江苏、安徽、浙江、江西、福建、湖北、湖南、广东、广西、四川、贵州及云南等省区,枝、叶、树皮有祛风散寒、活血消肿、解毒利尿之功效。

图 13-7　侧柏

1. 侧柏植株; 2. 雌球花; 3. 雄球花; 4. 球果。

四、红豆杉纲(Taxopsida)

本纲植物为常绿乔木或灌木,多分枝。叶为条形、披针形、鳞形、钻形或退化为叶状枝。孢子叶球单性异株。胚珠生于盘状或漏斗状的珠托上,或由囊状或杯状的套被包围,但不形成球果。种子具肉质的假种皮或外种皮。

(一) 红豆杉科(紫杉科)(Taxaceae)

[**形态特征**] 常绿乔木或灌木。叶条形或披针形,螺旋状排列或交互对生,叶腹面中脉凹陷,叶背沿凸起的中脉两侧各有 1 条气孔带。球花单性异株,稀同株;雄球花单生叶腋或苞腋,或组成穗状花序状集生于枝顶,雄蕊多数,各具 3~9 个花药,花粉粒球形,无气囊。雌球花单生或成对,胚珠 1 枚,生于苞腋,基部具盘状或漏斗状珠托。种子浆果状或核果状,包于杯状肉质假种皮中,胚乳丰富,子叶 2 枚。

[**染色体**] $X=11,12$。

[**分布**] 本科有 5 属,约 23 种,主要分布于北半球。我国有 4 属,12 种,1 个栽培种;药用的有 3 属,10 种。

[**药用植物代表**]

东北红豆杉 *Taxus cuspidate* Sied.et Zucc.　乔木,高可达 20 m,树皮红褐色。叶排成不规则的 2 列,常呈"V"字形开展,条形,通常直,下面有两条气孔带。雄球花有雄花 9~14 朵,各具 5~8 个花药。种子卵圆形,紫红色,外覆有上部开口的假种皮,假种皮成熟时肉质,鲜红色。分布于我国东北地区的小兴安岭和长白山区,生于湿润、疏松、肥沃、排水良好的地方。从树皮、枝叶、根皮中提取的紫杉醇具抗癌作用,亦可治糖尿病;叶有利尿、通经的功效。

图 13-8　南方红豆杉

南方红豆杉(美丽红豆杉)*T. wallichiana* var. *mairei* (Lemee et H. Levl.) L. K. Fu et Nan Li　叶常较宽长,多呈弯镰状,上部常渐窄,先端渐尖,下面中脉带上无角质乳头状突起点,局部有成片或零星分布的角质乳头状突起点,或与气孔带相邻的中脉带两边有一至数条角质乳头状突起点,中脉带明晰可见,其色泽与气孔带相异,呈淡黄绿色或绿色,绿色边带亦较宽而明显;种子通常较大,微扁,多呈倒卵圆形,上部较宽,稀柱状矩圆形,种脐常呈椭圆形(图 13-8)。分布于安徽、浙江、台湾、福建、江西、广东、广西、湖南、湖北、河南、陕西、甘肃、四川、贵州及云南。有驱虫、消积食、抗癌的功效。

同属植物大多含有紫杉醇而受到重视。全世界约有 11 种,分布于北半球,我国有 4 种和 1 个变种,西藏红豆杉 *Taxus wallichian*、东北红豆杉 *T. cuspidata*、云南红豆杉 *T. yunnanensis*、红豆杉 *T.chinensis*、南方红豆杉(美丽红豆杉)*T.wallichiana* var.*mairei* 均可供药用。

榧树 *Torreya grandis* Fort.ex Lindl 乔木,高达 20~30 m,树皮浅黄色、灰褐色,不规则纵裂。叶条形,交互对生或近对生,基部扭转排成 2 列;坚硬,先端有凸起的刺状短尖头,基部圆或微圆,长 1.1~2.5 cm;上面绿色,无隆起的中脉;下面浅绿色,气孔带常与中脉带等宽。雌雄异株,雄球花圆柱形,雄蕊多数,各有 4 个药室;雌球花无柄,两个成对生于叶腋。种子椭圆形、卵圆形,熟时由珠托发育成的假种皮包被,淡紫褐色,有白粉。分布于我国江苏、浙江、福建、江西、安徽、湖南等省,种子具有杀虫消积、润燥通便的功效。

(二)三尖杉科(粗榧科)(Cephalotaxaceae)

[形态特征] 常绿乔木或灌木,髓心中部具树脂道。小枝对生,基部有宿存的芽鳞。叶条形或披针状条形,交互对生或近对生,在侧枝上基部扭转排成 2 列,上面中脉隆起,下面有两条宽气孔带。球花单性,雌雄异株,少同株。雄球花有雄花 6~11 枚,聚成头状,单生叶腋,基部有多数苞片,每一雄球花基部有一卵圆形或三角形的苞片;雄蕊 4~16 枚,花丝短,花粉粒无气囊。雌球花有长柄,生于小枝基部苞片的腋部,花轴上有数对交互对生的苞片,每一个苞片腋生胚珠 2 枚,仅 1 枚发育。胚珠生于珠托上。种子核果状,全部包于由珠托发育成的肉质假种皮中,基部具宿存的苞片。外种皮坚硬,内种皮薄膜质,有“胚乳”,子叶 2 枚。

[染色体] $X=12$。

[分布] 本科有 1 属 9 种。分布于亚洲东部与南部。我国产的有 7 种和 3 个变种,主要分布于秦岭以南及海南岛,药用的有 5 种。

[药用植物代表]

三尖杉*Cephalotaxus fortunei* Hook. 为我国特有树种,常绿乔木,树皮褐色或红褐色,片状脱落。叶长 4~13(多为 5~10) cm,宽 3.5~4.5 mm,先端渐尖成长尖头,螺旋状着生,排成 2 行,线形,常弯曲,上面中脉隆起,深绿色,叶背中脉两侧各有 1 条白色气孔带。小孢子叶球有明显的总梗,长 6~8 mm。种子核果状,椭圆状卵形,长约 2.5 cm。假种皮成熟时紫色或红紫色(图 13-9)。在我国分布于长江以南各省,生于山坡疏林溪谷湿润且排水良好的地方。种子能驱虫、润肺、止咳、消食。其根、茎、皮、叶内含多种生物碱,对治疗白血病和淋巴肉瘤有特殊的疗效,其作用成分主要是三尖杉酯碱和高三尖杉酯碱有效单体,对白血病的缓解率高达 82%,而且安全

图 13-9 三尖杉

1. 植株;2. 雄球花;3. 种子。

有效。

三尖杉属具有抗癌作用的植物尚有：海南粗榧 *C. hainanensis* Li.、粗榧 *C. sinensis* (Rehd.et Wils.) Li.及篦子三尖杉 *C.oliveri* Mast.等。

五、买麻藤纲（倪藤纲）（Gnetopsida）

买麻藤纲植物常为灌木、亚灌木或木质藤本，稀乔木。茎次生木质部有导管，无树脂道。叶对生或轮生，鳞片状或阔叶。孢子叶球单性，有类似于花被的盖被，也称假花被，盖被膜质、革质或肉质。胚珠1枚，具1~2层珠被，上端（2层者仅内珠被）延长成珠孔管（micropylar tube）。精子无鞭毛，除麻黄目外，雌配子体无颈卵器。种子包于由盖被发育的假种皮中，子叶2枚，胚乳丰富。

本纲共有3目，3科，3属，约80种。我国有2目，2科，2属，19种，几乎遍布全国。本纲植物茎内次生木质部具导管，孢子叶球具盖被，胚珠包于盖被内，许多种类有多核胚囊而无颈卵器，这些都是裸子植物中最进化类群的性状。

（一）麻黄科（Ephedraceae）

[**形态特征**] 灌木、亚灌木或草本状，多分枝。小枝对生或轮生，具明显的节。叶退化成鳞片状，对生或轮生，2~3片合生成鞘状。孢子叶球单性异株，稀同株；小孢子叶球单生或数个丛生，或3~5个组成复穗状，具膜质苞片数对，每苞片生一小孢子叶球，其基部具2片膜质盖被和一细长的柄，柄端着生2~8个小孢子囊，小孢子椭圆形。大孢子叶球具2~8对交互对生或3片轮生的苞片，仅顶端的1~3片苞片内生1~3枚胚珠，每枚胚珠均由1层较厚的囊状的盖被包围着，胚珠具1层膜质珠被，珠被上部延长成充满液体的珠孔管。成熟的雌配子体通常有2个颈卵器，颈卵器具有由32个或更多的细胞构成的长颈。种子成熟时，盖被发育为革质或稀为肉质的假种皮，大孢子叶球的苞片，有的变为肉质，呈红色或橘红色，包于其外，呈浆果状，子叶2枚。

[**染色体**] $X=7$。

[**分布**] 本科仅1属3组，即麻黄属（*Ephedra*），约40种，分布于亚洲、美洲、欧洲东部及非洲北部干旱山地和荒漠中。我国有12种和4个变种，分布较广，以西北各省区及云南、四川、内蒙古等地种类最多。

[**药用植物与生药代表**]

麻黄* Ephedrae Herba　（英）Ephedra Herb

【基原】本品为麻黄科植物草麻黄 *Ephedra sinica* Stapf.、中麻黄 *E. intermedia* Schrenk et C. A. Mey. 或木贼麻黄 *E. equisetina* Bge. 的干燥茎。

【植物形态】草麻黄　草本状小灌木，茎高20~40 cm，分枝较少；木质茎短或呈匍匐状，小枝直伸或微曲，表面细纵槽纹常不明显，节间长2.5~5.5 cm，多为3~4 cm，直径约2 mm。叶鳞片状，膜质，基部鞘状，下部约1/2合生，上部常2裂（稀3裂），裂片锐三角形，先端急尖，常向外反曲。雌雄异株，雄球花常3~5个聚成复穗状，苞片通常4对，雄蕊7~8枚；雌球花单生，在幼枝上顶生，在老枝上腋生，苞片4~5对，上面1对苞片内有雌花2朵，成熟时呈红色浆果状，内含种子2粒。花期5—6月，种子成熟期8—9月（图13-10）。

图 13-10　草麻黄

1. 植株；2. 雄球花；3. 雌球花。

中麻黄　形态上与草麻黄相似，主要区别为：高达 1 m 以上，木质茎直立或斜向生长；草质茎分枝较多，节间长 2~6 cm。叶片上部 1/3 分裂，常 3 裂(稀 2 裂)，裂片钝三角形或三角形。雄球花数个簇生于节上，呈团状；雌球花多单生或者 3 个轮生或 2 个对生于节上，仅先端 1 轮苞片生有 2~3 朵雌花。种子常 3 粒(稀 2 粒)。

木贼麻黄　与草麻黄的主要区别：直立小灌木，高达 1 m。木质茎直立或斜向生长；草质茎分枝较多，黄绿色，节间短而纤细，长 1.5~3 cm。叶片上部仅 1/4 分裂，2 裂，裂片呈三角形，先端不反曲。雄球花多单生或 3~4 个集生于节上；雌球花成对或单生于节上，苞片内有 1 朵雌花。种子常 1 粒。

【产地】草麻黄主产于辽宁、吉林、内蒙古、河北、山西、河南西北部及陕西等省区；中麻黄主产于甘肃、青海、新疆；木贼麻黄主产于新疆北部。草麻黄产量最大，中麻黄次之，两者多混用，木贼麻黄产量极少。

【采制】秋季采割绿色的草质茎，晒干。

【性状】草麻黄　呈细长圆柱形，少分枝，直径 1~2 mm。有的带少量棕色木质茎。表面淡绿色至黄绿色，有细纵脊线，触之微有粗糙感。节明显，节间长 2~6 cm。节上有膜质鳞叶，长 3~4 mm；裂片 2（稀 3），锐三角形，先端灰白色，反曲，基部连合成筒状，红棕色。体轻，质脆，易折断，断面略呈纤维性，周边绿黄色，髓部红棕色，近圆形。气微香，味涩、微苦(图 13-11)。

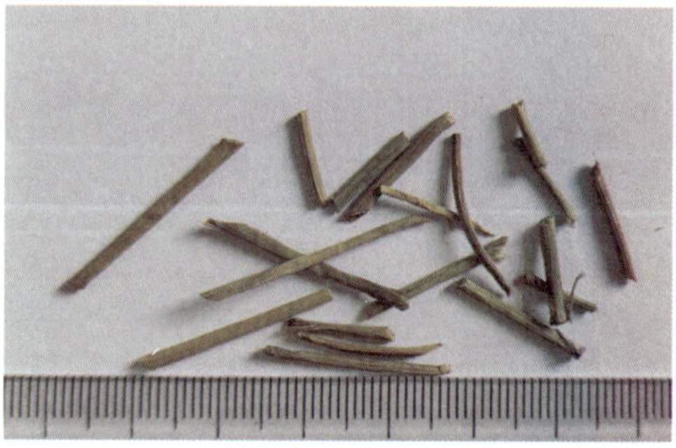

图 13-11　草麻黄药材

中麻黄　多分枝，直径 1.5~3 mm，有粗糙感。节上膜质鳞叶长 2~3 mm，裂片 3（稀 2），先端锐尖。断面髓部呈三角状圆形。

木贼麻黄　较多分枝，直径 1~1.5 mm，无粗糙感。节间长 1.5~3 cm。膜质鳞叶长 1~2 cm；裂片 2（稀 3），上部为短三角形，灰白色，先端多不反曲，基部棕红色至棕黑色。

【显微特征】草麻黄茎横切面　① 表皮细胞外被厚的角质层；脊线较密，有蜡质疣状突起，两脊线间有下陷气孔。② 下皮纤维束位于脊线处，壁厚，非木化。③ 皮层较宽，纤维成束散在；中柱鞘纤维束新月形。④ 维管束外韧型，8~10 个；形成层环类圆形；木质部呈三角状。⑤ 髓部薄壁细胞含棕色块；偶有环髓纤维。⑥ 表皮细胞外壁、皮层薄壁细胞及纤维均有多数微小草酸钙砂晶或方晶（图 13-12）。

中麻黄　维管束 12~15 个。形成层环类三角形。环髓纤维成束或单个散在。

木贼麻黄　维管束 8~10 个。形成层环类圆形。无环髓纤维。

草麻黄粉末　呈淡棕色或黄绿色。表皮细胞类长方形，外壁布满颗粒状晶体。角质层厚达 18 μm，呈脊状突起，常破碎呈不规则条块状。气孔特异，内陷，保卫细胞侧面观呈哑铃状，顶面观呈电话听筒状，两端特厚。纤维多而壁厚，狭长，木化或非木化，胞腔狭小或不明显，壁上附有细小众多的砂晶和方晶，形成嵌晶纤维。螺纹、具缘纹孔导管直径 10~15 μm，导管分子端壁斜面相接，接触面有多数穿孔，形成特殊的麻黄式穿孔板。髓部薄壁细胞的细胞壁增厚，细胞内含棕色块，呈棕色或红棕色，形状不规则。皮层薄壁细胞的细胞壁薄，细胞壁上含细小颗粒状结晶。可见少数石细胞（图 13-13）。

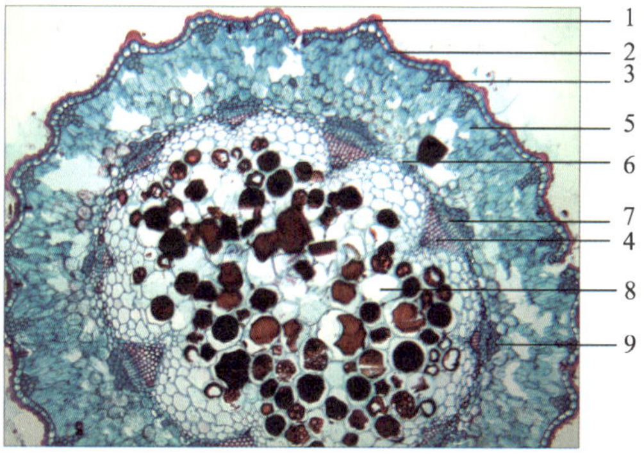

图 13-12　草麻黄（茎）横切面组织构造

1. 角质层；2. 表皮；3. 下皮纤维束；
4. 木质部；5. 皮层；6. 形成层；
7. 韧皮部；8. 髓部；9. 中柱鞘纤维。

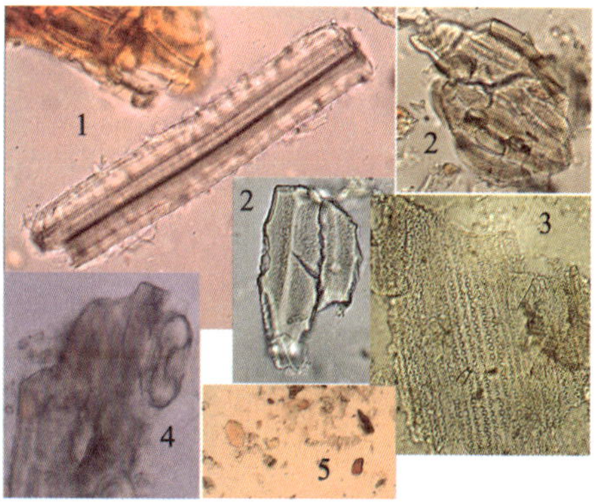

图 13-13　麻黄粉末组织特征

1. 嵌晶（砂晶）纤维；
2. 表皮细胞碎片角质层；
3. 穿孔板；4. 电话筒式气孔；5. 棕色块。

【化学成分】含有生物碱、黄酮、挥发油、有机酸、氨基酸、多糖和鞣质等多种化学成分。其中，生物碱是其主要成分，包括麻黄碱（ephedrine）、伪麻黄碱（pseudoephedrine）、N-甲基麻黄碱（N-methyl-ephedrine）、D-N-甲基伪麻黄碱（D-N-methyl-pseudoephedrine）和去甲基麻黄碱（norephedrine）、去甲基伪麻黄碱（D-norpseudoephedrine）及麻黄次碱（ephedine）等。生物碱主要存在于草质茎的髓部，节部生物碱含量为节间的 1/3~1/2，但伪麻黄碱的含量高。麻黄挥发油有苄甲胺（benzylmethylamine）、2,3,5,6-四甲基吡嗪、左旋-α-松油醇等。

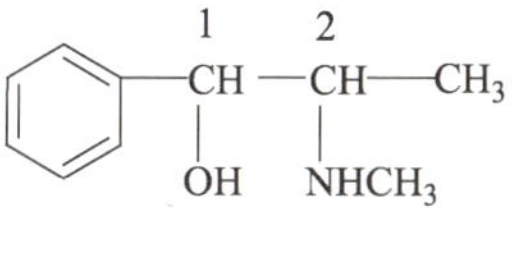

l-麻黄碱　（1R，2S）
d-伪麻黄碱（1S，2S）

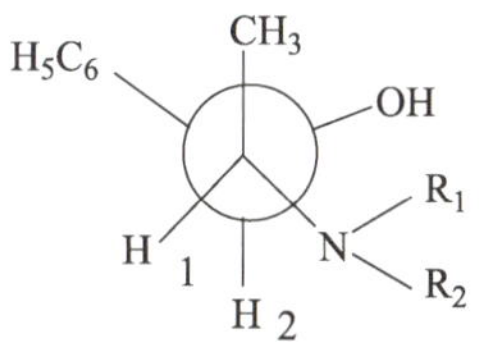

R_1=H，R_2=CH_3　*l*-麻黄碱
R_1=R_2=CH_3　*l*-甲基麻黄碱
R_1=R_2=H　*l*-去甲基麻黄碱

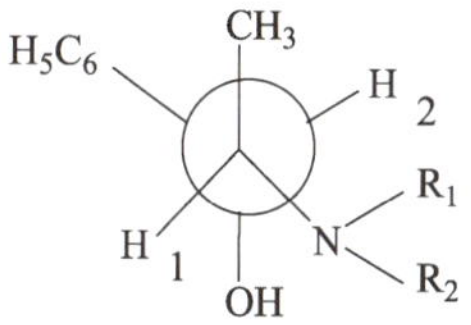

d-伪麻黄碱
d-甲基伪麻黄碱
d-去甲基伪麻黄碱

【理化鉴别】取本品粉末 0.2 g,加水 5 mL 与稀盐酸 1~2 滴,煮沸 2~3 min,滤过。滤液置分液漏斗中,加氨试液数滴使呈碱性,再加三氯甲烷 5 mL,振摇提取。分取三氯甲烷液,置 2 支试管中,一管加氨制氯化铜试液与二硫化碳各 5 滴,振摇,静置,三氯甲烷层显深黄色;另一管为空白,以三氯甲烷 5 滴代替二硫化碳 5 滴,振摇后三氯甲烷层无色或显微黄色。

薄层色谱 硅胶 G 薄层,喷以茚三酮试液,在 105 ℃加热至斑点显色,供试品与盐酸麻黄碱对照品色谱相应的位置上显相同的红色斑点。

含量测定 采用高效液相色谱法测定,本品按干燥品计算,含盐酸麻黄碱($C_{10}H_{15}NO \cdot HCl$)和盐酸伪麻黄碱($C_{10}H_{15}NO \cdot HCl$)的总量不得少于 0.80%。

【功效与主治】性温,味辛、微苦。能发汗散寒,宣肺平喘,利水消肿。可用于治疗风寒感冒、胸闷喘咳、风水浮肿。用量为 2~10 g。

【药理作用】① 麻黄碱和伪麻黄碱对支气管平滑肌有松弛作用和解痉作用,麻黄碱可直接松弛平滑肌并抑制氨甲酰胆碱引起的平滑肌收缩,甲基麻黄碱可使支气管扩张。

② 麻黄碱能使外周血管收缩,心收缩力加强,心搏出量增加,血压升高,对大脑和脊髓有兴奋作用,可引起失眠、不安。伪麻黄碱的升压作用较弱。麻黄次碱能降低血压。

③ 麻黄挥发油及松油醇对正常小鼠有降温作用。

④ 有发汗、利尿、抗炎、抗变态反应和中枢兴奋作用。

⑤ 麻黄煎剂对金黄色葡萄球菌、链球菌、绿脓杆菌、痢疾杆菌等有抑制作用,麻黄挥发油对流感嗜血杆菌、肺炎链球菌、大肠杆菌、甲型流感病毒等均有抑制作用。

⑥ 麻黄多糖具有抗氧化、降血糖的作用,并对免疫系统具有调节作用,抑制小鼠巨噬细胞的吞噬功能及正常小鼠的体液免疫功能,但能提高免疫低下小鼠的体液免疫功能。

⑦ 麻黄还具有抗癌、抗凝血等作用。

【附注】麻黄根 *Ephedrae* Radix et Rhizoma

本品系草麻黄或中麻黄的干燥根及根茎。根呈圆柱形,略弯曲,长 8~25 cm,直径 0.5~1.5 cm。表面红棕色或灰棕色,有纵皱及支根痕,外皮粗糙,易成片状剥落。根茎具节,节间长 0.7~2 cm。体轻,质硬脆,易折断,断面皮部黄白色,木部淡黄色或黄色,射线放射状排列,根茎中部有髓。气微,味微苦。本品不含麻黄碱类成分,含麻黄根素(maokonine),麻黄根碱 A、B、C、D(ephedradine A,B,C,D),以及双黄酮类麻黄宁 A、B、C、D(makuannin A,B,C,D)。麻黄根素有止汗作用,麻黄根碱有显著的降压作用。本品性平,味甘,能止汗;用于自汗、盗汗;用量 3~9 g。

除上述 3 种可供药用外,尚有同属植物丽江麻黄 *E. likiangensis* Florin、单子麻黄 *E. monosperma* J. G. Gmel.ex C. A. Mey.、西藏中麻黄 *E. intermedia* var. *tibetica* Stapf 和膜果麻黄 *E. przewalskii* Stapf 等,在某些地区也作麻黄使用。但膜果麻黄的麻黄碱含量甚低,不宜供药用。

(二)买麻藤科(Gnetaceae)

[形态特征]大多数是常绿木质藤本,极少数是灌木或乔木。茎节明显,呈膨大关节状。单叶对生,具柄,叶片革质或近革质,平展极似双子叶植物。大孢子叶球单性,异株,稀同株,伸展呈穗状,具多轮合生环状总苞,总苞由多数轮生苞片愈合而成。小孢子叶球序单生或数个组成顶生或腋生的聚伞花序状,各轮总苞有多数小孢子叶球,排成 2~4 轮,

小孢子叶球具管状盖被，每个小孢子叶具1~2个或4小孢子囊。小孢子圆形。大孢子叶球序每轮总苞内有4~12个大孢子叶球，大孢子叶球具囊状的盖被，紧包于胚珠之外，胚珠具两层珠被，由内珠被顶端延长成珠孔管，自盖被顶端开口处伸出，外珠被分化成肉质外层和骨质内层，盖被发育成假种皮。颈卵器消失。种子核果状，包于红色或橘红色的肉质假种皮中，子叶2枚。

［染色体］$X=7,12,14$。

［分布］本科仅1属，即买麻藤属（*Gnetales*），约30种，分布于亚洲、非洲及南美洲的热带和亚热带地区。我国有7种。

［药用植物代表］

小叶买麻藤（麻骨风） *Gnetum parvifolium* (Warb.) C.Y. Cheng ex Chun　常绿木质缠绕藤本。茎枝圆形，有明显皮孔，节膨大。叶对生，革质，椭圆形至狭椭圆形或倒卵形，长4~10 cm。球花单性同株；雄球花序不分枝或一次（三出或成对）分枝，其上有5~10轮杯状总苞，每轮总苞内有雄花40~70枚；雄花基部无明显短毛，假花被管略成四棱盾形，花丝合生，稍伸出，花药2个。雌球花序多生于老枝上，一次三出分枝，每轮总苞内有雌花3~7枚。种子核果状，无柄，成熟时肉质假种皮红色（图13-14）。分布于我国华南等地区，生于山谷、山坡疏林中。茎、叶（药材名：麻骨风）为祛风湿药，有祛风除湿、活血散瘀、消肿止痛、行气健胃及接骨等功效。

图13-14　小叶买麻藤

1. 植株；2. 雄球花；3. 种子。

同属植物买麻藤（倪藤，*G.montanum* Markgr.）的形态与小叶买麻藤相似，但叶较大，长10~25 cm，花单性，雌雄异株；成熟种子具短柄。分布于我国广东、广西、云南等省区，功效同小叶买麻藤。

练习题

1. 请简述裸子植物的主要特征。
2. 请简述裸子植物五个纲的特点。
3. 中药材“白果”是果实吗？请讲述原因。
4. 松柏纲常用的药用植物有哪些？
5. 买麻藤纲分为哪几个科？各科分别有哪些常用的药用植物？

第十四章 被子植物

学习导图:

被子植物
- 主要特征
- 分类系统
- 双子叶植物纲:马兜铃科、蓼科*、苋科、石竹科、毛茛科*、芍药科、小檗科、木通科、防己科、木兰科*、樟科、罂粟科、十字花科*、杜仲科、蔷薇科*、豆科*、芸香科、橄榄科、远志科、大戟科、鼠李科、藤黄科、瑞香科、桃金娘科、五加科*、伞形科*、山茱萸科、木犀科、马钱科、龙胆科、萝藦科、唇形科*、茄科、玄参科、茜草科、忍冬科、葫芦科、桔梗科、菊科*
- 单子叶植物纲:泽泻科、禾本科*、棕榈科、天南星科、百部科、百合科*、薯蓣科、鸢尾科、姜科、兰科

案例:

1. 药材大黄的来源有掌叶大黄 *Rheum palmatum* L.、唐古特大黄 *R. tanguticum* Maxim. ex Balf.和药用大黄 *R. officinale* Baill.三种。市场上还有民间用的"土大黄",来源有藏边大黄、河套大黄、华北大黄及天山大黄等。请讨论这些植物的区别。

2.《中国药典》中收录的药材威灵仙为毛茛科植物威灵仙 *Clematis chinensis* Osbeck、棉团铁线莲 *C. hexapetala* Pall.和东北铁线莲 *C. manshurica* Rupr.的干燥根及根茎。请讨论这三种来源的威灵仙之间的区别。

3. 毛茛科植物白头翁 *Pulsatilla chinensis* (Bunge) Regel 的根在药典中作为白头翁入药,但市场上常混用的还有同属的兴安白头翁 *P. dahurica* (Fisch. ex DC.) Spreng.、朝鲜白头翁 *P. cernua* (Thunb.) Bercht. et Opiz.、细叶白头翁 *P. turczaninovii* Kryl. et Serg.和金县白头翁 *P. chinensis* var. *kissii* (Mandl) S. H. Li et Y. H. Huang,请问如何鉴别区分?

4. 木兰科的植物八角 *Illicium verum* Hook. f.不仅是药材,也是香料,但是市场上可见红毒茴 *I. lanceolatum* A. C. Sm. (莽草)、红茴香 *I. henryi* Diels 混充八角的现象,如果使用不当可能会出现中毒,请问如何鉴别区分?

5. 药材苦杏仁和桃仁均属于蔷薇科植物,性状也相像,而且苦杏仁有小毒。请讨论如何区分这两种药材。

6.《中国药典》收录的药材甘草为豆科植物甘草 *Glycyrrhiza uralensis* Fisch.、胀果甘草 *G. inflata* Bat.或光果甘草 *G. glabra* L.的干燥根和根茎。请讨论如何区分这三种来源的甘草性状及显微特征。

7. 药材人参是名贵药材,为五加科植物人参 *Panax ginseng* C. A. Mey.的根和根茎。

市场上伪品较多。请讨论人参及其易混伪品的鉴别。

8.《中国药典》收录的药材柴胡为伞形科植物柴胡 *Bupleurum chinense* DC.或狭叶柴胡 *B. scorzonerifolium* Willd.的干燥根。按性状不同,两者分别习称"北柴胡"和"南柴胡"。市场上还有藏柴胡容易与之混淆。请讨论三者如何鉴定。

9. 薄荷 *Mentha canadensis* L.和留兰香 *M. spicata* L.均为唇形科植物,形态等有些相像。请讨论两者形态、成分及用途的区别。

10.《中国药典》收录的药材菊花为菊科植物菊 *Chrysanthemum morifolium* Ramat.的干燥头状花序。按产地和加工方法不同,菊分为亳菊、滁菊、贡菊、杭菊、怀菊。请讨论这五种菊花如何鉴别。

11.《中国药典》收录的川贝母为百合科植物川贝母 *Fritillaria cirrhosa* D. Don、暗紫贝母 *F. unibracteata* Hsiao et K. C. Hsia、甘肃贝母 *F. przewalskii* Maxim.、梭砂贝母 *F. delavayi* Franch.、太白贝母 *F. taipaiensis* P. Y. Li 或瓦布贝母 *F. unibracteata* Hsiao et K. C. Hsia var. *wabuensis* (S. Y. Tang et S. C. Yue) Z. D. Liu, S. Wang et S. C. Chen 的干燥鳞茎。药材川贝母不仅有 6 种来源,商品上还按性状分为松贝、青贝、炉贝及栽培品。请讨论每种来源的川贝母及商品如何鉴别。

12.《中国药典》规定兰科植物金钗石斛 *Dendrobium nobile* Lindl.(石斛)、霍山石斛 *D. huoshanense* C. Z. Tang et S. J. Cheng、鼓槌石斛 *D. chrysotoxum* Lindl.和流苏石斛 *D. fimbriatum* Hook.的茎作石斛入药,铁皮石斛 *D. officinale* Kimura et Migo 单独收录。请问如何鉴别区分?

第一节 概 述

被子植物(angiosperm)又称有花植物(flowering plants),是当今植物界中进化程度最高、种类最多、分布最广和生长最繁盛的类群。现知全世界被子植物共 1 万多属,25 万余种,占植物界总数的一半,中国有 2 700 多属,约 3 万种。第四次全国中药资源普查结果表明,我国有药用被子植物 214 科,2 517 属,14 356 种,约占我国药用植物总数的 94%,中药资源总数的 76.3%。

被子植物能有如此众多的种类,有极其广泛的适应性,这和它的结构复杂化、完善化是分不开的,特别是繁殖器官的结构和生殖过程的特点,提供了它适应、抵御各种环境的内在条件,使它在生存竞争、自然选择的矛盾斗争过程中,不断产生新的变异,产生新的物种。

一、主要特征

(一) 孢子体高度发达

被子植物的孢子体高度发达。具有多种习性和类型,如水生、陆生、自养或寄生、木本、草本、直立或藤本,常绿或落叶,一年生、二年生或多年生。被子植物中有世界上最高大的乔木,如杏仁桉 *Eucalyptus amygdalina* Labill.,高达 140 多米;也有微细如沙粒的小草本,如无根萍 *Wolffia arrhiza* (L.) Wimm.,每平方米水面可容纳 300 万个个体。有重达 25 kg 仅含 1 颗种子的果实,如王棕(大王椰子)*Roystonea regia* (H. B. K.) O. F. Cook;也有轻如尘埃,5 万颗种子的质量仅 0.1 g 的植物,如热带雨林中的一些附生兰。有寿命长达 6 000 年的植物,如龙血树 *Dracaena draco* L.;也有在 3 周内开花结籽完成生命周期的植物(如一些生长在荒漠的十字花科植物)。有水生、沙生、石生和盐碱地生的植物。有自养的植物,也有腐生、寄生的植物。在解剖构造上,被子植物的次生木质部有导管,韧皮部有筛管和伴胞;而裸子植物中一般均为管胞(只有麻黄和买麻藤类例外),韧皮部中为筛胞,无伴胞,输导组织的完善使体内物质运输畅通,适应性得到加强。

(二) 配子体极度退化,寄生在孢子体上

被子植物的配子体极度退化。其小孢子(单核花粉粒)发育为雄配子体,人部分成熟的雄配子体仅具 2 个细胞(二核花粉粒),其中 1 个为营养细胞,另 1 个为生殖细胞。少数植物在传粉前生殖细胞就分裂 1 次,产生 2 个精子,所以这类植物的雄配子体为 3 核的花粉粒,如石竹亚纲的植物和油菜、玉米、大麦、小麦等。被子植物的大孢子发育为成熟的雌配子体,称为胚囊。通常胚囊只有 8 个细胞:3 个反足细胞、2 个极核、2 个助细胞、1 个卵。反足细胞是原叶体营养部分的残余。有的植物(如竹类)反足细胞可多达 300 余个,有的如苹果、梨在胚囊成熟时,反足细胞消失。助细胞和卵合称为卵器,是颈卵器的残余。由此可见,被子植物的雌、雄配子体均无独立生活能力,终生寄生在孢子体上,结构上比裸子植物更简化。配子体的简化在生物学上具有进化意义。

(三) 具有真正的花

典型的被子植物的花由花萼、花冠、雄蕊群、雌蕊群 4 部分组成。花的各部分组成在数量上、形态上有极其多样的变化,这些变化是在进化过程中,为适应虫媒、风媒、鸟媒或水媒传粉的条件,被自然界选择,得到保留,并不断加强造成的。

(四) 胚珠被心皮包被

雌蕊由心皮组成,包括子房、花柱和柱头 3 部分。胚珠包藏在子房内,得到子房的保护,以避免昆虫的咬噬和水分的流失。子房在受精后发育成果实。果实具有不同的色、香、味,多种开裂方式;果皮上常具有各种钩、刺、翅、毛。果实的所有这些特点,对于保护种子成熟、帮助种子散布起着重要作用。

(五) 具有双受精现象

被子植物在受精过程中,2 个精子进入胚囊以后,其中 1 个与卵细胞结合形成合子,另 1 个与 2 个极核结合,形成三倍体的染色体,发育为胚乳,给幼胚提供营养,使新植物体具有更强的生活力。

二、被子植物分类的一般规律

传统、经典的植物分类法以植物的形态特征,尤其是器官中的花和果的特征为主要分类依据。一般公认的被子植物的形态构造的主要演化规律如表 14-1 所示。

表 14-1 被子植物形态构造的主要演化规律

器官/性状	初生的、原始性状	次生的、进化性状
根	主根发达(直根系)	主根不发达(须根系)
茎	乔木、灌木、多年生草木	藤本,一、二年生草木
	直立	
	无导管,有管胞	有导管

续表

器官/性状	初生的、原始性状	次生的、进化性状
叶	单叶	复叶
	互生或螺旋状排列	对生或轮生
	常绿	落叶
	有叶绿素,自养	无叶绿素,腐生或寄生
花	花单生	花形成花序
	花的各部分呈螺旋状排列	花的各部分轮生
	重被花	单被花或无被花
	花的各部分离生	花的各部分合生
	花的各部分多数而不固定	花的各部分有定数(3、4或5)
	辐射对称	两侧对称或不对称
	子房上位	子房下位
	两性花	单性花
	花粉粒具单沟	花粉粒具三萌发孔或多孔
	虫媒花	风媒花
果实	单果、聚合果	聚花果
	蓇葖果、蒴果、瘦果	核果、浆果、梨果
种子	胚小,胚乳发达	胚大,无胚乳
	子叶两枚	子叶一枚

应注意的是,不能孤立地只根据某一条规律来判定某一植物是进化的还是原始的,因为同一植物形态特征的演化不是同步的,同一性状在不同植物的进化意义也非绝对的,应综合分析。例如,唇形科植物的花冠不整齐,合瓣,雄蕊2~4枚,都是高级虫媒植物协调进化的特征,但是它们的子房上位这一特征又是原始性状。

第二节 分类系统

从19世纪后半期开始,随着科学技术的发展,人们掌握的植物知识越来越多,力求编排出能客观反映自然界植物的亲缘关系和演化规律的自然分类系统(系统发育分类系统,phylogenetic system)。例如,我国著名植物学家秦仁昌教授于1978年发表的用于蕨类植物分类的秦仁昌系统为国际蕨类学界所公认;以我国著名植物学家名字命名的郑万钧系统在裸子植物分类中被广泛应用。19世纪以来,已经提出的分类系统有20多个,其中影响较大、使用较广的有恩格勒系统、哈钦松系统、塔赫他间系统和克朗奎斯特系统,较新的有APG系统。

一、恩格勒系统

这个系统是德国分类学家恩格勒(A. Engler)和勃兰特(K. Prantl)于1897年在其《植物自然分类志》巨著中所使用的。它是植物分类史上第一个比较完整的分类系统,将植物界分为13门。被子植物是第13门(种子植物门)中的一个亚门,该亚门又分为单子叶植物纲和双子叶植物纲，共 45 目，280 科。

恩格勒系统以假花学说（pseudanthium theory）为理论基础。假花学说认为被子植物的花和裸子植物的球花完全一致，每个雄蕊和心皮分别相当于 1 个极端退化的雄花和雌花，并设想被子植物来自裸子植物麻黄类的弯柄麻黄（*Ephedra campylopoda*）；还认为无花瓣、单性花、风媒花、木本植物等为原始特征，而有花瓣、两性花、虫媒花、草本植物等则为进化特征。在该系统中，认为具葇荑花序类植物为最原始的类型，排列在前；木兰目和毛茛目被认为是进化程度较高的类型，排列在后。

该系统包括了全世界植物的纲、目、科、属，各国沿用历史已久，为许多植物学工作者熟悉，使用广泛。我国的《中国植物志》基本按照恩格勒系统排列，本教材被子植物分类部分也采用恩格勒系统，但有的内容有变动。

二、哈钦松系统

这个系统是英国植物学家哈钦松（J.Hutchinson A.Cronquist）于 1926 年和 1934 年在其《有花植物科志》Ⅰ、Ⅱ中建立的。在 1973 年修订的第三版中，共有 111 目，411 科，其中双子叶植物 82 目，342 科，单子叶植物 29 目，69 科。

该系统以真花学说（euanthium theory）为理论基础。真花学说认为，被子植物的花是由原始裸子植物两性孢子叶球演化而来的，并设想被子植物来自早已灭绝的本内苏铁目，其孢子叶球上的苞片演变成花被，小孢子叶演变成雄蕊，大孢子叶演变成心皮；还认为被子植物的无被花是由有被花退化而来的，单性花是由两性花退化而来，花的各部分原始性状为多数、分离和螺旋状排列。因此，木兰目、毛茛目被认为是被子植物的原始类群。该系统还认为草本植物和木本植物是两支平行发展的类群，但也因过于强调草本和木本两个来源，导致许多亲缘关系很近的科被远远分开，如草本的伞形科和木本的五加科、山茱萸科等，受人为因素影响很大而不被大多数植物学者所接受。

该系统把多心皮类作为演化的起点，在不少方面合理阐明了被子植物的演化关系，因此被我国华南、西南、华中的一些植物研究所、标本馆中采用。

三、塔赫他间系统

这一系统是苏联植物学家塔赫他间（A.Takhtajan）于 1954 年在其《被子植物起源》一书中所公布的。该系统将被子植物分为木兰纲和百合纲，纲下再分亚纲、超目、目和科。

该系统亦主张真花学说，认为木兰目是最原始的被子植物类群，首先打破了传统把双子叶植物分为离瓣花亚纲和合瓣花亚纲的分类，在植物分类等级上增设了“超目”一级分类单元。

塔赫他间系统将原属毛茛科的芍药属独立为芍药科等，这一观点和现代植物分类学、孢粉学、植物细胞学和化学分类学的发展相吻合。还将葇荑花序作为双子叶植物中最原始的类群，而把木兰目、毛茛目等认为是进化的类群。

四、克朗奎斯特系统

这一系统是美国植物学家克朗奎斯特（A.Cronquist）于 1968 年在其《有花植物的分类和演化》一书中发表的。与塔赫他间系统类似，主张“真花学说”，但取消了“超目”一级分类单元。

该系统称被子植物为木兰植物门，分为木兰纲和百合纲。1981 年进行了修订，木兰纲包括 6 个亚纲、64 目和 318 科；百合纲包括 5 个亚纲、19 目和 65 科。

克朗奎斯特系统在各级分类系统的安排上，似乎比前几个分类系统更为合理，科的数目及范围较适中，其分类方法逐渐被人们广泛采用。

五、APG 系统

目前大多数学者都同意被子植物是一个单系起源的类群，被子植物种系发生学组（Angiosperm Phylogeny Group，APG）更是以分支分类学和分子生物学为主要手段构建单系类群。APG 系统是 1998 年由被子植物种系发生学组提出的一种对于被子植物的现代分类法。这种分类法和传统的依照形态分类的方法不同，主要依照植物的三个基因组 DNA 的顺序，以亲缘分支的方法分类，包括两个叶绿体和一个核糖体的基因编码。虽然该方法主要依据分子生物学数据，但是也参照其他方面的理论。例如，将真双子叶植物分支和其他原来分到双子叶植物纲中的种类区分，也是根据花粉形态学的理论。

APG 系统的分类方法选择了相当数量的单源亚科分类群，如此对于被子植物的高阶分类极有为用；但对于此分类群的正式分类处理，与以种系发生学上的命名实则不同，命名上当时仍存在诸多争议。APG 系统采用了《国际植物命名法规》的方式，为科级及目级的分类群命名。

关于目级以上的分类，APG 系统特别提出：习惯上使用的目级以上分类群概念，与命名上的优先律的命名概念经常产生冲突。在平衡此冲突时，APG 系统特别强调其处理并非依命名法规为之。

关于分类群的界线：依单系群概念界定分类群。如此，种以上阶层被定义或界定时，其演化序列未予以指明，可以方便沟通，特别是为科级及目级的分类群定义其范围及属于系统树架构的位置时。界定分类群时若有替代性的选择，APG 系统会选择容易辨识的形态衍征，并参考解剖、生化、发生等特征。

在科级分类时，依单系群概念，许多小科势必被界定出来，而不是在传统的大科之中，这样的争议亦存在于目以上的分类群。

关于分类群的命名：目以上的分类群，本系统并未使用传统的分类阶层学名，如门、纲等，而是使用一般性的名词定义为“分支”，如单子叶植物分支、真双子叶植物分支、蔷薇分支、菊分支等。

关于目的定义与界定：考虑到大小，许多目的学名通常涵盖 10~20 个科。同时许多小目被界定出来，由于其为单系群，且其亲缘关系已确立，因此不放在未确定群而成为一个目。

2003 年，这种分类法推出了《被子植物 APG Ⅱ分类法（修订版）》。2009 年又推出了 APG Ⅲ系统。APG Ⅳ系统于 2016 年发表在《林奈学会植物学报》上。APG Ⅳ系统新命名了两个新的演化支，即超蔷薇类（superrosids）和超菊类（superasterids）；承认了 5 个新目，即紫草目（Boraginales）、五桠果目（Dilleniales）、茶茱萸目（Icacinales）、水螅花目（Metteniusales）和黄漆姑目（Vahliales）；此外还承认了几个新科。与此同时，也有一些目和科被归并。值得注意的是，APG Ⅳ系统有的地方并没有采纳已经发表的一些研究成果（比如并未拆分水玉簪科、铁青树科和檀香科），而是认为这些研究成果需要进一步的研究支持，才能作为修改系统的依据。APG Ⅳ系统也没有采用超目这一等级，这为超目的划分提供了开放性，使 APG Ⅳ系统可以和更多的被子植物目上分类系统对接。

第三节 分类及主要药用植物代表

被子植物门分为两个纲，双子叶植物纲(Dicotyledoneae)和单子叶植物纲(Monocotyledoneae)。在双子叶植物纲中又分为离瓣花亚纲(原始花被亚纲)和合瓣花亚纲(后生花被亚纲)。这两个纲的主要特征区别见表 14-2。

表 14-2 被子植物门两个纲的主要区别

器官/纲	双子叶植物纲	单子叶植物纲
根	直根系	须根系
茎	有形成层，无限外韧型维管束排列成环	无形成层，有限外韧型维管束散在排列
叶	具网状脉	具平行脉或弧形脉
花	通常为 5 或 4 基数，花粉粒具 3 个萌发孔	3 基数，花粉粒具单个萌发孔
胚	具 2 枚子叶	具 1 枚子叶

一、双子叶植物纲(Dicotyledoneae)

(一) 离瓣花亚纲(原始花被亚纲)

离瓣花亚纲(Choripetalae)又称原始花被亚纲或古生花被亚纲(Archichlamydeae)，花无被、单被或重被，花瓣分离。

1. 马兜铃科(Aristolochiaceae)

$⚥ * \uparrow P_{(3)} A_{6\sim12} \overline{G}_{(4\sim6:4\sim6:\infty)} \underline{\overline{G}}_{(4\sim6:4\sim6:\infty)}$

[形态特征] 多年生草本或藤本。单叶互生，叶片多为心形或盾形，多全缘，无托叶。花两性，辐射对称或两侧对称；花被下部合生成管状，顶端 3 裂或向一侧扩大；雄蕊常 6~12 枚；雌蕊心皮 4~6 枚，合生，子房下位或半下位，4~6 室，柱头 4~6 裂；中轴胎座，胚珠多枚。蒴果。种子多枚，有胚乳。

[分布] 约 8 属，600 种；主要分布于热带和亚热带地区。我国有 4 属，71 种，6 个变种，4 个变型；分布于全国各地，除华北、西北干旱地区；除线果兜铃属(*Thottea*)的海南线果兜铃外，细辛属(*Asarum*)、马兜铃属(*Aristolochia*)及马蹄香属(*Saruma*)的国产种几乎全部可供药用。

[显微特征] 马兜铃属含草酸钙簇晶。

[染色体] X=6、7(马兜铃属)；12、13(细辛属)。

[化学成分] ① 挥发油类、单萜类，如 α-蒎烯(α-pinene)、樟烯(camphene)、柠檬烯(limonene)、龙脑(borneol)；倍半萜类，如 β-榄香烯(β-elemene)、γ-榄香烯(γ-elemene)、β-石竹烯(β-caryophyllene)等。② 生物碱类：木兰花碱(magnoflorine)。③ 硝基菲类化合物(nitrophenathrene)：如马兜铃酸(aristolochic acid)是本科植物的特征性成分。近年来的研究证实，这类成分可对肾造成实质性的损伤，现在这个科的植物药用已经受到限制。

[药用植物与生药代表]

细辛* Asari Radix et Rhizoma （英）Asarum Root

【基原】 马兜铃科植物北细辛 *Asarum heterotropoides* Fr. Schmidt var. *mandshuricum* (Maxim.) Kitagawa、汉城细辛 *A. sieboldii* Miq. var. *seoulense* Nakai 或华细辛 *A. sieboldii* Miq. 的干燥根及根茎。前两种习称“辽细辛”。

【植物形态】 北细辛　多年生草本。根状茎横走，生多数细长的根。叶基生，具长柄，叶片心形或肾状心形，基部深心形。花钟形，暗紫色；花被裂片向外反卷与花被筒几乎完全相贴；雄蕊12枚，子房半下位，花柱6个，柱头着生于顶端外侧。蒴果，种子多数(图14-1)。

图14-1　北细辛

【产地】 辽细辛产于辽宁、吉林、黑龙江等地，产量大，多为栽培品。一般以东北所产辽细辛为道地药材。汉城细辛也产于辽宁、吉林、黑龙江等地，但产量小。华细辛产于陕西、湖北等省，产量小。

【采制】 夏季果熟期或初秋采挖，除净地上部分和泥沙，阴干。

【性状】 北细辛　常卷缩成团。根状茎呈不规则圆柱形，具短的分枝，长1~10 cm，直径0.2~0.4 cm。表面灰棕色、粗糙，有环形的节；各分枝顶端有圆盘状的茎痕。根细长，密生节上，表面灰黄色。质脆、易折断，断面平坦，黄白色或白色。气辛香，味辛辣，麻舌。

汉城细辛　根茎直径0.1~0.5 cm，节间长0.1~1 cm。

华细辛　根茎长5~20 cm，直径0.1~0.2 cm，节间0.2~1 cm。气味较弱。

【显微特征】 根横切面　① 表皮细胞1列，部分残存。② 皮层宽，有众多油细胞散在。③ 外皮层细胞1列，类长方形，木栓化并微木化。④ 内皮层明显，可见凯氏点。⑤ 中柱鞘细胞1~2层，初生木质部2~4原型。韧皮部束中央可见1~3个明显较其周围韧皮部细胞大的薄壁细胞，但其长径显著小于最大导管直径，或者韧皮部中无明显的大型薄壁细胞。薄壁细胞含淀粉粒(图14-2)。

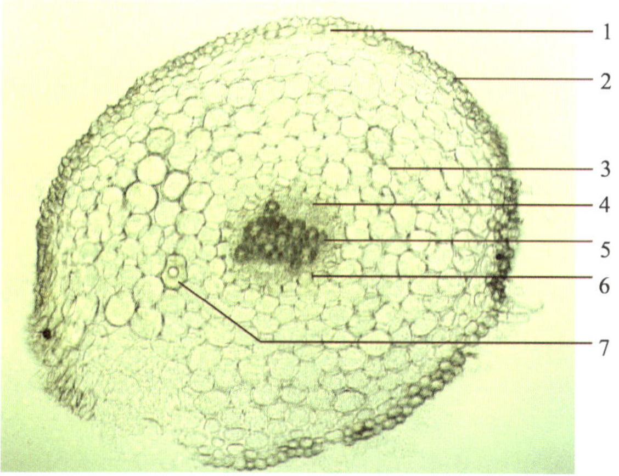

图14-2　细辛横切面组织构造

1. 外皮层；2. 表皮；3. 中皮层；4. 韧皮部；5. 木质部；6. 内皮层(示凯氏点)；7. 油细胞。

【化学成分】 含大量的挥发油类成分，还富含L-细辛脂素、L-芝麻脂素、新橄榄脂素、脂麻素等木脂素类成分，山柰酚、柚皮素等黄酮类成分，多糖、氨基酸和甾体等其他成分。细辛中挥发油类化合物种类众多，包括萜类、醇类、酯类、酰胺类、咪唑类、类固醇类、呋喃类、醛类、糖苷类、酸类、酮类、苯基类、吡唑类等，如龙脑、蒎烯、月桂烯、柠檬烯、罗勒烯、桉油精、松油醇、侧柏酮、库贝醇、芳樟醇、樟脑、黄樟醚、细辛醚、胡椒醛、苯甲醛、丁香酚、十五烷、月桂酸、油酰胺和乙酰唑胺等，也是细辛镇咳平喘、镇静、麻醉、抗抑郁、解热镇痛和抗炎的主要活性成分。

【理化鉴别】薄层色谱　硅胶 G 薄层，喷以 1%香草醛硫酸溶液，热风吹至斑点显色清晰。供试品色谱中，在与对照药材和细辛脂素对照品色谱相应的位置上显相同颜色的斑点。

限量测定　采用高效液相色谱法测定，本品按干燥品计算，含马兜铃酸Ⅰ($C_{17}H_{11}NO_7$)不得超过 0.001%。

含量测定　采用挥发油法测定，本品含挥发油不得少于 2.0%(mL/g)。采用高效液相色谱法测定，本品按干燥品计算，含细辛脂素($C_{20}H_{18}O_6$)不得少于 0.050%。

【功效与主治】性温，味辛；能祛风散寒，通窍之痛，温肺化饮；用于风寒感冒、头痛、牙痛、鼻塞鼻渊、风湿痹痛、痰饮喘咳。用量 1～3 g，外用适量。

【附注】① 三种细辛原植物的叶及花果中含有马兜铃酸，长期服用有导致肾衰竭的危险，应防止混入。② 不少地区以单叶细辛 *A. himalaicum* Hook. f. et Thoms. ex Klotzsch、小叶马蹄香 *A. ichangense* C. Y. Cheng et C. S. Yang、杜衡 *A. forbesii* Maxim.做细辛或土细辛药用，应注意鉴别。

马兜铃 Aristolochiae Fructus

本品为马兜铃科植物北马兜铃 *Aristolochia contorta* Bge.及南马兜铃(马兜铃) *Aristolochia debilis* Sieb. et Zucc.的干燥成熟果实。北马兜铃主产于辽宁、吉林和黑龙江，南马兜铃主产于江苏。蒴果卵圆形，表面黄绿色或棕褐色，有纵棱 12 条；果皮轻而脆，易裂为 6 瓣。果实分 6 室，每室内有多数种子，整齐平叠排列；气特异，味微苦。含马兜铃酸Ⅰ、Ⅱ、Ⅲa、Ⅳa、Ⅶa 及马兜铃内酰胺Ⅰ、Ⅱ、Ⅲa，马兜铃次酸，青木香酸，木兰碱等。本品煎液灌胃动物有止咳、平喘作用，还对金黄色葡萄球菌、肺炎球菌、痢疾杆菌有抑制作用。本品性微寒，味苦；能清肺降气、止咳平喘、清肠消痔；用于肺热咳喘、痰中带血、肠热痔血、痔疮肿痛；用量 3～9 g。因含有马兜铃酸，长期服用有导致肾衰竭的危险，应慎用。

2. 蓼科(Polygonaceae)

⚥ $* P_{3\sim6,(3\sim6)} A_{6\sim9} \underline{G}_{(2\sim4:1:1)}$

[形态特征] 多为草本。茎节常膨大。单叶互生；托叶膜质，包于托叶基部成托叶鞘。花多两性；辐射对称，常排成穗状、圆锥状或头状花序；单被花，花被 3～6 片，常花瓣状，宿存；雄蕊多 6～9 枚，子房上位，心皮 2～4 枚合生成 1 室，1 枚胚珠，基生胎座。瘦果或小坚果，常包于宿存花被内，多有翅。种子有胚乳。

[分布] 约 50 属，1 150 余种；世界性分布。我国有 13 属，235 种，37 个变种；分布于全国各地；药用的有 8 属，120 余种。

[显微特征] 植物体内常含草酸钙簇晶；大黄属掌叶组的根或根茎常有异型维管束。

[染色体] $X=6\sim20$。

[化学成分] ① 蒽醌类：如大黄素(emodin)、大黄酸(rhein)、大黄酚(chrysophanol)等；② 黄酮类：如芸香苷(rutin)、槲皮苷(quercetin)、萹蓄苷(avicularin)等；③ 鞣质类：如

没食子酸(gallic acid)、并没食子酸(ellagic acid)等;④ 苷类:如土大黄苷(rhaponticin)、虎杖苷(polydatin)等。

[药用植物与生药代表]

大黄* Rhei Radix et Rhizoma (英) Rhubarb

【基原】本品为蓼科植物掌叶大黄 *Rheum palmatum* L.、唐古特大黄 *R. tanguticum* Maxim. et Balf.或药用大黄 *R. officinale* Baill.的干燥根及根茎。

【植物形态】掌叶大黄 多年生草本,茎高约 2 m。基生叶宽卵形或近圆形,5~7 掌状中裂,裂片窄三角形;茎生叶互生,较小,具浅褐色膜质托叶鞘。圆锥花序;花小,花被片 6 枚,红紫色或带红紫色。瘦果三棱状,具翅。花期 6—7 月,果期 7—8 月(图 14-3A)。

唐古特大黄 与掌叶大黄的主要区别为叶掌状深裂,裂片再作羽状浅裂,小裂片披针形,花序分支紧密,常向上紧贴于茎(图 14-3B)。

药用大黄 与掌叶大黄的主要区别为叶掌状浅裂,一般仅达叶片的 1/4 处,裂片宽三角形,花较大,白色(图 14-3C)。

A.掌叶大黄 B.唐古特大黄 C.药用大黄

图 14-3 大黄

【产地】掌叶大黄和唐古特大黄主产于甘肃、青海及西藏。药用大黄主产于四川、云南、湖北、陕西。

【采制】通常选择生长 4 年以上的植物,于 10—11 月间地上部分枯黄时,或 4—5 月份未开花前采挖,除去泥土,切去顶芽及细根,刮去外皮,按各地的规格要求及根茎大小,横切成片或纵切成瓣,或加工成卵形或圆柱形,粗根切成段。晒干或阴干。出口商品须除尽外皮。

【性状】根呈类圆形、圆锥形或不规则块状,长 3~17 cm,直径 3~10 cm,除尽外皮者表面黄棕色或红棕色,可见类白色网状纹理及星点散在。质坚实,断面淡红棕色或黄棕色。皮部狭窄,可见暗色形成层环纹,其内侧有细密的棕红色射线。根茎髓宽广,有星点(异型构造)成环或散在。气清香,味苦、微涩,嚼之有砂粒感,并使唾液染成黄色(图 14-4)。

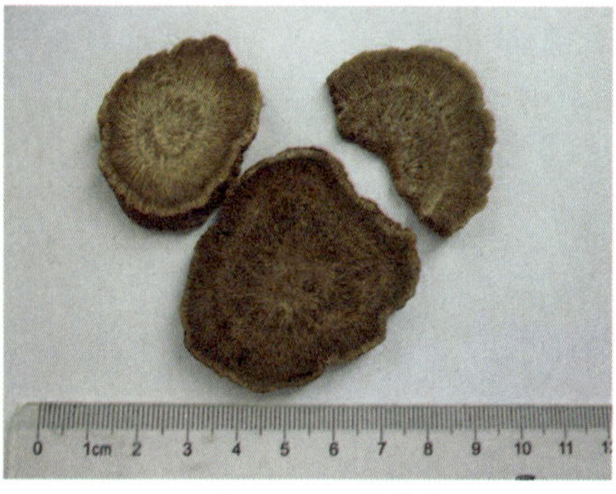

图 14-4 大黄饮片

【显微特征】根茎横切片 ① 木栓层及皮层大多已除去,偶有残留;韧皮部窄,近形成层处常有大型溶生式黏液腔,内含红棕色物质,有的切向排列成 1~3 轮。② 形成层环明显。③ 木质部导管径向稀疏排列,非木化。④ 射线宽 2~

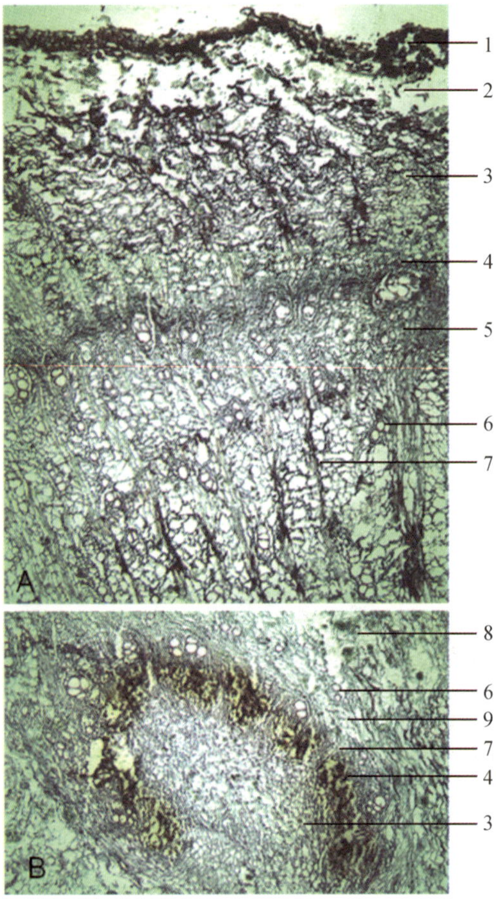

图 14-5　大黄根茎横切面组织构造

A. 大黄根茎横切面；B. 大黄髓部星点。
1. 木栓层；2. 皮层；3. 韧皮部；
4. 形成层；5. 木质部；6. 导管；
7. 射线；8. 髓部；9. 星点。

4 列细胞，内含棕色物。⑤ 髓部宽广，有多数异常维管束(星点)排成 1~3 圈或散在；异型维管束散在，形成层成环，木质部位于形成层外方，韧皮部位于形成层内方，射线呈星状射出。⑥ 薄壁细胞中含众多淀粉粒，草酸钙簇晶大而多，直径多在 100 μm 以上(图 14-5)。

粉末　棕黄色。① 草酸钙簇晶直径 20~160 μm，有的达 190 μm，棱角大多短钝。② 导管以网纹、具缘纹孔为主，另有螺纹导管及纹状导管，非木化或微木化。③ 淀粉粒甚多，单粒类球形或多角形，直径 3~45 μm，脐点星状；复粒由 2~8 分粒组成(图 14-6)。

【化学成分】主要成分为蒽醌类化合物，总含量为 2%~5%，其中游离的羟基蒽醌类化合物仅占 1/10~1/5，主要为大黄酚(chrysophanol)、大黄素(emodin)、芦荟大黄素(aloe-emodin)、大黄素甲醚(physcion)和大黄酸(rhein)等重要的成分，具有抗菌等活性。而大多数羟基蒽醌类化合物是以苷的形式存在，如大黄酚葡萄糖苷、大黄素葡萄糖苷、大黄酸葡萄糖苷、芦荟大黄素葡萄糖苷、一些双葡萄糖链苷及少量的番泻苷 A(sennoside A)、番泻苷 B(sennoside B)、番泻苷 C(sennoside C)、番泻苷 D(sennoside D)，

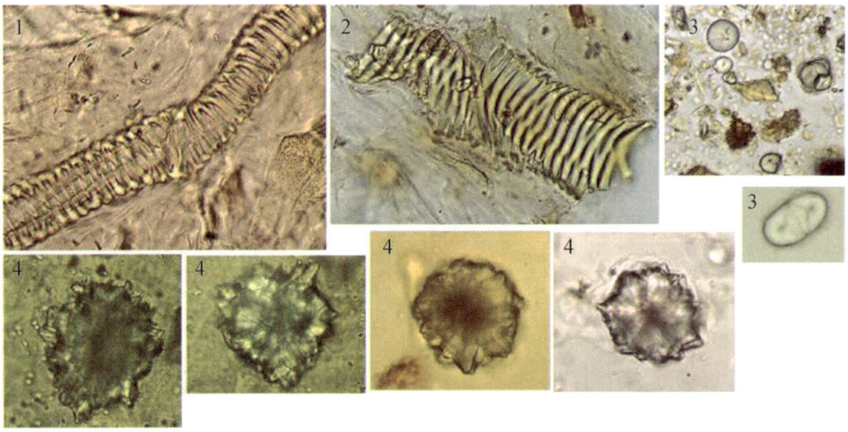

图 14-6　大黄粉末组织特征图

1、2. 网纹导管；3. 淀粉粒；4. 草酸钙簇晶。

具有泻下活性。大黄还含有鞣质、脂肪酸及少量的土大黄苷(rhaponticin)和土大黄苷元。

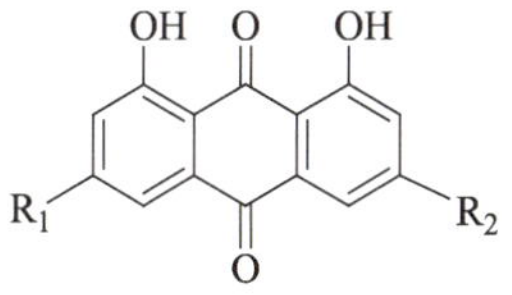

	R_1	R_2
大黄酚	H	CH_3
大黄素	OH	CH_3
大黄素甲醚	OCH_3	CH_3
芦荟大黄素	H	CH_2OH
大黄酸	H	COOH

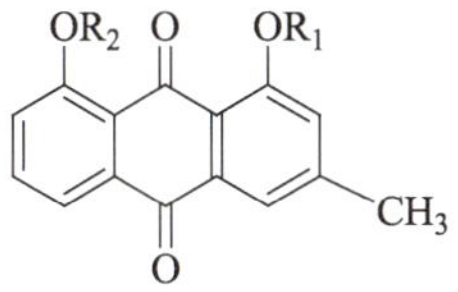

	R_1	R_2
大黄酚-8-O-β-D葡萄糖苷	H	glc
大黄酚-1-O-β-D葡萄糖苷	glc	H

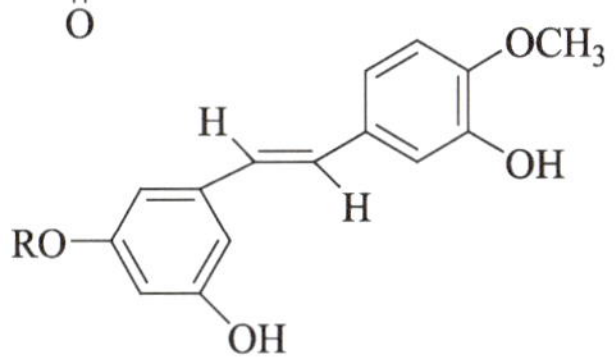

	R
土大黄苷元	H
土大黄苷	glc

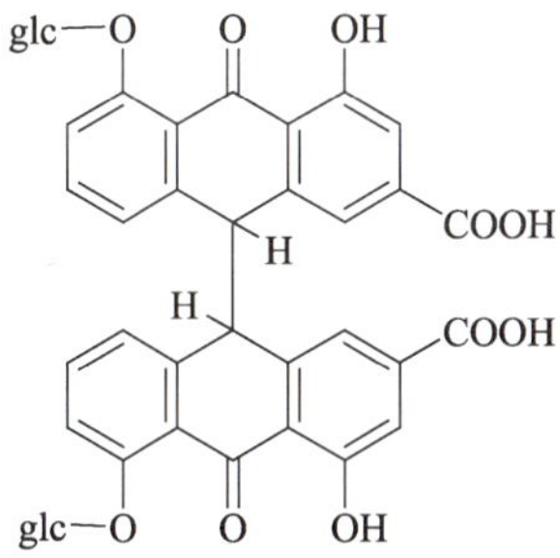

番泻苷 A

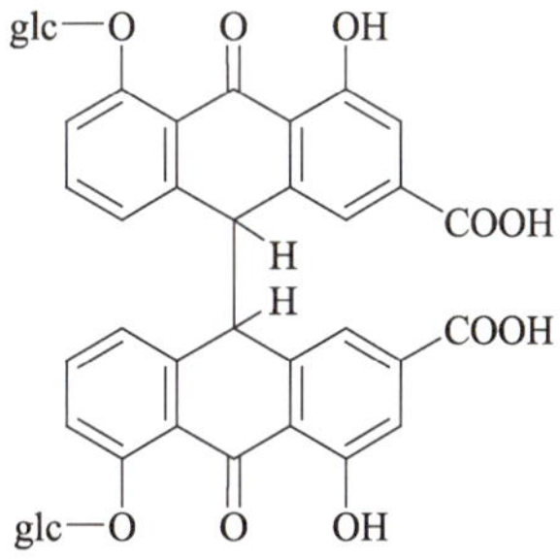

番泻苷 B

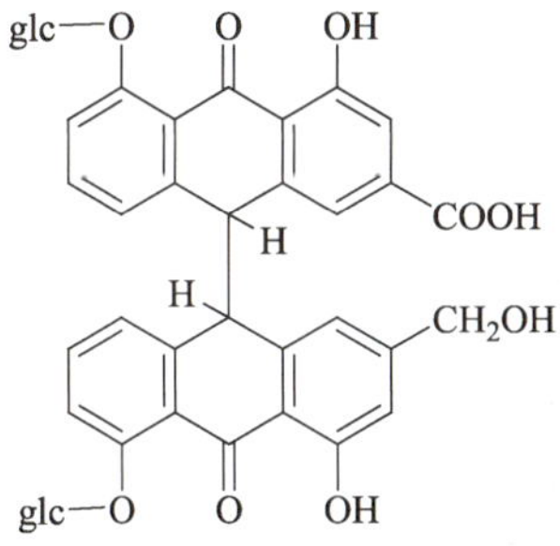

番泻苷 C

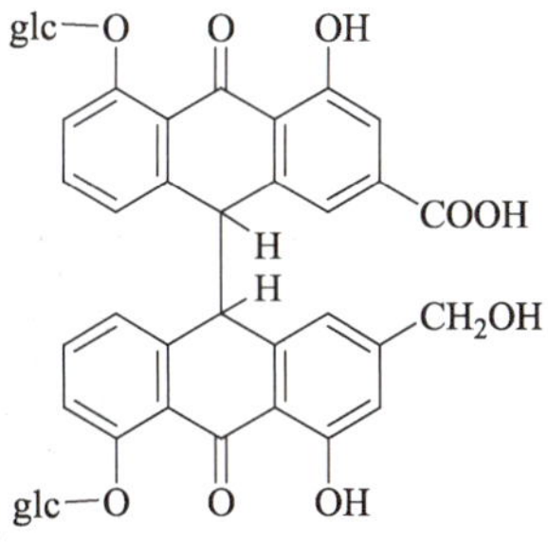

番泻苷 D

【理化鉴别】取本品粉末少量,进行微量升华,可见菱状针晶或羽状结晶。

薄层色谱　硅胶 H 薄层,置紫外光灯(365 nm)下检视,供试品与对照药材色谱相应的位置上显相同的五个橙黄色荧光主斑点;与芦荟大黄素、大黄酸、大黄素、大黄酚、大黄素甲醚对照品色谱相应的位置上显相同的橙黄色荧光斑点,置氨蒸气中熏后,斑点变为红色。

含量测定　采用高效液相色谱法测定,本品按干燥品计算,含总蒽醌以芦荟大黄素($C_{15}H_{10}O_5$)、大黄酸($C_{15}H_8O_6$)、大黄素($C_{15}H_{10}O_5$)、大黄酚($C_{15}H_{10}O_4$)和大黄素甲醚($C_{16}H_{12}O_6$)的总量计,不得少于 1.5%。采用高效液相色谱法测定,本品按干燥品计算,含游离蒽醌以芦荟大黄素($C_{15}H_{10}O_5$)、大黄酸($C_{15}H_8O_6$)、大黄素($C_{15}H_{10}O_5$)、大黄酚

($C_{15}H_{10}O_4$)和大黄素甲醚($C_{16}H_{12}O_6$)的总量计,不得少于0.20%。

【功效与主治】性寒,味苦;能泻热通肠,凉血解毒,逐瘀通经;用于实热便秘、积滞腹痛、湿热黄疸、瘀血经闭、急性阑尾炎、痈肿疮毒、烫伤,用量3~15 g,煎服。外用适量,研末敷患处。孕妇及月经期、哺乳期慎用。

【药理作用】① 泻下作用。大黄煎剂有明显的泻下作用,番泻苷和大黄酸苷等结合型蒽醌为泻下的主要有效成分。以番泻苷A的泻下作用最强,游离型蒽醌几无泻下作用。番泻苷本身不直接具有泻下作用,它在口服后经肠内细菌代谢转变成8-葡萄糖大黄酸蒽酮并进一步被肠道菌的β-葡萄糖苷酶水解成大黄酸蒽酮,后者继续被氧化生成大黄酸。大黄的泻下作用是,上述代谢产物直接刺激大肠局部或黏膜下神经丛,使蠕动加强。

② 抗菌作用。大黄煎剂对葡萄球菌、溶血性链球菌、肺炎球菌等多种细菌均有不同程度的抑制作用。其抗菌有效成分主要是大黄酸、芦荟大黄素与大黄素等。

③ 止血作用。大黄能增加血小板的黏附和聚集功能,降低抗凝血酶的活性而发挥止血的作用。

④ 保肝和利胆作用。大黄对急性黄疸型肝炎患者有明显的退黄作用,能降低血清谷丙转氨酶(SGPT)含量、减轻肝脏损伤。大黄素和大黄酸能促进胆汁分泌,松弛胆管括约肌。

【附注】同属一些植物在部分地区或民间称"土大黄""山大黄"等而做药用。有时易与上述3种正品大黄混淆。主要有藏边大黄 *Rheum emodi* Wall.、河套大黄 *R. hotaoense* C. Y. Cheng et C. T. Kao、华北大黄 *R. franzenbachii* Munt.及天山大黄 *R. wittrochii* Lundstr.。上述品种也含游离型和结合型蒽醌类成分,但多数不含或仅含少量的大黄酸和番泻苷,而含土大黄苷,故其断面在紫外光下显亮蓝紫色荧光,可与正品大黄区别(浓棕色荧光)。另外,除藏边大黄根茎中可见个别星点外,上述其他植物根茎断面髓部无星点构造。土大黄的泻下作用较正品大黄弱,多外用作收敛止血药,或作为兽药和工业染料。

何首乌* Polygoni Multiflori Radix (英) Fleeceflower Root

【基原】本品为蓼科植物何首乌 *Polygonom multiflorum* Thunb.的干燥块根。

图 14-7 何首乌

1. 植株; 2. 花; 3. 果。

【植物形态】多年生缠绕草本。根末端肥大呈不整齐块状。茎基部略呈木质,上部多分枝,草质。叶互生,具长柄。叶片心形,全缘,表面光滑无毛。托叶鞘膜质。圆锥花序顶生或腋生,花多数,细小,花被5深裂,白色,裂片大小不等。瘦果椭圆形,有三棱,包于宿存的翅状花被内(图14-7)。

【产地】何首乌主产于河南、湖北、广东、广西等地,营销全国并出口。此外,湖南、山西、浙江等省亦产,但大多自产自销。

【采制】秋、冬二季叶枯萎时采挖,削去两端,洗净,个大的切成块,干燥。生用,或用黑豆汁拌匀,炖或蒸成制首乌。

【性状】本品呈团块状或不规则纺锤形，长 6~15 cm，直径 4~12 cm。表面红棕色或红褐色，皱缩不平，有浅沟，并有横长皮孔样突起和细根痕。体重，质坚实，不易折断，断面淡红棕色，粉性，皮部有 4~11 个类圆形异型维管束环列，形成云锦状花纹，中央为一较大的正常维管束。气微，味微苦而甘、涩（图 14-8）。制首乌多为不规则皱缩状的块片，表面黑褐色或棕褐色，凹凸不平，断面角质样，棕褐色或黑色。

图 14-8　何首乌饮片

【显微特征】横切面　① 木栓层为数列细胞，充满红棕色物。② 韧皮部较宽，散有类圆形异型维管束 4~11 个，为外韧型，导管稀少。③ 根的中央形成层成环；木质部导管较少，周围有管胞和少数木纤维。④ 薄壁细胞含草酸钙簇晶和淀粉粒（图 14-9）。

粉末　黄棕色。① 淀粉粒单粒类圆形，直径 4~50 μm，脐点“人”字形、星状或三叉状，大粒者隐约可见层纹；复粒由 2~9 分粒组成。② 草酸钙簇晶直径 10~80（160）μm，偶见簇晶与较大的方形结晶合生。③ 木纤维多成束，细长，直径 17~34 μm。有斜纹孔或相交成“人”字形。④ 具缘纹孔导管直径 17~178 μm。⑤ 棕色块散在，形状、大小及颜色深浅不一（图 14-10）。

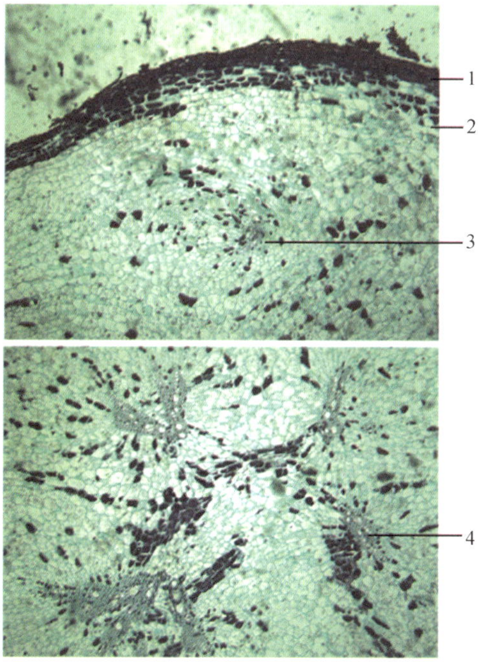

图 14-9　何首乌块根横切面组织构造

1. 木栓层；2. 皮层；
3. 异型维管束；4. 正常维管组织。

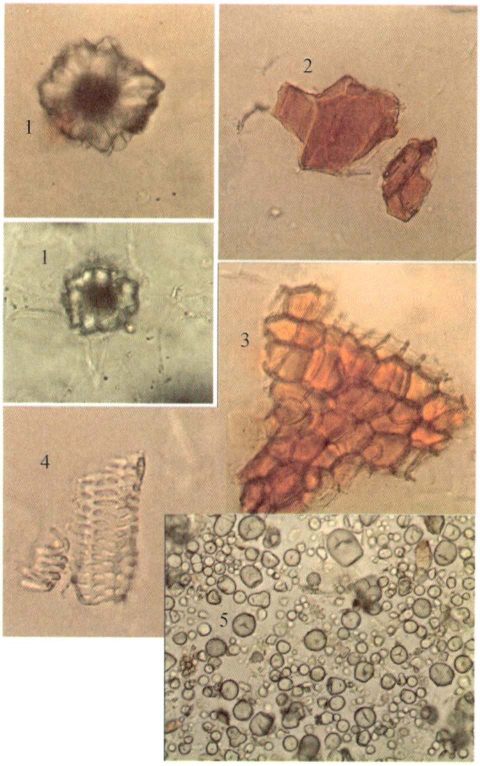

图 14-10　何首乌粉末组织特征图

1. 草酸钙簇晶；2. 棕色块；3. 木栓细胞；
4. 具缘纹孔导管；5. 淀粉粒。

【化学成分】 含有卵磷脂约 3.7%；蒽醌衍生物约 1.1%，主要为大黄酚（chrysophanol）、大黄素（emodin）、大黄素甲醚（physcion）、大黄酸（rhein）和大黄素-8-O-β-D-葡萄糖苷等；还含有 2,3,5,4′-四羟基二苯乙烯-2-O-β-D-葡萄糖苷等，具有抗衰老、降血脂、免疫调节、保肝的活性。此外，还含有儿茶素、3-O-没食子酰表儿茶素、3-O-没食子酰儿茶素等黄酮。

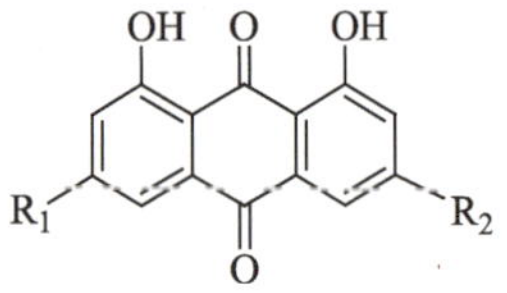

	R_1	R_2
大黄酚	H	CH_3
大黄素	OH	CH_3
大黄素甲醚	OCH_3	CH_3
大黄酸	H	COOH

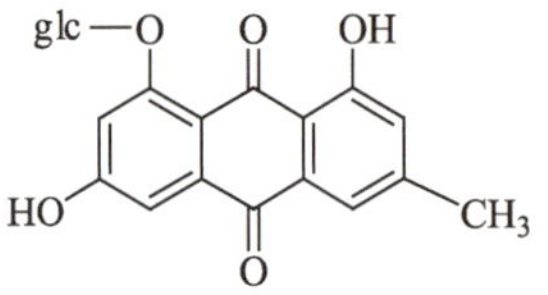

大黄素-8-O-β-D葡萄糖苷

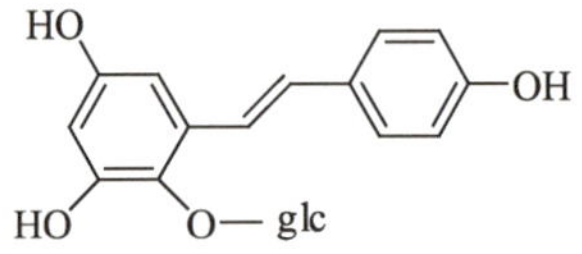

2，3，5，4′-四羟基二苯乙烯-2-O-β-D-葡萄糖苷

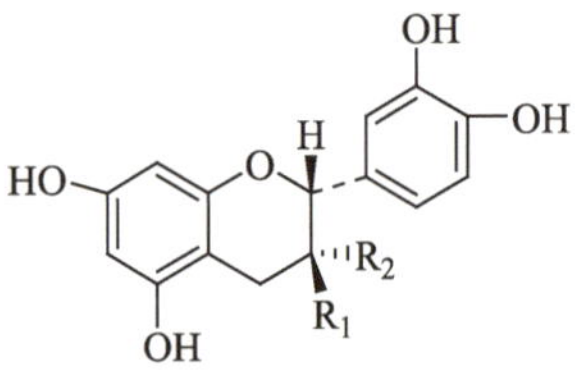

	R_1	R_2
3-O-没食子酰儿茶素	O-galloyl	H
3-O-没食子酰表儿茶素	H	O-galloyl

【理化鉴别】 薄层色谱　硅胶 H 薄层，置紫外光灯（365 nm）下检，供试品与对照药材色谱相应的位置上显相同颜色的荧光斑点。

含量测定　高效液相色谱法测定，本品含 2,3,5,4′-四羟基二苯乙烯-2-O-β-D-葡萄糖苷（$C_{20}H_{22}O_9$）不得少于 1.0%；含结合蒽醌以大黄素（$C_{15}H_{10}O_5$）和大黄素甲醚（$C_{16}H_{12}O_6$）的总量计，不得少于 0.10%。

【功效与主治】 性微温，味苦、甘、涩。生何首乌能解毒，消痈，截疟，润肠通便；用于疮痈、瘰疬、风疹瘙痒、久疟体虚、肠燥便秘，用量 3～6 g。制何首乌能补肝肾，益精血，乌须发，壮筋骨，化浊降脂；用于肝肾阴虚血少、眩晕、失眠、头发早白、腰膝酸软、高脂血症等，用量 6～12 g。

【药理作用】 ① 补益作用。何首乌所含卵磷脂为构成神经组织特别是脑髓的主要成分，同时为血细胞及其他细胞膜的主要原料，并能促进红细胞的新生及发育。

② 泻下及抑菌作用。蒽醌苷类具有泻下作用。体外试验表明，游离蒽醌对结核杆菌、福氏痢疾杆菌均有抑制作用。

③ 抗衰老作用。何首乌芪类成分可明显降低老年小鼠脑和肝组织中丙二醛（MDA）含量，增加脑内单胺类递质水平，增加超氧化物歧化酶（SOD）活性，还能明显抑制老年小鼠脑和肝组织内单胺氧化酶-B（MAO-B）的活性，从而消除自由基对机体的损伤，延缓衰老和疾病的发生。

④ 保肝作用。何首乌芪类成分可抑制肝脏中的脂质过氧化过程。

⑤ 减轻动脉粥样硬化作用。何首乌芪类成分能阻止胆固醇在肝内沉积，降低血清胆固醇，减轻动脉粥样硬化。

虎杖 Polygoni Cuspidati Rhizoma et Radix

本品为蓼科植物虎杖 *Polygonum cuspidatum* Sieb. et Zucc.的干燥根茎和根。春、秋二季采挖，除去须根，洗净，趁鲜切短段或厚片，晒干。主产于江苏、浙江、安徽、广西等地。本品多为圆柱形短段或不规则厚片，长 1~7 cm，直径 0.5~2.5 cm；外皮棕褐色，有纵皱纹和须根痕；切面皮部较薄；木部宽广，棕黄色，射线放射状，皮部与木部较易分离；根茎髓中有隔或呈空洞状；质坚硬；气微，味微苦、涩。含蒽醌类衍生物，包括大黄素-8-葡萄糖苷(polygonin)、大黄素甲醚-8-葡萄糖苷(rheochrysin)，以及游离的大黄素、大黄素甲醚、大黄酚等，尚含白藜芦醇(resveratrol)、虎杖苷(polydatin，白藜芦醇苷)等芪类化合物，并含缩合鞣质。本品性微寒，味微苦；能利湿退黄，清热解毒，散瘀止痛，止咳化痰；用于湿热黄疸、淋浊、带下、风湿痹痛、痈肿疮毒、水火烫伤、经闭、癥瘕、跌打损伤、肺热咳嗽；用量 9~15 g。外用适量，制成煎液或油膏涂敷。孕妇慎用。

3. 苋科(Amaranthaceae)

$⚥ * P_{3\sim5}A_{3\sim5}\underline{G}_{(2\sim3:1:1\sim\infty)}$

[形态特征] 多为草本。单叶对生或互生；无托叶。花小；常两性；排成穗状、圆锥状或头状聚伞花序；单被，花被片 3~5 片，干膜质；每花下常有 1 枚干膜质苞片和 2 枚小苞片；雄蕊与花被片对生，多为 5 枚；子房上位。心皮 2~3 枚，合生，1 室，胚珠 1 枚，稀为多数。胞果，稀为浆果或坚果。

[分布] 约 60 属，850 种；分布于热带和温带地区。我国有 13 属，39 种；分布于全国各地；药用的有 9 属，28 种。

[显微特征] 根中常有异型维管束排列成同心环状；含草酸钙晶体。

[染色体] $X=7$(牛膝属)，17、24(杯苋属)，18(青葙属)。

[化学成分] ① 三萜皂苷类：如齐墩果酸 α-L-吡喃鼠李糖基-β-D-吡喃半乳糖苷(oleanolic acid α-L-rhamnopyranosyl-β-D-galactopyranoside)；② 甾类：如蜕皮甾酮(ecdysterone)、牛膝甾酮(inokosterone)、杯苋甾酮(cyasterone)、基杯苋甾酮(sengosterone)等；③ 黄酮类：如山柰苷(kaempferitrin)等；④ 生物碱类：如甜菜碱(betaine)、倒扣草碱(achyranthine)等。

[药用植物与生药代表]

牛膝* Achyranthis Bidentatae Radix (英) twotoothed achyranthes root

【基原】 苋科植物牛膝 *Achyranthes bidentata* Bl.的干燥根。

【植物形态】 多年生草本。根长圆柱形，土黄色。茎四棱，节膨大，绿色或带紫色，分枝对生。叶互生，叶片多椭圆形或椭圆披针形，基部楔形或宽楔形，全缘，两面有贴生或开展柔毛。穗状花序顶生或腋生，苞片 1 枚，膜质；花被片 5 片；雄蕊 5 枚，与花被片对生。胞果长圆形，包于宿萼内。种子矩圆形，黄褐色(图 14-11)。

图 14-11 牛膝

【产地】除东北外，全国广布。主产于河南，为栽培品，称“怀牛膝”。

【采制】冬季茎叶枯萎时采挖，除去须根和泥沙，捆成小把，晒至干皱后，将顶端切齐，晒干。

【性状】本品呈细长圆柱形，挺直或稍弯曲，长15~70 cm，直径0.4~1 cm。表面灰黄色或淡棕色，有微扭曲的细纵皱纹、排列稀疏的侧根痕和横长皮孔样的突起。质硬脆，易折断，受潮后变软，断面平坦，淡棕色，略呈角质样而油润，中心维管束木质部较大，黄白色，其外周散有多数黄白色点状维管束，断续排列成2~4轮。气微，味微甜而稍苦涩(图14-12)。

图14-12　牛膝药材

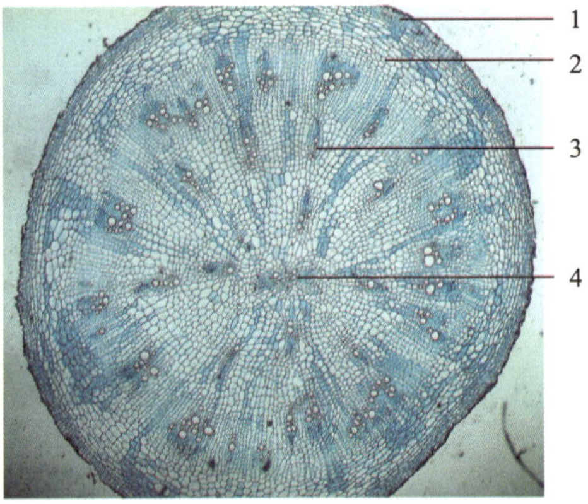

图14-13　牛膝横切面组织结构

1. 木栓层；2. 皮层；3. 异常维管束；4. 正常维管束。

【显微特征】横切面　① 木栓层为数列扁平细胞，切向延伸。② 栓内层较窄。③ 异型维管束外韧型，断续排列成2~4轮，最外轮的维管束较小，有的仅1至数个导管，束间形成层几连接成环，向内维管束较大。④ 木质部主要由导管及小的木纤维组成，根中心木质部集成2~3群。⑤ 薄壁细胞含有草酸钙砂晶(图14-13)。

【化学成分】主要含有牛膝皂苷、竹节参皂苷Ⅳa、人参皂苷Ro、人参皂苷Rh1和地榆皂苷Ⅱ等三萜及其苷类成分，β-蜕皮甾酮、牛膝甾酮、水龙骨甾酮B、牛膝甾酮D、蒺藜皂苷元、麦角甾-7,22-二烯-3β,5α,6β-三醇、水龙骨素和薯蓣皂苷等甾体及其苷类成分，小檗碱和黄连碱等生物碱类成分，还含有亚油酸和棕榈酸等有机酸类成分、汉黄芩素等黄酮类成分和多糖类成分。

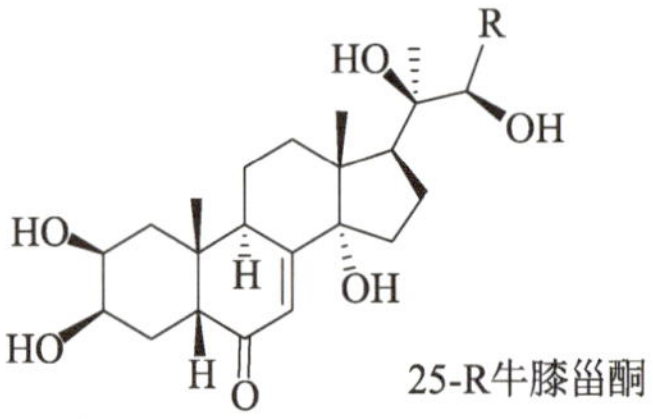

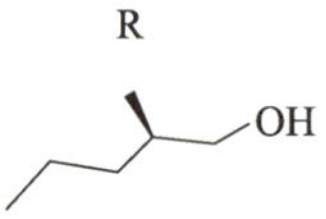

25-R牛膝甾酮

25-S牛膝甾酮

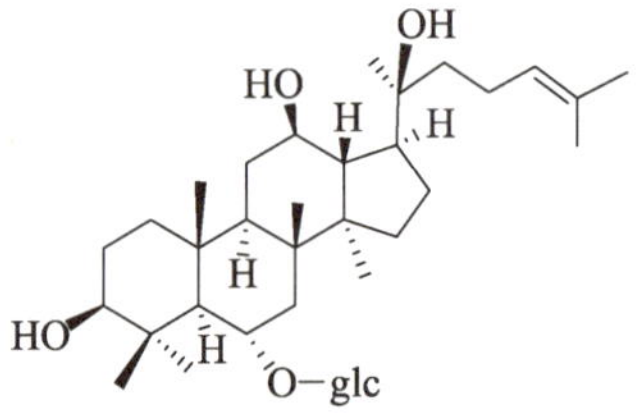

人参皂苷 Rh1

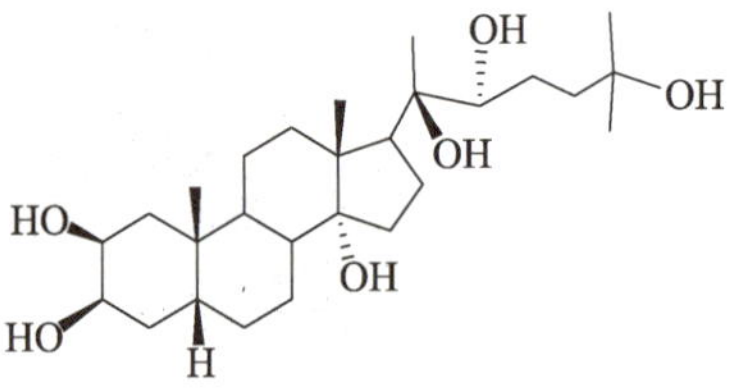

β-蜕皮甾酮

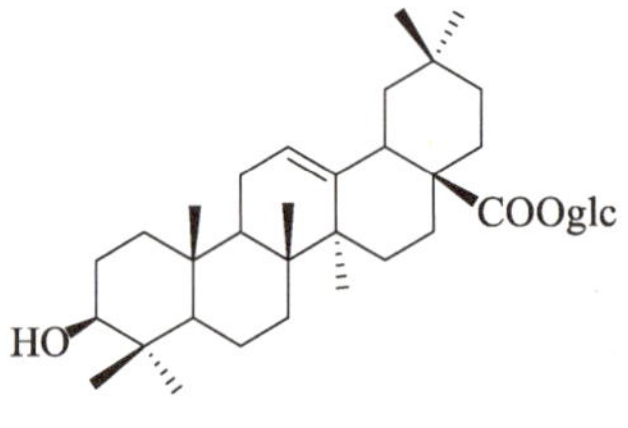

人参皂苷 Ro

【理化鉴别】薄层色谱　硅胶 G 薄层，喷以 5%香草醛硫酸溶液，在 105 ℃加热至斑点显色清晰。供试品色谱中，在与 β-蜕皮甾酮和人参皂苷 Ro 对照品色谱及对照药材色谱相应的位置上显相同颜色的斑点。

含量测定　高效液相色谱法测定，本品按干燥品计算，含 β-蜕皮甾酮（$C_{27}H_{44}O_7$）不得少于 0.030%。

【功效与主治】性微温，味苦、甘、涩；逐瘀通经，补肝肾，强筋骨，利尿通淋，引血下行；用于经闭、痛经、腰膝酸痛、筋骨无力、淋证、水肿、头痛、眩晕、牙痛、口疮、吐血、衄血；用量 5~12 g。孕妇慎用。

【药理作用】① 活血化瘀作用。主要与牛膝中的三萜皂苷成分（如齐墩果酸型皂苷）有关。通过抑制炎症因子的释放来发挥抗炎效果；抑制血小板聚集和凝血因子活性，起到抗凝血作用；调节脂质代谢、降低血脂水平。

② 补肝肾作用。甾酮类成分（如蜕皮甾酮等）在调节免疫、抗骨质疏松方面发挥作用。能增强机体的免疫功能，提高抵抗力；促进骨形成和抑制骨吸收，有助于预防和治疗骨质疏松。

③ 增强免疫作用、降血糖、抗肿瘤。多糖类、甾酮类及其他一些次生代谢产物都可能参与其中。其中多糖类成分具有增强免疫、抗肿瘤等功效，可刺激免疫细胞的活性，增强免疫系统的防御能力；通过调节细胞信号通路和抑制肿瘤细胞的增殖、转移，发挥抗肿瘤作用。

川牛膝 Cyathulae Radix

本品为苋科植物川牛膝 *Cyathula officinalis* Kuan 的干燥根。秋、冬二季采挖，除去芦头、须根及泥沙，烘或晒至半干，堆放回润，再烘干或晒干。主产于四川。本品呈近圆柱形，微扭曲，向下略细或有少数分枝，长 30~60 cm，直径 0.5~3 cm。表面黄棕色或灰褐色，具纵皱纹、支根痕和多数横长的皮孔样突起。质韧，不易折断，断面浅黄色或棕黄色，维管束点状，排列成数轮同心环。气微，味甜。川牛膝主要含有甾酮类，如杯苋甾酮（$C_{29}H_{44}O_8$）以及多糖类、生物碱类等化学成分。本品性平，味甘、微苦；具有逐瘀通经、通利关节、利尿通淋之功能；用于经闭、痛经、胞衣不下、跌扑损伤、风湿痹痛、足痿筋挛、尿血血淋；用量 5~10 g。

4. 石竹科（Caryophyllaceae）

$⚥ * K_{4\sim5,(4\sim5)}C_{4\sim5,0}A_{8,10}\underline{G}_{(2\sim5:1:1\sim\infty)}$

［形态特征］草本。茎节多膨大。单叶常对生，全缘。花两性，辐射对称，成聚伞花序或单生；萼片 4~5 枚，分离或连合；花瓣 4~5 枚，分离，常具爪，稀缺；雄蕊为花瓣的倍数，8~10 枚；子房上位，心皮 2~5 枚，合生，1 室，特立中央胎座，胚珠多数。蒴果齿裂或瓣裂，稀浆果。种子多数，具胚乳。

［分布］本科约 75(80)属，2 000 余种，广布于世界各地。我国 30 属，388 种，广布于全国。已知药用 21 属，106 种。

［显微特征］常有草酸钙砂晶、簇晶；叶表皮气孔多为直轴式。

［染色体］$X=7\sim15,17$。

［化学成分］① 皂苷类，如丝石竹皂苷元（gypsogenin）、麦先翁毒苷（agrostemmasapontoxin)、肥皂草苷(saporubin)等。② 黄酮类,如木犀草素(luteolin)、牡荆素(vitexin)、异牡荆素(isovitexin)、荭草素(orientin)等。

【药用植物与生药代表】

太子参 Pseudostellariae Radix

本品为石竹科植物孩儿参(异叶假繁缕)*Pseudostellaria heterophylla*(Miq.) Pax. et Pax et Hoffm.的干燥块根。夏季茎叶大部分枯萎时采挖,洗净,除去须根,置沸水中略烫后晒干或直接晒干。主产于江苏、安徽、山东等地。本品呈细长纺锤形或细长条形,稍弯曲,长3~10 cm,直径0.2~0.6 cm。表面灰黄色至黄棕色,较光滑,微有纵皱纹,凹陷处有须根痕。顶端有茎痕。质硬而脆,断面较平坦,周边淡黄棕色,中心淡黄白色,角质样。气微,味微甘。本品横切面:木栓层多为2~6列类方形细胞。栓内层薄壁细胞数列,多切向延长。韧皮部窄,射线宽广。形成层成环。木质部占根的大部分,导管多稀疏排列成放射状,初生木质部3~4原型。薄壁细胞充满淀粉粒,有的薄壁细胞中可见草酸钙簇晶。本品含皂苷、多种氨基酸、棕榈酸、亚油酸、三棕榈酸甘油酯及太子参环肽(heterophyllin)A和B,并含多种甾醇类化合物、胡萝卜苷、果糖、蔗糖、麦芽糖、甘露糖等,其中太子参环肽A和B是起主要作用的成分。本品性平,味甘,微苦;益气健脾,生津润肺;用于脾虚体倦、食欲不振、病后虚弱、气阴不足、自汗口渴、肺燥干咳;用量9~30 g。

瞿麦 Dianthi Herba

本品为石竹科植物瞿麦 *Dianthus superbus* L.或石竹 *Dianthus chinensis* L.的地上部分。夏、秋两季花果期采割,除去杂质,干燥。主产于河北、河南、吉林、辽宁、黑龙江、湖北、江苏等省,此外湖南、浙江、四川、山西、陕西、安徽、甘肃、青海、新疆、福建、云南、广西等省(自治区)亦产。瞿麦茎圆柱形,上部有分枝,长30~60 cm;表面淡绿色或黄绿色,光滑无毛,节明显,略膨大,断面中空。叶对生,多皱缩,展平叶片呈条形至条状披针形。枝端具花及果实,花萼筒状,长2.7~3.7 m;苞片4~6枚,宽卵形,长约为萼筒的1/4;花瓣棕紫色或棕黄色,卷曲,先端深裂成丝状。蒴果长筒形,与宿萼等长。种子细小,多数。气微,味淡。石竹萼筒长1.4~1.8 cm,苞片长约为萼筒的1/2;花瓣先端浅齿裂。全草含有瞿麦皂苷A、瞿麦皂苷B等皂苷类成分,少量生物碱、金圣草素-6-顺式-α-D-吡喃葡萄糖苷、金圣草素-6-反式-α-D-吡喃葡萄糖苷、茴香脑、瞿麦吡喃酮苷、水杨酸甲酯等成分及维生素A样物质。花含有芹菜素、木犀草素等黄酮类成分。本品味苦、性寒;利小便,清湿热,活血通经;主小便不通、热淋、血淋、石淋、闭经、目赤肿痛、痈肿疮毒、湿疮瘙痒;用量9~15 g。

王不留行 Vaccariae Semen

本品为石竹科植物麦蓝菜 *Vaccaria segetalis*(Neck.) Garcke 的干燥成熟种子。夏季果实成熟、果皮尚未开裂时采割植株,晒干,打下种子,除去杂质,再晒干。主产于河北。药材呈球形,直径约2 mm。表面黑色,少数红棕色,略有光泽,有细密小颗粒状突起,有圆点状种脐,一侧有1个凹陷的纵沟。质硬。胚乳白色,胚弯曲成环,子叶2枚。气微,味微涩、苦。王不留行含王不留行皂苷(vacsegoside)、王不留行黄酮苷(vaccarin)、刺酮碱

(hypaphorine)和异肥皂草苷(isosaponarin)等。本品性平，味苦；具有活血通经、下乳消肿、利尿通淋之功能；用于经闭、痛经、乳汁不下、乳痈肿痛、淋证涩痛；用量 5~10 g。孕妇慎用。

5. 毛茛科(Ranunculaceae)

$⚥ * \uparrow K_{3\sim\infty} C_{3\sim\infty,0} A_{\infty} \underline{G}_{1\sim\infty:1:1\sim\infty}$

［形态特征］草本或藤本。叶互生或基生，少为对生；单叶或复叶；叶片多缺刻或分裂，稀为全缘；无托叶。花多两性；辐射对称或两侧对称；单生或排列成聚伞花序、总状花序和圆锥花序；重被或单被；萼片 3 至多枚，常呈花瓣状；花瓣 3 至多枚或缺；雄蕊和心皮多枚，离生，螺旋状排列，稀定数，子房上位，1 室，每心皮含一至多枚胚珠。聚合蓇葖果或聚合瘦果，稀为浆果。

［分布］约 50 属，2 000 余种；分布于全球，以北半球温带和寒温带地区为多。我国有 42 属，约 720 种；分布于全国各地；药用的有 30 属，220 种。

［显微特征］维管束的导管常排列成"V"字形；升麻属、类升麻属有些植物中维管束散生；内皮层常明显。

［染色体］$X=6\sim9$。7(唐松草属)，8(乌头属、升麻属、白头翁属、铁线莲属)，9(黄连属)。

［化学成分］① 生物碱类：该类成分在本科植物中分布广泛。异喹啉类生物碱存在于黄连属、唐松草属、翠雀属(*Delphinium*)、耧斗菜属(*Aquilegia*)、金莲花属(*Trollius*)等植物，其中黄连属、唐松草属和翠雀属均含小檗碱(berberine)和木兰花碱(magnoflorine)，耧斗菜属和金莲花属植物仅含木兰碱。小檗碱有显著的抗菌消炎作用，木兰花碱有降压作用。厚果唐松草碱(thalicarpine)和唐松草新碱(thalidasine)分布于唐松草属植物中，有明显的抗肿瘤活性。二萜类生物碱，如乌头碱(aconitine)、中乌头碱(mesaconitine)、次乌头碱(hypaconitine)和翠雀芳宁(delphonine)，是乌头属和翠雀属植物的特征成分。这类生物碱具有明显的镇痛、局部麻醉和抗炎作用，但毒性大，可导致心律失常。

② 苷类：本科有多种类型的苷类成分存在。毛茛苷(ranunculin)广泛存在于毛茛属、银莲花属、白头翁属(*Pulsatilla*)和铁线莲属植物，是这些属的植物的特征性成分。毛茛苷经酶解生成原白头翁素(protoanemonin)，不稳定，易聚合成二聚体白头翁素(anemonin)。原白头翁素和白头翁素均有显著的抗菌活性。芍药苷(paeoniflorin)是芍药属(*Paeonia*)的特征性成分，存在于牡丹组和芍药组植物。而丹皮酚(paeonol)和丹皮酚苷(paeonoside)则存在于牡丹组。这些成分具有镇痛、解痉、抗炎、增强免疫功能及抑制血小板聚集和抗血栓形成的作用。强心苷是侧金盏花属(*Adonis*)和铁筷子属(*Helleborus*)植物的特征性成分。侧金盏花属植物所含强心苷属于强心甾型，如加拿大麻苷(cymarin)、福寿草毒苷(adonitoxin)。铁筷子属植物含海葱甾型强心苷，如嚏根草苷(hellebrin)。氰苷存在于扁果草属(*Isopyrum*)、拟扁果草属(*Enemion*)、天葵属(*Semiaquilegia*)、耧斗菜属以及唐松草属植物中。

［药用植物与生药代表］

(1) 黄连属(*Coptis*)。

多年生草本。根状茎黄色，生多数须根。叶全部基生，有长柄，三或五全裂。花葶 1~2 条；聚伞花序；花辐射对称；萼片 5 枚，黄绿色或白色，花瓣状；花瓣比花萼短；雄蕊多枚；心皮 5~14 枚，基部有明显的柄。聚合蓇葖果，有柄。

黄连* Coptidis Rhizoma (英) Coptis Root, Chinese Goldthread

【基原】本品为毛茛科植物黄连 *Coptis chinensis* Franch.、三角叶黄连 *C. deltoidea* C. Y. Cheng et Hsiao 或云连 *C. teeta* Wall.的干燥根茎。以上三种分别习称“味连”“雅连”“云连”。

【植物形态】黄连(味连) 多年生草本,高 15~35 cm。根状茎黄色,常分枝,形如鸡爪。叶基生,叶片坚、纸质,卵状三角形,3 全裂,中央全裂片卵状菱形,有细长柄,长 5~12 cm。聚伞花序顶生,花 3~8 朵;总苞片通常 3 片,披针形,羽状深裂;萼片 5 枚,黄绿色,长椭圆状卵形;花瓣线形或线状披针形;雄蕊多数;心皮 8~12 枚,离生。蓇葖果 6~12 枚(图 14-14A)。

三角叶黄连(雅莲) 根状茎黄色,不分枝或少分枝,匍匐茎横走,有长节间。叶片稍革质,卵形,三全裂,中央裂片三角状卵形,羽状深裂。现野生少见(图 14-14B)。

云连 根状茎黄色,较少分枝。叶片卵状三角形,三全裂,裂片间距稀疏;花瓣匙形(图 14-14C)。

A.味连 B.雅连 C.云连

图 14-14 黄连

【产地】味连主产于重庆石柱县,为道地药材。湖北、陕西、湖南、贵州、甘肃等地亦产。主为栽培品,为商品黄连的主要来源。雅连主产于四川洪雅、峨眉等地。云连主产于云南德钦、维西、碧江及西藏地区。雅连和云连产量少,多自产自销。

【采制】栽培 4~6 年后可采收,但以第 5 年采挖为好;一般均在秋季采挖,除去须根和泥沙,干燥,撞去残留须根。

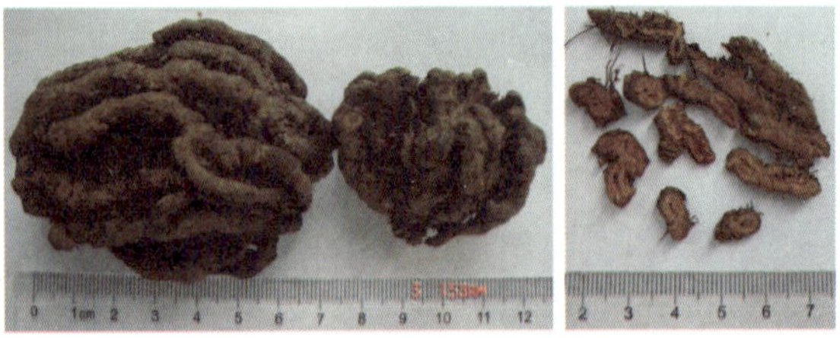

图 14-15 黄连药材(左)及饮片(右)

【性状】味连 多集聚成簇,常弯曲,形如鸡爪,单枝根茎长 3~6 cm,直径 0.3~0.8 cm。表面灰黄色或黄褐色,粗糙,有不规则结节状隆起、须根及须根残基,有的节间表面平滑如茎秆,习称“过桥”。上部多残留褐色鳞叶,顶端常留有残余的茎或叶柄。质硬,断面不整齐,皮部橙红色或暗棕色,木部鲜黄色或橙黄色,呈放射状排列,髓部有的中空。气微,味极苦(图 14-15)。

雅连 多为单枝,略呈圆柱形,微弯曲,像蚕,长 4~8 cm,直径 0.5~1 cm。“过桥”较长。顶端有少许残茎。

云连 弯曲呈钩状，形如蝎尾，多为单枝，较细小。

【显微特征】横切面 味连：① 木栓层为数列细胞，其外有表皮，常脱落。② 皮层较宽，石细胞单个散在或成群，鲜黄色。③ 中柱鞘纤维成束或伴有少数石细胞，均显黄色。④ 维管束外韧型，环列，射线明显。⑤ 木质部黄色，均木化，木纤维较发达。⑥ 髓部均为薄壁细胞，无石细胞（图 14-16）。雅连：皮层、髓部有较多的石细胞。云连：皮层、中柱鞘及髓部均无石细胞。

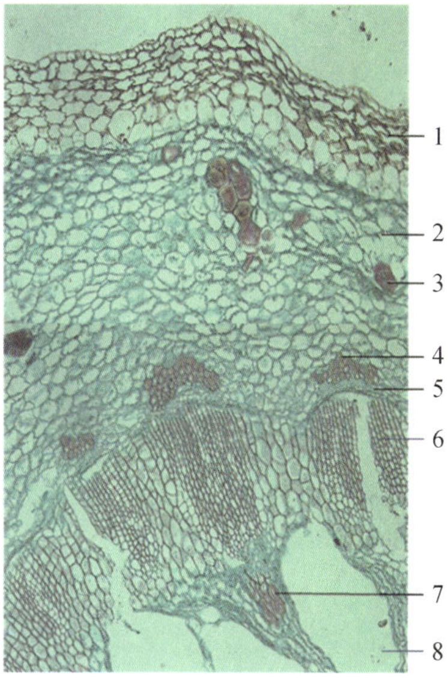

图 14-16 味连（根茎）横切面组织构造

1. 木栓层；2. 皮层；3. 石细胞；4. 中柱鞘纤维；5. 韧皮部；6. 木质部；7. 环髓纤维；8. 髓部。

粉末 味连：棕黄色，味极苦。石细胞鲜黄色，类圆形、类方形、类多角形或稍延长，直径 25~64 μm，壁厚 9~28 μm。中柱鞘纤维鲜黄色，纺锤形或长梭形，直径 25~40 μm，壁较厚，纹孔较稀。木纤维众多，鲜黄色，直径 10~13 μm，壁具裂隙状纹孔。鳞叶表皮细胞绿黄色或黄棕色，略呈长方形，壁微波状弯曲。导管为网纹或孔纹导管，少数具缘纹孔、螺纹、网纹导管。淀粉粒多单粒，复粒少数由 2~4 个分粒复合而成（图 14-17）。雅连：与味连相似，但石细胞较味连多。云连：无石细胞，无中柱鞘纤维。

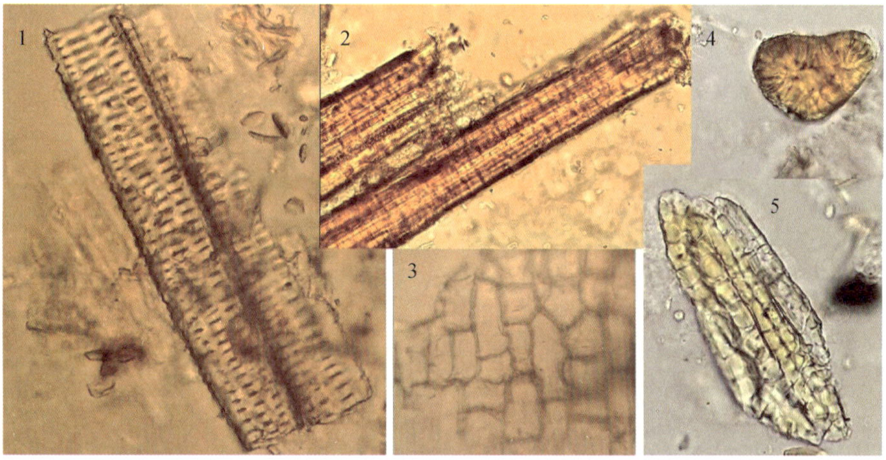

图 14-17 味连根茎粉末组织特征图

1. 孔纹导管；2. 木纤维；3. 鳞叶表皮细胞；4. 石细胞；5. 中柱鞘纤维。

【化学成分】有效成分主要是原小檗碱型生物碱，已经分离出来的生物碱有小檗碱（berberine）、巴马汀（palmatine）、黄连碱（coptisine）、甲基黄连碱（methylcopetisine）、药根碱（jatrorrhizine）、木蓝碱（magnoflorine）等，其中以小檗碱含量最高，可达 10%，具有抗菌作用。

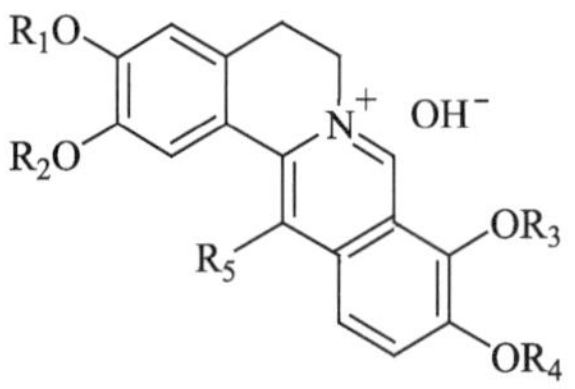

	R_1	R_2	R_3	R_4	R_5
小檗碱	$-CH_2-$		CH_3	CH_3	H
巴马汀	CH_3	CH_3	CH_3	CH_3	H
黄连碱	$-CH_2-$		$-CH_2-$		H
甲基黄连碱	$-CH_2-$		$-CH_2-$		CH_3
药根碱	H	CH_3	CH_3	CH_3	H
表小檗碱	CH_3	CH_3	$-CH_2-$		H

【理化鉴别】定性检测　① 根茎折断面在紫外灯光下(365 nm)显金黄色荧光,木质部尤为明显。② 取粉末或切片,加稀盐酸或30%硝酸1滴,片刻后镜检,可见黄色针状结晶簇,加热结晶显红色并消失(检查小檗碱)。

薄层色谱　取本品粉末0.25 g,加甲醇25 mL,超声处理30 min,滤过,取滤液作为供试品溶液。另取黄连对照药材0.25 g,同法制成对照药材溶液。再取盐酸小檗碱对照品,加甲醇制成每1 mL含0.5 mg的溶液,作为对照品溶液。共薄层展开,取出,晾干,置紫外光灯(365 nm)下检视。供试品色谱中,在与对照药材色谱相应的位置上显4个以上相同颜色的荧光斑点;对照品色谱相应的位置上显相同颜色的荧光斑点。

含量测定　采用高效液相色谱法测定,本品按干燥品计算,味连以盐酸小檗碱($C_{20}H_{18}ClNO_4$)计,含小檗碱($C_{20}H_{17}NO_4$)不得少于5.5%,表小檗碱($C_{20}H_{17}NO_4$)不得少于0.80%,黄连碱($C_{19}H_{13}NO_4$)不得少于1.6%,巴马汀($C_{21}H_{21}NO_4$)不得少于1.5%。雅连按干燥品计算,以盐酸小檗碱计,含小檗碱不得少于4.5%。云连不得少于7.0%。

【功效与主治】性寒,味苦;能清热燥湿,泻火解毒;用于湿热痞满、呕吐吞酸、泻痢、黄疸、高热神昏、心火亢盛、心烦不寐、心悸不宁、血热吐衄、目赤、牙痛、消渴、痈肿疔疮;外治湿疹、湿疮、耳道流脓。用量2~5 g,外用适量。

【药理作用】① 抗菌作用。黄连煎剂或小檗碱对痢疾杆菌、霍乱杆菌、百日咳杆菌、伤寒杆菌、结核杆菌、金黄色葡萄球菌、溶血性链球菌、肺炎双球菌及一些真菌(白色念珠菌)均有较强的抑制作用。以黄连碱的作用最强,其次顺序为小檗碱、药根碱、巴马汀。

② 抗炎作用。小檗碱型季铵碱(小檗碱、药根碱,黄连碱及巴马汀等)均有显著的抗炎作用。

③ 抗溃疡作用。黄连煎剂及小檗碱对小鼠应激性溃疡均有明显的抗溃疡作用,并能抑制胃液分泌。

④ 降血压作用。小檗碱对实验动物有显著降压作用,但持续时间较短。

⑤ 利胆作用。小檗碱能增加胆汁分泌。临床上用于治疗慢性胆囊炎及化学中毒性肝炎。

⑥ 抗心律失常作用。用不同动物造成的缺血性心律失常模型证明,小檗碱具有广谱抗心律失常作用,且具有正性肌力作用。

(2)乌头属(*Aconitum*)。

草本。通常具块根,由一母根和一旁生或多旁生的子根组成;稀为直根系。叶多掌状分裂。总状花序;花两性;两侧对称;萼片5枚,花瓣状,常呈蓝紫色,稀为黄色,上萼片呈盔状或圆筒状;花瓣2枚,特化为蜜腺叶,由距、唇、爪三部分组成;雄蕊多枚;心皮3~5枚。聚合蓇葖果。

川乌* Aconiti Radix　（英）Aconite Root

【基原】为毛茛科植物乌头 *Aconitum carmichaeli* Debx. 的干燥母根。

【植物形态】多年生草本。块根圆锥形，常 2～5 个连生在一起，母根周围常有多数子根。叶互生，叶片常 3 全裂，中央裂片近羽状分裂，侧生裂片 2 深裂。萼片蓝紫色，上萼片盔状；花瓣 2 枚，有长爪。蓇葖果 3～5 个（图 14-18）。

图 14-18　乌头

【产地】四川、陕西为主要栽培产区。

【采制】6 月下旬至 8 月上旬采挖，除去子根、须根及泥沙，晒干。

【性状】呈不规则圆锥形，稍弯曲，顶端常有残茎，中部多向一侧膨大。外表棕褐色或灰棕色，皱缩，有小瘤状侧根及除去子根后的痕迹。质坚实，不易折断。断面类白色或浅灰黄色，粉质，形成层环纹多角形。气微，味辛辣而麻舌，剧毒。以饱满、质坚实、断面色白、有粉性者为佳（图 14-19）。

【显微特征】横切面　① 后生皮层为棕色木栓化细胞。② 皮层细胞切向延长，偶有石细胞，内皮层明显。③ 韧皮部宽广，散有筛管群；内侧偶见纤维束。④ 形成层类多角形。⑤ 木质部导管多列，呈径向或略呈"V"字形排列。⑥ 髓部明显。薄壁细胞充满淀粉粒（图 14-20）。

粉末　灰黄色。① 石细胞近无色或淡黄绿色，类长方形、类方形、多角形或一边斜尖。② 后生皮层细胞棕色，有的壁呈瘤状增厚凸入细胞腔。③ 导管淡黄色，多为具缘纹孔。④ 淀粉粒单粒球形、长圆形或肾形。复粒由 2～15 分粒组成（图 14-21）。

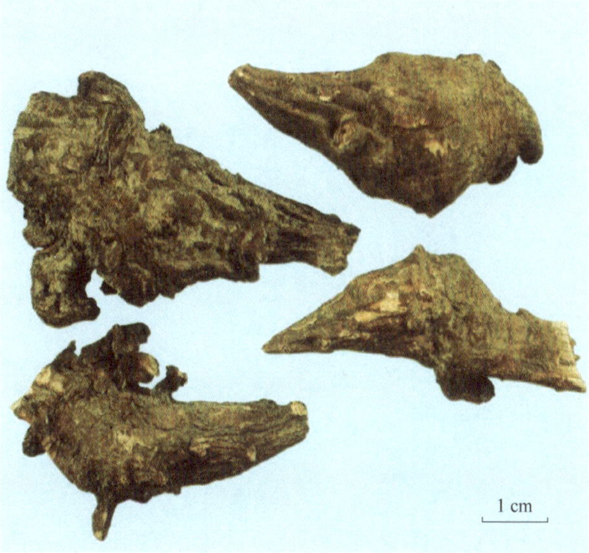

图 14-19　川乌

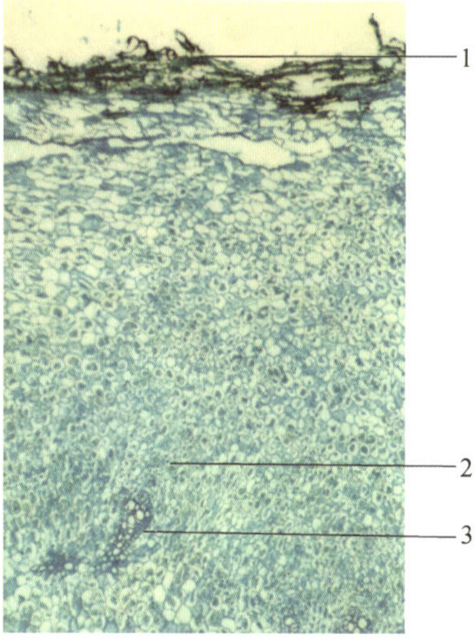

图 14-20　川乌横切面组织构造

1. 后生皮层；2. 筛管群；3. 导管群。

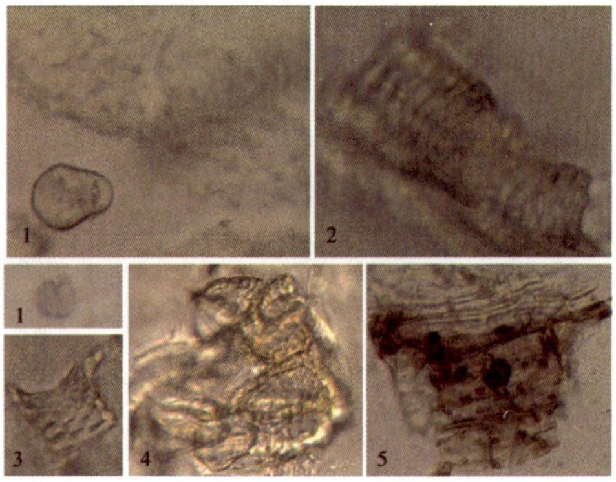

图 14-21　川乌(黑顺片)粉末组织特征图

1. 淀粉粒；2. 网纹导管；3. 具缘纹孔导管；4. 石细胞；5. 后生皮层细胞。

【化学成分】主要含二萜类生物碱，含量较高的此类生物碱有乌头碱(aconitine)、次乌头碱(海帕乌头碱，hypoaconitine)和新乌头碱(中乌头碱，美沙乌头碱，mesaconitine)等双酯型生物碱，具麻辣味，毒性极强，是乌头的主要毒性成分。若将双酯型生物碱在碱水中加热，或将乌头直接浸泡于水中加热，或不加热在水中长时间浸泡，都可水解酯基，生成单酯型生物碱或无酯键的醇胺型生物碱，则无毒性，活性不降。例如，乌头碱水解后生成的单酯型生物碱为乌头次碱(benzoylaconitine)，无酯键的醇胺型生物碱为乌头原碱(aconine)。还含有水溶性生物碱，如去甲乌药碱(higenamine)、去甲猪毛菜碱(salsolinol)、棍掌碱(coryneine)等。

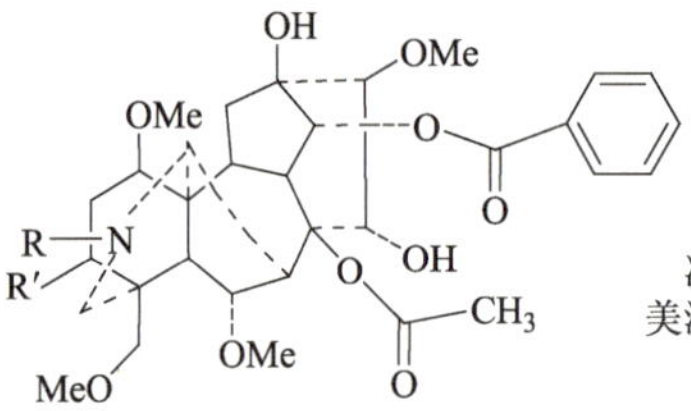

	R	R′
乌头碱	C_2H_5	OH
次乌头碱	CH_3	H
美沙乌头碱	CH_3	OH

乌头碱 $\xrightarrow[100\ ^\circ C\ \triangle]{H_2O}$ 乌头次碱 + 乙酸；乌头次碱 $\xrightarrow[160\sim170\ ^\circ C\ \triangle]{H_2O}$ 乌头原碱 + 苯甲酸

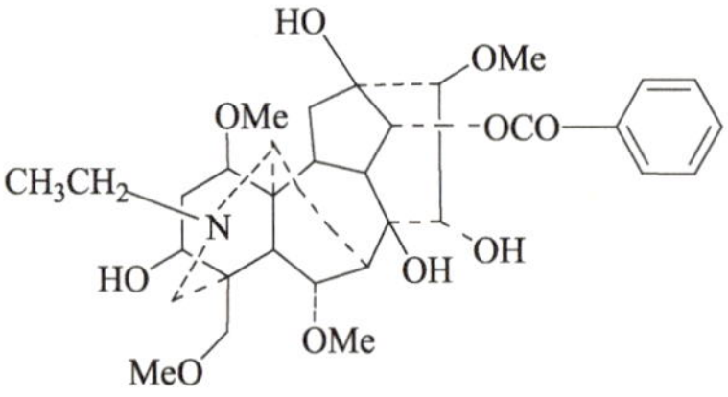

乌头次碱

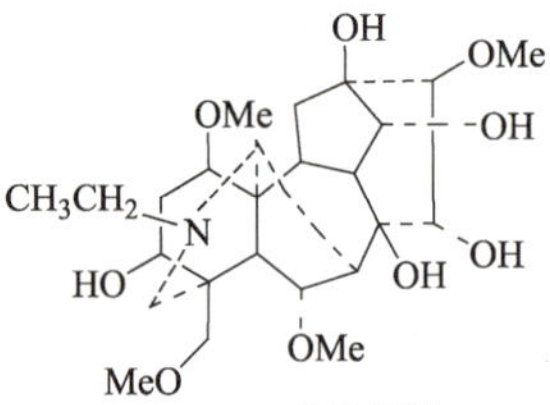

乌头原碱

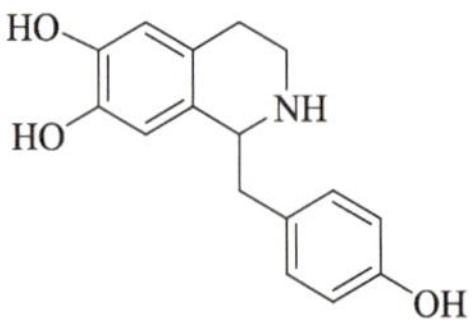

去甲乌药碱

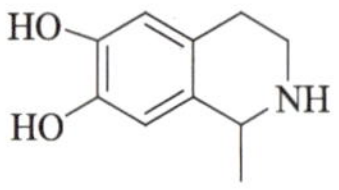

去甲猪毛菜碱

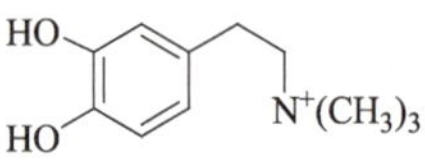

棍掌碱

【理化鉴别】薄层色谱　硅胶 G 薄层，喷以稀碘化铋钾试液，置日光下检视。供试品色谱中，在与乌头双酯型生物碱对照提取物色谱相应位置上显相同颜色的斑点。

含量测定 采用高效液相色谱法测定，本品按干燥品计算，含乌头碱（$C_{34}H_{47}NO_{11}$）、次乌头碱（$C_{33}H_{45}NO_{10}$）和新乌头碱（$C_{33}H_{45}NO_{11}$）的总量应为0.050%~0.17%。

【功效与主治】性热，味辛、苦，有大毒；能祛风除湿，温经止痛；用于风寒湿痹、关节疼痛、心腹冷痛、寒疝作痛及麻醉止痛。一般炮制后服用。孕妇禁用。不宜与半夏、瓜蒌、贝母、白蔹、白及同用。

【药理作用】① 抗炎作用。其提取物灌胃对角叉菜胶和甲醛性大鼠足跖肿胀、棉球肉芽增生、二甲苯致小鼠耳肿胀及腹腔毛细血管通透性增加均有不同程度的抑制作用；川乌总碱可显著抑制大鼠由角叉菜胶、鲜蛋清、组胺及5-羟色胺引起的足肿胀。

② 镇痛作用。其提取物灌胃对小鼠热板疼痛和家兔K^+皮下致痛、齿髓致痛3种疼痛的实验模型均有显著的镇痛作用；川乌总碱在小鼠热板法、醋酸扭体法试验中均有明显的镇痛作用；乌头碱、新乌头碱、次乌头碱等双酯型二萜生物碱均有明显的镇痛作用。

③ 强心、扩张血管、降压作用。其水煎液、消旋去甲乌药碱、去甲猪毛菜碱、尿嘧啶、棍掌碱、附子苷等均有强心作用；川乌制剂和乌头碱具有扩张血管作用；高浓度乌头碱可收缩血管，大鼠静脉注射乌头碱、新乌头碱、次乌头碱可引起暂时性血压下降。

④ 提高免疫、降糖作用。附子多糖具有提高免疫、降血糖作用。

⑤ 毒性作用。乌头碱有剧毒，对人的致死量为3~4 mg。

【附注】附子 本品为乌头的子根加工品。6月下旬至8月上旬采挖，除去母根、须根及泥沙，习称“泥附子”，加工成下列品种。盐附子：选择个大、均匀的泥附子，洗净，浸入食用胆巴的水溶液中过夜，再加食盐，继续浸泡，每日取出晒晾，并逐渐延长晒晾时间，直至附子表面出现大量结晶盐粒（盐霜）、体质变硬为止，习称“盐附子”。黑顺片：取泥附子，按大小分别洗净，浸入食用胆巴的水溶液中数日，连同浸液煮至透心，捞出，水漂，纵切成厚约0.5 cm的片，再用水浸漂，用调色液使附片染成浓茶色，取出，蒸至出现油面光泽后烘至半干，再晒干或继续烘干，习称“黑顺片”。白附片：选择大小均匀的泥附子，洗净，浸入食用胆巴水溶液中数日，连同浸液煮至透心，捞出，剥去外皮，纵切成厚约0.3 cm的片，用水浸漂，取出，蒸透，晒干，习称“白附片”。（食用胆巴水为氯化镁及盐的混合水溶液；调色剂为红糖和菜油炒汁而成；染色剂为甘草、黄栀子、红花、生姜一起煎汁制成。）化学成分与川乌相似，但中医临床应用与川乌不同。本品有毒，性大热，味辛、甘；能回阳救逆，补火助阳，散寒止痛；用于亡阳虚脱、肢冷脉微、心阳不足、胸痹心痛、虚寒吐泻等症，用量3~15 g。

草乌 本品为毛茛科植物北乌头 *A. kusnezoffii* Reichb.的干燥块根。我国大部分地区有分布。秋季茎叶枯萎时采挖，除去残茎、须根及泥土，晒干或烘干。呈不规则长圆锥形，中部略弯曲，形状不规则；表面灰褐色或黑棕褐色，极皱缩，断面髓部较大或中空。无臭，味辛辣、麻舌。成分、功效与生川乌相同，慎用。孕妇禁用。

（3）铁线莲属（*Clematis*）。

多为木质藤本。叶对生。花单被；萼片4~5枚，镊合状排列；雄蕊和雌蕊多枚。聚合瘦果具宿存的羽毛状花柱，具成一头状体。

威灵仙 Clematidis Radix et Rhizoma

本品为毛茛科植物威灵仙 *Clematis chinensis* Osbeck、棉团铁线莲 *C. hexapetala* Pall.和

东北铁线莲 *C. manshurica* Rupr.的干燥根及根茎。秋季采挖,除去泥沙,晒干。主产于江苏、浙江、江西、东北、内蒙古等地。威灵仙的根茎呈柱状,表面淡棕黄色,上端残留茎基,下侧着生多数细根。根呈细长圆柱形,表面黑褐色,有的皮部脱落,露出黄白色木部。木部淡黄色,略呈方形,皮部与木部间常有裂隙,气微,味淡。棉团铁线莲的根茎呈短柱状,表面棕褐色至棕黑色。断面木部圆形;味咸。东北铁线莲的根茎呈柱状,表面棕黑色;断面木部近圆形;味辛辣。主要含多种三萜类皂苷,为齐墩果酸或常春藤皂苷元(hederagenin)的衍生物、白头翁素、白头翁内酯(原白头翁素)。本品性温,味辛、咸;能祛风除湿,通络止痛;用于风湿痹痛、肢体麻木、筋脉拘挛、屈伸不利;用量 6~10 g。药理研究表明,威灵仙具有解热、抗痛风及抗组胺作用;对金黄色葡萄球菌、志贺痢疾杆菌及奥杜盎小芽孢癣菌有抑制作用;能增加尿酸盐的排泄;总皂苷对小鼠 S180 瘤有一定抑制作用。

白头翁 *Pulsatilla chinensis* (Bge.) Regel 多年生草本。密生白色长柔毛。叶基生,三出复叶,小叶 2~3 裂。花葶顶生 1 花;总苞片 3 枚;萼片 6 枚,紫色;无花瓣。瘦果聚合成头状,宿存花柱羽毛状,下垂如白发。分布于我国东北、华北、华东和河南、陕西、四川等地;生于山坡草地、林缘等处。根(药材名:白头翁)为清热凉血药,有清热解毒、凉血止痢之功效。

6. 芍药科(Paeoniaceae)

☿ $* K_5C_{5\sim10}A_{\infty}\underline{G}_{2\sim5:1:\infty}$

[形态特征] 多年生草本或灌木。根肥大。叶互生,通常为二回三出羽状复叶。花大,一至数朵顶生;萼片通常 5 枚,宿存;花瓣 5~10 枚(栽培者多枚),红、黄、白、紫各色;雄蕊多枚,离心发育;花盘杯状或盘状,包裹心皮;心皮 2~5 枚,离生。聚合蓇葖果。

[分布] 1 属,约 35 种;分布于欧亚大陆温带地区。我国有 11 种;分布于华北、西南、西北、长江流域;几乎全部药用。

[显微特征] 草酸钙簇晶众多,散在或存在于延长而具分隔的薄壁细胞中。

[染色体] $X=5$。

[化学成分] 芍药苷(paeoniflorin)、皮酚(paeonol)及其苷类衍生物,如牡丹酚苷(paeonoside)、牡丹酚原苷(paeonolide)等。

[药用植物与生药代表]

白芍* Paeoniae Radix Alba (英) Peony Root

图 14-22 芍药

【基原】 为芍药科植物芍药 *Paeonia lactiflora* Pall.的干燥根。

【植物形态】 多年生草本。根通常圆柱形。叶互生,茎下部叶二回三出复叶,枝端为单叶;小叶狭卵形、披针形或椭圆形,萼片 3~4 枚,叶状;花大型,花冠白色、粉红色或红色,单生于茎枝顶端;聚合蓇葖果 3~5 个,卵形,先端钩状外弯(图 14-22)。

【产地】 多栽培。主产于浙江(杭白芍)、四川(川白芍)、安徽(亳白芍)。

【采制】一般种植后4~5年采收。夏、秋季采挖，洗净，除去头尾及细根，水煮透，冷水浸后取出，刮去外皮或去皮后再煮，晒干或搓圆后晒干。

【性状】本品呈圆柱形，平直或稍弯曲，两端平截，长5~18 cm，直径1~2.5 cm。表面类白色或淡棕红色，光洁或有纵皱纹及细根痕，偶有残存的棕褐色外皮。质坚实，不易折断，断面较平坦，类白色或微带棕红色，形成层环明显，射线放射状。气微，味微苦、酸。以条粗、质坚实、无白心或裂隙者为佳（图14-23）。

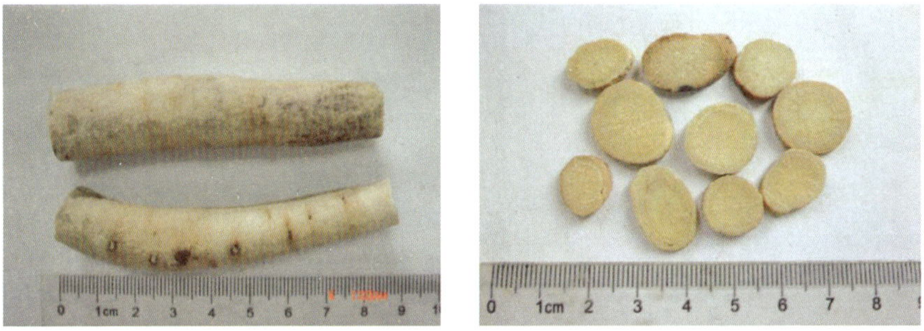

图14-23　白芍药材（左）及饮片（右）

【显微特征】横切面　① 木栓层偶有残存，层木栓细胞。② 皮层窄。③ 韧皮部筛管群于近形成层处较明显。④ 形成层呈微波状环。木质部宽广，约占根半径的3/4，导管于近形成层处成群或被木纤维间隔而径向散在；木射线较宽。⑤ 中央初生木质部不明显。薄层细胞中含糊化淀粉粒团块，有的含草酸钙簇晶（图14-24）。

粉末　黄白色。① 糊化淀粉粒团块甚多。② 草酸钙簇晶直径11~35 μm，存在于薄壁细胞中，常排列成行，或一个细胞中含数个簇晶。③ 具缘纹孔不甚明显，纹孔口斜裂缝状，孔沟明显，直径20~65 μm。④ 木纤维长梭形，直径15~40 μm，壁厚，微木化，有大的圆形纹孔（图14-25）。

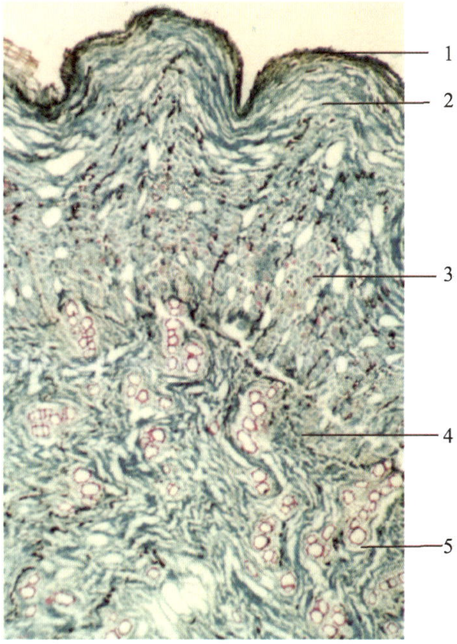

图14-24　白芍横切面组织构造

1. 木栓层；2. 皮层；3. 韧皮部；4. 形成层；5. 木质部。

【化学成分】含有芍药苷（paeoniflorin）、白芍药苷（albiflorin）、羟基芍药苷（oxypaeoniflorin）、苯甲酰芍药苷（benzylpaeoniflorin）、苯甲酰羟基芍药苷（benzoyloxypaeoniflorin）等结构类似的单萜苷，多具有镇静、镇痛、抗炎活性；齐墩果酸（oleanolic acid）、白桦脂酸（betulinic acid）、23-羟基白桦脂酸等三萜。

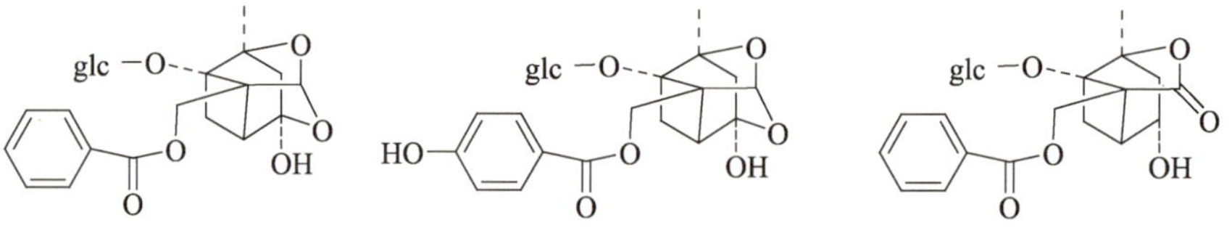

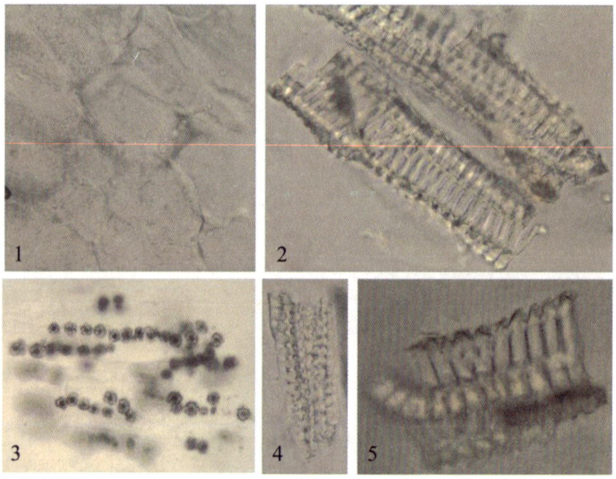

图 14-25　白芍粉末组织特征图

1. 含糊化淀粉粒的薄壁细胞；2. 具缘纹孔导管；3. 草酸钙簇晶；4. 木纤维；5.网纹导管。

【理化鉴定】 薄层色谱　硅胶 G 薄层，喷以 5%香草醛硫酸溶液，加热至斑点显色清晰。供试品色谱中，在与芍药苷对照品色谱相应的位置上显相同的蓝紫色斑点。

含量测定　高效液相色谱法测定，本品按干燥品计算，含芍药苷（$C_{28}H_{23}O_{11}$）不得少于 1.6%。

【功效与主治】 性微寒，味苦酸。能养血调经，敛阴止汗，柔肝止痛，平抑肝阳；用于血虚萎黄、月经不调、自汗、盗汗、胁痛、腹痛、四肢挛痛、头痛眩晕。用量 6~15 g。

【药理作用】 ① 保肝作用。其水提物对 d-半乳糖胺和黄曲霉毒素 B_1 所致大鼠肝损伤有保护作用；白芍总苷对四氯化碳致小鼠肝损伤有保护作用。

② 镇静、镇痛作用。小鼠腹腔注射芍药苷能减少自发活动，延长戊巴比妥钠的睡眠时间，减少小鼠醋酸所引起的扭体反应次数，降低热板痛阈值。

③ 扩张血管作用。其煎剂对兔耳血管收缩有扩张作用，芍药苷对犬的冠状血管及后肢血管有扩张作用。

④ 解痉作用。其能抑制副交感神经兴奋而有解痉作用。芍药苷对豚鼠、大鼠的离体肠管和在体胃运动，以及大鼠子宫平滑肌均有抑制作用，并能拮抗催产素所引起的收缩。

⑤ 抗病原微生物作用。其煎剂在试管内对多种革兰阴性与阳性细菌、病毒、致病真菌均有抑制作用。

【附注】 赤芍　为芍药科植物芍药 *Paeonia lactiflora* Pall.、川赤芍 *P. veitchii* Lynch 的干燥根，多野生。主产于内蒙古、辽宁、河北、四川等地。春、秋季采挖，除去根茎、须根及泥沙，一般不去外皮，晒干。表面棕褐色，粗糙，有纵沟纹、须根痕和横长的皮孔样突起，有的外皮易脱落;质硬而脆,易折断,断面粉白色或粉红色,木部放射状纹理明显。气微香,味微苦、酸涩。化学成分和药理作用与白芍类似,但功效不同。本品能清热凉血,散瘀止痛;用于热入营血、温毒发斑、吐血衄血、目赤肿痛、肝郁胁痛、经闭痛经等症。

凤丹 *P. ostii* T. Hong et J. X. Zhang　落叶灌木。一至二回羽状复叶。花单生于枝顶;萼片 5 枚;花瓣 10~15 枚,多为白色;花盘紫红色,革质,全包心皮;心皮 5~8 枚,密生白色柔毛。聚合蓇葖果,纺锤形。种子卵形或卵圆形,黑色。主产于安徽铜陵凤凰山及南陵丫山;各地多有栽培。根皮(药材名:牡丹皮、凤丹皮)为清热凉血药,有清热凉血、活血化瘀之功效。

7. 小檗科(Berberidaceae)

$⚥ * K_{3+3} C_{3+3} A_{3\sim9} \underline{G}_{1:1:1\sim\infty}$

[**形态特征**] 小灌木或草本。单叶或复叶;互生。花两性,辐射对称,单生、簇生或为总状、穗状花序;萼片与花瓣相似,各 2~4 轮,每轮常 3 片,花瓣常具蜜腺;雄蕊 3~9 枚,常与花瓣对生,花药瓣裂或纵裂;子房上位,常由 1 枚心皮组成 1 室;花柱极短或缺,柱头常为盾形;胚珠 1 至多枚。浆果、蓇葖果或蒴果。种子 1 至多枚。

[**分布**] 17 属,约 650 种;分布于北温带和亚热带高山地区。我国有 11 属,约 320 种;分布于全国各地,以西南地区为多;已知药用的有 11 属,140 余种。

[**显微特征**] 植物体内常含有草酸钙方晶或簇晶。

[**染色体**] $X=6\sim8,10,14$。

[**化学成分**] ① 生物碱类:如小檗碱(berberine)、掌叶防已碱(palmatine)、木兰花碱(magnoflorine)等。② 苷类:如淫羊藿苷(icariin)等。③ 木脂素类:如鬼臼毒素(podophyllotoxin)、去甲鬼臼毒素(demethyl-podophyllotoxin)等。

[**药用植物与生药代表**]

淫羊藿* Epimedii Folium　(英) Epimedium Herb

【基原】本品为小檗科植物淫羊藿 *Epimedium brevicornu* Maxim.、箭叶淫羊藿 *E. sagittatum* (Sieb. et Zucc.) Maxim.、柔毛淫羊藿 *E. pubescens* Maxim.或朝鲜淫羊藿 *E. koreanum* Nakai 的干燥叶。

【植物形态】淫羊藿　多年生草本,植株高 20~60 cm。根状茎粗短,木质化,暗棕褐色。二回三出复叶基生和茎生,具 9 枚小叶;基生叶 1~3 枚丛生,具长柄,茎生叶 2 枚,对生;小叶纸质或厚纸质,卵形或阔卵形,先端急尖或短渐尖,基部深心形,顶生小叶基部裂片圆形,近等大,侧生小叶基部裂片稍偏斜,急尖或圆形,上面常有光泽,网脉显著,背面苍白色,光滑或疏生少数柔毛,基出 7 脉,叶缘具刺齿;花茎具 2 枚对生叶,圆锥花序;花白色或淡黄色;萼片 2 轮,雄蕊长 3~4 mm,伸出,花药长约 2 mm,瓣裂。蒴果,宿存花柱喙状(图 14-26)。

图 14-26　淫羊藿(左)和箭叶淫羊藿(右)

【产地】淫羊藿主产于陕西、山西、四川,箭叶淫羊藿主产于湖北、浙江、四川,柔毛淫羊藿主产于四川、陕西南部等地,朝鲜淫羊藿主产于辽宁、吉林、黑龙江等地。

【采制】夏、秋季茎叶茂盛时采收,晒干或阴干。

【性状】淫羊藿　二回三出复叶;小叶片卵圆形,长 3~8 cm,宽 2~6 cm;先端微尖,顶生小叶基部心形,两侧小叶较小,偏心形,外侧较大,呈耳状,边缘具黄色刺毛状细锯齿;上表面黄绿色,下表面灰绿色,主脉 7~9 条,基部有稀疏细长毛,细脉两面突起,网脉明显;小叶柄长 1~5 cm。叶片近革质。气微,味微苦。

箭叶淫羊藿　一回三出复叶,小叶片长卵形至卵状披针形,长 4~12 cm,宽 2.5~5 cm;先端渐尖,两侧小叶基部明显偏斜,外侧呈箭形。下表面疏被粗短伏毛或近无毛。叶片革质。

柔毛淫羊藿　一回三出复叶,叶下表面及叶柄密被绒毛状柔毛。

朝鲜淫羊藿　二回三出复叶,小叶较大,长 4~10 cm,宽 3.5~7 cm,先端长尖。叶片较薄。

【显微特征】叶表面观　淫羊藿上、下表皮细胞垂周壁深波状弯曲,沿叶脉均有异细胞纵向排列,内含 1 至多个草酸钙柱晶;下表皮气孔众多,不定式,有时可见非腺毛。

箭叶淫羊藿上、下表皮细胞较小;下表皮气孔较密,具有多数非腺毛脱落形成的疣状突起,有时可见非腺毛。

柔毛淫羊藿下表皮气孔较稀疏,具有多数细长的非腺毛。

朝鲜淫羊藿下表皮气孔和非腺毛均易见。

粉末　黄绿色。① 下表皮细胞垂周壁深波状弯曲。气孔不定式,偏光显微镜下呈黑“十”字状。② 上表皮细胞垂周壁深波状弯曲,常与含黄绿色物质的栅肉细胞相连。③ 非腺毛由 4~9 个细胞组成,顶端细胞内常充满黄棕色物质。④ 草酸钙柱晶多见,常存在于叶脉处的异细胞中,单向排列整齐或两两排列。⑤ 草酸钙簇晶松散状,偏光显微镜下呈亮橙黄色间多彩状。螺纹导管细小(图 14-27)。

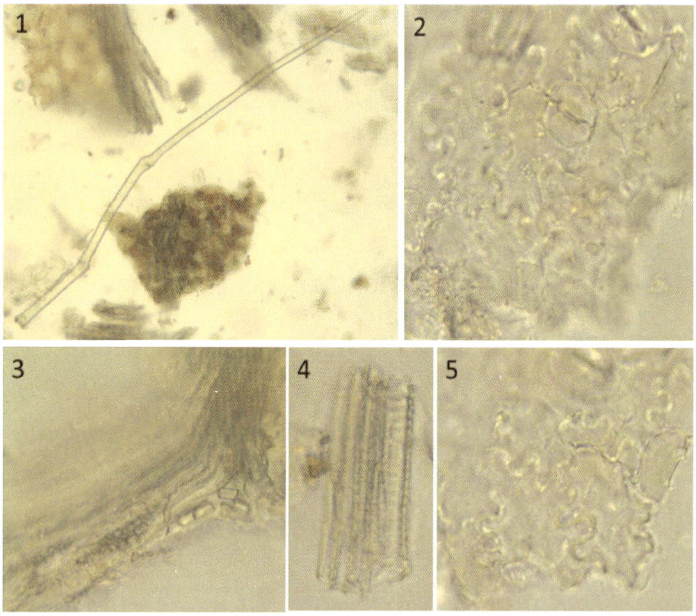

图 14-27 淫羊藿粉末组织特征图

1. 非腺毛；2. 不定式气孔；3. 柱晶；4. 螺纹导管；5. 下表皮细胞。

【化学成分】 主要含有黄酮类成分 1.0% ~ 8.8%，如淫羊藿苷(icariin)，淫羊藿新苷，淫羊藿属苷A(epimedoside A)，大花淫羊藿苷A、B、C(ikarisoside A,B,C)，朝藿定B、C(epimedin B,C)，箭藿苷B(sagittatoside B)，宝藿苷Ⅰ(baohuoside Ⅰ)，淫羊藿次苷Ⅱ(icariside Ⅱ)，还含有挥发油、植物甾醇、鞣质、有机酸等。

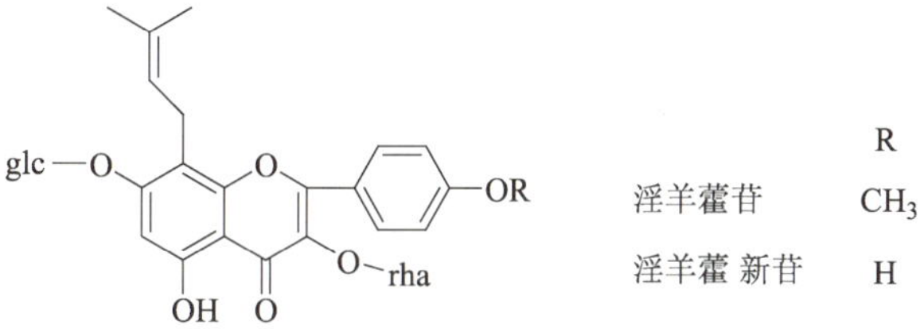

【理化鉴定】 薄层色谱 硅胶H薄层，置紫外光灯(365 nm)下检视。供试品色谱中，在与淫羊藿苷对照品色谱相应的位置上显相同的暗红色斑点；喷以三氯化铝试液，再置紫外光灯(365 nm)下检视，显相同的橙红色荧光斑点。

含量测定 采用紫外-可见分光光度法，本品按干燥品计算，含总黄酮以淫羊藿苷($C_{30}H_{40}O_{15}$)计，不得少于5.0%；高效液相色谱法测定，本品按干燥品计算，叶片含朝藿定A($C_{39}H_{50}O_{20}$)、朝藿定B($C_{38}H_{48}O_{19}$)、朝藿定C($C_{39}H_{50}O_{19}$)和淫羊藿苷($C_{33}H_{40}O_{15}$)的总量，朝鲜淫羊藿不得少于0.50%；淫羊藿、柔毛淫羊藿、箭叶淫羊藿均不得少于1.5%。

【功效与主治】 能补肾阳，强筋骨，祛风湿；用于肾阳虚衰、阳痿遗精、筋骨痿软、风湿痹痛、麻木拘挛，用量6~10 g。

【药理作用】 ① 壮阳作用。其煎剂可明显改善阴茎勃起功能障碍；其流浸膏能促进犬的精液分泌；其提取液对小鼠还有雄性激素样作用。

② 增强免疫力作用。其含有的多糖和总黄酮可显著提高小鼠巨噬细胞的吞噬功能。

③ 降血压、降血脂功能。其煎剂对兔、猫、大鼠有降压作用；能增加离体兔心和豚鼠

心脏、在位兔心与麻醉犬的冠脉流量；能降低全血黏度。

④ 抗菌、抗病毒作用。其煎剂对脊髓灰质炎病毒以及白色葡萄球菌、金黄色葡萄球菌有显著抑制作用；对其他肠道病毒也有抑制作用。

【附注】 2005 年版《中国药典》收载同属植物巫山淫羊藿 *E. wushanense* T. S. Ying 作为淫羊藿药材的原植物之一，由于其所含的淫羊藿苷明显低于其他 4 种原植物，而朝藿定 C 的含量则高于其他 4 种原植物，故 2010 年版《中国药典》将其单列为"巫山淫羊藿"。

功劳木 Mahoniae Caulis

本品为小檗科植物阔叶十大功劳 *Mahonia bealei*（Fort.）Carr.或细叶十大功劳 *M. fortunei*（Lindl.）Fedde 的干燥茎。阔叶十大功劳分布于陕西、安徽、湖北、湖南等地。细叶十大功劳分布于湖北、浙江等地。全年均可采收，切块片，干燥。本品为不规则的块片，大小不等。外表面灰黄色至棕褐色，有明显的纵沟纹和横向细裂纹，有的外皮较光滑，有光泽，或有叶柄残基。质硬，切面皮部薄，棕褐色，木部黄色，可见数个同心性环纹及排列紧密的放射状纹理，髓部色较深。气微，味苦。含非洲防己碱（$C_{20}H_{20}NO_4$）、药根碱（$C_{20}H_{20}NO_4$）、巴马汀（$C_{21}H_{21}NO_4$）、小檗碱（$C_{20}H_{17}NO_4$）。高效液相色谱法测定，本品按干燥品计算，以上生物碱成分不得少于 1.5%。本品性寒，味苦；清热燥湿，泻火解毒；用于湿热泻痢、黄疸尿赤、目赤肿痛、胃火牙痛、疮疖痈肿；用量 9~15 g；外用适量。

8. 木通科(Lardizabalaceae)

♂ $* P_{3+3}A_6$；♀ $P_{3+3}\underline{G}_{3,6\sim9:3,6\sim9:\infty}$

[形态特征] 木质藤本，稀为灌木，叶互生，掌状复叶，少数为羽状复叶，叶柄基部和小叶柄的两端常膨大为节状。花辐射对称，常排成总状花序；花被片 6 枚，花瓣状，排成 2 轮，有时 3 枚；雄蕊 6 枚，分离或花丝连合成管，药隔常突出于药室之上而呈角状，雌花中有退化雄蕊 6 枚或无；子房上位，心皮 3 枚，有时 6 枚或 9 枚，分离，1 室，胚珠 1 至多数，倒生，纵行排列。果实肉质，有时开裂。种子卵形或近肾形，有肉质而丰富的胚乳，胚小而直。花粉通常具 3(拟孔)沟，近长球形到长球形。

[分布] 9 属，约 50 种，分布在喜马拉雅区至日本和智利，大部分产于亚洲东部。中国有 7 属，42 种，2 个亚种，4 个变种。主产于秦岭以南各省区。

[染色体] $X=(7)14,(8)16,15$。

[药用植物与生药代表]

木通 Akebiae Caulis

本品为木通科植物木通 *Akebia quinata*（Thunb.）Decne.、三叶木通 *Akebia trifoliata*（Thunb.）Koidz.或白木通 *Akebia trifoliata*（Thunb.）Koidz. var. *australis*（Diels）Rehd.的干燥藤茎。主产于江西、四川、湖北、湖南、广西等地。秋季采收，截取茎部，除去细枝，阴干。藤茎圆柱形，常稍扭曲，长 30~70 cm，直径 0.5~2 cm。表面灰棕色至灰褐色，外皮粗糙而有许多不规则的裂纹或纵沟纹，具突起的皮孔。节部膨大或不明显，具侧枝断痕。体轻，质坚实，不易折断，断面不整齐，皮部较厚，黄棕色，可见淡黄色颗粒状小点，木部黄白色，射线呈放射状排列，髓小或有时中空，黄白色或黄棕色。气微，味微苦而涩。含木通皂苷(akeboside)，苷元为常春藤苷元(hederagenin)和齐墩果酸。本品用 HPLC 方法测定其含木通苯乙醇苷 B 的含量不得少于 0.15%。本品具有利尿作用，对多种革兰阳性菌以及痢疾杆菌、伤寒杆菌、一些致病真菌有抑制作用。木通皂苷有抗炎、抑制胃酸分泌、抗应激性溃疡作用。本品性寒，味苦；能利尿通淋，清心除烦，通经下乳；用于淋证、水肿、心烦尿赤、口舌生疮、经闭乳少、湿热痹痛。

【附注】川木通　为毛茛科植物小木通 *Clematis armandii* Franch.或绣球藤 *Clematis montana* Buch.-Ham.的干燥藤茎。主产于四川、贵州、湖南等地。藤茎长圆柱形，略扭曲，表面黄棕色或黄褐色，有纵向凹沟及棱线，节膨大，残余外皮易撕裂。质坚硬，不易折断。横切面木部淡黄棕色或浅黄色，有黄白色放射状纹理及裂隙，中央有较小的髓，偶有空腔。功效及主治与木通类似。

关木通　为马兜铃科植物东北马兜铃 *Aristolochia manshuriensis* Kom.的干燥藤茎。长圆柱形，表面类黄色或浅棕黄色，表面较平坦，具微膨大的节；体轻质硬，不易折断。横切面黄白色或黄色，皮部薄，色较深，木部宽广，小孔（大型导管）与类白色射线相间呈蜘蛛网状，髓部不明显。味苦，其饮片往往弯曲成帽状。摩擦残余粗皮，有樟脑样气味。功效及主治与木通类似，但含多种马兜铃酸类成分，有肾毒性，自 2005 年版《中国药典》起取消其药用标准，不再药用。

9. 防己科（Menispermaceae）

$♂*\ K_{3+3}C_{3+3}A_{3\sim6,\infty}$；$♀\ K_{3+3}C_{3+3}\underline{G}_{3\sim6:1:1}$

［形态特征］多年生草质或木质藤本。单叶互生，全缘，无托叶。花单性异株；聚伞花序或圆锥花序；萼片与花瓣常各 6 枚，2 轮，每轮 3 片；花瓣常小于萼片；雄蕊通常 6 枚，稀为 3 枚或多枚，分离或合生；子房上位，通常 3 枚心皮，分离，每室 2 枚胚珠，仅 1 枚发育。核果，核多呈马蹄形或肾形。

［分布］约 65 属，350 余种；分布于热带和亚热带地区。我国有 19 属，78 种，1 个亚种，5 个变种，1 个变型；南北均有分布；药用的有 15 属，67 种。

［显微特征］常有异型结构及多种草酸钙结晶。

［染色体］$X=11\sim13,9,25$。

［化学成分］本科是被子植物中含生物碱较丰富的科，主要是双苄基异喹啉（bisbenzyliso-quinoline）生物碱、原小檗碱（proberberine）型生物碱和阿朴啡（aporphine）型生物碱。双苄基异喹啉型有汉防己碱（tetrandrine）、异汉防己碱（isotetrandrine）、轮环藤宁碱（cycleanine）、小檗胺（berbamine）、头花千金藤碱（cepharanthine）、高阿莫灵碱（homoaromoline）等；原小檗碱型有小檗碱（berberine）、药根碱（jatrorrhizine）、掌叶防己碱（巴马亭）（palmatine）等；阿朴啡型有木兰花碱（magnoflorine）、千金藤碱（stephanine）等。

［药用植物与生药代表］

防己 Stephaniae Tetrandrae Radix

本品为防己科植物粉防己 *Stephania tetrandra* S. Moore 的干燥根。主产于浙江、安徽、江西、湖北、湖南。秋季采挖，洗净，除去粗皮，晒至半干，切断或纵剖，干燥。本品呈不规则圆柱形、半圆柱形或块状，多弯曲，长 5～10 cm，直径 1～5 cm。表面淡灰黄色，在弯曲处常有深陷横沟而成结节状的瘤块样。体重，质坚实，断面平坦，灰白色，富粉性，有排列较稀疏的放射状纹理。气微，味苦。本品横切面可见木栓层有时残存。栓内层散有石细胞群,常切向排列。韧皮部较宽。形成层成环。木质部占大部分,射线较宽;导管稀少,呈放射状排列;导管旁有木纤维。薄壁细胞充满淀粉粒,并可见细小杆状草酸钙结晶。本品含多种异喹啉类生物碱,主要有粉防己碱(tetrandrine)、防己诺林碱(fangchinoline)等。本品性寒,味苦;能祛风止痛,利水消肿;用于风湿痹痛、水肿脚气、小便不利、湿疹疮毒,用量 5~10 g。

【附注】 木防己　为防己科植物木防己 *Cocculus trilobus* (Thunb.) (L.) DC.的根。呈圆柱形,稍扁,波状弯曲;表面灰棕色至黑棕色,略凹凸不平,有明显的纵沟及少数横皱纹;质坚硬,断面黄白色,皮部窄,导管孔放射状排列,木射线宽。含木兰花碱(magnoflorine)、木防已碱(trilobine)、高防已碱(homotrilobine)等。功效同防已。

广防己　为马兜铃科植物广防己 *Isotrema fangchi* X. X. Zhu, S. Liao et J. S. Ma 的干燥根。呈圆柱形或半圆柱形,略弯曲。表面灰棕色,粗糙,有纵沟纹;体重,质坚实,不易折断,断面灰黄色,有明显的"车轮纹"或星片状突起。无臭,味苦。因含肾毒性的马兜铃酸类成分,自 2005 年版《中国药典》起取消其药用标准,不再药用。

10. 木兰科(Magnoliaceae)

$⚥ * P_{6\sim12} A_{\infty} \underline{G}_{\infty:1:1\sim2}$

[形态特征] 木本,稀为藤本。体内常含油细胞,有香气。单叶互生,常全缘;常具托叶,大,包被幼芽,早落,在节上留有环状托叶痕。花单生,两性,稀为单性,辐射对称;花被片 3 基数,多为 6~12 片,每轮 3 片;雄蕊与雌蕊多数,分离,螺旋状排列在延长的花托上;每一心皮含胚珠 1~2 枚。聚合蓇葖果或聚合浆果。种子具胚乳。

[分布] 18 属,330 余种;主要分布于亚洲东南部和南部地区。我国有 14 属,约 160 种;主要分布于东南部和西南部地区,向北渐少;已知药用的有 8 属,约 90 种。

[显微特征] 体内常有石细胞、草酸钙方晶和油细胞。

[染色体] $X=19$。

[化学成分] ① 本科植物普遍存在的化学成分是挥发油,主要含有芳香族衍生物或倍半萜类,如厚朴酚(magnolol)、茴香醚(anethole)、丁香酚(eugenol)等。② 生物碱多为苄基异喹啉类生物碱,如木兰箭毒碱(magnocuraine)、木兰花碱(magnoflorine)等,是木兰属和含笑属植物的特征性化学成分,具有抗菌消炎、利尿降压、松弛肌肉等作用。③ 倍半萜内酯,如八角属中的莽草毒素(anisatine),有毒性,含笑属植物中的多种倍半萜内酯则有抗肿瘤活性。④ 木脂素,如五味子素(schizandrin)等一系列联苯环辛烯类木脂素,是五味子属和南五味子属植物的特征性化学成分,具有保肝降酶等多种生物活性。

[药用植物与生药代表]

(1) 木兰属(*Magnolia*)。

落叶或常绿木本。小枝具有环状托叶痕。叶全缘。花大,单生于枝顶;花被片 9~15 枚,每轮 3 枚,有时外轮花萼状;雄蕊与雌蕊多枚,螺旋状着生在长轴形的花托上,雌蕊群无柄或近于无柄,每一心皮有胚珠 2 枚。聚合蓇葖果。种子 1~2 枚,外种皮肉质,红色。

厚朴* Magnoliae Officinalis Cortex　(英) Magnolia Bark

【基原】 本品为木兰科植物厚朴 *Magnolia officinalis* Rehd. et Wils. 或凹叶厚朴 *Magnolia officinalis* Rehd. Wils. var. *biloba* Rehd. et Wils.的干燥干皮、根皮及枝皮。

【植物形态】 厚朴　落叶乔木,高 7~10 m。树皮厚,紫褐色。叶互生,革质,倒卵形或倒卵状椭圆形,长 20~45 cm,宽 10~24 cm,先端钝圆或短尖,全缘或略波状。花单生于幼枝顶端,白色,芳香,直径约为 15 cm,花被片 9~12 枚;雄蕊及雌蕊各多数,螺旋状排列于延长的花托上。聚合蓇葖果椭圆状卵形。花期 4—5 月,果期 9—10 月(图 14-28A 和 C)。

凹叶厚朴 灌木状乔木,叶先端凹陷,形成 2 圆裂(图 14-28B 和 D)。

A B C D

图 14-28 厚朴

A、C. 厚朴; B、D. 凹叶厚朴。

【产地】 主产于湖北、四川、浙江、福建、湖南。以湖北、四川产的厚朴质量佳,习称"紫油厚朴";浙江产者质量亦好,习称"温朴"。

【采制】 4—6 月剥取根皮及枝皮直接阴干;干皮置沸水中微煮后,堆置阴湿处"发汗"至内表面紫褐色或棕褐色时,蒸软,取出,卷成筒状,干燥。

【性状】 干皮 呈卷筒状或双卷筒状,长 30~35 cm,厚 0.2~0.7 cm,习称"筒朴";近根部的干皮一端展开如喇叭口,长 13~25 cm,厚 0.3~0.8 cm,习称"靴筒朴"。外表面灰棕色或灰褐色,粗糙,有时呈鳞片状,较易剥落,有明显椭圆形皮孔和纵皱纹,刮去粗皮者显黄棕色。内表面紫棕色或深紫褐色,较平滑,具细密纵纹,划之显油痕。质坚硬,不易折断,断面颗粒性,外层灰棕色,内层紫褐色或棕色,有油性,有的可见多数小亮星。气香,味辛辣、微苦(图 14-29)。

图 14-29 厚朴药材

根皮(根朴) 呈单筒状或不规则块片。有的弯曲似鸡肠,习称"鸡肠朴"。质硬,较易折断。

枝皮(枝朴) 呈单筒状,长 10~20 cm,厚 0.1~0.2 cm。质脆,易折断。

【显微特征】 横切面 ① 木栓层为 10 余列细胞,有的可见落皮层,栓内层为 2~4 层石细胞。② 皮层散有石细胞群,有的石细胞分枝状。③ 韧皮部射线宽 1~3 列细胞,韧皮纤维多数个成束,略切向断续排列成层。油细胞散在,单个或 2~5 个成群,呈椭圆形,壁木化,内含油状物。④ 薄壁细胞稀含细小草酸钙方晶,并含淀粉粒(图 14-30)。

粉末 棕色。① 石细胞类方形、椭圆形、卵圆形或不规则分枝状,直径 11~65 μm,有时可见层纹,呈不规则分枝状者一般较大,长者可至 326 μm,有的分枝短而钝圆,有的分枝长而锐尖。② 纤维众多,直径 15~32 μm,壁甚厚,有的呈波浪形或一边呈锯齿状,木化,纹孔沟不明显。③ 油细胞椭圆形或类圆形,直径 50~100 μm,含黄棕色油滴状物(图 14-31)。

凹叶厚朴　分枝状石细胞长约 326 μm,纤维边缘锯齿状者较易见。油细胞较少见,直径约 100 μm。

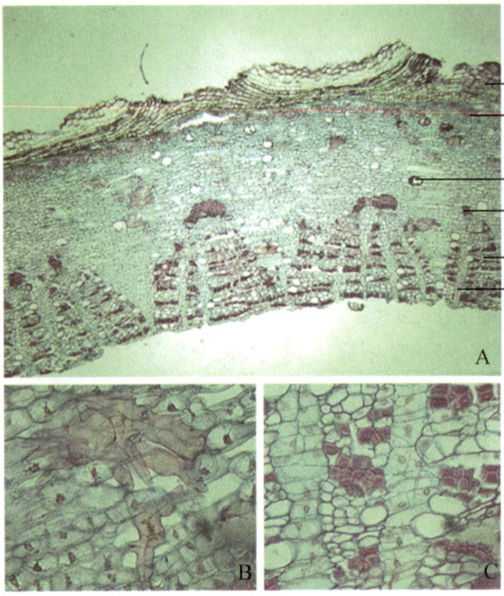

图 14-30　厚朴(干皮)组织构造

A. 横切面组织构造; B. 分枝状石细胞; C. 韧皮部纤维束。
1. 木栓层; 2. 栓内层(石细胞层); 3. 油细胞;
4. 纤维束; 5. 韧皮部; 6. 射线。

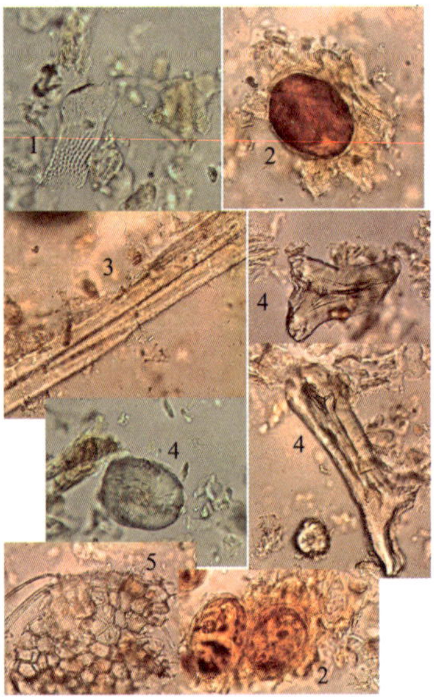

图 14-31　厚朴干皮粉末组织特征图

1. 筛管分子; 2. 油细胞;
3. 纤维; 4. 石细胞; 5. 木栓细胞。

【化学成分】主要含有厚朴酚(magnolol)、和厚朴酚(honokiol)(约 5%)及四氢厚朴酚、异厚朴酚等木脂素类成分;木兰箭毒碱(magnocurarine)、木兰花碱等生物碱约 0.07%;皂苷 0.45%;挥发油约 1%,油中主要含有 β-桉油醇(β-eudesmol)、荜澄茄醇(cadinol)等。

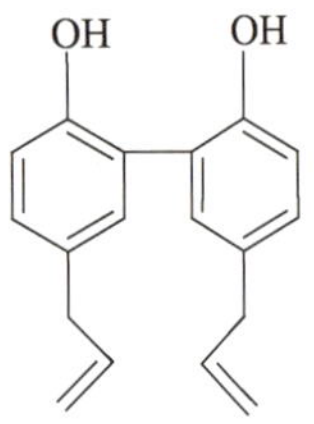

厚朴酚

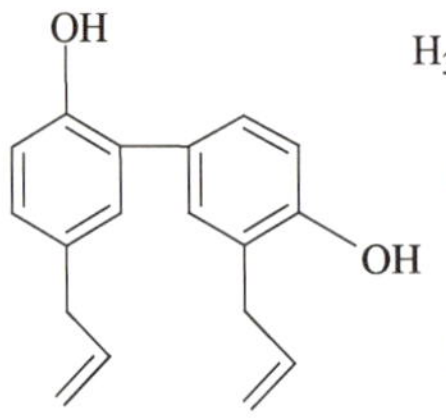

和厚朴酚

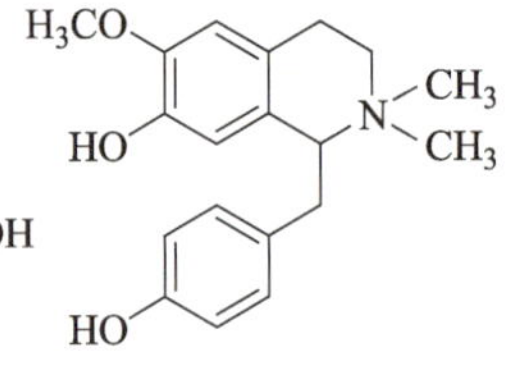

木兰箭毒碱

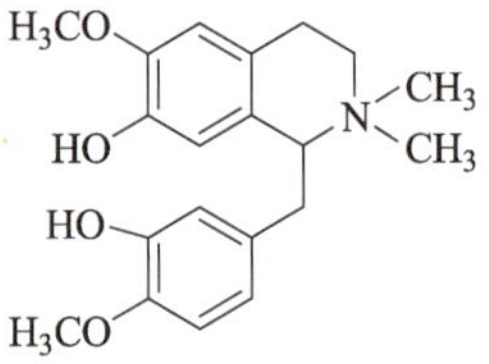

木兰花碱

【理化鉴别】薄层色谱　硅胶 G 薄层,喷以 1%香草醛硫酸溶液,加热至斑点显色清晰。供试品色谱中,在与厚朴酚对照品和厚朴酚对照品色谱相应的位置上显相同的斑点。

含量测定　采用高效液相色谱法测定,本品按干燥品计算,含厚朴酚($C_{18}H_{18}O_2$)与和厚朴酚($C_{18}H_{18}O_2$)的总量不得少于 2.0%。

【功效与主治】性温，味苦、辛；能燥湿消痰，下气除满；用于湿滞伤中、脘痞吐泻、食积气滞、腹胀便秘、痰饮喘咳等症，用量 3~10 g。

【药理作用】① 对胃肠道的作用。可以抑制胃肠道平滑肌收缩，还能促进胃动素和胃泌素分泌，对胃排空和胃肠推进运动产生双向调节作用。

② 抗炎作用。可以通过阻止 PI3K/Akt、ERK/MAPK 和 TLR/MAPK 的信号通路，抑制炎性因子的表达，显著降低血清 TNF-α、IL-17、IL-22 水平，并降低 IL-17、TNF-α 和核转录因子（NF-κB）p65 蛋白表达水平，从而发挥抗炎作用。

③ 抗菌作用。对多种致病真菌均有效果，其抗真菌活性可能与加强真菌细胞内活性氧的水平、破坏线粒体而导致真菌细胞凋亡和坏死细胞膜完整性破坏引起的菌丝扭曲有关。

④ 抗病毒作用。可以通过抑制 DNA 复制、基因表达和病毒颗粒产生，从而抑制人的阿尔法型疱疹病毒（HSV-1）和伽马型疱疹病毒（KSHV）。

⑤ 抗肿瘤作用。厚朴酚与和厚朴酚能通过阻止细胞周期、诱导细胞死亡来实现良好的抗肿瘤作用，尤其是对乳腺癌细胞、肺癌细胞等各种恶性肿瘤细胞均有明显的抑制作用。

辛夷 Magnoliae Flos

本品为木兰科木兰属植物望春花 *Magnolia biondii* Pamp.、玉兰 *Magnolia denudata* Desr.和武当玉兰 *Magnolia sprengeri* Pamp.的干燥花蕾。主产于河南、湖北、四川。冬末春初花未开放时采收，除去枝梗，阴干。望春花呈长卵形，似毛笔头，长 1.2~2.5 cm，直径 0.8~1.5 cm。基部常具短梗，长约 5 mm，梗上有类白色点状皮孔。苞片 2~3 层，每层 2 片，两层苞片间有小鳞芽，苞片外表面密被灰白色或灰绿色茸毛，内表面类棕色，无毛。花被片 9 枚，棕色，外轮花被片 3 枚，条形，约为内两轮长的 1/4，呈萼片状，内两轮花被片 6 枚，每轮 3 枚，轮状排列。雄蕊和雌蕊多数，螺旋状排列。体轻，质脆。气芳香，味辛凉而稍苦。玉兰长 1.5~3 cm，直径 1~1.5 cm。基部枝梗较粗壮，皮孔浅棕色。苞片外表面密被灰白色或灰绿色茸毛。花被片 9 枚，内外轮同型。武当玉兰长 2~4 cm，直径 1~2 cm。基部枝梗粗壮，皮孔红棕色。苞片外表面密被淡黄色或淡黄绿色茸毛，有的最外层苞片茸毛已脱落而呈黑褐色。花被片 10~12（15）枚，内外轮无显著差异。含挥发油（1%~5%），主要为桉油精（cineole）、丁香油酚（eugenol）、胡椒酚甲醚（chavicol methylether）等；另含木兰脂素（magnolin）不得少于 0.40%。本品性温，味辛；能散风寒，通鼻窍；用于风寒头痛、鼻塞流涕、鼻鼽、鼻渊；用量 3~10 g，包煎；外用适量。药理作用研究表明，其具有收缩鼻黏膜血管、降血压、兴奋子宫、抗白色念珠菌及皮肤真菌等作用。

（2）五味子属（*Schisandra*）。

木质藤本。叶互生，在短枝上聚生；全缘或有稀疏锯齿。花单性，雌雄异株，单生或数朵簇生于叶腋；有长梗；花被片 5~20 枚，排成 2~3 轮；雄蕊 4~60 枚，离生或聚合成头状或圆锥状的雄蕊柱；心皮 12~120 枚，花期聚成头状，结果时排列于延长的花托上。成熟心皮为小浆果，排列于下垂肉质果托上，形成长穗状聚合果。

五味子* Schsandrae Chinensis Fructus （英）Chinese Magnoliavine Fruit

【基原】本品为木兰科植物五味子 *Schisandra chinensis*（Turcz.）Baill.的干燥成熟果实。习称“北五味子”。

【植物形态】 落叶木质藤本。叶于幼枝上互生,于老茎的短枝上簇生,叶柄幼时红色;叶阔椭圆形或倒卵形,边缘具腺齿。花单性异株,单生或簇生于叶腋,有长柄,下垂;花被片6~9枚;雄蕊4~6枚,雌蕊心皮17~40枚,覆瓦状排列在花托上,聚合浆果排成穗状,球形,成熟后深红色。花期5—7月,果期5—11月(图14-32)。

【产地】 主产于辽宁、黑龙江、吉林等省。

【采制】 秋季果实成熟时采摘,晒干或蒸后晒干,除去果梗和杂质。

【性状】 呈不规则的球形或扁球形,直径5~8 mm。表面红色、紫红色或暗红色,皱缩,显油润;有的表面呈黑红色或出现"白霜"。果肉柔软,种子1~2枚,肾形,表面棕黄色,有光泽,种皮薄而脆。果肉气微,味酸;种子破碎后,有香气,味辛、微苦(图14-33)。

图14-32 五味子

1. 植株;2. 花;3. 果实。

图14-33 五味子药材

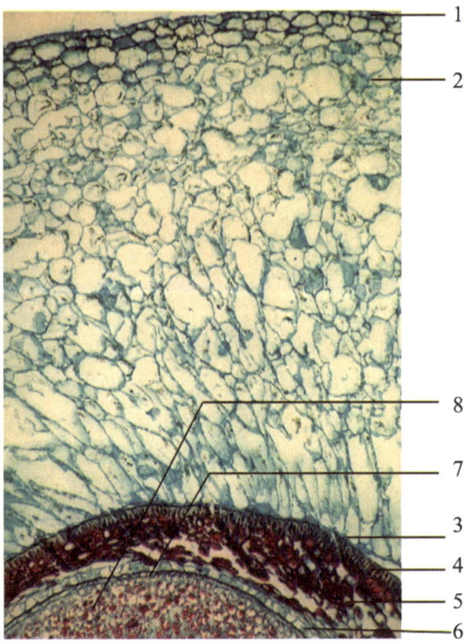

图14-34 五味子果实横切面组织构造

1. 外果皮;2. 中果皮;3. 内果皮;4. 种皮外层石细胞;5. 种皮内层石细胞;6. 油细胞层;7. 种皮外表皮细胞;8. 胚乳。

【显微特征】 横切面 ① 外果皮为1列方形或长方形细胞,壁稍厚,外被角质层,散有油细胞。② 中果皮薄壁细胞10余列,含淀粉粒,散有小型外韧型维管束。③ 内果皮为1列小方形薄壁细胞。④ 种皮最外层为1列径向延长的石细胞,壁厚,纹孔和孔沟细密;其下为数列类圆形、三角形或多角形石细胞,纹孔较大。⑤ 石细胞层下为数列薄壁细胞,种脊部位有维管束。⑥ 油细胞层为1列长方形细胞,含棕黄色油滴;再下为3~5列小形细胞。⑦ 种皮内表皮为1列小细胞,壁稍厚,胚乳细胞含脂肪油滴及糊粉粒(图14-34)。

粉末 暗紫色。① 种皮表皮石细胞表面观呈多角形或长多角形,直径18~50 μm,壁厚,孔沟极细密,胞腔内含深棕色物。② 种皮内层石细胞呈多角形、类圆形或不规则形,直径约83 μm,壁稍厚,纹孔较大。③ 果皮表皮细胞表面观类多角形,垂周壁略呈连珠状增厚,表面有角质线纹;表皮中散有油细胞。中果皮细胞皱缩,含暗棕色物,并含淀粉粒(图14-35)。

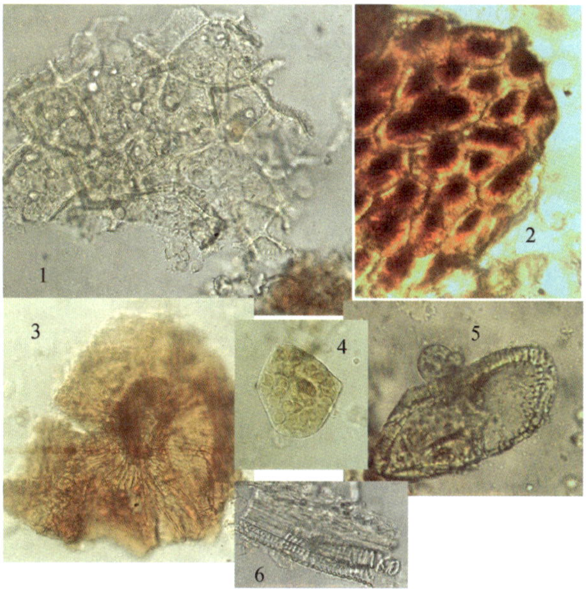

图 14-35 五味子果实粉末组织特征图

1. 内胚乳细胞；2. 种皮外表皮石细胞；3. 果皮外表皮细胞；
4. 油细胞；5. 种皮内层石细胞；6. 导管。

【化学成分】 主要含木脂素（约 5%），主要为联苯环辛烯类木脂素，如五味子醇（schizandrol）、五味子醇甲（五味子素，schisandrin）、五味子醇乙（戈米辛 A，gomisin A）、五味子甲素（deoxyschisandrin）、五味子乙素（schisandrin B）、五味子丙素（schisandrin C）、五味子酚（schisanhenol）等，联苯环辛烯类木脂素对肝功能具有保护作用。

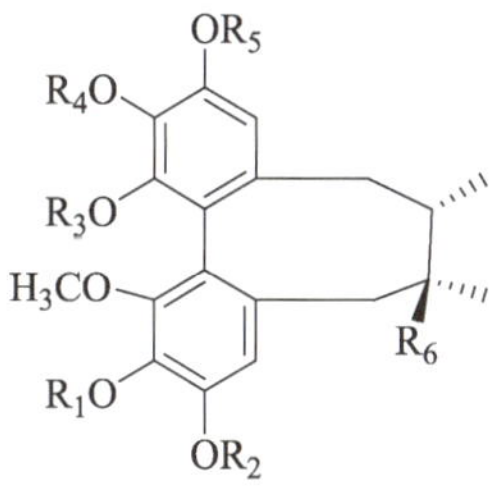

	R_1	R_2	R_3	R_4	R_5	R_6
五味子甲素	CH_3	CH_3	CH_3	CH_3	CH_3	H
五味子乙素	$-CH_2-$		CH_3	CH_3	CH_3	H
五味子酚	CH_3	CH_3	H	CH_3	CH_3	H
五味子醇甲	CH_3	CH_3	CH_3	CH_3	CH_3	OH
五味子醇乙	CH_3	CH_3	CH_3	$-CH_2-$		OH

【理化鉴别】 薄层色谱　硅胶 GF_{254} 薄层，置紫外光灯（254 nm）下检视。供试品色谱中，在与对照药材色谱和五味子甲素对照品色谱相应的位置上显相同颜色的斑点。

含量测定　高效液相色谱法测定，本品按干燥品计算，含五味子醇甲（$C_{24}H_{32}O_7$）不得少于 0.40%。

【功效与主治】 性温，味酸、甘；能收敛固涩，益气生津，补肾宁心；用于久咳虚喘、梦遗滑精、遗尿尿频、久泻不止、自汗盗汗、津伤口渴、内热消渴、心悸失眠，用量 2~6 g。

【药理作用】 ① 镇静催眠作用。可作用于中枢神经系统中的单胺类递质，调控多巴胺系统，选择性抑制中枢回避性条件反射及二级条件反射，上调 γ-氨基丁酸表达等方式发挥镇静催眠作用。

② 健脑益智作用。可通过抑制海马区神经元和胶质细胞核转录因子-κB（NF-κB）的表达，进而抑制其下游物质一氧化氮的释放，脑组织超氧化物歧化酶（SOD）活性增强，进

而降低氧化应激损伤,抑制细胞凋亡,还可以促进 B 细胞淋巴瘤-2(Bcl-2)基因的表达而缓解过氧化氢介导的氧化损伤,进而改善学习记忆功能。

③ 抗抑郁作用。可通过调节海马神经营养因子(BDNF)水平和提高脑内多巴胺和五羟色胺水平,还可通过上调酪氨酸激酶受体 B(TrkB)/环磷腺苷效应元件结合蛋白(CREB)/细胞外调节激酶(ERK)和胞内磷脂酰肌醇 3-激酶(PI3K)/蛋白激酶 B(Akt)/糖原合成酶激酶-3(GSK-3)通路来改善抑郁症。

④ 保护心血管作用。可通过抑制金属蛋白酶-9(MMP-9)及其相关信号通路 NF-κB 的表达而达到抗动脉粥样硬化的效果。还可通过降低氧化应激损伤,抑制转录因子 6(ATF6)和蛋白激酶 R 样内质网激酶(PERK)通路,降低内质网细胞(ER)应激细胞凋亡而达到改善心肌的作用。

⑤ 对呼吸系统的作用。可抑制肺炎菌株的生长,抑制作用呈剂量依赖性,且对人体宿主细胞无不良反应。可以通过减轻机体炎症反应来改善肺纤维化和炎性损伤。

⑥ 对生殖系统作用。可提高小鼠精子密度和成活率,降低畸形率,改善睾丸组织病理性损伤。

⑦ 对免疫系统的作用。能促进胸腺发育,提高吞噬细胞吞噬能力,提升机体内免疫球蛋白和细胞因子水平,改善免疫功能。可通过靶向抑制 EGFR/SRC 信号通路,减少黏着斑相关蛋白的表达,从而抑制胰腺癌细胞的侵袭和迁移。

⑧ 抗菌抑菌的作用。对大肠杆菌有显著抑菌活性,能降低细胞内脱氢酶和总三磷酸腺苷(ATP)酶活性,减少蛋白质含量,抑制细菌生长。

【附注】南五味子　本品为木兰科植物华中五味子 *Schisandra sphenanthera* Rehd. et Wils.的干燥成熟果实。主产于河南、陕西、甘肃。本品呈球形或扁球形,直径 4~6 mm。表面棕红色至暗棕色,干瘪,皱缩,果肉常紧贴于种子上。种子 1~2 枚,肾形,表面棕黄色,有光泽,种皮薄而脆。果肉气微,味微酸。中果皮细胞中有草酸钙簇晶,并有方晶。主要含五味子酯甲(schisantherin A)、五味子甲素以及安五脂素(anwulignan)等,其化学成分及其含量因产地不同而存在明显差异,但五味子酯甲含量不得低于 0.20%。功效同五味子。

(3) 八角属(*Illicium*)。

常绿小乔木或灌木。光滑无毛。花两性,单生或 2~3 朵聚生于叶腋;花被片多枚,数轮;雄蕊 4 至多枚;心皮 5~21 枚,排成 1 轮,分离,胚珠 1 枚。聚合果由蓇葖果组成,单轮排列成星状。

八角 *I. verum* Hook.f.　常绿乔木。叶革质,倒卵状椭圆形至椭圆形。花粉红或深红色,单生于叶腋或近顶生;花被片 7~12 枚;雄蕊 11~20 枚;心皮通常 8 枚。聚合果由 8 个蓇葖果组成,直径 3.4~4 cm,饱满平直,呈八角形。分布于广西地区,其他地区有引种。干燥成熟果实入药,有散寒、理气、止痛之功效。同属有毒植物,如莽草 *I. lanceolatum* A. C. Smith、红茴香 *I. henryi* Diels 等的果实、外形与八角极相似,仅蓇葖果顶端有长的尖头,而八角的顶端钝。应注意鉴别,避免中毒。

11. 樟科(Lauraceae)

⚥ $* P_{(6\sim9)} A_{3\sim12} \underline{G}_{(3:1:1)}$

[形态特征] 多为常绿乔木,仅无根藤属为寄生性无叶藤本。常具有油细胞,有香气。

单叶,常互生;全缘,羽状网脉或三出脉;叶背常备粉白色蜡质。无托叶。花序多种;花小,多两性,少单性;辐射对称;花单被,通常 3 基数,排成 2 轮,基部合生;雄蕊 3~12 枚,通常 9 枚,排成 3 轮,第 1、2 轮花药内向,第 3 轮外向,花丝基部常具 1~2 个腺体,花药 2~4 室,瓣裂;子房上位,1 室,具 1 顶生胚珠,核果,浆果状,有时被宿存花被形成的果托包围基部。种子 1 粒,无胚乳。

[分布] 约 45 属,2 000~2 500 种;分布于热带和亚热带地区。我国有 20 属,423 种,43 个变种,5 个变型;主要分布于长江以南各省区;药用的有 13 属,113 种(包括 17 个变种和 3 个变型)。

[显微特征] 茎中有纤维状石细胞,并呈环状排列。

[染色体] $X=7,12$。

[化学成分] ① 挥发油类:如樟脑(camphor)、桂皮醛(cinnamaldehyde)、桉叶素(cinede)等;② 生物碱类:如木姜子碱(laurolitsine)、木兰箭毒碱(magnocuranine)、异紫堇定碱(isocorydine)等;③ 黄酮类:如阿福豆苷(afzelin)、番石榴苷(guaijavenin)、芸香苷(rutin)等。

[药用植物与生药代表]

肉桂* Cinnamomi Cortex　(英) Cinnamon Bark

【基原】本品为樟科植物肉桂 *Cinnamomum cassia* Presl 的干燥树皮。

【植物形态】常绿乔木,全株有芳香气。树皮灰褐色,幼枝多有四棱,被灰黄色茸毛。单叶,互生或近生,革质,上表面平滑而有光泽,下表面有疏柔毛,离基三出脉;叶柄长 1~2 cm。圆锥花序腋生,花小,白色;花被片 6 枚;雄蕊 9 枚,3 轮,子房上位。浆果紫黑色,椭圆形。花期 6—8 月,果期 10 月至翌年 2—3 月(图 14-36)。

【产地】多为栽培。主产于广西、广东、云南等地。

【采制】秋季剥取树皮,阴干,加工方法多样。剥取栽培 5~6 年的树皮和枝皮,晒 1~2 d,卷成圆筒状,阴干,称"油桂筒"(广条桂);剥取 10 余年生的树皮,将两端削成斜面,夹在木制的凹凸板中晒干,称"企边桂";剥取 30~40 年生的老树的干皮,纵横堆叠,加压,干燥,称"板桂";肉桂加工过程中余下的边条,削去外部的栓皮,称"桂心",块片称"桂碎"。

【性状】本品呈槽状或卷筒状,长 30~40 cm,宽或直径 3~10 cm,厚 0.2~0.8 cm。外表面灰棕色,稍粗糙,有不规则的细皱纹和横向突起的皮孔,有的可见灰白色的斑纹;内表面红棕色,略平坦,有细纵纹,划之显油痕。质硬而脆,易折断,断面不平坦,外层棕色而较粗糙,内层红棕色而油润,两层间有 1 条黄棕色的线纹。气香浓烈,味甜、辣(图 14-37)。

图 14-36　肉桂

图 14-37　紫油肉桂药材

【显微鉴别】 横切面 ① 木栓细胞数列,最内层细胞外壁增厚,木化。② 皮层散有石细胞和分泌细胞。③ 中柱鞘部位有石细胞群,断续排列成环,外侧伴有纤维束,石细胞通常外壁较薄。④ 韧皮部射线宽 1~2 列细胞,含细小草酸钙针晶;纤维常 2~3 个成束;油细胞随处可见。⑤ 薄壁细胞含淀粉粒(图 14-38)。

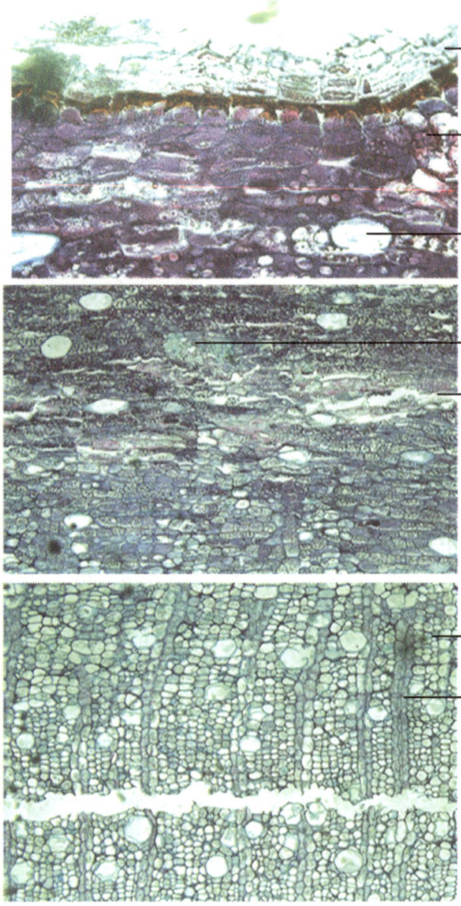

图 14-38 肉桂(树皮)横切面组织构造

1. 木栓层; 2. 皮层; 3. 油细胞; 4. 纤维束; 5. 石细胞群; 6. 韧皮部; 7. 射线。

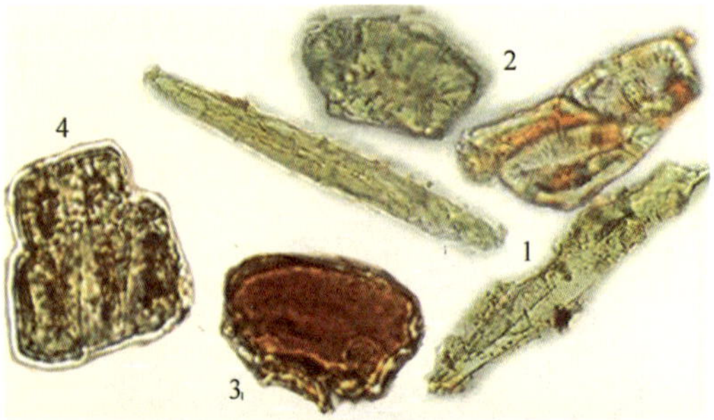

图 14-39 肉桂粉末组织特征图

1. 纤维; 2. 石细胞; 3. 油细胞; 4. 木栓石细胞。

粉末 红棕色。① 纤维大多单个散在,长梭形,长 195~920 μm,直径约 50 μm,壁厚,木化,纹孔不明显。② 石细胞类方形或类圆形,直径 32~88 μm,壁厚,有的一面菲薄。③ 油细胞类圆形或长圆形,直径 45~108 μm。草酸钙针晶细小,散在于射线细胞中。④ 木栓细胞多角形,含红棕色物。⑤ 有红棕色薄壁细胞及淀粉粒等(图 14-39)。

【化学成分】 含挥发油 1%~2%,油中主要成分为桂皮醛(cinnamyl aldehyde),占50%~95%,并含有少量醋酸桂皮酯(cinnamyl acetate)、肉桂酸、丁香酚、桂皮酸、苯丙酸乙酯,还含有二萜,如锡兰肉桂醇(cinnzeylanol)、乙酰锡兰肉桂醇(cinnzeylanine)、肉桂醇(cinncassiol A、B、C_1、C_2、C_3、D_1、D_2、D_3、D_4、E)及其葡萄糖苷。

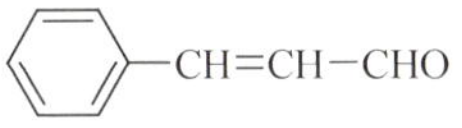

桂皮醛

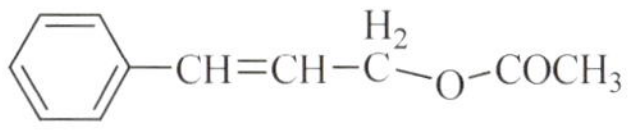

醋酸桂皮酯

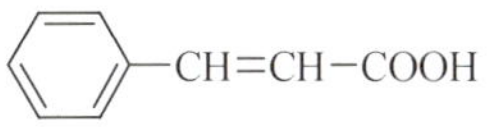

肉桂酸

【理化鉴定】薄层色谱　硅胶G薄层,喷以二硝基苯肼乙醇试液显色。供试品色谱中,在与桂皮醛对照品色谱相应的位置上显相同的斑点。

含量测定　按照挥发油测定法测定,本品含挥发油不得少于1.2%(mL/g);采用高效液相色谱法测定,本品按干燥品计算,含桂皮醛(C_9H_8O)不得少于1.5%。

【功效与主治】性大热,味辛、甘;能补火助阳,引火归元,散寒止痛,温通经脉;用于阳痿宫冷、腰膝冷痛、肾虚作喘、虚阳上浮、眩晕目赤、心腹冷痛、虚寒吐泻、寒疝腹痛、痛经经闭等,用量1~5 g。

【药理作用】① 壮阳作用。肉桂水提物及挥发油具有改善阳虚模型动物阳虚证的作用。

② 解热镇痛作用。用小鼠压尾法或腹腔注射醋酸扭体法表明桂皮醛有镇痛作用;对热板法刺激引起发热的家兔,桂皮醛有解热作用。

③ 扩血管作用。桂皮醛具有中枢性及末梢性扩张血管作用。

④ 抗溃疡作用。肉桂煎剂具有显著的抗胃溃疡作用。

【附注】桂枝　为樟科植物肉桂 *Cinnamomum casssia* Presl 的干燥嫩枝。春、夏二季采收,除去叶,晒干,或切片晒干。本品呈长圆柱形,多分枝,长30~75 cm,粗端直径0.3~1 cm。表面红棕色或棕色,有纵棱线、细皱纹及小疙瘩状的叶痕、枝痕和芽痕,皮孔点状。质硬而脆,易折断。切片厚2~4 mm,切面皮部红棕色,木部黄白色至浅黄棕色,髓部略呈方形。有特异香气,味甜、微辛,皮部味较浓。含挥发油0.2%~0.9%,油中主要成分为桂皮醛,另含桂皮酸和香豆素(coumarin)等成分。本品性温,味辛、甘;能发汗解肌,温通经脉,助阳化气,平冲降气;用于风寒感冒、脘腹冷痛、血寒经闭、关节痹痛、痰饮、水肿、心悸;用量3~10 g。

樟 *C. camphora* (L.) Presl　常绿乔木。全体具樟脑味。叶互生,薄革质,卵形或卵状椭圆形,离基三出脉,脉腋有腺体。圆锥花序腋生;花被片6枚,淡黄绿色,内面密生短柔毛;雄蕊12枚,花药4室,花丝基部有2个腺体。果球形,紫黑色,果托杯状。分布于长江流域以南及西南各省区;生于山坡、疏林、村旁。根、木材及叶的挥发油主含樟脑,为开窍药,有通关窍、利滞气、杀虫止痒、消肿止痛等功效。

12. 罂粟科(Papaveraceae)

☿ * ↑ $K_2C_{4\sim6}A_{4\sim6,\infty}\underline{G}_{(2\sim\infty:1:\infty)}$

[形态特征]草本。常具乳汁或有色汁液。叶基生或互生,无托叶。花两性,辐射对称或两侧对称;花单生或成总状、聚伞、圆锥等花序;萼片常2枚,早落;花瓣4~6枚,覆瓦状排列;雄蕊多枚,离生,或4~6枚;子房上位,2至多数心皮,1室,侧膜胎座,胚珠多数。蒴果,孔裂或瓣裂。种子细小。

[分布] 约 38 属,700 余种;主要分布于北温带地区。我国有 18 属,362 种;分布于全国各地,以西南地区为多;药用的有 15 属,130 余种。

[显微特征] 常具有节乳管,含白色或有色汁液。

[染色体] $X=6,7,8$,稀 5,8~11,16,19。

[化学成分] 异喹啉类生物碱:如罂粟碱(papaverine)、吗啡(morphine)、白屈菜碱(chelidonine)、可待因(codeine)、血根碱(sanguinarine)、前鸦片碱(protopine)、博落回碱(bocconin)、延胡索乙素(tetrahydropalmatine)等。

[药用植物与生药代表]

延胡索(元胡)* Corydalis Rhizoma (英) Yanhusuo

【基原】本品为罂粟科植物延胡索 *Corydalis yanhusuo* W. T. Wang 的干燥块茎。

【植物形态】多年生草本,块茎圆球形,茎高 9~20 cm,其上生 3~4 叶,二回三出或近三回三出全裂,末回裂片披针形。总状花序;苞片披针形或狭卵圆形;萼片极小,早落;花瓣紫红色,4 枚,上部一枚尾部呈长距状;雄蕊 6,两体;子房上位,1 室,蒴果线形,花期 4 月,果期 6—7 月(图 14-40)。

图 14-40 延胡索(元胡)

【产地】主要栽培于浙江,湖北、湖南、江苏等地也有种植。

【采制】夏初茎叶枯萎时采挖,除去须根,洗净,置沸水中煮至恰无白心时取出,晒干。

图 14-41 延胡索饮片

【性状】本品呈不规则的扁球形,直径 0.5~1.5 cm。表面黄色或黄褐色,有不规则网状皱纹。顶端有略凹陷的茎痕,底部常有疙瘩状突起。质硬而脆,断面黄色,角质样,有蜡样光泽。气微,味苦(图 14-41)。

【显微鉴别】块茎横切面 表皮经常脱落,偶有残存,细胞呈扁平的长条形,壁薄。下皮为 1~2 层厚壁细胞,扁平,长条形,木化。皮层薄壁细胞数列,甚扁平,有厚壁细胞散在。韧皮部宽广,筛管群散离。韧皮薄壁细胞较大,内充满淀粉粒,形成层不明显。

粉末 绿黄色。① 含糊化淀粉粒团块的薄壁细胞淡黄色或近无色。② 下皮厚壁细胞绿黄色，细胞多角形、类方形或长条形，壁稍弯曲，木化，有的呈连珠状增厚，纹孔细，常密集。③ 螺纹导管直径 16~32 μm（图 14-42）。

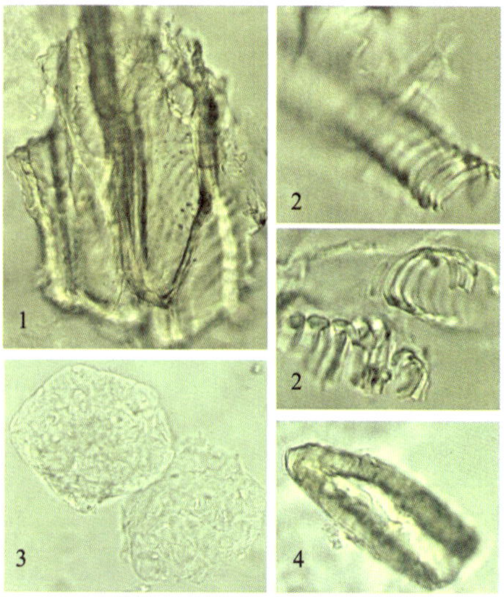

图 14-42 延胡索粉末组织特征图

1. 下皮厚壁细胞；2. 螺纹导管；3. 糊化淀粉粒团块；4. 石细胞。

【化学成分】主要含有小檗碱型（主要为季铵碱）和原小檗碱型（主要为叔胺碱）异喹啉类生物碱成分，如延胡索乙素、紫堇碱、四氢黄连碱、黄连碱、去氢紫堇碱和普托品等，还含有海罂粟碱、前荷牡碱、紫堇二酮和南天竹灵等阿朴啡类叔胺碱。多数生物碱具有显著的生物活性，如延胡索乙素有明显的镇痛作用。

【理化鉴别】薄层色谱 硅胶 G 薄层，置碘缸中约 3 min 后取出，挥尽薄层板上吸附的碘后，置紫外光灯（365 nm）下检视。供试品色谱中，在与延胡索乙素对照品色谱和对照药材色谱相应的位置上显相同颜色的荧光斑点。

含量测定 采用高效液相色谱法测定，本品按干燥品计算，含延胡索乙素（$C_{21}H_{25}NO_4$）不得少于 0.050%。

【功效与主治】活血，行气，止痛。用于胸胁、脘腹疼痛，胸痹心痛，经闭痛经，产后瘀阻，跌扑肿痛；用量 3~10 g，研末吞服，一次 1.5~3 g。

【药理作用】① 对中枢神经系统的作用。延胡索的多种制剂均有明显镇痛作用，尤以醇制浸膏、粉剂及醋制流浸膏的作用较为明显。较大剂量的延胡索乙素对兔、鼠、犬、猴等均有明显的镇静催眠作用。

② 对消化系统的作用。实验证明延胡索的一些成分对胃溃疡有保护作用，如去氢延胡索甲素皮下注射，对大白鼠的实验性胃溃疡，特别是幽门结扎或阿司匹林诱发的胃溃疡，有明显保护作用。

③ 抗心肌缺血和脑缺血。延胡索乙素对心肌和脑的缺血再灌注损伤可发挥作用。左旋延胡索乙素可预防急性全脑缺血再灌注损伤，在心肌缺血再灌注损伤中具有心脏保护作用。延胡索乙素通过抗氧化和抗凋亡特性而发挥心肌细胞保护作用。

【附注】除上种外，曾有多种同属植物的块茎在部分地区也作元胡或土元胡药用。例如，齿瓣延胡索 *Corydalis turtschaninovii* Bess.主产于东北及河北北部，块茎是不规则球形，表面黄棕色，皱缩；全叶延胡索 *C. repens* Mandl. et Muehld.主产于东北及河北、河南、山东、江苏等地，块茎呈圆球形、长圆形或圆锥形，表面灰棕色，皱缩。以上均非正品。

夏天无 为罂粟科植物伏生紫堇 *Corydalis decumbens*（Thunb.）Pers.的干燥块茎。主产于江西，江苏亦有栽培。春季或初夏出苗后采挖，除去茎、叶及须根，洗净，干燥药材呈类球形、长圆形或不规则块状，长 0.5~3 cm，直径 0.5~2.5 cm。表面灰黄色、暗绿色或黑褐色有瘤状突起和不明显的细皱纹，顶端钝圆，可见茎痕，四周有淡黄色点状叶痕及须根痕。质硬，断面黄白色或黄色，颗粒状或角质样，有的略带粉性。气微，味苦。本品含多种生物碱，如原鸦片碱、空褐鳞碱（bulbocapnine）、右旋四氢巴马亭、延胡索乙素及夏天无碱（decumbenine）。本品性温，味苦辛。活血止痛，舒筋活络，祛风除湿。用于治疗中风偏瘫、头痛、跌扑损伤、风湿痹痛、腰腿疼痛。

罂粟 ***Papaver somniferum* L.** 一年生或二年生草本，全株粉绿色，有白色乳汁。叶互生，长椭圆形，基部抱茎，，边缘有缺刻。花单生，蕾时弯曲，开放时向上；花瓣4枚，白、红、淡紫等色；雄蕊多数，离生；心皮多枚，侧膜胎座，无花柱，柱头具8~12条辐射状分枝。蒴果近球形，于柱头分枝下孔裂。原产于印度、伊朗。本品严禁非法种植。果壳（药材名：罂粟壳）为敛肺涩肠药，有敛肺、涩肠、固肾、止痛等功效。未成熟果实中的乳汁含吗啡等生物碱（药材名：鸦片），为镇痛、止咳、止泻药。

13. 十字花科（Cruiferae，Brassicaceae）

⚥ $* K_{2+2}C_4A_{2+4}\underline{G}_{(2:1\sim2:1\sim\infty)}$

［形态特征］ 草本。单叶互生；无托叶。花两性，辐射对称，多排成总状花序；萼片4枚，2轮；花瓣4枚，十字形排列；雄蕊6枚，4长2短（外轮2枚，内轮4枚），为四强雄蕊，常在雄蕊基部有4个蜜腺；子房上位，由2枚心皮合生，侧膜胎座，中央有心皮边缘延伸的隔膜（假隔膜 replum）分成2室（1室）。长角果或短角果，多2瓣开裂。种子无胚乳。

［分布］ 约300属，约3 200种，主要分布于北温带，尤其以地中海区域较多。我国有95属，425种，124个变种，9个变型。全国各地均有分布，以西南、西北、东北高山及丘陵地带为多，平原及沿海地区较少。已知药用的有30属，103种。

［显微特征］ 常有分泌细胞、不等式气孔、多种单细胞非腺毛。

［染色体］ $X=4\sim15$。

［化学成分］ ① 硫苷类：如白介子苷（sinalbin）、黑介子苷（sinigrin）等。② 吲哚苷类：如菘蓝苷B（isatan B）等。③ 强心苷类：如糖芥毒苷（erysimotoxin）等。种子多含丰富的脂肪油。

［药用植物与生药代表］

板蓝根* Isatidis Radix （英）Indigowoad Root

图14-43 菘蓝

【基原】 本品为十字花科植物菘蓝 *Isatis indigotica* Fort.的干燥根。

【植物形态】 二年生草本。主根近圆锥形。叶互生；基生叶莲座状具柄，长圆状椭圆形；茎生叶长圆状披针形；基部垂耳圆形，半抱茎。圆锥花序；花黄色。短角果近长圆形扁平，边缘有翅，紫色，不开裂，1室。种子1枚（图14-43）。

【产地】 各地有栽培。主产于河北、北京、黑龙江、河南、江苏等地。

【采制】 秋季采挖，除去泥沙，晒干。

【性状】 本品呈圆柱形，稍扭曲，长10~20 cm，直径0.5~1 cm。表面淡灰黄色或淡棕黄色，有纵皱纹、横长皮孔样突起及支根痕。根头略膨大，可见暗绿色或暗棕色轮状排列的叶柄残基和密集的疣状突起。体实,质略软,断面皮部黄白色,木部黄色,呈"菊花心"。气微,味微甜后苦涩(图14-44)。

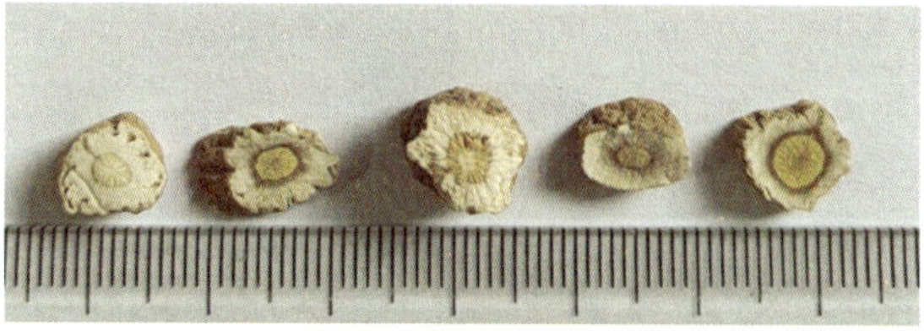

图14-44　板蓝根饮片

【显微特征】横切面　① 木栓层为数列细胞。② 栓内层狭。③ 韧皮部宽广,射线明显,形成层成环。④ 木质部导管黄色,类圆形,直径约80 μm;导管周围有木纤维束。薄壁细胞含淀粉粒。

粉末　浅棕黄色。① 网纹导管网眼较细短,也有螺纹和具缘纹孔导管,直径15~35 μm,成束或单个散在。② 木栓细胞表面观呈多角形、类圆形和类长方形,淡黄色,微木化。③ 薄壁细胞多褶皱,有的稍长,直径10~35 μm,壁薄。④ 木纤维多成束或单个散在,直径14~20 μm,微木化,纹孔及孔沟明显。⑤ 淀粉粒单粒圆球形、椭圆形及不规则形,直径2~17 μm,脐点裂缝状,复粒不明显(图14-45)。

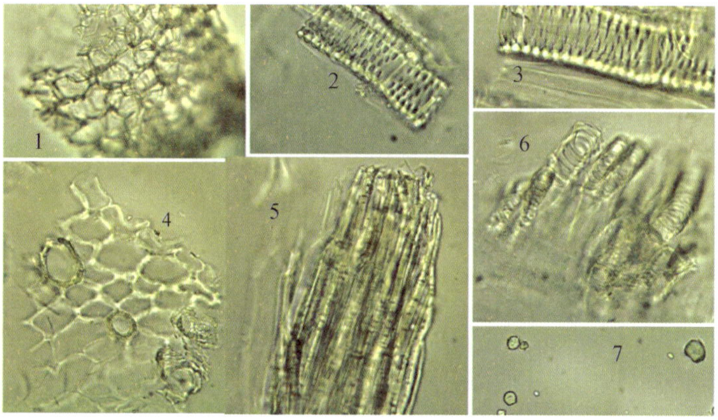

图14-45　板蓝根粉末组织特征图

1. 木栓细胞;2. 具缘纹孔导管;3. 网纹导管;4. 薄壁细胞;
5. 木纤维;6. 螺纹导管;7. 淀粉粒。

【化学成分】主要含有(R,S)-告依春(epigoitrin)、靛玉红(indirubin)、靛蓝(indigo)、羟基靛玉红(hydroxyindirubin)等生物碱,精氨酸(arginine)、谷氨酸(glutamic acid)等氨基酸。

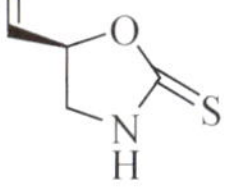

(R,S)-告依春

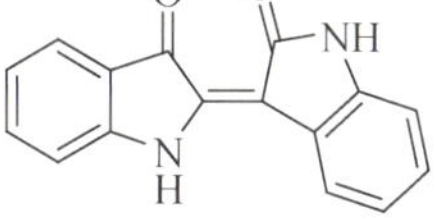

靛玉红

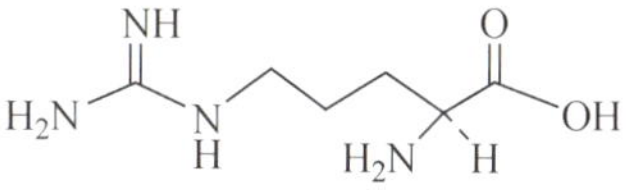

精氨酸

【理化鉴别】薄层色谱　硅胶G薄层,喷以茚三酮试液,在105 ℃加热至斑点显色清晰。供试品色谱中,在与对照药材色谱和精氨酸对照品色谱相应的位置上显相同颜色的斑点。以二硝基苯肼乙醇试液显色。供试品色谱中,在与桂皮醛对照品色谱相应的位置上显相同的斑点。硅胶 GF254 薄层,置紫外光灯(254 nm)下检视。供试品色谱中,在与对照药材色谱和(R,S)-告依春对照品色谱相应的位置上显相同颜色的斑点。

含量测定　采用高效液相色谱法测定,本品按干燥品计算,含(R,S)-告依春(C_5H_7NOS)不得少于 0.020%。

【功效与主治】清热解毒,凉血利咽;用于瘟疫时毒、发热咽痛、温毒发斑、痄腮、烂喉丹痧、大头瘟疫、丹毒、痈肿等症,用量 9~15 g。

【药理作用】① 抗病毒作用。动物实验研究表明,本品对流感病毒和乙肝病毒有抑制作用。

② 抗菌作用。其煎剂对革兰阳性和阴性细菌均有抑制作用,包括金黄色葡萄球菌、肺炎双球菌、甲型链球菌、流感杆菌、大肠杆菌等多种致病菌及钩端螺旋体。

③ 解热和抗炎作用。动物实验研究表明,其煎剂有显著的解热和抗炎作用。

【附注】大青叶　本品为菘蓝的干燥叶。夏、秋二季分 2~3 次采收,除去杂质,晒干。本品多皱缩卷曲,有的破碎。完整叶片展平后呈长椭圆形至长圆状倒披针形,长 5~20 cm,宽 2~6 cm;上表面暗灰绿色,有的可见色较深、稍突起的小点;先端钝圆,全缘或微波状,基部狭窄下延至叶柄呈翼状;叶柄长 4~10 cm,淡棕黄色。质脆。气微,味微酸、苦、涩。本品粉末绿褐色。下表皮细胞垂周壁稍弯曲,略呈连珠状增厚;气孔不等式,副卫细胞 3~4 个。叶肉组织分化不明显;叶肉细胞中含蓝色细小颗粒状物,亦含橙皮苷样结晶。鲜叶含大青素 B(isatan B,约 1%),易被弱碱水解,生成吲哚醇,继而氧化成靛蓝(indigo)。本品性寒,味苦;能清热解毒,凉血消斑。

青黛　本品为爵床科植物马蓝 *Baphicacanthus cusia*(Nees) Bremek.、蓼科植物蓼蓝 *Polygonum tinctorium* Ait.或十字花科植物菘蓝的叶或茎叶经加工制得的干燥粉末、团块或颗粒。本品为深蓝色的粉末,体轻,易飞扬;或呈不规则多孔性的团块、颗粒,用手搓捻即成细末。微有草腥气,味淡。主含靛蓝 2.0%,靛玉红(indirubin)0.13%等。靛玉红有抗癌活性,可人工合成。本品性寒,味咸;能清热解毒,凉血消斑,泻火定惊。用于温毒发斑,血热吐衄,胸痛咳血,口疮,痄腮,喉痹,小儿惊痫。

南板蓝根　为爵床科植物马蓝 *Baphicacanthus cusia*(Nees) Bremek.的干燥根茎及根。夏、秋两季采挖,除去地上茎,洗净,晒干。本品根茎呈类圆形,多弯曲,有分枝,长 10~30 cm,直径 0.1~1 cm。表面灰棕色,具细纵纹;节膨大,节上长有细根或茎残基;外皮易剥落,呈蓝灰色。质硬而脆,易折断,断面不平坦,皮部蓝灰色,木部灰蓝色至淡黄褐色,中央有髓。根粗细不一,弯曲有分枝,细根细长而柔韧。气微,味淡。本品根茎横切面:木栓层为数列细胞,内含棕色物。皮层宽广,外侧为数列厚角细胞;内皮层明显;可见石细胞。韧皮部较窄,韧皮纤维众多。木质部宽广,细胞均木化;导管单个或 2~4 个径向排列;木射线宽广。髓部细胞类圆形或多角形,偶见石细胞。薄壁细胞中含有椭圆形的钟乳体。本品性寒,味苦;能清热解毒,凉血消斑;用量 9~15 g。

白芥 *Sinapis alba* L.　一年生或二年生草本,全株被白色粗毛。茎基部叶具长柄,羽状深裂或近全裂。总状花序顶生或腋生;花黄色。长角果圆柱形,密被白色长毛,顶端具扁长的喙。种子近球形。原产于欧洲;我国有栽培。种子(药材名:白芥子)有化痰逐饮、散结消肿之功效。

葶苈(独行菜)*Lepidium apetalum* Willd.　一年生或二年生草本。茎自基部多分枝。

基生叶有长柄，叶片狭匙形或倒披针形，一回羽状浅裂或深裂；茎生叶披针形或长圆形，边缘有疏齿。总状花序顶生；花小，萼片 4 枚，花瓣缺或退化成丝状；雄蕊 2 枚或 4 枚；子房卵圆形而扁。短角果卵圆形或椭圆形，扁平。种子椭圆状卵形。分布于我国大部分地区；生于山坡、沟旁、路边等处。种子（药材名：葶苈子或北葶苈子）为止咳平喘药，泻肺平喘，行水消肿。用于痰涎壅肺、喘咳痰多、胸胁胀满、不得平卧、胸腹水肿、小便不利等症。

14. 杜仲科（Eucommiaceae）

♂ $P_0A_{4\sim10}$；♀ $P_0\underline{G}_{(2:1:2)}$

［形态特征］落叶乔木。枝、叶折断时有银白色胶丝。叶互生，无托叶。花单性异株，无花被，先叶或与叶同时开放；雄花密集成头状花序状，雄蕊 4～10 枚，常为 8 枚；雌花单生，具短梗，子房上位，心皮 2 枚，合生，1 室，胚珠 2 枚。翅果，扁平，狭椭圆形，含种子 1 粒。

［分布］1 属，1 种；为我国特产树种；分布于我国中部及西南各省区，各地有栽培。

［显微特征］韧皮部极厚，有 5～7 条断续的石细胞环带，内有橡胶质。

［染色体］$X=17$。

［化学成分］① 杜仲胶（gutta percha）；② 木质素类：如右旋丁香树脂酚（syringaresinol）、右旋松脂酚（pinoresinol）、左旋橄榄树脂素（olivil）等；③ 环烯醚萜类：如杜仲苷（ulmoside）、桃叶珊瑚苷（aucubin）、筋骨草苷（ajugoside）等；④ 三萜类：如白桦脂醇（betulin）、熊果酸（ursolic acid）、β-谷甾醇（β-sitosterol）等。

［药用植物与生药代表］

杜仲 Eucommiae Cortex

本品为杜仲科植物杜仲 *Eucommia ulmoides* Oliv. 的干燥树皮。主产于湖北、四川、贵州、陕西。4—6 月剥取，刮去粗皮，堆置“发汗”至内皮呈紫褐色，晒干。本品呈板片状或两边稍向内卷，大小不一，厚 3～7 mm。外表面淡棕色或灰褐色，有明显的皱纹或纵裂槽纹，有的树皮较薄，未去粗皮，可见明显的皮孔。内表面暗紫色，光滑。质脆，易折断，断面有细密、银白色、富弹性的橡胶丝相连。气微，味稍苦。含杜仲胶（属于硬性橡胶类，含量约 20%）、木脂素类、环烯醚萜类、三萜类和有机酸类。

【理化鉴别】薄层色谱　硅胶 G 薄层，以 5%香草醛的 10%硫酸乙醇溶液，在 105 °C 加热至斑点显色清晰，供试品色谱中，在与对照药材色谱和松脂醇二葡萄糖苷对照品色谱相应的位置上显相同颜色的斑点。

各种制剂对犬、猫、兔均有降压作用，主要降压成分为松脂醇二葡萄糖苷；还有降血清胆固醇、镇静、镇痛、抗炎、利尿、抑菌和增强机体免疫功能等作用。本品性温，味甘；能补肝肾，强筋骨，安胎；用于肝肾不足、腰膝酸痛、筋骨无力、头晕目眩、妊娠漏血、胎动不安；用量 6～10 g。

15. 蔷薇科（Rosaceae）

⚥ $* K_5C_5A_{5\sim\infty}\underline{G}_{(1\sim\infty:1:1\sim\infty)}$，$\overline{G}_{(2\sim5:2\sim5:2)}$

［形态特征］草本或木本。常具刺。单叶或复叶，多互生，常有托叶。花两性，辐射对称；单生或排成伞房、圆锥花序；花托凸起或凹陷，花被与雄蕊合成一碟状、杯状、坛状或壶状的托杯（hypanthium），称花丝托，萼片、花瓣和雄蕊均着生托杯的边缘；萼片 5，花瓣 5，

分离,稀无瓣;雄蕊5至多枚;心皮1至多枚,分离或结合,子房上位至下位,每室1至多数胚珠。蓇葖果、瘦果、核果或梨果。

[分布] 124属,3 300余种;分布于全球。我国有51属,1 000余种;分布于全国各地;药用的有48属,400余种。

[显微特征] 多具单细胞非腺毛、草酸钙簇晶或方晶、蜜腺、不定式气孔。

[染色体] $X=7\sim9,17$。

[化学成分] ① 氰苷类:如苦杏仁苷(amygdalin)、野樱苷(prunasin)等;② 多元酚类:如鹤草酚(agrimophol)等;③ 黄酮类:如槲皮素(quercetin)、金丝桃苷(hyperoside)等;④ 二萜生物碱类:如绣线菊碱(spiradine)等;⑤ 有机酸类:如枸橼酸(citric acid)、酒石酸(tartaric acid)、桂皮酸(cinnamic acid)、绿原酸(chlorogenic acid)等。

[药用植物与生药代表]

根据花托、托杯、雌蕊心皮数目,子房位置和果实类型分为绣线菊亚科、蔷薇亚科、苹果亚科和梅亚科。

(1) 绣线菊亚科(Spiraeoideae)。

灌木。单叶,稀为复叶;多无托叶。心皮1~5枚,离生;子房上位,具2至多枚胚珠。蓇葖果,稀为蒴果。

绣线菊 *Spiraea salicifolia* L. 叶互生,长圆状披针形至披针形,边缘有锯齿。圆锥花序长圆形或金字塔形;花粉红色。蓇葖果直立,常具反折裂片。分布于我国东北、华北地区;生于河流沿岸、湿草原或山沟处。全株有通经活血、通便利水之功效。

(2) 蔷薇亚科(Rosoideae)。

灌木或草本。多为羽状复叶,有托叶。托杯壶状或凸起;心皮多枚,分离,子房上位,周位花。聚合瘦果或聚合小核果。

金樱子 Rosae Laevigatae Fructus

本品为蔷薇科植物金樱子 *Rosa laevigata* Michx.的干燥成熟果实。主产于陕西、安徽、江西、江苏、浙江、湖北、湖南、广东、广西、台湾、福建、四川、云南、贵州等地。10—11月果实成熟变红时采收,干燥,除去毛刺。本品为花托发育而成的假果,呈倒卵形,长2~3.5 cm,直径1~2 cm。表面红黄色或红棕色,有突起的棕色小点,系毛刺脱落后的残基。顶端有盘状花萼残基,中央有黄色柱基,下部渐尖。质硬。切开后,花托壁厚1~2 mm,内有多数坚硬的小瘦果,内壁及瘦果均有淡黄色绒毛。气微,味甘、微涩。含黄酮、三萜、鞣质、苯丙素、甾体、多糖类等。具有收涩止泻、免疫调节、抗氧化、抗菌抗炎、抗肿瘤、保肝护肾、降血脂、保护神经等生物活性;可用于治疗糖尿病肾病、慢性肾炎蛋白尿、遗精遗尿、特发性血小板减少性紫癜、慢性顽固性腹泻等疾病。本品性平,味酸、甘、涩;能固精缩尿,固崩止带,涩肠止泻;用于遗精滑精、遗尿尿频、崩漏带下、久泻久痢;用量6~12 g。

地榆 Sanguisorbae Radix

本品为蔷薇科植物地榆 *Sanguisorba officinalis* L.或长叶地榆 *Sanguisorba officinalis* L. var. *longifolia* (Bert.) Yü et Li 的干燥根。后者习称"绵地榆"。主产于黑龙江、吉林、辽宁、内蒙古、河北、山西、陕西、甘肃、青海、新疆、山东、河南、江西、江苏、浙江、安徽、湖南、湖北、广西、四川、贵州、云南、西藏。春季将发芽时或秋季植株枯萎后采挖，除去须根，洗净，干燥，或趁鲜切片，干燥。地榆呈不规则纺锤形或圆柱形，稍弯曲，长 5~25 cm，直径 0.5~2 cm。表面灰褐色至暗棕色，粗糙，有纵纹。质硬，断面较平坦，粉红色或淡黄色，木部略呈放射状排列。气微，味微苦涩。绵地榆呈长圆柱形，稍弯曲，着生于短粗的根茎上；表面红棕色或棕紫色，有细纵纹。质坚韧，断面黄棕色或红棕色，皮部有多数黄白色或黄棕色绵状纤维。气微，味微苦涩。含鞣质、三萜类和黄酮类等。具有止血、抗菌、抗肿瘤、神经保护和降血糖等多种药理活性。本品微寒，味苦、酸、涩；能凉血止血，解毒敛疮。用于便血、痔血、血痢、崩漏、水火烫伤、痈肿疮毒，用量 9~15 g。外用适量，研末涂敷患处。

月季花* Rosae Chinensis Flos

【基原】蔷薇科植物月季 *Rosa chinensis* Jacq.的干燥花。

【植物形态】矮小直立灌木，有皮刺。羽状复叶，小叶 3~5 枚，宽卵形或卵状长圆形，无毛；托叶附生于叶柄上，边缘有腺毛或羽裂。花单生或数朵聚生成伞房状，花瓣红色或玫瑰色，重瓣。果卵圆形或梨形（图 14-46）。

【产地】原产中国，各地普遍栽培。

【采制】全年均可采收，花微开时采摘，阴干或低温干燥。

【性状】本品呈类球形，直径 1.5~2.5 cm。花托长圆形，萼片 5 枚，暗绿色，先端尾尖；花瓣呈覆瓦状排列，有的散落，长圆形，紫红色或淡紫红色；雄蕊多数，黄色。体轻，质脆。气清香，味淡、微苦（图 14-47）。

图 14-46　月季

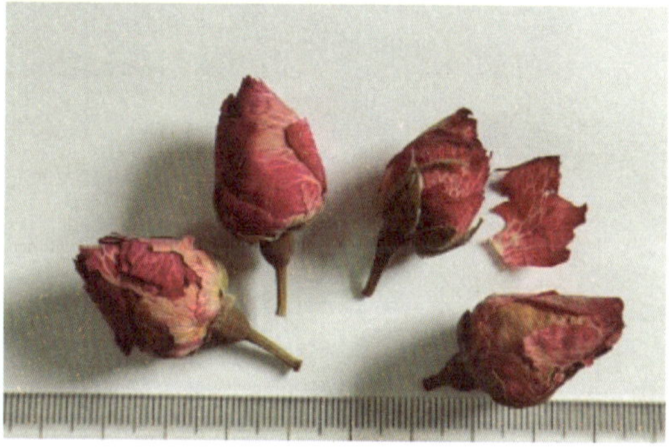

图 14-47　月季花药材

【显微特征】本品粉末淡棕色。① 单细胞非腺毛有两种，一种较细长，多弯曲，长 85~280 μm，直径 13~23 μm；另一种粗长，先端尖或钝圆，长约 1 200 μm，直径 38~65 μm。② 花粉粒类球形，直径 30~45 μm，具 3 孔沟，表面有细密点状雕纹，有的中心有一圆形核状物。③ 草酸钙簇晶直径 19~40 μm，棱角较短尖。④ 花瓣上表皮细胞外壁突起，有细密脑纹状纹理；下表皮细胞垂周壁波状弯曲（图 14-48）。

【化学成分】主要含有金丝桃苷、异槲皮苷、槲皮苷、黄芩苷、槲皮素、藕蓄苷、紫云英苷和阿福豆苷等黄酮类成分，没食子酸和鞣花酸等酚酸类成分，还含有鞣质、挥发油、色素和多糖类成分。金丝桃苷和异槲皮苷具有抗氧化应激、抗急性肝损伤、抗炎、抗抑郁和血管保护等作用。

【理化鉴别】薄层色谱 硅胶G薄层,喷以10%硫酸乙醇溶液,在105 ℃加热数分钟,立即置紫外光灯(365 nm)下检视。供试品色谱中,在与金丝桃苷和异槲皮苷对照品色谱相应的位置上显相同颜色的荧光斑点。

含量测定 采用高效液相色谱法测定,本品按干燥品计算,含金丝桃苷($C_{21}H_{20}O_{12}$)和异槲皮苷($C_{21}H_{20}O_{12}$)的总量不得少于0.38%。

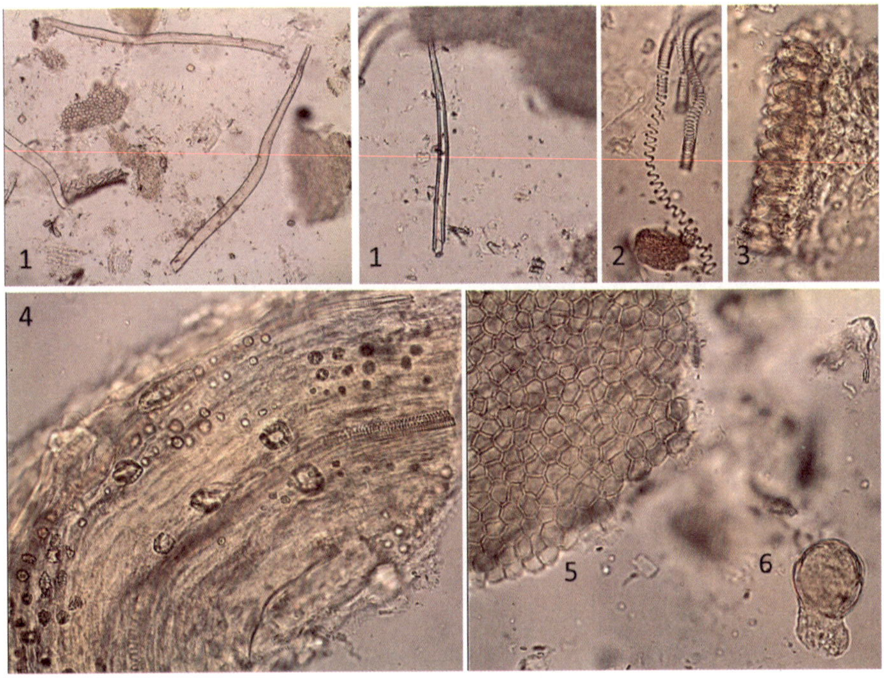

图 14-48 月季花粉末组织特征图

1. 非腺毛;2. 螺纹导管;3. 柱头表皮细胞;4. 簇晶;5. 花冠表皮细胞;6. 花粉粒。

【功效与主治】活血调经,疏肝解郁。用于气滞血瘀、月经不调、痛经、闭经、胸胁胀痛,用量3~6 g。

【药理作用】① 抗氧化作用:月季花中含有大量的色素,其主要色素为红色素和花青素,均具有一定的抗氧化作用。

② 抗肿瘤作用:月季主要富含黄酮类、苷类和酚酸类化合物,经研究发现黄酮类、苷类和酚酸类化合物中含有大量的槲皮素,均有抗癌和抗肿瘤作用。

玫瑰花 Rosae Rugosae Flos

本品为蔷薇科植物玫瑰 *Rosa rugosa* Thunb.的干燥花蕾。原产于我国华北以及日本和朝鲜。我国各地均有栽培。春末夏初花将开放时分批采摘,及时低温干燥。本品略呈半球形或不规则团状,直径0.7~1.5 cm。残留花梗上被细柔毛,花托半球形,与花萼基部合生;萼片5枚,披针形,黄绿色或棕绿色,被有细柔毛;花瓣多皱缩,展平后宽卵形,呈覆瓦状排列,紫红色,有的黄棕色;雄蕊多数,黄褐色;花柱多数,柱头在花托口集成头状,略突出,短于雄蕊。体轻,质脆。气芳香浓郁,味微苦涩。含挥发油、多糖、黄酮类和多酚类等多种化学成分,具有较强抗氧化、抗肿瘤和调节血脂、抗菌、抗病毒等生理活性。本品性温，味甘、微苦；能行气解郁，和血，止痛。用于肝胃气痛、食少呕恶、月经不调、跌扑伤痛；用量 3~6 g。

（3）李亚科（Prunoideae）。

木本。单叶；有托叶。心皮 1 枚，子房上位，周位花；1 室，胚珠 2 枚。核果，肉质。

苦杏仁* Armeniacae Semen Amarum　（英）Bitter Apricot Seed

【基原】本品为蔷薇科植物山杏 *Prunus armeniaca* L. var. *ansu* Maxim.、西伯利亚杏 *P. sibirica* L.、东北杏 *P. mandshurica*（Maxim.）Koehne 或杏 *P. armeniaca* L.味苦的干燥成熟种子。

【植物形态】杏　乔木，高 5~8（12）m；树冠圆形、扁圆形或长圆形；树皮灰褐色，纵裂；多年生枝浅褐色，皮孔大而横生，一年生枝浅红褐色，有光泽，无毛，具多数小皮孔。叶片宽卵形或圆卵形，先端急尖至短渐尖，基部圆形至近心形，叶边有圆钝锯齿，两面无毛或下面脉腋间具柔毛；叶柄无毛，基部常具 1~6 腺体。花单生，先于叶开放；花梗短，被短柔毛；花萼紫绿色；萼筒圆筒形，外面基部被短柔毛；萼片卵形至卵状长圆形，先端急尖或圆钝，花后反折；花瓣圆形至倒卵形，白色或带红色，具短爪；雄蕊 20~45 枚，稍短于花瓣；子房被短柔毛，花柱稍长或几与雄蕊等长，下部具柔毛。果实球形，稀倒卵形，直径约 2.5 cm 以上，白色、黄色至黄红色，常具红晕，微被短柔毛；果肉多汁，成熟时不开裂；核卵形或椭圆形，两侧扁平，顶端圆钝，基部对称，稀不对称，表面稍粗糙或平滑，腹棱较圆，常稍钝，背棱较直，腹面具龙骨状棱；种仁味苦或甜（图 14-49）。

【产地】我国北方大部分地区均产，内蒙古、辽宁、河北、吉林等地的产量大。

【采制】夏季采收成熟果实，除去果肉和核壳，取出种子，晒干。

【性状】本品呈扁心形，长 1~1.9 cm，宽 0.8~1.5 cm，厚 0.5~0.8 cm。表面黄棕色至深棕色，一端尖，另端钝圆，肥厚，左右不对称，尖端一侧有短线形种脐，圆端合点处向上具多数深棕色的脉纹。种皮薄，子叶 2 枚，乳白色，富油性。气微，味苦（图 14-50）。

图 14-49　杏

1. 植株；2. 花；3. 果实。

图 14-50　苦杏仁

【显微特征】横切面　① 种皮表皮细胞一层薄壁细胞，散有近圆形橙黄色石细胞，内为多层薄壁细胞，有细小维管束。② 外胚乳为数列颓废的薄壁组织。③ 内胚乳为一列长方形细胞，内含糊粉粒及脂肪油。④ 子叶为多角形薄壁细胞，含糊粉粒及脂肪油（图 14-51）。

粉末　黄白色。① 种皮石细胞单个散在或成群，侧面观大多呈贝壳形，表面观呈类圆形、类多角形。② 种皮外表皮薄壁细胞黄棕色，多皱缩，与石细胞相连，细胞界限不明显。③ 子叶细胞含糊粉粒及油滴，并有草酸钙簇晶。④ 内胚乳细胞类多角形，含糊粉粒(图 14-52)。

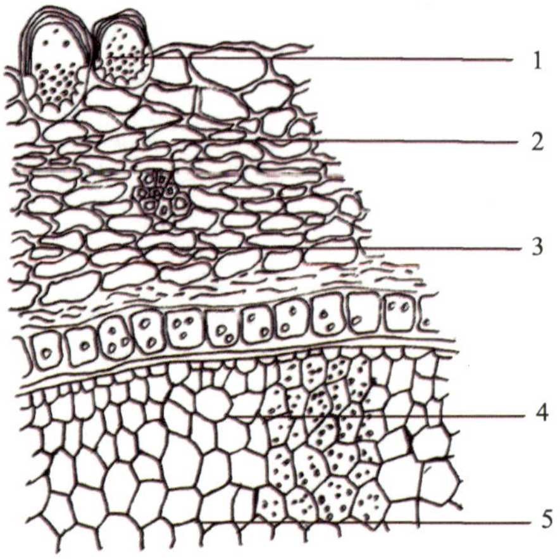

图 14-51　苦杏仁横切面详图

1. 石细胞；2. 种皮表皮；3. 维管束；4. 内胚乳；5. 子叶。

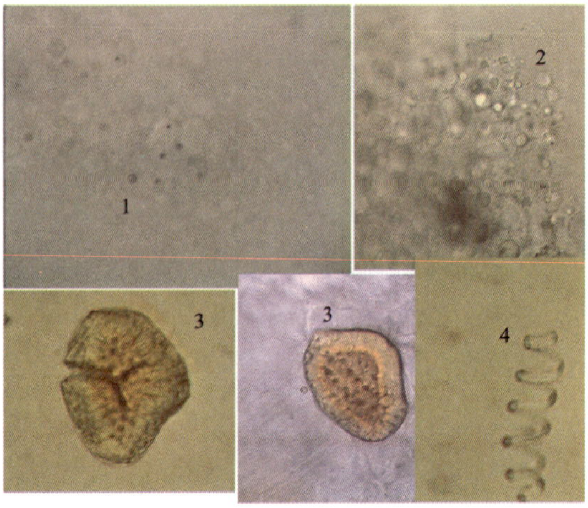

图 14-52　苦杏仁粉末组织特征图

1. 子叶细胞(含糊粉粒)；2. 内胚乳细胞；3. 种皮石细胞；4. 螺纹导管。

【化学成分】含有苦杏仁苷(amygdalin)约 3%，脂肪油约 50%，苦杏仁酶(emulsin)。苦杏仁酶为多种酶的混合物，包括苦杏仁苷酶(amygdalase)、野樱酶(prunase)、醇腈酶(oxynitrilase)，以及可溶性蛋白。苦杏仁苷可被苦杏仁酶水解，生成氢氰酸、苯甲醛和葡萄糖。

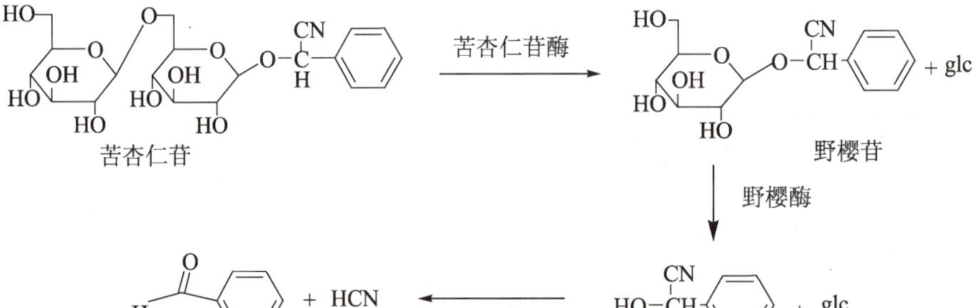

【理化鉴别】薄层色谱　用 0.8%磷钼酸的 15%硫酸乙醇溶液浸板，在 105 ℃加热至斑点显色清晰。供试品色谱中，在与苦杏仁苷对照品色谱相应的位置上显相同颜色的斑点。

浸出物　照醇溶性浸出物测定法(通则 2201)项下的冷浸法测定，用乙醇作为溶剂，不得少于 17%。

含量测定　采用高效液相色谱法测定，本品按干燥品计算，含苦杏仁苷($C_{20}H_{27}NO_{11}$)不得少于 3.0%。

【功效与主治】降气止咳平喘，润肠通便；用于咳嗽气喘、胸满痰多、肠燥便秘；用量

5~10 g，生品入煎剂后下。

【药理作用】① 止咳平喘作用。其煎剂有显著的止咳平喘作用。

② 对消化系统的作用。苦杏仁苷的分解产物苯甲醛能抑制胃蛋白酶而影响消化功能。

③ 抗肿瘤作用。其热水提取物粗制剂对人子宫颈癌 JTC-26 株的抑制率为 50%~70%；小鼠自由摄食苦杏仁，可抑制艾氏腹水癌的生长，并使生存期延长。

④ 毒副作用。口服大量苦杏仁可中毒。先作用于延髓的呕吐、呼吸、迷走神经及血管运动等中枢，引起兴奋，随后进入昏迷、惊厥，继而整个中枢神经系统麻痹而死亡。表现有眩晕、头痛、呼吸急促、呕吐、心悸、发绀、昏迷、惊厥等，急救主要用亚硝酸盐和硫代硫酸钠。

【附注】桃仁　本品为蔷薇科植物桃 *Prunus persica*（L.）Batsch.和山桃 *P. davidiana*（Carr.）Franch.的种子。桃仁呈扁长卵形，长 1.2~1.8 cm，宽 0.8~1.2 cm，厚 0.2~0.4 cm。表面黄棕色至红棕色，密布颗粒状突起。一端尖，中部膨大，另端钝圆稍偏斜，边缘较薄。尖端一侧有短线形种脐，圆端有颜色略深不甚明显的合点，自合点处散出多数纵向维管束。种皮薄，子叶 2 枚，类白色，富油性。气微，味微苦。山桃仁呈类卵圆形，较小而肥厚，长约 0.9 cm，宽约 0.7 cm，厚约 0.5 cm。本品性平，味苦、甘；能活血祛瘀，润肠通便，止咳平喘；用于经闭痛经、癥瘕痞块、肺痈肠痈、跌打损伤、肠燥便秘、咳嗽气喘，用量 5~10 g。孕妇慎用。

木瓜 Chaenomelis Fructus

本品为蔷薇科植物贴梗海棠 *Chaenomeles speciosa*（Sweet）Nakai 的干燥近成熟果实。主产于山东、陕西、湖北、江西、安徽、江苏、浙江、广东、广西。夏、秋两季果实绿黄时采收，置沸水中烫至外皮灰白色，对半纵剖，晒干。本品长圆形，多纵剖成两半，长 4~9 cm，宽 2~5 cm，厚 1~2.5 cm。外表面紫红色或红棕色，有不规则的深皱纹；剖面边缘向内卷曲，果肉红棕色，中心部分凹陷，棕黄色；种子扁长三角形，多脱落。质坚硬。气微清香，味酸。含黄酮类、有机酸类、三萜类、皂苷类、糖类、鞣质等，具有抗肿瘤、保肝、抗炎镇痛、祛风湿和抗菌等药理作用。本品性温，味酸；能舒筋活络，和胃化湿；用于湿痹拘挛、腰膝关节酸重疼痛、暑湿吐泻、转筋挛痛、脚气水肿；用量 6~9 g。

梅 *Prunus mume* Siebold et Zucc.　落叶乔木。小枝细长，先端刺状。单叶互生，叶片椭圆状宽卵形。春季先叶开花，有香气，1~3 朵簇生；花萼红褐色；花瓣 5 枚，白色或淡红色。果实近球形，黄色或绿白色，被柔毛。分布于全国各地，以长江以南为多；各地多栽培。近成熟果实经熏焙后（药材名：乌梅）为敛肺涩肠药，有敛肺止咳、涩肠止泻、止血、安蛔、治疮等功效。

（4）苹果亚科（Maloideae）。

灌木或乔木。单叶或复叶；有托叶。心皮 2~5 枚，多数与杯状花托内壁连合；子房下位，2~5 室，各具 2 枚胚珠，少数具 1 至多枚胚珠。梨果或浆果状。

山楂* Crataegi Fructus （英）Hawthorn Fruit

图 14-53 山里红

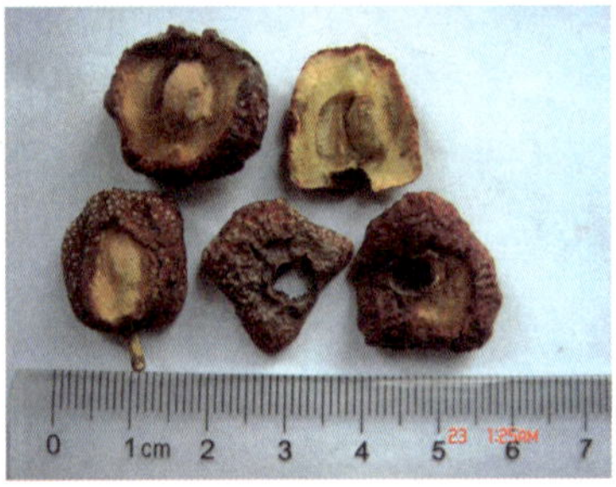

图 14-54 山楂饮片

【基原】 为蔷薇科植物山楂 *Crataegus pinnatifida* Bge.或山里红 *C. pinnatifida* Bge. var. *major* N. E. Br.的干燥成熟果实。习称“北山楂”。

【植物形态】 山里红 落叶小乔木。小枝紫褐色，通常有刺。叶互生，宽卵形至菱状卵形，5～9 羽状浅裂。花白色，伞房花序；梨果球形，直径达 2.5 cm，深红色。有黄白色小斑点，花萼宿存(图 14-53)。

山楂 叶 3～5 羽状深裂，裂片卵状披针形；梨果直径 1～1.5 cm，深红色。

【产地】 主产于山东，产量大，品质佳。

【采制】 秋季果实成熟时采收，切片，干燥。

【性状】 本品为圆形片，皱缩不平，直径 1～2.5 cm，厚 0.2～0.4 cm。外皮红色，具皱纹，有灰白色小斑点。果肉深黄色至浅棕色。中部横切片具 5 粒浅黄色果核，有的核已脱落。有的片上可见短而细的果梗或花萼残迹。气微清香，味酸、微甜。以片大、皮红、肉厚、核少者为佳(图 14-54)。

【显微特征】 山里红果实横切面 ① 外果皮细胞 1 列，类方形，外被角质层，内含棕红色色素。② 中果皮极厚，全为薄壁组织，外侧(外果皮下)有 1～2 列含有棕色色素的薄壁细胞，其内侧广大中果皮薄壁组织中含多数淀粉粒、少数草酸钙簇晶，并有纵横的维管束散在。③ 淀粉粒细小，类圆形、类三角形，直径 4～8 μm，脐点多呈“一”字形，单粒或 2～3 个分粒组成的复粒；草酸钙簇晶直径 20～28 μm。

山楂果实横切面 ① 外果皮细胞 1 列，长方形，切向延长，内含棕色色素。② 中果皮均为薄壁组织，外侧(外果皮下)为 10 余列扁长方形薄壁细胞；向内细胞渐大，有多数石细胞散在，石细胞类圆形，少数呈不规则形，直径 60～100 μm，壁厚薄不一，壁孔及孔沟明显；并有草酸钙簇晶散在，草酸钙直径 12～20 μm。

粉末 深棕色或红棕色。① 石细胞类圆形、类多角形、长条形或不规则形，直径 20～180 μm，壁厚达 20～50 μm，层纹明显，孔沟较粗。② 草酸钙簇晶直径 20～50 μm，棱角较钝。③ 果肉薄壁细胞内含棕色物、淀粉粒及草酸钙方晶，直径 10～40 μm。④ 纤维直径，胞腔多狭窄。⑤ 果皮表皮细胞内含黄棕色至红棕色物，角质层厚(图 14-55)。

【化学成分】 ① 有机酸类：主要含有三萜类成分，如齐墩果酸(oleanolic acid)、熊果酸(ursolic acid)、山楂酸(crataegolic acid)等，其他酸性成分，如枸橼酸、苹果酸、酒石酸、琥珀酸、绿原酸、咖啡酸等具有消食导滞功效；② 黄酮类成分，如槲皮素(quercetin)、牡荆素(vitexin)、芦丁(rutin)；③ 还含有鞣质、皂苷、维生素等。

有机酸为消食导滞的有效成分；黄酮类为防治心血管疾病及降血脂的有效成分；山楂三萜酸为降血压、降血脂和强心的有效成分。

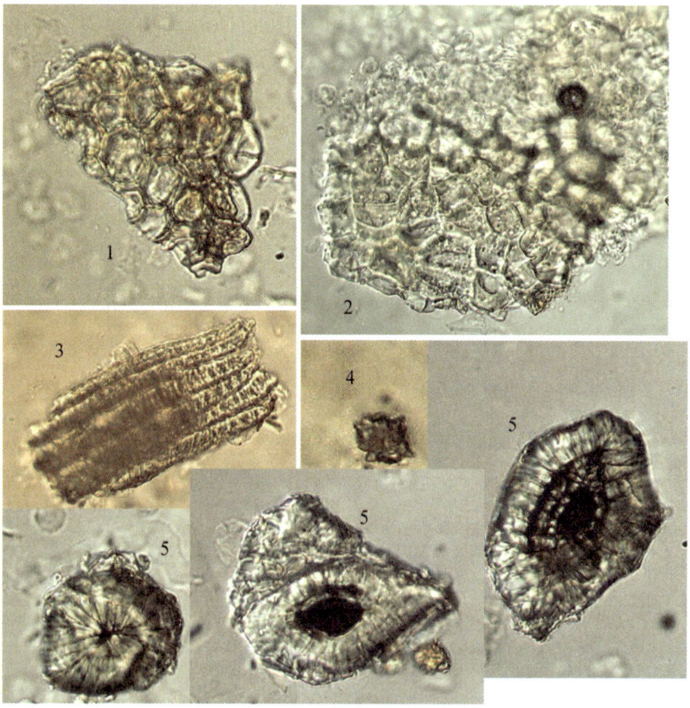

图 14-55　山楂粉末组织特征图

1. 果皮表皮细胞；2. 果肉薄壁细胞；3. 纤维；
4. 草酸钙簇晶；5. 石细胞。

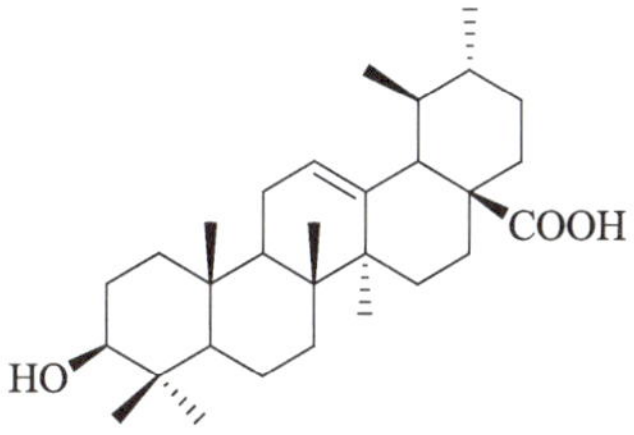

熊果酸

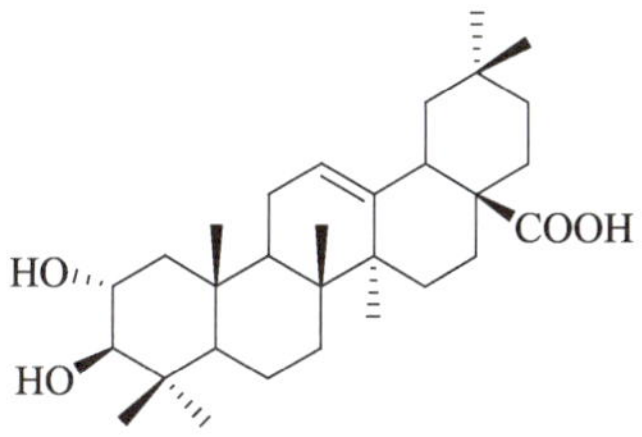

山楂酸

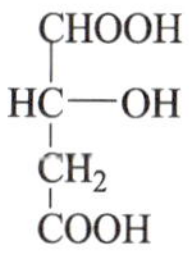

苹果酸

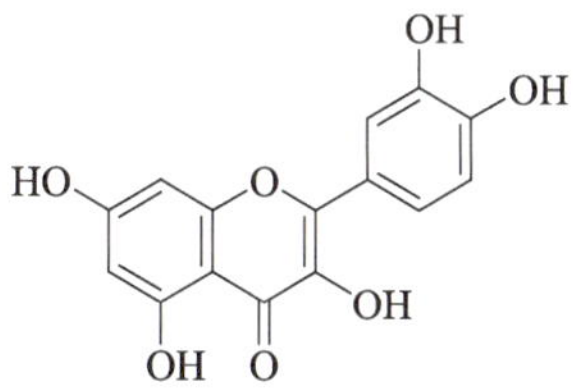

槲皮素

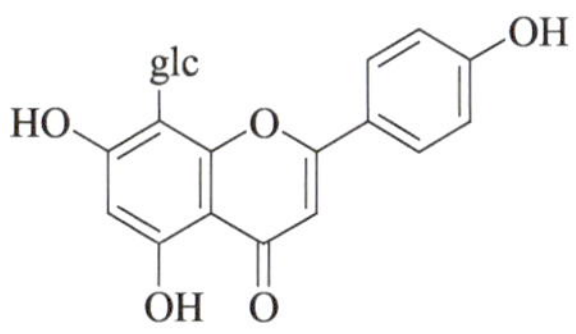

牡荆素

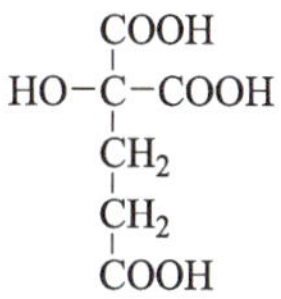

枸橼酸

【理化鉴别】薄层色谱　硅胶 G 薄层，喷以硫酸乙醇溶液，在 80 ℃加热至斑点显色清晰。供试品色谱中，在与熊果酸对照品色谱相应的位置上显相同的紫红色斑点；置紫外光灯（365 nm）下检视，显相同的橙黄色荧光斑点。

含量测定　滴定测定法，本品按干燥品计算，含有机酸以枸橼酸（$C_6H_8O_7$）计，不得少于 5.0%。

【功效与主治】酸、甘,微温;能消食健胃,行气散瘀,化浊降脂;用于肉食积滞、胃脘胀满、泻痢腹痛、瘀血经闭、产后瘀阻、心腹刺痛、胸痹心痛、疝气疼痛、高脂血症。焦山楂消食导滞作用增强,用于肉食积滞、泻痢不爽,用量 9~12 g。

【药理作用】① 对心脏的作用。其多种提取物有一定的强心作用和降压作用;总黄酮有增加冠脉流量、抗实验性心肌缺氧、抗心律不齐等作用;牡荆素鼠李苷有抗心肌损伤作用。

② 降血脂作用。其浸膏可降低家兔血中胆固醇及甘油三酯含量。

③ 助消化作用。脂肪酶可促进脂肪分解;山楂酸等可提高蛋白分解酶的活性,有帮助消化的作用。

④ 抗菌作用。其煎剂和乙醇提取物对福氏痢疾杆菌、宋内痢疾杆菌等有抑制作用。山楂核提取物对大肠杆菌、金黄色葡萄球菌、白色念珠菌等有杀灭作用。

⑤ 防癌作用。可抑制肿瘤细胞 DNA 的生物合成,从而阻止肿瘤细胞的分裂增殖。其提取液能阻止亚硝胺的合成。

【附注】南山楂　为野山楂 *Crataegus cuneata* Sieb. et Zucc.的干燥成熟果实。主产于江苏、浙江、广东、广西等地。均为野生,习称“南山楂”。采收后,置沸水中略烫后干燥或直接干燥。果实较小,类球形,直径 0.8~1.4 cm;表面棕色至棕红色,有细纹和灰白色小点,通常切成半球形或压成饼状,顶端有圆形凹窝(宿存花萼),基部有短果柄或柄痕;果肉薄,果皮常皱缩,棕红色。质坚硬。气微,味酸、微涩。含槲皮素、绿原酸、咖啡酸、齐墩果酸等。功效同山楂。

枇杷 Eriobotrya Japonica

本品为蔷薇科植物枇杷 *Eriobotrya japonica* (Thunb.) Lindl.的干燥叶。主产于甘肃、陕西、河南、江苏、安徽、浙江、江西、湖北、湖南、四川、云南、贵州、广西、广东、福建、台湾。各地广行栽培,四川、湖北有野生者。日本、印度、越南、缅甸、泰国、印度尼西亚也有栽培。全年均可采收,晒至七八成干时,扎成小把,再晒干。本品呈长圆形或倒卵形,长 12~30 cm,宽 4~9 cm。先端尖,基部楔形,边缘有疏锯齿,近基部全缘。上表面灰绿色、黄棕色或红棕色,较光滑;下表面密被黄色绒毛,主脉于下表面显著突起,侧脉羽状;叶柄极短,被棕黄色绒毛。革质而脆,易折断。本品性微寒,味苦;能清肺止咳,降逆止呕;用于肺热咳嗽、气逆喘急、胃热呕逆、烦热口渴;用量 6~10 g。

16. 豆科(Leguminosae,Fabaceae)

$⚥ * \uparrow K_{5,(5)} C_5 A_{(9)+1,10,\infty} \underline{G}_{1:1:1\sim\infty}$

[**形态特征**] 草本、木本或藤本。茎直立或蔓生,根部常有根瘤。叶互生,多为羽状或掌状复叶,多有托叶和叶枕(叶柄基部膨大的部分)。花两性,辐射对称或两侧对称;花萼5裂;花瓣5枚,通常分离,多数为蝶形花;雄蕊10枚,二体(9+1,稀为5+5),心皮1枚,子房上位,胚珠1至多数,边缘胎座。荚果。种子无胚乳。

[**分布**] 约650属,18 000种;广布于全球。我国有172属,1 485种,13个亚种,153个变种,16个变型;分布于全国各地;药用的有109属,600余种。为第三大科,仅次于菊科和兰科。

[**显微特征**] 常含草酸钙方晶。

［染色体］$X=5\sim16,18,20,21$。

［化学成分］① 黄酮类：如甘草苷（liquiritin）、异甘草苷（isoliquiritin）、大豆黄苷（daidzin）、芦丁（rutin）、葛根素（puerarin）等；② 生物碱类：如苦参碱（matrine）、野百合碱（monocrotaline）、毒扁豆碱（physostigmine）等；③ 蒽醌类：如番泻苷（sennoside）等；④ 三萜皂苷类：如甘草酸（glycyrrhizic acid）、甘草次酸（glycyrrhetic acid）、皂荚苷（gledinin）、皂荚皂苷（gleditschia saponin）等。

根据花的对称、花瓣的排列方式、雄蕊数目、连合等分为含羞草亚科、云实亚科和蝶形花亚科。

［药用植物与生药代表］

（1）含羞草亚科（Mimosoideae）。

木本、藤本，稀草本。二回羽状复叶。花辐射对称；穗状或头状花序；萼片下部多少合生；花瓣镊合状排列，基部常合生；雄蕊多枚，稀与花瓣同数。荚果，有的具次生横隔膜。

含羞草 *Mimosa pudica* L.　灌木状草本。二回羽状复叶，小叶触之即闭合下垂。荚果成熟时节间脱落。分布于华东、华南与西南；野生或栽培。全草有安神、散瘀止痛之功效。

合欢 *Albizia julibrissin* Durazz.　落叶乔木。树皮灰棕色，有密生椭圆形横向皮孔。二回偶数羽状复叶，小叶镰刀状，主脉偏向一侧。头状花序呈伞房状排列；花淡红色；花萼小，筒状；花冠漏斗状；花萼、花冠均为 5 枚；雄蕊多数，花丝细长，淡红色。荚果条形、扁平。分布于全国各地；野生或栽培。树皮（药材名：合欢皮）为养心安神药，有安神解郁、活血消痈之功效；花或花蕾（药材名：合欢花）为养心安神药，有解郁安神、理气开胃、清心明目、活血止痛之功效。

本亚科常用其他药用植物：儿茶 *Acacia catechu*（L.f.）Willd.，在浙江、台湾、广东、广西、云南等地均有栽培；心材或去皮枝干煎制的浸膏（药材名：孩儿茶）为活血疗伤药，有收湿敛疮、止血定痛、清热化痰之功效。

（2）云实亚科（Caesalpinioideae）。

木本、藤本，稀草本。通常为偶数羽状复叶。花两侧对称；萼片 5 枚，通常分离；花冠假蝶形；雄蕊 10 枚，多分离。荚果，常有隔膜。

决明 *Cassia tora*（L.）Roxb.　一年生半灌木状草本。上部多分枝。叶互生；偶数羽状复叶；小叶 3 对，叶片倒卵形或倒卵状长圆形；叶轴上第一对小叶间或在第一对和第二对小叶间各有一长约 2 mm 的针刺状腺体。花成对腋生；花冠黄色；雄蕊 10 枚，发育雄蕊 7 枚。荚果细长，近四棱形，长 15～20 cm。种子多枚，菱柱形，淡褐色，光亮。分布于全国；各地均有栽培和野生。种子（药材名：决明子）为清热泻火药，有清肝明目、利水通便之功效。

皂荚 *Gleditsia sinensis* Lam.　乔木。刺粗壮，通常分枝。小枝无毛。一回偶数羽状复叶；小叶 6～14 片，长卵形、长椭圆形至卵状披针形。花杂性；总状花序腋生；花萼钟状，裂片 4 枚；花瓣 4 枚，白色；雄蕊 6～8 枚；子房条形。荚果条形，黑棕色，被白色粉霜。分布于我国东北、华北、华东、华南及四川、贵州等地；生于路边、沟边和村庄附近。果实（药材名：皂荚）、不育果实（药材名：猪牙皂）为化痰药，有祛痰止咳、开窍通闭、杀虫散结等功效；棘刺（药材名：皂角刺）有消肿透脓、祛风、杀虫等功效。

番泻叶* Sennae Folium （英）Sennae Leaf

【基原】本品为狭叶番泻 *Cassia angustifolia* Vahl.或尖叶番泻 *C. acutifolia* Delile 的干燥叶。

【植物形态】狭叶番泻 矮小灌木,高 1~1.5 m。双数羽状复叶,互生,具小叶 4~8 对,卵状披针形至线状披针形,长 2~6 cm,宽 0.4~1.5 cm,先端急尖,基部稍不对称;有短柄。总状花序腋生或顶生,花略不整齐;萼片 5 枚,长卵形,略不等大;花瓣 5 枚,倒卵形,黄色,下面两瓣较大;雄蕊 10 枚,不等长;子房具柄,被疏毛。荚果扁平长方形,长 4~6 cm,宽 1~1.7 cm,背缝顶端有清楚的尖突;种子 8 枚。花期 9—12 月,果期次年 3 月。

图 14-56 尖叶番泻叶

尖叶番泻 与上种相似,但小叶 4~5 对,多为长卵形,长 2~4 cm,宽 0.7~1.2 cm,先端急尖或有棘尖,叶基不对称。荚果宽 2~2.5 cm,先端的尖突微小不显。种子 6~7 枚(图 14-56)。

【产地】狭叶番泻叶主产于印度南部的丁内未利(Tinnevelly),产量大,故商品名又称“印度番泻叶”或“丁内未利番泻叶”。尖叶番泻叶主产于埃及,由埃及亚历山大港输出,故称“埃及番泻叶”或“亚历山大番泻叶”。我国广东、海南及云南西双版纳等地有栽培。

【采制】狭叶番泻叶在开花前采摘叶片,阴干后用水压机打包。尖叶番泻叶在 9 月果实将成熟时,剪下枝条,摘取叶片晒干,按全叶与碎叶分别包装。

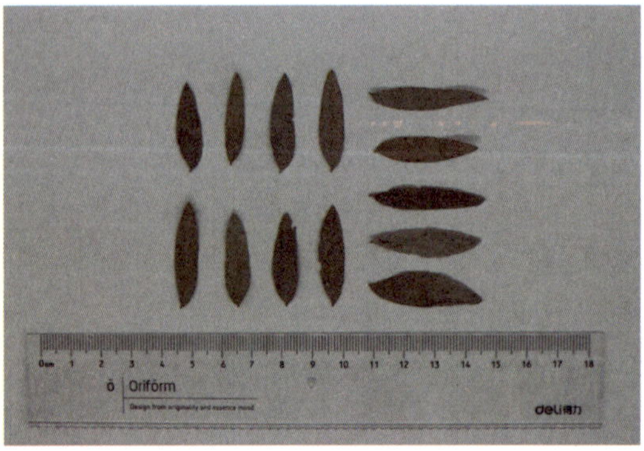

图 14-57 番泻叶药材

【性状】狭叶番泻叶 呈长卵形或卵状披针形,长 1.5~5 cm,宽 0.4~2 cm,叶端急尖,叶基稍不对称,全缘。上表面黄绿色,下表面浅黄绿色,无毛或近无毛,叶脉稍隆起。有叶脉及叶片压叠线纹(加压打包造成的),革质。气微弱而特异,味微苦,稍有黏性。用开水浸泡为茶色。

尖叶番泻叶 呈披针形或长卵形,长 2~4 cm,宽 0.7~1.2 cm;略卷曲,叶端短尖或微突,叶基不对称,上表面浅绿色,下表面灰绿色,两面均有细短毛茸。无叶脉压叠线纹,质地较薄脆,微呈革状(图 14-57)。

【显微特征】本品横切面 两种番泻叶特征大致相似。① 表皮细胞中常含黏液质;上下表皮均有气孔;非腺毛单细胞,壁厚,多具疣状突起,基部稍弯曲。② 叶肉组织为等面叶型。上下表皮内侧均有 1 列栅栏细胞,上面栅栏组织通过主脉,下面栅栏细胞较粗。③ 海绵组织细胞中含有草酸钙簇晶。④ 主脉维管束外韧型,上下两侧均有微木化的中柱鞘纤维束，外有含草酸钙棱晶的薄壁细胞，形成晶鞘纤维（图 14-58）。

粉末　淡绿色或黄绿色。① 晶纤维多，草酸钙方晶直径 12～15 μm。② 非腺毛单细胞，壁厚，有疣状突起。③ 上下表皮细胞表面观呈多角形，垂周壁平直；上下表皮均有气孔，主为平轴式，副卫细胞多为 2 个，也有的 3 个。④ 草酸钙簇晶存在于叶肉组织细胞中（图 14-59）。

【化学成分】 主要成分为番泻苷 A（sennoside A）、番泻苷 B（sennoside B）、番泻苷 C（sennoside C）、番泻苷 D（sennoside D），芦荟大黄素双蒽酮苷，以番泻苷 A 和 B 为主，具有泻下作用；大黄酸葡萄糖苷（rhein monoglucoside）、芦荟大黄素葡萄糖苷（aloe-emodin monoglucoside）以及少量大黄酸（rhein）、芦荟大黄素（aloe-emodin）等；还含有棕榈酸、硬脂酸及植物甾醇等。

【理化鉴别】 取本品粉末 25 mg，加水 50 mL 和盐酸 2 mL，置水浴中加热 15 min，放冷，加乙醚 40 mL，振摇提取，分取醚层，通过无水硫酸钠层脱水，滤过，取滤液 5 mL，蒸干，放冷，加氨试液 5 mL，溶液显黄色或橙色，置水浴中加热 2 min 后变为紫红色。

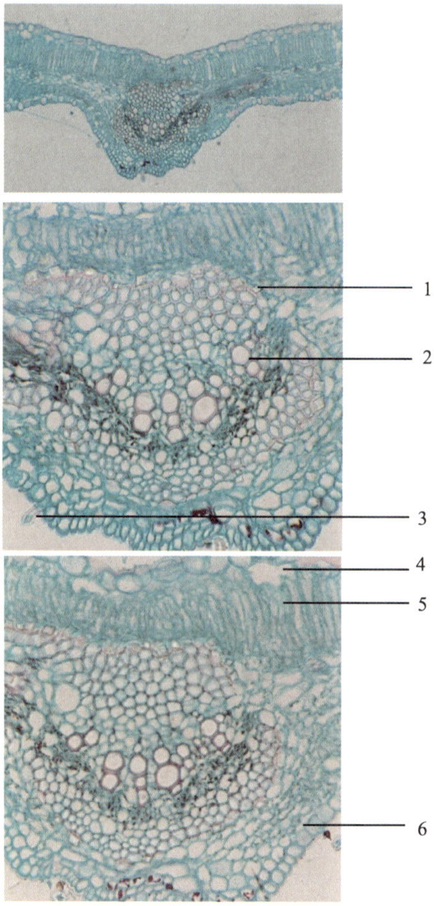

图 14-58　番泻叶横切面组织构造

1. 草酸钙方晶；2. 导管；3. 非腺毛；4. 表皮；5. 栅栏细胞；6. 厚角组织。

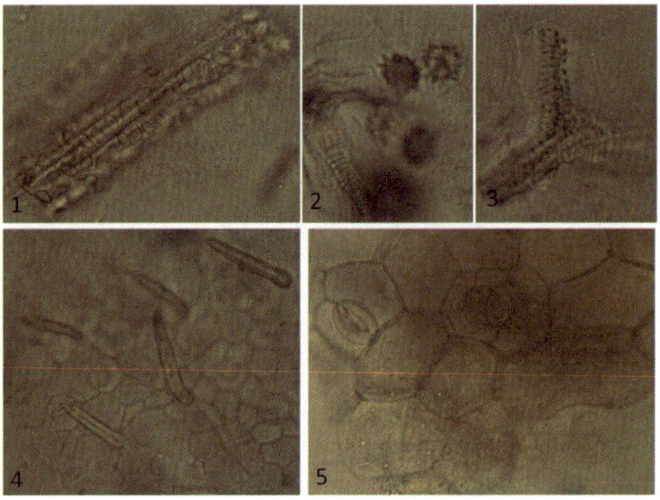

图 14-59　番泻叶粉末组织特征图

1. 晶纤维；2. 草酸钙簇晶；3. 螺纹导管；4. 非腺毛；5. 平轴式气孔。

薄层色谱　硅胶 G 薄层，置紫外光灯(365 nm)下检视，供试品色谱中，在与对照药材色谱相应的位置上显相同颜色的荧光斑点。喷以 20%硝酸溶液，在 120 ℃加热约 10 min，放冷，再喷以 5%氢氧化钾的稀乙醇溶液，供试品色谱中，在与对照药材色谱相应的位置上显相同颜色的斑点。

含量测定　高效液相色谱法测定，本品按干燥品计算，含番泻苷 A($C_{42}H_{38}O_{20}$)和番泻苷 B($C_{42}H_{38}O_{20}$)的总量不得少于 1.1%。

【功效与主治】性寒，味甘、苦。能泻热行滞、通便、利水。用于热结积滞、便秘腹痛、水肿胀满；用量 2~6 g，后下，或开水泡服。孕妇慎用。

【药理作用】① 泻下作用：番泻叶中泻下的有效成分为蒽醌类物质，而番泻苷是番泻叶泻下的活性成分之一。番泻苷 A 和 B 互为同分异构体，番泻苷 A、B 的泻下作用较强。

② 止血作用：番泻叶是含有蒽醌类衍生物的植物，具有止血作用。番泻苷 A、B、C、D 均有显著的止血效果，番泻叶粉口服以后，纤维蛋白原含量与血小板相应增加。

③ 抗菌作用：番泻多糖具抗病毒、抑菌等生物活性。

④ 对消化系统的影响：便秘的豚鼠长期使用番泻叶治疗，结肠表皮脱落明显增加，脱落物集中在肠系膜固有层，形成了色素沉积。长期大剂量使用番泻叶会加速大鼠结肠神经肽衰竭，引起肠道损伤和影响蒽醌类药物效应。

⑤ 抗 DNA 损伤：番泻叶通过抗氧化机制保护机体免受羟自由基诱导的 DNA 损伤，番泻叶对由羟自由基引起的 DNA 和 MSCS(间充质干细胞)损伤具有保护作用。

⑥ 肌肉松弛与解痉作用：番泻叶有箭毒样作用，可以在神经末梢和骨骼肌接头处阻断乙酰胆碱，导致肌肉松弛。番泻叶中羟基蒽醌类成分具解痉作用。

⑦ 其他作用：狭叶番泻叶提取物可以阻止肝脏病变的形成，具有减轻 CCl_4 诱导大鼠肝毒性的潜力。番泻叶提取物中的多酚和黄酮类化合物可减轻由氯化镉($CdCl_2$)引起小鼠的肝毒性，因此还可作为一种很有前途的抗 $CdCl_2$ 肝毒性的保护剂。耳叶番泻的种子有降低犬空腹血糖的作用，全草中还含有强心苷。

【附注】耳叶番泻叶　为同属植物耳叶番泻 *Cassia auriculata* L.的干燥小叶。常混在进口的狭叶番泻叶中，有时甚至可达60%左右。本品含蒽醌苷量极微，应注意鉴别。与以上两种叶的不同点为：小叶片卵圆形或倒卵圆形，先端圆钝或微凹陷，或具刺凸，叶基不对称或对称，表面灰绿色或红棕色，被有极多灰白色短毛。显微特征为上表皮内有栅栏细胞2列，而下表皮内无典型的栅栏组织，非腺毛细长，甚密，长240~650 μm，表面较平滑，含晶，晶较少。粉末遇80%（*V/V*）硫酸或与水合氨（5∶2）共煮均显红色。

卵叶番泻叶　为同属植物卵叶番泻 *C. obovata* Colladon 的干燥小叶。主产于埃及、意大利，又称意大利番泻叶。叶片呈倒卵形，具棘尖，被短毛。显微特征为下表皮细胞呈乳头状突出。栅栏细胞1列通过主脉，下面栅栏细胞类方形或近圆形。

（3）蝶形花亚科（Papilionoideae）。

草本或木本。羽状复叶或三出复叶，稀为单叶，有时有卷须；常有托叶和小托叶。花两侧对称；蝶形花冠；雄蕊10枚，常为两体雄蕊，稀为分离。

黄芪* Astragali Radix　（英）Milkvetch Root

【基原】为豆科植物膜荚黄芪 *Astragalus membranaceus*（Fisch.）Bge.或蒙古黄芪 *A. membranaceus*（Fisch.）Bge. var. *mongholicus*（Bge.）Hsiao 的干燥根。

【植物形态】膜荚黄芪　多年生草本。主根粗长，圆柱形。羽状复叶，小叶6~13对，椭圆形或长卵圆形，两面被白色长柔毛。总状花序腋生；花黄白色；雄蕊10枚，两体；子房被柔毛。荚果膜质，膨胀，卵状矩圆形，具长柄，被黑色短柔毛（图14-60）。

蒙古黄芪　小叶12~18对，宽椭圆形、椭圆形或长圆形。花冠淡黄色，子房与荚果无毛（图14-60）。

图14-60　膜荚黄芪（左）和蒙古黄芪（右）

【产地】膜荚黄芪主产于黑龙江、山西、内蒙古、陕西、宁夏、甘肃、新疆等地。蒙古黄芪主产于黑龙江、山西、内蒙古、甘肃等地。质量以栽培的蒙古黄芪为好。

【采制】春、秋二季采挖，除去须根和根头，晒干。

【性状】本品呈圆柱形，有的有分枝，上端较粗，长30~90 cm，直径1~3.5 cm。表面淡棕黄色或淡棕褐色，有不整齐的纵皱纹或纵沟。质硬而韧，不易折断，断面纤维性强，并显粉性,皮部黄白色,木部淡黄色(习称"金心玉兰"),有放射状纹理和裂隙,老根中心偶呈枯朽状,黑褐色或呈空洞。气微,味微甜,嚼之微有豆腥味(图 14-61)。

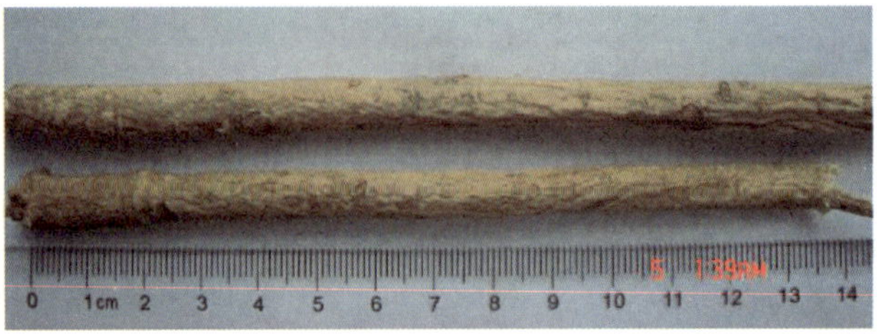

图 14-61　黄芪药材(左)及饮片(右)

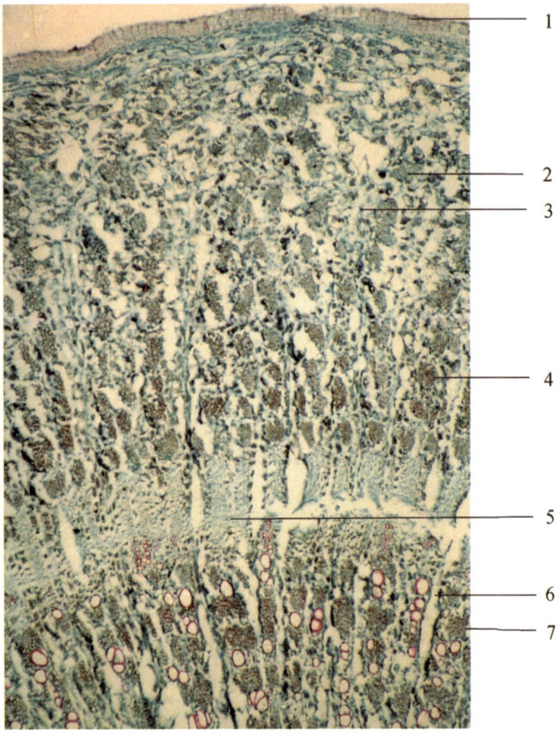

图 14-62　黄芪根横切面组织构造

1. 木栓层; 2. 石细胞; 3. 韧皮射线; 4. 韧皮纤维素; 5. 形成层; 6. 木射线; 7. 木纤维素。

【显微特征】 横切面　① 木栓细胞多列。② 栓内层为 3~5 列厚角细胞。③ 韧皮部射线外侧常弯曲,有裂隙;纤维成束,壁厚,木化或微木化,与筛管群交互排列;近栓内层处有时可见石细胞。④ 形成层成环。⑤ 木质部导管单个散在或 2~3 个相聚;导管间有木纤维;射线中有时可见单个或 2~4 个成群的石细胞。薄壁细胞含淀粉粒(图 14-62)。

粉末　黄白色。① 纤维成束或散离,直径 8~30 μm,壁厚,表面有纵裂纹,初生壁常与次生壁分离,两端常断裂成须状,或较平截。② 具缘纹孔导管无色或橙黄色,具缘纹孔排列紧密。石细胞少见,圆形、长圆形或形状不规则,壁较厚(图 14-63)。

【化学成分】 主要含有皂苷,黄芪皂苷Ⅰ~Ⅷ(astragaloside Ⅰ~Ⅷ),苷元为环黄芪醇(cycloastragenol),以及大豆皂苷Ⅰ(soyasaponin Ⅰ),苷元为大豆皂苷元 B(soyasapogenol B);黄酮类化合物,芒柄花素(pureonebio)、毛蕊异黄酮(calycosin)、山柰酚、异鼠李素等多种黄酮苷元,异槲皮苷、毛蕊异黄酮葡萄苷(calycosin-7-O-β-D-glucoside)、异鼠李素-3-O-β-D-葡萄糖苷等黄酮苷;多糖含量较高,相对分子量为 10 000~50 000,主要为水溶性多糖、酸性多糖;还含有氨基酸,微量元素等。

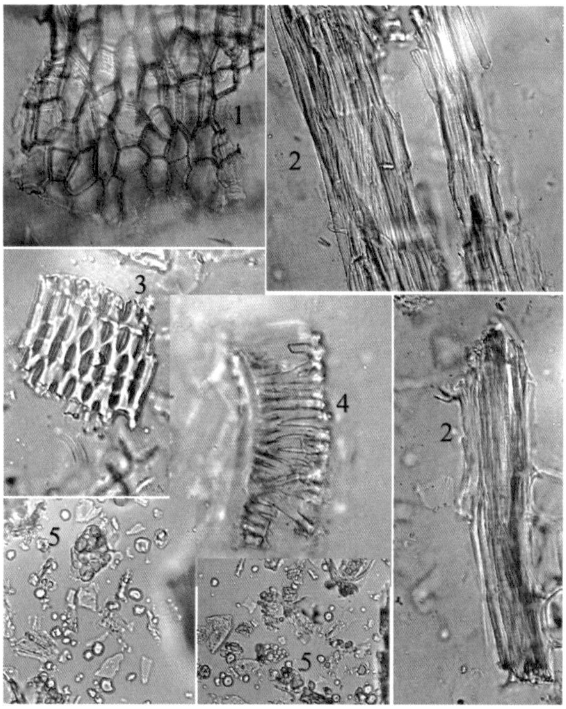

图 14-63　黄芪根粉末组织特征图

1. 木栓细胞；2. 纤维；3. 具缘纹孔导管；4. 网纹导管；5. 淀粉粒。

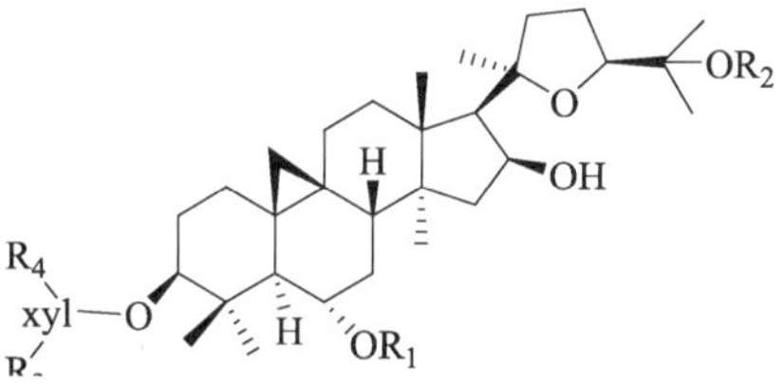

	R_1	R_2	R_3	R_4
黄芪皂苷Ⅰ	glc	H	Ac	Ac
黄芪皂苷Ⅱ	glc	H	Ac	H
黄芪皂苷Ⅲ	H	H	glc	H
黄芪皂苷Ⅳ	glc	H	H	H
黄芪皂苷Ⅴ	H	glc	glc	H
黄芪皂苷Ⅵ	glc	H	glc	H
黄芪皂苷Ⅶ	glc	glc	H	H

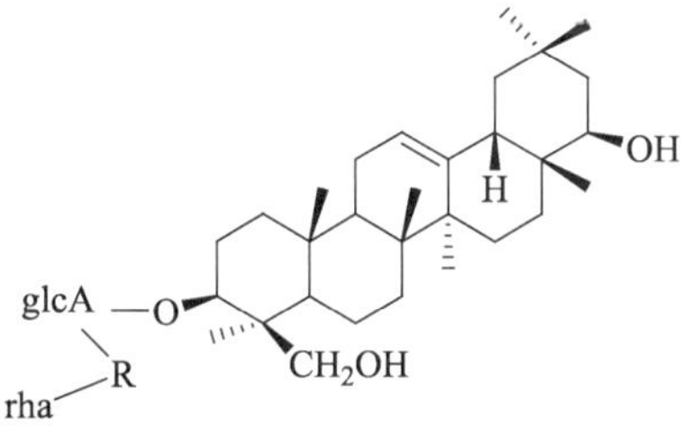

黄芪皂苷Ⅷ　R= xyl
大豆皂苷Ⅰ　R=gal

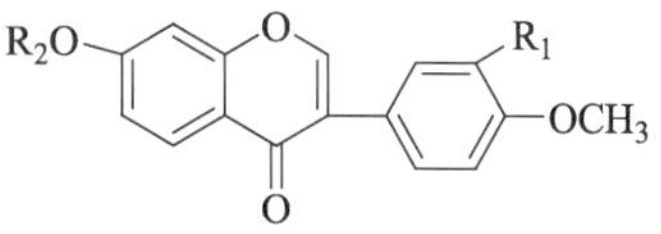

	R_1	R_2
芒柄花素	H	H
毛蕊异黄酮	OH	H
毛蕊异黄酮葡萄糖苷	OH	glc

【理化鉴别】薄层色谱　硅胶 G 薄层，喷以 10%硫酸乙醇溶液，在 105 ℃加热至斑点显色清晰。供试品色谱中，在与黄芪甲苷对照品色谱相应的位置上显相同的棕褐色斑点；置紫外光灯（365 nm）下检视，显相同的橙黄色荧光斑点。硅胶 G 薄层，置氨蒸气中熏后，置紫外光灯（365 nm）下检视。供试品色谱中，在与对照药材色谱相应的位置上显相同颜色的荧光主斑点。

含量测定　高效液相色谱法测定，本品按干燥品计算，含黄芪皂苷Ⅳ（黄芪甲苷，$C_{41}H_{68}O_{14}$）不得少于 0.040%；含毛蕊异黄酮葡萄糖苷（$C_{20}H_{20}O_{10}$）不得少于 0.020%。

【功效与主治】性微温,味甘;能补气升阳,固表止汗,利水消肿,生津养血,行滞通痹,拔毒排脓,敛疮生肌;用于气虚乏力、食少便溏、中气下陷、久泻脱肛、便血崩漏、表虚自汗、气虚水肿、内热消渴、血虚萎黄、半身不遂、痹痛麻木、痈疽难溃、久溃不敛;用量9~30 g。

【药理作用】① 调节免疫功能。其水煎剂及口服液能明显提高小鼠网状内皮系统的吞噬功能,可促进兔和小鼠巨噬细胞的吞噬功能。

② 抗衰老和抗应激作用。能明显延长人胚肺二倍体细胞、人胚肾细胞及小鼠肾细胞的寿命;有适应原样作用,能抗疲劳、抗低压和中毒、缺氧,抗高温、低温等。

③ 对实验性肾炎、肝炎的保护作用。其注射液及粉末能减轻各种实验性肾炎所引起的肾脏病变,黄芩多糖Ⅰ、Ⅱ及黄芪皂苷能改善大鼠蛋白质代谢紊乱,增加肾病综合征大鼠血浆蛋白水平;能减轻四氯化碳、内毒素、半乳糖等引起的肝损伤。

④ 抗心肌缺血作用。对兔失血性休克有保护作用,能使离体心脏功能和冠脉血流量明显增加。

甘草* Glycyrrhizae Radix et Rhizoma (英) Licorice Root

【基原】本品为豆科植物甘草 *Glycyrrhiza uralensis* Fisch.、胀果甘草 *G. inflata* Bat.或光果甘草 *G. glabra* L.的干燥根和根茎。

【植物形态】甘草 多年生草本,高30~80 cm,罕达1 m。根茎圆柱状,多横走;主根甚长,粗大,外皮红棕色至暗褐色。茎直立,稍带木质,被白色短毛及腺鳞或腺状毛。奇数羽状复叶,托叶披针形,早落;叶片长8~24 cm,小叶5~17枚,小叶片窄长卵形、倒卵形或阔椭圆形至近圆形,两面被腺鳞及白毛,下面毛较密。总状花序腋生,较叶短,花密集,长5~12 cm;花萼钟状,长约为花冠的1/2,萼齿5片;花冠淡紫堇色,长14~23 mm,旗瓣大,大方椭圆形,先端圆或微缺,下部有短爪,龙骨瓣直,较翼瓣短,均有长爪;二体雄蕊;子房无柄,上部渐细成短花柱。荚果扁平,多数紧密排列成球状,窄长,弯曲呈镰刀状或环状,密被黄褐色刺状腺毛或少数非腺毛。种子2~8粒,扁圆形或肾形,黑色光亮。花期6—7月,果期7—9月(图14-64A)。

胀果甘草 本种与其他甘草的区别为:植物体局部密被淡黄褐色鳞片状腺体,无腺毛。根状茎粗壮木质。小叶3~7片,卵形、椭圆形至矩圆形,边缘波状,干时有皱褶,上面暗绿色,具黄褐色腺点,下面有似涂胶状光泽。总状花序一般与叶等长。荚果短小而直,膨胀,无腺毛。种子数目比光果甘草少。花期7—8月(图14-64B)。

A.甘草　B.胀果甘草　C.光果甘草

图14-64 甘草

光果甘草　本种与甘草极相似，主要区别为：植物体密被淡黄褐色腺点和鳞片状腺体，常局部有白霜，不具腺毛，小叶较多，约 19 片，窄长平直，长椭圆形或窄长卵形状披针形，两面均淡绿色，上面无毛或有微柔毛，下面密被淡黄色腺点。花序穗状，较叶为短，花稀疏。果序与叶等长或略长，荚果扁而直，多为长圆形或微弯曲，无毛。种子数目较上种为少。花期 6—8 月，果期 7—9 月(图 14-64C)。

【产地】甘草主要分布于我国内蒙古、甘肃、新疆、黑龙江等地。按产地可分为“东甘草”和“西甘草”。西甘草产于内蒙古、陕西、甘肃、青海、新疆，东甘草产于黑龙江、吉林、辽宁、河北、山西等地。以内蒙古伊盟、巴盟、阿拉善盟及甘肃等地所产者质量最佳，新疆产量最大。胀果甘草和光果甘草主产于新疆、甘肃。

【采制】春、秋二季均可采挖，以秋季产者为佳。栽培的于种后 3~4 年采挖。除去地上部分与须根，切成 1 m 左右的长段，晒至 6~7 成干时，按根的粗细、大小分级捆好，置通风干燥处至完全干燥。亦有将栓皮刮去干燥者，称为“粉甘草”。

【性状】甘草　根呈圆柱形，长 25~100 cm，直径 0.6~3.5 cm。外皮松紧不一。表面红棕色或灰棕色，具显著的纵皱纹、沟纹、皮孔及稀疏的细根痕。质坚实，断面略显纤维性，黄白色，粉性，形成层环明显，射线放射状，有的有裂隙。根茎呈圆柱形，表面有芽痕，断面中部有髓。气微，味甜而特殊(图 14-65)。

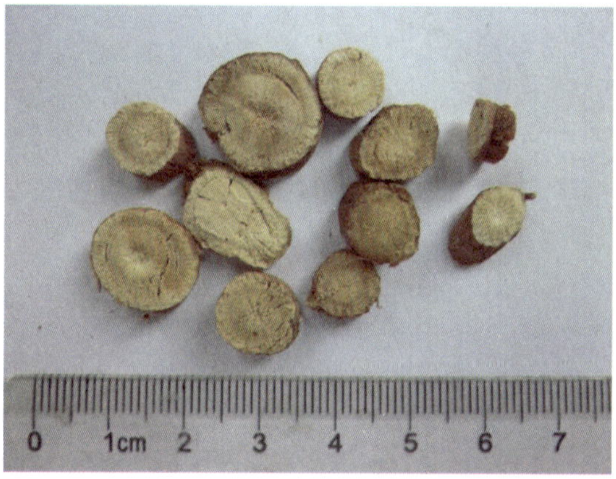

图 14-65　甘草药材饮片

胀果甘草　根和根茎木质粗壮，有的分枝，外皮粗糙，多灰棕色或灰褐色。质坚硬，木质纤维多，粉性小。根茎不定芽多而粗大。

光果甘草　根和根茎质地较坚实，有的分枝，外皮不粗糙，多灰棕色，皮孔细而不明显。

【显微特征】横切面　① 木栓层为数列棕色细胞(粉甘草栓皮已除去)。② 栓内层较窄。③ 韧皮部射线宽广，多弯曲，常现裂隙；纤维多成束，非木化或微木化，周围薄壁细胞常含草酸钙方晶；筛管群常因压缩而变形。④ 束内形成层明显。⑤ 木质部射线宽 3~5 列细胞；导管较多，直径约至 160 μm；木纤维成束，周围薄壁细胞亦含草酸钙方晶。⑥ 根茎中心髓部为薄壁细胞(图 14-66)。

粉末　棕黄色。① 纤维成束，直径 8~14 μm，壁厚，微木化，周围薄壁细胞含草酸钙方晶,形成晶纤维。② 草酸钙方晶多见。③ 具缘纹孔导管较大,常破碎,稀有网纹导管。④ 木栓细胞红棕色,多角形,微木化(图 14-67)。

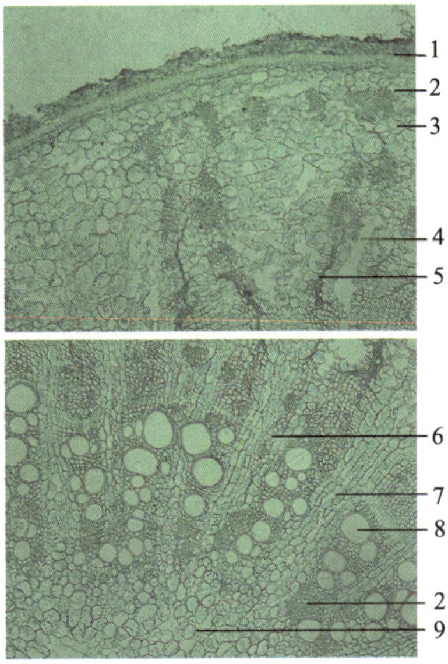

图 14-66 甘草根茎横切面组织构造

1. 木栓层; 2. 纤维束; 3. 韧皮部; 4. 裂隙; 5. 颓废的筛管组织; 6. 形成层; 7. 射线; 8. 导管; 9. 髓。

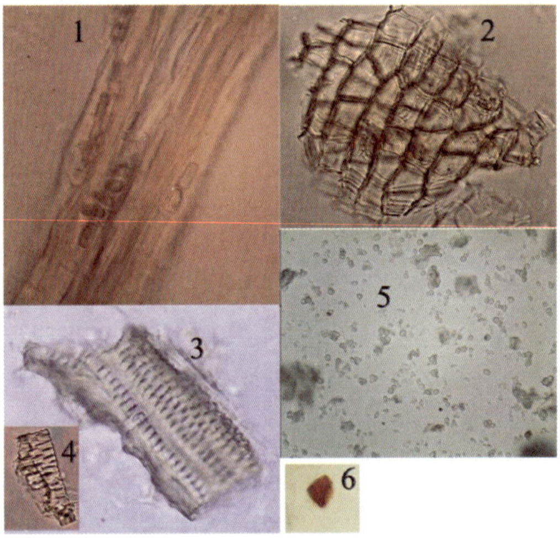

图 14-67 甘草粉末组织特征图

1. 晶纤维具缘纹孔导管; 2. 木栓细胞; 3. 网纹导管; 4. 具缘纹孔导管; 5. 淀粉粒; 6. 棕色块。

【化学成分】 主要含有皂苷,甘草甜素(glycyrrhizin)有甜味,又称甘草酸(glycyrrhizic acid),乌拉尔甘草皂苷 A、B(uralsaponin A、B)和甘草皂苷 A_3、B_2、C_2、D_3、E_2、F_3、G_2、H_2、J_2、K_2 及 18β-甘草次酸(glycyrrhetinic acid)、去氧甘草次酸Ⅰ(deoxyglycyrrhetic acid Ⅰ)、异甘草次酸(liquiritic acid)、24-羟基甘草次酸等多种游离的三萜化合物;甘草苷(liquiritin)、甘草素(liquiritigenin)、异甘草苷(isoliquiritin)、异甘草苷元(isoliquiritigenin)、新甘草苷(neoliquiritin)等黄酮类化合物。甘草酸、甘草次酸和甘草苷具有抗炎活性。

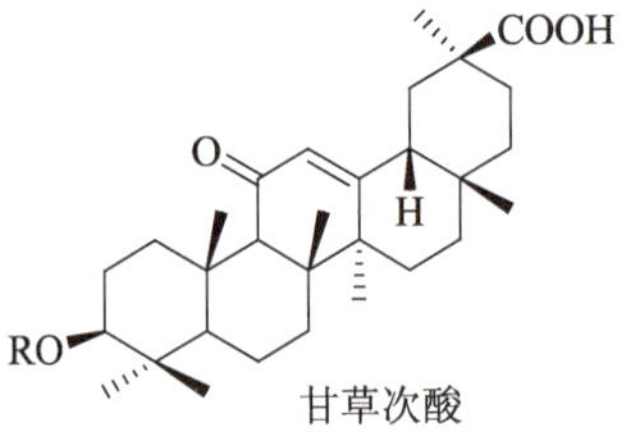

	R
甘草次酸	H
甘草酸	β-D-glcA-2 α-D-glcA

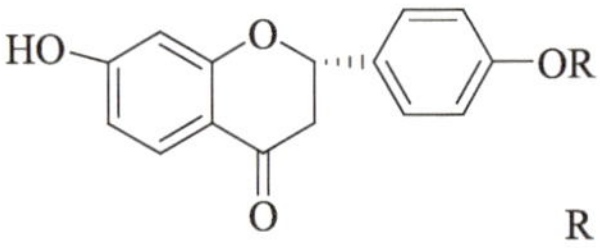

	R
甘草素	H
甘草苷	glc

【理化鉴别】 *薄层色谱* 1%氢氧化钠溶液制备的硅胶 G 薄层,喷以 10%硫酸乙醇溶液,在 105 ℃加热至斑点显色清晰,置紫外光灯(365 nm)下检视。供试品色谱中,在与对照药材色谱相应的位置上显相同颜色的荧光斑点,与甘草酸铵对照品色谱相应的位置上显相同的橙黄色荧光斑点。

含量测定 采用高效液相色谱法测定,本品按干燥品计算,含甘草苷($C_{21}H_{22}O_9$)不得少于 0.50%,甘草酸($C_{42}H_{62}O_{16}$)不得少于 2.0%。

【功效与主治】性平，味甘；能补脾益气，清热解毒，祛痰止咳，缓急止痛，调和诸药；用于脾胃虚弱、倦怠乏力、心悸气短、咳嗽痰多、脘腹或四肢挛急疼痛、痈肿疮毒，可缓解药物毒性、烈性；用量 2~10 g。不宜与海藻、京大戟、红大戟、甘遂、芫花同用。

【药理作用】① 抗溃疡作用。甘草苷元、异甘草苷元等对大鼠结扎幽门及组胺诱导的犬溃疡有显著的抑制作用；甘草流浸膏灌胃后能直接吸收胃酸，对正常犬及实验溃疡大鼠能降低胃酸。

② 盐皮质激素样作用。甘草皂苷及甘草次酸对健康人及多种动物都有促进储水、留钠和排钾的作用。

③ 糖皮质激素抗炎作用。甘草甜素和甘草次酸盐对大鼠甲醛性关节炎和棉球肉芽肿炎症有明显的抑制作用。

④ 镇咳祛痰作用。18β-甘草次酸及其衍生物有显著的中枢性镇咳作用，其中最强的是甘草次酸胆碱盐，皮下注射 1 mg/kg 就能抑制 80% 的咳嗽发作。

⑤ 解毒作用。甘草皂苷对某些药物中毒、食物中毒、体内代谢产物中毒有解毒能力。

【附注】同属植物黄甘草 *Glycyrrhiza eurycarpa* P. C. Li 所含皂苷和黄酮类成分的含量均与正品甘草相近，在毒性和抗炎作用等方面也与甘草类似。粗毛甘草 *G. aspera* Pall. 的上述成分含量均较正品甘草低得多。而云南甘草 *G. yunnanensis* S. H. Cheng et L. K. Dai ex P. C. L.、圆果甘草 *G. squamulosa* Franch.、刺果甘草 *G. pallidiflora* Maxim. 均不含甘草酸和甘草皂苷 B，黄酮类成分的含量也极低，不宜作为甘草药用。

葛根 Puerariae Lobatae Radix

本品为豆科植物野葛 *Pueraria lobata*(Willd.) Ohwi 的干燥根。主产于湖南、河南、浙江等地。秋、冬二季采挖，趁鲜切成厚片或小块，干燥。本品呈纵切的长方形厚片或小方块，长 5~35 cm，厚 0.5~1 cm。外皮淡棕色，有纵皱纹，粗糙。切面黄白色，纹理不明显。质韧，纤维性强。气微，味微甜。粉末淡棕色。淀粉粒单粒球形，直径 3~37 μm，脐点点状、裂缝状或星状；复粒由 2~10 分粒组成。纤维多成束，壁厚，木化，周围细胞大多含草酸钙方晶，形成晶纤维，含晶细胞壁木化增厚。具缘纹孔导管较大，具缘纹孔六角形或椭圆形，排列极为紧密。含黄酮类成分，主要为大豆苷元(daidzein)、大豆苷(daidzin)、葛根素(puerarin)等。以高效液相色谱法测定，含葛根素不得少于 2.4%。本品性凉，味甘、辛；能解肌退热，生津止渴，透疹，升阳止泻，通经活络，解酒毒；用于外感发热头痛、项背强痛、口渴、消渴、麻疹不透、热痢、泄泻、眩晕头痛、中风偏瘫、胸痹心痛、酒毒伤中；用量 10~15 g。药理研究表明，葛根能改善高血压患者的项强、头晕、头痛、耳鸣等症状，能缓解冠心病患者的心绞痛症状。

苦参 *Sophora flavescens* Ait. 落叶半灌木。根圆柱状，外皮黄白色。奇数羽状复叶；小叶披针形至线状披针形；托叶线形。总状花序顶生；花冠淡黄白色；雄蕊 10 枚，花丝分离。果实呈不明显的串珠状，疏生短柔毛。分布于全国各地；生于沙地或向阳山坡草丛中及溪沟边。根(药材名：苦参)为清热燥湿药，有清热燥湿、祛风杀虫之功效。

槐 *Styphnolobium japonicum* (L.) Schott 落叶乔木。奇数羽状复叶；小叶 7~15 片，卵状长圆形；托叶镰刀状，早落。圆锥花序顶生；花乳白色；雄蕊 10 枚，分离，不等长；子房筒状，有细长毛，花柱弯曲。荚果肉质，串珠状，黄绿色，无毛，种子间极细缩。种子 1~6 枚，肾形，深棕色。分布于全国各地，多栽培于宅旁、路边。花(药材名：槐花)、花蕾(药材名:槐米)及果实(药材名:槐角)均为凉血止血药,有凉血止血、清肝明目等功效。

密花豆 ***Spatholobus suberectus*** **Dunn** 木质藤本,长达数十米。老茎被砍断后可见数圈偏心环,鸡血状汁液从环处渗出。叶互生;三出复叶;顶生小叶阔椭圆形;侧生小叶基部偏斜;小托叶针状。圆锥花序大型,腋生,花多而密,花萼肉质,筒状;花冠白色,肉质;雄蕊10枚,2组,花药5大5小;子房具白色硬毛。荚果舌形,具黄色柔毛,种子1枚,生荚果先端。分布于我国福建、广东、广西、云南等地;生于山谷林间、溪边及灌丛中。藤茎(药材名:鸡血藤)为活血调经药,有活血舒筋、养血调经之功效。

17. 芸香科(Rutaceae)

$⚥^{*}K_{3\sim5}C_{3\sim5}A_{3\sim\infty}\underline{G}_{(2\sim\infty:2\sim\infty:1\sim2)}$

[**形态特征**] 乔木或灌木,稀为草本。有时具刺。叶、花、果常有透明腺点,叶常互生;多为复叶或单身复叶,少单叶;无托叶。花两性或单性;辐射对称;单生或排成总状、圆锥、聚伞花序;萼片3~5枚;花瓣3~5枚;雄蕊与花瓣同数或为其倍数,外轮雄蕊常与花瓣对生;花盘发达。子房上位,心皮2~5枚或更多,多合生,每室胚珠1~2枚。柑果、蒴果、核果和蓇葖果,稀为翅果。

[**分布**] 约150属,1 600种;分布于热带和温带地区。我国有28属,151种,28个变种;分布于全国各地;已知药用的有23属,105种。

[**显微特征**] 植物体内具油室,有的种类有晶鞘纤维;草酸钙方晶、棱晶、簇晶;果皮中有橙皮苷结晶。

[**染色体**] X=7~11,14,17,19。

[**化学成分**] ① 挥发油类:如柠檬烯(limonene)、芳樟醇(linalool)、茴香醛(anisaldehyde)等;② 生物碱类:如黄柏碱(phellodendrine)、白鲜碱(dictamine)、木兰花碱(magnoflofine)、茵芋碱(skimmianine)、吴茱萸碱(evodiamine)、芸香碱(graveoline)等;③ 黄酮类:如橙皮苷(hesperidin)、柚皮苷(naringin)等;④ 香豆素类:如花椒内酯(xanthyletin)、花椒毒素(xanthotoxin)、异茴芹内酯(isopimpinellin)、柠檬苦素(limonin)、香柑内酯(bergapten)、伞形花内酯(umbelliferone)、芸香香豆精(rutacultin)等。

[**药用植物与生药代表**]

黄柏* Phellodendri Chinesis Cortex (英) Corktree Bark

图 14-68 黄皮树

【基原】 为芸香科植物黄皮树 *Phellodendron chinense* Schneid. 的干燥树皮,习称“川黄柏”。

【植物形态】 落叶乔木。树皮厚,木栓发达,暗灰棕色,内皮深黄色,有黏性。奇数羽状复叶对生;小叶7~15片,常两侧不对称,密被长柔毛。花小,黄绿色;雌雄异株;圆锥状聚伞花序;雄蕊5~6枚,长于花瓣;果轴及果枝粗大,常密被短毛。浆果状核果,密集成团,成熟时为紫黑色(图14-68)。

【产地】主产于四川、贵州等地。陕西、湖南、湖北、云南、甘肃、广西等地也产。

【采制】通常在3—6月，选树龄10年以上者，轮流相间剥取。剥取树皮后，除去粗皮，晒干。

【性状】呈板片状或浅槽状，长宽不一，厚1～6 mm。外表面黄褐色或黄棕色，平坦或具纵沟纹，有的可见皮孔痕及残存的灰褐色粗皮；内表面暗黄色或淡棕色，具细密的纵棱纹。体轻，质硬，断面纤维性，呈裂片状分层，深黄色。气微，味极苦，嚼之有黏性（图14-69）。

图14-69　黄柏药材

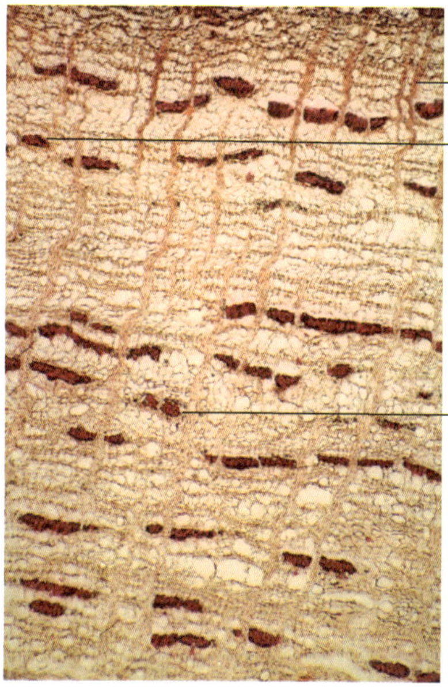

图14-70　黄柏横切面组织构造

1. 韧皮射线；2. 石细胞；3. 韧皮纤维素。

【显微特征】横切面　① 残存的木栓层内含棕色物质，栓内层比较狭窄。② 皮层散有多数纤维束及石细胞群；石细胞多分枝状，壁甚厚，层纹明显，木化。③ 韧皮部占树皮的大部分，外侧有多数石细胞，纤维束切向排列呈断续的层带，纤维束周围薄壁细胞中常含草酸钙方晶，射线常弯曲，宽2～4列细胞。薄壁细胞含细小淀粉粒，随处可见黏液细胞（图14-70）。

粉末　鲜黄色。① 纤维鲜黄色，直径16～38 μm，常成束，周围细胞含草酸钙方晶，形成晶纤维；含晶细胞壁木化增厚。② 石细胞鲜黄色，类圆形或纺锤形，直径35～128 μm，有的呈分枝状，枝端锐尖，壁厚，层纹明显。③ 黏液细胞较易察见，类球形，直径可至85 μm；有的可见大型纤维状的石细胞，长可达900 μm。草酸钙方晶众多（图14-71）。

【化学成分】含有多种生物碱，主要为小檗碱（berberine），4%左右；其次为黄柏碱（phellodendrine）、木兰碱（magnoflorine）、掌叶防己碱（palmatine）等；还含有黄柏酮（obakunone）、黄柏内酯（limonin）、白鲜内酯、豆甾醇等。

【理化鉴别】薄层色谱　硅胶G薄层，喷以稀碘化铋钾试液。供试品色谱中，在与对照药材色谱和盐酸黄柏碱对照品色谱相应的位置上显相同颜色的斑点。

含量测定　采用高效液相色谱法测定，本品按干燥品计算，含小檗碱以盐酸小檗碱（$C_{20}H_{17}NO_4 \cdot HCl$）的总量计，不得少于3.0%。含黄柏碱以盐酸黄柏碱（$C_{20}H_{23}NO_4 \cdot HCl$）计，不得少于0.34%。

【功效与主治】性寒，味苦；能清热燥湿，泻火除蒸，解毒疗疮；用于湿热泻痢、黄疸尿赤、带下阴痒、热淋涩痛、脚气痿躄、骨蒸劳热、盗汗、遗精、疮疡肿毒、湿疹湿疮。

【药理作用】① 抗菌作用。体外实验对金黄色葡萄球菌、白喉杆菌、草绿色链球菌、痢疾杆菌、人型结核杆菌等均有较强的抑制作用。对堇色毛菌、絮状表皮癣菌、许兰毛菌、奥杜盎小孢子菌及腹股沟表皮癣菌等多种致病性皮肤真菌亦有抑制作用。

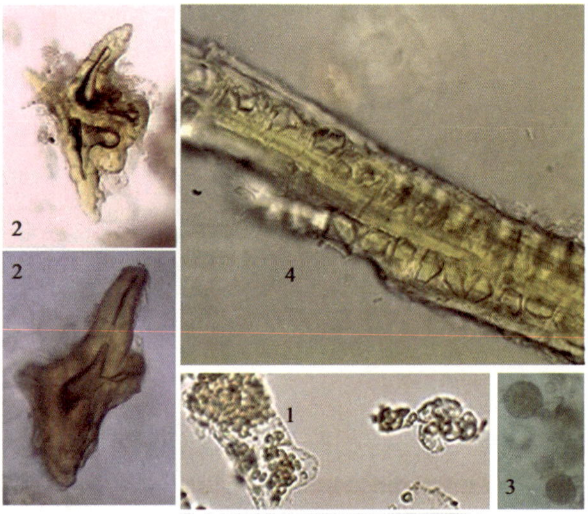

图 14-71　黄柏粉末组织特征图

1. 淀粉粒；2. 石细胞；3. 黏液细胞；4. 晶纤维。

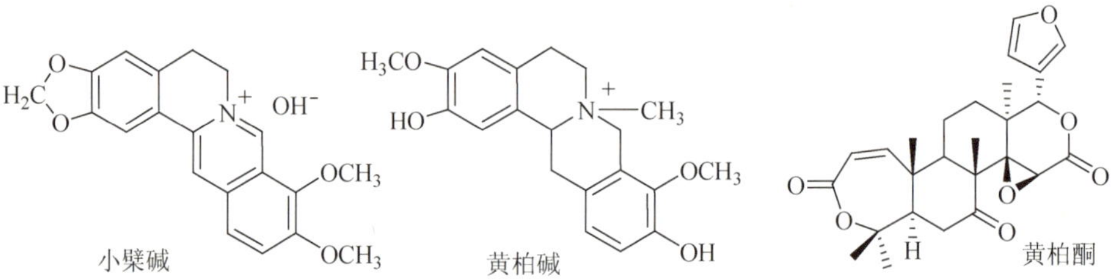

② 抗动脉粥样硬化作用。黄柏可减少 ox-LDL 的水平、降低胆固醇含量、提高抗氧化水平，通过调控 SIRT1/FoxO、AMPK、NF-κB 多条信号通路来降低氧化应激水平和炎症反应，共同起到抗动脉粥样硬化作用。

③ 神经保护作用。黄柏能够通过抑制小胶质细胞的活化、调控 ERK 磷酸化和 NF-κB 信号通路、提高 Bcl-2/Bax 比值、减弱 Caspase-3 的活化等多条途径来达到保护神经系统的作用。

④ 抗溃疡作用。黄柏可通过减轻炎症反应和氧化应激损伤，调节神经体液，调控 IL-6/STAT3/NF-κB、AMPK-mTOR 信号通路，促进巨噬细胞 M2 极化，共同起到抗胃溃疡的作用。

⑤ 抗痛风作用。黄柏可通过降低尿酸及肌酐水平，抑制肝脏黄嘌呤氧化酶活性，调节 NLRP3、IL-1β mRNA 和蛋白的表达等多种途径来发挥抗痛风作用。

⑥ 止泻。黄柏可通过改善肠道菌群多样性，提高肠道微生物代谢产物短链脂肪酸和血清内分泌肽浓度，增强内分泌，抑制细菌鞭毛基因的表达，降低大肠杆菌与肠上皮细胞的黏附，共同起到止泻作用。

【附注】 关黄柏　《中国药典》自 2005 年版开始收录，为同科植物黄檗 *Phellodendron amurense* Rupr.(图 14-72)的干燥树皮。本品呈板片状或浅槽状，长宽不一，厚 2～4 mm。外表面黄绿色或淡棕黄色，较平坦，有不规则的纵裂纹；内表面黄色或黄棕色。体轻，质较硬,断面纤维性,有的呈裂片状分层,鲜黄色或黄绿色。气微,味极苦,嚼之有黏性。含盐酸小檗碱($C_{20}H_{23}NO_4 \cdot HCl$)不得少于 0.60%,盐酸巴马汀($C_{21}H_{21}NO_4 \cdot HCl$)不得少于 0.30%。功效同黄柏。

图 14-72 黄檗

枳实 Aurantii Fructus Immaturus

本品为芸香科植物酸橙 *Citrus aurantium* L. 及其栽培变种或甜橙 *C. sinensis* Osbeck 的干燥幼果。主产于四川(川枳实)、湖南(湘枳实)、江西(江枳实)、湖北、贵州等地。5—6 月收集自落的果实,除去杂质,自中部横切为两半,晒干或低温干燥,较小者直接晒干或低温干燥。本品呈半球形,少数为球形,直径 0.5~2.5 cm。外果皮黑绿色或暗棕绿色,具颗粒状突起和皱纹,有明显的花柱残迹或果梗痕。切面中果皮略隆起,厚 0.3~1.2 cm,黄白色或黄褐色,边缘有 1~2 列油室,瓤囊棕褐色。质坚硬。气清香,味苦、微酸。粉末淡黄色或棕黄色。中果皮细胞类圆形或形状不规则,壁大多呈不均匀增厚。果皮表皮细胞表面观为多角形、类方形或长方形,气孔环式,直径 18~26 μm,副卫细胞 5~9 个;侧面观外被角质层。草酸钙方晶存在于果皮和汁囊细胞中,呈斜方形、多面体形或双锥形,直径 2~24 μm。橙皮苷结晶存在于薄壁细胞中,黄色或无色,呈圆形或无定形团块,有的显放射状纹理。油室碎片多见,分泌细胞狭长而弯曲。螺纹导管、网纹导管及管胞细小。含挥发油、辛弗林(synephrine)0.024%~0.18%、N-甲基酪胺(N-methyl tyramine)0.02%以及橙皮苷和新橙皮苷(neohesperidin)。本品性微寒,味苦、辛、酸;能破气消积,化痰散痞;用于积滞内停、痞满胀痛、泻痢后重、大便不通、痰滞气阻、胸痹、结胸、脏器下垂。

【附注】 枳壳 本品为芸香科植物酸橙 *Citrus aurantium* L.及其栽培变种的干燥未成熟果实。7 月果皮尚绿时采收,自中部横切为两半,晒干或低温条件下干燥。本品呈半球形,直径 3~5 cm。外果皮棕褐色至褐色,有颗粒状突起,突起的顶端有凹点状油室;有明显的花柱残迹或果梗痕。切面中果皮黄白色,光滑而稍隆起,厚 0.4~1.3 cm,边缘散有 1~2 列油室,瓤囊 7~12 瓣,少数至 15 瓣,汁囊干缩呈棕色至棕褐色,内藏种子。质坚硬,不易折断。气清香,味苦、微酸。具有理气宽中、行滞消胀之功效。用于胸胁气滞、胀满疼痛、食积不化、痰饮内停、脏器下垂。

吴茱萸 *Evodia rutaecarpa* (Juss.) Benth. 常绿灌木或小乔木。幼枝、叶轴及花序均被黄褐色长柔毛,有透明腺点。花单性异株;圆锥状聚伞花序顶生;萼片 5 枚;花瓣 5 枚,白色。蓇果扁球形,成熟时裂开成 5 个果瓣,呈蓇葖果状,紫红色,表面有粗大油腺点。分布于华东、中南、西南等省区;生于山区疏林或林缘,现多栽培。8—11 月果实尚未开裂时,剪下果枝,晒干或低温干燥,除去枝、叶、果梗等杂质。有小毒,具有散寒止痛、降逆止呕、助阳止泻之功效,用于厥阴头痛、寒疝腹痛、寒湿脚气、经行腹痛、脘腹胀痛、呕吐吞酸、五更泄泻。

吴茱萸的 2 个变种:石虎 *E. rutaecarpa* var. *officinalis* (Dode) Huang 和疏毛吴茱萸 *E. rutaecarpa* var. *bodinieri* (Dode) Huang 的未成熟果实亦作吴茱萸入药。

18. 橄榄科(Burseraceae)

$⚥ * K_{(3\sim6)}C_{3\sim6}A_0\underline{G}_{3\sim6:3\sim5:2}$

［形态特征］乔木或灌木,有树脂道。奇数羽状复叶,稀为单叶,互生,通常集中于小枝上部,一般无腺点;小叶全缘或具齿,托叶有或无。圆锥花序,腋生或有时顶生;花小,3~5 朵,辐射对称,单性、两性或杂性;雌雄同株或异株;花萼和花冠覆瓦状或镊合状排列,萼片 3~6 枚,基部多少合生;花瓣 3~6 枚,与萼片互生,常分离;花盘杯状、盘状或坛状,有时与子房合生成"子房盘";雄蕊在雌花中常退化,1~2 轮,与花瓣等数或为其 2 倍或更多,着生于花盘的基部或边缘,分离或有时基部合生,外轮与花瓣对生;花药 2 室;纵裂;子房上位,3~5 室,稀为 1 室,在雄花中多少退化或消失,此时花盘往往增大,中央呈一凹陷的槽,每子房室有 2(稀 1)枚胚珠,着生于中轴胎座上;花柱单一,柱头头状,常 3~6 浅裂。核果,种子无胚乳,具直立或弯曲的胚;子叶常为肉质,旋卷折叠。

【分布】16 属,约 550 种;分布于南北半球热带地区。我国 3 属 13 种,产于四川、云南、广西、广东、海南、福建、台湾。

［药用植物与生药代表］

乳香 Olibanum

本品为橄榄科植物乳香树 *Boswellia carterii* Birdw.及同属植物鲍达乳香树 *B. bhawdajiana* Birdw.树皮渗出的树脂,分为索马里乳香和埃塞俄比亚乳香,每种乳香又分为乳香珠和原乳香。主产于红海沿岸的索马里、埃塞俄比亚等地。本品呈长卵形滴乳状、类圆形颗粒或黏合成大小不等的不规则块状物。大者长达 2 cm(乳香珠)或 5 cm(原乳香)。表面黄白色,半透明,被有黄白色粉末,久存则颜色加深。质脆,遇热软化。破碎面有玻璃样或蜡样光泽。具特异香气,味微苦。本品燃烧时显油性,冒黑烟,有香气;加水研磨成白色或黄白色乳状液。以色淡黄、颗粒状、半透明、无杂质、气芳香者为佳。含树脂 60%~70%(主要为 α-,β-乳香脂酸 33%、结合乳香脂酸 1.5%、乳香树脂烃 33%等)、树胶 27%~35%(主要为多聚糖)、挥发油 3%~8%。本品性温,味辛、苦;能活血定痛,消肿生肌;用于胸痹心痛、胃脘疼痛、痛经经闭、产后瘀阻、癥瘕腹痛、风湿痹痛、筋脉拘挛、跌打损伤、痈肿疮疡;用量 3~5 g,煎汤或入丸、散。外用适量,研末调敷。孕妇及胃弱者慎用。

没药 Myrrha

本品为橄榄科植物地丁树 *Commiphora myrrha* Engl.或哈地丁树 *C. molmol* Engl.的干燥树脂,分为天然没药和胶质没药。主产于非洲东北部索马里、埃塞俄比亚及阿拉伯半岛南部,以索马里产没药质量最佳。天然没药呈不规则颗粒性团块,大小不等。大者直径长达 6 cm 以上。表面黄棕色或红棕色,近半透明部分呈棕黑色,被有黄色粉尘。质坚脆,破碎面不整齐、无光泽,有特异香气,味苦而微辛。胶质没药呈不规则块状和颗粒,多黏结成大小不等的团块,大者直径长达 6 cm 以上,表面棕黄色至棕褐色,不透明,质坚实或疏松,有特异香气,味苦而有黏性。以黄棕色、破碎面微透明、显油润、香气浓、味苦、无杂质者为佳。含树脂 25%~40%、树胶 57%~61%、挥发油 7%~17%。本品性平,味辛、苦;能散瘀定痛,消肿生肌;用于胸痹心痛、胃脘疼痛、痛经经闭、产后瘀阻、癥瘕腹痛、风湿痹痛、跌打损伤、痈肿疮疡;用量 3~5 g,炮制去油,多入丸、散用。孕妇及胃弱者慎用。药理研究表明,其水浸液体外可抑制堇色毛癣菌、同心性毛癣菌、许兰黄癣菌等;树脂能降低雄兔高胆固醇血症的胆固醇含量,防止斑块形成。

19. 远志科(Polygalaceae)

⚥↑ $K_5C_{3,5}A_{(4\sim8)}\underline{G}_{(1\sim3:1\sim3:1\sim\infty)}$

[**形态特征**] 草本或木本。单叶;常互生;全缘;无托叶。花两性,两侧对称;总状或穗状花序;萼片5枚,不等长,内面2片常呈花瓣状;花瓣3枚或5枚,不等大,下面1片呈龙骨状,顶端常具鸡冠状附属物;雄蕊4~8枚,花丝合生成鞘,花药顶孔开裂;子房上位,1~3枚心皮合生,1~3室,每室胚珠1枚。蒴果、坚果或核果。

[**分布**] 13属,近1 000种;广布于全球。我国有4属,51种;分布于全国各地,以西南与华南地区最多;已知药用的有3属,27种,3个变种。

[**显微特征**] 叶肉内常具草酸钙簇晶。

[**染色体**] X=5,8,12,14,15,17。

[**化学成分**] ① 皂苷类:如远志皂苷元(tenuigenin)、远志皂苷(onjisaponin)、瓜子金皂苷(polygalasaponin)等;② 醇类:如远志糖醇(polygalitol)等;③ 生物碱类:如细叶远志定碱(tenuidine)。

[**药用植物与生药代表**]

远志 Polygalae

本品为远志科植物远志 *Polygala tenuifolia* Willd.或卵叶远志 *P. sibirica* L.的干燥根。主产于山西、陕西、吉林、河南等地,以山西产量大,陕西的质量优。春、秋二季采挖,除去须根和泥沙,晒干。本品呈圆柱形,略弯曲,长3~15 cm,直径0.3~0.8 cm。表面灰黄色至灰棕色,有较密并深陷的横皱纹、纵皱纹及裂纹,老根的横皱纹较密且更深陷,略呈结节状。质硬而脆,易折断,断面皮部棕黄色,木部黄白色,皮部易与木部剥离。气微,味苦、微辛,嚼之有刺喉感。以根粗、肉厚、皮细者为佳。含远志皂苷A~G(onjisaponin A~G)、寡糖多酯成分A~P(tenuifoliosa A~P)、蔗糖多酯成分 $A_1\sim A_6$(sibiricose $A_1\sim A_6$)等。照高效液相色谱法测定,本品按干燥品计算,细叶远志皂苷($C_{36}H_{56}O_{12}$)不得少于2.0%,含3,6′-二芥子酰基蔗糖($C_{34}H_{42}O_{19}$)不得少于0.50%。本品性温,味苦、辛;能安神益智,交通心肾,祛痰,消肿;用于心肾不交引起的失眠多梦、健忘惊悸、神志恍惚、咳痰不爽、疮疡肿毒、乳房肿痛;用量3~10 g。药理研究表明,远志皂苷具有祛痰镇咳作用,远志根皮、根及木心均有镇静和抗惊厥作用,其水煎液具有抗衰老、促进动物体力及智力、预防痴呆和脑保护作用等。

20. 大戟科(Euphorbiaceae)

♂* $K_{0\sim5}C_{0\sim5}A_{1\sim\infty}$;♀ $K_{0\sim5}C_{0\sim5}\underline{G}_{(3:3:1\sim2)}$

[**形态特征**] 草本、灌木或乔木,有时呈肉质植物,常含乳汁;单叶,互生,叶基部常有腺体,有托叶。花常单性,同株或异株,花序各式,常为聚伞花序,或杯状聚伞花序;重被、单被或无花被,有时具花盘或退化为腺体;雄蕊1至多枚,花丝分离或联合;雌蕊由3枚心皮组成,子房上位,3室,中轴胎座,每室1~2枚胚珠。蒴果,稀为浆果或核果。种子有胚乳。

[**分布**] 约300属,8 000余种;广布全世界。我国有66属,364种;分布于全国各地;已知药用的有39属,160余种。

[**显微特征**] 体内常具乳管。

[**染色体**] *X*=9,10,11,13,14。

[**化学成分**] 本科化学成分复杂,主要类型是生物碱和萜类(二萜及三萜)。① 生物碱类:如一叶萩碱(securinine)、N-甲基散花巴豆碱(N-methylcro-toparinine),滑桃树 *Trevia nudiflora* L.的种子中含有美登木素类生物碱。② 萜类:二萜酯类成分多含于乳汁和种子中,如大戟二萜醇-12-十四碳酰-13-乙酸酯(TPA);三萜类化合物普遍存在于大戟科的叶、茎、根和乳之中,如 5α-大戟烷(5α-euphane)、大戟醇(euphol)等。③ 另外还有氰苷,分布于叶下珠属(*Phyllanthus*)、木薯属(*Manihot*)等植物中。本科植物种子富含脂肪油和蛋白质,多有毒性,如毒性球蛋白、巴豆毒素(crotin)、蓖麻毒素(ricin)等。

[**药用植物与生药代表**]

(1) 大戟属(*Euphorbia*)。

草本或半灌木。具乳汁。叶通常互生。花序为杯状聚伞花序(大戟花序),外面包有绿色杯状总苞,顶端有 4 个裂片,裂片之间有 4 个黄色蜜腺;杯状总苞内有多数雄花和 1 朵雌花,均无花被;每朵雄花仅具 1 枚雄蕊,花丝和花梗相连处有关节,是花被退化的痕迹;雌花生于花序中央,仅有 1 枚雌蕊,子房具长柄,由总苞顶端缺少蜜腺的一面下垂于总苞外,子房上位,由 3 枚心皮合生,3 室,每室 1 枚胚珠,花柱 3 条,上部常分二叉。蒴果成熟时分裂为 3 个分果。

大戟 *Euphorbia pekinensis* Rupr. 多年生草本。具乳汁。根呈圆柱形。茎被短柔毛。叶互生,矩圆状披针形。花序特异,是由多数杯状聚伞花序排列而成的多歧聚伞花序。总花序常有 5 个伞梗,基部有 5 枚叶状苞片;每个伞梗又作一至数回分叉,最后小伞梗顶端着生一杯状聚伞花序;杯状总苞顶端 4 裂,腺体 4 枚,肥厚,肾形。总苞内有多朵雄花和 1 朵雌花;雄花聚成蝎尾状聚伞花序,无花被,具长柄。子房上位,3 枚心皮合生成 3 室,每室胚珠 1 枚。蒴果表皮有疣状突起。全国各地多有分布。生于山坡及田野湿润处。根(药材名:京大戟)有毒,为峻下逐水药,有泄水逐饮之功效。

(2) 叶下珠属(*Phyllanthus*)。

草本、灌木或乔木。叶互生,小,全缘,通常二列,似羽状复叶;托叶 2 片。花小,单性同株或异株;无花瓣,单生于叶腋或排成聚伞花序或杯状聚伞花序;萼片 4~6 枚,覆瓦状排列;雄蕊 2~5 枚,稀为 6 枚至多数,花丝分离或基部稍合生;子房 3 室,稀为 4~6 室或更多室,每室有胚珠 2 枚。蒴果或果皮肉质而为浆果状,通常扁球形;种子三棱形。约 600 种,分布于热带和温带地区,我国有 30 余种,大多产于长江以南各省,北部极少。

巴豆* Crotonis Fructus (英) Croton Tiglium

【**基原**】本品为大戟科植物巴豆 *Croton tiglium* L.的干燥成熟果实。

【**植物形态**】灌木或小乔木,高 3~6 m;嫩枝被稀疏星状柔毛,枝条无毛。叶纸质,卵形,稀椭圆形,长 7~12 cm,宽 3~7 cm。总状花序,顶生,子房密被星状柔毛,花柱 2 深裂。蒴果椭圆状,被疏生短星状毛或近无毛;种子椭圆状,花期 4—6 月(图 14-73)。

图 14-73　巴豆

【产地】主产于四川、云南、广西等地。

【采制】秋季果实成熟时采收，堆置 2～3 天发汗，摊开，干燥。

【性状】本品呈卵圆形，一般具三棱，长 1.8～2.2 cm，直径 1.4～2 cm。表面灰黄色或稍深，粗糙，有纵线 6 条，顶端平截，基部有果梗痕。破开果壳，可见 3 室，每室含种子 1 粒。种子呈略扁的椭圆形，长 1.2～1.5 cm，直径 0.7～0.9 cm，表面棕色或灰棕色，一端有小点状的种脐和种阜的疤痕，另一端有微凹的合点，其间有隆起的种脊；外种皮薄而脆，内种皮呈白色薄膜；种仁黄白色，油质。气微，味辛辣。以个大、饱满、种仁黄白色者为佳（图 14-74）。

图 14-74　巴豆果实（左）与种子（右）

【显微特征】本品外果皮为表皮细胞 1 列，外被多细胞星状毛。中果皮外侧为 10 余列薄壁细胞，散有石细胞、草酸钙方晶或簇晶；中部有约 4 列纤维状石细胞组成的环带；内侧为数列薄壁细胞。内果皮为 3～5 列纤维状厚壁细胞。种皮表皮细胞由 1 列径向延长的长方形细胞组成，其下为 1 列厚壁性栅状细胞，胞腔线性，外端略膨大。

粉末　浅黄棕色。① 多细胞厚壁性星状毛，直径 129～210 μm，多由 6～15 个厚壁性细胞排列呈放射状，层纹明显，胞腔线形，近基部略膨大，具孔沟。② 石细胞类圆形、类长方形，壁孔、层纹明显。③ 种皮细胞碎片表面现多角形，其径向壁呈不规则锯齿状弯曲，内含黄棕色物质。④ 栅状细胞棕红色，长约 225 μm，直径约 21 μm，排列紧密，壁厚，胞腔线形，一端略膨大。⑤ 纤维状厚壁细胞，直径约 20 μm，壁孔和层纹明显。⑥ 胚乳细胞类圆形，内含脂肪油滴、糊粉粒及草酸钙簇晶（图 14-75）。

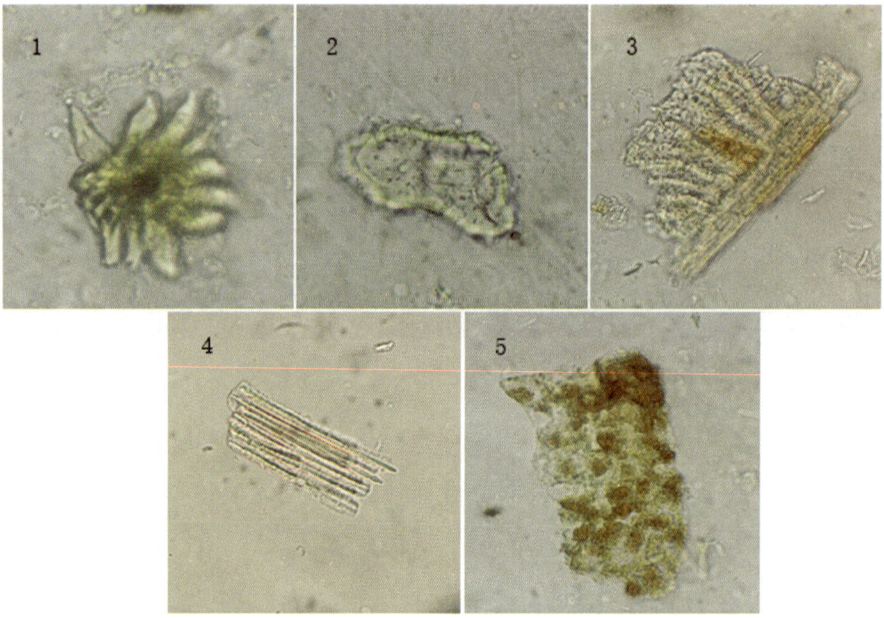

图 14-75　巴豆粉末组织特征图

1. 果皮星状毛；2. 石细胞；3. 种皮表皮细胞和栅状细胞；4. 纤维状厚壁细胞；5. 胚乳细胞。

【化学成分】主要含有脂肪油、挥发油、二萜、有机酸、蛋白质、生物碱、甾醇及微量元素等成分。其中,脂肪油作为毒效兼具成分,其质量分数为 34%～57%,包括二萜、有机酸及其酯,如多种佛波醇酯类化合物;巴豆蛋白质量分数约为 18%,如巴豆毒蛋白Ⅰ和巴豆毒蛋白Ⅱ;油酸、亚油酸和亚麻酸等有机酸;巴豆苷和木兰花碱等生物碱;β-谷甾醇和豆甾醇等甾醇。具有泻下、抗炎、镇痛、抗病原微生物、免疫调节和抗肿瘤等作用。

【理化鉴别】薄层色谱　硅胶 G 薄层,喷以 10%硫酸乙醇溶液,在 105 ℃加热至斑点清晰。供试品色谱中,在与对照药材色谱相应的位置上显相同颜色的斑点。

含量测定　本品按干燥品计算,含脂肪油不得少于 22.0%。高效液相色谱法测定,本品按干燥品计算,含巴豆苷($C_{10}H_{13}N_5O_5$)不得少于 0.80%。

【功效与主治】外用蚀疮。用于恶疮疥癣,疣痣。

【药理作用】① 泻下:巴豆油是巴豆发挥泻下作用的主要成分。巴豆油口服后在肠道内水解产生游离巴豆酸,刺激肠黏膜,增强肠道分泌和蠕动,导致腹泻。

② 抗炎、镇痛:巴豆苷在抗炎方面具有显著的抑制毛细血管通透性和耳肿胀的作用。

③ 抗病原微生物:巴豆茎和种子提取物中的主要成分为长链有机酸及其酯类衍生物,其中抗真菌活性最强的茎提取物中的主要成分为棕榈酸、油酸及其酯类。另外,采用特定药物分离法得到的巴豆油不同组分均可抑制二重耐药的结核分枝杆菌活性。

④ 免疫调节、止泻:巴豆霜配伍大黄可通过抑制肠黏膜的局部免疫紊乱和促进恢复外周炎性因子的网络平衡来发挥治疗作用。

⑤ 抗肿瘤:提取物巴豆生物碱能够抑制人胃癌 SGC-7901 细胞的增殖,将低分化的肿瘤细胞诱导为成熟细胞,促进凋亡,从而减缓肿瘤恶化。

⑥ 毒性作用:巴豆油对皮肤和黏膜具有极强的刺激性,外用过量容易导致急性皮炎。

巴豆种子水提物处理的斑马鱼胚胎均出现胚胎死亡，并且呈现不同程度的发育缺陷，如心包水肿、脊髓弯曲、孵化延迟等。

⑦ 其他作用：巴豆种子乙醇提取物在电诱导惊厥中可以延迟小鼠和大鼠的惊厥发作时间，缩短后肢伸展持续时间，证明巴豆具有抗惊厥作用，并呈现剂量依赖性。巴豆苷具有显著抑制心室肌细胞增殖分化作用。巴豆苷能够影响急性髓性白血病 MV4-11 细胞的生长，且对正常细胞没有明显的毒性。

【附注】巴豆霜　为巴豆种仁的加工品（榨去大部分油脂）。巴豆种仁照《中国药典》制霜法制霜或取仁碾细后测定脂肪油含量，加适量的淀粉，使脂肪油含量符合规定，混匀即得。药材为粒度均匀、疏松的淡黄色粉末，显油性。本品按《中国药典》规定含脂肪油应为 18.0%~20.0%。巴豆苷（$C_{10}H_{13}N_5O_5$）不得少于 0.80%。本品性热，味辛，有大毒；能峻下冷积，逐水退肿，豁痰利咽，外用蚀疮；用于寒积便秘、乳食停滞、腹水臌胀、二便不通、喉风、喉痹；外治痈肿脓成不溃、疥癣恶疮、疣痣；用量 0.1~0.3 g。

21. 鼠李科（Rhamnaceae）

⚥ * $K_{(4\sim5)}C_{(4\sim5)}A_{4\sim5}\underline{G}_{(2\sim4:2\sim4:1)}$

［形态特征］乔木或灌木，直立或攀援，常有刺。单叶，多互生，有托叶，有时变为刺状。花小，两性，稀为单性，辐射对称，排成聚伞花序或簇生；萼片、花瓣及雄蕊均 4~5 枚，有时无花瓣；雄蕊与花瓣对生，花盘肉质；雌蕊由 2~4 枚心皮组成；子房上位，或部分埋于花盘中，2~4 室，每室胚珠 1 枚。多为核果，有时为蒴果或翅果状。

［分布］58 属，约 900 种；广布世界各地。我国有 14 属，133 种，33 个变种，1 个变型，分布于南北各地，以西南和华南的种类最丰富。已知药用的有 12 属，77 种。

［染色体］$X=9,11,12$。

［化学成分］本科植物含蒽醌及萘类化合物，如大黄素（emodin）、大黄酚（chrysophanol）；另含黄酮类，如芦丁；三萜皂苷，如酸枣仁皂苷（jujubosides）；肽生物碱，如枣碱（ziziphine）、枣宁碱（ziziphinine）及异喹啉生物碱、光千金藤碱（stepharine）等。

［药用植物与生药代表］

大枣 Jujubae Fructus

本品为鼠李科植物枣 *Ziziphus jujuba* Mill.的干燥成熟果实。主产于山东、河南、山西、陕西。秋季果实成熟时采收，晒干。本品呈椭圆形或球形，长 2~3.5 cm，直径 1.5~2.5 cm。表面暗红色，略带光泽，有不规则皱纹。基部凹陷，有短果梗。外果皮薄，中果皮棕黄色或淡褐色，肉质，柔软，富糖性而油润。果核纺锤形，两端锐尖，质坚硬。气微香，味甜。含大枣皂苷Ⅰ、Ⅱ、Ⅲ（ziziphus saponin Ⅰ、Ⅱ、Ⅲ），酸枣仁皂苷 B（jujuboside B），光千金藤碱（stepharine）等。本品性温，味甘；能补中益气，养血安神；用于脾胃虚弱、体虚乏力；用量 6~15 g。

酸枣仁 Ziziphi Spinosae Semen

本品为鼠李科植物酸枣 *Ziziphus jujuba* Mill. var. *spinosa* (Bunge) Hu ex H. F. Chou 的干燥成熟种子。主产于河北、陕西、辽宁。秋末冬初采收成熟果实，除去果肉和核壳，收集种子，晒干。本品呈扁圆形或扁椭圆形，长 5~9 mm，宽 5~7 mm，厚约 3 mm。表面紫红色或紫褐色，平滑有光泽，有的有裂纹。有的两面均呈圆隆状突起；有的一面较平坦，中间或有 1 条隆起的纵线纹,另一面稍突起。一端凹陷,可见线形种脐;另端有细小突起的合点。种皮较脆,胚乳白色,子叶 2 片,浅黄色,富油性。气微,味淡。

【鉴别】 本品粉末棕红色。种皮栅状细胞棕红色或黄棕色,表面观多角形或圆多角形,壁厚,木化,胞腔内含红棕色物;侧面观呈长条形,外壁增厚,侧壁上、中部甚厚,下部渐薄,光辉带位于栅状细胞外侧。种皮内表皮细胞棕黄色,表面观长方形或类方形,垂周壁呈密集的连珠状增厚,木化。子叶表皮细胞含细小草酸钙簇晶和方晶。含酸枣仁皂苷 A、B(jujuboside A、B),水解的酸枣仁皂苷元、阿拉伯糖、木糖、鼠李糖和葡萄糖。

【理化鉴别】 薄层色谱 硅胶 G 薄层,喷以 1%香草醛的硫酸溶液,在供试品色谱中,在与对照药材色谱和酸枣仁皂苷 A、酸枣仁皂苷 B 对照色谱相应的位置上显相同颜色的斑点。置紫外灯(365 nm)下检视,供试品色谱中,在与斯皮诺素对照品色谱相应的位置上显相同的蓝色荧光斑点。

浸出物 照醇溶性浸出物测定法(通则 2201)项下的热浸法测定,用乙醇作溶剂,不得少于 12.0%。

含量测定 照高效液相色谱法(通则 0512)测定,本品按干燥品计算,含斯皮诺素($C_{28}H_{32}O_{15}$)不得少于 0.070%,含酸枣仁皂苷 A($C_{58}H_{94}O_{26}$)不得少于 0.030%。药理研究表明,本品有镇静、催眠及降压等作用。本品性平,味甘、酸;能养心补肝,宁心安神,敛汗,生津;用于虚烦不眠、惊悸多梦、体虚多汗、津伤口渴;用量 10~15 g。

枳椇 *Hovenia acerba* Lindl. 落叶乔木。单叶互生;叶柄红褐色,叶片卵形或宽卵形,基出三脉。复聚伞花序顶生或腋生;花瓣 5 枚,花柱 3 条,子房上位,3 室,每室 1 枚胚珠。果实近球形,灰褐色,果梗肥厚扭曲,肉质,红褐色,味甜。种子扁圆形,暗褐色,有光泽。同属植物我国产 4 种。分布于东北、西北、中南、西南等地;生于阳光充足的沟边、路边或山谷中。果梗连同果实有健胃补血作用;种子有止渴除烦、清湿热、解酒毒之功效。

22. 藤黄科(Guttiferae)

$⚥ * K_{4\sim5}C_{4\sim5}A_{\infty}\underline{G}_{(3\sim5:1\sim12:1\sim\infty)}$

[形态特征] 乔木或灌木,稀为草本,具黄色或白色胶液。单叶,全缘,对生或轮生,常无托叶。花序聚伞状或圆锥状,伞状或单花。花两性、单性或杂性;萼片 4~5 枚,覆瓦状排列或交互对生;花瓣 4~5 枚,离生,覆瓦状或卷旋状排列;雄蕊多数,离生或合生成 3~5 束;子房上位,通常有 5 或 3 个多少合生的心皮,1~12 室,中轴、侧生或基生胎座;胚珠倒生或横生,每室 1 至多枚;花柱 1~5 条或无,柱头 1~12 个,常呈放射状。蒴果、浆果或核果。种子 1 至多数,具假种皮或无,无胚乳。

[分布] 约 40 属,1 000 种,主产于热带。我国有 8 属,87 种,全国分布。

[药用植物与生药代表]

贯叶金丝桃 Hyperici Perforati Herba

本品为藤黄科植物贯叶金丝桃 *Hypericum perforatum* L.的干燥地上部分。夏、秋二季开花时采割,阴干或低温烘干。本品茎呈圆柱形,长 10~100 cm,多分枝,茎和分枝两侧各具一条纵棱,小枝细瘦,对生于叶腋。单叶对生,无柄抱茎,叶片披针形或长椭圆形,长 1~2 cm,宽 0.3~0.7 cm,散布透明或黑色的腺点,黑色腺点大多分布于叶片边缘或近顶端。聚伞花序顶生,花黄色,花萼、花瓣各 5 片,长圆形或披针形,边缘有黑色腺点;雄蕊多数,合生为3束,花柱3条。蒴果矩圆形,具泡状小突起。气微,味微苦涩。含金丝桃素(hypericin)、伪金丝桃素(pseudohepericin)、异金丝桃素(isohypericin)和大黄素-蒽酮(emodin-authrone)等苯并双蒽酮类化合物等。本品性寒,味辛,归肝经。能疏肝解郁,清热利湿,消肿通乳;用于肝气郁结、情志不畅、心胸郁闷、关节肿痛、乳痈、乳少;用量2~3 g。药理研究表明,其提取物具有显著的抗抑郁作用。金丝桃苷对心肌缺血及脑缺血再灌注损伤具有保护作用。

23. 瑞香科(Thymelaeaceae)

⚥ $* K_{(4\sim5)} C_0 A_{4\sim5,8\sim10} \underline{G}_{(2:1\sim2:1)}$

[**形态特征**] 多为灌木,少为乔木或草本。茎皮富含韧皮纤维,不易折断。单叶互生或对生,全缘,无托叶。花两性,辐射对称,集成总状花序、头状花序或伞形花序;花萼管状,4~5裂,花瓣状,花瓣缺或退化成鳞片状;雄蕊通常生于萼管的喉部,与萼裂片同数或为其2倍,稀为2枚;子房上位,1~2室,每室胚珠1枚。浆果、核果或坚果,稀为蒴果。

[**分布**] 48属,650余种,广布于温带和热带地区。我国有10属,约100种,广布全国各地,但主产于长江流域及以南地区。已知药用的有7属,40种。

[**染色体**] $X=9$。

[**化学成分**] 本科植物成分多样,主要有香豆素类、黄酮类、二萜酯类、木脂体和挥发油。香豆素类,如瑞香素(daphnetin)及其葡萄糖苷(瑞香苷);黄酮类,如羟基芫花素(hydroxygenkwanin);二萜酯类,如芫花萜酯A(yuanhuacine A)、芫花萜酯B(yuanhuacine B)等;木脂体类,如荛花醇(wikstromol)。

[**药用植物与生药代表**]

沉香* Aquilariae Lignum Resinatum (英) Eaglewood Wood

【基原】本品为瑞香科植物白木香 *Aquilaria sinensis*(Lour.) Gilg 含有树脂的木材。

【植物形态】常绿乔木。叶互生,革质,卵形、倒卵形至椭圆形,顶端短渐尖,基部宽楔形。伞形花序顶生或腋生;花黄绿色;花萼浅钟状,裂片5枚;花瓣10枚,鳞片状,着生于萼管喉部;雄蕊10枚,子房2室,每室1枚胚珠。蒴果木质,被灰黄色短柔毛。

【产地】主产于广东陆丰、陆河、鹤山、惠东,主要为栽培品。白木香野生资源量在不断减少,被列为国家二级保护野生植物,已载入《中国植物红皮书》和《广东省珍稀濒危植物图谱》。

【采制】全年均可采收,割取含树脂的木材,除去不含树脂的部分,阴干。通常选择树干直径30 cm以上的壮龄白木香树,在距地面1.5~2 m处顺砍5~6刀,使伤口处的木质部分泌棕黑色树脂,数年后将此变色的木部削下,削时造成的新伤口处仍会继续分泌树脂,可再继续削取。将采得的沉香削去黄白色不含树脂部分,阴干。刨片或磨细粉用。

图14-76 国产沉香药材

【性状】本品呈不规则块、片状或盔帽状,有的为小碎块。表面凹凸不平,有刀痕,偶有孔洞,可见黑褐色树脂与黄白色木部相间的斑纹,孔洞及凹窝表面多呈朽木状。质较坚实。断面刺状。气芳香,味苦(图14-76)。

【显微特征】 横切面　① 射线宽 1~2 列细胞,充满棕色树脂。② 导管圆多角形,直径 42~128 μm,有的含棕色树脂。③ 木纤维多角形,直径 20~45 μm,壁稍厚,木化。④ 木间韧皮部扁长、椭圆状或条带状,常与射线相交,细胞壁薄,非木化,内含棕色树脂;其间散有少数纤维,有的薄壁细胞含草酸钙柱晶(图 14-77)。

径向纵切面　木射线排列成横向带状,细胞为方形或略长方形。余同切向纵切面(图 14-77)。

切向纵切面　① 木射线宽 1~2 列细胞,高 4~20 个细胞。② 导管多为短节导管,两端平截,具缘纹孔排列紧密,导管内含黄棕色树脂团块。③ 纤维细长,壁较薄,有单纹孔。④ 木间韧皮部细胞长方形(图 14-77)。

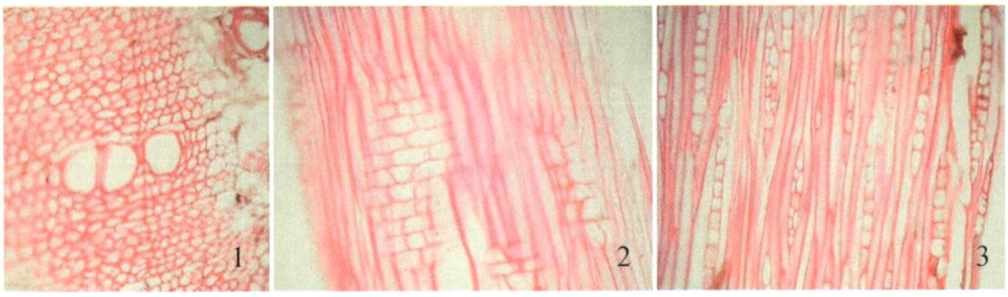

图 14-77　沉香切面组织构造

1. 横切面; 2. 径向纵切面; 3. 切向纵切面。

粉末　黑棕色。纤维管胞长梭形,多成束,直径 20~30 μm,壁较薄,径向壁上有具缘纹孔。纤维直径 25~30 μm,径向壁上有单纹孔。具缘纹孔导管多见,直径约 130 μm,内含黄棕色树脂块。木射线宽 1~2 列细胞,高约 20 个细胞,壁连珠状增厚。木间韧皮部薄壁细胞内含黄棕色物质,壁非木化,可见菌丝腐蚀形成的纵横交错的纹理(图 14-78)。

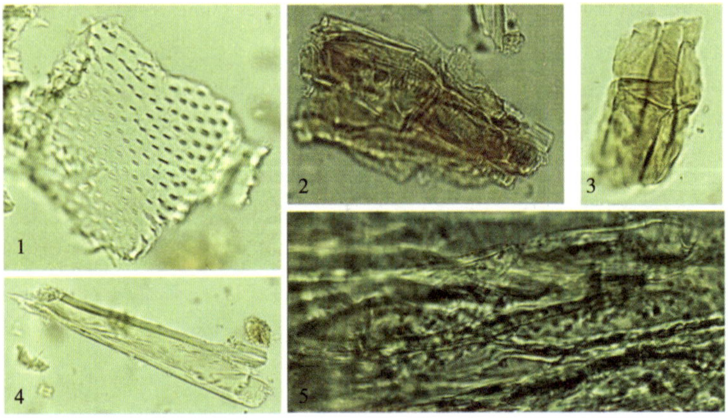

图 14-78　国产沉香粉末组织特征图

1. 具缘纹孔导管; 2. 树脂块; 3. 木间韧皮部薄壁细胞; 4. 纤维; 5. 纤维管胞。

【化学成分】 含挥发油约 0.8%,主要含有白木香酸(baimuxianic acid)、白木香醇(agarospiral)、沉香螺醇(agarospirol)、苄基丙酮(benzylacetone)、十六碳烷酸、6,10,14-三甲基-2-十五碳酮、十四碳烷酸、反式-9-十八碳烯酸、十五碳烷酸等挥发油;还含有 2-(2-苯乙基)色酮、6-羟基-2-(2-苯乙基)色酮等。

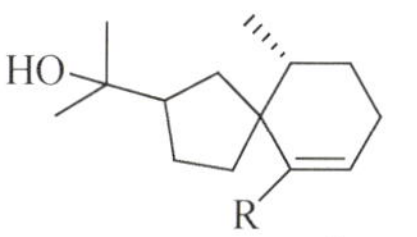

	R
沉香螺醇	CH_3
白木香酸	COOH
白木香醛	CHO

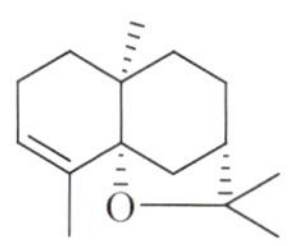

α-沉香呋喃

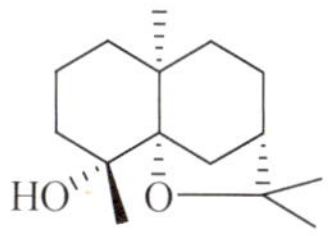

4-羟基二氢沉香呋喃

【理化鉴别】薄层色谱　硅胶 G 薄层，置紫外光灯（365 nm）下检视。供试品色谱中，在与对照药材色谱相应的位置上显相同颜色的荧光斑点。

特征图谱　采用高效液相色谱法测定，供试品特征图谱中应呈现 6 个特征峰，并应与对照药材参照物色谱峰中的 6 个特征峰相对应，其中峰 1 应与对照品参照物峰保留时间相一致。

含量测定　采用高效液相色谱法测定，本品按干燥品计算，含沉香四醇（$C_{17}H_{18}O_5$）不得少于 0.10%。

【功效与主治】性微温，味辛、苦；能行气止痛，温中止呕，纳气平喘；用于胸腹胀闷疼痛、胃寒呕吐呃逆、肾虚气逆喘急，用量 1~5 g，入煎剂宜后下。

【药理作用】① 止咳作用。其醇提取物能促进体外豚鼠气管抗组胺作用，而发挥止咳效果。

② 催眠、镇痛作用。其水提物能使环己巴比妥引起的小鼠睡眠时间延长；白木香酸对小鼠有一定的麻醉作用；热板实验表明它对小鼠有良好的镇痛作用。

③ 解痉作用。其水煎剂对离体豚鼠回肠自主收缩有抑制作用，并能对抗组胺引起的痉挛性收缩。

【附注】进口沉香　为沉香含树脂的木材，主产于印度、印度尼西亚、马来西亚。我国台湾、广东、广西等地有栽培。进口沉香呈圆柱形或不规则块片，通常长 10~15 cm，宽 2~6 cm；两端或表面有刀劈痕、沟槽或孔洞凹凸不平，淡黄棕色或灰黑色，密布断续的棕黑色细纵纹，横断面可见细密棕黑色斑点。能沉或半沉于水；气味较浓烈。含油树脂，其中含挥发油 13%，主要成分为苄基丙酮（benzylacetone，含量 26%）、对甲基苄基丙酮（4-methyl propiophenoe，含量 53%）、倍半萜醇（含量 11%）以及 α-、β-沉香呋喃和 4-羟基二氢沉香呋喃等。具有行气止痛、温中止呕、纳气平喘的功效，药效强于白木香。

芫花 *Daphne genkwa* Sieb. et Zucc.　落叶灌木。幼枝密被淡黄色绢毛。叶对生，偶互生，椭圆状矩圆形或卵状披针形，幼叶背面密被淡黄色绢毛，老叶只沿中脉疏被绢毛。花先于叶开放，淡紫色或淡紫红色，3~7 朵簇生于叶腋；花萼管状，外被绢毛，花瓣状，裂片 4 枚；雄蕊 8 枚，呈 2 轮着生于花萼管中部及上部，花盘环状；子房 1 室，密被淡黄色柔毛。核果白色。

24. 桃金娘科（Myrtaceae）

⚥ $* K_{(4\sim5)}C_{4\sim5}A_{(2\sim\infty)}\overline{G}\ \overline{G}_{(2\sim5:1\sim5:\infty)}$

［形态特征］常绿木本，多含挥发油。单叶对生，全缘，有透明油腺点，揉之有香气；无托叶。花两性，辐射对称，单生于叶腋内或成各式花序；萼 4~5 裂，萼筒略与子房合生；花瓣 4~5 枚，着生于花盘边缘，或与萼片连成一帽状体，花开时横裂，整个帽状体脱落；雄蕊多枚生于花盘边缘，而与花瓣对生，药隔顶端常有 1 枚腺体；心皮 2~5 枚，合生，子房下位

或半下位,通常2~5室,每室有1至多枚胚珠,花柱单生。浆果、蒴果,稀为核果。

[分布] 约100属,3 000余种,分布于热带、亚热带地区。我国原产及驯化9属,126种,8个变种,分布于江南地区;药用的有10属,31种。

[染色体] $X=6\sim9$、11。

[化学成分] 本科植物主要含挥发油;黄酮类,如槲皮素、桉树素、酚类、鞣质等。

[药用植物与生药代表]

桃金娘 ***Rhodomyrtus tomentosa*** **(Ait.) Hassk.** 常绿灌木。幼枝、叶背及花均密被毛。叶对生,革质,椭圆形或倒卵形,先端钝,常微凹,基部楔形,全缘,离基三出脉。聚伞花序腋生,有1~3朵花;萼管钟形,裂片5枚,圆形;花瓣5枚,紫红色;雄蕊多枚;子房下位,3室。浆果球形,成熟时为暗紫色。分布于南部各省,生于丘陵、旷野、灌木丛中。根为祛湿药,有祛风活络、收敛止泻、止血等功效,可用于治疗肝炎与崩漏等;叶有收敛止血作用;果有补血、滋养、安胎等功效。

丁香* Caryophylli Flos (英) Clove

【基原】为桃金娘科植物丁香 *Eugenia caryophyllata* Thunb.的干燥花蕾。

【植物形态】常绿乔木。叶对生,革质,卵状长圆形,先端渐尖,全缘,具透明油腺点。花为顶生聚伞花序;萼筒顶端4裂,肥厚;花瓣4枚,淡紫色,有浓烈香气;雄蕊多枚;子房下位,2室。浆果长倒卵形,红棕色,顶端有宿存萼片。

【产地】主产于坦桑尼亚、马达加斯加、印度尼西亚。我国广东有少量栽培。

【采制】当花蕾由绿色转红时采摘,晒干。

【性状】略呈研棒状,长1~2 cm。花冠圆球形,直径0.3~0.5 cm,花瓣4枚,覆瓦状抱合,棕褐色或褐黄色,花瓣内为雄蕊和花柱,搓碎后可见众多黄色细粒状的花药。萼筒圆柱状,略扁,有的稍弯曲,长0.7~1.4 cm,直径0.3~0.6 cm,红棕色或棕褐色,上部有4枚三角状的萼片,十字状分开。质坚实,富油性。气芳香浓烈,味辛辣,有麻舌感(图14-79)。

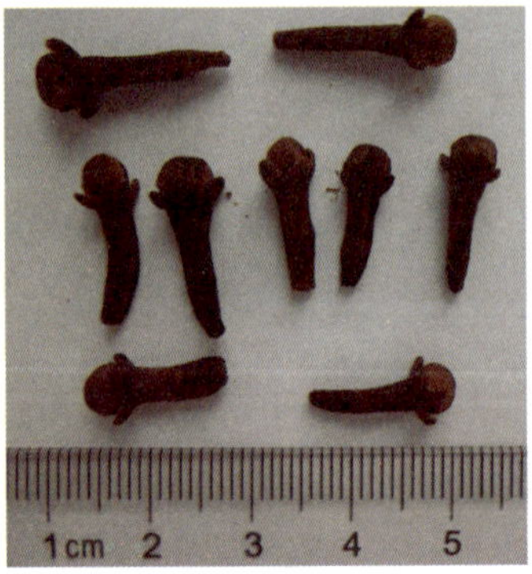

图14-79 丁香药材

【显微特征】萼筒中部横切面 ①表皮细胞1列,有较厚角质层。②皮层外侧散有2~3列径向延长的椭圆形油室,长150~200 μm;其下有20~50个小型双韧维管束,断续排列成环,维管束外围有少数中柱鞘纤维,壁厚,木化。③内侧为数列薄壁细胞组成的通气组织,有大型腔隙。④中心轴柱薄壁组织间散有多数细小维管束,薄壁细胞含众多细小草酸钙簇晶(图14-80)。

粉末 暗红棕色。①纤维梭形,顶端钝圆,壁较厚。②花粉粒众多,极面观呈三角形,赤道表面观为双凸镜形,具3副合沟。③草酸钙簇晶众多,直径4~26 μm,存在于较小的薄壁细胞中。④油室多破碎,分泌细胞界限不清,含黄色油状物(图14-81)。

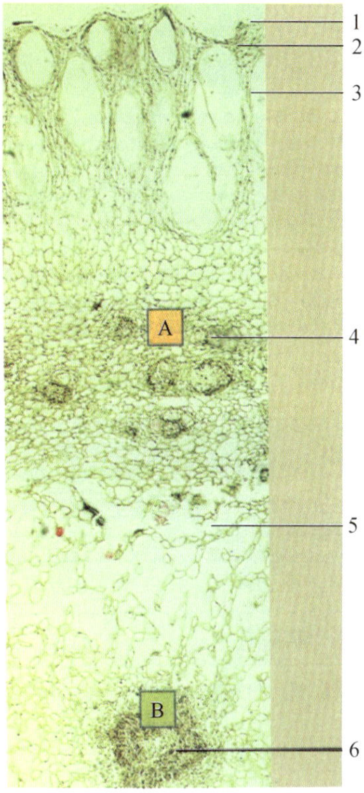

图 14-80 丁香萼筒横切面组织构造

1. 表皮；2. 皮层；3. 油室；4. 双韧维管束；5. 通气组织；6. 中柱薄壁组织。

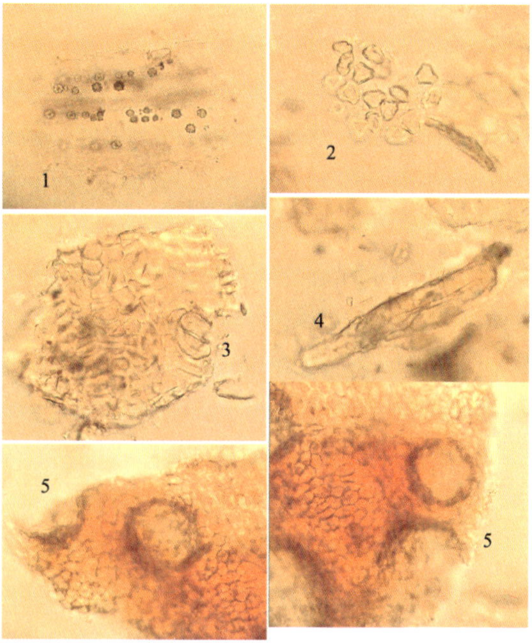

图 14-81 丁香粉末组织特征图

1. 草酸钙簇晶；2. 花粉粒；3. 气孔；4. 纤维；5. 油室。

【化学成分】含挥发油 14%~21%，油中含丁香酚(eugenol)80%~87%，β-丁香烯(β-caryophyllene)9%~12%，乙酰丁香酚(acetyleugenol)7.3%，以及α-丁香烯(α-caryophyllene)、苯甲醇、乙酸苯甲酯、间甲氧基苯甲醛、胡椒酚等。

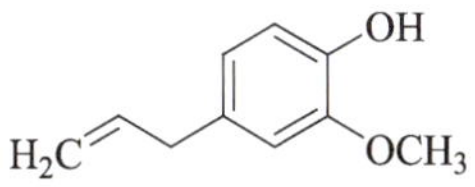

丁香酚

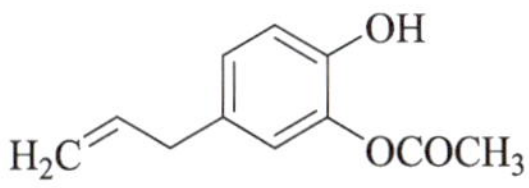

乙酰丁香酚

【理化鉴别】薄层色谱 硅胶 G 薄层，喷以 5%香草醛硫酸溶液，在 105 ℃加热至斑点显色清晰。供试品色谱中，在与丁香酚对照品色谱相应的位置上显相同颜色的斑点。

含量测定 采用气相色谱法测定，本品按干燥品计算，含丁香酚($C_{10}H_{12}O_2$)不得少于 11.0%。

【功效与主治】性温，味辛；能温中降逆，补肾助阳；用于脾胃虚寒、呃逆呕吐、食少吐泻、心腹冷痛、肾虚阳痿；用量 1~3 g，内服或研末外敷。不宜与郁金同用。

【药理作用】① 抑菌作用。其煎剂对多种细菌有抑制作用；丁香酚对常见的引起化脓性感染的金黄色葡萄球菌和白色葡萄球菌，对引起继发感染的变形杆菌和铜绿假单胞菌等有明显的抑制作用，还对白色念珠菌细胞生长周期有显著的影响。

② 抗氧化作用。对大鼠肝匀浆脂质过氧化有很强的抑制作用。

③ 促进透皮吸收作用。丁香油可使苯甲酸的累积渗透量增大,对药物具有促渗作用;可使氟尿嘧啶的经皮透过量增加。

④ 麻醉作用。用丁香酚麻醉后的虹鳟鱼的腮活动频率明显降低,其游动速度变慢,行动迟缓,鱼体的活动及氧气消耗都明显下降。

【附注】丁香油　为丁香花蕾经水蒸气蒸馏而馏出的挥发油。无色或淡黄色的液体,有特异香气。露置空气中或贮存日久,渐变为棕色,也变稠。药用丁香油含丁香酚85%~90%,还可用作香料和兴奋、芳香、防腐剂,以及龋齿局部镇痛剂。有时会引起过敏反应。

25. 五加科(Araliaceae)

$⚥ * K_5 C_{5\sim10} A_{5\sim10} \overline{G}_{(2\sim15:2\sim5:1)}$

[形态特征] 木本、藤本或多年生草本。茎常有刺。叶多互生,常为掌状复叶或羽状复叶,少为单叶。花小,两性,稀为单性,辐射对称;伞形花序或集成头状花序,常排成总状或圆锥状;花萼小或具有萼齿5枚,花瓣5、10枚,分离;雄蕊5~10枚,生于花盘边缘,花盘生于子房顶部;子房下位,由2~15枚心皮合生,通常2~5室,每室1枚胚珠。浆果或核果。种子有丰富胚乳。

[分布] 约80属,900多种,广布于热带和温带地区。我国有22属,160多种;除新疆外,几乎全国均有分布;已知药用的有人参属(*Panax*)、五加属(*Acanthopanax*)、树参属(*Dendropanax*)等19属,112种。

[显微特征] 体内有树脂道,常含草酸钙簇晶。

[染色体] X=11,12(人参属)。

[化学成分] 本科化学成分以富含三萜皂苷为其特点,如人参皂苷(ginsenosides)、楤木皂苷(aralosidea)。另含黄酮醇类,如槲皮素(Quercetin);多糖类,如人参多糖(Polysaccharide of ginseng);挥发油类,如人参挥发油(ginseng volatile oil)。香豆素和二萜类、酚类化合物。

[药用植物与生药代表]

(1) 人参属(*Panax*)。

多年生草本,具肉质根和短而直立的根状茎,或肉质根不发达,根状茎长而匍匐成竹鞭状或串珠状。地上茎单生。掌状复叶轮生于茎顶。花两性或杂性,排成顶生的伞形花序;萼有5小齿;花瓣5枚;雄蕊5枚;子房下位,通常2室,花盘肉质,环状。核果状浆果。本属植物多数可供药用,多具滋补强壮、散瘀止痛、止血等功效。

人参* Ginseng Radix et Rhizoma　(英) Ginseng

【基原】本品为五加科植物人参 *Panax ginseng* C.A.Mey.的干燥根和根茎。栽培的俗称"园参",播种在山林野生状态下自然生长的称"林下山参"。

【植物形态】多年生草本,高达60 cm。主根肥大,略呈圆柱形或纺锤形,根茎短,每年增生1节,有时自根茎分生不定根。茎单一,直立,掌状复叶轮生茎顶,叶有长柄,通常1年生者具1枚三出复叶(习称"三花"),2年生者具一枚五出复叶,以后每年增1枚复叶,最多可至6枚复叶。叶椭圆形或倒卵状椭圆形,边缘有锯齿。伞形花序单个顶生;花萼5

齿裂;花瓣 5 枚;雄蕊 5 枚;子房下位。浆果成熟时鲜红色,内含半圆形种子 2 粒。花期 6—7 月,果期 7—9 月(图 14-82)。

图 14-82 人参

【产地】人参主要产于中国东北三省(辽宁、吉林、黑龙江),其中吉林省长白山地区所产人参品质上乘。此地气候凉爽湿润,年平均气温低,土地肥沃,富含腐殖质,为人参生长提供了良好环境。除中国外,朝鲜半岛、俄罗斯远东地区也有种植。朝鲜所产的人参称为"高丽参",俄罗斯所产的人参因生长环境特殊也有其独特品质。园参主产于吉林,辽宁及黑龙江亦产。

【采制】园参于栽培 5~9 年后的 9—10 月间采挖,林下山参于 7 月下旬至 9 月果红熟时采挖,洗净,加工成以下三种参。① 生晒参:全根晒干者称"全须生晒参",林下山参多加工成此种规格;剪去小支根,晒干者称"生晒参";② 红参:将鲜参剪去小支根,蒸透(3~6 h)后烘干或晒干。剪下的支根和细根蒸后干燥者称"红参须";③ 糖参:鲜参经沸水浸后,用排针扎孔,浸于浓糖水中,取出晒干或烘干。

【性状】主根呈纺锤形或圆柱形,长 3~15 cm,直径 1~2 cm。表面灰黄色,上部或全体有疏浅断续的粗横纹及明显的纵皱纹,下部有支根 2~3 条,着生多数细长的须根,须根上常有不明显的细小疣状突起。根茎(芦头)长 1~4 cm,直径 0.3~1.5 cm,多拘挛而弯曲,具不定根(芋)和稀疏的凹窝状茎痕(芦碗)。质较硬,断面淡黄白色,显粉性,形成层环纹棕黄色,皮部有黄棕色的点状树脂道及裂隙。香气特异,味微苦、甘(图 14-83)。

图 14-83 生晒参药材

【显微特征】横切面 ① 木栓层为数列细胞;栓内层窄。② 韧皮部外侧有裂隙,内侧薄壁细胞排列较紧密,有树脂道散在,内含黄色分泌物。③ 形成层成环。④ 木质部射线宽广,导管单个散在或数个相聚,断续排列成放射状,导管旁偶有非木化的纤维。⑤ 薄壁细胞含草酸钙簇晶(图 14-84)。

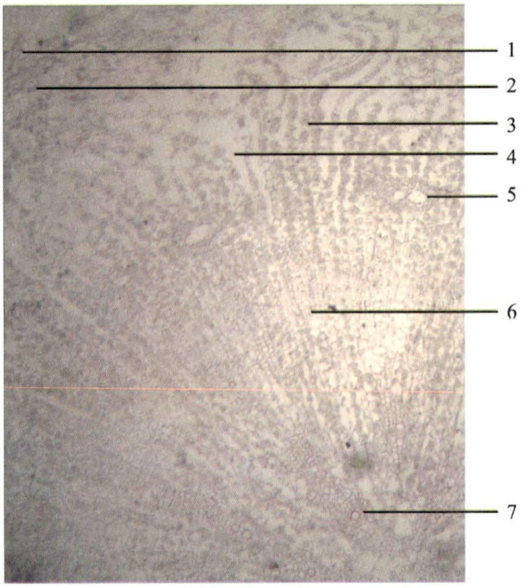

A.人参根横切面

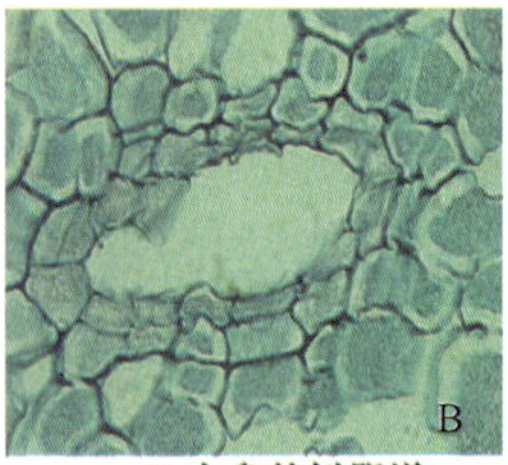

B.人参的树脂道

图 14-84　人参(根)横切面组织构造

1. 木栓层；2. 皮层；3. 韧皮部；4. 裂隙；5. 树脂道；6. 形成层；7. 导管。

粉末　淡黄白色。① 树脂道碎片易见,含黄色块状分泌物。② 草酸钙簇晶直径 20~68 μm,棱角锐尖。③ 木栓细胞表面观为类方形或多角形,壁细波状弯曲。④ 网纹导管和梯纹导管直径 10~56 μm。⑤ 淀粉粒甚多,单粒类球形、半圆形或不规则多角形,直径 4~20 μm,脐点点状或裂缝状;复粒由 2~6 分粒组成(图 14-85)。

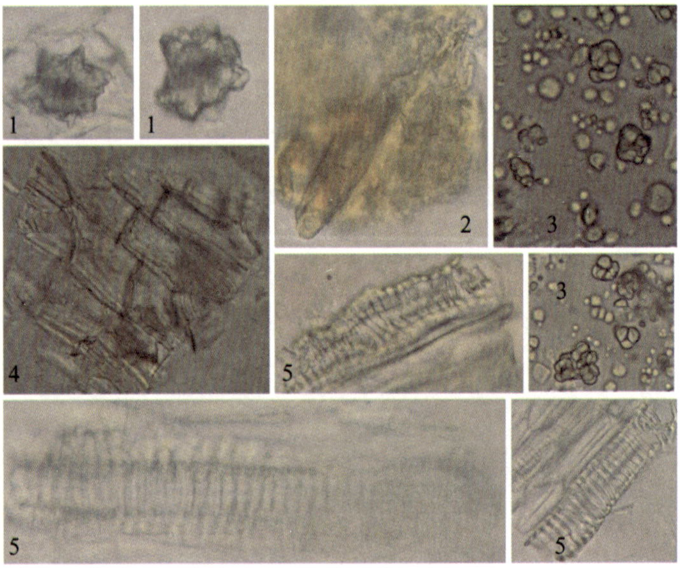

图 14-85　人参(根)粉末组织特征图

1. 簇晶；2. 树脂道导管；3. 淀粉粒；4. 木栓细胞；5. 导管。

【化学成分】有皂苷、多糖、聚炔醇、挥发油、蛋白质、多肽、氨基酸、有机酸、维生素、微量元素等。人参皂苷(ginsenosides)为人参的主要有效成分,人参的根、茎、叶、花及果实中均含有多种人参皂苷。人参根中总皂苷的含量约5%,根须中人参皂苷的含量比主根高。目前已经确定化学结构的人参皂苷有人参皂苷 Ro、Ra_1、Ra_2、Rb_1、Rb_2、Rb_3、Rc、Rd、Re、Rf、Rg_1、Rg_2、Rg_3、Rh_1、Rh_2、Rh_3 等30多种。

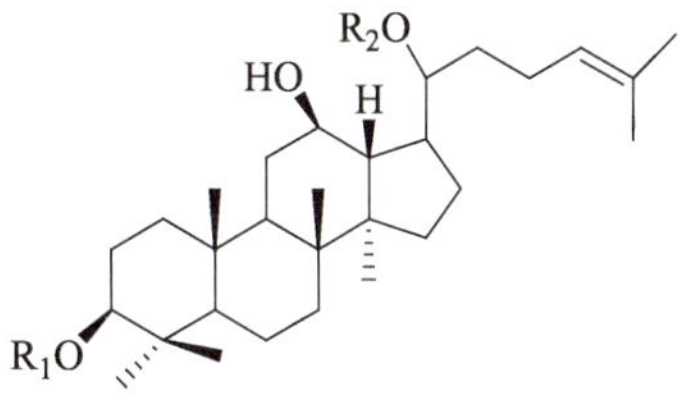

	R_1	R_2
20(S)-原人参二醇	H	H
人参皂苷Ra_1	glc(2→1)glc	glc(6→1)ara(p)(4→1)xyl
人参皂苷Ra_2	glc(2→1)glc	glc(6→1)ara(f)(4→1)xyl
人参皂苷Rb_1	glc(2→1)glc	glc(6→1)glc
人参皂苷Rb_2	glc(2→1)glc	glc(6→1)ara(p)
人参皂苷Rc	glc(2→1)glc	glc(6→1)ara(f)
人参皂苷Rd	glc(2→1)glc	glc
人参皂苷Rg_3	glc(2→1)glc	H
人参皂苷Rh_2	glc	H

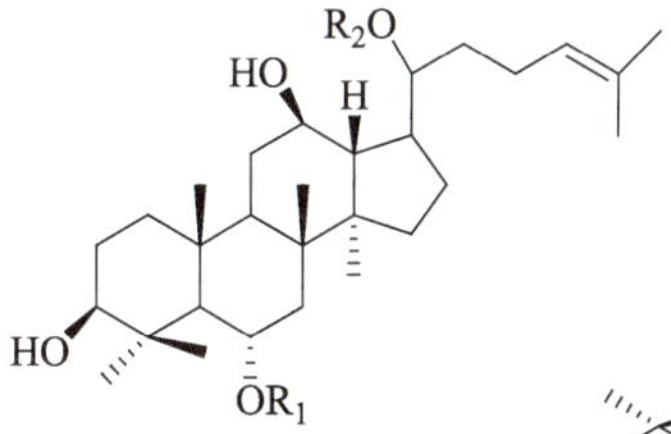

	R_1	R_2
20(S)-原人参三醇	H	H
人参皂苷Re	glc(2→1)rha	glc
人参皂苷Rf	glc(2→1)glc	H
人参皂苷Rg1	glc	glc
人参皂苷Rg2	glc(2→1)rha	H
人参皂苷Rh1	glc	H

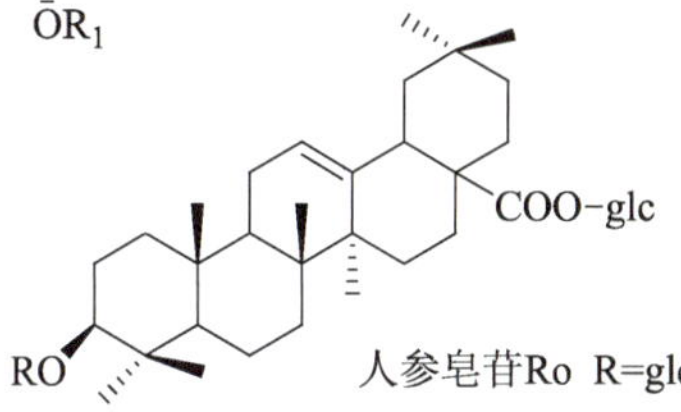

人参皂苷Ro R=glc A(2→1)glc

【理化鉴别】薄层色谱 硅胶G薄层,喷以10%硫酸乙醇溶液,在105 ℃加热至斑点显色清晰,分别置日光和紫外光灯(365 nm)下检视,供试品色谱中,在与对照药材色谱和人参皂苷 Rb_1 对照品、人参皂苷 Re 对照品、人参皂苷 Rf 对照品及人参皂苷 Rg_1 对照品色谱相应位置上,分别显相同颜色的斑点或荧光斑点。

含量测定 采用高效液相色谱法测定,本品按干燥品计算,含人参皂苷 Rg_1($C_{42}H_{72}O_{14}$)和人参皂苷 Re($C_{48}H_{82}O_{18}$)的总量不得少于0.30%,人参皂苷 Rb_1($C_{54}H_{92}O_{23}$)不得少于0.20%。

【功效与主治】性微温,味甘,微苦;能大补元气,复脉固脱,补脾益肺,生津养血,安神益智;用于体虚欲脱、肢冷脉微、脾虚食少、肺虚喘咳、津伤口渴、内热消渴、气血亏虚、久病虚羸、惊悸失眠、阳痿宫冷,用量3~9 g。另煎兑服;也可研粉吞服,一次2 g,一日2次。

【药理作用】① 增强记忆力。人参制剂可增加大脑葡萄糖的摄取,可使葡萄糖的利用从无氧代谢途径转变为有氧代谢,亦可使大脑皮质中自由的无机磷增加1/4,能够合成更多的ATP供学习记忆等活动之用。

② 增强免疫功能。人参有适应原样作用,能增强机体对各种有害因素的非特异性抵抗力。人参皂苷、人参多糖均有增强免疫功能的作用。

③ 改善心血管功能。人参对麻醉动物小剂量可使血压轻度上升,大剂量则使血压下降。不同的人参制剂对离体蟾蜍心脏及对兔、猫、犬心脏皆有某些增强作用,对猫、兔心室纤颤时的心肌无力有某些改善功能的作用。

④ 延缓衰老作用。人参中的各种人参皂苷被认为有抗氧化性和抗老化的作用,可提高思维和机体活动能力,加强神经系统的兴奋作用,也能增强其抑制过程,使兴奋和抑制两种神经过程得以平衡,提高人的智力和体力的劳动效率,增加抗衰老性。

⑤ 其他作用。人参提取物能促进大鼠肝、肾、骨髓、睾丸细胞的核酸及蛋白质的合成,能使血浆中的促肾上腺皮质激素和皮质酮增加。

西洋参* Panacis Quinquefolii Radix （英）American Ginseng

【基原】 本品为五加科植物西洋参 *Panax quinquefolium* L.的干燥根,又称"花旗参"。

【植物形态】 多年生草本。其根呈纺锤形或圆柱形,肉质,表面浅黄色或黄白色。茎直立,圆柱形,具纵条纹,无毛或有稀疏的短柔毛。叶为掌状复叶,通常 3~5 枚轮生茎顶,小叶呈广卵形或倒卵形,先端突尖,基部楔形,边缘具不规则的粗锯齿,叶片上面叶脉有稀疏的细刚毛,下面无毛。花为伞形花序,顶生,花多数,花萼绿色,花瓣 5 枚,绿白色。果实为浆果,扁球形,成熟时呈鲜红色(图 14-86)。

图 14-86 西洋参

【产地】 西洋参原产于美国和加拿大。中国吉林、辽宁、黑龙江等地也有种植。

【采制】 西洋参于栽培 4~5 年后的秋季采挖,洗净,晒干或低温干燥。

【性状】 药材多为主根,呈纺锤形、圆柱形或圆锥形,长 3~12 cm,直径 0.8~2 cm。表面浅黄褐色或黄白色,可见横向环纹和线形皮孔状突起,并有细密浅纵皱纹和须根痕。主根中下部有 1 至数条侧根,多已折断。有的上端有根茎(芦头),环节明显,茎痕(芦碗)圆形或半圆形,具不定根(艼)或已折断。体重,质坚实,不易折断,断面平坦,浅黄白色,略显粉性,皮部可见黄棕色点状树脂道,形成层环纹棕黄色,木部略呈放射状纹理。气微而特异,味微苦、甘。

【显微特征】 横切面 ① 木栓层由数列细胞组成。② 皮层与韧皮部有树脂道,内含树脂状物,分泌细胞含淀粉粒,皮层薄壁细胞有草酸钙簇晶。③ 形成层明显成环。④ 木质部射线宽广,导管单个或 2~5 个成群径向排列。

粉末 米黄色或浅黄白色。① 树脂道碎片易见,内含滴状或块状黄色分泌物。② 草酸钙簇晶较少,棱角大多尖锐,直径 8~20 μm。③ 淀粉粒单粒类圆形,直径 2~10 μm,脐点点状或裂缝状。④ 木栓细胞近无色、浅黄色或淡黄棕色,类长方形或类多角形,壁薄,细波状弯曲，木化或微木化，有时可见纹理。可见网纹和螺纹导管（图 14-87）。

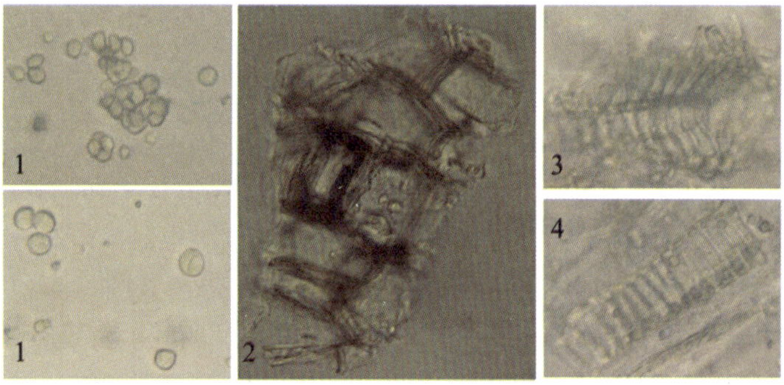

图 14-87　西洋参粉末组织特征图

1. 淀粉粒；2. 木栓细胞；3. 网纹导管；4. 螺纹导管。

【化学成分】西洋参中主要成分为人参皂苷，如人参皂苷 Rb_1、Rb_2、Rc、Rd、Re、Rg_1 等，并含有拟人参皂苷 F_{11}（pseudoginsenoside F_{11}）和西洋参皂苷（ginsenosides of American ginseng）。

【理化鉴别】薄层色谱　硅胶 G 薄层，喷以 10%硫酸乙醇溶液，在 105 ℃加热至斑点显色清晰，分别置日光和紫外光灯（365 nm）下检视。供试品色谱中，在与对照药材色谱和对照品色谱相应的位置上分别显相同颜色的斑点或荧光斑点。

含量测定　采用高效液相色谱法测定，本品含人参皂苷 Rg_1（$C_{42}H_{72}O_{14}$）、人参皂苷 Re（$C_{48}H_{82}O_{18}$）和人参皂苷 Rb_1（$C_{54}H_{92}O_{23}$）的总量不得少于 2.0%。

【功效与主治】性凉，味甘、微苦。能补气养阴，清热生津。用于气虚阴亏、虚热烦倦、咳喘痰血、内热消渴、口燥咽干，用量 3～6 g，另煎兑服。不宜与藜芦同用。

【药理作用】① 增强免疫。促进淋巴细胞增殖分化，增强巨噬细胞的吞噬能力。

② 保护心血管。调节血压、抗心律失常、改善心肌缺血。

③ 抗氧化。清除自由基，延缓细胞衰老。

④ 调节神经。缓解疲劳，增强记忆力。

三七* Notoginseng Radix et Rhizoma　（英）Sanchi

【基原】为五加科植物三七 *Panax notoginseng*（Burk.）F. H. Chen 的干燥根和根茎。

【植物形态】多年生草本。主根肉质，呈倒圆锥形或短纺锤形，常有瘤状突起的分枝。根茎短。掌状复叶 3～6 枚轮生茎顶，小叶 3～7 枚，形态变化较大，中央一片最大，长椭圆形至倒卵状长椭圆形，边缘有细密锯齿。伞形花序顶生，花小，花萼 5 齿裂；花瓣 5 枚；雄蕊 5 枚。浆果成熟时红色（图 14-88）。

图 14-88　三七

【产地】主产于云南、广西，仅见栽培品。

【采制】秋、冬两季采挖，洗净，分开主根、支根及根茎，干燥。支根习称“筋条”，根茎习称“剪口”，须根习称“绒根”。

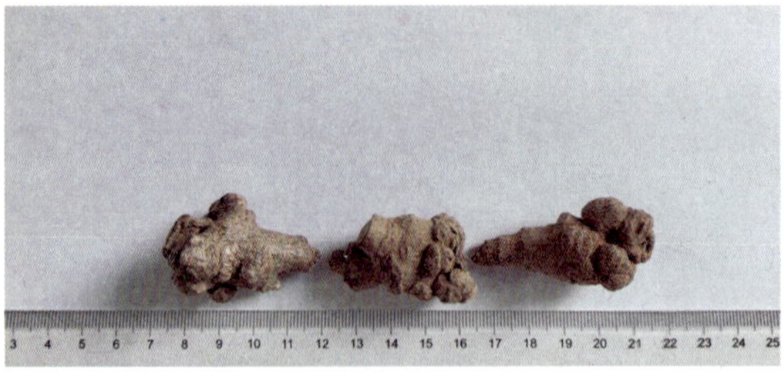

图 14-89　三七药材

【性状】主根　呈类圆锥形或圆柱形,长 1~6 cm,直径 1~4 cm。表面灰褐色或灰黄色,有断续的纵皱纹和支根痕。顶端有茎痕,周围有瘤状突起。体重,质坚实,断面灰绿色、黄绿色或灰白色,木部微呈放射状排列。气微,味苦回甜(图 14-89)。

筋条　呈圆柱形或圆锥形,长 2~6 cm,上端直径约 0.8 cm,下端直径约 0.3 cm。

剪口　呈不规则的皱缩块状或条状,表面有数个明显的茎痕及环纹,断面中心灰绿色或白色,边缘深绿色或灰色。

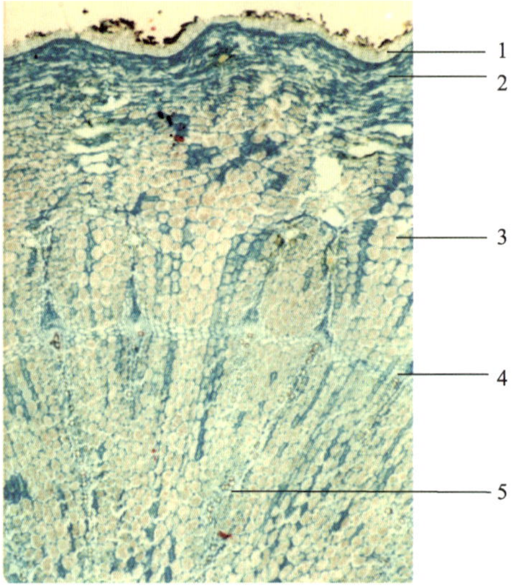

图 14-90　三七根横切面组织构造

1. 木栓层; 2. 皮层; 3. 韧皮部; 4. 形成层; 5. 木质部。

【显微特征】根横切面　① 木栓层为数层细胞。② 韧皮部中树脂道散布。③ 形成层环常略弯曲。④ 木质部导管 1~2 列径向排列,近形成层处稍多,木射线宽广。薄壁细胞含淀粉粒,并有少数草酸钙簇晶,射线细胞中淀粉粒尤多(图 14-90)。

粉末　灰黄色。① 淀粉粒甚多,单粒圆形、半圆形或圆多角形,直径 4~30 μm;复粒由 2~10 分粒组成。② 树脂道碎片含黄色分泌物。③ 梯纹导管、网纹导管及螺纹导管直径 15~55 μm。木栓细胞呈长方形或多角形,壁薄,棕色。草酸钙簇晶少见,直径 50~80 μm(图 14-91)。

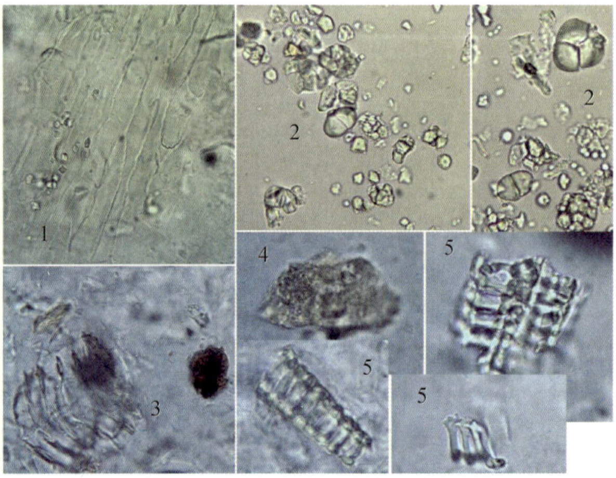

图 14-91　三七根粉末组织特征图

1. 木栓细胞; 2. 淀粉粒; 3. 树脂道碎片; 4. 簇晶; 5. 导管。

【化学成分】含总皂苷 8%～12%，主要为人参皂苷 Rb_1、Rg_1、Rg_2，并含有少量 Ra、Rb_2、Rd、Re、Rc 含量低于人参，不含有人参皂苷 Ro，三七皂苷(notoginsenoside) R_1、R_2、R_3、R_4、R_6、Fa、Fc、Fe 等，还含有田七氨酸(三七素 dencichine，0.33%～0.38%，是三七止血的活性成分)、三七黄酮苷、槲皮素、挥发油等。

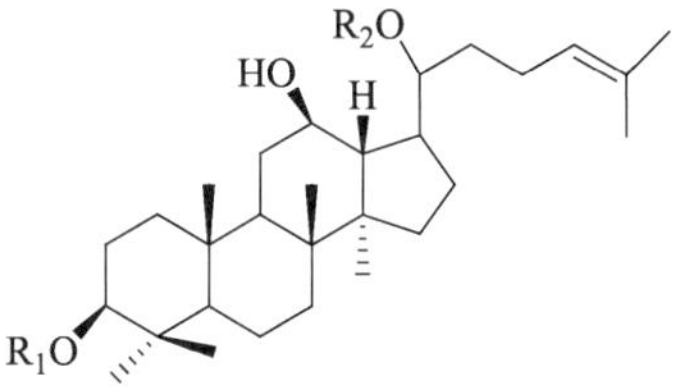

	R_1	R_2
人参皂苷Rb_1	glc(2→1)glc	glc(6→1)glc
人参皂苷Rb_2	glc(2→1)glc	glc(6→1)ara(p)
人参皂苷Rg_3	glc(2→1)glc	H
人参皂苷Rh_2	glc	H

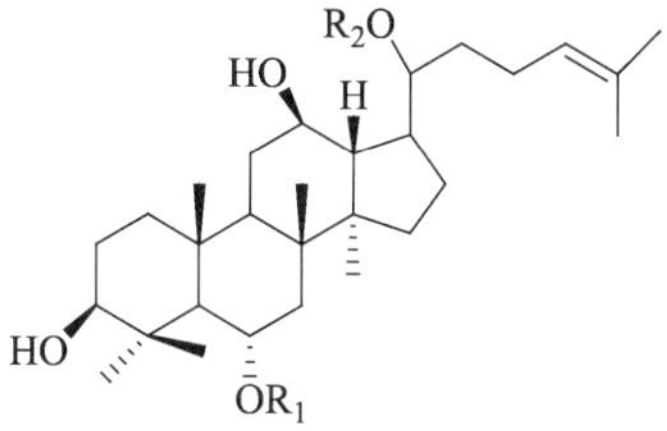

	R_1	R_2
人参皂苷Rg_1	glc	glc
人参皂苷Rg_2	glc(2→1)rha	H
人参皂苷Rh_1	glc	H
三七皂苷R_1	glc(2→1)xyl	glc
三七皂苷R_2	glc(2→1)xyl	H

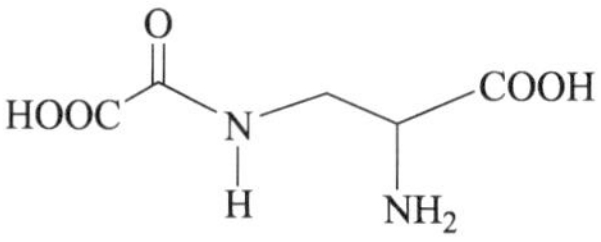

三七素

【理化鉴别】薄层色谱　硅胶 G 薄层，以 10%硫酸乙醇溶液，在 105 ℃加热至斑点显色清晰。试品色谱中，在与三七总皂苷对照品色谱相应的位置上显相同颜色的斑点；置紫外光灯(365 nm)下检视，显相同的荧光斑点。

浸出物　照醇溶性浸出物测定法(通则 2201)项下的热浸法测定，用 60%乙醇作溶剂，不得少于 21.0%。

含量测定　高效液相色谱法测定，本品按干燥品计算，含人参皂苷 Rg_1($C_{42}H_{72}O_{14}$)、人参皂苷 Rb_1($C_{54}H_{92}O_{23}$)及三七皂苷 R_1($C_{47}H_{80}O_{18}$)的总量不得少于 6.0%。

【功效与主治】性温，甘、微苦；能散瘀止血，消肿定痛；用于咯血、吐血、衄血、便血、崩漏、外伤出血、胸腹刺痛、跌扑肿痛。用量 3～9 g，研粉吞服，一次 1～3 g。外用适量。孕妇慎用。

【药理作用】① 止血作用。其煎剂、粉末口服可以促进犬、兔等多种动物的凝血过程和凝血酶的生成，缩短出血时间和凝血时间，收缩局部血管、增加血小板数。

② 活血、补血作用。可以抑制血小板凝集，降低血液黏度，减少血栓素生成，促进血液中红细胞、白细胞、血小板等各类血液细胞分裂生长。

③ 保护心脑血管作用。可以扩张冠状动脉、保护心肌细胞，抗心律失常，抗血栓形成，有降血脂、降血压作用，对急性脑缺血有保护作用。

④ 对中枢神经系统的影响。能抑制中枢神经系统，有镇静、镇痛、安定及改善睡眠等功能，能促进脑内蛋白质合成，提高记忆力，延缓衰老。

(2) 五加属(*Acanthopanax*)。

灌木或小乔木。常有刺。叶为掌状复叶，花两性或杂性；伞形花序单生或排成顶生的大圆锥花序。萼 5 齿裂;花瓣 5(4)枚;雄蕊与花瓣同数;子房下位,2(3~5)室,花柱离生或合生成柱状。果近球形,核果状。约 35 种,分布于亚洲。我国有 27 种,广布于南北各地,以长江流域为最盛。

刺五加 Acanthopanacis Senticosi Radix et Rhizoma Seu Caulis

本品为五加科植物刺五加 Acanthopanax senticosus (Rupr. et Maxim.) Harms.的干燥根、根茎或茎。主产于我国东北地区,俄罗斯远东地区、朝鲜、日本也有分布。春、秋二季采收,洗净,干燥。根茎呈结节状不规则圆柱形,直径 1.4~4.2 cm。根呈圆柱形,多扭曲,长 3.5~12 cm,直径 0.3~1.5 cm;表面灰褐色或黑褐色,粗糙,有细纵沟及皱纹,皮较薄,有的剥落,剥落处呈灰黄色。质硬,断面黄白色,纤维性。有特异香气,味微辛、稍苦、涩。茎呈长圆柱形,多分枝,长短不一,直径 0.5~2 cm。表面浅灰色,老枝灰褐色,具纵裂沟,无刺;幼枝黄褐色,密生细刺。质坚硬,不易折断,断面皮部薄,黄白色,木部宽广,淡黄色,中心有髓。气微,味微辛。含刺五加苷 A、B、B_1、C、D、E、F、G(eleutheroside A、B、B_1、C、D、E、F、G)等多种苷及刺五加多糖。刺五加苷 A、B、C、D、E、F、G 在总苷中含量比大约是 8∶30∶10∶12∶4∶2∶1。刺五加苷 A~G 在茎中含量要多于根中,分别占干药材质量的 0.6%~0.9%和 0.6%~1.5%。刺五加苷 B、E 含量约占总苷的 80%,常用来确定刺五加的质量标准。本品性温,味辛、微苦;能益气健脾,补肾安神;用于脾肾阳虚、体虚乏力、食欲不振、腰膝酸痛、失眠多梦;用量 9~27 g。

五加皮 Acanthopanacis Cortex

本品为五加科植物细柱五加 *Acanthopanax gracilistylus* W. W. Smith 的干燥根皮。主产于湖北、河南、安徽等地。夏、秋二季采挖根部,洗净,剥取根皮,晒干。根皮呈不规则卷筒状,长 5~15 cm,直径 0.4~1.4 cm,厚约 0.2 cm。外表面灰褐色,有稍扭曲的纵皱纹和横长皮孔样斑痕;内表面淡黄色或灰黄色,有细纵纹。体轻,质脆,易折断,断面不整齐,灰白色。气微香,味微辣而苦。含异贝壳杉烯酸(kaurenoic acid)、紫丁香苷、异秦皮啶(isofraxedinoside)、刺五加苷 B_1、右旋芝麻素、亚麻油酸、维生素 A、维生素 B_1 及多糖等。本品性温,味辛、苦;能祛风除湿,补益肝肾,强筋壮骨,利水消肿;用于风湿痹病、筋骨痿软、小儿行迟、体虚乏力、水肿、脚气;用量 5~10 g。

通脱木 *Tetrapanax papyrifer* (Hook.) K. Koch 常绿灌木或小乔木。小枝、花序均密被黄色星状厚绒毛。茎髓大,白色。叶大,集生于茎顶,叶片掌状 5~11 裂。伞形花序集成圆锥花序状;花瓣 4 枚,白色;雄蕊 4 枚;子房 2 室,花柱 2 条,分离。果实直径约 4 mm,球形,紫黑色。分布于我国长江以南各省区及陕西,主产于贵州、四川、广西、云南等地。茎髓(药材名:通草)性微寒,味甘、淡;能清热利尿,通气下乳;用于湿热淋证、水肿尿少、乳汁不下;用量 3~5 g,置干燥处。孕妇慎用。

26. 伞形科(Umbelliferae)

$⚥ * K_{(5),0}C_5A_5\overline{G}(2:2:1)$

[形态特征] 草本,常含挥发油。茎常中空,表面常有纵棱。叶互生,叶片分裂或为复叶,稀为单叶;叶柄基部扩大成鞘状。花小,两性或杂性,多辐射对称,多为复伞形花序,稀为单伞形花序;复伞形花序基部具总苞片或缺,小伞形花序的柄称伞幅,其下常有小总苞

片；花萼和子房贴生，萼齿5枚或不明显；花瓣5枚，顶端钝圆或有内折的小舌片；雄蕊5枚；子房下位，由2枚心皮合生，2室，每室1枚胚珠，子房顶端有盘状或短圆锥状的花柱基（上位花盘），花柱2条。双悬果；每分果外面有5条主棱（中间背棱1条，两边侧棱各1条，两侧棱和背棱间各有中棱1条），有的在主棱之间还有4条副棱，棱与棱间称棱槽，在主棱下面有维管束，棱槽中及合生面有纵走的油管1至多条；分果背腹压扁或两侧压扁。

［分布］200余属，约2 500种；广布于北温带、亚热带和热带地区。我国有90余属，540种，全国各地均产；已知药用的有55属，234种。

［显微特征］体内有分泌道。

［染色体］$X=6, 7, 8, 10, 11$。

［化学成分］本科植物含多类化学成分，主要为挥发油；香豆素类，如川白芷乙素（angenomalin）、白花前胡甲素A（praeruptorin A）；黄酮类，如芹菜苷、槲皮素等；三萜皂苷，如柴胡皂苷（saikosaponins）；生物碱，如四甲基吡嗪（tetramethylpyrazine）、毒参碱（coniine）；聚炔类，如毒芹毒素（cicutoxin）、水芹毒素（oneanthotoxin）等。

［药用植物与生药代表］

（1）当归属（*Angelica*）。

大型草本。茎常中空。叶柄基部常膨大成囊状的叶鞘，叶三出羽状分裂或羽状多裂，或羽状复叶。复伞形花序，多具总苞片和小总苞片；花白色带绿色，稀为淡红色或深紫色。果背腹压扁，背棱及主棱条形突起，侧棱有阔翅。分果横剖面半月形，每棱槽内油管1至数条。合生面2至数个。本属植物我国产有26种，已知药用的有20多种。

当归* Angelicae Sinensis Radix　（英）Chinese Angelica

【基原】为伞形科植物当归*Angelica sinensis*（Oliv.）Diels的干燥根。

【植物形态】多年生草本，全株具特异香气。主根粗短，有数条支根。茎直立，有纵棱。叶互生，奇数羽状复叶，叶柄基部膨大成鞘状；小叶3对，叶脉及叶缘有白色细毛。复伞形花序，小花白色。双悬果椭圆形，背向扁平，每分果有5条果棱，侧棱延展成宽翅（图14-92）。

图14-92　当归

1. 植株；2. 复伞形花序；3. 双悬果。

【产地】在我国主产于甘肃和云南，四川、陕西和湖北也产。其中甘肃岷县和宕昌县的产量大，质量佳。

【采制】秋末采挖，除去须根和泥沙，待水分稍蒸发后，捆成小把，上棚，用烟火慢慢熏干；或晾晒，或低温烘干。

【性状】略呈圆柱形，下部有支根3～5条或更多，长15～25 cm。表面黄棕色至棕褐色，具纵皱纹和横长皮孔样突起。根头（归头）直径1.5～4 cm，具环纹，上端圆钝，或具数个明显突出的根茎痕，有紫色或黄绿色的茎和叶鞘的残基；主根（归身）表面凹凸不平；支根（归尾）直径0.3～1 cm，上粗下细，多扭曲，有少数须根痕。质柔韧，断面黄白色或淡黄棕色，皮部厚，有裂隙和多数棕色点状分泌腔，木部色较淡，形成层环黄棕色。有浓郁的香

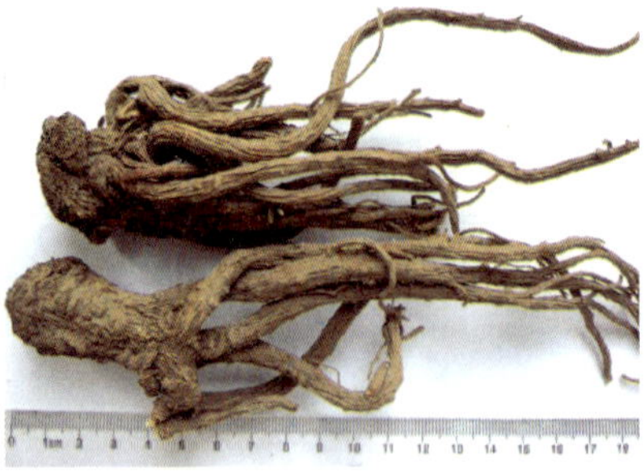

图 14-93 当归药材

气,味甘、辛、微苦。柴性大、干枯无油或断面呈绿褐色者不可供药用(图 14-93)。

【显微特征】横切面 ① 木栓层为数列细胞。② 栓内层窄,有少数油室。③ 韧皮部宽广,多裂隙,油室和油管类圆形,直径 25～160 μm,外侧较大,向内渐小,周围分泌细胞 6～9 个。④ 形成层成环。⑤ 木质部射线宽 3～5 列细胞;导管单个散在或 2～3 个相聚,呈放射状排列;薄壁细胞含淀粉粒(图 14-94)。

粉末 淡黄棕色。① 韧皮薄壁细胞纺锤形,壁略厚,表面有极微细的斜向交错纹理,有时可见菲薄的横隔。② 梯纹导管和网纹导管多见,直径约 80 μm。③ 有时可见油室碎片(图 14-95)。

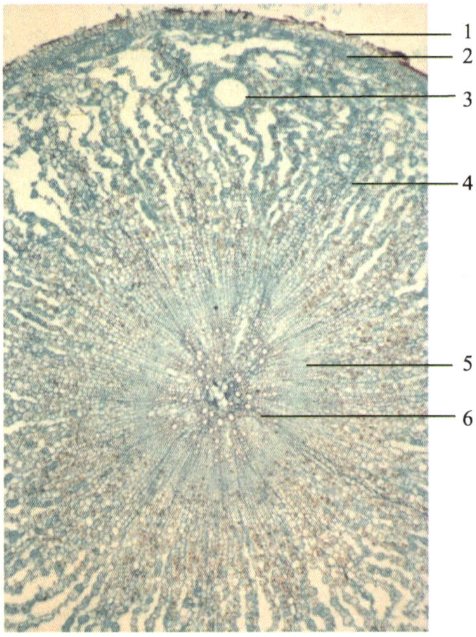

图 14-94 当归根横切面组织构造

1. 木栓层; 2. 栓内层; 3. 油室; 4. 韧皮部; 5. 形成层; 6. 木质部。

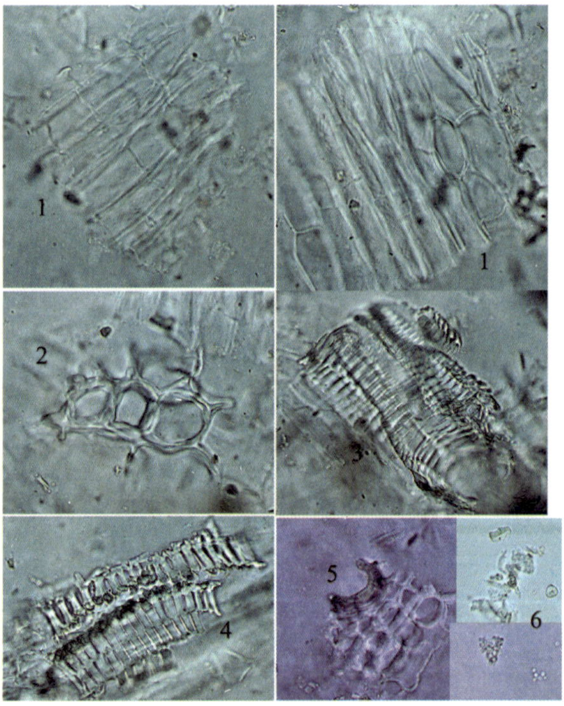

图 14-95 当归根粉末组织特征图

1. 韧皮薄壁细胞; 2. 木栓细胞; 3. 网纹导管; 4. 梯纹导管; 5. 油室碎片; 6. 淀粉粒。

【化学成分】主要含有挥发油、有机酸、多糖类成分。挥发油中含有藁本内酯(ligustilide)约 45%与正丁烯酞内酯(n-butylidenephthalide),二者为抗胆碱作用的活性成分;还含有正丁基四氢苯酞(n-butyltetrahydrophthalide)、二氢藁本内酯(dihydroligustilide)、当归素(angelin)、蒎烯(pinene)、莰烯(camphene)、月桂烯(myrcene)、邻羧基苯正戊酮等。有机酸包括阿魏酸(ferulic acid)、丁二酸(succinc acid)、烟酸(nicotinic acid)等成分,阿魏酸具有抑制血小板聚集作用。

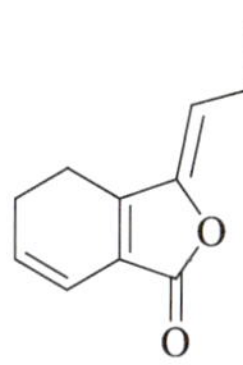

藁本内酯

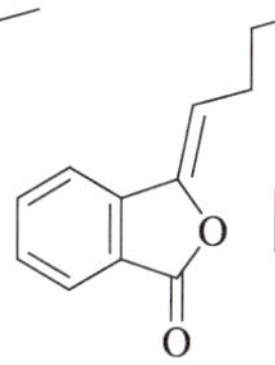

正丁烯酞内酯

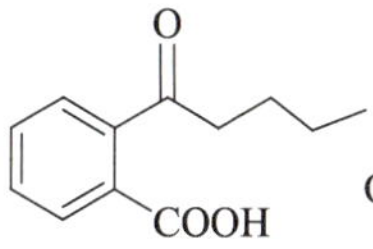

邻羧基苯正戊酮

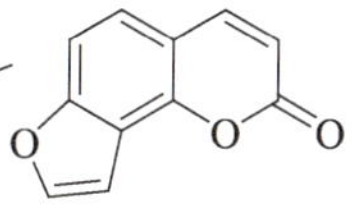

当归素

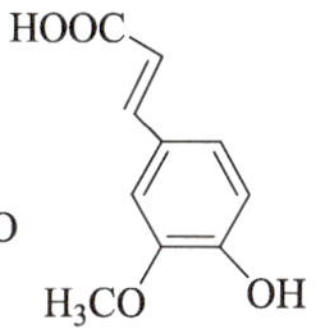

阿魏酸

【理化鉴别】薄层色谱　硅胶G薄层，置紫外光灯（365 nm）下检视。供试品色谱中，在与阿魏酸对照品、藁本内酯对照品色谱相应的位置上显相同颜色的荧光斑点。

含量测定　按照挥发油测定法测定，本品含挥发油不得少于0.4%（mL/g）。采用高效液相色谱法测定，本品按干燥品计算，含阿魏酸（$C_{10}H_{10}O_4$）不得少于0.050%。

【功效与主治】性温，味甘、辛；能补血活血，调经止痛，润肠通便；用于血虚萎黄、眩晕心悸、月经不调、经闭痛经、虚寒腹痛、风湿痹痛、跌扑损伤、痈疽疮疡、肠燥便秘。酒当归能活血通经，用于经闭痛经、风湿痹痛、跌扑损伤，用量6～12 g。

【药理作用】① 对心血管系统的作用。其水提物和醇提物能增加心肌血液供给，降低心肌耗氧量，降低血管阻力，增加循环血流量，并有抗心律失常、抑制血小板聚集作用；对麻醉犬的外周血管有明显的扩张作用。

② 提高机体免疫力作用。其水溶性成分能提高小鼠巨噬细胞吞噬功能，激活淋巴系统产生抗体，促进溶菌酶的产生。

③ 促进造血作用。能促进造血干细胞、造血祖细胞增殖分化。

④ 调节子宫作用。其水提物和醇提物具有兴奋子宫及抑制子宫的双向作用。其抑制成分主要为高沸点挥发油，兴奋成分为水或醇溶性非挥发性物质。

⑤ 机体保护作用。有抗辐射损伤作用。

白芷 Angelicae Dahuricae Radix

本品为伞形科植物白芷 *Angelica dahurica*（Fisch. cx Hoffm.）Benth. et Hook. f.或杭白芷 *A. dahurica*（Fisch. ex Hoffm.）Benth. et Hook. f. var. *formosana*（Boiss.）Shan et Yuan 的干燥根。白芷主产于河南禹县（禹白芷）和河北安国（祁白芷）；杭白芷主产于浙江（杭白芷）和四川（川白芷）。夏、秋季叶黄时采挖，除去须根和泥沙，晒干或低温干燥。白芷根呈长圆锥形，长10～25 cm，直径1.5～2.5 cm。表面灰棕色或黄棕色，根头部钝四棱形或近圆形，具纵皱纹、支根痕及皮孔样的横向突起，有的排列成四纵行。顶端有凹陷的茎痕。质坚实，断面白色或灰白色，粉性，形成层环棕色，近方形或近圆形，皮部散有多数棕色油点。气芳香，味辛、微苦。杭白芷根呈圆锥形，长10～20 cm，直径2～2.5 cm，上部粗大，略具四棱，皮孔样突起较大，于四棱处尤多，略排成四纵行。断面形成层环类方形。含比克白芷内酯（byak-angelicin）、脱水比克白芷内酯（byak-angelicol）、欧前胡素（imperatorin）、异欧前胡素（isoimperatorin）、氧化前胡内酯（oxypeucedanin）、珊瑚菜素（phelloptorin）等10多种香豆素类化合物。本品性温，味辛；能解表散寒，祛风止痛，宣通鼻窍，燥湿止带，消肿排脓；用于感冒头痛、眉棱骨痛、鼻塞流涕、鼻鼽、鼻渊、牙痛、带下、疮疡肿痛；用量3～10 g。

（2）茴香属（*Foeniculum*）。

一年生或多年生草本，有强烈香味。茎光滑，灰绿色或苍白色。叶有柄，叶鞘边缘膜质;叶片多回羽状分裂,末回裂片呈线形。复伞形花序,花序顶生和侧生;无总苞片和小总苞片;伞辐多数,直立,开展,不等长;小伞形花序有多数花;花柄纤细;萼齿退化或不明显;花瓣黄色,倒卵圆形,顶端有内折的小舌片;花柱基圆锥形,花柱甚短,向外反折。果实长圆形,光滑,主棱5条,尖锐或圆钝;每棱槽内有油管1条,合生面有油管2条,胚乳腹面平直或微凹;心皮柄2裂至基部。

小茴香* Foeniculi Fructus （英）Fructus Foeniculi

【基原】本品为伞形科植物茴香 *Foeniculum vulgare* Mill.的干燥成熟果实。

【植物形态】多年生草本,全株表面有粉霜,具强烈香气。茎直立,上部分枝,有棱。叶互生,4~5回羽状细裂,最终裂片丝状,有长柄;叶柄基部扩大呈鞘状抱茎。夏季开金黄色小花,为顶生或侧生的复伞形花序,花小。双悬果卵状长圆形,黄绿色,长4~8 cm,分果常稍弯曲,具5棱,具特异芳香气。花期5—6月,果期7—9月(图14-96)。

【产地】原产于地中海地区。我国各省区都有栽培,主产于西北、华北和东北地区。

【采制】秋季果实初熟时采割植株,晒干,打下果实,除去杂质。

【性状】本品为双悬果,呈圆柱形,有的稍弯曲,长4~8 mm,直径1.5~2.5 mm。表面黄绿色或淡黄色,两端略尖,顶端残留有黄棕色突起的柱基,基部有时有细小的果梗。分果呈长椭圆形,背面有纵棱5条,接合面平坦而较宽。横切面略呈五边形,背面的四边约等长。有特异香气,味微甜、辛(图14-97)。

图14-96 茴香

图14-97 小茴香药材

【显微特征】分果横切面 ① 外果皮为1列扁平细胞,外被角质层。② 中果皮纵棱处有维管束,其周围有多数木化网纹细胞;背面纵棱间各有大的椭圆形棕色油管1条,接合面有油管2条,共6条。③ 内果皮为1列扁平薄壁细胞,细胞长短不一。④ 种皮细胞扁长,含棕色物。⑤ 胚乳细胞多角形,含多数糊粉粒,每个糊粉粒中含有细小草酸钙簇晶(图14-98)。

粉末 绿黄色或黄棕色。① 网纹细胞类长方形或类长圆形,壁稍厚,微木化,有大形网状纹孔。② 油管碎片黄棕色或深红棕色,可见多角形分泌细胞,内含棕色分泌物。③ 内果皮细胞狭长,5~8个细胞为1组,以其长轴做不规则方向镶嵌状排列。④ 内胚乳细胞多角形,壁稍厚,内充满脂肪油和糊粉粒,每个糊粉粒中含小的草酸钙簇晶1个。此外,可见外果皮细胞、种皮细胞、木纤维、木薄壁细胞、导管等(图14-99)。

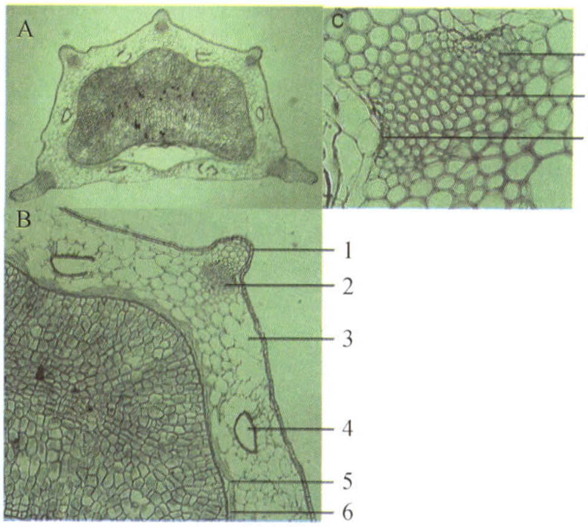

图 14-98 小茴香横切面组织构造

A. 小茴香横切面(10×4 倍);

B. 局部横切面(10×10 倍);

C. 维管束(10×40 倍)。

1. 外果皮;2. 维管束;3. 中果皮;4. 油管;

5. 内果皮;6. 种皮;7. 筛管群;8. 导管。

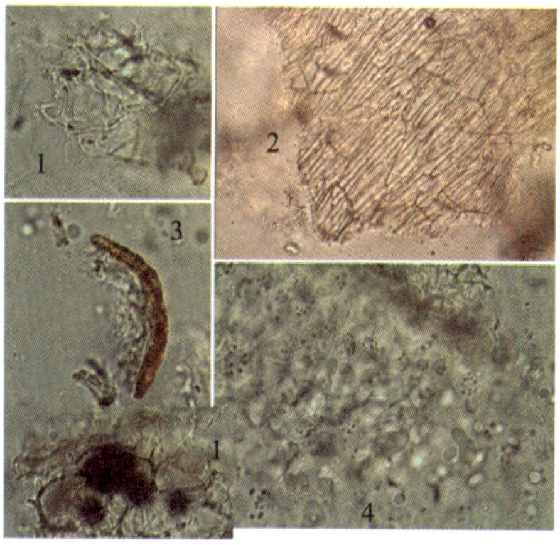

图 14-99 小茴香粉末组织特征图

1. 网纹细胞;2. 内果皮镶嵌细胞;

3. 油管碎片;4. 内胚乳细胞(示糊粉粒)。

【化学成分】主要含挥发油,主要成分为反式茴香脑(trans-anethole)约 63%、柠檬烯(limonene)约 13%、小茴香酮(fenchone)约 12%,还有月桂烯(myrcene)、樟脑(camphor)、樟烯(camphene)、蒎烯等;果实脂肪油中含有肉豆蔻酸(myristic acid)、花生酸(arachidic acid)、棕榈酸(palmitic acid)等。

【理化鉴别】薄层色谱　硅胶 G 薄层,喷以二硝基苯肼试液。供试品色谱中,在与茴香醛对照品色谱相应的位置上显相同的橙红色斑点。

含量测定　按照挥发油测定法测定,本品含挥发油不得少于 1.5%(mL/g);气相色谱法测定,本品含反式茴香脑($C_{10}H_{12}O$)不得少于 1.4%。

【功效与主治】性温,味辛;能散寒止痛,理气和胃;用于寒疝腹痛、睾丸偏坠、痛经、少腹冷痛、脘腹胀痛、食少吐泻,用量 3~6 g。

【药理作用】① 促进胃肠运动的作用。茴香挥发油可促进肠道蠕动和分泌,能排出肠内气体,有助于缓解痉挛,减轻疼痛,并有祛痰作用,尚可抑制黄曲霉菌的生长。

② 抗溃疡作用。小茴香经动物灌胃或十二指肠给药能抑制应激性胃溃疡。

③ 其他作用。有镇痛、中枢麻痹、性激素样作用。

(3) 柴胡属(*Bupleurum*)。

草本。单叶,全缘,具叶鞘;叶脉多条成弧状平行。复伞形花序;通常有总苞和小总苞;花通常黄色。双悬果椭圆形或卵状长圆形,两侧略扁平;横剖面圆形或近五边形;每棱槽中有油管 1~3 条,多为 3 条,合生面有 2~6 条,多为 4 条,或全部不明显。

柴胡* Bupleuri Radix　(英) Chinese Thorowax Root

【基原】为伞形科植物柴胡 *Bupleurum chinense* DC.或狭叶柴胡 *B. scorzonerifolium* Willd.的干燥根。前者习称"北柴胡",后者习称"南柴胡"。

【植物形态】 柴胡　多年生草本。主根坚硬。茎上部多分枝,略呈“之”字形折曲。基生叶倒披针形或狭线状披针形,早枯;中部叶倒披针形或长圆状披针形,有平行脉 7~9 条,下面具粉霜。复伞形花序;花黄色。双悬果宽椭圆形,两侧略扁,棱狭翅状(图 14-100)。

狭叶柴胡　主根多单生,棕红色或红褐色。茎基部常被纤维状的叶柄残基,叶线形或线状披针形,有平行脉 5~7 条。复伞形花序。双悬果,棱粗而钝(图 14-101)。

【产地】 北柴胡主产于河北、河南、辽宁、陕西等地,南柴胡主产于东北、华中地区,均有栽培。

【采制】 春、秋两季采挖,除去茎叶和泥沙,干燥。

【性状】 北柴胡　根呈圆柱形或长圆锥形,长 6~15 cm,直径 0.3~0.8 cm。根头膨大,顶端残留 3~15 个茎基或短纤维状叶基,下部分枝。表面黑褐色或浅棕色,具纵皱纹、支根痕及皮孔。质硬而韧,不易折断,断面显纤维性,皮部浅棕色,木部黄白色。气微香,味微苦(图 14-102)。

图 14-100　柴胡

图 14-101　狭叶柴胡

图 14-102　北柴胡药材

南柴胡　根较细,圆锥形,顶端有多数细毛状枯叶纤维,下部多不分枝或稍分枝。表面红棕色或黑棕色,靠近根头处多具细密环纹。质稍软,易折断,断面略平坦,不显纤维性。具败油气(图 14-103)。

图 14-103　南柴胡药材

【显微特征】 横切面　北柴胡:① 木栓层为 7~8 层木栓细胞。② 皮层窄,有油室 7~11 个,类圆形,略扁,径向直径 40~80 μm,周围分泌细胞 6~8 个。③ 韧皮部油室较小,直径约 27 μm。④ 木质部占大部分,大型导管切向排列,木纤维与木薄壁细胞聚集成群,排成环状(图 14-104)。

南柴胡:皮层油室较大,切向直径 71~102 μm,含黄色油状物。木质部小型导管多径向排列,老根中木纤维及木薄壁细胞群有时连成圆环(图 14-105)。

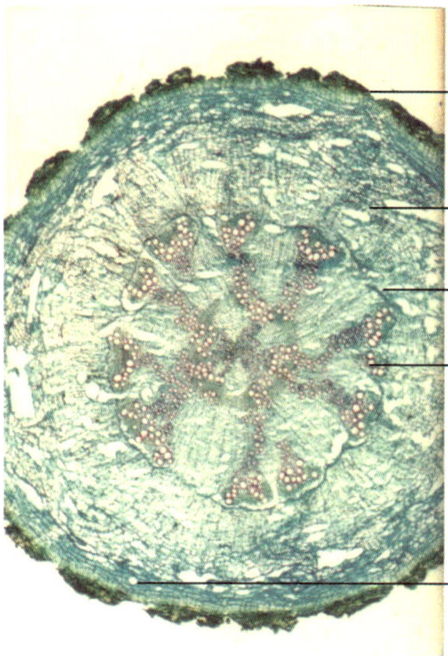

图 14-104　北柴胡根横切面组织构造

1. 木栓层；2. 韧皮部；3. 形成层；4. 木质部；5. 油室。

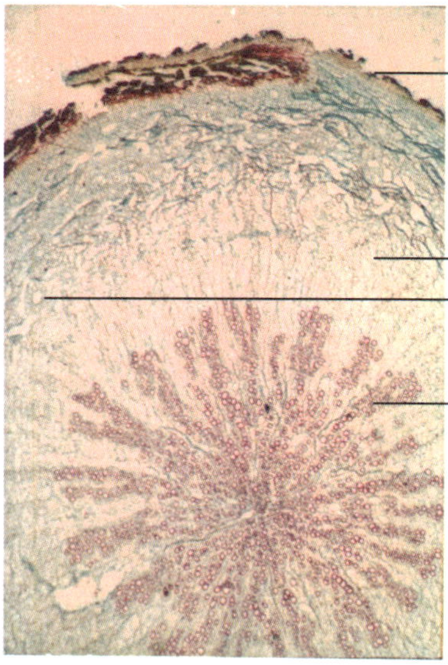

图 14-105　南柴胡根横切面组织构造

1. 木栓层；2. 韧皮部；3. 油室；4. 木质部。

粉末　灰棕色。① 纤维长梭形，初生壁碎裂成短须状，孔沟隐约可见。② 油管碎片含黄棕色条状分泌物，周围薄壁细胞大多皱缩。③ 网纹、螺纹导管直径 7~43 μm。还有木栓细胞、茎髓薄壁细胞及茎叶表皮细胞（图 14-106）。

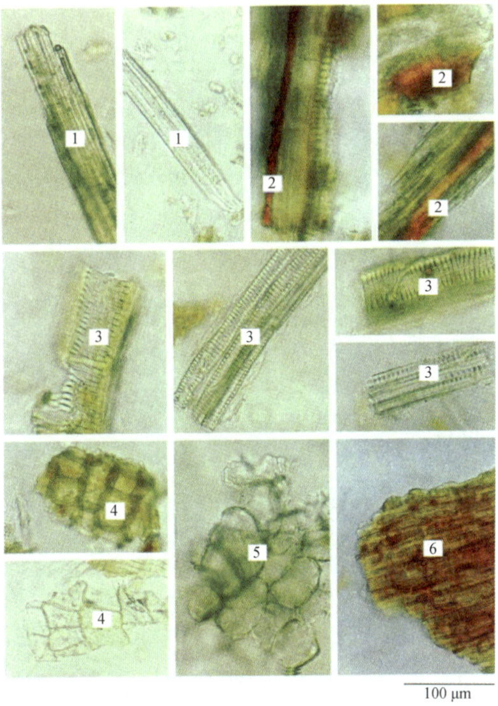

图 14-106　柴胡根粉末组织特征图

1. 木纤维；2. 油管；3. 导管；4. 木栓细胞；5. 茎髓薄壁细胞；6. 残留茎表皮细胞。

【化学成分】柴胡总皂苷(1.6%~3.8%),已分离出近 100 个三萜皂苷,柴胡皂苷(saikosaponin)a、b_1、b_2、c、d、e、f、q_1、q_2 等,柴胡皂苷元(saikogenin)E、F、G 等三萜,其中柴胡皂苷 a 和 d 是柴胡的主要活性成分;还含挥发油 0.03%。

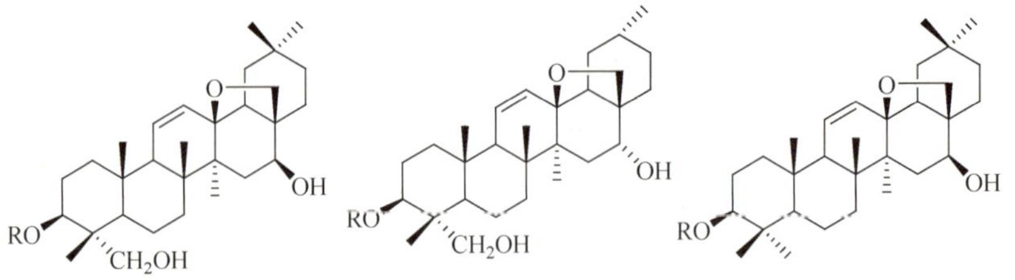

	R		R		R
柴胡皂苷元 F	H	柴胡皂苷元 G	H	柴胡皂苷元 E	H
柴胡皂苷a	fuc(3→1)glc	柴胡皂苷d	fuc(3→1)glc	柴胡皂苷c	glc(6→1)glc(4→1)rha
				柴胡皂苷e	fuc(3→1)glc

【理化鉴别】薄层色谱　硅胶 G 薄层,喷以 2%对二甲氨基苯甲醛的 40%硫酸溶液,在 60 ℃加热至斑点显色清晰,分别置日光和紫外光灯(365 nm)下检视。供试品色谱中,在与北柴胡对照药材色谱和柴胡皂苷 a 对照品、柴胡皂苷 d 对照品色谱相应的位置上显相同颜色的斑点或荧光斑点。

含量测定　采用高效液相色谱法测定,本品按干燥品计算,北柴胡含柴胡皂苷 a($C_{42}H_{68}O_{13}$)和柴胡皂苷 d($C_{42}H_{68}O_{13}$)的总量不得少于 0.30%。

【功效与主治】性微寒,味辛、苦;能疏散退热,疏肝解郁,升举阳气;用于感冒发热、寒热往来、胸胁胀痛、月经不调、子宫脱垂、脱肛,用量 3~10 g。

【药理作用】① 对中枢神经系统的作用。具有解热、镇痛、镇静等作用。

② 保肝等作用。其煎剂能使犬的总胆汁排出量与胆盐成分增加,能使四氯化碳造成的大鼠肝损伤恢复到肝功能正常水平,还能使半乳糖所致的肝功能与组织损伤恢复。

③ 抗病原体作用。北柴胡注射液对流感病毒有强烈的抑制作用,柴胡煎剂对结核杆菌有抑制作用。

④ 免疫作用。能增强小鼠体液和细胞免疫功能。

⑤ 对胃、十二指肠的作用。能兴奋离体肠平滑肌,且不为阿托品对抗;能增强乙酰胆碱引起的豚鼠离体小肠收缩作用;抑制胃酸分泌,抑制胰蛋白酶,对胃溃疡有治疗作用。

【附注】大叶柴胡　为伞形科植物大叶柴胡 *Bupleurum longiradiatum* Turcz.的干燥根茎。表面密生环节,有毒,不可当柴胡用。

(4) 藁本属(*Ligusticum*)。

多年生草本,根茎发达或否。茎基部常有纤维状残留叶鞘。基生叶及茎下部叶具柄;叶片 1~4 回羽状全裂。末回裂片卵形、长圆形以至线形;茎上部叶简化。复伞形花序顶生或侧生;总苞少数,早落或无;伞辐后期常呈弧形弯曲;小总苞片多数,线形至披针形,或为羽状分裂;萼齿线形、钻形、卵状三角形,或极不明显;花瓣白色或紫色,倒卵形至长卵形,先端内折小舌片;花柱基隆起,常为圆锥状,花柱 2 条,后期常向下反曲。分生果椭圆形至长圆形,横剖面近五角形至背腹扁压,主棱突起以至翅状;每棱槽内油管 1~4 条,合生面有油管 6~8 条;胚乳腹面平直或微凹。

川芎* Chusnxiong Rhizoma （英）Szchwan Lovage Rhizome

【基原】为伞形科植物川芎 *Ligusticum chuanxiong* Hort.的干燥根茎。

【植物形态】多年生草本。根状茎呈不规则的结节状拳形团块，下部有多数须根。茎丛生，茎基部的节膨大呈盘状。叶为二至三回羽状复叶，小叶 3～5 对，叶柄基部鞘状抱茎。复伞形花序；花白色。双悬果卵形(图 14-107)。

【产地】主产于四川，贵州、云南、湖南等地也有栽培。仅见栽培品。

【采制】夏季当茎上的节盘显著突出，并略带紫色时采挖。除去泥沙，晒后烘干，再除去须根。

【性状】为不规则结节状拳形团块，直径 2～7 cm。表面黄褐色，粗糙皱缩，有多数平行隆起的轮节，顶端有凹陷的类圆形茎痕，下侧及轮节上有多数小瘤状根痕。质坚实，不易折断，断面黄白色或灰黄色，散有黄棕色的油室，形成层环呈波状。气浓香，味苦、辛，稍有麻舌感，微回甜(图 14-108)。

图 14-107 川芎

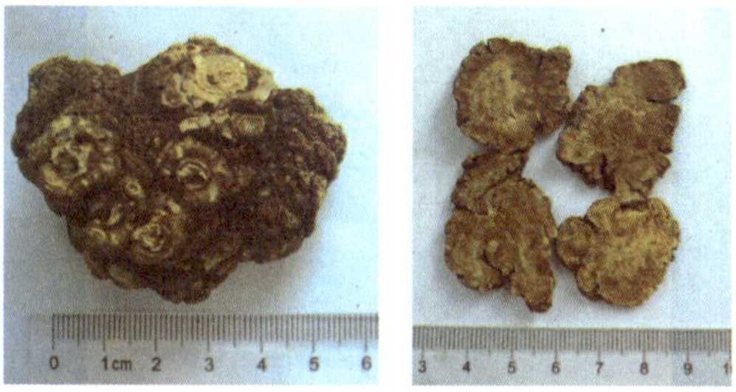

图 14-108 川芎药材(左)及饮片(右)

【显微特征】横切面 ① 木栓层为 10 余列细胞。② 皮层狭窄，散有根迹维管束，其形成层明显。③ 韧皮部宽广。④ 形成层环波状或不规则多角形。⑤ 木质部导管多角形或类圆形，大多单列或排成"V"字形，偶有木纤维束。⑥ 髓部较大。薄壁组织中散有多数油室，类圆形、椭圆形或形状不规则，淡黄棕色，靠近形成层的油室小，向外渐大；薄壁细胞中富含淀粉粒，有的薄壁细胞中含草酸钙晶体，呈类圆形团块或类簇晶状(图 14-109)。

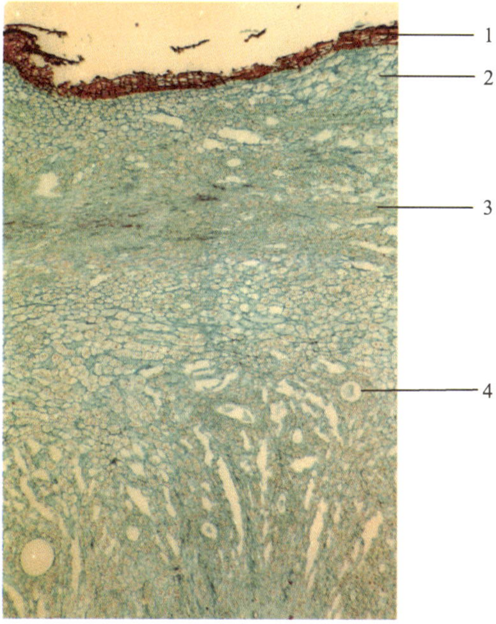

图 14-109 川芎根茎横切面组织构造

1. 木栓层；2. 皮层；3. 韧皮部；4. 油室。

粉末 淡黄棕色或灰棕色。① 淀粉粒较多，单粒椭圆形、长圆形、类圆形、卵圆形或肾形，直径 5～16 μm，长约 21 μm，脐点点状、长缝状或"人"字状；偶见复粒，由 2～4 个分粒组成。② 草酸钙晶体存在于薄壁细胞中，呈类圆形团块或类簇晶状，直径

10~25 μm。③ 木栓细胞深黄棕色，表面观呈多角形，微波状弯曲。④ 油室多已破碎，偶可见油室碎片，分泌细胞壁薄，含有较多的油滴。⑤ 导管主要为螺纹导管，亦有网纹导管及梯纹导管，直径 14~50 μm（图 14-110）。

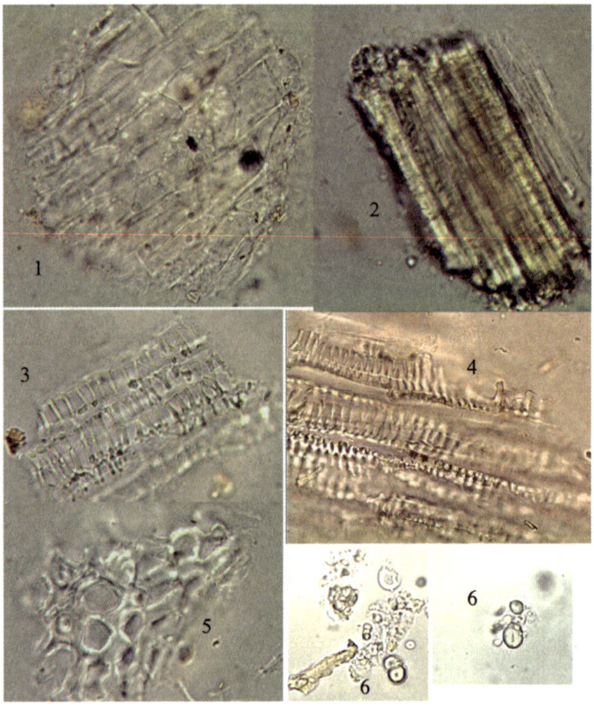

图 14-110　川芎根茎粉末组织特征图

1. 分泌细胞；2. 纤维；3. 螺纹导管；4. 网纹导管；5. 木栓细胞；6. 淀粉粒。

【化学成分】挥发油含量约 1%，主要含有欧当归内酯 A（levistilide A）、洋川芎内酯 A（senkyunolide A）、新蛇床内酯、4-羟基-3-丁基酞内酯、藁本内酯（ligustilide）、蛇床内酯（cnidilide）等，川芎嗪（chuanxiongzine）、佩洛里因等生物碱，香草酸（vanillic acid）、咖啡酸（caffeic acid）、原儿茶酸（protocatechuic acid）、阿魏酸（ferulic acid）等酚酸类成分。

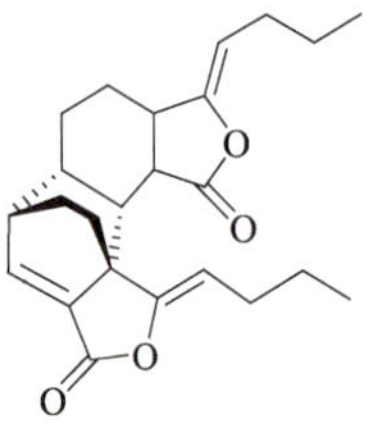

欧当归内酯 A

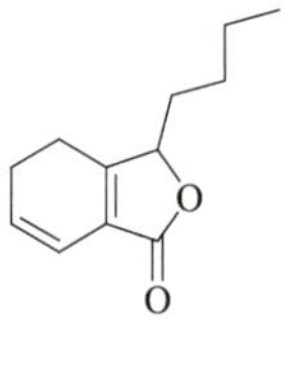

洋川芎内酯A

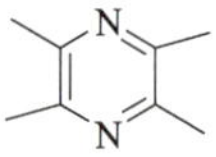

川芎嗪

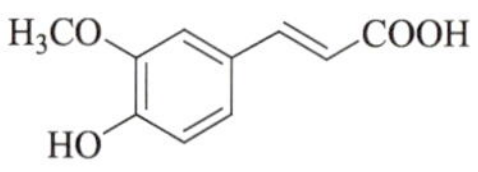

阿魏酸

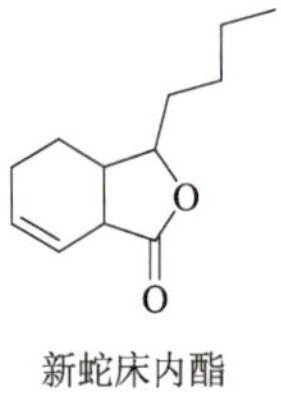

新蛇床内酯

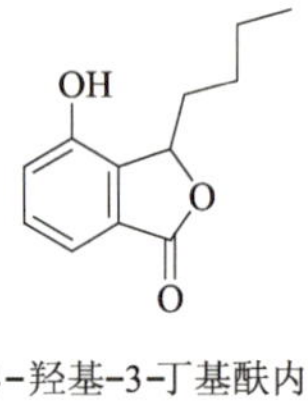

4-羟基-3-丁基酞内酯

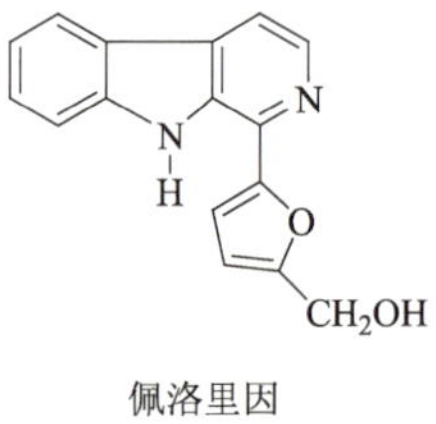

佩洛里因

【理化鉴别】薄层色谱　硅胶 GF_{254} 薄层，置紫外光灯（254 nm）下检视。供试品色谱中，在与对照药材色谱和对照品色谱相应的位置上显相同颜色的斑点。

含量测定　采用高效液相色谱法测定，本品按干燥品计算，含阿魏酸（$C_{10}H_{10}O_4$）不得少于 0.10%；含藁本内酯（$C_{12}H_{14}O_2$）不得少于 0.80%。

【功效与主治】性温，味辛；能活血行气，祛风止痛；用于胸痹心痛、胸胁刺痛、跌扑肿痛、月经不调、经闭痛经、癥瘕腹痛、头痛、风湿痹痛，用量 3~10 g。

【药理作用】① 对心血管的作用。其水提物可增加心肌收缩力，扩张冠状动脉、增加冠状动脉流量，改善心肌供氧，有显著持久的降压作用。

② 解痉作用。其浸膏微量时可增强妊娠动物子宫的收缩，大量则使子宫麻痹而收缩停止。

③ 镇静作用。其挥发油少量对动物大脑的活动具有抑制作用，而对延脑呼吸中枢、血管运动中枢及脊髓反射中枢具有兴奋作用；其水煎剂能对抗咖啡因的兴奋作用。

防风　Saposhnikoviae Radix

本品为伞形科植物防风 *Saposhnikovia divaricata*（Turcz.）Schischk.的干燥根。春、秋两季采挖未抽花茎植株的根，除去须根和泥沙，晒干。防风根呈长圆锥形或长圆柱形，下部渐细，有的略弯曲，长 6~30 cm，直径 0.5~2 cm。表面淡黄色或棕褐色，粗糙，有纵皱纹，多数横长皮孔样突起及点状细根痕。根头部有环纹，有的环纹上残存棕褐色毛状叶基。体轻，质松，易折断，断面不平坦，皮部淡黄色至棕色，有裂隙。木部黄色，形成层为棕色环。气特异，味微甘。主要含升麻素苷（prim-O-glucosylcimifugin）、升麻素（cimifugin）、亥茅酚苷（sec-O-glucosylhamaudol）、补骨脂素（psoralen）、异欧前胡素（isoimperatorin）等化合物。含量测定：照高效液相色谱法（通则 0512）测定，本品按干燥品计算，含升麻苷（$C_{22}H_{28}O_{11}$）不得少于 0.21 %；含升麻素（$C_{16}H_{18}O_6$）和 3′-O-当归酰基茅酚（$C_{20}H_{22}O_6$）的总量不得少于 0.050%。本品性微温，味辛、甘；能解表祛风，除湿止痉，舒经通络；用于感冒头疼、风湿痹痛、风疹瘙痒、破伤风；用量 5~10 g。

27. 山茱萸科（Cornaceae）

⚥ $* K_{4\sim5,0} C_{4\sim5,0} A_{4\sim5} \overline{G}_{(2:1\sim4:1)}$

［形态特征］乔木或灌木，稀为草本。叶常对生，少为互生或轮生，无托叶。花常两性，稀为单性，辐射对称，顶生聚伞花序或伞形花序状，有时具大型苞片，或生于叶的表面；花萼通常 4~5 裂，或缺；花瓣 4~5 枚，或缺；雄蕊 4~5 枚，与花瓣同着生于花盘基部；子房下位，2 枚心皮合生，1~4 室，每室有 1 枚胚珠。核果或浆果。

［分布］15 属，119 种，分布于温带和热带地区，以东亚为最多。我国有 9 属，约 60 种，除新疆外广布于各省区；已知药用的有 6 属，44 种。

［染色体］$X=8\sim14, 19$。

［化学成分］本科植物含环烯醚萜苷，如莫罗忍冬苷（morroniside）、獐牙菜苦苷（sweroside）；此外，尚含鞣质、黄酮类和有机酸等。

[药用植物与生药代表]

山茱萸 Corni Fructus

本品为山茱萸科植物山茱萸 *Cornus officinalis* Sieb. et Zucc.的干燥成熟果肉。主产于浙江、河南、安徽和陕西,浙江产的为著名的“浙八味”之一。秋末冬初果皮变红时采收果实,用文火烘或置沸水中略烫后,及时除去果核,干燥。果肉呈不规则的片状或囊状,长1~1.5 cm,宽0.5~1 cm。表面紫红色至紫黑色,皱缩,有光泽。顶端有的有圆形宿萼痕,基部有果梗痕。质柔软。气微,味酸、涩、微苦。含环烯醚萜类成分,如山茱萸苷(cornin,verbenalin)、马钱苷(loganin)、莫罗苷(morroniside)、獐牙菜苷(sweroside)、7-脱氢马钱苷等(7-dehydrologanin);鞣质类,如山茱萸鞣质(cornustannin)、异诃子素、路边青鞣质D(gemin D)、梾木鞣质A、B、C(cornusiin A、B、C);另含熊果酸、酒石酸、苹果酸等。本品性微温,味酸、涩;能补益肝肾,收涩固脱;用于眩晕耳鸣、腰膝酸痛、阳痿遗精、遗尿、尿频、崩漏带下、大汗虚脱、内热消渴;用量6~12 g。

练习题

1. 简述离瓣花亚纲(原始花被亚纲)植物的特征。
2. 简述大黄、人参的真伪优劣。黄连三种来源的组织构造如何区别?
3. 川乌的毒性物质是什么?怎么炮制?
4. 南北五味子有哪些区别?
5. 如何鉴别氰苷类成分?
6. 简述根和根茎类生药的鉴别要点。
7. 根据黄芪地上部分与地下部分成分研究,谈谈生药的综合开发和利用。
8. 人参不同的加工品有哪些?药典中人参收录的内容有哪些?
9. 伞形科生药有哪些?具有的共同点是什么?

(二) 合瓣花亚纲

合瓣花亚纲(Sympetalae)又称后生花被亚纲(Metachlamydeae),其主要特征是花瓣多少连合,形成各种形状的花冠,如漏斗状、钟状、唇状、管状、舌状等,由辐射对称发展到两侧对称。其花冠各式的连合,增加了对昆虫传粉的适应及对雄蕊和雌蕊的保护。因而认为,合瓣花亚纲是比离瓣花亚纲进化的植物类群。

28. 木犀科(Oleaceae)

⚥ $* K_{(4)}C_{(4),0}A_2\underline{G}_{(2:2:2)}$

[形态特征] 灌木或乔木。叶常对生,单叶、三出复叶或羽状复叶。圆锥、聚伞花序或花簇生,极少单生;花常两性,稀单性异株,辐射对称;花萼、花冠常4裂,稀无花瓣;雄蕊常2枚;子房上位,2室,每室常2枚胚珠,花柱1条,柱头2裂。核果、蒴果、浆果、翅果。

[分布] 27属,400余种,广布于温带和亚热带地区。我国有12属,178种,6个亚种,25个变种,15个变型,南北均产。

[显微特征] 叶上普遍有盾状毛,叶肉中常见具厚壁的异细胞,草酸钙针晶和棱晶。

［染色体］$X=11\sim24$。

［化学成分］挥发油；酚类，如连翘酚（forsythol）；木脂素类，如连翘脂素（forsythigenin）、连翘苷（phillyrin）；苦味素类，如素馨苦苷（jasminin）、丁香苦苷（syringopicroside）等。苷类，如丁香苷（syringin）；香豆素类，如秦皮苷（fraxin）、秦皮乙素、秦皮甲素等。

［药用植物与生药代表］

连翘 Forsythiae Fructus

本品为木犀科植物连翘 *Forsythia suspensa*（Thunb.）Vahl. 的干燥果实，主产于山西、河南、陕西。秋季果实初熟尚带绿色时采收，除去杂质，蒸熟，晒干，习称“青翘”；果实熟透时采收，晒干，除去杂质，习称“老翘”。果实呈长卵形至卵形，稍扁，长 1.5～2.5 cm，直径 0.5～1.3 cm。表面有不规则的纵皱纹和多数突起的小斑点，两面各有 1 条明显的纵沟。顶端锐尖，基部有小果梗或已脱落。青翘多不开裂，表面绿褐色，突起的灰白色小斑点较少；质硬；种子多数，黄绿色，细长，一侧有翅。老翘自顶端开裂或裂成两瓣，表面黄棕色或红棕色，内表面多为浅黄棕色、平滑，具一纵隔；质脆；种子棕色，多已脱落。气微香，味苦。连翘含连翘苷（phillyrin），连翘苷元（phillygenin），连翘酯苷 A、B、C、D、E（forsythoside A、B、C、D、E）等。本品性微寒，味苦；能清热解毒，消肿散结，疏散风热；用于痈疽、瘰疬、乳痈、丹毒、风热感冒、温病初起、温热入营、高热烦渴、神昏发斑、热淋涩痛；用量 6～15 g。药理研究表明，连翘及其种子挥发油具有广谱抗菌作用，对一些病毒、真菌也有不同程度的抑制作用，还有显著的解热、抗炎、利尿、保肝及镇吐作用。抗菌活性成分主要为连翘酯苷 A、B、C、D，其中以连翘酯苷 C、D 尤为显著。

29. 马钱科（Loganiaceae）

$⚥ * K_{(4\sim5)}C_{(4\sim5)}A_{4\sim5}\underline{G}_{(2:2:2\sim\infty)}$

［形态特征］灌木、乔木或藤本，稀为草本。单叶对生。花两性，辐射对称；排成聚伞花序、圆锥花序、总状花序、头状花序或穗状花序；萼 4～5 裂；花冠合瓣，檐 4～5 裂；雄蕊与花冠裂片同数且互生，子房上位，通常 2 室，每室有胚珠 2 至多枚；花柱单生，2 裂。蒴果、浆果或核果。

［分布］28 属，约 550 种，分布于热带、亚热带地区，少数分布于温带地区。我国有 8 属，54 种，9 个变种，产于西南部至东部。

［显微特征］马钱亚科存在内生韧皮部，醉鱼草亚科具星状或叠生星状毛。

［染色体］$X=4\sim22$。

［化学成分］本种植物含对神经系统有强烈作用的番木鳖碱（strychnine）、马钱子碱（brucine）、钩吻碱（gelsemine）；以及环烯醚萜苷类，如桃叶珊瑚苷（aucubin）、番木鳖苷（loganin）；黄酮类，如蒙花苷（linarin）、刺槐素。

［药用植物与生药代表］

马钱子* Strychni Semen　（英）Nux Vomica

【基原】马钱科植物马钱 *Strychnos nuxvomica* L.的干燥成熟种子。

【植物形态】常绿乔木，叶对生，广卵形，全缘，革质；聚伞花序顶生，小花白色筒状；浆果球形，成熟时橘黄色，表面光滑；内有种子 3～5 颗或更多；种子扁圆形纽扣状，表面密被

图 14-111 马钱

银色茸毛,种柄生于一面的中央,果期 8 月至翌年 1 月(图 14-111)。

【产地】 主产于越南、印度、缅甸、泰国、斯里兰卡。我国云南等地引种成功。

【采制】 9—10 月摘取成熟果实,取出种子,洗净附着的果肉,晒干。

【性状】 呈扁圆形的纽扣状,一面稍凹,另一面凸起。外表面有灰绿、灰棕色的茸毛,从中间向周围作辐射状排列。边缘稍隆起,较厚,有突起的珠孔,底面中心有突起的圆形种脐。质坚硬,沿边缘切开,有淡黄白色胚乳,角质状;子叶心形,叶脉 5~7 条。气微,味极苦,剧毒(图 14-112)。

【显微特征】 种子横切面 ① 种皮表皮细胞分化成单细胞毛,向一方斜伸,长 500~1 100 μm,宽 25 μm 以上,基部膨大似石细胞,壁极厚,强烈木化,有纵长扭曲的纹孔,体部有肋状木化增厚条纹,胞腔断面观呈类圆形。② 种皮内层为颓废的棕色薄壁细胞,细胞边界不清。③ 内胚乳细胞壁厚约 25 μm,隐约可见胞间连丝,以稀碘液处理后较明显,细胞内含脂肪油滴及糊粉粒(图 14-113)。

粉末 灰黄色。① 非腺毛单细胞,基部膨大似石细胞,壁极厚,多碎断,木化。② 胚乳细胞多角形,壁厚,内含脂肪油及糊粉粒。

图 14-112 马钱子

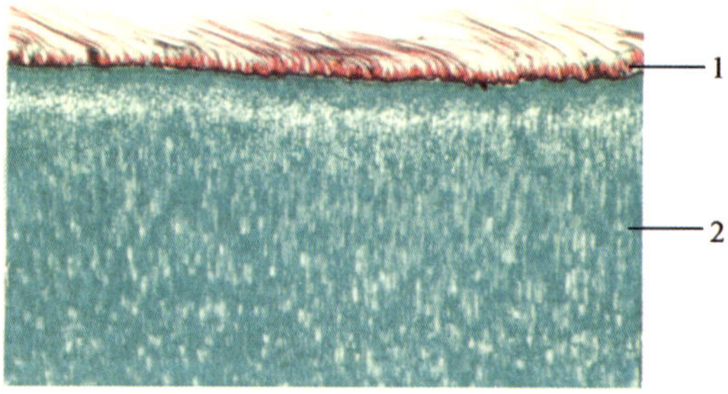

图 14-113 马钱子横切面组织构造

1. 种皮表皮; 2. 胚乳。

【化学成分】 生物碱含量为 1.5%~5%。其中,士的宁(strychnine,又称番木鳖碱)约 1.2%,马钱子碱(brucine)约 1.5%;还含少量的异马钱子碱(isobrucine)、番木鳖次碱(vomicine)、异番木鳖碱(isostrychnine)等 10 余种其他吲哚类生物碱,以及番木鳖苷等环烯醚萜苷。士的宁和马钱子碱具有极强的毒性。

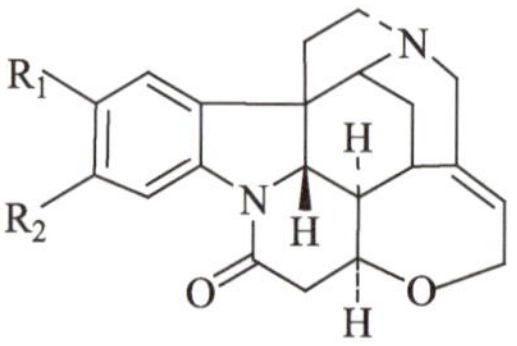

士的宁 $R_1=R_2=H$

马钱子碱 $R_1=R_2=OCH_3$

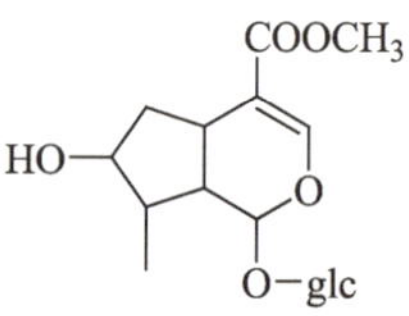

番木鳖苷

【理化鉴别】薄层色谱 硅胶G薄层,喷以稀碘化铋钾试液。供试品色谱中,在与士的宁对照品、马钱子碱对照品色谱相应的位置上显相同颜色的斑点。

含量测定 采用高效液相色谱法测定,本品按干燥品计算,含士的宁($C_{21}H_{22}N_2O_2$)应为1.20%~2.20%,马钱子碱($C_{23}H_{26}N_2O_4$)不得少于0.80%。

【功效与主治】性温、味苦,有大毒;能通络止痛,散结消肿;用于跌打损伤、骨折肿痛、风湿顽痹、麻木瘫痪、痈疽疮毒、咽喉肿痛,用量0.3~0.6 g。炮制后入丸散用;不宜多服、久服及生用,运动员慎用,孕妇禁用;有毒成分能经皮肤吸收,所以外用时不宜大面积涂敷。

【药理作用】① 显著的镇痛作用。

② 抗炎作用。对原发性及继发性关节炎有较好疗效。

③ 中枢兴奋作用。对整个中枢神经都有兴奋作用。先兴奋脊髓的反射功能,其次兴奋延髓的呼吸中枢及血管运动中枢,并能提高大脑皮质的感觉中枢功能。

④ 抗肿瘤作用。一定剂量的水煎液对小鼠移植性肿瘤的生长有明显的抑制作用,且对小鼠的免疫器官无明显损害。

⑤ 毒性。成人一次服5~10 mg士的宁可致中毒,30 mg可致死亡。死亡原因是强直性惊厥反复发作造成的衰竭与窒息。

30. 龙胆科(Gentianaceae)

$⚥ * K_{(4\sim5)} C_{(4\sim5)} A_{4\sim5} \underline{G}_{(2:1:\infty)}$

[形态特征] 草本。单叶对生,全缘,无托叶。花常两性,辐射对称;花冠漏斗状、辐状或管状,雄蕊与花冠裂片同数且互生,生于花冠管上;子房上位,2枚心皮合生1室,侧膜胎座,胚珠多数。蒴果2瓣裂,种子多数。

[分布] 约80属,700种;广布于全球,但主产地为北温带。我国有22属,427种;各省均产之,西南部最盛,有些种类供庭院观赏用,少数入药。

[显微特征] 本科植物根的内皮层细胞常因径向各切向分裂导致内皮层由多层细胞组成;茎内多具双韧维管束;常具草酸钙针晶、砂晶。

[染色体] $X=9\sim13$。

[化学成分] 含有环烯醚萜,如龙胆苦苷(gentiopicroside)、当药苷(sweroside)、当药苦苷(swertiamarin);龙胆山酮(gentisin)、当药山酮(swertianin)等;生物碱类,如龙胆碱(gentianine)、龙胆次碱(gentianidine)等;三萜类,如齐墩果酸、熊果酸类等。其中,环烯醚萜苷类和山酮类为本科的特征性成分。尚含有挥发油成分。

[药用植物与生药代表]

龙胆* Gentianae Radix et Rhizoma (英) Gentian Root

【基原】为龙胆科(Gentianaceae)植物龙胆 *Centiana scabra* Bge.、三花龙胆 *Gentiana triflora* Pall.、条叶龙胆 *Gentiana manshurica* Kitag.或滇龙胆 *Gentiana rigescens* Franch.的干燥根及根茎。前三种习称"龙胆",后一种习称"坚龙胆"。

【植物形态】龙胆 多年生草本,茎直立,略具四棱,粗糙;具多数粗壮、略肉质的须根。叶对生,边缘及下面主脉粗糙,基部抱茎;花无梗;钟状,5裂,先端尖;蒴果卵圆形,种子褐色,有光泽,条形,边缘有翅(图14-114)。

图 14-114　龙胆

条叶龙胆　叶片边缘反卷;花有短梗,花冠裂片三角状卵形,先端急尖。

三花龙胆　叶边缘及叶脉光滑;花冠裂片卵圆形,先端钝。

坚龙胆　叶近革质;花冠裂片卵状椭圆形,顶端急尖。

【产地】龙胆主产于东北地区,三花龙胆主产于东北及内蒙古等省区,条叶龙胆主产于东北地区,坚龙胆主产于云南。

【采制】春、秋二季挖根,除去地上残茎,洗净泥土,晒干。以秋季采者质量较好。

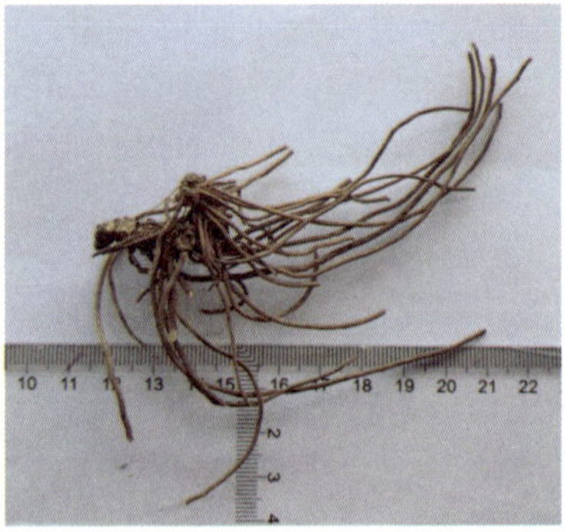

图 14-115　龙胆根

【性状】龙胆根茎呈不规则块状,表面暗灰棕色或深棕色,上端有茎痕或残留茎基,周围和下端着生多数细长的根(龙胆的根通常 20 余条,三花龙胆的根约 15 条,条叶龙胆的根常少于 10 条)。根细长圆柱形或扁圆柱形,略扭曲,表面淡黄色或黄棕色,上部多有显著的横皱纹,下部较细,有纵皱纹及支根痕。质脆,易折断,断面略平坦,皮部黄白色或淡黄棕色,木质部色较淡,有 5~8 个木质部束点状环列。气微,味甚苦(图 14-115)。

坚龙胆根茎呈不规则结节状,上有残茎,1 至数个。根表面黄棕色或红棕色,略呈角质状,无横皱纹,有脱落的灰白色膜质套筒状物(为外皮层和皮层)。质坚脆易折断,断面皮部黄棕色或棕色,木质部黄白色,易与皮部分离。均以条粗长、色黄或黄棕者为佳。

【显微特征】龙胆根横切面　① 表皮细胞有时残存。② 皮层窄,外皮层为 1 列类方形或扁圆形细胞,壁稍增厚,木栓化。③ 内皮层明显,细胞切向延长,每一细胞由纵向壁分隔成 2~18 个子细胞。④ 韧皮部宽广,外侧多具裂隙,筛管群多分布于内侧。⑤ 形成层不连成环。⑥ 木质部由导管和木薄壁细胞组成,木质部束 8~10 个,导管楔形或"V"字形排列。⑦ 髓部明显。薄壁细胞含细小草酸钙针晶(图 14-116)。

坚龙胆内皮层以外组织多已脱落;韧皮部宽广,薄壁细胞有草酸钙针晶;木质部由导管、木薄壁细胞和木纤维组成;无髓部。

粉末　淡黄棕色。① 外皮层细胞表面观呈纺锤形,每一细胞由横隔壁分隔成 2~20 个扁方形子细胞,有的子细胞又被纵隔壁分隔成 2 个小细胞。② 内皮层细胞表面观为类长方形,甚大,每个细胞被纵隔壁分隔成 2~18 个栅状子细胞,子细胞又常被横隔壁分隔成 2~5 个小细胞。③ 薄壁细胞含草酸钙小针晶,有的呈细梭状或颗粒状。④ 石细胞稀少(根茎),类圆形或类长方形。⑤ 导管多为网纹及梯纹(图 14-117)。

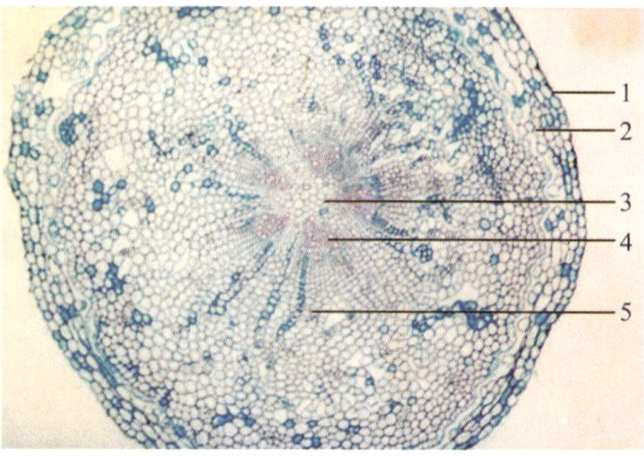

图 14-116　龙胆根横切面组织构造

1. 外皮层；2. 内皮层；3. 髓；

4. 木质部；5. 韧皮部。

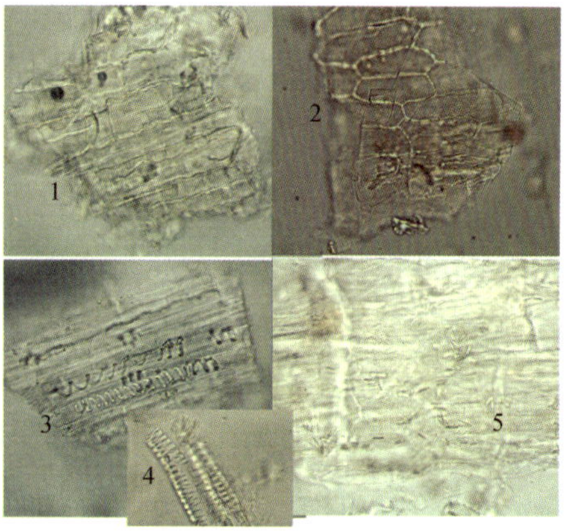

图 14-117　龙胆根粉末组织特征图

1. 外皮层细胞；2. 内皮层细胞；

3. 螺纹导管；4. 网纹导管；5. 草酸钙针晶。

坚龙胆粉末中无外皮层细胞；导管主要为具缘纹孔；有纤维，主要为纤维管胞。

【化学成分】含有龙胆苦苷（gentiopicroside）、龙胆碱、獐牙菜苦苷（swertiamarin）、獐牙菜苷（sweroside）等环烯醚萜苷，还含有龙胆三糖（gentianose）等成分。

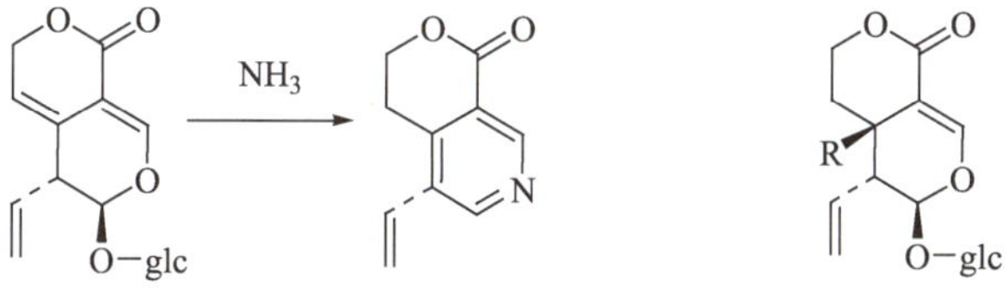

龙胆苦苷　　龙胆碱　　獐牙菜苷 R=H　獐牙菜苦苷 R=OH

【理化鉴别】薄层色谱　硅胶 GF_{254} 薄层，置紫外光灯（254 nm）下检视。供试品色谱中，在与龙胆苦苷对照品色谱相应的位置上显相同颜色的斑点。

含量测定　采用高效液相色谱法测定，本品按干燥品计算，龙胆含龙胆苦苷（$C_{16}H_{20}O_9$）不得少于 3.0%，坚龙胆含量不得少于 1.5%。

【功效与主治】性寒，味苦；能清热燥湿，泻肝胆火；用于湿热黄疸、阴肿阴痒、带下、湿疹瘙痒、肝火目赤、耳鸣耳聋、胁痛口苦、强中、惊风抽搐，用量 3~6 g。

【药理作用】① 保肝利胆作用。对肝损伤有明显的保护作用，能减轻肝坏死和肝细胞病变程度；对肝损伤及健康动物均能显著增加胆汁流量。

② 抗菌作用。对铜绿假单胞菌、变形杆菌、痢疾杆菌、金黄色葡萄球菌、星形奴卡菌等有抑制作用。

③ 抗炎作用。对巴豆油和角叉菜引起的肿胀均有显著的抑制作用。

④ 镇静、镇痛与解痉作用。能抑制中枢神经系统，对肠及子宫平滑肌有解痉作用。

⑤ 健胃作用。

【附注】伪品：① 小檗科植物鬼臼的干燥根及根茎。根茎呈不规则块状，上端可见凹陷的茎痕。根圆柱形，表面棕褐色，平坦或显纵皱纹。断面显粉性，白色，木部黄色。气微，味苦。② 小檗科植物桃儿七的干燥根及根茎。根横切面可见皮层木化纤维众多，初生木质部五原型。

秦艽 Gentianae Macrophyllae Radix

本品为龙胆科植物秦艽 *Gentiana macrophylla* Pall.、麻花秦艽 *G. straminea* Maxim.、粗茎秦艽 *G. crassicaulis* Duthie ex Burk. 或小秦艽 *G. dahurica* Fisch. 的干燥根。前三种按性状不同分别习称“秦艽”和“麻花艽”,后一种习称“小秦艽”。春、秋二季采挖,除去泥沙;秦艽和麻花艽晒软,堆置“发汗”至表面呈红黄色或灰黄色时,摊开晒干,或不经“发汗”直接晒干;小秦艽趁鲜时搓去黑皮,晒干。秦艽的根呈类圆柱形,上粗下细,扭曲不直,长10~30 cm,直径1~3 cm。表面黄棕色或灰黄色,有纵向或扭曲的纵皱纹,顶端有残存茎基及纤维状叶鞘。质硬而脆,易折断,断面略显油性,皮部黄色或棕黄色,木部黄色。气特异,味苦、微涩。麻花艽的根呈类圆锥形,多由数个小根纠聚而膨大,直径可达7 cm。表面棕褐色,粗糙,有裂隙呈网状孔纹。质松脆,易折断,断面多呈枯朽状。小秦艽的根呈类圆锥形或类圆柱形,长8~15 cm,直径0.2~1 cm。表面棕黄色。主根通常1个,残存的茎基有纤维状叶鞘,下部多分枝。断面黄白色。含龙胆苦苷和落干酸及少量挥发油、糖类等。其生物碱类成分秦艽甲素(gentianine)、秦艽乙素(gentianidine)、秦艽丙素(gentianol)是在提取过程中由裂环环烯醚萜苷类成分与氨作用转化而来的,是体内产生抗炎、镇痛作用的活性成分。本品性平,味辛、苦;能祛风湿,清湿热,止痹痛,退虚热;用于风湿痹痛、中风半身不遂、筋脉拘挛、骨节酸痛、湿热黄疸、骨蒸潮热、小儿疳积发热;用量3~10 g。

31. 萝藦科(Asclepiadaceae)

⚥ $* K_{(5)} C_{(5)} A_5 \underline{G}_{2:1:\infty}$

[形态特征] 草本、藤本或灌木,有乳汁;单叶对生;花序为各式聚伞花序,稀为总状花序;花两性,辐射对称,5基数;花萼筒短,5裂;花冠合瓣,各种形状,顶端5裂,裂片覆瓦状或镊合状排列;副花冠通常存在,为5枚离生或基部合生的裂片或鳞片组成,有时两轮,生于花冠筒上或雄蕊背部或合蕊冠上,很少退化成2纵列毛或瘤状突起;雄蕊5枚,与雌蕊生成合蕊柱;花丝合生成一个有密腺的筒,称合蕊冠,或花丝离生;花药连生成一环而腹部贴生于柱头基部的膨大处;药隔顶端通常具有阔卵形而内弯的膜片;花粉粒联合,包在1层柔韧的薄膜内而成块状,称花粉块;雌蕊由2个分离的心皮组成;花柱2,合生,柱头基部具五棱,顶端各式;子房上位,2离生心皮,胚珠多数;蓇葖果;种子顶端具有白色丝状毛。

[分布] 约180属,2 200种,分布于全球,但主产于热带地区,我国约有44属,245种,33个变种,全国均产之,西南和东南部最盛。已知药用植物有32属,112种。

[显微特征] 本科植物的茎具双韧维管束。

[染色体] $X=9\sim12$。

[化学成分] 含有C12甾体苷,如萝藦苷元(metaplexigenin)、牛皮消苷元(cynanochogenin)等;强心苷,如马利筋苷(asclepin)、牛角瓜苷(calotropin);皂苷,如杠柳扛皂苷(periplogin)、杠柳毒苷(periplocin);生物碱,如娃儿藤碱(tylocrebine)、娃儿藤次碱(tylophorine);酚类,如牡丹酚(paeonol)。强心苷是本科的主要有毒成分。

[药用植物与生药代表]

香加皮 Periplocae Cortex

本品为萝藦科植物杠柳 *Periploca sepium* Bge.的干燥根皮。春、秋二季采挖,剥取根皮，晒干。根皮呈卷筒状或槽状，少数呈不规则的块片状，长 3~10 cm，直径 1~2 cm，厚 0.2~0.4 cm。外表面灰棕色或黄棕色，栓皮松软常呈鳞片状，易剥落。内表面淡黄色或淡黄棕色，较平滑，有细纵纹。体轻，质脆，易折断，断面不整齐，黄白色。有特异香气，味苦。本品含北五加皮苷（periplocoside）A 至 K，其中北五加皮苷 H 和 K 为 C21 甾体苷，苷 G（又名杠柳苷 periplocin）为强心苷。4-甲氧基水杨醛为香加皮的香气成分。药理研究表明，杠柳苷具有强心作用，其强心作用具有迅速、持续时间短、无蓄积等特点，并有一定的抗辐射、抗炎作用。杠柳苷脱去葡萄糖成为加拿大麻糖苷，也有相同的强心作用。此外，还有抗肿瘤、升压、抗炎等作用。本品性温，味辛、苦，有毒；能利水消肿，祛风湿，强筋骨；用于下肢浮肿、心悸气短、风寒湿痹、腰膝酸软；用量 3~6 g。不宜过量服用。

32. 旋花科（Convolvulaceae）

⚥ $* K_5 C_{(5)} A_5 \underline{G}_{(2:1\sim4:1\sim2)}$

［形态特征］草本、亚灌木或灌木，偶为乔木（产于马达加斯加的茶鹃木属 *Humbertia*），在干旱地区有些种类变成多刺的矮灌丛，或为寄生植物（菟丝子属 *Cuscuta*）；被各式单毛或分叉的毛；植物体常有乳汁；具双韧维管束；有些种类地下具肉质的块根。茎缠绕或攀援，有时平卧或匍匐，偶有直立。叶互生，螺旋排列，寄生种类无叶或退化成小鳞片，通常为单叶，全缘，或不同深度的掌状或羽状分裂，甚至全裂，叶基常为心形或戟形；无托叶，有时有假托叶（为缩短的腋枝的叶）；通常有叶柄。花通常美丽，单生于叶腋，或少花至多花组成腋生聚伞花序，有时总状、圆锥状、伞形或头状，极少为二歧蝎尾状聚伞花序。苞片成对，通常很小，有时叶状，有时总苞状，盾苞藤属 *Neuropeltis* 苞片在果期极增大托于果下。花整齐，两性，5 数；花萼分离或仅基部连合，外萼片常比内萼片大，宿存，有些种类在果期增大。花冠合瓣，漏斗状、钟状、高脚碟状或坛状；冠檐近全缘或 5 裂，极少每裂片又具 2 小裂片，蕾期旋转折扇状或镊合状至内向镊合状；花冠外常有 5 条明显的被毛或无毛的瓣中带。雄蕊与花冠裂片等数互生，着生于花冠管基部或中部稍下，花丝丝状，有时基部稍扩大，等长或不等长；花药 2 室，内向开裂或侧向纵长开裂；花粉粒无刺或有刺；在菟丝子属中，花冠管内雄蕊之下有流苏状的鳞片。花盘环状或杯状。子房上位，由 2（稀 3~5）心皮组成，1~2 室，或因有发育的假隔膜而为 4 室，稀 3 室，心皮合生，极少深 2 裂；中轴胎座，每室有 2 枚倒生无柄胚珠，子房 4 室时每室 1 胚珠；花柱 1~2 条，丝状，顶生或少有着生于心皮基底间，不裂或上部 2 尖裂，或几无花柱；柱头各式。通常为蒴果，室背开裂、周裂、盖裂或不规则破裂，或为不开裂的肉质浆果，或果皮干燥坚硬呈坚果状。种子和胚珠同数，或由于不育而减少，通常呈三棱形，种皮光滑或有各式毛；胚乳小，肉质至软骨质；胚大，具宽的、折绉或折扇状、全缘或凹头或 2 裂的子叶，菟丝子属的胚呈线形螺蜷，无子叶或退化为细小的鳞片状。

［分布］56 属，1 800 种以上，广布于热带、亚热带和温带。我国有 22 属，约 125 种，南北均有分布。已知药用的有 16 属，54 种。

［显微特征］本科植物具有双韧维管束。

［染色体］X=7，13~15。

［化学成分］香豆素类，如莨菪亭（scopoletin）、东莨菪碱（scoplin）等；黄酮类，如槲皮素（quercetin）、紫云英苷（astragalin）、金丝桃苷（hyperin）；莨菪烷型生物碱，如丁公藤甲素等；苷类，如牵牛子苷（pharbitin）等。

【药用植物与生药代表】

菟丝子* Cuscutae Semen （英）Dodder Seed

【基原】 本品为旋花科(Convolvulaceae)植物南方菟丝子 *Cuscuta australis* R. Br.或菟丝子 *Cuscuta chinensis* Lam.的干燥成熟种子。

【植物形态】 南方菟丝子　一年生寄生草本。茎金黄色,纤细,缠绕,无叶片。花序侧生,少花或多花簇生成小伞形或小团伞花序;苞片小,鳞片状;花梗稍粗壮;花萼杯状,基部连合,裂片3~5枚,不等大,顶端圆;花冠乳白色或淡黄色,杯状,顶端圆,宿存;雄蕊着生于花冠裂片弯缺处;子房扁球形,花柱2条,等长或稍不等长,柱头球形。蒴果扁球形,直径3~4 mm,下半部为宿存花冠所包,成熟时不规则开裂。通常有4个种子,淡褐色,卵形,长约1.5 mm,表面粗糙(图14-118A)。

菟丝子　一年生寄生草本。茎黄色,纤细,缠绕,无叶片。花序侧生,少花或多花簇生成小伞形花序;苞片小,鳞片状;花梗粗短;花萼杯状,上端开裂,裂片三角状,约1.5 mm长,顶端钝;花冠白色,呈壶形,裂片三角状卵形,宿存;雄蕊着生于花冠裂片弯缺微下处;子房近球形,花柱2条,等长或不等长,柱头球形。蒴果球形,直径约3 mm,几乎全为宿存的花冠所包围,成熟时整齐地周裂。种子2~4粒,淡褐色,卵形,长约1 mm,表面粗糙(图14-118B)。

A. 南方菟丝子　　B. 菟丝子

图14-118　南方菟丝子和菟丝子

【产地】 南方菟丝子与菟丝子主产于黑龙江、吉林、辽宁、内蒙古、河北、山西、陕西、青海、山东、江苏及云南等省份。

【采制】 夏、秋种子成熟时连同寄主一起收割,晒干,打下种子,除去杂质。

【性状】 种子类球形,表面棕褐色或灰棕色,粗糙,种脐线形或扁圆形。质地坚实,不易以指甲压碎。开水冲泡,种子表面有黏性,水浸液棕黄色;沸水煮之种皮易破裂,黄白色卷须状的胚露出(图14-119)。

图14-119　菟丝子药材

【显微特征】 横切面　① 表皮细胞呈类方形,沿径向延长,外壁中央微凹陷,角隅处呈现角状隆起。② 有 2 列栅状细胞，外列细胞稍短，细胞壁木质化，长 15~20 μm，内列细胞长于外列细胞，细胞壁非木质化，长 23~25 μm，外侧近交会带附近有光辉带，其下为颓废组织。③ 胚乳细胞多呈现角状，细胞壁厚薄不一，内含糊粉粒。

粉末　深褐色或者黄褐色。① 表皮细胞断面呈现类方形，侧壁较厚；表面呈现多角形，角隅处细胞壁明显增厚。② 栅状细胞成片，断面呈 2 列，具光辉带；表面呈现多角形皱缩。③ 胚乳细胞呈现类圆形或多角形，内含糊粉粒。④ 子叶细胞含脂肪油油滴及糊粉粒（图 14-120）。

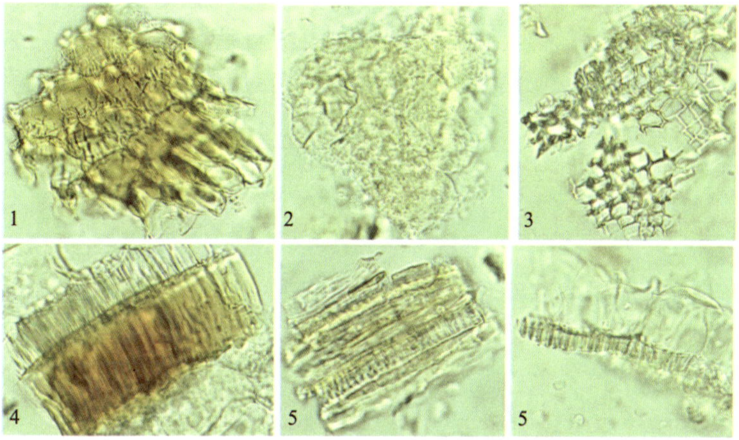

图 14-120　菟丝子粉末组织特征图

1. 表皮细胞；2. 子叶细胞；3. 胚乳细胞；4. 栅状细胞；5. 螺纹导管。

【化学成分】 主要含有金丝桃苷、紫云英苷、异鼠李素、山柰酚、异槲皮苷和槲皮素等黄酮，绿原酸、新绿原酸、隐绿原酸、咖啡酸、桂皮酸、阿魏酸和没食子酸等酚酸，芝麻素、(+)-松脂醇、(-)-皮树脂醇、新芝麻素、菟丝子苷 A、菟丝子苷 B、菟丝子苷 C 和菟丝子苷 D 等木脂素，油酸甲酯、花生酸、棕榈酸和硬脂酸等脂肪酸，β-谷甾醇、胆固醇、豆甾醇和

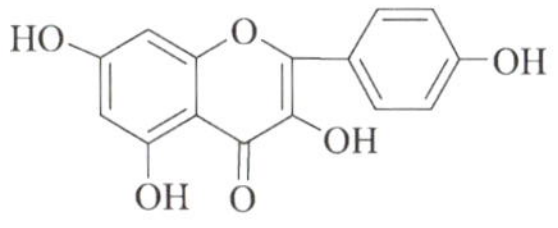

山奈酚

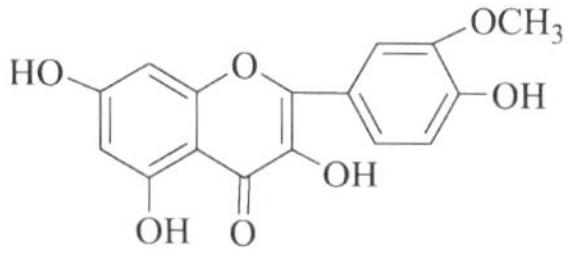

异鼠李素

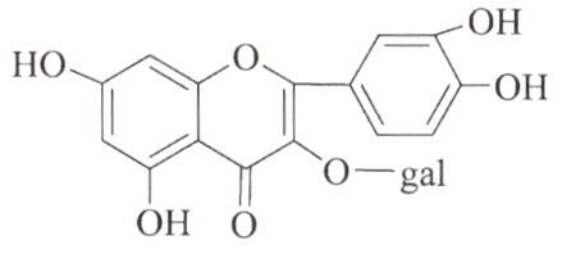

金丝桃苷

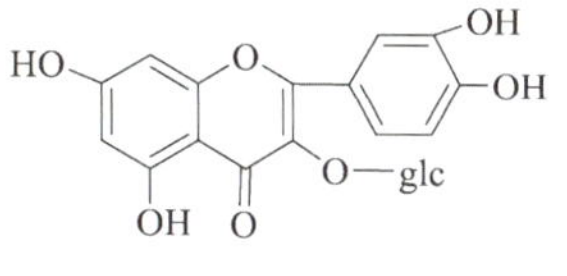

异槲皮苷

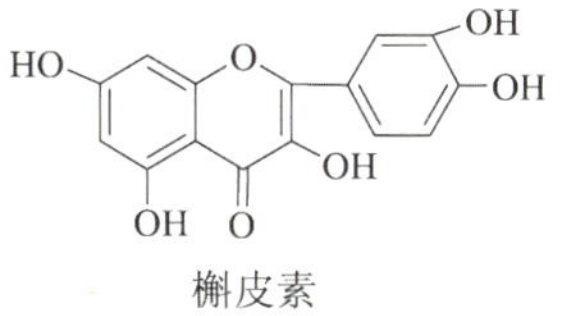

槲皮素

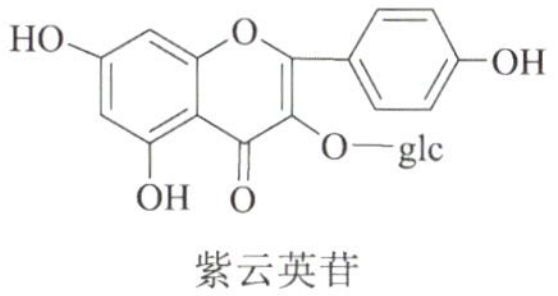

紫云英苷

菜油甾醇等甾醇,α-蓓品醇、α-石竹烯和β-香树酯醇乙酸酯等萜类成分,苦参碱、N-甲基金雀花碱和金雀花碱等生物碱,还有各种氨基酸和微量元素等化学成分。具有保护生殖系统、拟雌激素、强筋骨、免疫调节和抗肿瘤等药理作用。

【理化鉴别】薄层色谱　聚酰胺薄膜,喷以三氯化铝试液,置紫外光灯(365 nm)下检视。供试品色谱中,在与金丝桃苷对照品色谱和菟丝子对照药材色谱相应的位置上显相同颜色的荧光斑点。

含量测定　采用高效液相色谱法测定,本品按干燥品计算,含金丝桃苷($C_{21}H_{20}O_{12}$)不得少于0.10%。

【功效与主治】性平,味辛、甘;能补益肝肾,固精缩尿,安胎,明目,止泻;外用消风祛斑;用于肝肾不足、腰膝酸软、阳痿遗精、遗尿尿频、肾虚胎漏、胎动不安、目昏耳鸣、脾肾虚泻,外治白癜风;用量6~15 g。

【药理作用】① 抗氧化作用。菟丝子中的多糖成分具有抗氧化作用;另外菟丝子总黄酮对DPPH自由基具有较强的清除能力,并对羟自由基、超氧阴离子具有一定的清除能力。

② 保肝作用。菟丝子水煎液通过抑制羟脯氨酸的形成,对肝损伤引起的肝纤维化起到可能的预防作用,并对肝脏起到一定的保护作用。

③ 改善生殖系统功能。菟丝子总黄酮具有维持早孕和保胎的作用,其通过平衡母胎的内分泌和免疫网络平衡起作用,还可以通过调节滋养细胞的增殖凋亡水平达到降低流产率的效果。另外,菟丝子盐制品和酒制品均能改善肾阳虚大鼠的生殖功能。

④ 降血糖、降血脂作用。菟丝子多糖具有明显降低大鼠血脂和体内糖化血清蛋白含量的效果。

【附注】地方习惯用药:大菟丝子(日本菟丝子)为同科植物金灯藤 *Cuscuta japonica* Choisy 的干燥成熟种子。其在南北方都有分布,在四川、贵州等地作为菟丝子用。其较正品菟丝子大,直径2~3 mm。表面棕黄色,味淡,沸水中煮之不易破裂。

伪品:同科同属植物南菟丝子(欧洲菟丝子)*C. europea* L.的种子,在云南等地有野生分布。其形状为两颗种子黏结在一起,呈现类球形,表面绿褐色。单粒种子呈现三角状卵圆形,直径约1 mm。水浸液为绿色,沸水煮之不易破裂,且味苦。

牵牛子 Semen Pharbitidis

本品为旋花科植物裂叶牵牛 *Pharbitis nil*(L.)Choisy 或圆叶牵牛 *Pharbitis purpurea*(L.)Voigt 的干燥成熟种子。秋季果实成熟、果壳未开裂时收割植株,晒干,打下种子,除去杂质。本品呈橘子瓣状,长4~10 mm,宽3~5 mm。表面黑色或淡黄色,背面有一条浅纵沟,点状种脐位于腹面棱线的下端,种脐微凹。质硬,横断面可见黄绿色或淡黄色皱缩的子叶,油性较弱,有明显的黏滑感。裂叶牵牛种子含牵牛子苷(pharbitin)、脂肪油、蛋白质、咖啡酸、咖啡酸乙酯以及多种糖类。牵牛子水煎液具有显著的利尿、化痰、增加胃排空、加速大小肠推进等作用,还有抗炎提高免疫力和兴奋子宫等作用。本品味苦、性寒;有毒。归肺、肾、大肠经。能泻水通便,消痰涤饮,杀虫攻积。用于水肿胀满、二便不通、痰饮积聚、气逆喘咳、虫积腹痛,煎服,3~9 g。入丸、散剂,每次1.5~3 g。

33. 唇形科(Lamiaceae,Labiatae)

⚥ $\uparrow K_{(5)}C_{(5)}A_{4,2}\underline{G}_{(2:4:1)}$

[形态特征] 多为草本,稀为灌木,多含挥发油而有香气。茎呈四棱形,叶对生,单叶,稀为复叶;花两性,很少单性,两侧对称;花冠唇形,雄蕊通常4枚,二强,有时退化为2枚;轮伞花序或聚伞花序,再排成穗状、总状、圆锥花序式或头状花序式;雌蕊子房上位,4深裂为假4室,每室有胚珠1枚,花柱一般着生于子房基部。4枚小坚果,每枚坚果有1粒种子。

[分布] 约220属,3 500余种;广布于全球,主产地为地中海及中亚。我国99属,800余种;全国各地均产。

[显微特征] 茎角隅处具发达的厚角组织,茎叶具不同性状的被毛,气孔直轴式。

[染色体] $X=6,7,8,9,10,12,13,14,16$。

[化学成分] 多含挥发油,薄荷油、百里香油作芳香、调味及祛风药使用。二萜类,如丹参酮(tanshinone)、隐丹参酮(cryptotanshinone)、异丹参酮(isotanshinone);黄酮类,如黄芩苷(baicalin)、汉黄芩苷(wognoside)、黄芩素(scutellarein)、汉黄芩素(wagonin)等;生物碱类,如益母草碱(leonurine)、水苏碱(stachydrine);昆虫变态激素,如杯见甾酮B、C(cyasterone),筋骨草酮B、C(ajugasterone B,C)。昆虫变态激素能促进人体蛋白质合成,降血脂及抑制血糖上升等。

[药用植物与生药代表]

薄荷* Menthae Haplocalycis Herba (英) Mentha Herb

【基原】唇形科植物薄荷 *Mentha haplocalyx* Briq.的干燥地上部分。

【植物形态】多年生草本。有清凉香气。茎直立,方形。叶对生,叶片卵形或长圆形,先端稍尖,基部楔形,边缘具有细锯齿,两面均有腺鳞及柔毛。轮伞花序腋生;花冠淡紫色或白色,上唇裂片较大,顶端2裂,下唇3裂,近相等;雄蕊4枚,前对较长。小坚果卵球形(图14-121)。

图14-121 薄荷

【产地】主产于江苏、安徽等地(称"苏薄荷"),江西、河南、四川、云南亦产。

【采制】夏、秋两季当茎叶茂盛(7—8月割取的称头刀,供提取挥发油用;10—11月割取的称二刀,供药用)或花开至三轮时(质量好,含油多),选晴天(阴天会霉变)分次采割,晒干或阴干。

【性状】茎呈方柱形,有对生分枝,表面紫棕色或淡绿色,棱角处具茸毛。质脆,断面白色,髓中空。叶对生,有短柄;叶片皱缩卷曲,完整者呈宽披针形、长椭圆形或卵形;上表面深绿色,下表面灰绿色,稀被茸毛,有凹点状腺鳞。轮伞花序腋生,花萼钟状,先端5齿裂,花冠淡紫色。揉搓后有特殊清凉香气,味辛凉。

【显微特征】茎横切面 ① 表皮为一列长方形细胞,外被角质层,有扁球形腺鳞,单细胞头的腺毛和非腺毛。② 皮层为数列薄壁细胞,排列疏松,四棱脊处有厚角细胞,内皮层明显。③ 维管束于四角处较发达,木质部发达。④ 韧皮部细胞较小,呈狭环状。⑤ 形成层成环。⑥ 木质部由大型薄壁细胞组成,中心常有空隙。薄壁细胞中含橙皮苷结晶(图 14-122)。

叶表面观 ① 腺鳞头部 8 个细胞,直径约 90 μm,柄单细胞,顶面观呈圆形,侧面观呈扁球形。② 小腺毛头部及柄部均为单细胞。③ 非腺毛 1~8 个细胞,常弯曲,外有细密疣状突起。④ 下表皮气孔多见,直轴式。⑤ 叶肉及薄壁细胞中有淡黄色针簇状或扇形的橙皮苷结晶。

粉末 淡黄绿色。① 腺鳞由头、柄组成。头部顶面观为球形,侧面观为扁球形。直径 60~100 μm,由 6~8 个分泌细胞组成,内含淡黄色分泌物;柄极短,单细胞,基部四周表皮细胞 10 余个,呈辐射状排列。② 小腺毛头部椭圆形,单细胞,直径 15~26 μm,内含淡黄色分泌物;柄多为单细胞。③ 非腺毛完整者由 1~8 个细胞组成,常弯曲,壁厚 2~7 μm,外壁有细密疣状突起。④ 叶片上表皮细胞表面观为不规则形,垂周壁略弯曲;下表皮细胞垂周壁波状弯曲,细胞中常含淡黄色橙皮苷结晶。⑤ 气孔直轴式(图 14-123)。

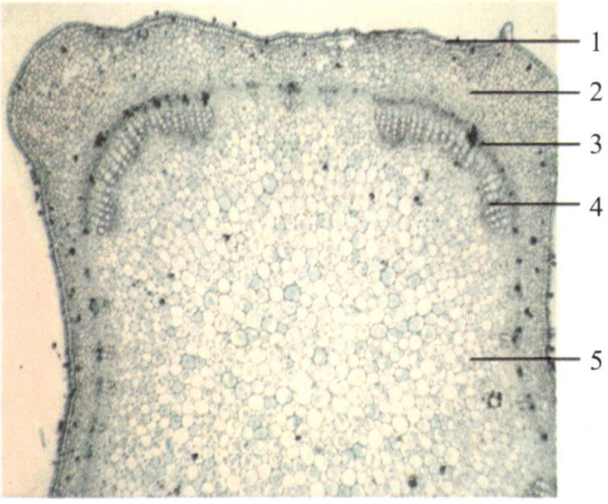

图 14-122 薄荷茎横切面组织构造
1. 表皮; 2. 皮层; 3. 髓;
4. 韧皮部; 5. 木质部。

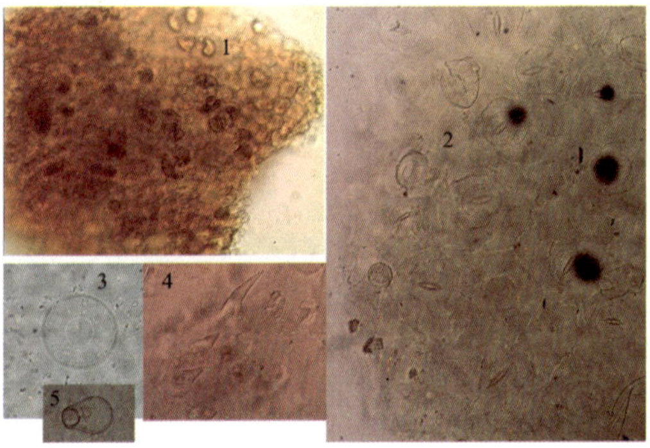

图 14-123 薄荷粉末组织特征图
1. 橙皮苷结晶; 2. 气孔; 3. 腺鳞;
4. 非腺毛; 5. 小腺毛。

【化学成分】主要含有挥发油 0.8%~2%,油中主要成分是单萜类及其含氧衍生物,如薄荷脑(薄荷醇,menthol)77%~87%、薄荷酮(menthone)约 10%、醋酸薄荷酯(menthyl acetate)3%~6%、桉油精(cineole)、蒎烯(pinene)、莰烯(camphene)、柠檬烯等。还有非萜类芳香族、脂肪族化合物等。薄荷醇的左旋体习称"薄荷脑",是薄荷油中的主要组成部分。薄荷醇具有弱的镇痛、止痒和局部麻醉作用,亦有防腐、杀菌和清凉作用。

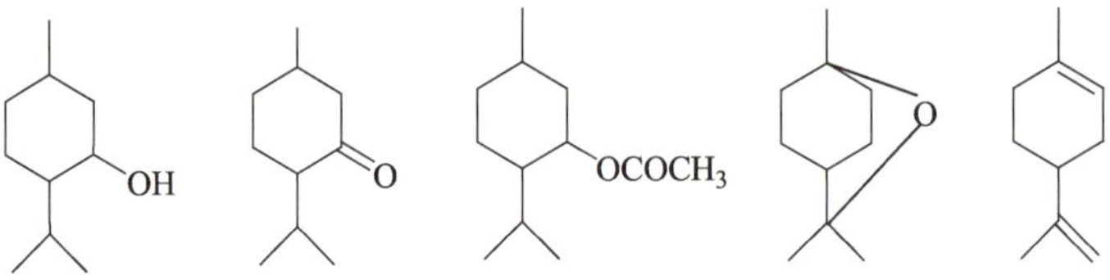

薄荷醇　薄荷酮　醋酸薄荷酯　桉叶素　柠檬烯

【理化鉴别】薄层色谱 硅胶 G 薄层,喷以香草醛硫酸试液-乙醇混合溶液,在 100 ℃加热至斑点显色清晰。供试品色谱中,在与对照药材色谱和薄荷脑对照品色谱相应的位置上显相同颜色的斑点。

含量测定 采用挥发油测定法，本品含挥发油不得少于0.80%（mL/g）。采用气相色谱法，本品按干燥品计算，含薄荷脑（$C_{10}H_{20}O$）不得少于0.20%。

【功效与主治】本品性凉、味辛；能疏散风热，清利头目，利咽，透疹，疏肝行气；用于风热感冒、风温初起、头痛、目赤、喉痛、口疮、风疹、麻疹、胸胁胀闷等症；用量3~6 g。

【药理作用】① 抗菌、抗病毒作用。其水煎液对金黄色葡萄球菌、甲型链球菌、福氏痢疾杆菌、白色念珠菌等多种球菌、杆菌均有抑制作用，对小RNA病毒科肠道病毒属B组肠道病毒ECHO11株有抑制作用。

② 中枢兴奋作用。小剂量服用薄荷可兴奋中枢神经系统，促进皮肤毛细血管扩张，并促进汗腺分泌，增加散热。

③ 解痉、止痛、抗炎作用。对离体兔肠和豚鼠离体回肠均有解痉作用。外用有止痒、止痛、清凉感及对抗刺激作用。其对抗刺激作用可导致气管产生新的分泌物而使稠厚的黏液易于排出，从而达到祛痰作用。薄荷提取物腹腔注射可以抑制大鼠交叉菜胶性足肿，抑制率可达60%~100%。

④ 抗早孕作用。其水溶液及薄荷油对大鼠、小鼠均有明显的抗早孕作用。

【附注】薄荷油 为薄荷新鲜叶、茎经水蒸气蒸馏，再冷冻，部分脱脑加工得到的挥发油。为无色或淡黄色澄清液体，有特异清凉香气，味初辛，后凉。长时间存放，则色变深。能与乙醇、氯仿、乙醚任意比例混合。相对密度为0.888~0.908，旋光度为-17°~-24°，折光率为1.456~1.466；其含酯量按醋酸薄荷酯（$C_{12}H_{22}O_2$）计，为2.0%~6.5%。含薄荷脑（$C_{10}H_{20}O$）应为28.0%~40.0%。本品为芳香剂、祛风剂、调味剂；用于皮肤，能产生清凉感并减轻疼痛。口服一次剂量为0.02~0.2 mL，一日为0.06~0.6 mL。外用适量。

薄荷脑 为薄荷油放置过程中析出的结晶，为一种饱和环状醇；无色针状或棱柱状结晶，或白色结晶性粉末；有薄荷的清凉香气，味初灼热后清凉。在乙醇、液状石蜡中极易溶解，水中微溶；熔点42~44 ℃，比旋度-49°~-50°。取本品2 g，置称重的蒸发皿中，水浴上加热，缓缓挥散后，在105 ℃条件下干燥至恒重，残渣不得超过1 mg。含薄荷脑（$C_{10}H_{20}O$）应为95.0%~105.0%。功效同薄荷油。用量为0.02~0.1 g。

丹参* Salviae Miltiorrhizae Radix et Rhizoma （英）Dan-shen Root

【基原】为唇形科（Labiatae）植物丹参 *Salvia miltiorrhiza* Bge.的干燥根及根茎。

【植物形态】多年生草本，全株密被柔毛及腺毛。根呈圆柱形，外面朱红色，内面白色，茎直立，方形，多分枝。叶对生，常为奇数羽状复叶，卵形或椭圆状卵形，边缘具锯齿，两面被柔毛。花萼钟状，紫色；花冠紫蓝色，二唇形，下唇短于上唇；雄蕊2枚。轮伞花序顶生或腋生组成轮伞花序；小坚果黑色，椭圆形（图14-124）。

【产地】在我国主产于四川、安徽、河南、陕西、江苏、山西、河北等省。栽培或野生。

【采制】秋季采挖，除去茎叶、泥沙、须根，晒干。

【性状】根茎短粗，顶端有时残留茎基；根数条，长圆柱形，略弯曲，有的分枝并具须状细根。表面棕红色或暗红色，粗糙，具纵皱纹，老根外皮疏松，多显紫棕色，常呈鳞片状剥落。质硬而脆，易折断，断面疏松，有裂隙或略平整而致密，皮部棕红色，木部灰黄色或紫褐色，可见黄白色导管束放射状排列。气微，味微苦涩（图14-125）。

栽培品较粗壮,表面红棕色,具纵皱,外皮紧贴不易剥落。质坚实,断面较平整,略呈角质样。以条粗壮、紫红色者为佳。

图 14-124 丹参

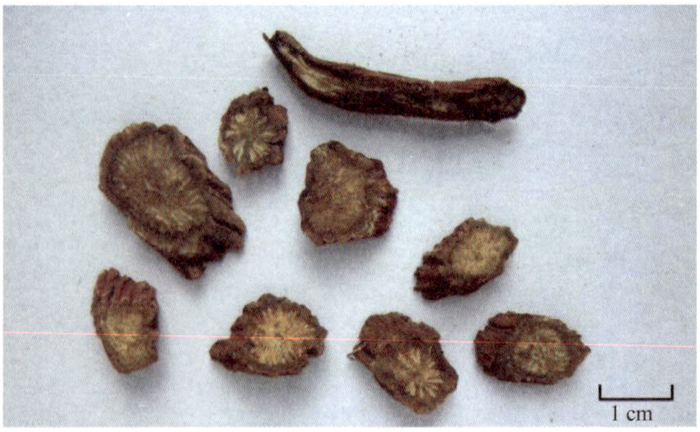

图 14-125 丹参饮片

【显微特征】根横切面 ① 木栓层4~6列细胞,有时可见落皮层组织存在。② 皮层宽广。③ 韧皮部狭窄,呈半月形。④ 形成层成环,束间形成层不甚明显。⑤ 木质部8~10多束,呈放射状,导管在形成层处较多,呈切向排列,渐至中央导管呈单列。⑥ 木质部射线宽,纤维常成束存在于中央的初生木质部(图 14-126)。

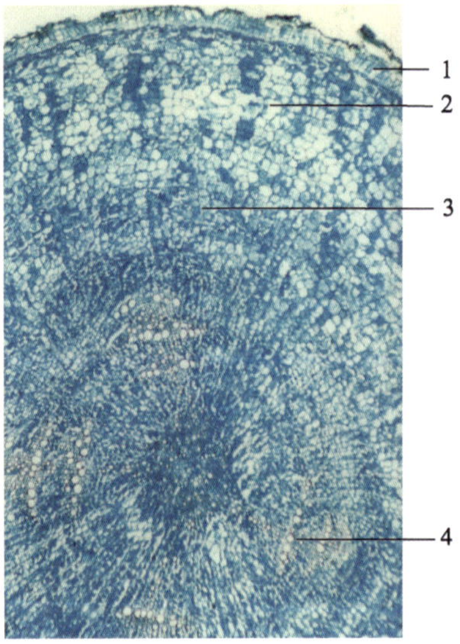

图 14-126 丹参根横切面组织构造

1. 木栓层; 2. 皮层; 3. 韧皮部; 4. 木质部。

粉末 红棕色。① 石细胞多单个散在,类圆形、类方形、类梭形或不规则形,长至257 μm,直径 20~65 μm,壁厚 5~16 μm,有的胞腔内含棕色物。② 网纹与具缘纹孔导管,直径 10~50 μm;网纹导管分子长梭形,末端长尖或斜尖,壁不均匀增厚,网孔狭细,穿孔多位于侧壁。③ 韧皮纤维梭形,长 60~170 μm,直径 7~27 μm,壁厚 3~12 μm,孔沟明显,有的可见层纹与纹孔。④ 木纤维多成束,长梭形,末端长尖,直径 18~25 μm,壁厚 2~4 μm,纹孔斜缝状,孔沟较稀疏。⑤ 木栓细胞黄棕色,表面观类方形或多角形,壁稍厚,弯曲或平直,含红棕色色素(水合氯醛透化,色素溶解)(图 14-127)。

【化学成分】主要化学成分为脂溶性成分和水溶性成分两大类。脂溶性成分为菲醌衍生物,有丹参酮Ⅰ(tanshinone Ⅰ)、丹参酮ⅡA(tanshinone ⅡA)、丹参酮ⅡB(tanshinone ⅡB)、羟基丹参酮(hydroxytanshinone)、丹参酸甲酯(methyltanshinonate)、隐丹参酮(cryptotanshinone)、二氢丹参酮Ⅰ(dihydrotanshinone Ⅰ)、次甲基丹参酮及丹参新酮甲、乙、丙等。水溶性成分主要为丹酚酸A、B(salvianolic acid A、B),丹参素(3,4-dihydroxyphenyllactic acid)、原儿茶醛(protocatechuic aldehyde)和原儿茶酸(protocatechuic acid)、迷迭香酸(rosmarinic acid)等。

菲醌类具有抗菌、抗炎、治疗冠心病等作用，隐丹参酮是抗菌的主要活性成分；酚酸类具有治疗冠心病和抗氧化作用。

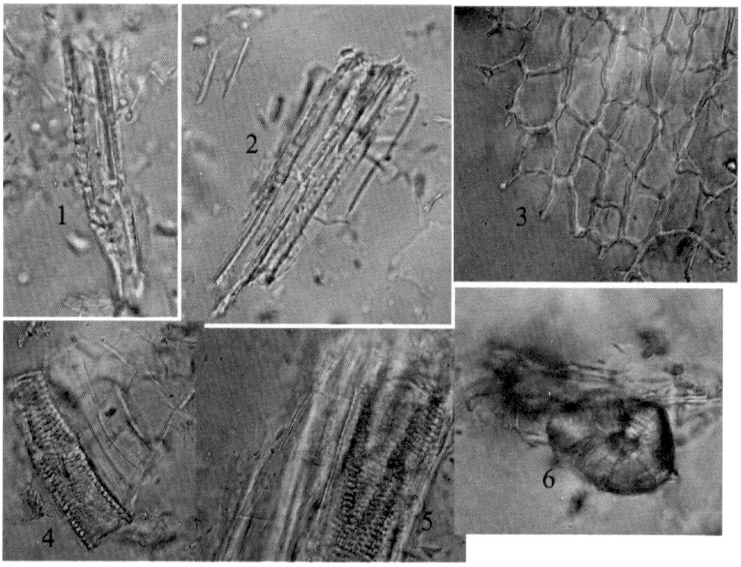

图 14-127 丹参根粉末组织特征图

1. 韧皮纤维；2. 木纤维；3. 木栓细胞；4. 网纹导管；5. 具缘纹孔导管；6. 石细胞。

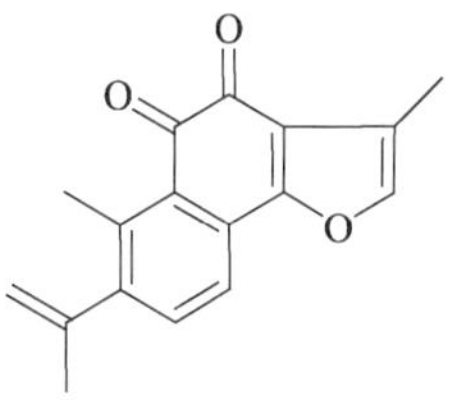

丹参酮Ⅰ

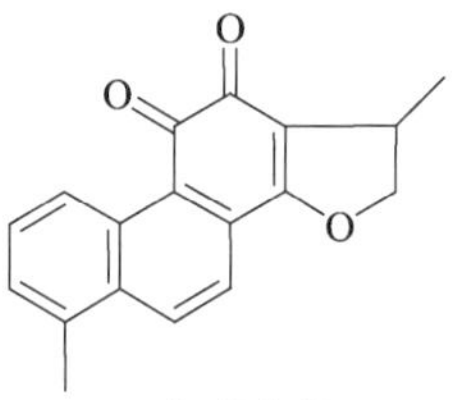

二氢丹参酮Ⅰ

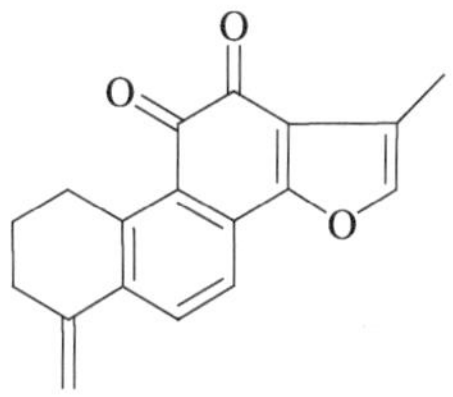

次甲基丹参酮

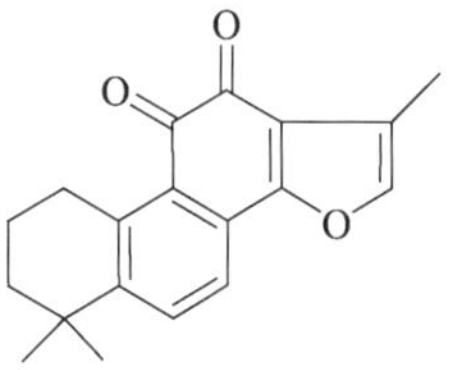

丹参酮ⅡA

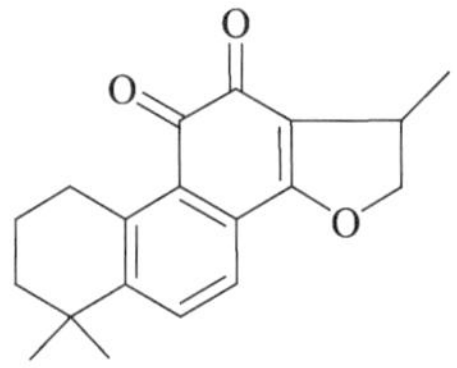

隐丹参酮

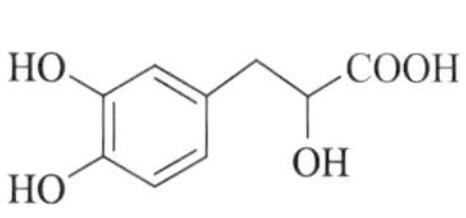

丹参素

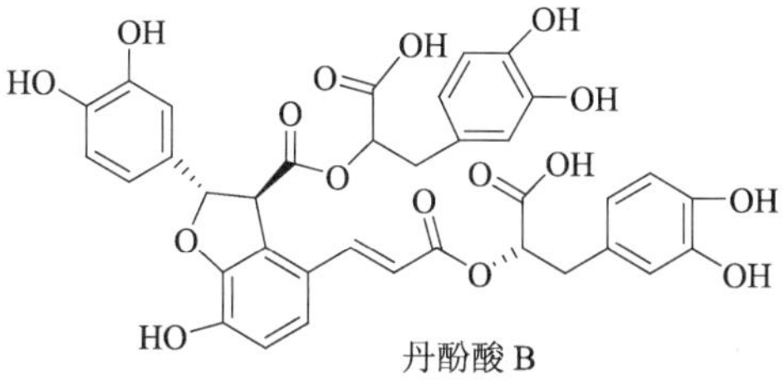

丹酚酸 B

【理化鉴别】薄层色谱 硅胶 G 薄层，供试品色谱中，在与对照药材色谱相应的位置上显相同颜色的斑点，在与丹参酮ⅡA 对照品色谱相应的位置上显相同的暗红色斑点。

硅胶 GF_{254} 薄层色谱,置紫外光灯(254 nm)下检视,供试品色谱中,在与丹酚酸 B 对照品色谱相应的位置上显相同颜色的斑点。

含量测定　采用高效液相色谱法测定,本品按干燥品计算,含丹参酮ⅡA($C_{19}H_{18}O_3$)、隐丹参酮($C_{19}H_{20}O_3$)和丹参酮Ⅰ($C_{19}H_{18}O_3$)的总量不得少于 0.25%,含丹酚酸 B($C_{36}H_{30}O_{16}$)不得少于 3.0%。

【功效与主治】本品性微寒,味苦;能活血调经,祛瘀止痛,养心安神;用于月经不调、经闭经痛、产后瘀滞腹痛、神经衰弱、心烦不眠、冠心病心绞痛、肝脾大、痈肿丹毒等症;用量 9~15 g。

【药理作用】① 心血管作用。可扩张冠状动脉,增加血流量,降低心肌的兴奋性,对心肌缺血有一定的保护作用;可改善脑缺血-再灌注所致小鼠学习记忆障碍及脂质过氧化反应;可降低脑缺血大鼠的脑梗死面积和水肿。

② 抗血栓作用。其水提液体外试验有抑制凝血、激活纤溶酶原、促进纤维蛋白裂解的作用,并具有改善微循环、抗血栓形成和使血液黏度下降等作用。

③ 抗氧化作用。丹酚酸、丹参素等单体有抗氧化自由基作用;水溶液部位能显著抑制动物心、脑、肝、肾等微粒体的脂质过氧化;丹参酮ⅡA 能清除自由基,保护 DNA。

④ 抗肿瘤作用。具有杀伤肿瘤细胞、诱导癌细胞分化和凋亡的作用。

黄芩* Scutellariae Radix　(英) Scutellaria Root

图 14-128　黄芩

【基原】为唇形科植物黄芩 *Scutellaria baicalensis* Georgi 的干燥根。

【植物形态】多年生草本。主根粗大,圆锥形,老根中心常腐朽、中空。茎基部多分枝,钝四棱形。叶对生,具短柄,披针形至条状披针形,顶端钝,基部圆形,全缘。总状花序顶生,花偏生于花序一侧;花冠紫色、紫红色至蓝紫色;雄蕊四强或二强。雌蕊花柱细长。小坚果卵球形(图 14-128)。

【产地】在我国主产于东北及河北、山西、河南、陕西、内蒙古等省区。以山西产量较大,河北承德质量较好。近年栽培品逐渐增多(1~3 年生),占商品黄芩的 1/3 以上。

【采制】春、秋两季采挖,除去地上部分、须根及泥沙,晒至半干,经撞击去除外皮,晒干。

【性状】呈圆锥形,扭曲,表面棕黄色或深黄色,有稀疏的疣状细根痕,顶端有茎痕或残留的茎基,上部较粗糙,有扭曲的纵皱或不规则的网纹,下部有顺纹和细皱。质硬而脆,易折断,断面黄色,中间红棕色。老根中间呈暗棕色或棕黑色,枯朽状或已成空洞,称为"枯芩"。新根称为"子芩"或"条芩"。气微,味苦(图 14-129)。

图 14-129　黄芩饮片

栽培品较细长，多有分支。表面浅黄棕色，外皮紧贴，纵皱纹较细腻。断面黄色或浅黄色，略呈角质样。味微苦。以条长、质坚实、色黄者为佳。

【显微特征】 横切面 ① 木栓层外部多破裂，木栓细胞中有石细胞散在。② 皮层与韧皮部界限不明显，有多数石细胞与韧皮纤维，单个或成群散在，石细胞多分布于外侧，韧皮纤维多分布于内侧。③ 形成层成环。木质部在老根中央，有栓化细胞环形成，栓化细胞有单环的，有成数个同心环的。④ 薄壁细胞中含有淀粉粒（图 14-130）。

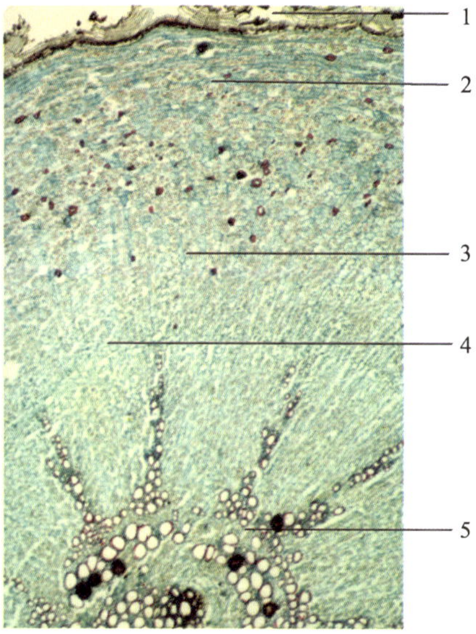

图 14-130 黄芩根横切面组织构造

1. 木栓层；2. 皮层；3. 韧皮部；4. 形成层；5. 木质部。

粉末 黄色。① 韧皮纤维甚多，呈梭形，长 60~250 μm，直径 9~33 μm，壁甚厚，孔沟明显。② 木纤维较细长，两端尖，壁不甚厚，直径 8~15 μm。③ 石细胞较多，呈类圆形、长圆形、类方形或不规则形，长 60~160 μm，壁厚可至 24 μm。④ 网纹导管多见，直径 24~27 μm，具缘纹孔及环纹导管较少。⑤ 木栓细胞多角形，棕黄色。⑥ 木薄壁细胞及韧皮薄壁细胞纺锤形，有的中部具横隔。⑦ 淀粉粒单粒类球形，直径 2~10 μm，有的脐点明显，复粒由 2~4 个分粒组成（图 14-131）。

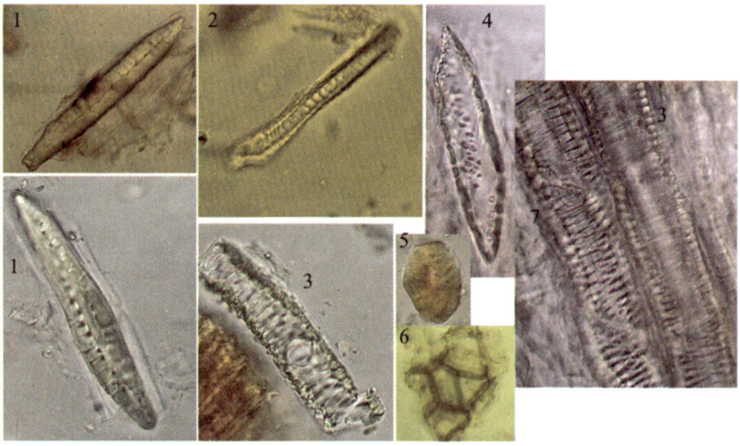

图 14-131 黄芩根粉末组织特征图

1. 韧皮纤维；2. 木纤维；3. 网纹导管；4. 韧皮薄壁细胞；5. 石细胞；6. 木栓细胞；7. 具缘纹孔导管。

【化学成分】 含多种黄酮类化合物，主要为黄芩苷（baicalin，4.0%~5.2%）、黄芩素（baicalein）、汉黄芩苷（wogonoside）、汉黄芩素（wogonin）、千层纸素 A（oroxylin A）、千层纸素 A 葡萄糖醛酸苷、木蝴蝶素 A 及二氢木蝴蝶素 A 等 20 余种黄酮类化合物，双氢千层纸素、7，2′，6′-三羟基-5-甲氧基二氢黄酮、2′，5，6′，7-四羟基二氢黄酮等二氢黄酮类化合物，还含有 β-谷甾醇、豆甾醇等甾醇，其中黄芩苷为主要有效成分，具有抗菌、消炎作用，以及降转氨酶的作用。

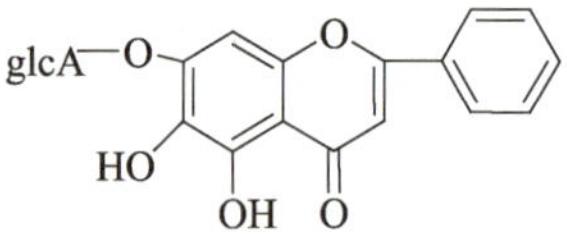

黄芩苷

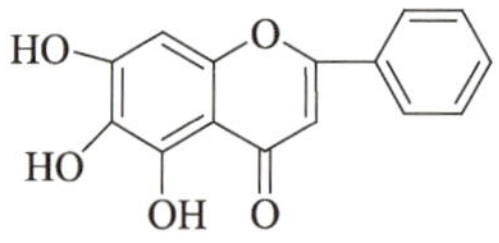

黄芩素

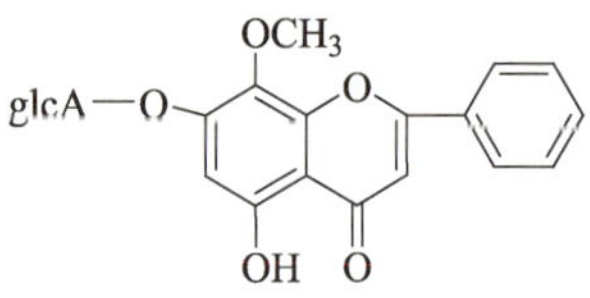

汉黄芩苷

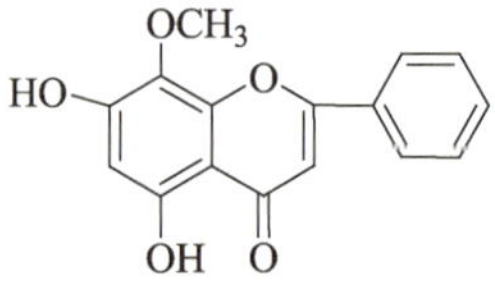

汉黄芩素

【理化鉴别】薄层色谱　聚酰胺薄层,置紫外光灯(365 nm)下检视。供试品色谱中,在与对照药材色谱相应的位置上显相同颜色的斑点;在与黄芩苷对照品、黄芩素对照品色谱相应的位置上显三个相同的暗色斑点。

含量测定　采用高效液相色谱法测定,本品按干燥品计算,含黄芩苷($C_{21}H_{18}O_{11}$)不得少于9.0%。

【功效与主治】性寒、味苦;能清热燥湿,泻火解毒,止血,安胎;用于治疗湿温、暑温、胸闷呕恶、湿热痞满、泻痢、黄疸、肺热咳嗽、高热烦渴、血热吐衄、痈肿疮毒、胎动不安等症,用量3~10 g。

【药理作用】① 抗菌、抗病毒作用。对多种球菌、杆菌、流感病毒、乙型肝炎病毒、皮肤真菌有抑制作用;体外试验发现,有抑制阿米巴原虫生长和杀灭钩端螺旋体的作用。

② 抗变态反应、抗炎作用。其水提物及甲醇提取物能抑制大鼠角叉菜胶性足肿胀和小鼠醋酸性血管通透性增加,可抑制小鼠被动皮肤过敏反应和大鼠腹腔内肥大细胞脱颗粒反应。

③ 改善脂肪代谢。黄酮类成分能改善脂肪代谢,抑制三酰甘油及脂质过氧化作用。

④ 降压及扩张血管作用。其浸剂能使麻醉动物和肾型或神经性高血压及犬的血压降低。

益母草 Leonuri Herba

本品为唇形科植物益母草 *Leonurus japonicus* Houtt. 的新鲜或干燥地上部分。全国各地均产。鲜品春季幼苗期至初夏花前期采割;干品夏季茎叶茂盛、花未开或初开时采割,晒干,或切段晒干。

鲜益母草　幼苗期无茎,基生叶圆,呈心形,边缘5~9浅裂,每枚裂片有2~3个钝齿。花前期茎呈方柱形,上部多分枝,四面凹下成纵沟,长30~60 cm,直径0.2~0.5 cm;表面青绿色;质鲜嫩,断面中部有髓。叶交互对生,有柄;叶片青绿色,质鲜嫩,揉之有汁;下部茎生叶掌状3裂,上部叶羽状深裂或浅裂成3片,裂片全缘或具少数锯齿。气微,味微苦。

干益母草　茎表面灰绿色或黄绿色;体轻,质韧,断面中部有髓。叶片灰绿色,多皱缩、破碎,易脱落。轮伞花序腋生,小花淡紫色,花萼筒状,花冠二唇形。切段者长约2 cm。4小坚果棕褐色,三棱形。含益母草碱(leonurine,0.02%~0.12%)、水苏碱(stachydrine,

0.59%~1.72%)、益母草定(leonuridine)、槲皮素、芹黄素、山柰素、延胡索酸、益母草酰胺(leonuruamide)、月桂酸、亚麻酸、亚油酸、挥发油等。

本品性微寒,味辛、苦;能活血调经,利尿消肿;用于月经不调、痛经、经闭、恶露不尽、水肿尿少、急性肾炎水肿等症,用量 4.5~9 g。药理研究表明,其煎剂、醇浸膏及益母草碱对离体子宫有明显的兴奋作用,能增加外周、冠脉和心肌营养血流量,有减慢心率、改善血液循环、利尿、抗凝血、降压等作用。

紫苏叶 Perillae Folium

本品为唇形科植物紫苏 *Perilla frutescens*(L.)Britt.的干燥叶。全国各地均有栽培。夏季枝叶茂盛时采收,除去杂质,晒干。叶片多皱缩卷曲、破碎,完整者展平后呈卵圆形,长 4~11 cm,宽 2.5~9 cm。先端长尖或急尖,基部圆形或宽楔形,边缘具圆锯齿。两面紫色或上表面绿色,下表面紫色,疏生灰白色毛,下表面有多数凹点状的腺鳞。叶柄长 2~7 cm,紫色或紫绿色。质脆。带嫩枝者枝的直径 2~5 mm,紫绿色,断面中部有髓。气清香,味微辛。含挥发油约 0.40%,主要为紫苏醛(Ⅰ-perilladehyde)、紫苏醇(perilla alcohol)、柠檬烯(limonene)、二氢紫苏醇等。本品性温,味辛;能解表散寒,行气和胃;用于风寒感冒、咳嗽呕恶、妊娠呕吐、鱼蟹中毒;用量 5~10 g。药理研究表明,本品可以抑制葡萄球菌的生长;所含的挥发油能使家兔血糖升高,油中的紫苏醛成肟后,升血糖作用更强。

广藿香 Pogostemonis Herba

本品为唇形科植物广藿香 *Pogostemon cablin*(Blanco)Benth.的干燥地上部分。按产地不同分石牌广藿香及海南广藿香。传统认为石牌广藿香质优,但产量少,主销广州地区。海南广藿香产量大,销往全国。枝叶茂盛时采割,日晒夜闷,反复至干。茎略呈方柱形,多分枝,枝条稍曲折,长 30~60 cm,直径 0.2~0.7 cm;表面被柔毛;质脆,易折断,断面中部有髓;老茎类圆柱形,直径 1~1.2 cm,被灰褐色栓皮。叶对生,皱缩成团,展平后叶片呈卵形或椭圆形,长 4~9 cm,宽 3~7 cm;两面均被灰白色茸毛;先端短尖或钝圆,基部楔形或钝圆,边缘具大小不规则的钝齿;叶柄细,长 2~5 cm,被柔毛。气香特异,味微苦。

石牌广藿香　枝条较瘦小,表面较皱缩,灰黄色或灰褐色,节间长 3~7 cm,叶痕较大而凸出,中部以下被栓皮,纵皱较深,断面渐呈类圆形,髓部较小。叶片较小而厚,暗绿褐色或灰棕色。

海南广藿香　枝条较粗壮,表面较平坦,灰棕色至浅紫棕色,节间长 5~13 cm,叶痕较小,不明显凸出,枝条近下部始有栓皮,纵皱较浅,断面呈钝方形。叶片较大而薄,浅棕褐色或浅黄棕色。粉末淡棕色。叶表皮细胞不规则形,气孔直轴式。非腺毛 1~6 个细胞,平直或先端弯曲,长约 590 μm,壁具疣状突起,有的胞腔含黄棕色物。腺鳞头部的细胞壁多破裂而呈裂隙状,直径 37~70 μm;柄单细胞,极短。间隙腺毛存在于叶肉组织的细胞间隙中,头部单细胞,呈不规则囊状,直径 13~50 μm,长约 113 μm;柄短,单细胞。小腺毛头部 2 个细胞;柄 1~3 个细胞,甚短。草酸钙针晶细小,散在于叶肉细胞中,长约 27 μm。

本品含挥发油 2%~2.8%,油中的主要成分为广藿香醇(patchouli alcohol,占 52%~

57%),还含有广藿香酮(pogostone)、刺蕊草醇(pogostol)、丁香油酚、桂皮醛、丁香烯等。尚含有多种黄酮类化合物,主要有芹黄素、芹黄苷等。浸出物:采用醇溶性浸出物测定法中的冷浸法,用乙醇作溶剂,不得少于4.0%。含量测定:照气相色谱法(通则0521)测定,本品按干燥品计算,含百秋李醇($C_{15}H_{26}O$)不得少于0.22%。本品性微温,味辛;能芳香化浊,开胃止呕,发表解暑;用于中暑发热、头痛胸闷、食欲不振、恶心、呕吐、泄泻等症;用量3~10 g。药理研究表明,它所含的挥发油有促进胃液分泌、增强消化功能与解痉作用;广藿香酮对白色念珠菌、新型隐球菌、黑根霉菌等有明显的抑制作用,对金黄色葡萄球菌、甲型溶血性链球菌也有一定的抑制作用。

34. 茄科(Solanaceae)

$⚥ * K_5 C_{(5)} A_5 \underline{G}_{(2:2:\infty)}$

[形态特征] 草本或灌木,稀为小乔木或藤本。单叶互生,或有时呈大小叶对生状,稀为复叶。两性花,辐射对称,单生、簇生或排成各式聚伞花序;萼5裂或截平形,常宿存;花冠合瓣,5裂,呈辐状、钟状、漏斗状或高脚碟状;雄蕊5枚,着生于花冠管上;子房上位,中轴胎座,子房2室,胚珠多数;柱头头状或2浅裂。浆果或蒴果;种子圆盘形或肾形。

[分布] 约30属,3 000种,分布于热带和温带地区。我国有24属,105种,35个变种,各省均有分布。已知药用的有25属,84种。

[显微特征] 茎具双韧维管束及内涵韧皮部。

[染色体] X=7~12,17,18,20~24。

[化学成分] 含有莨菪烷型生物碱,如莨菪碱(hyoscyamine)、山莨菪碱(anisodamine)、东莨菪碱(scopolamine)、颠茄碱(belladonine)等;吡啶型生物碱,如烟碱(nicotine)、葫芦巴碱(trigonelline)、石榴碱(pelletierine);甾体生物碱,如龙葵碱(solanine)、蜀羊泉碱(soladulcine)、蜀羊泉次碱(soladulcidine)、澳茄碱(solasonine)、辣椒胺(solanocapsine)等;还含有多种黄酮类化合物。

[药用植物与生药代表]

洋金花 Daturae Flos

本品为茄科植物白花曼陀罗 *Datura metel* L.的干燥花,习称"南洋金花"。主产于江苏、广东、浙江、安徽等地,以江苏产者质佳。4—11月花初开时采收,晒干或低温干燥。花多皱缩成条状,完整者长9~15 cm。花萼呈筒状,长为花冠的2/5,灰绿色或灰黄色,先端5裂,基部具纵脉纹5条,表面微有茸毛;花冠呈喇叭状,淡黄色或黄棕色,先端5浅裂,裂片有短尖,短尖下有明显的纵脉纹3条,两裂片之间微凹;雄蕊5枚,花丝贴生于花冠筒内,长为花冠的3/4;雌蕊1枚,柱头棒状。烘干品质柔韧,气特异;晒干品质脆,气微,味微苦。粉末呈淡黄色。花粉粒类球形或扁球形,直径42~65 μm,外壁表面有子午向排列的细条状雕纹。腺毛有两种,短腺毛头部2~6个细胞,柄1~4个细胞;长腺毛头部单细胞,柄2~6个细胞。非腺毛1~5个细胞,稀有10个以上细胞,有的基部膨大,有的中间细胞皱缩,壁具疣突。花萼、花冠薄壁细胞中有草酸钙砂晶、方晶及簇晶。本品含多种莨菪类生物碱,总生物碱含量为0.47%(盛开期)~0.75%(凋谢期)。其中以东莨菪碱的含量较高,约占总碱的85%。本品性温,味辛,有毒;能平喘止咳,解痉定痛；用于哮喘咳嗽、脘腹冷痛、风湿痹痛、小儿慢惊及外科麻醉；用量 0.3～0.6 g，宜入丸、散，亦可作卷烟分次燃吸（一日量不超过 1.5 g）。外用适量。孕妇、外感及痰热咳喘、青光眼、高血压及心动过速患者禁用。药理研究表明，洋金花具有中枢抑制、抗心律不齐、散瞳和松弛平滑肌的作用等。

【附注】曼陀罗叶　为曼陀罗 *Datura stramonium* L.的干燥叶与带叶枝梢。总生物碱含量 0.2%～0.4%，主要为莨菪碱。能镇静解痉，抑制腺体分泌，扩大瞳孔。

阿托品（atropine）　植物中 *l*-莨菪碱（*l*-hyoscyamine）在提取过程中遇酸或碱发生消旋化反应转变成外消旋体（*dl*-hyoscyamine），为临床常用药。

枸杞子* Lycii Fructus　（英）Babury Wolfberry Fruit

【基原】为茄科植物宁夏枸杞 *Lycium barbarum* L.的干燥成熟果实。

【植物形态】灌木，分枝多开展而略斜升或弓曲。单叶互生或簇生，披针形或长椭圆状披针形。花生于叶腋或簇生；花萼钟状，通常 2 中裂；花冠漏斗状，紫堇色，5 裂，卵形，边缘无缘毛；雄蕊 5 枚；花柱稍伸出花冠。浆果红色或在栽培类型中也有橙色，果皮肉质，多汁液，卵状或近球状。种子常 20 余粒，略成肾脏形，扁压，棕黄色（图 14-132）。

【产地】主产于西北和华北，以宁夏、青海、新疆产量较大。

【采制】一般从 5 月到 10 月边开花边结果，采摘果实时成熟一批采摘一批，通常 7 天左右采摘一次。

【性状】本品呈类纺锤形或椭圆形，长 6～20 mm，直径 3～10 mm。表面红色或暗红色，顶端有小突起状的花柱痕，基部有白色的果梗痕。果皮柔韧，皱缩；果肉肉质，柔润。种子 20～50 粒，类肾形，扁而翘，长 1.5～1.9 mm，宽 1～1.7 mm，表面浅黄色或棕黄色。气微，味甜（图 14-133）。

图 14-132　宁夏枸杞

图 14-133　枸杞子

【显微特征】粉末　黄橙色或红棕色。① 外果皮表皮细胞呈类多角形或长多角形，垂周壁平直或细波状弯曲，外平周壁表面有平行的角质条纹。② 中果皮薄壁细胞呈类多角形，壁薄，胞腔内含橙红色或红棕色球形颗粒。③ 种皮石细胞表面观呈不规则多角形，壁厚，波状弯曲，层纹清晰（图 14-134）。

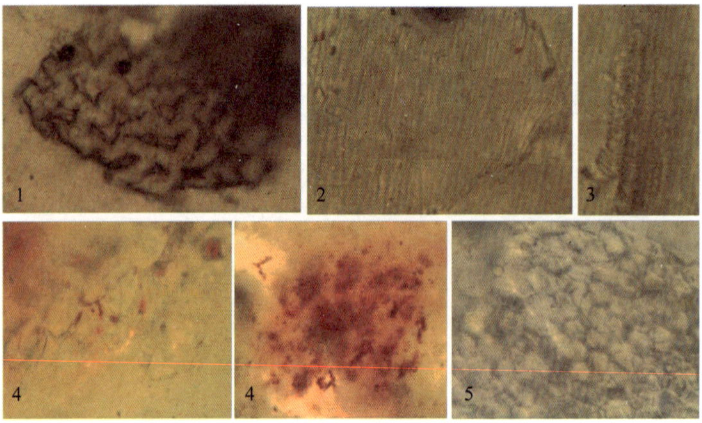

图 14-134　枸杞子粉末组织特征图

1. 种皮石细胞；2. 外果皮表皮细胞；3. 螺纹导管；4. 中果皮薄壁细胞；5. 胚乳细胞。

【化学成分】 主要含有多糖、多酚、氨基酸、维生素、甜菜碱、芦丁、东莨菪内酯、咖啡酸和绿原酸等，具有抗氧化、抗衰老、免疫调节和神经保护等药理作用。

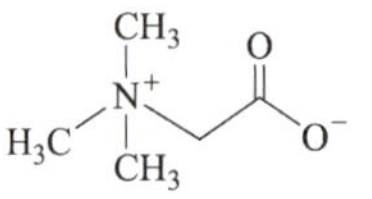

甜菜碱

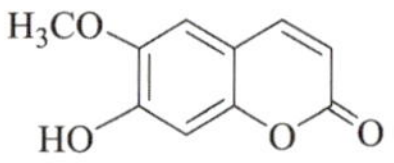

东莨菪内酯

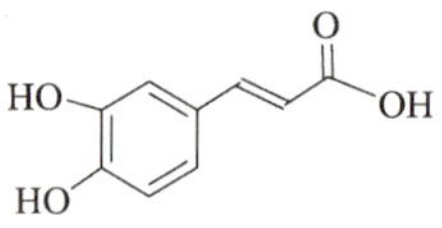

咖啡酸

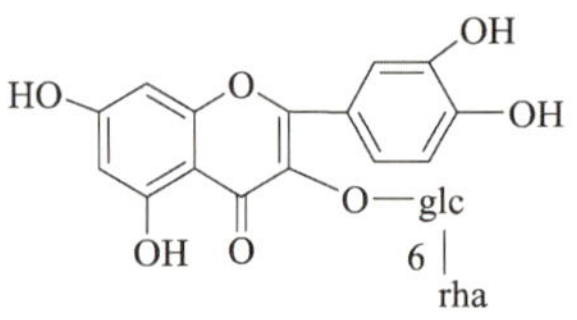

芦丁

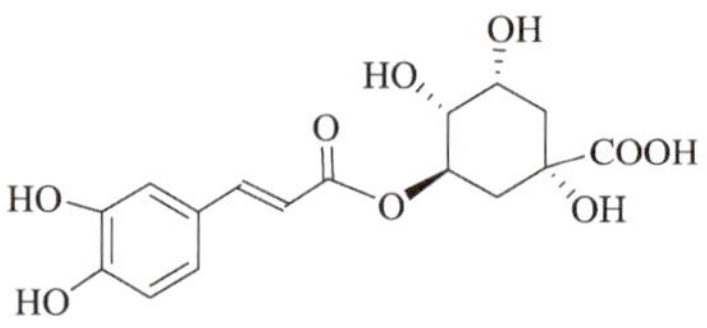

绿原酸

【理化鉴别】 薄层色谱　硅胶 G 薄层，置紫外光灯（365 nm）下检视。供试品色谱中，在与枸杞子对照药材色谱相应的位置上显相同颜色的荧光斑点。

含量测定　采用紫外-可见分光光度法测定，本品按干燥品计算，含枸杞多糖以葡萄糖（$C_6H_{12}O_6$）计，不得少于 1.8%。采用高效液相色谱法测定，本品按干燥品计算，含甜菜碱（$C_5H_{11}NO_2$）不得少于 0.50%。

【功效与主治】 性平、味甘；能滋补肝肾，益精明目；用于虚劳精亏、腰膝酸痛、眩晕耳鸣、阳痿遗精、内热消渴、血虚萎黄、目昏不明；用量 5～15 g。

【药理作用】 ① 保护肝肾功能作用。枸杞子中的多糖、甜菜碱等成分具有肝肾保护作用。

② 提高免疫作用。枸杞多糖、酚类、生物碱和枸杞子中所含的维生素等与免疫调节作用密切相关。其中，总酚酰胺表现出比枸杞多糖更好的免疫恢复活性。

③ 抗肿瘤作用。枸杞子的抗肿瘤作用主要体现在降低肿瘤细胞活性、抑制肿瘤细胞增殖、改变细胞周期及促进细胞凋亡等方面。

④ 调节肠道菌群作用。枸杞子中多糖成分表现出显著的肠道菌群调节作用。

⑤ 其他功能。相关研究表明枸杞子还具有提高生育能力、降糖调脂、神经保护等药理作用。

【附注】地骨皮 为茄科植物枸杞或宁夏枸杞的干燥根皮。春初或秋后采挖根部，洗净，剥取根皮，晒干。根皮呈筒状或槽状，长 3 ~ 10 cm，宽 0.5 ~ 1.5 cm，厚 0.1 ~ 0.3 cm。外表面灰黄色至棕黄色，粗糙，有不规则纵裂纹，易成鳞片状剥落。内表面黄白色至灰黄色，较平坦，有细纵纹。体轻，质脆，易折断，断面不平坦，外层黄棕色，内层灰白色。气微，味微甘而后苦，含甜菜碱、枸杞酰胺、柳杉酚、蜂蜜酸等。本品性寒，味甘；能凉血除蒸，清肺降火；用于阴虚潮热、骨蒸盗汗、肺热咳嗽、咯血、衄血、内热消渴；用量 9 ~ 15 g。

35. 玄参科(Scrophulariaceae)

$⚥ \uparrow K_{(4\sim5)} C_{(4\sim5)} A_4 \underline{G}_{(2:2:\infty)}$

[**形态特征**] 草本，稀为灌木或乔木；叶多对生，稀互生或轮生，无托叶；花两性，常两侧对称，排成总状花序或聚伞花序；花萼 4 ~ 5 齿裂，宿存；花冠 4 ~ 5 裂，多少呈二唇形；雄蕊通常 4 枚，2 长 2 短，即二强雄蕊；子房上位，中轴胎座，每室有胚珠多枚；蒴果。种子多而细小。

[**分布**] 约 200 属，3 000 种，广布于全球。我国有 56 属，634 种，全国均产之，西南部尤盛，很多供观赏用，有些入药。已知药用的有 231 种。

[**显微特征**] 具双韧维管束。

[**染色体**] $X=6\sim16,17,18,20\sim26,30$。

[**化学成分**] ① 环烯醚萜苷类，如桃叶珊瑚苷(aucubin)、玄参苷(hapagoside)、胡黄连苷(hurroside)等；强心苷类，如洋地黄毒苷(digitoxin)、地高辛(digoxin)、毛花洋地黄苷(lanatoxide C)等；黄酮类，如柳穿鱼苷(pectolinrin)、蒙花苷(linarin)、玄参素(scrophulein)、木犀草素等；生物碱类，如槐定碱(sophoridine)、骆驼蓬碱(peganine)等；其他还有酚类、皂苷等。

[**药用植物与生药代表**]

地黄* Rehmanniae Radix （英）Rehmannia Root

【**基原**】为玄参科植物地黄 *Rehmannia glutinosa* Libosch.的新鲜或干燥块根。

【**植物形态**】多年生草本，密被长柔毛和腺毛。块根肉质肥大，呈圆柱形或纺锤形，表面红黄色。基生叶丛生，倒卵形至长椭圆形，先端钝圆，基部渐狭下延成柄，边缘有不整齐钝齿，叶面多皱缩。花冠筒状稍弯曲，先端 5 裂，略呈二唇形，紫红色；雄蕊 4 枚，二强；总状花序顶生；子房上位。蒴果卵圆形(图 14-135)。

图 14-135 地黄

【**产地**】在我国主产于河南省温县、博爱、武陟、孟州等地，产量大，质量佳。

【**采制**】秋季采挖，除去芦头及须根，洗净，鲜用者习称“鲜地黄”。将鲜地黄徐徐烘焙，至内部变黑，约八成干，捏成团块，习称“生地黄”。

【性状】鲜地黄　根呈纺锤形或条状，外皮薄，表面浅红黄色，具弯曲的皱纹、横长皮孔以及不规则疤痕。肉质，断面淡黄色，可见橘红色油点，中部有放射状纹理。气微，味微甜、微苦。

生地黄　根多呈不规则的团块或长圆形，中间膨大，两端稍细，有的细小，长条形，稍扁而扭曲。表面灰黑色或灰棕色，极皱缩，具不规则横曲纹。体重，质较软而韧，不易折断，断面棕黑色或乌黑色，有光泽，具黏性。无臭，味微甜。

鲜地黄以粗壮、色红黄者为佳。生地黄以块大、体重、断面乌黑色者为佳。

【显微特征】横切面① 木栓细胞数列。② 皮层薄壁细胞排列疏松，散有多数分泌细胞，含橘黄色油滴，偶有石细胞。③ 韧皮部较宽，有少数分泌细胞。④ 形成层成环。⑤ 木质部射线较宽，导管稀疏，排列成放射状(图 14-136)。

粉末　深棕色。① 木栓细胞淡棕色，断面观为类长方形，排列整齐。② 薄壁细胞类圆形，内含类圆形细胞核。③ 分泌细胞与一般薄壁细胞相似，内含橙黄色或橙红色油滴状物。④ 具缘纹孔及网纹导管直径约 92 μm(图 14-137)。

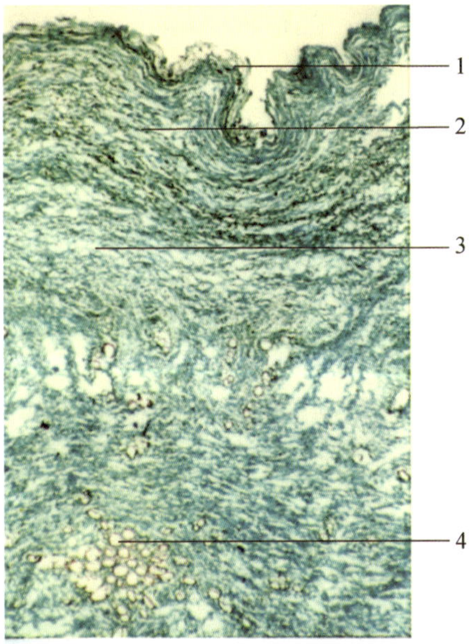

图 14-136　地黄块根横切面组织构造

1. 木栓层；2. 皮层；3. 韧皮部；4. 木质部。

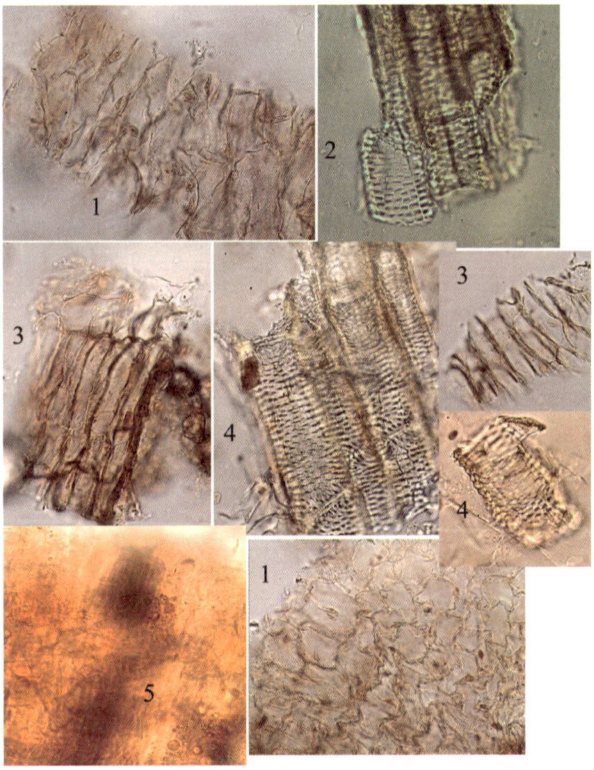

图 14-137　地黄块根粉末组织特征图

1. 薄壁细胞；2. 具缘纹孔导管；3. 木栓细胞；4. 网纹导管；5. 分泌细胞。

【化学成分】主要含有环烯醚萜苷，如梓醇(catalpol)、二氢梓醇(dihydrocatalpol)、桃叶珊瑚苷(aucubin)、乙酰梓醇等。环烯醚萜苷是地黄的主要活性成分，也是地黄变黑的成分。还含有毛蕊花糖苷(acteoside)等苯丙素苷；含水苏糖 32%～48%，如棉籽糖、蔗糖、果糖、甘露三糖、毛蕊花糖、地黄多糖等；赖氨酸、组氨酸、精氨酸等多种氨基酸；β-谷甾醇、豆甾醇等多种甾醇。

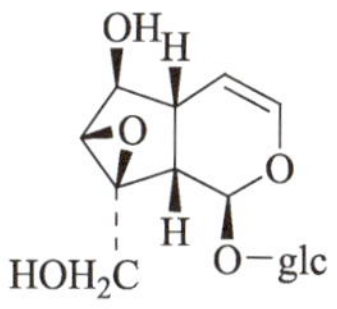

梓醇

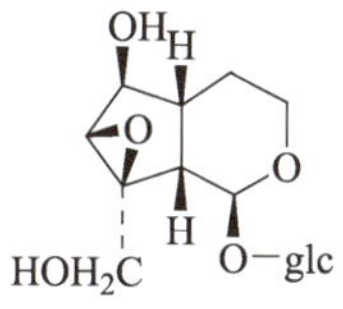

二氢梓醇

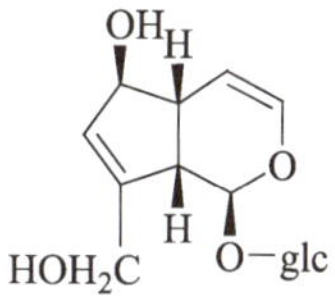

桃叶珊瑚苷

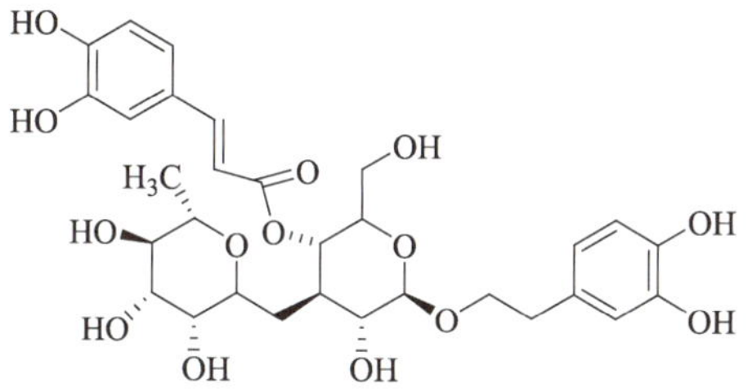

毛蕊花糖苷

【理化鉴定】薄层色谱　硅胶 G 薄层，喷以茴香醛试液，在 105 ℃加热至斑点显色清晰。供试品色谱中，在与对照品色谱相应的位置上显相同颜色的斑点。用0.1%的2,2-二苯基-1-苦肼基无水乙醇溶液浸板，晾干。供试品色谱中，在与毛蕊花糖苷对照品色谱相应的位置上显相同颜色的斑点。

含量测定　采用高效液相色谱法测定，生地黄按干燥品计算，含梓醇($C_{15}H_{22}O_{10}$)不得少于 0.20%；含地黄苷 D($C_{27}H_{42}O_{20}$)不得少于 0.10%。

【功效与主治】鲜地黄　性寒，味甘、苦；能清热生津，凉血，止血；用于热病伤阴、舌绛烦渴、温毒发斑、吐血、衄血、咽喉肿痛；用量 12～30 g。

生地黄　性寒、味甘；能清热凉血，养阴，生津；用于热入营血、温毒发斑、吐血衄血、舌绛烦渴、热病伤阴、津伤便秘、阴虚发热、骨蒸劳热、内热消渴；用量 10～15 g。

【药理作用】① 提高免疫功能作用。可增强小鼠的细胞免疫功能；鲜地黄汁、鲜地黄水煎液均能增强机体非特异性免疫功能，明显提高类阴虚小鼠的脾脏 B 淋巴细胞功能，并可增强淋巴细胞转化功能。

② 增强造血功能作用。可促进正常小鼠骨髓造血干细胞的增殖，刺激其造血功能；并对放射损伤有一定的保护和促进恢复作用。

③ 抗肿瘤作用。能使 Lewis 肺癌细胞内 p53 基因的表达明显增加。

④ 抗阴虚作用。能调节甲亢性阴虚大鼠模型的甲状腺功能，并能调节异常的甲状腺激素状态。地黄低聚糖不仅可以调节实验性糖尿病的糖代谢紊乱，而且还可调节生理性高血糖状态。

【附注】熟地黄　将生地黄按照蒸发法或酒炖法蒸或炖至内外全黑润，取出晒至八成干时，切厚片或块，干燥即得"熟地黄"。药材呈不规则的块片、碎块，大小、厚薄不一。表面乌黑色，有光泽，黏性大。质柔软而带韧性，不易折断，断面乌黑色，有光泽。气微，味甜，含焦地黄素 A、B、C(jioglutin A,B,C)及焦地黄内酯(jioglutolide)、焦地黄呋喃(jiofuran)、地黄苦苷元(rehmapicrogenin)等。与生地黄比较，环烯醚萜类成分和氨基酸含量较低，且不含赖氨酸；糖类中单糖的含量比鲜地黄高 2 倍以上。本品含毛蕊花糖苷($C_{29}H_{36}O_{15}$)不得少于 0.020%。熟地黄能调节甲亢性阴虚大鼠模型的甲状腺功能，并能调节异常的甲状腺激素状态。性微温,味甘;能滋阴补血,益精填髓;用于肝肾阴虚、腰膝酸软、骨蒸潮热、盗汗遗精、内热消渴、血虚萎黄、月经不调、崩漏下血、眩晕、耳鸣、须发早白,用量9~15 g。

毛花洋地黄 Digitalis Lanatae Folium

本品为玄参科植物毛花洋地黄 *Digitalis lanata* Ehrh.的干燥叶。在我国长江以南各省有栽培,主产于浙江杭州一带。栽培第二年花未开放时采叶,以8月份叶中有效成分含量最高,随着植株逐年生长,有效成分含量渐减。宜在晴天中午分批采收植株底层的叶,于20~40 ℃缓缓晾干为宜,低温贮藏于密闭容器中。叶多皱缩、破碎。完整叶展平后呈长披针形或倒披针形,长5~30 cm,宽2~5 cm。全缘,叶缘下半部有时有毛,上表面暗绿色,微有毛,下表面灰绿色,叶脉显著下凸,无柄。基生叶的叶缘略呈波状弯曲,基部渐成翼状。气微香,味微苦;含40多种强心苷,主要由洋地黄毒苷元(digitoxigenin)、羟基洋地黄毒苷元(gitoxigenin)、异羟基洋地黄毒苷元(digoxigenin)、双羟基洋地黄毒苷元(diginatigenin)和吉他洛苷元(gitaloxigenin)与不同的糖缩合而成。本品为强心药,仅作为提取强心苷的原料。

【附注】洋地黄叶　本品为玄参科植物紫花洋地黄 *Digitalis purpurea* L.的干燥叶。叶多皱缩、破碎,完整叶片展平后呈长卵状至卵状椭圆形。基生叶有翅状叶柄,茎生叶有短柄或无柄,叶尖稍钝圆,叶缘具不规则钝锯齿;上表面暗绿色,微有毛,叶脉下凹;下表面淡灰绿色,密被毛,叶脉显著突出呈网状,细脉末端伸入叶缘每一锯齿。质脆。气微,味苦。含苷类成分,已分离出20多种强心苷,由3种不同苷元即洋地黄毒苷元、羟基洋地黄毒苷元及吉他洛苷元与不同的糖缩合而成。药理作用与功效同毛花洋地黄叶。洋地黄粉常用量为口服0.05~0.2 g/次,最大量为0.4 g/次。

玄参 Scrophulariae Radix

本品为玄参科植物玄参 *Scrophularia ningpoensis* Hemsl.的干燥根。主产于浙江,为栽培品。冬季茎叶枯萎时采挖,除去根茎、幼芽、须根及泥沙,晒或烘至半干,堆放3~6天,反复数次至干燥。根呈类圆柱形,中间略粗或上粗下细,有的微弯曲,长6~20 cm,直径1~3 cm。表面灰黄色或灰褐色,有不规则的纵沟、横长皮孔样突起、稀疏的横裂纹和须根痕。质坚实,不易折断,断面黑色,微有光泽。气特异似焦糖,味甘、微苦。以水浸泡,水呈墨黑色。含环烯醚萜类成分:哈巴苷、哈巴俄苷、8-哈巴苷,均为使玄参变黑的成分,其原因是环烯醚萜苷在酸性条件下苷键易水解,并进一步氧化。苯丙苷类成分:阿格托苷、安格洛苷C等。本品含哈巴苷和哈巴俄苷的总量不得少于0.45%。本品性微寒,味甘、苦、咸;能清热凉血,滋阴降火,解毒散结;用于热入营血、温毒发斑、热病伤阴、舌绛烦渴、津伤便秘、骨蒸劳嗽、目赤、咽痛、白喉、瘰疬、痈肿疮毒;用量9~15 g。不宜与藜芦同用。药理研究表明,其醇提物对角叉菜胶和眼镜蛇毒诱导的大鼠足趾肿胀具有较强的抑制作用;体外抑菌实验表明,其对金黄色葡萄球菌、铜绿假单胞菌、大肠杆菌等均有抑制作用;给正常犬和肾性高血压犬口服其煎剂均可使血压降低,静脉注射其浸膏水溶液可使麻醉猫血压下降。

36. 茜草科(Rubiaceae)

$⚥ * K_{(4\sim6)}C_{(4\sim6)}A_{4\sim6}\bar{G}_{(2:2:1\sim\infty)}$

[形态特征] 木本或草本,有时攀缘状。单叶对生或轮生,有时托叶呈叶状。常全缘;

托叶各式，在叶柄间或在叶柄内，有时与普通叶一样，宿存或脱落；花两性或稀为单性，辐射对称，有时稍左右对称，各式排列；萼管与子房合生，萼檐截平形、齿裂或分裂，有时有些裂片扩大而成花瓣状；花冠合瓣，通常4~6裂，稀更多；雄蕊与花冠裂片同数，很少2枚；子房下位，1至多室，但通常2室，每室有胚珠1至多枚；果为蒴果、浆果或核果；种子各式，很少具翅，多数有胚乳。

［**分布**］约500属，6 000种，主产于热带和亚热带地区，少数分布于温带或北极地带。我国有98属，676种，大多产于西南部至东南部，西北部和北部极少。有些入药或为染料，或供观赏用。

［**显微特征**］有分泌组织，细胞内含砂晶、簇晶、针晶等。

［**染色体**］$X=6\sim17$，通常11，次为9和12。

［**化学成分**］①生物碱类：喹啉类，如奎宁（quinine）；苯并喹啉里西啶类，如吐根碱（emeline）；吲哚类，如钩藤碱（rhynchophylline）；嘌呤类，如咖啡碱（caffeine）。②环醚烯萜类，如栀子苷（geniposide）。③蒽醌类，如羟基茜草素（purpurin）。④甾醇及其苷类，如豆甾醇（stigmasterol）、谷甾醇（sitosterol）。

［**药用植物与生药代表**］

钩藤* Uncariae Ramulus cum Uncis　（英）Gambir Plant

【**基原**】本品为茜草科植物钩藤 *Uncaria rhynchophylla*（Miq.）Miq. ex Havil.、大叶钩藤 *U. macrophylla* Wall.、毛钩藤 *U. hirsuta* Havil.、华钩藤 *U. sinensis*（Oliv.）Havil.或无柄果钩藤 *U. sessilifructus* Roxb.的干燥带钩茎枝。

【**植物形态**】钩藤　常绿藤本，长可达10 m，小枝圆柱形或四棱形，光滑无毛。叶纸质，单叶对生，椭圆形或椭圆状长圆形，长5~12 cm，宽3~7 cm，两面均无毛，干时褐色或红褐色，下面有时有白粉，顶端短尖或骤尖，基部楔形至截形，有时稍下延；侧脉4~8对，脉腋窝陷有黏液毛；叶柄长5~15 mm，无毛；托叶狭三角形，深2裂达全长2/3，外面无毛，里面无毛或基部具黏液毛，裂片线形至三角状披针形。叶腋处着生钩状向下弯曲的不育花序梗，钩对生或单生，淡褐色至褐色，光滑。头状花序，单生叶腋，直径5~8 mm，总花梗具一节，长5 cm；花近无梗；果序直径10~12 mm；小蒴果长5~6 mm，被短柔毛，宿存萼裂片近三角形，长1 mm，星状辐射。花期5—7月，果期10—11月（图14-138）。

图14-138　钩藤

大叶钩藤　大藤本，嫩枝方柱形或略有棱角，疏被硬毛。叶近革质，长10~16 cm，宽6~12 cm，上面仅脉上有黄褐色毛，下面被稀疏至稠密的黄褐色硬毛，脉上毛更密；托叶卵形，深2裂达全长1/2或2/3，外面被短柔毛，内面无毛或疏被短柔毛，基部内面具黏液毛；花序轴有稠密的毛；果序直径8~10 cm；小蒴果长约20 mm，有苍白色短柔毛。

毛钩藤　藤本，嫩枝纤细，圆柱形或略具4棱角，被硬毛。叶革质，卵形或椭圆形，长

8~12 cm,宽 5~7 cm,上面被稀疏硬毛,下面被稀疏或稠密糙伏毛,托叶阔卵形,深 2 裂至少达 2/3。果序直径 45~50 mm;小蒴果纺锤形,长 10~13 mm,有短柔毛。

华钩藤　藤本,嫩枝较纤细,方柱形或有 4 棱角,无毛。叶薄纸质,无毛;托叶阔三角形至半圆形。果序直径 20~30 mm;小蒴果长 8~10 mm,有短柔毛。

无柄果钩藤　大藤本;嫩枝较纤细,略有 4 棱角或方柱形,微被短柔毛。叶近革质,两面均无毛,下面常有蜡被,干时常为粉白色;果序直径 25~35 mm;托叶窄三角形。头状花序单生叶腋或成单聚伞状排列,花冠黄白色;小蒴果纺锤形,长 10~14 mm,微被短柔毛。

【产地】主产于广西、江西、湖南等地。

【采制】秋、冬二季采收,去叶,切段,晒干。

【性状】钩藤　本品茎枝呈圆柱形或类方柱形,长 2~3 cm,直径 0.2~0.5 cm。表面红棕色至紫红色者具细纵纹,光滑无毛;黄绿色至灰褐色者有的可见白色点状皮孔,被黄褐色柔毛。多数枝节上对生两个向下弯曲的钩(不育花序梗),或仅一侧有钩,另一侧为突起的疤痕;钩略扁或稍圆,先端细尖,基部较阔;钩基部的枝上可见叶柄脱落后的窝点状痕迹和环状的托叶痕。质坚韧,断面黄棕色,皮部纤维性,髓部黄白色或中空。气微,味淡(图 14-139)。

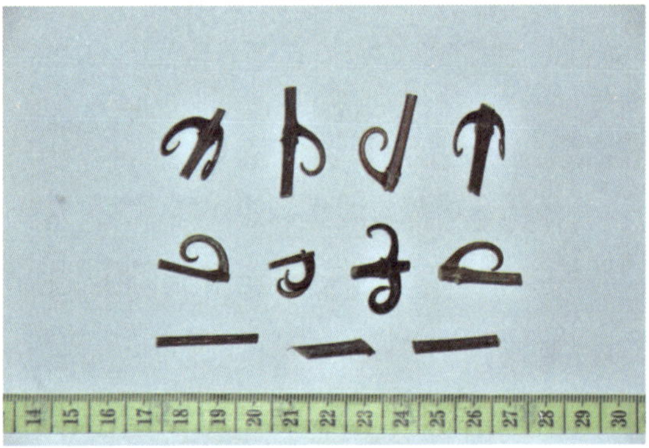

图 14-139　钩藤药材

大叶钩藤　小枝两侧有纵棱,具突起的黄白色小疣点状皮孔。钩枝密被褐色长柔毛,钩长达 3.5 cm,表面灰棕色,末端膨大成小球,折断面有髓或中空。

毛钩藤　枝或钩的表面灰白色或灰棕色,粗糙,有疣状突起,被褐色粗毛。

华钩藤　小枝方柱形,表面黄绿色,钩端渐尖,常留萎缩苞痕,基部扁,常有宿存托叶,全缘。

无柄果钩藤　钩枝四面有浅纵沟,具稀疏的褐色柔毛,叶痕明显,钩长 1~1.8 cm,表面棕黄色或棕褐色,折断面髓部浅黄白色。

以双钩、茎细、钩结实、光滑、色紫红、无枯枝钩者为佳。

【显微特征】钩藤　韧皮薄壁细胞成片,细胞延长,界限不明显,次生壁常与初生壁脱离,呈螺旋状或不规则扭曲状。纤维成束或单个散在,多断裂,直径 10~26 μm,壁厚 3~11 μm。具缘纹孔导管多破碎,直径可达 56 μm,纹孔排列较密。表皮细胞棕黄色,表面观呈多角形或稍延长,直径 11~34 μm。草酸钙砂晶存在于长圆形的薄壁细胞中,密集,有的含砂晶细胞连接成行。

华钩藤　与钩藤相似。

大叶钩藤　单细胞非腺毛多见,多细胞非腺毛一般有 2~15 个细胞。

毛钩藤　非腺毛有 1~5 个细胞。

无柄果钩藤　少见非腺毛,一般有 1~7 个细胞。可见厚壁细胞,类长方形,长 41~121 μm,直径 17~32 μm。

【化学成分】 主要含生物碱，均属于吲哚类衍生物，如钩藤碱（rhynchophylline）、异钩藤碱（isorhynchophylline）、去氢钩藤碱（corynoxeine）、异去氢钩藤碱（isocorynoxeine）、柯诺辛（corynoxine）、柯诺辛B（corynoxine B）等；三萜类，如熊果酸、羽扇豆烯酮；少量黄酮类成分。

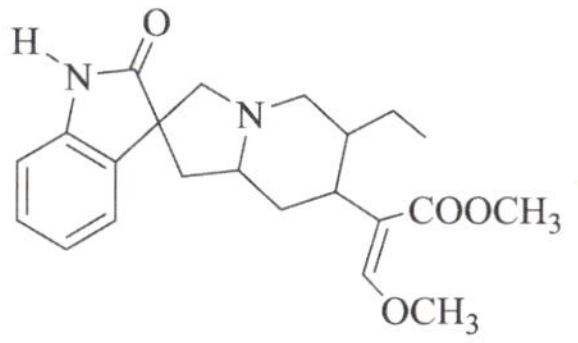

钩藤碱

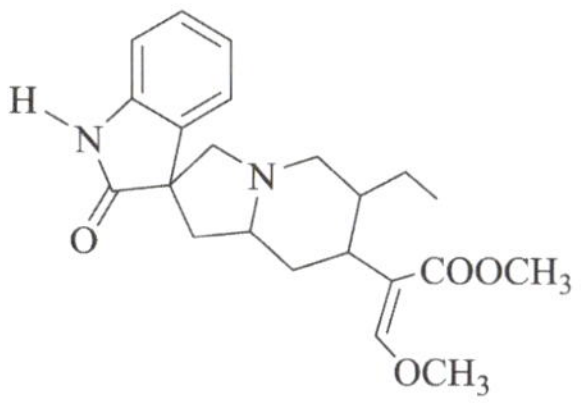

异钩藤碱

【功效与主治】 性甘，凉；能息风定惊，清热平肝；用于肝风内动、惊痫抽搐、高热惊厥、感冒夹惊、小儿惊啼、妊娠子痫、头痛眩晕；用量3～12 g，后下。

【药理作用】 ① 降压：钩藤、钩藤总碱及钩藤碱对麻醉动物、不麻醉动物、正常动物或高血压动物，不论静脉注射或灌胃给药均有降压作用，且无快速耐受现象。钩藤碱对自发性高血压大鼠、肾性高血压大鼠具有降压作用。

② 抗氧化应激：钩藤生物碱可通过抑制氧化应激达到对神经细胞的保护作用。

③ 降脂：钩藤水煎剂可明显抑制高脂饲料肥胖大鼠的体质量增加，降低血清丙二醛、胰岛素水平并增加总抗氧化能力，其作用机制可能是通过中枢性食欲抑制作用而实现的。

④ 其他：其对小鼠有明显的镇静作用且无催眠作用。钩藤碱能抑制催产素所致的大鼠离体子宫收缩。其煎剂能够短时间降低离体回肠肌的张力，同时很快使收缩幅度显著增大。钩藤碱具有显著抑制血小板聚集和抗血栓作用。

栀子 Gardeniae Fructus

本品为茜草科植物栀子 *Gardenia jasminoides* Ellis 的干燥果实。主产于湖南、湖北、江西、浙江等地，以湖南产量大，浙江产的质量佳。果实成熟呈红黄色时采收，除去果梗和杂质，蒸至上气或置沸水中略烫，取出，干燥。果实呈长卵圆形或椭圆形，长1.5～3.5 cm，直径1～1.5 cm。表面红黄色或棕红色，具5～8条翅状纵棱，棱间常有1条明显的纵脉纹，并有分枝。顶端残存萼片，基部稍尖，有残留果梗。果皮薄而脆，略有光泽；内表面色较浅，有光泽，具2～3条隆起的假隔膜。种子多数，扁卵圆形，集结成团，深红色或红黄色，表面密具细小疣状突起。气微，味微酸而苦。含多种环烯醚萜苷类成分，主要为栀子苷（gardenoside）、去羟栀子苷、京尼平-1-β-龙胆双糖苷、鸡矢藤次苷甲酯（scandoside methyl ester）、栀子新苷等；另含番红花苷、番红花酸、熊果酸等。

【理化鉴定】 薄层色谱　硅胶G薄层，喷以10%硫酸乙醇溶液，在110 ℃加热至斑点显色清晰。供试品色谱中，在与对照药材色谱和栀子苷（京尼平苷）对照品色谱相应的位置上显相同颜色的斑点。

本品性寒，味苦；能泻火除烦，清热利湿，凉血解毒，外用消肿止痛；用于热病心烦、湿热黄疸、淋证涩痛、血热吐衄、目赤肿痛、火毒疮疡，外治扭挫伤痛；用量6～10 g。外用生品适量,研末调敷。药理研究表明,本品对黄疸型肝炎及各种化学物质造成的肝损害均有较好的治疗作用,但大剂量栀子及其有效成分对肝有一定毒性;栀子苷、番红花苷及番红花酸均能使大鼠和兔的胆汁分泌量增加;其乙醇提取物有较好的抗炎作用,对实验性软组织损伤有明显的治疗效果,同时可显著抑制醋酸诱发的毛细血管通透性增加;其水煎液对中枢神经系统有镇静、催眠、降温和镇痛作用,作用持久强烈,持续时间长。

37. 忍冬科(Caprifoliaceae)

$⚥ * \uparrow K_{(4\sim5)} C_{(4\sim5)} A_{4\sim5} \overline{G}_{(2\sim5:1\sim5:1\sim\infty)}$

[**形态特征**] 灌木,稀为小乔木或藤本;多单叶,对生,稀羽状复叶,通常无托叶;花两性,辐射对称或左右对称;花冠管状,多5裂,有时二唇形;雄蕊与花冠裂片同数,贴生花冠上;聚伞花序或再组成各种花序;子房下位。浆果、核果或蒴果,种子1至多数。

[**分布**] 13属,约500种;分布于北温带地区和热带海拔山地。我国有12属,200余种;广布于全国;已知药用的有9属,106种。

[**显微特征**] 花具草酸钙簇晶,厚壁非腺毛,腺毛头由数十个细胞组成,柄由1~7个细胞组成。

[**染色体**] X=8,9,18。

[**化学成分**] ① 有机酸,如绿原酸、异绿原酸、咖啡酸、棕榈酸、肉豆蔻酸、绿原酸四乙酰化合物;② 挥发油,如酸类化合物、醇类化合物、酮类化合物、萜类化合物(主要为单萜和倍半萜类)、醛类化合物、烷烃化合物;③ 黄酮类,如木犀草素、忍冬苷等。还有三萜皂苷类化合物、裂环环烯醚萜类化合物、无机元素等。

[**药用植物与生药代表**]

金银花* Lonicerae Flos (英) Honeysuckle Flower

图 14-140 忍冬

【基原】 本品为忍冬科植物忍冬 *Lonicera japonica* Thunb.的干燥花蕾。

【植物形态】 半常绿木质藤本。老枝棕褐色,幼枝绿色,密被柔毛。叶对生,卵形或长卵形。花成对腋生,花梗及花均有短柔毛;苞片叶状,卵形;花萼5齿裂;花冠外被柔毛和腺毛;花冠筒细长,上唇四浅裂,下唇狭而不裂;雄蕊5枚,伸出花冠外。花冠初开时白色,2~3天后变为黄色。浆果球形,黑色。花期4—6月,果期8—10月(图14-140)。

【产地】 忍冬主产于山东、河南,多为栽培,以河南密县产者为最佳,称"密银花"。山东产的"东银花""济银花"产量大,质量较好。

【采制】 5—6月在晴天早晨露水刚干时,采摘花蕾,薄摊在席上晾晒,忌在烈日下暴晒,在晾晒过程中忌用手直接翻动,否则易变黑。

【性状】 呈棒状,上粗下细,略弯曲,长2~3 cm,上部直径约3 mm,下部直径约1.5 mm。表面黄白色或绿白色,久贮色渐深,密被短柔毛,偶见叶状苞片。花萼绿色,先端5裂,裂片有毛,长约2 mm。开放者花冠筒状,先端二唇形。雄蕊5枚,花丝着生在冠筒口壁上,黄色。雌蕊 1 枚,子房无毛。气清香,味淡、微苦(图 14-141)。

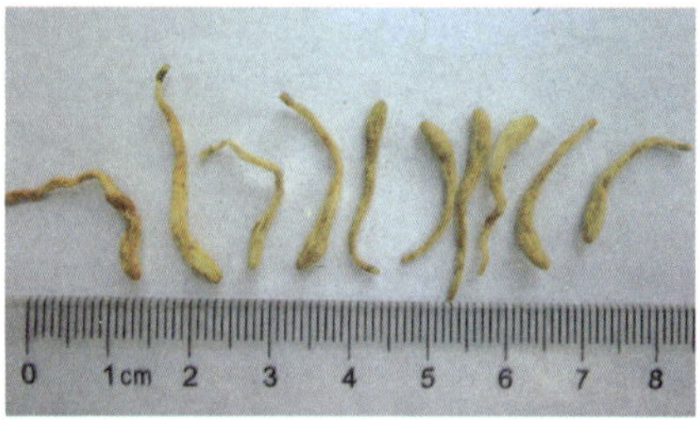

图 14-141　金银花

【显微特征】粉末　浅黄棕色或黄绿色。① 两种类型腺毛:一种头部倒圆锥形,顶端平坦,侧面观 10 ~ 33 个细胞,排成 2 ~ 4 层,直径 40~108 μm,有的细胞含淡黄色物,柄部 1~5 个细胞,长 70~700 μm;另一种较短小,头部类圆形或略扁圆形,侧面观 4~20 个细胞,直径 24~80 μm,柄 2~4 个细胞,长 24~80 μm。② 两种类型非腺毛:一种长而弯曲,壁薄,有微细疣状突起;另一种非腺毛,壁稍厚 5~10 μm,长 45~900 μm,直径 14~37 μm,具壁疣,有的具角质螺纹。③ 花粉粒众多,黄色,球形,直径 60~70 μm,外壁具细密短刺及细颗粒状雕纹,萌发孔 3 个。④ 薄壁细胞中含细小草酸钙簇晶,直径 6 ~ 45 μm(图 14-142)。

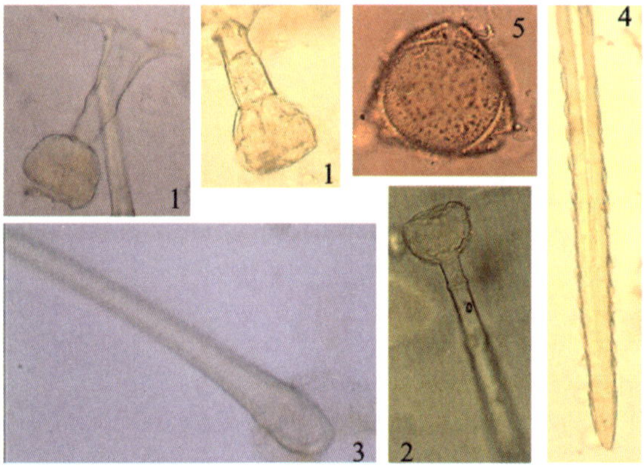

图 14-142　金银花粉末组织特征图

1、2. 腺毛; 3. 薄壁非腺毛; 4. 厚壁非腺毛; 5. 花粉粒。

【化学成分】含绿原酸(chlorogenic acid)、3,5-二咖啡酰奎宁酸(3,4-dicaffeoyl quinic acid)、4,5-二咖啡酰奎宁酸(4,5-dicaffeoyl quinic acid)等苯丙素类化合物;木犀草素(luteolin)、木犀草苷(luteoloside)等黄酮类化合物;并含挥发油,油中主要含棕榈酸(palmitic acid)、芳樟醇(linalool)、双花醇等;还含有三萜及三萜皂苷。绿原酸为金银花的抗菌、抗病毒、抗炎有效成分。

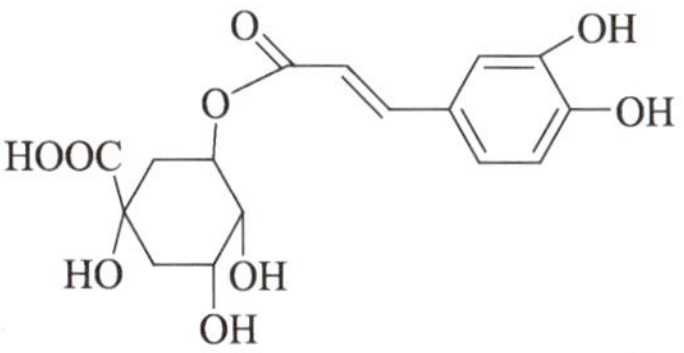

绿原酸

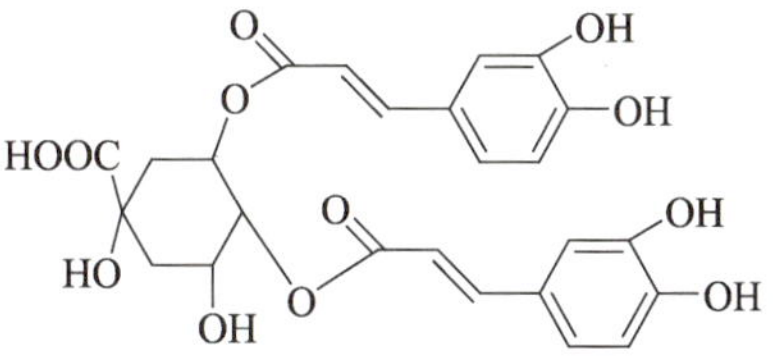

4,5-二咖啡酰奎宁酸

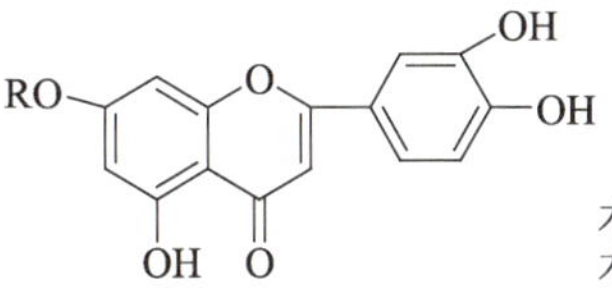

	R
木犀草素	H
木犀草苷	glc

【理化鉴别】薄层色谱　硅胶 H 薄层,置紫外光灯(365nm)下检视。供试品色谱中,在与绿原酸对照品色谱相应的位置上显相同颜色的荧光斑点。

特征图谱　采用高效液相色谱法测定,供试品特征图谱中应呈现 7 个特征峰,与参照物峰相应的峰为 S 峰,计算各特征峰与 S 峰的相对保留时间,应在规定值的±10%之内。

含量测定　采用高效液相色谱法测定,本品按干燥品计算,含绿原酸($C_{16}H_{18}O_9$)不得少于 1.5%;含酚酸类以绿原酸($C_{16}H_{18}O_9$)、3,5-二咖啡酰奎宁酸($C_{25}H_{24}O_{12}$)和 4,5-二咖啡酰奎宁酸($C_{25}H_{24}O_{12}$)的总量计,不得少于 3.8%;含木犀草苷($C_{21}H_{20}O_{11}$)不得少于 0.050%。

【功效与主治】本品性寒,味甘;能清热解毒,疏散风热;用于痈肿疔疮、喉痹、丹毒、热毒血痢、风热感冒、温病发热。

【药理作用】① 抗菌、抗病毒作用。金银花煎剂及醇浸液对金黄色葡萄球菌、白色葡萄球菌、肺炎杆菌等多种革兰阳性和阴性菌均有一定的抑制作用。金银花煎剂对流感病毒、埃可病毒、疱疹病毒均有抑制作用。

② 抗内毒素作用。静注金银花蒸馏液,对绿脓杆菌内毒素中毒的家兔有治疗作用,能改善由内毒素引起的白细胞减少和体温降低。

③ 抗炎作用。腹腔注射金银花提取液,能抑制角叉菜胶所致的大鼠足趾肿胀,对大鼠巴豆油肉芽囊肿的炎性渗出和肉芽组织形成有明显的抑制作用。

【附注】忍冬藤 Cinnamomi Ramulus　本品为忍冬科植物忍冬(*Lonicera japonica* Thunb.)的干燥茎枝。常卷扎成把,呈长圆柱形,多分枝,直径 1.5~6 mm,节明显,节部有对生叶或叶脱落后的痕迹及分枝。表面棕红色至暗棕色,有的灰绿色,光滑或被茸毛;老茎外皮易成卷剥落而露出灰白内皮,枝上多节,节间长 6~9 cm,剥落的外皮常可见撕裂成纤维状。质脆,断面纤维性,黄白色,中空。叶多卷曲,破碎不全,黄绿色至棕绿色,两面均被短柔毛。无臭,老枝味微苦,嫩枝味淡。以枝条均匀、带红色外皮、嫩枝稍有毛、质嫩带叶者为佳。性寒,味甘;能清热解毒,疏风通络。

38. 葫芦科(Cucurbitaceae)

$♂*\uparrow K_{(5)}C_{(5)}A_5$;$♀*K_{(5)}C_{(5)}\overline{G}_{(3:1:\infty)}$

[形态特征] 草质藤本。具卷须;多为单叶,互生。花单性,同株或异株;花萼及花冠 5 裂;雄花中雄蕊 5 枚;雌花子房下位,3 枚心皮 1 室,侧膜胎座;花柱 1 条,柱头膨大,3 裂。瓠果,稀为蒴果。种子常扁平。

[分布] 113 属,约 800 种;大多分布于热带和亚热带。我国有 32 属,154 种,35 个变种;南北均有分布,但多分布于西南部和南部;其中有些栽培供食用或药用。

[显微特征] 茎具双韧维管束、草酸钙结晶、石细胞。

[染色体] $X=8\sim14$。

[化学成分] 本科的特征性成分是四环三萜葫芦烷(cucurbiane)型化合物,如葫芦素(cucurbitacines)、雪胆甲素(25-acetate dihydrocucurbitacin F Ⅰ)、雪胆乙素(dihydrocucurbitacin F Ⅱ)。还含有天花粉蛋白、南瓜子氨酸(cucurbitine)等。

[药用植物与生药代表]

天花粉* Trichosanthis Radix　(英)Mongolia Snakegourd Root

【基原】为葫芦科植物栝楼 *Trichosanthes kirilowii* Maxim.或双边栝楼 *Trichosanthes rosthornii* Harms 的干燥根。

【植物形态】多年生草质藤本,块根圆柱状,粗大肥厚,淡黄褐色。叶互生,宽卵状心形或扁心形,常 3~5 浅裂至深裂;卷须 2~7 分枝。花单性,雌雄异株。雌花单生于叶腋,果实圆形或长圆形，成熟后橘黄色，有光泽；种子浅棕色，卵状椭圆形，近边缘处具一圈棱线（图 14-143）。双边栝楼与栝楼的主要区别是叶常 5 深裂，中部裂片 3 枚，条形或倒披针形。种子深棕色。

【产地】 栝楼主产于山东、河南、河北、江苏、安徽等省，双边栝楼主产于四川省。两种均为栽培种。

【采制】 秋、冬二季采挖，洗去泥土，刮去粗皮，切成段、块片或纵剖成瓣，晒干或烘干。

【性状】 呈不规则圆柱形、纺锤形或瓣块状，表面黄白色或淡棕黄色，有纵皱纹、细根痕及略凹陷的横长皮孔，有的有黄棕色外皮残留。质坚实，断面白色或黄白色，富粉性。横切面可见黄色小孔（导管），略呈放射状排列；纵切面可见黄色条纹（木质部）。气微，味微苦。以色白、质坚实、粉性足者为佳（图 14-144）。

图 14-143　栝楼

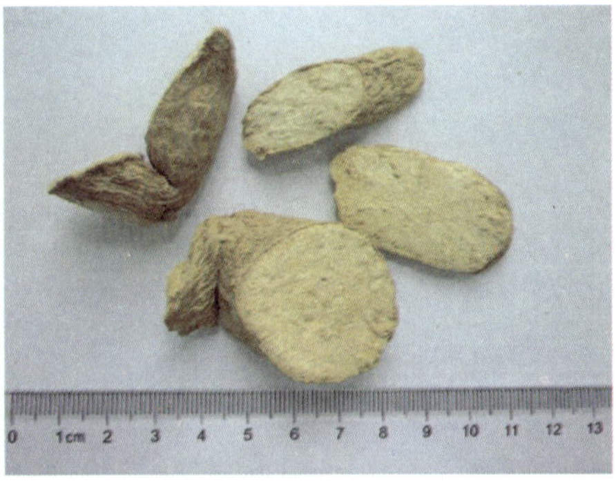

图 14-144　天花粉饮片

【显微特征】 横切面　① 木栓层内侧有断续排列的石细胞环。② 韧皮部狭窄。③ 木质部甚宽广，导管 3~5(10) 成群，也有单个散在，初生木质部导管附近常有小片内涵韧皮部。薄壁细胞内富含淀粉粒。

粉末　类白色。① 石细胞黄绿色，长方形、椭圆形、类方形、多角形或纺锤形，壁较厚，纹孔细密。② 具缘纹孔导管大，多破碎，有的具缘纹孔呈六角形或方形，排列紧密。③ 淀粉粒甚多，单粒类球形、半圆形或盔帽形，脐点点状、短缝状或“人”字状，层纹隐约可见；复粒由 2~8 个分粒组成。④ 木纤维多为纤维管胞，较粗，具缘纹孔较稀疏，纹孔口斜裂缝状（图 14-145）。

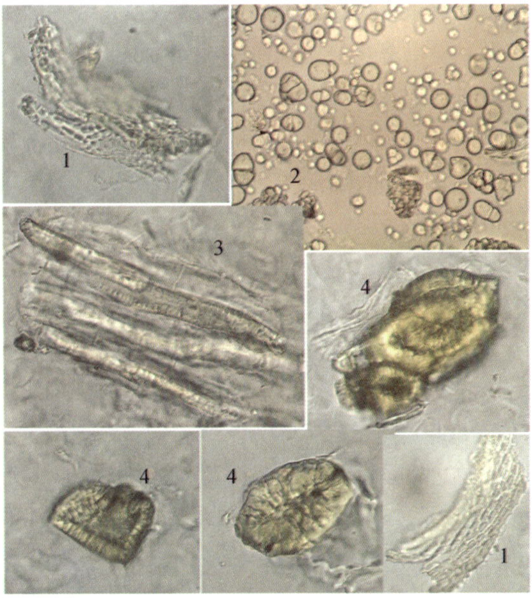

图 14-145　天花粉粉末组织特征图

1. 具缘纹孔导管；2. 淀粉粒；3. 纤维；4. 石细胞。

【化学成分】 主要含有天花粉蛋白（trichosanthin），精氨酸、谷氨酸、丙氨酸等多种氨基酸,α-菠甾醇、β-谷甾醇、豆甾醇等多种甾醇,栝楼酸(trichosantic acid)、胆碱等,皂苷含量约1%。

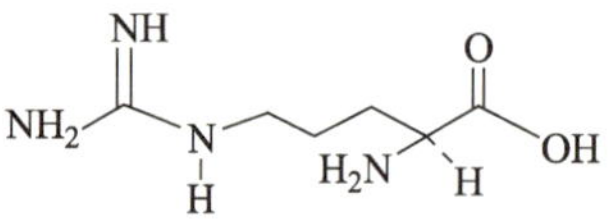
精氨酸

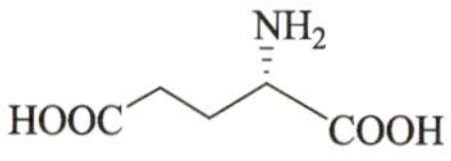
谷氨酸

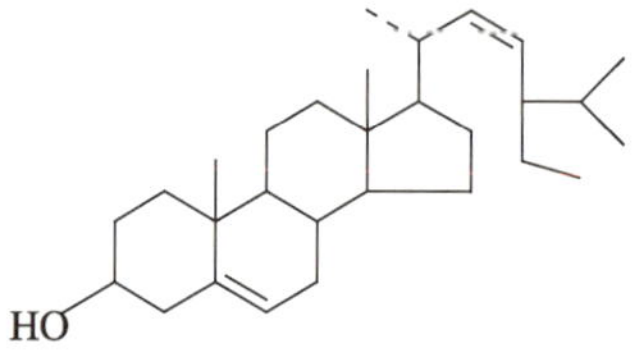
豆甾醇

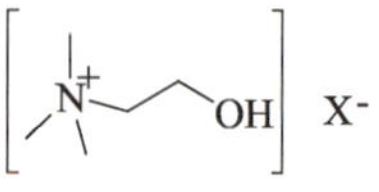
胆碱

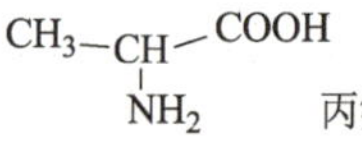
丙氨酸

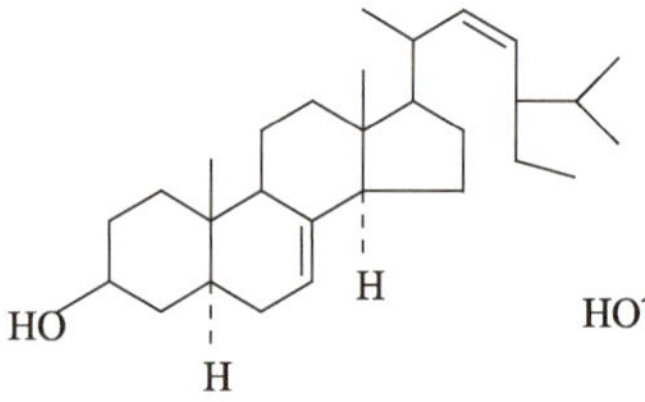
α-菠甾醇

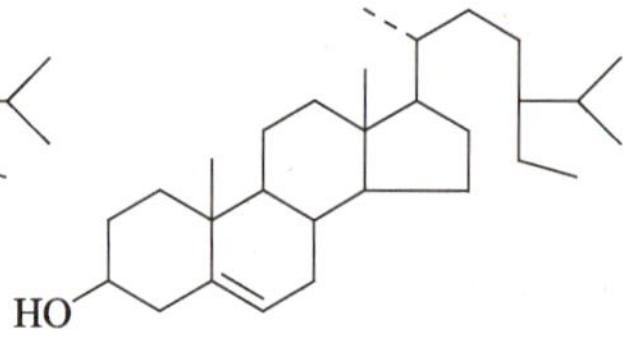
β-谷甾醇

将新鲜天花粉根中的蛋白质制成针剂,用于中期妊娠引产,对恶性葡萄胎和绒癌有效。另有抗艾滋病活性。栝楼多糖具有降血糖作用。

【理化鉴别】 薄层色谱 硅胶G薄层,喷以茚三酮试液,在105 ℃条件下加热至斑点显色清晰。供试品色谱中,在与对照药材色谱和对照品色谱相应的位置上显相同颜色的斑点。

【浸出物】 按照水溶性浸出物测定法(《中国药典》通则2201)项下的冷浸法测定,不得少于15.0%。

【功效与主治】 性微寒,味甘、微苦;能清热泻火,生津止渴,消肿排脓;用于热病烦渴、肺热咳嗽、内热消渴、疮疡肿毒。新鲜天花粉中的蛋白质制成针剂,临床用于中期妊娠引产。用量10~15 g。不宜与乌头类药材同用。

【药理作用】 ① 引产和抗早孕作用。能使绒毛膜上皮细胞变性、坏死,促使胎盘激素下降和胎儿死亡。

② 抗肿瘤作用。其粗提物对葡萄胎和恶性葡萄胎有很好的疗效。

③ 抗菌作用。其煎剂对肺炎球菌、溶血性链球菌、白喉杆菌等有抑制作用。

瓜蒌 Trichosanthis Fructus

本品为葫芦科植物栝楼 *Trichosanthes kirilowii* Maxim.或双边栝楼 *T. rosthornii* Harms的干燥成熟果实。秋季果实成熟时,连果梗剪下,置通风处阴干。果实呈类球形或宽椭圆形,长7~15 cm,直径6~10 cm。表面橙红色或橙黄色,皱缩或较光滑,顶端有圆形的花柱残基,基部略尖,具残存的果梗。轻重不一。质脆,易破开,内表面黄白色,有红黄色丝络,果瓤橙黄色,黏稠,与多数种子黏结成团。具焦糖气,味微酸、甜,含三萜皂苷、有机酸及其盐类、树脂、糖类及色素等。本品性寒,味甘、微苦;能清热涤痰,宽胸散结,润燥滑肠;用于肺热咳嗽、痰浊黄稠、胸痹心痛、结胸痞满、乳痈、肺痈、肠痈肿痛、大便秘结;用量 9~15 g。不宜与乌头类药材同用。

绞股蓝 ***Gynostemma pentaphyllum*** **(Thunb) Makino**　草质藤本。卷须 2 叉,着生于叶腋;叶鸟足状复叶,有 5~7 片小叶,具柔毛。雌雄异株;雌雄花序均为圆锥状;花小,花萼、花冠均 5 裂;雄蕊 5 枚;子房 2 枚,常 3 室,稀为 2 室。瓠果球形,大如豆,成熟时为黑色。分布于陕西南部及长江以南各省区,生于林下、沟边。全草有清热解毒、止咳祛痰之功效。本种含有多种人参皂苷类成分,具有类似人参的功能。

罗汉果 ***Siraitia grosvenorii*** **(Swingle) C. Jeffrey ex A. M. Lu et Z. Y. Zhang**　攀缘草本;根多年生,肥大,纺锤形或近球形;茎枝稍粗壮,有棱,初被黄褐色柔毛和黑色疣状腺鳞,后近无毛。叶片膜质,卵心形,卷须粗壮,初时被毛,后近无毛,雌雄异株。雄花序总状,花萼筒宽钟状,花冠黄色,被黑色腺点。雌花或 2~5 朵集生于 6~8 cm 长的总梗顶端,总梗粗壮;花萼和花冠比雄花大;果实球形或长圆形,初密生黄褐色茸毛和混生黑色腺鳞,后脱落只剩果梗处残存一圈茸毛,果皮较薄,干燥后脆而易碎。种子多数,淡黄色,近圆形或阔卵形,扁平状,分布于广东、海南、广西及江西。果实(药材名:罗汉果)为止咳化痰药,有清热凉血、润肺止咳、润肠通便之功效。

39. 桔梗科(Campanulaceae)

$⚥ * \uparrow K_{(5)}C_{(5)}A_5\overline{G}\overline{\underline{G}}_{(2\sim5:2\sim5:\infty)}$

[**形态特征**] 草本,常具乳汁;单叶互生,稀为对生或轮生,全缘或稀分裂,无托叶。花两性,单生或集成聚伞、总状、圆锥花序;萼常 5 裂,宿存;花冠钟状或管状,先端 5 裂;雄蕊 5 枚,与花冠裂片互生,着生于花冠基部或花盘上,花丝分离,花药聚成管状或分离;子房下位或半下位,2~5 枚心皮合生 2~5 室,中轴胎座,胚珠多枚。蒴果,稀浆果。种子扁平,小型,有时有翅。

[**分布**] 60~70 属,约 2 000 种,主要分布于温带和亚热带,少数见于热带地区。我国有 16 属,约 170 种,各地均有分布;已知药用的有 13 属,111 种。

[**染色体**] $X=6\sim17$。

[**显微特征**] 有乳汁管,部分含有菊糖。

[**化学成分**] ① 皂苷类,如桔梗皂苷(platycodin)。② 生物碱类,如山梗菜碱(lobeline)、党参碱(codonopsine)、洛贝林(lobeline)。③ 多糖类,如党参多糖(codonopsis pilosula polysaccharides)。

[**药用植物与生药代表**]

桔梗* Platycodonis Radix　(英) Platycodon Root

【基原】为桔梗科植物桔梗 *Platycodon grandiflorum* (Jacq.) A.DC.的干燥根。

【植物形态】多年生草本,有白色乳汁。茎直立,无毛。茎下部及中部叶对生或 3~4 枚轮生,上部叶互生,卵形或披针形,边缘有锐锯齿。花萼钟状,裂片 5 枚;花冠宽钟状,蓝紫色,5 浅裂;雄蕊 5 枚;花单生茎顶或集成总状花序;子房下位,花柱 5 裂。蒴果倒卵圆

图 14-146　桔梗

形,成熟时先端5瓣裂,具宿萼(图14-146)。

【产地】 全国大部分地区均产,以东北、华北产量较大,华东地区质量较好,称"南桔梗",尤以安徽产者质量最佳。

【采制】 春、秋两季采挖,去净泥土、须根,趁鲜刮去外皮或不去外皮,晒干。

【性状】 呈圆柱形或长纺锤形,下部渐细,有的有分枝,略扭曲,表面白色或淡黄白色,不去外皮者表面黄棕色至灰棕色,具有不规则扭曲纵向皱沟,并有横向皮孔样的斑痕及支根痕,上部有横纹。顶端有较短的根茎("芦头"),其上有数个半月形的茎痕。质脆,易折断,断面可见放射状裂隙,皮部类白色,形成层环棕色,木部淡黄白色。无臭,味微甜后苦。以根肥大、色白、质坚实、味苦者为佳(图14-147)。

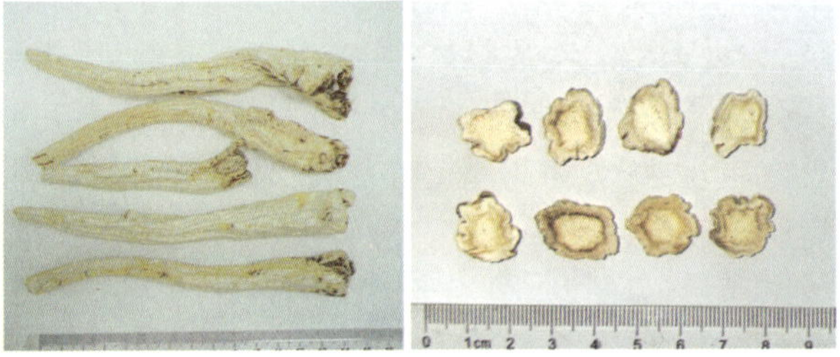

图 14-147　桔梗药材(左)与饮片(右)

【显微特征】 根横切面　① 木栓细胞多列,黄棕色(药材多已除去)。② 皮层窄,常见裂隙。③ 韧皮部宽广,乳管群散在,内含微细颗粒状黄棕色物。④ 形成层成环。⑤ 木质部导管单个散在或数个相聚,呈放射状排列。⑥ 薄壁细胞含菊糖,呈扇形或类圆形的结晶(图14-148)。

粉末　黄白色。① 略呈方形排列较紧密的木薄壁细胞。② 乳汁管常互相连接。③ 具梯纹、网纹导管,少有具缘纹孔导管。④ 菊糖众多(稀甘油装片),呈扇形或类圆形的结晶(图14-149)。

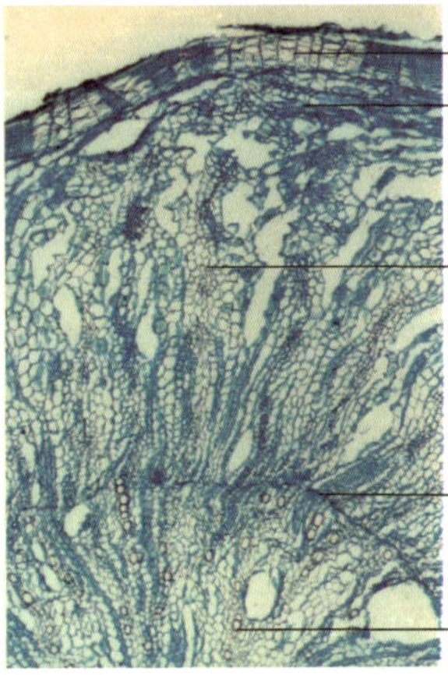

图 14-148　桔梗根横切面组织构造

1. 木栓层; 2. 皮层; 3. 韧皮射线; 4. 形成层; 5. 木质部。

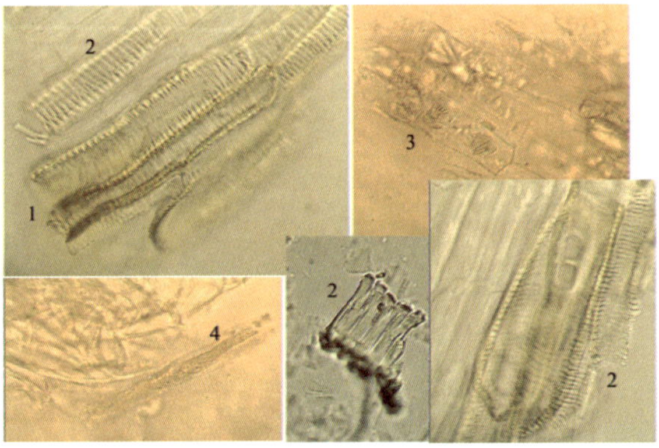

图 14-149　桔梗根粉末组织特征图

1. 网纹导管; 2. 梯纹导管; 3. 菊糖; 4. 乳汁管。

【化学成分】含有多种皂苷，如桔梗皂苷（platycodoside）A、C、D 等，水解生成桔梗皂苷元（platycodigenin）、远志酸（polygalacic acid）及桔梗酸（platycodigenic acid）A、B、C，还含有 α-菠甾醇、α-菠甾醇-β-D-葡萄糖苷等甾醇。

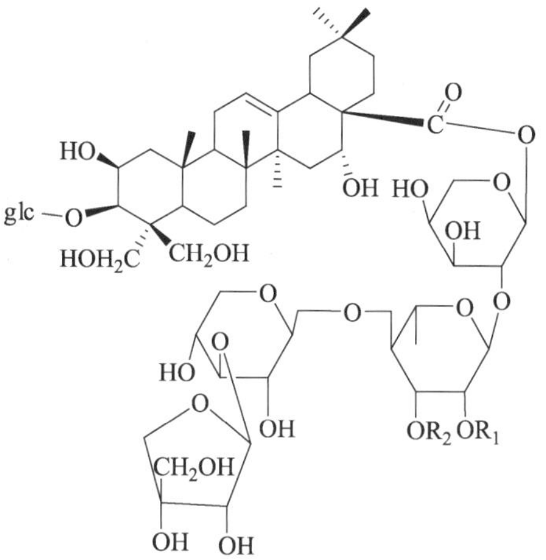

	R_1	R_2
桔梗皂苷A	$COCH_3$	H
桔梗皂苷C	H	$COCH_3$
桔梗皂苷D	H	H

【理化鉴别】薄层色谱　硅胶 G 薄层，喷以 10%硫酸乙醇溶液，在 105 ℃加热至斑点显色清晰。供试品色谱中，在与对照药材色谱相应的位置上显相同颜色的斑点。

含量测定　采用高效液相色谱法测定，含桔梗皂苷 D（$C_{57}H_{92}O_{28}$）不得少于 0.10%。

【功效与主治】性平，味苦、辛；可宣肺，利咽，祛痰，排脓；用于咳嗽痰多、胸闷不畅、咽痛音哑、肺痈吐脓；用量 3～10 g。

【药理作用】① 镇咳与祛痰作用。其煎剂能显著增加呼吸道黏液分泌量，有明显的祛痰作用。其作用机制主要是所含的皂苷口服时刺激胃黏膜，反射性引起呼吸道分泌亢进，从而增加支气管黏膜分泌，使痰液稀释而被排出。

② 抗炎、抗溃疡作用。灌胃给药对大鼠醋酸所致的慢性溃疡有明显的治疗效果。

③ 扩张血管、降血压、降血糖、降胆固醇等作用。其水或乙醇提取物可降低血糖，皂苷能降低肝内胆固醇含量及增加类固醇和没食子酸的分泌，对胆固醇代谢也有影响。

④ 中枢抑制作用。具有镇静、镇痛及解热等中枢抑制作用。

⑤ 抗肿瘤与免疫调节作用。通过潜在效应细胞，如巨噬细胞实现抗肿瘤和免疫调节活性。

党参* Codonopsis Radix　（英）Pilose Asiabell Root

【基原】本品为桔梗科植物党参 *Codonopsis pilosula*（Franch.）Nannf.、素花党参 *C. pilosula* Nannf. var. *modesta*（Nannf.）L. T. Shen 或川党参 *C. tangshen* Oliv.的干燥根。

【植物形态】党参　多年生缠绕草质藤本，具白色乳汁。根肉质、圆柱状，具多数瘤状茎痕，常在中部分枝。叶互生，常卵形，两面有或疏或密地贴伏的毛，少无毛。花单生于枝端；花 5 数，裂片狭矩圆形；花冠淡绿色，略带紫晕，阔钟状；子房半下位，3 室。果 3 瓣裂（图 14-150）。

素花党参　党参的变种，主要区别在于本变种全株近乎光滑无毛，花萼裂片较小。

川党参　除叶片两面密被微柔毛，全株近乎光滑无毛。

图 14-150　党参

【产地】 按产地分为东党、潞党和白条党。东党主产于东北各地,为野生品;潞党主产于山西长治市平顺县、壶关县、黎城县及晋城市陵川县等地,为栽培品;白条党主产于甘肃定西市渭源县、陇西县、临洮县周边地区。素花党参又称为西党、纹党,主产于甘肃文县、武都,四川松潘、南坪等地;川党参为板桥党或条党,主产于四川南坪、湖北恩施及其与陕西接壤地区。

【采制】 秋季采挖,洗净,晒干。

【性状】 党参的根　呈长圆柱形,稍弯曲,长 10~35 cm,直径 0.4~2 cm。表面黄棕色至灰棕色,根头部有多数疣状突起的茎痕及芽,每个茎痕的顶端呈凹下的圆点状;根头下有致密的环状横纹,向下渐稀疏,有的达全长的一半,栽培品环状横纹少或无;全体有纵皱纹和散在的横长皮孔样突起,支根断落处常有黑褐色胶状物。质稍硬或略带韧性,断面稍平坦,有裂隙或放射状纹理,皮部淡黄白色至淡棕色,木部淡黄色。有特殊香气,味微甜。

素花党参的根　长 10~35 cm,直径 0.5~2.5 cm。表面黄白色至灰黄色,根头下致密的环状横纹常达全长的一半以上。断面裂隙较多,皮部灰白色至淡棕色。

川党参的根　长 10~45 cm,直径 0.5~2 cm。表面灰黄色至黄棕色,有明显不规则的纵沟。质较软而结实,断面裂隙较少,皮部黄白色(图 14-151)。

图 14-151　党参药材(左)与饮片(右)

【显微特征】 根横切面　① 木栓细胞数列至十数列,外侧有石细胞,单个或成群。② 栓内层窄。③ 韧皮部宽广,外侧常现裂隙,散有淡黄色乳汁管群,并常与筛管群交互排列。④ 形成层成环明显。⑤ 木质部导管单个散在或数个相聚,呈放射状排列。薄壁细胞含菊糖(图 14-152)。

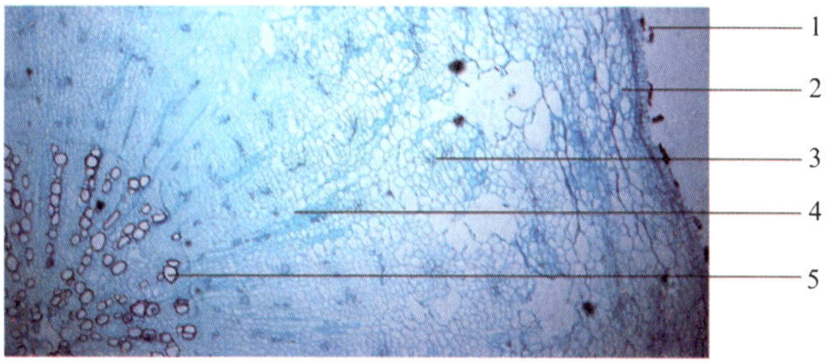

图 14-152　党参根横切面组织构造

1. 木栓细胞; 2. 皮层; 3. 韧皮部; 4. 形成层; 5. 木质部。

粉末　淡黄色。① 网纹导管大且多见。② 有节乳汁管碎片多,含淡黄色圆球形颗粒状物。③ 木栓细胞类多角形,垂周壁薄,微弯曲。④ 具有小型圆球状淀粉粒。⑤ 菊糖呈扇形结晶,表面具放射状纹理。⑥ 石细胞呈方形、长方形或多角形(图 14-153)。

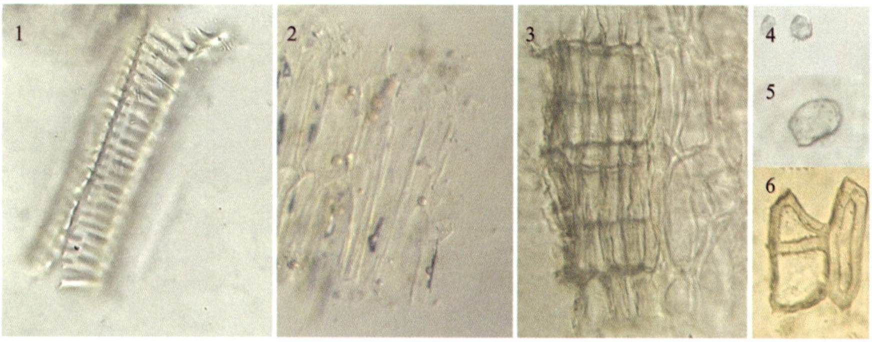

图 14-153　党参粉末组织特征图

1. 网纹导管; 2. 乳汁管; 3. 木栓细胞; 4. 淀粉粒; 5. 菊糖; 6. 石细胞。

【化学成分】主要含有糖类、聚炔类、生物碱类、苯丙素类、黄酮类、萜类、皂苷类、有机酸和氨基酸类等成分,如腺苷、色氨酸、紫丁香苷、绿原酸、党参苷Ⅰ、党参炔苷和白术内酯Ⅲ等。

【理化鉴别】薄层色谱　硅胶 G 薄层,喷以 10%硫酸乙醇溶液,在 100 ℃加热至斑点显色清晰,分别置日光和紫外光灯(365 nm)下检视。供试品色谱中,在与党参炔苷对照品色谱相应的位置上显相同颜色的斑点或荧光斑点。

【浸出物】采用醇溶性浸出物测定法和热浸法,用 45%乙醇作溶剂,不得少于 55.0%。

【功效与主治】性平,味甘;能健脾益肺,养血生津;用于脾肺气虚、食少倦怠、咳嗽虚喘、气血不足、面色萎黄、心悸气短、津伤口渴、内热消渴;用量 9~30 g。不宜与藜芦同用。

【药理作用】① 增强免疫系统作用。党参多糖可促进巨噬细胞增殖,对特异性和非特异性免疫均能发挥调节作用。

② 改善消化功能作用。党参的水提物可以改善肠道菌群,促进排便。

③ 抗炎作用。党参通过抑制与炎症相关的因子和调节相关的信号通路来实现抗炎作用。

④ 促进造血功能作用。党参多糖能促进脾脏代偿性造血功能。

⑤ 调节心脑血管系统作用。党参水提物可以调节趋化因子、缺氧诱导因子和神经炎症介质的水平,改善慢性脑缺血,还可以提高钙瞬变峰值,治疗心力衰竭。党参醇提物可对血管起到保护作用。

⑥ 抗肿瘤作用。党参对卵巢癌细胞、肺癌细胞等多种癌症细胞有不同程度的抑制作用。其抗肿瘤有效成分为党参皂苷、党参水提物、党参多糖等。

南沙参 Adenophorae Radix

本品为桔梗科植物轮叶沙参 *Adenophora tetraphylla*(Thunb.)Fisch.或沙参 *A. Stricta* Miq.的干燥根。轮叶沙参主产于贵州、河南、黑龙江、内蒙古及江苏,沙参主产于安徽、江苏、浙江。春、秋二季采挖,除去须根,洗后趁鲜刮去粗皮,洗净,干燥。根圆锥形或圆柱形,略弯曲,长 7~27 cm,直径 0.8~3 cm。表面黄白色或淡棕黄色,凹陷处常有残留粗皮,上部多有深陷横纹,呈断续的环状,下部有纵纹和纵沟。顶端具 1 个或 2 个根茎。体轻,质松泡,易折断,断面不平坦,黄白色,多裂隙。气微,味微甘,含三萜皂苷、蒲公英萜酮、饱和脂肪酸及多糖等。本品性微寒,味甘;能养阴清肺,益胃生津,化痰,益气;用于肺热燥咳、阴虚劳嗽、干咳痰黏、胃阴不足、食少呕吐、气阴不足、烦热口干;用量 9~15 g。不宜与藜芦同用。药理研究表明,它可提高机体细胞免疫和非特异性免疫,抑制体液免疫,具有调节免疫平衡的功能;还能提高淋巴细胞转换率。其煎剂具有祛痰作用。沙参多糖具有抗肿瘤、抗辐射、抗氧自由基、抗衰老作用。其水浸剂对皮肤真菌有不同程度的抑制作用,尚有强心作用。注意另有功效相似的北沙参 Glehniae Radix,来源于伞形科植物珊瑚菜 *Glehnia littoralis* Fr. Schmidt ex Miq.的干燥根,产地、加工等均有区别。

40. 菊科(Asteraceae)

$⚥ * \uparrow K_{0,\infty} C_{(3\sim5)} A_{(4\sim5)} \overline{G}_{(2:1:1)}$

[**形态特征**] 草本、灌木或藤本,有的具有乳汁管或树脂道;叶互生,稀为对生或轮生,无托叶。花两性,稀为单性或无性;具舌状或管状花冠,密集成头状花序,外有总苞,单生或排成总状、聚伞状、伞房状或圆锥状花序。有些花具有小苞片,称为托片;花萼退化成冠状毛、鳞片状、刺状或缺;雄蕊 5 枚,稀为 4 枚,花丝分离,贴生于花冠管上,花药合生成筒即聚药雄蕊;子房下位,2 枚心皮 1 室,具 1 枚胚珠,花柱 1 条,柱头 2 裂,顶端有各种附器;果为瘦果,顶端常有刺状、羽状冠毛或鳞片。

[**分布**] 约 1 000 属,25 000~30 000 种,广布于全球,主要产于温带地区。我国有 200 余属,2 000 多种,各地均产;已知药用的有 155 属,778 种。

[**显微特征**] 常具各种腺毛、分泌道、油室;具各种草酸钙结晶体;普遍含有菊糖。

[**染色体**] $X=8\sim29$。

[**化学成分**] 主要含有倍半萜内酯类,如佩兰内酯(euparatin)、地胆草内酯(elephantopin)、斑鸠菊内酯(vernolepin)、青蒿素(arteannuin);黄酮类,如山柰酚(kaempferol)、槲皮素(quercetin)、水飞蓟黄酮(silymaria);生物碱类,如水千里光碱(aquatricine)、野千里光碱(campestnine)、大千里光碱(macrophylline)等,以及喹啉生物碱如蓝刺头碱(ecinopsine);聚炔类,如苍术炔(atractyloclin)、茵陈二炔(capillene)、茵陈素(capillarin);香豆素类,如蒿素香豆素(scoparone)、茵陈酮(capillarisine)。

本科通常分为 2 个亚科，即舌状花亚科（Liguliflorae）和管状花亚科（Tubuliflorae）（表 14-3）。

表 14-3　舌状花亚科和管状花亚科的区别

舌状花亚科	管状花亚科
植物体具乳汁	植物体无乳汁
头状花序全由舌状花组成	头状花序全由管状花组成，或由舌状的边花和管状盘花组成
花柱分枝细长条形，无附器	花柱圆柱状，具附器

［药用植物与生药代表］

（1）管状花亚科（Tubuliflorae）。

青蒿* Artemisae Anuuae Herba　（英）Sweet Wormwood-H. Artemisiae

【基原】为菊科植物黄花蒿 *Artemisia annua* L. 的干燥地上部分。

【植物形态】一年生草本，高 40～150 cm。全株有强烈气味。叶片三回羽状深裂，裂片矩圆状条形或条形，两面均有短柔毛。头状花序多数，黄色，球形，排成总状。花冠先端分裂。瘦果椭圆形（图 14-154）。

图 14-154　黄花蒿

【产地】主产于湖北、浙江、江苏等地。

【采制】秋季花盛开时采割，除去老茎，阴干。

【性状】茎呈圆柱形，上部多分枝，长 30～80 cm，直径 0.2～0.6 cm；表面黄绿色或棕黄色，具纵棱线；质略硬，易折断，断面中部有髓。叶互生，暗绿色或棕绿色，卷缩易碎，完整者展平后为三回羽状深裂，裂片和小裂片矩圆形或长椭圆形，两面被短毛。气香特异，味微苦（图 14-155）。

图 14-155　青蒿药材

【显微特征】叶表面观　① 上下表皮细胞垂周壁波状弯曲，脉脊上的表皮细胞呈窄长方形。② 气孔不定式。③ T 形非腺毛，柄 3～8 个细胞单列，基部柄细胞较大；单个臂细胞呈“丁”字形着生，两臂不等长。④ 腺毛椭圆形，由 2 个半圆形细胞相对排列（图 14-156A）。

叶片中脉横切面　上下表皮可见气孔、T 形毛及 2～3 个细胞单列的腺毛。上下表皮均有栅栏组织（图 14-156B）。

茎横切面　青蒿茎的横切面可见韧皮部和木质部交错呈环状排列。韧皮部在外侧，木质部在内侧,中央有髓(图 14-156C)。

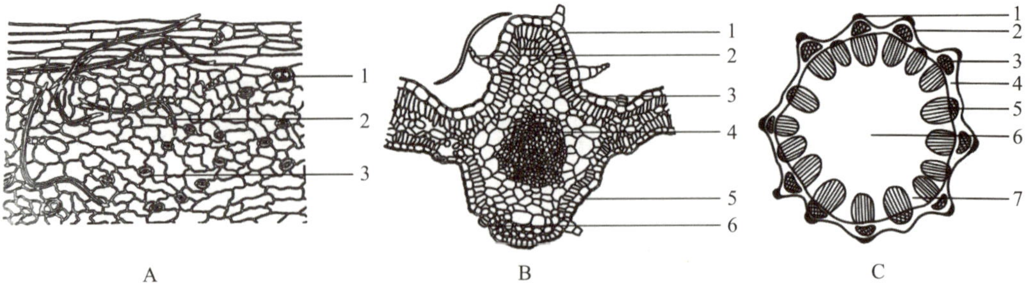

图 14-156　青蒿组织结构

A. 叶表面观：1.腺毛；2.非腺毛；3.气孔。

B. 叶片中脉横切面：1.上表皮细胞；2. 非腺毛顶部；3.栅栏细胞；4. 维管束。

C. 茎横切面：1. 厚角细胞；2. 表皮；3. 韧皮部；4. 形成层；5. 木质部；6. 髓；7. 髓射线。

粉末　黄绿色至黄棕色。① 花苞片细胞长方形,细胞壁微弯,常碎掉。② 花药细胞多已破碎,多角形,壁厚,无色。③ 导管主要为螺纹及具缘纹孔导管。花柱表皮细胞呈短绒毛状,浅棕色至红棕色,多已破碎。④ 花粉粒众多,类球状或椭球状,直径 14~21 μm,具 3 个萌发孔。⑤ 气孔不定式。⑥ 纤维成束或单个散在,直径 6~20 μm,壁厚,胞腔小(图 14-157)。

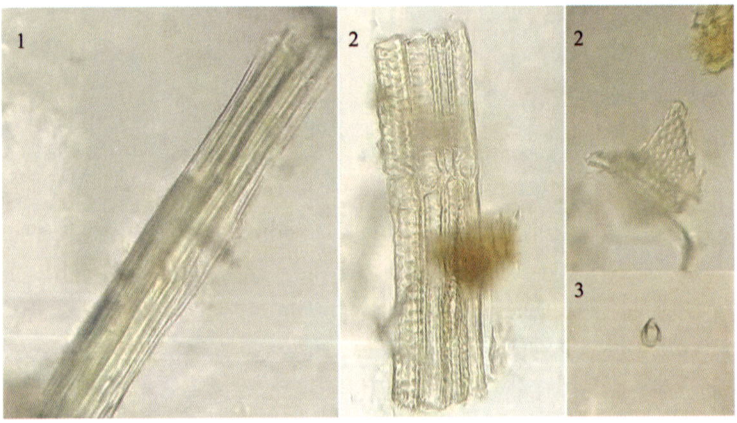

图 14-157　青蒿粉末组织特征图

1. 纤维束；2. 具缘纹孔导管；3. 花粉粒。

【化学成分】含萜类化合物,包括青蒿素(artemisinin)、青蒿甲素(qinghaosu A)、青蒿乙素(qinghaosu B)、青蒿丙素(qinghaosu C)及青蒿酸等倍半萜,蒿酮(artemisia ketone)、异蒿酮(isoartemisia ketone)、桉油精(cineole)、樟脑(camphor)、蒎烯(pinene)、莰烯(camphene)等单萜,以及 β-香树脂醋酸酯等三萜化合物。青蒿素有很好的抗恶性疟疾活性。

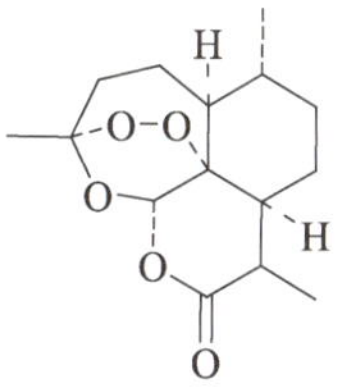
青蒿素

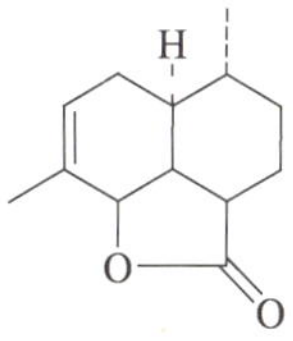
青蒿甲素

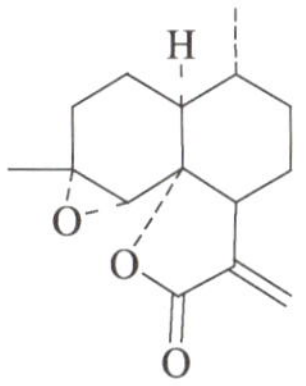
青蒿乙素

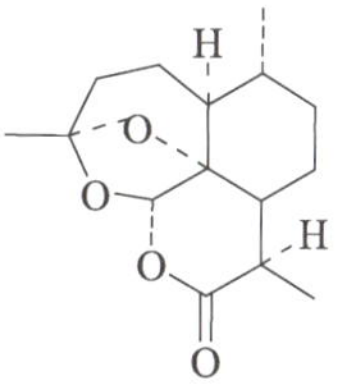
青蒿丙素

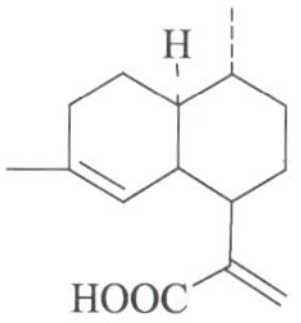
青蒿酸

【理化鉴别】薄层色谱　硅胶 G 薄层，喷以 2%香草醛的 10%硫酸乙醇溶液，在105 ℃加热至斑点显色清晰，置紫外光灯(365 nm)下检视。供试品色谱中，在与青蒿素对照品色谱相应的位置上显相同颜色的荧光斑点。

【浸出物】按照醇溶性浸出物测定法(《中国药典》通则 2201)项下的冷浸法测定，用无水乙醇作溶剂，不得少于 1.9%。

【功效与主治】性寒，味苦、辛；能清虚热，除骨蒸，解暑热，截疟，退黄；用于温邪伤阴、夜热早凉、阴虚发热、骨蒸劳热、暑邪发热、疟疾寒热、湿热黄疸；用量 6~12 g，后下。

【药理作用】① 抗疟作用。可明显抑制恶性疟原虫无性体的生长，有直接杀伤作用。

② 抗血吸虫作用。对血吸虫成虫有明显杀灭作用，对花枝睾吸虫也有较好的杀虫作用。

③ 促进免疫作用。可提高淋巴细胞的转化率，促进机体细胞的免疫作用。

④ 抗病原微生物作用。对表皮葡萄球菌、卡他球菌、炭疽杆菌、白喉杆菌有较强的抑制作用，对金黄色葡萄球菌、铜绿假单胞菌、痢疾杆菌、结核杆菌等也有一定的抑制作用。

⑤ 对心血管系统的作用。能减慢心率、抑制心肌收缩力、降低冠脉流量。

红花* Carthami Flos　(英) Safflower

【基原】菊科植物红花 *Carthamus tinctorius* L.的干燥花。

【植物形态】一年生或两年生草本。叶互生，抱茎，长椭圆形或卵形，叶缘齿端有尖刺，两面无毛。头状花序顶生，排成伞房状；具总苞片数层，外层苞片绿色，卵状披针形，边缘有尖刺，内层苞片白色，膜质，卵状椭圆形；全部由管状花组成，初开时黄色，后变为橙红色。瘦果卵形，白色，稍有光泽(图 14-158)。

图 14-158　红花

图 14-159 红花药材

【产地】主产于新疆、四川、河南、云南,大多为栽培品。

【采制】5—7 月间,花瓣由黄变红时采摘,在通风及微有日光处晾干或阴干。不宜强烈日光暴晒或急火烘烤,以防褪色,降低质量。

【性状】为不带子房的管状花,表面红黄色或红色。花冠筒细长,先端 5 裂,裂片呈狭线形,雄蕊 5 枚,花药聚合成筒状,黄白色。柱头长圆柱形,顶端微分叉。气微香,味微苦(图 14-159)。

【显微特征】粉末 橙黄色。① 柱头表皮细胞分化成圆锥形且尖的单细胞毛。② 长管状分泌细胞单列纵向连接成分泌管,细胞中充满淡黄棕色至红棕色物质。③ 可见花药基部碎片,细胞呈方形排列。④ 导管螺纹、非木化。⑤ 花冠顶端细胞分化成乳头状茸毛。⑥ 花粉粒圆球形或椭圆形,外壁有短刺及疣状雕纹,并有 3 个萌发孔。⑦ 可见草酸钙方晶(图 14-160)。

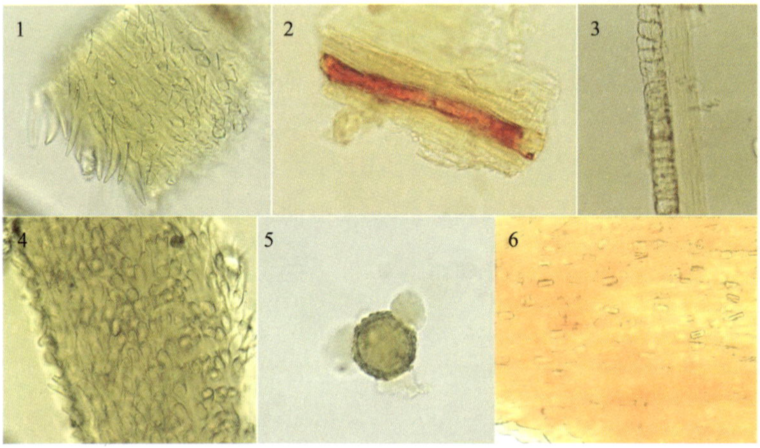

图 14-160 红花粉末组织特征图

1. 花柱碎片; 2. 分泌管; 3. 花药基部碎片; 4. 花冠顶端表皮细胞; 5. 花粉粒; 6. 草酸钙方晶。

【化学成分】含红花苷(carthamin)约 0.3%,新红花苷(neocarthamin)、醌式红花苷(carthamone),红花素(carthamidin)、羟基红花黄色素 A(hydroxysafflor yellow A)及红花黄色素(safflor yellow)A、B、C,山奈素(kaempferide)、槲皮素、芸香苷等黄酮,红花多糖,以及棕榈酸、月桂酸、肉豆蔻酸等有机酸。当红花在开花初期时,由于花中主要含无色的新红花苷及微量的红花苷,花冠呈淡黄色;开花中期由于花中主要含的是红花苷,花冠为深黄色;开花后期红花苷氧化变成红色的醌式红花苷,花冠呈红色。

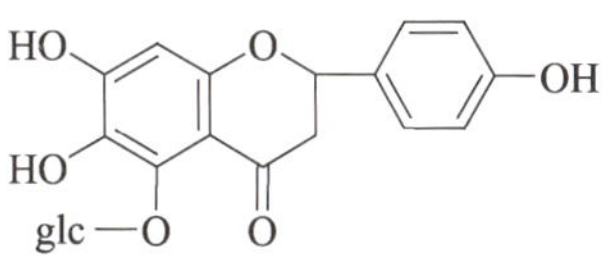

新红花苷

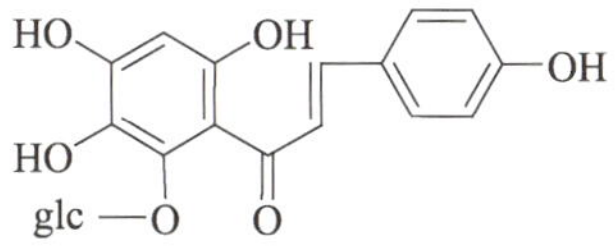

红花苷

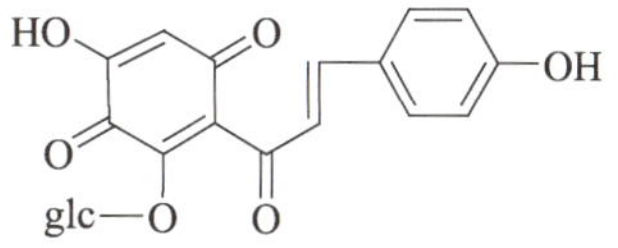

醌式红花苷

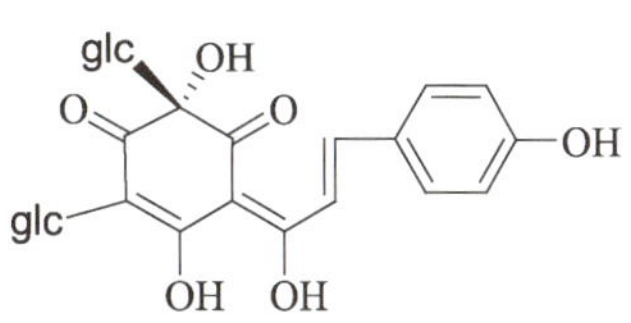

羟基红花黄色素A

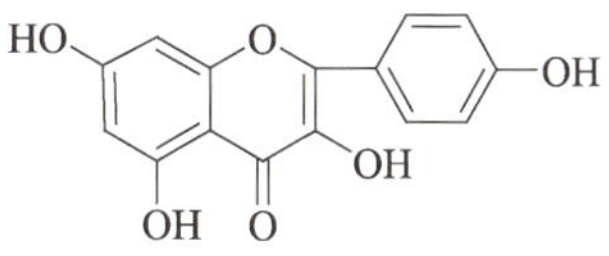

山奈素

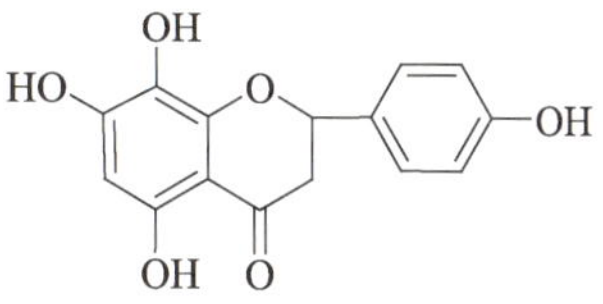

红花素

【理化鉴别】薄层色谱 硅胶 H 薄层，供试品色谱中，在与对照药材色谱相应的位置上显相同颜色的斑点。采用紫外-可见分光光度法，在 518 nm 的波长处测定吸光度，不得低于 0.20。

含量测定 采用高效液相色谱法测定，本品按干燥品计算，含羟基红花黄色素 A（$C_{27}H_{30}O_{15}$）不得少于 1.0%，山柰素（$C_{15}H_{10}O_6$）不得少于 0.050%。

【功效与主治】性温，味辛；能活血通经，散瘀止痛；用于经闭、痛经、恶露不行、癥瘕痞块、胸痹心痛、胸胁刺痛、跌打损伤、疮痈肿毒；用量 3～9 g。孕妇慎用。

【药理作用】① 对心血管的作用。红花黄色素可抗心肌缺血，改善心肌能量代谢，缓解心肌缺氧。其水提物能使麻醉犬冠脉流量显著或中等程度增加，对急性心肌缺血有明显的保护作用。小剂量可兴奋心脏，但大剂量则有抑制作用。

② 对平滑肌的作用。对子宫有兴奋作用，使子宫产生紧张性及节律性收缩，对已孕子宫作用更为明显。

③ 抗凝血、抗血栓的作用。可显著延长凝血酶原时间和凝血时间，能显著提高血浆纤溶酶原激活剂的活性，使局部血栓溶解。

④ 镇痛、镇静作用。有较强、持久的镇痛、镇静作用。

苍术* Atractylodis Rhizoma （英）Swordlike Atractylodes Rhizome

【基原】为菊科植物苍术 *Atractylodes lancea*（Thunb.）DC.或北苍术 *Atractylodes chinensis*（DC.）Koidz.的干燥根茎。

【植物形态】苍术 为多年生草本。茎直立，下部木质化。叶互生，革质，上部叶一般不分裂，无柄，卵状披针形至椭圆形，边缘有刺状锯齿，下部叶多为 3～5 深裂或半裂，顶端裂片较大，圆形，倒卵形，侧裂片 1～2 对，椭圆形。花多数，两性，全为管状花，白色或淡紫色；头状花序顶生。瘦果有柔毛，冠毛羽状（图 14-161）。

图 14-161 苍术
1. 植株；2. 花；3. 果实；4. 根茎。

北苍术　与苍术的不同点在于:叶片较宽,卵形或狭卵形,一般羽状5深裂,茎上部的叶3~5羽状浅裂或不裂。头状花序稍宽。

【产地】 苍术主产于江苏(茅山)、湖北、河南等省,北苍术主产于河北、山西、陕西、内蒙古等省区。

【采制】 春、秋两季挖取根茎,除去茎、叶、细根及泥土,晒干,撞去须根。

【性状】 苍术　呈不规则连珠状或结节状圆柱形,或疙瘩块状略弯曲,偶有分枝。表面灰棕色,有皱纹、横曲纹及残留的须根,顶端具茎痕及残留的茎基。质坚实,断面黄白色、灰白色或淡红棕色至红棕色,散有多数橙黄色或棕红色油点,习称"朱砂点";暴露稍久,常可析出白色细针状结晶,习称"起霜"。气香特异,味微甘、辛、苦(图14-162)。

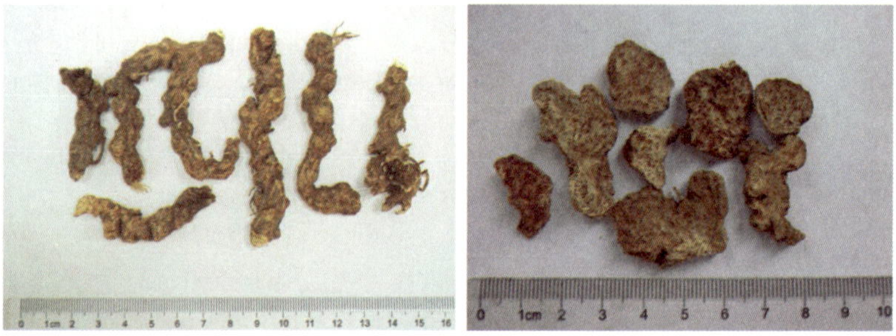

图14-162　苍术药材(左)及饮片(右)

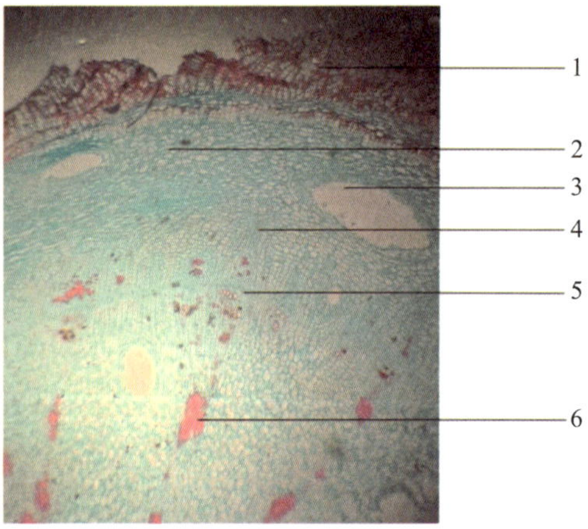

图14-163　苍术根茎横切面组织构造图

1. 木栓层; 2. 皮层; 3. 油室; 4. 韧皮部; 5. 形成层; 6. 纤维束。

北苍术　呈疙瘩块状或结节状圆柱形,表面黑棕色,除去外皮者黄棕色。质较疏松,断面散有黄棕色油点,无白色细针状结晶析出。香气较淡,味辛、苦。

均以个大、质坚实、断面朱砂点多、香气浓者为佳。

【显微特征】 苍术横切面　① 木栓层内夹有石细胞带3~8条,每一石细胞带由2~3层类长方形的石细胞集成。② 皮层宽广,其间散有大型油室。③ 韧皮部狭小。④ 形成层成环。⑤ 木质部有纤维束,和导管群相间排列。⑥ 射线较宽,中央为髓部,射线和髓部均散有油室。⑦ 薄壁细胞含有菊糖和细小的草酸钙针晶(图14-163)。

北苍术横切面　皮层有纤维束,木质部纤维束较大,和导管群相间排列。

苍术粉末　棕黄色。① 草酸钙针晶细小,长5~30 μm,不规则地充塞于薄壁细胞中。② 纤维常成束,长梭形,壁甚厚,木化。③ 石细胞甚多,类圆形、类长方形或多角形,壁极厚,木化,常和木栓细胞连在一起。④ 菊糖结晶扇形或块状,表面有放射状纹理。⑤ 油室碎片多见。⑥ 导管短,主要为网纹,也有具缘纹孔(图14-164)。

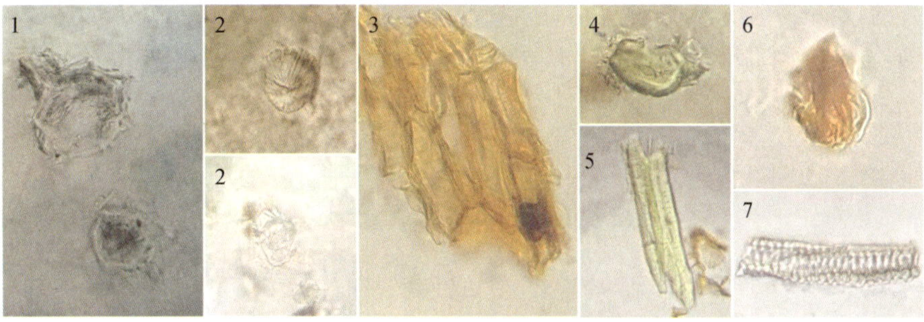

图 14-164　茅苍术粉末组织特征图

1. 草酸钙针晶；2. 菊糖；3. 木栓细胞；
4. 石细胞；5. 纤维；6. 油室碎片；7. 网纹导管。

【化学成分】茅苍术含挥发油 5%～9%，主要为苍术醇（atractylol）和 β-桉叶醇（β-eudesmol）。北苍术含挥发油 3%～5%，油中主要成分为苍术酮（atractylone）、苍术素（atractylodin）、苍术醇、茅术醇（hinesol）、β-桉叶醇、β-芹子烯（β-selinene）、没药醇（α-bisabolol）、榄香醇、香叶醇等。

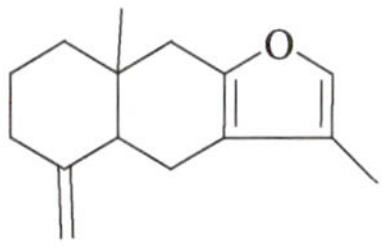

苍术酮

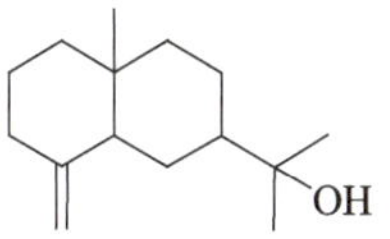

β-桉叶醇

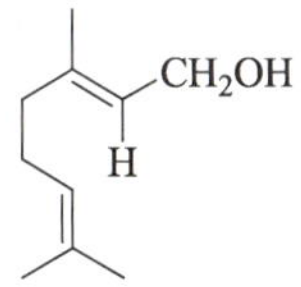

香叶醇

苍术素

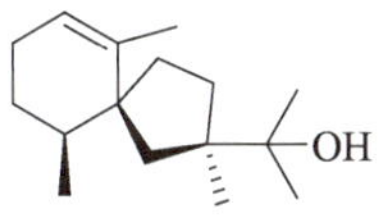

茅术醇

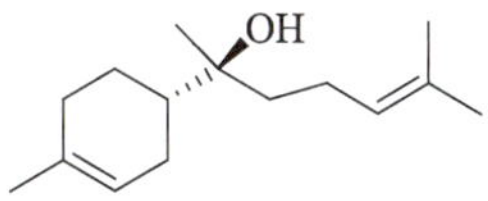

没药醇

【理化鉴别】薄层色谱　硅胶 G 薄层，喷以 2%香草醛的 10%硫酸乙醇溶液，加热至斑点显色清晰。供试品色谱中，在与苍术素对照品色谱、β-桉叶醇对照品色谱和对照药材色谱相应的位置上显相同颜色的斑点。

含量测定　采用挥发油测定法测定，茅苍术含挥发油不得少于 1.4%（mL/g），北苍术含挥发油不得少于 0.60%（mL/g）。避光操作，采用高效液相色谱法测定，本品按干燥品计算，茅苍术含苍术素（$C_{13}H_{10}O$）不得少于 0.15%，北苍术含苍术素（$C_{13}H_{10}O$）不得少于 0.30%。

【功效与主治】性温，味辛、苦；能燥湿健脾，祛风散寒，明目；用于湿阻中焦脘腹胀满、泄泻、水肿、脚气痿躄、风湿痹痛、风寒感冒、夜盲、眼目昏涩；烟熏可用于室内空间消毒；用量 3～9 g。

【药理作用】① 对消化系统的作用。能明显促进胃肠蠕动，对胃肠运动有双向调节作用，在功能低下时能促进胃肠蠕动，但功能亢进时则有抑制作用。

② 抗炎作用。能抑制毛细血管透过性亢进。

③ 抗菌、抗病毒作用。对结核杆菌、金黄色葡萄球菌、大肠杆菌、枯草杆菌和铜绿假

单胞菌及流感病毒、腮腺炎病毒等多种病毒具有明显的抑制作用。

④ 镇痛作用。可增强琥珀酰胆碱诱导的神经肌肉麻醉阻断作用,其机制是通过阻滞烟碱的乙酰胆碱受体通道起作用。

白术* Atractylodis Macrocephalae Rhizoma (英) Largehead Atractylodes Rhizome

【基原】 为菊科植物白术 *Atractylodes macrocephala* Koidz.的干燥根茎。

【植物形态】 多年生草本,茎直立,通常自中下部长分枝,全部光滑无毛。根状茎结节状,肥大。叶片 3~5 回羽状全裂,极少兼杂不裂而叶为长椭圆形的,裂片边缘具齿。头状花序单生于茎枝顶端。苞叶绿色,针刺状羽状全裂。管状花,紫红色。瘦果倒圆锥状,被顺向顺伏的稠密白色的长直毛,冠毛羽毛状(图 14-165)。

图 14-165　白术

【产地】 主产于江苏、浙江、安徽、湖南、四川等地。

【采制】 冬季下部叶枯黄、上部叶变脆时采挖,除去泥沙,烘干或晒干,再除去须根。

【性状】 呈不规则肥厚团块或拳状团块,表面灰黄色或灰棕色,有不规则的瘤状突起和断续的纵皱和沟纹,并有须根痕,顶端有残留茎基和芽痕。质坚硬,不易折断,断面不平坦,生晒术断面淡黄白色至淡棕色,略有菊花纹及分散的棕黄色油点;烘术断面角质样,色较深,有裂隙。气清香,味甜微辛,嚼之略带黏性(图 14-166)。

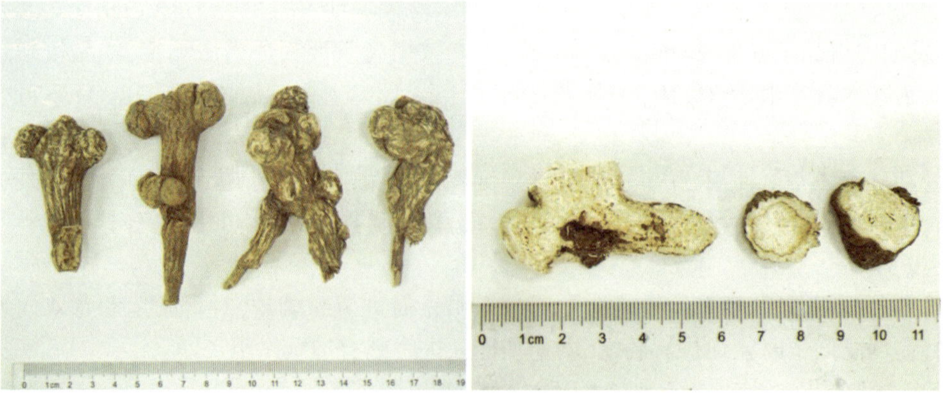

图 14-166　白术药材(左)与饮片(右)

【显微特征】根茎横切面　表皮细胞外壁增厚,有非腺毛。皮层宽广,薄壁细胞含淀粉粒;内皮层明显。中柱小,维管束外韧型,环列。韧皮部较窄。木质部导管较多,常径向排列,髓部细小。薄壁细胞含菊糖(图 14-167)。

粉末　淡黄棕色。① 薄壁细胞含菊糖,表面显放射状纹理。② 导管分子短,为网纹导管及具缘纹孔导管,直径约 48 μm。③ 木栓细胞类多角形,壁较薄,有的与石细胞相连。④ 草酸钙针晶细小,长 10~32 μm,存在于薄壁细胞中,少数针晶直径约 4 μm。⑤ 石细胞淡黄色,类圆形、多角形、长方形或少数纺锤形,直径 37~64 μm。⑥ 纤维黄色,大多成束,长梭形,直径约 40 μm,壁甚厚,木化,孔沟明显(图 14-168)。

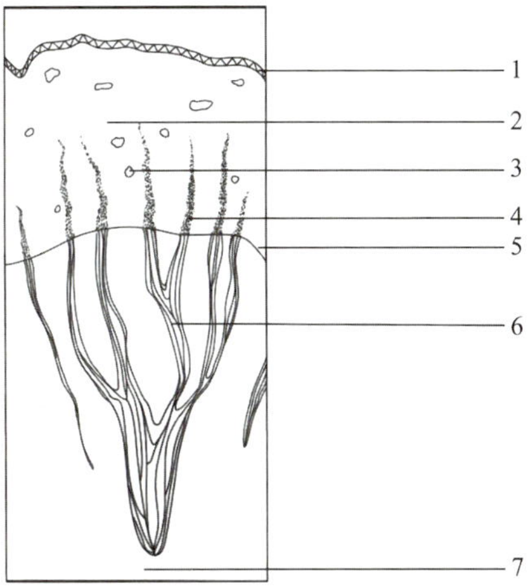

图 14-167　白术根茎横切面组织构造图
1. 木栓层; 2. 皮层; 3. 油室; 4. 韧皮部; 5. 形成层; 6. 木质部; 7. 髓。

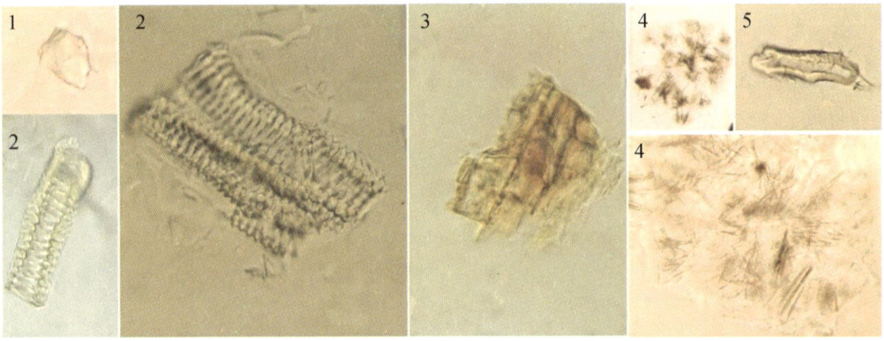

图 14-168　白术粉末组织特征图
1. 菊糖; 2. 导管; 3. 木栓细胞; 4. 草酸钙针晶; 5. 石细胞。

【化学成分】含挥发油 1.4%左右,油中主要成分为苍术酮(atractylon)、苍术醇(atractylol)、白术内酯(butenolide)A 和 B、3-β-乙酰氧基苍术酮(3-β-acetoxyatmctylon)等多种成分。白术还可分离得到甘露聚糖 Am-3。

【理化鉴别】薄层色谱　硅胶 G 薄层,喷以 5%香草醛硫酸溶液,加热至斑点显色清晰。供试品色谱中,在与对照药材色谱相应的位置上显相同颜色的斑点,并应显有一桃红色主斑点(苍术酮)。

【功效与主治】性温,味苦、甘;能健脾益气,燥湿利水,止汗,安胎;用于脾虚食少、腹胀泄泻、痰饮眩悸、水肿、自汗、胎动不安;用量 6~12 g。

【药理作用】① 抗炎作用。白术内酯 I 在体内、体外均有显著的抗炎活性,可用于多种炎症性疾病的治疗。

② 对胃肠道疾病的作用。白术对胃肠运动有双向调节作用。

③ 对泌尿系统的作用。白术水煎液还可显著增加腹膜孔开放数目,增高分布密度,加强对腹膜腔内物质的吸收能力,从而实现消腹水的作用。

④ 对神经系统的作用。白术水提物可以通过减轻脑缺血损伤、缓解老年痴呆、抗抑郁等作用改善神经系统功能。

⑤ 对免疫系统的作用。白术多糖对白细胞数量及功能有正向促进作用,同时能显著提高淋巴细胞的功能。

木香* Aucklandiae Radix (英) Costus Root

【基原】 为菊科植物木香 *Aucklandia lappa* Decne.的干燥根。

【植物形态】 多年生草本。基生叶三角状卵形,基部心形,叶柄下延成不规则分裂的翅状,边缘不规则微波状或浅裂,两面有短毛。全为管状花,5 裂,暗紫色。头状花序单生或 2~5 个丛生于茎顶或单生于叶腋;瘦果矩圆形,上端有淡褐色冠毛两层,羽毛状,果熟时脱落(图 14-169)。

【产地】 主产于云南省,习称"云木香";四川、西藏亦产,为栽培品。

【采制】 秋、冬两季采挖 2~3 年生的根,除去茎叶、须根及泥土,切段或纵剖为块,晒干或风干,撞去粗皮。

【性状】 呈圆柱形或半圆柱形,形如枯骨,表面黄棕色至灰褐色,栓皮多已除去,有显著的皱纹、纵沟及侧根痕。质坚实,体重,不易折断,断面略平坦,灰褐色至暗褐色,形成层环棕色,有放射状纹理及散在的褐色点状油室。老根中心常呈朽木状。气香特异,味微苦。以质坚实、香气浓、油性大者为佳(图 14-170)。

图 14-169 木香

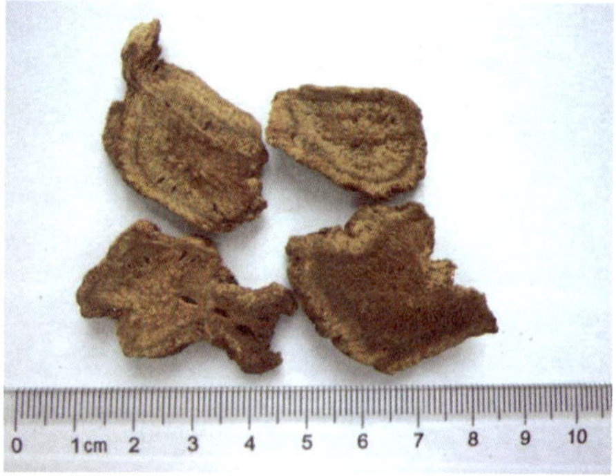

图 14-170 云木香饮片

【显微特征】 横切面 ① 木栓层由多列木栓细胞组成。皮层狭窄。② 韧皮部宽广,射线明显,纤维束散在。③ 形成层成环。④ 木质部由导管、木纤维及木薄壁细胞组成。导管单行径向排列。⑤ 根的中心为四原型初生木质部。⑥ 薄壁组织中有大型油室散在,油室常含有黄色分泌物。⑦ 薄壁细胞中含有菊糖(图 14-171)。

粉末 黄绿色。① 菊糖多见,表面显放射状纹理。② 木栓细胞形状不一,壁薄,淡黄棕色,垂周壁有时呈微波状弯曲。③ 木纤维多成束,长梭形。④ 导管以网纹导管为主,也有具缘纹孔导管。⑤ 油室碎片有时可见,内含黄色或棕色分泌物(图 14-172)。

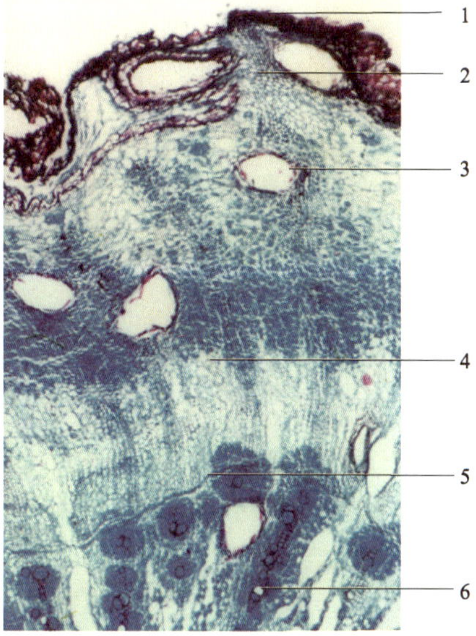

图 14-171　木香根横切面组织构造
1. 木栓层；2. 皮层；3. 油室；
4. 韧皮部；5. 形成层；6. 木质部。

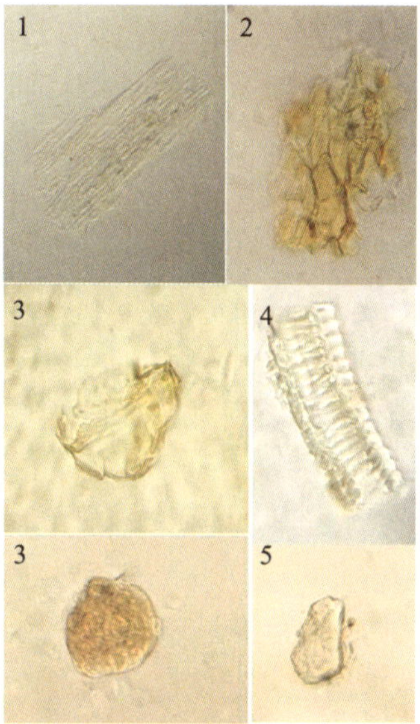

图 14-172　木香根粉末组织特征图
1. 纤维束；2. 木栓细胞；3. 油室；
4. 网纹导管；5. 菊糖。

【化学成分】含挥发油，主要由单萜、倍半萜和倍半萜内酯组成，还含有少量生物碱，如木香碱。其中，单萜包括β-榄香烯（β-elemene）、丁香烯（caryophyllene）、莰烯（camphene）、芳樟醇（linalool）等，倍半萜包括α-木香醇（α-costol）、α-木香酸（α-costic acid）等，倍半萜内酯包括木香内酯（costuslactone）、去氢木香内酯（dehydrocostuslactone）、木香烃内酯（costunolide）、二氢木香烃内酯（dihydrocostunolide）、二氢木香内酯（dihydrocostuslactone）等。其中，挥发油中所含总内酯、木香内酯、二氢木香内酯等内酯成分以及去内酯挥发油均能对抗组胺、乙酰胆碱与氯化钡引起的支气管收缩作用，是木香的主要活性成分。

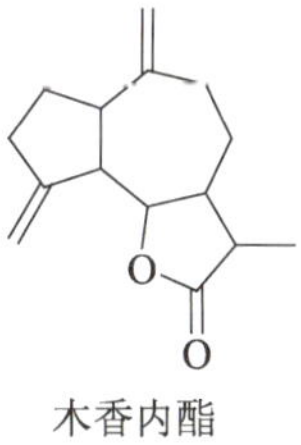
木香内酯

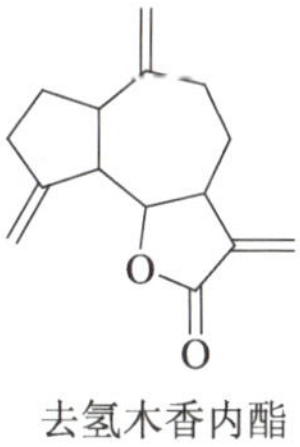
去氢木香内酯

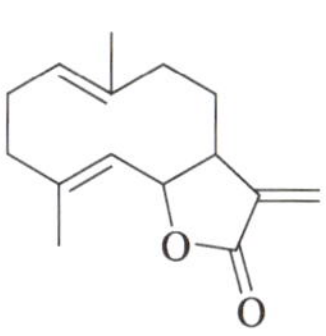
木香烃内酯

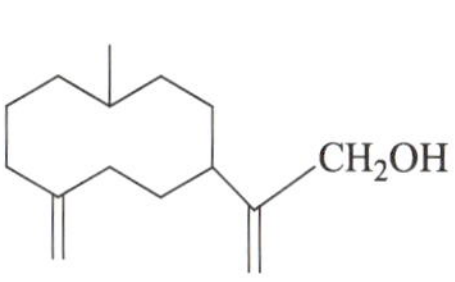

α－木香醇

【理化鉴别】薄层色谱　硅胶 G 色谱，喷以 1%香草醛硫酸溶液，加热至斑点显色清晰。供试品色谱中，在与去氢木香内酯对照品、木香烃内酯对照品色谱相应的位置上显相同颜色的斑点。

含量测定　采用高效液相色谱法测定，含木香烃内酯（$C_{15}H_{20}O_2$）和去氢木香内酯（$C_{15}H_{18}O_2$）的总量不得少于 1.8%。

【功效与主治】性温，味辛、苦；能行气止痛，健脾消食；用于胸胁、胸脘胀痛、泻痢后重、食积不消、不思饮食；用量 1.5~6 g。

【药理作用】① 调节胃肠道运动的作用。能对抗乙酰胆碱与组胺对离体豚鼠回肠所致的肠痉挛作用，对离体小肠运动均有较强的抑制作用。

② 利胆作用。具较强的利胆作用。

③ 抗溃疡作用。对胃溃疡有治疗作用。

④ 降血压作用。能抑制离体心脏的活动,有较明显的血管扩张作用,可降血压。

⑤ 松弛平滑肌作用。对由组胺和氯化钡所引起的支气管收缩有对抗作用,能扩张支气管平滑肌。

【附注】木香类生药尚有收载入现今《中国药典》的川木香、土木香,还有来源于马兜铃科植物马兜铃 *Aristolochia debilis* Seib. et Zucc.的干燥根。因青木香含有马兜铃酸类成分,《中国药典》自 2005 版起不再收录青木香。

川木香　为菊科植物川木香 *Dolomiaea souliei* (Franch.) C. Shih 或灰毛川木香 *Dolomiaea souliei* var. *cinerea* (Y. Ling) Q. Yuan 的干燥根。秋季采挖,除去须根、泥沙及根头上的胶状物,干燥。主产于四川。本品呈圆柱形或有纵槽的半圆柱形,稍弯曲,长 10~30 cm,直径 1~3 cm。表面黄褐色或棕褐色,具纵皱纹,外皮脱落处可见丝瓜络状细筋脉;根头偶有黑色发黏的胶状物,习称"油头"。体较轻,质硬脆,易折断,断面黄白色或黄色,有深黄色稀疏油点及裂隙,木部宽广,有放射状纹理;有的中心呈枯朽状。气微香,味苦,嚼之粘牙。主要含有木香烃内酯和去氢木香内酯。性味、功效与木香类似。

土木香　为菊科植物土木香 *Inula helenium* L.的干燥根。主产于河北。呈圆锥形,略弯曲,长 5~20 cm。表面黄棕色或暗棕色,有纵皱纹及须根痕。根头粗大,顶端有凹陷的茎痕及叶鞘残基,周围有圆柱形支根。质坚硬,不易折断,断面略平坦,黄白色至浅灰黄色,有凹点状油室。气微香,味苦、辛。主要含有土木香内酯和异土木香内酯。本品性温,味辛、苦,归肝、脾经;能健脾和胃,行气止痛,安胎;用于胸胁、脘腹胀痛、呕吐泻痢、胸胁挫伤、岔气作痛、胎动不安。

菊花 Chrysanthemi Flos

本品为菊科植物菊花 *Chrysanthemum morifolium* Ramat.的干燥头状花序。主产于安徽的滁州(滁菊)、亳州(亳菊)、歙县(贡菊)、浙江(杭菊)、河南怀庆(怀菊)、四川(川菊)、山东济南(济菊)、河北安国(祁菊)。亳菊呈倒圆锥形或圆筒形,有时稍压扁呈扇形,直径 1.5~3 cm,离散。总苞碟状;总苞片 3~4 层,卵形或椭圆形,草质,黄绿色或褐绿色,外面被柔毛,边缘膜质。花托半球形,无托片或托毛。舌状花数层,雌性,位于外围,类白色,劲直,上举,纵向折缩,散生金黄色腺点;管状花多数,两性,位于中央,为舌状花所隐藏,黄色,顶端 5 齿裂。瘦果不发育,无冠毛。体轻,质柔润,干时松脆。气清香,味甘、微苦。滁菊呈不规则球形或扁球形,直径 1.5~2.5 cm。舌状花尖白色,不规则扭曲,内卷,边缘皱缩,有时可见淡褐色腺点;管状花大多隐藏。贡菊呈扁球形或不规则球形,直径 1.5~2.5 cm。舌状花白色或类白色,斜升,上部反折,边缘稍内卷而皱缩,通常无腺点;管状花少,外露。杭菊呈碟形或扁球形,直径 2.5~4 cm,常数个相连成片。舌状花类白色或黄色,平展或微折叠,彼此粘连,通常无腺点;管状花多数,外露。粉末:淡黄色。花粉粒黄色类球形,直径 22~38 μm,表面有短刺,具 3 孔沟;T 形毛常碎断,完整者顶端细胞长大,柄 2~4 个细胞;腺毛头部鞋底形,6~8 个细胞,细胞两两相对排列,草酸钙簇晶较多,细小。本品含挥发油、黄酮、有机酸及萜类成分。挥发油中主要含菊酮(chrysanthenone)、龙脑、龙脑乙酸酯等。本品性微寒,味甘、苦;能散风清热,平肝明目;用于风热感冒、头痛眩晕、目赤肿痛、眼目昏花;用量 5~9 g。药理研究表明,其水煎剂具有增加冠脉流量、促进胆固醇代谢、抗菌、抗病毒、抗炎以及解热等作用;挥发油具有明显的解热作用;总黄酮具有显著的降压效果,并能抗氧化。

茵陈 Artemsiae Scopariae Herba

本品为菊科植物滨蒿 *Artemisia scoparia* Waldst.et Kit.或茵陈蒿 *A. capillaris* Thunb.的干燥地上部分。春季幼苗高 6~10 cm 时采收或秋季花蕾长成至花初开时采割,除去杂质和老茎,晒干。春季采收者习称为"绵茵陈",秋季采割者称为"花茵陈"。绵茵陈多卷曲成团状,灰白色或灰绿色,全体密被白色茸毛,绵软如绒。茎细小,长 1.5~2.5 cm,直径 0.1~0.2 cm,除去表面白色茸毛后可见明显纵纹;质脆,易折断。叶具柄;展平后叶片呈 1~3 回羽状分裂,叶片长 1~3 cm,宽约 1 cm;小裂片卵形或稍呈倒披针形、条形,先端锐尖。气清香,味微苦。花茵陈的茎呈圆柱形,多分枝,长 30~100 cm,直径 2~8 mm;表面淡紫色或紫色,有纵条纹,被短柔毛;体轻,质脆,断面类白色。叶密集或多脱落;下部叶 2~3 回羽状深裂,裂片条形或细条形,两面密被白色柔毛;茎生叶 1~2 回羽状全裂,基部抱茎,裂片细丝状。头状花序卵形,多数集成圆锥状,长 1.2~1.5 mm,直径 1~1.2 mm,有短梗;总苞片 3~4 层,卵形,苞片 3 裂,外层雌花 6~10 个,可多达 15 个,内层两性花 2~10 个。瘦果长圆形,黄棕色。气芳香,味微苦,含挥发油、香豆素、黄酮类、绿原酸等。本品性微寒,味苦、辛;能清利湿热,利胆退黄;用于黄疸尿少、湿温暑湿、湿疮瘙痒;用量 6~15 g。外用适量,煎汤熏洗。药理研究表明,其水提液、醇提取物均有利胆、保肝作用,能促进胆汁分泌与排泄,降低血清谷丙转氨酶,对肝细胞肿胀、脂肪肝有减轻作用,还有降血脂、抑菌、解热、镇痛、抗癌等作用。

艾叶 Artemisiae Argyi Folium

本品为菊科植物艾 *Artemisia argyi* Levl. et Vant.的干燥叶。广布于我国各省区,生于路旁、荒野,亦有栽培种。艾为多年生草本植物,入药后多皱缩、破碎,有短柄。完整叶片展平后呈卵状椭圆形,羽状深裂,裂片椭圆状披针形,边缘有不规则的粗锯齿;上表面灰绿色或深黄绿色,有稀疏的柔毛和腺点;下表面密生灰白色绒毛。质柔软,气清香,味苦。粉末:绿褐色。非腺毛为 T 形毛,柄 2~5 个细胞,两臂不等长。一种顶端细胞长梭形而弯曲,细胞壁厚,表面较光滑;另一种顶端细胞细丝状,扁平且扭曲,极长,细胞壁薄。腺毛顶面观呈鞋底形,4 或 6 个细胞相对叠合而成,常无柄。草酸钙簇晶存在于叶肉细胞中。叶含挥发油。油中成分为水芹烯、杜松烯、樟脑、龙脑等。本品性温,味辛、苦,有小毒,归肝、脾、肾经;具有温经止血、散寒止痛、外用祛湿止痒等功效;用于吐血、衄血、崩漏、月经过多、胎漏下血、少腹冷痛、经寒不调、宫冷不孕,外治皮肤瘙痒;醋艾炭温经止血,用于虚寒性出血。

苍耳子 Xanthii Fructus

本品为菊科植物苍耳 *Xanthium sibiricum* Patr.的干燥成熟带总苞的果实。秋季果实成熟时采收,干燥,除去梗、叶等杂质。主产于山东、江苏、湖北等地。植物为一年生草本,入药后呈纺锤形或卵圆形,长 1~1.5 cm,直径 0.4~0.7 cm。表面黄棕色或黄绿色,全体有钩刺,顶端有 2 枚较粗的刺,分离或相连,基部有果梗痕。质硬而韧,横切面中央有纵隔膜,2 室,各有 1 枚瘦果。瘦果略呈纺锤形,一面较平坦,顶端具 1 个突起的花柱基,果皮薄,灰黑色,具纵纹。种皮膜质,浅灰色,子叶 2 枚,有油性。气微,味微苦。本品性温,味辛、苦,有毒,归肺经;具有散风寒、通鼻窍、祛风湿之功效;用于风寒头痛、鼻塞流涕、鼻鼽、鼻渊、风疹瘙痒、湿痹拘挛。

牛蒡子 Arctii Fructus

本品为菊科植物牛蒡 *Arctium lappa* L.的干燥成熟果实。秋季果实成熟时采收果序,晒干,打下果实,除去杂质,再晒干。主产于东北及浙江,四川、湖北、河北、河南、陕西等地亦产。植物为二年生草本,根肉质。基生叶丛生,茎生叶互生;阔卵形或心形。头状花序丛生或排成伞房状;总苞片披针形,顶端钩状弯曲;全为管状花,淡紫色。瘦果扁卵形,冠毛短刚毛状。种子入药后呈长倒卵形,略扁,微弯曲,长 5~7 mm,宽 2~3 mm。表面灰褐色,带紫黑色斑点,有数条纵棱,通常中间 1~2 条较明显。顶端钝圆,梢宽,顶面有圆环,中间具点状花柱残迹;基部略窄,着生面色较淡。果皮较硬,子叶 2 枚,淡黄白色,富油性。为辛凉解表药,气微,味苦后微辛而稍麻舌。具有疏散风热、宣肺透疹、利咽消肿等功效。

(2) 舌状花亚科(Liguliflorae)。

蒲公英 Taraxaci Herba

本品为菊科植物蒲公英 *Taraxacum mongolicum* Hand.-Mazz.、碱地蒲公英 *Taraxacum borealisinense* Kitam.或同属数种植物的干燥全草。春至秋季花初开时采挖,除去杂质,洗净,晒干。全国广布。植物为多年生草本,有乳汁。根垂直生。叶莲座状生,倒披针形,羽状深裂,顶裂片较大。花葶数个,外层总苞片先端常有小角状突起,内层总苞片远长于外层,先端有小角;全为黄色舌状花。瘦果先端具细长的喙,冠毛白色。入药后呈皱缩卷曲的团块。根呈圆锥状,多弯曲,长 3~7 cm;表面棕褐色,抽皱;根头部有棕褐色或黄白色的茸毛,有的已脱落。叶基生,多皱缩破碎,完整叶片呈倒披针形,绿褐色或暗灰绿色,先端尖或钝,边缘浅裂或羽状分裂,基部渐狭,下延呈柄状,下表面主脉明显。花茎 1 至数条,每条顶生头状花序,总苞片多层,内面一层较长,花冠黄褐色或淡黄白色。有的可见多数具白色冠毛的长椭圆形瘦果。蒲公英富含多类成分,其中蒲公英黄酮类化合物具有多种药理活性,具有广谱抗菌作用。气微,味微苦;能清热解毒,消肿散结,利尿通淋;用于疔疮肿毒、乳痈、瘰疬、目赤、咽痛、肺痈、肠痈、湿热黄疸、热淋涩痛。

苦荬菜 Ixeris Herba

本品为菊科植物苦荬菜 *Ixeris polycephala* Cass. ex DC.的地上全草。多年生草本,具乳汁,多分枝,紫红色,基生叶花期枯萎;茎生叶舌状卵形,无柄,叶基耳状,边缘具不规则锯齿。头状花序排成伞房状,总包为两层,条状披针形,舌状花黄色,顶端齿裂;瘦果纺锤形,冠毛白色。全国广布。入药后,茎呈圆柱形,光滑无毛,有纵棱;表面紫红色至青紫色;质硬而脆,断面髓部呈白色。叶皱缩,完整者展开后呈舌状卵形,边缘具不规则锯齿,无毛,表面黄绿色。头状花序着生枝顶,黄色,冠毛白色;总苞圆筒形。果实纺锤形或圆形,稍扁平。性凉,味苦、甘;具有清热解毒、消肿止痛之功效;常用于痈疖疔毒、乳痈、咽喉肿痛、黄疸、痢疾、淋证、带下、跌打损伤。

练习题

1. 单、双子叶植物纲的特征区别有哪些?

2. 芍药科与毛茛科的主要特征区别有哪些？
3. 如何区别防己科的防己、木防己和马兜铃科的广防己？
4. 比较木兰科与毛茛科两科特征的异同。
5. 十字花科的主要特征有哪些？拟南芥为什么可作为植物界的“果蝇”？
6. 蔷薇科的主要特征有哪些？了解生活中常见的蔷薇科植物。
7. 豆科的主要特征有哪些？熟悉三种常用豆科植物药材。
8. 沉香为瑞香科植物，请区别国产沉香和进口沉香的不同。
9. 五加科名贵药材较多，请区别人参和西洋参的不同。
10. 伞形科的主要特征有哪些？熟悉三种常用伞形科植物药材。
11. 唇形科药材较多，其科特征主要有哪些？熟悉三种常用唇形科植物药材。
12. 枸杞子是茄科植物，请比较枸杞子和黑枸杞的鉴别特征。
13. 葫芦科的主要科特征及其代表性生药有哪些？
14. 比较葫芦科和葡萄科科特征的异同。
15. 哪些特征说明绞股蓝是葫芦科植物？
16. 忍冬科的主要科特征及其代表性生药有哪些？
17. 比较桔梗科与菊科特征的异同。
18. 菊科有哪些地下部分入药的生药？
19. 菊科有哪些全草类的生药，它们的特征有哪些？

二、单子叶植物纲(Monocotyledoneae)

本纲植物以草本为主，叶多为单叶、全缘，具平行脉。根为须根系，茎中维管束散生。花三基数，花粉粒具单萌发孔。种子具子叶 1 枚。

41. 泽泻科(Alismataceae)

⚥ $* P_{3+3} A_{6 \sim \infty} \underline{G}_{6 \sim \infty : 1 : 1}$；♂ $P_{3+3} A_{6 \sim \infty}$；♀ $P_{3+3} \underline{G}_{6 \sim \infty : 1 : 1}$

[形态特征] 草本。水生或沼生。具根状茎或球茎。单叶，常基生，基部具开裂的叶鞘。花常轮生，再集成总状花序或圆锥花序；花两性或单性，辐射对称；花被 6 片，2 轮，外轮 3 片绿色，萼片状，宿存；内轮 3 片花瓣状，白色；雄蕊 6 枚至多枚；心皮 6 枚至多枚，分离，螺旋状排列在凸起的花托上或轮状排列在扁平的花托上；子房上位，1 室，胚珠 1 枚至多枚。聚合瘦果。

[分布] 11 属，约 100 种；广布于全球。我国有 4 属，20 种；南北均有分布；已知药用的有 2 属，12 种。

[显微特征] 块茎的内皮层明显，维管束为周木型，具油室。

[染色体] $X = 7 \sim 11$。

[化学成分] 含有四环三萜酮醇如泽泻醇(alisol)，以及挥发油，另外还含有生物碱、氨基酸、糖类、有机酸、苷类化合物等。

[药用植物与生药代表]

泽泻 Alismatis Rhizoma

本品为泽泻科植物东方泽泻 *Alisma orientale* (Sam.) Juzep.的干燥块茎。主产于福建、四川、江西。冬季茎叶开始枯萎时采挖,洗净,干燥,除去须根和粗皮。块茎呈类球形、椭圆形或卵圆形,长 2~7 cm,直径 2~6 cm。表面黄白色或淡黄棕色,有不规则的横向环状浅沟纹和多数细小突起的须根痕,底部有的有瘤状芽痕。质坚实,断面黄白色,粉性,有多数细孔。气微,味微苦。主要含三萜类成分,多为四环三萜酮醇衍生物,如泽泻醇 A、B、C(alisol A,B,C)及其乙酸酯、表泽泻醇 A(epialisol A)、泽泻醇(alisol)、环氧泽泻烯(alismoxide)等。本品性寒,味甘、淡;能利水渗湿,泄热,化浊降脂;用于小便不利、水肿胀满、泄泻尿少、痰饮眩晕、热淋涩痛、高脂血症;用量 6~10 g。药理研究表明,它具有利尿、降血脂、增加冠脉流量、降血糖、抗脂肪肝等作用,其中降血脂的有效成分为泽泻醇类及其乙酸酯。

42. 禾本科(Gramineae)

$⚥ * P_{2\sim3}A_{3,1\sim6}\underline{G}_{(2\sim3:1:1)}$

[**形态特征**] 草本或木本。常具根状茎。地上茎常中空,节明显,特称为秆。单叶互生,排成 2 列,通常由叶片、叶鞘和叶舌组成,有时有叶耳,叶鞘抱秆,通常一侧开裂,叶片狭长,具明显中脉及平行脉。花序多种,由小穗集成,小穗的主干称小穗轴,基部有外颖和内颖,小穗轴上着生 1 至数朵花,每花外有外稃和内稃;花小,通常两性;子房基部有 2~3 枚退化花被(浆片);雄蕊通常 3 枚,少为 1~6 枚,花丝细长,花药丁字着生,花药 2 室;子房上位,2~3 枚心皮组成 1 室,1 枚胚珠,花柱 2~3 条,柱头常羽毛状。颖果,种子富含淀粉质胚乳。

[**分布**] 约 700 属,近 10 000 种;广布于全球。我国有 200 余属,1 500 余种,全国分布;已知药用的有 84 属,174 种,多为禾亚科植物。

[**显微特征**] 表皮细胞平行排列,每纵行为 1 个长细胞和 2 个短细胞相间排列,细胞中常含硅质体;气孔保卫细胞为哑铃形,两侧各有略呈三角形的副卫细胞;叶片上表皮常有运动细胞,主脉维管束具维管束鞘,叶肉细胞不分化为栅栏组织和海绵组织。

[**染色体**] $X=6,7,10,12$。

[**化学成分**] 含有生物碱,如大麦芽碱(horocenine)、芦竹碱(gramine);三萜,如芦竹萜(arundoin)、白茅萜(clindrin);黄酮,如大麦黄苷(lutonaria)、小麦黄素(tricin);氮化合物,如薏苡素(coixol)、薏苡仁酯(coixenolide);氰苷,如蜀黍苷(dhurrin)。还含有挥发油。

[**药用植物与生药代表**]

淡竹 *Phyllostachys nigra*(Lodd.)Munro var. *henonis*(Mitf.)Stapf ex Rendle 乔木状;高 6~18 m,直径约 2.5 cm,秆环及箨环隆起明显;箨鞘黄绿色或淡黄色,具黑色斑点和条纹,箨叶长披针形;小枝具 1~5 枚普通叶,叶片狭披针形。分布于长江流域;生于丘陵、平原。秆的中层(药材名:竹茹)为化痰药,能清热化痰、除烦止呕。

淡竹叶 *Lophatherum gracile* Brongn. 草本。须根中部常膨大成纺锤状的块根。叶片宽披针形,有明显横脉,叶舌截形。圆锥花序顶生;小穗疏生于花序轴上;每小穗有花数朵,仅第一花为两性,其余皆退化,仅有稃片,外稃先端具短芒。在我国分布于长江以南,生于山坡林下阴湿地。茎叶(药材名:淡竹叶)为清热泻火药,能清热除烦、利尿、生津止渴。

薏苡仁* Coicis Semen　（英）Coix Seed

【基原】本品为禾本科植物薏米 *Coix lacryma-jobi* L. var. *ma-yuen* (Roman.) Stapf 的干燥成熟种仁。

【植物形态】一年或多年生草本。须根较粗，直径可达 3 mm。秆直立，高 1~1.5 m，约具 10 节。叶片线状披针形，长达 30 cm，宽 1.5~3 cm，边缘粗糙，中脉粗厚，于背面凸起；叶鞘光滑，上部者短于节间；叶舌质硬，长约 1 mm。花果期 6—12 月（图 14-173）。

图 14-173　薏米

【产地】主产于福建、江苏、河北、辽宁。

【采制】秋季果实成熟时采割植株，晒干，打下果实，再晒干，除去外壳、黄褐色种皮和杂质，收集种仁。

【性状】种仁呈宽卵形或长椭圆形，长 4~8 mm，宽 3~6 mm。表面乳白色，光滑，偶有残存的黄褐色种皮；一端钝圆，另一端较宽而微凹，有一淡棕色点状种脐；背面圆凸，腹面有 1 条较宽而深的纵沟。质坚实，断面白色，粉性。气微，味微甜（图 14-174）。

图 14-174　薏苡仁

【显微特征】粉末　类白色。主要为淀粉粒，单粒类圆形或多面形，直径 2~20 μm，脐点多为星状，层纹不明显；复粒少见，一般由 2~3 个分粒组成（图 14-175）。

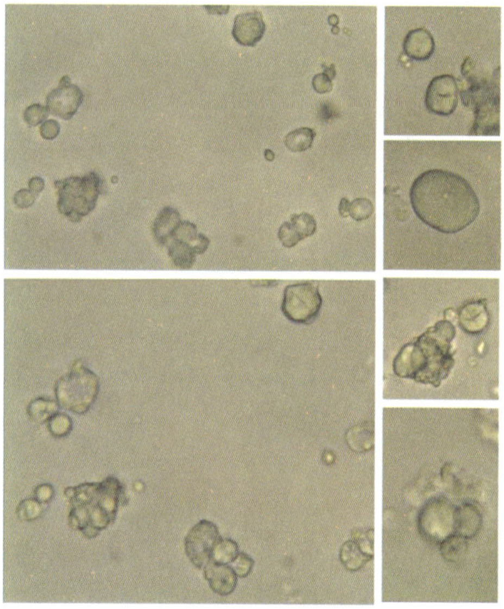

图 14-175　薏苡仁粉末组织（淀粉粒）特征图

【化学成分】主要含有脂肪酸及其酯类、内酰胺类、三萜类、酚类、甾醇类和多糖类成分，也是薏苡仁中主要的抗肿瘤成分，如 1,3-二油酸-2-亚油酸甘油酯、1-棕榈酸-2-亚油酸-3-油酸甘油酯、薏苡素、无羁萜、白茅素、生育酚、阿魏酰豆甾醇、麦角甾醇、阿魏酸、对香豆酸和薏苡仁多糖等。

【理化鉴别】薄层色谱　硅胶 G 薄层，喷以 5%香草醛硫酸溶液，在 105 ℃加热至斑点显色清晰。供试品色谱中，在与薏苡仁油对照提取物色谱相应的位置上显相同颜色的斑点。

特征图谱　采用高效液相色谱法，供试品色谱图中，应呈现与甘油三油酸酯对照品色谱峰保留时间一致的色谱峰，并呈现与薏苡仁油对照提取物色谱峰保留时间一致的 7 个主要色谱峰。

含量测定　采用高效液相色谱法测定，本品按干燥品计算，含甘油三油酸酯（$C_{57}H_{104}O_6$）不得少于0.50%。

【功效与主治】 性凉，味甘、淡；能利水渗湿，健脾止泻，除痹，排脓，解毒散结；用于水肿、脚气、小便不利、脾虚泄泻、湿痹拘挛、肺痈、肠痈、赘疣、癌肿；用量9～30 g。

【药理作用】 ① 降糖。降糖作用是薏苡仁多糖的主要活性作用之一。薏苡仁多糖对α-葡萄糖苷酶和α-淀粉酶具有良好的抑制活性，能够显著提高胰岛素抵抗模型HepG2细胞的葡萄糖消耗能力，发挥很好的降血糖作用，减轻糖尿病症状。

② 抗肿瘤及免疫调节作用。薏苡仁具有较好的抗肿瘤、调节机体免疫作用。多糖、多糖组分Ⅰ、多糖组分Ⅱ均能在体外显著促进淋巴细胞增殖。薏苡仁提取物可抑制人癌细胞的侵袭和迁移增殖，且使用浓度越高，其抗肿瘤效果越好。

③ 抗炎镇痛及抑制骨质疏松作用。薏苡仁多糖具有抗炎和镇痛作用，能够减少小鼠扭体次数，提高痛阈值，缓解急性炎症引起的肿胀程度。薏苡仁提取物可显著逆转去卵巢小鼠骨碱性磷酸酶活性、钙含量和骨密度的下降，薏苡仁提取物以剂量依赖的方式促进成骨细胞增殖。

④ 抗衰老和抗氧化。发酵薏苡仁多糖相比于普通常规水提薏苡仁多糖有较高的体外抗氧化活性。在抗衰老活性方面，发酵薏苡仁多糖表现出较高的抗氧化酶活性以及较低的丙二醛积累。

⑤ 调节肠道菌群。薏苡仁多糖能够显著促进长双歧杆菌长亚种、瘤胃球菌属以及下一代益生菌嗜黏蛋白阿克曼菌和普拉梭菌的生长。薏苡仁多糖能够促进肠细胞紧密连接蛋白和黏蛋白的表达。

⑥ 降低血糖血脂作用。薏苡仁多糖和蛋白是其降血糖的主要活性成分，多糖降血糖作用机制为抑制肌糖原酵解、肝糖原分解和糖异生作用，而降血脂作用机制为通过降低血浆总胆固醇、甘油三酯、低密度脂蛋白等浓度，提高脂蛋白酯酶和肝酯酶活性，抑制脂肪酸合成酶活性。

⑦ 抑制黑色素生成。薏苡仁提取物可降低小鼠地中海贫血相关转录因子、酪氨酸酶、酪氨酸酶相关蛋白-1和酪氨酸酶相关蛋白-2的表达以及抗氧化抑制B16-F10黑色素瘤细胞黑色素生成。

⑧ 其他药理作用。薏苡仁多糖防治糖脂代谢紊乱。薏苡仁提取物在大鼠模型中展现出显著的抗疲劳效应，此效应或与其增强免疫功能紧密相关。薏苡仁中的阿魏酰豆甾醇和阿魏酰菜籽甾醇类物质还可以促进女性排卵。

白茅根 Imperatae Rhizoma

本品为禾本科植物白茅 *Imperata cylindrica* Beauv. var. *major* (Ness) C. E. Hubb.的干燥根茎。全国各地均产。春、秋两季采挖，洗净，晒干，除去须根和膜质叶鞘，捆成小把。根茎呈长圆柱形，长30~60 cm，直径0.2~0.4 cm。表面黄白色或淡黄色，微有光泽，具纵皱纹，节明显，稍突起，节间长短不等，通常长1.5~3 cm。体轻，质略脆，断面皮部白色，多有裂隙，放射状排列，中柱淡黄色，易与皮部剥离。气微，味微甜，含三萜类（芦竹素、白茅素）、黄酮类（麦黄酮、六羟黄酮-3,6,3-三甲基醚）、木脂素类以及有机酸类。本品性寒，味甘；能凉血止血，清热利尿；用于血热吐血、衄血、尿血、热病烦渴、湿热黄疸、水肿尿少、热淋涩痛；用量 9～30 g。药理研究表明，它具有利尿及抗菌作用。

芦苇 *Phragmites communis* Trin.　高大草本。根状茎横走、粗壮。叶片带状。圆锥花序较大，顶生，微下垂。小穗由 4～6 朵花组成，第一花雄性，其余花为两性花，外稃基盘具长柔毛。全国大部分地区有分布，生于沼泽、河边湿地。根状茎（药材名：芦根）为清热泻火药，能清热泻火，生津止渴，除烦，止呕，利尿；用于热病烦渴、肺热咳嗽、肺痈吐脓、胃热呕哕、热淋涩痛。

43. 棕榈科（Palmae）

$⚥ * P_{3+3}A_{3+3}\underline{G}_{(1:1\sim3:1)}$；$♂ P_{3+3}A_{3+3}$；$♀ P_{3+3}\underline{G}_{(1:1\sim3:1)}$

［**形态特征**］乔木或灌木，稀为藤本。主干不分枝。叶常绿，大型，掌状分裂或羽状复叶，叶柄基部常扩大成纤维状叶鞘，通常集生于茎顶；藤本类散生。肉穗花序大型，常具 1 至数枚佛焰苞；花小，两性或单性；花被片 6 片，2 轮，离生或合生；雄蕊 6 枚，2 轮，少为 3 枚或多数；心皮 3 枚，分离或合生，子房上位，1～3 室，每室或每心皮 1 枚胚珠。浆果或核果，外果皮肉质或纤维质。

［**分布**］约 210 属，2 800 种；分布于热带、亚洲及美洲。我国有 28 属，100 余种，主产于东南至西南部；已知药用的有 16 属，26 种。

［**显微特征**］含有硅质体；叶肉组织含有草酸钙针晶，有时为方晶或砂晶。

［**染色体**］$X = 13 \sim 18$。

［**化学成分**］含有黄酮，如血竭素（dracorhodia）、血竭红素（dracorubin），为中药血竭的主要成分；生物碱，如槟榔碱（arecoline）、槟榔次碱（arecaidine）。另外还含有多元酚和缩合鞣质。

［**药用植物与生药代表**］

棕榈 Trachycarpi Petiolus

本品为棕榈科植物棕榈 *Trachycarpus fortunei*（Hook. f.）H. Wendl.的干燥叶柄。分布于长江以南；生于疏林中，栽培或野生。采棕时割取旧叶柄下延部分和鞘片，除去纤维状的棕毛，晒干。本品呈长条板状，一端较窄而厚，另一端较宽而稍薄，大小不等。表面红棕色，粗糙，有纵直皱纹；一面有明显的凸出纤维，纤维的两侧着生多数棕色茸毛。质硬而韧，不易折断，断面纤维性。气微，味淡。本品粉末红棕色至褐棕色。纤维成束，细长，直径 12～15 μm，其外侧薄壁细胞常含类圆形硅质块。表皮细胞呈多角形，壁稍厚，有的呈连珠状增厚。气孔直轴式或不定式，副卫细胞 5～6 个。可见网纹导管、螺纹导管及梯纹管胞。叶鞘纤维（煅后药材名：棕榈炭）性平，味苦、涩；能收敛止血；用于吐血、衄血、尿血、便血、崩漏；用量 3～9 g，一般炮制后用。

槟榔 Arecae Semen

本品为棕榈科植物槟榔 *Areca catechu* L.的干燥成熟种子。主产于海南、广东、广西、云南。春末至秋初采收成熟果实，用水煮后，干燥，除去果皮，取出种子，干燥。种子呈扁球形或圆锥形，高 1.5～3.5 cm，底部直径 1.5～3 cm。表面淡黄棕色或淡红棕色，具稍凹下的网状沟纹，底部中心有圆形凹陷的珠孔，其旁有一明显疤痕状种脐。质坚硬，不易破碎，断面可见棕色种皮与白色胚乳相间的大理石样花纹。气微,味涩、微苦。本品横切面:种皮组织分内、外层,外层为数列切向延长的扁平石细胞,内含红棕色物,石细胞形状、大小不一,常有细胞间隙;内层为数列薄壁细胞,含棕红色物,并散有少数维管束。外胚乳较狭窄,种皮内层与外胚乳常插入内胚乳中,形成错入组织;内胚乳细胞白色,多角形,壁厚,纹孔大,含油滴和糊粉粒。含生物碱 0.3%~0.6%,主要为槟榔碱(arecoline)、槟榔次碱(arecaine)、去甲槟榔碱(guvacoline)、去甲槟榔次碱(guvacine)、异去甲槟榔次碱(isoguvacine)等,均与鞣质结合存在。本品性温,味苦、辛;能杀虫,消积,行气,利水,截疟;用于绦虫病、蛔虫病、姜片虫病、虫积腹痛、积滞泻痢、里急后重、水肿脚气、疟疾;用量3~10 g,驱绦虫、姜片虫时用量 30~60 g。

【附注】 大腹皮　为槟榔的干燥果皮。冬季至次春采收未成熟果实,煮后干燥,纵剖两瓣,剥去果皮。含大量鞣质。本品性微温、味辛;能下气宽中,利水消肿;用于湿阻气滞、脘腹胀闷、大便不爽、水肿胀满、脚气浮肿、小便不利等;用量 5~10 g。

血竭* Draconis Sanguis　(英) Dragon's Blood

【基原】 本品由棕榈科植物麒麟竭 *Daemonorops draco* Bl.果实渗出的树脂加工制成。

图 14-176　血竭药材

【产地】 主产于马来西亚、印度尼西亚和印度。

【性状】 分原装血竭与加工血竭。本品略呈类圆四方形或方砖形,表面暗红,有光泽,附有因摩擦而成的红粉。质硬而脆,破碎面红色,研粉为砖红色。气微,味淡。在水中不溶,在热水中软化(图 14-176)。

【化学成分】 主要含有黄酮类成分,包括黄烷、黄烷氧化同系物、查尔酮、二氢查尔酮、黄酮二聚体和黄酮三聚体,如血竭素、7-羟基-4′,5-二甲氧基黄烷、(2S)-7-羟基-5-甲氧基-6-甲基黄烷、(2S)-7-羟基-5-甲氧基黄烷、血竭黄烷(dracoflava)B1 和 A、血竭二氧杂庚醚(dracooxepine)等。具有抗炎、抗氧化损伤、促血管生成和抗糖尿病并发症等药理作用。

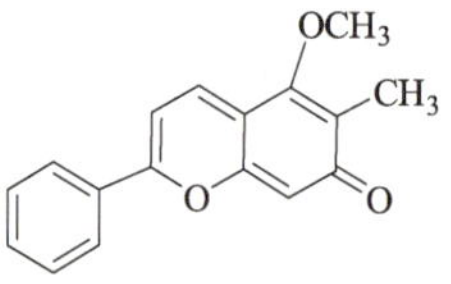

血竭素

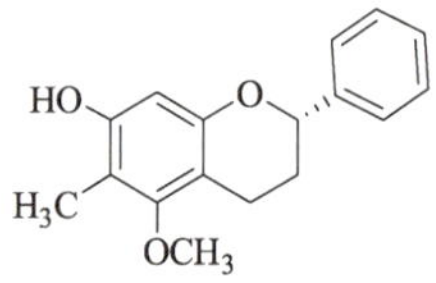

(2S)-7-羟基-5-甲氧基-6-甲基黄烷

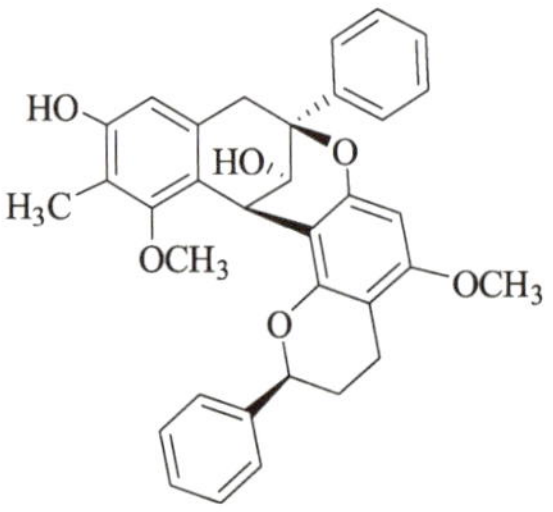

血竭黄烷B_1

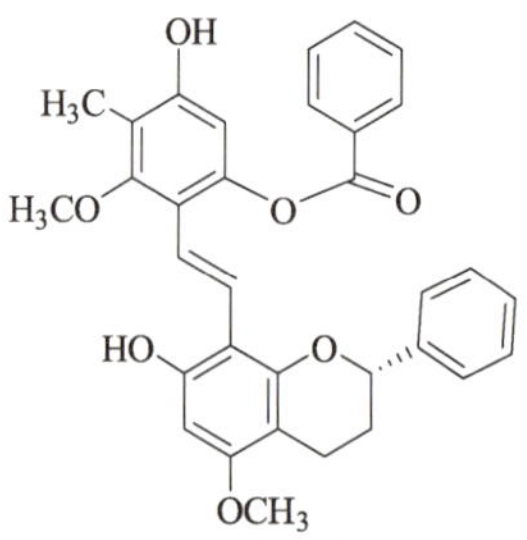

血竭二氧杂庚醚

【理化鉴别】薄层色谱　硅胶 G 薄层，置日光下检测。供试品色谱中，在与血竭素高氯酸盐对照品色谱和血竭对照药材色谱相应的位置上显相同的橙色斑点。

含量测定　采用高效液相色谱法测定，本品按干燥品计算，含血竭素（$C_{17}H_{14}O_3$）不得少于 1.0%。

【功效与主治】性平，味甘、咸；能活血定痛，化瘀止血，生肌敛疮；用于跌打损伤、心腹瘀痛、外伤出血、疮疡不敛。

【药理作用】① 镇痛与促进表皮修复。研究证明，龙血竭提取物对糖尿病模型大鼠的烫伤创面模型具有较好疗效，且可以使大鼠体内 Bcl-2 蛋白的表达水平显著上升，证明龙血竭具有促进大鼠创面愈合、抑制细胞凋亡、改善微循环的作用。

② 抗菌与抑制消化道溃疡。现代研究表明，龙血竭除可以治疗外伤外，对消化器官的溃疡与炎症也有较好的疗效。

③ 抗心肌缺血作用。龙血竭中的有效成分对心肌梗死新西兰兔的心肌细胞具有较好的保护作用；龙血竭可通过调节 miR-423-3p/ERK 信号通路抑制树鼩心肌 IR 模型中内质网诱导的心肌细胞凋亡。

44. 天南星科（Araceae）

⚥ $* P_{4\sim6} A_{4\sim6} \underline{G}_{(1\sim\infty:1\sim\infty:1\sim\infty)}$；♂ $P_0 A_{1\sim8}$；♀ $P_0 \underline{G}_{(1\sim\infty:1\sim\infty:1\sim\infty)}$

［形态特征］草本。常具块茎或根状茎。叶基生或茎生，单叶或复叶，基部常具膜质叶鞘，网状脉，脉岛中无自由末梢。肉穗花序，基部有一大型佛焰苞；花小，两性或单性，单性花常无花被，雄蕊 1~8 枚，常愈合成雄蕊柱，少分离；两性花常具花被片 4~6 片，鳞片状；雄蕊常 4 枚或 6 枚；雌蕊子房上位，由 1 至数枚心皮组成 1 至数室。浆果密集生于花序轴上。

［分布］约 115 属，2 000 余种；主要分布于热带、亚热带。我国有 35 属，205 余种；主要分布于华南、西南；已知药用的有 22 属，106 种。

［显微特征］常有黏液细胞，内含针晶束；根状茎或块茎常具周木型或有限外韧型维管束。

［染色体］$X=12,13,14$。

［化学成分］含有挥发油；生物碱，如葫芦巴碱（trigonelline）；掌叶半夏碱甲、丙等；聚糖，如甘露聚糖（mannan）、葡萄甘露聚糖（glucomannan）。

［药用植物与生药代表］

（1）天南星属（*Arisaema*）。

草本。有块茎。叶片 3 至多裂，放射状、鸟趾状全裂或复叶。肉穗花序具附属体，佛焰苞下部管状，上部开展；雌雄异株，无花被，雄花 2~5 枚簇生，花丝愈合，稀疏排列于花序轴上；雌花子房上位，1 室，密集排列于花序轴上。浆果红色。

天南星 Arisaematis Rhizoma

本品为天南星科植物天南星 *Arisaema erubescens*（Wall.）Schott、异叶天南星 *A. heterophyllum* Bl.或东北天南星 *A. amurense* Maxim.的干燥块茎。主产于陕西、甘肃、四川、贵州、云南等地。秋、冬两季茎叶枯萎时采挖，除去须根及外皮，干燥。块茎呈扁球形，高 1~2 cm，直径 1.5~6.5 cm。表面类白色或淡棕色，较光滑，顶端有凹陷的茎痕，周围有麻点状根痕，有的块茎周边有小扁球状侧芽。质坚硬，不易破碎，断面不平坦，白色，粉性。气微辛，味麻辣。含刺激性辛辣物质，明矾可消除其刺激性。本品粉末类白色。淀粉粒以单粒为主，圆球形或长圆形，直径 2~17 μm，脐点点状、裂缝状，大粒层纹隐约可见；复粒少数，由 2~12 个分粒组成。草酸钙针晶散在或成束存在于黏液细胞中，长 63~131 μm。草酸钙方晶多见于导管旁的薄壁细胞中，直径 3~20 μm。含黄酮、苷类、甾体、生物碱、糖、蛋白质及微量元素等。具有抗肿瘤、镇静、镇痛、抗心律失常、抗氧化、祛痰、抗菌、杀灭钉螺等作用。本品性温，味苦、辛，有毒；生品能散结消肿；外用治痈肿、蛇虫咬伤；炮制品能燥湿化痰、祛风止痉、散结消肿，用于顽痰咳嗽、风痰眩晕、中风痰壅、口眼歪斜、半身不遂、癫痫、惊风、破伤风等。外用生品适量，研末以醋或酒调敷患处。孕妇慎用；生品内服宜慎。

（2）半夏属（*Pinellia*）。

草本。具块茎。叶基生，叶片 3~7 裂或鸟趾状全裂，叶柄中下部有小块茎（珠芽），花序轴具细长附属体，佛焰苞内卷成筒状，有增厚的横隔膜；花雌雄同序，无花被，雄花雄蕊 2 枚，位于花序上部；雌花位于花序下部，着生雌花的花序轴与佛焰苞贴生，子房 1 室，胚珠 1 枚。

半夏* Pinelliae Rhizoma （英）Pinellia Tuber

图 14-176 半夏

【基原】 为天南星科植物半夏 *Pinellia ternata* (Thunb.) Breit.的干燥块茎。

【植物形态】 多年生草本，高 15~30 cm。块茎近球形，有多数须根。叶基生，一年生叶为单叶，卵状心形，2 年以上叶为三出复叶，全缘，羽状网脉。花单性同株，肉穗花序，佛焰苞绿色，雄花和雌花之间为不育部分，雌花在下。上部为雄花，顶端附属器青紫色、鼠尾状，伸出佛焰苞外。浆果成熟后红色，卵形（图 14-176）。

【产地】 主产于湖北、河南、四川等省。

【采制】 夏、秋两季采挖，洗净，除去外皮和须根，晒干。一般炮制后使用。

【性状】 本品呈类球形，有的稍偏斜，直径 1~1.5 cm。表面白色或浅黄色，顶端有凹陷的茎痕，周围密布麻点状根痕；下面钝圆，较光滑。质坚实，断面洁白，富粉性。气微，味辛辣、麻舌而刺喉。以色白、质坚实、粉性足者为佳（图 14-177）。

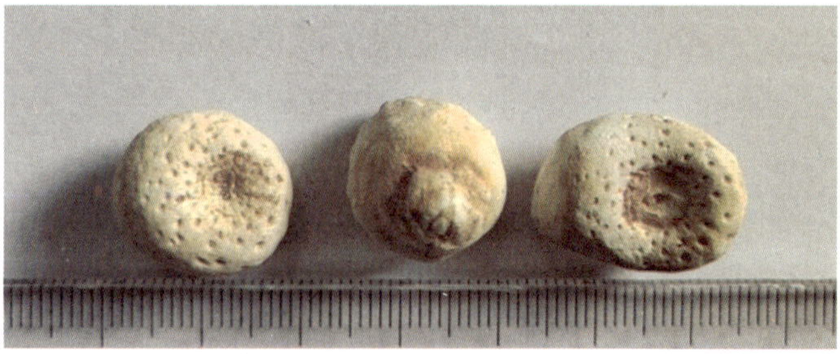

图 14-177 生半夏

饮片 清半夏，断面略有角质样，气微，味微涩、微有麻舌感。姜半夏，断面淡黄棕色，常有角质样光泽。气微香，味淡，微有麻舌感，嚼之略黏牙。法半夏，断面黄色或淡黄色，气微，味淡略甘、微有麻舌感。

【显微特征】粉末　类白色。① 淀粉粒甚多，单粒类圆形、半圆形或圆多角形，直径 2~20 μm，脐点裂缝状、"人"字状或星状；复粒由 2~6 个分粒组成。② 草酸钙针晶束存在于椭圆形黏液细胞中，或随处散在，针晶长 20~144 μm。③ 螺纹导管直径 10~24 μm（图 14-178）。

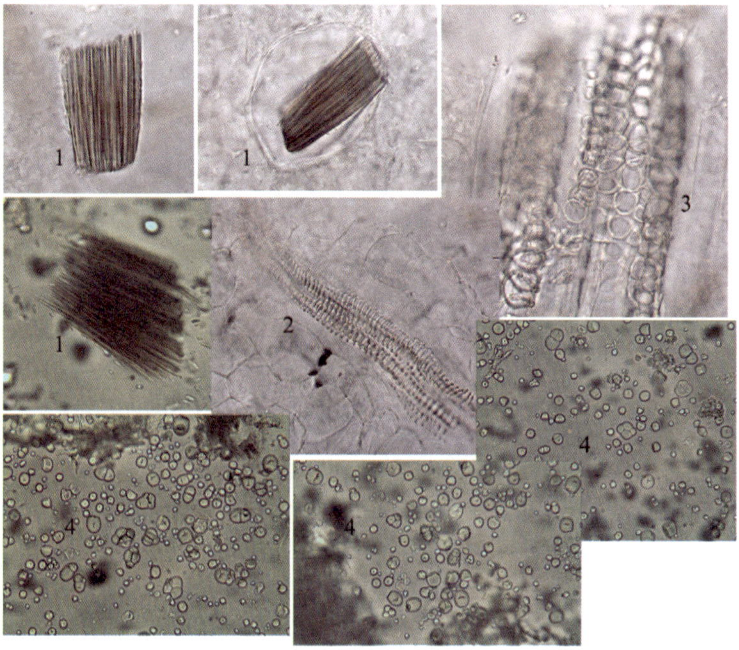

图 14-178　半夏粉末组织特征图

1. 草酸钙针晶；2. 螺纹导管；3. 环纹导管；4. 淀粉粒。

【化学成分】含有精氨酸、天门冬氨酸、谷氨酸等多种氨基酸，琥珀酸（succinic acid）、棕榈酸（palmitic acid）等有机酸；麻黄碱（ephedrine）约 0.002%、胆碱（choline）等生物碱；鸟苷、腺苷等核苷；半夏蛋白，β-谷甾醇（β-sitosterol）、胡萝卜苷（daucosterol）等甾醇类成分；刺激性物质尿黑酸及其苷等。

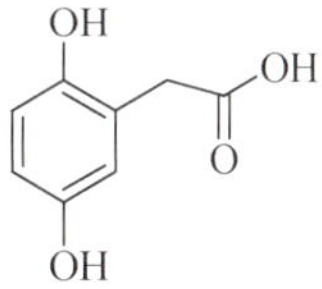

尿黑酸

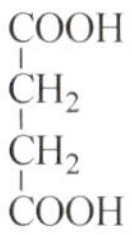

琥珀酸

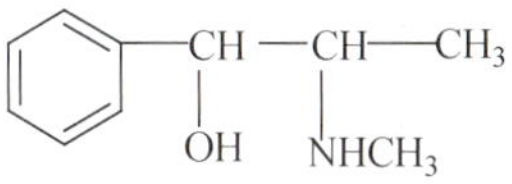

麻黄碱

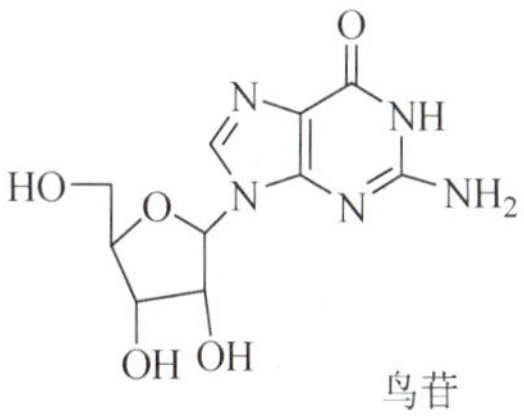

鸟苷

【理化鉴别】薄层色谱　硅胶 G 薄层，喷以茚三酮试液，在 105 ℃加热至斑点显色清晰。供试品色谱中，在与精氨酸对照品、丙氨酸对照品、缬氨酸对照品、亮氨酸对照品色谱相应的位置上显相同颜色的斑点。硅胶 G 薄层，喷以 10%硫酸乙醇溶液，在 105 ℃加热至斑点显色清晰。供试品色谱中，在与对照药材色谱相应的位置上显相同颜色的斑点。

【浸出物】按照水溶性浸出物测定法中的冷浸法测定，不得少于 7.5%。

【功效与主治】性温，味辛，有毒；能燥湿化痰，降逆止呕，消痞散结；用于湿痰寒痰、咳喘痰多、痰饮眩悸、风痰眩晕、痰厥头痛、呕吐反胃、胸脘痞闷、梅核气;外治痈肿痰核。用量:内服一般炮制后使用,3~9 g;外用适量,磨汁涂或研末以酒调敷患处。不宜与川乌、制川乌、草乌、制草乌、附子同用;生品内服宜慎。

【药理作用】① 镇咳祛痰作用。对碘液注入猫胸腔或电刺激喉上神经所致的咳嗽有镇咳作用;能减少氨水所致小鼠咳嗽次数和延长枸橼酸致豚鼠咳嗽的潜伏期。

② 镇吐作用。对阿扑吗啡、洋地黄等引起的呕吐具有镇吐作用。

③ 镇静作用。可抑制小鼠自主活动和增加戊巴比妥钠阈下催眠剂量的入睡动物数,并延长睡眠时间。

④ 刺激性和毒性。生半夏具有强烈的刺激性毒性及肝肾毒性、妊娠毒性、遗传毒性。对局部黏膜有强烈刺激性,小鼠服用后可致失音、喉部水肿和充血;生半夏能抑制小鼠体重增加,并引起小鼠死亡;可引起孕鼠阴道出血,胚胎早期死亡数增加。

【附注】半夏常见的炮制方法有清半夏、法半夏和姜半夏。清半夏:取半夏,大小分开,用8%白矾溶液浸泡至内无干心,口尝微有麻舌感,取出,洗净,切厚片,干燥。姜半夏:取半夏,大小分开,用水浸泡至内无干心时;另取生姜切片煎汤,加白矾与半夏共煮透,取出,晾至半干,切薄片,干燥。法半夏:取净半夏,大小分开,用水浸泡至内无干心,取出;另取甘草适量,加水煎煮二次,合并煎液,倒入用适量水制成的石灰液中,搅匀,加入上述已浸透的半夏,浸泡,每日搅拌1~2次,并保持浸液 pH 12 以上,至剖面黄色均匀,口尝微有麻舌感时,取出,洗净,阴干或烘干,即得。每 100 kg 净半夏,用甘草 15 kg、生石灰 10 kg。

伪品:天南星科犁头尖的块茎。药材呈椭圆形、圆锥形或半圆形,表面类白色或淡黄色,不平滑,有多数隐约可见的点状根痕,上端类圆形,有凸起的芽痕,下端略尖,质坚实,断面白色,粉性。气微,味辛辣,麻舌而刺喉。显微可见一个黏液细胞中常有数束草酸钙针晶束呈不同方向交错排列。

石菖蒲* Acori Tatarinowii Rhizoma （英）Grassleaf Sweetfalg Rhizome

【基原】天南星科植物石菖蒲 *Acorus tatarinowii* Schott 的干燥根茎。

【植物形态】草本。根状茎横走,具浓烈香气。叶基生,剑状线形,无中脉。佛焰苞叶状,不包围花序。花两性,花被6枚,雄蕊6枚,与花被对生,子房2~3室。浆果红色。

【产地】分布于华东、华中、华南、西南;生于山谷溪边及河边石上。

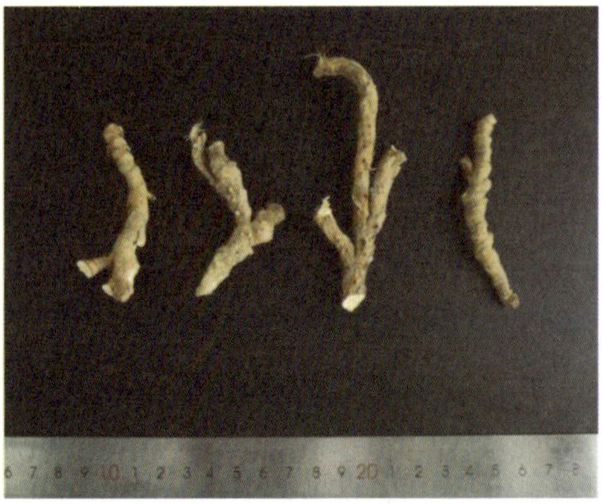

图 14-179　石菖蒲药材

【采制】秋、冬二季采挖,除去须根和泥沙,晒干。

【性状】本品呈扁圆柱形,多弯曲,常有分枝,长3~20 cm,直径0.3~1 cm。表面棕褐色或灰棕色,粗糙,有疏密不匀的环节,节间长0.2~0.8 cm,具细纵纹,一面残留须根或圆点状根痕;叶痕呈三角形,左右交互排列,有的其上有毛鳞状的叶基残余。质硬,断面纤维性,类白色或微红色,内皮层环明显,可见多数维管束小点及棕色油细胞。气芳香,味苦、微辛(图 14-179)。

【显微特征】横切面 表皮细胞外壁增厚，棕色，有的含红棕色物质。皮层宽广，散有纤维束和叶迹维管束；叶迹维管束外韧型，维管束鞘纤维成环，木化；内皮层明显。中柱维管束周木型及外韧型，维管束鞘纤维较少。纤维束和维管束鞘纤维周围细胞中含草酸钙方晶，形成晶纤维。薄壁组织中散有类圆形油细胞，并含淀粉粒。

粉末 灰棕色。淀粉粒单粒球形、椭圆形或长卵形，直径 2～9 μm；复粒由 2～20 个（或更多）分粒组成。纤维束周围细胞中含草酸钙方晶，形成晶纤维。草酸钙方晶呈多面形、类多角形、双锥形，直径 4～16 μm。分泌细胞呈类圆形或长圆形，胞腔内充满黄绿色、橙红色或红色分泌物（图 14-180）。

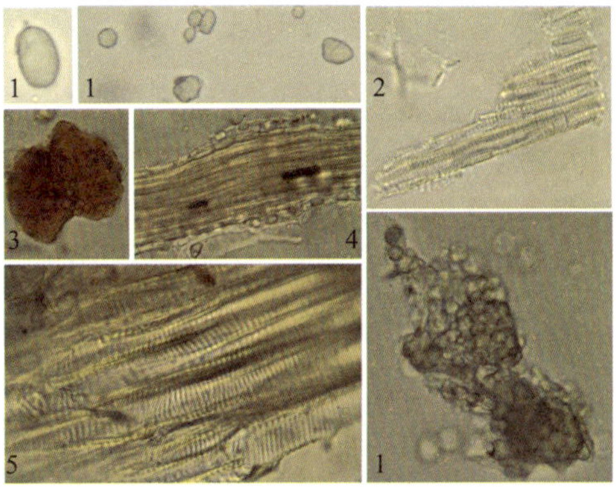

图 14-180 石菖蒲粉末组织特征图

1. 淀粉粒；2. 梯纹导管；3. 分泌细胞；4. 晶纤维；5. 螺纹导管。

【化学成分】主要含有挥发油、黄酮、生物碱及醌类成分。挥发油包括 α-细辛醚、β-细辛醚、γ-细辛醚、异丁香酚甲醚、桂皮醛、丁香酚、丹皮酚、4-萜烯醇、2-莰醇、香茅醇、2-糠醛、桉油精、龙脑、蒿脑、樟脑和橄香素等，黄酮类化合物包括草质素苷、紫云英苷和野漆树苷等，生物碱类化合物包括菖蒲碱甲、菖蒲碱乙和菖蒲碱丙等，醌类化合物包括 1,8-二羟基-3-甲氧基-6-甲基蒽醌等。

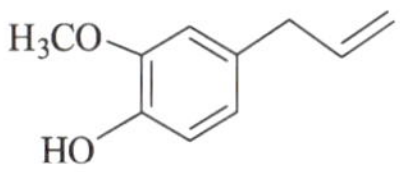

丁香酚

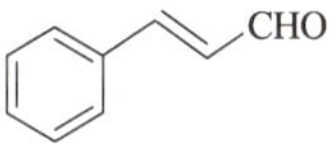

桂皮醛

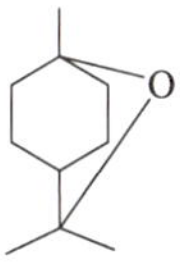

桉油精

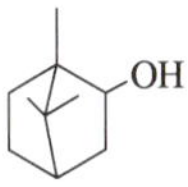

龙脑

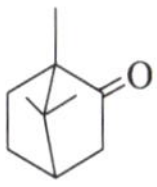

樟脑

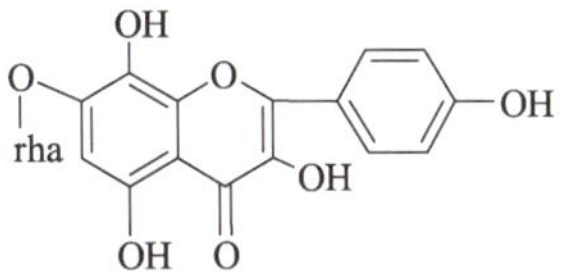

草质素苷

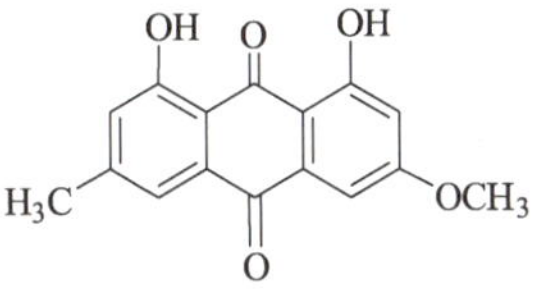

1,8-二羟基-3-甲氧基-6-甲基蒽醌

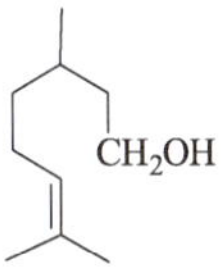

香茅醇

【理化鉴别】薄层色谱 硅胶 G 薄层，置紫外光灯（365 nm）下检视。供试品色谱中，在与石菖蒲对照药材色谱相应的位置上显相同颜色的荧光斑点。再以碘蒸气熏至斑点显色清晰。供试品色谱中，在与石菖蒲对照药材色谱和 β-细辛醚对照品相应的位置上显相同颜色的斑点。

浸出物 照醇溶性浸出物测定法（通则 2201）项下的冷浸法测定，用稀乙醇作溶剂，不得少于 12.0%。

含量测定 取本品研细（过一号筛），照挥发油测定法（通则 2204 乙法，加入二甲苯的量为 1.5 mL）测定，本品含挥发油不得少于 1.3%（mL/g）。照高效液相色谱法（通则 0512）测定，本品按干燥品计算，含 β-细辛醚（$C_{12}H_{16}O_3$）不得少于 0.46%。

【功效与主治】 性温,味辛、苦;能开窍豁痰,醒神益智,化湿开胃;用于神昏癫痫、健忘失眠、耳鸣耳聋、脘痞不饥、噤口下痢;用量 3~10 g。

【药理作用】 ① 对中枢神经系统的作用。多项研究共同表明,石菖蒲能够改善学习记忆能力;可通过降低血清中促炎因子的含量,提高血清中抑炎因子的含量,减少雄性 SD 大鼠矿场实验总分,缩短游泳不动时间,改善抑郁大鼠行为学能力,发挥抗抑郁作用。研究发现,石菖蒲挥发油中的有效成分 α-细辛醚可通过维持 BLA 中兴奋性/抑制性神经元的兴奋性/抑制性传递和衰减神经元过度兴奋性之间的平衡发挥抗焦虑作用;石菖蒲挥发油中的有效成分 α-细辛醚能够提高脑组织的兴奋域,减弱病灶的兴奋扩散,从而防止癫痫发作;石菖蒲挥发油主要有效成分 β-细辛醚可减轻 6-羟基多巴胺(6-OHDA)诱导的帕金森病大鼠症状,抑制 GRP78 和 CHOP mRNA 水平,促进 p-IRE1 和 XBP1 的表达,β-细辛醚可能通过 IRE1/XBP1 途径对 6-OHDA 诱导的帕金森病大鼠具有保护作用。

② 对心血管系统的作用。石菖蒲挥发油主要有效成分 β-细辛醚可降低 SOD 含量,升高 LDH 含量,下调抑制细胞凋亡的 COX-2 蛋白,上调调节能量代谢的 PPAR-α 蛋白,激活 VEGF 和 cAMP 信号通路,减轻盐酸异丙肾上腺素诱导大鼠心肌缺血的病理表现,发挥抗急性心肌缺血的治疗作用;研究人员通过构建原发性高血压(SHR)大鼠模型,探讨石菖蒲提取物的降压作用及机制,发现石菖蒲提取物可通过激活血管内皮 eNOS 途径使 NO 合成增加,从而引起血管舒张。

③ 对呼吸系统的作用。石菖蒲具有显著抑制气管痉挛、延长哮喘潜伏期、抗过敏等作用。

④ 对消化系统的作用。石菖蒲水提取液可抑制胃、十二指肠锋电振幅和慢波的频率、振幅以及十二指肠锋电发生率,抑制胃肠收缩活动,缓解胃肠收缩,其对胃肠的抑制作用可能是通过阻断胆碱能 M 受体实现的。

除此以外,石菖蒲还有抗肿瘤、抗菌、抗骨质疏松、安胎等作用。

45. 百部科(Stemonaceae)

$⚥ * P_{2+2}A_{2+2}\underline{G}_{(2:1:2\sim\infty)(2:1:2\sim\infty)}$

[形态特征] 草本或藤本。常有块根或横走根状茎。单叶对生、轮生或互生,弧形脉,有时具平行致密的横脉。花两性,辐射对称;腋生或贴生于叶片中脉;单被花,花被片 4 片,花瓣状,2 轮排列;雄蕊 4 枚,花药 2 室,药隔通常伸长,呈钻形或条形;子房上位或半下位,2 枚心皮组成 1 室,胚珠 2 至多数,基生或顶生胎座。蒴果 2 瓣裂。

[分布] 3 属,约 30 种;主要分布于亚洲东部和南部、美洲、大洋洲的亚热带地区。我国有 2 属,6 种;分布于秦岭以南各省;已知药用的有 2 属,6 种。

[显微特征] 块根通常具有根被。

[染色体] $X=7$。

[化学成分] 生物碱类,如百部碱(stemonine)、直立百部碱(sessilistemonine)、蔓生百部碱(stemonamine)等。

【药用植物与生药代表】

百部 Stemonae Radix

本品为百部科植物直立百部 *Stemona sessilifolia* (Miq.) Miq.、蔓生百部 *S. japonica*

(Bl.) Miq.、对叶百部 *S. tuberosa* Lour. 的干燥块根。主产于安徽、江苏、湖北、浙江、湖南。春、秋两季采挖，除去须根，洗净，置沸水中略烫或蒸至无白心，取出，晒干。直立百部的块根呈纺锤形，上端较细长，皱缩弯曲，长 5～12 cm，直径 0.5～1 cm。表面黄白色或淡棕黄色，有不规则深纵沟，间或有横皱纹。质脆，易折断，断面平坦，角质样，淡黄棕色或黄白色，皮部较宽，中柱扁缩。气微，味甘、苦。蔓生百部的块根两端稍狭细，表面多不规则皱褶和横皱纹。对叶百部的块根呈长纺锤形或长条形，长 8～24 cm，直径 0.8～2 cm。表面浅黄棕色至灰棕色，具浅纵皱纹或不规则纵槽。质坚实，断面黄白色至暗棕色，中柱较大，髓部类白色。含生物碱，以吡咯并氮杂薁类生物碱，如直立百部碱(sessilistemonine)、百部碱(stemonine)、对叶百部碱(tuberostemonine)、蔓生百部碱(stemonamine)、斯替宁碱(stenine)等。本品性微温，味甘、苦；能润肺下气止咳，杀虫灭虱；用于新久咳嗽、肺痨咳嗽、顿咳；外用于头虱、体虱、蛲虫病、阴痒。蜜百部能润肺止咳，用于阴虚劳嗽，用量 3～9 g。外用适量，水煎或酒浸。药理研究表明，百部碱具有镇咳作用，能降低呼吸中枢的兴奋性，抑制咳嗽反射；还能抑制多种致病细菌以及皮肤真菌的生长，对流感病毒也有抑制作用，对蚊蝇幼虫、头虱、衣虱、臭虫等也有杀灭作用。

46. 百合科(Liliaceae)

$⚥ * P_{3+3,(3+3)} A_{3+3} \underline{G}_{(3:3:1\sim\infty)}$

[形态特征] 常为草本，稀为木本。常具鳞茎、根状茎、球茎或块根。茎直立、攀缘状或变态成叶状枝。单叶互生、对生、轮生或退化成鳞片状。花序总状、穗状或圆锥花序；花通常两性，辐射对称；单被花，花被片 6 枚，分离，花瓣状，2 轮排列，每轮 3 枚，或花被联合，顶端 6 裂；雄蕊常 6 枚；子房通常上位，由 3 枚心皮合生成 3 室，中轴胎座。蒴果或浆果。

[分布] 约 230 属，3 500 种；广布于全球，以温带和亚热带地区为多。我国有 60 属，560 种；分布于南北各地，主要分布于西南地区；已知药用的有 46 属，359 种。

[显微特征] 植物体常有黏液细胞，并含有草酸钙针晶束。

[染色体] $X=3\sim27$。

[化学成分] 含有生物碱，如炉贝碱(fritiminine)、藜芦碱(jevine)、秋水仙碱(colchicine)等；强心苷，如铃兰毒苷(convallatoxin)等；甾体皂苷，如知母皂苷(timosaponine)、麦冬皂苷(ophiopogonine)、七叶一枝花皂苷(parphyllin)等；蒽醌，如萱草根素(hemerocallin)、芦荟大黄素(aloeemodin)等；另外还含有硫化物、多糖类化合物。

[药用植物与生药代表]

(1) 百合属(*Lilium*)。

草本。具无被鳞茎，肉质鳞叶较多。单叶互生，全缘。花大，花被片 6 枚，分离；雄蕊 6 枚，花药丁字着生；3 枚心皮 3 室，柱头膨大。蒴果室背开裂。

百合 *Lilium brownii* F. E. Brown var. *viridulum* Baker 茎有紫色条纹，光滑。叶倒卵状披针形至倒卵形，上部叶常比较小，3～5 脉。花喇叭状，乳白色，外面稍带紫色，顶端向外张开或稍外卷，有香味；花粉粒红褐色；子房长圆柱形，柱头 3 裂。蒴果矩圆形，有棱。分布于华北、华南和西南，生于山坡草地，多栽培。鳞茎的鳞叶(药材名：百合)为滋阴药，能养阴润肺、清心安神。

同属植物卷丹 *L. lancifolium* Thunb.分布于全国大部分省区，生于山坡草地；细叶百合(山丹) *L. pumilum* DC.分布于西北、东北、华北，生于山坡草地。以上两种鳞茎的鳞叶亦作中药百合入药。

（2）黄精属(*Polygonatum*)。

草本。具横走根茎,具黏液。叶互生或轮生,全缘。花被下部全生成管状,顶端6裂,裂片顶端具乳突;雄蕊6枚;子房上位,3枚心皮组成3室。浆果。

黄精 *P. sibiricum* Red. 根状茎圆柱形,节间一头粗一头细。叶轮生,每轮4~6枚,条状披针形,先端卷曲。花序腋生,2~4朵花排成伞形状,下垂,苞片膜质,位于花梗基部;花近白色。浆果成熟时黑色。分布于东北、华北及黄河流域,南达四川;生于林下、灌丛及山坡阴处。根状茎(药材名:黄精)为滋阴药,能润肺滋阴、补脾益气。

玉竹 *P. odoratum* (Mill.) Druce 根状茎较细。叶互生,椭圆形或卵状矩圆形,背面淡粉白色。花序腋生,常具1~3朵花;花白色;浆果成熟时蓝黑色。分布于东北、华北、中南、华南及四川,生于向阳山坡。根状茎(药材名:玉竹)为滋阴药,能滋阴润肺、生津养胃。

同属植物多花黄精 *P. cyrtomema* Hua 分布于河南以南和长江流域,生于林下、灌丛及山坡阴处;滇黄精 *P. kingianum* Coll. et Hemsl.分布于广西、四川、贵州、云南,生于林下、灌丛或阴湿草坡。以上两种的根状茎亦作黄精入药。

（3）贝母属(*Fritillaria*)。

草本。具无被鳞茎,肉质鳞叶较少。单叶对生、轮生、互生,或呈混合叶序,全缘。花钟状下垂,花被片6枚,分离,基部有腺窝,不反转;雄蕊6枚,花药基生;子房上位,3枚心皮组成3室。蒴果常有翅。

川贝母* Fritillarise Cirrhosae Bulbus （英）Szechuan-fritillary Bulb

图14-181 卷叶贝母(上左)、暗紫贝母(上右)、甘肃贝母(下左)、瓦布贝母(下右)

【基原】 为百合科植物川贝母 *Fritillaria cirrhosa* D. Don、暗紫贝母 *F. unibracteata* et K. C. Hsia、甘肃贝母 *F. przewalskii* Maxim、太白贝母 *F. Taipaiensis* P. Y. Li、瓦布贝母 *F. unibracteata* Hsiao et K. C. Hsia var. *wabuensis* (S. Y. Tang et S. C. Yue) Z. D. Liu, S. Wang et S. C. Chen 或梭砂贝母 *F. delavayi* Franch. 的干燥鳞茎。

【植物形态】 卷叶贝母 多年生草本,鳞茎卵圆形。叶通常对生,少数互生或轮生,下部叶片狭长矩圆形至宽条形,中上部叶狭披针状条形,叶端多少卷曲。单花顶生,花被紫色具黄绿色斑纹,或黄绿色具紫色斑纹,叶状苞片通常3枚,先端卷曲(图14-181)。

暗紫贝母 鳞茎外面有2枚鳞片,通常外面两枚鳞叶大小悬殊,大鳞叶紧抱小鳞叶,呈怀中抱月状,或两枚鳞叶大小相似。茎基部1~2对叶对生,其余叶多散生,叶片条形至条状披针形,先端不卷曲。花单生茎顶,具

1 枚叶状苞片，深紫色，略有黄褐色小方格纹。蒴果具狭翅。

甘肃贝母　鳞茎有鳞叶 3~4 枚。茎中部以上具叶，最下部 2 枚对生，其余互生，条形。花浅黄色，具紫色或黑紫色斑点。分布于甘肃、青海，生于高山山坡草丛。

梭砂贝母　鳞茎较大，有鳞叶 3~4 枚。茎中部以上具叶，叶片卵形至卵状披针形。花淡黄色，外面带紫晕，内面有蓝紫色小方格及斑点。

【产地】卷叶贝母主产于西藏南部至东部、云南西北部、四川西部，暗紫贝母主产于四川阿坝地区，甘肃贝母主产于甘肃、青海和四川西部，梭砂贝母主产于青海玉树、四川甘孜等地。瓦布贝母和太白贝母是川贝栽培品的主要原植物，前者主产于四川阿坝州，后者主产于重庆、陕西和湖北。

【采制】一般在 6—7 月采挖。洗净，用矾水擦去外皮或装入新麻袋内，撞去泥土及须根，晒干或低温干燥。按性状不同分别习称“松贝”“青贝”“炉贝”和“栽培品”。

【性状】松贝　呈类圆锥形或近球形，高 0.3~0.8 cm，直径 0.3~0.9 cm。表面类白色。外层鳞叶 2 瓣，大小悬殊，大瓣紧抱小瓣，未抱部分呈新月形，习称“怀中抱月”；顶部闭合，内有类圆柱形、顶端稍尖的心芽和小鳞叶 1~2 枚；先端钝圆或稍尖，底部平、微凹入，中心有一灰褐色的鳞茎盘，偶有残存须根。质硬而脆，断面白色，富粉性。气微，味微苦（图 14-182）。

图 14-182　松贝（左）、太白贝母（右）

青贝　呈类扁球形，高 0.4~1.4 cm，直径 0.4~1.6 cm。外层鳞叶 2 瓣，大小相近，相对抱合，顶部开裂，内有心芽和小鳞叶 2~3 枚及细圆柱形的残茎。

炉贝　呈长圆锥形，高 0.7~2.5 cm，直径 0.5~2.5 cm。表面类白色或浅棕黄色，有的具棕色斑点。外层鳞叶 2 瓣，大小相近，顶部开裂而略尖，基部稍尖或较钝。

栽培品　呈类扁球形或短圆柱形，高 0.5~2 cm，直径 1~2.5 cm。表面类白色或浅棕黄色，稍粗糙，有的具浅黄色斑点。外层鳞叶 2 瓣，大小相近，顶部多开裂而较平。

【显微特征】粉末　类白色或浅黄色。松贝、青贝及栽培品的特征：① 淀粉粒甚多，广卵形、长圆形或不规则圆形，有的边缘不平整或略作分枝状，直径 5~64 μm，脐点短缝状、点状、“人”字状或马蹄状，层纹隐约可见。② 表皮细胞类长方形，垂周壁微波状弯曲，偶见不定式气孔，圆形或扁圆形。③ 螺纹导管直径 5~26 μm（图 14-183）。

炉贝　淀粉粒呈广卵形、贝壳形、肾形或椭圆形，直径约 60 μm，脐点“人”字状、星状或点状，层纹明显。螺纹导管和网纹导管直径可达 64 μm。

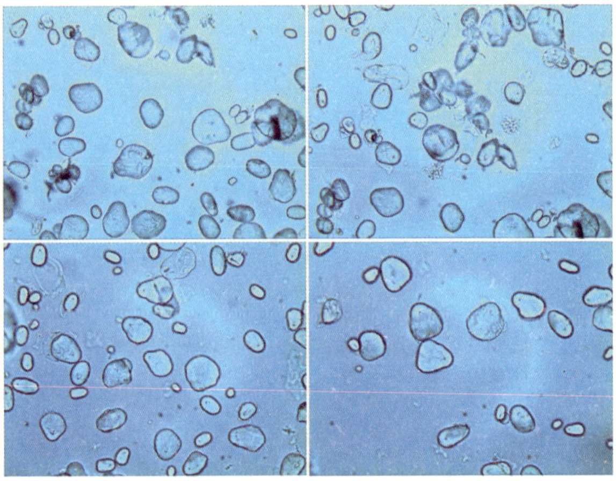

图 14-183　松贝粉末组织特征图(示淀粉粒)

【化学成分】含有多种甾体生物碱,如川贝碱(fritimine)、西贝素(sipeimine)、西贝母碱(西贝碱 pureonebio、imperialine)。暗紫贝母还含有松贝辛(songbeisine)、松贝甲素(songbeinine),甘肃贝母还含有岷贝碱甲(minpeimine)、岷贝碱乙(minpeiminine),梭砂贝母还含有梭砂贝母素甲(delavine)、梭砂贝母酮碱(delavinone)、川贝母酮碱(chuanbeinone)、贝母辛(peimisine)、贝母素乙等。

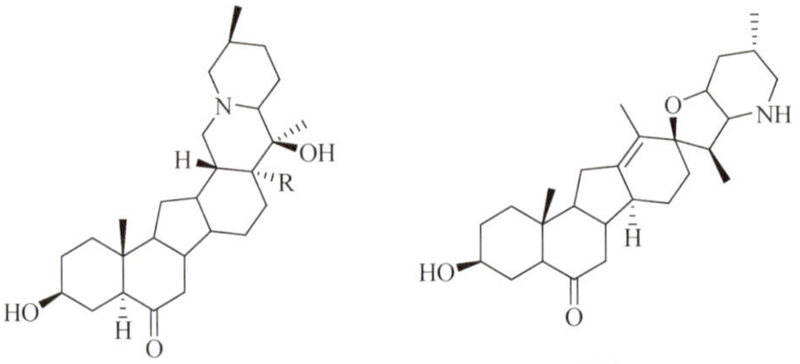

西贝碱 R=α-H 贝母素乙 R=β-H　　　贝母辛

【理化鉴别】薄层色谱　硅胶 G 薄层,依次喷以稀碘化铋钾试液和亚硝酸钠乙醇试液。供试品色谱中,在与贝母素乙对照品色谱相应的位置上显相同颜色的斑点。

聚合酶链式反应-限制性内切酶长度多态性方法　提取模板 DNA,进行 PCR-RFLP 反应,进行电泳检测,照琼脂糖凝胶电泳法(通则 0541),胶浓度为 1.5%,供试品凝胶电泳图谱中,在与对照药材凝胶电泳图谱相应的位置上,在 100~250 bp 应有两条 DNA 条带,空白对照无条带。

浸出物　照醇溶性浸出物测定法(通则 2201)项下的热浸法测定,用稀乙醇作溶剂,不得少于 7.0%。

【功效与主治】性微寒,味苦、甘;能清热润肺,化痰止咳,散结消痈;用于肺热燥咳、干咳少痰、阴虚劳嗽、痰中带血、瘰疬、乳痈、肺痈;用量 3~10 g,研粉冲服,一次 1~2 g。不宜与川乌、制川乌、草乌、制草乌、附子同用。

【药理作用】

① 祛痰、镇咳作用。对氨水所致小鼠咳嗽有显著的镇咳作用;可增加气管腺体组织分泌,使痰液黏度下降。

② 扩张血管、降压作用。可作用于中枢神经系统,使麻醉猫周围血管扩张、血压持续下降、心率变慢及短暂呼吸抑制。

③ 抑制肠蠕动及增强子宫收缩作用。可抑制兔离体肠平滑肌的蠕动及增强豚鼠离体子宫的收缩。

浙贝母* Fritillariae Thunbergii Bulbus （英）Bulb of Thunberg Fritillary

【基原】为百合科植物浙贝母 *Fritillaria thunbergii* Miq.的干燥鳞茎。

【植物形态】鳞茎由2(~3)枚鳞片组成。叶在最下面者为对生或散生,向上常兼有散生、对生和轮生者,近条形至披针形,先端不卷曲或稍弯曲。花1~6朵,淡黄色,有时稍带淡紫色,顶端的花具3~4枚叶状苞片,其余的具2枚苞片;苞片先端卷曲;花被片内外轮相似;雄蕊长约为花被片的2/5。蒴果,棱上有翅。花期3—4月,果期5月(图14-184)。

图14-184 浙贝母

【产地】主产于江苏(南部)、浙江(北部)和湖南。现有大量栽培。

【采制】初夏植株枯萎时采挖,洗净。大小分开,大者除去芯芽,习称“大贝”;小者不去芯芽,习称“珠贝”。分别撞擦,除去外皮,拌以煅过的贝壳粉,吸去擦出的浆汁,干燥;或取鳞茎,大小分开,洗净,除去芯芽,趁鲜切成厚片,洗净,干燥,习称“浙贝片”。

【性状】大贝 为鳞茎外层的单瓣鳞叶,略呈新月形,高1~2 cm,直径2~3.5 cm。外表面类白色至淡黄色,内表面白色或淡棕色,被有白色粉末。质硬而脆,易折断,断面白色至黄白色,富粉性。气微,味苦。

珠贝 为完整的鳞茎,呈扁圆形,高1~1.5 cm,直径1~2.5 cm。表面黄棕色至黄褐色,有不规则的皱纹;或表面类白色至淡黄色,较光滑或被有白色粉末。质硬,不易折断,断面淡黄色或类白色,略带角质状或粉性;外层鳞叶2瓣,肥厚,略似肾形,互相抱合,内有小鳞叶2~3枚和干缩的残茎。

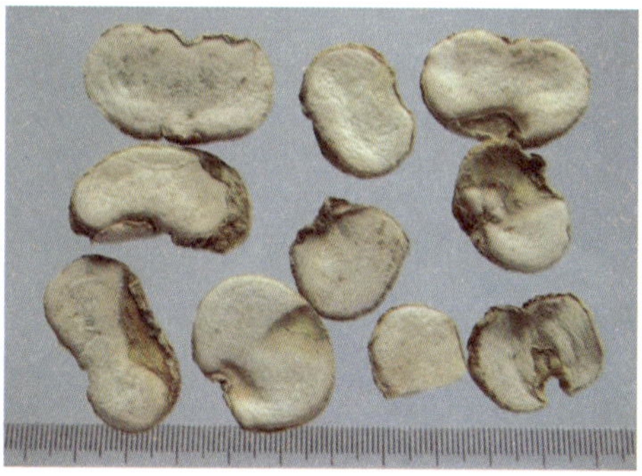

图14-185 浙贝片

浙贝片 为椭圆形或类圆形片,大小不一,长1.5~3.5 cm,宽1~2 cm,厚0.2~0.4 cm。外皮黄褐色或灰褐色,略皱缩;或淡黄色,较光滑。切面微鼓起,灰白色;或平坦,粉白色。质脆,易折断,断面粉白色,富粉性(图14-185)。

【显微特征】粉末 淡黄白色。淀粉粒甚多,单粒卵形、广卵形或椭圆形,直径6~56 μm,层纹可见。表皮细胞类多角形或长方形,垂周壁连珠状增厚;气孔少见,副卫细胞4~5个。草酸钙结晶少见,细小,多呈颗粒状,有的呈梭形、方形或细杆状。导管多为螺纹,直径约18 μm(图14-186)。

【化学成分】主要成分为生物碱类、糖类、黄酮类、萜类、挥发性成分及微量元素等,如贝母素甲、贝母素乙、贝母辛、浙贝酮、西贝素、异贝母素甲、西贝母碱苷和蒲贝酮碱等生物碱类成分,也是浙贝母的主要活性成分;槲皮素、山柰酚和 6-甲基槲皮素等黄酮类成分,可母尼醇等萜类成分,贝萼皂苷元、贝萼皂苷元甲酯、重楼皂苷、西贝素苷、浙贝宁苷和贝母素甲苷等皂苷类成分。

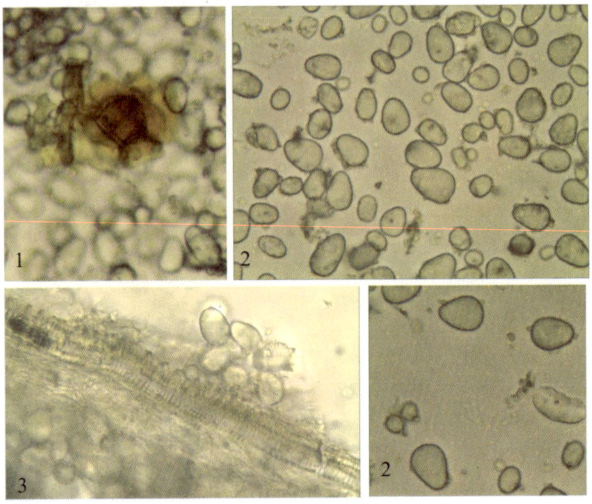

图 14-186　浙贝母粉末组织特征图

1. 表皮细胞;2. 淀粉粒;3. 螺纹导管。

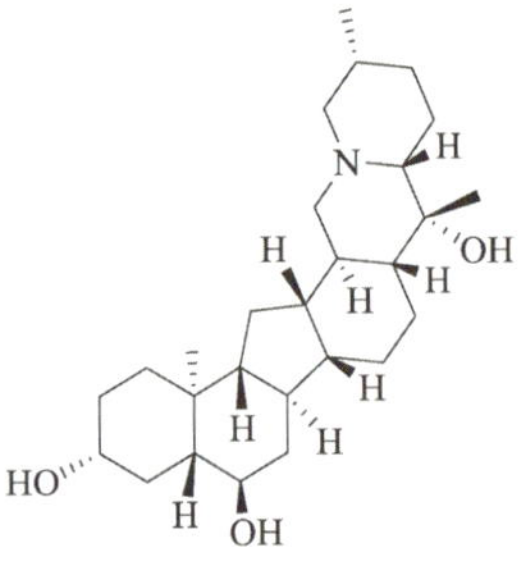
贝母素甲

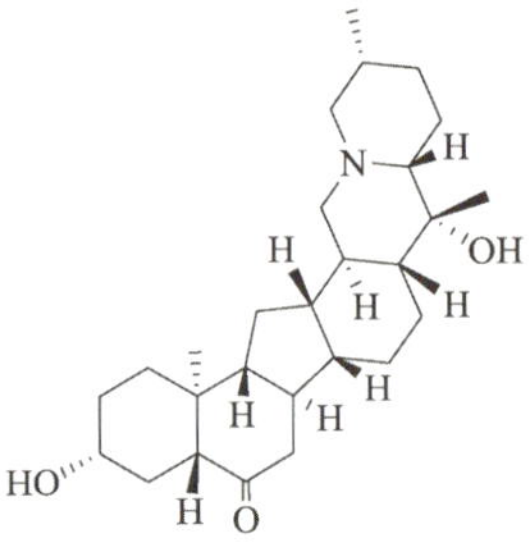
贝母素乙

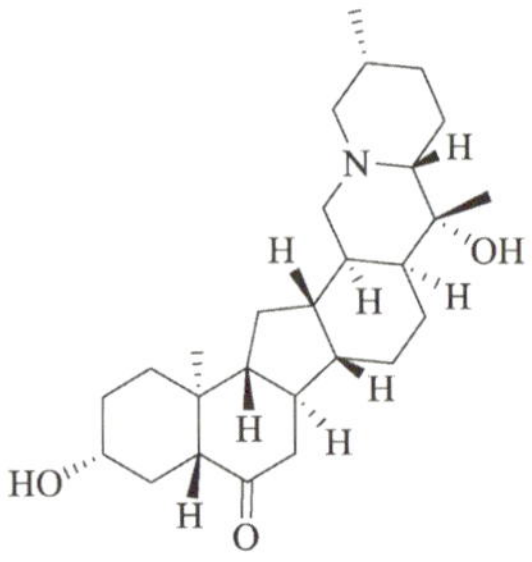
西贝素

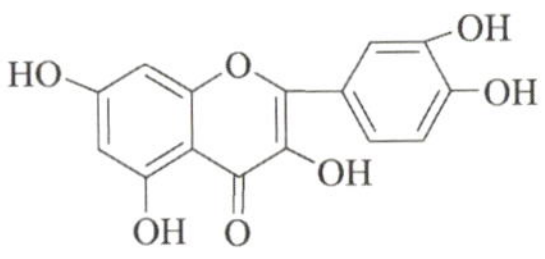
槲皮素

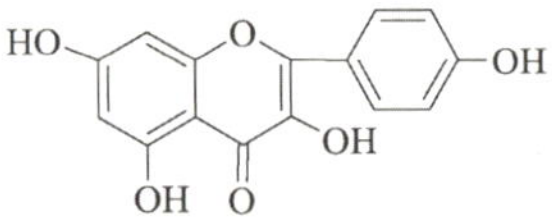
山奈酚

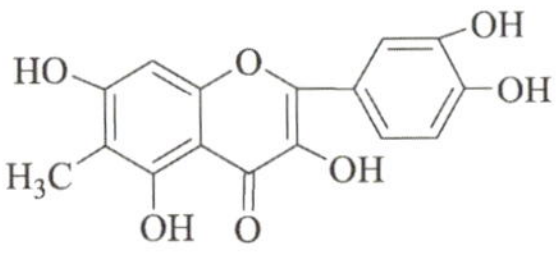
6-甲基槲皮素

【理化鉴别】 薄层色谱　硅胶 G 薄层,喷以稀碘化铋钾试液。供试品色谱中,在与贝母素甲对照品、贝母素乙对照品色谱相应的位置上显相同颜色的斑点。

含量测定　采用高效液相色谱法测定,本品按干燥品计算,含贝母素甲($C_{27}H_{45}NO_3$)和贝母素乙($C_{27}H_{43}NO_3$)的总量不得少于 0.080%。

【功效与主治】 本品性寒,味苦;能清热化痰止咳,解毒散结消痈;用于风热咳嗽、痰火咳嗽、肺痈、乳痈、瘰疬、疮毒;用量 5~10 g。不宜与川乌、制川乌、草乌、制草乌、附子同用。

【药理作用】① 镇咳祛痰作用。浙贝母中的生物碱可通过拮抗气管 M 受体，抑制气管收缩，发挥镇咳祛痰作用。

② 平喘作用。浙贝母鳞茎中贝母素甲、贝母素乙、鄂贝定碱、蒲贝酮碱等生物碱类成分具有舒张气管、支气管的作用，其作用机制可能与 Ca^{2+} 激活的 K^{+} 通道的启动有关。

③ 抗炎作用。浙贝母鳞茎中分离得到的贝母素甲、鄂贝定碱等可抑制表皮细胞生长因子（EGF）、佛波醇 12-十四酸酯 13-乙酸酯（PMA）或肿瘤坏死因子-α（TNF-α）诱导的 MUC5AC 黏蛋白的产生和基因的表达。

【附注】平贝母　为百合科植物平贝母 *F. ussuriensis* Maxim.的干燥鳞茎。本品性微寒，味苦、甘；能清热润肺，化痰止咳；用于肺热咳嗽、干咳少痰、阴虚劳嗽、咳痰带血；用量 3~9 g。

伊贝母　为百合科植物新疆贝母 *F. walujewii* Regel.或伊犁贝母 *F. pallidiflora* Schrenk 的干燥鳞茎。性微寒，味苦甘。功效及用量同平贝母。

伪品：① 百合科植物山慈姑 *Iphigenia indica* Kunth 的干燥鳞茎。药材呈不规则短圆锥形，顶端渐尖，基部常呈脐状凹入或平截。表面黄白色或灰黄棕色，光滑，一侧有自基部至顶部的纵沟。质坚硬，断面角质样或显粉性，类白色。气弱，味苦而麻舌。本品含秋水仙碱，有大毒。② 葫芦科植物土贝母的块茎，又称“藤贝”。呈不规则的块状，大小不等，表面淡红棕色或暗棕色，凹凸不平。质坚硬，不易折断。断面角质样，光亮而平滑。气微，味微苦。

麦冬* Ophiopogonis Radix　（英）Dwarf Lilyturf

【基原】本品为百合科植物麦冬 *Ophiopogon japonicus*（L. f）Ker-Gawl.的干燥块根。

【植物形态】多年生草本。地下茎匍匐细长，有多数须根，须根中部或先端有膨大的纺锤形块根。叶丛生，线形。总状花序，花 1~2 朵；花被片 6 枚，披针形，淡紫色或白色。浆果球形，成熟后紫蓝色至蓝黑色。种子球形，白色或黄白色。花期 5—8 月，果期 8—9 月（图 14-187）。

图 14-187　麦冬

【产地】主产于浙江、四川，广西、贵州、云南、安徽、湖北、福建等地亦产。多为栽培种，产于浙江的称“杭麦冬”，产于四川的称“川麦冬”。

【采制】夏季采挖，洗净，反复暴晒、堆置，至七八成干，除去须根，晒干或微火烘干。

【性状】块根呈纺锤形，两端略尖，长 1.5~3 cm，直径 0.3~0.6 cm。表面黄白色或淡黄色,有细纵纹,一端常有细小中柱外露。质柔韧,断面黄白色,半透明,皮部宽阔,中柱细小。气微香,味甘、微苦。嚼之有黏性(图 14-188)。

图 14-188　麦冬药材

【显微特征】横切面　① 表皮细胞 1 列或脱落,根被为 3~5 列木化细胞。② 皮层宽广,散有含草酸钙针晶束的黏液细胞,有的针晶直径 10 μm;内皮层细胞壁均匀增厚,木化,有通道细胞,外侧为一列石细胞,其内壁及侧壁增厚,纹孔细密。③ 中柱较小,韧皮部束 16~22 个,木质部由导管、管胞、木纤维以及内侧的木化细胞连接成环层。④ 髓小,薄壁细胞类圆形(图 14-189)。

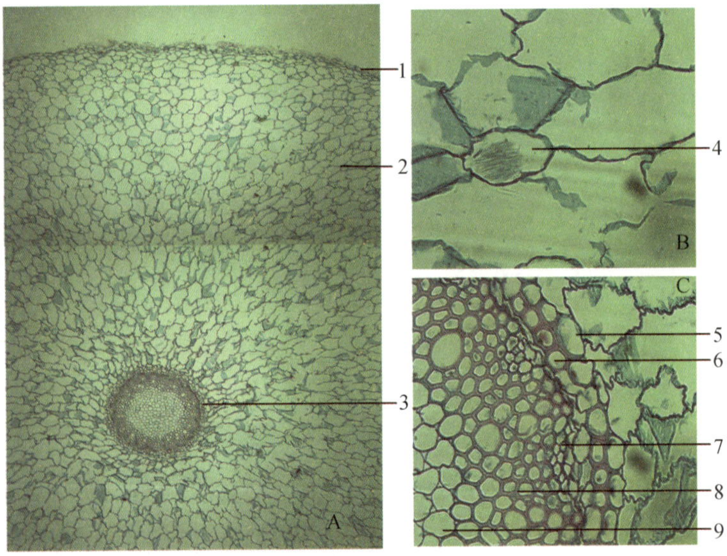

图 14-189　麦冬(块根)横切面组织构造

A. 横切面详图(10×4 倍);B. 皮层(10×40 倍);C. 中柱(10×10 倍)。
1. 根被;2. 皮层;3. 中柱;4. 黏液细胞和草酸钙针晶;5. 石细胞;
6. 内皮层;7. 韧皮部;8. 木质部;9. 髓。

粉末　淡黄棕色。① 草酸钙针晶成束或散在,长 24~50 μm。② 石细胞类方形或长方形,常成群存在,直径 30~64 μm,长约 180 μm,壁厚至 16 μm,有的一边甚薄,纹孔甚密,孔沟较粗。③ 内皮层细胞长方形或长条形,壁增厚,木化,孔沟明显。④ 木纤维细长,末端倾斜,壁稍厚,微木化。⑤ 导管及管胞多为单纹孔或网纹,少数具缘纹孔导管,常与木纤维相连(图 14-190)。

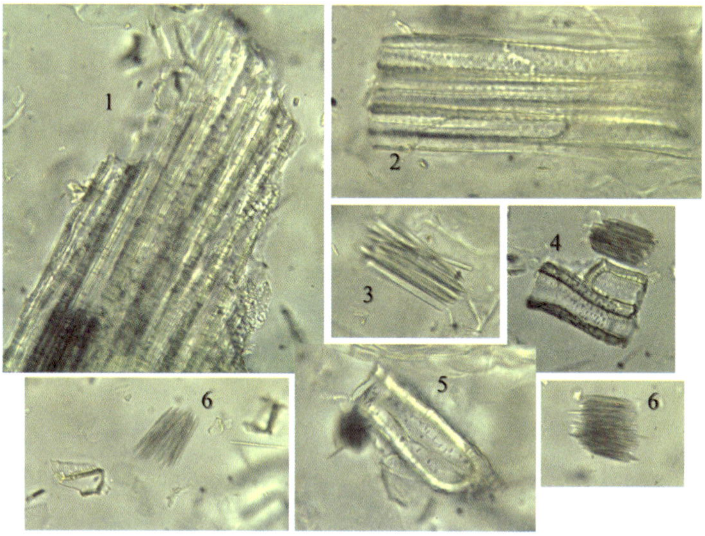

图 14-190　麦冬(块根)粉末组织特征图

1. 木纤维；2. 单纹孔导管石细胞；3. 草酸钙柱晶；
4. 石细胞；5. 内皮层细胞；6. 草酸钙针晶。

【化学成分】含 40 多种甾体皂苷，如麦冬皂苷(ophiopogonin) A、B、C、D、E、F、G。其中，麦冬皂苷 A 约 0.05%，麦冬皂苷 B 约 0.01%，皂苷元分别为鲁斯考皂苷元(ruscogenin)、薯蓣皂苷元(diosgenin)。含有多种黄酮，如麦冬黄酮(ophiopogonanone) A、B，甲基麦冬黄酮(methylophiopogonone) A、B，二氢麦冬黄酮(ophiopogonanone) A、B，甲基二氢麦冬黄酮(methylophiopogonanone) A、B 等，还含有麦冬多糖。多糖、皂苷是麦冬的主要活性成分。

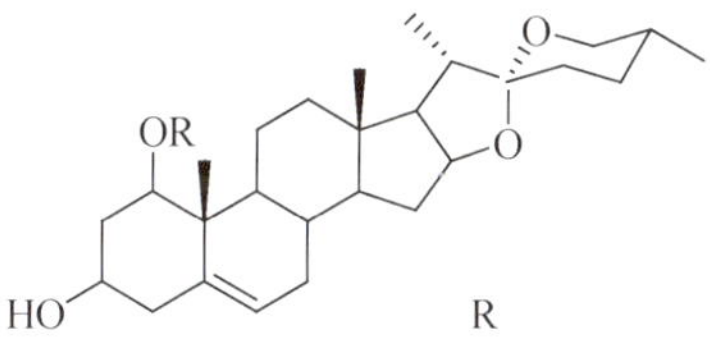

	R
鲁斯可皂苷元	H
麦冬皂苷B	rha $\xrightarrow{2}$ fuc
麦冬皂苷D	rha $\xrightarrow{2}$ fuc $\xrightarrow{3}$ xyl

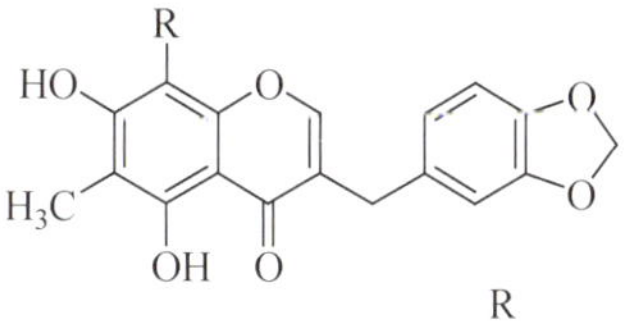

	R
麦冬黄酮 A	H
甲基麦冬黄酮 A	CH_3

【理化鉴别】薄层色谱　硅胶 GF_{254} 薄层，置紫外光灯(254 nm)下检视。供试品色谱中，在与对照药材色谱相应的位置上显相同颜色的斑点。

含量测定　按照紫外-可见分光光度法测定，本品按干燥品计算，含麦冬总皂苷以鲁斯可皂苷元($C_{27}H_{42}O_4$)计，不得少于 0.12%。

【功效与主治】性微寒，味甘、微苦；能养阴生津，润肺清心；用于肺燥干咳、阴虚痨嗽、喉痹咽痛、津伤口渴、内热消渴、心烦失眠、肠燥便秘；用量 6~12 g。

【药理作用】① 对免疫系统的作用。麦冬多糖可以促进体液免疫和细胞免疫功能，具有良好的免疫增强和刺激作用。

② 抗心律失常作用。麦冬总皂苷能预防或对抗由三氯甲烷-肾上腺素、氯化钡、乌头碱所诱发的大鼠或兔心律失常，并使结扎犬冠状动脉的室性心律失常发生率降低。

③ 降低血糖作用。麦冬多糖对糖尿病小鼠和大鼠都有降血糖作用,另外从麦冬中提取的麦冬总皂苷可减弱四氧嘧啶对胰岛 B 细胞的损伤,麦冬总皂苷能拮抗肾上腺素的升血糖作用。

④ 抗衰老作用。麦冬水提物拮抗自由基对生物膜的脂质过氧化损伤,从而发挥抗衰延寿的作用。麦冬具有降低全血高切黏度、低切黏度、血浆黏度等作用,通过增加血液循环来抗衰老。

⑤ 抗肿瘤作用。麦冬多糖能抑制 S180 肉瘤和腹水瘤的生长,对小鼠原发性肝癌实体瘤也有一定的抑制作用。

【附注】山麦冬　本品为百合科植物湖北麦冬 *Liriope spicata* (Thunb.) Lour. var. *prolifera* Y. T. Ma 或短葶山麦冬 *Liriope muscari* (Decne.) Baily 的干燥块根。湖北麦冬主产于湖北,块根纺锤形,两端略尖,长 1.2~3 cm,直径 0.4~0.7 cm,韧皮部束 7~15 个。短葶山麦冬主产于华东,块根稍扁,长 2~5 cm,直径 0.3~0.8 cm,韧皮部束 16~20 个。功效与主治同麦冬,用量 9~15 g。

知母 Anemarrhenae Rhizoma

本品为百合科植物知母 *Anemarrhena asphodeloides* Bge. 的干燥根茎。主产于河北。春、秋两季采挖,除去须根和泥沙,晒干,习称“毛知母”;或除去外皮,晒干,习称“知母肉”。毛知母呈长条状,微弯曲,略扁,偶有分枝,长 3~15 cm,直径 0.8~1.5 cm,一端有浅黄色的茎叶残痕。表面黄棕色至棕色,上面有一凹沟,具紧密排列的环状节,节上密生黄棕色的残存叶基,由两侧向根茎上方生长;下面隆起而略皱缩,并有凹陷或突起的点状根痕。质硬,易折断,断面黄白色。气微,味微甜、略苦,嚼之带黏性。知母肉表面黄白色至黄棕色,有扭曲的沟纹,断面白色至黄色。含多种知母皂苷(timosaponin),还含有杧果苷(mangiferin)、异杧果苷(isomangiferin)及胆碱、烟酸等。

含量测定:照高效液相色谱法测定,本品按干燥品计算,含新芒果苷($C_{25}H_{28}O_{16}$)和芒果苷($C_{19}H_{18}O_{11}$)的总量不得少于 1.20 %。含知母皂苷Ⅱ($C_{45}H_{76}O_{19}$)不得少于 3.0%。

本品性寒,味苦、甘;能清热泻火,滋阴润燥;用于外感热病、高热烦渴、肺热燥咳、骨蒸潮热、内热消渴、肠燥便秘;用量 6~12 g。药理研究表明,它对兔由大肠杆菌引起的发热有解热作用,对金黄色葡萄球菌、链球菌、肺炎双球菌、痢疾杆菌、伤寒杆菌、百日咳杆菌以及致病性皮肤真菌等均有较强的抑制作用。

芦荟 Aloe

本品为百合科植物芦荟 *Aloe barbadensis* Miller 叶的汁液浓缩干燥物,习称“老芦荟”。本品呈不规则块状,常破裂为多角形,大小不一。表面呈暗红褐色或深褐色,无光泽。体轻,质硬,不易破碎,断面粗糙或显麻纹。富吸湿性。有特殊臭气,味极苦。含羟基蒽醌苷类衍生物,如芦荟苷(barbaloin,10%~20%)、异芦荟苷(isobarbaloin)、芦荟-大黄素(aloe-emodin)、芦荟糖苷 A、B(aloinoside A、B)、后莫那特芦荟苷(homonataloin)等。本品性寒,味苦;能泻下通便,清肝泻火,杀虫疗疳;用于热结便秘、惊痫抽搐、小儿疳积、外治癣疮;用量 2~5 g,宜入丸、散。外用适量,研末敷患处。孕妇慎用。药理研究表明,它具有促进大肠及盆腔器官蠕动、充血作用,还有健胃及抗菌作用。

剑叶龙血树 ***Dracaena cochinchinensis*** **(Lour.) S. C. Chen** 常绿乔木,具红棕色汁液,树皮光滑,灰白色,幼枝有环状托叶痕。叶聚生于茎顶,剑形。圆锥花序,花序轴密生乳突状短毛。花乳白色。浆果橘黄色。分布于广西、云南。树脂(药材名:国产血竭)为活血化瘀药,内服能活血化瘀、止痛,外用能止血、生肌、敛疮。

47. 薯蓣科(Dioscoreaceae)

$♂ * P_{(3+3)}A_{3+3}$;$♀ P_{3+3}\overline{G}_{(3:3:2)}$

[**形态特征**] 缠绕性草质藤本。具根状茎或块茎。叶互生,少为对生,单叶或掌状复叶,具掌状网脉。穗状、总状或圆锥花序;花小,单性异株或同株,辐射对称;花被片 6 枚,排成 2 轮,基部结合;雄花具雄蕊 6 枚,有时 3 枚可育;雌花子房下位,3 枚心皮合生成 3 室,每室胚珠 2 枚,花柱 3 条。蒴果具 3 棱形的翅,种子常具翅。

[**分布**] 9 属,约 650 种;广布于热带和温带。我国仅有薯蓣属,49 种,主要分布于长江以南;已知药用的有 37 种。

[**染色体**] X=10,12,13,18。

[**化学成分**] 含有甾体皂苷,如薯蓣皂苷(dioscin)、纤细薯蓣皂苷(gracillin)等;生物碱,如薯蓣碱(dioscorine)。

[**药用植物与生药代表**]

山药* Dioscorea Rhizoma (英) Chinese Yam

【**基原**】为薯蓣科植物薯蓣 *Dioscorea opposita* Thunb.的干燥根茎。

【**植物形态**】缠绕草质藤本。块茎长圆柱形。茎通常带紫红色,右旋,无毛。单叶,在茎下部的互生,中部以上的对生,很少 3 叶轮生;叶片变异大,卵状三角形至宽卵形或戟形,叶腋内常有珠芽。雌雄异株。雄花序为穗状花序,着生于叶腋,偶尔呈圆锥状排列;花序轴明显地呈"之"字状曲折;苞片和花被片有紫褐色斑点;雄花的外轮花被片为宽卵形,内轮卵形,较小;雄蕊 6 枚。雌花序为穗状花序,1~3 个着生于叶腋。蒴果不反折,三棱状扁圆形或三棱状圆形,外面有白粉;种子着生于每室中轴中部,四周有膜质翅。花期 6—9 月,果期 7—11 月(图 14-191)。

图 14-191 薯蓣

【**产地**】分布于东北、河北、山东、河南、安徽淮河以南、江苏、浙江、江西、福建、台湾、湖北、湖南、广西北部、贵州、四川、甘肃东部、陕西南部等地。

【**采制**】冬季茎叶枯萎后采挖,切去根头,洗净,除去外皮和须根,干燥,或趁鲜切厚片,干燥;也可选择肥大顺直的干燥山药,置清水中,浸至无干心,闷透,切齐两端,用木板搓成圆柱状,晒干,打光,习称"光山药"。

【**性状**】毛山药 略呈圆柱形,弯曲而稍扁,长 15~30 cm,直径 1.5~6 cm。表面黄白色或淡黄色,有纵沟、纵皱纹及须根痕,偶有浅棕色外皮残留。体重,质坚实,不易折断,断面白色,粉性。气微,味淡、微酸,嚼之发黏。

图 14-192　怀山药片

山药片　为不规则的厚片，皱缩不平，切面白色或黄白色，质坚脆，粉性。气微，味淡、微酸(图 14-192)。

光山药　呈圆柱形，两端平齐，长 9~18 cm，直径 1.5~3 cm。表面光滑，白色或黄白色。

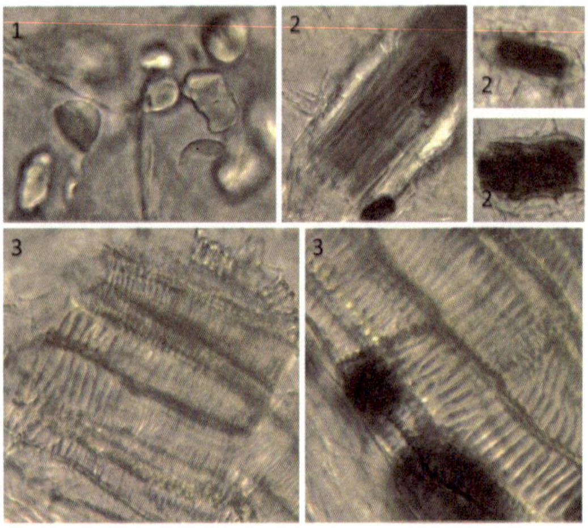

图 14-193　山药粉末组织特征图

1. 淀粉粒；2. 针晶；3. 导管。

【显微特征】粉末　类白色。淀粉粒单粒扁卵形、三角状卵形、类圆形或矩圆形，直径 8~35 μm，脐点点状、“人”字状、“十”字状或短缝状，可见层纹；复粒稀少，由 2~3 个分粒组成。草酸钙针晶束存在于黏液细胞中，长约 240 μm，针晶粗 2~5 μm。具缘纹孔导管、网纹导管、螺纹导管及环纹导管，直径 12~48 μm(图 14-193)。

【化学成分】主要含有多糖、多糖和蛋白质组成的黏液质、多酚、生物碱、黄酮、皂苷、二苯基庚烷、氨基酸和脂肪酸等成分，皂苷类成分如薯蓣皂苷、纤细薯蓣皂苷、延龄草皂苷和穗菝葜甾苷、熊果苷等，生物碱类成分如尿囊素，多糖类成分主要是葡萄糖、甘露糖和半乳糖。

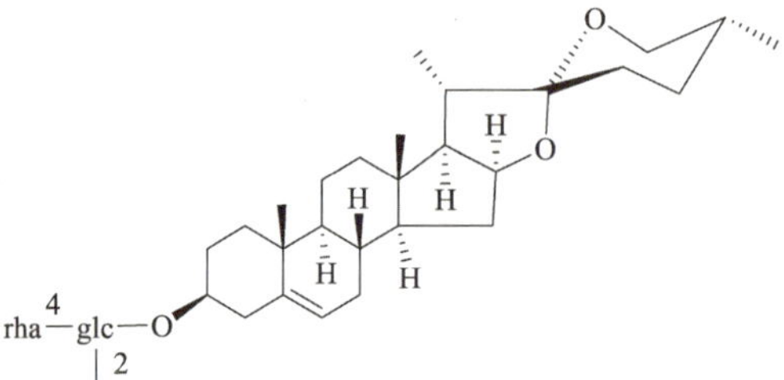

薯蓣皂苷

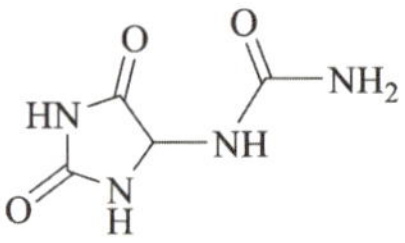

尿囊素

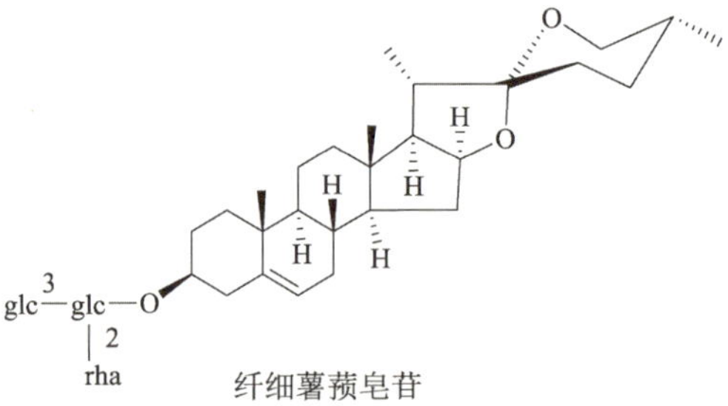

纤细薯蓣皂苷

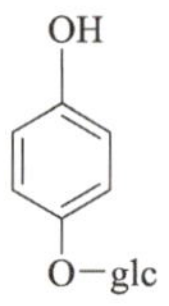

熊果苷

【理化鉴别】薄层色谱　硅胶 G 薄层，喷以 10%硫酸乙醇溶液，在 105 ℃加热至斑点显色清晰，置紫外光灯(365 nm)下检视。供试品色谱中，在与山药对照药材色谱相应的位置上显相同颜色的荧光斑点。

【浸出物】采用水溶性浸出物测定法中的冷浸法测定，毛山药和光山药不得少于7.0%，山药片不得少于10.0%。

【功效与主治】本品性平，味甘；能补脾养胃，生津益肺，补肾涩精；用于脾虚食少、久泻不止、肺虚喘咳、肾虚遗精、带下、尿频、虚热消渴；麸炒山药补脾健胃，用于脾虚食少、泄泻便溏、白带过多；用量15~30 g。

【药理作用】① 抗炎作用。关节腔注射山药多糖可明显降低兔膝关节液中的炎性因子白细胞介素6、白细胞介素1β和肿瘤坏死因子的表达，并能有效抑制关节软骨中基质金属蛋白酶-13的表达，抑制关节软骨胶原的降解，促进转化生长因子-β1和Ⅱ型胶原蛋白的合成，有效缓解膝关节骨性关节炎。

② 降血糖、降血脂作用。山药提取物通过调节抗氧化活性、脂质分布、GLP-1释放促进β细胞分泌胰岛素，从而维持正常血糖水平。山药多糖可以显著降低糖尿病模型鼠的血糖水平，增加葡萄糖的耐受性，也可以降低高血脂模型大鼠的总胆固醇、甘油三酯及低密度脂蛋白的含量。

③ 抗肿瘤作用。山药水提物联合树突状细胞-细胞因子诱导的杀伤细胞疗法可以有效抑制磷酸酰肌醇3-激酶/丝氨酸-苏氨酸激酶AKT通路中关键基因PI3KR1、Wnt/β-catenin通路中关键基因Wnt1和Notch通路中关键基因Notch1的mRNA表达，从而抑制结肠癌HT29细胞增殖，起到抗肿瘤的效果。

穿龙薯蓣 *D. nipponica* Makino　根状茎横走，坚硬，外皮黄褐色。叶互生，带状心形，边缘不等大浅裂，雌雄异株。分布于东北、华北及中部各省，生于林缘、灌丛。根状茎（药材名：穿山龙）能舒筋活血、祛风止痛，为生产薯蓣皂苷的原料之一。

黄独 *D. bulbifera* L.　块茎扁球形，外皮棕褐色，密被细长须根。叶片宽心状卵形，叶腋多生有小块茎。果翅向蒴果的基部延伸。分布于华东、西南及广东，生于河谷、林下。块茎（药材名：黄药子）为化痰药，能化痰消瘿、清热解毒、凉血止血。

48. 鸢尾科（Iridaceae）

⚥ $* \uparrow P_{(3+3)} A_3 \overline{G}_{(3:3:\infty)}$

［形态特征］草本。常具根状茎或球茎。叶多基生，条形或剑形，基部对折，成2列状套叠排列。常为聚伞花序；花两性，辐射对称或两侧对称；花被片6枚，2轮排列，花瓣状，通常基部常合生成管；雄蕊3枚；子房下位，3枚心皮3室，中轴胎座，每室胚珠多数，柱头3裂，有时呈花瓣状。蒴果。

［分布］约60属，800种；分布于热带、亚热带和温带地区。我国有11属，71种，13个变种，5个变型，其中我国原产2属（鸢尾属和射干属）；已知药用的有8属，39种。

［染色体］X=7，8，9，12，16。

［化学成分］含有异黄酮，如野鸢尾苷（iridin）、鸢尾黄酮新苷（iristectorin）等；黄酮，如杧果苷（mangiferin）；苯醌，如马蔺子甲素（pallason）；另外，还含有番红花苷（crocins）。

［药用植物与生药代表］

射干 *Belamcanda chinensis*（L.）DC.　草本。根状茎横走，断面黄色。叶剑形，基部对折，二列排列。花两性，辐射对称；2~3歧分枝的伞房花序，顶生；花被片6枚，橙黄色，基部合生成短管，散生暗红色斑点；雄蕊3枚；子房下位，柱头3裂。蒴果，倒卵圆形。全国分布；生于干燥山坡、草地、沟谷及滩地。根状茎（药材名：射干）为清热解毒药，能清热解毒、祛痰利咽。

西红花* Croci Stigma (英) Saffron

图 14-194 番红花

【基原】鸢尾科植物番红花 *Crocus sativus* L.的干燥柱头。

【植物形态】草本。具球茎,外被褐色膜质鳞片。叶基生,条形。花自球茎发出;花两性,辐射对称;花被 6 枚,白色、紫色、蓝色,花被管细管状;雄蕊 3 枚;子房下位,花柱细长,顶端 3 深裂,柱头略膨大成喇叭状,顶端边缘有不整齐锯齿,一侧具一裂隙。蒴果(图 14-194)。

【产地】主产于西班牙,意大利、德国、法国、伊朗等国也产。我国浙江、江苏、北京、上海等地有栽培。早年经印度传入我国西藏,再运到内地,故称藏红花、西红花。

【采制】花期的晴天早晨采收花朵,摘下柱头,通风晾干或于 40~50 ℃下烘干,为干红花。若再进行加工,使之油润光亮,则为湿红花。

【性状】呈线形,单独或三枚柱头连于一枚花柱上,长约 2~3.5 cm。略弯曲,下端易断。暗红色,上部较宽而略扁平,顶端边缘显不整齐的齿状,内侧有一短裂隙,下端有时残留一小段黄色花柱。体轻,质松软,无油润光泽,干燥后质脆易断。气特异,微有刺激性,味微苦。入水浸泡,可见橙黄色直线下降,并逐渐扩散,水被染成黄色,无沉淀。柱头膨胀,呈喇叭状,有短缝;短时间内用针拨之不破碎(图 14-195)。以柱头紫红色、油润、黄色柱头少者为佳。

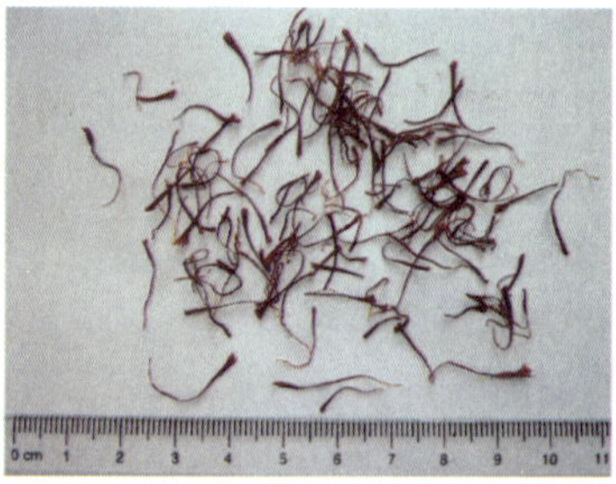

图 14-195 西红花药材

【显微特征】粉末 呈橙红色。① 表皮细胞表面观为长条形,壁薄,微弯曲,有的外壁凸出呈乳头状或绒毛状,表面隐约可见纤细纹理。② 柱头顶端表皮细胞绒毛状,直径 26~56 μm,表面有稀疏纹理。③ 草酸钙结晶聚集于薄壁细胞中,呈颗粒状、圆簇状、梭形或类方形,直径 2~14 μm(图 14-196)。

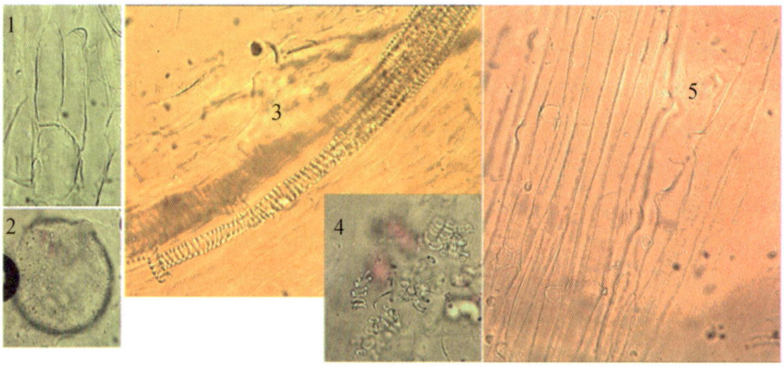

图 14-196 西红花粉末组织特征图

1. 柱头表皮细胞; 2. 花粉粒; 3. 螺纹导管; 4. 环纹导管;5. 表皮细胞。

【化学成分】含胡萝卜素类化合物约2%，主要为西红花苷Ⅰ、Ⅱ、Ⅲ、Ⅳ（crocin Ⅰ、Ⅱ、Ⅲ、Ⅳ），西红花苷二甲酯（crocetin dimethyl ester），α-、β-胡萝卜素（α-、β-carotene），α-西红花酸（α-crocetin），玉米黄素（zeaxanthin），西红花苦苷（picrocrocin）。此外含挥发油0.4%~1.3%，油中主要成分西红花醛（safranal）为西红花苦苷的分解产物，其次为蒎烯（pinene）等。

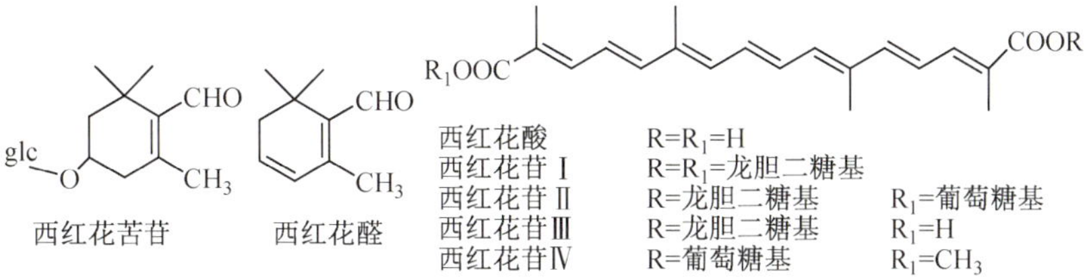

【理化鉴别】采用紫外-可见分光光度法测定吸光度，在432 nm的波长处测定吸光度，不得低于0.50，458 nm与432 nm波长处吸光度的比值应为0.85~0.90。

薄层色谱　硅胶G薄层，分别置日光和紫外光灯（365 nm）下检视。供试品色谱中，在与对照药材色谱相应的位置上显相同颜色的斑点或荧光斑点（避光操作）。

含量测定　避光操作，采用高效液相色谱法测定，本品按干燥品计算，含西红花苷Ⅰ（$C_{44}H_{64}O_{24}$）和西红花苷Ⅱ（$C_{38}H_{54}O_{19}$）的总量不得少于10.0%，含苦番红花素（$C_{16}H_{26}O_{7}$）不得少于5.0%。

【功效与主治】性平，味甘；能活血化瘀，凉血解毒，解郁安神；用于经闭、产后瘀阻、温毒发斑、忧郁痞闷、惊悸发狂；用量1~3 g，煎服或沸水泡服。孕妇慎用。

【药理作用】① 对子宫平滑肌的作用。其水煎液对动物离体子宫有明显的兴奋作用。

② 对心血管的作用。其水煎剂对离体蟾蜍心脏有抑制作用；对蟾蜍血管有明显的收缩作用。

③ 对血小板的作用。可抑制血液凝固。灌胃给药能延长小鼠的凝血时间，缓解二磷酸腺苷（ADP）、花生四烯酸（AA）诱导的小鼠肺血栓形成所致的呼吸窘迫症状，明显抑制血小板血栓的形成。

④ 利胆作用。能增加兔胆汁分泌量，降低兔胆固醇和增加兔脂肪代谢。

⑤ 抗炎镇痛作用。灌胃给药有明显的抗炎作用，具有一定的镇痛效应。

【附注】常见伪品：① 睡莲科植物莲的干燥雄蕊。② 禾本科植物玉蜀黍柱头及花柱经染色仿制品。③ 用纸浆、染料和油性物质加工的仿制品。④ 鸢尾科植物番红花雄蕊经染色仿制而成。还有用辣椒丝做的伪品。

49. 姜科（Zingiberaceae）

⚥↑ $K_{(3)}C_{(3)}A_{1}\overline{G}_{(3:3:\infty)}$

［形态特征］草本。具根状茎、块茎或块根，通常有芳香或辛辣味。单叶基生或茎生，茎生者通常2列，常有叶鞘和叶舌，羽状平行脉。总状花序或圆锥花序；花两性，两侧对称；花被片6枚，2轮，外轮萼状，常合生成管，一侧开裂，上部3齿裂，内轮花冠状，上部3裂；雄蕊变异很大，退化雄蕊2~4枚，外轮2枚花瓣状、齿状或缺，若存在称侧生退化雄蕊，内轮2枚联合成显著而美丽的唇瓣（labellum），能育雄蕊1枚，花丝具槽；子房下位，

3 枚心皮合生成中轴胎座,稀为侧膜胎座,胚珠多数,花柱细长,着生于花丝槽中,柱状漏斗状。蒴果,种子具假种皮。

[分布] 49 属,约 1 500 种;主产于热带、亚热带。我国有 19 属,150 余种,5 个变种,主要分布于西南、华南、东南;已知药用的有 15 属,100 余种。

[显微特征] 含油细胞。根状茎常具明显的内皮层,最外层具栓化皮层;块根常有根被。

[染色体] $X=11\sim14,17$。

[化学成分] 挥发油;黄酮类,如高良姜素(galangin)、山姜素(alpinetin)、山柰酚(kaempferol)等;色素,如姜黄素(curcumin);甾体皂苷,常存在于闭鞘姜属(*Costus*),苷元主要为薯蓣皂苷元(diosgenin)。

[药用植物与生药代表]

(1) 姜属(*Zingiber*)。

草本。根状茎指状分枝,断面淡黄色,有辛辣味。花葶从根状茎抽出;唇瓣与侧生退化雄蕊联合,3 裂,药隔附属体延长于花药外成一弯喙。

姜 *Z. officinale* Rosc. 叶片披针形。苞片绿色至淡红色,花冠黄绿色,唇瓣中裂片具紫色条纹及淡黄色斑点。原产于太平洋群岛,我国广为栽培。根状茎(药材名:生姜、干姜)入药,干姜为温里药,能温中回阳、温肺化饮;生姜为解表药,能发汗解表、温胃止呕、化痰止咳。

(2) 姜黄属(*Curcuma*)。

根状茎粗短,肉质芳香,须根末端常膨大成块根。花葶从根状茎或叶鞘抽出,花序中下部苞片彼此贴生成囊状;侧生退化雄蕊花瓣状,与花丝基部合生,唇瓣全缘或 2 裂,药隔顶端无附属体,花药基部有距。

姜黄 *C. longa* L. 根状茎卵形,侧根茎指状,断面深黄色至黄红色,具块根。叶片椭圆形至矩圆形,两面无毛。穗状花序自叶鞘抽出,苞片绿白色或顶端红色,花冠白色,侧生退化雄蕊淡黄色,唇瓣近圆形,白色,中部深黄色,花药基部两侧有 2 个角状距。分布于我国东南部至西南部,常栽培。根状茎(药材名:姜黄)为活血化瘀药,能破血行气、通经止痛、祛风疗痹;块根(药材名:黄丝郁金)为活血化瘀药,能破血行气、清心解郁、凉血止血、利胆退黄。

莪术* Curcumae Rhizoma （英）Zedoary

【基原】本品为姜科植物蓬莪术 *Curcuma phaeocaulis* Val.、广西莪术 *C. kwangsiensis* S. G. Lee et C. F. Liang 或温郁金 *C. wenyujin* Y. H. Chen et C. Ling 的干燥根茎。温郁金的根茎习称"温莪术"。

【植物形态】蓬莪术　块根断面黄绿色或近白色;叶片上面沿中脉两侧有 1~2 cm 宽的紫色晕;穗状花序,上部苞片粉红色至紫红色,中、下部苞片淡绿色至白色;花冠淡黄色。花期 4—6 月(图 14-197A)。

广西莪术　根茎卵圆形,肉质;根细长,末端常膨大成近纺锤形,断面乳白色。叶片长椭圆状。穗状花序从根茎抽出,上部苞片长圆形,淡红色,中、下位苞片淡绿色,花生腋内;花萼白色,先端有 3 钝齿;花冠喇叭状,裂片 3 枚,粉红色。花期 5—7 月(图 14-197B)。

温郁金　叶片约比广西莪术大1倍。穗状花序先叶抽生，上部苞片先端红色较深；花冠白色。花期4—6月(图14-197C)。

A　B　C

图14-197　莪术

A. 蓬莪术；B. 广西莪术；C. 温郁金。

【产地】蓬莪术主产于四川，广东、广西、云南也有分布；广西莪术主产于广西，云南也有分布；温郁金主产于浙江，栽培或野生。

【采制】冬季茎叶枯萎后采挖，洗净，蒸或煮至透心，晒干或低温干燥后除去须根和杂质。

【性状】蓬莪术　呈卵圆形、长卵形、圆锥形或长纺锤形，顶端多钝尖，基部钝圆，长2~8 cm，直径1.5~4 cm。表面灰黄色至灰棕色，上部环节突起，有圆形微凹的须根痕或残留的须根，有的两侧各有1列下陷的芽痕和类圆形的侧生根茎痕，有的可见刀削痕。体重，质坚实，断面深绿色至黄绿色，蜡样，常附有灰棕色粉末，皮层与中柱易分离，内皮层环纹棕褐色。气微香，味微苦而辛(图14-198)。

图14-198　莪术饮片

广西莪术　环节稍突起，断面黄棕色至棕色，常附有淡黄色粉末，内皮层环纹黄白色。

温莪术　断面黄棕色或棕褐色，常附有淡黄色至黄棕色粉末。气香或微香。

【显微特征】横切面　①木栓细胞数列，有时已除去。②皮层散有叶迹维管束；内皮层明显。③中柱较宽，维管束外韧型，散在，沿中柱鞘部位的维管束常伴有木化纤维。④薄壁细胞充满糊化的淀粉粒团块，薄壁组织中有油细胞散在。

粉末　淡黄色。①油细胞多破碎，完整者直径62~110 μm，内含黄色油状分泌物。②导管多为螺纹导管、梯纹导管，直径20~65 μm。③纤维孔沟明显，直径15~35 μm。④淀粉粒大多糊化为团块状。⑤非腺毛碎片多见(图14-199)。

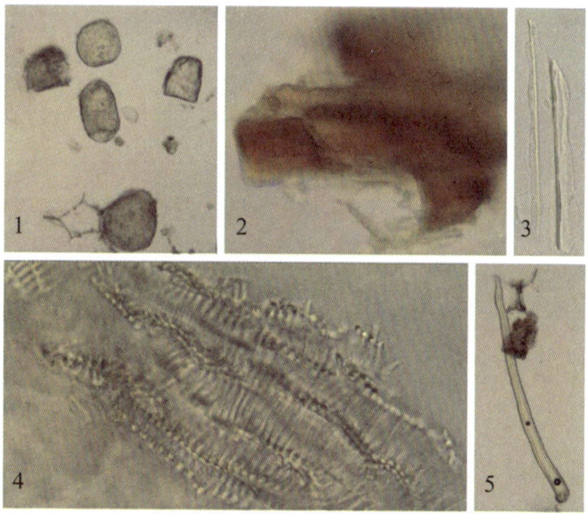

图14-199　莪术粉末组织特征图

1. 糊化的淀粉粒；2. 油细胞；3. 木纤维；4. 导管；5. 非腺毛。

【化学成分】温莪术含挥发油1.4%~2.0%，吉马酮(germacrone)含量最高，莪术二酮(curdione)、莪术醇(curcumol)、α-

蒎烯(α-pinene)、β-蒎烯(β-pinene)、莰烯(camphene)、柠檬烯(limonene)、桉油精(cineole)、芳樟醇(linalool)、樟脑(camphor)、龙脑(borneol)、异龙脑(isoborneol)、α-松油醇(α- terpineol)、丁香烯(caryophyllene)、γ-榄香烯(γ-elemene)、δ-榄香烯(δ-elemene)、β-榄香烯(β-elemene)等成分;β-榄香烯、莪术醇及莪术二酮为温莪术挥发油中抗癌主要有效成分。

广西莪术含挥发油 1%~1.2%,樟脑(camphor)含量最高约 17%,桉油精(cineole)约 7%,莪术二酮、莪术醇、α-蒎烯、姜烯、芳姜酮(arzingiberone)、龙脑(borneol)、樟烯(camphene)等成分。

蓬莪术含挥发油 1.5%~2.0%,莪术酮(curzerenone)含量最高,莪术烯醇(curcumenol)、莪术二醇(curcumadiol)、莪术醇、β-蒎烯、樟脑、桉油精、姜烯、芳姜酮等成分。

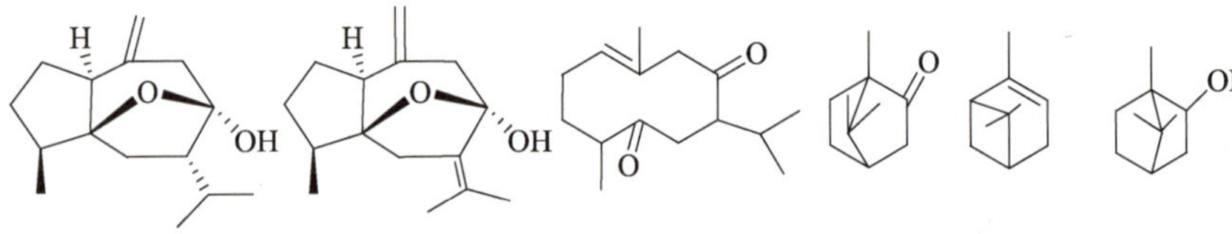

莪术醇　莪术烯醇　莪术二酮　樟脑　蒎烯　龙脑

【理化鉴别】紫外-可见分光光度法测定,在 242 nm 波长处有最大吸收,吸光度不得低于 0.45。

薄层色谱　硅胶 G 薄层,喷以 1%香草醛硫酸溶液,在 105 ℃加热至斑点显色清晰。供试品色谱中,在与吉马酮对照品色谱相应的位置上显相同颜色的斑点。

含量测定　按照挥发油测定法测定,本品含挥发油不得少于 1.5%(mL/g)。

【功效与主治】性温,味苦、辛;能行气破血,消积止痛;用于癥瘕痞块、瘀血经闭、胸痹心痛、食积胀痛;用量 6~9 g。

【药理作用】① 抗癌作用。莪术油对小鼠腹水型瘤及小鼠肉瘤均有明显抑制作用。

② 抗炎作用。莪术油对小鼠醋酸腹膜炎有抑制作用,对烫伤小鼠局部水肿有明显抑制作用,对小鼠皮下琼脂肉芽肿也有抑制作用。

③ 抗早孕作用。莪术油对大鼠、小鼠有极显著的抗早孕作用,对犬也有抗着床作用。

④ 抗血栓作用。莪术油可对抗由二磷酸腺苷和肾上腺素诱导的血小板凝聚。

⑤ 升白作用。莪术油可明显对抗小鼠注射环磷酰胺引起的白细胞减少,促进白细胞回升。

⑥ 抗菌作用。莪术油试管内能抑制金黄色葡萄糖球菌、β-溶血性链球菌、大肠杆菌、伤寒杆菌等的生长。

【附注】姜黄　本品为姜科植物姜黄 *C. longa* L.的干燥根茎。产于我国台湾、福建、广东、广西。本品呈不规则卵圆形、圆柱形或纺锤形,形似姜而分叉少;表面深黄色,常带黄色粉末,有皱缩纹理和明显环节,并有圆形分枝痕及须根痕。质坚实,不易折断,断面棕黄色至金黄色,角质样,有蜡样光泽,内皮层环纹明显,维管束呈点状散在。气香特异,味苦、辛。含挥发油,油中主要成分为姜黄酮(turmerone)、芳姜黄酮(ar-turmerone)、姜烯(zingiberene)等。本品性温,味辛、苦;能破血行气,通经止痛;用于胸胁刺痛、胸痹心痛、痛经经闭、癥瘕、风湿肩臂疼痛、跌扑肿痛；用量 3 ~ 10 g。

郁金　本品为姜科植物姜黄 *C. longa* L.、温郁金 *C. wenyujin* Y. H. Chen et C. Ling、广西莪术 *C. kwangsiensis* S. G. Lee et C. F. Liang 或蓬莪术 *C. phaeocaulis* Val.的干燥块根。前两者分别习称“黄丝郁金”和“温郁金”，其余按性状不同习称“桂郁金”或“绿丝郁金”。块根均膨大。本品性寒，味辛、苦；能活血止痛，行气解郁，清心凉血，利胆退黄；用于胸胁刺痛、胸痹心痛、经闭痛经、乳房胀痛、热病神昏、癫痫发狂、血热吐衄、黄疸尿赤；用量 3 ~ 10 g。

（3）砂仁属（*Amomum*）。

根状茎横走粗厚或细长。花葶自根状茎抽出；侧生退化雄蕊钻形或线形，唇瓣全缘或 3 裂，药隔附属体延长。果实不裂或不规则开裂。

砂仁* Amomi Fructus　（英）Amomum Fruit

【基原】砂仁的来源是姜科植物阳春砂 *Amomum villosum* Lour.、绿壳砂 *Amomum villosum* Lour. var. *xanthioides* T. L. Wu et Senjen 或海南砂 *Amomum longiligulare* T. L. Wu 的干燥成熟果实，因为它产于广东阳春、阳江，故称“阳春砂”。

【植物形态】阳春砂　多年生常绿草本。根状茎细长横走，叶条状披针形或长椭圆形，全缘，尾尖，叶鞘上有凹陷的方格状网纹，叶舌半圆形。花冠白色，唇瓣白色，中间有淡黄色或红色斑点，圆匙形，先端 2 裂，药隔附属体 3 裂。果实成熟时红棕色，卵圆形，不裂，有刺状突起；种子多数，极芳香（图 14-200）。

图 14-200　阳春砂

【产地】主产于广东阳春，故名“阳春砂”。广西、云南、四川、福建、海南也有分布。多栽培。

【采制】夏、秋两季果实成熟时采收，晒干或低温干燥。

【性状】阳春砂、绿壳砂　呈椭圆形或卵圆形，有不明显的三棱，长 1.5 ~ 2 cm，直径 1 ~ 1.5 cm。表面棕褐色，密生刺状突起，顶端有花被残基，基部常有果梗。果皮薄而软。种子集结成团，具三钝棱，中有白色隔膜，将种子团分成 3 瓣，每瓣有种子 5 ~ 26 粒。种子为不规则多面体，直径 2 ~ 3 mm；表面棕红色或暗褐色，有细皱纹，外被淡棕色膜质假种皮；质硬，胚乳灰白色。气芳香而浓烈，味辛凉、微苦（图 14-201）。

图 14-201　砂仁

海南砂　呈长椭圆形或卵圆形，有明显的三棱，长 1.5 ~ 2 cm，直径 0.8 ~ 1.2 cm。表面被片状、分枝的软刺，基部具果梗痕。果皮厚而硬。种子团较小，每瓣有种子 3 ~ 24 粒；种子直径 1.5 ~ 2 mm。气味稍淡。

【显微特征】阳春砂种子横切面　① 假种皮有时残存。② 种皮表皮细胞 1 列，径向延长，壁稍厚。③ 下皮细胞 1 列，含棕色或红棕色物。④ 油细胞层为 1 列油细胞，长 76 ~ 106 μm，宽 16 ~ 25 μm，含黄色油滴。⑤ 色素层为数列棕色细胞，细胞多角形，排列不规则。⑥ 内种皮为一列栅状厚壁细胞，黄棕色，内壁及侧壁极厚，细胞小，内含硅质块。⑦ 外胚乳细胞含淀粉粒，并有少数细小草酸钙方晶。⑧ 内胚乳细胞含细小糊粉粒和脂肪油滴(图 14-202)。

粉末　灰棕色。① 内种皮厚壁细胞红棕色或黄棕色，表面观为多角形，壁厚，非木化，胞腔内含硅质块；断面观为一列栅状细胞，内壁及侧壁极厚，胞腔偏外侧，内含硅质块。② 种皮表皮细胞淡黄色，表面观长条形，常与下皮细胞上下层垂直排列。③ 下皮细胞含棕色或红棕色物。④ 色素层细胞皱缩，界限不清楚，含红棕色或深棕色物。⑤ 外胚乳细胞类长方形或不规则形，充满细小淀粉粒集结成的淀粉团，有的包埋有细小草酸钙方晶。⑥ 内胚乳细胞含细小糊粉粒和脂肪油滴。油细胞无色，壁薄，偶见油滴散在(图 14-203)。

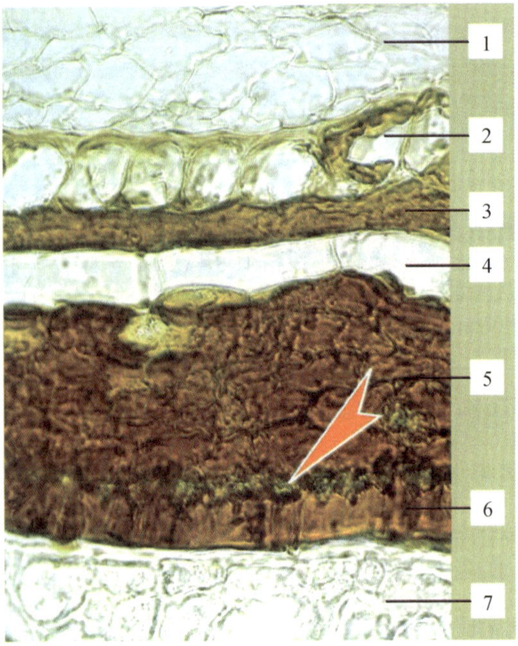

图 14-202　砂仁横切面组织构造

1. 假种皮细胞；2. 种皮表皮细胞；3. 下皮细胞；4. 油细胞；5. 色素层；6. 内种皮；7. 外种皮。

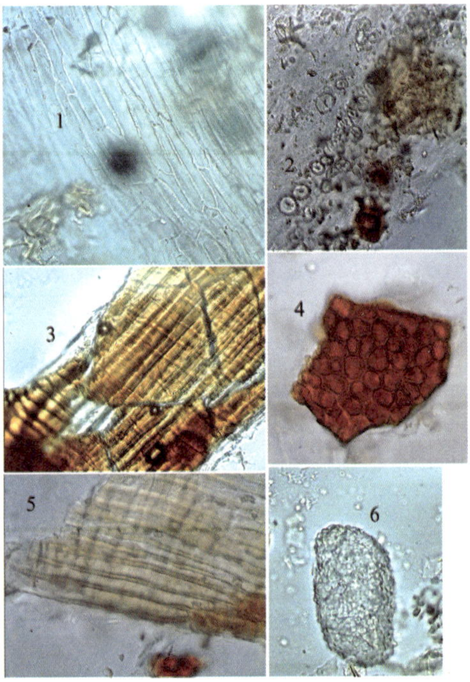

图 14-203　砂仁粉末组织特征图

1. 假种皮细胞；2. 淀粉粒；3. 下皮细胞；4. 内种皮厚壁细胞；5. 种皮表皮细胞；6. 外胚乳细胞。

【化学成分】种子含挥发油 2.5%～3.9%，油中含有乙酸龙脑酯(bomyl acetate)约 53.9%，樟脑(camphor)约 16.5%，樟烯(camphene)约 9.5%，柠檬烯(limonene)约 8.8%，β-蒎烯(β-pinene)约 4.1%，以及苦橙油醇(nerolidol)、α-蒎烯(α-pinene)、莰烯(camphene)、桉油精(cineole)、芳樟醇(linalool)、愈创木醇(guaiaol)、胡椒烯等。

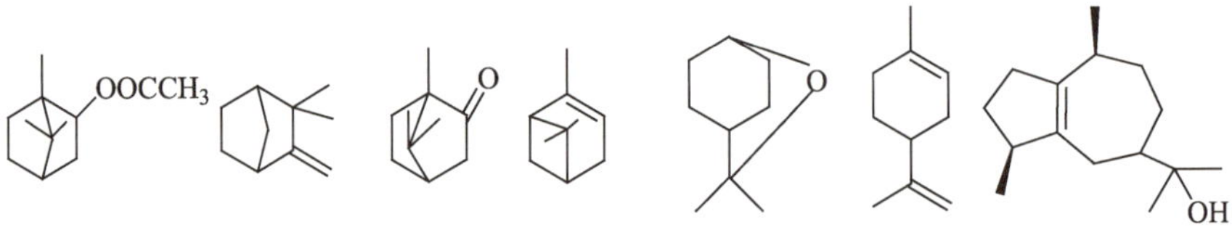

乙酸龙脑酯　莰烯　樟脑　蒎烯　桉叶素　柠檬烯　愈创木醇

【理化鉴别】薄层色谱　硅胶 G 薄层，喷以 5%香草醛硫酸溶液，加热至斑点显色清晰。供试品色谱中，在与乙酸龙脑酯对照品色谱相应的位置上显相同的紫红色斑点。

含量测定　采用挥发油测定法，阳春砂、绿壳砂种子团含挥发油不得少于 3.0%（mL/g）；海南砂种子团含挥发油不得少于 1.0%（mL/g）。采用气相色谱法测定，本品按干燥品计算，含乙酸龙脑酯（$C_{12}H_{20}O_2$）不得少于 0.90%。

【功效与主治】性温，味辛；能化湿开胃，温脾止泻，理气安胎；用于湿浊中阻、脘痞不饥、脾胃虚寒、呕吐泄泻、妊娠恶阻、胎动不安；用量 3~6 g，后下。

【药理作用】① 肠道调节作用。其煎剂低浓度可兴奋豚鼠离体肠管，高于 1%浓度及挥发油饱和水溶液则抑制肠管。

② 抑制血小板聚集作用。可扩张血管、改善微循环。

【附注】砂仁壳　为砂仁的果皮，含挥发油 0.34%，功效同种子，但稍弱。

白豆蔻 *A. kravanh* Pierre ex Gagnep.　与阳春砂的主要区别是：根状茎粗壮。叶卵状披针形，叶舌圆形，叶鞘及叶舌密被长粗毛。唇瓣中肋处黄色，椭圆形。蒴果白色或淡黄色，扁球形，略具钝 3 棱，果实易开裂成 3 瓣。原产于柬埔寨、泰国等地，我国云南、海南有栽培。果实（药材名：白豆蔻、白蔻）为芳香化湿药，能化湿行气、温中止呕。

（4）山姜属（*Alpinia*）。

具横走肥厚根状茎。穗状花序或圆锥花序顶生；唇瓣大，侧生退化雄蕊缺呈齿状，极小，药隔附属体有或无，蒴果不开裂或不规则开裂或 3 裂。

大高良姜 *A. galanga* Willd.　多年生高大草本。根状茎块状。叶狭长椭圆形至披针形，主脉有淡黄色疏毛，叶舌近圆形。圆锥花序顶生，花轴密被柔毛。花冠白色，唇瓣深白色带红色条纹，倒卵状匙形，2 裂。果实不裂，矩圆形，中部微缢缩，成熟时棕色至枣红色。在我国分布于华南及云南，生于沟谷林下、灌丛、草丛。根状茎（药材名：大高良姜）为温里药，能散寒、暖胃、止痛；果实（药材名：红豆蔻）能燥湿散寒、醒脾消食。

益智 *A. oxyphylla* Miq.　草本。根状茎块状。叶片宽披针形，叶舌 2 裂。唇瓣粉红色，有红色条纹，3 裂，倒卵形，顶端皱波状，药隔顶端有圆形鸡冠状附属体；子房密被绒毛。果实黄绿色，椭圆形或纺锤形，具隆起的条纹，不开裂。在我国主产于海南和广东南部，生于林下阴湿处。果实（药材名：益智仁）为补阳药，能温脾开胃摄涎、暖肾固精缩尿。

50. 兰科（Orchidaceae）

⚥↑ $P_{3+3}A_{1\sim2}\overline{G}_{(3:1:\infty)}$

［形态特征］草本。陆生、附生或腐生。具根状茎或块茎或假鳞茎。单叶互生，常排成 2 列，有时退化成鳞片状，常有叶鞘。穗状、总状或圆锥花序；花通常两性，两侧对称；花被 6 片，2 轮，花瓣状，外轮 3 片，上方中央 1 片称中萼片，下方两侧的 2 片称侧萼片；内轮 3 片，侧生的 2 片称花瓣，中间的 1 片常 3 裂或中部缢缩而成上、下唇，或基部有时囊状或有距，常有艳丽的颜色，特称为唇瓣，由于子房 180°扭转使唇瓣由近轴方转至远轴方；雄蕊和雌蕊合生成合蕊柱（columna），合蕊柱半圆柱形，而向唇瓣，花药通常 1 枚，位于合蕊柱顶端，少 2 枚，位于合蕊柱两侧，2 室，花粉粒常黏合成花粉块（pollinium），前方常有 1 个由柱头不育部分变成的舌状突起，称蕊喙（rostellum），能育柱头位于蕊喙之下，常凹陷；子房下位，3 枚心皮组成 1 室，侧膜胎座，含多数微小胚珠。蒴果，种子极小而多，无胚乳。

［分布］约 700 属，20 000 种；广布于全球，主产于南美和亚洲的热带地区。我国有

171 属,1 247 种及亚种、变种、变型,南北均产,以云南、海南、台湾种类丰富;已知药用的有 76 属,287 种。

[**显微特征**] 具黏液细胞,内含草酸钙针晶;维管束为周韧型或有限外韧型。

[**染色体**] *X*=8,9,10,11,12,13,16。

[**化学成分**] 生物碱,如石斛碱(dendrobine)、石斛次碱(nobilonine)等;酚苷,如天麻苷(gastrodin)、香荚兰苷(vaniloside)等;另外还含吲哚苷、白及胶质(bletillaglucomannan)。

[**药用植物与生药代表**]

(1) 天麻属(*Gastrodia*)。

腐生草本。块茎肥厚,粗壮,表面有环纹。叶退化成鳞叶。总状花序顶生;花被合生成筒,顶端 5 裂,唇瓣生于筒内,花粉块 2 个。

天麻* Gastrodia Rhizoma　(英) Gastrodia Tuber

图 14-204　天麻

【基原】 本品为兰科植物天麻 *Gastrodia elata* Blume 的干燥块茎。

【植物形态】 多年生共生草本。块茎横生,椭圆形或卵圆形,肉质。有均匀的环节,节上有膜质鳞叶。茎单一,直立,圆柱形,高 30~100 cm,黄褐色。叶鳞片状,膜质,互生,下部鞘状抱茎。总状花序顶生,长 5~30 cm;苞片膜质,披针形,长 1~1.5 cm;花淡绿黄色或橙红色,萼片与花瓣合生成壶状,口部偏斜,顶端 5 裂;唇瓣白色,先端 3 裂;合蕊柱长 5~7 mm,有短的蕊柱足。蒴果倒卵状椭圆形,长 1.4~1.8 cm。种子多而极细小,粉末状。花果期 5—7 月(图 14-204)。

【采制】 冬至以后年内采挖者称"冬麻",体重饱满质佳;立夏以前采挖者称"春麻",体松皮多皱缩者质次。挖出根茎立即洗净,蒸透,敞开低温干燥。

【产地】 主产于四川、云南、贵州,产量大,品质好。

【性状】 块茎呈长椭圆形,扁缩而稍弯曲,长 3~15 cm,宽 1.5~6 cm,厚 0.5~2 cm。表面黄白色至淡黄色,有纵皱纹及由潜伏芽排列而成的横环纹多轮,有时可见棕褐色菌索。顶端有红棕色至深棕色鹦嘴状的芽或残留茎基;末端有圆脐形疤痕。质坚实,不易折断,断面较平坦,黄白色至淡棕色,角质样。气微,味甘、微辛(图 14-205)。

图 14-205　天麻饮片

【显微鉴别】 横切面　① 表皮有残留,下皮由 2~3 列切向延长的栓化细胞组成。② 皮层为 10 余列多角形细胞,有的含草酸钙针晶束。③ 较老块茎皮层与下皮相接处有 2~3 列椭圆形厚壁细胞,木化,纹孔明显。④ 中柱占绝大部分,有小型周韧维管束散在;薄壁细胞亦含草酸钙针晶束(图 14-206)。

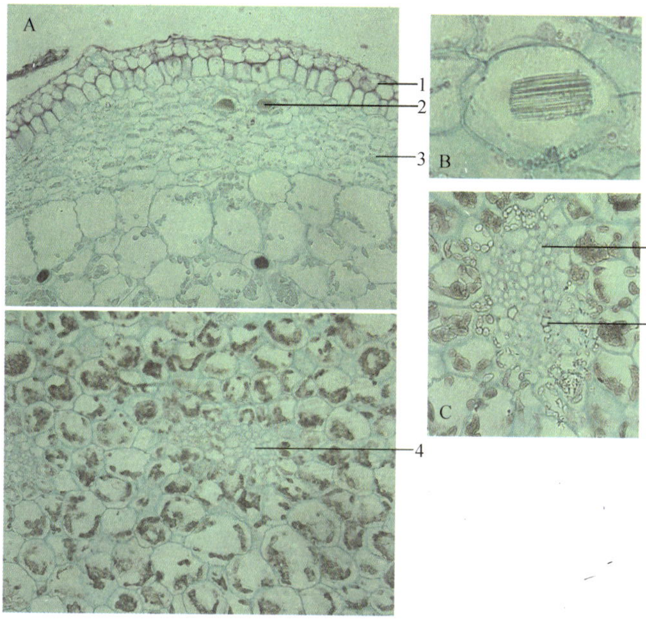

图 14-206　天麻(块茎)横切面组织构造图

A. 天麻横切面；B. 针晶束；C. 维管束。

1.下皮；2. 针晶束；3. 皮层；4. 维管束；5. 筛管群；6. 导管。

粉末　黄白色。① 厚壁细胞椭圆形或类多角形,直径 70～180 μm,壁厚 3～8 μm,木化,纹孔明显。② 草酸钙针晶成束或散在,长 25～93 μm。③ 用醋酸甘油水装片观察含糊化多糖类物的薄壁细胞较大,无色,有的细胞可见长卵形、长椭圆形或类圆形颗粒,遇碘液显棕色或淡棕紫色,遇水合氯醛则颗粒溶化。④ 螺纹导管、网纹导管及环纹导管直径 8～30 μm(图 14-207)。

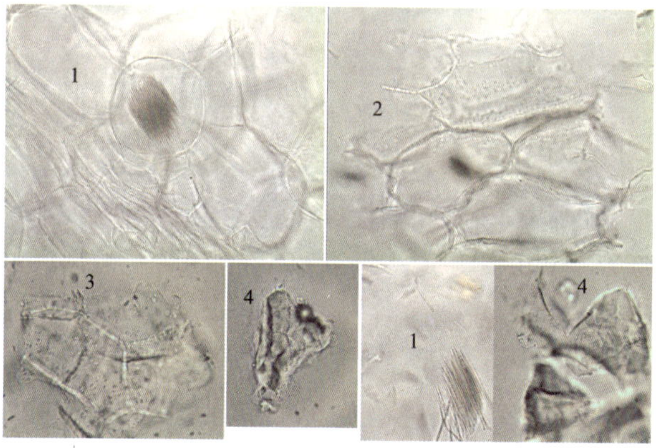

图 14-207　天麻根茎粉末组织特征图

1. 草酸钙针晶；2. 薄壁细胞；3. 厚壁细胞；4. 糊化多糖。

【化学成分】主要含天麻素(天麻苷 gastrodin)0.3%～1%及其苷元对羟基苯甲醇,还含有香草醇(vanillyl alcohol)、对羟基苯甲醛、对羟基苯甲醇、派立辛(parishin)、天麻醚苷(gastrodioside)、有机酸等。天麻素、对羟基苯甲醇和香草醇为活性成分。

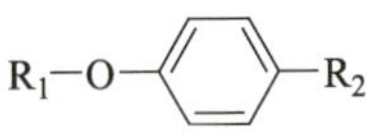

天麻素 R_1=glc R_2=CH_2OH
对羟基苯甲醇 R_1=H R_2=CH_2OH
对羟基苯甲醛 R_1=H R_2=CHO

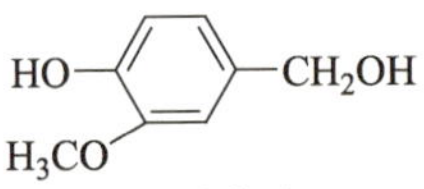

香草醇

【理化鉴定】薄层色谱　硅胶 G 薄层,喷以 10%磷钼酸乙醇溶液,在 105 ℃加热至斑点显色清晰。供试品色谱中,在与对照药材色谱和天麻素对照品色谱相应的位置上显相同颜色的斑点。

特征图谱　采用高效液相色谱法,供试品色谱中应呈现 6 个特征峰,并应与对照药材参照物色谱中的 6 个特征峰相对应,其中峰 1、峰 2 应与天麻素对照品和对羟基苯甲醇对照品参照物峰保留时间相一致。

含量测定　采用高效液相色谱法测定,本品按干燥品计算,含天麻素($C_{13}H_{18}O_7$)和对羟基苯甲醇($C_7H_8O_2$)的总量不得少于 0.25%。

【功效与主治】性平,味甘;能息风止痉,平抑肝阳,祛风通络;用于小儿惊风、癫痫抽搐、破伤风、头痛眩晕、手足不遂、肢体麻木、风湿痹痛;用量 3~10 g。

【药理作用】① 抗惊厥作用。天麻浸膏小鼠腹腔注射对戊四氮所致惊厥有抗惊厥作用,可减轻马桑内酯诱发的家兔癫痫发作程度。

② 改善循环作用。天麻注射液静脉注射,可使麻醉兔血压下降,心率减慢,心输出量增加,总外周阻力降低,心肌耗氧量降低。

③ 免疫增强作用。天麻注射液对小鼠非特异性免疫和特异性免疫中的细胞免疫及体液免疫均有增强作用。

④ 镇痛作用。天麻有非常明显的镇痛作用。

(2) 石斛属(*Dendrobium*)。

附生草本。茎黄绿色,节明显。总状花序常生于茎上部节上;花常大而艳丽,侧萼片与合蕊柱基部合生成萼囊,唇瓣不裂或 3 裂,合蕊柱较短,有明显的蕊柱足,花药 2 室,花粉块 4 个,蜡质,无附属物。

石斛* Dendrobii Caulis　(英) Noble Dendrobium Stem Herb

【基原】本品为兰科植物金钗石斛 *Dendrobium nobile* Lindl.、霍山石斛 *Dendrobium huoshanense* C. Z. Tang et S. J. Cheng、鼓槌石斛 *Dendrobium chrysotoxum* Lindl.或流苏石斛 *Dendrobium fimbriatum* Hook.的栽培品及其同属植物近似种的新鲜或干燥茎。

【植物形态】金钗石斛　茎直立,肉质状肥厚,稍扁的圆柱形,长 10~60 cm,粗达 1.3 cm,上部多少回折状弯曲,基部明显收狭,不分枝,具多节,节有时稍肿大;节间多少呈倒圆锥形,长 2~4 cm,干后金黄色。叶革质,长圆形,先端钝并且不等侧 2 裂,基部具抱茎的鞘。总状花序从具叶或落了叶的老茎中部以上部分发出,长 2~4 cm,具 1~4 朵花;花序柄长 5~15 mm,基部被数枚筒状鞘;花苞片膜质,卵状披针形,先端渐尖;花梗和子房淡紫色;花大,白色带淡紫色先端,有时全体淡紫红色或除唇盘上具 1 个紫红色斑块外,其余均为白色;中萼片长圆形,先端钝,具 5 条脉;侧萼片相似于中萼片,先端锐尖,基部歪斜,具 5 条脉;萼囊圆锥形;花瓣多少斜宽卵形,先端钝,基部具短爪,全缘,具 3 条主脉和许多支脉;唇瓣宽卵形,先端钝,基部两侧具紫红色条纹并且收狭为短爪,中部以下两侧围抱蕊柱，边缘具短的睫毛，两面密布短绒毛，唇盘中央具 1 个紫红色大斑块；蕊柱绿色，长 5 mm，基部稍扩大，具绿色的蕊柱足；药帽紫红色，圆锥形，密布细乳突，前端边缘具不整齐的尖齿。花期 4—5 月。

霍山石斛　茎直立，肉质，从基部上方向上逐渐变细，不分枝，具 3~7 节，节间长 3~8 mm，淡黄绿色，有时带淡紫红色斑点，干后淡黄色。叶革质，2~3 枚互生于茎的上部，斜出，舌状长圆形，先端钝并且微凹，基部具抱茎的鞘；叶鞘膜质，宿存。总状花序 1~3 个，从落了叶的老茎上部发出，具 1~2 朵花；花序柄长 2~3 mm，基部被 1~2 枚鞘；鞘纸质，卵状披针形，先端锐尖；花苞片浅白色带栗色，卵形，先端锐尖；花梗和子房浅黄绿色；花淡黄绿色，开展；中萼片卵状披针形，先端钝，具 5 条脉；侧萼片镰状披针形，先端钝，基部歪斜；萼囊近矩形，末端近圆形；花瓣卵状长圆形，先端钝，具 5 条脉；唇瓣近菱形，长和宽约相等，基部楔形并且具 1 个胼胝体，上部稍 3 裂，两侧裂片之间密生短毛，近基部处密生长白毛；中裂片半圆状三角形，先端近钝尖，基部密生长白毛并且具 1 个黄色横椭圆形的斑块；蕊柱淡绿色，长约 4 mm，具长 7 mm 的蕊柱足；蕊柱足基部黄色，密生长白毛，两侧偶然具齿突；药帽绿白色，近半球形，长 1.5 mm，顶端微凹。

鼓槌石斛　茎纺锤形，具多数圆盾棱，干后金黄色。花质地厚，金黄色，唇瓣颜色深（图 14-208）。

图 14-208　鼓槌石斛

流苏石斛　茎多节，质地硬，圆柱形，花的唇瓣边缘具复流苏，还有 1 个新月形横生的深紫色斑块。

【采制】全年均可采收，鲜用者除去根和泥沙；干用者采收后，除去杂质，用开水略烫或烘软，再边搓边烘晒，至叶鞘搓净，干燥。霍山石斛 11 月至翌年 3 月采收，除去叶、根须及泥沙等杂质，洗净，鲜用，或加热除去叶鞘制成干条；或边加热边扭成螺旋状或弹簧状，干燥，称霍山石斛枫斗。

【产地】主产于西南各省区。

【性状】鲜石斛　呈圆柱形或扁圆柱形，长约 30 cm，直径 0.4~1.2 cm。表面黄绿色，光滑或有纵纹，节明显，色较深，节上有膜质叶鞘。茎肉质多汁，易折断。气微，味微苦而回甜，嚼之有黏性。

金钗石斛　呈扁圆柱形，长 20~40 cm，直径 0.4~0.6 cm，节间长 2.5~3 cm。表面金黄色或黄中带绿色，有深纵沟；质硬而脆，断面较平坦而疏松。气微，味苦。

鼓槌石斛　呈粗纺锤形，中部直径 1~3 cm，具 3~7 节；表面光滑，金黄色，有明显凸起的棱；质轻而松脆，断面海绵状；气微，味淡，嚼之有黏性。

流苏石斛　呈长圆柱形，长 20~150 cm，直径 0.4~1.2 cm，节明显，节间长 2~6 cm；表面黄色至暗黄色，有深纵槽；质疏松，断面平坦或呈纤维性；味淡或微苦，嚼之有黏性。

霍山石斛　鲜品：稍肥大。肉质，易折断，断面淡黄绿色至深绿色。气微，味淡，嚼之有黏性且少有渣。干条：呈直条状或不规则弯曲形，长 2~8 cm，直径 1~4 mm。表面淡黄绿色至黄绿色，偶有黄褐色斑块，有细纵纹，节明显，节上有的可见残留的灰白色膜质叶

图 14-209　石斛药材

鞘;一端可见茎基部残留的短须根或须根痕,另一端为茎尖,较细。质硬而脆,易折断,断面平坦,灰黄色至灰绿色,略角质状。气微,味淡,嚼之有黏性。枫斗:呈螺旋形或弹簧状,通常为 2~5 个旋纹,茎拉直后性状同干条(图 14-209)。

【显微鉴别】横切面　金钗石斛:表皮细胞 1 列,扁平,外被鲜黄色角质层。基本组织细胞大小较悬殊,有壁孔,散在多数外韧型维管束,排成 5~8 圈。维管束外侧纤维束新月形或半圆形,其外侧薄壁细胞有的含类圆形硅质块,木质部有 1~3 个导管直径较大。含草酸钙针晶细胞多见于维管束旁(图 14-210)。

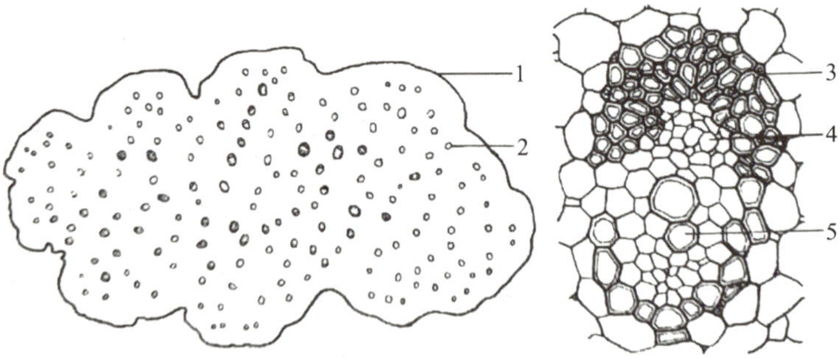

图 14-210　石斛(茎)横切面图

1. 表皮; 2. 维管束; 3. 纤维束; 4. 韧皮部;5. 木质部。

霍山石斛:表皮细胞 1 列,扁平,外壁及侧壁稍增厚,微木化,外被黄色或橘黄色角质层,有的外层可见无色的薄壁细胞组成的叶鞘层。基本薄壁组织细胞多角形,大小相似,其间散在 9~47 个维管束,近维管束处薄壁细胞较小,维管束为有限外韧型,维管束鞘纤维群呈单帽状,偶呈双帽状,纤维 1~2 列,外侧纤维直径通常小于内侧纤维,有的外侧小型薄壁细胞中含有硅质块。草酸钙针晶束多见于近表皮处的薄壁细胞中或近表皮处维管束旁的薄壁细胞中。

鼓槌石斛:表皮细胞扁平,外壁及侧壁增厚,胞腔狭长形;角质层淡黄色。基本组织细胞大小差异较显著。多数外韧型维管束略排成 10~12 圈。木质部导管大小近似。有的可见含草酸钙针晶束细胞。

流苏石斛:表皮细胞扁圆形或类方形,壁增厚或不增厚。基本组织细胞大小相近或有差异,散列多数外韧型维管束,略排成数圈。维管束外侧纤维束新月形或呈帽状,其外缘小细胞有的含硅质块;内侧纤维束无或有,有的内、外侧纤维束连接成鞘。有的薄壁细胞中含草酸钙针晶束和淀粉粒。

粉末　呈灰绿色或灰黄色。① 角质层碎片黄色。② 表皮细胞表面观呈长多角形或类多角形,垂周壁连珠状增厚。③ 束鞘纤维成束或离散,长梭形或细长,壁较厚,纹孔稀少,周围具排成纵行的含硅质块的小细胞。④ 木纤维细长,末端尖或钝圆,壁稍厚。⑤ 网纹导管、梯纹导管或具缘纹孔导管直径 12~50 μm。草酸钙针晶成束或散在(图 14-211)。

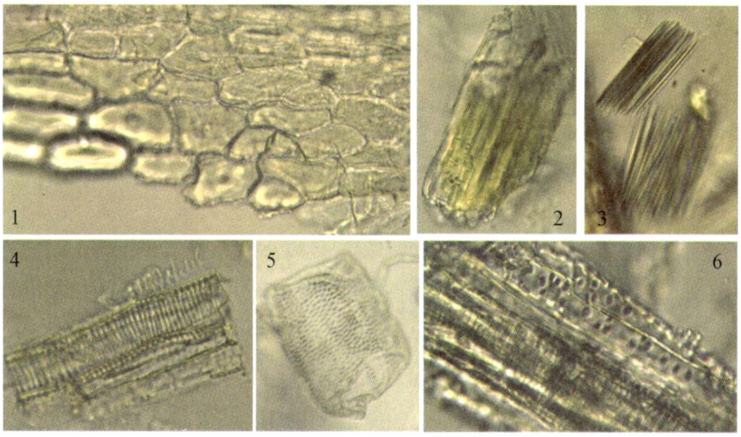

图 14-211 石斛茎粉末组织特征图

1. 表皮细胞; 2. 束鞘纤维; 3. 草酸钙针晶厚壁细胞; 4. 梯纹导管; 5. 网纹纹孔导管; 6. 具缘纹孔导管。

【化学成分】 主要含有多糖、芪、生物碱、黄酮、苯丙素、挥发油、氨基酸及微量元素。金钗石斛的主要活性成分之一是生物碱类,如红星碱 B、石斛碱、石斛胺碱、石斛星碱和金钗酯碱等;还含有赫尔西酚、石斛菲醌、石斛酚等芪类,金钗石斛素 B、金钗石斛素 C、金钗石斛素 A、金钗石斛素 G 等倍半萜类,树状苷 A、树状苷 C、树状苷 E 和树状苷 F 等苷类成分。霍山石斛含有大量的多糖类成分,多为葡萄糖、半乳糖、甘露糖、阿拉伯糖;还含有柚皮苷、夏佛塔苷、异夏佛塔苷和柚皮素等黄酮类,石斛酚、毛兰素和二氢白藜芦醇等联苯类,石斛碱、3-乙基吡啶和川芎哚等生物碱类,4-甲氧基-9,10-二氢菲-2,5-二酚和 2,3,4,7-四甲氧基菲等菲类。铁皮石斛含有多糖,主要为 β-构型的酸性吡喃糖;还含有 1,5-羧基-1,2,3,4-四甲氧基菲和毛兰素等芪类,芹菜素、圣草酚、柚皮素、金圣草黄素、橙皮苷、甘草素和异甘草素等黄酮类,芝麻菜叶千里光碱等生物碱,咖啡酸、丁香酸、对羟基桂皮酸、阿魏酸和钩状石斛素等苯丙素类。

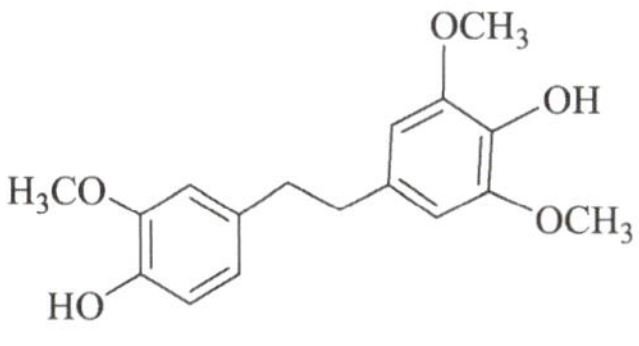

石斛酚

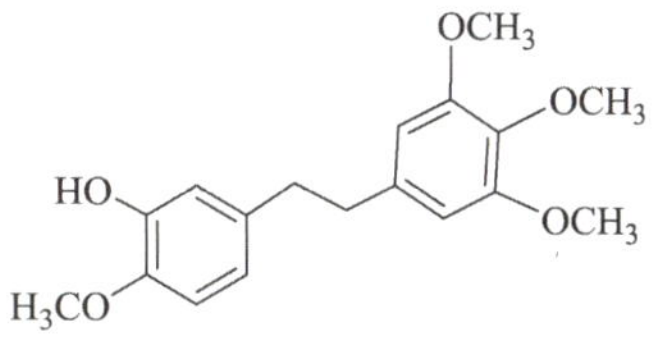

毛兰素

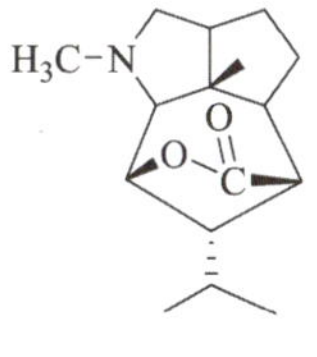

石斛碱

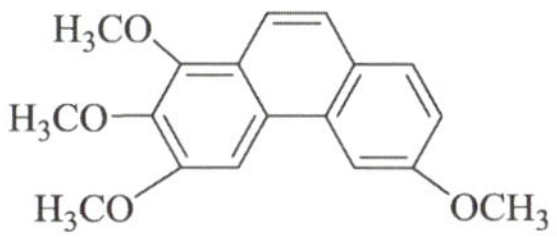

2,3,4,7-四甲氧基菲

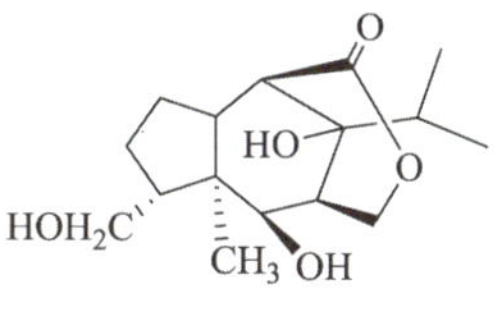

金钗石斛素B

【理化鉴定】 薄层色谱 金钗石斛:硅胶 G 薄层,喷以碘化铋钾试液。供试品色谱中,在与石斛碱对照品相应的位置上显相同颜色的斑点。

霍山石斛:聚酰胺薄膜,在 105 ℃烘干,取出,喷以 5%三氯化铝乙醇溶液,在 105 ℃加热约 3 min,取出,置紫外光灯(365 nm)下检视。供试品色谱中,在与霍山石斛对照药材色谱和夏佛塔苷对照品色谱相应的位置上显相同颜色的荧光斑点。

鼓槌石斛:硅胶 G 薄层,喷以 10%硫酸乙醇溶液,在 105 ℃加热至斑点显色清晰。供试品色谱中,在与毛兰素对照品相应的位置上显相同颜色的斑点。

流苏石斛:硅胶 G 薄层,喷以 10%硫酸乙醇溶液,在 105 ℃加热至斑点显色清晰。供试品色谱中,在与石斛酚对照品相应的位置上显相同颜色的斑点。

聚合酶链式反应-限制性内切酶长度多态性方法　提取霍山石斛模板 DNA,进行 PCR-RFLP 反应,进行电泳检测,照琼脂糖凝胶电泳法(通则 0541),胶浓度为 2.5%,供试品凝胶电泳图谱中,在与对照药材凝胶电泳图谱相应的位置上,在 100~200 bp 应有单一 DNA 条带,且 PCR 产物与酶切产物条带位置一致。空白对照无条带。

特征图谱　霍山石斛采用高效液相色谱法测定,供试品色谱中应呈现 5 个特征峰,并应与对照药材参照物色谱峰中的 5 个特征峰保留时间相对应,其中峰 1 应与对照品参照物峰保留时间相对应。

含量测定　金钗石斛采用气相色谱法测定,按干燥品计算,含石斛碱($C_{16}H_{25}NO_2$)不得少于 0.40%。霍山石斛采用紫外-可见分光光度法测定,按干燥品计算,含多糖以无水葡萄糖($C_6H_{12}O_6$)计,不得少于 17.0%。鼓槌石斛采用高效液相色谱法测定,按干燥品计算,含毛兰素($C_{18}H_{22}O_5$)不得少于 0.030%。

【功效与主治】性微寒,味甘。能益胃生津,滋阴清热;用于热病津伤、口干烦渴、胃阴不足、食少干呕、病后虚热不退、阴虚火旺、骨蒸劳热、目暗不明、筋骨痿软;用量 6~12 g,鲜品 15~30 g。

【药理作用】石斛煎剂能促进胃液分泌;对阿托品诱导的"津伤"动物有明显的抗津伤作用;对 Na^+、K^+-ATP 酶有抑制作用,故有解热功能;其挥发油对大肠杆菌、金黄色葡萄球菌有抑制作用;石斛碱有升高血糖、降血压、减弱心肌收缩力以及抑制呼吸等作用。

(3) 白及属(*Bletilla*)。

陆生草本。块茎具环纹。叶数枚,常基生于茎基部。顶生总状花序;花较大,唇瓣 3 裂,花粉块 8 个,成 2 群,具不明显的花粉块柄,无粘盘。

白及 Bletillae Rhizoma

本品为兰科植物白及 *Bletilla striata*(Thunb.)Reichb. f.的干燥块茎。夏、秋两季采挖,除去须根,洗净,置沸水中煮或蒸至无白心,晒至半干,除去外皮,晒干。块茎呈不规则扁圆形,多有 2~3 个爪状分枝,长 1.5~5 cm,厚 0.5~1.5 cm。表面灰白色或黄白色,有数圈同心环节和棕色点状须根痕,上面有突起的茎痕,下面有连接另一块茎的痕迹。质坚硬,不易折断,断面类白色,角质样。气微,味苦,嚼之有黏性,含白及胶质(白及葡萄糖甘露聚糖 bletilla glucomannan)、黏液质(含量 56.7%~60%),性微寒,味苦、甘、涩;能收敛止血,消肿生肌;用于咯血、吐血、外伤出血、疮疡肿毒、皮肤皲裂;用量 6~15 g,研末吞服 3~6 g,外用适量。药理研究表明,其水浸液对局部出血有止血作用,能使末梢血管内的红细胞凝集并形成血栓,还能抑制结核杆菌的生长。

盘龙参 *Spiranthes sinensis*(Pers.)Ames　陆生草本。基部叶线状倒披针形或线形,

上部叶退化成叶鞘。穗状花序,螺旋状排列于花序轴上;花小,白色、粉红色或紫红色。在我国分布于大部分省区,生于林下、灌丛、草地。

练习题

1. 禾本科主要特征有哪些?生活中常用的食用和药用禾本科植物有哪些?

2. 天南星科主要特征有哪些?半夏和天南星主要区别有哪些?

3. 百合科百合属、黄精属和贝母属药用植物的主要特征是什么?

4. 试比较姜科、鸢尾科的异同点,每科举出2种药用植物,写出其药用部位。

5. 如何从形态、显微构造说明单子叶植物根和根茎的主要区别?举出属于单子叶植物纲的10种药用植物。

6. 从植物的根、茎、叶、花和胚等方面的不同特征说明,被子植物的双子叶植物纲和单子叶植物纲是如何划分的?

7. 兰科的主要特征是什么?请列举5种药用植物,写出其药用部位。

8. 兰科天麻属、石斛属和白及属药用植物的主要特征是什么?

9. 试比较百部科和薯蓣科的异同点,每科举出2种药用植物,写出其药用部位。

10. 姜科姜属、姜黄属和砂仁属药用植物的主要特征是什么?

11. 单子叶植物的内部构造有何特征?

12. 根据哪些特征判断石斛是兰科植物?

第四篇 动物类和矿物类生药

第十五章 动物类生药

学习导图:

动物类生药
- 概述
- 重要动物类生药(鹿茸*、麝香*、牛黄*、蟾酥*)

案例:

1. 请查阅资料,结合本草及历代医家用药的特点,讨论动物类生药和植物类生药的优缺点。

2. 动物类生药中金钱白花蛇市场上有很多常见伪品,如百锦蛇、金环蛇、鱼游蛇、铅色水蛇、中国水蛇、赤练蛇等,请查阅资料并讨论其传统和现代的鉴别方法。

第一节 概 述

动物类生药(以下简称动物药)在我国的应用历史悠久,早在战国时期《山海经》的"五藏山经"中就有关于麝、鹿、犀、熊、牛等药用动物的记载。《神农本草经》收载动物药65种;唐代《新修本草》记载128种;明代《本草纲目》收载461种,并将其分为虫、鳞、介、禽、兽、人各部。1977年出版的《中药大辞典》收载动物药740种。《中华本草》收载动物药1 047种。2010年版《中国药典》共收载动物药53种。2015年版《中国药典》收载动物药52种。2020年版《中国药典》收载动物药43种。2025年版《中国药典》收载动物药44种。就全国范围来说,已研究和使用的动物药超过3 000种。

随着生产的发展与科技的进步,动物药的研究不断深入到各个方向,并与当代最新的科学技术相融合。在动物药化学成分、药理作用等方面的研究取得了长足进步,如斑蝥中提取的斑蝥素有治疗原发性肝癌和病毒性肝炎的作用;水蛭中的水蛭素有很强的抗凝血作用;蟾酥中的脂蟾毒配基有强心、升压、呼吸兴奋的作用,用于治疗呼吸循环衰竭和失血性低血压休克等病症。在动物驯化、人工养殖方面,已有数十种药用动物由野生变为人工养殖。例如,人工养麝、活体取香;鹿的驯化及鹿茸生产;还有蛤蚧、龟、鳖、金钱白花蛇、蕲蛇、全蝎、地鳖、刺猬、海马、中国林蛙、穿山甲、复齿鼯鼠等的养殖。加温饲养、人工饲料、疾病防治、杂交、人工授精及生物工程等一些新技术、新方法已成功用于药用动物的驯化与养殖，为减轻对自然资源的依赖和破坏，获得有效成分开辟了新途径。

一、动物的命名与分类

（一）动物的命名

动物的命名与植物的命名基本相同，也采用了瑞典人林奈的双名法进行命名，即每一个动物的学名，由属名和种加词组成，其后附命名人姓氏。属名和种加词用斜体，属名和命名人姓氏的首字母大写，如林麝 *Moschus berezovskii* Flerov 等。动物与植物命名也有不同之处，如动物的三名法。

（1）动物种以下的分类等级只用亚种，如果种内有不同的亚种时，则采用三名法。亚种名紧接在种名的后面。例如，中华大蟾蜍 *Bufo bufo gargarizans* Cantor，此学名中第一个词 *Bufo* 为属名，第二个词 *bufo* 为种加词，第三个词 *gargarizans* 为亚种加词，Cantor 为亚种定名人姓氏。

（2）如有亚属，则亚属名放在属名和种加词之间，并外加括号，亚属名第一个字母须大写。例如，乌龟 *Chinemys*（*Geoclemys*）*reevesii*（Gray），第一个词为属名，第二个词为亚属名，第三个词为种加词，最后为原学名定名人，外有括号表示这一学名是重新组合而来的。

（3）如属名改变，则在定名人姓氏外加括号，如拟海龙 *Syngnathoides biaculeatus*（Bloch）。

（4）动物命名一般不用变种、变型。

（二）动物分类的意义和等级

动物分类的基本单位与植物分类的基本单位相同，种是分类上的基本单位。

本教材采用自然分类法进行分类。分类等级与植物界一样，也分界、门、纲、目、科、属、种。这些等级之间也有亚门、亚纲、亚目、亚科、亚属和亚种。

可供药用的动物多分属于以下几个门。

（1）腔肠动物门，如生活在海中的海蜇、珊瑚等。

（2）软体动物门，如石决明、珍珠贝、牡蛎、乌贼、蚌等。

（3）环节动物门，如蚯蚓、水蛭等。

（4）节肢动物门，如蜈蚣、中华蜜蜂、地鳖虫、家蚕等。

（5）棘皮动物门，如海参、海胆、海星等。

（6）脊索动物门，可分为尾索动物亚门、头索动物亚门和脊椎动物亚门。其中以脊椎动物亚门最高级，最重要的特点是具有高度发达和集中的神经系统，出现了明显的头部。此亚门又分鱼纲（如海马、海龙）、两栖纲（如蟾蜍、林蛙）、爬行纲（如龟、鳖、银环蛇、蛤蚧）、鸟纲（如鸡、鸭）和哺乳纲（如熊、麝、梅花鹿、牛）。

二、动物类生药的分类

动物类生药可按动物分类系统、药用部分、化学成分、药理作用及功能主治等进行分类。按药用部分常将动物类生药分类如下。

1. 全动物类

地龙、全蝎、蜈蚣、土鳖虫、斑蝥、海马、金钱白花蛇、蕲蛇、蛤蚧等。

2. 角骨类

鹿茸、鹿角、羚羊角、龟甲、鳖甲、穿山甲等。

3. 贝壳类

牡蛎、石决明、蛤壳、珍珠母、海螵蛸等。

4. 脏器类

哈蟆油、鸡内金、紫河车、桑螵蛸、海狗肾、凤凰衣、鹿鞭等。

5. 生理病理产物

珍珠、蟾酥、牛黄、麝香、僵蚕、五灵脂、蝉蜕、蜂蜜等。

6. 加工品

阿胶、鹿角胶、鹿角霜、鳖甲胶、龟甲胶、水牛角浓缩粉、血余炭等。

本教材收载15种动物类生药，基本上以自然分类系统排列。

三、动物类生药的活性成分

（一）氨基酸、多肽、蛋白质类

1. 氨基酸

动物类生药普遍含有各种不同的氨基酸，有的氨基酸有直接医疗作用，如牛黄中的牛磺酸有刺激胆汁分泌和降低眼压的作用；地龙的游离氨基酸具有解热的作用；紫河车的氨基酸具有增加白细胞的作用。

天然氨基酸为无色结晶，易溶于水，可溶于醇，不溶于有机溶剂。只有胱氨酸和酪氨酸难溶于水。所有氨基酸均溶于酸、碱溶液。除甘氨酸外，均有旋光性。

氨基酸与茚三酮反应，一般显蓝紫色，只有脯氨酸和羟脯氨酸与茚三酮反应显黄色。此反应十分灵敏，根据反应所生成的蓝紫色的深浅，在570 nm波长下进行比色就可测定样品中氨基酸的含量。

2. 多肽

多肽一般是由2～20个氨基通过肽键共价连接形成的聚合物，具直链或环状结构。很多动物多肽具有生物活性，如水蛭多肽有抗凝血作用；眼镜蛇肽毒可用于晚期癌痛、神经痛、风湿性关节痛、带状疱疹等顽固性疼痛。

多肽一般可溶于水，在热水中不凝固，也不被硫酸铵沉淀。与氨基酸相似可与茚三酮、吲哚醌试剂显色。因结构中具有2个相邻的肽键，可产生双缩脲反应，即在碱性溶液中与硫酸铜反应，产生紫红色、红色或紫色化合物。

3. 蛋白质

蛋白质是由20个以上的氨基酸通过肽键结合而成的大分子化合物。其水解产物为α-氨基酸。从蛇毒中提制的精制蝮蛇抗栓酶注射剂属于蛋白质酶类，用于脑血栓及血栓闭塞性脉管炎。蝎毒的毒性成分神经毒素和细胞毒素具有很强的溶血活性。蜘蛛毒主要含蛋白毒素和酶，临床主要用于治疗关节痛和神经痛。蜂毒具有抗炎、抗辐射、抗癌、抗凝血等多种作用。多种动物（如鲍鱼、牡蛎、枪乌贼等）的糖蛋白有较强的抗菌、抗病毒作用。峨螺、圆蛤中的蛤素有抗肿瘤、抗病毒活性。人尿中的糖蛋白能治疗白血病，促进骨髓内的细胞增殖。

蛋白质的化学性质与氨基酸类似。大多数蛋白质可溶于水，在其水溶液中加入乙醇、硫酸铵或氯化钠的浓溶液可使蛋白质析出，此性质是可逆的。蛋白质水溶液加热煮沸或加入强酸、强碱时产生不可逆的沉淀反应，可与重金属盐类如汞盐、铜盐、银盐等作用生成沉淀。用生物碱试剂（如磷钼酸、苦味酸、鞣质等）也可使蛋白质沉淀。蛋白质的鉴别反应同多肽。

（二）甾体类

甾类成分几乎存在于所有生物体中。具有生物活性的甾体类主要有蟾蜍内酯类、胆汁酸、甾体激素、蜕皮激素等。

1. 蟾蜍内酯类

蟾蜍内酯类是蟾蜍及其耳后腺分泌物（蟾酥）的主要有效成分。

（1）蟾蜍二烯羟酸内酯类：为强心甾类化合物，其结构特点为在 C17 位连有一个 α-吡喃酮基，依据是否与有机酸相连，还可细分为蟾蜍毒素类（bufotoxin）和蟾毒配基类（bufogenin）化合物。常见的蟾蜍二烯羟酸内酯类化合物有脂蟾毒配基（resibufogenin）、华蟾蜍毒精（cinobufagin）、蟾毒灵（bufalin）等。蟾毒配基类具有明显的强心作用，可增强心肌收缩力，增加心搏出量，减慢心率。此外还有抗菌消炎、抗肿瘤、利尿等作用。脂蟾毒配基兼有兴奋呼吸、强心和升高动脉血压等多种药理作用。

（2）20，21-环氧蟾蜍内酯类：其特点是 C17 位连接的 α-吡喃酮基 20，21 位双键被环氧基取代，如 20S，21-环氧脂蟾毒配基（20S，21-epoxyresibufogenin）。

除蟾蜍属外，其他动物中也发现有蟾毒内脂类存在，如虎斑颈槽蛇 *Rhabdophis tigrinus* 的颈腺毒，精制后得到几种蟾毒内脂。

2. 胆汁酸类

胆汁酸是胆甾酸与甘氨酸或牛磺酸结合物的总称，是胆汁的主要成分和特征性成分，易溶于水和醇。胆汁酸能促进脂肪酸、胆固醇、脂溶性维生素、胡萝卜素及 Ca^{2+} 等吸收，有利胆的作用，对神经系统有镇静、镇痛及解痉作用。实验研究表明，它还有镇咳、解热、抑菌、抗炎等作用。胆汁酸经水解产生各种游离胆酸类，称为胆甾酸。已发现的胆甾酸有 100 多种，最常见的有胆酸（cholic acid）、去氧胆酸（deoxycholic acid）、鹅去氧胆酸（chenodeoxycholic acid）、熊去氧胆酸（ursodeoxycholic acid）、猪去氧胆酸（hyodeoxycholic acid）等。

3. 甾体激素类

甾体激素广泛存在于生物体中，是一类重要的内源性生理活性物质。天然存在和人工合成的有生物活性的甾体激素有上千种，按其生理作用可分为糖皮质激素、盐皮质激素、雄激素、雌激素、孕激素 5 种类型。它们是机体生长发育、代谢和生殖不可缺少的物质。动物类药材中含有的重要甾体类激素，如紫河车中的黄体酮（progesterone）、鹿茸中的雌酮（estrone）、海狗肾中的雄甾酮（androsterone）等。

4. 蜕皮激素

蜕皮激素主要有昆虫类变态激素蜕皮素（ecdysone）和甲壳类动物变态激素蜕皮甾酮（ecdysterone）等，广泛分布于昆虫及甲壳类动物中，分布的种类和数量因动物的种属而异。例如，蚕类蜕皮激素以 α-蜕皮酮为主，β-蜕皮酮含量极微；在蝗虫中则以 β-蜕皮酮占优势。蜕皮激素对昆虫类及甲壳动物可促进细胞生长，刺激真皮细胞分裂，产生表皮并使其蜕皮。蜕皮素和蜕皮甾酮有促进人体蛋白质的合成，降血脂和抑制血糖升高等作用。

5. 海洋甾体类

海洋甾体类是从海绵动物、腔肠动物、环节动物、节肢动物和棘皮动物等分离出来的结构新颖的甾体类化合物。主要为具有不同支链的甾醇和多羟基甾醇。有活性强、结构复杂的特点。例如,从白斑角鲨中获得的一种甾体生物碱角鲨胺(squalamine),为有效的内皮细胞增殖抑制剂,异岩藻甾醇(isofucosterol)具有抗菌、抗癌活性。

(三) 生物碱类毒素

生物碱类毒素在动物中分布较广,多数具有类似生物碱的性质,分子中多数具有复杂的氮环结构,直链含氮化合物亦不少。较重要的类型如下。

1. 环外含氮类

例如,沙海葵毒素(palytoxin,PTX),最早是从腔肠动物皮沙海葵科沙海葵属毒沙海葵 *Palythoa toxica* 中分离出来的毒性极强的化合物,LD50 为 0.15 μg/kg(小鼠,腹腔注射)。迄今为止,它是非蛋白毒素中毒性最强的化合物,具有抗癌、溶血等多种生物活性,并且具有非常强的心血管收缩作用。

2. 胍类衍生物

胍可看作是脲分子中的氧原子被亚氨基(═NH)取代而成的化合物,故又称亚氨基脲。胍分子中除去一个氢原子后的基团叫胍基。河鲀毒素(tetrodotoxin,TTX)最初是从红鳍东方豚 *Fugu rubripes* 的卵巢和肝脏中分离出来的具有强烈毒性的化合物,结构中含一个胍基,LD50 为 8 μg/kg(小鼠,静脉注射),有镇痛和麻醉作用,麻醉强度为可卡因的 1 600 倍,现多作为药理研究的工具药使用。石房蛤毒素(saxitoxin,STX)最早是从海洋贝类大石房蛤 *Saxidomus giganteus* 中分离出来的毒性化合物,分子中有一对胍基,另有 4 个氮原子在环中,LD50 为 10 μg/kg(小鼠,腹腔注射),也属于神经毒素,其毒性为士的宁的 50 倍,氰化钾的 1 000 倍。

3. 吡咯衍生物

此类化合物分子中存在共轭体系,因此具有特殊的吸光能力并呈现出各种颜色。例如,脊椎动物的血红蛋白,胆汁中的胆红素及氧化产物胆绿素等,具有促进红细胞生成、解热、抗病毒、抗癌、抗衰老等作用。

4. 吲哚类

例如,从蟾蜍皮肤分泌腺中分离出的活性生物碱,其中主要是 5-羟色胺(serotonin)及其衍生物。蟾蜍色胺(bufotenine,cinobufotenine)为基本骨架。有 O-甲基蟾蜍色胺、脱氢蟾蜍色胺(dehydrobufotenine)、蟾蜍色胺内盐(hufotenidine)、蟾蜍绿啶(bufoviridine)等。这些成分对肠管、血管等平滑肌有收缩作用,可引起血压上升、呼吸兴奋,并有抗利尿作用。

(四) 萜类

动物中萜类活性成分较多,尤其是从海洋无脊椎动物中分离出的萜类更多。此外,从陆地动物中也陆续发现一些萜类活性物质。例如,从斑蝥中提取出的斑蝥素,是一种单萜类细胞毒成分,具有抗癌、抗病毒及抗真菌作用。来源于昆虫的倍半萜类成分,如保幼激素、信息素(pheromone)、防御物质等,分别具有保持昆虫幼虫性状、种内或种间个体传递信息及防御等作用。类胡萝卜素(carotenoid)是含 40 个碳的类异戊烯聚合物,即四萜化合物,是一类由浅黄到深红色的脂溶性色素;在动物体内通常形成酯类或苷,少数以游离形式存在;多位于分枝状的结缔组织细胞内;具有抗光敏、延缓癌细胞转移的作用;在海产动物中分布较广,且在两栖动物的蛙类与哺乳动物的肝脏中含量很高。

动物体内还含有大量未被开发利用的活性成分,大多具有强烈的药效作用,特别是海洋生物中有相当一部分具有药用价值,值得深入研究,有待进一步开发与利用。

四、动物类生药的鉴别

动物类生药的鉴别方法与植物药相同,根据具体情况选用一种或多种方法配合进行,方可得到准确结果。

(一) 来源鉴定

对动物类生药进行来源鉴定,应具有动物的分类学和解剖学基础知识。以完整动物入药的,可根据其形态及解剖特征进行动物分类学鉴定,确定其品种。

(二) 性状鉴别

可通过观、摸(手试)、嗅、尝、试(水试、火试)等方法识别药材。因动物类生药具有不同于其他类别生药的特殊性,特别要注意观察其专属性的特征,如形状、表面特征(纹理、突起、附属物、裂缝等)、颜色(包括表面和断面的颜色)、气(如麝香的特异香气)、味(如体外培育牛黄味苦而后甘,有清凉感)等。

(三) 显微鉴别

动物类生药显微鉴别时常制成粉末片、组织切片和磨片(贝壳类、角类、骨类、珍珠等)等。近年来,扫描电子显微镜广泛用于动物类生药的鉴别。例如,用扫描电镜观察海珍珠和湖珍珠,找到了它们在断层上的鉴别特征;用扫描电镜观察麝香仁的基本结构,发现了它的板层结构是麝香特有的组成部分。

(四) 理化鉴别

随着科技的发展,光谱法、色谱法、差热分析技术、X 射线衍射法及 DNA 分子标记技术等已成为鉴别动物类生药真伪的重要手段,使得动物药的鉴定更具科学性和准确性。动物类生药含有大量蛋白质及其水解产物,凝胶电泳技术得到广泛应用,成功区别了许多动物药材与类似品、伪品,如蛇类、胶类、角类、海马类、海龙类生药。

(五) 含量测定

用仪器分析方法测定动物药中有效成分或指标性成分的含量,可较好地控制生药的内在质量,保证临床用药的有效性。例如,2010 年版《中国药典》中采用薄层扫描法测定牛黄中胆酸的含量,用分光光度法测定牛黄中胆红素的含量,用气相色谱法测定麝香中总麝香酮的含量、斑蝥中斑蝥素的含量。

第二节 重要动物类生药

鹿茸* Crvi Cornu Pantotrichum (英) Pilose Antler

【基原】为鹿科动物梅花鹿 *Cervus nippon* Temminck 或马鹿 *C. elaphus* Linnaeus 的雄鹿未骨化密生茸毛的幼角。前者习称“花鹿茸”,后者习称“马鹿茸”。

【产地】花鹿茸主产于吉林、辽宁、河北、四川等省;马鹿茸主产于黑龙江、吉林、内蒙古、新疆、青海、四川等省。梅花鹿为国家一级保护动物,马鹿为国家二级保护动物,均有人工饲养。现药用鹿茸主要通过人工饲养获取。

【采制】采取锯茸或砍茸两种方法,再经水煮、烘烤、风干等工序加工而成。

锯茸　一般从第三年的鹿开始锯取。二杠茸每年采收两次,第一次为清明节后 45~50 d(头茬茸),立秋前后锯第二次(二茬茸);三岔茸只收一次,约在 7 月下旬。锯下的花鹿茸进行排血、洗茸、煮烫和干燥等加工。马鹿茸加工方法的不同之处是煮烫时不要排血,煮烫和干燥的时间比花鹿茸要长。鹿茸干燥的温度一般控制在 40~50 ℃,最高不能超过 60 ℃。

砍茸　将死鹿或老鹿头砍下,再将茸连脑盖骨锯下,刮净残肉,绷紧脑皮,固定架上,反复用沸水烫,干燥。

【性状】花鹿茸　呈圆柱状分枝,具一个分枝者习称"二杠",主枝习称"大挺"。长 17~20 cm,锯口直径 4~5 cm,离锯口约 1 cm 处分出侧枝,习称"门庄",长 9~15 cm,直径较"大挺"略细。外皮红棕色或棕色,多光润,表面密生红黄色或棕黄色细茸毛,上端较密,下端较疏。分岔间具 1 条灰黑色筋脉。皮茸紧贴。锯口黄白色,外围无骨质,中部密布细孔。具两个分枝者习称"三岔",大挺长 23~33 cm,直径较二杠细,略呈弓形、微扁,枝端略尖,下部多有纵棱筋及突起疙瘩;皮红黄色,茸毛较稀而粗。体轻,气微腥,味微咸(图 15-1)。

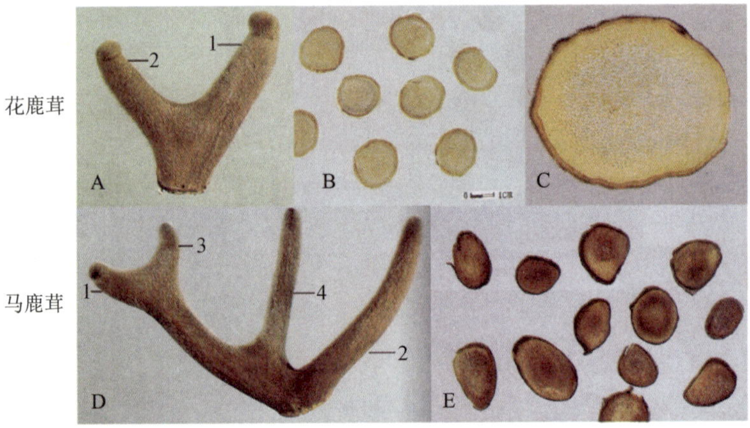

图 15-1　鹿茸药材外形图

A. 二杠花鹿茸;B. 花鹿茸血片;C. 花鹿茸蛋黄片;D. 四岔马鹿茸;E. 马鹿茸血片。
1. 主枝(大挺);2. 第一侧枝;3. 第二侧枝;4. 第三侧枝。

二茬茸与头茬茸相似,但挺长而不圆或下粗上细,下部有纵棱筋。皮灰黄色,茸毛较粗糙,锯口外围多已骨化。体较重,无腥气。

马鹿茸　较花鹿茸粗大,分枝较多,侧枝一个者习称"单门",二个者习称"莲花",三个者习称"三岔",四个者习称"四岔"或更多。东北产者称"东马鹿茸",西北产者称"西马鹿茸"。

均以茸形粗壮、饱满、皮毛完整、质嫩油润、无骨棱、无钉者为佳。

【显微特征】横切面　① 外为外表层,由角质层、透明层、颗粒层和生发层组成。② 下为真皮层,由乳头层、毛干、皮脂腺、动静脉小血管等组成。③ 其下为原胶纤维层,由网状纤维组成。④ 再下为骨质层,由骨小梁、骨陷窝等组成。

纵切面　茸体自外向内由茸毛、外皮、骨密质、骨松质组成。基部为角柄。

粉末　淡黄色。① 表皮角质层表面颗粒状,茸毛脱落后的毛窝呈圆洞状。② 毛干中部直径 13~50 μm,表面由扁平鳞片状细胞呈覆瓦状排列的毛小皮包围,细胞的游离缘指向毛尖，皮质有棕色色素，髓质断续或无。③ 毛根常与毛囊相连，基部膨大作撕裂状。④ 骨碎片表面有纵纹及点状孔隙；骨陷窝呈类圆形或类梭形，边缘骨小管呈放射状沟纹；横断面可见大的圆孔洞，边缘凹凸不平。⑤ 未骨化组织表面具多数不规则的块状突起物。⑥ 角化梭形细胞多散在（图 15-2）。

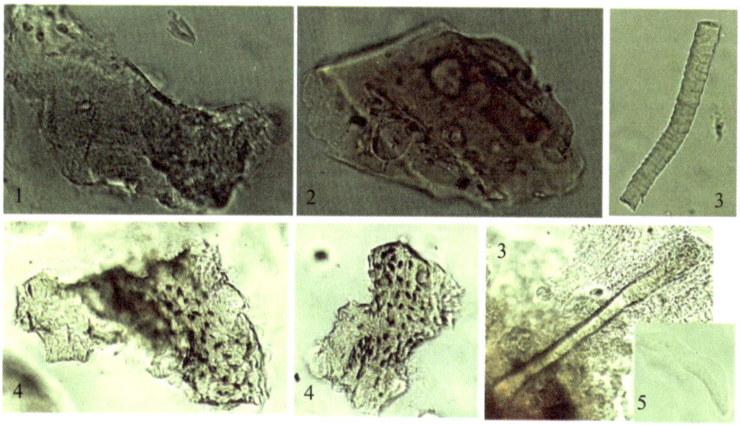

图 15-2　梅花鹿（幼角）粉末组织特征图

1. 表皮角质层；2. 未骨化骨组织；3. 毛茸；4. 骨碎片；5. 未骨化骨组织。

【化学成分】① 氨基酸类，总的氨基酸含量达 50%，其中以甘氨酸（glycine）、谷氨酸（glutamic acid）、脯氨酸（proline）含量最高。② 胆固醇类，如胆固醇肉豆蔻酸酯（cholesteryl mynistate）、胆固醇油酸酯（cholesteryl oleate）等。③ 脂肪酸类，如月桂酸（lauric acid）、棕榈酸（palmitic acid）、肉豆蔻酸（myristic acid）等。④ 多胺类，如精胺（spermine）、神经酰胺（ceramide，约 1.25%）、溶血磷脂酰胆碱（lysophosphatidyl choline，LPC）、尿嘧啶（uracil）、次黄嘌呤（hypoxanthine）等。此外，还含硫酸软骨素 A 等酸性多糖类，以及雌酮（estrone）、雌二醇（estradiol）、PGE1 和 PGE2 等多种前列腺素。

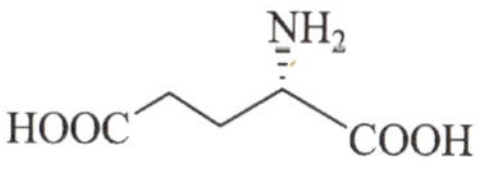

谷氨酸

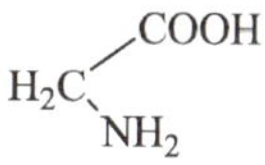

甘氨酸

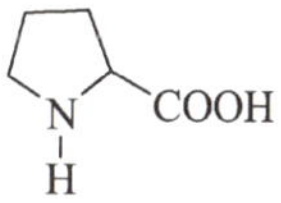

脯氨酸

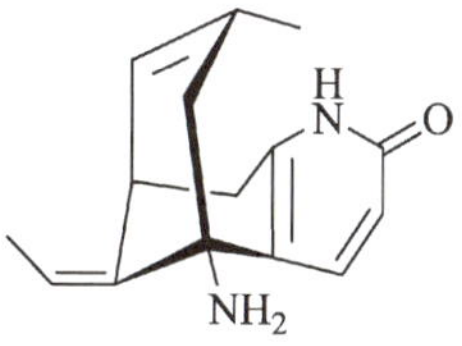

神经酰胺

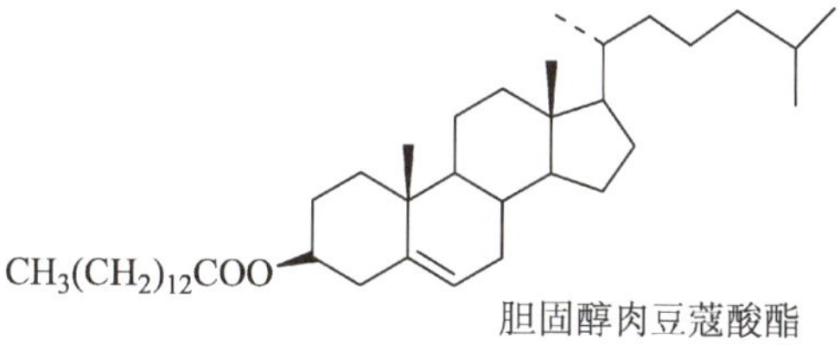

胆固醇肉豆蔻酸酯

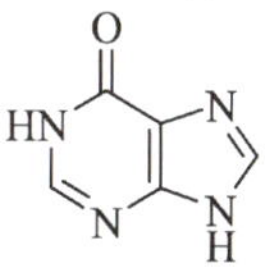

次黄嘌呤

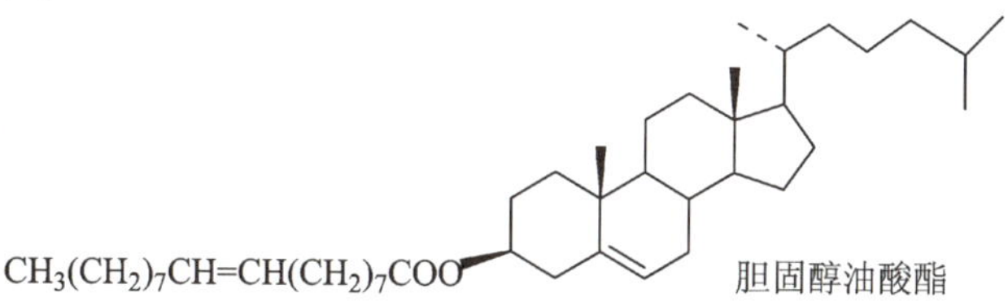

胆固醇油酸酯

鹿茸的不同部位所含成分有较大的差异。一般认为，顶部浸出液的生物活性较高，基底部生物活性较低，而中间部位的成分和含量基本上可以代表整个鹿茸的平均值。

【理化鉴别】 取本品粉末0.1 g,加水4 mL,加热15 min,放冷,滤过,取滤液1 mL,加茚三酮试液3滴,摇匀,加热煮沸数分钟,显蓝紫色;另取滤液1 mL,加10%氢氧化钠液2滴,滴加0.5%硫酸铜溶液,显蓝紫色。

薄层色谱　硅胶G薄层,喷以2%茚三酮丙酮溶液,在105 ℃加热至斑点显色清晰。供试品色谱中,在与对照药材色谱相应的位置上显相同颜色的主斑点,在与甘氨酸对照品色谱相应的位置上显相同颜色的斑点。

【功效与主治】 性温,味甘、咸;能壮肾阳,益精血,强筋骨,调冲任,托疮毒;用于肾阳不足、精血亏虚、阳痿滑精、宫冷不孕、羸瘦、神疲、畏寒、眩晕、耳鸣、耳聋、腰脊冷痛、筋骨痿软、崩漏带下、阴疽不敛;用量1~2 g,研末冲服。

【药理作用】 ① 雄、雌激素样作用。鹿茸是传统的壮阳药物。动物实验研究表明,其提取物有显著增加未成年雄性动物(大、小鼠)的睾丸、前列腺、贮精囊等性腺重量的作用,促进雌性幼鼠生殖系统组织发育,增加子宫和卵巢的重量(磷脂类物质)。

② 降血压作用。鹿茸有明显的降血压作用(溶血磷脂酰胆碱)。

③ 镇静、神经修复作用。鹿茸提取物能明显延长小鼠戊巴比妥钠睡眠时间,呈现镇静作用;并能促进大鼠坐骨神经再生及功能的恢复(鹿茸多肽)。

④ 修复肝损伤。动物实验研究表明,鹿茸有对抗膜质过氧化、促进肝细胞再生和修复作用,抑制由过氧化反应引起的肝损伤(鹿茸多肽、鹿茸多糖及胺类物质)。

⑤ 抗炎、免疫调节、抗应激作用。动物实验研究表明,鹿茸有明显抗炎、免疫调节和抗应激作用(鹿茸酶解物、鹿茸多肽)。

⑥ 对心血管的作用。动物实验研究表明,鹿茸精对三氯甲烷诱发的小鼠室颤有明显的保护作用,对氯化钡诱发的大鼠室性心律失常有治疗作用(鹿茸精)。

⑦ 鹿茸提取物对前列腺癌有显著的抑制作用,鹿茸水溶性多肽联合新辅助化疗方案能有效抑制乳腺癌的生长等。

麝香* Moschus　(英) Musk

【基原】 为鹿科动物林麝 *Moschus berezovskii* Flerov、马麝 *M. chrysogaster* Hodgson 或原麝 *M. moschiferus* Linnaeus 成熟雄体香囊中的干燥分泌物。

【产地】 主产于四川、西藏、贵州、甘肃等省区。野生麝类为国家保护动物。四川省马尔康、都江堰市,陕西省镇坪,安徽省佛子岭等养麝场均已进行家养繁殖。

【采制】 麝在3岁以后产香最多,每年8—9月为泌香盛期。取麝分猎麝取香和活体取香两种。野麝捕获后将腺囊连皮割下,将毛剪短,阴干,习称"毛壳麝香";除去囊壳,取囊中分泌物,习称"麝香仁"。

家养麝可直接活体取香,目前多采用快速取香法,即将麝固定在操作者的腿上,略剪去覆盖着香囊口的毛,乙醇消毒,用挖勺伸入囊内徐徐转动,挖出麝香。取香后除去杂质,放干燥器内,干后置棕色密闭玻璃器内保存。活体取香后不影响麝的饲养繁殖,并能再生麝香仁,且产量比野生者高。

【性状】 毛壳麝香　为扁圆形或类椭圆形的囊状体,直径3~7 cm,厚2~4 cm。开口面的皮革质,棕褐色,略平,密生白色或灰棕色短毛,从两侧围绕中心排列,中间有一小囊孔。另一面为棕褐色略带紫的皮膜,微皱缩,偶显肌肉纤维,略有弹性,剖开后可见中层皮膜呈棕褐色或灰褐色，半透明，内层皮膜呈棕色，内含颗粒状、粉末状的麝香仁和少量细毛及脱落的内层皮膜（习称"银皮"）（图 15-3）。

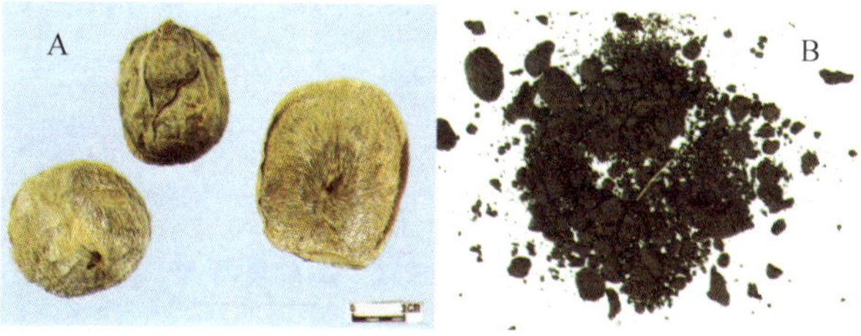

图 15-3 麝香药材图

A. 毛壳麝香；B. 麝香仁。

麝香仁 野生者质软，油润，疏松；其中不规则圆球形或颗粒状者习称"当门子"，表面多呈紫黑色，油润光亮，微有麻纹，断面深棕色或黄棕色；粉末状者习称"散香"，棕褐色或黄棕色，并有少量脱落的内层皮膜和细毛。饲养者多呈颗粒状、短条形或呈不规则的团块；表面不平，紫黑色或深棕色，显油性，微有光泽，并有少量毛和脱落的内层皮膜。气香浓烈而特异，味微辣、微苦带咸。

以"当门子"多、质柔润、颗粒色紫黑、粉末色棕褐、香气浓烈者为佳。

【显微特征】粉末 棕褐色或黄棕色。为无数不定型颗粒状物集成的半透明或透明团块，淡黄色或淡棕色。团块中包埋或散在有方形、柱状、八面体或不规则的晶体；并可见圆形油滴，偶见毛及内皮层膜组织（图 15-4）。

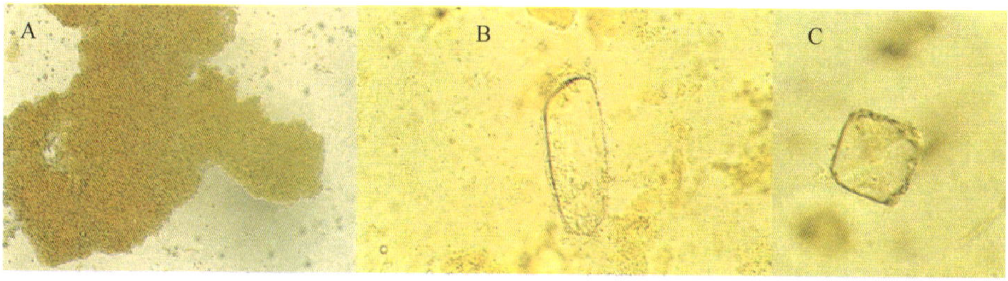

图 15-4 麝香仁显微特征图

A. 分泌物团块；B. 柱状晶体；C. 八面体晶体。

【化学成分】含有环酮类，如麝香酮（muscone，含量 0.9%～3%）（香气成分）、麝香吡啶（muscopyridine）及羟基麝香吡啶（hydroxymuscopyridine）A、B 等；雄甾烷衍生物和多肽，如 5α－雄甾烷－3，17－二酮（5α-androstane-3，17-dione）、5β－雄甾烷－13，17－二酮（5β-androstane-3，17-dione）等 10 余种；庚二醇亚硫酸酯类（强心成分），如（2R，5S）－麝香酯 A_1［（2R，5S）-musclide A_1］、（2R，5R）－麝香酯 A_2、（4S）－麝香酯 A_2 及（2R ，5S）－麝香酯 B 等成分；还含有多种氨基酸、胆固醇（cholesterol）、胆酸（cholic acid）、胆固醇酯等。

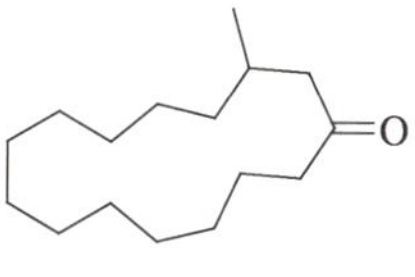

麝香酮

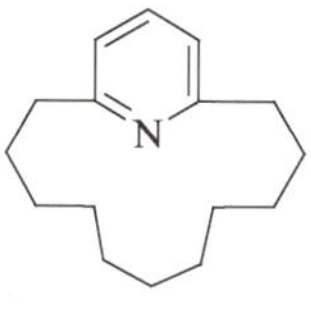

麝香吡啶

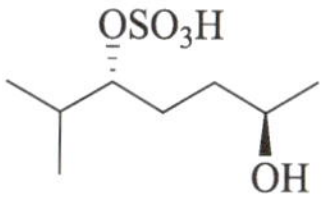

(2R,5R)- 麝香酯B

【鉴别】① 取毛壳麝香用特制槽针从囊孔插入，转动槽针，提取麝香仁，立即检视，槽内的麝香仁应有逐渐膨胀高出槽面的现象，习称"冒槽"。麝香仁油润，颗粒疏松，无锐角，香气浓烈。不应有纤维等异物或异常气味。

② 取麝香仁粉末少量，置手掌中，加水润湿，用手搓之能成团，再用手指轻揉即散，不

应粘手、染手、顶指或结块。

③ 取麝香仁少量,撒于炽热的坩埚中灼烧,初则迸裂,随即融化膨胀起泡似珠,香气浓烈四溢,应无毛、肉焦臭,无火焰或火星出现。灰化后,残渣呈白色或灰白色。

④ 麝香仁粉末棕褐色或黄棕色。为无数无定形颗粒状物集成的半透明或透明团块,淡黄色或淡棕色;团块中包埋或散在有方形、柱状、八面体或不规则形的晶体;并可见圆形油滴,偶见毛和内皮层膜组织。

【理化鉴别】采用气相色谱法测定,供试品色谱中应呈现与对照品色谱峰保留时间一致的色谱峰。

含量测定　采用气相色谱法测定,本品按干燥品计算,含麝香酮($C_{16}H_{30}O$)不得少于2.0%。

【功效与主治】性温,味辛;能开窍醒神,活血通经,消肿止痛;用于热病神昏、中风痰厥、气郁暴厥、中风昏迷、经闭、癥瘕、难产死胎、胸痹心痛、心腹暴痛、跌扑伤痛、痹痛麻木、痈肿瘰疬、咽喉肿痛;用量0.03~0.1 g,多入丸、散用。外用适量。孕妇禁用。

【药理作用】① 强心作用。动物实验研究表明,麝香的水溶性提取物具有强心作用,能激活小鼠心肌中的蛋白激酶C。麝香对由于血栓引起的缺血性心脏障碍有预防和治疗作用。

② 中枢调节作用。实验研究表明,麝香能明显缩短大鼠戊巴比妥钠引起的睡眠时间。

③ 活血作用。麝香能影响血小板收缩蛋白功能和延长凝血时间。

④ 抗早孕作用。动物实验研究表明,麝香有抗着床和抗早孕作用。

⑤ 抗炎抗菌作用。麝香水提取物对实验性小鼠耳部炎症、关节肿、关节炎均有非常显著的抑制作用;麝香可增强肾上腺功能;动物实验表明,麝香有抗炎作用,麝香中的挥发油对阴道中微生物生长具有抑制作用,尤其对金黄色葡萄球菌和枯草芽孢杆菌最敏感。

⑥ 抗痴呆作用。动物实验表明,麝香能促进痴呆大鼠胸主动脉 Ca^{2+} 摄取,改善学习记忆能力。

⑦ 抗肿瘤作用。麝香制成的克癀胶囊对Huh7细胞类型的肝癌细胞增殖有抑制作用,麝香还对GLC-82肺腺癌细胞株有抑制作用等。

【附注】人工合成麝香　以合成麝香酮(dl-muscone)为主,按规定比例配制而成。经药理试验、理化分析、临床试验证明,与天然麝香的性质和作用近似,并对心绞痛有显著缓解作用。

灵猫香　为灵猫科动物大灵猫 *Viverra zibetha* Linnaeus 及小灵猫 *Viverricula indica* Desmarest 泌香腺的分泌物,雌雄动物均产香,雄性产量比雌性高。为蜂蜜样的稠厚液,呈白色或黄白色,久置色渐变黄色,最终成褐色,软膏状,具类似麝香气。主要成分为灵猫酮(zibetone)、香猫醇(zibetol)及降香酮(环十五烷酮)等大环烯酮类化合物,具有类似麝香的香气。具有行气止痛的作用,用于扭伤、血肿、肩周炎、咽喉肿痛等症。现已应用的有灵猫香六神丸,其功效与麝香六神丸相似。

麝鼠香　为田鼠科动物麝鼠 *Ondatra zibethica* L.雄性香囊中的分泌物。具有类似麝香的特殊香气。为淡黄色油状黏液,久置颜色变深。含有与麝香相同的麝香酮、降麝香酮等大环化合物。研究表明,麝鼠香具有抗炎、抑菌、抗应激、耐缺氧、降低心肌耗氧量、降血压、减慢心率、促进生长及同化类固醇与雄激素等作用，治疗冠心病有较好的疗效。

商品中的掺伪品有植物类掺入物，如生地、锁阳、荔枝核、树脂、儿茶、淀粉、大豆粉、丁香粉、海金砂、茶叶等；动物类掺入物，如肝脏粉末、血块、蛋黄粉、奶粉、奶渣、肌肉等；矿物类掺入物，如铁末、铅粉、砂石、磁石、朱砂等。以上掺伪品用显微鉴别和理化鉴别方法均能与真品区分。

毛壳麝香伪品常以麝皮或其他动物的毛皮或者膀胱包缝而成。全囊有毛或一面剃去毛但有毛根痕迹，或一面将皮反转，或用动物膀胱与一面毛皮缝合而成，均有缝合痕迹。

牛黄* Bovis Calculus （英）Cow-Bezoar

【基原】本品为牛科动物牛 *Bos taurus domesticus* Gmelin 干燥的胆结石，习称“天然牛黄”。

【产地】在我国主产于华北、东北、西北等省区，分别称京牛黄、东牛黄、西牛黄。

【采制】全年均可收集，宰牛时仔细检查胆囊、胆管，如发现有硬块即滤去胆汁(胆囊不能用手挤压)，小心取出结石，去净附着的薄膜，用吸湿物及时吸去胆汁，阴干。切忌风吹日晒，以防碎裂或变色。取自胆囊的牛黄习称“胆黄”，取自胆管或肝管的牛黄习称“管黄”或“肝黄”。

【性状】胆黄 多呈卵形、类球形、三角形或四方形，大小不一，直径 0.6~3(4.5) cm，少数呈管状或碎片。表面黄红色至棕黄色，有的表面挂有一层黑色光亮的薄膜，习称“乌金衣”；有的粗糙，具疣状突起；有的具龟裂纹。体轻，质酥脆，易分层剥落，断面金黄色，可见细密的同心层纹，有的夹有白心。气清香，味苦而后甘，有清凉感，嚼之易碎，不粘牙。其水液涂于指甲上，能将指甲染成黄色，习称“挂甲”(图 15-5)。

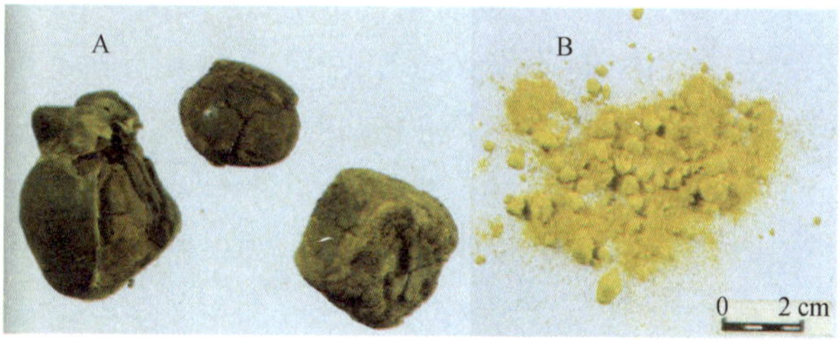

图 15-5 牛黄药材图

A. 天然牛黄；B. 人工牛黄。

管黄 多呈短管状，表面不平或有横曲纹，或为破碎的小片，长约 3 cm，直径 0.5~1.5 cm。表面红棕色或黄棕色，有的呈棕褐色，较粗糙，有裂纹及小突起。断面有较少的层纹，有的中空。

均以完整、色黄、断面层纹清晰而细腻者为佳。

【显微特征】用水合氯醛试液装片，不加热，镜下观察可见不规则团块由多数黄棕色或红棕色小颗粒集成，稍放置，色素迅速溶解，并显现鲜明的金黄色，久置后变成绿色。醋酸甘油装片还可见有不规则的片状物。

【化学成分】含有胆色素 72%~76%，以胆红素(bilirubin)为主；胆甾酸与胆汁酸约10%，主要有胆酸(cholic acid)0.8%~1.8%、去氧胆酸(deoxycholic acid)3.3%~4.3%、石胆酸(lithocholic acid)、鹅去氧胆酸等；还含有牛磺酸(taurine)、丙氨酸(alanine)、甘氨酸(glycine)等肽类物质及氨基酸，以及胆固醇(cholesterol)、卵磷脂、麦角甾醇(ergosterol)、脂肪酸和多种无机元素。其中，去氧胆酸具有松弛平滑肌的作用，是牛黄镇痉的有效成分。

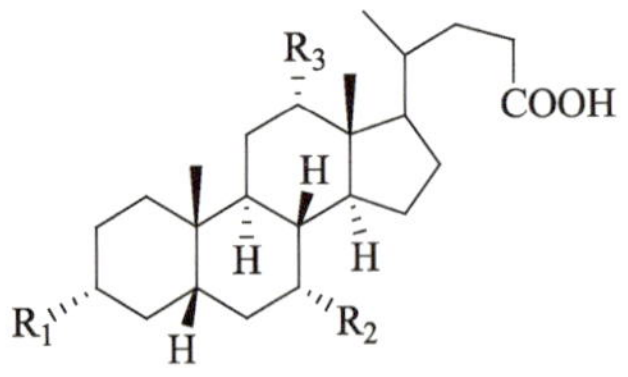

石胆酸	R_1= OH	R_2=R_3=H
胆酸	R_1=R_2=R_3=OH	
去氧胆酸	R_1=R_3=OH	R_2=H
鹅去氧胆酸	R_1=R_2=OH	R_3=H

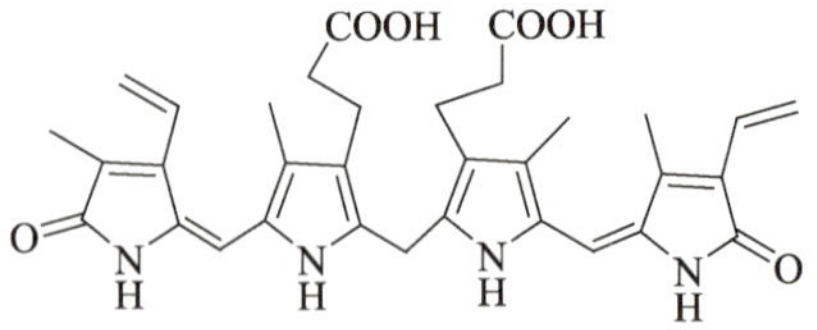

胆红素

【鉴别】① 取本品少量,加清水调和,涂于指甲上,能将指甲染成黄色,习称“挂甲”。

② 取本品少许,用水合氯醛试液装片,不加热,置显微镜下观察:不规则团块由多数黄棕色或棕红色小颗粒集成,稍放置,色素迅速溶解,并显鲜明金黄色,久置后变绿色。

③ 取本品,照“含量测定”胆红素项下的方法试验,供试品色谱中,应呈现与胆红素对照品色谱峰保留时间相对应的色谱峰。

④ 取本品,照“含量测定”结合胆酸项下的方法试验,供试品色谱中,应呈现与牛磺胆酸对照品和甘氨胆酸对照品色谱峰保留时间相对应的色谱峰。

检查 照高效液相色谱法测定,本品按干燥品计算,含游离胆酸以胆酸($C_{24}H_{40}O_5$)及去氧胆酸($C_{24}H_{40}O_4$)的总量计,不得过 8.0%。

含量测定 照高效液相色谱法测定,本品按干燥品计算,结合胆酸以牛磺胆酸($C_{26}H_{45}NO_7S$)、牛磺去氧胆酸($C_{26}H_{45}NO_6S$)、甘氨胆酸($C_{26}H_{43}NO_6$)及甘氨去氧胆酸($C_{26}H_{43}NO_5$)的总量计,不得少于 4.0%;含胆红素($C_{33}H_{36}N_4O_6$)不得少于 25.0%。

【功效与主治】性凉,味甘;能清心,豁痰,开窍,凉肝,息风,解毒;用于热病神昏、中风痰迷、惊痫抽搐、癫痫发狂、咽喉肿痛、口舌生疮、痈肿疔疮;用量 0.15~0.35 g,多入丸、散用。外用适量,研末敷患处。孕妇慎用。

【药理作用】① 利胆保肝作用。胆酸,尤其脱氧胆酸,均能松弛胆道括约肌,因而具利胆作用。牛磺酸-N-二硫代氨基甲酸钠对四氯化碳引起的大鼠肝损害有显著的保护作用(牛磺酸、胆酸、牛磺酸-N-二硫代氨基甲酸钠)。

② 抗炎、抗病毒、抗菌、抗肿瘤、镇咳祛痰作用。对免疫功能也有影响,能显著提高小鼠腹腔巨噬细胞的吞噬功能(牛磺酸、胆酸)。

③ 对中枢神经系统的作用。牛黄对某些药物引起的小鼠中枢神经兴奋症状有拮抗作用;对多种因素诱发狒狒产生的惊厥均有抑制作用;对正常大鼠体温无降低作用,对某些药物引起的发热有解热作用;小鼠口服牛黄无明显镇痛作用,但口服或注射牛磺酸均有显著的镇痛作用(牛磺酸、胆酸、胆红素)。

④ 对心血管系统的作用。可改善心脏功能,显著对抗异丙肾上腺素注射后诱发的心肌缺血和损伤,有抗心律失常、降血压、降低血胆固醇、增加高密度脂蛋白、防止动脉粥样硬化等作用(牛磺酸)。

【附注】人工牛黄 参考天然牛黄的已知成分,由牛胆粉、胆酸、猪去氧胆酸、胆红素、胆固醇、微量元素等制成。本品为黄色疏松粉末,也可呈不规则球形或块状,质轻,块状者断面无层纹;气微清香,略有腥气,味微甘而苦,入口无清凉感。水溶液也能“挂甲”。具有清热、解毒、化痰、定惊等作用。

体外培育牛黄　由牛的新鲜胆汁做母液，加入去氧胆酸、胆酸、复合胆红素钙等制成。本品呈球形或类球形，直径 0.5～3 cm。表面光滑，呈黄红色至棕黄色。体轻，质松脆，断面有同心层纹。气香，味苦而后甘，有清凉感，嚼之易碎，不粘牙。具有清心、豁痰、开窍、凉肝、息风、解毒等作用。

蟾酥* Bufonis Venenum （英）Toad Venom

【基原】本品为蟾蜍科动物中华大蟾蜍 *Bufo bufo gargarizans* Cantor 或黑眶蟾蜍 *Bufo melanostictus* Schneider 的干燥分泌物。

【产地】主要分布于辽宁、山东、江苏、河北、广东、安徽、浙江等省。

【采制】多于夏、秋两季捕捉，洗净，挤取耳后腺及皮肤腺的白色浆液。将收集的白色浆液放入圆模型中晒干，即为"团蟾"。将白色浆液直接涂于箬竹叶或玻璃板上晒干，即为"片蟾酥"。

【性状】本品呈扁圆形团块状或片状。棕褐色或红棕色。团块状者质坚，不易折断，断面棕褐色，角质状，微有光泽；片状者质脆，易碎，断面红棕色，半透明。气微腥，味初甜而后有持久的麻辣感，粉末嗅之作嚏（图 15-6）。

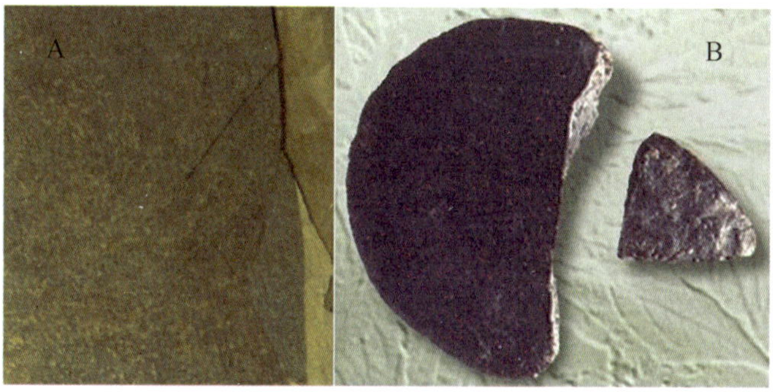

图 15-6　蟾酥药材图
A. 片蟾酥；B. 团蟾酥。

本品断面沾水，即呈乳白色隆起。

【化学成分】① 蟾蜍甾二烯类：有游离型和结合型之分，游离型称蟾毒苷元，至今已发现 20 多种，主要有蟾毒灵（bufalin）、蟾毒它灵（bufotalin）、华蟾酥毒基（cinobufagin）、脂蟾毒配基（bufogenin）、远华蟾毒精（telocinobufagin）、华蟾毒它灵（cinobufotalin）、脂蟾毒精（resibufagin）等；结合型又分蟾毒（如蟾毒灵-3-辛二酸精氨酸酯、蟾毒里毒）、蟾毒配基脂肪酸酯（如蟾毒灵-3-半辛二酸酯）和蟾毒苷元硫酸酯（如蟾毒灵-3-硫酸酯）三种类型。② 强心甾烯蟾毒类：包括沙门苷元-3-辛二酸精氨酸酯、沙门苷元-3-半辛二酸酯、沙门苷元-3-硫酸酯、沙门苷元-3-酸性辛二酸酯等。③ 吲哚类生物碱：主要有蟾酥色胺（bufotenine）、蟾酥季铵（bufotenidine）、脱氢蟾蜍色胺（dehydrobufotenine）、蟾蜍硫堇（bufothionine）及 5-羟色胺（serotonin）等。此外，还有甾醇类、肾上腺素及多种氨基酸、多糖类等。

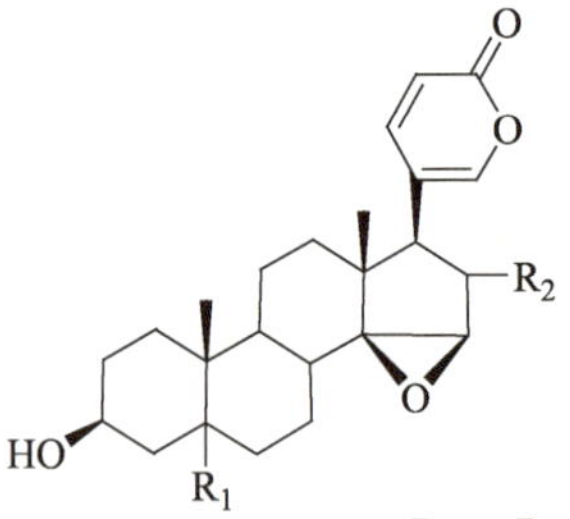

	R_1	R_2
华蟾酥毒基	H	OAc
脂蟾毒配基	H	H
羟基华蟾酥毒基	OH	OAc

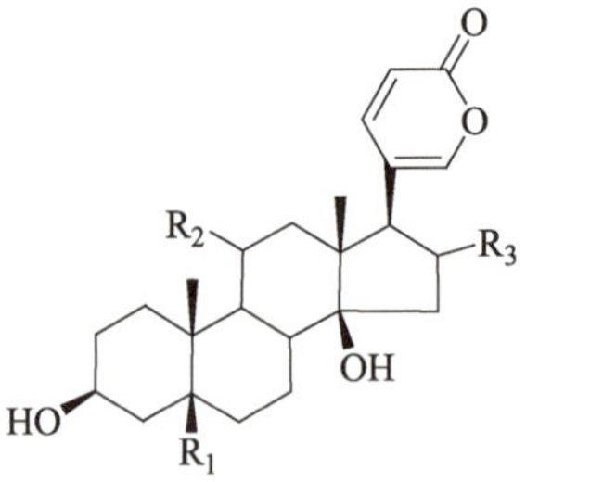

	R_1	R_2	R_3
蟾毒灵	H	H	H
蟾毒配基	H	H	OAc
远华蟾毒配基	OH	H	H

【理化鉴别】定性检测　① 取粉末约 0.1 g,加甲醇 5 mL,浸泡 1 h,滤过,滤液加对二甲氨基苯甲醛固体少许,再加硫酸数滴,显蓝紫色(检查吲哚类化合物)。② 取粉末0.1 g,加三氯甲烷 5 mL,浸泡 1 h,滤过,将滤液蒸干,残渣加醋酐少许使溶解,滴加浓硫酸,初显蓝紫色,渐变蓝绿色(检查甾醇类化合物)。

薄层色谱　硅胶 G 薄层,喷以 10%硫酸乙醇溶液,加热至斑点显色清晰,分别置日光和紫外光灯(365 nm)下检视。供试品色谱中,在与对照药材色谱相应的位置上显相同颜色的斑点或荧光斑点。

含量测定　采用高效液相色谱法测定,本品以干燥品计,含蟾毒灵($C_{24}H_{34}O_4$)、华蟾酥毒基($C_{26}H_{34}O_6$)和脂蟾毒配基($C_{24}H_{32}O_4$)的总量不得少于 7.0%。

【功效与主治】性温,味辛,有毒;能解毒,止痛,开窍醒神;用于痈疽疔疮、咽喉肿痛、中暑神昏、腹痛吐泻;用量 0.015~0.03 g,多入丸、散用。外用适量。孕妇慎用。

【药理作用】① 对心血管系统的作用。小剂量蟾酥可增强离体蟾蜍心脏的收缩力,大剂量则使麻醉猫、犬、兔、蛙心跳变慢;蟾酥可使纤维蛋白原的凝集时间延长,增加冠状动脉灌流量;能增加心肌营养性血流量,改善微循环,增加心肌供氧;其升高动脉血压作用与肾上腺素相似,主要通过收缩外周血管起升压作用(蟾毒配基类、蟾蜍毒素类)。

② 对输精管的作用。华蟾蜍精可增强去甲肾上腺素(NA)所引起的大鼠输精管的收缩,体外试验发现蟾毒灵也有类似作用(华蟾蜍精、蟾毒灵)。

③ 抗肿瘤作用。BGs 对小鼠肉瘤 S180、兔 BP 瘤、子宫颈癌、腹水型肝癌等均有抑制作用,并能不同程度地防止化疗和放疗引起的白细胞下降(蟾毒配基类)。

④ 消炎、镇痛、局部麻醉作用。蟾酥能局部收缩血管,也用作致幻剂(吲哚类生物碱)。

地龙　Pheretima

本品为钜蚓科动物参环毛蚓 *Pheretima aspergillum* (E. Perrier)、通俗环毛蚓 *P. vulgaris* Chen、威廉环毛蚓 *P. guillelmi* (Michaelsen)或栉盲环毛蚓 *P. pectinifera* Michaelsen 的干燥体。前种主产于广东、广西、福建,习称"广地龙";后三种主产于上海、河南、山东等省,习称"沪地龙"。广地龙春季至秋季捕捉,沪地龙夏季捕捉,及时剖开腹部,除去内脏及泥沙,洗净,晒干或低温干燥。广地龙呈长条状薄片,弯曲,边缘略卷,长 15~20 cm,宽 1~2 cm。全体具明显环节,背部棕褐色至紫灰色,腹部淡黄棕色;第 14—16 环节为生殖带,习称"白颈",较光亮。体前端稍尖,尾端钝圆,刚毛圈粗糙而硬,色稍浅。受精囊孔 2 对。体轻,略呈革质,不易折断。气腥,味微咸。沪地龙长 8~15 cm,宽 0.5~1.5 cm。全体具环节，背部棕褐色至黄褐色；受精囊孔3对。本品粉末淡灰色或灰黄色。斜纹肌纤维无色或淡棕色，肌纤维散在或相互绞结成片状，多稍弯曲，直径4~26 μm，边缘常不平整。表皮细胞呈棕黄色，细胞界限不明显，布有暗棕色的色素颗粒。刚毛少见，常碎断散在，淡棕色或黄棕色，直径24~32 μm，先端多钝圆，有的表面可见纵裂纹。主要含溶血成分蚯蚓素（lumbritin）、解热成分蚯蚓解热碱（lumbrifebrine）、有毒成分蚯蚓毒素（terrestro-lumbrilysin）等；还含6-羟基嘌呤（hypoxanthine）、黄嘌呤（xanthine）、次黄嘌呤（hypoxanthine）、琥珀酸（succinic acid）、腺嘌呤（adenine）等。本品性寒，味咸；可清热定惊，通络，平喘，利尿；用于高热神昏、惊痫抽搐、关节痹痛、肢体麻木、半身不遂、肺热喘咳、尿少水肿；用量5~10 g。药理研究表明，地龙具有溶栓和抗凝、抗心律失常、抗脑缺血、降血压、抗惊厥、镇静、解热、平喘、抗癌、抑制血小板聚集、免疫增强、杀灭精子和强化精子的双向作用等作用。

珍珠 Margarita

本品为珍珠贝科动物合浦珠母贝 *Pinctada fucata*（Dunker）、蚌科动物三角帆蚌 *Hyriopsis cumingii*（Lea）或褶纹冠蚌 *Cristaria plicata*（Leach）等双壳类动物贝壳内受刺激形成的珍珠。自动物体内取出，洗净，干燥。海水珍珠主产于广东、广西、台湾等省区；淡水养殖珍珠主产于江苏、安徽、黑龙江及上海等省市。本品呈类球形、长圆形、卵圆形或棒形，直径1.5~8 mm。表面类白色、浅粉红色、浅黄绿色或浅蓝色，半透明，光滑或微有凹凸，具特有的彩色光泽，质坚硬，破碎面显层纹。气微，味淡。用火烧有爆裂声，珍珠构成主要以碳酸钙为主，其次为硅、钠、镁的化合物；含17种氨基酸；还含有牛磺酸（taurine）、类胡萝卜素等。本品性寒，味甘、咸；能安神定惊，明目消翳，解毒生肌，润肤祛斑；用于惊悸失眠、惊风癫痫、目生翳障、疮疡不敛、皮肤色斑；用量0.1~0.3 g。多入丸、散用，外用适量。药理研究表明，珍珠具有延缓衰老、抗心律失常、抗肿瘤、抗炎，促进创面肉芽增生、中枢镇静、提高免疫力、改善眼球微循环等作用。

海螵蛸 Sepiellae Seu Sepiae Endoconcha

本品为乌贼科动物曼氏无针乌贼 *Sepiella maindroni* Rochebrune 或金乌贼 *Sepia esculenta* Hoyle 的干燥内壳。收集乌贼鱼的骨状内壳，洗净，干燥。主产于浙江、福建、辽宁、山东等省。曼氏无针乌贼呈扁长椭圆形，中间厚，边缘薄，长9~14 cm，宽2.5~3.5 cm，厚约1.3 cm。背面有瓷白色脊状隆起，两侧略显微红色，有不甚明显的细小疣点；腹面白色，自尾端到中部有细密波状横层纹；角质缘半透明，尾部较宽平，无骨针。体轻，质松，易折断，断面粉质，显疏松层纹。气微腥，味微咸。金乌贼长13~23 cm，宽约6.5 cm。背面疣点明显，略呈层状排列；腹面的细密波状横层纹占全体大部分，中间有纵向浅槽；尾部角质缘渐宽，向腹面翘起，末端有一骨针，多已断落。主含碳酸钙（80%~85%）、黏液质、壳角质，含少量磷酸钙、氯化钠、镁盐及17种氨基酸。本品性温，味咸、涩；能收敛止血，涩精止带，制酸止痛，敛疮；用于吐血衄血、崩漏便血、遗精滑精、赤白带下、胃痛吞酸，外治损伤出血、湿疹湿疮、溃疡不敛；用量5~10 g；外用适量，研末敷患处。药理研究表明，海螵蛸具有明显的促进骨缺损修复作用，促进骨折愈合，促进纤维细胞和成骨细胞增生与骨化，并有中和胃酸、保护黏膜、抗辐射、抗肿瘤、抗溃疡、降低血磷和钙磷沉积等作用。

僵蚕 Bombyx Batryticatus

本品为蚕蛾科昆虫家蚕 *Bombyx mori* Linnaeus 4~5 龄的幼虫感染（或人工接种）白僵菌 *Beauveria bassiana*（Bals.）Vuillant 而致死的干燥体。多于春、秋两季生产，将感染白菌病死的蚕干燥。本品略呈圆柱形，多弯曲皱缩。长 2~5 cm，直径 0.5~0.7 cm。表面灰黄色，被有白色粉霜状的气生菌丝和分生孢子。头部较圆，足 8 对，体节明显，尾部略呈二分歧状。质硬而脆，易折断，断面平坦，外层白色，中间有亮棕色或亮黑色的丝腺环 4 个。气微腥，味微咸。含草酸铵、氨基酸、蛋白质、脂肪、蜕皮甾酮（ecdysterone）、白僵菌素（beauverician）及微量元素等成分。本品性平，味咸、辛；能息风止痉，祛风止痛，化痰散结；用于癫痫、咳嗽、哮喘、血管神经性头痛、惊风抽搐、咽喉肿痛、皮肤瘙痒、颌下淋巴结炎、面神经麻痹；用量 5~10 g。药理研究表明，僵蚕具有解热、祛痰、抑菌、抗惊厥、抗凝、抗血栓等作用。白僵菌素对革兰阴性菌和孑孓有抑制作用，对松毛虫、黏虫有致死作用。

斑蝥 Mylabris

本品为芫菁科昆虫南方大斑蝥 *Mylabris phalerata* Pallas 或黄黑小斑蝥 *M. cichorii* Linnaeus 的干燥体。夏、秋两季捕捉，闷死或烫死，晒干。主产于河南、安徽、江苏等省。南方大斑蝥呈长圆形，长 1.5~2.5 cm，宽 0.5~1 cm。头及口器向下垂，有较大的复眼及触角各 1 对，触角多已脱落。背部具革质鞘翅 1 对，黑色，有 3 条黄色或棕黄色的横纹；鞘翅下面有棕褐色薄膜状透明的内翅 2 片。胸腹部乌黑色，胸部有足 3 对。有特殊的臭气。黄黑小斑蝥体型较小，长 1~1.5 cm。以虫体干燥、个大完整、颜色鲜明、无败油气味者为佳。含斑蝥素（cantharidin）、结合斑蝥素、脂肪、树脂（resin）、蚁酸（formic acid）及色素等，还含磷、镁、钙、铁、铝等多种元素。本品性热、味辛，有大毒；能破血逐瘀，散结消癥，攻毒蚀疮；用于癥瘕、经闭、顽癣、瘰疬、赘疣、痈疽不溃、恶疮死肌；用量 0.03~0.06 g，炮制后多入丸、散用。外用适量，研末或浸酒醋，或制油膏涂敷患处。有大毒，斑蝥素口服人的致死量为 30 mg，内服慎用，孕妇禁用。药理研究表明，斑蝥素抗癌活性显著，主要通过抑制癌细胞的蛋白质合成而影响 RNA 和 DNA 的合成，从而抑制细胞的生长、分裂、侵袭和转移。斑蝥水浸剂对堇色毛癣菌等皮肤致病真菌有抑制作用。此外尚有抗纤维化、抗氧化、抗病毒、抗菌、抗炎、增强免疫、促雌激素样、升高白细胞等作用。

全蝎* Scorpio （英）Scorpion

【基原】为钳蝎科动物东亚钳蝎 *Buthus martensii* Karsch 的干燥体。

【产地】主产于山东、河南等省。

【采制】春末至秋初捕捉，除去泥沙，至沸水或沸盐水中，煮至全身僵硬，捞出，至通风处，阴干。

【性状】头胸部与前腹部呈扁平长椭圆形，后腹部呈尾状，皱缩弯曲，完整者体长约 6 cm。头胸部呈绿褐色，前面有 1 对短小的螯肢及 1 对较大的钳状脚须，形似蟹螯，背面覆有梯形背甲，腹面有足 4 对，均为 7 节，末端各具 2 爪钩；前腹部由 7 节组成，第 7 节色深，背甲上有 5 条隆脊线。背面绿褐色，后腹部棕黄色，6 节，节上均有纵沟，末节有锐钩状毒刺，毒刺下方无距。气微腥，味咸。以完整、色黄褐、盐霜少者为佳。

【化学成分】主含蝎毒(katsutoxin),蝎毒中含多种蝎毒素,包括昆虫类神经毒素、甲壳类神经毒素、哺乳动物神经毒素、抗癫痫活性的多肽(AEP)、镇痛活性多肽如蝎毒素(tityustoxin)Ⅲ、透明质酸酶(hyaluronidase)、磷脂酶 A2(又称溶血素)等。全蝎水解液含多种人体必需氨基酸,并含 29 种无机元素,尤其以镁、钙、锌的含量突出。此外,还含牛磺酸(taurine)、棕榈酸(palmitic acid)、软脂酸(palmitic acid)、硬脂酸(stearic acid)、胆固醇(cholesterol)、卵磷脂(lecithin)、蝎酸(katsu acid)、三甲胺(trimethylamine)、甜菜碱(betaine)等成分。

【浸出物】采用醇溶性浸出物测定法中的热浸法测定,用乙醇作溶剂,不得少于 18.0%。

【功效与主治】性平,味辛,有毒;能息风镇痉,通络止痛,攻毒散结;用于小儿惊风、抽搐痉挛、中风半身不遂、破伤风、风湿顽痹、偏正头痛、疮疡、瘰疬;用量 3~6 g。孕妇禁用。

【药理作用】全蝎具有抑菌、降压、抗惊厥、抗癫痫、镇痛、抗凝、抗血栓、促纤溶、抗肿瘤、免疫增强等作用。

龟甲 Mauremys Carapax et Plastrum

本品为龟科动物乌龟 *Mauremys reevesii*(Gray)的背甲及腹甲。主产于江苏、浙江、安徽等省。全年均可捕捉,以秋、冬两季为多,捕捉后杀死,或用沸水烫死,剥取背甲和腹甲,除去残肉,晒干。背甲及腹甲由甲桥相连,背甲稍长于腹甲,与腹甲常分离。背甲呈长椭圆形拱状,长 7.5~22 cm,宽 6~18 cm;外表面棕褐色或黑褐色,脊棱 3 条;颈盾 1 块,前窄后宽;椎盾 5 块,第 1 椎盾长大于宽或近相等,第 2—4 椎盾宽大于长;肋盾两侧对称,各 4 块;缘盾每侧 11 块;臀盾 2 块。腹甲呈板片状,近长方椭圆形,长 6.4~21 cm,宽 5.5~17 cm;外表面淡黄棕色至棕黑色,盾片 12 块,每块常具紫褐色放射状纹理,腹盾、胸盾和股盾中缝均长,喉盾、肛盾次之,肱盾中缝最短;内表面黄白色至灰白色,有的略带血迹或残肉,除净后可见骨板 9 块,呈锯齿状嵌接;前端钝圆或平截,后端具五角形缺刻,两侧残存呈翼状向斜上方弯曲的甲桥。质坚硬。气微腥,味微咸。含天冬氨酸(aspartic)、苏氨酸(threonine)、丝氨酸(serine)、谷氨酸(glutamic acid)等 18 种氨基酸及锶、铬、锌、铜等 10 多种无机元素和二氧化硅、氧化钙、氧化镁、五氧化二磷等含氧化合物。本品性微寒,味咸、甘;能滋阴潜阳,益肾强骨,养血补心,固经止崩;用于阴虚潮热、骨蒸盗汗、头晕目眩、虚风内动、筋骨痿软、心虚健忘、崩漏经多;用量 9~24 g,先煎。药理研究表明,龟甲能有效地降低甲亢型大鼠的甲状腺功能和肾上腺皮质功能,提高细胞免疫及体液免疫功能,对细胞具有延缓衰老的作用。

蛤蚧 Gecko

本品为壁虎科动物蛤蚧 *Gekko gecko* Linnaeus 的干燥体。主产于广西、云南、广东,可人工养殖。全年均可捕捉,除去内脏,拭净,用竹片撑开,使全体扁平顺直,低温干燥。药材呈扁片状,头颈部及躯干部长 9~18 cm,头颈部约占 1/3,腹背部宽 6~11 cm,尾长 6~12 cm。头略呈扁三角状,两眼凹陷成窟窿,口内有细齿,生于颚的边缘。无异型大齿。吻部半圆形,吻鳞不切鼻孔,与鼻鳞相连。上鼻鳞左、右各 1 片,上唇鳞 12~14 对,下唇鳞(包括颏鳞)21 片。腹背部呈椭圆形,膜薄。背部呈灰黑色或银灰色,有黄白色或灰绿色斑点散在或密集成不显著的斑纹,脊椎骨及两侧肋骨突起。四足均具5趾;趾间仅具蹼迹,足趾底有吸盘。尾细而坚实,微显骨节,与背部颜色相同,6~7个明显的银灰色环带。全身密被圆形或多角形微有光泽的细鳞。气腥,味微咸。含肌肽(carnosine)、胆碱(choline)、肉毒碱(carnitine)、鸟嘌呤(guanine)、蛋白质等,另含甘氨酸等14种氨基酸及钙、磷、锌、镁、铁等18种无机元素与多种磷脂和脂肪酸成分。本品性平、味咸;能补肺益肾,纳气定喘,助阳益精;用于虚喘气促、劳嗽咯血、阳痿遗精;用量3~6 g,多入丸散或酒剂。药理研究表明,蛤蚧具有抗应激、抗炎、增强免疫、平喘、抗衰老、调节人体性功能、兴奋造血器官等作用,还具有雄、雌两种性激素样作用。

阿胶　Asini Corii Colla

本品为马科动物驴 *Equus asinus* Linnaeus 的干燥皮或鲜皮经煎煮、浓缩制成的固体胶。主产于山东、河南、江苏、浙江等省。将驴皮漂泡,去毛,切成小块,洗净后分次水煎,滤过,合并滤液,浓缩(可分别加入适量的黄酒、冰糖及豆油)至稠膏状,冷凝,切块,晾干,即得。药材呈长方形或方形块,棕色至黑褐色,有光泽。质硬而脆,断面光亮,碎片对光照视呈棕色半透明状。气微,味微甘。含蛋白类(含量60%~80%),包括18种氨基酸(含7种人体必需氨基酸),以及钾、钠、钙、镁、铁等20种金属元素。本品性平,味甘;能补血滋阴,润燥,止血;用于血虚萎黄、眩晕心悸、肌痿无力、心烦不眠、虚风内动、肺燥咳嗽、劳嗽咯血、吐血尿血、便血崩漏、妊娠胎漏;用量3~9 g,烊化兑服。药理研究表明,阿胶具有提高血红细胞数和血红蛋白、促进造血功能、抗辐射、提高免疫功能、止血、抗休克等作用,并可促进软骨细胞、成骨细胞的增殖及合成活性,加快软骨内骨化,促进骨愈合。

哈蟆油　Ranae Oviductus

本品为蛙科动物东北林蛙 *Rana dybowskii* Günther 雌蛙的输卵管,经采制干燥而得。主产于辽宁、黑龙江、吉林、内蒙古等省区。药材呈不规则块状,弯曲而重叠,长1.5~2 cm,厚1.5~5 mm。表面黄白色,呈脂肪样光泽,偶带灰白色薄膜状干皮。摸之有滑腻感,在温水中浸泡体积可膨胀。气腥,味微甘,嚼之有黏滑感。以色黄白、有光泽、片大肥厚、无皮膜者为佳。主要含蛋白质和氨基酸、脂肪、糖,还含钾、钙、钠、镁、铁、硒、磷等元素,以及维生素A、B、C和多种性激素如雌二醇(estradiol)、睾酮(testosterone)、孕酮(progesterone)等。本品性平,味甘、咸;能补肾益精,养阴润肺;用于病后体虚、神疲乏力、心悸失眠、盗汗、劳嗽咯血;用量5~15 g,用水浸泡,炖服,或作丸剂服。药理研究表明,哈蟆油有显著的强壮作用。对小鼠发育有良好的影响,能延长小鼠的游泳时间及提高耐高温能力,延长雌性小鼠的兴奋期,并有抑制血小板聚集活性及降低血脂的作用。

金钱白花蛇* Bungarus Parvus　(英) Little Multibanded Krait

【基原】 为眼镜蛇科动物银环蛇 *Bungarus multicinctus* Blyth 的幼蛇干燥体。

【产地】 主产于广东、广西,有养殖。

【采制】 夏、秋两季捕捉,破开蛇腹,除内脏,擦净血迹,用乙醇浸泡处理后,盘成圆形,用竹签固定,干燥。

【性状】 药材呈圆盘状,盘径3~6 cm,头在中间,尾细,常纳口内,口腔内上颌骨前端有毒沟牙1对，鼻间鳞2片，无颊鳞。背部黑色或灰黑色，有白色环纹45~58个，黑白相间。白环纹在背部宽1~2行鳞片，向腹面渐宽；黑环纹宽3~5行鳞片，背中央明显突起一条脊棱，脊鳞呈六角形，背鳞细密，通身15行，尾下鳞单行。气微腥，味微咸。

【化学成分】含蛋白质、脂肪及鸟嘌呤核苷。头部蛇毒中含多种酶，如三磷酸腺苷酶（ATPase）、磷脂酶（phospholipase）等，另含α-环蛇毒（α-bungarotoxin）、β-环蛇毒、γ-环蛇毒及神经生长因子（nerve growth factor）。

【浸出物】采用醇溶性浸出物测定法中的热浸法测定，用稀乙醇作溶剂，不得少于15.0%。

【功效与主治】性温，味甘、咸，有毒；能祛风，通络，止痉；用于风湿顽痹、麻木拘挛、中风口眼歪斜、半身不遂、抽搐痉挛、破伤风、麻风、疥癣；用量2~5 g，研粉吞服1~1.5 g。

【药理作用】① 对神经系统的作用。经过氧化、氢氧化去毒的神经毒可阻止脊髓灰质炎、肌肉萎缩、侧索硬化等神经变性退化。

② 对心脏的作用。蛇毒中有一种碱性多肽类物质，能直接作用于心肌，使其短暂兴奋后即转入抑制，并可引起心律失常（室颤）和心力衰竭。心脏毒尚有阻断神经肌肉接头的作用，因而可引起呼吸麻痹。

③ 对血液系统的作用。蛇毒中含有的血液循环毒素可分别引起血管内血液凝固和抗凝血，并能使血管舒缩功能瘫痪。其中的蛋白水解酶能使凝血酶原转为凝血酶，使纤维蛋白原转为纤维蛋白而引起血液凝固。还能引起血管壁的损伤，造成出血、水肿及坏死。

④ 镇痛作用。小鼠热板法镇痛试验表明，蛇毒腹腔注射0.1 mg/kg，能延长痛反应潜伏期，与对照组比较 $P<0.05$。蛇毒0.188 mg/kg对大鼠的镇痛效果较吗啡1 mg/kg强3~4倍，且不易产生耐受性和依赖性。可用于各种疼痛，如神经痛、癌痛等。

⑤ 抗炎作用。药理实验发现，白花蛇对二甲苯所致小鼠耳廓炎症及大、小鼠蛋清性足肿胀有明显抑制作用，表明其有良好的抗炎作用。

练习题

1. 简述鹿茸、麝香、牛黄、蟾酥的性状鉴别要点。
2. 如何根据牛黄和蟾酥的主要化学成分分别进行真伪和定量分析？
3. 如何鉴别麝香的真伪、优劣？
4. 动物药与植物药的鉴别有何不同？动物药的优点有哪些？
5. 哈蟆油在温水中浸泡后会体积膨胀，这一特性与其化学成分的关系是什么？
6. 全蝎主要在春末至秋初捕捉，为什么这段时间的全蝎质量较佳？试分析可能原因。
7. 金钱白花蛇具有祛风、止痉作用，这可能与其化学成分中哪些成分相关？

第十六章 矿物类生药

学习导图:

矿物类生药
- 概述
- 重要矿物类生药(朱砂*、雄黄*)

案例:

1. 请查阅资料,结合本草及历代医家用药的特点,讨论矿物类生药的作用和意义,以及与植物类生药、动物类生药比较的优缺点。

2. 矿物类生药龙骨在市场上有很多常见伪品,如烧骨头、做旧的烧骨头等,请查阅资料并讨论其传统和现代的鉴别方法。

第一节 概 述

矿物类生药(以下简称矿物药)包括可供药用的天然矿物(如朱砂、炉甘石、自然铜等)、矿物加工品(如轻粉、芒硝等)及动物或动物骨骼的化石(如龙骨、石燕等),是以无机化合物为主要成分的一类重要药物。

我国矿物药起源很早,有非常悠久的药用历史。《神农本草经》中收载 46 种矿物药,《新修本草》增加 14 种矿物药,《本草拾遗》增加 17 种矿物药,矿物药的种类在唐代已经达到 104 种。宋代《证类本草》等书中记载 139 种矿物药。《本草纲目》收载 161 种矿物药,对矿物药进行了比较全面的阐述,分为金、玉、石、卤四类。《本草纲目拾遗》又增加 38 种矿物药,这一切都说明我们的祖先对矿物药的认识和使用是不断发展的。

矿物药在临床上有多方面的医疗作用。例如,石膏可用于治疗各种传染病的高热烦渴;芒硝有泻下通便作用;朱砂有镇静安神作用;龙骨、龙齿能镇静、安神,收敛涩精;砒霜治疗白血病、晚期肝癌方面的研究取得了新的突破,具有抑瘤和生命延长作用,具有潜在的临床应用价值。

由于矿物药中多含有砷、汞及重金属,在新药研究中应尽量避免使用,故新药中矿物药的应用越来越少。已有的某些中成药中的矿物药也被取消,矿物药的应用范围有进一步缩小的趋势。随着矿物药,如雄黄等砷制剂抗癌机制的深入研究,毒效的关系将进一步被揭示,从而指导临床用药。矿物药的作用机制及药效与毒性关系的研究对矿物药的应用关系重大。我国矿物生药资源极其丰富,深入研究和充分利用矿物生药,也是药学工作者的重要任务之一。近年来,随着纳米中药的研究逐步深入,纳米药物可以提高生物利用度,降低毒性,为矿物药的应用开辟了新的天地。

一、矿物的性质

矿物是由地质作用而形成的天然单体或化合物。大多数矿物呈固态(如辰砂、石膏),少数呈液态(如水银)或气态(如硫化氢)。每种固体矿物具有一定的物理和化学性质,这些性质取决于矿物的内部结构(尤其是结晶物质)和化学成分。人们常常利用这些性质的差异来鉴定不同种类的矿物。矿物具有鉴定意义的特性如下。

1. 结晶形状

由结晶质(晶体)组成的矿物都具有固定的结晶形状。凡是质点呈规律排列者为晶体,而且无论其形态、大小是否相同,在同一温度时,同一物质的最小单位晶胞三维空间的棱长和晶面夹角都是相同的,一般称其为晶体常数。根据晶体常数的特点,可将晶体分为七大晶系:等轴晶系、四方晶系、三方晶系、六方晶系、斜方晶系、单斜晶系及三斜晶系。所以,通过结晶形状及X射线衍射手段,可以准确地辨认不同的晶体。

矿物除了单体的形态外,常常以许多单体聚集的形式出现,这种聚集的整体就称为集合体。集合体的形态多样,如粒状、晶簇状、放射状、结核状等。

2. 结晶习性

在含水矿物中,水在矿物中存在的形式直接影响到矿物的性质。矿物中的水按其存在的形式分为两大类:一类是不加入晶格的吸附水或自由水;另一类是加入晶格组成的,包括以水分子(H_2O)形式存在的结晶水。例如石膏($CaSO_4 \cdot 2H_2O$)、胆矾($CuSO_4 \cdot 5H_2O$)和以H^+、OH^-等离子形式存在的结晶水,又如滑石[$Mg_3(Si_4O_{10})(OH)_2$]。各种含水固体矿物的失水温度,因水存在的形式不同而不同,这种性质可用来鉴定矿物。

3. 透明度

矿物透光能力的大小为透明度。按矿物磨至0.03 mm标准厚度时比较其透明度,分为3类:透明矿物(如石英、云母等)、半透明矿物(如辰砂、雄黄等)、不透明矿物(如代赭石、滑石等)。透明度是鉴定矿物的特征之一。在显微镜下鉴定时,通常透明矿物利用偏光显微镜鉴定,不透明矿物利用反光显微镜鉴定。

4. 颜色

矿物的颜色是矿物对光线中不同波长的光波均匀吸收或选择吸收表现的性质。一般分为3类。

(1) 本色(idiochromatic color):矿物的成分和内部构造所决定的颜色,如朱红色的辰砂。

(2) 外色(allochromatic color):由混入的有色物质污染等原因产生的颜色。外色的深浅,除与带色杂质的量有关外,还与分散的程度有关,如紫石英、大青盐等。

(3) 假色(pseudochromatism):某些矿物中,有时可见变彩现象,这是由于投射光受晶体内部裂缝面、解理面及表面的氧化膜反射所引起光波的干涉作用而产生的颜色,如云母、方解石等。

矿物在白色毛瓷板上划过后所留下的粉末痕迹,称为条痕(streak)。矿物粉末的颜色,称为条痕色。在矿物学上,条痕色比矿物表面的颜色更为固定,因而具有鉴定意义。有的粉末颜色与矿物本身颜色相同,如辰砂。也有不同色的,如自然铜(黄铁矿)本身为亮黄色,而其粉末则为黑色。磁石(磁铁矿)和赭石(赤铁矿)两者表面均为灰黑色,不易区分;但磁石条痕为黑色,赭石条痕为樱桃红色,容易区分。

用二色法描述矿物的颜色时,应把主要的、基本的颜色放在后面,次要的颜色作为形容词放在前面。有时也可以这样形容,如红中微黄、绿色中略带蓝色色调等。观察矿物的颜色常需要注意两点:一是以矿物的新鲜面为准;二是排除外来的带色杂质的干扰。

5. 光泽

矿物表面对于投射光线的反射能力,称为光泽。反射能力的强弱,就是光泽的强度。矿物的光泽由强至弱分为金属光泽(如自然铜等)、金刚光泽(如朱砂等)、玻璃光泽(如硼砂等)。有的矿物断口或集合体由于表面不平滑,有细微的裂缝及小孔,引起一部分反射光散射或相互干扰,则可形成特殊的光泽,如珍珠光泽(如云母等)、绢丝光泽(如石膏等)、油脂光泽(如硫黄等)、土状光泽(如高岭石等)。

6. 硬度

矿物抵抗某种外力机械作用特别是刻画作用的程度,称为硬度。不同的矿物有不同的硬度。普通鉴别矿物硬度所用的标准为摩斯硬度计。不同硬度的矿物按其硬度分为10级(表16-1)。

表16-1　矿物硬度的等级及实例

矿物	滑石	石膏	方解石	萤石	磷灰石	正长石	石英	黄玉石	刚玉石	金刚石
硬度(级)	1	2	3	4	5	6	7	8	9	10
绝对硬度	2.4	36	109	189	536	759	1 120	1 427	2 060	10 060

鉴别硬度时,可取样品矿石互相刻画,使样品受损的最低硬度等级为该样品的硬度。在实际工作中,通常用指甲(约为2级)、铜钥匙(3.5级)、小刀(5.5级)、石英或钢锉(约为7级)等刻画矿石,粗略估计矿物药的硬度。矿物药的硬度一般不超过7级。

精密测定矿物的硬度,可用测硬仪和显微硬度计等。测定硬度时,必须在矿物单体和新解理面上试验。

7. 脆性、延展性和弹性

脆性、延展性和弹性是指矿物遇到压轧、锤击、弯曲、拉引等外力作用时呈现的3种力学性质。脆性是指矿物容易被击破或压碎的性质,如自然铜、方解石等。延展性是指矿物能被压成薄片或拉伸成细丝的性质,如各种金属。弹性是指矿物在外力作用下变形,除去外力后,能恢复原状的性质,如云母等。

8. 磁性

磁性是指矿物本身可以被磁铁或电磁铁吸引或其本身能吸引铁物体的性质,如磁石(磁铁矿)等。矿物的磁性与其化学成分中含有磁性元素Fe、Co、Ni、Mn、Cr等有关。

9. 相对密度

相对密度是指在温度4℃时,矿物与同体积水的质量比。各种矿物的相对密度在一定条件下为一常数,有鉴定意义。例如,石膏的相对密度为2.3,辰砂为8.09~8.20,水银为13.6。

10. 解理、断口

矿物受力后沿一定结晶方向裂开成光滑平面的性质,称为解理(cleavage)。解理是某些结晶物质特有的性质，其形成和晶体构造的类型有关。例如，云母、方解石等完全解理，石英没有解理。矿物受力后不是沿着一定结晶方向断裂而形成的断裂面，称为断口(fracture)。断口形状有锯齿状、平坦状、贝壳状、参差状等。

11. 气味

有些矿物有特殊的气味，如雄黄灼烧有砷的蒜气，胆矾具涩味，食盐具咸味等。有些矿物的气味可借助理化方法加以鉴别。

少数矿物药材具有吸收水分的能力，因而可以通过吸、黏舌头或用润湿的双唇进行鉴别，如龙骨、龙齿、软滑石(高岭土)等。

二、矿物类生药的鉴定

矿物类生药的鉴定一般采用以下方法。

1. 性状鉴定

根据矿物的一般性质进行鉴定，除检查外形、颜色、质地、气味外，还应检查硬度、条痕、透明度、解理、断口、有无磁性及相对密度等。

2. 显微鉴定

在矿物的显微鉴定中，可利用透射偏光显微镜或反射偏光显微镜观察透明或不透明的药用矿物的光学性质。用透射偏光显微镜研究透明非金属矿物的晶形、解理和化学性质，如折射率、双折射率等；用反射偏光显微镜对不透明与半透明矿物的形态、光学性质和某些必要的物理常数进行测试。矿物药除少数为不透明者外，绝大多数属透明矿物。

利用偏光显微镜的不同偏光组合(单偏光、正交偏光、正交偏光加聚光)及附件(检板等)，观察和测定折射率和晶体对称性所表现的光学特征与常数，用来鉴定和研究晶质矿物药。鉴定时将矿物药磨成薄片或用碎屑进行观察。

(1) 单偏光镜下观测的特征：在单偏光镜下，观测的是矿物的某些外表特征，如形态、解理、颜色、多色性、突起、糙面、边缘、贝克线等。

(2) 正交偏光镜下观测的特征：用上下偏光镜使其振动方向互相垂直，可观测到消光(视域内矿物呈现黑暗)及消光位、干涉色及色级、双晶特征等。

(3) 锥光镜下观测的特征：用正交偏光加上聚光镜的组合来观察干涉图，确定矿物的轴性、光性正负，估计光轴角(2V)大小。

(4) 油浸法测定折射率：把矿物粉末浸于已知折射率的浸油中，通过偏光显微镜一系列的变换，能观察到矿物的折射率与浸油的折射率相近或相等；能观测到粉末矿物的均质体或非均质体。

3. 理化鉴定

理化鉴定是指利用物理和化学分析方法，对矿物药所含的主要化学成分进行定性和定量分析。对外形和粉末无明显特征的生药或剧毒的矿物药进行物理和化学分析尤为重要。

随着现代科学技术的迅速发展，国内外对矿物药的鉴定已采用了许多新技术。例如，光谱分析(包括发射光谱和吸收光谱)、X 射线分析和热分析法等。

(1) 光谱分析：光谱包括发射光谱和吸收光谱两种。最常用的是使用粉末样品的原子发射光谱分析，根据组成物质的原子受激烈激发后直接发出的可见光谱，鉴定矿物药组成元素的种类和半定量地测定它们的含量。

(2) X 射线分析:X 射线分析是研究结晶物质的重要手段之一。矿物药绝大多数由晶质矿物组成。因此,采用 X 射线分析法鉴定和研究矿物药对提高矿物药的研究水平是十分必要的。例如,用 X 射线衍射分析大青盐的晶体结构,证明大青盐的包裹物中含有高岭石、水云母、斜长石、绿泥石、石英、石膏等。

(3) 热分析法:热分析法是测量物质在等速变温条件下,其物理性能与温度关系的一种技术。矿物受热后,它的热能、质量、结晶格架、磁性、几何尺寸等都会随之变化,利用该方法进行分析可为矿物药的鉴别、炮制、应用研究提供科学依据。在矿物药鉴定和研究中,主要采用差热分析和热重分析。差热分析是以某种在一定实验温度下不发生任何化学反应和物理变化的稳定物质(参比物)与等量的未知物在相同环境中等速变温的情况下相比较,未知物的任何化学和物理上的变化,与和它处于同一环境中的标准物的温度相比较,都会出现暂时的增高或降低,用图谱记录差热来研究和鉴别矿物药。热重法是测量物质在等速升温情况下,其质量(重量)随温度变化的一种方法。热分析主要用于以下两个方面:一是与已知的原矿物热分析曲线对比来判断矿物药中矿物组分的种类与量比;二是利用热分析资料研究炮制矿物药的合理温度,以及在炮制过程中矿物组分变化的细节。

在矿物药的理化鉴定中,还常应用极谱分析、火焰光度法、物相分析、等离子体光谱分析、核磁共振、原子吸收光谱、原子荧光光谱、红外光谱等来研究矿物的成分及其化学性质。

三、矿物类生药的分类

矿物在矿物学上的分类通常是以阴离子为依据,如氧化物类(磁铁矿、赤铁矿、砷化矿等)、硫化物类(雄黄、辰砂、黄铁矿等)、卤化物类(大青盐等)、硫酸盐类(石膏、明矾、芒硝等)、碳酸盐类(菱锌矿、钟乳石等)、硅酸盐类(滑石等)。

根据现代医学的观点,矿物生药中阳离子通常对药效起重要的作用,故常以矿物中的主要阳离子进行分类。常见的矿物生药分为以下几类。

(1) 钠化合物类,如芒硝($Na_2SO_4 \cdot 10H_2O$)、硼砂($Na_2[B_4O_5(OH)_4] \cdot 8H_2O$)、大青盐(NaCl)等。

(2) 钙化合物类,如石膏($CaSO_4 \cdot 2H_2O$)、寒水石($CaCO_3$)、龙骨[$CaCO_3$、$Ca_3(PO_4)_2$等]、钟乳石、方解石、紫石英(CaF_2)等。

(3) 钾化合物类,如硝石(KNO_3)等。

(4) 汞化合物类,如朱砂(HgS)、轻粉(Hg_2Cl_2)、红粉(HgO)等。

(5) 铜化合物类,如胆矾($CuSO_4 \cdot 5H_2O$)、铜绿等。

(6) 锌化合物类,如炉甘石($ZnCO_3$)等。

(7) 铁化合物类,如赭石(Fe_2O_3)、磁石(Fe_3O_4)、自然铜(FeS_2)等。

(8) 镁化合物类,如滑石[$Mg_3(Si_4O_{10})(OH)_2$]等。

(9) 铅化合物类,如铅丹(Pb_3O_4)、密陀僧(PbO)等。

(10) 铝化合物类,如白矾[$KAl(SO_4)_2 \cdot 12H_2O$]、赤石脂[$Al_4(Si_4O_{10})(OH)_8 \cdot 4H_2O$]等。

(11) 砷化合物类,如雄黄(As_2S_2)、雌黄(As_2S_3)、信石(As_2O_3)等。

(12) 硅化合物类,如白石英、玛瑙、浮石(SiO_2)、青礞石、滑石等。

(13) 铵化合物类,如白硇砂(NH_4Cl)等。

(14) 其他类,如硫黄(S)、琥珀等。

第二节 重要矿物类生药

朱砂* Cinnabaris （英）Cinnabar

【基原】本品为硫化物类矿物辰砂族辰砂。

【采制】天然朱砂自辰砂中选取，选取纯净者，用磁铁吸净含铁的杂质，再用水淘去杂石和泥沙。

【产地】在我国主产于贵州、湖南、四川、广西等地。

【性状】为粒状或块状集合体，呈颗粒状或粉末状。鲜红色或暗红色，条痕红色至褐红色。具光泽。体重，质脆，片状者易破碎，粉末状者有闪烁的光泽。气微，味淡。商品常依据不同性状分为朱宝砂、镜面砂、豆瓣砂。呈细小颗粒或粉末状，色红明亮，触之不染手者，习称"朱宝砂"；呈不规则板片状、斜方形或长条形，大小厚薄不一，边缘不整齐，色红而鲜艳，光亮如镜面而微透明，质较松脆者，习称"镜面砂"；块较大，方圆形或多角形，色发暗或呈灰褐色，质重而坚，不易碎者，习称"豆瓣砂"（图 16-1）。

图 16-1 朱砂药材（水飞）

【显微特征】粉末 朱红色，在普通显微镜下观察，呈不规则颗粒状，大小不一，红棕色，边缘常不透明而呈现暗黑，且较不平整，微小颗粒呈黑色。

反射偏光镜下，反射光为蓝灰色，内反射为鲜红色，偏光性显著，偏光色常被反射掩盖，反射率 27%（伏黄）。透射偏光镜下为红色，透明，平行消光，干涉色鲜红色，一轴晶，正光性。折射率：$N_0=2.913$，$N_e=3.272$；双折射率较高，$N_e-N_0=0.359$。

【化学成分】天然品主要含硫化汞（HgS），尚含少量锌、锑、镁、铁、磷、硅等元素；常含微量砷及硒等无机元素。人工制品较纯，一般含硫化汞量可达 99.9%以上。

【理化鉴别】定性检测 ① 粉末用盐酸湿润后，在光洁的铜片上摩擦，铜片表面显银白色光泽，加热烘烤后，银白色即消失。② 取粉末 2 g，加盐酸-硝酸（3∶1）的混合液2 mL使溶解，蒸干，加水 2 mL 使溶解，滤过，滤液显汞盐及硫酸盐的鉴别反应。

含量测定 取本品粉末约0.3 g，加硫酸 10 mL 与硝酸钾 1.5 g，加热使溶解，加水 50 mL，并加 1%高锰酸钾溶液至显粉红色；再滴加 2%硫酸亚铁溶液至红色消失后，加硫酸铁铵指示液 2 mL，用硫氰酸铵滴定液（0.1 mol/L）滴定。每 1 mL 硫氰酸铵滴定液（0.1 mol/L）相当于 11.63 mg 的硫化汞。本品含硫化汞不得少于 96.0%。

【功效与主治】性微寒，味甘，有毒；能清心镇惊，安神，明目，解毒；用于心悸易惊、失眠多梦、癫痫发狂、小儿惊风、视物昏花、口疮、喉痹、疮痈肿毒；用量 0.1～0.5 g，多入丸、散服，不宜入煎剂，外用适量。朱砂火煅则析出水银，有大毒，应忌火煅。本品有毒，不宜大量服用,也不宜少量久服,以免造成蓄积中毒。孕妇及肝、肾功能不全的患者禁用。

【药理作用】本品有镇静、催眠、抗惊厥作用,外用能抑杀皮肤细菌及寄生虫。

【附注】人工朱砂　又称“灵砂”,是以水银、硫黄为原料,经加热升炼而成的,含硫化汞在99%以上。合成方法:取适量汞置反应罐内,加水1.3~1.4倍量(重量比)、硝酸(比重1.4),任其自然反应,至无汞后,加1倍量水稀释,在搅拌的同时逐渐加入按汞量计算1.21倍量的含结晶水硫酸钠(化学纯)或0.7~0.8倍量硫化钠水溶液至完全生成黑色硫化汞。反应结束时,溶液控制在pH 9以下。黑色硫化汞用倾泻法反复洗涤3~4次,布袋滤过,滤液烘干,加入4%量的升华硫,混匀后,加热升华,即得紫红色的块状朱砂。朱砂与人工朱砂的X射线衍射结果显示,两者的特征衍射线的峰位和强度相同,都是由较纯的三方晶系硫化汞组成的。

雄黄* Realgar　(英) Realgar

【基原】本品为硫化物类矿物雄黄族雄黄。

【采制】本品在矿中质软如泥,遇空气后变硬;采挖后除去杂质,研磨成细粉或水飞后使用。

【产地】在我国主产于湖南、湖北、贵州、甘肃、云南等地。

【性状】本品为块状或粒状集合体,呈不规则块状。深红色或橙红色,条痕淡橘红色。晶体为柱状,具金刚石样光泽。体较重,质脆,易碎,断面具树脂样光泽。微有特异的臭气,味淡。精矿粉为粉末状或粉末集合体,质松脆,手捏即成粉,橙黄色,无光泽(图16-2)。

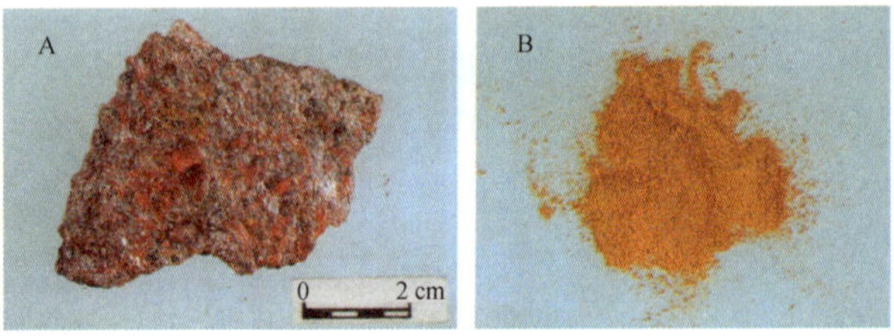

图16-2　雄黄药材图

A. 雄黄; B. 雄黄粉。

【显微特征】本品在反射偏光镜下,反射色为灰色略带紫色,内反射橙色;偏光性清楚;反射率20%(伏黄)。透射偏光镜下,多色性明显,$Ng=Nm$ 淡金黄色至朱红色,Np 几乎无色至浅橙黄色,干涉色橙红色,斜消光,负光性,折射率 $Ng=2.704$,$Nm=2.684$,$Np=2.538$。双折射率:$Ng-Np=0.166$。

【化学成分】主要含二硫化二砷(As_2S_2),其中含硫24.9%,砷75%,尚含有少量的钙、铝、硅、铁、钡、镁及微量的锰、铅、铜等元素。

【理化鉴别】定性检测　① 取本品粉末10 mg,加水润湿后,加氯酸钾饱和的硝酸溶液2 mL,溶解后,加氯化钡试液,生成大量白色沉淀。放置后,倾出上层酸液,再加水2 mL,振摇,沉淀不溶解。② 取本品粉末0.2 g,置坩埚内,加热熔融,产生白色或黄白色火焰,伴有白色浓烟。取玻片覆盖后,有白色冷凝物,刮取少量,置试管内加水煮沸使溶解,必要时滤过,溶液加硫化氢试液数滴,即显黄色,加稀盐酸后生成黄色絮状沉淀,再加碳酸铵试液,沉淀复溶解。

含量测定　取本品粉末约0.1 g,加硫酸钾1 g、硫酸铵2 g、硫酸8 mL,用直火加热至溶液澄明,放冷,缓缓加水50 mL,加热微沸3~5 min,加酚酞指示剂,用氢氧化钠溶液中和至显微红色,用0.25 mol/L硫酸溶液中和至褪色,加碳酸氢钠5 g,摇匀后,用碘滴定液

(0.05 mol/L)滴定,至近终点时,加淀粉指示剂2 mL,滴定至溶液显紫蓝色。每1 mL碘滴定液(0.05 mol/L)相当于5.348 mg的二硫化二砷(As_2S_2)。本品含砷量以二硫化二砷(As_2S_2)计,不得少于90.0%。

本品应做三氧化二砷(As_2O_3)的限量检查,不得超过限量。

【功效与主治】本品性温,味辛,有毒;能解毒杀虫,燥湿祛痰,截疟;用于痈肿疔疮、蛇虫咬伤、虫积腹痛、惊痫、疟疾;用量0.05~0.1 g,入丸、散用。外用适量,熏涂患处。内服宜慎,不可久用。孕妇禁用。密闭保存。

【药理作用】① 抗菌、抗病毒作用。体外试验研究表明,它对化脓性球菌、肠道致病菌、结核杆菌及常见致病性皮肤真菌有抑制作用,能明显刺激非特异性免疫功能。

② 抗肿瘤作用。可诱导细胞凋亡,对基因表达有影响并增加细胞膜HSP70蛋白表达;可用于治疗慢性粒细胞性白血病。

③ 毒性。雄黄中的可溶性砷化物为一种细胞原浆毒,进入机体后作用于酶系统,可抑制酶蛋白的巯基,特别易与丙酮酸氧化酶的巯基结合,使之失去活性,从而减弱了酶的正常功能,阻止了细胞的氧化和呼吸,严重干扰组织代谢,造成胃肠道不适、呕吐、血尿、抽搐、昏迷乃至死亡,除去可溶性砷盐可以降低其毒性而保留其免疫功能。雄黄遇热易分解,生成剧毒的三氧化二砷,忌用火煅。

【附注】雌黄　常与雄黄共生,为柠檬黄色块状或粒状体,条痕鲜黄色,主要含三硫化二砷(As_2S_3),其功用与雄黄类同。

芒硝　Natrii Sulfas

本品为硫酸盐类矿物芒硝族芒硝经加工精制而成的结晶体。取天然不纯的芒硝(土硝)加水溶解,滤过,滤液经浓缩、冷却后析出结晶,称为“皮硝”或“朴硝”;有的与萝卜片共煮,滤液冷却后析出结晶,晾干,再将皮硝重结晶即得。全国沿海各产盐区,山东、江苏、安徽盐碱地带以及四川、内蒙古、新疆内陆盐湖等地均产。本品呈棱柱状、长方形或不规则块状及粒状结晶。无色透明或类白色半透明,暴露在空气中经风化而覆盖一层白色粉末(Na_2SO_4)。通常为集合体,质脆、易碎,断面呈玻璃样光泽,硬度1.5~2,相对密度1.84,条痕白色。气微,味咸。主要含含水硫酸钠($Na_2SO_4 \cdot 10H_2O$),尚含镁、钙、铁、硅、铝等多种元素。芒硝常夹杂硫酸钙、食盐等杂质。本品按干燥品计算,含硫酸钠(Na_2SO_4)不得少于99.0%;重金属和砷的含量均不得超过百万分之十。本品性寒,味咸、苦;能泻下通便,润燥软坚,清火消肿;用于实热积滞、腹满胀痛、大便燥结、肠痈肿痛,外治乳痈、痔疮肿痛;用量6~12 g。一般不入煎剂,待汤剂煎得后,溶入汤液中服用。外用适量;孕妇慎用;不宜与硫黄、三棱同用。口服剂量过大可导致恶心、呕吐、腹痛、腹泻、虚脱等症。药理研究表明,芒硝内服后其硫酸根离子较难被肠黏膜吸收,使肠内成为高渗溶液,导致肠内水分增加,引起机械性刺激,可促进肠蠕动。

【附注】玄明粉　为芒硝再精制并令其风化而成的无水硫酸钠,呈白色结晶性粉末,有吸湿性。气微,味咸,主要含硫酸钠(Na_2SO_4)。其功效与芒硝同;外治咽喉肿痛、口舌生疮、牙龈肿痛、目赤、痈肿、丹毒。孕妇慎用。

石膏* Gypsum Fibrosum

本品为硫酸盐类矿物石膏族石膏,主要含含水硫酸钙($CaSO_4 \cdot 2H_2O$),采挖后除去杂石及泥沙。

【性状】本品为纤维状的集合体,呈长块状、板块状或不规则块状。白色、灰白色或淡黄色,有的半透明。体重,质软,纵断面具绢丝样光泽。气微,味淡。

【鉴别】① 取本品一小块(约 2 g),置具有小孔软木塞的试管内,灼烧,管壁有水生成,小块变为不透明体。② 取本品粉末 0.2 g,加稀盐酸 10 mL,加热使其溶解,溶液显钙盐与硫酸盐的鉴别反应。③ 取本品粉末适量,采用溴化钾压片法制备供试品,采用红外分光光度法试验,供试品的红外吸收图谱应与二水硫酸钙对照品($CaSO_4 \cdot 2H_2O$)具有相同的特征吸收峰。

【含量测定】采用滴定法,本品含含水硫酸钙($CaSO_4 \cdot 2H_2O$)不得少于 95.0%。

【功能与主治】本品性大寒,味甘、辛;能清热泻火,除烦止渴;用于外感热病、高热烦渴、肺热喘咳、胃火亢盛、头痛、牙痛;用量 15~60 g,先煎。

煅石膏* Gypsum Ustum

本品为石膏的炮制品。

【炮制】取石膏,采用照明煨法煅至酥松。

【性状】本品为白色的粉末或酥松块状物,表面透出微红色的光泽,不透明。体较轻,质软,易碎,捏之成粉。气微,味淡。

【含量测定】取本品细粉约 0.15 g,精密称定,照石膏项下的方法,自“置锥形瓶中,加稀盐酸 10 mL”起,依法测定。每 1 mL 乙二胺四醋酸二钠滴定液(0.05 mol/L)相当于 6.807 mg的硫酸钙($CaSO_4$)。本品含硫酸钙($CaSO_4$)不得少于 92.0%[1 g 硫酸钙($CaSO_4$)相当于含水硫酸钙($CaSO_4 \cdot 2H_2O$)1.26 g]。

【性味与归经】归肺、胃经。

【功能与主治】本品性寒,味甘、辛、涩;能收湿,生肌,敛疮,止血。外治溃疡不敛,湿疹瘙痒,水火烫伤,外伤出血。外用适量,研末撒敷患处。

滑石 Talcum

本品为硅酸盐类矿物滑石族滑石,习称硬滑石。主产于山东、辽宁、江西。多为块状集合体,呈不规则的块状,白色、黄白色或淡蓝灰色,半透明或微透明,有蜡样光泽。质软细腻,手摸有润滑感,无吸湿性,置水中不崩散。气微,味淡;主要含含水硅酸镁[$Mg_3(Si_4O_{10})(OH)_2$ 或($3MgO \cdot 4SiO_2 \cdot H_2O$)],其中 SiO_2 63.5%,MgO 31.7%,H_2O 4.8%;并常含氧化铁、氧化铝等杂质,尚含铝、镍、锰、钙、钾、铜、钡等元素。本品性寒,味甘、淡;能利尿通淋,清热解暑;外用祛湿敛疮;用于热淋、石淋、尿热涩痛、暑湿烦渴、湿热水泻,外治湿疹、湿疮、痱子;用量 10~20 g,先煎,外用适量。药理研究表明,滑石粉因颗粒小、总面积大,能吸附大量毒物或化学刺激物;撒布于疮面、黏膜后,能形成被膜,可防止局部摩擦,减少外来的刺激;同时又能吸收分泌物,促进干燥结痂,对皮肤、黏膜起保护作用。

【附注】*软滑石* 来源于天然的硅酸盐类黏土矿物高岭石。主产于四川和江西。呈不规则土块状,大小不一。白色或杂有浅红色、浅棕色、灰色。无光泽或稍有光泽。质松软,手摸有滑腻感。硬度 1,相对密度 2.58~2.60。微有泥土气,无味,有黏舌感,主要含含水硅酸铝($Al_2O_3 \cdot 2SiO_2 \cdot 2H_2O$)。其功效类同滑石。

信石 Arsenicum

信石又名砒石，为氧化物类矿物砷华矿石或由雄黄、毒砂（硫砷铁矿，FeAsS）等矿物经加工制得。主产于江西、湖南、广东及贵州等地。有红信石和白信石两种；白信石极少见，用以红信石为主。红信石呈不规则块状，淡黄色、淡红色或红黄相间，略透明或不透明，质较脆，断面凸凹不平或呈层状，稍加热有蒜臭气或硫黄臭气。白信石无色或白色，有的透明，毒性较红信石剧烈。主含三氧化二砷（As_2O_3），常含硫、铁等杂质，故呈红色，尚含少量的锡、铁、锑、钙等元素。本品于闭口管中加热，产生白色升华物（纯品 137 ℃升华）；水溶液为弱酸性，通硫化氢后产生三硫化二砷（As_2S_3）黄色沉淀。本品性大热，味辛、酸，有大毒；能祛痰平喘，截疟；用于哮喘、疟疾；用量 1~3 mg，多入丸、散，不可持续久服；外用能杀虫，蚀疮去腐，用于溃疡腐肉不脱、疥癣、瘰疬、牙疳、痔疮等。本品有大毒，用时宜慎，服用时稍有不慎即可过量，经口服中毒剂量以三氧化二砷（As_2O_3）计，为 5~50 mg，致死量为 60~300 mg，在体内代谢很慢，故易蓄积。孕妇禁用。药理研究表明，信石对疟原虫、阿米巴原虫及其他微生物均有灭杀作用，对皮肤黏膜有强烈的腐蚀作用。

【附注】砒霜　本品系信石升华精制而成的三氧化二砷（As_2O_3）。为白色粉末，功效与信石同。现代药理研究表明，三氧化二砷为良好的抗癌剂，可以阻止肿瘤细胞的核酸代谢，干扰 RNA、DNA 的合成，抑制肿瘤细胞的增殖。此外，它还能抑制肿瘤细胞端粒酶的活性，诱导肿瘤细胞产生凋亡和分化，发挥抗癌作用。近 10 年来，砒霜在治疗急性早幼粒细胞白血病中取得了突出成绩，引起了医药界的高度关注。研究表明，砒霜及其制剂对白血病及晚期肝癌有效，并已应用于临床。

练习题

1. 名词解释：条痕、解理、本色、外色、假色。
2. 矿物类生药如何进行鉴定？
3. 朱砂、雄黄、芒硝、石膏、信石的主要化学成分是什么？
4. 雄黄与雌黄有何区别？
5. 朱砂和雄黄的理化鉴定方法分别有哪些？
6. 矿物类生药鉴定有哪些新技术？
7. 矿物类生药与植物药、动物药的区别是什么？其优点是什么？